제7판

회로이론

Thomas L. Floyd 지음

이응혁, 정두희, 고시영, 권희훈 공역
김낙환, 이헌택, 정오현, 정재필 공역

PEARSON
Prentice Hall

ITC
INFO-TECH COREA

ELECTRIC CIRCUITS FUNDAMENTALS

Seventh Edition
by Thomas L. Floyd

Authorized translation from the English language edition, entitled ELECTRIC CIRCUITS FUNDAMENTALS, 7th Edition, 0132197103 by FLOYD, THOMAS L., published by Pearson Education, Inc, publishing as Prentice Hall PTR, Copyright © 2007

Korean language edition published by PEARSON EDUCATION KOREA LTD, and ITC, Copyright © 2007

옮긴이 머리말

회로이론은 전기/전자공학 분야를 전공하기 위해 가장 필수적인 학문으로서, 초심자에게 이 학문 분야에 대한 흥미를 유발시키기 위해서는 간단한 기초적인 수학 지식과 물리적인 상식만으로 회로 해석의 이해를 도울 수 있는 과정이 절대적으로 필요하다. 이러한 현실에서 대부분의 회로이론 교재는 깊은 수학 지식을 기반으로 설명하고 있어 전기/전자공학을 전공하고자 하는 초심자들에게는 여간 어려운 것이 아니었다. 이런 과정에서 Prentice Hall에서 출간한 Thomas L. Floyd의 *Electronics Circuits Fundamentals*(7판)을 접하고, 바로 이 교재가 이러한 어려움을 극복할 수 있는 책이라 판단하여 번역하게 되었다.

이 책은 약간의 수학적인 지식만으로도 회로의 현상을 이해하고, 해석 및 응용할 수 있는 과정을 다루고 있는 교재로서, 일반인들은 물론 대학의 전기/전자공학 및 정보통신 분야, 컴퓨터공학 분야, 메카트로닉스공학 분야 등의 학문 분야를 전공하고자 하는 초심자들의 전공 교재로, 또 타 학문 분야의 과학자, 기술자 등 다양한 독자들의 회로이론에 관한 지식을 쉽게 이해할 수 있는 교재로 적합하도록 내용이 쉽게 구성되어 있다.

이 책은 회로이론의 전반적인 이해를 쉽게 도모할 수 있도록 기본적인 직류/교류 회로 원리를 설명하고, 기본적인 원리의 심도 있는 이해를 돕기 위해 고장진단과 응용 부분을 강조하고 있는 것이 특징이다. 이를 위해 이 책에서는 크게 제1부 DC(직류) 회로와 제2부 AC(교류) 회로 부분으로 나누어 설명하고 있다. 먼저 제1부에서는 전기/전자공학을 학습하는 데 필요한 기초물리와 기초수학 지식에 대해 복습하고, 이어서 전기에서 가장 필수적으로 다루어야 할 전압, 전류, 저항에 대한 기초, 옴의 법칙과 전력, 직렬 회로, 병렬 회로, 직병렬 회로, 자기와 전자기 원리에 대해 설명하고 있다. 제2부에서는 교류에 대한 기초 지식과 교류에서의 캐패시터와 인덕터의 동작원리에 대해 간단히 소개하고, 이어서 교류에서의 RC 회로, RL 회로와 RLC 회로의 해석방법에 대해 설명하고 있으며, 부가적으로 트랜스포머의 원리 및 리액티브 회로의 시간 응답에 대해 설명한다.

각 장에서는 장의 학습목표, 도입, 핵심 용어, 응용 과제 등을 통해 학습하고, 실무에 응용할 수 있는 목표를 제시하여 학습자에게 동기를 확실하게 부여하고 있으며, 각 절에서는 별도로 복습문제와 Multisim 시뮬레이션 문제를 두어 각 절에서 학습한 개념을 확실하게 이해할 수 있도록 해주고, 이해도를 검증할 수 있도록 배려하고 있다. 또한, 다양한 예제들을 통해 다양한 분야에 응용 방안을 제시하고 있으며, 각 장 끝부분의 연습문제는 절 단위와 난이도에 따라 분류되어 학생들이 자신의 문제해결 능력에 맞추어 단계적으로 진행할 수 있도록 해준다. 그리고 각 장에서는 'biography'와 '유용한 정보'를 통해 각 장의 주제와 관련한 폭넓은 지식을 얻을 수 있으며, '안전 주의 사항'과 '고장진단' 부분을 통해 현장 실무에 도움이 될 수 있도록 서술하고 있다.

이 책의 원서는 완전 컬러로 조판되어 있으나, 아쉽게도 이 번역판은 흑백으로 편집되어 있어 원서보다는 가독성이 떨어지는 면이 있지만, 편집 체제를 원서와 동일하게 하였으며, 또한 번역과정에서 초심자들이 쉽게 이해할 수 있게 하기 위하여 원저자의 참뜻이 그대로 전달되도록 노력하였으며, 전문용어를 쉬운 용어로 번역하고, 문장도 최대한 쉽게 설명할 수 있도록 번역에 신중을 기하였다. 그러나 번역과정에서 다소의 오류가 있을 수 있으므로 독자들의 넓은 이해와 조언을 부탁드린다.

끝으로 이 책을 편집하면서 여러 면에서 수고를 많이 하신 ITC 출판사의 사장님을 비롯한 편집부 직원 여러분들께 감사의 뜻을 전하며, 아무쪼록 이 책이 독자들의 직류 및 교류 회로에 관련된 지식을 습득하는 데 좋은 길잡이가 되길 기원하는 바이다.

2007년 2월
옮긴이 일동

머리말

이 책은 기본적인 전기 및 전자 회로와 실무 응용, 그리고 고장진단에 대하여 명료하면서도 쉽게 이해할 수 있도록 다루고 있다. 이번 판에서는 많은 주제들이 보강되고 개선되었으며, 일부 새로운 주제와 특징이 추가되었다. 데이빗 부흐러 교수가 제작한 새롭고 상호작용이 가능한 파워포인트 슬라이드는 이번 판에 새롭게 추가되었으며, 강의를 진행하는 강사들에게 제공된다. 이 슬라이드는 장 단위로 편집되어 수업에 효과적으로 활용될 수 있다. 또한 더 많은 Multisim 회로가 Multisim 2001, Multisim 7, Multisim 8 버전과 함께 부록 CD-ROM에 추가 수록되었으며, Multisim 9 파일은 강의 보조 웹 사이트에서 구할 수 있다. 게다가 새로운 교재 구성을 통해 시각적 흥미를 더해 주고 사용하기 쉽게 하였다.

이 책은 1장에서 7장까지의 직류 회로와 8장에서 15장의 교류 회로, 두 부분으로 나누어지며, 저항, 캐패시터, 인덕터 회로의 직류와 교류 전원에 대한 전통적인 주제들을 다루고 있다.

이전 판과 마찬가지로 이번 7판은 전자의 흐름을 전류 방향으로 사용한다. 동작을 시각화하고 분석하기 위하여 전류의 방향을 정하는 데에는 전자의 흐름 방향을 사용하는 것과 고전적인 전류 방향을 사용하는 것의 두 가지 방식이 널리 사용된다. 두 접근방식 모두 회로 해석의 결과를 얻는 데에는 차이가 없다. 전류의 흐름은 전압원의 음의 방향에서 나와 회로를 지나서 전원의 양의 방향으로 들어가는데, 이것은 실제 전자가 회로에서 움직이는 방향이다. 고전적인 전류 방향은 전압원의 양의 방향에서 나와 회로를 지나서 전원의 음의 방향으로 향한다. 전류의 효과는 관찰할 수 있지만 실제 전류는 보이지 않기 때문에 전류의 방향을 어떻게 정하는가는 일관성만 유지한다면 문제가 되지 않는다. 통상 전류 방향에 대한 선택은 선호도 혹은 친숙함의 문제와 관련된다.

이 책의 주요 특징

- ▶ 수학적인 수준은 기본 대수학과 직각삼각형의 관계식 정도만 알면 이해 가능하도록 구성

- ▶ 각 장의 시작에 도입, 장의 개요, 장의 목표, 핵심 용어, 응용 과제, 참조 웹 사이트를 수록

- ▶ 각 절마다 도입과 학습목표를 수록

- ▶ 장 전반에 걸쳐 다양한 예제를 수록하고 장의 끝부분에 관련 문제와 정답을 수록

- ▶ 많은 예제에서 Multisim 문제를 포함

- ▶ 각 장의 끝에 절에 대한 복습문제와 정답을 수록

- ▶ 대부분의 장마다 고장진단 부분을 수록

- ▶ 각 장마다 응용 과제 수록(1장 제외)

▶ 책의 가장자리에 안전 주의사항, 유용한 정보, biography와 같은 내용을 전반적으로 수록

▶ 각 장의 끝부분에 요약, 핵심 용어, 주요 공식을 수록

▶ 각 장의 끝부분에 정답과 함께 자습문제 수록

▶ 각 장의 끝부분에 정답과 함께 고장진단을 위해 필수적인 사고과정의 전개를 돕는 일련의 연습문제(고장진단: 증상과 원인) 수록

▶ 각 장의 끝부분에 기본적인 수준에서 고급 수준으로 구성된 연습문제. 대부분의 장에서 Multisim 문제와 고장진단 문제를 수록. 홀수 문항에 대한 정답을 책의 끝부분에 수록

▶ 책의 끝부분에 이해를 돕기 위해 각 장의 핵심 용어를 취합하여 용어집을 제공

▶ 책 전반에 걸쳐 표준 저항과 캐패시터값을 사용

학생용 참고자료

Multisim CD-ROM 부록 CD-ROM에는 이 책의 예제와 연습문제에서 참조하는 Multisim 회로 파일이 수록되어 있다. 모든 회로 파일은 Multisim 2001, Multisim 7, Multisim 8로 되어 있으며, 개발회사인 일렉트로닉스 워크벤치 사가 차기 버전을 개발함에 따라 최신 버전의 Multisim은 지원 웹 사이트인 www.prenhall.com/floyd에 수록될 것이다.

이들 Multisim 회로는 Multisim 소프트웨어에서 사용할 수 있도록 제공된다. Multisim 소프트웨어는 www.prenhall.com/ewb를 통해 구입할 수 있다. 이들은 수업과 교재 및 실험실 학습의 보조용으로 제작되었지만 전자회로를 학습하거나 이 책을 학습하는 데 필수적인 것은 아니다.

실습 매뉴얼 데이빗 부흐러 교수가 저술한 *Experiments in Electronics Fundamentals and Electric Circuits Fundamentals*(ISBN 0-13-219711-1)

지원 웹 사이트(www.prenhall.com/floyd) 이 사이트는 학생들이 자신의 진도를 테스트하고 시험문제 샘플에 답하는 연습을 할 수 있게 해준다.

교수용 참고자료

보조 자료에 온라인으로 접근하기 위해서 강의자는 강의자 접근 코드를 받아야 한다. **www.prenhall.com**으로 들어간 후 **강의자 자료실(Instructor Resource Center)**로 가서 **지금 등록(Register Today)** 버튼을 눌러 강의자 접근 코드를 요청하면 48시간 내에 강의자 접근 코드를 포함한 확인 전자우편을 받을 수 있다. 코드를 받은 후 사이트로 가서 로그온하면 사용할 자료를 다운로드받기 위한 전체 설명을 볼 수 있다.

파워포인트 슬라이드 데이빗 부흐러 교수가 작성한 파워포인트 슬라이드는 교재의 핵심 개념을 역동적으로 보여준다. 각 슬라이드는 각 장마다 예제를 포함한 요약과 핵심 용어 정의와 퀴즈를 포함하고 있으며, 수업시간에 교재를 보충하는 유용한 도구가 된다. 실습 매뉴얼을 지원하는 슬라이드도 제공되며, 파워포인트는 CD 혹은 온라인으로 무료로 얻을 수 있다.

교수용 교재자료 매뉴얼 매뉴얼에는 교재 각 장의 문제 풀이와 응용 과제에 대한 풀이,

Multisim 회로 결과에 대한 요약, 테스트 항목 파일, 실습 매뉴얼 풀이, CEMA 기술 분류에 대한 부분적인 리스트가 수록되어 있다. 인쇄본 혹은 온라인으로 얻을 수 있다.

강의 계획표

앞서 말한 것처럼 이 책은 직류 회로와 교류 회로의 두 부분으로 나누어진다. 이 책은 프로그램의 요구사항에 따라 다양한 강의 계획에 맞출 수 있는데 몇 가지를 살펴보면 다음과 같다.

선택 1　두 학기에 걸쳐 직류/교류 부분을 다룸으로써 이 책의 대부분 주제를 충분한 시간에 걸쳐 학습할 수 있다. 이 경우 첫 학기에는 1장에서 7장까지, 그 다음 학기에는 8장에서 15장까지 다룬다.

선택 2　선택 1을 수정하여 9-5절의 캐패시터 부분과 11-5절의 인덕터 부분을 첫 학기 과정에 포함할 수 있다.

선택 3　선택 1을 수정하여 리액티브 회로를 다루기 전에 리액티브 소자를 다루기 위해 9장 캐패시터 이후에 바로 11장 인덕터를 다룬다. 그런 다음에 10장, 12장 순서로 진행한다.

선택 4　한 학기에 직류/교류 내용을 다룰 경우 빠른 강의 속도를 맞추기 위해 선택적으로 강의 내용을 다루어야 하는데 다양한 프로그램의 요구사항에 맞춰 구체적인 선택방식을 선택하여야 한다.

각 장의 특징

장 열기　각 장은 개요, 목표, 핵심 용어, 응용 과제 개요, 지원 웹 사이트, 도입으로 시작된다. 장 첫 페이지의 예를 그림 P-1에 나타내었다.

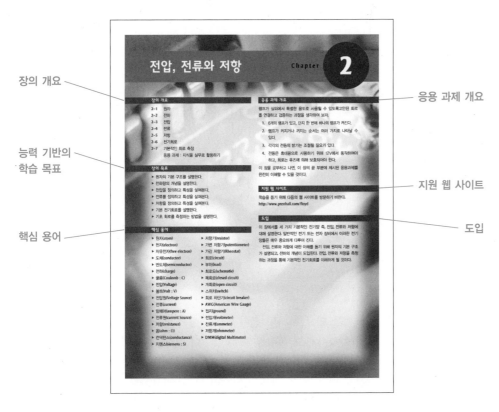

그림 P-1

장 열기

절 열기 각 절은 일반적인 개요와 절의 목적을 담은 간단한 소개로 시작한다. 예를 그림 P-2에 나타내었다.

절 복습문제, 절 열기, 유용한 정보

도입과
능력 기반의
학습 목표로
각 절을 시작함

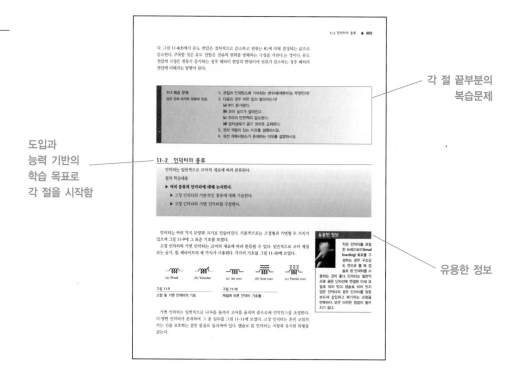

각 절 끝부분의
복습문제

유용한 정보

복습문제 각 절의 끝부분에는 그림 P-2에 나타난 바와 같이 그 절에서 다룬 주제를 강조하기 위한 복습문제와 연습문제가 수록되어 있다. 정답은 장의 끝부분에 수록하였다.

예제 관련 문제, Multisim 문제 다양한 예제를 통해 기본 개념이나 특정한 풀이과정에 대해 분명하게 보여준다. 각 예제 끝에는 관련 문제를 통해 학생들이 유사한 문제를 다루어봄으로써 예제의 내용을 강화하고 확장해 준다. 일부 예제 다음에는 CD-ROM에 수록된 회로 파일을 참조하는 Multisim 문제를 수록하였는데 대표적인 예를 그림 P-3에 나타내었다. 관련 문제에 대한 정답은 장의 끝부분에 수록하였다.

고장진단 대부분의 장에 그 장의 내용과 관련 있는 고장진단 절을 수록하였다. 그리하여 논리적인 사고를 강조하고 구조화된 접근방식을 나타내었다.

응용 과제 응용 과제는 대부분 장의 끝부분에 수록되어 있는데 장에서 다룬 주제에 대한 실무 응용을 학생들이 특정 작업을 수행하도록 요구하는 활동 형태로 나타난다. 그림 P-4에 나타낸 바와 같은 응용 과제는 기술자 작업의 실제적인 측면을 포함하고 있지만 실습을 위해 제작된 것은 아니다.

학생들에게

모든 직업 훈련은 고된 학습을 필요로 하며 전자공학도 예외가 아니다. 새로운 내용을 학습하는 가장 좋은 방법은 읽고 생각하고 실행해 보는 것이다. 이 책은 학습을 돕기 위해 각 절마다 개요와 학습 목표를 제공하고 다양한 예제와 연습문제, 복습문제를 제공하고 있다.

각 절의 본문을 주의 깊게 읽고, 읽은 내용을 생각해 본 후 필요하다면 한 번 더 읽어보기 바란다. 예제와 연관된 관련 문제를 풀기 전에 각 예제를 단계별로 따라서 풀어보도록 한다. 각 절을 본 다음에는 복습문제를 풀어본다. 관련 문제와 절 복습문제에 대한 정답은 각 장의 끝부분에 수록되어 있다.

예제는 본문과
분리하여 표시

각 예제는
관련 문제를 포함함

일부 예제는
CD-ROM과
연결된 Multisim
문제를 가짐

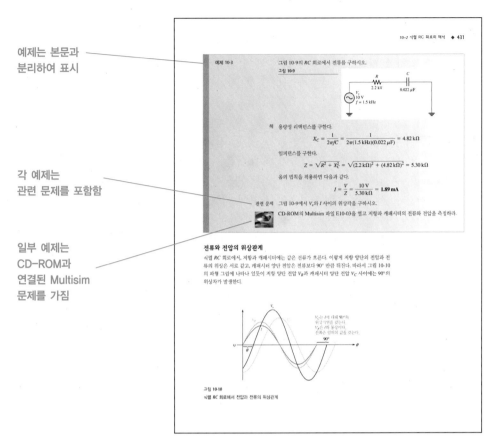

관련 문제와 Multisim 문제를 포함한
예제

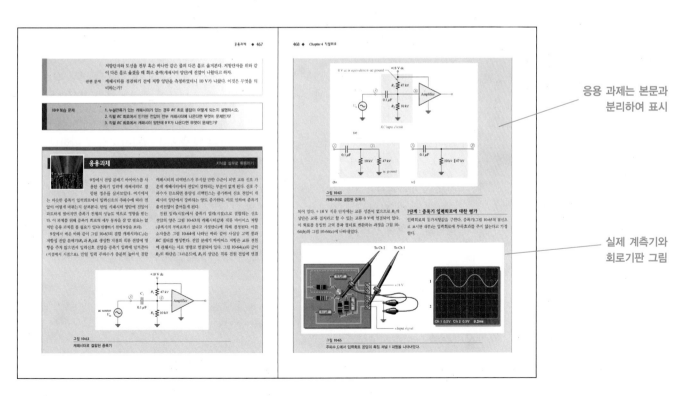

그림 P–4

전형적인 응용 과제

장의 요약, 핵심 용어, 주요 공식을 복습하고 객관식의 자습문제와 고장진단: 증상과 원인 퀴즈를 풀어본 후 장 끝부분의 정답과 비교하여 확인한다. 끝으로 연습문제를 풀어보는데 이는 이해를 점검하고 개념을 확고하게 하는 데 있어서 매우 중요하다. 홀수 문항에 대한 풀이를 책 끝부분의 정답과 맞추어보도록 한다.

전자공학 분야의 직업

전자공학 분야는 다양하며 관련 분야에서 경험할 기회도 많다. 전자공학은 현재 매우 많은 응용을 찾고 있으며, 또한 새로운 기술이 매우 빠른 속도로 발전하고 있기 때문에 그 미래는 끝이 없다고 할 수 있다. 우리 일상생활에서 전자공학 기술에 의해 어느 정도까지 개선되지 않는 분야는 없다. 전기적 혹은 전자적인 원리에 대해 올바르고 기초적인 지식을 얻고 계속하여 공부하고자 하는 사람은 항상 필요한 것이 현실이다.

이 책에 있는 기본 원리들을 완전히 이해하여야 한다는 점이 중요하다는 것은 아무리 강조해도 지나치지 않다. 대부분 회사에서는 기초가 튼튼하고 새로운 개념과 기술을 습득할 능력과 열성을 가진 사람들을 채용하기를 원한다. 기초 지식에 대해 잘 훈련되어 있다면 회사에서는 특정 업무에 맞게 훈련시킨다.

전자공학 기술을 훈련받은 사람이 담당하는 직업의 종류에는 여러 가지 형태가 있다. 주된 일반 직업 기능을 살펴보면 아래와 같다.

서비스 기술자 이 분야의 기술 인력은 서비스를 받기 위해 공급자 혹은 생산자에게 되돌아온 상업용 및 생활용 전자장비의 수리와 조정에 참여한다. 구체적인 분야로는 TV, VCR, CD, DVD 재생기, 스테레오 장비, CB 라디오, 컴퓨터 하드웨어가 있으며 이 분야에서는 또한 자영업인 경우가 있다.

제조업 기술자 제조업 인력은 조립 라인 수준에서의 전자제품 검사에 참여하거나 또는 제품의 검사 및 생산에 사용되는 전자 및 전자기계 시스템의 유지 및 고장 수리에 참여한다. 사실상 모든 종류의 생산공장은 그 생산품과 무관하게 전자적으로 제어되는 자동화 설비를 사용한다.

실험실 기술자 이들 기술자는 연구 및 개발 실험실에서 새로운 또는 개량된 전자 시스템의 시제품의 개발하고 테스트하는 데 참여한다. 이들은 대개 제품의 개발시기에 공학자들과 긴밀하게 일하게 된다.

현장 서비스 기술자 현장 서비스 기술 인력은 소비자 현장에서 전자장비를 수리한다. 이들 시스템에는 컴퓨터, 레이더, 자동 은행 설비 및 보안 시스템이 포함된다.

연구 보조/보조 연구원 이 분야의 인력은 공학자들과 개념을 구현하고 전자 시스템에 대한 기본 설계와 개발 과정에서 긴밀하게 일하게 된다. 연구 보조는 종종 과제의 초기 설계에서 초기 생산 단계까지 관여한다.

기술문서 작성자 기술문서 작성자는 기술적인 정보를 취합하고 이들 정보를 사용하여 제품 매뉴얼과 음성/영상 자료를 만든다. 특정 시스템에 대한 폭넓은 이해와 원리와 동작에 대해 명쾌하게 표현하는 능력이 필요하다.

기술 영업 하이테크 제품의 경우 기술적으로 훈련된 인력이 영업 대표로서 요구된다. 기술적인 개념에 대한 이해와 잠재 고객에게 제품의 기술적인 측면을 전달하는 능력이 매우 필요하다. 이 분야에서는 기술문서 작성의 경우와 마찬가지로 말이나 글로 자신을 표현하는 경쟁력이 필수적이다. 실제로 의사소통 능력은 다른 기술 분야에서도 매우 중요한데 그것은 자료를 명료하게 기록하고 과정과 결론, 그리고 취하여야 할 행동을 설명하여 다른 사람이 자신이 하는 일을 이해할 수 있도록 하여야 하기 때문이다.

전자공학의 역사

회로이론을 공부하기에 앞서 오늘날의 전자기술을 이룩한 몇 가지 중요한 발전을 간략히 살펴보도록 하자. 전기와 전자기 분야의 선구자들의 이름은 친숙한 단위와 양의 용어의 형태로 살아 있다. 옴, 암페어, 볼타, 패럿, 헨리, 쿨롱, 에르스텟, 헤르츠 등이 그 예이다. 플랭클린이나 에디슨 같은 보다 널리 알려진 이름 역시 그들의 방대한 기여로 인하여 전기와 전자의 역사에서 매우 중요하다. 이들 선구자들에 대한 간략한 전기가 책 전반에 걸쳐 소개된다.

전자공학의 시작 초기 전자공학의 실험은 진공관에서 전자의 흐름과 연관되어 있다. 가이슬러(Heinrich Geissler)는 유리관에서 대부분의 공기를 제거하고 전류를 흘려주면 빛이 난다는 것을 발견하였다. 그 후 윌리엄 크룩스 경(Sir William Crookes)은 진공관 속의 전류는 입자로 이루어져 있음을 발견하였다. 에디슨(Thomas Edison)은 판과 함께 탄소 필라멘트 전구를 실험하여 뜨거운 필라멘트로부터 양극으로 충전된 판으로 전류가 흐른다는 것을 발견하였다. 그는 이 아이디어로 특허권을 얻었지만 사용하지는 않았다.

다른 초기 실험 과학자는 진공관에 흐르는 입자의 성질을 측정하였다. 죠셉 톰슨 경(Sir Joseph Thompson)은 이 입자의 성질을 측정하였으며 뒤에 이를 전자라고 불렀다.

무선 통신의 역사는 1844년부터 시작되었지만, 근본적으로 전자는 진공관 증폭기의 발명과 함께 시작된 20세기의 개념이다. 오직 한 방향으로만 전류를 흐르게 할 수 있었던 초기의 진공관은 1904년 플레밍(John A. Fleming)이 만들었다. 플레밍 밸브라고 불리는 이것은 진공관 다이오드의 시초이다. 1907년 드포리스트(Lee deForest)는 진공관에 그리드를 추가하였다. 오디오트론(audiotron)이라고 부르는 새로운 소자는 약한 신호를 증폭시킬 수 있었다. 제어 요소를 추가함으로써, 드포리스트는 전자공학의 혁명의 선구자가 되었다. 그는 이 향상된 소자 덕분에 대륙 간 전화 및 라디오가 가능하게 하였고, 1912년 캘리포니아 산호세의 한 아마추어 무선사가 음악을 정규적으로 방송하고 있었다.

1921년 상무장관 후버(Herbert Hoover)는 첫 번째 면허를 한 라디오 방송국에 내주었다. 이후 20년 동안 무려 600건이 넘는 면허가 발급되었다. 1920년 말에는 대부분 가정에 라디오가 보급되었다. 암스트롱(Edwin Armstrong)에 의해 발명된 슈퍼헤테로다인 라디오는 고주파 통신의 문제점을 해결해 주었다. 1923년 미국의 연구자 스보리킨(Vladimir Zworykin)은 최초의 텔레비전 화상관을 발명하였고, 1927년 판스워스(Philo T. Farnsworth)가 완전한 텔레비전 시스템을 위한 특허를 신청하였다.

1930년 라디오는 금속관, 자동 이득 제어, 꼬마 라디오 ,방향성 안테나를 포함하여 많은 것들이 개발되었다. 또한 1930년대에는 최초의 전자식 컴퓨터의 개발이 시작되었다. 현대의 컴퓨터는 아이오와 주립 대학교(Iowa State University)의 아타나소프(John Atanasoff)에 기원을 두고 있다. 1937년 초반 그는 복잡한 수학적 계산을 할 수 있는 2진법의 기계를 상상하였다. 1939년 그와 그의 대학원 친구인 베리(Clifford Berry)는 논리를 위해 진공관을 쓰고 메모리를 위해 콘덴서를 사용한 최초의 2진법 기계인 ABC(Aanasoff-Berry Computer의 약자)를 발명하였다. 1939년 마이크로파 발진기인 마그네트론은 영국에서 부트(Henry Boot)와 랜달(John Randall)에 의해 발명되었다. 같은 해에 클라이스트론 마이크로파 관(klystron microwave tube)이 미국에서 럿셀(Russell)과 배리언(Sigurd Varian)에 의해 발명되었다.

세계 2차 대전 기간에 전자공학은 빠르게 발전되었다. 레이더와 고주파 통신은 마그네트론과 클라이스트론에 의해 가능하게 되었다. 음극선관은 레이더에 사용하기 위해 개량되었다. 컴퓨터는 전쟁 동안 계속해서 일을 하였다. 1946년 폰보이만(John von Neumann)은 최초의 프로그램 저장 컴퓨터인 에니악을 펜실베이아 대학교에서 개발하였다. 1940년대 말 가장 중요한 발명의 하나인 트랜지스터가 발명된다.

고체 전자공학 초기 라디오에 사용된 광석 검파기는 현재 반도체 소자의 원조이다. 그러나 고체 전자공학의 시대는 1947년 벨 연구소에서 트랜지스터의 발명과 함께 시작된다. 발명자는 브래튼(Walter Brattain), 바딘(John Bardeen), 그리고 쇼클레이(William Shockley)였다. 인쇄회로기판(PCB)은 트랜지스터가 발명된 1947년 소개되었다. 1951년 펜실베니아 알렌타운에서 트랜지스터의 상업 생산이 시작되었다.

1950년대의 가장 중요한 발명은 집적회로이다. 1958년 9월 12일 텍사스 인스트루먼트 사의 킬비(Jack Kilby)는 최초의 집적회로를 만들었다. 이 발명으로 인하여 글자 그대로 현재 컴퓨터 시대가 열렸으며, 의료, 통신, 제조 및 오락 산업에서 광범위한 변화가 일어났다. 집적회로는 칩(chip)으로 불리게 되었으며, 그 동안 이러한 칩이 수십억 개 생산되었다.

1960년대에는 우주 개발 경쟁이 시작되고 제품의 소형화 및 컴퓨터 개발에 박차가 가해졌다. 우주 개발 경쟁은 전자공학의 급속한 변화를 주도하는 구동력이었다. 최초의 성공적인 연산 증폭기는 1965년 페어차일드 반도체 사의 위들러(Bob Widler)가 설계하였다. μA709라고 불린 이 연산 증폭기는 대단히 성공적이었으나 래치업(latch-up) 및 다른 문제점을 가지고 있었다. 이후 가장 유명했던 연산 증폭기인 741이 페어차이들 사에서 만들어졌는데 이 연산 증폭기는 산업 표준이 되었으며, 여러 해 동안 연산 증폭기 설계에 많은 영향을 미쳤다.

1971년 페어차일드 사에서 나온 어떤 그룹이 만든 한 새로운 회사가 최초의 마이크로프로세서를 소개하였다. 이 회사가 바로 인텔이며 제품은 4004 칩이었는데 에니악과 동일한 처리능력을 가지고 있었다. 같은 해에 인텔은 최초의 8비트 마이크로프로세서 8008을 발표하였다. 1975년 최초의 개인용 컴퓨터가 알테어(Altair)에 의해 소개되었으며 포퓰러 사이언스(Popular Science) 잡지는 1975년 1월호에 표지그림으로 이 컴퓨터를 실었다. 1970년대에는 또한 포켓계산기도 소개되었으며 광학집적회로도 새로이 개발되었다.

1980년대에는 전체 미국 가정의 절반이 텔레비전 안테나 대신 유선으로 텔레비전을 시청하고 있었다. 1980년대에 전자제품의 신뢰성, 속도 및 소형화는 계속되었는데 여기에는 인쇄회로기판의 자동 검사 및 교정이 포함되었다. 컴퓨터는 계측의 한 부분이 되었으며 가상 계측이 생겨났다. 컴퓨터는 작업대의 표준 도구가 되었다.

1990년대에는 인터넷이 광범위하게 이용되었다. 1993년 웹 사이트는 겨우 130개였는데 이제는 수백만 개가 되었다. 이 시기에 회사들은 앞다투어 홈페이지를 개설하였으며, 인터넷과 병행된 라디오 방송의 초기 개발이 많이 이루어졌다. 1995년 FCC는 디지털 오디오 라디오 서비스라고 부르는 새로운 서비스를 위한 스펙트럼 영역을 할당하였다. 디지털 텔레비전 표준이 미국의 차세대 텔레비전 방송을 위해 1996년 FCC에 의해 채택되었다.

21세기가 2001년 1월 시작되었다. 기술적으로 주된 이야기는 인터넷이 지속적이며 폭발적으로 성장하고 있다는 것이다. 북미의 인터넷 사용은 2000년에서 2005년 사이에 100% 이상 증가하였다. 같은 기간에 전 세계 다른 나라에서는 거의 200%의 증가를 경험하였다. 컴퓨터의 처리속도는 일정한 비율로 증가하고 있으며 자료 저장매체의 용량은 놀라운 속도로 증가하고 있다. 탄소 나노 튜브는 컴퓨터 칩을 위한 다음 단계로 여겨지고 있으며 궁극적으로 트랜지스터 기술을 대체할 것이다.

톰 플로이드
Tom Floyd

차 례

DC회로

양과 단위

장의 개요

1–1 과학과 공학 표기법
1–2 단위와 계량 접두기호
1–3 계량의 단위 변환
1–4 측정된 수
1–5 전기 안전

장의 목표

▶ 양을 표현하기 위해 과학기호를 사용한다.
▶ 전기 단위와 계량 접두기호를 사용한다.
▶ 계량 접두기호 상호간의 단위를 변환한다.
▶ 측정된 데이터를 적당한 유효자릿수로 표현한다.
▶ 전기적 위험을 인지하고 적당한 안전절차를 연습한다.

핵심 용어

▶ 계량 접두기호(metric prefix)
▶ 공학 표기법(engineering notation)
▶ 과학 표기법(scientific notation)
▶ 반올림(round off)
▶ 십의 거듭제곱(power of ten)
▶ 오차(error)
▶ 유효자릿수(significant digit)
▶ 전기 충격(electrical shock)
▶ 정밀도(precision)
▶ 정확도(accuracy)
▶ 지수(exponent)
▶ SI

응용 과제 개요

2장부터 각 장의 첫부분에는 각 장의 내용과 관련된 응용 과제의 개요가 제시된다. 이러한 응용 과제의 개요는 실제 산업현장에서 다양하게 접할 수 있을 것이다.

각 장을 공부할 때, 각 장의 마지막 부분에 제시되는 응용 과제를 어떻게 접근하여야 할지 유의하여야 한다. 이 장을 학습하고 나면, 응용 과제를 완벽하게 수행할 수 있게 될 것이다.

지원 웹 사이트

학습을 돕기 위해 다음의 웹 사이트를 방문하기 바란다.
http://www.prenhall.com/floyd

도입

전자공학 분야에서 사용하는 단위에 익숙해져야만 하고, 접두기호를 사용하여 다양한 방법으로 소자의 크기를 표현하는 방법을 알아야 한다. 과학과 공학 표기법은 컴퓨터와 계산기 등을 사용하든 종래의 방식으로 계산을 하든 간에 계산과정에서 반드시 필요하다.

1-1 과학과 공학 표기법

전기공학과 전자공학 분야에서 다루는 물리적인 양은 그 단위가 매우 크거나 매우 작을 수 있다. 예를 들어, 전력회로에 흐르는 전류의 양은 수백 암페어 정도이고, 대부분의 전자회로에 흐르는 전류의 양은 수천 분의 일 또는 수백만 분의 일 암페어 정도로서, 다루어지는 전류의 양은 범위가 넓다. 다른 전자적인 양도 마찬가지로 범위가 넓게 다루어진다. 공학 표기법은 과학 표기법을 전문적으로 표현한 형태로서 기술적인 분야에서 큰 양과 작은 양을 표현하는 데 광범위하게 사용되고 있다. 전자공학 분야에서, 공학 표기법은 전압, 전류, 전력, 저항과 기타 다른 양의 값을 표현하는 데 사용된다.

절의 학습내용

▶ **물리적인 양을 표현하기 위해 과학 표기법을 사용한다.**

  ▶ 십의 거듭제곱을 이용하여 임의의 수를 표현한다.

  ▶ 십의 거듭제곱으로 계산을 수행한다.

과학 표기법(scientific notation)*은 크고 작은 수들을 쉽게 표현하거나, 이러한 수들을 계산하는 데 편리하게 사용된다. 과학 표기법에서는 물리적인 양이 1과 10 사이의 수(소수점 왼쪽의 한 자리)와 십의 거듭제곱의 곱의 형태로 표현된다. 예를 들어 150,000을 과학 표기법으로 나타내면 1.5×10^5으로 표현되고, 0.00022는 2.2×10^{-4}으로 표현된다.

십의 거듭제곱

표 1-1에는 양과 음의 지수의 형태로 표현된 십의 거듭제곱의 수를 10진수로 변환된 예를 나타내었다. **십의 거듭제곱(power of ten)**은 십을 밑수(base)로 하여 지수 형태로 표현된다.

밑수 ╲   ╱ 지수

$$10^x$$

지수(exponent)는 기수가 얼마만큼 자리 이동을 하는가를 나타내는 수이다. 지수는 십진수를 표현하기 위해 소수점이 오른쪽 또는 왼쪽으로 얼마만큼 이동하여야 하는가를 나타낸다. 만약 십의 거듭제곱의 지수가 양수인 경우에는 소수점을 오른쪽으로 이동시키면 쉽게 십진수를 얻을 수 있다. 예를 들어, 4의 지수를 갖는 경우는 다음과 같다.

$$10^4 = 1 \times 10^4 = 1.0000. = 10,000.$$

표 1-1

양과 음의 지수를 갖는 십의 거듭제곱의 예

$10^6 = 1,000,000$	$10^{-6} = 0.000001$
$10^5 = 100,000$	$10^{-5} = 0.00001$
$10^4 = 10,000$	$10^{-4} = 0.0001$
$10^3 = 1,000$	$10^{-3} = 0.001$
$10^2 = 100$	$10^{-2} = 0.01$
$10^1 = 10$	$10^{-1} = 0.1$
$10^0 = 1$	

---

* 볼드체로 표시된 용어는 책 끝부분의 용어집에 수록되어 있다. 또한 주요 용어로서 각 장 끝부분에 있는 '핵심 용어'에 정의되어 있다.

만약 십의 거듭제곱의 지수가 음수인 경우에는 소수점을 왼쪽으로 이동시키면 쉽게 십진수를 얻을 수 있다. 예를 들어, −4의 지수를 갖는 경우는 다음과 같다.

$$10^{-4} = 1 \times 10^{-4} = .0001. = 0.0001$$

음의 지수는 음수를 만드는 것이 아니라, 단순히 소수점을 왼쪽으로 이동하는 것을 의미한다.

예제 1-1

다음의 수를 과학 표기법으로 표현하시오.

(a) 200   (b) 5000   (c) 85,000   (d) 3,000,000

해 각각의 경우, 양의 십의 거듭제곱 형태로 나타내기 위해 소수점을 적당한 자릿수만큼 왼쪽으로 이동하면 된다.

(a) $200 = 2 \times 10^2$ (b) $5000 = 5 \times 10^3$
(c) $85,000 = 8.5 \times 10^4$ (d) $3,000,000 = 3 \times 10^6$

관련 문제* 750,000,000을 과학 표기법으로 나타내시오.

───────────────────

* 정답은 장의 끝부분에 있다.

예제 1-2

다음의 수를 과학 표기법으로 표현하시오.

(a) 0.2   (b) 0.005   (c) 0.00063   (d) 0.000015

해 각각의 경우, 음의 십의 거듭제곱 형태로 나타내기 위해 소수점을 적당한 자릿수만큼 오른쪽으로 이동하면 된다.

(a) $0.2 = 2 \times 10^{-1}$ (b) $0.005 = 5 \times 10^{-3}$
(c) $0.00063 = 6.3 \times 10^{-4}$ (d) $0.000015 = 1.5 \times 10^{-5}$

관련 문제 0.00000093을 과학 표기법으로 나타내시오.

예제 1-3

다음의 수를 일반적인 10진수로 표현하시오.

(a) 1×10^5 (b) 2×10^3 (c) 3.2×10^{-2} (d) 2.5×10^{-6}

해 소수점을 음 또는 양의 십의 거듭제곱에 의해 표현된 자릿수만큼 이동하시오.

(a) $1 \times 10^5 = 100,000$ (b) $2 \times 10^3 = 2000$
(c) $3.2 \times 10^{-2} = 0.032$ (d) $2.5 \times 10^{-6} = 0.0000025$

관련 문제 8.2×10^8을 일반적인 10진수로 표현하시오.

십의 거듭제곱을 이용한 계산

십의 거듭제곱 표기법의 장점은 매우 작은 수나 큰 수의 덧셈, 뺄셈, 곱셈, 나눗셈에서 찾을 수 있다.

덧셈 십의 거듭제곱을 이용한 덧셈의 과정은 다음과 같다.

   1. 동일한 십의 거듭제곱으로 덧셈이 수행될 수 있도록 두 개의 수를 표현한다.
   2. 두 수의 합을 얻기 위해 거듭제곱을 제외한 나머지 수를 더한다.
   3. 계산의 결과를 일반적인 십의 거듭제곱 형태로 표현되도록 조절한다.

예제 1–4	2×10^6과 5×10^7을 더하고, 이를 과학 표기법으로 나타내시오.
해	**1.** 두 수를 동일한 십의 거듭제곱 형태로 나타낸다 : $(2 \times 10^6) + (50 \times 10^6)$
	2. $2 + 50$을 수행하면 52가 된다.
	3. 계산의 결과는 52×10^6이 되고, 이를 일반적인 십의 거듭제곱의 형태로 표현하면 $\mathbf{5.2 \times 10^7}$이 된다.
관련 문제	4.1×10^3과 7.9×10^2을 더하시오.

뺄셈 십의 거듭제곱을 이용한 뺄셈의 과정은 다음과 같다.

   1. 동일한 십의 거듭제곱으로 뺄셈이 수행될 수 있도록 두 개의 수를 표현한다.
   2. 두 수의 차를 얻기 위해 거듭제곱을 제외한 나머지 수를 뺀다.
   3. 계산의 결과를 일반적인 십의 거듭제곱 형태로 표현되도록 조절한다.

예제 1–5	7.5×10^{-11}에서 2.5×10^{-12}을 빼고, 이를 과학 표기법으로 나타내시오.
해	**1.** 두 수를 동일한 십의 거듭제곱 형태로 나타낸다 : $(7.5 \times 10^{-11}) - (0.25 \times 10^{-11})$
	2. $7.5 - 0.25$를 수행하면 7.25가 된다.
	3. 계산의 결과는 $\mathbf{7.25 \times 10^{-11}}$이 된다. 이는 일반적인 십의 거듭제곱의 형태로 표현된 형태이므로 자릿수 조정을 할 필요가 없다.
관련 문제	2.2×10^{-5}에서 3.5×10^{-6}을 빼시오.

곱셈 십의 거듭제곱을 이용한 곱셈의 과정은 다음과 같다.

   1. 십의 거듭제곱을 제외한 나머지 수를 곱한다.
   2. 십의 거듭제곱을 대수적으로 더한다(지수부는 동일하지 않게 된다).

예제 1–6	5×10^{12}과 3×10^{-6}의 곱을 구하고, 이를 과학 표기법으로 나타내시오.
해	두 수를 곱하고, 거듭제곱을 대수적으로 더한다.
	$(5 \times 10^{12})(3 \times 10^{-6}) = 15 \times 10^{12+(-6)} = 15 \times 10^6 = \mathbf{1.5 \times 10^7}$
관련 문제	1.2×10^3과 4×10^2의 곱을 구하시오.

나눗셈 십의 거듭제곱을 이용한 나눗셈의 과정은 다음과 같다.

1. 십의 거듭제곱을 제외한 나머지 수만 나눈다.
2. 분자의 십의 거듭제곱에서 분모의 십의 거듭제곱을 뺀다(지수부는 동일하지 않게 된다).

예제 1–7

5.0×10^8을 2.5×10^3으로 나누고, 이를 과학 표기법으로 나타내시오.

해 분자와 분모의 형태로 두 수를 나타낸다.

$$\frac{5.0 \times 10^8}{2.5 \times 10^3}$$

두 수를 나누고, 십의 거듭제곱을 뺀다.

$$\frac{5.0 \times 10^8}{2.5 \times 10^3} = 2 \times 10^{8-3} = \mathbf{2 \times 10^5}$$

관련 문제 8×10^{-6}을 2×10^{-10}으로 나누시오.

계산기에서의 과학 표기법 대부분의 계산기에서는 과학 표기법으로 수를 입력할 경우에는 다음과 같이 EE 키를 사용한다. 즉, 소수점의 왼쪽의 한 자릿수를 입력하고, EE 키를 입력한 후에 십의 거듭제곱을 입력한다. 이러한 방법은 수를 입력하기 전에 십의 거듭제곱을 미리 결정하여야 한다. 몇몇 계산기에는 소수점을 입력하면 과학 표기법으로 자동으로 변환해 주는 기능을 갖고 있는 경우도 있다.

예제 1–8

EE 키를 사용하여 23,560을 과학 표기법으로 입력하시오.

해 소수점이 숫자 2 다음에 오도록 소수점 4자리를 왼쪽으로 이동한다. 이를 과학 표기법으로 표현하면 다음과 같이 된다.

$$2.3560 \times 10^4$$

이 숫자를 계산기에 다음과 같이 입력한다.

관련 문제 EE 키를 사용하여 573,946을 입력하시오.

공학 표기법

공학 표기법(engineering notation)은 과학 표기법과 유사하다. 그렇지만, 공학 표기법에서는 소수점의 왼쪽으로 한 자리에서 세 자리까지 가질 수 있고, 십의 거듭제곱인 지수는 3의 배수이어야 한다. 예를 들면, 숫자 33,000은 공학 표기법으로는 33×10^3으로 표현되고, 과학 표기법으로는 3.3×10^4으로 표현된다. 또 다른 예로, 숫자 0.045는 공학 표기법으로는 45×10^{-3}으로 표현되고, 과학 표기법으로는 4.5×10^{-2}으로 표현된다.

예제 1-9

다음의 수를 공학 표기법으로 표현하시오.

(a) 82,000　　(b) 243,000　　(c) 1,956,000

해　공학 표기법으로

(a) 82,000은 82×10^3으로 표현된다.

(b) 243,000은 243×10^3으로 표현된다.

(c) 1,956,000은 1.956×10^6으로 표현된다.

관련 문제　36,000,000,000을 공학 표기법으로 표현하시오.

예제 1-10

다음의 수를 공학 표기법으로 변환하시오.

(a) 0.0022　　(b) 0.000000047　　(c) 0.00033

해　공학 표기법으로

(a) 0.0022는 2.2×10^{-3}으로 표현된다.

(b) 0.000000047은 47×10^{-9}으로 표현된다.

(c) 0.00033은 330×10^{-6}으로 표현된다.

관련 문제　0.0000000000056을 공학 표기법으로 표현하시오.

계산기에서의 공학 표기법　소수점의 왼쪽의 한 자리, 두 자리, 또는 세 자리를 갖는 수를 입력하기 위해 EE 키를 사용하고, EE 키를 누르고, 3의 배수인 십의 거듭제곱을 입력한다. 이러한 방법으로 수를 입력하기 전에 십의 거듭제곱은 미리 결정되어 있어야 한다.

예제 1-11

EE 키를 사용하여 51,200,000을 공학 표기법으로 입력하시오.

해　소수점이 숫자 1 다음에 오도록 소수점 6자리를 왼쪽으로 이동한다. 이를 과학 표기법으로 표현하면 다음과 같이 된다.

$$51.2 \times 10^6$$

이 숫자를 계산기에 다음과 같이 입력한다.

5　1　·　2　EE　6　　51.2E6

관련 문제　EE 키를 사용하여 공학 표기법으로 273,900을 입력하시오.

1–1 복습문제*

1. 과학 표기법은 십의 거듭제곱을 사용한다. (참 또는 거짓)

2. 100을 십의 거듭제곱으로 표현하시오.

3. 다음의 수를 과학 표기법으로 표현하시오.

    (a) 4350   (b) 12,010   (c) 29,000,000

4. 다음의 수를 과학 표기법으로 표현하시오.

    (a) 0.760   (b) 0.00025   (c) 0.000000597

5. 다음의 연산을 수행하시오.

    (a) $(1 \times 10^5) + (2 \times 10^5)$ (b) $(3 \times 10^6)(2 \times 10^4)$

    (c) $(8 \times 10^3) \div (4 \times 10^2)$ (d) $(2.5 \times 10^{-6}) - (1.3 \times 10^{-7})$

6. 문제 3의 내용을 과학 표기법으로 계산기에 입력하시오.

7. 다음의 수를 공학 표기법으로 표현하시오.

    (a) 0.0056   (b) 0.0000000283   (c) 950,000   (d) 375,000,000,000

8. 문제 7의 내용을 공학 표기법으로 계산기에 입력하시오.

＊ 정답은 장의 끝부분에 있다.

1–2   단위와 계량 접두기호

전자공학 분야에서는 반드시 측정될 수 있는 양이 다루어져야 한다. 예를 들면, 회로의 어떤 지점에서 측정된 전압이 얼마인지, 도체를 통해 어느 정도의 전류가 흐르는지, 증폭기 구동회로에서 어느 정도의 전력이 소모되는지 등을 표현할 수 있어야 한다. 이 절에서는 이 책에서 다루고 있는 대부분의 전기적인 양에 대해 단위와 기호를 소개한다. 계량 접두기호는 일반적으로 사용되는 십의 거듭제곱의 형태로 공학 표기법과 연계하여 사용된다.

절의 학습내용

▶ **전기적 단위와 계량 접두기호를 사용한다.**

    ▶ 열두 가지의 전기적인 양에 대한 단위를 소개한다.

    ▶ 전기적 단위에 대한 기호를 정의한다.

    ▶ 계량 접두기호를 살펴본다.

    ▶ 공학적으로 표현된 십의 거듭제곱을 접두기호로 변환한다.

    ▶ 전기적인 양으로 표현하기 위해 계량 접두기호를 사용한다.

전기적 단위

전자공학에서는 양과 단위를 표현하기 위해 문자기호가 사용된다. 하나의 기호는 양의 이름을 나타내는 데 사용되고, 또 다른 하나의 기호는 양의 측정 단위를 나타내는 데 사용된다. 예를 들면, P는 전력을 의미하고, W는 전력의 단위인 와트를 의미한다. 표 1-2는 전기적인 양 가운데 가장 중요한 양에 대한 SI 단위와 기호를 나타내고 있으며, 이들은 이 책을 통해 사용될 것이다. 여기서, **SI**는 국제적인 시스템(International System)에 대한 프랑스어 *Système International*의 약자이다.

표 1–2

전기적인 양과 이에 상응하는 단위 및 SI 기호

양	기호	SI 단위	기호
캐패시턴스(capacitance)	C	패럿(farad)	F
전하(charge)	Q	쿨롱(coulomb)	C
컨덕턴스(conductance)	G	지멘스(siemens)	S
전류(current)	I	암페어(ampere)	A
에너지(energy)	W	주울(joule)	J
주파수(frequency)	f	헤르츠(hertz)	Hz
임피던스(impedance)	Z	옴(ohm)	Ω
인덕턴스(inductance)	L	헨리(henry)	H
전력(power)	P	와트(watt)	W
리액턴스(reactance)	X	옴(ohm)	Ω
저항(resistance)	R	옴(ohm)	Ω
전압(voltage)	V	볼트(volt)	V

계량 접두기호

공학 표기법에서 십의 거듭제곱으로 표현된 수를 **계량 접두기호(metric prefixes)**를 사용하여 표기한다. 표 1-3에 십의 거듭제곱 대신 사용할 수 있는 보편적인 접두기호를 나열하였다.

표 1–3

십의 거듭제곱 대신 사용할 수 있는 보편적인 접두기호

계량 접두사	기호	십의 거듭제곱	값
펨토(femto)	f	10^{-15}	천조분의 일(one-quadrillionth)
피코(pico)	p	10^{-12}	일조분의 일(one-trillionth)
나노(nano)	n	10^{-9}	십억분의 일(one-billionth)
마이크로(micro)	μ	10^{-6}	백만분의 일(one-millionth)
밀리(milli)	m	10^{-3}	천분의 일(one-thousandth)
킬로(kilo)	k	10^{3}	천(one thousand)
메가(mega)	M	10^{6}	백만(one million)
기가(giga)	G	10^{9}	십억(one billion)
테라(tera)	T	10^{12}	일조(one trillion)

계량 접두기호는 전압, 전류와 저항과 같은 단위 기호의 앞에 측정의 단위로 사용된다. 예를 들면, 0.025 암페어는 공학 표기법으로 25×10^{-3}으로 표현되며, 이 양을 계량 접두기호를 사용하면 25 mA로 표현되고, 25 밀리암페어라고 읽는다. 계량 접두기호 밀리(milli)는 10^{-3}으로 대체된다. 또 다른 예로, 100,000,000 옴은 100×10^{6} Ω으로 표현되며, 이 양을 계량 접두기호를 사용하면 100 MΩ으로 표현되고, 100 메가옴으로 읽는다. 계량 접두기호 메가(mega)는 10^{6}으로 대체된다.

예제 1–12	다음의 양을 계량 접두기호를 사용하여 표현하시오.
	(a) 50,000 V **(b)** 25,000,000 Ω **(c)** 0.000036 A
해	**(a)** 50,000 V $= 50 \times 10^{3}$ V $=$ **50 kV** **(b)** 25,000,000 Ω $= 25 \times 10^{6}$ Ω $=$ **25 MΩ**
	(c) 0.000036 A $= 36 \times 10^{-6}$ A $=$ **36 μA**
관련 문제	다음의 양을 계량 접두기호를 사용하여 표현하시오.
	(a) 56,000,000 Ω **(b)** 0.000470 A

1-2 복습문제	1. 다음의 십의 거듭제곱 형태를 계량 접두기호로 표시하시오. : 10^6, 10^3, 10^{-3}, 10^{-6}, 10^{-9}과 10^{-12} 2. 0.000001 A를 계량 접두기호를 사용하여 표현하시오. 3. 250,000 W를 계량 접두기호를 사용하여 표현하시오.

1-3 계량의 단위 변환

밀리암페어(mA)에서 마이크로암페어(μA)로 단위를 변환하는 것처럼 접두기호의 단위를 상호 변환하는 것이 필요하거나 편리한 경우가 있다. 접두기호는 숫자의 소수점을 오른쪽 또는 왼쪽으로 적절히 이동시켜 변환한다.

절의 학습내용

▶ **계량의 단위를 변환한다.**

   ▶ 밀리, 마이크로, 나노, 피코 간의 변환을 한다.

   ▶ 킬로와 메가 간의 변환을 한다.

계량의 단위 변환은 다음과 같은 기본 법칙을 적용한다.

1. 범위가 큰 단위에서 작은 단위로 변환할 때에는 소수점을 오른쪽으로 이동시킨다.
2. 범위가 작은 단위에서 큰 단위로 변환할 때에는 소수점을 왼쪽으로 이동시킨다.
3. 변환될 단위의 십의 거듭제곱수의 지수 차이를 파악하여 소수점을 몇 자리 이동시켜야 할지를 결정한다.

예를 들면, mA를 μA로 변환하는 경우에는 mA는 10^{-3} A이고 μA는 10^{-6} A로서 두 단위 사이에 세 자리의 차이가 나기 때문에 소수점을 오른쪽으로 세 자리 이동시켜야 한다. 다음의 예제를 통해 단위 변환을 연습해 보자.

예제 1-13	0.15 밀리암페어(0.15 mA)를 마이크로암페어(μA)로 변환하시오.
해	소수점을 오른쪽으로 세 자리 이동한다. $$0.15 \text{ mA} = 0.15 \times 10^{-3} \text{ A} = 150 \times 10^{-6} \text{ A} = \mathbf{150 \ \mu A}$$
관련 문제	1 mA를 마이크로암페어로 변환하시오.

예제 1-14	4500 마이크로볼트(4500 μV)를 밀리볼트(mV)로 변환하시오.
해	소수점을 왼쪽으로 세 자리 이동한다. $$4500 \text{ mV} = 4500 \times 10^{-6} \text{ V} = 4.5 \times 10^{-3} \text{ A} = \mathbf{4.5 \ mV}$$
관련 문제	1000 μV를 밀리볼트로 변환하시오.

예제 1–15	5000 나노암페어(5000 nA)를 마이크로암페어(μA)로 변환하시오.
해	소수점을 왼쪽으로 세 자리 이동한다.
	$$5000 \text{ nA} = 5000 \times 10^{-9} \text{ A} = 5 \times 10^{-6} \text{ A} = \mathbf{5 \ \mu A}$$
관련 문제	893 nA를 마이크로암페어로 변환하시오.

예제 1–16	47,000 피코패럿(47,000 pF)을 마이크로패럿(μF)으로 변환하시오.
해	소수점을 왼쪽으로 여섯 자리 이동한다.
	$$47{,}000 \text{ pF} = 47{,}000 \times 10^{-12} \text{ F} = 0.047 \times 10^{-6} \text{ F} = \mathbf{0.047 \ \mu F}$$
관련 문제	10,000 pF를 마이크로패럿으로 변환하시오.

예제 1–17	0.00022 마이크로패럿(0.00022 μF)을 피코패럿(pF)으로 변환하시오.
해	소수점을 오른쪽으로 여섯 자리 이동한다.
	$$0.00022 \ \mu F = 0.00022 \times 10^{-6} \text{ F} = 220 \times 10^{-12} \text{ F} = \mathbf{220 \ pF}$$
관련 문제	0.0022μF를 피코패럿으로 변환하시오.

예제 1–18	1800 킬로옴(1800 kΩ)을 메가옴(MΩ)으로 변환하시오.
해	소수점을 왼쪽으로 세 자리 이동한다.
	$$1800 \text{ k}\Omega = 1800 \times 10^{3} \ \Omega = 1.8 \times 10^{6} \ \Omega = \mathbf{1.8 \ M\Omega}$$
관련 문제	2.2 kΩ을 메가옴으로 변환하시오.

서로 다른 계량 접두기호로 표현된 값을 가감하고자 할 경우에는 다음 예제와 같이 먼저 하나의 값을 다른 값의 동일한 접두기호로 변환한다.

예제 1–19	15 mA와 8000 μA를 더하고 결과를 mA로 나타내시오.
해	8000 μA를 8 mA로 변환하고 더한다.
	$$15 \text{ mA} + 8000 \ \mu A = 15 \text{ mA} + 8 \text{ mA} = \mathbf{23 \ mA}$$
관련 문제	2873 mA와 10,000 μA를 더하시오. .

1–3 복습문제	1. 0.01 MV를 kV로 변환하시오.
	2. 250,000 pA를 mA로 변환하시오.
	3. 0.05 MW와 75 kW를 더하고, 결과를 kW로 나타내시오.
	4. 50 mV와 25,000 μV를 더하고, 결과를 mV로 나타내시오.

1–4   측정된 수

계측기를 사용하여 양을 측정할 때마다, 계측기의 성능으로 인해 결과가 불확실하게 나타나곤 한다. 측정된 양이 근사치일 경우에 숫자는 유효자릿수로 보정된다. 측정된 수를 기록할 때에는, 표현되어야 하는 자릿수는 한 자리 이상의 불확실한 자릿수를 포함한 유효자릿수로 표현되어야 한다.

절의 학습내용

▶ **적당한 유효자릿수로 측정된 데이터를 표현한다.**

  ▶ 정확도, 오차와 정밀도를 정의한다.

  ▶ 적절하게 반올림한다.

오차, 정확도 및 정밀도

실험에서 획득되는 데이터는 그 데이터의 정확도가 시험장비의 정확도와 측정이 이루어지는 조건에 따라 달라지므로 정확하지 못하다. 적절한 측정 데이터를 얻기 위해서는 측정에 따른 오차를 고려하여야 한다. 실험오차는 실수에 의해 발생되는 것이 아니다. 계수를 통해 얻어지는 데이터 이외의 모든 측정 데이터는 실제값과 근사치를 나타낸다. **오차(error)**는 임의의 양에 대해 참 또는 최적의 값과 측정된 값과의 차이를 의미한다. 오차가 적다는 것은 측정된 데이터의 값이 정확하다는 것을 의미한다. **정확도(accuracy)**는 측정된 데이터의 오차의 범위를 의미한다. 예를 들어 두께가 10.00 mm인 게이지 블록을 마이크로미터로 측정했을 때 10.8 mm로 측정이 되었다면, 게이지 블록이 실용 표준으로 고려되어야 하기 때문에 이 측정값은 정확하지 않다. 이와는 달리 10.02 mm로 측정되었다면, 이번에는 표준과 일치한 것으로 볼 수 있으므로 정확하다고 말할 수 있다.

측정값의 양과 관련된 또 다른 용어로 **정밀도(precision)**가 있다. 정밀도란 어떤 양을 측정할 경우의 반복성(지속성)의 척도이다. 일련의 판독을 통해 일정한 측정값을 얻는 것은 가능하지만, 계측기 오차로 인해 각각의 측정이 부정확한 경우가 있을 수 있다. 예를 들어 계측기가 조정되어 있지 않아 부정확하지만 일관된(정밀한) 결과를 얻을 수는 있다. 그러나 반대로 정밀하지 않지만 정확한 계측기를 확보한다는 것은 불가능하다.

유효자릿수

보정되어진 측정값의 자릿수를 **유효자릿수(significant digits)**라고 한다. 대다수 계측기의 경우 적정한 수의 유효자릿수를 제공하지만, 계측기에 따라 유효하지 않은 자릿수를 나타내는 경우가 있으므로, 어떻게 기록하여야 하는지는 사용자의 판단에 맡기는 경우도 있다. 이러한 현상은 부하(loading)라고 하는 효과 때문에 발생한다(6-4절에서 논의된다). 회로의 영향으로 인해 실제 계측기에서 판독되는 데이터는 변화가 일어날 수도 있다. 판독된 데이터가 부정확하다고 인지하는 것이 중요하고, 이 경우에 측정된 부정확한 데이터의 자릿수는 기록할 필요가 없다.

유효자릿수와 관련된 또 다른 문제는 수를 수학적으로 연산할 때 일어난다. 유효자릿수의 개수는 처음 측정값의 범위를 넘어설 수 없다. 예를 들어, 1.0 V를 3.0 Ω으로 계산기를 사용하여 나누면, 0.33333333의 결과가 출력된다. 처음 수치가 각각 2개의 유효자릿수로 표현되어 있으므로, 답은 똑같은 유효자릿수의 개수를 유지하여 0.33 A로 기록하여야 한다.

기록된 자릿수가 유효한지의 여부를 판단하는 규칙은 다음과 같다.

규칙 1 : 0이 아닌 숫자는 항상 유효한 것으로 고려되어야 한다.

규칙 2 : 첫 번째로 나타나는 0이 아닌 숫자의 왼쪽에 존재하는 0은 유효하지 않다.

규칙 3 : 0이 아닌 숫자 사이의 0은 언제나 유효하다.

규칙 4 : 소수를 표현할 때, 소수점 오른쪽에 오는 0은 유효하다.

규칙 5 : 정수로 표현된 소수점 왼쪽에 오는 0은 측정값에 따라 유효할 수도 유효하지 않을 수도 있다. 예를 들어 12,100 Ω은 3, 4개 또는 5개의 유효한 숫자를 가질 수 있다. 유효자릿수를 명확하게 하기 위해서는 과학 표기법(또는 계량 접두기호)을 사용하여야 한다. 이를테면 12.10 kΩ은 4개의 유효숫자를 포함한다.

측정값을 기록할 때 하나의 불확실한 자릿수는 포함될 수도 있지만, 다른 불확실한 자릿수는 버려야 한다. 어떤 수에서 유효자릿수의 개수를 파악하려면 소수점은 무시하고 0이 아닌 첫 번째 자릿수에서 시작하여 왼쪽에서 오른쪽으로 자릿수를 세어 오른쪽의 마지막 자릿수에서 끝낸다. 계수된 모든 자릿수는 숫자의 오른쪽 끝에 있는 0(이는 유효할 수도 유효하지 않을 수도 있다)을 제외하고는 유효하다. 다른 정보가 없다면 오른쪽 0의 유효성은 불확실하다. 일반적으로, 측정된 부분이 아니고 자리로서의 0은 유효하지 않은 것으로 간주된다. 유효한 0을 나타낼 필요가 있다면, 혼란을 피하기 위해 과학 표기법이나 공학 표기법으로 수치를 나타내어야 한다.

예제 1–20	측정된 수치 4300을 2, 3개 및 4개의 유효자릿수로 표현하시오.
해	소수에서 소수점 오른쪽의 0은 유효하다. 따라서 2개의 유효자릿수로 나타내려면 4.3×10^3(오른쪽에 0이 없다)으로 써야 한다. 또한 3개의 유효자릿수로 나타내려면 4.30×10^3이고, 4개의 유효자릿수로 나타내려면 4.300×10^3이다.
관련 문제	수치 10,000을 3개의 유효자릿수로 나타내도록 하려면 어떻게 하여야 하는가?

예제 1–21	다음 측정값에서 각각의 유효자릿수에 밑줄을 그으시오.
	(a) 40.0　　**(b)** 0.3040　　**(c)** 1.20×10^5　　**(d)** 120,000　　**(e)** 0.00502
해	**(a)** 40.0은 3개의 유효자릿수를 갖고 있다(규칙 4).
	(b) 0.3040은 4개의 유효자릿수를 갖고 있다(규칙 2, 3).
	(c) 1.20×10^5은 3개의 유효자릿수를 갖고 있다(규칙 4).
	(d) 120,000은 최소한 2개의 유효자릿수를 갖고 있다. 그 수는 (c)와 같지만 이 경우의 0은 불확실하다(규칙 5). 이런 표기는 측정된 물리량을 기록하는 데 추천할 만한 방법은 아니므로 과학 표기법이나 계량 접두기호를 사용하도록 한다. 예제 1-20을 참조하라.
	(e) 0.00502는 3개의 유효자릿수를 갖고 있다(규칙 2, 3).
관련 문제	측정값 10과 10.0과의 차이점은 무엇인가?

반올림수

측정값은 언제나 대략적으로 표현되기 때문에 한 자리 이상의 불확실한 자릿수를 포함한 유효자릿수로 표현되어야 한다. 표현된 자릿수의 개수는 측정 정밀도의 척도가 된다. 따라서, 마지막 유효자릿수의 오른쪽에서 하나 이상의 자릿수를 떼내어 수치를 **반올림(round off)**하여야 한다. 반올림은 버려지는 유효자릿수만을 사용하며, 반올림 규칙은 다음과 같다.

규칙 1 : 버려지는 유효자릿수의 수가 5보다 크면 마지막으로 유지되는 자릿수에 1을 증가시킨다.

규칙 2 : 버려지는 자릿수의 수가 5보다 작을 때에는 마지막으로 유지되는 자릿수는 그대로 유지한다.

규칙 3 : 버려지는 자릿수의 수가 5인 경우에, 마지막으로 유지되는 자릿수가 짝수가 되는 조건으로 증가시킨다. 그렇지 않으면, 그대로 둔다.

예제 1–22	다음 수치들을 3개의 유효자릿수로 반올림하시오.
	(a) 10.071 **(b)** 29.961 **(c)** 6.3948 **(d)** 123.52 **(e)** 122.52
해	**(a)** 10.071은 10.1로 반올림된다.
	(b) 29.961은 30.0으로 반올림된다.
	(c) 6.3948은 6.39로 반올림된다.
	(d) 123.52는 124로 반올림된다.
	(e) 122.52는 122로 반올림된다.
관련 문제	3.2850을 짝수로의 반올림(round-to-even) 규칙을 이용하여 3개의 유효자릿수로 반올림하시오.

일반적으로 전자공학 분야에서 사용되는 부품의 허용오차의 한계는 1% 이상이다(보통 5%나 10%이다). 대부분의 계측기는 이보다 더 높은 정확도를 갖고 있지만, 측정값의 정확도가 1000분의 1보다 높은 측정기는 흔하지 않다. 따라서, 상당히 높은 정확도를 요구하는 측정을 제외하고는 측정값은 세 자리의 유효자릿수만으로 표시해도 충분하다. 일부 중간 결과를 요구하는 경우에는 계산기에 모든 자릿수를 입력하여 계산하지만, 결과를 기록할 때에는 세 개의 유효자릿수로 반올림하도록 한다.

1-4 복습문제	1. 소수점 오른쪽에 0을 나타내기 위한 규칙은 무엇인가?
	2. 짝수로의 반올림 규칙이란 무엇인가?
	3. 도면에서 $1000\ \Omega$의 저항기가 $1.0\ k\Omega$으로 표시된 것을 흔히 보게 된다. 저항기의 값에 대해 이것이 의미하는 사실은 무엇인가?
	4. 전원 공급기가 $10.00\ V$로 설정되어야 한다면 계측기에 요구되는 정확도에 관해 이것이 의미하는 사실은 무엇인가?
	5. 측정값에서 정확한 개수의 유효자릿수를 나타낼 때 과학 표기법이나 공학 표기법을 어떻게 활용할 수 있는가?

1-5 전기 안전

전기작업을 할 때 안전은 매우 중요하다. 특히 전기작업을 할 때, 전기 충격 또는 화재가 발생할 수 있으므로 안전에 주의하여야 한다. 전압이 신체의 두 점에 인가되어 전류의 경로가 형성될 경우에는 이 전류에 의해 전기 충격이 발생할 수 있으므로 더욱 주의를 기울여야 한다. 전기소자들은 종종 높은 온도에서 사용되므로, 소자에 손이 닿으면 피부에 상처를 입을 수 있으므로 조심하여야 한다. 또한, 전기를 사용할 때에는 화재의 위험이 있으므로 조심하여야 한다.

절의 학습내용

▶ **전기의 위험을 인지하고 적당한 안전조치를 연습한다.**

　▶ 전기 충격의 원인을 설명한다.

　▶ 신체를 통해 흐르는 전류 통로의 종류를 나열한다.

　▶ 신체를 통해 흐르는 전류의 효과에 대해 설명한다.

　▶ 전기를 다룰 때 주의하여야 하는 안전수칙에 대해 나열한다.

전기 충격

신체를 통해 흐르는 전류(전압이 아님)는 **전기 충격(electrical shock)**의 원인이 된다. 물론 전류가 흐르기 위해서는 저항을 통해 전압이 인가되어야 한다. 신체의 한 부분이 어느 한 전압과 접촉하고, 다른 부분이 다른 전압 또는 금속 새시와 같은 접지에 접촉하게 되면 신체를 통해 전류가 흐르게 된다. 전류의 흐름은 전압이 야기되는 두 점에 따라 다르게 된다. 전기적인 충격은 전압의 양과 신체를 통해 흐르는 전류의 통로에 따라 심각하게 나타날 수 있다.

신체를 통해 흐르는 전류의 흐름은 신체 내의 어떠한 조직과 장기에 손상을 주는지를 결정한다. 전류 통로는 그림 1-1에 나타낸 바와 같이 touch 전위, step 전위와, touch/step 전위의 세 가지 그룹으로 나누어진다.

그림 1-1

3가지 기본적인 전류 통로 그룹에서의 전기 충격 위험

 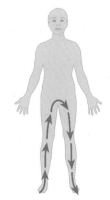 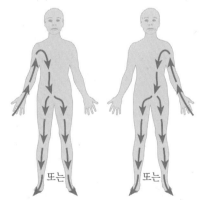

touch 전위　　　　　step 전위　　　　　touch/step 전위

신체에서의 전류효과　전류의 양은 전압과 저항에 따라 다르게 나타난다. 신체는 체중, 피부 습도와 전위차를 갖는 신체의 접촉 부위 등의 여러 가지 요소에 의해 결정되는 저항으로 작용한다. 표 1-4에는 밀리암페어 단위의 다양한 전류의 값에 대한 물리적 영향을 나타내었다.

전류(mA)	물리적 현상
0.4	약간의 자극
1.1	인지의 시작점
1.8	단순한 충격, 고통이 없고 근육 제어에 이상이 없음
9	고통이 약간 있는 충격, 근육 제어에 이상이 없음
16	통증을 동반하는 충격
23	심각한 통증의 충격, 근육 수축, 숨쉬기 곤란
75	심장 발작 증상의 한계
235	심장 발작 증상의 한계, 5초 이상 지속되면 치명적임
4000	심장 마비
5000	조직 화상

표 1–4
체중에 따른 전기전류의 물리적 현상

신체 저항 신체의 저항값은 측정하고자 하는 신체의 두 점에 따라 10 kΩ에서 50 kΩ 정도로 나타난다. 또한, 피부의 습도도 두 점의 저항에 영향을 줄 수 있다. 저항은 표 1-4에 나열된 각각의 현상을 나타내는 데 필요한 전압의 양에 따라 결정된다. 예를 들면, 신체의 두 점사이에 10 kΩ의 저항값이 나타나고, 이 두 점 사이에 90 V가 인가된다면, 9 mA의 전류가 흘러 고통이 약간 동반되는 전기적인 충격을 주게 된다.

안전 유의 사항

사용자가 전기와 전자 장비를 다룰 때 다음과 같이 여러 가지 면에서 유의하여야 한다.

▶ 어떠한 전압원과의 접촉을 피하여야 한다. 전기부품을 접촉해서 작업을 할 경우에 회로를 다루기 전에 전원을 끈다.
▶ 혼자 작업하지 않는다. 응급상황에 대해 전화는 유용할 수 있다.
▶ 졸음을 수반하는 약을 복용하였거나 졸릴 때에는 작업을 하지 않는다.
▶ 회로를 다룰 경우에는 반지, 시계와 금속 성분의 귀금속을 빼고 작업한다.
▶ 심각한 위험요소를 인지하고 적당한 절차를 알기 전까지는 장비를 다루지 않는다.
▶ 3구의 전원 코드를 사용하여 장비를 사용한다.
▶ 전원 코드가 양호한지, 접지 핀이 손상이 있는지를 확인한다.
▶ 사용하는 공구가 적절히 절연되어 있는지 확인한다.
▶ 공구를 적절하게 사용하고, 작업공간을 청결하게 유지한다.
▶ 선을 납땜하거나 구부릴 때에는 안전안경을 착용한다.
▶ 손으로 회로의 일부분을 만져야 할 경우에는 항상 전원을 차단하거나 캐패시터를 방전시킨다.
▶ 비상전원 차단장치의 위치와 비상출구를 확인한 후 작업한다.
▶ 연동 스위치와 같은 안전장치를 함부로 다루지 않는다.
▶ 항상 신발을 신고 건조한 상태를 유지한다. 금속 또는 젖은 바닥에는 서지 않는다.
▶ 손이 젖어 있을 때에는 절대로 계측기를 다루지 않는다.
▶ 전원이 꺼져 있다고 가정하지 않는다. 장비를 다루기 전에 신뢰할 수 있는 계측기로 이중 검사를 한다.
▶ 시험중인 회로에 공급되는 전류가 필요 이상으로 공급되지 않도록 전원 공급기의 전원의 상한치를 제한해 놓는다.

▶ 캐패시터와 같은 몇몇 소자에는 전원이 제거된 후에도 치명적인 전하를 저장하고 있을 수 있으므로, 이를 다루기 전에는 반드시 방전시킨다.

▶ 전원 공급기의 단자와의 접촉을 피한다.

▶ 항상 절연된 선을 사용하여 작업한다.

▶ 케이블과 선의 길이는 최대한 짧게 유지하고, 극성이 있는 부품을 적절하게 연결한다.

▶ 안전하지 않은 상황에 대해 보고한다.

▶ 작업장과 실험실의 안전규칙을 준수한다. 장비 근처에서는 음료수나 음식물을 소지하지 않는다.

▶ 전압이 가해진 도체가 방치되어져 있다면, 즉시 전원을 제거한다. 이것이 불가능하다면 도체와 신체 접촉이 일어나지 않도록 비전도성의 물체를 사용하여 격리시킨다.

1–5 복습문제	1. 전기적 접촉이 있을 경우에, 신체에 어떠한 물리적 고통과 해를 줄 수 있는가?
	2. 전기회로 작업을 할 경우에 반지를 착용해도 좋다. (참 또는 거짓)
	3. 전기작업을 할 때, 젖은 바닥에 서 있는 것은 어떠한 안전 위험에도 영향을 주지 않는다. (참 또는 거짓)
	4. 작업자가 신중하다면, 전원이 제거되지 않은 상태에서 회로의 재배선 작업을 할 수 있다. (참 또는 거짓)
	5. 전기적 충격은 굉장히 고통스럽고 치명적인 상처가 될 수 있다. (참 또는 거짓)

요 약

▶ 과학 표기법은 매우 큰 수와 매우 작은 수를 1과 10(소수점 왼쪽으로 한 자리) 사이의 수와 십의 거듭제곱을 곱한 형태로 표현하는 방법이다.

▶ 공학 표기법은 소수점의 왼쪽으로 한 자리에서 세 자리까지 갖는 수와 십의 거듭제곱의 지수가 3의 배수인 수를 곱한 형태로 표현하는 방법으로서 과학 표기법의 하나이다.

▶ 계량 접두기호는 십의 거듭제곱의 형태가 3의 배수로 표현하기 위해 사용되는 기호이다.

▶ 유효자릿수는 원래의 수에서의 유효자리를 초과할 수 없다.

핵심 용어

이 장에서 제시된 용어는 책 끝부분의 용어집에 정의되어 있다.

계량 접두기호(metric prefix) : 공학 표기법으로 표현되는 수를 십의 거듭제곱으로 대치하기 위해 사용되는 기호

공학 표기법(engineering notation) : 임의의 수를 한 자리에서 세 자리까지의 수와 3의 배수로 된 지수를 갖는 십의 거듭제곱을 곱해서 수를 표현하는 시스템

과학 표기법(scientific notation) : 1과 10 사이의 수와 십의 거듭제곱을 곱해서 수를 표현하는 시스템

반올림(round off) : 수를 표현하는 데 있어서 마지막 유효자리의 오른쪽으로 하나 또는 그 이상의 숫자를 자르는 과정

십의 거듭제곱(power of ten) : 기수 10과 지수로 구성하여 수를 표현하는 방법

오차(error) : 임의의 양에 대해 참 또는 최적의 값과 측정된 값과의 차이

유효자릿수(significant digit) : 수에서 보정되어진 수

전기 충격(electrical shock) : 신체를 통해 흐르는 전류에 의해 야기되는 물리적 자각현상

정확도(accuracy) : 측정시 오차의 범위를 나타낸다.

지수(exponent) : 어떤 수나 오른쪽 위에 덧붙여 쓰여 그 거듭제곱을 한 횟수를 나타내는 숫자

정밀도(precision) : 일련의 측정과정에서 나타나는 반복의 척도

SI : 모든 공학과 과학 분야에서 사용되는 단위를 국제적으로 표준화한 시스템(Standardized International System, 프랑스어의 약어 표현으로 *Le Système International d'Unites*)

자습문제　　정답은 장의 끝부분에 있다.

1. 다음 중 4.7×10^3과 같은 수는 무엇인가?
(a) 470　　(b) 4700　　(c) 47,000　　(d) 0.0047

2. 다음 중 56×10^{-3}과 같은 수는 무엇인가?
(a) 0.056　　(b) 0.560　　(c) 560　　(d) 56,000

3. 3,300,000을 공학 표기법을 바꾸면 어떻게 표현되는가?
(a) 3300×10^3　　(b) 3.3×10^{-6}　　(c) 3.3×10^6　　(d) (a)나 (c) 중 하나

4. 밀리암페어는 어떻게 표현되는가?
(a) 10 MA　　(b) 10 μA　　(c) 10 kA　　(d) 10 mA

5. 5000 볼트는 어떻게 표현되는가?
(a) 5000 V　　(b) 5 MV　　(c) 5 kV　　(d) (a)나 (c) 중 하나

6. 20,000,000 옴은 어떻게 표현되는가?
(a) 20 mΩ　　(b) 20 MW　　(c) 20 MΩ　　(d) 20 $\mu\Omega$

7. 15,000 W와 같은 것은 어느 것인가?
(a) 15 mW　　(b) 15 kW　　(c) 15 MW　　(d) 15 μW

8. 다음 중 전기적인 양이 아닌 것은?
(a) 전류　　(b) 전압　　(c) 시간　　(d) 전력

9. 다음 중 전류의 단위는?
(a) 볼트　　(b) 와트　　(c) 암페어　　(d) 주울

10. 다음 중 전압의 단위는?
(a) 옴　　(b) 와트　　(c) 볼트　　(d) 패럿

11. 다음 중 저항의 단위는?
(a) 암페어　　(b) 헨리　　(c) 헤르츠　　(d) 옴

12. 다음 중 헤르츠는 어떤 단위인가?
(a) 전력　　(b) 인덕턴스　　(c) 주파수　　(d) 시간

13. 0.1050에는 몇 개의 유효자리가 있는가?
(a) 2개　　(b) 3개　　(c) 4개　　(d) 5개

문 제　　홀수문제의 답은 책 끝부분에 있다.

기본문제

1-1 과학과 공학 표기법

1. 다음의 수를 과학 표기법으로 표현하시오.
(a) 3000　　(b) 75,000　　(c) 2,000,000

2. 다음의 분수를 과학 표기법으로 표현하시오.
(a) 1/500　　(b) 1/2000　　(c) 1/5,000,000

3. 다음의 수를 과학 표기법으로 표현하시오.

(a) 8400   (b) 99,000   (c) 0.2×10^6

4. 다음의 수를 과학 표기법으로 표현하시오.

(a) 0.0002   (b) 0.6   (c) 7.8×10^{-2}

5. 다음의 수를 정규 소수로 표현하시오.

(a) 2.5×10^{-6} (b) 5.0×10^2 (c) 3.9×10^{-1}

6. 다음의 수를 정규 소수형으로 표현하시오.

(a) 4.5×10^{-6} (b) 8×10^{-9} (c) 4.0×10^{-12}

7. 다음의 덧셈을 수행하시오.

(a) $(9.2 \times 10^6) + (3.4 \times 10^7)$ (b) $(5 \times 10^3) + (8.5 \times 10^{-1})$

(c) $(5.6 \times 10^{-8}) + (4.6 \times 10^{-9})$

8. 다음의 뺄셈을 수행하시오.

(a) $(3.2 \times 10^{12}) - (1.1 \times 10^{12})$ (b) $(2.6 \times 10^8) - (1.3 \times 10^7)$

(c) $(1.5 \times 10^{-12}) - (8 \times 10^{-13})$

9. 다음의 곱셈을 수행하시오.

(a) $(5 \times 10^3)(4 \times 10^5)$ (b) $(1.2 \times 10^{12})(3 \times 10^2)$ (c) $(2.2 \times 10^{-9})(7 \times 10^{-6})$

10. 다음의 나눗셈을 수행하시오.

(a) $(1.0 \times 10^3) \div (2.5 \times 10^2)$ (b) $(2.5 \times 10^{-6}) \div (5.0 \times 10^{-8})$

(c) $(4.2 \times 10^8) \div (2 \times 10^{-5})$

11. 다음의 수를 공학 표기법으로 표현하시오.

(a) 89,000   (b) 450,000   (c) 12,040,000,000,000

12. 다음의 수를 공학 표기법으로 표현하시오.

(a) 2.35×10^5 (b) 7.32×10^7 (c) 1.333×10^9

13. 다음의 수를 공학 표기법으로 표현하시오.

(a) 0.000345   (b) 0.025   (c) 0.00000000129

14. 다음의 수를 공학 표기법으로 표현하시오.

(a) 9.81×10^{-3} (b) 4.82×10^{-4} (c) 4.38×10^{-7}

15. 다음의 수를 더하고 공학 표기법으로 표현하시오.

(a) $2.5 \times 10^{-3} + 4.6 \times 10^{-3}$ (b) $68 \times 10^6 + 33 \times 10^6$

(c) $1.25 \times 10^6 + 250 \times 10^3$

16. 다음의 수를 곱하고 공학 표기법으로 표현하시오.

(a) $(32 \times 10^{-3})(56 \times 10^3)$ (b) $(1.2 \times 10^{-6})(1.2 \times 10^{-6})$ (c) $100(55 \times 10^{-3})$

17. 다음의 수를 나누고 공학 표기법으로 표현하시오.

(a) $50 \div (2.2 \times 10^3)$ (b) $(5 \times 10^3) \div (25 \times 10^{-6})$ (c) $(560 \times 10^3) \div (660 \times 10^3)$

1-2 단위와 계량 접두기호

18. 문제 11의 수를 계량 접두기호를 사용하여 옴으로 표현하시오.

19. 문제 13의 수를 계량 접두기호를 사용하여 암페어로 표현하시오.

20. 다음을 계량 접두기호를 사용하여 표현하시오.

(a) 31×10^{-3} A   (b) 5.5×10^3 V   (c) 20×10^{-12} F

21. 다음을 계량 접두기호를 사용하여 표현하시오.

(a) 3×10^{-6} F   (b) 3.3×10^6 Ω   (c) 350×10^{-9} A

22. 다음의 양을 십의 거듭제곱으로 표현하시오.

(a) 5 μA   (b) 43 mV   (c) 275 kΩ   (d) 10 MW

1-3 계량의 단위 변환

23. 다음에 제시된 변환을 수행하시오.

   (a) 5 mA를 μA로   **(b)** 3200 μW를 mW로

   (c) 5000 kV를 MV로   **(d)** 10 MW를 kW로

24. 다음 질문에 답하시오.

   (a) 1 mA는 몇 μA인가?

   (b) 0.05 kV는 몇 mV인가?

   (c) 0.02 kΩ은 몇 MΩ인가?

   (d) 155 mW는 몇 kW인가?

25. 다음의 양에 대해 덧셈을 수행하시오.

   (a) 50 mA + 680 μA   **(b)** 120 kΩ + 2.2 MΩ **(c)** 0.02 μF + 3300 pF

26. 다음 연산을 수행하시오.

   (a) 10 kΩ ÷ (2.2 kΩ + 10 kΩ)   **(b)** 205 mV ÷ 50 μV   **(c)** 1 MW ÷ 2 kW

1-4 측정된 수

27. 다음에 제시된 수치들은 유효자릿수가 몇 개인가?

   (a) 1.00×10^3 **(b)** 0.0057   **(c)** 1502.0

   (d) 0.000036   **(e)** 0.105   **(f)** 2.6×10^2

28. 3개의 유효자릿수로 다음의 수치들을 짝수로의 반올림 규칙을 사용하여 반올림하시오.

   (a) 50,505   **(b)** 220.45   **(c)** 4646   **(d)** 10.99   **(e)** 1.005

정 답

절 복습문제

1-1 과학과 공학 표기법

1. 참

2. 10^2

3. (a) 4.35×10^3 **(b)** 1.201×10^4 **(c)** 2.9×10^7

4. (a) 7.6×10^{-1} **(b)** 2.5×10^{-4} **(c)** 5.97×10^{-7}

5. (a) 3×10^5 **(b)** 6×10^{10} **(c)** 2×10^1 **(d)** 2.37×10^{-6}

6. 숫자를 입력하고, EE 키를 누르고, 십의 거듭제곱을 입력한다.

7. (a) 5.6×10^{-3} **(b)** 28.3×10^{-9} **(c)** 950×10^3 **(d)** 375×10^9

8. 숫자를 입력하고, EE 키를 누르고, 십의 거듭제곱을 입력한다.

1-2 단위와 계량 접두기호

1. Mega(M), kilo(k), milli(m), micro(μ), nano(n), pico(p)

2. 1 μA(one microampere)

3. 250 kW(250 kilowatts)

1-3 계량의 단위 변환

1. 0.01 MV = 10 kV

2. 250,000 pA = 0.00025 mA

3. 125 kW

4. 75 mV

1-4 측정된 수

1. 소수점 오른쪽으로 0들이 나타난다면, 이들 0들이 유효하게 고려되어져야 하기 때문에 단지 0들이 유효한 수일 때에만 0들을 유지하여야 한다.

2. 숫자 5가 버려진다면, 마지막으로 유지한 자릿수가 짝수가 되는 경우에만 나머지 숫자를 증가시킨다.

3. 소수점 오른쪽으로의 0이 의미하는 것은 저항값이 100 Ω 정도로 정확하다는 것이다.

4. 계측기는 유효숫자 4자리로 정확하여야 한다.

5. 소수점 오른쪽으로의 어떠한 자릿수도 과학 표기법과 공학 표기법으로 표현될 수 있다. 소수점 오른쪽의 수는 항상 유효하게 고려되어져야 한다.

1-5 전기 안전

1. 전류

2. 거짓

3. 거짓

4. 거짓

5. 참

예제 관련 문제

1-1 7.5×10^8

1-2 9.3×10^{-7}

1-3   820,000,000

1-4 4.89×10^3

1-5 1.85×10^{-5}

1-6 4.8×10^5

1-7 4×10^4

1-8   5.73946을 입력하고 EE 키를 누른다. 그리고 5를 입력한다.

1-9 36×10^9

1-10 5.6×10^{-12}

1-11   273.9를 입력하고 EE 키를 누른다. 그리고 3을 입력한다.

1-12   **(a)** 56 MΩ   **(b)** 470 μA

1-13   1000 μA

1-14   1 mV

1-15   0.893 μA

1-16   0.01 μF

1-17   2200 pF

1-18   0.0022 MΩ

1-19   2883 mA

1-20 10.0×10^3

1-21   숫자 10은 2자리의 유효자리를 갖고, 10.0은 3자리의 유효자리를 갖는다.

1-22   3.28

자습문제

1. (b)   **2.** (a)   **3.** (c)   **4.** (d)   **5.** (d)   **6.** (c)   **7.** (b)

8. (c)   **9.** (c)   **10.** (c)   **11.** (d)   **12.** (c)   **13.** (c)

전압, 전류와 저항

장의 목표

▶ 원자의 기본 구조를 설명한다.
▶ 전하량의 개념을 설명한다.
▶ 전압을 정의하고 특성을 살펴본다.
▶ 전류를 정의하고 특성을 살펴본다.
▶ 저항을 정의하고 특성을 살펴본다.
▶ 기본 전기회로를 설명한다.
▶ 기초 회로를 측정하는 방법을 설명한다.

핵심 용어

▶ 가감 저항기(rheostat)
▶ 가변 저항기(potentiometer)
▶ 개회로(open circuit)
▶ 도체(conductor)
▶ 반도체(semiconductor)
▶ 볼트(volt : V)
▶ 부하(load)
▶ 스위치(switch)
▶ 암페어(ampere : A)
▶ 옴(ohm : Ω)
▶ 자유전자(free electron)
▶ 저항(resistance)
▶ 저항계(ohmmeter)
▶ 저항기(resistor)
▶ 전류(current)
▶ 전류계(ammeter)
▶ 전류원(current source)
▶ 전압(voltage)
▶ 전압계(voltmeter)
▶ 전압원(voltage source)
▶ 전자(electron)
▶ 전하(charge)
▶ 접지(ground)
▶ 지멘스(siemens : S)
▶ 컨덕턴스(conductance)
▶ 쿨롱(coulomb : C)
▶ 폐회로(closed circuit)
▶ 회로(circuit)
▶ 회로도(schematic)
▶ 회로 차단기(circuit breaker)
▶ AWG(American Wire Gauge)
▶ DMM(Digital Multimeter)

응용 과제 개요

전구가 실외에서 특별한 용도로 사용될 수 있도록 고안된 회로를 연결하고 검증하는 과정을 생각해 보자. 요구사항은 다음과 같다.

1. 6개의 전구가 있고, 단지 한 번에 하나의 전구가 켜진다.
2. 전구가 켜지거나 꺼지는 순서는 여러 가지로 나타날 수 있다.
3. 각각의 전구의 밝기는 조절될 필요가 있다.
4. 전구는 휴대용으로 사용하기 위해 12 V에서 동작하여야 하고, 회로는 퓨즈에 의해 보호되어야 한다.

이 장을 학습하고 나면, 응용 과제를 완벽하게 수행할 수 있게 될 것이다.

지원 웹 사이트

학습을 돕기 위해 다음의 웹 사이트를 방문하기 바란다.
http://www.prenhall.com/floyd

도입

이 장에서는 세 가지 기본적인 전기량, 즉 전압, 전류와 저항에 대해 설명한다. 일반적인 전기 또는 전자 장비에서 이러한 전기량들은 매우 중요하게 다루어진다.

전압, 전류와 저항에 대한 이해를 돕기 위해 원자의 기본 구조가 설명되고, 전하의 개념이 도입된다. 전압, 전류와 저항을 측정하는 과정을 통해 기본적인 전기회로를 이해하게 될 것이다.

2-1 원자

모든 물체는 원자로 이루어져 있으며, 모든 원자는 전자, 양성자, 그리고 중성자로 이루어져 있다. 원자 내의 임의의 전자 구조는 도체 또는 반도체에 흐르는 전류의 양을 결정하는 주요 요소로 작용한다.

절의 학습내용

▶ **원자의 기본 구조를 설명한다.**

   ▶ 핵, 양성자, 중성자, 전자를 정의한다.

   ▶ 원자 번호를 정의한다.

   ▶ 원자각을 정의한다.

   ▶ 가전자가 무엇인지 설명한다.

   ▶ 이온화에 대해 설명한다.

   ▶ 자유전자가 무엇인지 설명한다.

   ▶ 도체, 반도체, 절연체를 정의한다.

원자(atom)는 그 원소의 특징을 나타내는 **원소(element)**의 가장 작은 입자이다. 이미 알려진 109개의 원소는 각각 서로 다른 고유의 원자 구조를 가지고 있다. 고전적인 보어(Bohr)의 모형에 의하면, 그림 2-1에서 나타낸 바와 같이 원자는 중앙의 핵을 중심으로 궤도를 도는 전자로 이루어진 행성 모양의 구조를 가지고 있다. **핵(nucleus)**은 **양성자(protons)**라 불리는 양으로 충전된 입자와 **중성자(neutrons)**라 불리는 충전되지 않은 입자로 이루어져 있다. 음전하로 충전된 입자를 **전자(electrons)**라고 한다.

각각의 원자의 형태는 다른 원소의 원자들과 구분이 되도록 전자와 양성자의 수가 정해져 있다. 예를 들어, 가장 간단한 원자인 수소 원자는 그림 2-2(a)에 나타낸 것과 같이 하나의 양성자와 하나의 전자를 가지고 있다. 또 다른 예로, 그림 2-2(b)의 헬륨 원자에는 두 개의 양성자와 두 개의 중성자를 가진 핵과 핵 주위를 도는 두 개의 전자가 있다.

그림 2-1

핵 주위를 도는 전자를 가진 보어의 원자 모델. 전자에 붙어 있는 꼬리는 전자의 움직임을 나타낸다

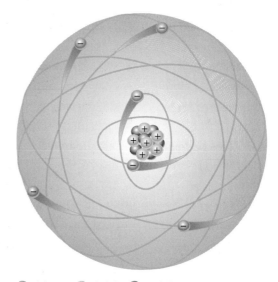

⊖ 전자   ⊕ 양성자   ◯ 중성자

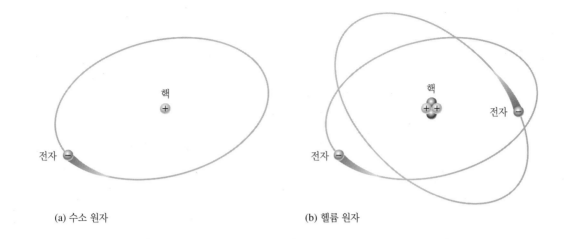

(a) 수소 원자　　　　　　　　　　　(b) 헬륨 원자

그림 2–2

2개의 간단한 원자의 예(수소와 헬륨)

원자 번호

모든 원소는 원자 번호에 따라 주기율표에 배열되어 있다. **원자 번호(atomic number)**는 핵속의 양성자 수와 같으며 전기적으로 평형을 이루게 하는(중성이 되는) 원자 내의 전자의 수와도 같다. 예를 들어, 수소는 원자 번호가 1이며 헬륨은 원자 번호가 2이다. 평상시, 즉 중성인 상태에서 주어진 원소의 모든 원자는 같은 수의 양성자를 가지고 있다. 즉, 양전하와 음전하가 상쇄되어 평형 상태를 이루면서 전체적으로는 0의 전하를 가지게 된다.

전자각과 궤도

전자는 원자의 핵으로부터 특정 거리를 두고 **궤도(orbit)**를 그리며 돌고 있다. 핵에 가까운 전자들은 핵에서 먼 궤도에 있는 전자보다 작은 에너지를 갖는다. 원자 구조에는 단지 이산적인(분리되어 있고 구분되는) 에너지값만이 존재하는 것으로 알려져 있다. 따라서 전자는 핵과 이산적 거리를 두고 일정 궤도를 따라 돌고 있게 된다.

에너지 준위　핵으로부터의 각 이산거리(궤도)는 특정 에너지 준위에 상응한다. 원자 내에서, 궤도는 **원자각(atomic shell)**으로 알려진 에너지대로 묶여 있다. 특정 원자는 특정 수의 원자각을 가진다. 각각의 원자각은 허용된 에너지 준위(궤도)에서 최대로 정해진 수의 전자를 가진다. 원자각 내에서의 에너지 준위의 차는 원자각 사이의 에너지 차보다 훨씬 작다. 원자각은 1, 2, 3과 같이 명시되며, 1은 핵에서 가장 가까운 원자각이다. 에너지대의 개념은 그림 2-3에 나타낸 바와 같이 두 개의 에너지 준위를 나타내는 그림으로 설명될 수 있다. 원자각은 원소에 따라 더 많은 원자각이 존재할 수 있다.

　각 원자각 내에 존재하는 전자의 수는 원자각의 번호가 N일 경우에 $2N^2$으로 결정된다. 어떤 원자의 첫 번째 원자각에는 최대 2개의 전자를 가질 수 있고, 두 번째 원자각에는 8개까지, 세 번째 원자각에는 18개, 네 번째 원자각에는 32개까지의 전자를 가질 수 있다.

가전자

전자는 원자의 핵으로부터 먼 거리의 궤도에 있을수록 더 큰 에너지를 가지며, 핵과 가까울수록 원자와 더욱 단단히 결속되어 있다. 이는 양으로 충전된 핵과 음으로 충전된 전자 사이의 인력이 핵으로부터의 거리와 반비례하기 때문이다. 최고의 에너지 준위를 가진 전자는 원자의 최외각에 존재하며, 상대적으로 원자에 느슨하게 결속된다. 이 외각은 **최외각(valence shell)**으로 알려져 있으며, 이러한 최외각에 존재하는 전자를 일컬어 **가전자** 또는 **최외각 전자**

그림 2-3
에너지 준위는 핵으로부터의 거리가
멀수록 증가한다

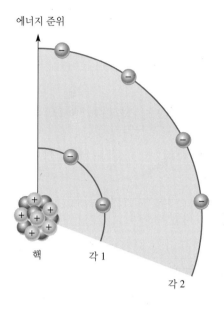

에너지 준위

핵 　 각 1

각 2

(valence electron)라고 한다. 이러한 가전자는 화학적 반응이나 물질의 구조 내의 결속성
등에 영향을 주며, 전기적 특성을 결정한다.

에너지 준위와 이온

만약 전자가 충분한 에너지를 갖는 광자(photon)를 흡수하면, 전자는 원자로부터 벗어나서
자유전자(free electron)가 된다. 원자 또는 원자의 그룹이 순수 전하로 남아 있을 때를 이온
이라 한다. 중성의 수소 원자(H로 표시)로부터 전자가 이탈하면, 원자는 순수 양성의 전하로
남아 있게 되어 양이온(H^+로 표시)으로 된다. 어떤 경우에는 원자나 원자 그룹이 전자를 얻
는 경우가 있고, 이를 음이온이라 한다.

구리 원자

전기 응용 회로에서 가장 보편적으로 사용되는 금속인 구리 원자의 구조를 살펴보자. 구리
원자는 그림 2-4에 나타낸 것과 같이 4개의 원자각에서 핵 주위를 돌고 있는 29개의 전자를
갖고 있다. 최외각인 네 번째, 즉 최외각에는 오로지 1개의 가전자를 갖고 있다. 구리 원자의

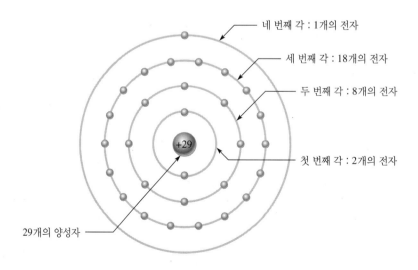

네 번째 각 : 1개의 전자

세 번째 각 : 18개의 전자

두 번째 각 : 8개의 전자

첫 번째 각 : 2개의 전자

29개의 양성자

그림 2-4

구리 원자

최외각에 있는 가전자가 충분한 열 에너지를 얻으면, 모(parent)원자로부터 벗어나 자유전자가 된다. 상온에서 구리 조각에는 이러한 자유전자가 무수히 존재한다. 이러한 전자는 주어진 원자에 구속되지 않고 구리 물질 내에서 자유롭게 움직인다. 이러한 자유전자는 구리를 양질의 도체로 만들고 전류가 흐르는 것을 가능하게 한다.

물질의 종류

전자공학에서 사용되는 물질의 종류는 도체, 반도체, 절연체의 세 가지로 구분된다.

도체 도체(conductor)는 전류가 흐를 수 있는 물질이다. 도체는 많은 수의 자유전자를 가지고 있으며, 그 구조는 1~3개까지의 최외각 전자로 특징지어진다. 대부분의 금속은 훌륭한 도체로 작용한다. 은이 가장 좋은 도체이며, 구리가 그 다음이다. 구리는 은보다 가격이 저렴해서 가장 보편적으로 도체로서 사용된다. 이 때문에 구리선은 전기회로에서 도체로서 가장 많이 사용된다.

반도체 반도체(semiconductor)는 도체보다 자유전자를 갖고 있지 않기 때문에, 전류를 흐르게 하는 능력이 도체보다 떨어진다. 반도체의 원자 구조에는 4개의 최외각 전자가 있다. 그러나 독특한 성질 때문에 몇몇의 반도체 물질들은 다이오드, 트랜지스터, 집적회로와 같은 현대 전자소자의 기본이 된다. 실리콘과 게르마늄이 가장 보편적으로 사용되는 반도체 물질이다.

절연체 절연물질은 전류의 흐름이 매우 약한 도체이다. 사실 **절연체(insulator)**는 전류의 흐름이 요구되지 않는 곳에서 전류의 흐름을 저하시키기 위해 사용된다. 도체와 비교하여 절연체는 거의 자유전자를 갖고 있지 않다. 이는 절연체의 원자 구조상에서 4개 이상의 최외각 전자를 갖고 있는 특징에 의해 결정된다.

2–1 복습문제*

1. 음전하의 기본적인 입자는 무엇인가?
2. 원자를 정의하시오.
3. 원자는 어떠한 구조로 되어 있는가?
4. 원자 번호를 정의하시오.
5. 모든 물질이 같은 원자의 형태를 가지고 있는가?
6. 자유전자는 무엇인가?
7. 원자 구조에서 원자각이란 무엇인가?
8. 도체의 예를 2가지를 들으시오.

* 정답은 장의 끝부분에 있다.

2–2 전하

이미 알고 있는 바와 같이, 전자는 음전하를 나타내는 가장 작은 입자이다. 물질 안에 잉여의 전자가 존재하면 전체 물질은 음전하의 성질을 띠게 되고, 전자가 부족해지면 전체적으로 양전하의 성질을 띠게 된다.

절의 학습내용

▶ **전하의 개념을 설명한다.**

  ▶ 전하의 단위를 명기한다.

  ▶ 전하의 종류를 명기한다.

  ▶ 전하 사이의 힘에 대해 설명한다.

  ▶ 주어진 전자의 수에 대해 전하량을 구한다.

전자의 전하와 양성자의 전하는 크기가 같다. **전하(charge)**는 전자의 과잉 또는 결핍 때문에 존재하는 물질의 고유 성질로서 기호는 Q로 나타낸다. 정전기는 물질에 포함되어 있는 양전하 또는 음전하이다. 정전기는 금속 표면이나 다른 사람과 닿을 때 또는 건조대에서 옷이 서로 달라붙을 때 등 일상생활에서 종종 경험하게 된다.

그림 2-5와 같이 반대 극성의 전하를 가진 물질끼리는 서로 끌어당기고, 같은 극성의 전하를 가진 물질끼리는 서로 밀어낸다. 인력과 척력에서 알 수 있듯이 전하 사이에는 힘이 작용한다. 이러한 힘을 전기장이라 하며, 그림 2-6에서 나타낸 바와 같이 눈에 보이지 않는 힘의 선으로 구성되어 있다.

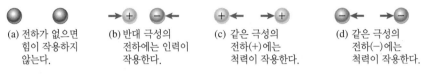

(a) 전하가 없으면 힘이 작용하지 않는다.　(b) 반대 극성의 전하에는 인력이 작용한다.　(c) 같은 극성의 전하(+)에는 척력이 작용한다.　(d) 같은 극성의 전하(−)에는 척력이 작용한다.

그림 2–5

전하의 인력과 척력

그림 2–6

반대 극성으로 대전된 표면 사이의 전기장

쿨롱 : 전하의 단위

전하는 쿨롱으로 측정되며, C로 표시된다.

1 쿨롱(coulomb)은 6.25×10^{18} 개의 전자가 갖는 전하량이다.

한 개의 전자는 1.6×10^{-19} C의 전하를 가진다. 주어진 수의 전자 안에 포함된 총 전하 Q를 쿨롱으로 표현하면 다음의 공식과 같다.

$$Q = \frac{\text{전자의 수}}{6.25 \times 10^{18} \text{ 개/C}} \tag{2-1}$$

양전하와 음전하

중성, 즉 전자와 양성자의 수가 같아서 총 전하가 0인 원자를 생각해 보자. 만약 최외각 전자가 에너지의 유입으로 원자로부터 떨어져 나가면 원자는 양성을 띠게 되고(양성자가 전자보다 많다) 양이온이 된다. 또한 원자가 외부에서 전자를 최외각으로 유입하면, 음성을 띠게 되고 음이온이 된다.

최외각 전자를 자유전자로 만드는 데 필요한 에너지의 양은 외각에 있는 전자의 수에 달려 있다. 원자는 최대 8개의 최외각 전자를 가질 수 있다. 원자의 외각이 견고하면 할수록 더욱 안정되어 있어 자유전자를 만들기 위해 더 많은 에너지가 필요하다. 그림 2-7은 수소 원자의 최외각 전자 하나가 염소 원자로 끌려가면서 양이온과 음이온을 만드는 과정을 보여준다. 그 결과 기체 염화수소(HCl)가 생성된다. 기체 HCl이 물에 용해되면 염산이 만들어진다.

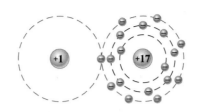

그림 2–7
양이온과 음이온의 형성의 예

수소 이온
(1개의 양성자, 1개의 전자)
(a) 중성 수소 원자는
하나의 가전자를 갖는다.

염소 이온
(17개의 양성자, 17개의 전자)

(b) 원자는 기체 상태의 염화수소(HCl)를
생성하기 위해 가전자를 공유하여 결합된다.

양의 수소 이온
(1개의 양성자, 0개의 전자)

음의 염소 이온
(17개의 양성자, 18개의 전자)

(c) 물에 용해되었을 때, 기체 염화수소는 양의 수소 이온과 음의 염소 이온으로 분리된다.
염소 원자는 수소 원자로부터 전자를 하나 받아 유지된다.

예제 2–1	93.8×10^{16} 개의 전자에는 몇 C의 전하가 포함되어 있는가?

해 $Q = \dfrac{\text{전자의 수}}{6.25 \times 10^{18} \text{ 개/C}} = \dfrac{93.8 \times 10^{16} \text{ 개}}{6.25 \times 10^{18} \text{ 개/C}} = 15 \times 10^{-2} \text{ C} = \mathbf{0.15\ C}$

관련 문제* 3 C의 전하에는 몇 개의 전자가 포함되어 있는가?

＊ 정답은 장의 끝부분에 있다.

2–2 복습문제	1. 전하를 나타내는 기호는 무엇인가?
	2. 전하의 단위와 단위 기호는 무엇인가?
	3. 두 종류의 전하는 무엇인가?
	4. 10×10^{12} 개의 전자에는 얼마의 전하가 포함되어 있는가?

2–3 전압

앞에서 설명하였듯이, 양전하와 음전하 사이에는 인력이 작용한다. 인력을 이겨내고 전하
를 특정 위치로 이동시킬 경우에는 특정량의 에너지가 일의 형태로 소비된다. 모든 반대
극성의 전하는 전하 사이가 떨어져 있기 때문에 특정한 위치 에너지를 가진다. 전하의 위
치 에너지의 차이를 전위차 또는 **전압(voltage)**이라 한다. 전압은 전자회로를 구동하는
원천이 되며, 전류를 형성한다.

절의 학습내용

▶ **전압을 정의하고 특징을 설명한다.**

　▶ 전압에 관한 공식을 기술한다.

　▶ 전압의 단위를 정의한다.

　▶ 기본적인 전압원을 설명한다.

전압은 단위 전하당 에너지의 비율로 정의되며, 다음과 같이 표현된다.

$$V = \frac{W}{Q}$$

(2-2)

여기서　V = 전압(단위 : V)

W = 에너지(단위 : J)

Q = 전하(단위 : C)

비슷한 개념으로, 수력 시스템에서 파이프를 통해 물을 흘려 보내는 경우를 생각할 수 있다. 이 때 전압은 펌프에 의해 발생되는 압력의 차이로 설명할 수 있다.

볼트 : 전압의 단위

전압의 단위는 V로 표기하고 볼트라 한다.

1 볼트(volt)는 1 J의 에너지가 어느 한 지점에서 다른 지점으로 1 C의 전하를 이동하는 데 사용될 때, 두 점 사이의 전위차(전압)를 말한다.

예제 2–2	10 C의 전하에 50 J의 에너지가 사용되었다면, 이 때 전압은 얼마인가?
해	$$V = \frac{W}{Q} = \frac{50\,\text{J}}{10\,\text{C}} = \textbf{5 V}$$
관련 문제	두 점 사이의 전압이 12 V일 때, 50 C의 전하를 이동시키는 데 필요한 에너지는 얼마인가?

전압원

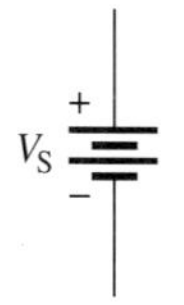

그림 2–8
DC 전압원의 기호

전압원(voltage source)은 전기 에너지 또는 기전력(emf : electromotive force)을 공급한다. 전압은 화학 에너지, 빛 에너지와 기계적 움직임과 결합된 자기 에너지에 의해 발생된다.

이상적인 전압원　이상적인 전압원은 회로의 동작에 필요한 임의의 전류에 대해 일정한 전압을 공급할 수 있는 전원이다. 이상적인 전압원은 실제 존재할 수 없지만, 실제 전원을 아주 근사하게 이상적인 전원으로 간주한다. 다른 별도의 설명이 없으면 이상적이라 생각할 수 있다.

전압원은 DC 또는 AC일 수 있다. DC 전압원의 기호를 그림 2-8에 나타내었다.

이상적인 전압원의 전압 대 전류의 특성곡선(IV 특성)을 그림 2-9에 나타내었다. 그림에서 알 수 있듯이, 전압은 전원으로부터 어떠한 전류가 출력되더라도 일정하다. 실제 전압원에 회로가 연결되었을 경우에는 전압은 전류가 증가함에 따라 약간 감소한다. 저항과 같은 부하가 전원에 연결되면, 전류는 전압원으로부터 흐르게 된다.

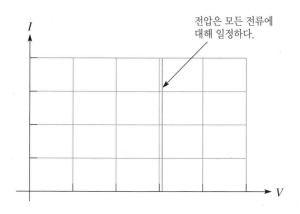

전압은 모든 전류에
대해 일정하다.

그림 2-9
이상적인 전압원의 IV 특성곡선

DC 전압원의 종류

전지 전지(battery)는 화학 에너지를 전기 에너지로 변환하는 전압원의 한 종류이다. 전지
는 하나 이상의 전기화학 셀이 전기적으로 연결되어 있다. 셀은 네 가지 기본 요소, 즉 양의
전극, 음의 전극, 전해액, 격리판으로 구성되어 있다. 양극은 화학적 반응에 의해 전자가 부족
한 것이며, 음극은 화학적 반응에 의해 전자가 남는 것이다. 전해액은 양극과 음극 사이의 전
하의 흐름에 대한 메커니즘을 제공하고, 격리판은 양극과 음극을 분리한다. 전지 셀의 기본
구성을 그림 2-10에 나타내었다.

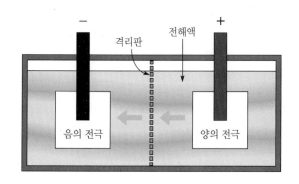

그림 2-10
전지 셀의 구조

B I O G R A P H Y

Alessando
Volta,
1745–1827

볼타는 이태리 출신으로 정전기를 발
생시키는 장치를 발명했으며, 메탄 가
스를 발견하였다. 또한 서로 다른 금
속들과의 반응을 조사하였고, 1800년
에는 최초의 전지를 발명하였다. 전압
으로 더 잘 알려진 전위차와 전압의
단위인 볼트는 그의 연구업적을 기려
명명된 것이다(사진 제공 : Giovita
Garavaglia, courtesy AIP Emilio Segrè
Visual Archives, Landé Collection).

전지 셀의 전압은 그 안에서 사용되는 물질에 의해 결정된다. 각 전극의 화학적 반응은 각
전극에 고정된 전위를 제공한다. 예를 들어, 납산 셀의 양극에서 −1.685 V의 전위가 생성되
고 음극에서는 +0.365 V의 전위가 생성된다고 하자. 이것은 셀의 두 극 사이에 2.05 V의 전
압이 걸렸음을 의미하며, 이는 표준적인 납산 전극의 전위이다. 산의 농도와 같은 요인이 이
값에 어느 정도 영향을 미치기 때문에 상용 납산 셀의 일반적인 전압은 2.15 V이다. 전지 셀
의 전압은 셀의 화학작용에 달려 있다. 니켈카드뮴 셀은 약 1.2 V이고 리튬 셀은 거의 4 V까
지 나온다.

전지 셀의 전압은 그 화학적 성질에 의해 결정되지만, 용량은 다양하며 셀 안의 물질의 양
에 따라 달라진다. 원래 셀의 용량은 셀에서 얻을 수 있는 전자의 수에 의해 결정되며 어떤
시간 동안 흐르는 전류의 양으로 측정된다(2-4절 참조).

전자의 내부에는 여러 개의 셀이 전기적으로 연결되어 있으며, 셀을 연결하는 방법과 셀의
형태에 의해 전지의 전압과 용량이 결정된다. 그림 2-11(a)처럼 한 셀의 양극이 다음 셀의 음
극과 연결되어 있다면, 전지의 전압은 각 셀의 전압의 합과 같다. 이를 직렬 연결(series
connection)이라 한다. 전지의 용량을 증가시키려면 그림 2-11(b)와 같이 양극은 양극끼리,
음극은 음극끼리 함께 연결하면 된다. 이를 병렬 연결(parallel connection)이라 한다. 또한
많은 양의 물질을 포함한 큰 셀들을 이용하면, 전압은 그대로이지만 용량을 높일 수 있다.

그림 2-11

전지를 구성하기 위한 셀의 연결

(a) 직렬 연결된 전지   (b) 병렬 연결된 전지

전지는 크게 1차와 2차의 두 가지로 분류된다. 1차 전지는 한 번 일어난 화학적 반응을 다시 일으킬 수 없어 한 번 사용하고 버리는 전지이다. 2차 전지는 화학적 역반응이 가능한 것으로 재충전해서 반복하여 사용할 수 있는 전지이다.

전지에는 다양한 크기와 형태가 존재한다. 일반적으로 많이 사용되는 크기는 AAA, AA, C, D와 9 V로서 그림 2-12에 나타내었다. 또한 AAA 크기보다 작은 AAAA 크기도 보편적이지는 않지만 출시되고 있다.

그림 2-12

일반적인 전지의 크기

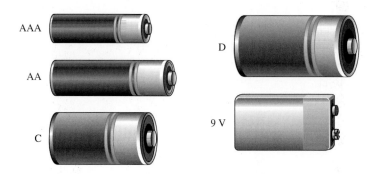

AAA

AA

C

D

9 V

이러한 일반적인 크기 외에 보청기에서 손전등의 여러 가지 응용에 사용될 수 있도록 다양한 크기의 전지들도 있다. 보청기, 시계와 같이 크기가 작은 시스템에 사용되는 전지는 평평하고 동그라미 형태로서 단추 전지 또는 동전 전지라 부른다. 크고 여러 개의 셀로 구성된 전지는 손전등과 산업용 응용 등에서 사용되고 자동차 전지와 비슷한 형태로 되어 있다.

또한 전지는 크기와 형태 외에 다음과 같은 화학적 구성에 따라 분류될 수 있다. 이러한 분류방법은 여러 형태의 물리적 구성방법에 유용하다.

▶ **Alkaline-MnO₂** : 이는 팜-탑 컴퓨터, 사진 관련 장비, 장난감, 라디오와 기록계 등에 사용되는 1차 전지이다.

▶ **Lithium-MnO₂** : 이는 사진 및 전자장비, 연기 경보, 메모리 백업과 통신장비에 사용되는 1차 전지이다.

▶ **Zinc air** : 이는 보청기, 의료 감시장비, 페이저와 기타 주파수 응용 장비에 사용되는 1차 전지이다.

▶ **Silver oxide** : 이는 시계, 사진장비, 보청기와 대용량의 전지를 요구하는 전자 분야에 사용되는 1차 전지이다.

▶ **Nickel-metal hybrid** : 이는 휴대용 컴퓨터, 휴대전화, 캠코더와 다른 개인용 전자장비 등에 사용되는 2차 또는 충전용 전지이다.

▶ **Lead-acid** : 자동차, 잠수함과 다른 유사 장비에 사용되는 2차 또는 충전용 전지이다.

태양전지 셀 태양전지 셀의 동작원리는 광 에너지가 전기 에너지로 변환되는 과정인 **광전효과**(photovoltaic effect)에 바탕을 두고 있다. 태양전지 셀의 기본 구조는 접합면을 이루며 결합되어 있는 서로 다른 반도체 물질로 구성된 두 개의 층으로 되어 있다. 하나의 층이 빛에 노출되면 모원자로부터 접합면으로 탈출하려는 전자들이 많은 양의 에너지를 필요로 하게 된다. 그 결과 접합의 한 면에 음이온이 형성되고 반대 면에 양이온이 형성되어, 전위차(전압)가 유발된다. 그림 2-13은 기본적인 태양전지 셀의 구조를 나타낸다.

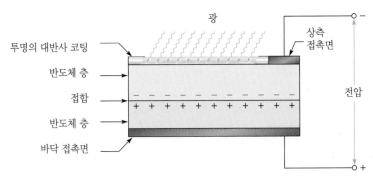

그림 2-13

태양전지 셀의 기본 구조

발전기 발전기(generator)는 전자기 유도 원리(7장 참조)에 의해 기계 에너지를 전기 에너지로 바꾸는 장치이다. 도체가 자기장 안에서 회전하면 전압이 도체에 유도된다. 일반적인 발전기의 구조를 그림 2-14에 나타내었다.

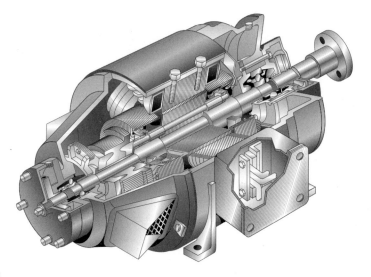

그림 2-14

DC 전압 발전기의 단면도

전자 전원 공급기 전자 전원 공급기(electronic power supply)는 벽의 콘센트로부터 출력되는 교류 전압을 일정한(직류) 전압으로 변환하여 그림 2-15(a)의 그림과 같이 두 개의 단자로 출력시키는 전원장치이다. 일반적인 상용 전원 공급기를 그림 2-15(b)에 나타내었다.

열전대 열전대(thermocouple)는 온도를 감지하는 데 사용되는 열전자 형태의 전압원이다. 열전대는 두 개의 다른 금속을 결합하여 구성되고, 열전대의 동작은 온도에 따라 금속의 접

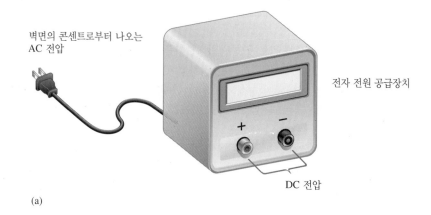

벽면의 콘센트로부터 나오는
AC 전압

전자 전원 공급장치

DC 전압

(a)

(b)

그림 2–15

전자 전원 공급기[(b) B + K 정밀 제공]

합면에서 발생하는 전압이 다르게 나타나는 현상인 **Seebeck 효과**에 근간을 둔다.

표준 형태의 열전대의 특성은 사용되는 특정 금속에 따라 결정된다. 표준 열전대는 온도의 범위에 대해 정해진 전압을 출력한다. 가장 일반적인 것이 크롬과 알루미늄으로 만들어진 K 형이고, 이 외에 E, J, N, B, R과 S 형이 있다. 대부분의 열전대는 도선 또는 프로브 형태를 띠고 있다.

압전 센서 이 센서는 전압원처럼 사용되고, 동작원리는 외부 힘에 의해 압전소자에 기계적인 변형이 일어나면 전압이 발생하는 **압전효과(piezoelectric effect)**에 근간을 둔다. 압전소자는 대표적으로 수정과 세라믹이 있다. 압전 센서는 압력 센서, 힘 센서, 가속도계, 마이크로폰, 초음파 장치와 다른 많은 응용 분야에서 사용된다.

2–3 복습문제	1. 전압을 정의하시오.
	2. 전압의 단위는 무엇인가?
	3. 10 C의 전하에 24 J의 에너지가 인가되었다면 전압은 얼마인가?
	4. 6가지 전압원을 열거하시오.

2-4 전류 ◆ 35

2–4   전류

전압은 전자가 회로를 통해 이동할 수 있도록 에너지를 제공한다. 이러한 전자의 흐름을
전류라고 하며, 이러한 전류에 의해 전자회로가 동작하게 된다.

절의 학습내용

▶ **전류를 정의하고 특징을 설명한다.**

　　▶ 전자의 이동을 설명한다.

　　▶ 전류에 대한 식을 기술한다.

　　▶ 전류의 단위를 정의한다.

앞에서 설명하였듯이, 자유전자는 모든 도체나 반도체 물질에서 유용하게 작용한다. 물질
내에서 원자 사이를 자유롭게 움직이는 전자의 이동을 그림 2-16에 나타내었다.

그림 2–16

물질 내에서의 자유전자의 자유로운
이동

만약 도체나 반도체에 전압이 인가되면, 그림 2-17과 같이 한쪽은 양이 되고 다른 쪽은 음
이 된다. 왼쪽 끝단의 음전압에 의해 발생된 척력은 자유전자(음전하)를 오른쪽으로 이동시
킨다. 오른쪽 끝단의 양전압에 의해 발생된 인력은 자유전자를 오른쪽으로 당긴다. 그 결과
그림 2-17과 같이 자유전자는 물체의 음극에서 양극으로 움직이게 된다.

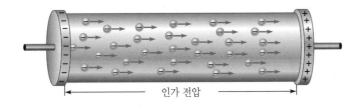

인가 전압

그림 2–17

도체나 반도체 양단에 전압이 인가되었을 때, 음극에서 양극으로 흐르는 전자의 이동

이와 같이 물체의 음극에서 양극으로 자유전자가 이동하는 것을 전류라 하며, I로 표기한다.

전류(current)는 전하 흐름의 속도이다.

도체 내의 전류는 단위 시간 동안 한 점을 지나는 전자의 수(전하 수 Q)로 결정된다.

$$I = \frac{Q}{t} \qquad\qquad (2\text{-}3)$$

여기서　　I = 전류(A)

　　　　　Q = 전자의 전하(C)

　　　　　t = 시간(초, s)

비슷한 개념으로, 수력 시스템에서 파이프를 통해 흐르는 물의 흐름과 비교하여 전류를 생각할 수 있다. 이 때 압력(전압에 해당)이 펌프(전압원에 해당)에 의해 인가되는 것으로 생각할 수 있다. 전압은 전류를 흐르게 한다.

암페어 : 전류의 단위

전류의 단위는 A로 표기하고 암페어라 한다.

1 암페어(ampere)는 1초 동안 1 C의 전하가 어느 한 단면을 지날 때의 전류량이다.

그림 2-18을 참조하라. 1 C은 6.25×10^{18} 개의 전자가 가진 전하량임을 상기하자.

그림 2–18

물질 내에서의 1 A의 전류(1 C/s)

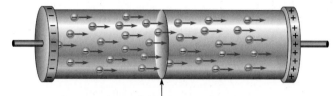

1 C의 총 전하량을 갖는 전자의 수가
1초 동안 단면적을 통과하면, 1 A의 전류가 흐른다.

예제 2–3	10 C의 전하가 2초 동안 도선의 한 단면을 통과하였다면 전류는 얼마인가?
해	$$I = \frac{Q}{t} = \frac{10\,C}{2\,s} = 5\,A$$
관련 문제	전구의 전류에 8 A의 전류가 흐르고 있다면, 1.5초 동안 필라멘트를 지나는 전하는 몇 C인가?

전류원

이상적인 전류원 이미 알고 있는 바와 같이, 이상적인 전압원은 어떠한 부하조건에서도 일정한 전압을 공급하는 장치이다. 마찬가지로 이상적인 **전류원(current source)**은 어떠한 부하조건에서도 일정한 전류를 공급할 수 있는 장치이다. 전압원의 경우와 마찬가지로, 이상적인 전류원은 존재하지 않지만, 실제 응용에서는 거의 이상적인 전류원이라 생각할 수 있다. 즉, 다른 별도의 설명이 없으면 이상적이라 생각할 수 있다.

전류원의 기호를 그림 2-19(a)에 나타내었으며, 이상적인 전류원에 대한 *IV* 특성곡선은 그림 2-19(b)에 표시된 바와 같이 수평선으로 나타난다. 전류는 전류원을 통해 나오는 임의의 전압에 대해 일정하다는 점을 유의하기 바란다.

그림 2–19

전류원

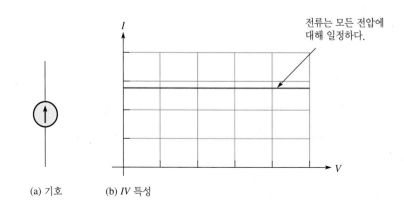

전류는 모든 전압에
대해 일정하다.

(a) 기호   (b) *IV* 특성

상용 전류원 실험실에서 일반적으로 사용하고 있는 전원 공급기는 전압원이다. 그러나 전류원도 일종의 전원 공급기로 생각될 수 있다. 상용의 정전류원을 그림 2-20에 나타내었다.

(a)   (b)

그림 2–20

상용의 전류원(Lake Shore Cryotronics 제공)

트랜지스터의 특성곡선은 그림 2–21에 표시한 바와 같이 *IV* 특성곡선의 수평선과 유사하게 나타나기 때문에, 대부분의 트랜지스터 회로에서 트랜지스터는 전류원으로 동작한다. 즉, 그래프의 수평 부분은 일정 전압의 범위 내에서는 트랜지스터 전류는 일정하다는 것을 의미하고, 이러한 정전류 영역이 정전류원을 만드는 데 사용된다.

그림 2–21

정전류 영역에서의 트랜지스터의 특성 곡선

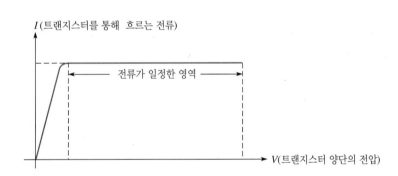

정전류원의 일반적인 응용 사례는 그림 2-22에 나타낸 것과 같은 정전류 전지 충전기이다. 정류기는 AC 전압을 DC 전압으로 변환하여 DC 전압원을 공급하는 회로이다. 이 전압이 충전하고자 하는 전지와 병렬로 연결되고, 정전류원과 직렬로 연결된다. 전지의 전압은 처음에는 낮지만, 일정하게 충전하는 전류에 의해 시간이 지남에 따라 증가한다. 전류원 양단의 총 전압은 정류기의 전압에서 전지의 전압을 차감한 것으로, 전지가 충전됨에 따라 증가한다.

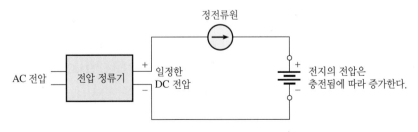

그림 2–22

전류원의 응용 사례로서의 전지 충전기

2-4 복습문제	1. 전류를 정의하고, 이의 단위를 기술하시오.
	2. 1 C의 전하에는 어느 정도의 전자가 포함되어 있는가?
	3. 4초 동안 20 C의 전하가 한 점을 지났다면 이 때의 전류는 얼마인가?

2-5 저항

물질에 전류가 흐르면, 자유전자는 물질 내를 운동하다가 자주 원자와 부딪히게 된다. 이러한 충돌로 전자는 얼마간의 에너지를 잃게 되고, 그 결과 전자들의 운동은 제한을 받게 된다. 충돌이 많아질수록 전류의 운동은 더욱 제한된다. 물질의 종류에 따라 운동의 제한 정도가 달라진다. 전자의 흐름을 제한하는 물질의 특성을 저항이라 하고, R로 표기한다.

절의 학습내용

▶ **저항을 정의하고 그 특징을 알아본다.**

▶ 저항의 단위를 정의한다.

▶ 저항기의 기본 형태를 설명한다.

▶ 색띠 부호나 라벨로 저항값을 구한다.

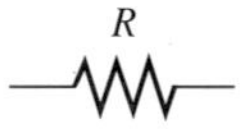

그림 2-23

저항/저항기의 기호

저항(resistance)은 전류의 흐름을 방해한다.

저항의 회로 기호를 그림 2-23에 나타내었다.

저항이 있는 물질에 전류가 흐르면, 자유전자와 원자 사이의 충돌에 의해 열이 발생된다. 그러므로 일반적으로 매우 작은 저항을 가진 도선에 충분한 전류가 흐르면 점차 뜨거워진다.

비슷한 개념으로, 저항은 순환되는 수력 시스템에서 부분적으로 열려 있는 밸브, 즉 파이프를 통해 물의 흐름의 양을 조정하는 밸브로 생각할 수 있다. 만약 밸브가 더 열리면(작은 저항에 해당), 물의 흐름(전류에 해당)은 증가한다. 만약 밸브가 조금 닫히면(저항의 증가에 해당), 물의 흐름(전류에 해당)은 감소한다.

옴 : 저항의 단위

저항 R은 단위 기호로 옴을 사용하고 그리스 문자 오메가(Ω)를 기호로 사용한다.

1 옴(ohm)은 1 V의 전압이 인가된 도체에 1 A의 전류가 흐를 때 존재하는 저항이다.

컨덕턴스 컨덕턴스(conductance)는 저항의 역수로 G로 표기된다. 이는 전류 흐름의 용이성을 나타내고, 공식은 다음 식과 같다.

$$G = \frac{1}{R} \tag{2-4}$$

컨덕턴스의 단위는 **지멘스(siemens)**이며 S로 표기한다. 예를 들어, 22 kΩ 저항의 컨덕턴스는 다음과 같다.

$$G = \frac{1}{22 \text{ k}\Omega} = 45.5 \ \mu\text{S}$$

이전에 사용하던 단위인 mho도 여전히 사용된다.

저항기

특정 저항값을 갖도록 특별히 제작된 소자를 **저항기(resistor)**라 한다. 저항기는 기본적으로 전류를 제한하고, 전압을 나누고, 때로는 열을 발생시키는 데 응용된다. 저항기는 모양과 크기가 다양하지만, 크게 고정 저항과 가변 저항으로 분류할 수 있다.

고정 저항 고정 저항은 제조할 때 그 값이 정해져 쉽게 바뀌지 않는 저항으로, 다양한 저항값을 갖고 있어 용도에 따라 저항값을 선택하여 사용한다. 저항기는 다양한 소재와 방법으로 만들어진다. 그림 2-24에 일반적인 저항기들을 소개하였다.

일반적인 고정 저항 중의 하나인 탄소 혼합물 저항은 곱게 간 탄소, 절연 주입물과 합성수지 접합제 등을 혼합하여 만들어지며, 탄소와 절연 주입물의 비에 의해 저항값이 결정된다. 혼합물은 막대 형태로 만들어져 도체 리드선을 통해 연결된다. 이렇게 만들어진 저항기는 보호를 위해 저항 전체를 절연물 코팅을 한다. 그림 2-25(a)는 일반적인 탄소 혼합물 저항기의 구조를 나타낸다.

(a) 탄소 혼합물

(b) 금속피막 칩 저항

(c) 칩 저항 어레이

(d) 네트워크 저항(simm)

(e) 네트워크 저항(표면장착)

(f) PCB 삽입을 위한 방사형 리드

그림 2–24

일반적인 고정 저항기

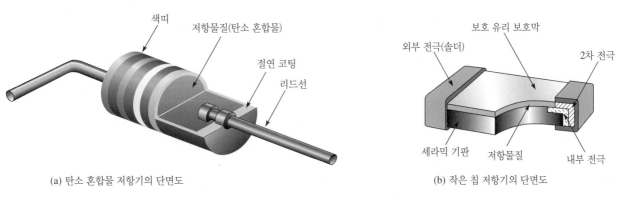

색띠

저항물질(탄소 혼합물)

절연 코팅

리드선

(a) 탄소 혼합물 저항기의 단면도

외부 전극(솔더)

보호 유리 보호막

2차 전극

세라믹 기판

저항물질

내부 전극

(b) 작은 칩 저항기의 단면도

그림 2–25

두 종류의 고정 저항기

칩 저항기는 고정 저항의 또 다른 형태로 SMT(표면장착기술) 소자의 범주에 속한다. 이런 형태는 크기가 작은 장점이 있어 촘촘히 조립하여야 하는 소형 회로에 적합하다. 그림 2-25(b)에는 칩 저항기의 구조를 나타내었다.

또 다른 형태의 고정 저항으로는 탄소 피막, 금속 피막, 권선이 있다. 피막 저항기에는 저항물질이 고급 세라믹 봉 위에 고르게 침전되어 있다. 저항 성질을 가진 피막은 탄소(탄소 피막)나 니켈크롬(금속 피막) 등이 있다. 이런 형태의 저항기는 그림 2-26(a)와 같이 봉을 돌리며 봉 주위에 나선형으로 피막을 벗겨내어 원하는 저항값을 얻는다. 이 방법을 이용하면 **허용오차(tolerance)**를 크게 줄일 수 있다. 피막 저항기는 그림 2-26(b)와 같이 네트워크 저항 형태로 제작될 수도 있다.

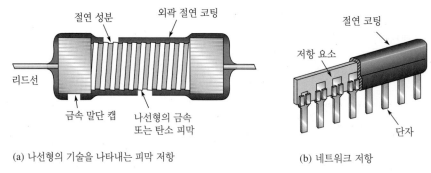

절연 성분   외곽 절연 코팅

리드선

금속 말단 캡   나선형의 금속 또는 탄소 피막

(a) 나선형의 기술을 나타내는 피막 저항

절연 코팅

저항 요소

단자

(b) 네트워크 저항

그림 2–26

일반적인 피막 저항기의 구조

권선 저항기는 절연봉에 저항 성질을 띤 도선을 감고 봉하여 구성한다. 일반적으로 권선 저항기는 고전력 정격이 요구되는 응용 회로에 이용된다. 또한 권선 저항기는 저주파 특성은 좋지만, 고주파 응용에는 적합하지 않다. 그림 2-27에는 일반적인 권선 저항기를 나타내었다.

10V 5W

그림 2–27

일반적인 권선 저항기

저항기의 색띠 부호 5%, 10%, 20%의 허용오차를 갖는 고정 저항기는 저항값과 오차를 나타내는 네 개의 색띠로 부호화되어 있다. 이 색띠 체계를 그림 2–28에 나타내었으며, 색띠 부호는 표 2–1에 열거되어 있다. 이 색띠는 항상 저항의 한쪽 끝으로 치중되어 있다.

저항기의 **색띠 부호(color code)**를 읽는 방법은 다음과 같다.

1. 저항의 한쪽 끝 가장 가까이에 있는 띠부터 읽기를 시작한다. 첫째 띠는 저항값의 첫 번째 수를 의미한다. 저항의 어느 쪽이 시작 위치인지 명확하지 않을 때에는 금색 또는 은색 띠가 아닌 띠부터 시작하면 된다.

그림 2-28
4개의 색띠 부호를 갖는 저항기

첫 번째 자리 ——

두 번째
자리

곱하기 항
(두 번째 자리 뒤에 오는 0의 수)

허용오차

표 2-1

저항기의 4개의 색띠 부호

	숫자		색
저항값, 첫째에서 셋째 띠 첫째 띠-첫 번째 자리 둘째 띠-두 번째 자리 *셋째 띠-곱하기 항(두 번째 자리 뒤에 오는 0의 수)	0		검은색
	1		갈색
	2		적색
	3		주황색
	4		노란색
	5		녹색
	6		파란색
	7		보라색
	8		회색
	9		흰색
넷째 띠-허용오차	±5%		금색
	±10%		은색

* 10 Ω 이하의 저항의 경우에는 셋째 띠는 금색이거나 은색이다. 금색의 경우에는 곱하기 항이 0.1이고,
 은색의 경우에는 0.01이다.

2. 둘째 띠는 저항값의 두 번째 수이다.

3. 셋째 띠는 두 번째 수 뒤에 추가될 영(0)의 개수나 곱하여야 할 수를 나타낸다.

4. 넷째 띠는 허용오차를 나타내며 주로 금색이나 은색이다.

　예를 들어, 5%의 허용오차란 실제 저항값이 색띠로 표현된 저항값의 ±5% 이내임을 의미한다. 따라서 ±5%의 허용오차를 가진 100 Ω의 저항은 낮게는 95 Ω에서 높게는 105 Ω 사이의 저항값을 가질 수 있다.

　표 2-1에 제시된 바와 같이, 10 Ω 이하의 저항에서는 셋째 띠가 금색이나 은색이다. 금색은 0.1을 곱하여야 함을 의미하고, 은색은 0.01을 곱하여야 함을 의미한다. 예를 들어, 적색, 보라색, 금색, 은색 순의 색띠를 가진 저항은 ±10% 오차를 가진 2.7 Ω이 된다. 표준 저항값 표는 부록 A에 실려 있다.

예제 2-4

그림 2-29에 나타낸 저항의 색띠를 참조하여 저항값과 허용오차를 구하시오.

(a)　　　　　　　(b)　　　　　　　(c)

그림 2-29

해 **(a)** 첫째 띠 : 적 = 2, 둘째 띠 : 보라 = 7, 셋째 띠 : 주황 = 3개의 0, 넷째 띠 : 은 = ±10% 오차

$$R = 27,000\ \Omega \pm 10\%$$

(b) 첫째 띠 : 갈 = 1, 둘째 띠 : 검정 = 0, 셋째 띠 : 갈 = 1개의 0, 넷째 띠 : 은 = ±10% 오차

$$R = 100\ \Omega \pm 10\%$$

(c) 첫째 띠 : 녹 = 5, 둘째 띠 : 파랑 = 6, 셋째 띠 : 녹 = 5개의 0, 넷째 띠 : 금 = ±5% 오차

$$R = 5,600,000\ \Omega \pm 5\%$$

관련 문제 저항기의 색띠가 노란색, 보라색, 적색, 금색 순으로 구성되어 있다면, 저항값과 허용오차는 얼마인가?

5개의 색띠 부호　1%나 2%의 허용오차를 갖는 정밀 저항기는 그림 2-30에 나타낸 것과 같이 5개의 색띠를 가지고 있다. 색띠가 있는 쪽에서 시작하여 첫째 띠는 첫 번째 수, 둘째 띠는 두 번째 수, 셋째 띠는 세 번째 수이고, 넷째 띠는 곱하는 수, 다섯째 띠는 허용오차를 나타낸다. 표 2-2에는 5개의 색띠 부호를 나타낸다.

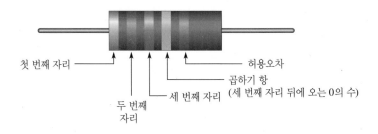

첫 번째 자리 ────→

두 번째 자리

세 번째 자리

곱하기 항 (세 번째 자리 뒤에 오는 0의 수)

허용오차

그림 2-30

5개의 색띠 부호를 갖는 저항기

저항기 신뢰도 띠　색띠 부호를 갖는 저항기에는 가끔 부가적인 띠를 갖는 경우도 있다. 이 부가적인 띠는 저항기의 신뢰도를 나타내며, 1000 시간 사용에 대한 오동작률을 의미한다. 이를 표 2-3에 나타내었다. 예를 들어, 4개의 색띠 부호를 갖는 저항기에 다섯 번째로 갈색의 코드가 부가되어 있다면, 이 그룹의 저항들은 1000 시간 동안 표준 동작조건에서 동작하였을 경우, 이 그룹의 저항의 1%가 오동작을 일으킬 수 있다는 것을 의미한다.

　다른 부품뿐만 아니라 저항기도 신뢰도를 향상시킨다면 제시된 값 이하의 신뢰도로 동작될 수 있다.

	숫자	색
저항값, 첫째에서 넷째 띠:	0	검은색
	1	갈색
	2	적색
첫째 띠-첫 번째 자리	3	주황색
둘째 띠-두 번째 자리	4	노란색
셋째 띠-세 번째 자리	5	녹색
넷째 띠-곱하기 항	6	파란색
(세 번째 자리 뒤에 오는 0의 수)	7	보라색
	8	회색
	9	흰색
넷째 띠-곱하기 항	0.1	금색
	0.01	은색
	±2%	적색
	±1%	갈색
다섯째 띠-허용오차	±0.5%	녹색
	±0.25%	파란색
	±0.1%	보라색

표 2-2

저항기의 5개의 색띠 부호

색	1000 시간 동작에 대한 오동작률
갈색	1.0%
적색	0.1%
주황색	0.01%
노란색	0.001%

표 2-3

신뢰도 색띠 부호

예제 2-5

그림 2-31

그림 2-31에 나타낸 각각의 저항에 대해 저항값과 허용오차를 구하시오.

(a)　　　　　(b)　　　　　(c)

해 **(a)** 첫째 띠 : 적 = 2, 둘째 띠 : 보라 = 7, 셋째 띠 : 검정 = 0, 넷째 띠 : 금 = ×0.1, 다섯째 띠 : 적 = ±2%의 허용오차

$$R = 270 \times 0.1 = 27\ \mathbf{\Omega} \pm 2\%$$

(b) 첫째 띠 : 노랑 = 5, 둘째 띠 : 검정 = 0, 셋째 띠 : 적 = 2, 넷째 띠 : 검정 = 0, 다섯째 띠 : 갈 = ±1%의 허용오차

$$R = 402\ \mathbf{\Omega} \pm 1\%$$

(c) 첫째 띠 : 주황 = 3, 둘째 띠 : 주황 = 3, 셋째 띠 : 적 = 2, 넷째 띠 : 주황 = 3, 다섯째 띠 : 녹 = ±0.5%의 허용오차

$$R = 332{,}000\ \mathbf{\Omega} \pm 0.5\%$$

관련 문제 저항기의 색띠가 노란색, 보라색, 금색, 적색 순으로 구성되어 있다면, 저항값과 허용오차는 얼마인가?

저항기 라벨 부호

모든 저항기가 색 부호로 되어 있는 것은 아니다. 표면 실장형을 포함한 많은 종류의 저항기에는 저항값과 허용오차가 숫자로 저항기 표면에 인쇄되어 있다. 이러한 라벨 부호는 숫자만으로 또는 숫자와 문자의 조합으로 표시된다. 저항 표면이 충분히 큰 경우에는 저항값과 허용오차가 모두 인쇄되어 있다. 예를 들어, 33,000 Ω의 저항기는 33 kΩ으로 인쇄될 수 있다.

숫자 라벨링   이러한 형태의 경우에는 그림 2-32에 표시한 것과 같이 저항값을 표시하기 위해 3자리를 사용한다. 첫 번째 두 자리는 저항값의 두 자리를 나타내고, 세 번째 자리는 0의 개수 또는 십의 배율을 나타낸다. 이 부호는 10 Ω 또는 그 이상의 값으로 제한된다.

그림 2–32

3자리 수로 라벨링된 저항기의 예

영/숫자 라벨링   이러한 형태는 일반적으로 숫자와 문자를 포함하여 3개 또는 4개의 문자로 인쇄된다. 이러한 라벨링 형태는 3자리 수만으로 표시되거나 2 또는 3자리와 R, K, 또는 M 중의 하나의 문자를 결합하여 표시된다. 문자는 십의 배율을 나타내고, 문자의 위치는 소수점의 위치를 나타낸다. 문자 R은 1의 배율(자릿수 뒤에 0이 없음), K는 1000의 배율(자릿수 뒤에 3개의 0), M은 1,000,000의 배율(자릿수 뒤에 6개의 0)을 각각 의미한다. 이러한 형식으로, 저항값을 3자리로 표시하기 위해서는 100에서 999까지의 3자리 숫자만을 사용한다. 그림 2-33에 이러한 형태의 저항 라벨링 방법을 나타내었다.

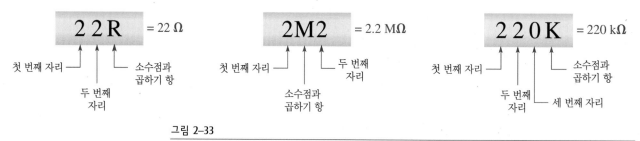

그림 2–33

영/숫자(alphanumeric)를 이용한 저항 라벨링 방법의 예

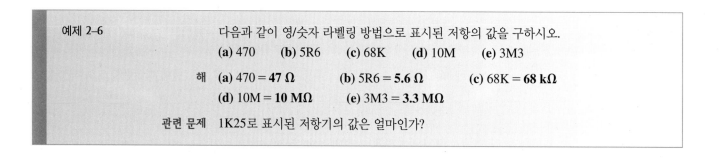

예제 2–6

다음과 같이 영/숫자 라벨링 방법으로 표시된 저항의 값을 구하시오.

(a) 470   (b) 5R6   (c) 68K   (d) 10M   (e) 3M3

해   (a) 470 = **47 Ω**   (b) 5R6 = **5.6 Ω**   (c) 68K = **68 kΩ**
(d) 10M = **10 MΩ**   (e) 3M3 = **3.3 MΩ**

관련 문제   1K25로 표시된 저항기의 값은 얼마인가?

저항의 허용오차에 대한 라벨링 기호는 문자 F, G와 J를 사용한다.

$$F = \pm 1\% \qquad G = \pm 2\% \qquad J = \pm 5\%$$

예를 들어, 620F는 ±1%의 오차를 갖는 620 Ω 저항을 의미하고, 4R6G는 4.6 Ω ± 2%, 56KJ는 56 kΩ ± 5%의 저항을 각각 의미한다.

가변 저항

가변 저항은 이름처럼 저항값을 수동 또는 자동으로 쉽게 변화시킬 수 있음을 의미한다.

　가변 저항의 두 가지 기본적인 역할은 전압을 분배하거나, 전류량을 조절하는 것이다. 전압을 분배하는 데 사용되는 가변 저항을 **가변 저항기(potentiometer)**라고 한다. 전류의 양을 조절하기 위해 사용되는 가변 저항은 **가감 저항기(rheostat)**라고 한다. 가변 저항기들의 회로 기호를 그림 2-34에 나타내었다. 그림 2-34(a)에 나타낸 것처럼 가변 저항기는 세 개의 단자를 가지고 있다. 단자 1과 2 사이는 고정된 저항값을 가지며 이는 전체 저항값이 된다. 단자 3은 움직일 수 있도록 연결이 되어 있다. 따라서 단자 3을 움직임으로써 단자 1과 3 사이 또는 단자 2와 3 사이의 저항을 변화시킬 수 있다.

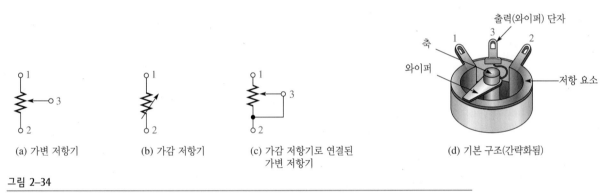

(a) 가변 저항기　　(b) 가감 저항기　　(c) 가감 저항기로 연결된 가변 저항기　　(d) 기본 구조(간략화됨)

그림 2-34

가변 저항기와 가감 저항기의 기호와 가변 저항기의 기본 구조

　그림 2-34(b)는 두 개의 단자를 가진 가감 저항기를 나타낸다. 그림 2-34(c)는 가변 저항기의 단자 3을 단자 1 또는 2와 연결하여 가감 저항기가 되도록 한 것이다. 그림 2-34(d)는 가변 저항기의 구조를 간단하게 표시한 그림이다. 일반적인 가변 저항기의 예를 그림 2-35에 나타내었다.

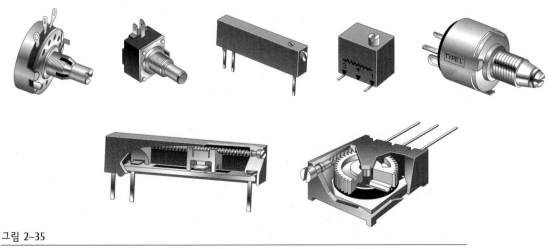

그림 2-35

일반적인 가변 저항기의 예와 구조도

가변 저항기와 가감 저항기는 그림 2-36에 나타낸 것과 같이 선형, 비선형으로 구분할 수 있다. 그림에서 100 Ω의 저항을 예로 들었다. 그림 2-36(a)와 같은 선형 가변 저항기는 가동단자 3의 위치 또는 가동된 거리에 선형적으로 비례하는 저항값을 얻는다. 예를 들어, 전체 연결점에서 반만큼 이동하면 저항값도 전체 저항값의 반이 된다. 전체 연결점에서 4분의 1만큼 이동하면 저항값도 전체 저항값의 4분의 1이 되고, 4분의 3만큼 이동하면 저항값도 전체 저항값의 4분의 3이 된다.

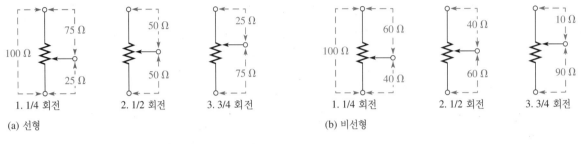

그림 2-36

(a) 선형 (b) 비선형 가변 저항기

비선형 가변 저항기의 경우, 저항값이 가동단자의 이동거리나 위치에 선형적으로 비례하지 않으므로 비선형적인 저항값을 얻는다. 즉, 가동단자를 반만큼 움직인다고 저항값도 전체 저항값의 반이 되지 않는다. 이러한 개념을 그림 2-36(b)에 나타내었다.

가변 저항기는 중간 가동단자로부터 가변된 전압을 얻을 수 있어 전압 조절장치에 이용된다. 가감 저항기는 가동단자로부터 가변된 전류를 얻으므로 전류 조절장치에 이용된다.

자동 가변 저항기의 2가지 종류 서미스터(thermistor)는 온도 변화에 민감하게 반응하는 가변 저항의 형태이다. 만약 온도계수가 음이면, 저항은 온도 변화에 반비례하여 변화한다. 만약 온도계수가 양이면, 저항값은 온도 변화에 비례하여 변화한다.

광도전 셀(photoconductive cell)의 저항값은 빛의 세기의 변화에 따라 변화한다. 이 셀 역시 음의 온도계수를 가지고 있다. 이들 소자의 기호는 그림 2-37에 나타내었다. 때로는 그리스 문자 람다(λ)가 광도전 셀의 기호로 사용되기도 한다.

그림 2-37

온도와 빛에 감응하는 저항소자의 기호

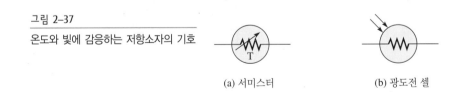

(a) 서미스터   (b) 광도전 셀

2-5 복습문제	1. 저항을 정의하고, 이의 단위를 기술하시오.
	2. 저항의 주된 2가지 범주는 무엇인가? 이들의 차이를 간단히 설명하시오.
	3. 4개의 색띠 부호를 갖는 저항기에서 각각의 띠는 무엇을 의미하는가?

4. 각각의 색띠 부호에 대해 저항값과 허용오차를 구하시오.

    (a) 노란색, 보라색, 적색, 금색   (b) 파란색, 적색, 주황색, 은색

    (c) 갈색, 회색, 검은색, 금색   (d) 적색, 적색, 파란색, 적색, 녹색

5. 저항기에 다음과 같이 영/숫자 라벨로 표시되어 있는 경우의 저항값을 구하시오.

    (a) 33R   (b) 5K6   (c) 900   (d) 6M8

6. 가감 저항기와 가변 저항기의 기본적인 차이점은 무엇인가?

7. 서미스터는 무엇인가?

2–6　전기회로

기본적인 전기회로는 전압, 전류, 저항 등을 사용하여 유용한 기능을 할 수 있도록 소자들을 물리적으로 배열한 것이다.

절의 학습내용

▶ **기본 전기회로를 살펴본다.**

    ▶ 회로도와 실제 회로의 관계를 비교해 본다.

    ▶ 개회로와 폐회로를 정의한다.

    ▶ 다양한 형태의 보호소자들을 설명한다.

    ▶ 다양한 형태의 스위치를 설명한다.

    ▶ 도선의 굵기가 표준 치수와 어떠한 관계를 갖는지 설명한다.

    ▶ 접지를 정의한다.

기본적으로 **전기회로(electric circuit)**에는 전압원과 부하, 그리고 이들 사이를 흐르는 전류의 경로가 있다. 그림 2-38에 기본적인 전기회로를 나타내었다. 두 개의 도체(도선)와 함께 전지가 전구에 연결되어 있다. 전지는 전압원이고, 전구는 전압원으로부터 전류를 끌어내는 부하이다. 전류는 그림의 화살표로 표시된 바와 같이 도선을 통해 전압원의 음극에서 부하를 지나 전압원의 양극으로 되돌아간다. 전류는 저항을 가진 필라멘트를 지나면서 빛을 낸다. 전지를 전류가 지나는 것은 화학작용에 의한 것이다.

안전 주의 사항

전기 충격을 피하기 위해서는 전압원에 연결되어 있는 동안에 회로를 만지지 말아야 한다. 만약 회로를 다루어야 한다면, 먼저 전압원의 연결을 해제하고 부품을 제거하거나 교환한다.

도선(전류 경로)

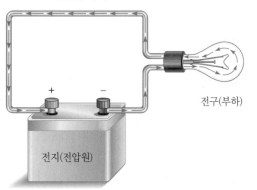

+ −

전지(전압원)

전구(부하)

그림 2–38

간단한 전기회로

실제 회로에서는 대개 전압원의 한 단자가 공통 단자 또는 접지에 연결되어 있다. 예를 들어, 대부분의 자동차는 전지의 음극이 자동차 새시에 연결되어 있다. 새시는 자동차의 전기 시스템에서의 접지 역할을 하고, 회로에 대한 전류 경로를 제공한다(접지의 개념은 이 장에서 나중에 다룬다).

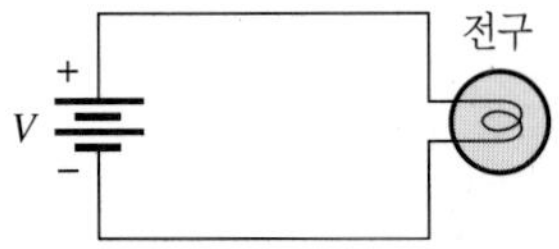

그림 2-38에 제시된 전기회로는 각 소자에 해당되는 표준 기호들을 이용하여 그림 2-39와 같은 **회로도(schematic)**로 표시된다. 회로도는 회로의 다양한 소자들이 어떻게 상호 연결되어 있는지를 구조적으로 보여주어 회로의 동작이 어떻게 결정되는지를 나타내는 데 사용된다.

그림 2-39

그림 2-38 전기회로에 대한 회로도

개회로와 폐회로

그림 2-40(a)의 회로는 **폐회로(closed circuit)**의 예를 나타낸다. 즉, 완전히 연결된 전류의 경로가 존재한다. **개회로(open circuit)**는 그림 2-40(b)와 같이 전류의 경로가 끊어져 있어 전류가 흐를 수 없는 회로이다. 개회로는 무한대의 저항을 갖는 것으로 간주된다(무한대는 측정 불가능하게 크다는 의미이다).

기계 스위치 스위치(switches)는 회로의 개방 또는 폐쇄를 조절하는 데 사용된다. 예를 들어, 그림 2-40과 같이 전구를 켜거나 끄기 위해 사용된다. 각 회로의 실제 모양은 회로도와 함께 그려져 있다. 그림에 나타난 스위치의 형태는 단극-단접점(SPST : single-pole-single-throw)형 토글 스위치이다. 극(pole)은 스위치에서 움직일 수 있는 손잡이를 뜻하는 것이고, 접점(throw)은 한 번의 스위치 동작(한 번의 극의 작용)에 의해 접촉되는 점(개방 또는 단락)의 개수를 의미한다.

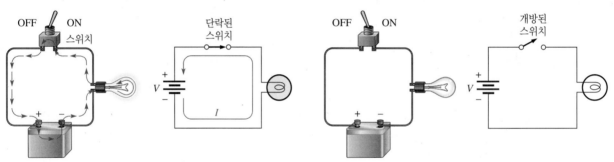

(a) 폐회로에서는 전류 경로가 완전하게 구성되므로 전류가 흐른다 (스위치가 ON되거나 단락 위치에 있을 때).

(b) 개회로에서는 전류의 흐름이 차단되므로 전류가 흐르지 않는다 (스위치가 OFF되거나 개방 위치에 있을 때).

그림 2-40

SPST 스위치를 사용한 기본적인 폐회로 및 개회로의 예

그림 2-41은 두 개의 전구를 점등하기 위해 단극-쌍접점(SPDT : single-pole-double-throw)형의 스위치를 사용한 다소 복잡한 회로를 보여주고 있다. 그림 2-41(b), (c)에 나타난 것처럼 한 전구를 점등하면 다른 하나는 꺼진다.

그림 2-42에는 그림 2-42(a), (b)의 SPST 및 SPDT 스위치를 비롯한 여러 종류의 스위치를 나타내었다.

▶ 쌍극-단접점(DPST) DPST 스위치는 동시에 두 개의 접점을 개방하거나 단락시킬 수 있다. 기호는 그림 2-42(c)에 나타내었다. 점선은 수동 손잡이가 기계적으로 연결되어 한 번의 스위치 동작으로 동시에 움직임을 의미한다.

▶ 쌍극-쌍접점(DPDT) DPDT 스위치는 한 쌍의 접점이 두 개의 접점 중 하나를 개방하거나 단락시킬 수 있게 한다. 기호를 그림 2-42(d)에 나타내었다.

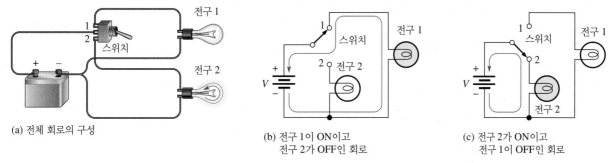

(a) 전체 회로의 구성

(b) 전구 1이 ON이고
전구 2가 OFF인 회로

(c) 전구 2가 ON이고
전구 1이 OFF인 회로

그림 2–41

SPDT 스위치를 사용하여 2개의 전구를 조정하는 예

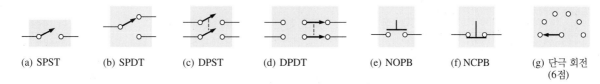

(a) SPST (b) SPDT (c) DPST (d) DPDT (e) NOPB (f) NCPB (g) 단극 회전 (6점)

그림 2–42

스위치 기호

▶ 푸시 버튼(PB) 그림 2-42(e)에서와 같이 평상시 개방되어 있는 PB(NOPB : normally open PB)는 버튼을 누르면 연결되고, 버튼을 놓으면 개방되는 스위치이다. 평상시 단락되어 있는 PB(NCPB : normally closed PB)는 그림 2-42(f)와 같이 버튼을 누를 때 개방되고, 버튼을 놓으면 단락되는 스위치이다.

▶ 회전 스위치 회전 스위치는 손잡이를 돌려 여러 접점 중 하나와 연결하는 장치로, 그림 2-42(g)에는 간단한 6점 회전 스위치를 나타낸다.

그림 2-43에는 스위치의 여러 가지 형태를 나타내었으며, 그림 2-44에는 토글 스위치의 구조도를 나타내었다.

토글 스위치   로커 스위치   푸시 버튼 스위치   PCB에 장착된 푸시 버튼 스위치

회전 스위치   PCB에 장착되는 DIP 스위치

그림 2–43

일반적인 기계 스위치

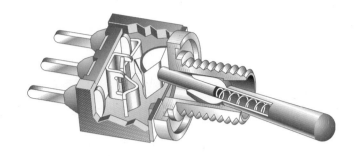

그림 2-44

토글 스위치의 구조도

___

보호소자 퓨즈(fuse)나 **회로 차단기**(circuit breaker)는 회로의 오동작이나 이상현상에 의해 정해진 전류보다 많은 과전류가 흐를 때 정교하게 개회로를 만들기 위해 사용된다. 예를 들어, 20 A의 퓨즈나 회로 차단기는 20 A 이상의 전류가 흐르면 개방된다.

퓨즈와 회로 차단기의 기본적인 차이점은 퓨즈가 나가면 새로운 것으로 갈아야 하지만, 차단기는 다시 설정하여 재사용할 수 있다는 것이다. 이들 소자는 과전류로부터 회로를 보호하고, 과전류로 인한 도선과 다른 소자들의 과열로부터 회로의 손상을 막는다. 몇 가지 일반적인 퓨즈와 차단기를 회로도와 함께 그림 2-45에 나타내었다.

퓨즈는 물리적 구조로 볼 때, 카트리지 형태와 플러그 형태의 두 가지로 구분된다. 카트리지 형태의 퓨즈는 그림 2-45(a)에 나타낸 바와 같이 다양한 형태의 하우징 구조에 리드선 또는 다른 형태의 접촉 부분으로 구성되어 있다. 플러그 형태의 퓨즈는 그림 2-45(b)에 나타나 있다. 퓨즈의 동작은 도선 또는 다른 금속 원소의 녹는 온도에 기인한다. 온도가 증가함에 따라 퓨즈는 열이 증가하고, 정격 전류치를 초과하게 되면, 금속은 녹는 점에 도달하여 개방되고, 전원으로부터 회로를 분리시킨다.

퓨즈는 동작시간에 따라 빠른 동작형과 시간 지연형의 두 가지로 구분된다. 빠른 동작형의 퓨즈는 F형이라 하고, 시간 지연형의 퓨즈는 T형이라 한다. 전원 스위치를 동작시켜 전원을 켤 때, 일반적으로 정격 전류치를 초과하는 전류가 간헐적(임시적)으로 발생하는데, 퓨즈는 이러한 경우에 정상적으로 동작한다. 이러한 현상이 계속 지속되면 정격치에서 전류와 임펄스성의 서지를 견디는 퓨즈의 성능이 저하된다. 시간 지연형 퓨즈는 빠른 동작형의 퓨즈보다 서지 전류를 견뎌내는 특성을 가지고 있다. 퓨즈의 기호를 그림 2-45(c)에 나타내었다.

일반적인 회로 차단기와 기호를 그림 2-45(d), (e)에 나타내었다. 회로 차단기는 일반적으로 전류의 과열현상 또는 자체에서 발생하는 자기장에 의한 과잉 전류를 감지한다. 과열현상에 의한 회로 차단기의 경우, 정격전류를 초과하면 바이메털 스프링은 접점을 개방시킨다. 일단 차단기가 개방되면, 이는 수동으로 리셋시킬 때까지 기계적 구조에 의해 개방된 상태를 유지한다. 자기장의 원리에 의한 회로 차단기의 경우, 회로 차단기는 과잉 전류에 의해 발생하는 자기력에 의해 개방되고, 기계적으로 리셋이 되어야 한다.

도선

전기회로의 응용에서 가장 보편적으로 사용되는 도체가 도선이다. 도선의 직경은 다양하며, 이들은 **미국 도선 표준 치수**(AWG : American Wire Gauge)로 불리는 선의 굵기 표준 치수에 따라 구분된다. 도선의 표준 치수가 증가함에 따라 도선의 굵기는 감소한다. 도선의 굵기는 그림 2-46과 같이 도선의 단면적으로 나타내기도 한다. 도선의 단면적의 단위는 CM으로

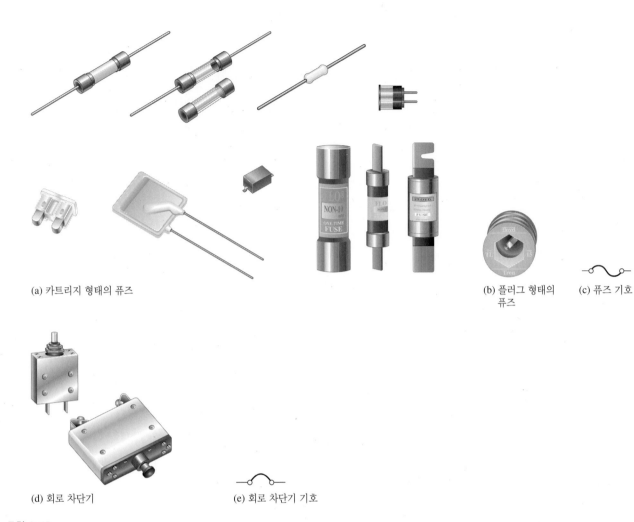

(a) 카트리지 형태의 퓨즈

(b) 플러그 형태의 퓨즈

(c) 퓨즈 기호

(d) 회로 차단기

(e) 회로 차단기 기호

그림 2–45

일반적인 퓨즈 및 회로 차단기와 회로 기호

표기되는 **서큘러 밀(circular mil)**이다. 1 CM은 0.001 인치의 직경을 가진 도선의 단면적이다. 따라서 도선의 단면적을 1000분의 1 인치(1 mil)로 표시하고 제곱함으로써 다음과 같이 나타낼 수 있다.

$$A = d^2 \tag{2-5}$$

여기서 A는 단면적(CM), d는 직경(mil)이다. 표 2-4에는 AWG 크기를 단면적과 20℃에서의 1000 피트당 저항을 함께 나열하였다.

그림 2–46

도선의 단면적

표 2–4

구리선의 미국 도선 표준 치수(AWG)와 굵기

AWG 번호	단면적(CM)	저항(20°C에서의 1000 피트당 옴)	AWG 번호	단면적(CM)	저항(20°C에서의 1000 피트당 옴)
0000	211,600	0.0490	19	1,288.1	8.051
000	167,810	0.0618	20	1,021.5	10.15
00	133,080	0.0780	21	810.10	12.80
0	105,530	0.0983	22	642.40	16.14
1	83,694	0.1240	23	509.45	20.36
2	66,373	0.1563	24	404.01	25.67
3	52,634	0.1970	25	320.40	32.37
4	41,742	0.2485	26	254.10	40.81
5	33,102	0.3133	27	201.50	51.47
6	26,250	0.3951	28	159.79	64.90
7	20,816	0.4982	29	126.72	81.83
8	16,509	0.6282	30	100.50	103.2
9	13,094	0.7921	31	79.70	130.1
10	10,381	0.9989	32	63.21	164.1
11	8,234.0	1.260	33	50.13	206.9
12	6,529.0	1.588	34	39.75	260.9
13	5,178.4	2.003	35	31.52	329.0
14	4,106.8	2.525	36	25.00	414.8
15	3,256.7	3.184	37	19.83	523.1
16	2,582.9	4.016	38	15.72	659.6
17	2,048.2	5.064	39	12.47	831.8
18	1,624.3	6.385	40	9.89	1049.0

예제 2–7	직경이 0.0005 인치인 도선의 단면적은 얼마인가?
해	$d = 0.005 \text{ in.} = 5 \text{ mils}$ $A = d^2 = (5 \text{ mils})^2 = \mathbf{25 \text{ CM}}$
관련 문제	직경이 0.0201 인치인 도선의 단면적은 얼마인가? 표 2-4에 참조하면 AWG 번호는 얼마인가?

도선의 저항 구리선이 훌륭한 도체이긴 하지만 저항 성질을 갖고 있으며, 다른 도체들도 마찬가지이다. 도선의 저항은 (a) 물질의 종류, (b) 도선의 길이, (c) 단면적 등 세 가지 물리적 특성과 관련된다. 온도 역시 저항에 영향을 미치는 요인으로 작용할 수 있다.

모든 도체는 ρ로 표기되는 저항률을 가진다. 각 물체의 저항률은 지정 온도에서 일정한 값을 갖는다. 길이 l, 단면적이 A인 도선의 저항은 다음 식으로 구할 수 있다.

$$R = \frac{\rho l}{A} \tag{2-6}$$

위 식은 저항률과 길이가 증가하면 저항이 증가하고, 단면적이 증가하면 저항이 감소함을 보여준다. 저항의 단위는 옴(Ω)이고, 길이는 피트(ft), 단면적은 서큘러 밀(circular mil), 저항률은 CM-Ω/ft의 단위를 갖는다.

예제 2–8	구리선의 길이가 100 ft이고, 단면적이 810.1 CM인 도선의 저항을 구하시오. 단, 구리의 저항률은 10.37 CM-Ω/ft이다.

해
$$R = \frac{\rho l}{A} = \frac{(10.37 \text{ CM-}\Omega\text{/ft}) (100 \text{ ft})}{810.1 \text{ CM}} = \mathbf{1.280 \ \Omega}$$

관련 문제 100 ft의 길이와 단면적이 810.1 CM을 갖는 구리선의 저항을 표 2-4를 사용하여 구하시오. 이를 계산된 결과와 비교하시오.

앞에 서술한 바와 같이 표 2-4는 20°C에서 1000 피트당 여러 표준 굵기에 대한 도선의 저항을 Ω으로 나타낸 것이다. 예를 들어, 1000 ft의 AWG 14 구리선은 2.525 Ω의 저항을 가진다. 1000 ft의 AWG 22 구리선은 16.14 Ω의 저항을 가진다. 길이가 일정한 경우 작은 도선일수록 큰 저항을 갖는다. 따라서 전압이 일정하면, 도선이 굵을수록 더 많은 전류가 흐르게 된다.

접지

접지(ground)는 전기회로에서 기준이 되는 점이다. 접지라는 용어는 회로의 한 부분을 8 피트 길이의 금속막대와 연결하여 이를 대지에 연결하여 사용한 데서 기인한다. 오늘날, 이러한 연결은 대지 접지라 한다. 가정 내에서는, 대지 접지는 녹색 선 또는 벗겨진 구리선으로 구분되어 사용된다. 대지 접지는 일반적으로 안전을 위한 전기 박스 또는 가전제품의 금속 새시에 연결되어 있다. 만약 금속 새시가 대지 접지에 연결되어 있지 않다면 불행하게도 안전에 위험을 줄 수 있는 경우가 있다. 따라서 전기 계측기나 가전제품을 다루기 전에는 금속 새시는 대지 접지와 연결이 되었는지를 확인하는 것이 바람직하다.

접지의 또 다른 형태는 기준 접지라 불린다. 전압은 항상 어느 다른 점을 기준으로 측정된다. 만약 이 점이 명확하게 어떠한 전압 기준으로 정의되어 있지 않다면 기준 접지는 회로의 동작에 어떠한 영향도 주지 못할 것이다. 기준 접지는 대지 접지보다 완전하게 다른 전위로 작용할 수 있다. 기준 접지는 공통 단자라 불리며, COM 또는 COMM으로 표기된다. 실험실에서 프로토보드에 도선을 연결할 때, 사용자는 하나의 도선을 공통 단자로 연결하여 사용하여야 할 것이다.

그림 2-47에 이러한 접지 기호를 나타내었다. 대지 접지와 기준 접지는 따로 구분되지 않고 사용된다. 그림 2-47의 (a)는 기준 접지 또는 대지 접지를 나타내는 회로 기호이고, (b)는 새시 접지, (c)는 아날로그 또는 디지털 접지를 나타내는 또 다른 접지 기호이다. 이 책에서는 그림 2-47(a)의 기호만 사용할 것이다.

그림 2-48은 접지와 함께 표시된 간단한 회로를 나타낸다. 전류는 12 V 전원의 음극에서 나와 전구를 지나 접지와 연결된 양극으로 돌아 들어간다. 접지는 전류가 전원으로 되돌아가는 경로를 제공하는데, 이는 접지가 전기적으로 모두 같은 점으로 작용하고 전류 경로에 대해 이상적으로 0 Ω의 저항을 나타내기 때문이다. 회로의 최상단의 전압은 접지점에 대해 +12 V가 된다. 회로에서 모든 접지는 서로 연결되어 있는 도체로 고려된다.

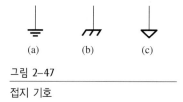

(a)　　(b)　　(c)

그림 2–47

접지 기호

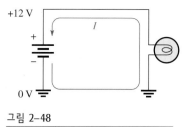

그림 2–48

접지 연결을 보여주는 간단한 회로 예

<table>
<tr><td>2-6 복습문제</td><td>1. 전기회로의 기본 요소들은 무엇인가?</td></tr>
</table>

2-6 복습문제	1. 전기회로의 기본 요소들은 무엇인가?
	2. 개회로를 정의하시오.
	3. 폐회로를 정의하시오.
	4. 스위치가 개방되었을 때의 저항은 얼마인가? 이상적인 경우 스위치가 단락되었을 때의 저항은 얼마인가?
	5. 퓨즈의 사용 목적은 무엇인가?
	6. 퓨즈와 회로 차단기의 차이점은 무엇인가?
	7. AWG 3번과 AWG 22번 중 어느 것의 직경이 더 큰가?
	8. 회로에서 접지란 무엇인가?

2-7 기본적인 회로 측정

전자공학 기술자들은 반드시 전압, 전류와 저항을 측정하는 방법을 알아야 한다. 이 절에서는 이에 대해 알아본다.

절의 학습내용

▶ **기본 전기회로의 측정방법을 공부한다.**

　▶ 회로에서 전압계를 사용하여 전압을 측정한다.

　▶ 회로에서 전류계를 사용하여 전류를 측정한다.

　▶ 회로에서 저항계를 사용하여 저항을 측정한다.

　▶ 측정기를 설치하고, 측정값을 읽는다.

전자공학에서는 전압, 전류와 저항의 값을 측정하여야 할 필요가 있다. 전압을 측정하는 장치를 **전압계(voltmeter)**, 전류를 측정하는 장치를 **전류계(ammeter)**, 그리고 저항을 측정하는 장치를 **저항계(ohmmeter)**라 한다. 보통 이들 세 가지 전기량을 **멀티미터(multimeter)**라고 하는 단일 장치로 측정할 수 있으며, 측정하고자 하는 전기량을 스위치로 선택하여 사용할 수 있도록 되어 있다.

그림 2-49는 일반적인 멀티미터를 보여준다. 그림 2-49(a)는 측정값을 디지털값으로 보여주는 디지털 멀티미터(DMM : digital multimeter)이고, 그림 2-49(b)는 지시침을 가진 아날로그 멀티미터이다. 또한, 일부 디지털 멀티미터는 막대 그래프 형태로 출력을 표시하는 것도 있다.

측정기 기호

이 책을 통해서 회로에서의 측정량을 표현하는 측정기 기호로서 그림 2-50에 제시된 형태를 사용할 것이다. 필요에 따라 다음 네 가지 기기(전압계, 전류계, 저항계, 멀티미터)의 기호 중하나를 선택하여 사용할 수도 있다. 특정값 대신 상대적 측정값이나 물리량의 변화를 나타내어야 할 때에는 막대 그래프나 지시침 기호로 나타낼 것이다. 변화의 증감을 표시하기 위해화살표를 사용하기도 할 것이다. 회로에서 특정값을 나타내어야 할 때는 디지털 멀티미터로 나타낼 것이다. 특별히 측정값이나 변화 등을 나타낼 필요가 없을 때에는 일반 기호를 사용한다.

(a) 디지털 멀티미터

(b) 아날로그 멀티미터

그림 2-49

일반적인 휴대용 멀티미터[(a) Fluke사 제공, (b) B + K 정밀 제공]

(a) 디지털

(b) 막대 그래프

(c) 아날로그

(d) 저항계

그림 2-50

이 책에서 사용된 측정기의 기호 예 : 각각의 기호는 전류계(A), 전압계(V)와 저항계(Ω)를 나타낸다

전류계로 전류 측정하기

그림 2-51은 전류계로 어떻게 전류를 측정하는지 보여준다. 그림 2-51(a)는 저항에 흐르는 전류를 측정하는 간단한 회로이다. 우선, 주의할 것은 예상되는 전류보다 큰 범위의 전류로 전류계를 설정하여야 한다는 것이다. 전류를 측정하기 위해서는 그림 2-51(b)와 같이 전류의 경로를 개방하고, 그 사이에 그림 2-51(c)와 같이 전류계를 삽입하여 설치한다. 극성은 전류가 음의 단자로 들어와 양의 단자로 나가도록 연결한다.

전압계로 전압 측정하기

전압을 측정하려면, 전압을 측정할 소자 양단에 전압계를 연결한다. 이와 같은 연결을 병렬 연결이라 한다. 측정기의 음의 단자는 회로의 음극 쪽에, 양의 단자는 양극 쪽에 연결하여야 한다. 그림 2-52는 저항 양단의 전압을 측정하기 위해 전압계를 연결한 모습이다.

저항계로 저항 측정하기

저항을 측정하려면, 전원을 끄고, 회로에서 저항의 한쪽 또는 양쪽을 분리한다. 그리고 저항 양단에 저항계를 연결한다. 그림 2-53에 그 과정을 나타내었다.

안전 주의 사항

전기회로를 다룰 때 에는 금속 성분의 보석이나 반지를 착용하지 않아야 한다. 이러한 것들은 우연히 회로와 접촉하여 회로에 충격이나 손상을 일으킨다.

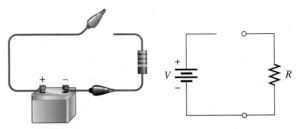

(a) 전류를 측정하기 위한 회로이다.

(b) 저항과 전지의 양의 단자 사이를 개방하거나 저항과 전지의
음의 단자 사이를 개방한다.

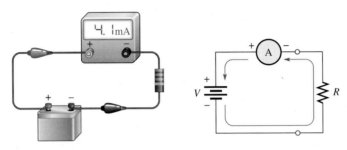

(c) 그림에 표시한 극성[(+)는 (+)로, (−)는 (−)로]으로 전류 경로에 전류계를 설치한다.

그림 2–51

전류를 측정하기 위한 전류계의 연결의 예

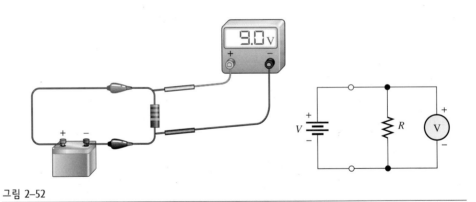

그림 2–52

전압을 측정하기 위한 전압계의 연결의 예

그림 2–53

저항을 측정하기 위한
저항계의 연결의 예

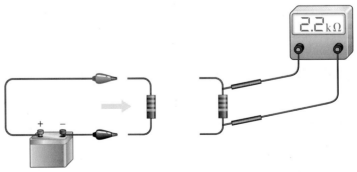

(a) 오측정과 계기에 손상을 주지 않기 위해
저항을 회로로부터 분리한다.

(b) 저항을 측정한다(극성은 중요하지 않다).

디지털 멀티미터

디지털 멀티미터(digital multimeter : DMM)는 전압, 전류와 저항을 측정하는 종합 계측기로서 가장 일반적인 전자 측정기이다. 또한 일반적으로 DMM은 아날로그 측정기에 비해 다양한 기능을 제공하고 정확성, 판독성과 신뢰성 측면에서 우수하다. 그러나 아날로그 멀티미터는 DMM에 비해 적어도 하나의 장점을 갖고 있는데, 디지털 멀티미터의 응답속도가 느려 놓치는 짧은 시간의 변화와 경향을 아날로그 멀티미터로는 측정이 가능하다는 점이다. 그림 2-54에는 일반적인 DMM의 종류를 나타낸다. 대부분의 DMM에는 측정하고자 하는 양의 범위가 내부 회로에 의해 자동으로 조정되는 자동범위 조정기능이 내장되어 있다.

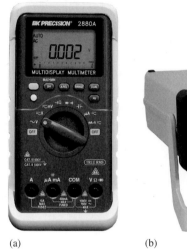
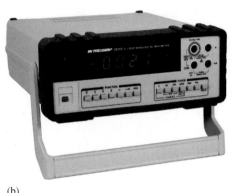

(a)　　　　　　　(b)

그림 2–54

일반적인 디지털 멀티미터(DMMs)
(B + K 정밀 제공)

DMM의 기능　대부분의 DMM에는 다음과 같은 기능이 포함되어 있다.

▶ 저항
▶ 직류 전압과 전류
▶ 교류 전압과 전류

어떤 DMM은 아날로그 막대 표시, 트랜지스터나 다이오드 시험, 전력 측정과 오디오(음성) 증폭기의 데시벨 측정 등과 같은 부가 기능을 제공하기도 한다.

DMM의 표시화면　DMM에는 LCD(액정화면)나 LED 표시기 등이 판독장치로 사용된다. 전지로 구동하는 DMM에는 보통 LCD가 사용되는데, 이는 적은 양의 전류만으로 구동이 가능하기 때문이다. 전지로 구동되는 LCD 화면을 가진 일반적인 DMM은 주로 9 V 전지로 구동되며, 수백 시간에서 2000 시간 이상 사용할 수 있다. LCD 화면의 단점은 (a) 어두운 곳에서 화면을 읽기가 어렵거나 불가능하고, (b) 응답시간이 느리다는 것이다. 이에 반해 LED는 어두운 곳에서도 읽을 수 있고 응답시간도 빠르지만 LCD보다 많은 전류가 필요하기 때문에 휴대용 기기에서는 전지 사용시간이 짧아지게 된다.

LCD이든 LED이든 간에 DMM의 표시장치로는 7 세그먼트 형식을 사용한다. 그림 2-55(a)와 같이 화면의 각 자릿수가 7개의 분리된 세그먼트로 이루어져 있다. 10개의 숫자는 그림 2-55(b)에 나타낸 바와 같이 적절한 세그먼트를 활성화시켜 표시된다. 7개의 세그먼트 외에 소수점 또한 포함되어 있다.

(a)　　　　　(b)

그림 2–55

7 세그먼트 표시장치

분해능 DMM의 **분해능(resolution)**은 측정기가 측정할 수 있는 측정량의 최소의 증가량을 의미한다. 이 양이 작으면 작을수록 더 높은 분해능을 갖는다. 측정기의 분해능을 결정하는 한 요인은 화면에 몇 개의 자릿수로 표현되는가 하는 것이다.

대부분의 DMM의 표시는 3½ 자리로 표현되므로 여기서도 이를 적용할 것이다. 3½ 자리의 DMM에서 3자리는 0에서 9까지를 나타내고 나머지 자리는 0과 1만 나타낼 수 있다. 이와 같이 0과 1만 나타내는 반자릿수는 가장 높은 자릿수로 사용된다. 예를 들어, 그림 2-56(a)와 같이 0.999 V로 표시되었다고 가정하자. 만약 전압이 0.001 V 증가하여 1 V가 된다면, 화면은 그림 2-56(b)처럼 1.000 V로 수정될 것이다. 여기서 '1'이 바로 반자릿수이다. 따라서 0.001 V씩 변화하는, 즉 0.001 V의 분해능을 갖는 기기가 된다.

(a) 분해능 : 0.001 V (b) 분해능 : 0.001 V (c) 분해능 : 0.001 V (d) 분해능 : 0.01 V

그림 2–56

3½ 자리의 DMM에서 분해능에 따라 자릿수가 어떻게 변화하는지를 나타내는 예

이제 전압이 1.999 V로 증가했다고 가정하자. 그림 2-56(c)처럼 화면에 나타날 것이다. 만약 전압이 2 V가 되도록 0.001 V를 증가시킨다면 반자릿수는 2.00을 표시하기 위해 '2'를 표시할 수는 없다. 따라서 그림 2-56(d)처럼 반자릿수는 빈칸이 되고 단지 3자리의 수만 나타난다. 따라서 3½ 자리의 기기이지만 이 경우 분해능은 0.001 V가 아닌 0.01 V가 되는 것이다. 19.99 V까지의 측정전압에 대한 분해능도 0.01 V가 된다. 또한 20.0 V에서 199.9 V의 전압을 측정할 때에는 분해능은 0.1 V가 되고, 200 V에서는 1 V의 분해능이 된다.

DMM의 분해능은 측정기 내부 회로와 피측정량의 표본화율에 따라 달라진다. 4½에서 8½ 자리의 DMM도 출시되고 있다.

정밀도 1장에서 설명하였듯이, 정밀도는 측정값과 참값과의 차이로서 오차의 범위를 나타내고, 보통 %로 표시된다. DMM의 정밀도는 직접적으로는 측정기의 내부 회로에 의해 결정된다. 일반적인 측정기의 경우에는 0.01%에서 0.5% 범위의 정밀도를 가지며, 정밀 실험용으로 사용되는 측정기의 경우에는 0.002%의 정밀도를 갖기도 한다.

아날로그 멀티미터 눈금 읽기

일반적으로 DMM이 많이 사용된다 할지라도, 때로는 아날로그 미터가 사용되므로 사용법을 알아야 한다.

기능 그림 2-57에는 일반적인 아날로그 멀티미터(바늘 형태)를 나타내었다. 이 기기는 저항은 물론 직류 전류와 교류 전류 등을 모두 측정할 수 있다. 이 기기는 직류 전압(DC VOLTS),

유용한 정보

아날로그 계기로 눈금을 읽을 때에는 항상 스케일을 확인한 후에, 바늘이 가리키고 있는 각도를 읽는다. 아날로그 계기에서 지시하는 값을 읽을 때에는 바늘의 위치가 항상 스케일 대비 상대적인 위치로 읽혀지고, 이 상대적인 위치에 스케일이 곱해져서 적확한 판독의 결과를 알 수 있게 된다.

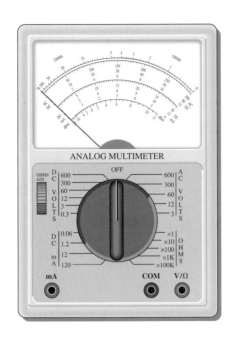

그림 2-57

일반적인 아날로그 멀티미터

DC 전류(DC mA), 교류 전압(AC VOLTS), 그리고 저항(OHMS) 등의 네 가지 선택기능을 가지고 있다. 대부분의 아날로그 멀티미터가 이와 비슷한 기능을 가지고 있다.

범위 각 기능마다 선택할 수 있는 여러 개의 범위가 함께 나타나 있다. 예를 들어, 직류 전압의 경우 0.3 V, 3 V, 12 V, 60 V, 300 V, 600 V의 범위가 있다. 따라서 0.3 V에서 600 V 까지의 직류 전압을 측정할 수 있다. 직류 전류의 경우 0.06 mA에서 120 mA까지 측정이 가능하다. 저항계는 ×1, ×10, ×100, ×1000, ×100,000을 선택할 수 있다.

저항 눈금 저항은 측정기 맨 위의 눈금을 읽는다. 저항 눈금은 비선형적으로 매겨져 있이 각 눈금의 크기가 일정하지 않다. 그림 2-57을 보면, 오른쪽에서 왼쪽으로 갈수록 눈금이 좁아지는 것을 알 수 있다.

저항의 실제값은 스위치가 가리키는 배수를 곱하여야 한다. 예를 들어, 스위치가 ×100에 설정되어 있고 지시침이 20을 가리키고 있다면 20 × 100 = 2000 Ω이 된다.

또 다른 예로, 스위치가 ×10에 있고, 지시침이 1과 2 사이의 7번째 작은 눈금을 가리키고 있다면 17 Ω(1.7 × 10)이 된다. 만약 같은 저항을 측정하면서 스위치를 ×1에 두었다면 지시침은 눈금 15와 20 가운데의 작은 눈금에 온다. 물론 저항값은 전과 같은 17 Ω이며, 이는 스위치 설정값을 여러 범위로 변경하여 측정할 수 있음을 보여준다. 그리고 설정범위를 바꾸기 전에 반드시 측정침을 서로 맞닿게 하고 지시침의 위치를 조절하여 0을 가리키도록 영점 조절을 하여야 한다.

교류-직류 눈금 측정기의 눈금 중 'AC', 'DC'라고 표기된 위에서 2번째, 3번째, 4번째 눈금줄은 각각 직류 전압, 직류 전류, 교류 전압의 눈금이다. 위쪽의 AC-DC 눈금줄은 끝에 300으로 표시되어 있으며 0.3, 3, 300 등 3의 배수로 범위가 설정된다. 예를 들어, 기능 선택 스위치가 직류 전압의 3을 선택한 상태라면 300이 적힌 눈금은 전체 눈금이 3 V를 나타낸다. 스위치가 300을 선택하고 있으면 300 V를 나타낸다.

60으로 끝나는 중간의 DC-AC 눈금줄은 0.06, 60, 600 등 6의 배수로 범위가 설정된다. 예를 들어, 기능 선택 스위치가 직류 전압의 60을 선택한 상태라면 60이 적힌 눈금은 전체 눈금이 60 V를 나타낸다.

12로 끝나는 아래쪽의 DC-AC 눈금줄은 1.2, 12, 120 등 12의 배수로 범위가 설정된다. DC mA 눈금줄은 전류를 측정할 경우에 동일하게 적용된다.

예제 2–9

그림 2-7에서 설명한 측정기기의 스위치 설정방법을 참조하여 그림 2–58에 제시된 양인 전압, 전류, 저항의 값을 구하시오.

(a) DC VOLTS : 60   **(b)** DC mA : 12   **(c)** OHMS : ×1K

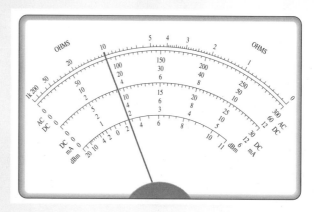

그림 2–58

해 **(a)** AC-DC 눈금줄로부터 읽은 결과는 **18 V**이다.
    (b) AC-DC 눈금줄로부터 읽은 결과는 **3.8 mA**이다.
    (c) 최상위의 눈금줄로부터 읽은 결과는 **10 kΩ**이다.

관련 문제 예제의 (c)에서 스위치가 ×100 옴으로 변경되었다. 저항값이 동일하게 측정되었다면 바늘은 어떻게 변화할 것인가?

2–7 복습문제

1. 다음의 양을 측정하는 데 사용되는 멀티미터의 이름은 무엇인가?
    (a) 전류   (b) 전압   (c) 저항
2. 그림 2-41의 회로에서 2개의 전구를 통해 흐르는 전류를 측정할 수 있도록 2개의 전류계를 연결하시오(극성에 주의 바람). 1개의 전류계로 동일한 기능을 수행할 수 있는 방법은 무엇인가?
3. 그림 2-41의 회로에서 전구 2의 전압을 측정할 수 있도록 전압계를 연결하시오.
4. 일반적인 2가지 DMM 표시장치를 예시하고 각각의 장단점을 논하시오.
5. DMM의 분해능을 정의하시오.
6. 그림 2-57의 멀티미터는 3 V의 DC 전압을 측정하기 위해 조정되어 있다. 위쪽의 AC-DC 눈금줄이 150을 가리키고 있다면, 전압은 얼마인가?
7. 275 V를 측정하기 위해 그림 2-57의 멀티미터는 어떻게 설정되어야 하는가? 또한 전압을 읽기 위해 어떤 눈금줄을 읽어야 하는가?
8. 20 kΩ 이상의 저항을 측정하려면 범위 설정 스위치는 어떻게 조정되어야 하는가?

응용 과제

옥외에서 전구를 특별한 용도로 사용하기 위한 회로를 검사하고 연결한다. 이 장에서 학습한 내용을 상기하면서 이 응용 과제를 단계적으로 수행해 보자. 응용 과제 개요로부터 제시된 사항을 상기하라.

1. 전구 시스템은 한 번에 하나의 전구만을 제어할 수 있는 6개의 전구로 구성된다.
2. 순서는 순차적이다.
3. 켜진 전구의 밝기는 다양한 방법에 의해 제공되어져야 한다.
4. 시스템은 12 V 전지로 동작하고 퓨즈를 사용하여야만 한다.

1단계 : 회로

그림 2-59에서 제시된 4개의 구조로부터 요구사항과 부합되는 회로를 찾아 선택한다. 선택되지 않은 회로에 대해 요구사항이 부합되지 않은 이유에 대해 설명하시오. 회로의 각 부품에 대해 사용 목적을 설명하시오.

2단계 : 회로 연결하기

그림 2-60에서 전구회로를 구성하기 위한 부품을 선택하고, 각 부품의 수량을 나열하시오. 사용되는 부품과 핀 번호를 사용하여 전구회로의 배선작업을 하여 회로를 완성한다.

3단계 : 퓨즈에 인가되는 전류의 크기 결정하기

과전류가 흘렀을 때 회로가 타는 것을 방지하기 위하여 퓨즈를 사용한다. 전구는 12 V를 인가하였을 때 약 5 A의 전류가 흐르는 것을 사용한다. 다음에 제시된 정격 중에 회로에 적합한 퓨즈를 선택한다 : 1 A, 2 A, 3 A, 4 A, 5 A, 6 A, 7 A, 8 A, 9 A, 10 A, 20 A, 30 A. 선택 이유에 대해 설명하시오.

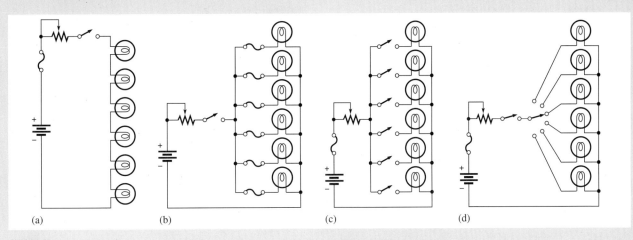

(a)   (b)   (c)   (d)

그림 2–59

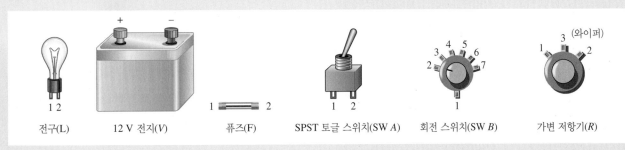

전구(L)   12 V 전지(V)   퓨즈(F)   SPST 토글 스위치(SW A)   회전 스위치(SW B)   가변 저항기(R)

그림 2–60

부품 선택

4단계 : 전지의 용량 결정하기

전지를 사용하여 주어진 시간 동안 정격전압으로 전류가 공급된다. 주어진 시간 동안 정격전압으로 제공하는 전지의 전류의 양을 전류시간 정격(ampere-hour rating)이라고 한다. 전구회로가 전지를 충전하기 전에 4시간 동안 동작하여야 한다면, 전지의 최소 전류시간 정격은 얼마인가? 필요하다면, 전류시간 정격에 관해 3-7절을 참조하라.

5단계 : 회로의 고장진단하기

일단 모든 부품이 연결되었다면, 모든 부품이 기능적으로 정상적으로 동작하는지를 시험하여야 한다.

▶ 회로를 철저하게 시험하기 위한 순서를 간단하게 서술하시오. 이것을 시험절차(test procedure)라고 한다.
▶ 회로가 오동작하는 곳에서 다음에 제시된 각각의 경우에 대해 오류나 고장원인을 찾아내고, 어떻게 하면 고칠 수 있는지를 설명하시오.

1. 각 전구는 하나만 제외하고 켜질 수 있다.
2. 켜지는 전구가 없다.
3. 각 전구가 너무 어둡고 가감 저항기 조절에 의해 밝기를 조절할 수 없다.
4. 각 전구가 너무 어둡다. 그렇지만, 가감 저항기 조절에 의해 밝기를 조절할 수 있다. 그러나 가장 밝게는 되지 않는다.

복습문제

1. 전구회로에서 가감 저항기의 저항이 감소하였다면, 선택된 전구의 밝기는 증가하는가 아니면 감소하는가?
2. 전구 중에 하나를 제거하면 다른 전구의 동작에 어떠한 영향을 미치는가?
3. 전구가 켜지지 않았을 때, 전지로부터 출력되는 전류는 어떻게 되는가?
4. 동시에 2개의 전구를 켜기를 원한다면 어떻게 하여야 하는지 설명하시오.

요 약

▶ 원자는 그 원소의 특징을 나타내는 원소의 가장 작은 입자이다.
▶ 전자는 음전하의 기본적인 입자이다.
▶ 양자는 양전하의 기본적인 입자이다.
▶ 이온은 전자를 잃거나 얻어 더 이상 중성이 되지 않는 원자이다.
▶ 원자의 바깥 궤도의 전자(최외각 전자)가 궤도를 벗어나면 자유전자가 된다.
▶ 자유전자는 전류를 흐르게 한다.
▶ 같은 극성의 전하는 척력이 작용하고, 반대 극성의 전하는 인력이 작용한다.
▶ 전류를 생성하기 위해서는 반드시 회로에 전압을 인가하여야 한다.
▶ 저항은 전류의 흐름을 제한한다.
▶ 기본적으로 전기회로는 전원과 부하, 그리고 전류의 경로로 구성되어 있다.
▶ 개회로는 전류의 경로가 차단되어 있는 회로이다.
▶ 폐회로는 전류의 경로가 완전히 구성된 회로이다.
▶ 전류계는 전류의 경로인 도선의 사이에, 즉 직렬로 연결된다.
▶ 전압계는 측정하고자 하는 전류의 경로 양단에 걸쳐, 즉 병렬로 연결된다.
▶ 저항계는 측정하고자 하는 저항 양단에 연결된다. 저항은 회로에서 분리되어야 한다.
▶ 그림 2-61은 이 장에서 소개된 전기회로도의 회로 기호를 나타낸다.
▶ 1 C은 6.25×10^{18} 개의 전자가 갖는 전하이다.
▶ 1 V는 1 J의 에너지가 1 C의 전하를 한 점에서 다른 점으로 이동시킬 때 두 점 사이의 전위차(전압)이다.
▶ 1 A는 1 C의 전하가 도선의 한 단면을 1초 동안 지날 때의 전류량이다.
▶ 1 Ω은 1 V의 전압이 인가된 도체에 1 A의 전류가 흐를 때 도체의 저항이다.

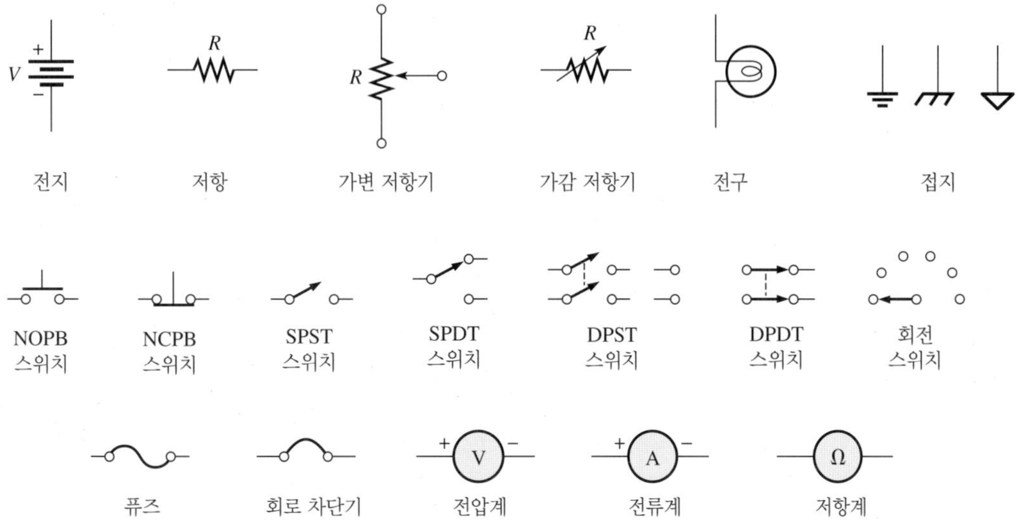

| 전지 | 저항 | 가변 저항기 | 가감 저항기 | 전구 | 접지 |

| NOPB 스위치 | NCPB 스위치 | SPST 스위치 | SPDT 스위치 | DPST 스위치 | DPDT 스위치 | 회전 스위치 |

| 퓨즈 | 회로 차단기 | 전압계 | 전류계 | 저항계 |

그림 2-61

핵심 용어

이 장에서 제시된 용어는 책 끝부분의 용어집에 정의되어 있다.

가감 저항기(rheostat) : 2개의 단자를 가진 가변 저항

가변 저항기(potentiometer) : 3개의 단자를 가진 가변 저항

개회로(open circuit) : 전류의 완전한 경로가 있는 회로

디지털 멀티미터(DMM) : 전압, 전류, 저항을 모두 하나의 장비로 측정할 수 있는 계측장비

반도체(semiconductor) : 도체와 절연체 중간 정도의 전도성을 가진 물체. 실리콘, 게르마늄 등

부하(load) : 전압원으로부터 전류가 흐를 수 있도록 회로의 출력단자를 통해 연결된 요소(저항 또는 다른 부품)

볼트(V) : 전압 또는 기전력의 단위

스위치(switch) : 전류의 경로를 개폐하는 전기적 장치

암페어(A) : 전류의 단위

원자(atom) : 그 원소의 특징을 나타내는 원소의 가장 작은 입자

옴(Ω) : 저항의 단위

자유전자(free electron) : 모원자에서 떨어져 나와 물체의 원자 구조 내에서 원자와 원자 사이를 자유롭게 오가는 최외각 전자

저항(resistance) : 전류를 흐르지 못하게 하는 성질이며, 단위는 옴(Ω)

저항계(ohmmeter) : 저항을 측정하는 계기

저항기(resistor) : 특정한 저항값을 갖도록 고안된 전기부품

전류(current) : 전하(자유전자)가 흐르는 비율. 즉, 속도를 의미한다.

전류계(ammeter) : 전류를 측정하기 위한 전기 계측기

전류원(current source) : 부하가 변화해도 일정하게 전류를 공급하는 장치

전압(voltage) : 전자를 회로의 한 점에서 다른 점으로 이동하는 데 필요한 단위 전하당 에너지의 비율

전압계(voltmeter) : 전압을 측정하기 위한 계측기

전압원(voltage source) : 부하가 변화해도 일정하게 전압을 공급하는 장치

전자(electron) : 물질에서의 기본 전하 입자

전하(charge) : 전자의 과잉이나 부족으로 인해 존재하는 물체의 전기적 특성. 전하는 양과 음의 전하가 있다.

절연체(insulator) : 정상 조건에서 전류를 흐르지 않도록 하는 물체

접지(ground) : 회로의 기준 또는 공통점

지멘스(S) : 컨덕턴스의 단위. mho라고도 한다.

폐회로(closed circuit) : 전류의 경로가 차단되어 있는 회로

퓨즈(fuse) : 회로에 과전류가 흐를 때 타버리도록 고안된 보호장치

컨덕턴스(conductance) : 전류를 받아들이는 능력이며, 단위는 지멘스(S)

쿨롱(C) : 전하의 단위

회로(circuit) : 원하는 결과를 얻기 위한 전기소자들의 상호 연결. 기본 전기회로는 전원과 부하, 그리고 전류의 경로로 구성되어 있다.

회로도(schematic) : 전기/전자 회로를 기호화하여 나타낸 블록도

회로 차단기(circuit breaker) : 전기회로의 과전류를 방지하기 위해 사용되는 재설정 가능 보호기기

AWG(American Wire Gauge) : 도선의 직경에 기초한 표준

주요 공식

$$(2\text{-}1) \quad Q = \frac{\text{전자의 수}}{6.25 \times 10^{18} \text{ 개/C}} \qquad \text{전하}$$

$$(2\text{-}2) \quad V = \frac{W}{Q} \qquad \text{전압은 에너지 나누기 전하량}$$

$$(2\text{-}3) \quad I = \frac{Q}{t} \qquad \text{전류는 전하 나누기 시간}$$

$$(2\text{-}4) \quad G = \frac{1}{R} \qquad \text{컨덕턴스는 저항의 역수}$$

$$(2\text{-}5) \quad A = d^2 \qquad \text{단면적은 직경의 제곱}$$

$$(2\text{-}6) \quad R = \frac{\rho l}{A} \qquad \text{저항은 저항률 곱하기 길이 나누기 단면적}$$

자습문제

정답은 장의 끝부분에 있다.

1. 원자 번호 3인 중성 원자에는 몇 개의 전자가 있는가?

(a) 1 　　　 (b) 3 　　　 (c) 없음 　　　 (d) 원자의 종류에 따라 다름

2. 전자 궤도는 무엇이라 불리는가?

(a) 각(shell) 　　 (b) 여러 개의 핵(nuclei) 　　 (c) 전파 　　 (d) 원자가(valence)

3. 전압이 인가되어도 전류가 흐르지 않는 물체를 무엇이라 하는가?

(a) 여파기 　　 (b) 도체 　　 (c) 절연체 　　 (d) 반도체

4. 양으로 대전된 물체와 음으로 대전된 물체가 가까이 놓이면 어떻게 되는가?

(a) 밀어낸다. 　　 (b) 중성이 된다. 　　 (c) 끌어당긴다. 　　 (d) 전하를 교환한다.

5. 전자 1개에 내포된 전하는 얼마인가?

(a) 6.25×10^{-18} C 　 (b) 1.6×10^{-19} C 　 (c) 1.6×10^{-19} J 　 (d) 3.14×10^{-6} C

6. 전위차를 다른 말로 정의하면 무엇인가?

(a) 에너지   (b) 전압   (c) 핵으로부터 전자의 거리   (d) 전하

7. 에너지의 단위는 무엇인가?

(a) W   (b) C   (c) J   (d) V

8. 다음 중 에너지원이 아닌 것은 무엇인가?

(a) 전지   (b) 태양전지 셀   (c) 발전기   (d) 전위차계

9. 다음 중 전기회로에서 가능하지 않은 경우는 어느 것인가?

(a) 전압은 있고 전류는 모두 없는 경우   (b) 전류는 있고 전압은 없는 경우

(c) 전압과 전류가 모두 있는 경우   (d) 전류와 전압이 모두 없는 경우

10. 전류의 정의는 무엇인가?

(a) 자유전자   (b) 자유전자가 흐르는 속도

(c) 전자를 움직이는 데 필요한 에너지   (d) 자유전자의 전하량

11. 회로에 전류가 없는 경우는 어느 것인가?

(a) 스위치가 닫혔을 경우   (b) 스위치가 열렸을 경우   (c) 전압이 없을 경우

(d) (a)와 (c)의 경우   (e) (b)와 (c)의 경우

12. 저항의 제1차 목적은 무엇인가?

(a) 전류를 증가시킨다.   (b) 전류를 제한한다.

(c) 열을 발생시킨다.   (d) 전류의 변화를 방지한다.

13. 전위차계와 가감 저항기는 무엇의 종류인가?

(a) 전압원   (b) 가변 저항기   (c) 고정 저항기   (d) 회로 차단기

14. 주어진 회로의 전류는 22 A를 넘지 않는다. 어느 퓨즈를 사용하는 것이 가장 적당한가?

(a) 10 A   (b) 25 A   (c) 20 A   (d) 퓨즈는 필요하지 않다.

문 제   홀수문제의 답은 책 끝부분에 있다.

기본문제

2-2 전하

1. 50×10^{31}개의 전자에는 얼마의 전하가 있는가?

2. 몇 개의 전자가 모여야 $80~\mu C$의 전하가 되는가?

3. 구리 원자의 핵에 존재하는 전하는 몇 C인가?

4. 염소 원자의 핵에 존재하는 전하는 몇 C인가?

2-3 전압

5. 다음 경우에 대해 전압을 구하시오.

(a) 10 J/C   (b) 5 J/2 C   (c) 100 J/25 C

6. 어떤 저항이 100 C의 전하를 움직이는 데 500 J의 에너지가 사용되었다. 저항의 전압은 얼마인가?

7. 40 C의 전하를 움직이는 데 800 J의 에너지를 사용하는 전지의 전압은 얼마인가?

8. 회로에서 12 V의 전지가 2.5 C의 전하를 움직이는 데 필요한 에너지는 얼마인가?

2-4 전류

9. 다음 경우에 대해 전류를 구하시오.

(a) 1초 동안 75 C   (b) 0.5초 동안 10 C   (c) 2초 동안 5 C

10. 3초 동안 6/10 C의 전하가 한 점을 지날 때 전류는 얼마인가?

11. 5 A의 전류 속도로 10 C의 전하가 한 점을 지나는 데 걸리는 시간은 얼마인가?

12. 1.5 A의 전류 속도로 0.1초 동안 한 점을 지나는 전하의 양은 얼마인가?

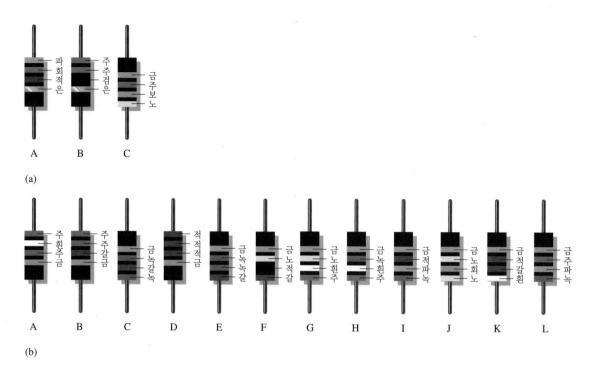

그림 2-62

2-5 저항

13. 그림 2-62(a)에는 색띠 부호를 갖는 저항을 나타낸다. 각각에 대해 저항값과 허용오차를 구하시오.

14. 그림 2-62(a)의 각각의 저항에 대해 허용오차 내에서의 최대와 최소 저항값을 구하시오.

15. **(a)** 270 ± 5%의 저항이 필요하다. 색띠 부호는 어떻게 되는가?

　　　(b) 그림 2-62(b)의 그림에서 330 Ω, 2.2 kΩ, 39 kΩ, 56 kΩ, 120 kΩ의 저항에 해당하는 것을 고르시오.

16. 그림 2-63에 나타낸 저항의 저항값과 허용오차를 구하시오.

그림 2-63

(a) 주파녹노적　　　(b) 적회노갈파　　　(c) 회적녹적갈

17. 다음의 경우에 대해 저항값을 구하시오.

　　(a) 갈색, 검정색, 검정색, 금색　　　　　**(b)** 녹색, 갈색, 녹색, 은색

　　(c) 파랑색, 회색, 검정색, 금색

18. 다음의 저항값에 대해 4개의 색띠 부호의 색을 구하시오. 오차는 5%이다.

　(a) 0.47 Ω　　　**(b)** 270 kΩ　　　**(c)** 5.1 MΩ

19. 다음의 5개의 색띠 부호를 갖는 저항에 대해 저항값을 구하시오.

　　(a) 적색, 회색, 보라색, 적색, 갈색

　　(b) 파랑색, 검정색, 노랑색, 금색, 갈색

　　(c) 흰색, 노랑색, 갈색, 갈색, 갈색

20. 다음의 저항값에 대해 5개의 색띠 부호의 색을 구하시오. 오차는 1%이다.

　(a) 14.7 kΩ　　　**(b)** 39.2 kΩ　　　**(c)** 9.76 kΩ

21. 다음의 (a), (b), (c)의 숫자가 저항에 표시되어 있다면 저항값은 얼마인가? 또한, (d), (e), (f)는 영문/숫자가 저항에 표시되어 있다면 저항값은 얼마인가?

(a) 220   (b) 472   (c) 823   (d) 3K3   (e) 560   (f) 10M

22. 가변 저항기의 조정 가능한 중간 단자가 기계적으로 중간 위치에 오도록 조절되었다. 가변 저항기 전체 저항이 1000 Ω일 때 가변 저항기의 중간 단자와 각 끝 단자 사이의 저항은 얼마인가?

2-6 전기회로

23. 그림 2-41(a)의 전구회로에서 스위치가 중간과 아래 핀 사이에 접촉할 때 전류의 경로를 그리시오.

24. 그림 2-41(b)에서 스위치의 위치를 어느 쪽이든 하나로 정하고, 과전류로부터 회로를 보호하는 퓨즈를 삽입하여 회로를 다시 그리시오.

2-7 기본적인 회로 측정

25. 그림 2-64의 회로에 전압원의 전압과 전류를 측정하기 위한 전압계와 전류계를 설치하시오.

26. 그림 2-64에서 저항 R_2를 측정하기 위한 방법을 설명하시오.

27. 그림 2-65에서 스위치가 1의 위치에 있을 때 각 멀티미터의 전압은 얼마인가? 스위치가 2의 위치일 때에는 어떻게 되는가?

28. 그림 2-61에서 스위치의 위치에 관계 없이 전압원으로부터 전류를 측정할 수 있도록 전류계를 연결하는 방법을 설명하시오.

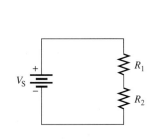

그림 2–64

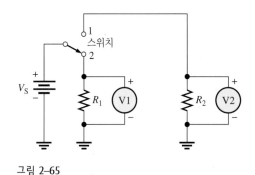

그림 2–65

29. 그림 2-66에 나타난 멀티미터의 전압은 얼마인가?

그림 2–66

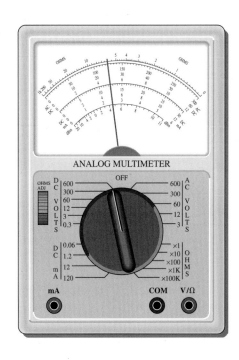

30. 그림 2-67에 표시된 멀티미터의 저항은 얼마인가?

그림 2–67

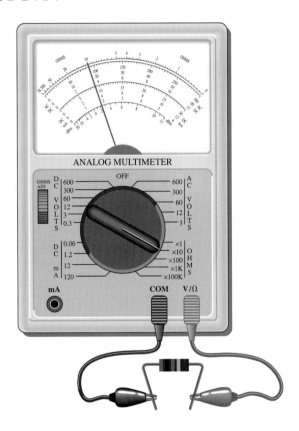

31. 다음과 같은 저항계의 눈금과 스위치 설정에 해당되는 저항을 구하시오.
  (a) 지시침은 2, 스위치는 R × 100
  (b) 지시침은 15, 스위치는 R × 10M
  (c) 지시침은 45, 스위치는 R × 100

32. 멀티미터는 다음과 같은 범위를 갖는다 : 1 mA, 10 mA, 100 mA; 100 mV, 1 V, 10 V; R × 1, R × 10, R × 100. 다음의 제시된 양을 측정하기 위해 그림 2-68의 회로에 어떻게 연결하면 되는지 설명하시오.
  (a) I_{R1} **(b)** V_{R1} **(c)** R_1
  각각의 경우에 대해서 멀티미터의 기능을 조정하기 위한 방법과 사용하여야 하는 범위를 나타내시오.

그림 2–68

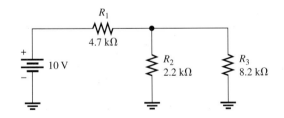

고급문제

33. 2 A의 전류가 흐르는 저항이 1000 J의 전지 에너지를 15초 동안 열로 변환한다면, 저항 양단의 전압은 얼마인가?

34. 574 × 10^{15} 개의 전자가 250 ms 동안 도선을 흐른다면 전류는 몇 A인가?

35. 120 V의 전압원과 1500 Ω의 부하저항 사이를 그림 2-69와 같이 두 도선으로 연결하였다. 전압원 은 부하로부터 50 ft 떨어져 있다. 두 도선의 전체 저항이 6 Ω을 넘지 않는다면 사용 가능한 최소 크기의 도선의 AWG 번호를 표 2-4를 참조하여 구하시오.

그림 2–69

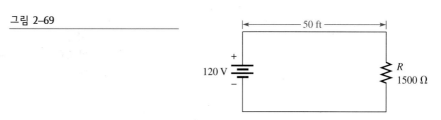

36. 다음과 같이 표시된 저항기의 저항과 허용오차를 구시오.
(a) 4R7J (b) 560KF (c) 1M5G

37. 동시에 모든 전구를 켤 수 있는 회로가 그림 2–70에 단지 하나만 있다. 이 회로는 어떤 것인가?

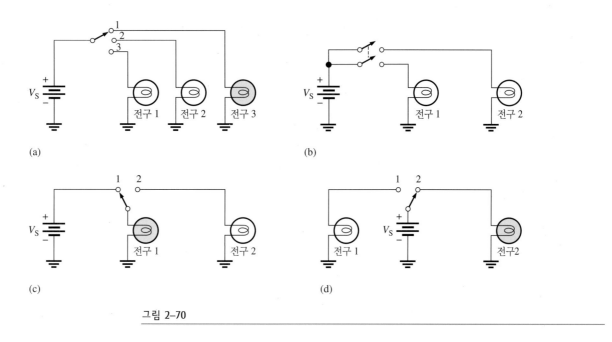

그림 2–70

38. 그림 2-71의 회로에 연결된 저항 중 스위치의 위치에 관계 없이 항상 전류가 흐르는 저항은 어떤 것인가?

그림 2–71

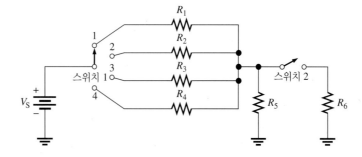

39. 그림 2-71에서 전지로부터 흘러 나오는 전류와 각각의 저항을 통해 흐르는 전류를 측정하기 위한 전류계의 배치방법을 설명하시오.

40. 그림 2-71에서 각각의 저항에 걸리는 전압을 측정하기 위한 전압계의 배치방법을 설명하시오.

41. 2개의 전압원(V_{S1}과 V_{S2})이 동시에 2개의 저항(R_1과 R_2) 중 하나에 다음과 같이 연결되도록 스위치를 설치하시오.

$$V_{S1}은 R_1, V_{S2}는 R_2에 연결$$
$$V_{S1}은 R_2, V_{S2}는 R_1에 연결$$

42. 그림 2-72에는 스테레오 시스템의 각 부분을 블록으로 나타내었다. 하나의 조절 손잡이를 사용하여 전축, 테이프 데크, AM 튜너, FM 튜너, CD 플레이어를 증폭기에 연결할 수 있는지를 설명하시오. 오로지 하나의 기능만 증폭기에 연결된다.

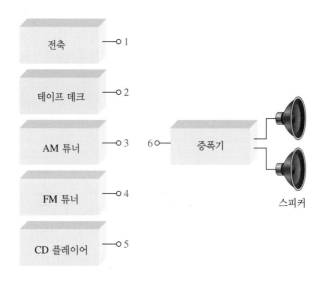

그림 2-72

정 답

절 복습문제

2-1 원자

1. 전자는 음전하를 지닌 기본 입자이다.

2. 원자는 각 원소의 고유 특성을 지닌 가장 작은 입자이다.

3. 원자는 궤도를 도는 전자들로 둘러싸인 양으로 대전된 핵이다.

4. 원자 번호는 핵 안의 양성자 수이다.

5. 아니다. 각 원소는 다른 종류의 원자를 갖고 있다.

6. 자유전자는 모원자로부터 벗어난 최외각 전자이다.

7. 원자각이란 전자가 원자의 핵을 도는 에너지대이다.

8. 구리와 은

2-2 전하

1. Q는 전하의 기호이다.

2. 전하의 단위는 쿨롱이고, C는 쿨롱의 기호이다.

3. 전하는 양전하와 음전하의 2가지 종류를 갖는다.

4. $Q = \dfrac{10 \times 10^{12} \text{ 개}}{6.25 \times 10^{18} \text{ 개/C}} = 1.6 \times 10^{-6} \text{ C} = 1.6 \ \mu\text{C}$

2-3 전압

1. 전압은 단위 전하당 에너지이다.

2. 전압의 단위는 V이다.

3. $V = Q/W = 24$ J$/10$ C $= 2.4$ V

4. 전지(건전지), 전원 공급기, 태양전지 셀, 발전기, 열전대와 압전 센서 등이 전압원이다.

2-4 전류

1. 전류는 전자의 흐름 속도이며 단위는 A이다.

2. 1 쿨롱에는 6.25×10^{18} 개의 전자가 있다

3. $I = Q/t = 20$ C$/4$ s $= 5$ A

2-5 저항

1. 저항은 전류를 방해하는 성질을 가지며, 단위는 Ω이다.

2. 저항기의 2가지 범주는 고정 저항과 가변 저항이다. 고정 저항의 저항값은 변화시킬 수 없는 반면, 가변 저항의 저항값은 변화시킬 수 있다.

3. 첫째 띠 : 저항값의 첫 번째 자릿수

둘째 띠 : 저항값의 두 번째 자릿수

셋째 띠 : 곱하기 항(앞의 두 수에 붙는 영의 개수)

넷째 띠 : % 허용오차

4. (a) 노란색, 보라색, 적색, 금색 $= 4700$ Ω $\pm 5\%$

(b) 파란색, 적색, 노란색, 은색 $= 62{,}000$ Ω $\pm 10\%$

(c) 갈색, 회색, 검은색, 금색 $= 18$ Ω $\pm 5\%$

(d) 적색, 적색, 파란색, 적색, 녹색 $= 22.6$ kΩ $\pm 0.5\%$

5. (a) 33R $= 33$ Ω

(b) 5K6 $= 5.6$ kΩ

(c) 900 $= 90$ Ω

(d) 6M8 $= 6.8$ MΩ

6. 가감 저항기는 단자가 2개이고, 가변 저항기는 단자가 3개이다.

7. 서미스터는 온도 변화에 따라 값이 변하는 저항이다.

2-6 전기회로

1. 전기회로는 전원과 부하, 그리고 전류의 경로(도선)로 구성되어 있다.

2. 개회로는 전류의 경로가 차단되어 있는 회로이다.

3. 폐회로는 전류의 경로가 완전히 구성되는 회로이다.

4. 개회로 양단의 저항은 무한대이고, 폐회로 저항은 0이다.

5. 퓨즈는 재사용이 불가능하지만, 회로 차단기는 재사용이 가능하다.

6. AWG 3번이 AWG 22번보다 크다.

7. 접지는 다른 점에 대해 0 V를 갖는 기준점이다.

2-7 기본적인 회로 측정

1. (a) 전류계는 전류를 측정한다.

(b) 전압계는 전압을 측정한다.

(c) 저항계는 저항을 측정한다.

그림 2-73

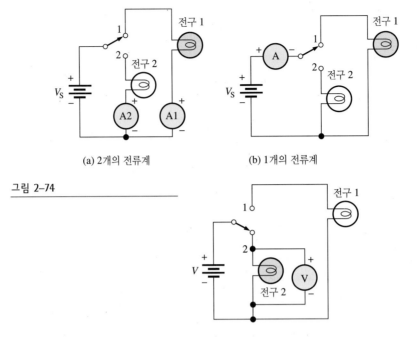

(a) 2개의 전류계 (b) 1개의 전류계

그림 2-74

2. 그림 2-73 참조

3. 그림 2-74 참조

4. DMM 표시화면은 LCD와 LED 2가지이다. LCD는 전류 소모가 적은 반면, 어두운 곳에서는 읽기가 어렵고 응답속도가 느리다. LED는 어두운 곳에서도 읽을 수 있고 응답이 빠르다. 그러나 LCD보다 더 많은 전류를 소비한다.

5. 분해능은 계측기가 측정할 수 있는 양의 최소 증가분이다.

6. 측정된 전압은 1.5 V이다.

7. 범위 설정 스위치를 600에 놓고, 60 눈금의 중간 근처에서 있으므로 275 V로 판독된다.

8. OHMS × 1000

응용 과제

1. 밝기는 증가한다.

2. 아니오.

3. 모든 전구가 꺼져 있을 때에는 전류는 없다.

4. 총 전류는 증가하여 퓨즈가 끊어질 것이다.

예제 관련 문제

2-1 1.88×10^{19} 개의 전자

2-2 600 J

2-3 12 C

2-4 4700 Ω ± 5%

2-5 47.5 Ω ± 2%

2-6 1.25 kΩ

2-7 404.01 CM, #24

2-8 1.280 Ω, 계산된 결과 같다.

2-9 바늘은 최상위 눈금에서 100을 가리킬 것이다.

자습문제

1. (b)   **2.** (a)   **3.** (c)   **4.** (c)   **5.** (b)   **6.** (b)   **7.** (c)

8. (d)   **9.** (b)   **10.** (b)   **11.** (e)   **12.** (b)   **13.** (b)   **14.** (c)

옴의 법칙, 에너지와 전력 변환

장의 목표

▶ 옴의 법칙을 설명한다.
▶ 전압, 전류, 또는 저항을 결정하기 위해 옴의 법칙을 사용한다.
▶ 에너지와 전력을 정의한다.
▶ 회로에서의 전력을 계산한다.
▶ 전력을 고려하여 저항을 선택한다.
▶ 에너지 변환과 전압 강하를 설명한다.
▶ 전력 공급기와 그 특성에 대해 설명한다.
▶ 고장진단을 위한 기본적인 접근방법에 대해 설명한다.

핵심 용어

▶ 고장진단(troubleshooting)
▶ 반분할법(half-splitting)
▶ 선형성(linear)
▶ 암페어-시간 정격
　　(ampere-hour rating)
▶ 와트(watt : W)
▶ 와트의 법칙(Watt's law)
▶ 에너지(energy)
▶ 옴의 법칙(Ohm's law)

▶ 전력(power)
▶ 전압 강하(voltage drop)
▶ 전원 공급기
　　(power supply)
▶ 정격전력(power rating)
▶ 주울(joule : J)
▶ 킬로와트-시간(kWh)
▶ 효율(efficiency)

응용 과제 개요

기존의 시험 고정구(test fixture)를 수정하여 새로운 응용에 사용하고자 한다. 시험 고정구는 다양한 저항값을 스위치로 선택할 수 있도록 저항을 배열한 저항상자이다. 주어진 과제에서는 주어진 조건에 따라 기존 회로를 어떻게 변경하여야 하는지 결정하고, 회로를 수정한 후에 저항상자 회로를 시험하는 과정을 설명한다. 과제를 수행하기 위해

1. 저항의 색띠 부호값을 읽고
2. 저항의 정격전력을 결정하고
3. 기존 회로에 대한 회로도를 작성하고
4. 새로운 요구조건을 만족하는 회로도를 작성한 후
5. 와트의 전력 법칙을 사용하여 필요한 정격전력을 구하고
6. 옴의 법칙을 사용하여 요구 사양을 만족하는 저항값을 구한다.

이 장을 학습하고 나면, 응용 과제를 완벽하게 수행할 수 있게 될 것이다.

지원 웹 사이트

학습을 돕기 위해 다음의 웹 사이트를 방문하기 바란다.
http://www.prenhall.com/floyd

도입

옴[Georg Simon Ohm]은 실험을 통해서 전압, 전류, 저항이 서로 특정한 방식으로 관련되어 있음을 알아냈다. 옴의 법칙이라고 알려진 이 기본 관계식은 전기전자 분야의 가장 기본적이고 중요한 법칙 가운데 하나이다. 이 장에서는 옴의 법칙을 살펴보고 다양한 예제를 통해 실무 회로 응용에 대해 알아본다.

　옴의 법칙 이외에도 에너지와 전력에 대한 개념과 정의를 소개하고 와트의 전력 법칙의 공식을 소개한다. 또한 분석(analysis), 계획(planning), 측정(measurement)으로 구성된 APM 기법을 사용하여 회로의 고장을 진단하는 일반적인 방법도 소개한다.

3-1   옴의 법칙

옴의 법칙은 회로에서 전압, 전류, 저항의 관계를 수학적으로 표현한다. 따라서 옴의 법칙은 세 가지의 등가형식으로 나타낼 수 있다. 어떤 식을 사용하여야 할지는 어떤 양을 구하는지에 따라 달라진다.

절의 학습내용

▶ **옴의 법칙을 설명한다.**

    ▶ 전압(V), 전류(I), 그리고 저항(R)이 어떤 관계를 갖고 있는지 설명한다.

    ▶ V와 R의 함수로 I를 표현한다.

    ▶ I와 R의 함수로 V를 표현한다.

    ▶ V와 I의 함수로 R을 표현한다.

    옴은 실험을 통해서 저항에 인가되는 전압이 증가하면 저항을 통하여 흐르는 전류가 증가하고, 또한 저항에 인가되는 전압이 감소하면, 전류도 감소한다는 것을 실험을 통하여 알아내었다. 예를 들어, 전압이 두 배로 증가하면 전류도 두 배가 되고, 전압이 반으로 감소하면 전류도 반으로 감소한다. 이러한 전압과 전류의 관계를 알아보기 위해서 그림 3-1에 나타내었다.

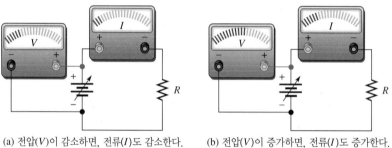

(a) 전압(V)이 감소하면, 전류(I)도 감소한다.　　(b) 전압(V)이 증가하면, 전류(I)도 증가한다.

그림 3-1

저항이 일정할 경우, 전압의 변화에 따른 전류의 변화

    또한 옴은 전압이 일정할 때, 저항이 감소하면 전류는 증가하고, 반대로 저항이 증가하면 전류는 감소한다는 것을 알아내었다. 예를 들어, 저항을 반으로 감소시키면 전류는 두 배로 증가될 것이고, 저항을 두 배로 증가시키면 전류는 반으로 감소될 것이다. 그림 3-2에서는 전압을 일정

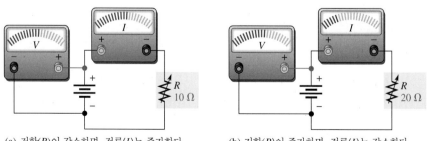

(a) 저항(R)이 감소하면, 전류(I)는 증가한다.　　(b) 저항(R)이 증가하면, 전류(I)는 감소한다.

그림 3-2

전압이 일정할 경우, 저항의 변화에 따른 전류의 변화

하게 유지하고 저항을 증가시켰을 때의 전류 변화를 멀티미터의 지시값의 변화로 나타내었다.

옴의 법칙(Ohm's law)은 전류는 전압에 비례하고 저항에 반비례한다는 것이다.

$$I = \frac{V}{R} \tag{3-1}$$

여기서 I = 전류(A)

V = 전압(V)

R = 저항(Ω)

이러한 관계식은 그림 3-1과 그림 3-2의 회로의 동작에 잘 설명되고 있다.

저항값이 일정할 경우, 회로에 공급되는 전압을 증가시키면 전류는 증가하게 될 것이며, 또한 전압을 감소시키면 전류도 감소하게 될 것이다.

$I = \dfrac{V}{R}$ 전압 증가, 전류 증가

$I = \dfrac{V}{R}$ 전압 감소, 전류 감소

저항 R 일정

전압값이 일정할 경우, 회로에서의 저항이 증가하면 전류는 감소하게 될 것이며, 또한 저항을 감소시키면 전류는 증가하게 될 것이다.

$I = \dfrac{V}{R}$ 저항 증가, 전류 감소

$I = \dfrac{V}{R}$ 저항 감소, 전류 증가

전압 V 일정

예제 3-1

식 (3-1)의 옴의 법칙을 이용하여, 전압이 5 V에서 20 V로 증가할 때 10 Ω의 저항을 통해 흐르는 전류가 증가하는 것을 검증하시오.

해 $V = 5$ V일 때 $I = \dfrac{V}{R} = \dfrac{5 \text{ V}}{10 \text{ }\Omega} = \textbf{0.5 A}$

$V = 20$ V일 때 $I = \dfrac{V}{R} = \dfrac{20 \text{ V}}{10 \text{ }\Omega} = \textbf{2 A}$

관련 문제* 전압이 10 V로 일정하고, 저항이 5 Ω에서 20 Ω으로 증가할 때 전류가 감소하는 것을 검증하시오.

* 정답은 장의 끝부분에 있다.

또한 옴의 법칙은 또 다른 등가식으로 표현될 수 있다. 식 (3-1)의 양변에 R을 곱하면, 다음과 같은 옴의 법칙의 등가식을 얻는다.

$$V = IR \tag{3-2}$$

이 식을 사용하여 전류 I와 저항 R의 값을 알고 있을 때, 전압 V를 구할 수 있다.

예제 3–2

식 (3-2)의 옴의 법칙을 이용하여, 전류가 2 A일 때 100 Ω의 저항에 걸리는 전압 V를 구하시오.

해

$$V = IR = (2A)(100 \, \Omega) = \textbf{200 V}$$

관련 문제 전류가 1 mA일 때, 1.0 kΩ의 저항에 걸리는 전압을 구하시오.

옴의 법칙 중 세 번째 등가식은 다음과 같다. 식 (3-2)의 I와 R을 서로 바꾸어 정리하면, 다음과 같은 옴의 법칙 등가식을 얻는다.

$$R = \frac{V}{I} \qquad\qquad (3\text{-}3)$$

이 식을 사용하여 전압과 전류의 값을 알고 있을 때, 저항값을 구할 수 있다.

식 (3-1), (3-2) 및 (3-3)은 모두 동일한 등가식이라는 것에 유의하자. 이들 식은 단지 옴의 법칙을 세 가지 다른 형식으로 표현한 것에 불과하다.

예제 3–3

식 (3-3)의 옴의 법칙을 이용하여, 전압이 12 V이고 전류가 0.5 A일 때, 회로에서의 저항값을 구하시오.

해

$$R = \frac{V}{I} = \frac{12 \, V}{0.5 \, A} = \textbf{24 } \boldsymbol{\Omega}$$

관련 문제 전압이 9 V이고 전류가 10 mA일 때, 저항값을 구하시오.

전류와 전압의 선형성 관계

저항 R을 포함하는 회로에서, 전류와 전압은 선형적인 비례관계를 갖고 있다. **선형성(linear)**은 어떤 변수가 일정한 비율로 증가하거나 감소하면, 다른 변수도 동일한 비율로 증가되거나 감소된다는 것이다. 예를 들어, 저항에 걸리는 전압을 세 배로 증가시키면, 전류도 세 배로 증가될 것이다. 만약 전압을 반으로 감소시키면, 전류도 반으로 감소될 것이다.

예제 3–4

그림 3-3의 회로에서 전압을 3배로 증가시키면, 전류도 3배로 증가됨을 증명하시오.

그림 3–3

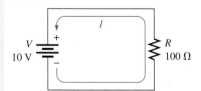

해 전압이 10 V일 때, 전류는 다음과 같다.

$$I = \frac{V}{R} = \frac{10 \, V}{100 \, \Omega} = 0.1 \, A$$

전압을 30 V로 증가시켰을 때, 전류는 다음과 같다.

$$I = \frac{V}{R} = \frac{30\ V}{100\ \Omega} = 0.3\ A$$

전압을 30 V로 3배 증가시켰을 때, 전류는 0.1 A에서 0.3 A로 3배로 증가하였다.

관련 문제 그림 3-3에서 전압을 4배로 증가시킨다면, 전류도 역시 4배로 증가될 것인가?

그림 3-4(a)의 회로에서 저항의 값을 10 Ω으로 고정하고, 전압을 10 V에서 100 V까지의 10 V씩 전압을 증가시켜 가면서 각각의 전류를 계산한다. 이 결과 얻어진 각각의 전류값을 그림 3-4(b)에 나타내었고, 전압의 변화에 따른 전류의 변화를 그림 3-4(c)의 그래프로 나타내었다. 그래프는 직선으로 나타남에 유의하자. 이 그래프는 전압에 변화가 있으면 전류도 선형의 비율로 변화한다는 것을 보여준다. 저항의 값이 일정하면, 전압에 대한 전류의 관계를 갖는 그래프는 항상 직선이 될 것이다.

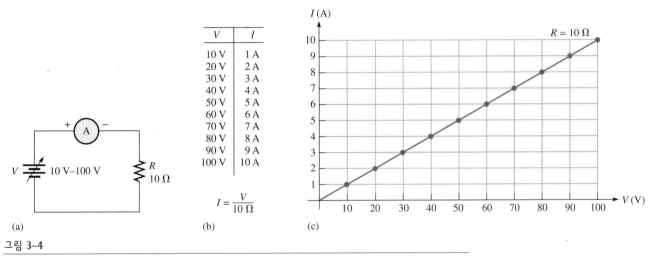

그림 3–4

회로 (a)에 대한 전압 대 전류의 그래프

옴의 법칙을 표현한 그래프

그림 3-5에는 옴의 법칙을 적용하는 데 도움이 될 수 있도록 도표로 표현하였다. 이 표현방법을 이용하여 쉽게 옴의 법칙을 기억할 수 있을 것이다.

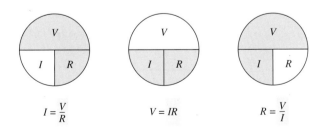

그림 3–5

옴의 법칙을 이해하는 데 도움을 주는 그래프

| 3–1 복습문제* | 1. 옴의 법칙을 간단하게 설명하시오.
2. 전류를 계산하기 위한 옴의 법칙을 쓰시오.
3. 전압을 계산하기 위한 옴의 법칙을 쓰시오.
4. 저항을 계산하기 위한 옴의 법칙을 쓰시오.
5. 저항에 걸리는 전압을 3배로 증가시키면, 전류는 증가하는가 아니면 감소하는가? 이의 양은 얼마인가?
6. 가변 저항에 걸리는 전압이 고정되어 있을 때, 10 mA의 전류가 흐르는 것을 측정했다. 만약 저항값을 2배로 조정한다면, 얼마의 전류가 측정될 것인가?
7. 선형회로에서 전압과 저항 모두 2배로 증가되었을 때, 전류는 어떻게 되는가?

＊ 정답은 장의 끝부분에 있다. |

3–2 옴의 법칙 응용

이번 절에서는 전기회로에서 전압, 전류, 그리고 저항의 값을 계산하기 위해 옴의 법칙을 응용하는 방법을 살펴본다. 또한 회로 계산에서 계량 접두기호를 이용하여 물리적인 크기를 표현하는 방법을 알아본다.

절의 학습내용

▶ **전압, 전류, 또는 저항의 값을 구하기 위해 옴의 법칙을 사용한다.**

  ▶ 전압과 저항을 알고 있을 때, 전류를 구하기 위해 옴의 법칙을 사용한다.

  ▶ 전류와 저항을 알고 있을 때, 전압을 구하기 위해 옴의 법칙을 사용한다.

  ▶ 전압과 전류를 알고 있을 때, 저항을 구하기 위해 옴의 법칙을 사용한다.

  ▶ 계량 접두기호로 양을 표시한다.

전류의 계산

다음 예제들을 통해 전압과 저항의 값을 알고 있을 때, 전류를 구하는 방법을 알아볼 것이다. 이와 같은 문제들에서는 공식 $I = V/R$이 사용된다. 따라서 암페어 단위의 전류를 구하기 위해서는 옴 단위의 저항값과 볼트 단위의 전압값으로 표현하여야 한다.

| 예제 3–5 | 그림 3-6의 회로에 흐르는 전류는 몇 암페어인가?

그림 3–6
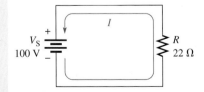 |

해   전류를 구하기 위해 옴의 법칙 $I = V/R$을 사용한다. 그림에서 주어진 전압과 저항값을 사용하면 다음과 같이 전류를 구할 수 있다.

$$I = \frac{V_S}{R} = \frac{100 \text{ V}}{22 \text{ }\Omega} = \mathbf{4.55 \text{ A}}$$

관련 문제   그림 3-6에서 전압이 50 V로 감소된다면, 전류는 얼마인가?

CD-ROM에서 Multisim E03-05 파일을 열고, 회로에 멀티미터를 연결하여 이 예제에서 구한 전류의 값을 검증하라.

전자공학에서는 수천 옴이나 수백만 옴의 크기를 가진 저항이 흔히 사용된다. 크기가 큰 저항은 접두기호 k(kilo)나 M(mega)을 사용하여 나타낸다. 수천 옴의 저항은 kΩ을 사용하고, 수백만 옴의 저항은 MΩ을 사용하여 표현한다. 다음의 예제는 옴의 법칙을 사용하여 전류를 계산할 때, kΩ이나 MΩ이 어떻게 사용되는지를 보여준다.

| 예제 3–6 | 그림 3-7의 회로에서 mA의 단위로 전류를 계산하시오. |

그림 3–7

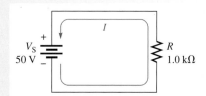

해   1.0 kΩ은 1.0×10^3 Ω과 같다. 공식 $I = V/R$을 사용하고, V에 50 V를, R에 1.0×10^3 Ω을 대입하여 계산한다. 이 결과는 다음과 같다.

$$I = \frac{V_S}{R} = \frac{50\ \text{V}}{1.0\ \text{k}\Omega} = \frac{50\ \text{V}}{1.0 \times 10^3\ \Omega} = 50 \times 10^{-3}\ \text{A} = \mathbf{50\ mA}$$

관련 문제   그림 3-7에서 저항이 10 kΩ이 되면 전류는 얼마인가?

CD-ROM에서 Multisim E03-06 파일을 열고, 회로에 멀티미터를 연결하여 이 예제에서 구한 전류의 값을 검증하라.

예제 3-6에서 전류는 50 mA로 표현된다. 따라서 전압(V)을 킬로옴(kilohm, kΩ)으로 나눈다면, 전류(I)는 밀리암페어(milliampere, mA)가 된다. 예제 3-7을 통해 전압을 메가옴(megohm, MΩ)으로 나누면, 전류는 마이크로암페어(microampere, μA)가 되는 과정을 살펴보자.

| 예제 3–7 | 그림 3-8의 회로에서 전류의 양을 결정하시오. |

그림 3–8

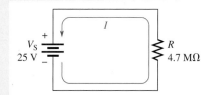

해   4.7 MΩ은 4.7×10^6 Ω이다. 공식 $I = V/R$을 사용하고, V에 25 V를, R에 4.7×10^6 Ω을 대입하여 계산하면 다음과 같다.

$$I = \frac{V_S}{R} = \frac{25 \text{ V}}{4.7 \text{ M}\Omega} = \frac{25 \text{ V}}{4.7 \times 10^6 \ \Omega} = 5.32 \times 10^{-6} \text{ A} = \mathbf{5.32 \ \mu A}$$

관련 문제　그림 3-8에서 저항이 1.0 MΩ으로 감소하였다면, 전류는 얼마로 되겠는가?

 CD-ROM에서 Multisim E03-07 파일을 열고, 회로에 멀티미터를 연결하여 이 예제에서 구한 전류의 값을 검증하라.

　　　　전자회로에서 일반적으로 50 V보다 작은 전압을 주로 사용하지만, 큰 전압을 사용할 수도 있다. 예를 들면, CRT 텔레비전 수신기에서는 20,000 V(20 kV)에 가까운 고전압 공급기를 사용하고, 발전소에서 송신되는 전압은 345,000 V(345 kV)에 달한다.

| 예제 3–8 | 50 kV의 전압이 100 MΩ의 저항에 인가될 때, 저항을 통해 흐르는 전류는 몇 마이크로암페어인가? |

해　50 kV를 100 MΩ으로 나누어 전류를 얻을 수 있다. V에 50×10^3 V를, R에 $100 \times 10^6 \ \Omega$을 대입하여 계산하면 다음과 같다.

$$I = \frac{V_R}{R} = \frac{50 \text{ kV}}{100 \text{ M}\Omega} = \frac{50 \times 10^3 \text{ V}}{100 \times 10^6 \ \Omega} = 0.5 \times 10^{-3} \text{ A} = 500 \times 10^{-6} \text{ A} = \mathbf{500 \ \mu A}$$

관련 문제　2 kV가 인가되었을 때, 10 MΩ을 통해 흐르는 전류는 얼마인가?

전압의 계산

다음의 예제들을 통해 전류와 저항을 알고 있을 때, 공식 $V = IR$을 사용하여 전압을 결정하는 것을 알아볼 것이다. 즉, 볼트 단위로 전압을 구하기 위해서는 암페어 단위의 전류와 옴 단위의 저항을 알아야 한다.

예제 3–9　　그림 3-9의 회로에서 5 A의 전류가 흐른다면, 얼마만큼의 전압이 필요한가?

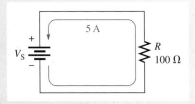

그림 3–9

해　공식 $V = IR$에 I와 R의 값인 5 A와 100 Ω을 대입한다.

$$V_S = IR = (5 \text{ A})(100 \ \Omega) = \mathbf{500 \text{ V}}$$

따라서, 100 Ω의 저항을 통해 5 A의 전류가 흐르려면, 500 V의 전압이 필요하게 된다.

관련 문제 그림 3-9의 회로에서 8 A의 전류가 흐른다면, 얼마만큼의 전압이 필요한가?

예제 3–10

그림 3-10에서 저항 양단에서 측정되는 전압은 얼마인가?

그림 3–10

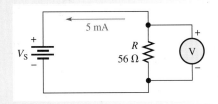

해 5 mA는 5×10^{-3} A이다. 공식 $V = IR$에 I와 R의 값인 5 mA와 56 Ω을 대입한다.

$$V_R = IR = (5\ mA)(56\ \Omega) = (5 \times 10^{-3}\ A)(56\ \Omega) = \mathbf{280\ mV}$$

옴과 밀리암페어의 전류가 곱해지면, 밀리볼트 단위의 전압이 된다.

관련 문제 그림 3-10에서 저항을 22 Ω으로 변화시키고, 10 mA의 전류를 생성하기 위한 전압을 구하시오.

예제 3–11

그림 3-11의 회로에서 전류는 10 mA를 갖는다면, 전원전압은 얼마인가?

그림 3–11

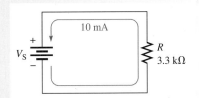

해 10 mA는 10×10^{-3} A이고, 3.3 kΩ은 3.3×10^{3} Ω이다. 공식 $V = IR$에 I와 R의 값을 대입한다.

$$V_S = IR = (10\ mA)(3.3\ k\Omega) = (10 \times 10^{-3}\ A)(3.3 \times 10^{3}\ \Omega) = \mathbf{33\ V}$$

킬로옴과 밀리암페어의 전류가 곱해지면, 볼트 단위의 전압이 된다.

관련 문제 그림 3-11에서 전류가 5 mA라면, 전압은 얼마인가?

저항의 계산

다음의 예제들을 통하여 전압과 전류를 알고 있을 때, 공식 $R = V/I$를 사용하여 저항의 값을 결정하는 것을 알아볼 것이다. 옴 단위로 저항을 구하기 위해서는 볼트 단위의 전압과 암페어 단위의 전류를 알아야 한다.

예제 3–12

그림 3-12에서 전지로부터 3 A의 전류가 흐르게 하려면 얼마의 저항이 필요한가?

그림 3–12

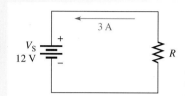

해 공식 $R = V/I$를 사용하고, V에 12 V를, I에 3 A를 각각 대입한다.

$$R = \frac{V_S}{I} = \frac{12\ V}{3\ A} = 4\ \Omega$$

관련 문제 그림 3-12에서 전지로부터 3 mA의 전류가 흐른다면 저항은 얼마인가?

예제 3–13

그림 3-13의 전류계에는 5 mA가 지시되고 있고, 전압계는 150 V를 지시하고 있다. 저항 값은 얼마인가?

그림 3–13

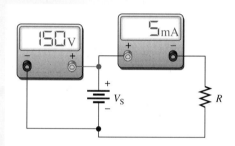

해 5 mA는 5×10^{-3} A이다. 공식 $R = V/I$에 V와 I의 값을 각각 대입한다.

$$R = \frac{V_S}{I} = \frac{150\ V}{5\ mA} = \frac{150\ V}{5 \times 10^{-3}\ A} = 30 \times 10^3\ \Omega = 30\ k\Omega$$

볼트가 밀리암페어의 전류로 나누어지면, 저항은 킬로옴의 단위를 갖는다.

관련 문제 그림 3-13에서 만약 $V_S = 50$ V이고 $I = 500$ mA일 때, 저항값을 구하시오.

3–2 복습문제

1. $V = 10$ V이고 $R = 4.7$ Ω일 경우, 전류 I를 구하시오.
2. 만약 4.7 MΩ의 저항에 20 kV가 인가되고 있다면, 얼마만큼의 전류가 흐르겠는가?
3. 2 kΩ의 저항에 10 kV가 인가될 때, 측정되는 전류는 얼마인가?
4. 전류가 1 A이고, 저항이 10 Ω일 때, 인가되는 전압은 얼마인가?
5. 3 kΩ의 저항에 3 mA의 전류를 발생시키려면, 얼마만큼의 전압이 필요한가?
6. 6 Ω의 저항성 부하에 2 A의 전류가 흐르기 위해서 전지의 전압은 얼마이어야 하는가?
7. 전압이 10 V이고, 전류가 2 A일 때, 저항은 얼마인가?
8. 스테레오 증폭회로에서 저항 양단에 인가되는 전압이 25 V이고, 전류계에는 저항을 통해 흐르는 전류를 50 mA로 지시하고 있다. 저항의 단위는 kΩ인가 아니면 Ω인가?

3-3 에너지와 전력

저항에 전류가 흐를 때, 전기 에너지는 열이나 빛과 같은 다른 에너지의 형태로 변환된다. 이런 현상을 잘 보여주는 예로 백열전구를 밝히게 되면 시간이 조금만 지나도, 전구가 손을 댈 수 없을 정도로 뜨거워지는 것을 들 수 있다. 필라멘트를 지나는 전류는 빛과 함께 원하지 않는 열을 발생하게 되는데, 이는 필라멘트가 저항 성질을 가지고 있기 때문이다. 전기소자는 반드시 일정 시간 동안 임의의 양의 에너지로 소비할 수 있어야 한다.

절의 학습내용

▶ **에너지와 전력을 정의한다.**

  ▶ 전력을 에너지로 표현한다.

  ▶ 전력의 단위를 설명한다.

  ▶ 에너지의 단위를 설명한다.

  ▶ 에너지와 전력을 계산한다.

에너지(energy)는 일을 할 수 있는 능력이고, 전력(power)은 사용된 에너지의 비율이다.

다시 말해, P로 표시되는 전력은 단위 시간(t)에 사용된 에너지(W)의 양이며, 다음과 같이 표현된다.

$$P = \frac{W}{t} \tag{3-4}$$

여기서 P = 전력(W)
W = 에너지(J)
t = 시간(s)

이탤릭체의 W는 에너지를 나타내는 기호이고, 이탤릭체가 아닌 W는 전력의 단위인 와트를 나타내는 기호임을 유의하라. **주울(joule : J)**은 에너지를 나타내는 SI 단위이다.

 J 단위의 에너지를 초(s) 단위의 시간으로 나누면, W 단위의 전력이 된다. 예를 들어, 50 J의 에너지를 2초 동안 사용했다면, 전력은 50 J/2 s = 25 W이다. 즉, 1 와트에 대한 정의는 다음과 같다.

1 와트(watt : W)는 1 J의 에너지를 1초에 사용한 전력량을 뜻한다.

따라서 1초 동안에 사용된 주울의 수는 항상 와트의 수와 일치한다. 예를 들어, 1초에 75 J을 사용했다면, 전력은 다음과 같다.

$$P = \frac{W}{t} = \frac{75 \text{ J}}{1 \text{ s}} = 75 \text{ W}$$

 전자공학에서는 1 W 미만의 전력이 흔히 사용된다. 작은 전류나 전압을 표현하는 것처럼, 전력도 작은 전력을 표현하기 위해 계량 접두기호를 사용한다. 밀리와트(mW)와 마이크로와트(μW)가 일반적으로 사용되는 단위이다.

 전기설비 분야에서는 전력의 단위로 킬로와트(kW) 또는 메가와트(MW)가 사용된다. 라디오와 텔레비전 역시, 송신신호의 전력이 매우 큰 편이다. 전동기에서는 일반적으로 hp 단위(horsepower)를 사용하는데, 1 hp = 746 W이다.

BIOGRAPHY

James Prescott Joule, 1818–1889

주울은 영국의 물리학자로 전기와 열역학에 대한 연구로 유명하다. 그는 도체에서 전류에 의해 발생되는 에너지의 양은 도체의 저항과 시간에 비례한다는 사실관계를 체계화하였다. 에너지의 단위는 그의 연구업적을 기려 명명된 것이다(사진 제공 : Library of Congress).

전력은 에너지가 사용되는 비율이므로, 임의의 시간 동안 사용된 전력은 에너지 소비를 나타낸다. 와트 단위의 전력에 초 단위의 시간을 곱하면, 주울 단위의 에너지 W가 얻어진다.

$$W = Pt$$

예제 3-14

100 J의 에너지가 5초 동안에 사용되었다. 전력은 몇 와트인가?

해

$$p = \frac{\text{에너지}}{\text{시간}} = \frac{W}{t} = \frac{100 \text{ J}}{5 \text{ s}} = \textbf{20 W}$$

관련 문제 100 W의 전력이 30초 동안 계속 발생했다면, 몇 J의 에너지가 사용된 것인가?

예제 3-15

적절한 접두기호를 사용하여 다음의 전력값을 표현하시오.

(a) 0.045 W   **(b)** 0.000012 W   **(c)** 3500 W   **(d)** 10,000,000 W

해 **(a)** $0.045 \text{ W} = 45 \times 10^{-3} \text{ W} = \textbf{45 mW}$

     (b) $0.000012 \text{ W} = 12 \times 10^{-6} \text{ W} = \textbf{12 } \boldsymbol{\mu}\textbf{W}$

     (c) $3500 \text{W} = 3.5 \times 10^{3} \text{ W} = \textbf{3.5 kW}$

     (d) $10,000,000 \text{ W} = 10 \times 10^{6} \text{ W} = \textbf{10 MW}$

관련 문제 접두기호 없이 전력값을 표현하시오.

(a) 1 mW   **(b)** 1800 μW   **(c)** 3 MW   **(d)** 10 kW

에너지 단위인 킬로와트-시간(kWh)

주울은 에너지의 단위로 정의되었다. 그러나 에너지를 나타내는 또 다른 표현방법이 있다. 전력은 와트로, 사용시간은 시간(hours)으로 표현될 수 있기 때문에, 킬로와트-시간(kWh)으로 불리는 단위가 사용될 수 있다.

전기요금을 낼 때, 전기요금은 사용한 에너지의 양에 기초하여 계산된다. 전력회사에서는 매우 큰 에너지를 다루고 있으므로 대부분 **킬로와트-시간(kWh)**의 단위를 사용한다. 예를 들어 100 W의 전구를 한 달 동안 10시간을 사용하였다면, 1 kWh의 에너지를 사용한 것이다.

$$W = Pt = (100 \text{ W})(10 \text{ h}) = 1000 \text{ Wh} = 1 \text{ kWh}$$

예제 3-16

다음 각각의 에너지의 소비에 대해 킬로와트-시간(kWh)으로 나타내시오.

(a) 1시간 동안 1400 W   **(b)** 2시간 동안 2500 W   **(c)** 5시간 동안 100,000 W

해 **(a)** 1400 W = 1.4 kW

        $W = Pt = (1.4 \text{ kW})(1 \text{ h}) = \textbf{1.4 kWh}$

     (b) 2500 W = 2.5 kW

        에너지 $= (2.5 \text{ kW})(2 \text{ h}) = \textbf{5 kWh}$

     (c) 100,000 W = 100 kW

        에너지 $= (100 \text{ kW})(5 \text{ h}) = \textbf{500 kWh}$

관련 문제 8시간 동안 250 W의 백열전구를 켰다면, 몇 kWh의 에너지를 사용한 것인가?

표 3-1에는 여러 가전제품의 정격전력을 와트로 나타내었다. 표 3-1에 나타나 있는 정격전력을 킬로와트로 변환하고 여기에 사용한 시간을 곱하여 여러 가전제품의 최대 소비전력(kWh)을 알아낼 수 있다.

표 3–1

가전제품	정격전력(W)
에어컨	860
헤어드라이어	1300
시계	2
의류 건조기	4800
식기 세척기	1200
히터	1322
마이크로웨이브 오븐	800
전자레인지	12,200
냉장고	1800
텔레비전	250
세탁기	400
온수기	2500

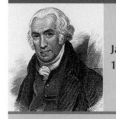

B I O G R A P H Y

James Watt, 1736–1819

와트는 스코틀랜드의 발명가로 증기기관을 산업용으로 실제 사용할 수 있도록 개선한 것으로 유명하다. 와트는 회전 엔진을 포함하여 여러 가지 발명에 대해 특허를 획득했다. 전력의 단위는 그의 연구업적을 기려 명명된 것이다(사진 제공 : Library of Congress).

예제 3–17

하루 동안, 다음의 가전제품을 지정된 시간만큼 사용하였다.

에어컨 : 15시간   마이크로웨이브 오븐 : 15분
헤어드라이어 : 10분   냉장고 : 12시간
시계 : 24시간   텔레비전 : 2시간
의류 건조기 : 1시간   온수기 : 8시간
식기 세척기 : 45분

전체 킬로와트-시간과 사용한 시간에 대한 전기요금을 계산하시오. 전기요금은 1kWh당 10센트로 한다.

해 표 3-1의 와트를 킬로와트로 변환하고 사용한 시간을 곱하여 각 가전제품의 킬로와트-시간(kWh)을 구한다.

에어컨 : $0.86 \text{ kW} \times 15 \text{ h} = 12.9 \text{ kWh}$
헤어드라이어 : $1.3 \text{ kW} \times 0.167 \text{ h} = 0.217 \text{ kWh}$
시계 : $0.002 \text{ kW} \times 24 \text{ h} = 0.048 \text{ kWh}$
의류 건조기 : $4.8 \text{ kW} \times 1 \text{ h} = 4.8 \text{ kWh}$
식기 세척기 : $1.2 \text{ kW} \times 0.75 \text{ h} = 0.9 \text{ kWh}$
마이크로웨이브 오븐 : $0.8 \text{ kW} \times 0.25 \text{ h} = 0.2 \text{ kWh}$
냉장고 : $1.8 \text{ kW} \times 12 \text{ h} = 21.6 \text{ kWh}$
텔레비전 : $0.25 \text{ kW} \times 2 \text{ h} = 0.5 \text{ kWh}$
온수기 : $2.5 \text{ kW} \times 8 \text{ h} = 20 \text{ kWh}$

이제, 24시간 동안 사용한 총 에너지를 구하기 위해 모든 kWh를 더한다.

총 에너지 $= (12.9 + 0.217 + 0.048 + 4.8 + 0.9 + 0.2 + 21.6 + 0.5 + 20) \text{ kWh}$
$= \mathbf{61.165 \text{ kWh}}$

1킬로와트-시간당 10센트이므로, 24시간 동안 가전제품을 사용한 에너지 비용은 다음과 같다.

$$\text{에너지 비용} = 61.165 \text{ kWh} \times 0.1 \text{ \$/kWh} = \$ 6.12$$

관련 문제 가전제품에 추가하여 2개의 100 W 전구를 2시간 동안 사용했고, 하나의 75 W 전구를 3시간 동안 사용했다고 가정하자. 하루 동안 사용한 전자제품들과 전구의 에너지 비용을 계산하시오.

3-3 복습문제

1. 전력을 정의하시오.
2. 에너지와 시간으로 전력 공식을 쓰시오.
3. 와트를 정의하시오.
4. 다음의 전력값들을 가장 적절한 단위로 표현하시오.
   (a) 68,000 W   (b) 0.005 W   (c) 0.000025 W
5. 만약 100 W의 전력을 10시간 동안 사용했다면, 소비되는 에너지(킬로와트-시간)는 얼마인가?
6. 2000 W를 킬로와트로 변환하시오.
7. 에너지 비용이 1킬로와트-시간당 9센트라고 가정하자. 1322 W의 히터를 24시간 동안 동작시켜 발생하는 에너지 비용은 얼마인가?

3-4 전기회로에서의 전력

전기회로에서 회로의 저항에 전류가 흐르면 전기 에너지가 열 에너지로 변환되는데 이는 회로의 동작에 바람직하지 않은 부산물일 경우도 있고 전기 히터와 같이 회로의 기본 목적이 될 수도 있다. 어떤 경우든지 간에 전기나 전자 회로에서는 전력이 중요하게 다루어진다.

절의 학습내용

▶ **회로에서의 전력을 계산한다.**

  ▶ I와 R을 알고 있을 때, 전력을 구한다.

  ▶ V와 I를 알고 있을 때, 전력을 구한다.

  ▶ V와 R을 알고 있을 때, 전력을 구한다.

저항에 전류가 흐를 때, 그림 3-14와 같이 전자가 저항을 통해 이동함에 따라 전자의 충돌에 의해 열을 발생시키게 되고, 그 결과 전기 에너지는 열 에너지로 변환된다.

전기회로에서 손실되는 전력의 양은 다음 식에 의해 표현된 것과 같이 저항의 양과 전류의 양에 관계된다.

$$P = I^2 R \tag{3-5}$$

여기서 $P = $ 전력(W)

$R = $ 저항(Ω)

$I = $ 전류(A)

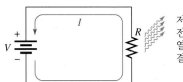

저항을 통해 흐르는 전류에 의해 발생되는 열은 에너지 변환의 결과이다.

그림 3–14

전기회로에서 손실되는 전력은 저항에 의해 방출되는 열처럼 보여진다. 전력 손실은 전압원에 의해 생성되는 전력과 같다

I^2을 $I \times I$로, IR을 V로 대치함으로써 전력 공식을 전압과 전류의 항목으로 바꾸어 표현할 수 있다.

$$P = I^2R = (I \times I)R = I(IR) = (IR)I$$
$$P = VI \tag{3-6}$$

또한, I 대신 V/R을 대입함(옴의 법칙)으로써 또 다른 형태의 전력 공식을 구할 수 있다.

$$P = VI = V\left(\frac{V}{R}\right)$$

$$P = \frac{V^2}{R} \tag{3-7}$$

식 (3-5), (3-6), (3-7)의 세 가지 전력 표현식들은 **와트의 법칙(Watt's law)**으로 알려져 있다. 저항의 전력을 계산하기 위해서는 어떤 정보를 갖고 있느냐에 따라서 와트의 세 가지 전력 공식 중의 하나를 사용할 수 있다. 예를 들어, V와 I를 알고 있는 경우에는 공식 $P = VI$를 사용하여 전력을 계산하고, 만약에 I와 R을 알고 있다면 공식 $P = I^2R$을 사용한다. 또한 V와 R을 알고 있다면 공식 $P = V^2/R$을 사용한다.

옴의 법칙과 와트의 법칙을 사용하는 데 도움이 되는 방법이 이 장의 요약 부분에 기술되어 있으니 참조하기 바란다.

예제 3–18

그림 3-15의 3가지 회로에 대해 전력을 계산하시오.

그림 3–15

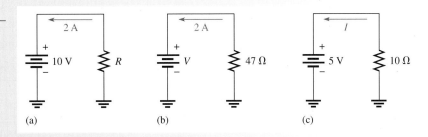

(a)　(b)　(c)

해 회로 (a)에서는 V와 I가 나타나 있다. 그러므로 전력을 구해 보면 다음과 같다.

$$P = VI = (10 \text{ V})(2 \text{ A}) = \textbf{20 W}$$

회로 (b)에서는 I와 R이 나타나 있다. 그러므로 전력을 구해 보면 다음과 같다.

$$P = I^2R = (2 \text{ A})^2(47 \text{ } \Omega) = \textbf{188 W}$$

회로 (c)에서는 V와 R이 나타나 있다. 그러므로 전력을 구해 보면 다음과 같다.

$$P = \frac{V^2}{R} = \frac{(5 \text{ V})^2}{10 \text{ } \Omega} = \textbf{2.5 W}$$

관련 문제 그림 3-15에서 다음과 같은 변화가 생겼을 경우의 전력을 계산하시오 : 회로 (a), I는 2배가 되고 V는 동일하게 유지된다 ; 회로 (b), R은 2배가 되고 I는 동일하게 유지된다 ; 회로 (c), V는 반으로 되고, R은 동일하게 유지된다.

예제 3-19 100 W 전구가 120 V에서 동작한다. 얼마만큼의 전류가 필요한가?

해 공식 $P = VI$를 사용하고, 방정식의 왼쪽에서 I를 얻기 위해 양변의 위치를 바꾸고 정리한다.

$$VI = P$$

이를 I에 대해 다시 정리하면 다음과 같다.

$$I = \frac{P}{V}$$

P 대신에 100 W를, V 대신에 120 V를 대입하여 I를 계산한다.

$$I = \frac{P}{V} = \frac{100 \text{ W}}{120 \text{ V}} = 0.833 \text{ A} = \textbf{833 mA}$$

관련 문제 100 V가 인가된 전구에 545 mA의 전류가 흐른다. 소비되는 전력은 얼마인가?

3-4 복습문제
1. 저항 양단에 10 V의 전압이 인가되어 3 A의 전류가 흐르고 있다면, 소비되는 전력은 얼마인가?
2. 47 Ω의 저항에 5 A의 전류가 흐른다면, 소비되는 전력은 얼마인가?
3. 5.1 kΩ의 저항에 20 mA의 전류가 흐르면, 소비되는 전력은 얼마인가?
4. 5 V의 전압이 10 Ω의 저항에 인가된다면, 소비되는 전력은 얼마인가?
5. 8 V의 전압이 2.2 kΩ의 저항에 인가된다면, 소비되는 전력은 얼마인가?
6. 55 W의 전구에 0.5 A의 전류가 흐르고 있다면 전구의 저항은 얼마인가?

3-5 저항의 정격전력

이미 알고 있듯이 저항에 전류가 흐르면, 저항은 열을 방출한다. 저항이 낼 수 있는 열의 양에는 한계가 있다. 이러한 한계값은 정격전력으로 규정된다.

절의 학습내용

▶ **전력을 고려하여 적절한 저항을 선택한다.**

　▶ 정격전력을 정의한다.

　▶ 저항의 물리적 특성이 어떻게 정격전력을 결정하는지 설명한다.

　▶ 저항계로 저항의 오류를 검사한다.

　　정격전력(power rating)은 저항이 과열에 의해 손상이 없이 소비하는 최대의 전력량이다. 정격전력은 저항값에 상관 없이, 물리적인 구성 성분, 크기, 그리고 저항의 모양에 의해 결정된다. 모든 기타 조건이 같으면, 저항의 표면적이 넓을수록 소비되는 전력도 커진다. 실린더 형태로 된 저항의 표면적은 그림 3-16에 나타낸 것처럼 끝부분의 면적을 무시한다면 길이(l)와 원주(c)의 곱과 같다.

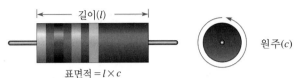

그림 3-16

저항의 정격전력은 그 표면적과 직접적인 관련이 있다

금속피막 저항의 표준 정격전력은 그림 3-17과 같이 1/8~1W이다. 다른 종류의 다양한 저 항에 대해서도 정격전력은 다양하다. 예를 들어, 권선 저항기는 225 W 이상의 정격전력을 가지고 있다 그림 3-18은 이들 저항을 보여준다.

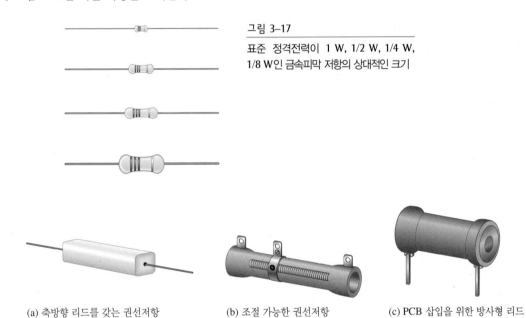

그림 3-17

표준 정격전력이 1 W, 1/2 W, 1/4 W, 1/8 W인 금속피막 저항의 상대적인 크기

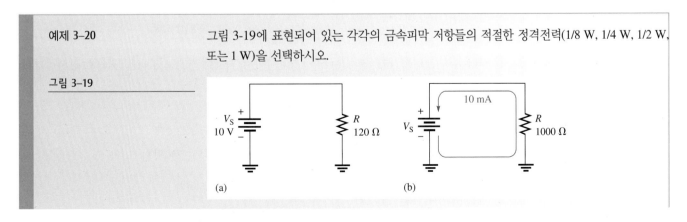

(a) 축방향 리드를 갖는 권선저항   (b) 조절 가능한 권선저항   (c) PCB 삽입을 위한 방사형 리드

그림 3-18

높은 정격전력을 갖는 일반적인 저항의 예

전기회로에서 저항이 사용되어질 때, 안전한 회로의 동작을 위해서 저항의 정격전력은 그 회로에서 다루어지는 최대 전력보다 커야 한다. 일반적으로 현재의 값보다 큰 표준값이 사용 된다. 예를 들어, 응용 회로에서 금속피막 저항이 0.75 W를 소비한다면, 이의 정격은 예상 소비전력보다 한 단계 큰 크기인 표준값 1 W의 저항이 선택되어야 한다.

예제 3-20

그림 3-19에 표현되어 있는 각각의 금속피막 저항들의 적절한 정격전력(1/8 W, 1/4 W, 1/2 W, 또는 1 W)을 선택하시오.

그림 3-19

V_S
10 V

R
120 Ω

(a)

V_S

10 mA

R
1000 Ω

(b)

해　그림 3-19(a)의 회로에서 실제 전력은

$$P = \frac{V_S^2}{R} = \frac{(10\,\text{V})^2}{120\,\Omega} = \frac{100\,\text{V}^2}{120\,\Omega} = 0.833\,\text{W}$$

이므로, 실제 전력의 소비보다 높은 정격전력의 저항을 선택하여야 한다. 여기서는 **1 W의 저항**을 선택한다.

그림 3-19(b)의 회로에서 실제 전력은

$$P = I^2R = (10\,\text{mA})^2(1000\,\Omega) = 0.1\,\text{W}$$

이므로, **1/8 W(0.125 W)의 저항**을 선택한다.

관련 문제　어떤 저항이 0.25 W(1/4 W)의 전력을 소비하여야 한다. 어떤 표준 정격이 사용되어야 하는가?

저항에서 소모되는 전력이 정격보다 커지면, 저항은 과열된다. 그 결과, 저항이 타서 개방이 되거나 저항값이 크게 달라지게 된다.

과열로 인해 손상된 저항은 표면이 검게 타거나 달라진 겉모습으로 확인할 수 있다. 겉으로 보아 아무런 이상이 없어 보이지만 의심이 가는 저항의 경우에는 저항계를 사용하여 개방이 되었는지 아니면 값이 달라졌는지를 검사할 수 있다. 저항을 측정할 경우에는 저항을 회로에서 분리한 다음에 측정하여야 한다는 것을 상기하자.

예제 3–21

그림 3–20

그림 3-20의 각 회로에서의 저항이 과열로 인해 손상을 입을 것인지 아닌지를 결정하시오.

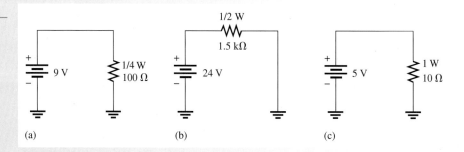

(a)　　　　　　　　(b)　　　　　　　　(c)

해　그림 3-20(a)의 회로에서의 전력은 다음과 같다.

$$P = \frac{V^2}{R} = \frac{(9\,\text{V})^2}{100\,\Omega} = 0.81\,\text{W} = 810\,\text{mW}$$

정격이 1/4 W(0.25 W)인 저항은 이 전력을 다루기에는 충분하지 않다. 저항은 과열되거나, 타버려서 개방이 될 것이다.

그림 3-20(b)의 회로에서의 전력은 다음과 같다.

$$P = \frac{V^2}{R} = \frac{(24\,\text{V})^2}{1.5\,\text{k}\Omega} = 0.384\,\text{W} = 384\,\text{mW}$$

정격이 1/2 W(0.5 W)인 저항은 이 전력을 다루기에 충분하다.

그림 3-20(c)의 회로에서의 전력은 다음과 같다.

$$P = \frac{V^2}{R} = \frac{(5\,\text{V})^2}{10\,\Omega} = 2.5\,\text{W}$$

정격이 1 W인 저항은 이 전력을 다루기에는 충분하지 않다. 저항은 과열되거나, 타버려서 개방이 될 것이다.

관련 문제 1/4 W, 1.0 kΩ의 저항 양단에 12 V의 전지를 연결하였다. 과열이 될 것인가?

3-5 복습문제

1. 저항과 관련된 2가지 중요한 매개변수를 말하시오.
2. 저항의 물리적인 크기로 취급할 수 있는 전력을 어떻게 결정할 수 있는가?
3. 금속피막 저항의 표준 정격전력을 나열하시오.
4. 어떤 저항이 0.3 W의 전력을 다루어야 한다. 이 금속피막 저항이 에너지를 적절히 소비하기 위한 저항의 최소 정격전력은 얼마인가?

3-6 에너지 변환과 저항에서의 전압 강하

전에 배웠던 것처럼, 저항을 통해 흐르는 전류가 있을 때, 전기적인 에너지는 열 에너지로 변환된다. 이 열은 저항성 물질의 원자 구조 내에서 자유전자의 충돌에 의해 발생된다. 충돌이 일어날 때, 열이 방출되고, 전자가 움직이면서 얻은 에너지의 일부를 내놓는다.

절의 학습내용

▶ **에너지 변환과 전압 강하를 설명한다.**

  ▶ 회로에서 에너지 변환의 원인을 찾는다.

  ▶ 전압 강하를 정의한다.

  ▶ 에너지 변환과 전압 강하 사이의 관계를 설명한다.

그림 3-21은 전지의 음의 단자로부터 회로를 지나 양의 단자로 되돌아오는 전자의 형태인 전하의 흐름을 나타낸다. 음의 단자로부터 전하가 빠져 나올 때, 최대의 에너지를 가진다. 전자는 전류 경로를 따라 연결된 각각의 저항을 통해 흐른다(이러한 연결의 형태를 직렬이라고 하며, 4장에서 배울 것이다). 전자가 각각의 저항을 지나면서 열의 형태로 에너지의 일부를 방출하게 된다. 따라서 전자는 저항에서 빠져 나올 때보다 저항으로 들어갈 때 더 많은 에너지를 가지고 있다. 그림에서는 에너지의 강도를 작은 원의 색 농도로 표현했다. 전자가 전지의 양의 단자로 되돌아올 때, 에너지는 저항을 지나오면서 감소하게 되어 최소의 에너지를 갖는다.

전압은 저항당 에너지와 같고($V = W/Q$), 전하는 전자의 성질을 띠고 있다. 전지의 전압을 기준으로 할 때, 총 에너지는 모든 음의 단자로부터 흘러 나오는 전자의 수로 나누어진다. 동일한 수의 전자가 회로를 통해 각 지점에 흐르지만, 에너지는 회로의 저항을 통해 이동할 때마다 감소한다.

그림 3–21

전자가 저항을 통해 흐름에 따라 전자에 의한 에너지 손실은 전압 강하를 일으킨다. 즉, 전압은 에너지를 전하로 나눈 것과 같기 때문에 이 에너지 손실에 의해 전압 강하가 발생한다

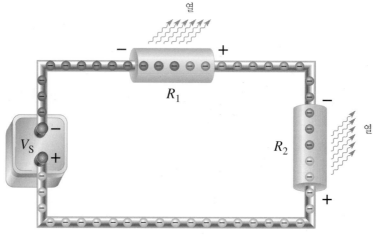

⬤ 상대적으로 큰 에너지
⊖ 상대적으로 작은 에너지
⊝ 상대적으로 가장 작은 에너지

그림 3-21처럼, R_1의 왼쪽의 전압은 R_1에 들어오는 에너지를 전하로 나눈 것(W_{enter}/Q)과 같고, R_1의 오른쪽의 전압은 R_1에서 나가는 에너지를 전하로 나눈 것(W_{exit}/Q)과 같다. R_1으로 들어가고 나가는 전자의 수는 동일해서, 전하 Q는 일정하다. R_1을 빠져 나가는 에너지는 R_1을 들어가는 에너지보다 작고, 그래서 R_1 오른쪽의 전압은 R_1 왼쪽의 전압보다 작다. 저항을 빠져 나가면서 에너지 손실에 의한 전압의 감소를 **전압 강하(voltage drop)**라고 한다. R_1의 오른쪽의 전압은 R_1의 왼쪽의 전압보다 더욱 음전위(또는 더욱 양전위)를 나타낸다. 전압 강하는 (−) 부호와 (+) 부호로 나타내어진다(+는 음전위보다 작거나 양전위보다 큰 전압을 의미한다).

전자들은 R_1에서 에너지를 잃고, 에너지가 손실된 상태에서 R_2로 들어간다. 전자가 R_2를 따라 흐름에 따라 더 많은 에너지를 손실하고, R_2 양단에서 또 다른 전압 강하를 일으키게 된다.

3–6 복습문제	1. 저항에서 에너지 변환이 일어나는 기본적인 이유는 무엇인가?
	2. 전압 강하란 무엇인가?
	3. 전류 방향에 대하여 전압 강하의 극성은 어떻게 되는가?

3–7 전원 공급기

전원 공급기(power supply)는 부하에 전력을 공급하는 장치이다. 부하는 전원 공급기의 출력에 연결되어 있는 전기소자나 회로이며, 공급기로부터 전류를 공급받는다는 것을 유의하자.

절의 학습내용

▶ **전원 공급기와 이의 특징을 설명한다.**

　▶ 암페어-시간 정격을 정의한다.

　▶ 전원 공급기의 효율을 설명한다.

그림 3-22에는 전원 공급기의 출력에 부하장치를 연결한 것을 나타내었다. 부하는 전구에서 컴퓨터에 이르기까지 어느 것이든지 될 수 있다. 전원 공급기는 그림에서와 같이 두 개의

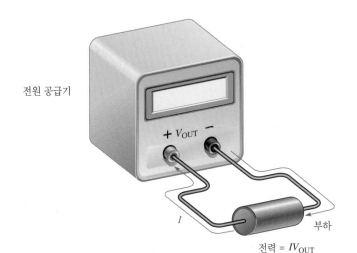

그림 3-22
전원 공급기와 부하

전원 공급기

$+ V_{OUT} -$

I

부하

전력 = IV_{OUT}

출력단자의 양단에 전압을 공급하며, 부하에 전류를 제공한다. IV_{OUT}은 전원 공급기에 의해 공급되는 전력이고, 부하에서 소모된다. 주어진 출력전압(V_{OUT})에 대해, 부하에 더 많은 전류가 흐른다는 것은 전원 공급기로부터 더 많은 전력이 공급됨을 의미한다.

　전원 공급기의 종류는 단순한 전지에서 정확한 출력전압을 자동으로 유지하는 정전압 전자회로에 이르기까지 다양하다. 전지는 화학 에너지를 전기 에너지로 변환시키는 직류 전원 공급기이다. 전자 전원 공급기는 일반적으로 전기 콘센트로부터 나오는 110 V의 교류 전압을 전자부품의 동작에 적당한 크기의 직류 정전압으로 변환한다.

유용한 정보

전자 전원 공급기는 출력전압과 전류를 공급한다. 전원 공급기를 사용할 경우에는 전압의 범위가 응용의 목적에 맞는지를 확인하여야 하고, 또한 회로가 적절한 동작을 할 수 있도록 충분한 전류 용량도 가지고 있어야 한다. 전류 용량은 주어진 전압에서 부하에 공급할 수 있는 최대 전류를 의미한다.

전지의 암페어-시간 정격

전지는 화학 에너지를 전기 에너지로 변환한다. 전지는 화학 에너지원이 제한적이기 때문에, 주어진 전력 레벨에서 사용할 수 있는 시간이 제한되는 용량을 가지고 있다. 이러한 용량은 암페어-시간(Ah)으로 측정된다. 이 **암페어-시간 정격(ampere-hour rating)**에 의해 정해진 전압으로 부하에 일정하게 전류를 계속 공급할 수 있는 시간이 결정된다.

　1 Ah의 정격은 전지가 정해진 전압으로 평균 1 A의 전류를 한 시간 동안 부하에 공급할 수 있음을 의미한다. 같은 전지가 2 A의 전류를 계속 공급한다면, 30분 동안 사용할 수 있다. 전지가 더 많은 전류를 공급하여야 한다면, 전지의 사용시간은 더욱 짧아지게 된다. 실제로 전지는 지정된 전류 레벨과 출력전압이 정격으로 제시된다. 예를 들어, 12 V 자동차용 전지는 3.5 A에서 70 Ah의 정격을 가진다. 이는 정해진 전압(12 V)으로, 20시간 동안 평균 3.5 A의 전류를 공급할 수 있다는 것을 의미한다.

| 예제 3-22 | 70 Ah의 정격을 갖는 전지로 2 A의 전류를 몇 시간 동안 공급할 수 있는가? |

　해　암페어-시간 정격은 전류와 시간(x)의 곱이다.

$$70 \text{ Ah} = (2 \text{ A})(x \text{ h})$$

x에 대해 풀면 다음과 같다.

$$x = \frac{70 \text{ Ah}}{2 \text{ A}} = 35 \text{ h}$$

　관련 문제　6시간 동안 10 A를 공급하는 전지가 있다면, 이 전지의 최소 암페어-시간 정격은 얼마인가?

전원 공급기의 효율

전자 전원 공급기의 주요 특성은 효율이다. **효율(efficiency)**은 입력전력(P_{IN})에 대한 출력전력(P_{OUT})의 비로 나타낸다.

$$효율 = \frac{P_{OUT}}{P_{IN}} \qquad (3\text{-}8)$$

효율은 종종 백분율로 나타낸다. 예를 들어 입력전력이 100 W이고, 출력전력이 50 W이면, 효율은 (50 W/100 W) × 100 % = 50%이다.

모든 전자 전원 공급기는 전력을 사용하기 위해 전력을 공급하여야 하는 에너지 변환기이다. 예를 들어, 전자 직류 전원 공급기는 콘센트로부터의 교류 전력을 입력으로 사용하여 직류의 정전압을 출력한다.

출력전력은 항상 입력전력보다 작다. 이는 입력전력의 일부가 전원 공급기의 내부 회로를 구동하기 위하여 사용되기 때문이다. 이러한 전원 공급기의 내부 전력 소모를 전력 손실(P_{LOSS})이라 한다. 출력전력은 입력전력에서 전력 손실을 뺀 것과 같다.

$$P_{OUT} = P_{IN} - P_{LOSS} \qquad (3\text{-}9)$$

고효율은 전원 공급기의 내부에서 손실되는 전력이 적고, 주어진 입력전력에 대해 높은 비율의 출력전력을 얻는 것을 의미한다.

예제 3–23	입력전력이 25 W를 요구하는 전자 전원 공급기가 있다. 이 전원 공급기는 20 W의 출력전력을 낼 수 있다. 이 전원 공급기의 효율과 전력의 손실을 구하시오.

해 효율은 식 (3-8)에 의해 다음과 같고,

$$효율 = \frac{P_{OUT}}{P_{IN}} = \left(\frac{20\ W}{25\ W}\right) = \mathbf{0.8}$$

이를 백분율로 표시하면 다음과 같다.

$$효율 = \frac{20\ W}{25\ W} = \mathbf{80\%}$$

전력 손실은 식 (3-9)에 의해 구하면 다음 값을 갖는다.

$$P_{LOSS} = P_{IN} - P_{OUT} = 25\ W - 20\ W = \mathbf{5\ W}$$

관련 문제 전원 공급기가 92%의 효율을 갖고 있다. P_{IN}이 50 W라면, P_{OUT}은 얼마인가?

3-7 복습문제

1. 전원 공급기에 연결된 부하장치에 공급되는 전류가 증가한다면, 부하는 증가하는가 아니면 감소하는가?
2. 10 V의 출력전압을 제공하는 전원 공급기가 있다. 만약 부하에 0.5 A의 전류를 공급한다면 부하의 전력은 얼마인가?
3. 전지가 100 Ah의 암페어·시간 정격을 가지고 있다면, 부하에 5 A의 전류를 얼마 동안 공급할 수 있는가?
4. 만약 문제 3의 전지가 12 V라면, 특정 전류에 대한 부하의 전력은 얼마인가?
5. 실험실에서 사용되는 전원 공급기는 1 W의 입력전력으로 동작된다. 이 전원 공급기가 750 mW의 출력전력을 제공한다면, 효율은 얼마인가?

3-8 고장진단의 도입

기술자들은 오동작하는 회로나 시스템을 진단하고 수리할 수 있어야 한다. 이 절에서는 간단한 예제를 통해 일반적으로 고장진단하는 방법을 살펴본다. 고장진단은 이 책에서 매우 중요한 부분이다. 그러므로 매 장마다 고장진단 부분을 설명할 것이고, 고장진단 문제를 통해 기술 향상을 도모할 것이다.

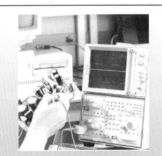

절의 학습내용

▶ **고장진단을 하는 기본적인 방법을 설명한다.**

　▶ 고장진단의 3단계를 나열한다.

　▶ 반분할법(half-splitting)이 무엇인지 설명한다.

　▶ 전압, 전류, 그리고 저항의 세 가지 기본적인 측정에 대해 설명하고 비교한다.

고장진단(troubleshooting)은 회로 및 시스템 동작에 관한 지식과 논리적 사고를 통해 회로에서 발생한 오동작 요소를 고치는 과정이다. 고장진단을 위한 기본적인 접근방법은 분석(analysis), 계획(planning), 측정(measurement)의 3단계로 구성된다. 이 3단계의 접근방법을 APM으로 명명할 것이다.

분석

회로의 고장진단에서 첫 번째 단계는 고장의 증상이나 원인을 분석(analysis)하는 것이다. 분석과정은 어떤 문제에 대한 답을 예측함으로써 시작될 수 있다.

1. 회로가 동작한 적이 있는가?
2. 만약 회로가 한 번 동작되었다면, 어떤 조건에서 오류가 발생했는가?
3. 고장의 증상은 무엇인가?
4. 예측할 수 있는 고장의 원인은 무엇인가?

계획

회로를 분석한 후에, 고장진단의 두 번째 단계는 회로를 고치기 위하여 논리적인 계획(planning)을 세우는 것이다. 적절한 계획을 세움으로써 고장진단을 하는 데 많은 시간을 절약할 수 있다. 회로의 동작원리에 대한 사전지식은 고장진단의 계획을 세우는 데 반드시 필요하다. 만약 회로가 어떻게 동작하여야 하는지 확신할 수 없다면, 시간을 갖고 회로도, 동작 지침서, 다른 타당한 정보를 검토한다. 여러 테스트 지점에 동작전압 레벨이 표시된 회로도는 유용한 정보로 활용할 수 있다. 논리적 사고를 통해 고장진단을 하는 것은 매우 중요하지만, 간혹 이러한 과정을 통해서 문제를 해결하기에 어려운 경우가 있을 수 있다.

측정

세 번째 단계는 신중하게 측정(measurement)을 함으로써 발생 가능한 고장을 좁혀 나가는 것이다. 이러한 측정과정을 통해서 문제를 해결하기 위해 고려하였던 방향을 확인하거나 새롭게 접근하는 방법을 찾을 수 있을 것이다. 가끔 예상치 못한 결과를 얻을 수도 있다.

APM의 예

APM 접근방법의 일부분인 사고과정은 다음의 간단한 예제를 통해 설명될 수 있다. 그림 3-23과 같이 V_S가 120 V이고, 8개의 12 V 장식용 전구가 직렬로 연결되어 있는 회로가 있다고 가정

그림 3–23

전압원이 연결된 전구

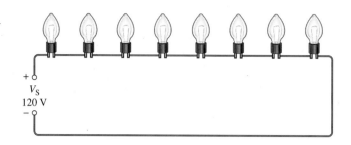

하자. 이 회로는 한 번 제대로 동작하고, 새로운 장소로 이전한 후에 동작이 멈추었다. 새로운 장소에서 전원을 인가하였더니 전구는 켜지지 않았다. 고장을 찾기 위해 어떻게 하여야 하는가?

분석사고 과정 상황을 분석하면서 다음과 같이 생각할 수 있다.

▶ 회로를 옮기기 전에 동작을 하였기 때문에 문제는 새로운 장소에서 전압이 공급되지 않을 수 있다는 것이다.

▶ 아마도 옮겨졌을 때, 회로의 연결선이 느슨해졌거나 끊어졌다.

▶ 전구가 탔거나, 소켓에 느슨하게 꽂혀 있을 가능성이 있다.

이상과 같은 추론을 통해 회로에서 발생할 수 있는 고장과 원인을 찾았다. 다음과 같은 과정을 계속 생각해 보자.

▶ 회로가 한 번 동작하였으므로, 원래 회로는 오결선의 가능성이 없다.

▶ 고장의 원인이 개방경로에 의한 것이라면, 전구가 타서 끊어졌거나 오결선 등에 의한 고장일 것이다.

계획사고 과정 계획의 첫 번째 단계는 새로운 위치에서 전압을 측정하는 것이다. 만약 전압이 측정된다면, 직렬로 연결된 전구에 문제가 있다. 만약 전압이 측정되지 않는다면, 가정 내의 배전반에 있는 차단기 회로에 이상이 있는지를 확인한다. 차단기를 복구시키기 전에, 차단기가 동작한 이유에 대해 알아보아야 한다. 전압이 측정되는 상황을 가정하면, 이는 직렬로 연결된 전구의 회로에 문제가 있는 것이다.

계획의 두 번째 단계는 직렬로 연결된 전구의 회로에서 각각의 전구에 대해 양단 저항과 양단 전압을 측정하는 것이다. 저항을 측정할지 전압을 측정할지는 반반의 가능성을 가지고 있으므로, 시험하기에 편리한 방법으로 접근을 시작한다. 계발된 고장진단의 계획은 접근방법이 다양할 수 있으므로 완벽한 것은 아니다. 따라서 고장진단이 잘 수행될 수 있도록 계획은 자주 수정될 필요가 있다.

측정과정 계획의 첫 번째 단계에서 세운 계획에 따라 새로운 위치에서 멀티미터를 이용하여 전압을 검사한다. 120 V의 전압이 측정되었다고 가정해 보자. 그러면 전압이 없다는 가능성을 배제할 수 있다. 직렬로 연결된 전구에 걸리는 전압이 있지만, 어떠한 전구도 켜지지 않았으므로 이 회로에는 전류가 흐르지 않는다. 따라서 이 회로의 전류 경로는 개방되었다고 판단할 수 있다. 이러한 결과는 전구가 탔거나, 전구의 소켓에 연결선이 끊어졌거나 아니면 전선이 끊어져서 발생한 것이다.

다음으로, 멀티미터로 저항을 측정하여 고장의 위치를 찾는다. 논리적인 사고를 하기 위하여, 각 전구의 저항을 측정하는 대신에 직렬로 연결된 전구에 대해 반으로 나누어 저항을 측정하기로 하자. 일단 직렬로 연결된 전구의 반에 해당하는 저항을 측정함으로써, 개방 부분을 찾는 노력을 줄일 수 있다. 이러한 고장진단의 과정을 **반분할법(half-splitting)**이라 한다.

일단 무한대의 저항값을 지시하는 부분을 찾음으로써, 개방의 가능성이 있는 부분이 회로의 1/2로 줄어들었다. 이러한 반분할법을 계속 사용하여 고장의 원인을 반으로 줄여 나가면, 동작의 문제가 되는 부분이 점차 좁혀지게 된다. 이러한 과정을 그림 3-24에서 나타내었으

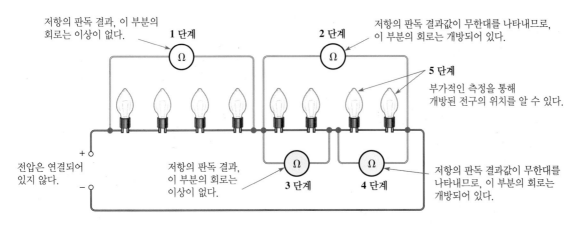

저항의 판독 결과, 이 부분의
회로는 이상이 없다.

1 단계

2 단계

저항의 판독 결과값이 무한대를 나타내므로,
이 부분의 회로는 개방되어 있다.

5 단계

부가적인 측정을 통해
개방된 전구의 위치를 알 수 있다.

전압은 연결되어
있지 않다.

저항의 판독 결과,
이 부분의 회로는
이상이 없다.

3 단계

4 단계

저항의 판독 결과값이 무한대를
나타내므로, 이 부분의 회로는
개방되어 있다.

그림 3–24

고장진단을 위해 반분할법을 적용한 사례. 단계 번호는 멀티미터를 사용하여 한 위치에서 다른 위치로
변경하면서 검사한 순서이다

며, 이 회로에서 7번째 전구가 타버렸다는 사실을 찾을 수가 있다.

그림 3-24에서 알 수 있는 바와 같이, 위의 회로와 같은 경우에 어떤 전구가 개방이 되었
는지를 5번의 반분할법을 적용하여 알 수 있었다. 만약 각각의 전구를 측정하기로 결정하고,
왼쪽 전구부터 측정을 시작했다면, 7번 측정을 해서야 개방된 부분을 찾을 수 있었을 것이
다. 따라서 반분할법을 적용하면 문제를 찾는 데 필요한 단계를 줄일 수 있다. 그러나 가끔은
그렇지 않은 경우도 있다. 문제를 찾기 위해 필요한 단계는 측정하고자 하는 위치와 순서에
의해 달라질 수 있다.

불행하게도, 대부분의 고장진단은 이 예제보다 훨씬 복잡하고 어렵다. 그렇지만 분석과 계
획은 어떤 상황에서든지 효율적인 고장진단 과정에서는 필수 요소로 작용한다. 측정을 함으
로써 계획은 종종 변경된다 : 고장진단에 경험이 있는 사람은 증상과 측정과정을 통해 가능
한 원인을 찾아 이 과정을 줄여 나간다. 일부 경우에, 장비를 고장진단하고 수리하는 비용이
장비를 대체하는 비용보다 많이 든다면, 이 저가 장비는 간단하게 버리는 것이 효율적이다.

전압, 전류, 그리고 저항의 측정 비교

회로의 전압, 전류, 또는 저항을 측정하는 방법을 2-7절에서 학습하였다. 전압을 측정하기 위
해, 소자의 양단에 병렬로 전압계(voltmeter)를 배치한다. 즉, 소자의 각 양단에 전압계의 리드
선을 연결한다. 이렇게 전압을 측정하는 방법은 세 가지 측정방법 중에 가장 간단한 방법이다.

저항을 측정하기 위해, 소자에 저항계(ohmmeter)를 연결한다. 이 경우 먼저 전압이 차단
되어져야 한다. 또한, 어떤 경우에는 소자를 회로로부터 분리하여 저항을 측정하여야 한다.
따라서 저항을 측정하는 것은 일반적으로 전압을 측정하는 것보다 더 어렵다.

전류를 측정하기 위해, 전류계(ammeter)를 소자와 직렬로 배치한다. 즉, 전류계는 전류가
흐르는 선에 하나의 소자처럼 연결되어져야 한다. 이렇게 전류계를 연결하기 위해서는, 전류
계를 연결하기 전에 회로에서 부품의 리드선 또는 연결선을 분리하여야 한다. 이러한 방법으
로 전류를 측정하여야 하기 때문에, 전류 측정은 가장 어려운 방법 중의 하나가 된다.

3–8 복습문제	1. 고장진단을 위한 APM 접근방법의 3단계를 말하시오.
	2. 반분할법의 기본적인 개념을 설명하시오.
	3. 회로에서 전류 측정보다 전압 측정이 손쉬운 이유를 설명하시오.

응용 과제

지식을 실무로 활용하기

이번 응용에서는, 실습실 실험장치 중 하나인 기존의 저항상자가 무엇인지 알아보고, 과제의 내용에 맞게 수정작업을 한다. 따라서 독자들은 새로운 응용에서 요구되는 사항을 부합시키기 위하여 회로를 수정하여야 한다. 이 응용 과제를 수행하기 위해 옴의 법칙과 와트의 법칙이 적용될 것이다.

세부 규격은 다음과 같다.

1. 각 저항은 스위치로 선택되고, 한 번에 하나의 저항만 선택된다.
2. 가장 작은 저항값은 10 Ω이다.
3. 스위치의 저항값은 각각 연속적으로 10배씩 커지는 순서로 되어 있다.
4. 가장 큰 저항값은 1.0 MΩ이다.
5. 상자 안의 저항 양단에 걸리는 최대 전압은 4 V가 될 것이다.
6. 추가적으로 2개의 저항이 필요하다. 하나는 4 V의 강하로 10 mA ± 10%로 전류를 제한하는 것과 다른 하나는 4 V의 전압 강하로 5 mA ± 10%로 전류를 제한하는 것이다.

1단계 : 기존의 저항상자 검사하기

기존의 저항상자를 위에서 바라본 전경과 아래에서 바라본 전경이 그림 3-25에 나타나 있다. 스위치는 로터리(회전) 스위치이고, 1 W의 정격전력을 갖는다.

2단계 : 회로도 작성하기

그림 3-25를 보고 회로를 분석하기 위해 기존 회로에 대한 회로도를 그리고 저항값을 회로도에 추가한다.

3단계 : 새로운 요구사항에 맞도록 회로도 수정하기

다음과 같은 사항을 수행할 수 있도록 2단계에서 작성한 회로도를 수정한다.

1. 한 번에 하나의 저항이 스위치에 의해 상자의 단자 1과 단자 2 사이에서 선택된다
2. 10 Ω에서 시작하여 연속적으로 10배씩 커지는 순서로 1.0 MΩ까지의 저항값을 갖도록 스위치 선택에 의한 저항을 준비한다.
3. 1단계로부터의 각 저항은 오름 순서로 저항 선택이 가능하여야 한다.
4. 1단계에서 추가한 2개의 스위치 선택에 의한 저항이 있어야 한다. 하나는 스위치의 1번 위치(그림 3-25의 아래에서 본 전경)에 연결되며, 4 V의 전압 강하를 갖고 10 mA ± 10%로 전류를 제한하여야 한다. 또 다른 하나는 스위치의 8번 위치에 연결되며, 4 V의 전압 강하를 갖고 5 mA ± 10%로 전류를 제한하여야 한다.
5. 모든 저항은 보통 10%의 허용오차를 가지고 있어야 하고, 4 V 동작에 필요한 정격전력을 가져야 한다. 표준 저항의 값을 부록 A에서 찾아보라.

4단계 : 회로 수정하기

기존 저항상자가 위의 요구사항에 대해 만족할 수 있도록 회로를 수정하여야 할 부분을 결정하고, 저항값, 정격전력, 배선, 그리고 새로운 소자 등을 포함한 자세한 목록을 작성한다. 쉽게 참조하기 위해 회로도의 각 기준점에 번호를 매긴다.

(a) 위에서 바라본 전경

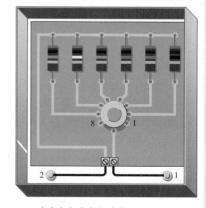

(b) 아래에서 바라본 전경

그림 3-25

5단계 : 시험절차 수행하기

새로운 요구사항을 만족하는 저항상자를 제작한 후에 적절하게 동작하는지 확인하여야 한다. 저항상자를 어떻게 시험할지, 어떠한 계측기를 사용하여야 할지를 각 단계별로 설명하라.

6단계 : 회로 고장진단하기

저항계가 저항상자의 단자 1과 단자 2에 연결되었을 경우, 다음의 각 경우에 대해 고장의 원인을 구하라.

1. 스위치가 3번 위치에 있을 때, 저항계는 무한대 저항값을 나타낸다.

2. 스위치의 모든 위치에서, 저항계는 무한대 저항값을 나타낸다.

3. 스위치가 6번 위치에 있을 때, 저항계가 잘못된 저항값을 나타낸다.

복습문제

1. 이번 응용 과제에서 와트의 법칙이 어떻게 적용되는지 설명하시오.

2. 이번 응용 과제에서 옴의 법칙이 어떻게 적용되는지 설명하시오.

3. 기존 상자에서 저항의 정격전력을 어떻게 결정했는가?

요 약

▶ 전압과 전류는 선형적 비례관계이다.

▶ 옴의 법칙은 전압, 전류, 그리고 저항의 관계를 나타낸다.

▶ 전류는 저항에 반비례한다.

▶ 킬로옴(kΩ)은 1000 Ω이다.

▶ 메가옴(MΩ)은 1,000,000 Ω이다.

▶ 마이크로암페어(μA)는 10^{-6} A이다.

▶ 밀리암페어(mA)는 10^{-3} A이다.

▶ 전류를 계산하기 위해 $I = V/R$ 공식을 사용한다.

▶ 전압을 계산하기 위해 $V = I/R$ 공식을 사용한다.

▶ 저항을 계산하기 위해 $R = V/I$ 공식을 사용한다.

▶ 1 W는 1초당 1 J의 에너지 소모와 같다.

▶ 와트는 전력의 단위이고, 주울은 에너지의 단위이다.

▶ 저항의 정격전력은 저항을 안전하게 동작시킬 수 있는 최대 전력을 의미한다.

▶ 물리적으로 큰 크기를 갖는 저항은 작은 크기를 갖고 있는 저항보다 더 많은 전력을 소모할 수 있다.

▶ 저항은 회로에서 소모되는 최대 전력보다 큰 정격전력을 가져야 한다.

▶ 정격전력은 저항값과 무관하다.

▶ 저항이 타거나 고장이 나면 일반적으로 개방된다.

▶ 에너지는 시간과 전력의 곱과 같다.

▶ 킬로와트-시간은 에너지의 단위이다.

▶ 예로, 1 kWh는 1000 W의 전력을 한 시간 동안 사용할 수 있는 에너지이다.

▶ 전원 공급기는 전기 또는 전자 장치를 동작시키는 데 사용되는 에너지원이다.

▶ 전지는 화학 에너지를 전기 에너지로 변환하는 전원 공급기의 한 종류이다.

▶ 전자 전원 공급기는 상용의 에너지(전력회사로부터 공급되는 교류)를 여러 가지 크기의 직류 정전압으로 변환한다.

▶ 전원 공급기에서 출력되는 전력은 출력전압과 부하전류의 곱이다.

▶ 부하는 전원 공급기로부터 전류를 유입하는 장치이다.

▶ 전지의 용량은 암페어-시간(Ah)으로 측정된다.

▶ 1 Ah는 한 시간 동안 사용되는 1 A의 전류와 같다. 또는 전류와 시간이 어떻게 구성되든지 상관 없이 그 곱이 1이면 상관 없다.

▶ 고효율을 갖는 전자 전원 공급기는 낮은 효율을 갖는 것보다 전력손실 비율이 작다.

▶ 그림 3-26의 회전 공식은 옴의 법칙과 와트의 법칙 사이의 관계를 나타낸다.

▶ APM(analysis, planning, and measurement)은 고장진단을 위한 논리적 접근방법을 말한다.

▶ 고장진단에서의 반분할법은 일반적으로 적은 측정의 과정을 갖는다.

그림 3–26

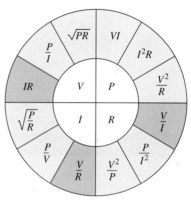

■ 옴의 법칙 □ 와트의 법칙

핵심 용어

이 장에서 제시된 용어는 책 끝부분의 용어집에 정의되어 있다.

고장진단(troubleshooting) : 회로 또는 시스템의 고장원인을 찾고, 수정하고, 격리시키는 과정

반분할법(half-splitting) : 고장진단의 과정에서 회로 또는 시스템의 1/2 부분씩 나누어서 입력 부분 또는 출력 부분으로 접근하면서 회로의 고장원인을 찾아가는 방법

선형성(linear) : 직선의 관계로 규정되는 특성, 즉 하나의 양의 변화가 다른 양의 변화에 비례적인 관계를 갖는 경우

암페어-시간 정격(ampere-hour rating) : 전지가 부하에 정해진 전류를 계속해서 전달할 수 있는 시간을 의미하며, 전류와 시간의 곱으로 나타낸다.

에너지(energy) : 일을 하는 능력이며, 단위는 주울(J)

옴의 법칙(Ohm's law) : 전류는 전압에 비례하고 저항에 반비례한다는 법칙

와트(watt : W) : 전력의 단위. 1 W는 1 J의 에너지가 1초 동안 사용되었을 때의 전력이다.

와트의 법칙(Watt's law) : 전압, 전류, 그리고 저항으로 전력과의 관계를 설명하는 법칙

전력(power) : 에너지 사용의 비율

전압 강하(voltage drop) : 에너지의 손실로 인해 저항 양단에 걸리는 전압의 감소치

전원 공급기(power supply) : 부하에 전력을 공급하는 장치

정격전력(power rating) : 과열에 의해 저항이 손상되지 않을 정도로 소비할 수 있는 저항의 최대 전력

주울(joule : J) : 에너지의 SI 단위

킬로와트-시간(kWh) : 전력회사에서 주로 사용하는 단위로 에너지의 큰 단위

효율(efficiency) : 회로의 입력전력에 대한 출력전력의 비로, 보통 백분율로 표시된다.

주요 공식

(3-1) $\quad I = \dfrac{V}{R}$ $\qquad\qquad\qquad\qquad\qquad\qquad$ 전류를 계산하기 위한 옴의 법칙 형태

(3-2) $\quad V = IR$ $\qquad\qquad\qquad\qquad\qquad\qquad\quad$ 전압을 계산하기 위한 옴의 법칙 형태

(3-3) $R = \dfrac{V}{I}$ 저항을 계산하기 위한 옴의 법칙 형태

(3-4) $P = \dfrac{W}{t}$ 에너지를 시간으로 나누면 전력과 같다.

(3-5) $P = I^2 R$ 전류의 제곱과 시간의 곱은 전력과 같다.

(3-6) $P = VI$ 전압과 전류의 곱은 전력과 같다.

(3-7) $P = \dfrac{V^2}{R}$ 전압의 제곱을 저항으로 나누면 전력과 같다.

(3-8)   효율 $= \dfrac{P_{OUT}}{P_{IN}}$ 전원 공급기의 효율

(3-9) $P_{OUT} = P_{IN} - P_{LOSS}$ 출력전력

자습문제 정답은 장의 끝부분에 있다.

1. 옴의 법칙을 올바르게 설명한 것은?

(a) 전압과 저항의 곱이 전류와 같다.

(b) 전류와 저항의 곱이 전압과 같다.

(c) 전류를 전압으로 나누면 저항과 같다.

(d) 전류의 제곱과 저항의 곱은 전압과 같다.

2. 저항에 걸리는 전압이 2배가 될 때, 전류는 어떻게 되는가?

(a) 3배   **(b)** 절반   **(c)** 2배   **(d)** 변화 없음

3. 20 Ω의 저항에 10 V의 전압이 걸릴 때, 전류의 값은 얼마인가?

(a) 10 A   **(b)** 0.5 A   **(c)** 200 A   **(d)** 2 A

4. 1.0 kΩ의 저항에 10 mA의 전류가 흐른다면, 저항에 걸리는 전압은 얼마인가?

(a) 100 V   **(b)** 0.1 V   **(c)** 10 kV   **(d)** 10 V

5. 저항에 20 V의 전압이 걸리고, 6.06 mA의 전류가 흐른다면, 저항값은 얼마인가?

(a) 3.3 kΩ   **(b)** 33 kΩ   **(c)** 330 Ω   **(d)** 3.03 kΩ

6. 4.7 kΩ의 저항에 250 μA의 전류가 흐를 때 발생하는 전압 강하는 얼마인가?

(a) 53.2 V   **(b)** 1.175 mA   **(c)** 18.8 V   **(d)** 1.175 V

7. 2.2 MΩ의 저항에 1 kV의 전압원이 연결되었다면, 다음의 전류들 중에서 어떤 값이 가장 가까운가?

(a) 2.2 mA   **(b)** 455 μA   **(c)** 45.5 μA   **(d)** 0.455 A

8. 전력은 어떻게 정의될 수 있는가?

(a) 에너지   **(b)** 열

(c) 사용된 에너지의 비율   **(d)** 사용할 에너지를 위해 요구되는 시간

9. 10 V와 50 mA로 계산한 전력은 얼마인가?

(a) 500 mW   **(b)** 0.5 W   **(c)** 500,000 μW   **(d)** (a), (b), (c) 모두

10. 10 kΩ의 저항에 10 mA의 전류가 흐를 때, 전력은 얼마인가?

(a) 1 W   **(b)** 10 W   **(c)** 100 mW   **(d)** 1 mW

11. 2.2 kΩ의 저항에 소비되는 전력이 0.5 W라면, 전류는 얼마인가?

(a) 15.1 mA   **(b)** 227 μA   **(c)** 1.1 mA   **(d)** 4.4 mA

12. 330 Ω의 저항에 소비되는 전력이 2 W라면, 전압은 얼마인가?

(a) 2.57 V   **(b)** 660 V   **(c)** 6.6 V   **(d)** 25.7 V

13. 저항이 1.1 W에서 다루어질 경우, 어떤 정격전력을 갖는 저항을 사용하는가?

(a) 0.25 W   **(b)** 1 W   **(c)** 2 W   **(d)** 5 W

14. 0.5 W짜리의 저항 22 Ω과 220 Ω이 10 V의 전압원에 연결되어 있다. 어떤 저항이 과열되겠는가?

    (a) 22 Ω   **(b)** 220 Ω   **(c)** 모두   **(d)** 둘 다 과열 없음

15. 저항을 측정하기 위해 아날로그 저항계를 사용할 때, 아날로그 저항계의 표시기가 무한대를 가리 키다면, 저항의 상태는 어떠한 것인가?

    (a) 과열   **(b)** 단락   **(c)** 개방   **(d)** 반대로 됨

고장진단: 증상과 원인

이러한 연습문제의 목적은 고장진단에 필수적인 과정을 이해함으로써 회로의 이해를 돕는 것이다.
정답은 장의 끝부분에 있다.

그림 3-27을 참조하여 각각의 증상에 대한 원인을 규명하시오.

그림 3–27

전압계에 표시된 측정값은 정확하다고
가정한다

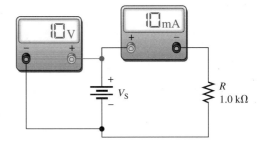

1. 증상 : 전류계에 나타나는 값이 0 A이고, 전압계에 나타나는 값이 10 V이다.
   원인 :
   (a) R은 단락된 상태이다.   **(b)** R은 개방된 상태이다.
   (c) 전압원이 고장이다.

2. 증상 : 전류계에 나타나는 값이 0 A이고, 전압계에 나타나는 값이 0 V이다.
   원인 :
   (a) 저항은 개방되었다.   **(b)** 저항은 단락되었다.
   (c) 전압원의 전원이 꺼져 있거나, 고장났다.

3. 증상 : 전류계에 나타나는 값이 10 mA이고, 전압계에 나타나는 값이 0 V이다.
   원인 :
   (a) 전압계에 문제가 있다.   **(b)** 전류계가 고장났다.
   (c) 전압원의 전원이 꺼져 있거나, 고장났다.

4. 증상 : 전류계에 나타나는 값이 1 mA이고, 전압계에 나타나는 값이 10 V이다.
   원인 :
   (a) 전압계에 문제가 있다.   **(b)** 저항값이 원래의 저항값보다 크다.
   (c) 저항값이 원래의 저항값보다 작다.

5. 증상 : 전류계에 나타나는 값이 100 mA이고, 전압계에 나타나는 값이 10 V이다.
   원인 :
   (a) 전압계에 문제가 있다.   **(b)** 저항값이 원래의 저항값보다 크다.
   (c) 저항값이 원래의 저항값보다 작다.

문 제

홀수문제의 답은 책 끝부분에 있다.

기본문제

3–1 옴의 법칙

1. 회로에 1 A의 전류가 흐른다. 다음의 3가지 상황에 대해서 전류는 어떻게 되는가?

(a) 전압이 3배가 된다.   **(b)** 전압이 80% 감소한다.

(c) 전압이 50% 증가한다.

2. 회로에 100 mA의 전류가 흐른다. 다음의 3가지 상황에 대해서 전류는 어떻게 되는가?

(a) 저항이 100% 증가한다.   **(b)** 저항이 30% 감소한다.

(c) 저항이 4배가 된다.

3. 회로에 10 mA의 전류가 흐른다. 전압과 저항이 모두 2배로 되었다면, 전류는 어떻게 되는가?

3-2 옴의 법칙 응용

4. 다음의 경우일 때, 전류를 구하시오.

(a) $V = 5$ V, $R = 1.0$ Ω   **(b)** $V = 15$ V, $R = 10$ Ω

(c) $V = 50$ V, $R = 100$ Ω   **(d)** $V = 30$ V, $R = 15$ kΩ

(e) $V = 250$ V, $R = 4.7$ MΩ

5. 다음의 경우일 때, 전류를 구하시오.

(a) $V = 9$ V, $R = 2.7$ kΩ   **(b)** $V = 5.5$ V, $R = 10$ kΩ

(c) $V = 40$ V, $R = 68$ kΩ   **(d)** $V = 1$ kV, $R = 2$ kΩ

(e) $V = 66$ kV, $R = 10$ MΩ

6. 10 Ω 저항이 12 V 전지에 연결되어 있다. 저항을 통해 흐르는 전류는 얼마인가?

7. 저항이 그림 3-28의 각각의 경우처럼 DC 전압원의 단자를 통해 연결되어 있다. 각각의 저항에 흐르는 전류를 구하시오.

8. 5색 띠 저항이 12 V 전원에 연결되어 있다. 만약 저항의 색띠가 주황, 보라, 노랑, 금, 그리고 갈색 순서로 되어 있다면, 저항을 통해 흐르는 전류는 얼마인가?

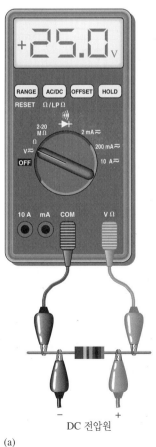

(a)

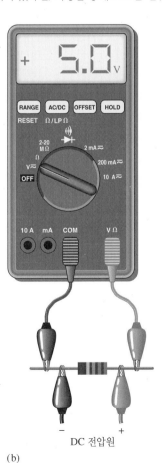

(b)

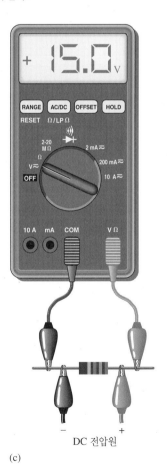

(c)

그림 3-28

9. 문제 8에서 전압이 2배가 되었다면, 0.5 A의 퓨즈는 어떻게 될 것인가?

10. I와 R의 값이 다음과 같을 때, 전압을 계산하시오.

    (a) $I = 2$ A, $R = 18$ Ω   **(b)** $I = 5$ A, $R = 47$ Ω   **(c)** $I = 2.5$ A, $R = 620$ Ω

    (d) $I = 0.6$ A, $R = 47$ Ω   **(e)** $I = 0.1$ A, $R = 470$ Ω

11. I와 R의 값이 다음과 같을 때, 전압을 계산하시오.

    (a) $I = 1$ mA, $R = 10$ Ω   **(b)** $I = 50$ mA, $R = 33$ Ω

    (c) $I = 3$ A, $R = 4.7$ kΩ   **(d)** $I = 1.6$ mA, $R = 2.2$ kΩ

    (e) $I = 250$ μA, $R = 1.0$ kΩ   **(f)** $I = 500$ mA, $R = 1.5$ MΩ

    (g) $I = 850$ μA, $R = 10$ MΩ   **(h)** $I = 75$ μA, $R = 47$ Ω

12. 전압원의 양단에 27 Ω의 저항이 연결되어 측정된 전류는 3 A이다. 전압원의 전압은 얼마인가?

13. 그림 3-29의 각 회로에서 표시된 전류값을 얻을 수 있도록 전압원의 전압을 결정하시오.

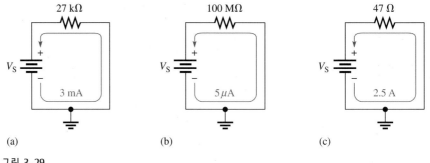

(a)   (b)   (c)

그림 3–29

14. V와 I의 값이 다음과 같을 때, 저항의 값을 계산하시오.

    (a) $V = 10$ V, $I = 2$ A   **(b)** $V = 90$ V, $I = 45$ A   **(c)** $V = 50$ V, $I = 5$ A

    (d) $V = 5.5$ V, $I = 10$ A   **(e)** $V = 150$ V, $I = 0.5$ A

15. V와 I의 값이 다음과 같을 때, 저항의 값을 계산하시오.

    (a) $V = 10$ kV, $I = 5$ A   **(b)** $V = 7$ V, $I = 2$ mA   **(c)** $V = 500$ V, $I = 250$ mA

    (d) $V = 50$ V, $I = 500$ μA   **(e)** $V = 1$ kV, $I = 1$ mA

16. 저항에 6 V의 전압이 걸려 있다. 2 mA의 전류가 측정되었다면 저항은 얼마인가?

17. 그림 3-30의 각 회로에서 표시된 전류의 값을 얻기 위한 저항의 값은 얼마인가?

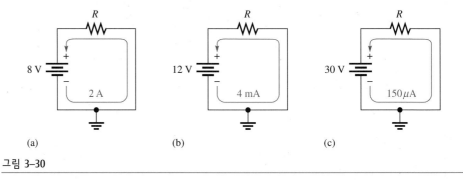

(a)   (b)   (c)

그림 3–30

3-3   에너지와 전력

18. 에너지가 초당 350 J의 비율로 사용되어진다면, 전력은 얼마인가?

19. 7500 J의 에너지가 5시간 동안 사용되어졌다면, 전력은 몇 W인가?

20. 다음을 킬로와트로 변환하시오.

(a) 1000 W   **(b)** 3750 W   **(c)** 160 W   **(d)** 50,000 W

21. 다음을 메가와트로 변환하시오.
     (a) 1,000,000 W   **(b)** 3×10^6 W   **(c)** 15×10^7 W   **(d)** 8700 kW

22. 다음을 밀리와트로 변환하시오.
     (a) 1 W   **(b)** 0.4 W   **(c)** 0.002 W   **(d)** 0.0125 W

23. 다음을 마이크로와트로 변환하시오.
     (a) 2 W   **(b)** 0.0005 W   **(c)** 0.25 mW   **(d)** 0.00667 mW

24. 다음을 와트로 변환하시오.
     (a) 1.5 kW   **(b)** 0.5 MW   **(c)** 350 mW   **(d)** 9000 μW

25. 전력(watt)의 단위는 1 V × 1 A와 같음을 증명하시오.

26. 1 킬로와트-시간이 3.6×10^6 J임을 증명하시오.

3-4   전기회로에서의 전력

27. 만약 저항에 걸리는 전압이 5.5 V이고, 이 저항에 3 mA의 전류가 흐른다면, 소비전력은 얼마인가?

28. 전기 히터가 115 V에서 작동하고, 3 A의 전류가 흐르게 된다. 얼마의 전력을 사용하는가?

29. 4.7 kΩ의 저항에 500 mA의 전류가 흐른다면, 전력은 얼마인가?

30. 100 μA의 전류가 10 kΩ의 저항에 흐르고 있다면, 소비전력은 얼마인가?

31. 620 Ω의 저항에 60 V의 전압이 가해진다면, 이 때의 소비전력은 얼마인가?

32. 56 Ω의 저항이 1.5 V의 전지의 양단에 연결되어 있다면, 저항이 소비하는 전력은 얼마인가?

33. 만약 저항에 2 A의 전류가 흐르고 100 W의 전력이 소모된다면, 저항은 얼마이어야 하는가? 전압은 임의의 값으로 조정될 수 있다고 가정한다.

34. 1분 동안 5×10^6 W의 전력을 사용했다. kWh로 변환하시오.

35. 6700 W를 1초 동안 계속 사용했다. kWh로 변환하시오.

36. 50 W를 12시간 동안 계속 사용했다면, 얼마의 킬로와트-시간에 해당하는가?

37. 알카라인 D-cell 전지는 10 Ω의 부하를 갖고 1.25 V를 유지하면서 90시간 동안 사용할 수 있다. 전지가 다 소모될 때까지 부하에서 사용한 평균 전력은 얼마인가?

38. 문제 37에서 사용한 전지에 대해 90시간 동안 전달되는 전체 에너지는 몇 주울인가?

3-5   저항의 정격전력

39. 6.8 kΩ의 저항이 회로에서 타서 저항값이 같은 다른 저항으로 교체를 하여야 한다. 만약 저항에 10 mA의 전류가 흐르고 있다면, 저항의 정격전력은 얼마인가? 모든 표준 정격전력에 대한 저항을 가지고 있다고 가정한다.

40. 다음과 같은 정격을 가지고 있는 전력저항이 있다 : 3 W, 5 W, 8 W, 12 W, 20 W. 대략 8 W의 전력을 요구하는 응용 회로가 있다면, 20%의 최소 안전 여유를 고려하여 어떤 정격전력을 사용하여야 하는가? 또한 그 이유는 무엇인가?

3-6   에너지 변환과 저항에서의 전압 강하

41. 그림 3-31의 각각의 회로에서, 저항 양단에 걸리는 전압에 대해 극성을 표시하시오.

그림 3-31

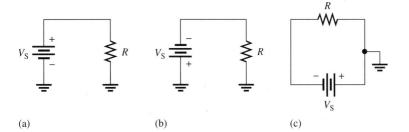

(a)   (b)   (c)

3-7 전원 공급기

42. 1 W의 전력을 소비하는 50 Ω의 부하가 있다. 전원 공급기의 출력전압은 얼마인가?

43. 1.5 A의 평균 전류를 24시간 동안 지속적으로 제공할 수 있는 전지가 있다. 암페어-시간 정격은 얼마인가?

44. 80 Ah의 전지를 사용하여 10시간 동안 부하에 흘려 보낼 수 있는 전류는 얼마인가?

45. 650 mAh를 갖는 전지가 있다면, 48시간 동안 얼마의 평균 전류를 부하에 제공할 수 있는가?

46. 입력전력이 500 mW이고, 출력전력이 400 mW인 전원 공급기가 있다면, 이 전원 공급기의 손실 전력과 효율은 얼마인가?

47. 85%의 효율로 동작하기 위해 5 W의 입력전력이라면, 얼마의 출력전력이 되어야 하는가?

3-8 고장진단의 도입

48. 그림 3-32의 전구회로에서, 직렬로 연결된 저항계의 판독 결과에 근거하여 결점이 있는 전구를 찾아내라.

49. 직렬로 연결된 32개의 전구가 있는데, 그 중에 하나의 전구가 탔다. 만약 왼쪽에서 17번째 전구가 탔다고 가정하고, 회로의 왼쪽 편 절반에서부터 시작하는 반분할법을 사용한다면, 몇 번의 저항 측정으로 고장이 난 전구의 위치를 찾을 수 있는가?

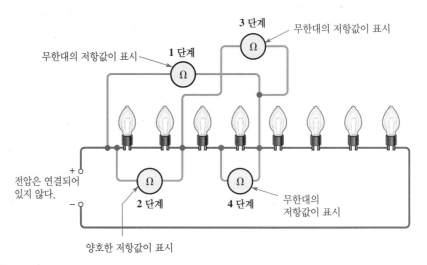

그림 3-32

고급문제

50. 부하에 2 W를 지속적으로 공급하는 전원 공급기가 있다. 60%의 효율로 24시간 동안 계속 사용한다면, 얼마의 킬로와트-시간을 전원 공급기가 사용하였는가?

51. 그림 3-33(a)의 회로에서 전구의 필라멘트는 그림 3-33(b)에 표시한 것처럼 어느 일정량의 등가저항을 가지고 있다. 만약 전구를 120 V의 전압과 0.8 A의 전류로 동작시킨다면, 필라멘트의 저항값은 얼마인가?

그림 3-33

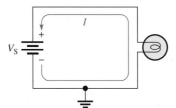

(a)

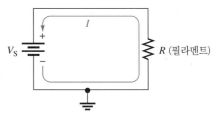

(b)

52. 미지의 저항을 갖는 전기장비가 있다. 12 V의 전지와 전류계를 사용하여 미지의 저항값을 구하는 방법을 설명하시오. 필요하다면, 회로를 그려서 설명하시오.

53. 가변 전압원이 그림 3-34의 회로에 연결되어 있다. 0 V에서 시작하여 10 V 간격으로 100 V까지 증가시켜 가면서 각각의 전압값에 따른 전류를 구하고, 이를 전압 대 전류의 관계 그래프로 표시하시오. 이 그래프는 선형인가? 이 그래프가 의미하는 것은 무엇인가?

54. $V_S = 1$ V이고, $I = 5$ mA인 회로가 있다. 회로에서의 저항값은 같고, 전압값이 다음과 같을 때, 전류를 구하시오.

   (a) $V_S = 1.5$ V   **(b)** $V_S = 2$ V   **(c)** $V_S = 3$ V   **(d)** $V_S = 4$ V   **(e)** $V_S = 10$ V

55. 그림 3-35는 3개의 저항에 따른 전류와 전압에 관한 그래프이다. R_1, R_2, 그리고 R_3의 값을 구하시오.

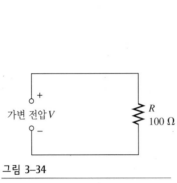

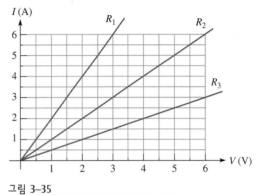

그림 3-34   그림 3-35

56. 10 V의 전지로 동작하는 회로의 전류 측정을 한다. 전류계가 50 mA를 가리키고 있다가 전류가 30 mA로 감소하였다. 저항 변화의 가능성은 무시하고, 전압의 변화만을 고려하여야 한다. 전지에서 얼마만큼의 전압이 변화했는가? 변화 후의 전압값은 얼마인가?

57. 20 V의 전원을 변화시켜 임의의 저항에 흐르는 전류를 100 mA에서 150 mA로 증가시킨다면, 얼마만큼의 전원 변화를 주어야 하는가? 또한 새로운 전압값은 얼마인가?

58. 그림 3-36의 회로에서 가감 저항기(가변 저항기)를 변화시켜 전류의 값을 조정할 수 있다. 가감 저항기를 조정하여 750 mA의 전류가 흐르게 설정한다. 이 조정의 결과, 저항값은 얼마인가? 또한 1 A로 전류를 조절하기 위해, 가감 저항기의 저항값은 얼마로 설정하여야 하는가? 가감 저항기는 절대로 0 Ω으로 조정되지 않아야 한다. 이유는 무엇인가?

그림 3-36

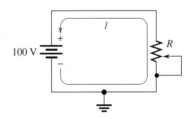

59. 저항의 색띠가 주황색, 주황색, 적색, 금색을 가진다면, 12 V의 전원에 이 저항이 연결되었을 때, 예상되는 최대 전류와 최소 전류를 구하시오.

60. 12 ft 길이를 갖는 2개의 18 gauge 구리선을 이용하여 6 V의 전원이 100 Ω의 저항에 연결되었다. 표 2-4를 이용하여 다음의 값을 결정하시오.

   (a) 전류   **(b)** 저항에서 강하된 전압   **(c)** 1 피트당 도선에서 강하된 전압

61. 300 W 전구가 30일 동안 계속해서 켜져 있다면, 몇 킬로와트-시간의 에너지를 사용하는가?

62. 이 달의 마지막 날인 31일에, 1500 kWh의 요금 청구서를 받았다면, 하루 평균 사용한 에너지는 얼마인가?

63. 다음과 같은 정격을 가지고 있는 전력저항이 있다 : 3 W, 5 W, 8 W, 12 W, 20 W. 대략 10 W의 전력을 요구하는 응용 회로가 있다면, 어떤 정격전력을 사용하여야 하는가? 또한 그 이유는 무엇인가?

64. 12 V의 전원이 10 Ω 저항에 연결되어 2분 동안 동작한다.

   (a) 소비전력은 얼마인가?

   (b) 사용된 에너지의 양은 얼마인가?

   (c) 추가로 1분 동안 더 연결시켰다면, 소비되는 전력은 증가하거나 감소했는가?

65. 그림 3-37에서의 가감 저항기는 열소자의 전류를 조절하기 위해 사용되어진다. 가감 저항기가 8 Ω 또는 이보다 작은 값으로 조정될 때, 열소자는 탈 수 있다. 최대의 전류에서 열소자에 걸리는 전압이 100 V라면, 회로를 보호하기 위해 필요한 퓨즈의 정격은 어떻게 되는가?

그림 3-37

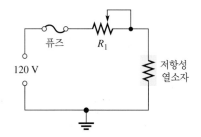

Multisim을 이용한 고장진단 문제

66. CD-ROM에서 P03-66 파일을 열고, 회로가 적절하게 동작되는지 아닌지를 결정하시오. 만약 적절한 동작이 이루어지지 않는다면, 고장원인을 찾으시오.

67. CD-ROM에서 P03-67 파일을 열고, 회로가 적절하게 동작되는지 아닌지를 결정하시오. 만약 적절한 동작이 이루어지지 않는다면, 고장원인을 찾으시오.

68. CD-ROM에서 P03-68 파일을 열고, 회로가 적절하게 동작되는지 아닌지를 결정하시오. 만약 적절한 동작이 이루어지지 않는다면, 고장원인을 찾으시오.

69. CD-ROM에서 P03-69 파일을 열고, 회로가 적절하게 동작되는지 아닌지를 결정하시오. 만약 적절한 동작이 이루어지지 않는다면, 고장원인을 찾으시오.

70. CD-ROM에서 P03-70 파일을 열고, 회로가 적절하게 동작되는지 아닌지를 결정하시오. 만약 적절한 동작이 이루어지지 않는다면, 고장원인을 찾으시오.

정 답

절 복습문제

3-1 옴의 법칙

1. 옴의 법칙은 전류가 전압에 비례하고, 저항에 반비례하는 관계를 말한다.

2. $I = V/R$ **3.** $V = IR$ **4.** $R = V/I$

5. 전압이 3배가 되면 전류는 3배 증가한다.

6. 저항이 2배가 되면, 전류는 반으로 감소하여, 전류는 5 mA가 된다.

7. 만약 전압과 저항이 2배가 되면, 전류는 변화 없다.

3-2 옴의 법칙 응용

1. $I = 10 \text{ V}/4.7 \text{ Ω} = 2.13 \text{ A}$

2. $I = 20 \text{ kV}/4.7 \text{ MΩ} = 4.26 \text{ mA}$

3. $I = 10 \text{ kV}/2 \text{ kΩ} = 5 \text{ A}$

4. $V = (1\ A)(10\ \Omega) = 10\ V$

5. $V = (3\ mA)(3\ k\Omega) = 9\ V$

6. $V = (2\ A)(6\ \Omega) = 12\ V$

7. $R = 10\ V/2\ A = 5\ \Omega$

8. $R = 25\ V/50\ mA = 0.5\ k\Omega = 500\ \Omega$

3-3 에너지와 전력

1. 사용된 에너지의 비율은 전력이다.

2. $P = W/t$

3. 와트는 전력의 단위이다. 1 J의 에너지를 1초 동안 사용된 전력은 1와트이다.

4. **(a)** 68,000 W = 68 kW   **(b)** 0.005 W = 5 mW   **(c)** 0.000025 W = 25 μW

5. (100 W)(10 h) = 1 kWh

6. 2000 W = 2 kW

7. (1.322 kW)(24 h) = 31.73 kWh ; (0.09 \$/kWh)(31.73 kWh) = \$2.86

3-4 전기회로에서의 전력

1. $P = (10\ V)(3\ A) = 30W$

2. $P = (5\ A)^2(47\ \Omega) = 1175\ W$

3. $P = (20\ mA)^2(5.1\ k\Omega) = 2.04\ W$

4. $P = (5\ V)^2/10\ \Omega = 2.5\ W$

5. $P = (8\ V)^2/2.2\ k\Omega = 29.1\ mW$

6. $R = 55\ W/(0.5\ A)^2 = 220\ \Omega$

3-5 저항의 정격전력

1. 저항의 두 매개변수는 저항값과 정격전력이다.

2. 저항의 물리적인 크기가 더 크면, 소비되는 에너지도 더 많다.

3. 금속피막 저항의 표준 정격은 0.125 W, 0.25 W, 0.5 W, 그리고 1 W이다.

4. 0.3 W의 전력을 다루기 위해 저항의 정격전력은 적어도 0.5 W급이어야 한다.

3-6 에너지 변환과 저항에서의 전압 강하

1. 저항에서의 에너지 변환은 금속의 원자 내에서 자유전자의 충돌에 의해 발생한다.

2. 전압 강하는 에너지 손실에 따라 저항에 걸리는 전압의 감소를 의미한다.

3. 전압 강하는 전류의 방향에서 −에서 + 쪽으로 된다.

3-7 전원 공급기

1. 전류의 양이 증가하면 더 큰 부하를 구동할 수 있다.

2. $P_{OUT} = (10\ V)(0.5\ A) = 5\ W$

3. 100 Ah/5 A = 20 h

4. $P_{OUT} = (12\ V)(5\ A) = 60\ W$

5. 효율 = (750 mW/1000 mW)100% = 75%

3-8 고장진단의 도입

1. 분석, 계획, 그리고 측정

2. 반분할법은 고장의 범위를 절반으로 줄여나가며 고장의 원인을 확인하는 것이다.

3. 전압은 구성요소를 지나야 부품의 양단에서 측정된다. 전류는 부품과 직렬로 연결하여 측정한다.

응용 과제

1. 정격전력을 찾기 위해 와트의 법칙이 사용된다($P = V^2/R$).

2. 2개의 추가된 저항값을 구하기 위해 옴의 법칙을 사용한다($R = V/I$).

3. 정격전력은 저항의 주어진 규격 크기에 의해 결정되어진다.

예제 관련 문제

3-1 $I = 10\ V/5\ \Omega = 2\ A,\ I_2 = 10\ V/\ 20\ \Omega = 0.5\ A$

3-2   1 V

3-3   900 Ω

3-4   맞다

3-5   2.27 A

3-6   5 mA

3-7   25 μA

3-8   200 μA

3-9   800 V

3-10   220 mV

3-11   16.5 V

3-12   4 kΩ

3-13   100 Ω

3-14   3000 J

3-15   **(a)** 0.001 W   **(b)** 0.0018 W   **(c)** 3,000,000 W   **(d)** 10,000 W

3-16   2 kWh

3-17 $6.12 + $.06 = 6.18

3-18   **(a)** 40 W   **(b)** 376 W   **(c)** 625 mW

3-19   54.5 W

3-20   0.5 W(1/2 W)

3-21   과열되지 않는다.

3-22   60 Ah

3-23   46 W

자습문제

1. (b)   **2.** (c)   **3.** (b)   **4.** (d)   **5.** (a)   **6.** (d)   **7.** (b)   **8.** (c)

9. (d)   **10.** (a)   **11.** (a)   **12.** (d)   **13.** (c)   **14.** (a)   **15.** (c)

고장진단 : 증상과 원인

1. (b)   **2.** (c)   **3.** (a)   **4.** (b)   **5.** (c)

직렬 회로

장의 개요

장의 목표

▶ 직렬 저항회로를 이해한다.
▶ 직렬 회로의 합성저항을 구한다.
▶ 직렬 회로를 통해 흐르는 전류를 구한다.
▶ 직렬 회로에 옴의 법칙을 응용한다.
▶ 직렬 회로에 연결된 전압원의 종합적인 영향을 결정한다.
▶ 키르히호프의 전압 법칙을 응용한다.
▶ 전압 분배기로서 직렬 회로를 사용한다.
▶ 직렬 회로에서 전력을 구한다.
▶ 접지에 대해 전압을 측정한다.
▶ 직렬 회로의 고장을 진단한다.

핵심 용어

▶ 개방(open)
▶ 기준 접지(reference ground)
▶ 단락(short)
▶ 원자(atom)
▶ 전압 분배기(voltage divider)
▶ 전원의 순방향 직렬연결
   (series-aiding)
▶ 전원의 역방향 직렬연결
   (series-opposing)
▶ 직렬(series)
▶ 키르히호프의 전압 법칙
   (Kirchhoff's voltage law)

응용 과제 개요

이 장의 응용 과제에서는 전압 분배기 회로를 평가하고 필요한 경우 회로를 수정하는 방법을 소개한다. 이 전압 분배기 회로는 12 V 전압원을 5종류의 다른 전압으로 출력하며, 아날로그-디지털 변환기 회로에 양의 기준 전압을 공급할 때 사용된다. 이 회로를 점검하여 요구되는 전압을 제대로 공급하는지 확인하고 그렇지 않을 경우에 회로를 수정할 것이다. 또한 사용되는 저항의 정격전력도 적당하게 선택되었는지를 확인할 것이다. 이 장을 학습하고 나면, 응용 과제를 완벽하게 수행할 수 있게 될 것이다.

지원 웹 사이트

학습을 돕기 위해 다음의 웹 사이트를 방문하기 바란다.
http://www.prenhall.com/floyd

도입

저항회로는 직렬 회로와 병렬 회로의 형태가 있다. 이 장에서는 직렬 회로를 살펴볼 것이다. 병렬 회로는 5장, 직렬과 병렬 혼합 회로는 6장에서 다룬다. 이 장에서는 직렬 회로에서의 옴의 법칙을 다루고, 또 다른 중요한 법칙인 키르히호프의 전압 법칙에 대해 공부할 것이다. 또한 직렬 회로의 몇 가지 중요한 응용에 대해서도 소개될 것이다.

4–1 직렬 저항

저항이 직렬로 연결되어 있는 회로는 전류가 흐르는 경로가 오직 하나뿐인 '줄'의 형태를 가진다.

절의 학습내용

▶ **직렬 저항회로를 확인한다.**

 ▶ 실제 저항의 배열을 회로도로 변환한다.

그림 4-1(a), (b), (c)의 회로도는 여러 개의 저항이 직렬로 연결된 것을 보여준다. 여기서 직렬 저항의 개수는 몇 개이든지 상관 없다.

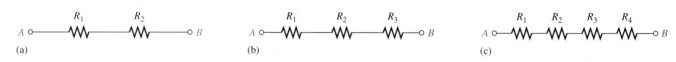

그림 4–1

직렬 저항

전압원이 점 A와 점 B 사이에 연결되면, 전류는 그림 4-1의 각 저항을 따라 한 점에서 다른 한 점으로 흐르게 된다. 이처럼 직렬 회로는 다음과 같이 정의될 수 있다.

직렬 회로(series circuit)에 흐르는 전류의 경로는 오직 하나만 존재하기 때문에 각 저항에 흐르는 전류의 양은 같다.

실제의 회로에서는 그림 4-1에 제시된 경우와 같이 직렬 회로를 구별한다는 것이 항상 쉬운 것은 아니다. 예를 들어 그림 4-2에 전압이 인가된 상태에서 다른 방법으로 그려진 직렬 저항회로를 나타내고 있다. 두 점 사이의 전류 경로가 하나라면 저항의 배열 형태에 관계 없이 그 회로는 직렬이라는 점에 유의하자.

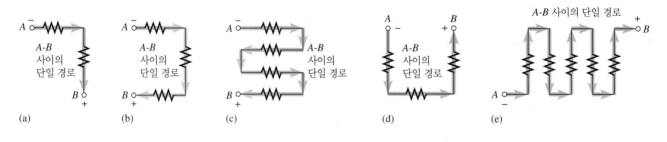

그림 4–2

저항의 직렬 연결의 예. 전류의 경로가 오직 하나이므로 모든 점에서의 전류의 양은 같다

| 예제 4–1 | 5개의 저항이 그림 4-3과 같이 기판에 배치되어 있다. R_1을 음의 단자에서 시작하여 R_2, R_3, … 순으로 결선하여 직렬로 연결하고 이에 대한 회로도를 그리시오. |

그림 4–3

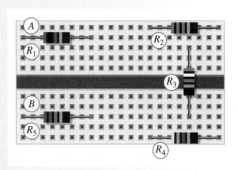

해 그림 4-4(a)와 같이 선을 연결한다. 회로도는 그림 4-4(b)와 같다. 회로도는 실제 저항 배열과 같을 필요는 없다. 회로도는 부품 사이의 전기적인 연결관계를 보여주며, 조립도는 실제적인 배열과 연결관계를 보여준다.

그림 4–4

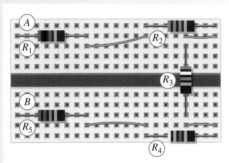

(a) 회로 배선도

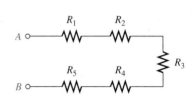

(b) 회로도

관련 문제* (a) 그림 4-4(a)의 회로도에서 홀수 번의 저항을 먼저 배열하고 짝수 번의 저항이 그 다음에 배열되도록 선을 연결하시오.
(b) 각 저항값을 구하시오.

* 정답은 장의 끝부분에 있다.

예제 4–2 그림 4-5의 인쇄회로기판(PCB)에 저항들이 전기적으로 어떻게 연결되어 있는지 설명하고, 각 저항의 값을 구하시오.

그림 4–5

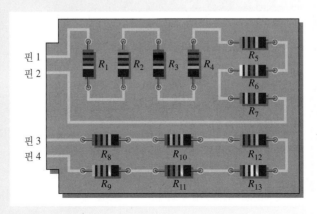

해 저항 R_1에서 R_7까지는 각각 서로 직렬로 연결되어 있다. 이 직렬 조합은 PCB의 1번 핀과 2번 핀 사이에 연결되어 있다.

저항 R_8에서 R_{13}까지는 각각 서로 직렬로 연결되어 있다. 이 직렬 조합은 PCB의 3번 핀과 4번 핀 사이에 연결되어 있다.

각 저항값은 다음과 같다.

$R_1 = 2.2\ k\Omega$, $R_2 = 3.3\ k\Omega$, $R_3 = 1.0\ k\Omega$, $R_4 = 1.2\ k\Omega$, $R_5 = 3.3\ k\Omega$, $R_6 = 4.7\ k\Omega$, $R_7 = 5.6\ k\Omega$, $R_8 = 12\ k\Omega$, $R_9 = 68\ k\Omega$, $R_{10} = 27\ k\Omega$, $R_{11} = 12\ k\Omega$, $R_{12} = 82\ k\Omega$, $R_{13} = 270\ k\Omega$

관련 문제 그림 4-5의 2번 핀과 3번 핀을 서로 연결한다면 회로에는 어떤 변화가 일어나는가?

4-1 복습문제*

1. 직렬 회로에서 저항은 어떻게 연결되는가?
2. 직렬 회로를 확인할 수 있는 방법은 무엇인가?
3. 그림 4-6의 각 저항들에 대해 점 A에서 점 B 사이의 각 저항들이 번호 순으로 연결되도록 회로를 완성하시오.
4. 그림 4-6에서 직렬 연결되어 있는 저항군들을 서로 직렬로 연결하시오.

그림 4-6

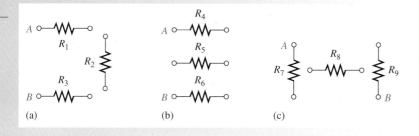

(a)   (b)   (c)

* 정답은 장의 끝부분에 있다.

4-2   직렬 회로의 합성저항

직렬 회로의 합성저항은 직렬로 연결된 각 저항의 합과 같다.

절의 학습내용

▶ **직렬 저항의 합성저항을 구한다.**

　▶ 저항이 직렬로 연결되었을 때 각 저항의 값을 더하는 이유를 설명한다.

　▶ 직렬저항 공식을 적용한다.

직렬 저항의 값 더하기

저항이 직렬로 연결되었을 때, 각 저항값은 더해진다. 이는 각 저항의 값에 비례하여 전류의 흐름을 방해하기 때문이다. 직렬로 연결된 저항의 수가 늘어날수록 전류의 흐름은 더 많이 방해를 받는다. 즉, 전류의 흐름을 더 많이 방해한다는 것은 더 많은 저항이 존재함을 의미한다. 따라서 직렬 회로에 저항이 추가될 때마다 그 합성저항은 커진다.

그림 4-7은 직렬 저항이 추가됨에 따라 합성저항이 커지는 것을 보여준다. 그림 4-7(a)에는 10 Ω 저항 하나만이 있다. 그림 4-7(b)에는 또 다른 10 Ω 저항이 기존의 저항에 추가되어 직렬로 연결되어 있다. 이 합성저항은 20 Ω이 된다. 그림 4-7(c)에서와 같이 세 번째 10 Ω 저항이 앞의 두 저항과 직렬로 연결되면 합성저항은 30 Ω이 된다.

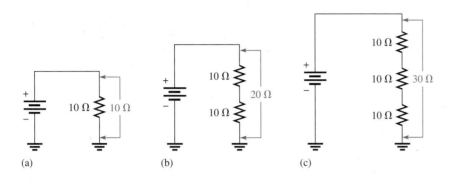

(a)   (b)   (c)

그림 4–7

합성저항은 추가되는 직렬 저항에 비례하여 증가한다. 접지 기호는 2-6절에서 사용했던 것으로 사용한다

직렬저항 공식

여러 저항이 직렬로 연결되면 합성저항은 각 저항값의 합으로 된다.

$$R_T = R_1 + R_2 + R_3 + \cdots + R_n \tag{4-1}$$

여기서 R_T = 합성저항

R_n = 직렬로 연결된 마지막 저항

(n은 직렬 저항의 수를 의미하며, 양의 정수값을 가진다)

예를 들어, 만약 4개의 저항이 직렬로 연결되면($n = 4$), 합성저항 공식은 다음과 같다.

$$R_T = R_1 + R_2 + R_3 + R_4$$

만약 6개의 저항이 직렬로 연결되면($n = 6$), 합성저항 공식은 다음과 같다.

$$R_T = R_1 + R_2 + R_3 + R_4 + R_5 + R_6$$

직렬 저항의 합성저항을 계산하는 방법을 알아보기 위해 그림 4-8의 회로에서 R_T를 구해보자. 여기서 V_S는 전원전압이다. 이 회로에는 5개의 저항이 직렬로 연결되어 있다. 합성저항을 구하기 위해서는 각 저항값을 더하기만 하면 된다.

$$R_T = 56\ \Omega + 100\ \Omega + 27\ \Omega + 10\ \Omega + 47\ \Omega = 240\ \Omega$$

그림 4-8에서 저항의 순서에 상관 없이 더하면 된다. 또한 실제 회로에서 각 저항의 위치를 변경하더라도 합성저항이나 전류값에는 아무런 영향이 없다.

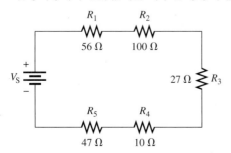

그림 4–8

5개의 저항을 직렬로 연결한 예. V_S는 전원전압을 의미한다

예제 4–3

그림 4-9의 직렬 저항회로를 인쇄회로기판(PCB) 위에 꾸미고 합성저항 R_T를 구하시오.

그림 4–9

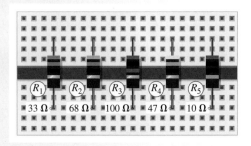

해 그림 4-10과 같이 저항들을 연결하면, 합성저항은 모든 저항의 값을 더하여 구할 수 있다.

$$R_T = R_1 + R_2 + R_3 + R_4 + R_5 = 33\,\Omega + 68\,\Omega + 100\,\Omega + 47\,\Omega + 10\,\Omega = \textbf{258}\,\boldsymbol{\Omega}$$

그림 4–10

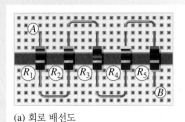

(a) 회로 배선도

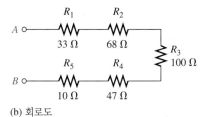

(b) 회로도

관련 문제 그림 4-10(a)의 직렬 저항회로에서 R_2와 R_4의 위치를 서로 바꾸고 합성저항을 구하시오.

예제 4–4

그림 4–11에서 각 회로의 합성저항 R_T를 계산하시오.

그림 4–11

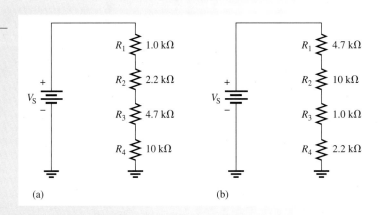

(a)　　　　(b)

해 회로 (a)는

$$R_T = 1.0\,\text{k}\Omega + 2.2\,\text{k}\Omega + 4.7\,\text{k}\Omega + 10\,\text{k}\Omega = \textbf{17.9 k}\boldsymbol{\Omega}$$

회로 (b)는

$$R_T = 4.7\,\text{k}\Omega + 10\,\text{k}\Omega + 1.0\,\text{k}\Omega + 2.2\,\text{k}\Omega = \textbf{17.9 k}\boldsymbol{\Omega}$$

합성저항은 각 저항의 위치가 서로 바뀌더라도 영향을 받지 않는다. 두 회로의 합성저항은 동일하다.

관련 문제 다음의 저항들을 직렬로 연결하여 합성저항을 구하시오.

1.0 kΩ, 2.2 kΩ, 3.3 kΩ, 5.6 kΩ

예제 4-5

그림 4-12의 회로에서 R_4의 값을 구하시오.

그림 4-12

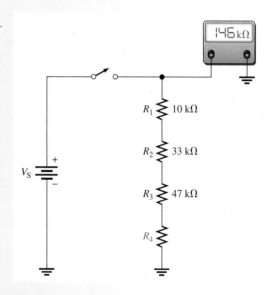

해 저항계로 측정한 결과는 $R_T = 146$ kΩ이다. 총 합성저항은 다음과 같다.

$$R_T = R_1 + R_2 + R_3 + R_4$$

이 식에서 R_4에 대해 정리하면 다음과 같다.

$$R_4 = R_T - (R_1 + R_2 + R_3) = 146 \text{ kΩ} - (10 \text{ kΩ} + 33 \text{ kΩ} + 47 \text{ kΩ}) = \textbf{56 kΩ}$$

관련 문제 저항계의 측정값이 112 kΩ이었다면 그림 4-12에서 R_4의 값은 얼마가 되겠는가?

같은 크기의 직렬 저항

같은 값을 갖고 있는 저항 여러 개를 직렬로 연결하였을 경우, 간단하게 합성저항을 구할 수 있는 방법이 있다. 이 경우에는 간단하게 직렬로 연결된 동일한 값의 저항 개수에 저항값을 곱하면 된다. 이 방법은 근본적으로 동일한 저항을 모두 더한 것과 같다. 예를 들어 100 Ω 저항 5개를 직렬로 연결하면 합성저항 R_T는 500 Ω이 된다. 이에 대한 공식을 표현하면 다음과 같다.

$$R_T = nR \qquad\qquad (4\text{-}2)$$

여기서 n = 동일한 크기의 저항 개수

   R = 저항값

예제 4-6

22 Ω의 저항 8개를 직렬로 연결하여 합성저항 R_T를 구하시오.

해 저항값을 모두 더함으로써 R_T를 구할 수 있다.

$$R_T = 22\,\Omega + 22\,\Omega + 22\,\Omega + 22\,\Omega + 22\,\Omega + 22\,\Omega + 22\,\Omega + 22\,\Omega = \mathbf{176\,\Omega}$$

그렇지만 저항값에 개수를 곱하면 보다 쉽게 합성저항을 구할 수 있다..

$$R_T = 8(22\,\Omega) = \mathbf{176\,\Omega}$$

관련 문제 1.0 kΩ 저항 3개와 680 Ω 저항 2개를 직렬로 연결하여 합성저항 R_T를 구하시오.

4-2 복습문제

1. 그림 4-13에서 각 회로에 대해 점 A와 점 B 사이의 합성저항 R_T를 구하시오.
2. 다음의 저항을 직렬로 연결하여 합성저항 R_T를 구하시오.

   100 Ω 1개, 47 Ω 2개, 12 Ω 4개, 330 Ω 1개

3. 다음의 저항이 있다 : 1.0 Ω, 2.7 Ω, 3.3 Ω, 1.8 Ω. 여기서 합성저항이 10 kΩ이 되기 위해서는 하나의 저항이 더 필요하다. 필요한 저항의 값을 구하시오.
4. 47 Ω 저항 12개를 직렬로 연결하면 합성저항 R_T는 얼마가 되는가?

그림 4-13

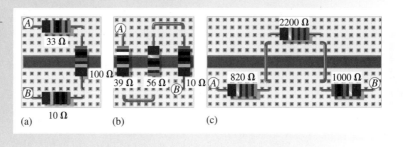

(a)　(b)　(c)

4-3 직렬 회로에서의 전류

직렬 회로에 흐르는 전류의 양은 어느 점이든 동일하다. 다시 말해 직렬 회로에서 각 저항에 흐르는 전류의 양은 다른 저항에 흐르는 전류와 동일하다.

절의 학습내용

▶ **직렬 회로에 흐르는 전류를 구한다.**

　▶ 직렬 회로의 모든 점에 흐르는 전류의 양이 같음을 설명한다.

　　그림 4-14에는 직류 전압원과 세 개의 저항이 직렬로 연결되어 있다. 이 회로의 어느 점에서나 유입되는 전류는 유출되는 전류의 양과 같다. 각 저항으로 유입되는 전류는 각 저항에 유출되는 전류와 같음에 유의하자. 이는 전류가 이 경로를 벗어나 다른 곳으로 갈 수 있는 경로가 없기 때문이다. 그래서 회로의 각 부분에서의 전류는 모두 동일하다. 전류의 경로는 오직 전원의 음극에서 양극으로 흐른다. 그림 4-15에서 전지는 직렬 저항에 1 A의 전류를 공급한다. 전지의 음의 단자에서 나오는 전류는 1 A이다. 직렬 회로의 어느 점에서 전류를 측정해도 1 A의 전류가 측정된다.

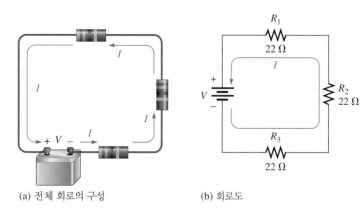

그림 4–14

직렬 회로에서 임의의 점에서 유입되는 전류의 양은 유출되는 전류의 양과 같다

(a) 전체 회로의 구성   (b) 회로도

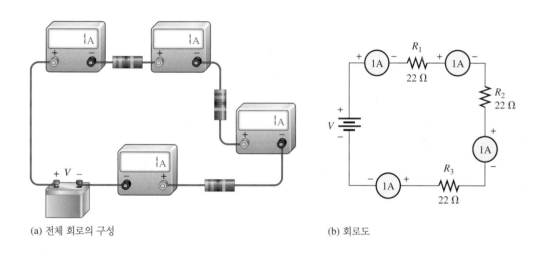

(a) 전체 회로의 구성   (b) 회로도

그림 4–15

직렬 회로에서 모든 점에 흐르는 전류의 양은 동일하다

4–3 복습문제

1. 직렬 회로에서 각 점에서의 전류의 양을 설명하시오.
2. 저항 10 Ω 1개, 4.7 Ω 1개가 직렬로 연결되어 있다. 10 Ω 저항에 2 A의 전류가 흐른다면 4.7 Ω 저항에 흐르는 전류는 얼마인가?
3. 그림 4-16에서 점 A와 점 B 사이에 전류계를 연결하여 전류를 측정한 결과, 눈금이 50 mA였다. 만약 전류계를 점 C와 점 D 사이에 연결하였다면 전류계의 눈금은 얼마를 가리키겠는가? 점 E와 점 F 사이의 경우는 어떠한가?
4. 그림 4-17에서 전류계 1과 전류계 2가 가리키는 전류는 얼마나 되겠는가?

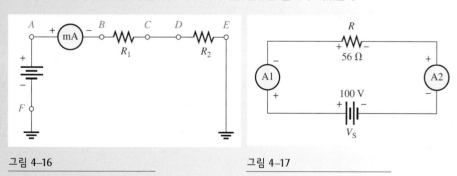

그림 4–16   그림 4–17

4-4 옴의 법칙

옴의 법칙은 직렬 회로의 기본 개념을 이해하고 분석하는 데 적용될 수 있다.

절의 학습내용

▶ **직렬 회로에 옴의 법칙을 적용한다.**

    ▶ 직렬 회로에서 전류를 구한다.

    ▶ 직렬 회로에서 각 저항에 걸리는 전압을 구한다.

직렬 회로를 해석할 때 다음의 내용을 유의하도록 한다.

1. 직렬 회로에서 총 전류는 각 저항에 흐르는 전류와 동일하다.

2. 직렬 회로에서 합성저항과 전체 전압을 알고 있으면, 옴의 법칙에 적용하여 총 전류를 구할 수 있다.

$$I_T = \frac{V_T}{R_T}$$

3. 직렬 회로에서 R_x 양단의 전압 강하를 알고 있다면 옴의 법칙에 근거하여 전체 전류를 구할 수 있다.

$$I_T = \frac{V_x}{R_x}$$

4. 직렬 회로에서 전체 전류를 알고 있다면 각 저항에 걸리는 전압 강하를 구할 수 있다.

$$V_x = I_T R_x$$

5. 저항 양단에 걸리는 전압 강하의 방향은 전압원의 양의 단자에 가깝게 연결된 저항의 단자가 양극이 된다.

6. 저항을 통해 흐르는 전류의 방향은 저항의 음의 단자에서 양의 단자로의 방향으로 정의되어진다.

7. 직렬 회로에서의 개방은 전류의 흐름을 막는다. 따라서 각 직렬 저항 양단의 전압은 0이다. 총 전압은 개방된 점 사이에서 나타난다.

예제 4-7	그림 4-18의 직렬 회로에 흐르는 전류를 구하시오.

그림 4-18

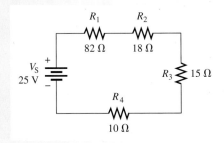

해 전류는 전원전압과 합성저항을 이용하여 구한다. 우선 합성저항을 구한다.

$$R_T = R_1 + R_2 + R_3 + R_4 = 82\ \Omega + 18\ \Omega + 15\ \Omega + 10\ \Omega = 125\ \Omega$$

다음은 합성저항과 전원전압을 옴의 법칙에 적용하여 전류를 계산한다.

$$I = \frac{V_S}{R_T} = \frac{25\ V}{125\ \Omega} = 0.2\ A = \textbf{200 mA}$$

직렬 회로에서 모든 점을 통하여 흐르는 전류의 양은 동일하다. 따라서 각 저항에 흐르는 전류는 200 mA이다.

관련 문제 그림 4-18의 회로에서 R_4가 100 Ω으로 바뀐다면 전류는 얼마가 되는가?

 CD-ROM에서 Multisim E04-07 파일을 열고, 멀티미터를 연결하여 계산되어진 전류의 값을 확인하라. 관련 문제에서처럼 R_4의 값을 100 Ω으로 바꾸고, 측정된 전류값이 계산된 값과 일치하는지 확인하라.

예제 4-8 그림 4-19의 회로에서 전류는 1 mA이다. 전류의 값이 1 mA가 되기 위해서는 전원전압 V_S의 값은 얼마가 되어야 하는가?

그림 4-19

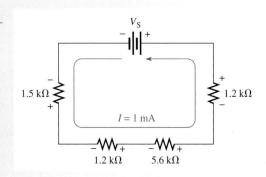

해 전원전압 V_S를 구하기 위해서 우선 합성저항 R_T를 구하면, 다음과 같다.

$$R_T = 1.2\ k\Omega + 5.6\ k\Omega + 1.2\ k\Omega + 1.5\ k\Omega = 9.5\ k\Omega$$

옴의 법칙을 사용하여 전원전압 V_S를 구하면, 다음과 같다.

$$V_S = IR_T = (1\ mA)(9.5\ k\Omega) = \textbf{9.5 V}$$

관련 문제 그림 4-19에서 5.6 kΩ 저항을 3.9 kΩ으로 바꾼다고 가정하면, 전류가 1 mA로 유지되기 위해 공급되는 전압 V_S는 얼마가 되어야 하는가?

 CD-ROM에서 Multisim E04-08 파일을 열어라. 그림 4-19에서 계산되어진 전원전압이 얼마의 전류를 흘리는지를 검증하고, 관련 문제에서 구해진 전원전압 V_S를 검증하라.

예제 4-9 그림 4-20에서 각 저항에서의 전압 강하를 계산하고, 전원전압 V_S를 구한다. 회로에 흐르는 전류가 최대 5 mA가 된다면 전원전압은 얼마나 증가하는가?

그림 4–20

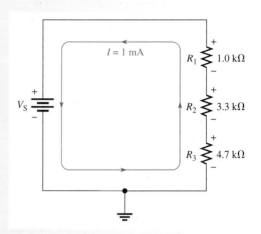

해 옴의 법칙에 의하면 회로의 각 저항의 전압 강하는 저항에 흐르는 전류와 각 저항값을 곱한 것과 같다. 옴의 법칙 $V = IR$ 공식을 사용하여 각 저항에서의 전압 강하를 구할 수 있다. 여기서 직렬 회로에서 각 저항에 흐르는 전류는 동일하다는 것을 상기하라.

R_1 양단의 전압 강하는

$$V_1 = IR_1 = (1 \text{ mA})(1.0 \text{ k}\Omega) = \mathbf{1 \text{ V}}$$

R_2 양단의 전압 강하는

$$V_2 = IR_2 = (1 \text{ mA})(3.3 \text{ k}\Omega) = \mathbf{3.3 \text{ V}}$$

R_3 양단의 전압 강하는

$$V_3 = IR_3 = (1 \text{ mA})(4.7 \text{ k}\Omega) = \mathbf{4.7 \text{ V}}$$

전원전압 V_S를 구하려면, 우선 합성저항을 구한다.

$$R_T = 1.0 \text{ k}\Omega + 3.3 \text{ k}\Omega + 4.7 \text{ k}\Omega = 9 \text{ k}\Omega$$

전원전압 V_S는 합성저항과 전류를 곱한 것과 같다.

$$V_S = IR_T = (1 \text{ mA})(9 \text{ k}\Omega) = \mathbf{9 \text{ V}}$$

각 저항의 전압 강하를 모두 더하면 9 V가 되며, 이 값은 전원전압과 동일하다.
$I = 5$ mA가 되면 전원전압 V_S는 증가된다. 이 때 V_S를 구하면 다음과 같다.

$$V_{S(max)} = IR_T = (5 \text{ mA})(9 \text{ k}\Omega) = \mathbf{45 \text{ V}}$$

관련 문제 그림 4-20에서 전류 I를 1 mA로 유지하고, $R_3 = 2.2$ kΩ으로 바꾼 뒤 V_1, V_2, V_3, V_S를 계산하시오.

 CD-ROM에서 Multisim E04-09 파일을 열고, 멀티미터를 사용하여 계산한 값과 측정한 값이 일치하는지 확인하라.

예제 4–10

어떤 저항에는 저항값을 나타내는 색띠 부호를 사용하지 않고 저항 표면에 그 값이 표기되어 있는 경우가 있다. 그림 4-21의 회로기판을 조립할 때, 실수로 저항값이 적힌 부분을 아래로 장착하여 조립하였고, 저항값에 대한 별다른 문서도 존재하지 않는다. 저항을

그림 4-21

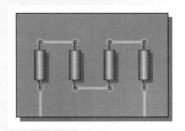

기판에서 떼어내지 않고 옴의 법칙을 이용하여 각각의 저항값을 구하시오. 단, 전압계, 전류계와 전원은 사용할 수 있지만, 저항계는 사용할 수 없다.

해 저항들이 모두 직렬로 연결되어 있으므로, 각 저항에 흐르는 전류는 모두 동일하다. 그림 4-22처럼 전류계를 12 V의 전원과 직렬로 연결하여 전류를 측정한다. 그리고 각 저항 양단의 전압 강하를 측정한다. 우선 전압계로 R_1의 양단 전압을 측정하고, 다른 세 저항도 반복하여 측정한다. 일례로, 그림의 회로기판의 저항 근처에 표기해 준 값이 측정된 전압값이라 가정한다.

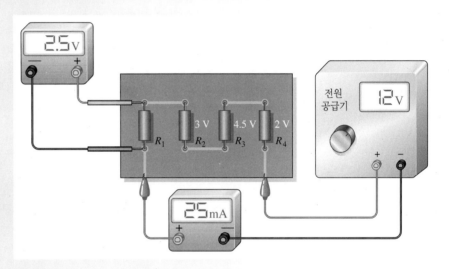

그림 4-22
각각의 저항 양단의 전압은 저항 근처에 적혀져 있다

측정된 전압과 전류값을 옴의 법칙에 대입하여 각 저항의 저항값을 구한다.

$$R_1 = \frac{V_1}{I} = \frac{2.5 \text{ V}}{25 \text{ mA}} = \mathbf{100\ \Omega}$$

$$R_2 = \frac{V_2}{I} = \frac{3 \text{ V}}{25 \text{ mA}} = \mathbf{120\ \Omega}$$

$$R_3 = \frac{V_3}{I} = \frac{4.5 \text{ V}}{25 \text{ mA}} = \mathbf{180\ \Omega}$$

$$R_4 = \frac{V_4}{I} = \frac{2 \text{ V}}{25 \text{ mA}} = \mathbf{80\ \Omega}$$

관련 문제 R_2가 개방되어 있다면, 각 저항 양단의 전압은 몇 V로 측정되겠는가?

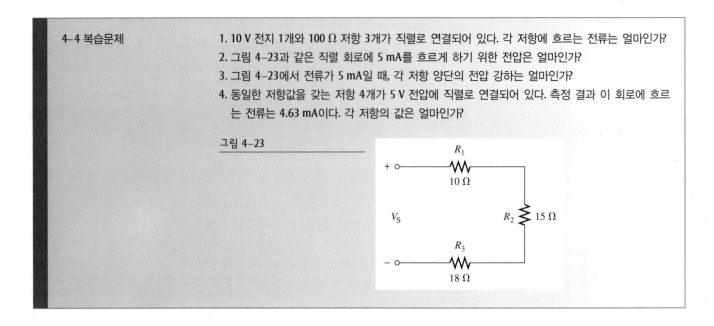

4-4 복습문제

1. 10 V 전지 1개와 100 Ω 저항 3개가 직렬로 연결되어 있다. 각 저항에 흐르는 전류는 얼마인가?

2. 그림 4-23과 같은 직렬 회로에 5 mA를 흐르게 하기 위한 전압은 얼마인가?

3. 그림 4-23에서 전류가 5 mA일 때, 각 저항 양단의 전압 강하는 얼마인가?

4. 동일한 저항값을 갖는 저항 4개가 5 V 전압에 직렬로 연결되어 있다. 측정 결과 이 회로에 흐르는 전류는 4.63 mA이다. 각 저항의 값은 얼마인가?

그림 4-23

4-5 전압원의 직렬 연결

전압원은 부하에 일정한 전압을 공급하는 에너지원임을 상기하자. 실제의 DC 전압원은 전지와 전원 공급기 등을 들 수 있다. 두 개 혹은 그 이상의 전압원을 직렬로 연결했을 때 총 전압은 각 전압원의 대수적 합과 같다.

절의 학습내용

▶ **직렬 연결된 전압원의 전체적인 효과를 구한다.**

   ▶ 동일한 극성으로 직렬 연결된 전압원의 총 전압을 구한다.

   ▶ 반대 극성으로 직렬 연결된 전압원의 총 전압을 구한다.

손전등에 전지를 넣을 때, 그림 4-24처럼 더 큰 전압을 공급하기 위해 **순방향 직렬연결 (series-aiding)** 구조로 연결된다. 예를 들어 1.5 V 전지 세 개를 직렬로 연결하면 총 전압 $V_{S(tot)}$는 다음과 같이 된다.

$$V_{S(tot)} = V_{S1} + V_{S2} + V_{S3} = 1.5 \text{ V} + 1.5 \text{ V} + 1.5 \text{ V} = 4.5 \text{ V}$$

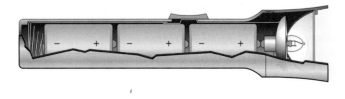

(a) 전지를 직렬로 연결한 손전등

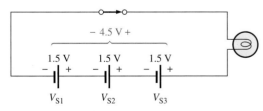

(b) 손전등 회로의 회로도

그림 4-24

전압원의 순방향 직렬연결 구조

전압원의 극성이 동일한 방향으로 연결되어 있을 때에는 직렬 전압원은 모두 더해 주고 (series-aiding), 극성이 반대 방향으로 연결되어 있을 때(**역방향 직렬연결, series-opposing**)에는 전압원은 빼준다. 예를 들어 그림 4-25의 회로도와 같이 손전등의 전지 중 하나가 반대일 경우에 그만큼의 전압을 빼준다. 이는 반대되는 전압이 음(−)의 값을 가지며, 총 전압을 감소시키기 때문이다.

$$V_{S(tot)} = V_{S1} - V_{S2} + V_{S3} = 1.5\ V - 1.5\ V + 1.5\ V = 1.5\ V$$

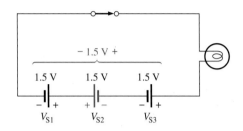

그림 4–25

전지를 반대 방향으로 연결했을 때, 총 전압에서 그 전압만큼 빼준다

예제 4-11

그림 4-26의 총 전압원(V_S)은 얼마인가?

그림 4–26

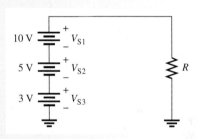

해 각 전원의 극성이 같다(회로에서 각 전원이 모두 같은 방향으로 연결되어 있다). 총 전압은 3개의 전압을 더하여 구한다.

$$V_{S(tot)} = V_{S1} + V_{S2} + V_{S3} = 10\ V + 5\ V + 3\ V = \mathbf{18\ V}$$

그림 4-27에서와 같이 위 3개의 전원은 18 V의 등가전원 하나로 대체할 수 있다.

그림 4–27

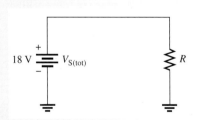

관련 문제 만약 그림 4-26에서 V_{S3}가 반대 방향으로 연결되어 있다면 총 전압은 얼마인가?

 CD-ROM에서 Multisim E04-11 파일을 열고, 총 전원전압을 검증한 후 관련 문제에 대해서도 반복하라.

예제 4–12

그림 4-28에서 $V_{S(tot)}$는 얼마인가?

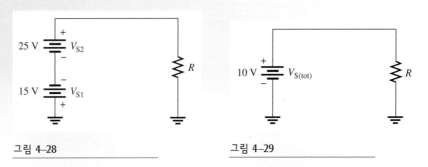

그림 4–28   그림 4–29

해   이들 전원은 극성이 서로 다르게 연결되어 있다. 회로를 시계 방향으로 돌면서 생각하면, V_{S1}의 (+)를 먼저 거쳐 (−)로 나오고, V_{S2}의 (−)를 거쳐 (+)로 나온다. 총 전압은 두 전원 전압의 차가 된다(서로 다른 부호를 가진 전압의 대수적인 합). 총 전압은 큰 값을 갖는 전압의 극성과 같다. 여기서 V_{S2}는 양(+)의 값이 된다.

$$V_{S(tot)} = V_{S2} - V_{S1} = 25\ V - 15\ V = \textbf{10 V}$$

그림 4-28에서 2개의 전원은 그림 4-29의 10 V 등가전원 하나로 대체될 수 있다.

관련 문제   그림 4-28에서 8 V의 전원이 V_{S1}과 같은 극성으로 추가로 직렬 연결된다면 $V_{S(tot)}$는 얼마인가?

4–5 복습문제

1. 60 V를 공급하기 위해서는 12 V 전지 몇 개를 직렬로 연결하여야 하는가? 전지의 연결을 나타내는 회로도를 그리시오.
2. 손전등에 1.5 V 전지 4개를 (+)에서 (−)로 직렬 연결하였다. 전지의 총 전압을 구하시오.
3. 그림 4-30의 저항회로는 트랜지스터 증폭기를 바이어스하기 위해 사용된다. 두 저항 양단에 30 V의 전압을 인가하기 위해 15 V의 전원 공급기 2개를 어떻게 연결하면 되는지 설명하시오.
4. 그림 4-31의 각 회로에서 총 전원전압을 구하시오.
5. 그림 4-31의 각 회로에 대해 하나의 등가전압원을 그리시오.

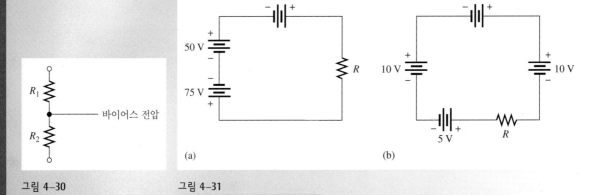

그림 4–30   그림 4–31

4-6 키르히호프의 전압 법칙

키르히호프의 전압 법칙은 기본 회로 해석 법칙으로 '폐회로의 모든 전압의 대수적인 합은 0이다', 즉 '전압 강하의 합은 전원전압의 합과 같다' 라는 의미를 가지고 있다.

절의 학습내용

▶ **키르히호프의 전압 법칙을 적용한다.**

　▶ 키르히호프의 전압 법칙을 설명한다.

　▶ 전압 강하의 합으로 전원전압을 구한다.

　▶ 각 부하의 전압 강하를 구한다.

전자회로에서 저항 양단의 전압(전압 강하)의 극성은 전원전압의 극성과 반대 방향을 가진다. 다시 말해 그림 4-32의 회로를 시계 방향으로 따라가 보면 전원전압의 극성은 (+)에서 (−)로, 각 저항의 전압 강하의 극성은 (−)에서 (+)로 향하고 있는 것을 볼 수 있다.

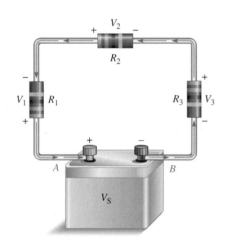

그림 4-32

폐회로에서의 전압 극성의 예

그림 4-32에서 화살표가 가리키는 것처럼 전류는 전원의 음극에서 나와 저항을 거쳐 흐른다. 전류는 저항의 음극으로 유입되고 양극으로 유출된다. 3장에서 이미 공부했듯이, 전자들이 저항을 통해 흐르면, 전자는 에너지를 잃고, 에너지 준위가 더욱 낮아진다. 에너지가 낮은 쪽은 에너지가 높은 쪽보다 더욱더 음의 성질을 띠게 된다. 저항에서의 에너지 준위의 강하는 전류의 방향에 대해 (−)에서 (+)로의 전위차 또는 전압 강하를 생성한다.

그림 4-32의 회로에서 점 A에서 점 B의 전압은 공급전압 V_S를 의미한다. 또한 점 A에서 점 B의 전압은 직렬 저항의 전압 강하의 합과 같다. 그러므로 전원전압은 세 개의 전압 강하의 합과 같다. 이를 **키르히호프의 전압 법칙(Kirchhoff's voltage law)**이라고 한다.

하나의 폐회로 내에서 모든 전압 강하의 합은 전원전압의 총합과 같다.

키르히호프의 전압 법칙의 개념은 그림 4-33에서의 식 (4-3)으로 표현된다.

$$V_S = V_1 + V_2 + V_3 + \cdots + V_n \tag{4-3}$$

여기서 n = 전압 강하의 수

그림 4–33

n개의 전압 강하의 합은 전원전압과 같다

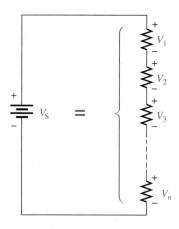

만약 폐회로 내에서 각 전압 강하의 합을 전원전압에서 뺀다면 그 결과는 0이다. 이것은 전압 강하의 합은 항상 전원전압과 같기 때문이다.

하나의 폐회로 내의 모든 전압(전원전압과 전압 강하)의 대수합은 0이다.

따라서, 키르히호프의 전압 법칙을 다음과 같이 다르게 표현할 수도 있다.

$$V_S - V_1 - V_2 - V_3 - \cdots - V_n = 0 \tag{4-4}$$

그림 4-34와 같이 회로를 구성하여 각 저항과 공급전압을 측정함으로써 키르히호프의 전압 법칙을 확인할 수 있다. 저항의 전압을 더하면, 그 합은 공급되는 전원과 같다. 저항의 수는 무관하다.

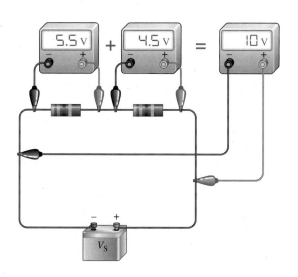

그림 4–34

키르히호프의 전압 법칙의 증명 예

예제 4–13

2개의 전압 강하를 가진 그림 4-35의 회로에서 전원전압 V_S를 구하시오.

그림 4–35

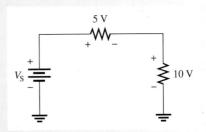

해 키르히호프의 전압 법칙[식 (4-3)]에 의하여 전원전압(인가 전압)은 전압 강하의 합과 같아야 한다. 즉, 전압 강하의 합으로 전원전압을 구할 수 있다.

$$V_S = 5 \text{ V} + 10 \text{ V} = \textbf{15 V}$$

관련 문제 그림 4-35에서 V_S가 30 V로 증가되면, 2개의 전압 강하는 얼마인가?

 CD-ROM에서 Multisim E04-13 파일을 열어라. 전압 강하가 전원전압과 같음을 확인하고, 관련 문제에 대해서도 반복하라.

예제 4–14

그림 4-36에서 미지의 전압 강하(V_3)를 구하시오.

그림 4–36

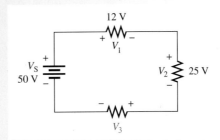

해 키르히호프의 전압 법칙[식 (4-4)]에 의하여, 회로 내의 모든 전압의 대수적인 합은 0이다(전압 강하의 부호는 전원전압의 부호와 반대이다).

$$V_S - V_1 - V_2 - V_3 = 0$$

V_3를 제외한 각 전압 강하의 값은 알고 있으므로 이것들을 수식에 대입한다.

$$50 \text{ V} - 12 \text{ V} - 25 \text{ V} - V_3 = 0 \text{ V}$$

다음으로, 알고 있는 값을 하나로 묶고, 13 V를 우변으로 옮긴 후 (−) 부호를 없앤다.

$$13 \text{ V} - V_3 = 0 \text{ V}$$

$$-V_3 = -13 \text{ V}$$

$$V_3 = \textbf{13 V}$$

R_3 양단의 전압 강하(V_3)는 13 V이고, 이의 극성은 그림 4-36에 나타낸 것과 같다.

관련 문제 그림 4-36에서 전원전압을 25 V로 바꾸면 V_3는 얼마인가?

  CD-ROM에서 Multisim E04-14 파일을 열어라. V_3가 없어지는 값과 일치하는지 확인하고, 관련 문제에 대해서도 반복하라.

예제 4–15 그림 4-37에서 저항 R_4의 값을 구하시오.

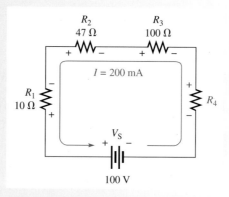

그림 4–37

해 이 문제에서는 옴의 법칙과 키르히호프의 전압 법칙을 사용한다. 우선 값을 알고 있는 각 저항의 전압 강하를 옴의 법칙을 이용하여 구한다.

$$V_1 = IR_1 = (200 \text{ mA})(10 \text{ }\Omega) = 2 \text{ V}$$
$$V_2 = IR_2 = (200 \text{ mA})(47 \text{ }\Omega) = 9.4 \text{ V}$$
$$V_3 = IR_3 = (200 \text{ mA})(100 \text{ }\Omega) = 20 \text{ V}$$

다음으로 키르히호프의 전압 법칙을 사용하여 미지의 저항 양단에 걸리는 전압 강하 V_4를 구한다.

$$V_S - V_1 - V_2 - V_3 - V_4 = 0 \text{ V}$$
$$100 \text{ V} - 2 \text{ V} - 9.4 \text{ V} - 20 \text{ V} - V_4 = 0 \text{ V}$$
$$68.6 \text{ V} - V_4 = 0 \text{ V}$$
$$V_4 = 68.6 \text{ V}$$

이제 V_4를 알았으므로, 옴의 법칙을 이용하여 R_4를 계산한다.

$$R_4 = \frac{V_4}{I} = \frac{68.6 \text{ V}}{200 \text{ mA}} = \textbf{343 }\boldsymbol{\Omega}$$

R_4는 표준 저항값 330 Ω과 가장 비슷한데, 343 Ω은 330 Ω의 표준 허용오차($+5\%$) 내에 들어가기 때문이다.

관련 문제 그림 4-37에서 $V_S = 150$ V이고, $I = 200$ mA일 때 R_4를 구하시오.

  CD-ROM에서 Multisim E04-15 파일을 열어라. 그림 4–37에서 계산된 R_4의 값이 전류를 생성하는지 확인하고, 관련 문제에 대해서도 반복하라.

| 4-6 복습문제 | 1. 키르히호프의 전압 법칙을 2가지로 설명하시오. |

	2. 50 V의 전원이 직렬 저항회로에 연결되어 있다. 이 회로에서 전압 강하의 합은 얼마인가?
	3. 10 V 전지의 양단에 크기가 동일한 저항 2개를 직렬로 연결하였다. 각 저항 양단의 전압 강하는 얼마인가?
	4. 25 V 전원과 3개의 저항이 직렬로 연결되어 있다. 저항 중에 2개의 전압 강하는 5 V, 10 V이다. 나머지 하나의 전압 강하는 얼마인가?
	5. 직렬 회로의 각 부하의 전압 강하가 다음과 같다 : 1 V, 3 V, 5 V, 7 V, 8 V. 이 직렬 회로의 총 전압은 얼마인가?

4-7 전압 분배기

직렬 회로는 전압 분배기의 역할을 하며, 전압 분배기는 직렬 회로에서 매우 중요한 의미를 가진다.

절의 학습내용

▶ **직렬 회로를 전압 분배기로 사용한다.**

  ▶ 전압 분배기 공식을 적용한다.

  ▶ 가변 저항기를 사용하여 조절이 가능한 전압 분배기를 만든다.

  ▶ 전압 분배기 회로의 다양한 응용에 대해 설명한다.

전원전압과 연결된 직렬 저항회로는 **전압 분배기(voltage divider)**로 동작한다. 그림 4-38(a)는 두 개의 저항이 직렬로 연결된 회로이다. 회로에서 각 저항 양단의 전압 강하를 V_1, V_2라 한다. 여기서 회로에 흐르는 전류는 동일하므로 각 전압 강하는 저항값에 비례한다. 예를 들어 R_2가 R_1의 두 배라고 한다면, 전압 강하 V_2는 V_1의 두 배가 된다.

즉, 직렬로 연결된 저항들의 전압 강하의 크기는 각 저항값에 비례한다. 이러한 것은 옴의 법칙 $V = IR$ 공식에 적용하면 쉽게 알 수 있으며, 이는 저항값이 가장 작은 저항의 전압 강하의 크기는 가장 작고, 저항값이 가장 큰 저항의 전압 강하의 크기는 가장 크다고 할 수 있다. 예를 들어 그림 4-38(b)에서 전원전압 V_S는 10 V, R_1은 50 Ω, R_2는 100 Ω이라면, V_1은 R_1

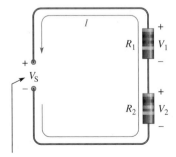

전압원은 이 두 단자에 연결된다.
여기서 극성 기호는 전지 기호를 의미한다.

(a)

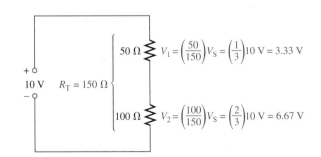

(b)

그림 4-38

저항 2개로 구성된 전압 분배기의 예

이 합성저항 150 Ω의 1/3인 50 Ω이기 때문에 전원전압의 1/3인 3.33 V가 된다. 같은 이유로 V_2는 전원전압의 2/3인 6.67 V가 된다.

전압 분배기 공식

직렬 저항회로에서의 전압 분배기 공식은 몇 단계의 계산을 거쳐 공식화할 수 있다. 그림 4-39처럼 n개의 저항이 직렬로 연결된 회로가 있다. 저항의 개수는 몇 개이든지 관계 없다.

그림 4-39

n개의 저항을 갖는 일반적인 전압 분배기

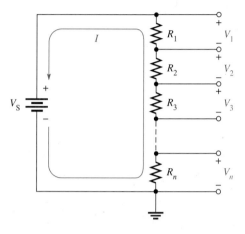

여기서 각 저항 양단의 전압 강하를 V_x라 하고, 특정 번호의 저항을 R_x라 하자. 옴의 법칙에 의하여 R_x의 전압 강하는 다음과 같이 표현된다.

$$V_x = I R_x$$

회로에 흐르는 전류는 전원전압을 합성저항으로 나누어 주면 된다($I = V_S/R_T$). 그림 4-39의 회로에서, 합성저항은 $R_1 + R_2 + R_3 + \cdots + R_n$이 된다. 여기서 전류 I를 V_S/R_T로 대치하여 V_x를 다시 표현하면, 다음과 같다.

$$V_x = \left(\frac{V_S}{R_T} \right) R_x$$

저항과 전압의 항을 재정리하면 다음과 같다.

$$V_x = \left(\frac{R_x}{R_T} \right) V_S \tag{4-5}$$

식 (4-5)는 일반적인 전압 분배기 공식으로, 이는 다음과 같이 설명할 수 있다.

직렬 회로에서 어느 특정 저항에서의 전압 강하는 합성저항에 대한 특정 저항의 비에 전원전압을 곱한 것과 같다.

예제 4-16

그림 4-40의 회로에서 V_1(R_1 양단 전압), V_2(R_2 양단 전압)를 구하시오.

그림 4-40

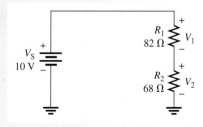

해 V_1을 구하기 위해 $x = 1$일 때 전압 분배기 공식 $V_x = (R_x/R_T)V_S$를 사용한다.

$$R_T = R_1 + R_2 = 82\ \Omega + 68\ \Omega = 150\ \Omega$$

R_1은 82 Ω, V_S는 10 V이다. 이들 값을 전압 분배기 공식에 대입하면 다음과 같다.

$$V_1 = \left(\frac{R_1}{R_T}\right)V_S = \left(\frac{82\ \Omega}{150\ \Omega}\right)10\ V = \mathbf{5.47\ V}$$

V_2를 구하는 방법에는 키르히호프의 전압 법칙과 전압 분배기 공식을 이용하는 2가지 방법이 있다. 키르히호프의 전압 법칙을 이용하여($V_S = V_1 + V_2$), V_S와 V_1을 대입하면 다음과 같이 V_2를 구할 수 있다.

$$V_2 = V_S - V_1 = 10\ V - 5.47\ V = \mathbf{4.53\ V}$$

V_2를 구하는 두 번째 방법은 $x = 2$일 때 전압 분배기 공식을 이용하는 것이다.

$$V_2 = \left(\frac{R_2}{R_T}\right)V_S = \left(\frac{68\ \Omega}{150\ \Omega}\right)10\ V = \mathbf{4.53\ V}$$

관련 문제 그림 4-40에서 R_2를 180 Ω으로 바꾸고, R_1, R_2의 전압 강하를 구하시오.

 CD-ROM에서 Multisim E04-16 파일을 열어라. V_1과 V_2의 계산된 값을 확인하기 위해 멀티미터를 사용하고, 관련 문제에 대해서도 반복하라.

예제 4–17

그림 4-41의 회로에서 각 저항에서의 전압 강하를 구하시오.

그림 4-41

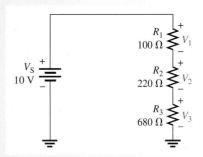

회로를 살펴본 후 다음 사항들을 고려해 보자. 합성저항은 1000 Ω이다. R_1이 총 저항의 10%(100 Ω은 1000 Ω의 10%)이므로 총 전압의 10%가 R_1 양단에 걸린다. 마찬가지로 R_2가 합성저항의 22%(220 Ω은 1000 Ω의 22%)이므로 총 전압의 22%가 R_2 양단에 걸린다. 마지막으로 R_3는 합성저항의 68%(680 Ω은 1000 Ω의 68%)이므로, 총 전압의 68%가 R_3 양단에 걸린다.

문제의 값들이 계산하기 편리한 수로 되어 있어서 암산으로도 쉽게 전압을 구할 수 있다($V_1 = 0.10 \times 10\ V = 1\ V$, $V_2 = 0.22 \times 10\ V = 2.2\ V$, $V_3 = 0.68 \times 10\ V = 6.8\ V$). 항상 이렇지는 않지만 잠시만 생각해 보면 계산과정을 줄이면서 효과적으로 결과를 얻을 수 있다. 이 문제 역시 쉽게 결과를 짐작할 수 있어서 계산 오류로 나온 엉뚱한 결과를 쉽게 파악할 수 있을 것이다.

수식으로 이 문제를 계산하면, 다음과 같다.

$$V_1 = \left(\frac{R_1}{R_T}\right)V_S = \left(\frac{100\ \Omega}{1000\ \Omega}\right)10\ \mathrm{V} = \mathbf{1\ V}$$

$$V_2 = \left(\frac{R_2}{R_T}\right)V_S = \left(\frac{220\ \Omega}{1000\ \Omega}\right)10\ \mathrm{V} = \mathbf{2.2\ V}$$

$$V_3 = \left(\frac{R_3}{R_T}\right)V_S = \left(\frac{680\ \Omega}{1000\ \Omega}\right)10\ \mathrm{V} = \mathbf{6.8\ V}$$

키르히호프의 전압 법칙에서 말했듯이 전압 강하의 합은 전원전압과 같음에 유의하라. 이 방법도 결과를 검증하는 좋은 방법이 될 것이다.

관련 문제 그림 4-41에서 R_1, R_2를 680 Ω으로 바꾼다면 각 저항의 전압 강하는 얼마인가?

 CD-ROM에서 Multisim E04-17 파일을 열고, V_1, V_2와 V_3의 값을 확인한 후 관련 문제에 대해서도 반복하라.

예제 4–18

그림 4-42의 회로에서 다음의 점들 사이의 전압을 구하시오.

(a) A와 B **(b)** A와 C **(c)** B와 C **(d)** B와 D **(e)** C와 D

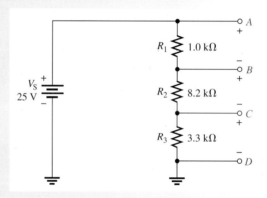

그림 4–42

해 우선 합성저항 R_T를 구한다.

$$R_T = 1.0\ \mathrm{k\Omega} + 8.2\ \mathrm{k\Omega} + 3.3\ \mathrm{k\Omega} = 12.5\ \mathrm{k\Omega}$$

이제 각 전압을 구하기 위해 전압 분배기 공식을 적용한다.

(a) A와 B 사이의 전압은 R_1 양단의 전압 강하이다.

$$V_{AB} = \left(\frac{R_1}{R_T}\right)V_S = \left(\frac{1.0\ \mathrm{k\Omega}}{12.5\ \mathrm{k\Omega}}\right)25\ \mathrm{V} = \mathbf{2\ V}$$

(b) A와 C 사이의 전압은 R_1과 R_2의 전압 강하를 더한 것과 같다. 이 경우 R_x는 식 (4-5)와 같이 $R_1 + R_2$가 된다.

$$V_{AC} = \left(\frac{R_1 + R_2}{R_T}\right)V_S = \left(\frac{9.2\ \mathrm{k\Omega}}{12.5\ \mathrm{k\Omega}}\right)25\ \mathrm{V} = \mathbf{18.4\ V}$$

(c) B와 C 사이의 전압은 R_2 양단의 전압 강하이다.

$$V_{BC} = \left(\frac{R_2}{R_T}\right)V_S = \left(\frac{8.2\,k\Omega}{12.5\,k\Omega}\right)25\,V = \textbf{16.4 V}$$

(d) B와 D 사이의 전압은 R_2와 R_3의 전압 강하를 더한 것과 같다. 이 경우 R_x는 식 (4-5)와 같이 $R_2 + R_3$가 된다.

$$V_{BD} = \left(\frac{R_2 + R_3}{R_T}\right)V_S = \left(\frac{11.5\,k\Omega}{12.5\,k\Omega}\right)25\,V = \textbf{23 V}$$

(e) C와 D 사이의 전압은 R_3 양단의 전압 강하이다.

$$V_{CD} = \left(\frac{R_3}{R_T}\right)V_S = \left(\frac{3.3\,k\Omega}{12.5\,k\Omega}\right)25\,V = \textbf{6.6 V}$$

전압 분배기 회로에서, 공식에 의해 계산된 각 전압값은 각 구간에 전압계를 연결하여 검증할 수 있다.

관련 문제 V_S가 2배가 되었을 때, 위의 문제를 반복하시오.

CD-ROM에서 Multisim E04-18 파일을 열고, V_{AB}, V_{AC}, V_{BC}, V_{BD}와 V_{CD}의 값을 확인한 후 관련 문제에 대해서도 반복하라.

조절이 가능한 전압 분배기로서의 전위차계

2장에서 설명하였듯이, 전위차계(가변 저항기)는 세 개의 단자를 가진 가변 저항기이다. 그림 4-43처럼 전압원에 전위차계를 연결한다. 전위차계를 보면 양끝 단자는 1번과 2번으로 표기되어 있고, 조절이 가능한 단자는 3번으로 표기되어 있다. 전위차계는 전압 분배기로서 동작하는데 그림 4-43(c)와 같이 1번, 3번 단자 사이의 저항(R_{13})과 3번, 2번 단자 사이의 저항(R_{32})으로 나누어 설명할 수 있다. 전위차계는 수동으로 두 개의 저항을 조정하는 것과 동일하다.

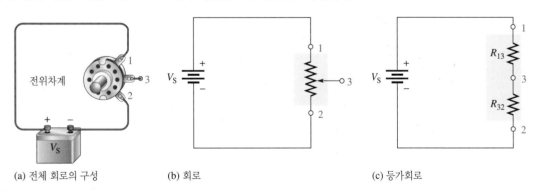

(a) 전체 회로의 구성 (b) 회로 (c) 등가회로

그림 4-43

전압 분배기로 사용되는 전위차계

그림 4-44는 3번 단자를 이동할 때, 어떠한 현상이 일어나는지 보여준다. 그림 4-44(a)에서 3번 단자가 정중앙에 위치했을 경우 두 저항값은 같다. 3번과 2번 양단의 전압을 측정해 보면 전원전압의 1/2인 것을 확인할 수 있다. 그림 4-44(b)에서는 정중앙에 있던 3번 단자를 1번 쪽으로 이동시키면 3번, 2번 단자 사이의 저항값이 증가하고, 이 때 전압 강하도 이에 비례하여 증가한다. 그림 4-44(c)에서는 정중앙에 있던 3번 단자를 2번 쪽으로 이동시키면 3번, 2번 단자 사이의 저항값이 감소하고, 이 때 전압 강하도 이에 비례하여 감소하게 된다.

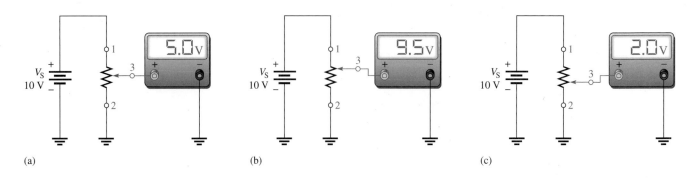

그림 4-44

전압 분배기의 조정

전압 분배기 응용

일반적으로 전위차계를 이용한 전압 분배기는 라디오 수신단의 볼륨 조절기로 많이 사용된다. 음향의 크기는 분배된 전압에 따라 다르기 때문에 전위차계를 조절함으로써 볼륨을 크게 하거나 작게 할 수 있다. 이는 볼륨 조절기를 회전시키는 것과 같다. 그림 4-45는 일반적인 라디오 수신기의 볼륨 조절을 위한 전위차계 사용법을 보여준다.

그림 4-45

라디오 수신기에서 볼륨 조절에 사용되는 전압 분배기

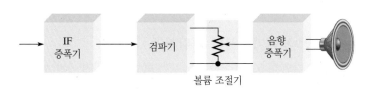

전압 분배기의 또 다른 응용 예로서, 그림 4-46은 저장 탱크의 레벨 센서로 사용되는 전위차계 전압 분배기를 보여준다. 그림 4-46(a)를 보면, 탱크 내에 연료가 가득 차있으면 플로트

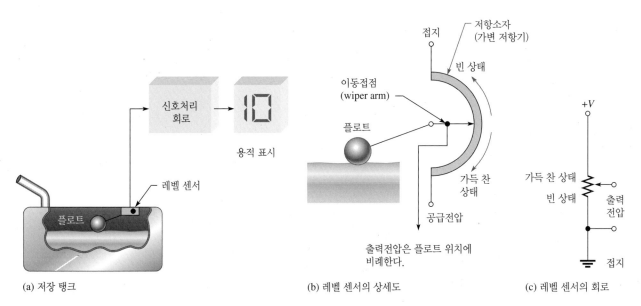

(a) 저장 탱크 (b) 레벨 센서의 상세도 (c) 레벨 센서의 회로

그림 4-46

레벨 센서로 사용되는 전위차계 전압 분배기

는 위로 상승하게 되고, 연료가 비워지면 플로트는 밑으로 가라앉는다. 그림 4-46(b)에서와 같이, 플로트는 기구적으로 전위차계의 조정단자와 연결되어 있다. 결과적으로 센서의 출력전압은 플로트의 위치에 따라 비례하여 변화한다. 탱크 내의 연료가 감소하게 되면, 센서의 출력전압 또한 감소하게 된다. 출력전압은 계기판에 전달되어 탱크 내 연료의 양을 디지털값으로 표시한다. 그림 4-46(c)는 레벨 센서의 회로도를 보여준다.

전압 분배기의 또 다른 응용 예는 그림 4-47에 나타낸 것처럼 트랜지스터 증폭기의 직류 구동전압(바이어스)을 설정하는 것이다. 트랜지스터 증폭기와 바이어스에 대한 내용은 나중에 배우게 될 것이다. 여기에서는 전압 분배기의 기본 개념만 이해하도록 한다.

이상의 예들은 전압 분배기의 수많은 응용 사례 중 세 가지에 불과하다.

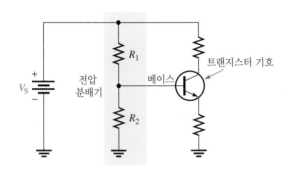

그림 4–47

트랜지스터 증폭기에서 바이어스 회로로 사용되는 전압 분배기

4-7 복습문제

1. 전압 분배기란 무엇인가?
2. 직렬 전압 분배기 회로에는 몇 개의 저항이 있을 수 있는가?
3. 일반적인 전압 분배기 공식을 서술하시오.
4. 만약 동일한 저항 2개를 전원전압 20 V에 연결했다면 각 저항의 전압 강하는 얼마인가?
5. 56 kΩ 저항과 82 kΩ 저항이 전원전압 100 V와 연결되어 있는 전압 분배기 회로가 있다. 이 회로를 그리고, 각 저항의 전압 강하를 구하시오.
6. 그림 4-48의 회로는 조절이 가능한 전압 분배기이다. 여기서 전위차계가 선형적이라면, 단자 A 와 단자 B 사이에서 5 V, 단자 B와 단자 C 사이에서 5 V를 얻기 위해서는 단자 B를 어디에 위치시켜야 하는가?

그림 4–48

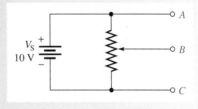

4–8 직렬 회로에서의 전력

직렬 회로에서, 각 저항에서 소비되는 전력을 대수적으로 더하면 총 전력이 된다.

절의 학습내용

▶ **직렬 회로에서 전력을 구한다.**

  ▶ 전력 공식을 적용한다.

직렬 저항회로에서 총 전력량은 직렬 연결된 각 저항에서 소비되는 전력의 총합과 같다.

$$P_T = P_1 + P_2 + P_3 + \cdots + P_n \tag{4-6}$$

여기서 P_T = 총 전력

P_n = 직렬 연결된 마지막 저항의 전력

(n은 직렬 연결된 저항의 수이며, 정수)

3장에서 배운 전력 공식을 직렬 회로에 적용해 보자. 직렬 저항회로에는 동일한 전류가 흐르고 있기 때문에 다음과 같은 공식을 이용하여 총 전력을 계산할 수 있다.

$$P_T = V_S I$$
$$P_T = I^2 R_T$$
$$P_T = \frac{V_s^2}{R_T}$$

여기서 I = 회로에 흐르는 전류

V_S = 전원전압

R_T = 합성저항

예제 4–19

그림 4-49의 직렬 회로에서 총 전력을 구하시오.

그림 4–49

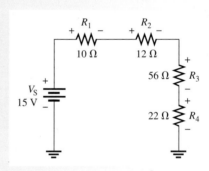

해 전원전압은 15 V이고, 합성저항은 다음과 같다.

$$R_T = 10\,\Omega + 12\,\Omega + 56\,\Omega + 22\,\Omega = 100\,\Omega$$

V_S와 R_T를 알고 있으므로 공식 $P_T = V_S^2/R_T$를 이용한다.

$$P_T = \frac{V_S^2}{R_T} = \frac{(15\,\text{V})^2}{100\,\Omega} = \frac{225\,\text{V}^2}{100\,\Omega} = 2.25\,\text{W}$$

각 저항의 전력을 구하고 이 전력들을 더하여도 같은 결과를 얻을 수 있을 것이다. 이 방법으로 전력을 구하기 위해 먼저 전류를 다음과 같이 구한다.

$$I = \frac{V_S}{R_T} = \frac{15\,\text{V}}{100\,\Omega} = 150\,\text{mA}$$

다음으로 공식 $P = I^2 R$을 이용하여 각 저항의 전력을 계산하면 다음과 같다.

$$P_1 = (150\,\text{mA})^2 (10\,\Omega) = 225\,\text{mW}$$
$$P_2 = (150\,\text{mA})^2 (12\,\Omega) = 270\,\text{mW}$$
$$P_3 = (150\,\text{mA})^2 (56\,\Omega) = 1.26\,\text{W}$$
$$P_4 = (150\,\text{mA})^2 (22\,\Omega) = 495\,\text{mW}$$

이들 값을 더하여 총 전력을 구한다.

$$P_T = 225\ mW + 270\ mW + 1.260\ W + 495\ mW = \textbf{2.25 W}$$

이러한 결과는 각 전력들의 합이 공식 $P_T = V_S^2/R_T$로 구해진 총 전력과 같음을 의미한다.

관련 문제 그림 4-49의 회로에서 V_S가 30 V로 증가하였다면 총 전력은 얼마인가?

4–8 복습문제	1. 직렬 회로에서 각 저항의 전력을 알고 있을 때, 총 전력을 구하는 방법은 무엇인가?
	2. 직렬 회로에서 각 저항의 전력이 다음과 같다 : 1 W, 2 W, 5 W, 8 W. 회로에서 총 전력은 얼마인가?
	3. 100 Ω, 330 Ω과 680 Ω의 저항으로 구성된 직렬 회로가 있다. 회로에 1 mA의 전류가 흐르고 있다면 총 전력은 얼마인가?

4–9 전압 측정법

전압은 상대적이다. 다시 말해 회로에서 한 점의 전압은 다른 점을 기준으로 측정된 것이다. 예를 들어 회로에서 + 100 V라고 말하는 것은 그 점이 다른 기준점과 비교하여 100 V 높다는 의미이다. 회로에서 이 기준점을 보통 접지 또는 공통 접지라고 한다.

절의 학습내용

▶ **접지를 기준으로 전압을 측정한다.**

  ▶ 회로에서 접지를 이해하고 결정한다.

  ▶ 기준 접지를 정의한다.

2장에서 접지의 개념을 소개하였다. 대부분의 전자장비에서는 그림 4-50에 나타낸 바와 같이 PCB 위에 넓은 도체 영역이나 조립되어진 금속 섀시를 기준점으로 사용하고, 이를 **기준 접지(reference ground)** 또는 **공통(common)**이라고 부른다.

그림 4-51에서 나타낸 바와 같이 기준 접지는 회로의 모든 점들에 대해 0[V]의 전위를 가지므로, 이것이 바로 기준점이 될 수 있다는 것을 의미한다. 그림 4-51(a)는 전원의 음극이 접지로 되어 있으며 각 점의 전압은 접지에 대해 양의 값을 나타낸다. 그림 4-51(b)는 전원의 양극이 접지로 되어 있으며, 각 점의 전압은 접지에 대해 음의 값을 나타낸다.

접지를 기준으로 한 전압의 측정

회로의 기준 접지에 대하여 전압을 측정할 때 측정기의 한 단자는 접지에 연결하고 다른 단자는 전압을 측정하고자 하는 점에 연결한다. 그림 4-52와 같이 음극이 접지된 회로에서는, 측정기의 음의 단자를 기준 접지에 연결하고, 측정기의 양의 단자는 측정할 점에 연결한다. 측정기는 기준 접지에 대한 점 A의 전압을 표시한다.

그림 4-53과 같이 양극의 접지된 회로에서는, 아날로그 측정기의 양의 단자를 기준 접지에 연결하고, 음의 단자를 측정할 점에 연결한다. 측정기는 기준 접지에 대한 점 A의 전압을 표시한다.

그림 4–50

회로에서 접지의 간단한 예

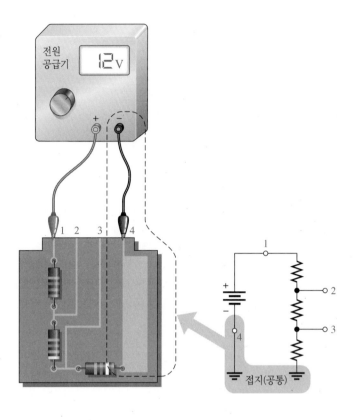

그림 4–51

음의 접지와 양의 접지의 예. 여러 접지 기호는 실제로 동일한 점으로 묘사되므로 선으로 연결된 것으로 생각할 수 있다

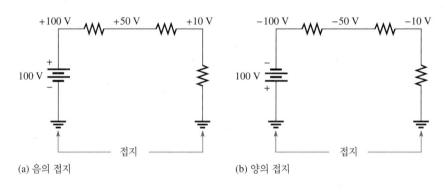

(a) 음의 접지   (b) 양의 접지

그림 4–52

음의 접지에 대한 전압 측정방법

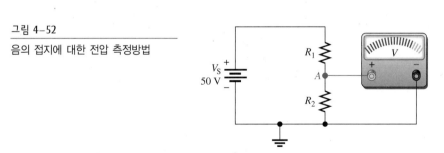

디지털 측정기를 사용하여 전압을 측정할 때에는 접지에 상관 없이 연결할 수 있다. 이는 디지털 측정기가 양(+)과 음(−)의 전압 모두를 표시할 수 있기 때문이다.

회로의 여러 점에서 전압을 측정하여야 할 경우, 측정기의 접지단자를 회로의 접지에 고정시키고, 다른 쪽 단자로 측정점들을 옮겨가며 전압을 측정한다. 이 방법을 그림 4-54에 나타내었으며, 그림 4-55는 등가회로를 보여준다.

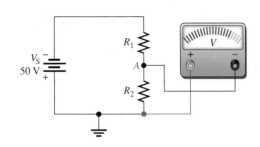

그림 4–53

양의 접지에 대한 전압 측정방법

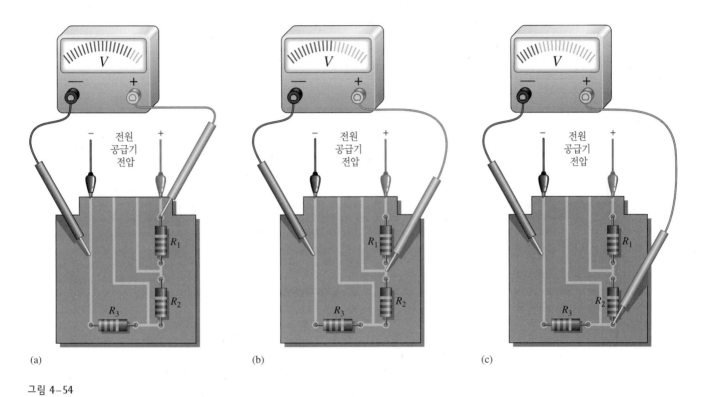

(a)   (b)   (c)

그림 4–54

접지에 대해 회로의 여러 점에서 전압을 측정하는 방법

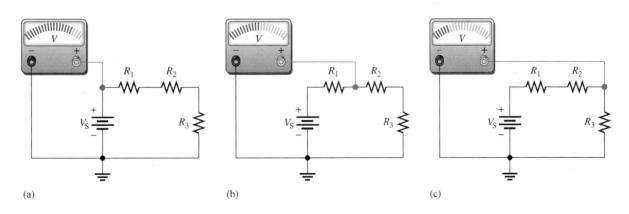

(a)   (b)   (c)

그림 4–55

그림 4-54의 등가회로

접지되지 않은 저항의 전압 측정

저항의 어느 쪽 단자도 접지와 연결되어 있지 않더라도 그림 4-56에 제시한 것과 같이 저항 양단의 전압을 측정할 수 있다.

또한 그림 4-57에 나타낸 것과 같이, 다른 측정방법을 이용하여 측정할 수도 있다. 저항(R_2)의 두 단자의 전압을 접지에 대해 측정한다. 측정된 두 전압의 차가 저항의 전압 강하가 된다.

$$V_{R2} = V_{AB} = V_A - V_B$$

그림 4-56

저항 양단에서 직접 전압을 측정하는 방법

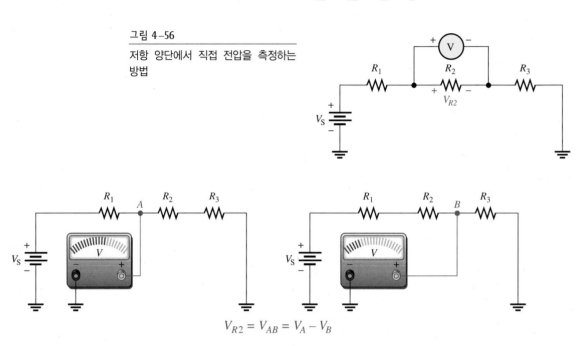

$$V_{R2} = V_{AB} = V_A - V_B$$

그림 4-57

접지에 대해 저항 양단의 전압을 각각 측정하여 저항 양단의 전압을 구하는 방법

예제 4-20

그림 4-58의 각 회로에서 기준 접지에 대하여 표시된 점들의 전압을 구하시오. 4개의 저항값이 같으므로 각 저항에 강하되는 전압은 25 V가 된다.

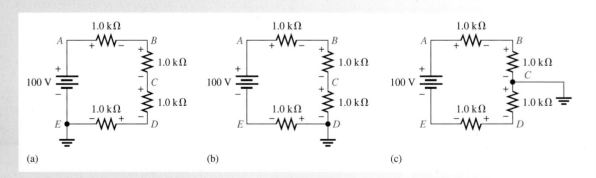

(a) (b) (c)

그림 4-58

해 그림 4-58(a)에는 전압의 극성이 나타나 있다. 점 E는 접지이다. 첨자는 접지에 대한 각 점의 전압을 나타내며, 각 전압은 다음과 같다.

$$V_E = \mathbf{0\ V},\ V_D = \mathbf{+25\ V},\ V_C = \mathbf{+50\ V},\ V_B = \mathbf{+75\ V},\ V_A = \mathbf{+100\ V}$$

그림 4-58(b)에는 전압의 극성이 나타나 있다. 점 D는 접지이다. 기준 접지에 대한 각 점의 전압은 다음과 같다.

$$V_E = \mathbf{-25\ V},\ V_D = \mathbf{0\ V},\ V_C = \mathbf{+25\ V},\ V_B = \mathbf{+50\ V},\ V_A = \mathbf{+75\ V}$$

그림 4-58(c)에는 전압의 극성이 나타나 있다. 점 C는 접지이다. 기준 접지에 대한 각 점의 전압은 다음과 같다.

$$V_E = \mathbf{-50\ V},\ V_D = \mathbf{-25\ V},\ V_C = \mathbf{0\ V},\ V_B = \mathbf{+25\ V},\ V_A = \mathbf{+50\ V}$$

관련 문제 그림 4-58(a)에서 접지를 점 A로 옮겼다면, 접지에 대한 각 점의 전압은 얼마인가?

 CD-ROM에서 Multisim E04-20 파일을 열어라. 각 회로에 대해 접지에 대한 각 점의 전압을 확인하고, 관련 문제에 대해서도 반복하라.

4–9 복습문제

1. 회로의 기준이 되는 점을 무엇이라고 하는가?
2. 회로에서 전압은 일반적으로 접지를 기준으로 한다. (참 또는 거짓)
3. 하우징이나 새시는 기준 접지로 사용될 수 있다. (참 또는 거짓)

4–10 고장진단

모든 회로에서의 고장은 소자 또는 접점의 개방과 도체 사이의 단락이다. 소자의 개방은 저항값이 무한대임을 의미하며, 소자의 단락은 저항값이 0임을 의미한다.

절의 학습내용

▶ **직렬 회로의 고장을 진단한다.**

   ▶ 회로가 개방되었는지 검사한다.

   ▶ 회로가 단락되었는지 검사한다.

   ▶ 회로의 개방 또는 단락의 주된 원인을 파악한다.

개방회로

직렬 회로에서 가장 많이 발생하는 고장은 회로의 **개방(open)**이다. 예를 들어 그림 4-59와 같이 저항이나 전구가 타버리면 전류의 경로가 끊어지고 회로가 개방된다.

직렬 회로에서 회로가 개방되면 전류는 흐르지 않게 된다.

개방회로의 고장진단 3장에서 고장진단을 위한 회로 분석, 계획, 측정(APM)에 대한 접근방법을 소개하였다. 여기서 반분할법을 배웠으며, 저항계를 이용하는 방법을 예로 들었다. 이제 앞서 3장에서 배운 고장진단 내용을 토대로 저항 측정법 대신 전압 측정법을 사용하여 고장진단을 하는 방법을 학습하게 될 것이다. 이미 알고 있는 바와 같이, 전압 측정을 통해 회로를 고장진단하는 것은 회로를 개방할 필요가 없기 때문에 보다 손쉬운 방법이 될 것이다.

고장진단의 첫 번째 단계인 분석을 하기에 앞서, 회로기판을 육안으로 확인해 본다. 가끔 저

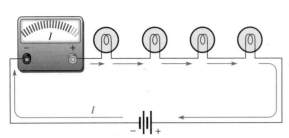

(a) 완전하게 구성된 직렬 회로에는 전류가 흐른다.

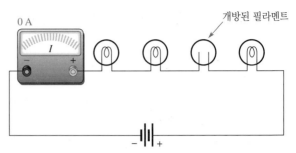

(b) 개방된 직렬 회로에는 전류가 흐르지 않는다.

그림 4-59

회로가 개방되었을 경우에는 전류가 흐르지 않는다

항소자가 타거나, 전구의 필라멘트가 끊어졌거나, 기판 위의 라인이 끊어졌는지 발견할 수 있다. 반면에 소자가 파손된 것을 육안으로 확인하기 어려운 경우가 있다. 육안 검사에서 문제가 발견되지 않을 경우, APM(analysis, planning, measurement)법으로 접근하며 검사한다.

직렬 회로에서 개방 상태가 되면, 전원전압 양단은 개방이 되며, 전류는 흐르지 않는다. 전류가 흐르지 않으면, 전류 I는 0을 의미하므로 각 저항의 전압 강하도 0이 된다. 그림 4-60에서와 같이 각 저항의 전압 강하가 0이므로 끊어진 부분의 전압 강하는 전원전압이 된다. 즉, 전원전압은 키르히호프의 전압 법칙에 따라 개방된 저항에 나타날 것이다.

$$V_S = V_1 + V_2 + V_3 + V_4 + V_5 + V_6$$
$$V_4 = V_S - V_1 - V_2 - V_3 - V_5 - V_6$$
$$= 10\,V - 0\,V - 0\,V - 0\,V - 0\,V - 0\,V$$
$$V_4 = V_S = 10\,V$$

그림 4-60

회로가 개방되면 개방저항 양단에 전원전압이 나타난다

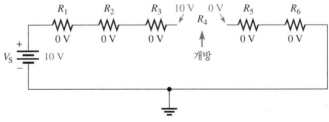

전압 측정법을 이용한 반분할법의 예 네 개의 저항이 직렬 연결된 회로를 생각해 보자. 하나의 저항이 개방되었다는 증상(전압은 있지만 전류는 없다)을 분석하고, 반분할법(half-splitting)으로 개방된 저항의 전압을 측정(measure)하기 위해 계획(planning)을 수립한다. 이 경우에 대해 측정과정을 그림 4-61에 상세하게 제시하였다.

1단계 : R_1과 R_2 양끝단의 전압을 측정한다. 측정 결과는 0 V이므로 이 두 저항은 개방되지 않았다.

2단계 : R_3와 R_4 양끝단의 전압을 측정한다. 측정 결과 10 V이므로 회로의 오른쪽 두 저항이 개방된 것이다. 따라서 R_3 또는 R_4가 고장을 일으킨 저항으로 판단된다(오결선은 없다고 가정).

3단계 : R_3 양단의 전압을 측정한다. 측정 결과 10 V이므로 R_3가 개방된 저항으로 확인된다. R_4의 양단을 측정한다면 0 V를 지시할 것이다. 이러한 결과를 볼 때, 왼쪽의 하나만 10 V를 나타내고 있기 때문에 R_3만이 고장을 일으켰다고 확인된다.

2 단계
10 V
1 단계
0 V
3 단계
10 V
R_1
R_2
R_3
R_4
+ 10 V −

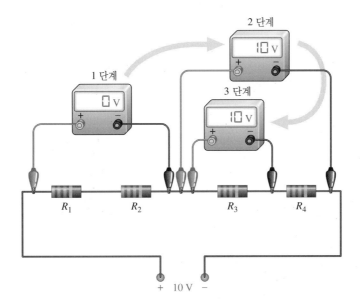

그림 4−61

반분할법으로 직렬 회로의 개방을 고장진단하는 과정

단락회로

단락회로는 부품 사이의 접촉, 땜납이나 도전이 될 만한 이물질의 접촉으로 인하여 발생한다. 특히 부품이 밀집되어 있는 부분에 발생될 가능성이 크다. 그림 4-62에서는 PCB상에서 발생할 수 있는 세 가지 단락의 원인을 보여준다.

회로에서 **단락(short)**이 발생하면, 직렬 저항의 일부분이 전류의 우회 경로(bypass, 모든 전류가 단락된 곳으로 흐른다)로 되어 그림 4-63에 설명한 것과 같이 합성저항이 줄어든다. 단락으로 인해 전류는 증가한다는 사실에 유의하라.

직렬 회로에서 단락이 발생하면 많은 전류가 흐르게 되는 원인이 된다.

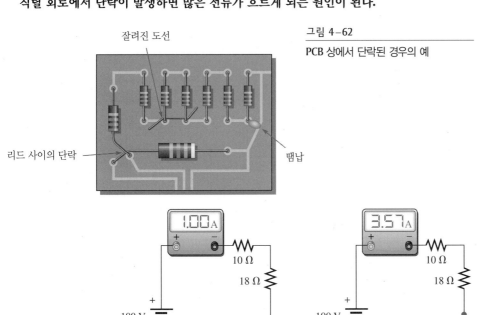

잘려진 도선
리드 사이의 단락
땜납

그림 4−62

PCB 상에서 단락된 경우의 예

1.00 A
10 Ω
18 Ω
100 V
33 Ω
39 Ω
$I = \frac{100\ V}{100\ \Omega} = 1\ A$
(a) 단락 전
3.57 A
10 Ω
18 Ω
100 V
단락
33 Ω
39 Ω
$I = \frac{100\ V}{28\ \Omega} = 3.57\ A$
(b) 단락 후

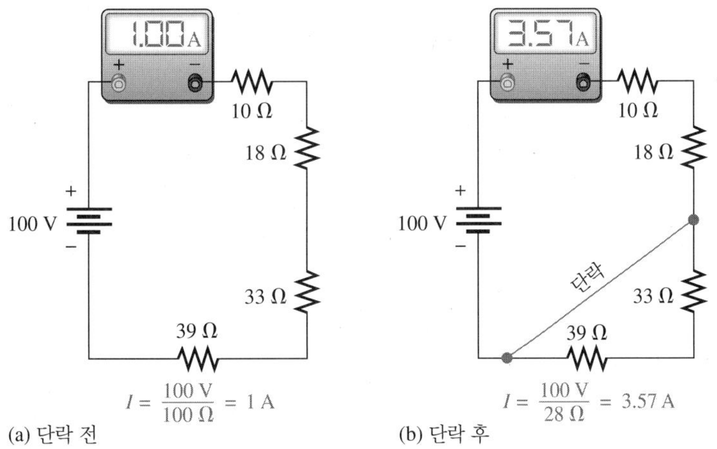

그림 4−63

직렬 회로에서 단락이 미치는 영향

단락회로의 고장진단 단락회로의 고장진단은 매우 까다롭다. 고장진단에 앞서 우선 육안으로 회로를 검사한다. 이미 설명한 것과 같이, 도선 간의 접촉, 땜납, 리드선 간의 접촉 등과 같은 원인으로 인해 단락되는 경우가 있기 때문에 육안으로 관측이 가능하고, 이는 쉽게 해결된다. 부품이 파손되어 회로가 단락이 되는 경우에는 회로에 많은 전류가 흐르게 되어 연결되어 있던 다른 부품을 과열시켜 파손시킨다. 결과적으로 개방과 단락이 모두 일어날 수 있는 것이다.

직렬 회로 내에서 단락이 발생하면 단락 부분에서의 전압 강하는 절대로 없다. 단락의 경우에 저항은 0이거나 간혹 0에 가까운 저항값을 나타낸다. 이를 저항성 단락이라 한다. 이 예의 목적상 저항이 0인 경우를 모두 단락이라 가정한다.

단락회로의 고장진단을 위해서 각 저항의 전압을 측정하여 0 V가 나오는 곳이 있는지 확인한다. 이는 반분할법을 사용하지 않고 간단히 접근할 수 있는 방법이다. 반분할법을 적용하여 고장진단을 할 경우에는 각 점에 대한 정확한 전압을 알아야 하고, 이를 측정된 전압과 비교하여야 한다. 예제 4-21을 통해 반분할법을 이용하여 단락회로의 고장진단을 하는 과정을 살펴보자.

예제 4–21

저항 4개가 직렬로 연결되어 있는 회로가 있다. 그런데 회로에 과전류가 흐르는 것으로 보아 회로단락 문제가 예상된다. 그림 4-64에는 회로가 정상적으로 동작할 경우에 각 점에서의 전압을 나타내고 있다. 이 전압은 전원의 음의 단자를 기준으로 했을 경우이다. 이를 토대로 회로에서 단락된 부분을 찾으시오.

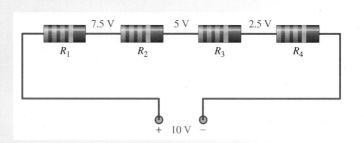

그림 4–64

직렬 회로의 각 점에 대한 전압(단락이 없는 경우)

해 반분할법을 이용하여 고장진단을 하는 과정은 다음과 같다.

1단계 : R_1과 R_2의 양단 전압을 측정한 결과 6.67 V이다. 이미 알고 있는 5 V에 비하여 더 높게 측정된 것이다. 단락의 경우에는 회로의 그 부분에서 걸리는 전압이 작게 나오기 때문에 정상치보다 낮게 관측되는 전압만을 살펴본다.

2단계 : R_3와 R_4의 양단 전압을 측정한 결과 3.33 V이다. 이미 알고 있는 5 V에 비하여 더 낮게 측정되는 것으로 보아 이 부분이 단락인 것을 알 수 있다. 즉, R_3와 R_4 중 하나가 단락된 것이다.

3단계 : 단락된 소자를 정확하게 알기 위해 R_3 양단 전압을 측정한다. 이 때의 판독 결과는 3.3 V이다. 이러한 결과로 미루어 볼 때, R_4 양단에 걸리는 전압은 0 V이므로 R_4가 단락되었다는 것을 확인할 수 있다. 그림 4-65는 측정방법을 보여준다.

그림 4-65

반분할법을 이용하여 직렬 회로의 단락을 고장진단하는 과정

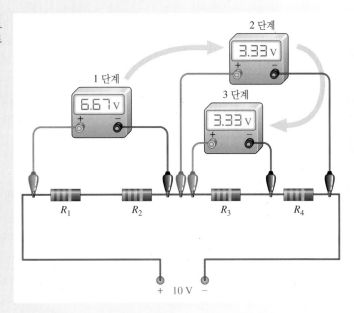

관련 문제   그림 4-65에서 R_1이 단락되었다고 가정하면, 고장진단의 첫 번째 단계는 무엇인가?

4-10 복습문제

1. 개방회로를 정의하시오.
2. 단락회로를 정의하시오.
3. 직렬 회로가 개방되면 어떤 현상이 발생하는가?
4. 실제 상황에서 개방회로가 되는 2가지 원인을 설명하시오. 단락회로가 되는 원인은 무엇인가?
5. 저항이 파손되면 주로 개방된 것이다. (참 또는 거짓)
6. 직렬 저항회로에 24 V의 총 전압이 인가되었다. 저항 중 하나가 개방된다면 이 저항 양단의 전압은 얼마인가? 양호한 다른 저항들의 전압은 얼마인가?
7. 그림 4-65의 1단계에서 측정된 전압이 왜 정상치보다 높은지 설명하시오.

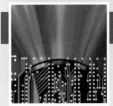

응용 과제

지식을 실무로 활용하기

이 과제에서는, 현장주임이 회로를 평가하고 필요하면 수리하라고 전압 분배기 회로를 독자에게 주었다고 가정하자. 독자는 6.5 Ah 정격을 가진 12 V의 전지로부터 5개의 서로 다른 전압을 얻을 수 있는 회로를 이용할 것이다. 전압 분배기는 AD 변환기를 포함하고 있는 전자회로에 양의 기준 전압을 공급한다. 독자가 수행하여야 하는 사항은 전지의 음의 방향에 대해 ±5%의 허용오차를 갖도록 다음 전압이 공급되는지 회로를 검사하는 것이다 : 10.4 V, 8.0 V, 7.3 V, 6.0 V,

2.7 V. 만약 이 회로가 명시된 전압을 공급하지 못한다면 독자는 회로가 명시된 전압을 공급할 수 있도록 회로를 변경하여야 할 것이다. 또한 독자는 저항의 정격전력이 응용에 적합한지 또는 전압 분배기에 연결된 전지를 오랫동안 사용할 수 있는지 등을 확인하여야 한다.

1단계 : 회로에 대한 회로도 그리기

그림 4-66을 이용하여 전압 분배기의 회로도를 그리고 저항값을 결정하라. 회로에 있는 모든 저항은 0.25 W의 정격을 갖는다.

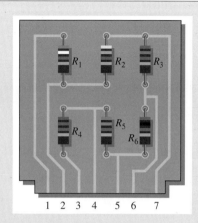

그림 4-66

2단계 : 전압 구하기

회로에서 3번 핀을 12 V 전지의 양의 단자, 핀 1번을 12 V 전지의 음의 단자에 연결했을 때, 기존 회로의 각 핀에 대한 전압을 구하라. 여기에서 구해진 출력전압을 다음 규격과 비교하라.

핀 1 : 12 V 전지의 음의 단자
핀 2 : 2.7 V ± 5%
핀 3 : 12 V 전지의 양의 단자
핀 4 : 10.4 V ± 5%
핀 5 : 8.0 V ± 5%
핀 6 : 7.3 V ± 5%
핀 7 : 6.0 V ± 5%

3단계 : 필요하다면 기존 회로를 수정하기

기존 회로의 출력전압이 2단계의 규격전압과 동일하지 않다면 규격전압에 만족될 수 있도록 회로를 수정하라. 저항값과 정격전력을 표시하여 수정된 회로도를 그려라.

4단계 : 전지의 수명 결정하기

전압 분배기 회로에 12 V 전지를 연결했을 때 전지로부터 나오는 총 전류를 구하고, 전지에서 나오는 전류가 6.5 Ah라고 한다면 전지는 며칠이나 사용할 수 있는지 구하라.

5단계 : 실험절차 구성하기

전압 분배기 회로의 동작 검증을 위한 실험절차 및 실험에 필요한 측정장비에 대해 서술하고 단계별로 상세하게 나타내어라.

6단계 : 회로 고장진단하기

회로에서 다음과 같은 고장내역에 대한 원인을 파악하라(각 전압은 전지의 음극, 즉 1번 핀에 대한 전압이다).
1. 회로의 어떤 핀에도 전압이 나타나지 않는다.
2. 3번 핀과 4번 핀에서 12 V, 그 외 핀에서는 0 V가 측정된다.
3. 1번 핀에서 0 V가 측정되고, 그 외 핀에서는 12 V가 측정된다.
4. 6번 핀에서 12 V, 7번 핀에서 0 V가 측정된다.
5. 2번 핀에서 3.3 V가 측정된다.

Multisim 해석

 1. Multisim을 이용하여 1단계에서 구한 회로를 연결하고, 2단계에서 구한 출력전압을 확인하라.

2. 6단계에서 구한 고장을 삽입하고, 전압 측정 결과를 확인하라.

복습문제

1. 전압 분배기 회로에 12 V 전지가 연결되면 소비되는 총 전력은 얼마인가?
2. 6 V 전지의 양극이 3번 핀에 연결되고, 음극이 1번 핀에 연결되었다. 전압 분배기 회로의 출력전압들은 얼마인가?
3. 전압 분배기가 양(+)의 기준 전압을 공급하기 위하여 전자회로에 연결될 때, 기판의 어느 핀을 전자회로의 접지와 연결하여야 하는가?

요 약

▶ 직렬 회로에서 합성저항은 모든 저항의 합과 같다.
▶ 직렬 회로에서 특정 두 점 사이의 합성저항은 이 두 점 사이에 직렬로 연결된 모든 저항의 합과 같다.
▶ 동일한 저항값의 저항이 직렬로 연결되어 있다면, 합성저항은 저항값에 저항의 수를 곱한 것과 같다.
▶ 직렬 회로에서 모든 점의 전류는 같다.

▶ 직렬 회로의 전압은 대수합으로 더한다.

▶ 키르히호프의 전압 법칙 : 각 전압 강하의 합은 총 전원전압과 같다.

▶ 키르히호프의 전압 법칙 : 폐회로 내의 모든 전압의 대수합은 0이다.

▶ 회로 내의 전압 강하는 전원전압과 항상 반대 극성을 가진다.

▶ 전류는 전원의 음극에서 유출되어 양극으로 유입된다.

▶ 전류는 각 저항의 음극으로 유입되어 양극에서 유출된다.

▶ 전압 분배기는 전원전압과 직렬 저항이 연결된 회로이다.

▶ 전압 분배라는 이름은 직렬로 연결된 저항회로에서 저항의 전압 강하는 합성저항에 대한 저항값의 비로 전압이 분배되는 것을 의미한다.

▶ 전위차계는 조절이 가능한 전압 분배기로 사용될 수 있다.

▶ 저항회로의 총 전력은 직렬 회로의 각 저항의 전력을 합한 것과 같다.

▶ 회로의 모든 전압은 접지를 기준으로 한다.

▶ 접지는 회로의 모든 점에 대하여 0 V의 전압을 가진다.

▶ 음의 접지란 전원의 음(−)극이 접지됨을 의미한다.

▶ 양의 접지란 전원의 양(+)극이 접지됨을 의미한다.

▶ 개방된 부분 양단의 전압은 항상 전원전압과 같게 된다.

▶ 단락된 부분 양단의 전압은 항상 0 V이다.

핵심 용어

이 장에서 제시된 핵심 용어는 책 끝부분의 용어집에 정의되어 있다.

개방(open) : 전류의 경로가 끊어진 회로

기준 접지(reference ground) : 인쇄회로기판에 넓은 영역의 금속 새시(도체) 부분을 공통 또는 기준 접지라고 한다.

단락(short) : 회로에서 전류가 흐르는 두 점 사이의 저항이 0 또는 매우 작은 상태

전압 분배기(voltage divider) : 직렬 저항으로 구성된 회로이며, 한 개 또는 그 이상의 전압 출력을 얻을 수 있다.

전원의 순방향 직렬연결(series-aiding) : 동일한 방향으로 극성을 갖는 2개 이상의 직렬 전원전압의 배열

전원의 역방향 직렬연결(series-opposing) : 반대 방향으로 극성을 갖는 2개 이상의 직렬 전원전압의 배열

키르히호프의 전압 법칙(Kirchhoff's voltage law) : '폐회로 내의 전압 강하의 합은 전원전압의 합과 같다.' 또는 '폐회로 내의 모든 전압(전압 강하 및 전원전압)의 대수합은 0이다.'

주요 공식

(4-1) $R_T = R_1 + R_2 + R_3 + \cdots + R_n$ n개의 직렬 저항의 합성저항

(4-2) $R_T = nR$ n개의 동일한 저항값을 가진 직렬 저항의 합성저항

(4-3) $V_S = V_1 + V_2 + V_3 + \cdots + V_n$ 키르히호프의 전압 법칙

(4-4) $V_S - V_1 - V_2 - V_3 - \cdots - V_n = 0$ 키르히호프의 전압 법칙

(4-5) $V_x = \left(\dfrac{R_x}{R_T} \right) V_S$ 전압 분배기 공식

자습문제

정답은 장의 끝부분에 있다.

1. 동일한 값의 저항 5개가 직렬로 연결되어 있다. 첫 번째 저항에 흐르는 전류가 2 mA일 때, 두 번째 저항에 흐르는 전류는 얼마가 되겠는가?

    (a) 2 mA   **(b)** 1 mA   **(c)** 4 mA   **(d)** 0.4 mA

2. 4개의 저항이 직렬로 연결되어 있을 때, 세 번째 저항을 통하여 나오는 전류를 측정하고 싶다면 전류계를 어느 위치에 설치하여야 하는가?

    (a) 세 번째와 네 번째 저항 사이   **(b)** 두 번째와 세 번째 저항 사이
    (c) 전원의 양의 단자   **(d)** 회로의 어느 점이든 상관 없다.

3. 2개의 저항을 직렬로 연결한 회로에 저항 1개를 직렬로 추가 연결한다면 회로의 합성저항은 얼마가 되겠는가?

    (a) 이전 값을 유지한다.   **(b)** 증가한다.
    (c) 감소한다.   **(d)** 1/3만큼 증가한다.

4. 4개의 저항이 직렬로 연결된 회로에서 저항 1개를 제거하면 회로에 흐르는 전류는 어떻게 되겠는가?

    (a) 제거된 저항에 흐르는 전류만큼 감소한다.   **(b)** 1/4만큼 감소한다.
    (c) 4배 증가한다.   **(d)** 증가한다.

5. 100 Ω, 220 Ω, 330 Ω의 저항으로 구성된 직렬 회로가 있다. 합성저항은 얼마인가?

    (a) 100 Ω보다 작다.   **(b)** 세 저항값의 평균이다.
    (c) 550 Ω   **(d)** 650 Ω

6. 68 Ω, 33 Ω, 100 Ω, 47 Ω의 직렬 저항에 9 V 전지를 연결하였다. 회로에 흐르는 전류의 크기는 얼마인가?

    (a) 36.3 mA   **(b)** 27.6 A   **(c)** 22.3 mA   **(d)** 363 mA

7. 손전등에 1.5 V 전지 4개를 넣다가 잘못하여 이 중 하나를 거꾸로 넣었다. 손전등의 빛은 어떻게 되는가?

    (a) 더 밝아진다.   **(b)** 어두워진다.   **(c)** 켜지지 않는다.   **(d)** 밝기가 똑같다.

8. 직렬 회로의 모든 전압 강하와 전원전압의 극성을 고려하여 더한다면 그 결과는 무엇과 같은가?

    (a) 전원전압   **(b)** 총 전압 강하
    (c) 0   **(d)** 전원전압과 모든 전압 강하의 합

9. 6개의 저항이 직렬로 연결되어 있다. 각 저항 양단에 5 V의 전압 강하가 발생하였다면 전원전압은 얼마인가?

    (a) 5 V   **(b)** 30 V   **(c)** 저항에 따라 다르다. **(d)** 전류에 따라 다르다.

10. 4.7 kΩ, 5.6 kΩ, 10 kΩ의 저항으로 구성된 직렬 회로가 있다. 각 저항에서 전압 강하가 가장 큰 저항은 어느 것인가?

    (a) 4.7 kΩ   **(b)** 5.6 kΩ   **(c)** 10 kΩ   **(d)** 알 수 없다.

11. 다음 보기의 직렬 회로 중 100 V의 전원과 연결될 때 가장 많은 전력이 소비되는 것은 어느 것인가?

    (a) 1개의 100 Ω   **(b)** 2개의 100 Ω   **(c)** 3개의 100 Ω   **(d)** 4개의 100 Ω

12. 어떤 회로의 총 전력이 1 W이다. 같은 크기의 5개 직렬 저항이 각각 소비하는 전력은 얼마인가?

    (a) 1 W   **(b)** 5 W   **(c)** 0.5 W   **(d)** 0.2 W

13. 직렬 저항회로에 전류계를 연결하고 전원을 켤 때 전류계에 0이 측정되었다. 고장원인은 무엇인가?

    (a) 도선의 끊어짐   **(b)** 저항의 단락   **(c)** 저항의 개방   **(d)** (a)와 (c)

14. 직렬 저항회로에 전류가 필요 이상 측정되었다. 고장원인은 무엇인가?

    (a) 개방회로   **(b)** 단락   **(c)** 작은 저항값   **(d)** (b)와 (c)

고장진단: 증상과 원인

이러한 연습문제의 목적은 고장진단에 필수적인 과정을 이해함으로써 회로의 이해를 돕는 것이다. 정답은 장의 끝부분에 있다.

그림 4-67을 참조하여 각각의 증상에 대한 원인을 규명하시오.

그림 4-67

전압계에 표시된 측정값은 정확하다고 가정한다.

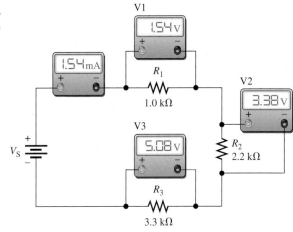

1. 증상 : 전류계 측정값이 0 A, 전압계 1과 전압계 3의 측정값은 0 V, 전압계 2의 측정값은 10 V이다.

   원인 :

   (a) R_1 개방

   (b) R_2 개방

   (c) R_3 개방

2. 증상 : 전류계 측정값이 0 A이고 모든 전압계의 측정값이 0 V이다.

   원인 :

   (a) 1개의 저항 개방

   (b) 전원전압 이상

   (c) 저항 중 하나가 다른 저항의 저항값에 비해 매우 크다.

3. 증상 : 전류계 측정값이 2.33 mA이고, 전압계 2의 측정값이 0 V이다.

   원인 :

   (a) R_1 단락

   (b) 전원전압이 매우 높다.

   (c) R_2 단락

4. 증상 : 전류계는 0 A이고, 전압계 1은 0 V, 전압계 2는 5 V, 전압계 3은 5 V로 측정되었다.

   원인 :

   (a) R_1 단락

   (b) R_1과 R_2 개방

   (c) R_2와 R_3 개방

5. 증상 : 전류계는 0.645 mA이고, 다른 전압계에 비하여 전압계 1의 측정값이 매우 높다.

   원인 :

   (a) R_1이 10 kΩ으로 바뀌었다.

   (b) R_2가 10 kΩ으로 바뀌었다.

   (c) R_3가 10 kΩ으로 바뀌었다.

문 제   홀수문제의 답은 책 끝부분에 있다.

기본문제

4-1 직렬 저항

1. 그림 4-68에서 점 A와 점 B 사이의 저항들을 직렬 연결하시오.

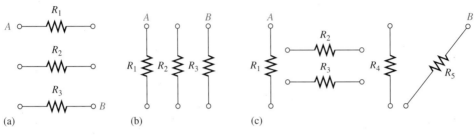

그림 4-68

2. 그림 4-69에서 직렬 연결된 저항은 어느 것인가? 기판 위에 있는 모든 저항을 직렬로 연결하기 위해서 어느 핀을 연결하여야 하는가?

3. 그림 4-69에서 1번 핀과 8번 핀 사이의 저항을 구하시오.

4. 그림 4-69에서 2번 핀과 3번 핀 사이의 저항을 구하시오.

그림 4-69

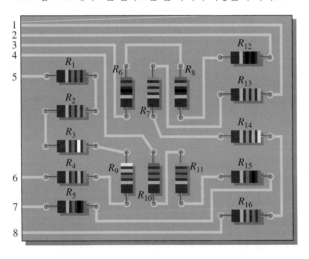

4-2 직렬 회로의 합성저항

5. 82 Ω 저항과 56 Ω 저항이 직렬로 연결되어 있다. 합성저항은 얼마인가?

6. 그림 4-70에서 나타낸 직렬 저항의 각 그룹에 대해 총 합성저항을 구하시오.

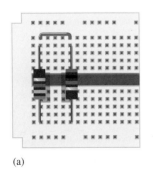
(a)

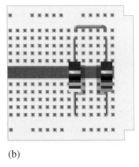
(b)

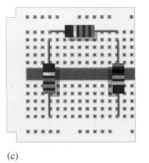
(c)

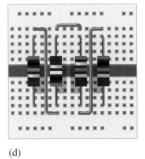
(d)

그림 4-70

7. 그림 4-71의 각 회로에서 합성저항을 구하시오. 저항계로 합성저항 R_T는 어떻게 측정하는지 설명하시오.

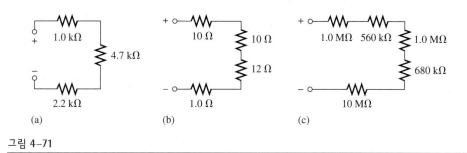

(a)　　　　(b)　　　　(c)

그림 4–71

---

8. 5.6 kΩ 저항 12개를 직렬로 연결했을 때 합성저항은 얼마인가?

9. 47 Ω 6개, 100 Ω 8개, 22 Ω 2개가 직렬로 연결되어 있을 때 합성저항은 얼마인가?

10. 그림 4-72에서 합성저항이 20 kΩ이라 하면, 저항 R_5는 얼마인가?

그림 4–72

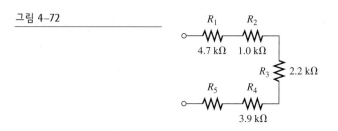

11. 그림 4-69의 PCB에서 다음의 각 핀들의 사이의 합성저항을 구하시오.

(a) 1번 핀과 8번 핀 사이　　　　　**(b)** 2번 핀과 3번 핀 사이

(c) 4번 핀과 7번 핀 사이　　　　　**(d)** 5번 핀과 6번 핀 사이

12. 그림 4-69의 모든 저항이 직렬로 연결됐다면, 합성저항은 얼마인가?

4-3 직렬 회로에서의 전류

13. 전원전압이 12 V, 합성저항이 120 Ω일 때, 직렬 회로에 연결되어 있는 각 저항을 통해 흐르는 전류는 얼마인가?

14. 그림 4-73에서 전원으로부터 공급되는 전류가 5 mA이다. 회로에 연결되어 있는 전류계의 측정값은 얼마인가?

그림 4–73

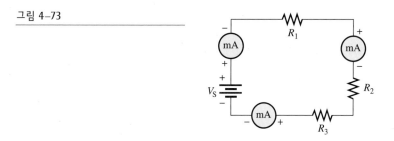

4-4 옴의 법칙

15. 그림 4-74에서 각 회로의 전류는 얼마인가? 각 회로에 흐르는 전류를 측정하려면 전류계를 어떻게 연결하여야 하는가?

그림 4–74

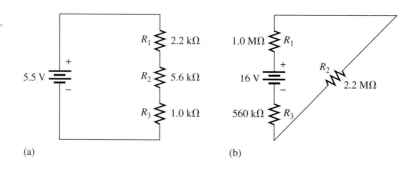

(a)   (b)

16. 그림 4-74에서 각 저항에 대한 전압 강하를 구하시오.

17. 직렬 연결된 470 Ω 저항 3개를 48 V 전원전압과 연결하였다.

   (a) 회로를 통하여 흐르는 전류는 얼마인가?

   (b) 각 저항 양단의 전압 강하는 얼마인가?

   (c) 각 저항의 최소 정격전력은 얼마인가?

18. 직렬 연결된 크기가 같은 4개의 저항이 5 V 전지에 연결되어 있으며, 회로에 흐르는 전류가 1 mA로 측정되었다. 각 저항의 값은 얼마인가?

4-5   전압원의 직렬 연결

19. 5 V와 9 V 전원을 같은 방향의 극성으로 직렬 연결한다면 총 전압은 얼마인가?

20. 그림 4-75의 각 회로에서 총 전원전압을 구하시오.

그림 4–75

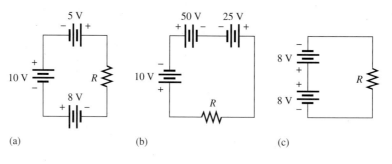

(a)   (b)   (c)

4-6   키르히호프의 전압 법칙

21. 3개의 직렬 저항에서 전압 강하가 5.5 V, 8.2 V, 12.3 V로 측정되었다. 이 회로에 연결된 전원전압을 구하시오.

22. 직렬로 연결된 5개의 저항이 20 V 전원전압에 연결되어 있다. 이들 중 4개의 저항 양단에서 각각 1.5 V, 5.5 V, 3 V, 6 V 전압 강하되었다면 5번째 저항 양단에서 강하된 전압은 얼마인가?

23. 그림 4-76의 각 회로에서 주어지지 않은 전압 강하를 구하고, 이를 측정하기 위해 전압계를 어떻게 연결하여야 하는지 설명하시오.

그림 4–76

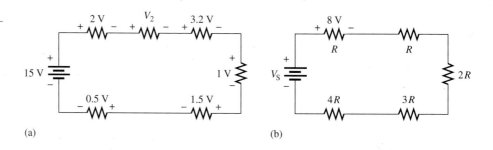

(a)   (b)

4-7 전압 분배기

24. 직렬 연결된 저항의 합성저항이 500 Ω이다. 이들 중 22 Ω 저항 양단에서의 전압 강하는 전체 전압의 몇 %인가?

25. 그림 4-77의 각 전압 분배기 회로에서 점 A와 점 B 사이의 전압을 구하시오.

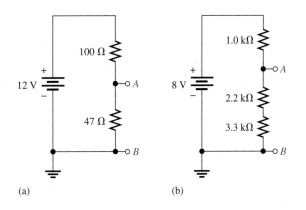

(a)   (b)

그림 4-77

26. 그림 4-78(a)에서 접지를 기준으로 점 A, B, C 출력전압을 구하시오.

27. 그림 4-78(b)의 전압 분배기 회로에서 최대/최소 출력전압은 각 얼마인가?

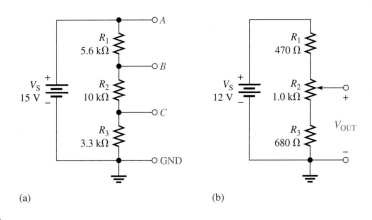

(a)   (b)

그림 4-78

28. 그림 4-79에서 각 저항 양단의 전압 강하는 얼마인가? 여기서 R은 가장 작은 크기를 가진 저항이며, 나머지는 R의 배수의 크기를 갖고 있다.

그림 4-79

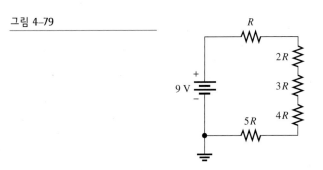

(b) 측정기 리드 단자(노란색, 녹색)와
전원 리드 단자(적색, 검정색)가 연결된 프로토보드

(a) 프로토보드에 연결되는 측정기 리드 단자

그림 4–80

29. 그림 4-80(b)의 프로토보드에서 각 저항에 걸리는 전압은 얼마인가?

4-8 직렬 회로에서의 전력

30. 5개의 저항이 각각 50 mW의 전력을 소모한다. 회로의 총 전력은 얼마인가?

31. 문제 29의 결과를 이용하여 그림 4-80의 회로에서 총 전력을 구하시오.

4-9 전압 측정법

32. 그림 4-81에서 접지에 대하여 각 점의 전압을 구하시오.

그림 4–81

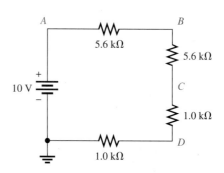

33. 그림 4-82에서 멀티미터를 직접 연결하지 않고 어떻게 R_2 양단의 전압을 측정할 수 있는가?

34. 그림 4-82에서 접지에 대한 각 점의 전압을 구하시오.

그림 4–82

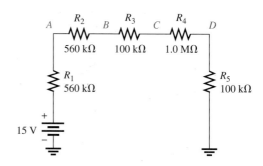

4-10   **고장진단**

35. 그림 4-83의 멀티미터를 관찰하여 이 회로의 고장진단을 수행하고, 어느 소자에 문제가 있는지 설명하시오.

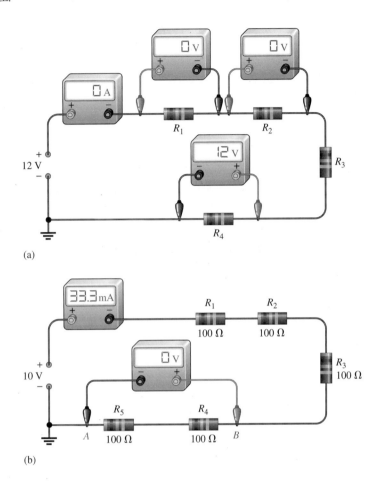

(a)

(b)

그림 4-83

36. 그림 4-84에서 저항을 측정한 결과가 올바른가? 그렇지 않다면 무엇이 문제인가?

그림 4-84

(a) 프로토보드에 연결되는 측정기 리드 단자

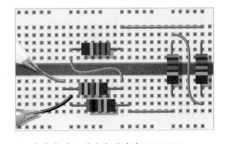

(b) 측정기 리드 단자가 연결된 프로토보드

37. 그림 4-85의 회로에서 미지의 저항 R_3의 값을 구하시오.

그림 4–85

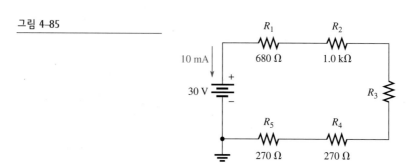

38. 실험실에 다음의 저항들은 매우 많은 양의 재고가 있다 : 10 Ω, 100 Ω, 470 Ω, 560 Ω, 680 Ω, 1.0 kΩ, 2.2 kΩ, 5.6 kΩ. 하지만 이외의 저항들은 대부분 재고가 없는 상황이다. 현재 실험할 내용에 18 kΩ 저항이 필요하다면, 현재 재고로 있는 저항을 어떻게 조합하여 사용하면 되는가?

39. 그림 4-86에서 접지를 기준으로 각 점의 전압을 구하시오.

그림 4–86

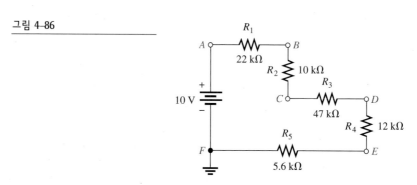

40. 그림 4-87에서 모든 미지의 양을 구하시오.

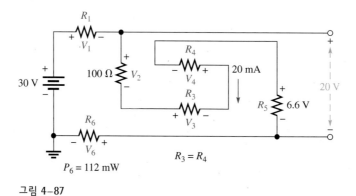

그림 4–87

41. 합성저항이 1.5 kΩ인 직렬 회로에 250 mA의 전류가 흐르고 있다. 전류가 현재보다 25% 감소되기 위해서는 얼마의 저항을 추가로 직렬 연결하여야 하는지 결정하시오.

42. 다음 4개의 1/2 W 저항이 직렬로 연결되어 있다 : 47 Ω, 68 Ω, 100 Ω, 120 Ω. 정격전력을 초과하지 않고 직렬 저항에 인가될 수 있는 최대 전압은 얼마인가? 최대 전압을 초과하여 인가되면 어느 저항이 가장 먼저 타는가?

43. 1/8 W, 1/4 W, 1/2 W 저항 1개씩 구성된 직렬 회로가 있다. 이 회로의 합성저항은 2400 Ω이다. 모든 저항이 최대 전력을 소비할 때 다음 값을 구하시오.

    (a) I **(b)** V_s **(c)** 각 저항의 값

44. 1.5 V 전지들, 스위치, 그리고 전구 3개를 가지고 있다. 하나의 스위치로 1개의 전구와, 2개의 전구를 직렬 연결하거나 전구 3개를 직렬 연결하여 각 4.5 V를 인가하도록 하는 회로를 구성하시오. 또한 이 회로도를 그리시오.

45. 120 V의 전원으로부터 최소 10 V에서 최대 100 V까지의 전압이 가변 가능하도록 전압 분배기를 설계하시오. 최대 전압은 전위차계가 최대 저항으로 됐을 때 최소 전압은 전위차계가 최소 저항(0 Ω)으로 됐을 때 얻어야 한다. 회로의 전류는 10 mA이다.

46. 부록 A에서 주어진 표준 저항값을 사용하여 30 V 전원으로부터 각각 8.18 V, 14.7 V, 24.6 V의 전압을 출력할 수 있는 전압 분배기를 설계하시오. 전원에서 공급되는 전류는 1 mA로 한정되어 있다. 저항의 수, 크기, 정격전력을 명시되어야 한다. 모든 저항의 값이 기재되어 회로도상에서 그리도록 한다.

47. 그림 4-88의 양면 PCB에서 직렬 연결된 각 부분의 합성저항을 구하시오. 이 때 PCB의 앞면과 뒷면 사이에 연결되어 있는 것을 주의한다.

그림 4-88

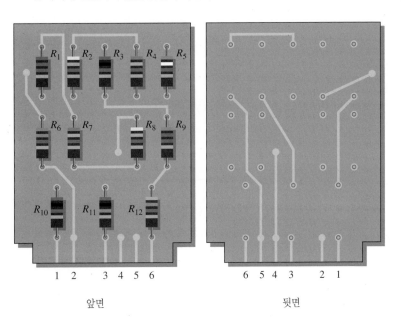

앞면   뒷면

48. 그림 4-89에서 각 스위치의 위치에 대해 A와 B 사이의 합성저항을 구하시오.

49. 그림 4-90의 각 스위치 위치에 따라 전류계로 측정한 전류를 구하시오.

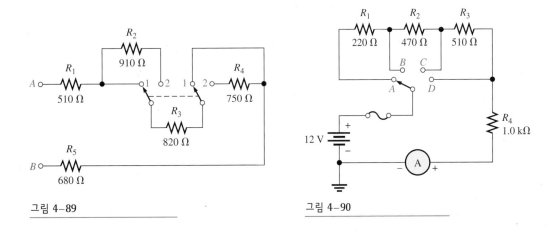

그림 4-89   그림 4-90

50. 그림 4-91의 각 점 스위치 위치에 따라 전류계로 측정한 전류를 구하시오.

그림 4–91

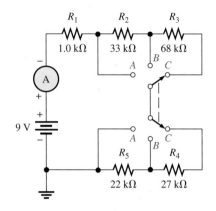

51. 그림 4-92에서 스위치의 각 위치에 따라 각 저항 양단의 전압을 구하시오. 단, 스위치가 점 D에 위치했을 때 R_5에 흐르는 전류는 6 mA이다.

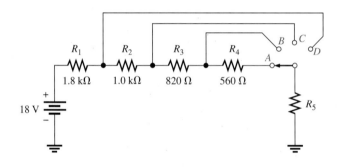

그림 4–92

52. 표 4-1은 그림 4-88에서 PCB의 저항을 측정한 결과이다. 이것은 올바른 값인가? 그렇지 않다면 무엇이 문제인가?

표 4–1

양쪽 핀 번호	저항
1, 2	∞
1, 3	∞
1, 4	4.23 kΩ
1, 5	∞
1, 6	∞
2, 3	23.6 kΩ
2, 4	∞
2, 5	∞
2, 6	∞
3, 4	∞
3, 5	∞
3, 6	∞
4, 5	∞
4, 6	∞
5, 6	19.9 kΩ

53. 그림 4-88에서 PCB의 5번 핀과 6번 핀 사이에 저항이 15 kΩ으로 측정되었다. 이것은 올바른 값인가? 그렇지 않다면 무엇이 문제인가?

54. 그림 4-88에서 PCB의 1번 핀과 2번 핀 사이의 저항이 17.83 kΩ으로 측정되었다. 또한 2번 핀과 4번 핀 사이의 저항이 13.6 kΩ으로 측정되었다. 이것은 올바른 값인가? 그렇지 않다면 무엇이 문제인가?

55. 그림 4-88에서 PCB의 2번 핀과 4번 핀, 3번 핀과 5번 핀을 서로 직렬로 연결하여 3개의 저항군 모두가 직렬로 연결되도록 하였다. 전압원이 1번 핀과 6번 핀 양단에 인가되고 전류계가 직렬로 연결되어 있다. 전원전압을 증가시키자 전류가 증가함을 관찰하였다. 갑자기 전류가 0으로 되고 타는 냄새를 맡았다. 모든 저항은 1/2W이다.

(a) 무슨 일이 일어났는가?

(b) 문제를 해결하기 위해 어떤 작업을 하여야 하는가?

(c) 몇 V의 전압에서 오류가 발생되는가?

Multisim을 이용한 고장진단 문제

56. CD-ROM에서 P04-56 파일을 열고, 고장이 있는지 확인하라. 만약 고장이 있다면 고장원인을 찾으시오.

57. CD-ROM에서 P04-57 파일을 열고, 고장이 있는지 확인하라. 만약 고장이 있다면 고장원인을 찾으시오.

58. CD-ROM에서 P04-58 파일을 열고, 고장이 있는지 확인하라. 만약 고장이 있다면 고장원인을 찾으시오.

59. CD-ROM에서 P04-59 파일을 열고, 고장이 있는지 확인하라. 만약 고장이 있다면 고장원인을 찾으시오.

60. CD-ROM에서 P04-60 파일을 열고, 고장이 있는지 확인하라. 만약 고장이 있다면 고장원인을 찾으시오.

61. CD-ROM에서 P04-61 파일을 열고, 고장이 있는지 확인하라. 만약 고장이 있다면 고장원인을 찾으시오.

정 답

절 복습문제

4-1 직렬 저항

1. 직렬 저항은 각 저항의 한쪽 단자를 다른 저항의 한쪽 단자와 서로 연결하는 것이다.

2. 직렬 회로에는 단지 하나의 전류 경로만 존재한다.

3. 그림 4-93 참조

그림 4-93

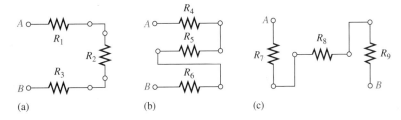

(a)　　　(b)　　　(c)

4. 그림 4-94 참조

그림 4-94

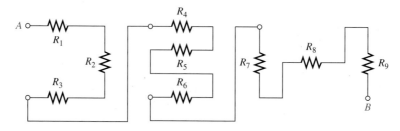

4-2 직렬 회로의 합성저항

1. **(a)** $R_T = 33\ \Omega + 100\ \Omega + 10\ \Omega = 143\ \Omega$

   (b) $R_T = 39\ \Omega + 56\ \Omega + 10\ \Omega = 105\ \Omega$

   (c) $R_T = 820\ \Omega + 2200\ \Omega + 1000\ \Omega = 4020\ \Omega$

2. $R_T = 100\ \Omega + 2(47\ \Omega) + 4(12\ \Omega) + 330\ \Omega = 572\ \Omega$

3. $10\ \text{k}\Omega - 8.8\ \text{k}\Omega = 1.2\ \text{k}\Omega$

4. $R_T = 12(47\ \Omega) = 564\ \Omega$

4-3 직렬 회로에서의 전류

1. 직렬 회로에 흐르는 전류의 값은 모든 점에서 동일하다.

2. 4.7 Ω에 흐르는 전류는 2 A이다.

3. C와 D 사이에 50 mA, E와 F 사이에 50 mA이다.

4. 전류계 1의 측정값은 1.79 A이고 , 전류계 2의 측정값은 1.79 A이다.

4-4 옴의 법칙

1. $I = 10\ \text{V}/300\ \Omega = 0.033\ \text{A} = 33\ \text{mA}$

2. $V = (5\ \text{mA})(43\ \Omega) = 125\ \text{mV}$

3. $V_1 = (5\ \text{mA})(10\ \Omega) = 50\ \text{mV}$, $V_2 = (5\ \text{mA})(15\ \Omega) = 75\ \text{mV}$, $V_3 = (5\ \text{mA})(18\ \Omega) = 90\ \text{mV}$

4. $R = 1.25\ \text{V}/4.63\ \text{mA} = 270\ \Omega$

4-5 전압원의 직렬 연결

1. 60 V/12 V = 5; 그림 4-95 참조

그림 4-95

2. $V_T = (4)(1.5\ \text{V}) = 6.0\ \text{V}$

3. 그림 4-96 참조

그림 4-96

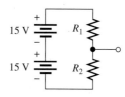

4. **(a)** $V_{S(\text{tot})} = 100\ \text{V} + 50\ \text{V} - 75\ \text{V} = 75\ \text{V}$

(b) $V_{S(tot)} = 20\text{ V} + 10\text{ V} - 10\text{ V} - 5\text{ V} = 15\text{ V}$

5. 그림 4-97 참조

그림 4–97

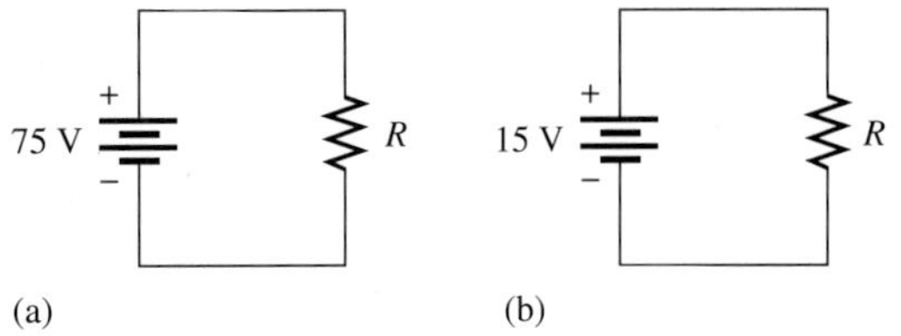

(a)   (b)

4-6 키르히호프의 전압 법칙

1. (a) 폐회로 내에서 모든 전압을 더하면 0이 된다.

(b) 모든 전압 강하의 합은 총 전원전압과 같다.

2. $V_{R(tot)} = V_S = 50\text{ V}$

3. $V_{R1} = V_{R2} = 10\text{ V}/2 = 5\text{ V}$

4. $V_{R3} = 25\text{ V} - 5\text{ V} - 10\text{ V} = 10\text{ V}$

5. $V_S = 1\text{ V} + 3\text{ V} + 5\text{ V} + 7\text{ V} + 8\text{ V} = 24\text{ V}$

4-7 전압 분배기

1. 전압 분배기는 저항들이 직렬로 연결된 회로로서, 어느 저항 양단 간 또는 여러 저항 양단 간의 전압이 전체 저항에 대한 비율에 비례하여 전체 전압에서 배분되는 회로이다.

2. 2개 이상의 저항

3. $V_x = (R_x/R_T)V_S$

4. $V_R = 20\text{ V}/2 = 10\text{ V}$

5. $V_{56} = (56\text{ k}\Omega/138\text{ k}\Omega)100\text{ V} = 40.6\text{ V}, V_{82} = (82\text{ k}\Omega/138\text{ k}\Omega)100\text{ V} = 59.4\text{ V};$

그림 4-98 참조

그림 4–98

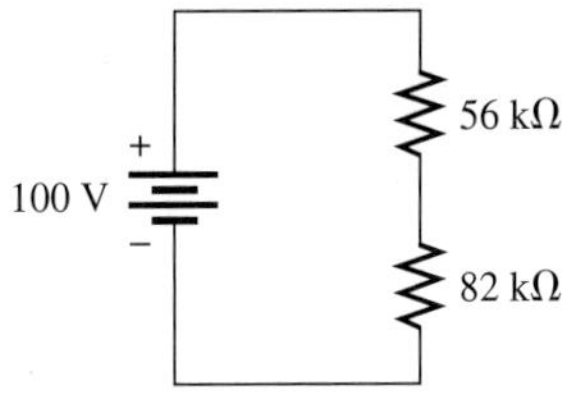

6. 전위차계의 조절단자를 정중앙으로 맞춘다.

4-8 직렬 회로에서의 전력

1. 총 전력은 각 저항의 전력을 더한 것과 같다.

2. $P_T = 1\text{ W} + 2\text{ W} = 5\text{ W} + 8\text{ W} = 16\text{ W}$

3. $P_T = (1\text{ mA})^2(100\ \Omega + 330\ \Omega + 680\ \Omega) = 1.11\text{ mW}$

4-9 전압 측정법

1. 접지

2. 참

3. 참

4-10 고장진단

1. 개방은 전류의 경로가 끊어진 것이다.

2. 단락은 저항값이 0인 회로를 의미한다.

3. 회로가 개방되면 전류는 흐를 수 없다.

4. 개방은 부품의 오류나 스위치의 접점 불량으로 생길 수 있다. 단락은 도선의 잘린 조각이나 땜납 등에 의해 발생될 수 있다.

5. 참

6. 개방저항 R 양단에 24 V, 나머지 저항 양단에 0 V가 걸린다.

7. R_4가 단락되었기 때문에 다른 저항을 통해 정상의 경우보다 더 많은 전압이 강하된다. 총 전압은 3개의 동일 저항에 분배된다.

응용 과제

1. $P_T = (12 \text{ V})^2 / 16.6 \text{ k}\Omega = 8.67 \text{ mV}$

2. 핀 2 : 1.41 V, 핀 6 : 3.65 V, 핀 5 : 4.01 V, 핀 4 : 5.2V, 핀 7 : 3.11 V

3. 3번 핀은 접지로 연결된다.

예제 관련 문제

4-1   **(a)** R_1의 왼쪽은 단자 A로 연결, R_1의 오른쪽은 R_3의 위쪽으로 연결
R_3의 아래쪽은 R_5의 오른쪽으로 연결, R_5의 왼쪽은 R_2의 왼쪽으로 연결
R_2의 오른쪽은 R_4의 오른쪽으로 연결, R_4의 왼쪽은 단자 B로 연결

   (b) $R_1 = 1.0 \text{ k}\Omega$, $R_2 = 33 \text{ k}\Omega$, $R_3 = 39 \text{ k}\Omega$, $R_4 = 470 \text{ }\Omega$, $R_5 = 22 \text{k}\Omega$

4-2   두 직렬 회로는 직렬로 연결되어 있으므로, 기판 위의 모든 저항은 직렬이다.

4-3 $258 \text{ }\Omega$

4-4 $12.1 \text{ k}\Omega$

4-5 $22 \text{ k}\Omega$

4-6 $4.36 \text{ k}\Omega$

4-7   116 mA

4-8   7.8 V

4-9 $V_1 = 1 \text{ V}, V_2 = 3.3 \text{ V}, V_3 = 2.2 \text{ V}, V_S = 6.5 \text{ V}, V_{S(max)} = 32.5 \text{ V}$

4-10 $V_1 = 0 \text{ V}, V_2 = 12 \text{ V}, V_3 = 0 \text{ V}, V_4 = 0 \text{ V}$

4-11   12 V

4-12   2 V

4-13   10 V, 20 V

4-14   6.5 V

4-15 $593 \text{ }\Omega$

4-16 $V_1 = 3.13 \text{ V}, V_2 = 6.87 \text{ V}$

4-17 $V_1 = V_2 = V_3 = 3.33 \text{ V}$

4-18 $V_{AB} = 4 \text{ V}, V_{AC} = 36.8 \text{ V}, V_{BC} = 32.8 \text{ V}, V_{BD} = 46 \text{ V}, V_{CD} = 13.2 \text{ V}$

4-19   9 W

4-20 $V_A = 0 \text{ V}, V_B = -25 \text{ V}, V_C = -50 \text{ V}, V_D = -75 \text{ V}, V_E = -100 \text{ V}$

4-21   3.33 V

자습문제

1. (a)   **2.** (d)   **3.** (b)   **4.** (d)   **5.** (d)   **6.** (a)   **7.** (b)

8. (c)   **9.** (b)   **10.** (c)   **11.** (a)   **12.** (d)   **13.** (d)   **14.** (d)

고장진단 : 증상과 원인

1. (b)   **2.** (b)   **3.** (c)   **4.** (c)   **5.** (a)

병렬 회로

장의 목표

▶ 병렬 저항회로를 확인한다.
▶ 병렬 회로의 합성저항을 구한다.
▶ 각각의 병렬 지로에 걸리는 양단 전압을 구한다.
▶ 병렬 회로에 옴의 법칙을 적용한다.
▶ 키르히호프의 전류 법칙을 적용한다.
▶ 전류 분배기로서 병렬 회로를 사용한다.
▶ 병렬 회로에서 전력을 구한다.
▶ 병렬 회로의 고장을 진단한다.

핵심 용어

▶ 병렬(parallel)
▶ 전류 분배기(current divider)
▶ 절점(node)
▶ 지로(branch)
▶ 키르히호프의 전류 법칙(Kirchhoff's current law)

응용 과제 개요

이번 응용 과제에서는 부하에 흐르는 전류값을 표시하기 위해 패널이 장착된 전원 공급기를 수정하는 원리를 소개한다. 전류계에서 병렬(분로, shunt) 저항을 사용하여 다양한 범위의 전류를 측정하기 위한 방법이 소개될 것이다. 스위치로 전류 범위를 선택하였을 때 작은 저항이 가지는 문제점에 대해서 다루고 스위치 접촉저항(switch contact resistance)의 효과를 설명한다. 그리고 접촉저항 문제를 제거하기 위한 방법이 소개될 것이다. 마지막으로 전원 공급기에 전류계 회로를 부가하는 방법이 소개될 것이다. 이 장에서 학습한 병렬 회로와 기본적인 전류계에 대한 지식과 더불어 옴의 법칙과 전류 분배기의 원리 등이 응용과제를 통해 활용될 것이다. 이 장을 학습하고 나면, 응용 과제를 완벽하게 수행할 수 있게 될 것이다.

지원 웹 사이트

학습을 돕기 위해 다음의 웹 사이트를 방문하기 바란다.
http://www.prenhall.com/floyd

도입

이 장에서는, 병렬 회로에서 옴의 법칙의 적용방법과 키르히호프의 전류 법칙을 학습한다. 자동차의 전등회로, 옥내 배선 그리고 아날로그 전류계의 내부 배선 등의 응용 회로를 통해 병렬 회로의 해석방법이 소개된다. 그리고 병렬 회로에서의 합성저항을 구하는 방법과 개방저항에 대한 고장진단 방법에 대해서도 학습하게 될 것이다.

저항이 병렬로 연결되어 있고, 이 병렬 회로에 전압이 인가되면, 전류는 분리된 경로를 통해서 각 저항에 공급된다. 병렬로 연결된 저항이 늘어날수록 합성저항은 감소한다. 병렬로 연결된 각 저항의 양단 전압은 전체 병렬 회로에 인가한 전압과 같다.

5-1   저항의 병렬 연결

두 개 이상의 저항이 동일한 두 점 사이에 연결되어 있을 때, 이를 **병렬 연결(parallel)**이라 한다. 병렬 회로에는 두 개 이상의 전류 경로가 존재한다.

절의 학습내용

▶ **병렬 회로를 확인한다.**

  ▶ 실제 저항의 배열을 회로도로 변환한다.

병렬로 연결된 각 전류의 경로를 **지로(branch)**라 부른다. 병렬 회로는 하나 이상의 지로를 갖는다. 그림 5-1(a)에는 두 개의 저항이 병렬로 연결된 회로를 나타내었다. 그림 5-1(b)에서 알 수 있듯이, 전원에서 유출된 전류 I_T는 점 B에 도달하여 두 개의 경로로 나누어진다. I_1은 R_1을 통해 흐르고, I_2는 R_2를 통해 흐른다. 처음 두 병렬 저항에 그림 5-1(c)에서와 같이 추가로 저항을 연결하면 점 A와 점 B 사이에는 전류의 경로가 추가로 생긴다. 위쪽 점들은 전기적으로 점 A와 동일한 점이고, 아래쪽 점들 또한 전기적으로 점 B와 동일한 점이다.

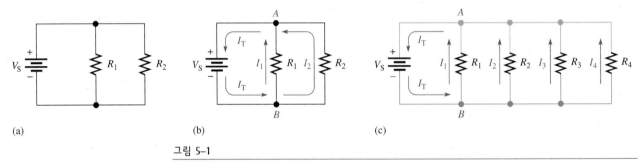

그림 5–1

저항의 병렬 연결

그림 5-1에서 저항들은 확실히 병렬로 연결되어 있다. 실제 전기회로에서는 병렬관계가 명확하게 구분되지 않을 수도 있는데, 병렬 회로가 어떠한 형태로 표현되어져 있더라도 병렬 회로를 식별하는 것은 대단히 중요하다.

병렬 회로를 확인하는 방법은 아래와 같다 :

두 점 사이에 두 개 이상의 전류 경로(지로)가 존재하고, 이 두 점 사이의 전압이 각각의 지로 양단에 동일하게 나타난다면, 두 점 사이에는 병렬 회로가 존재한다.

그림 5-2는 점 A와 점 B로 표시된 두 점 사이를 여러 지로 형태로 병렬 연결한 저항들을

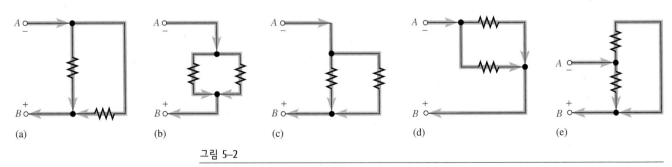

그림 5–2

2개의 병렬 경로를 가진 회로의 예

나타낸 것이다. 이들 각 경우에서 전류는 점 *A*에서 점 *B*로 두 개의 경로를 따라 흐르고, 각
지로 양단의 전압은 동일하다. 그림 5-2에서는 단지 두 개의 전류 경로만을 나타내었지만 여
러 개의 저항을 병렬로 연결할 수도 있다.

예제 5-1

그림 5-3과 같이 프로토보드 위에 5개의 저항이 있다. 점 *A*와 점 *B* 사이에 모든 저항이
병렬로 연결되도록 배선하시오. 이에 대한 회로도를 그리고 회로도에 각 저항들의 소자값
을 기입하시오.

그림 5-3

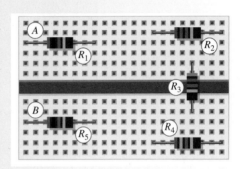

해   배선의 결과는 그림 5-4(a)와 같은 결선도(assembly wiring diagram)로 나타낼 수 있고,
회로도는 그림 5-4(b)와 같다. 회로도에 실제 저항소자들의 배치를 나타낼 필요는 없다.
회로도는 사용된 소자들이 전기적으로 어떻게 연결되어 있는지를 보여주는 것이다.

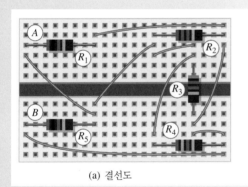

(a) 결선도

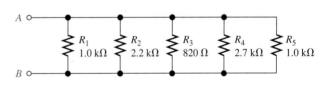

(b) 회로도

그림 5-4

관련 문제* 이 회로에서 R_2를 제거한다면 회로는 어떻게 다시 배선되겠는가?

* 정답은 장의 끝부분에 있다.

예제 5-2

그림 5-5에서 병렬 그룹을 구분하고, 각 저항값들을 표기하시오.

해 R_1에서 R_4까지의 저항들과 R_{11}, R_{12}의 저항들이 서로 병렬로 연결되어 있으며, 이 병렬
연결은 1번 핀과 4번 핀에 연결되어 있다. 이 그룹의 각각의 저항값은 56 kΩ이다.
R_5에서 R_{10}까지의 저항들이 서로 병렬로 연결되어 있으며, 이 병렬 연결은 2번 핀과 3번
핀에 연결되어 있다. 이 그룹의 각각의 저항값은 100 kΩ이다.

그림 5-5

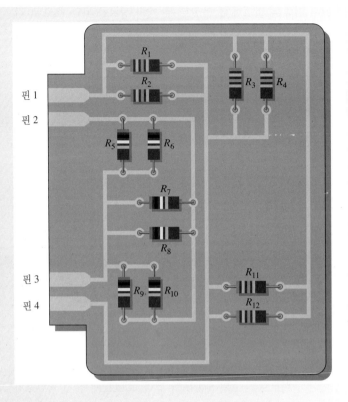

관련 문제 모든 저항들을 PCB상에서 병렬로 연결하는 방법은 무엇인가?

5-1 복습문제*

1. 병렬 회로에서 저항들은 어떻게 연결되는가?
2. 병렬 회로를 확인하기 위한 방법은 무엇인가?
3. 그림 5-6의 각 소자들이 점 *A*와 점 *B* 사이에서 병렬로 연결될 수 있도록 각각의 회로를 완성하시오.
4. 그림 5-6에서 각 병렬 저항군이 서로 병렬로 연결될 수 있도록 배선하시오.

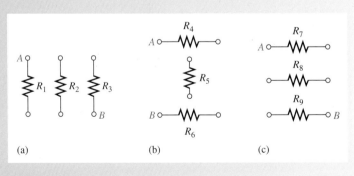

그림 5-6

* 정답은 장의 끝부분에 있다.

5-2 병렬 회로의 합성저항

저항들을 병렬로 연결하면 회로의 합성저항은 감소한다. 병렬 회로의 합성저항은 최소 저항의 소자값보다 항상 작다. 예를 들면, 10 Ω 저항과 100 Ω 저항을 병렬로 연결하면 합성저항값은 10 Ω보다 작다.

절의 학습내용

▶ **병렬 회로의 합성저항을 계산한다.**

  ▶ 저항을 병렬로 연결하면 합성저항값이 감소하는 이유를 설명한다.

  ▶ 병렬 합성저항의 계산공식을 적용한다.

  ▶ 병렬 회로의 두 가지 응용 예를 설명한다.

이미 알고 있는 바와 같이 저항을 병렬로 연결하면 전류의 경로가 하나 이상이 된다. 즉, 전류 경로의 수는 병렬 지로의 수와 같다.

예를 들어, 그림 5-7(a)는 직렬 회로이기 때문에 단지 한 개의 전류 경로만이 존재한다. 따라서 R_1을 통해 임의의 크기의 전류 I_1이 흐른다. 만약 그림 5-7(b)와 같이 저항 R_1에 저항 R_2가 병렬로 연결되면, 추가로 전류 I_2가 R_2를 통해 흐르게 된다. 결과적으로 병렬 저항이 추가됨에 따라 전원에서 흘러 나오는 총 전류는 증가한다. 전원이 정전압원이라고 가정하면 전원에서 총 전류의 증가는 옴의 법칙에 따라 합성저항의 감소를 의미한다. 결론적으로 저항을 병렬로 추가 연결함에 따라 합성저항은 감소하고 총 전류는 증가한다.

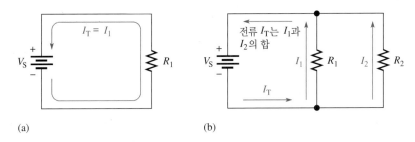

(a)   (b)

그림 5-7

병렬로 저항을 연결함에 따라 총 저항은 감소하고 총 전류는 증가한다

병렬 합성저항(R_T)의 계산공식

그림 5-8의 회로는 n개의 저항이 병렬로 연결된 일반적인 경우를 나타낸 것이다(n은 임의의 수). 키르히호프의 전류 법칙(5-5절)에 의해서 전류는 다음과 같이 구할 수 있다.

$$I_T = I_1 + I_2 + I_3 + \cdots + I_n$$

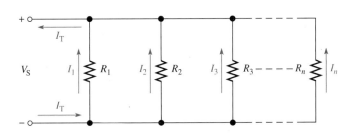

그림 5-8

n개의 전압 강하의 합은 전원 저압과 같다

V_S는 각 병렬 저항 양단에 걸리는 전압이고, 옴의 법칙에 따라 각 지로전류 $I_1 = V_S / R_1$, $I_2 = V_S / R_2$ 등이 된다. 이를 위에서 나타낸 전류에 관한 식에 대입하면, 다음과 같다.

$$\frac{V_S}{R_T} = \frac{V_S}{R_1} + \frac{V_S}{R_2} + \frac{V_S}{R_3} + \cdots + \frac{V_S}{R_n}$$

이 식의 양변에 V_S가 공통으로 나타나 있으므로 양변을 V_S로 나누면 저항 성분만이 남게 된다.

$$\frac{\cancel{V_S}}{R_T} = \cancel{V_S}\left(\frac{1}{R_1} + \frac{1}{R_2} + \frac{1}{R_3} + \cdots + \frac{1}{R_n}\right)$$

$$\frac{1}{R_T} = \frac{1}{R_1} + \frac{1}{R_2} + \frac{1}{R_3} + \cdots + \frac{1}{R_n}$$

저항의 역수($1/R$)를 컨덕턴스(conductance)라 부르고, 기호는 G로 표기한다. 이 컨덕턴스의 단위는 지멘스(S)이다. $G = 1/R$ 이므로 $1/R_T$에 대한 식을 컨덕턴스로 나타내면 다음과 같다.

$$G_T = G_1 + G_2 + G_3 + \cdots + G_n$$

$1/R_T$에 대한 방정식의 양변에 역수를 취해서 R_T를 구하기 위한 식으로 정리하면 다음과 같다.

$$R_T = \frac{1}{\dfrac{1}{R_1} + \dfrac{1}{R_2} + \dfrac{1}{R_3} + \cdots + \dfrac{1}{R_n}} \qquad (5\text{-}1)$$

병렬 합성저항은 모든 $1/R$(또는 컨덕턴스, G) 항을 더하고 그 합의 역을 취함으로써 구해진다는 것을 식 (5-1)을 통해 알 수 있다.

$$R_T = \frac{1}{G_T}$$

예제 5–3

그림 5-9의 회로에서 점 A와 점 B 사이의 병렬 합성저항을 구하시오.

그림 5–9

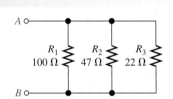

해 각 저항값을 알면, 식 (5-1)을 이용하여 병렬 합성저항을 계산한다. 우선 각 세 저항의 역수인 컨덕턴스를 구한다.

$$G_1 = \frac{1}{R_1} = \frac{1}{100\,\Omega} = 10\,\text{mS}$$

$$G_2 = \frac{1}{R_2} = \frac{1}{47\,\Omega} = 21.3\,\text{mS}$$

$$G_3 = \frac{1}{R_3} = \frac{1}{22\,\Omega} = 45.5\,\text{mS}$$

다음 G_1, G_2, G_3를 합하고 그 결과의 역수를 취하여 R_T를 계산해 보면 다음과 같다.

$$R_T = \frac{1}{G_T} = \frac{1}{G_1 + G_2 + G_3} = \frac{1}{10\,\text{mS} + 21.3\,\text{mS} + 45.5\,\text{mS}} = \frac{1}{76.8\,\text{mS}} = \mathbf{13.0\ \Omega}$$

이 계산의 결과가 맞는지를 쉽게 확인하는 방법은 병렬 합성저항 R_T의 값(13.0 Ω)이 병렬 저항값 중 최소값이 되어야 하는 것이다. 이 문제의 경우 R_3(22 Ω)보다 작은지를 확인해 보는 것이다.

관련 문제 그림 5-9에서 33 Ω의 저항이 병렬로 연결된다면 R_T의 값은 얼마인가?

계산기 활용 팁 병렬저항 공식은 식 (5-1)을 사용해서 쉽게 계산할 수 있다. 일반적인 순서는 R_1 값을 입력한 후에 x^{-1} 키를 눌러 역수를 구하는 것이다(x^{-1}은 일부 계산기에는 2차적 기능인 경우도 있다). x^{-1}은 1/x을 의미한다. 어떤 계산기는 x^{-1} 대신에 1/x을 사용하기도 한다. 다음에 + 키를 누른다. 그리고 나서 R_2 값을 눌러 이의 역수를 구한다. 이러한 순서를 모든 저항의 값까지 반복하면 구할 수 있을 것이고, 역수 역시 구할 수 있다. 마지막 과정으로 x^{-1} 값으로 1/ R_T에서 R_T를 변환한다. 병렬 합성저항이 이제 계산기의 표시장치에 표시될 것이다. 이러한 방법은 계산기에 따라 약간 다를 수 있다.

예제 5–4

예제 5-3의 연산과정을 일반적인 계산기를 사용하여 계산하는 과정을 보이시오.

해
1. 100을 입력하면 100이 표시된다.
2. x^{-1} 키를 누른다(또는 2차적 기능키를 누르고 x^{-1} 키를 누른다).
3. + 키를 누른다.
4. 47을 입력한다.
5. x^{-1} 키를 누른다.
6. + 키를 누른다.
7. 22를 입력한다.
8. x^{-1} 키를 누른다.
9. ENTER 키를 누르면, 결과값으로 76.7311411992E^{-3}이 표기된다.
10. x^{-1} 키를 누르고, 13.0325182758E0인지를 확인한다.

이상의 10개의 과정을 통해 표시된 숫자는 전체 저항값을 나타낸다.

관련 문제 예제 5-3에서 33 Ω 저항이 추가로 병렬 연결되었을 때 R_T를 구하기 위한 추가적인 계산 과정을 보이시오.

두 저항을 병렬 연결한 경우 식 (5-1)은 여러 개의 저항이 병렬로 연결되었을 때 합성저항을 구하는 일반식이다. 실제 경우에는 두 저항이 병렬 연결된 회로를 자주 접하게 되므로 두 저항이 병렬 연결된 회로를 다루어 보는 것은 매우 유용하다. 여러 개의 저항이 병렬 연결된 회로의 합성저항 R_T를 계산할 경우에는 두 개씩 병렬 저항을 나누어서 계산하면 상당히 편리하다. 두 개의 병렬 저항에 대한 합성저항을 식 (5-1)로부터 유도하면 다음과 같이 된다.

$$R_T = \frac{R_1 R_2}{R_1 + R_2} \qquad (5\text{-}2)$$

식 (5-2)는 병렬 연결된 두 저항의 합성저항은 두 저항의 곱을 두 저항의 합으로 나눈 것과 같다는 것을 보여준다. 이 식은 '곱 나누기 합(product over the sum)' 공식으로 종종 언급된다.

예제 5-5

그림 5-10의 회로에서 전원에 연결된 합성저항을 구하시오.

그림 5-10

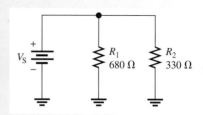

해 식 (5-2)를 사용하여 R_T를 구하면, 다음과 같다.

$$R_T = \frac{R_1 R_2}{R_1 + R_2} = \frac{(680\ \Omega)(330\ \Omega)}{680\ \Omega + 330\ \Omega} = \frac{224,400\ \Omega^2}{1,010\ \Omega} = \mathbf{222\ \Omega}$$

관련 문제 그림 5-10에서 R_1의 저항값을 220 Ω으로 대체하였을 경우의 합성저항 R_T 값은 얼마인가?

같은 값의 저항들을 병렬 연결한 경우 병렬 회로의 또 다른 특수한 경우는 동일한 저항값을 가진 저항들이 병렬로 연결되어 있는 것이다. 이 경우에 R_T 값은 다음과 같이 간단하게 구할 수 있다.

$$R_T = \frac{R}{n} \tag{5-3}$$

식 (5-3)은 동일한 크기의 저항(R)이 여러 개(n) 병렬 연결되었을 때, R_T는 연결된 병렬 저항의 개수로 나눈 값과 동일하다는 의미이다.

예제 5-6

그림 5-11에서 점 A와 점 B 사이에서의 합성저항을 구하시오.

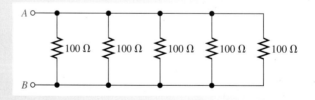

그림 5-11

해 100 Ω을 갖는 저항 5개가 병렬로 연결되어 있다. 식 (5-3)을 사용하여 합성저항을 구한다.

$$R_T = \frac{R}{n} = \frac{100\ \Omega}{5} = \mathbf{20\ \Omega}$$

관련 문제 100 kΩ을 갖는 저항 3개가 병렬로 연결되어 있을 때 R_T를 구하시오.

병렬 저항의 표기 편의상 병렬 저항은 두 평행 수직선으로 표기하기도 한다. 예를 들면, R_1과 R_2가 병렬일 때 $R_1 \| R_2$로 표기할 수 있다. 또한 여러 개의 저항이 병렬로 연결된 경우도 같은 방법으로 표시할 수 있다. 예를 들면,

$$R_1 \parallel R_2 \parallel R_3 \parallel R_4 \parallel R_5$$

로 표현되면, R_1에서 R_5까지 모두 병렬 연결되었음을 의미한다.

이 표기법은 저항의 소자값을 사용하여 쓸 수도 있다. 예를 들면

$$10 \, \text{k}\Omega \parallel 5 \, \text{k}\Omega$$

로 표현되면, 10 kΩ과 5 kΩ의 저항이 병렬인 것을 의미한다.

병렬 회로의 응용

자동차의 전등 제어 병렬 회로가 직렬 회로보다 좋은 점 하나는 하나의 지로(branch)가 개방되었을 때, 다른 지로에 아무런 영향을 미치지 않는다는 것이다. 예를 들어, 그림 5-12는 자동차 조명 시스템을 개략적으로 나타낸 것으로 자동차의 전조등 중 어느 하나가 고장이 나더라도 다른 전등들은 정상적인 동작을 한다. 이것은 전등들이 서로 병렬로 연결되어 있기 때문이다.

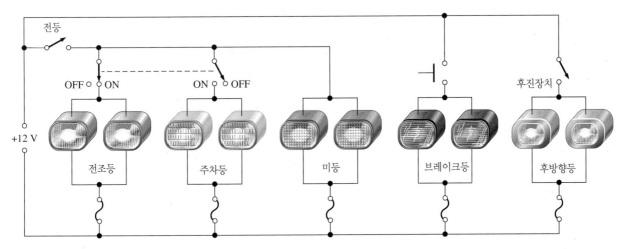

그림 5–12

자동차의 외부 전등 시스템에 대한 간단한 블록도

브레이크등은 전조등과 미등에 관계 없이 독립적으로 점등되는 점을 유의하라. 브레이크등은 운전자가 브레이크 페달을 밟아서 브레이크등 스위치가 닫힐 때 점등된다. 두 개의 전조등과 미등은 전등 스위치가 닫혀야 점등되고, 주차등은 이와는 반대로 전조등이 꺼져 있을 때 점등된다. 만약 이들 중 하나의 전등 스위치가 타서 개방이 되는 경우가 발생하더라도 다른 등에는 영향을 미치지 않고 계속 전류가 흐른다. 후방향등은 후진 기어가 들어갈 때 점등된다.

옥내 배선 병렬 회로의 또 다른 일반적인 응용 예는 주택의 옥내 전기배선이다. 모든 전등과 가전제품은 서로 병렬로 배선되어 있다. 그림 5-13은 스위치로 제어되는 두 개의 전등과 세 개의 콘센트가 서로 병렬로 연결된 전형적인 옥내 배선의 예이다.

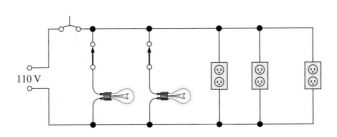

그림 5–13

옥내 배선에서 병렬 회로의 예

5-2 복습문제	1. 여러 개의 저항들이 병렬로 연결되어 있으면 합성저항은 증가하는가 아니면 감소되는가?
	2. 병렬 합성저항은 항상 어떤 값보다 작은가?
	3. 그림 5-14의 회로에서 R_T(1번 핀과 4번 핀 사이)를 구하시오. 1번 핀과 2번 핀이 연결되어 있고, 3번 핀과 4번 핀이 연결되어 있다.

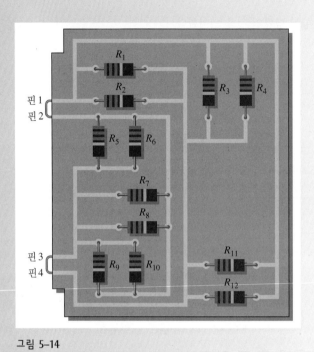

그림 5-14

5-3 병렬 회로에서의 전압

병렬 회로에서 어느 한 지로의 양단에 걸리는 전압은 다른 지로들의 양단 전압과 같다. 이미 알고 있는 바와 같이 병렬 회로에서 각각의 전류 경로는 지로라 불린다.

절의 학습내용

▶ **각 병렬 지로의 양단 전압을 계산한다.**

  ▶ 병렬 연결된 저항들의 양단 전압이 동일한 이유를 설명한다.

병렬 회로에서의 전압을 다루기 위해 그림 5-15(a)를 살펴보자. 병렬 회로의 왼쪽 부분의 점 A, B, C, D는 전기적으로 같은 점이고, 이 선을 따라 전압은 동일하므로 한 절점(node)을 구성하고 있다. 이 점들은 전지의 단자에 하나의 전선으로 연결되어 있다고 생각할 수 있다. 또한 병렬 회로의 오른쪽 부분의 점 E, F, G, H는 또 다른 절점을 구성하여 전지의 양의 단자와 동일한 전위를 갖는다. 따라서 각 병렬 저항들의 양단 전압은 같고, 각각의 전압은 전원전압과 동일하다. 그림 5-15의 병렬 회로는 사다리를 닮았다는 점(사다리꼴 회로)을 유의하라.

그림 5-15(b)는 그림 5-15(a)와 같은 회로인데, 약간 다르게 표시한 것이다. 여기서 저항들의 왼쪽 부분은 모두 전지의 음(−)의 단자에 연결되어 있으며, 저항들의 오른쪽 부분은 모두 전지의 양(+)의 단자에 연결되어 있다. 따라서 저항들은 모두 전원에 병렬로 연결되어 있다.

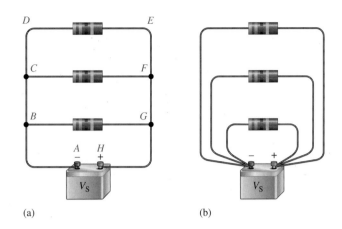

그림 5–15

병렬 회로에서 각 지로의 양단 전압은 동일하다

(a)　　　　(b)

그림 5-16에서는 12 V 전지의 양단에 3개의 병렬 저항이 연결되어 있는데, 각 저항 양단의 전압과 전지 양단의 전압을 측정해 보면 측정값이 동일하다. 이 사실에서 알 수 있듯이 병렬 회로의 양단에는 동일한 전압이 나타난다.

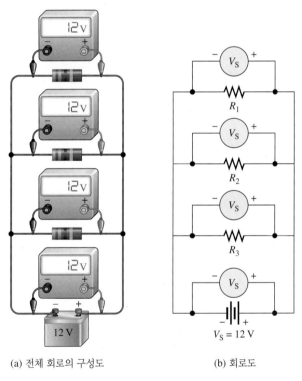

그림 5–16

병렬로 연결된 저항 양단에는 동일한 전압이 나타난다

(a) 전체 회로의 구성도　　　(b) 회로도

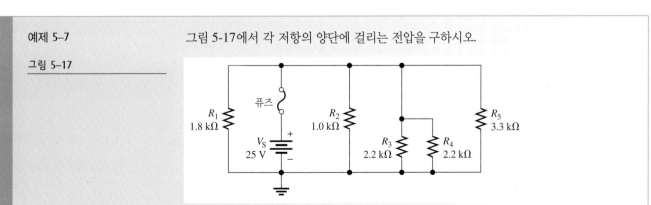

예제 5–7

그림 5–17

그림 5-17에서 각 저항의 양단에 걸리는 전압을 구하시오.

해 5개의 저항들이 병렬로 연결되어 있으므로 각 저항 양단의 전압은 인가한 전압원(V_S)의 전압과 동일하며, 퓨즈 양단에 걸리는 전압은 무시한다.

$$V_1 = V_2 = V_3 = V_4 = V_5 = V_S = 25\ V$$

관련 문제 위의 병렬 회로에서 R_4를 제거하면, R_3 양단의 전압은 얼마인가?

 CD-ROM에서 Multisim E05-07 파일을 열고, 각 저항의 전압이 전압원과 같은지를 검증한 후 관련 문제에 대해서도 반복하라.

5–3 복습문제

1. 10 Ω과 22 Ω의 저항기가 5 V 전원에 병렬 연결되어 있다. 각 저항의 양단에 걸리는 전압은 얼마인가?
2. 그림 5-18과 같이 전압계가 R_1 양단에 연결되어 있을 때, 전압계는 118 V를 지시했다. 만일 전압계를 옮겨서 R_2 양단에 연결한다면 전압계가 지시하는 값은 얼마이겠는가? 또한 전원전압은 얼마인가?
3. 그림 5-19에서 전압계 1과 전압계 2의 지시값은 얼마인가?
4. 병렬 회로에서 각 지로에 걸리는 전압들은 어떠한 관계를 갖고 있는가?

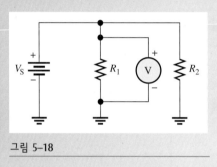

그림 5–18

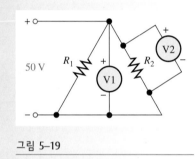

그림 5–19

5–4 옴의 법칙 응용

옴의 법칙을 적용하여 병렬 회로를 해석한다.

절의 학습내용

▶ **병렬 회로에서 옴의 법칙을 적용한다.**

　▶ 병렬 회로의 총 전류를 계산한다.

　▶ 병렬 회로의 지로전류를 계산한다.

　▶ 병렬 회로의 양단 전압을 계산한다.

　▶ 병렬 회로의 저항을 계산한다.

다음 예제들을 통하여 병렬 회로에서 총 전류, 지로전류, 전압 및 저항을 구하기 위해서 옴의 법칙이 어떻게 적용되는지를 알아보기로 한다.

예제 5-8

그림 5-20에서 전지로부터 유출되는 총 전류를 구하시오.

그림 5-20

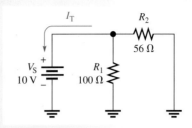

해 전지로부터 유출되는 전류는 합성저항에 의해 결정되므로, 우선 R_T를 계산한다.

$$R_T = \frac{R_1 R_2}{R_1 + R_2} = \frac{(100\ \Omega)(56\ \Omega)}{100\ \Omega + 56\ \Omega} = \frac{5600\ \Omega^2}{156\ \Omega} = 35.9\ \Omega$$

전지의 전압은 10 V이고, 여기서 옴의 법칙을 이용하여 총 전류 I_T를 구하면 다음과 같다.

$$I_T = \frac{V_S}{R_T} = \frac{10\ V}{35.9\ \Omega} = \mathbf{279\ mA}$$

관련 문제 그림 5-20에서 R_1과 R_2를 통해 흐르는 전류를 구하시오. R_1과 R_2를 통해 흐르는 전류의 합과 총 전류가 같은지를 확인하시오.

 CD-ROM에서 Multisim E05-08 파일을 열고, 멀티미터를 이용하여 총 전류와 지로전류의 계산된 값을 검증하라.

예제 5-9

그림 5-21의 병렬 회로에서 각 저항에 흐르는 전류를 구하시오.

그림 5-21

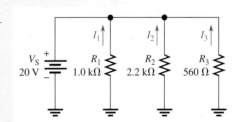

해 각각의 저항 양단의 전압은 전원전압과 같다. 즉, R_1 양단의 전압은 20 V이며, R_2 양단의 전압 또한 20 V이고, R_3의 전압도 20 V이다. 각 저항을 통해 흐르는 전류는 다음과 같이 계산된다.

$$I_1 = \frac{V_S}{R_1} = \frac{20\ V}{1.0\ k\Omega} = \mathbf{20.0\ mA}$$

$$I_2 = \frac{V_S}{R_2} = \frac{20\ V}{2.2\ k\Omega} = \mathbf{9.09\ mA}$$

$$I_3 = \frac{V_S}{R_3} = \frac{20\ V}{560\ \Omega} = \mathbf{35.7\ mA}$$

관련 문제   그림 5-21의 회로에서 910 Ω의 저항이 병렬로 추가되었을 때, 모든 지로의 전류를 구하
시오.

 CD-ROM에서 Multisim E05-09 파일을 열고, 각 저항을 통해 흐르는 전류를 측정하라.
910 Ω을 다른 저항과 병렬로 연결하고 지로전류를 측정하라. 새로운 저항이 추가되었을
때, 전압원으로부터 흘러 나오는 전류는 얼마로 되겠는가?

예제 5–10   그림 5-22의 병렬 회로에서 V_S 양단의 전압을 구하시오.

그림 5–22

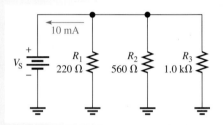

해   이 병렬 회로의 총 전류가 10 mA로 주어져 있다. 따라서 합성저항을 알면, 옴의 법칙을
이용하여 전압을 계산할 수 있다. 합성저항은 다음과 같다.

$$R_T = \cfrac{1}{\cfrac{1}{R_1} + \cfrac{1}{R_2} + \cfrac{1}{R_3}} = \cfrac{1}{\cfrac{1}{220\,\Omega} + \cfrac{1}{560\,\Omega} + \cfrac{1}{1.0\,\text{k}\Omega}}$$

$$= \frac{1}{4.55\,\text{mS} + 1.79\,\text{mS} + 1\,\text{mS}} = \frac{1}{7.34\,\text{mS}} = 136\,\Omega$$

따라서 전원전압은 다음과 같이 된다.

$$V_S = I_T R_T = (10\,\text{mA})(136\,\Omega) = \mathbf{1.36\,V}$$

관련문제   그림 5-22에서 R_3가 개방되었을 경우의 총 전류를 구하시오. V_S는 동일하다고 가정한다.

예제 5–11   그림 5-23의 회로기판에는 3개의 저항이 병렬로 연결되어 있다. 두 저항의 소자값은 색띠
부호를 통해 알 수 있지만 맨 위에 있는 저항은 표시가 분명하지 않다. 회로기판으로부터
저항을 분리하거나 저항계를 사용하지 않고 미지의 저항값을 구하시오.

그림 5–23

해 병렬 연결된 3개 저항의 합성저항을 구할 수 있다면 미지의 저항을 계산하는 병렬저항 공식을 사용할 수 있을 것이다. 합성저항은 전압과 총 전류를 알면 옴의 법칙을 이용하여 계산할 수 있다.

그림 5-24에서, 12 V 전원(임의의 값)을 저항들의 양단에 연결하고 총 전류를 측정한다. 이 측정값을 이용하여 다음과 같이 합성저항을 계산한다.

$$R_\text{T} = \frac{V}{I_\text{T}} = \frac{12 \text{ V}}{24.1 \text{ mA}} = 498 \text{ }\Omega$$

다음과 같은 과정으로 미지의 저항값을 구한다.

$$\frac{1}{R_\text{T}} = \frac{1}{R_1} + \frac{1}{R_2} + \frac{1}{R_3}$$

$$\frac{1}{R_1} = \frac{1}{R_\text{T}} - \frac{1}{R_2} - \frac{1}{R_3} = \frac{1}{498 \text{ }\Omega} - \frac{1}{1.8 \text{ k}\Omega} - \frac{1}{1.0 \text{ k}\Omega} = 452 \text{ }\mu\text{S}$$

$$R_1 = \frac{1}{452 \text{ }\mu\text{S}} = \textbf{2.21 k}\boldsymbol{\Omega}$$

그림 5–24

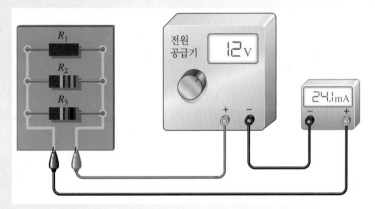

관련 문제 회로로부터 R_1을 분리하지 않고, 저항계를 사용하여 R_1의 저항값을 구하는 방법을 설명하시오.

 CD-ROM에서 Multisim E05-11 파일을 열어라. 이것은 그림 5-24에 나타난 회로기판의 회로도이다. 회로를 연결하고, 전류를 검증하라. 회로에서 R_1을 분리한 후에 저항계로 이 값을 검증하라.

5–4 복습문제

1. 3개의 68 Ω 저항을 병렬 연결시킨 회로에 10 V 전지를 연결하였다면, 전지에서 유출되는 총 전류는 얼마인가?
2. 그림 5-25의 회로에서 20 mA의 전류가 흐르기 위한 전원전압은 얼마인가?

그림 5–25

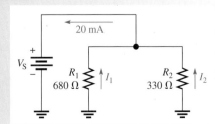

3. 그림 5-25의 회로에서 각 저항을 통해 흐르는 전류는 얼마인가?

4. 같은 값의 저항 4개를 병렬로 연결하고 12 V의 전원에 연결하였더니 6 mA의 전류가 흘렀다. 저항의 값은 얼마인가?

5. 1.0 kΩ과 2.2 kΩ의 저항이 병렬로 연결되어 있다. 이 병렬 회로에 100 mA의 총 전류가 흐른 다면 저항 양단의 전압은 얼마인가?

5–5   키르히호프의 전류 법칙

키르히호프의 전압 법칙은 단일 폐회로에서 전압에 대한 관계를 다루는 것이고, 키르히호 프의 전류 법칙은 다중 경로에서 전류를 적용하는 것이다.

절의 학습내용

▶ **키르히호프의 전류 법칙을 적용한다.**

  ▶ 키르히호프의 전류 법칙을 설명한다.

  ▶ 절점(node)을 정의한다.

  ▶ 지로전류를 합하여 총 전류를 계산한다.

  ▶ 미지의 지로전류를 계산한다.

키르히호프의 전류 법칙(Kirchhoff's current law : KCL)은 다음과 같이 설명된다.

임의의 절점에 대하여 유입되는 전류의 총합(전체 유입전류)과 유출되는 전류의 총합(전체 유출전류)은 같다.

절점(node)이란 회로에서 두 개 이상의 소자가 연결된 점을 말한다. 따라서 병렬 회로에 서의 절점은 병렬 지로가 합쳐지는 점이다. 예를 들면, 그림 5-26에서 점 A는 하나의 절점이고 점 B도 또 다른 하나의 절점이다. 전원의 음의 단자에서 출발하여 전류의 흐름을 따라가 보자. 전원으로부터 유출되는 총 전류 I_T는 절점 A로 유입된다. 이 절점에서 전류는 그림에서 표시한 바와 같이 세 개의 지로전류로 나누어진다. 세 지로전류(I_1, I_2, I_3)는 절점 A에서 유출된 것이다. 키르히호프의 전류 법칙은 이 절점 A로 유입되는 총 전류가 절점 A에서 유출되는 총 전류와 같다는 것이다. 즉,

그림 5–26

키르히호프의 전류 법칙 : 유입되는 전류는 유출되는 전류의 합과 같다

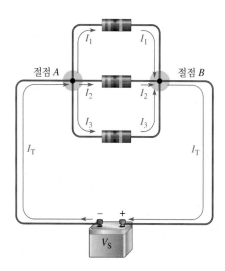

$$I_T = I_1 + I_2 + I_3$$

그리고 그림 5-26에서 세 지로를 지나는 전류를 따라가면 절점 B에 도달하게 된다. 여기에서 전류 I_1, I_2, I_3는 절점 B로 유입되고, 전류 I_T는 절점 B에서 유출된다. 따라서 절점 B에서의 키르히호프의 전류 법칙에 관한 식은 절점 A에서와 동일하다.

$$I_1 + I_2 + I_3 = I_T$$

그림 5-27은 여러 개의 지로가 회로의 한 점에 연결되어 있는 일반적인 절점을 나타낸 것이다. 전류 $I_{IN(1)}$에서 $I_{IN(n)}$까지는 절점으로 유입되는 전류이다(n은 임의의 수). 전류 $I_{OUT(1)}$에서 $I_{OUT(m)}$까지는 절점에서 유출되는 전류이다(m은 임의의 수이지만 n과 같을 필요는 없다).

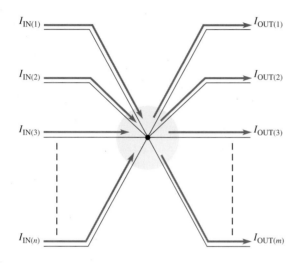

$$I_{IN(1)} + I_{IN(2)} + I_{IN(3)} + \cdots + I_{IN(n)} = I_{OUT(1)} + I_{OUT(2)} + I_{OUT(3)} + \cdots I_{OUT(m)}$$

그림 5–27

일반적인 회로 절점에 적용된 키르히호프의 전류 법칙

키르히호프의 전류 법칙에 따라, 절점으로 유입되는 전류의 합은 절점으로부터 유출되는 전류의 합과 같아야 한다. 그림 5-27을 참고하여 키르히호프의 전류 법칙의 일반식을 유도해 보면 다음과 같다.

$$I_{IN(1)} + I_{IN(2)} + I_{IN(3)} + \cdots + I_{IN(n)} = I_{OUT(1)} + I_{OUT(2)} + I_{OUT(3)} + \cdots + I_{OUT(m)} \qquad (5\text{-}4)$$

식 (5-4)의 우변의 모든 항들을 좌변으로 옮기면, 이 항들은 (−) 부호가 되고 우변은 영(0)이 되므로

$$I_{IN(1)} + I_{IN(2)} + I_{IN(3)} + \cdots + I_{IN(n)} - I_{OUT(1)} - I_{OUT(2)} - I_{OUT(3)} - \cdots - I_{OUT(m)} = 0$$

이 된다. 따라서 키르히호프의 전류 법칙은 이런 방법으로도 설명될 수 있다.

임의의 절점에서 유출 및 유입되는 전류들의 총합은 영(0)이다.

그림 5-28과 같이 회로를 연결하고 각 지로의 전류와 전원으로부터의 총 전류를 측정해 봄으로써 키르히호프의 전류 법칙을 증명할 수 있다. 여기서 지로전류를 서로 더하면 그 합은 전체 전류와 같다. 이 법칙은 지로의 수에 관계 없이 성립한다.

다음 세 예제를 통해 키르히호프의 전류 법칙을 이용하는 방법을 알아보자.

그림 5–28

키르히호프의 전류 법칙 증명

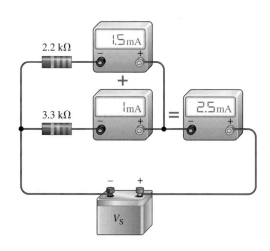

예제 5–12

그림 5-29의 회로에서 지로전류는 이미 알고 있다. 이 때 절점 A로 유입되는 총 전류와 절점 B에서 유출되는 총 전류를 구하시오.

그림 5–29

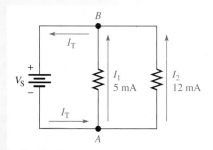

해 절점 A에서 유출되는 총 전류는 두 지로전류의 합이다. 따라서 절점 A로 유입되는 총 전류는 다음과 같다.

$$I_T = I_1 + I_2 = 5\,\text{mA} + 12\,\text{mA} = \textbf{17 mA}$$

절점 B로 유입되는 총 전류는 두 지로전류의 합이다. 따라서 절점 B에서 유출되는 총 전류는 다음과 같다.

$$I_T = I_1 + I_2 = 5\,\text{mA} + 12\,\text{mA} = \textbf{17 mA}$$

관련 문제 그림 5-29의 회로에서 세 번째 저항이 병렬 지로에 추가되어, 이 지로에는 3 mA의 전류가 흐른다. 절점 A로 유입되는 전류와 절점 B에서 유출되는 전류는 얼마인가?

 CD-ROM에서 Multisim E05-12 파일을 열고, 총 전류가 지로전류의 합과 같은지를 검증한 후 관련 문제에 대해서도 반복하라.

예제 5–13

그림 5-30에서 R_2에 흐르는 전류를 구하시오.

해 절점 A로부터의 총 전류는 $I_T = I_1 + I_2 + I_3$이다. 그림 5-30에 R_1과 R_3를 통하여 흐르는 지로전류와 총 전류가 나타나 있다. 따라서, I_2의 값을 구하면 다음과 같다.

$$I_2 = I_T - I_1 - I_3 = 100\,\text{mA} - 30\,\text{mA} - 20\,\text{mA} = \textbf{50 mA}$$

그림 5-30

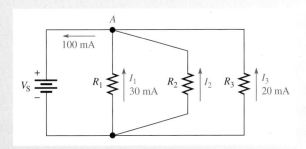

관련 문제   그림 5-30의 회로에 12 mA인 네 번째 지로가 추가된 경우, I_T와 I_2를 계산하시오.

   CD-ROM에서 Multisim E05-13 파일을 열고, 계산된 I_2 값을 검증한 후 관련 문제에 대해서도 반복하라.

예제 5-14   그림 5-31에서 키르히호프의 전류 법칙을 이용하여 전류계 A3와 전류계 A5에서 측정되는 전류값을 구하시오.

그림 5-31

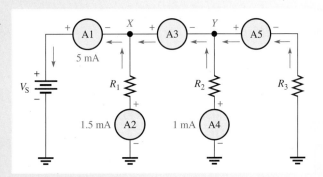

해   절점 X로부터 유출되는 총 전류는 5 mA이다. 절점 X로 유입되는 두 전류, 즉 저항 R_1을 통하여 흐르는 1.5 mA와 A3를 통하여 흐르는 전류가 유입된다. 절점 X에 적용된 키르히호프의 전류 법칙은 다음과 같다.

$$5 \text{ mA} = 1.5 \text{ mA} + I_{A3}$$

여기서 I_{A3}를 구하면 다음과 같다.

$$I_{A3} = 5 \text{ mA} - 1.5 \text{ mA} = \textbf{3.5 mA}$$

절점 Y로 유출되는 총 전류는 $I_{A3} = 3.5$ mA이다. 절점 Y로 유입되는 두 전류, 즉 저항 R_2를 통하여 흐르는 1 mA와 A5와 R_3를 통하여 또 하나의 전류가 유입된다. 절점 Y에 키르히호프의 전류 법칙을 적용하면 다음과 같이 되고,

$$3.5 \text{ mA} = 1 \text{ mA} + I_{A5}$$

이를 I_{A5}에 대해 정리하여 풀면 I_{A5}는 다음과 같이 된다.

$$I_{A5} = 3.5 \text{ mA} - 1 \text{ mA} = \textbf{2.5 mA}$$

관련 문제   그림 5-31의 회로에서 R_3 아래에 전류계를 연결하면, 이 전류계에서 측정되는 전류값은 얼마인가? 전지의 음의 단자 아래에 전류계를 연결하면 어떻게 되겠는가?

5-5 복습문제

1. 키르히호프의 전류 법칙을 2가지 방법으로 설명하시오.
2. 3개의 병렬 지로가 연결된 절점에 2.5 A의 총 전류가 유입된다. 이 세 병렬 지로전류의 합은 얼마인가?
3. 그림 5-32에서 100 mA와 300 mA의 전류가 절점에 유입된다면, 절점에서 유출되는 전류의 크기는 얼마인가?
4. 그림 5-33의 회로에서 I_1을 구하시오.
5. 한 절점에 2개의 지로전류가 유입되고 동일한 절점에서 2개의 지로전류가 유출된다. 유입되는 전류 중의 하나는 1 A이고, 유출되는 전류 중의 하나는 3 A이다. 이 절점에 유입되는 총 전류와 유출되는 총 전류는 8 A이다. 이 때 유입되는 미지의 전류값과 유출되는 미지의 전류값을 구하시오.

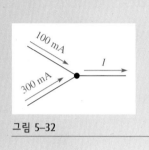

그림 5-32

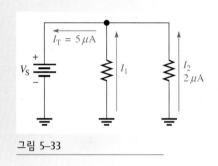

그림 5-33

5-6 전류 분배기

병렬 회로는 병렬 지로의 절점으로 유입된 전류가 개개의 지로전류로 '나누어지기' 때문에 **전류 분배기(current divider)**로서의 역할을 한다.

절의 학습내용

▶ **병렬 회로를 전류 분배기로서 사용한다.**

　▶ 전류 분배기 공식을 적용한다.

　▶ 미지의 지로전류를 계산한다.

　병렬 회로에서 병렬 지로의 절점으로 유입되는 총 전류는 각 지로로 분배된다. 따라서 병렬 회로는 전류 분배기의 역할을 한다. 이러한 전류 분배기의 원리를 그림 5-34에 나타내었다. 총 전류 I_T의 일부는 R_1을 통해 흐르고 나머지는 R_2를 통해 흐른다.

그림 5-34

총 전류는 두 지로로 분배된다

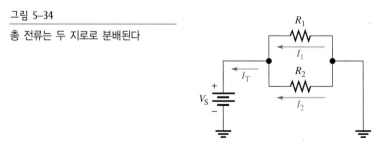

각 병렬 저항의 양단에는 같은 전압이 걸리므로, 지로전류는 저항값에 반비례한다. 예를 들어, R_2의 크기가 R_1의 두 배라면 I_2의 크기는 I_1의 절반이 된다. 바꾸어 말하면,

총 전류는 저항값에 반비례하여 병렬 저항에 분배된다.

옴의 법칙에 의해, 큰 저항이 연결된 지로에는 작은 전류가 흐르고, 작은 저항이 연결된 지로에는 큰 전류가 흐른다. 만약 모든 지로에 동일한 저항값을 가지고 있다면, 지로전류는 모두 같게 된다.

그림 5-35는 지로의 저항값에 따라 전류가 어떻게 분배되는지를 알아보기 위해 특정한 소자값을 사용하여 나타낸 것이다. 이 경우 위 지로의 저항값이 아래 지로의 저항값의 1/10이므로, 위 지로전류가 아래 지로전류의 10배가 됨을 알 수 있다.

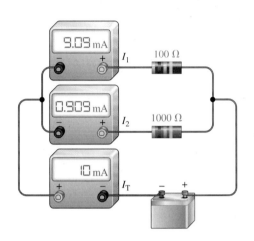

그림 5-35

작은 저항값을 갖는 지로에서는 많은 전류가 흐르고, 큰 저항값을 갖는 지로에서는 작은 전류가 흐른다

전류 분배기 공식

여러 개의 병렬 저항 사이를 흐르는 전류가 어떻게 분배되는지에 대한 공식을 구할 수 있다. 그림 5-36과 같이 n개의 저항이 병렬로 연결된 회로를 생각해 보자. 여기서 n은 임의의 수이다.

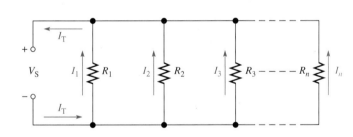

그림 5-36

n개의 지로를 갖는 병렬 회로

임의의 한 병렬 저항을 통해 흐르는 전류를 I_x라고 하자. 여기서 x는 x번째 지로의 저항임을 의미한다. 옴의 법칙에 의해 그림 5-36의 임의의 한 저항에 흐르는 전류는 다음과 같다.

$$I_x = \frac{V_S}{R_x}$$

전원전압 V_S는 각 병렬 저항 양단에 걸리며, R_x는 병렬 저항들 중의 하나임을 의미한다. 전체 전원전압 V_S는 총 전류와 병렬 합성저항의 곱과 같다.

$$V_S = I_T R_T$$

I_x의 수식에서 V_S 대신 $I_T R_T$를 대입하면 다음과 같고,

$$I_x = \frac{I_T R_T}{R_x}$$

이 식을 재정리하면 다음과 같이 된다.

$$I_x = \left(\frac{R_T}{R_x}\right)I_T \tag{5-5}$$

여기서 x는 1, 2, 3, ⋯ 등이다. 식 (5-5)는 일반적인 전류 분배기 공식이며, 다수의 지로를 갖는 병렬 회로에 적용할 수 있다.

특정 지로의 전류(I_x)는 병렬 합성저항(R_T)을 그 지로저항(R_x)으로 나눈 다음 병렬 지로들의 절점에 유입되는 총 전류(I_T)를 곱한 것과 같다.

예제 5–15   그림 5-37의 회로에서 각 저항에 흐르는 전류를 구하시오.

그림 5–37

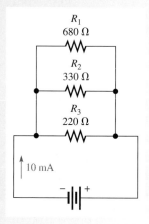

해   먼저 병렬 합성저항을 구한다.

$$R_T = \frac{1}{\dfrac{1}{R_1} + \dfrac{1}{R_2} + \dfrac{1}{R_3}} = \frac{1}{\dfrac{1}{680\,\Omega} + \dfrac{1}{330\,\Omega} + \dfrac{1}{220\,\Omega}} = 111\,\Omega$$

총 전류는 10 mA이고, 식 (5-5)를 이용하여 각 지로전류를 계산하면 다음과 같이 된다.

$$I_1 = \left(\frac{R_T}{R_1}\right)I_T = \left(\frac{111\,\Omega}{680\,\Omega}\right)10\,\text{mA} = \mathbf{1.63\,mA}$$

$$I_2 = \left(\frac{R_T}{R_2}\right)I_T = \left(\frac{111\,\Omega}{330\,\Omega}\right)10\,\text{mA} = \mathbf{3.36\,mA}$$

$$I_3 = \left(\frac{R_T}{R_3}\right)I_T = \left(\frac{111\,\Omega}{220\,\Omega}\right)10\,\text{mA} = \mathbf{5.05\,mA}$$

관련 문제   그림 5-37의 회로에서 R_3가 제거되었을 때 각 저항에 흐르는 전류를 구하시오. 이 때의 전압은 동일하게 인가되고 있다고 가정한다.

두 개의 지로에 대한 전류 분배기 공식   전압과 저항값을 알고 있을 때, 어떤 병렬 지로에서 전류의 값은 옴의 법칙($I = V/R$)을 적용하여 구할 수 있다. 전체 전류의 값은 알고 있지만 전

압의 값을 알지 못할 때, 다음의 공식을 사용해서 지로전류(I_1과 I_2)를 구할 수 있다.

$$I_1 = \left(\frac{R_2}{R_1 + R_2}\right)I_T \tag{5-6}$$

$$I_2 = \left(\frac{R_1}{R_1 + R_2}\right)I_T \tag{5-7}$$

이러한 공식은 어느 한 지로의 전류는 반대쪽 지로의 저항을 두 저항의 합으로 나눈 다음 총 전류를 곱하여 구할 수 있다. 전류 분배기 공식의 모든 응용에서, 병렬 지로에 흐르는 총 전류를 알아야 한다.

예제 5–16

그림 5–38

그림 5-38의 회로에서 I_1과 I_2를 구하시오.

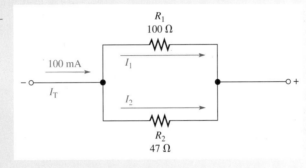

해 I_1을 구하기 위해 식 (5-6)을 사용한다.

$$I_1 = \left(\frac{R_2}{R_1 + R_2}\right)I_T = \left(\frac{47\ \Omega}{147\ \Omega}\right)100\ \text{mA} = \textbf{32.0 mA}$$

I_2를 구하기 위해 식 (5-7)을 사용한다.

$$I_2 = \left(\frac{R_1}{R_1 + R_2}\right)I_T = \left(\frac{100\ \Omega}{147\ \Omega}\right)100\ \text{mA} = \textbf{68.0 mA}$$

관련 문제 그림 5-38에서 $R_1 = 56\ \Omega$, $R_2 = 82\ \Omega$이고, I_T의 값이 동일한 경우, 각 지로에 흐르는 전류를 구하시오.

5–6 복습문제

1. 다음 병렬 지로의 저항값을 갖는 병렬 회로가 있다 : 220 Ω, 100 Ω, 68 Ω, 56 Ω, 22 Ω. 이 회로에서 최대 전류가 흐르는 저항과 최소 전류가 흐르는 저항은 어느 것인가?
2. 그림 5-39에서 R_3에 흐르는 전류를 구하시오.
3. 그림 5-40의 회로에서 각 저항에 흐르는 전류를 구하시오.

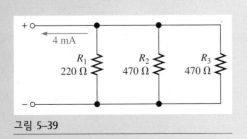

그림 5–39

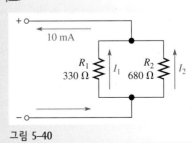

그림 5–40

5–7 병렬 회로에서의 전력

병렬 회로에서의 총 전력은 직렬 회로에서와 마찬가지로 각각의 저항에서의 전력을 모두 합한 것이다.

절의 학습내용

▶ **병렬 회로의 전력을 계산한다.**

식 (5-8)은 n개의 저항기가 병렬로 연결되었을 때, 회로의 총 전력을 간단하게 구하는 공식이다.

$$P_T = P_1 + P_2 + P_3 + \cdots + P_n \qquad (5\text{-}8)$$

여기서 P_T = 총 전력

P_n = n번째 병렬 저항에서의 전력

위의 식에서 알 수 있듯이 총 전력은 직렬 회로에서와 마찬가지로 각각의 전력의 합으로 나타난다. 3장의 전력 공식은 병렬 회로에서도 직접 적용될 수 있다. 아래 공식을 사용하여 총 전력 P_T를 계산할 수 있다.

$$P_T = V_S I_T$$

$$P_T = I_T^2 R_T$$

$$P_T = \frac{V_S^2}{R_T}$$

여기서 V_S = 병렬 회로의 양단에 걸리는 전압

I_T = 병렬 회로로 유입되는 총 전류

R_T = 병렬 회로의 합성저항

예제 5-17과 예제 5-18을 통해 병렬 회로에서 총 전력을 구하는 방법을 설명한다.

예제 5–17

그림 5-41의 병렬 회로에서 총 전력을 계산하시오.

그림 5-41

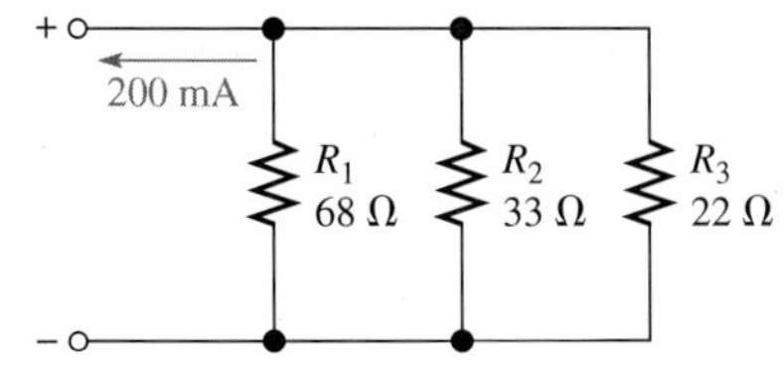

해 총 전류는 200 mA이고, 합성저항은 다음과 같다.

$$R_T = \frac{1}{\dfrac{1}{68\,\Omega} + \dfrac{1}{33\,\Omega} + \dfrac{1}{22\,\Omega}} = 11.1\,\Omega$$

I_T와 R_T를 알고 있으므로, 이용하기 가장 편리한 공식은 $P_T = I_T^2 R_T$이다. 그러므로

$$P_T = I_T^2 R_T = (200\,\text{mA})^2 (11.1\,\Omega) = \mathbf{444\,mW}$$

각 저항에서 전력을 구하여 이를 합한 값이 위의 결과와 같은지를 증명해 보자. 먼저 회로의 각 지로에 걸리는 전압은 다음과 같다.

$$V_S = I_T R_T = (200 \text{ mA})(11.1 \ \Omega) = 2.22 \text{ V}$$

모든 병렬 지로의 전압은 같다는 것을 기억하자.

다음으로 $P = V_S^2/R$을 이용하여 각 저항에서 소모되는 전력을 계산한다.

$$P_1 = \frac{(2.22 \text{ V})^2}{68 \ \Omega} = 72.5 \text{ mW}$$

$$P_2 = \frac{(2.22 \text{ V})^2}{33 \ \Omega} = 149 \text{ mW}$$

$$P_3 = \frac{(2.22 \text{ V})^2}{22 \ \Omega} = 224 \text{ mW}$$

이제 위의 전력들을 전부 더하면 총 전력을 구할 수 있다.

$$P_T = 72.5 \text{ mW} + 149 \text{ mW} + 224 \text{ mW} = \textbf{446 mW}$$

이 계산의 결과, 각각의 저항에서 소모되는 전력의 합이 전력 공식으로 구한 총 전력과 동일하다는 것을 알 수 있다. 두 값 사이에 약간의 차이가 발생하는데 이는 유효숫자를 세 번째 자리로 반올림했기 때문이다.

관련 문제 그림 5-41에서 총 전류를 2배로 했을 때의 총 전력을 구하시오.

예제 5–18 그림 5-42와 같이 1개의 스테레오 증폭기가 2개의 스피커를 구동시킨다. 스피커의 최대 전압이 15 V라면 증폭기는 얼마만큼의 전력을 스피커에 전달시킬 수 있는가?

채널 1
스테레오
증폭기

8 Ω

8 Ω

그림 5–42

해 스피커는 증폭기 출력단에 병렬로 연결되어 있으므로 각 스피커 양단의 전압은 동일하다. 각 스피커의 최대 전력은 다음과 같다.

$$P_{max} = \frac{V_{max}^2}{R} = \frac{(15 \text{ V})^2}{8 \ \Omega} = 28.1 \text{ W}$$

총 전력은 각각의 스피커에서의 전력의 합이므로, 증폭기가 이 스피커 시스템에 전달할 수 있는 총 전력은 각 스피커 전력의 2배가 된다.

$$P_{T(max)} = P_{max} + P_{max} = 2P_{max} = 2(28.1 \text{ W}) = \textbf{56.2 W}$$

관련 문제 위의 증폭기가 최대 18 V를 발생시킬 수 있다면, 스피커에 전달되는 최대 총 전력은 얼마인가?

5-7 복습문제	1. 병렬 회로에서 각 저항에서의 전력을 알고 있다면, 총 전력은 어떻게 구할 수 있는가?
	2. 병렬 회로에서 저항에서의 소비전력이 1 W, 2 W, 5 W, 8 W이라면 이 회로의 총 전력은 얼마인가?
	3. 1.0 kΩ, 2.7 kΩ, 3.9 kΩ의 저항이 병렬로 연결된 회로에서 병렬 회로로 유입되는 총 전류는 1 mA 이다. 총 전력은 얼마인가?

5-8 고장진단

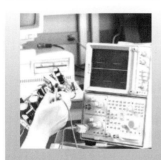

개방회로는 전류의 흐름이 끊어진 것으로 전류가 없는 상태이다. 이 절에서는 병렬 지로에서의 개방 상태가 병렬 회로에 어떠한 영향을 미치는지에 대해 살펴본다.

절의 학습내용

▶ **병렬 회로의 고장을 진단한다.**

　　▶ 개방회로를 점검한다.

개방지로

그림 5-43과 같이 스위치를 병렬 회로의 한 지로에 연결함으로써, 회로의 연결 또는 개방이 가능하다. 그림 5-43(a)와 같이 스위치가 닫히면, R_1과 R_2는 병렬 연결이 된다. 합성저항은 50 Ω이 된다(100 Ω 저항 2개를 병렬 연결). 전류는 두 저항을 통해 흐른다. 그림 5-43(b)와 같이 스위치를 개방하면, R_1은 회로로부터 제거되어 합성저항은 100 Ω이 된다. 전류는 이제 R_2를 통해서만 흐른다.

그림 5-43

스위치를 개방하였을 때, 총 전류는 감소하고 R_2에 흐르는 전류는 변화가 없다

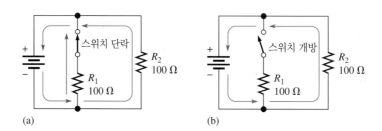

(a)　　　　　　　　　　　(b)

병렬 지로에서 회로가 개방되면 합성저항은 증가하고, 총 전류는 감소한다. 그리고 이 전류는 남아 있는 각각의 병렬 경로를 통해 계속 흐른다.

그림 5-44의 전구회로를 살펴보자. 12 V 단일 전원에 4개의 전구가 병렬로 연결되어 있다. 그림 5-44(a)에서, 각 전구를 통해 전류가 흐른다. 한 개의 전구가 고장이 났다고 가정하면, 그림 5-44(b)와 같이 하나의 경로가 개방된다. 개방경로로는 전류가 흐르지 않기 때문에 전구의 불은 꺼진다. 그러나 병렬로 연결된 나머지 전구를 통해 전류는 계속 흘러 불은 계속 켜져 있다. 경로가 개방되더라도 병렬 지로 양단의 전압은 변화되지 않는다. 그러므로 병렬 지로 양단의 전압은 12 V를 계속 유지한다.

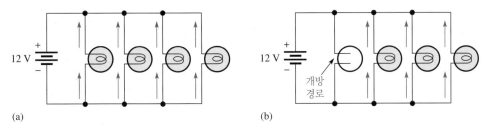

그림 5-44

한 전구가 개방되었을 때, 총 전류는 감소하고 다른 지로에 흐르는 전류는 변화 없이 그대로 흐른다

한 개 이상의 전구가 꺼지더라도 다른 전구에 영향을 주지 않기 때문에 조명 시스템에서는 직렬 회로보다 병렬 회로가 유용하다는 것을 알 수 있었다. 직렬 회로에서는 하나의 전구가 꺼지면 전류 경로가 완전히 차단되기 때문에 나머지 전구들은 모두 꺼진다.

병렬 회로에서 하나의 저항이 개방되었을 때, 모든 지로 양단에 동일한 전압이 존재하기 때문에 개방저항은 지로 양단 전압 측정으로 위치를 알 수 없다. 따라서 간단하게 전압만을 측정하여 저항이 개방되었는지 알 수 있는 방법은 없다(회로를 어느 정도 손상시 상태는 제외). 그림 5-45(중간의 저항이 개방되어 있다)에 보여져서 알 수 있듯이 개방되지 않은 저항과 개방된 저항에 걸리는 전압은 동일하다.

개방된 저항을 육안 검사로 찾아낼 수 없다면, 전류를 측정하거나 자체의 저항을 측정하여 찾아야 한다. 전류나 저항을 측정한다는 것은 전압을 측정하는 것보다 다소 번거롭다. 왜냐하면, 저항을 측정하기 위해서는 반드시 회로를 끊고, 전류를 측정하기 위해서는 전류계를 직렬로 넣어야 하기 때문이다. 따라서 DMM을 이용하여 저항과 전류를 측정하기 위해서는 부품이 PCB로부터 분리되거나 도선 또는 PCB 연결선이 잘라져야 한다. 물론 전압을 측정할 경우에는 단지 전압계의 단자를 소자 양단에 연결하여 측정하면 되기 때문에 이 같은 절차는 필요하지 않다.

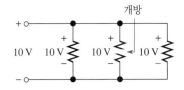

그림 5-45

모든 병렬 지로는(개방 또는 단락) 동일한 전압을 갖는다

전류 측정으로 개방지로 찾기

병렬 회로에서 개방으로 의심되는 지로를 찾기 위해서는 총 전류를 측정하여야 한다. 병렬 연결된 저항이 개방되었을 때, 총 전류 I_T는 항상 정상적인 값보다 작다. 지로 양단의 전압과 I_T의 값을 알면, 모든 저항이 다른 값을 가질 때 간단한 계산으로 개방된 저항의 값을 계산할 수 있다.

그림 5-46(a)에서 두 개의 지로를 갖는 회로를 생각해 보자. 한 개의 저항이 개방되었다면, 총 전류는 정상적인 저항으로 흐르는 전류와 같을 것이다. 옴의 법칙으로 각 저항에 흐르는 전류값은 다음과 같다.

$$I_1 = \frac{50\,\text{V}}{560\,\Omega} = 89.3\,\text{mA}$$

$$I_2 = \frac{50\,\text{V}}{100\,\Omega} = 500\,\text{mA}$$

$$I_T = I_1 + I_2 = 589.3\,\text{mA}$$

그림 5-46(b)에 나타난 것과 같이 R_2가 개방되면, 총 전류는 89.3 mA이다. 그림 5-46(c)에 나타난 것과 같이 R_1이 개방되면, 총 전류는 500 mA이다.

유용한 정보

회로에 손상을 주지 않고 전류계를 연결하여 전류를 측정하기 위한 방법으로는 원래 회로에서 측정하고자 하는 선에 미리 1 Ω의 직렬 저항을 삽입해 놓는 것이다. 이 작은 '감지' 저항은 총 저항에는 영향을 주지 않는다. 감지 저항에 걸리는 양단 전압을 측정함으로써 자동적으로 전류를 얻을 수 있게 된다.

$$I = \frac{V}{R} = \frac{V}{1\,\Omega} = V$$

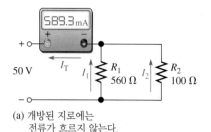

(a) 개방된 지로에는
    전류가 흐르지 않는다.

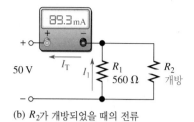

(b) R_2가 개방되었을 때의 전류

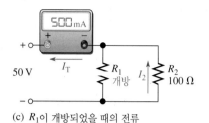

(c) R_1이 개방되었을 때의 전류

그림 5–46

전류 측정으로 개방된 경로 찾기

이러한 시행과정은 서로 다른 저항값을 갖는 지로들에 적용할 수 있다. 만약 병렬 저항 모두가 같다면, 각 지로에 흐르는 전류를 점검해서 전류가 흐르지 않는 지로를 찾아야 한다. 이것이 개방된 저항이다.

예제 5–19

그림 5–47에서의 병렬 회로에서 31.09 mA의 총 전류가 흐르고 있고, 병렬 지로 양단의 전압은 20 V이다. 한 개의 저항이 개방되었다면 이는 어느 저항이겠는가?

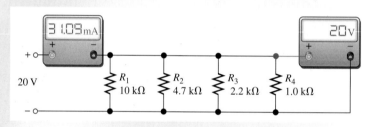

그림 5–47

해 각 지로에 흐르는 전류를 계산한다.

$$I_1 = \frac{V}{R_1} = \frac{20\,V}{10\,k\Omega} = 2\,mA$$

$$I_2 = \frac{V}{R_2} = \frac{20\,V}{4.7\,k\Omega} = 4.26\,mA$$

$$I_3 = \frac{V}{R_3} = \frac{20\,V}{2.2\,k\Omega} = 9.09\,mA$$

$$I_4 = \frac{V}{R_4} = \frac{20\,V}{1.0\,k\Omega} = 20\,mA$$

총 전류는 다음과 같다.

$$I_T = I_1 + I_2 + I_3 + I_4 = 2\,mA + 4.26\,mA + 9.09\,mA + 20\,mA = 35.35\,mA$$

실제 측정된 전류는 31.09 mA로 정상적인 값보다 4.26 mA 작다. 즉, 4.26 mA가 흐르는 지로가 개방되어 있음을 의미한다. 따라서 **R_2가 개방되었다.**

관련 문제 그림 5–47에서 R_2가 아닌 R_4가 개방되었다면 측정된 총 전류는 어떻게 되는가?

 CD-ROM에서 Multisim E05-19 파일을 열고, 총 전류와 각 저항에 흐르는 전류를 측정하라. 회로에는 오류가 없다.

저항 측정으로 개방지로 찾기

점검하여야 하는 병렬 회로가 전압원 및 다른 회로와 연결되어 있지 않다면, 합성저항을 측정하여 개방지로의 위치를 찾을 수 있다.

컨덕턴스 G는 저항의 역수($1/R$)이며, 단위는 지멘스(S)임을 상기하자. 병렬 회로의 총 컨덕턴스는 모든 저항의 컨덕턴스의 합과 같다.

$$G_T = G_1 + G_2 + G_3 + \cdots + G_n$$

개방지로의 위치를 확인하기 위해서는 다음과 같은 단계를 수행한다.

1. 총 컨덕턴스는 각 저항값을 사용하여 계산한다.

$$G_{T(calc)} = \frac{1}{R_1} + \frac{1}{R_2} + \frac{1}{R_3} + \cdots + \frac{1}{R_n}$$

2. 저항계로 합성저항을 측정하고, 이를 총 컨덕턴스로 환산한다.

$$G_{T(meas)} = \frac{1}{R_{T(meas)}}$$

3. 계산된 총 컨덕턴스(1단계)에서 측정된 총 컨덕턴스(2단계)를 뺀다. 이 결과가 개방지로의 컨덕턴스가 되고, 이 값의 역수를 취하면 저항값($R = 1/G$)을 구할 수 있다.

$$R_{open} = \frac{1}{G_{T(calc)} - G_{T(meas)}}$$

예제 5–20 그림 5-48에서 1번 핀과 4번 핀 사이에서 측정한 저항값은 402 Ω이다. PCB상에서 개방지로를 점검하시오.

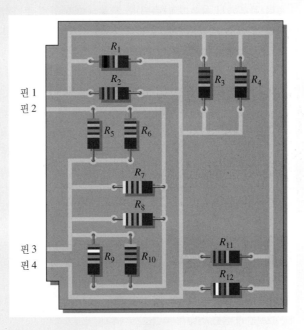

그림 5–48

해　1번 핀과 4번 핀 사이의 회로는 다음과 같은 과정으로 점검한다.

1. 총 컨덕턴스는 각 저항값을 사용하여 계산되어야 한다.

$$G_{T(calc)} = \frac{1}{R_1} + \frac{1}{R_2} + \frac{1}{R_3} + \frac{1}{R_4} + \frac{1}{R_{11}} + \frac{1}{R_{12}}$$

$$= \frac{1}{1.0\,k\Omega} + \frac{1}{1.8\,k\Omega} + \frac{1}{2.2\,k\Omega} + \frac{1}{2.7\,k\Omega} + \frac{1}{3.3\,k\Omega} + \frac{1}{3.9\,k\Omega}$$

$$= 2.94\,mS$$

2. 측정된 총 컨덕턴스를 계산한다.

$$G_{T(meas)} = \frac{1}{402\,\Omega} = 2.49\,mS$$

3. 계산된 총 컨덕턴스(1단계)에서 측정된 총 컨덕턴스(2단계)를 뺀다. 이 결과가 개방지로의 컨덕턴스가 되고, 이 값의 역수를 취하면 저항값($R = 1/G$)을 구할 수 있다.

$$G_{open} = G_{T(calc)} - G_{T(meas)} = 2.94\,mS - 2.49\,mS = 0.45\,mS$$

$$R_{open} = \frac{1}{G_{open}} = \frac{1}{0.45\,mS} = 2.2\,k\Omega$$

저항 **R_3가 개방**되어 있어서 교체되어야 한다.

관련 문제　그림 5-48의 PCB상에서 2번 핀과 3번 핀 사이에 있는 저항계가 9.6 kΩ을 가리키고 있다. 이것이 맞는지 계산하시오. 맞지 않다면 어떤 저항이 개방되었는가?

단락지로

병렬 회로에서 지로가 단락되면, 전류는 과도하게 증가하여 저항이 소손되어 회로 개방이 되거나 퓨즈 또는 차단기가 동작한다. 이 때 단락된 지로를 따라 분리해 내기가 어렵기 때문에 까다로운 고장진단 문제가 제기된다.

펄서(pulser) 또는 전류 추적기(current tracer)는 회로의 단락 여부를 찾기 위해 사용되는 장비이다. 이들 장비는 디지털 회로에서뿐만 아니라 다른 형태의 회로에서도 유용하게 사용된다. 펄서는 회로의 선택된 부분에 펄스를 인가하여 단락된 경로를 통해 전류 펄스를 주는 장비로서 펜 형태(pen-shaped)로 생겼다. 전류 추적기 또한 펜 형태로 생겼으며, 전류를 감지하는 장비이다. 이 추적기로 전류를 추적함으로써 전류 경로를 찾을 수 있다.

5-8 복습문제

1. 병렬 회로 양단에 정전압이 가해지고 있을 때 지로가 개방되면, 회로의 전압과 전류에는 어떤 변화가 일어나는가?
2. 한 지로가 개방되면 합성저항은 어떻게 되는가?
3. 병렬로 연결되어 있는 여러 개의 전구 가운데 한 개가 개방되었다면, 나머지 전구들은 계속 켜져 있겠는가?
4. 병렬 회로의 각 지로에 1 A의 전류가 흐르고 있다. 한 지로가 개방된다면, 남아 있는 각 지로에 흐르는 전류는 어떻게 되겠는가?
5. 병렬 회로의 세 지로에 각각 1 mA, 2.5 mA, 1.2 mA의 전류가 흐르고 있다. 측정한 총 전류값이 3.5 mA라면, 어느 지로가 개방되었는가?

응용 과제

이번 응용에서는 DC 전원 공급기에 부하로 흐르는 전류를 지시할 수 있도록 3가지 계측 범위를 갖는 전류계를 추가하여 수정될 것이다. 전류계의 계측 범위를 확장하기 위해 병렬 저항이 사용된다. 이러한 저항을 분로저항(shunt resistor)이라 하고, 이 경우에는 계측기 무브먼트의 전류를 우회(bypass)시키는 역할을 한다. 이 분로저항을 이용하면 원래의 계측 범위에 맞는 최대 전류보다 더 큰 전류를 효율적으로 측정할 수 있게 된다. 다중 범위의 아날로그 측정회로는 바늘이 가리키는 최대 범위를 초과하여 표시하기 위해 계측기 무브먼트에 병렬로 저항이 추가 배치된다.

동작의 기본 이론

병렬 회로는 이러한 형태의 전류계 동작에서 매우 중요한 부분이다. 전류계에서 다양한 전류의 값을 측정하기 위해서는 이 병렬 회로를 이용하여 다양한 범위를 선택할 수 있기 때문이다.

지시계가 전류에 비례하여 동작하도록 하기 위한 아날로그 전류계의 메커니즘을 계측기 무브먼트라고 한다. 이것은 7장에서 배울 마그네틱 원리를 이용한다. 계측기 무브먼트는 어떤 저항값과 최대 전류에 기초하여 이루어진다는 것이다. 여기서 최대 전류는 최대눈금 편향전류(full-scale deflection current)라고 불리며 지시계가 계측 범위의 끝을 나타내도록 한다. 예를 들어, 어떤 계측기 무브먼트가 50 Ω의 저항을 가지고 1 mA의 최대 편향전류를 가진다고 하자. 이러한 움직임을 나타내는 계측기는 1 mA 또는 그 이하의 전류를 측정할 수 있다. 1 mA보다 큰 전류가 흐르면, 지시계는 지시계가 가리킬 수 있는 최대값으로 지시될 것이다. 그림 5-49는 1 mA 계측기를 나타낸다.

그림 5-50은 계측기 무브먼트에 병렬 저항을 부가한 간단한 전류계를 나타낸다. 이렇게 부가된 저항을 분로저항(shunt resistor)이라고 한다. 이 회로를 이용하면, 측정할 수 있는 전류의 범위를 확장할 수 있으며, 계측기 무브먼트 주변에 1 mA보다 큰 전류를 우회하여 흘릴 수 있게 된다. 분로저항을 통해 9

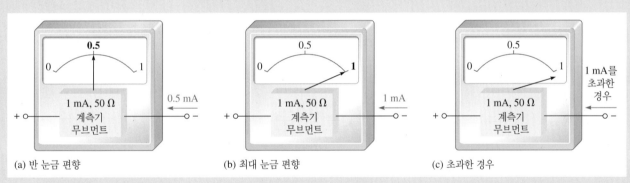

(a) 반 눈금 편향   (b) 최대 눈금 편향   (c) 초과한 경우

그림 5-49

1 mA 계측기

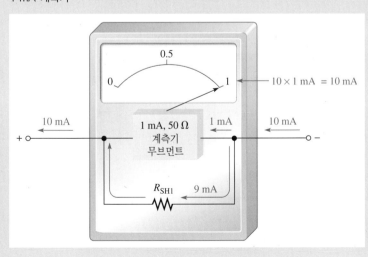

그림 5-50

10 mA 계측기

mA의 전류와 계측기 무브먼트를 통해 1 mA의 전류가 흐르는 것을 그림으로 보여주고 있다. 따라서 이러한 분로저항을 추가함으로써 10 mA를 측정할 수 있게 된다. 실제 전류값은 판독된 결과에 10을 곱하면 된다.

실제 전류계는 여러 범위의 최대 전류를 선택할 수 있는 범위 스위치(range switch)를 가진다. 각 스위치의 위치에 따라 저항값에 의해 미리 결정된 일정한 양의 전류는 병렬 저항을 통해 우회된다. 이 예에서, 계측기 무브먼트를 통해 흐르는 전류는 1 mA보다 클 수 없다.

그림 5-51은 3가지 범위(1 mA, 10 mA, 100 mA)를 가지는 전류계를 나타낸다. 범위 스위치가 1 mA 위치에 있을 때, 전류계로 흘러 들어가는 모든 전류는 계측기 무브먼트를 통해 흐른다. 10 mA로 설정되어 있으면, R_{SH1}을 통해 9 mA까지 흐르고, 계측기 무브먼트를 통해 1 mA까지 흐른다. 100 mA로 설정되어 있으면, R_{SH2}를 통해 99 mA까지 흐르고, 계측기 무브먼트는 최대 1 mA까지만 흐르게 된다.

예를 들어, 그림 5-51에서, 50 mA의 전류가 측정되었다면, 지침의 위치는 범위에서 0.5 위치에 있다. 이 값을 읽기 위해서는 0.5에 100을 곱하여야만 한다. 이 상황에서, 0.5 mA는 계측기 무브먼트를 통해 흐른 것이고, 49.5 mA는 R_{SH2}를 통해 흐른 것이다.

전원 공급기

랙 형태(rack-mounted)의 전원 공급기를 그림 5-52에 나타내었다. 전압계는 전압 제어를 사용해서 0 V에서 10 V까지 조절할 수 있는 출력전압을 표시한다. 전원 공급기는 2 A의 부하전류를 공급할 수 있다. 전원 공급기의 기본 블록도는 그림 5-53에 있다. 정류회로는 AC 전압을 DC 전압으로 변환하고, 레귤레이터 회로는 일정한 값으로 출력전압을 공급하는 역할을 한다.

전원 공급기에 3개의 전류 범위(25 mA, 250 mA, 2.5 A)를 선택할 수 있는 전류계를 추가로 연결하여 구조를 변경한다. 이것을 완성하기 위해, 2개의 분로저항을 계측기 무브먼트와 병

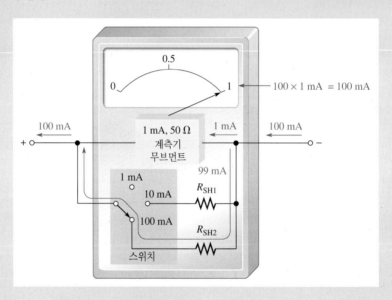

그림 5-51

3가지 전류 범위를 가지는 밀리암미터

그림 5-52

랙 형태의 전원 공급기의 전면 패널

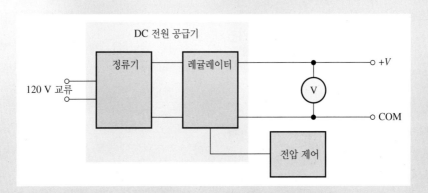

그림 5-53

DC 전원 공급기의 기본 구성도

렬로 연결하여 스위치에 의해 선택될 수 있도록 한다. 이러한 방법은 분로저항의 값이 크면 문제가 되지 않지만, 작은 값을 가지면 문제가 된다. 이것은 다음 페이지에서 학습할 것이다.

분로회로

전류계는 25 mA의 최대 눈금 편향과 6 Ω의 저항을 갖는 것을 선택한다. 2개의 분로저항은 250 mA용과 2.5 A인 최대 눈금 편향용으로 연결되어 있다. 내부 계측기 무브먼트는 25 mA를 공급할 수 있으며, 이를 그림 5-54에 나타내었다. 범위의 선택은 1개의 극에 의해 3개의 위치를 선택할 수 있는 회전 스위치(내부 접촉저항은 50 mΩ이다)로 할 수 있다. 스위치의 접촉저항은 약 20 mΩ보다 크고 약 100 mΩ보다 작아야 한다. 주어진 스위치의 접촉저항은 온도, 전류, 사용법에 따라 변하기 때문에 오차 범위 이외의 것은 허용할 수 없다. 또한 상태유지형(make-before-break)으로 동작한다. 이 의미는 스위치를 한 번 위치에 지정해 놓으면 새로운 위치로 옮기기 전까지는 상태를 유지한다는 의미이다.

2.5 A 범위에서의 분로저항의 값은 계측기 무브먼트 양단에 걸리는 전압에 의해 다음 식과 같이 결정된다.

$$V_M = I_M R_M = (25 \text{ mA})(6 \text{ Ω}) = 150 \text{ mV}$$

최대 눈금 편향인 경우 분로저항을 통해 흐르는 전류는 다음과 같다.

$$I_{SH2} = I_{FULL\ SCALE} - I_M = 2.5 \text{ A} - 25 \text{ mA} = 2.475 \text{A}$$

총 분로저항은 다음과 같다.

$$R_{SH2(tot)} = \frac{V_M}{I_{SH2}} = \frac{150 \text{ mV}}{2.475 \text{ A}} = 60.6 \text{ mΩ}$$

저항값이 작고 정밀한 저항은 일반적으로 1 mΩ에서 10 Ω까지 또는 그 이상의 저항값을 가지며 이는 다양한 제조회사로부터 출시되고 있다.

그림 5-54를 보면 스위치 접촉저항 R_{CONT}와 분로저항 R_{SH2}가 직렬로 연결되어 있다. 접촉저항을 고려할 경우 실제 분로저항 R_{SH2}의 저항값은 다음과 같이 된다.

$$R_{SH2} = R_{SH2(tot)} - R_{CONT} = 60.6 \text{ mΩ} - 50 \text{ mΩ} = 10.6 \text{ mΩ}$$

이 값 또는 근사치의 값이 실제 활용 가능하다 할지라도, 이

그림 5-54

3가지 전류 범위를 공급하기 위해 수정된 전류계

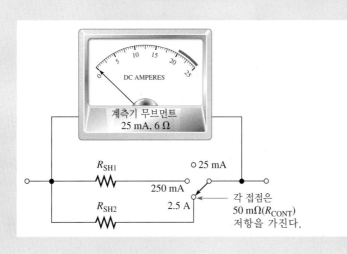

경우에서의 문제는 스위치 접촉저항이 R_{SH2}의 거의 2배라는 것이고, 어떤 변화에 의해 계측기에서 중대한 오류를 발생시킬 수 있다는 것이다. 이 과정에서 알 수 있는 바와 같이 이러한 특정 요구사항은 수용 불가능하다.

다른 접근방법

표준분로 저항회로를 변화시켜 그림 5-55에 나타내었다. 병렬 저항 R_{SH}는 2배의 전류 범위를 조정하기 위해 병렬로 연결되어 있고, 또한 25 mA의 전류 조정을 위해 2극(2-pole), 3위치 스위치(3-position switch)를 사용해서 연결이 끊어져 있다. 이 회로는 충분히 큰 저항값을 사용함으로써 스위치의 접촉저항과 무관하게 된다. 이 계측기 회로의 단점은 복잡한 스위치 구조를 가지고 있고, 입력으로부터 출력까지 전압 강하는 이전 방법의 분로회로에서보다 크다는 것이다.

250 mA 범위의 경우, 최대 눈금 편향에서 계측기 무브먼트를 통해 흐르는 전류는 25 mA이고, 계측기 무브먼트 양단의 전압은 150 mV이다.

$$I_{SH} = 250\ mA - 25\ mA = 225\ mA$$

$$R_{SH} = \frac{150\ mV}{225\ mA} = 0.67\ \Omega = 670\ m\Omega$$

R_{SH}의 값은 예측한 50 mΩ의 스위치 접촉저항보다 13배 정도가 크다. 따라서 접촉저항의 효과를 최소화하여야 한다.

2.5 A 범위의 경우, 최대 눈금 편향에서 계측기 무브먼트를 통해 흐르는 전류는 여전히 25 mA이다. 이것은 R_1을 통해 흐르는 전류이다.

$$I_{SH} = 2.5\ A - 25\ mA = 2.475\ A$$

A부터 B까지 계기에 걸리는 전압은 다음과 같다.

$$V_{AB} = I_{SH}R_{SH} = (2.475\ A)(670\ m\Omega) = 1.66\ V$$

키르히호프의 전압 법칙과 옴의 법칙을 적용하면 R_1 값을 찾을 수 있다.

$$V_{R1} + V_M = V_{AB}$$

$$V_{R1} = V_{AB} - V_M = 1.66\ V - 150\ mV = 1.51\ V$$

$$R_1 = \frac{V_{R1}}{I_M} = \frac{1.51\ V}{25\ mA} = 60.4\ \Omega$$

이 값은 스위치의 접촉저항보다 상당히 크다. 따라서 R_{CONT}의 효과는 무시해도 좋다.

▶ 그림 5-55의 각 범위 설정에 대해 R_{SH}에 의해 소비되는 최대 전력을 구하라.

▶ 그림 5-55에서 스위치가 2.5 A로 설정되고 전류가 1 A일 때, A에서 B까지 걸리는 전압은 얼마인가?

▶ 계기가 250 mA를 나타내고 있다. 스위치를 250 mA 위치에서 2.5 A 위치로 변경할 때, A에서 B까지 계측기 회로에 걸리는 전압은 얼마인가?

▶ 계측기 무브먼트가 6 Ω 대신에 4 Ω의 저항을 가진다고 가정하자. 그림 5-55의 회로에서 필수적으로 변경하여야 하는 것을 설명하라.

전원 공급기 변경 구현

적당한 저항값이 구해졌으면, 저항을 전압 공급기에 실장된 기판에 배치한다. 저항과 범위 스위치는 그림 5-56에서와 같이 전원 공급기에 연결되어진다. 전류계 회로는 전원 공급기에서 출력전압에 계측기 회로를 통한 전압 강하의 영향을 줄이기 위해 정류기와 레귤레이터 회로 사이에 연결된다. 일정한 제한 범위 내에서 레귤레이터는 계측기 회로로부터 출력되는 입력전압이 변경되더라도 일정한 DC 출력전압을 유지한다.

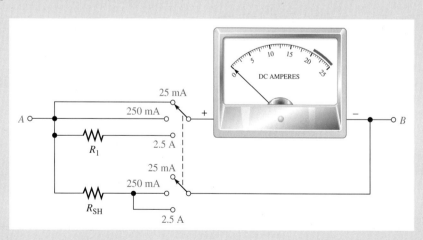

그림 5-55

스위치의 접촉저항 효과를 최소화 또는 제거하기 위해 고안된 계측기 회로. 이 스위치는 2극(2-pole), 3위치 스위치(3-position switch) 구조를 갖고, 상태유지형으로 동작한다

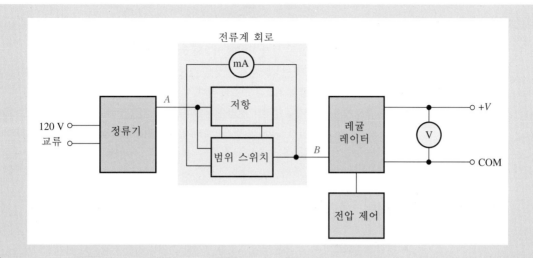

그림 5–56

3개의 범위를 선택할 수 있는 밀리암미터로 구성된 DC 전원 공급기의 구성도

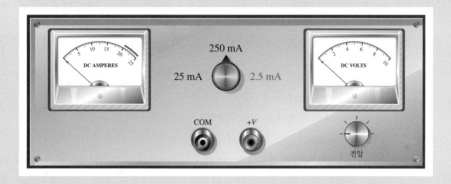

그림 5–57

밀리암미터와 전류 범위 선택 스위치를 부가한 전원 공급기

그림 5-57은 회전 범위 스위치와 밀리암미터를 부가한 전원 공급기의 전면 패널을 나타낸다.

전원 공급기는 안전 동작을 위해 최대 전류 2 A 전류를 가지고 있기 때문에, 계측기 눈금 위에 검게 표시된 부분은 2.5 A의 범위를 초과했다는 것을 의미한다.

복습문제

1. 그림 5-55에서 계기가 250 mA 범위로 설정되었을 때, 어떤 저항에 가장 많은 전류가 흐르는가?
2. 그림 5-55의 각 전류 범위에서 계측기의 A에서 B의 합성저항을 구하시오.
3. 그림 5-55의 회로가 왜 그림 5-54의 회로 대신 사용되는지 설명하시오.
4. 전류계의 지침이 15를 나타내고 범위 스위치가 250 mA로 설정되었다면 전류는 얼마인가?
5. 그림 5-55에서의 3개 범위 스위치 설정의 각각에 대해서 그림 5-58의 전류계에 의해 지시되는 전류는 얼마인가?

그림 5–58

요 약

- ▶ 병렬 저항은 개별적인 두 절점 사이에 연결된 것이다.
- ▶ 병렬 연결에서는 한 개 이상의 전류 경로를 가진다.
- ▶ 병렬 합성저항은 저항의 최소값보다 더 작다.
- ▶ 병렬 회로에서 모든 지로 양단의 전압은 동일하다.
- ▶ 키르히호프의 전류 법칙 : 임의의 절점으로 유입되는 전류의 총합(전체 유입전류)과 그 절점에서 유출되는 전류의 총합(전체 유출전류)은 같다. 절점으로 유입되는 전류와 유출되는 전류의 대수적인 합은 0이다.
- ▶ 병렬 회로는 전류 분배기이다. 왜냐하면 병렬 절점에 유입되는 총 전류는 각 지로로 나누어지기 때문이다.
- ▶ 병렬 회로의 모든 지로의 저항이 같다면 각 지로에 흐르는 전류는 모두 동일하다.
- ▶ 병렬 저항회로의 총 전력은 병렬 회로를 구성하고 있는 저항들 각각의 전력 합과 같다.
- ▶ 병렬 회로의 총 전력은 총 전류, 합성저항, 또는 총 전압을 이용하여 전력 공식으로 계산할 수 있다.
- ▶ 병렬 회로에서 어느 한 지로가 개방되어 있으면, 합성저항은 증가하고 따라서 총 전류는 감소한다.
- ▶ 병렬 지로 중의 하나가 개방되어 있어도 나머지 지로를 통하여 흐르는 전류에는 변화가 없다.

핵심 용어

이 장에서 제시된 핵심 용어는 책 끝부분의 용어집에 정의되어 있다.

병렬(parallel) : 동일한 두 점 사이에 두 개 이상의 전류 경로가 연결된 전기회로 관계

전류 분배기(current divider) : 전류를 병렬 지로의 저항값에 반비례하여 분배하는 병렬 회로

절점(node) : 회로에서 두 개 이상의 소자가 연결되어 있는 점

지로(branch) : 병렬 회로의 하나의 전류 경로

키르히호프의 전류 법칙(Kirchhoff's current law) : 임의의 절점으로 유입되는 전류의 총합과 그 절점에서 유출되는 전류의 총합은 같다는 법칙이다. 또한, 절점으로 유입되는 전류와 유출되는 전류의 대수적인 합은 0이라고 설명될 수 있다.

주요 공식

(5-1) $\quad R_T = \dfrac{1}{\dfrac{1}{R_1} + \dfrac{1}{R_2} + \dfrac{1}{R_3} + \cdots + \dfrac{1}{R_n}}$ 　　　병렬 합성저항

(5-2) $\quad R_T = \dfrac{R_1 R_2}{R_1 + R_2}$ 　　　병렬 회로에서 두 저항만 있는 경우

(5-3) $\quad R_T = \dfrac{R}{n}$ 　　　병렬 회로에서 n개의 같은 저항값을 갖는 특별한 경우

(5-4) $\quad I_{IN(1)} + I_{IN(2)} + I_{IN(3)} + \cdots + I_{IN(n)}$
$\qquad = I_{OUT(1)} + I_{OUT(2)} + I_{OUT(3)} + \cdots + I_{OUT(m)}$ 　　　키르히호프의 전류 법칙

(5-5) $\quad I_x = \left(\dfrac{R_T}{R_x}\right) I_T$ 　　　일반적인 전류 분배기 공식

(5-6) $\quad I_1 = \left(\dfrac{R_2}{R_1 + R_2}\right) I_T$ 　　　두 개의 지로를 갖는 병렬 회로에서의 전류 분배기 공식

(5-7) $\quad I_2 = \left(\dfrac{R_1}{R_1 + R_2}\right) I_T$ 　　　지로를 갖는 병렬 회로에서의 전류 분배기 공식

(5-8) $\quad P_T = P_1 + P_2 + P_3 + \cdots + P_n$ 　　　총 전력

자습문제

정답은 장의 끝부분에 있다.

1. 병렬 회로에서 각 저항은 ( )을/를 가진다.

    (a) 동일 전류   **(b)** 동일 전압   **(c)** 동일 전력   **(d)** (a), (b), (c) 모두

2. 1.2 kΩ 저항과 100 Ω 저항을 병렬로 연결하면 합성저항은 얼마인가?

    (a) 1.2 kΩ 이상   **(b)** 100 Ω과 1.2 kΩ 사이

    (c) 90 Ω과 100 Ω 사이   **(d)** 90 Ω 이하

3. 330 Ω, 270 Ω, 68 Ω의 저항이 병렬로 연결되어 있다. 합성저항은 얼마인가?

    (a) 668 Ω **(b)** 47 Ω **(c)** 68 Ω **(d)** 22 Ω

4. 8개의 저항이 병렬로 연결되어 있다. 2개의 최소 저항값이 각각 1.0 kΩ이다. 이 때 합성저항은 얼마인가?

    (a) 알 수 없다.   **(b)** 1.0 kΩ 이상   **(c)** 1.0 kΩ 이하   **(d)** 500 Ω 이하

5. 병렬 회로에 저항을 병렬로 추가 연결할 때 합성저항은 어떻게 되는가?

    (a) 감소한다.   **(b)** 증가한다.

    (c) 동일하다.   **(d)** 추가한 저항만큼 증가한다.

6. 병렬 회로의 저항 가운데 한 개를 제거하면 합성저항은 어떻게 되는가?

    (a) 제거한 저항만큼 감소한다.   **(b)** 동일하다.

    (c) 증가한다.   **(d)** 두 배가 된다.

7. 한 절점에 두 경로를 따라 전류가 흘러 들어온다. 하나는 5 A이고 다른 하나는 3 A이다. 그 절점에서 유출되는 총 전류는 얼마인가?

    (a) 2 A   **(b)** 알 수 없다.   **(c)** 8 A   **(d)** 둘의 합보다 크다.

8. 390 Ω, 560 Ω, 820 Ω의 저항이 전압원에 병렬로 연결되어 있다. 가장 작은 전류가 흐르는 저항은 어느 것인가?

    (a) 390 Ω **(b)** 560 Ω

    (c) 820 Ω **(d)** 전압값 없이는 계산이 불가능하다.

9. 병렬 회로에서 총 전류의 갑작스런 감소는 무엇을 의미하는가?

    (a) 단락   **(b)** 저항의 개방   **(c)** 전원전압의 강하   **(d)** (b) 또는 (c)

10. 4개의 지로를 가진 병렬 회로에서, 각 지로에 10 mA의 전류가 흐르고 있다. 어느 한 지로가 개방되면 나머지 세 지로에 흐르는 전류는 얼마인가?

    (a) 13.33 mA   **(b)** 10 mA   **(c)** 0 A   **(d)** 30 mA

11. 3개의 지로를 가진 어떤 병렬 회로에서 R_1에 10 mA, R_2에 15 mA, R_3에 20 mA가 흘러야 한다. 총 전류를 측정하였더니 35 mA라면 다음 중 어떤 상태라 할 수 있는가?

    (a) R_1 개방   **(b)** R_2 개방   **(c)** R_3 개방   **(d)** 회로는 정상 동작중이다.

12. 3개의 지로로 구성된 병렬 회로에서 총 전류가 100 mA이고 두 지로의 전류가 40 mA와 20 mA라면 세 번째 지로전류는 얼마인가?

    (a) 60 mA   **(b)** 20 mA   **(c)** 160 mA   **(d)** 40 mA

13. PCB상에 5개의 병렬 저항 중 하나가 완전히 단락되었다. 가장 근접하는 결과는 다음 중 어느 것인가?

    (a) 작은 값의 저항은 타버릴 것이다.

    (b) 다른 저항들 중 하나 이상이 타버릴 것이다.

    (c) 전원의 퓨즈가 끊어질 것이다.

    (d) 저항값이 변화할 것이다.

14. 4개의 병렬 지로에서 소비전력은 각 1 mW이다. 총 소비전력은 얼마인가?

    (a) 1 mW   **(b)** 4 mW   **(c)** 0.25 mW   **(d)** 16 mW

고장진단 : 증상과 원인

이러한 연습문제의 목적은 고장진단에 필수적인 과정을 이해함으로써 회로의 이해를 돕는 것이다. 정답은 장의 끝부분에 있다.

그림 5-59를 참조하여 각각의 증상에 대한 원인을 규명하시오.

그림 5-59

전압계에 표시된 측정값은 정확하다고 가정한다

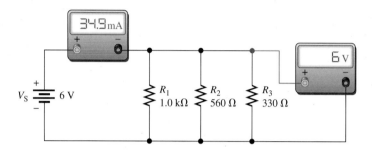

1. 증상 : 전류계와 전압계가 0을 나타낸다.

원인 :

(a) R_1 개방

(b) 전압원이 공급되지 않거나 고장났다.

(c) R_3 개방

2. 증상 : 전류계의 값이 16.7 mA이고 전압계의 값이 6 V이다.

원인 :

(a) R_1 개방

(b) R_2 개방

(c) R_3 개방

3. 증상 : 전류계의 값이 28.9 mA이고 전압계의 값이 6 V이다.

원인 :

(a) R_1 개방

(b) R_2 개방

(c) R_3 개방

4. 증상 : 전류계의 값이 24.2 mA이고 전압계의 값이 6 V이다.

원인 :

(a) R_1 개방

(b) R_2 개방

(c) R_3 개방

5. 증상 : 전류계의 값이 34.9 mA이고 전압계의 값이 0 V이다.

원인 :

(a) 저항 단락

(b) 전압계 고장

(c) 전압원이 공급되지 않거나 고장났다.

문 제

홀수문제의 답은 책 끝부분에 있다.

기본문제

5-1 저항의 병렬 연결

1. 그림 5-60에서 저항을 전지와 병렬로 연결하시오.

2. 그림 5-61의 PCB상에서 모든 저항들이 모두 병렬로 연결되어 있는지를 확인하고, 저항값을 포함하여 회로도를 그리시오.

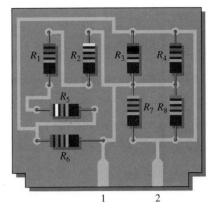

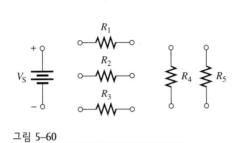

그림 5-60

그림 5-61

5-2 병렬 회로의 합성저항

3. 그림 5-61에서 1번 핀과 2번 핀 사이의 합성저항을 구하시오.

4. 1.0 MΩ, 2.2 MΩ, 4.7 MΩ, 12 MΩ, 22 MΩ의 저항이 병렬로 연결되어 있다. 합성저항값은 얼마인가?

5. 그림 5-62의 각각의 경우에 대해서 절점 A와 절점 B 사이의 합성저항을 구하시오.

그림 5-62

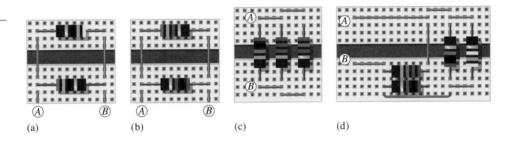

6. 그림 5-63의 각각의 회로에 대해서 R_T를 계산하시오.

그림 5-63

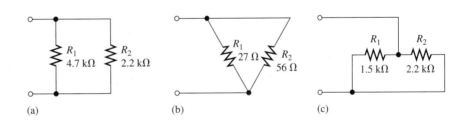

7. 22 kΩ 저항 11개가 병렬로 연결되어 있으면 합성저항은 얼마인가?

8. 15 Ω 저항 5개, 100 Ω 저항 10개, 10 Ω 저항 2개를 병렬로 연결하였다. 이 때 합성저항값은 얼마인가?

5-3 병렬 회로에서의 전압

9. 총 전압이 12 V이고 합성저항값이 600 Ω일 때, 각 병렬 저항에 흐르는 전류와 양단 전압은 얼마인가? 단, 저항은 4개로 구성되어 있으며, 모두 같은 저항값을 갖는다.

그림 5–64

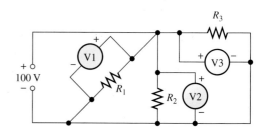

10. 그림 5-64에서 전압원은 100 V이다. 각 측정기에 지시되는 전압은 얼마인가?

5-4 옴의 법칙 응용

11. 그림 5-65의 각 회로에서 총 전류 I_T는 얼마인가?

그림 5–65

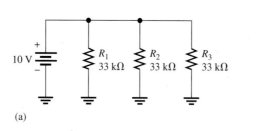

(a)

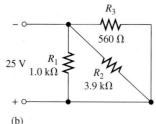

(b)

12. 33 Ω인 3개의 저항을 110 V 전압원과 병렬로 연결하였다. 전압원으로부터 출력되는 전류는 얼마인가?

13. 그림 5-66의 어느 회로에서 총 전류를 많이 흐르는 회로는 어떤 것인가?

그림 5–66

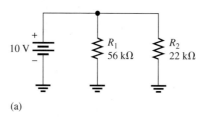

(a)

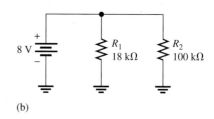

(b)

14. 같은 저항값을 가진 4개의 저항이 병렬로 연결되어 있다. 병렬 회로 양단에 5 V가 공급되어 2.5 mA가 전원으로 측정되었다. 각 저항값은 얼마인가?

5-5 키르히호프의 전류 법칙

15. 3개의 지로를 갖는 병렬 회로에서 같은 방향으로 각각 250 mA, 300 mA, 800 mA의 전류가 측정되었다. 이들 3개의 지로가 절점으로 연결되어 절점으로 유입되는 전류는 얼마인가?

16. 5개의 병렬 저항으로 500 mA 전류가 흘러 들어가고 있다. 4개의 저항에 흘러 들어가는 전류는 50 mA, 150 mA, 25 mA, 100 mA이다. 5번째 저항으로 흘러 들어가는 전류값은 얼마인가?

17. 그림 5-67에서 R_2와 R_3가 같은 저항을 가진다면 R_2와 R_3에 흐르는 전류는 얼마인가? 이러한 전류를 측정하기 위해 전류계를 어떻게 연결하여야 하는지 보이시오.

그림 5–67

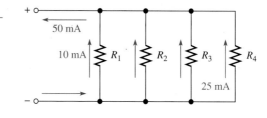

5-6 전류 분배기

18. 10 kΩ의 저항과 15 kΩ의 저항이 전압원에 병렬로 연결되어 있다. 어떤 저항이 많은 전류를 가지는가?

19. 그림 5-68의 회로에서 각 지로에 흐르는 전류를 계측기로 관측한 결과는 얼마인가?

그림 5-68

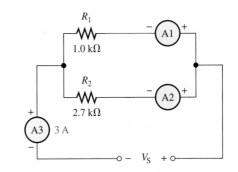

20. 전류 분배기 공식을 사용하여 그림 5-69에 나타낸 회로에서 각 지로의 전류를 구하시오.

그림 5-69

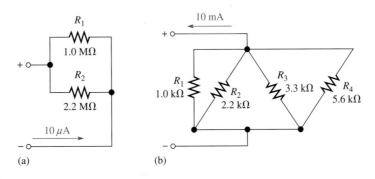

(a)　(b)

5-7 병렬 회로에서 전력

21. 5개의 병렬 저항이 소모하는 전력은 각각 40 mW이다. 총 전력은 얼마인가?

22. 그림 5-69의 각 회로에서 총 전력을 구하시오.

23. 6개의 전구가 병렬로 연결되어 있고 양단에 110 V를 가했다. 각 전구의 정격이 75 W이다. 각 전구를 통해서 흐르는 전류는 얼마인가? 그리고 총 전류는 얼마인가?

5-8 고장진단

24. 문제 23에서 하나의 전구가 타버렸다면, 남아 있는 각 전구를 통해서 흐르는 전류는 얼마인가? 그리고 총 전류는 얼마인가?

25. 그림 5-70을 보면 회로에 대해 전류와 전압 측정값이 나타나 있다. 이 측정값을 볼 때 회로의 내부에는 개방저항이 있는가? 있다면 어느 저항인가?

그림 5-70

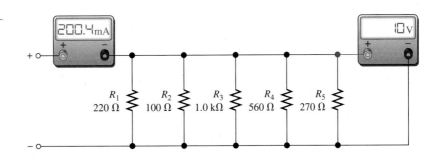

26. 그림 5-71의 회로에서 잘못된 것을 찾으시오.

그림 5–71

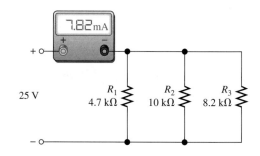

25 V

R_1 4.7 kΩ R_2 10 kΩ R_3 8.2 kΩ

27. 그림 5-72에서 개방저항을 찾으시오.

그림 5–72

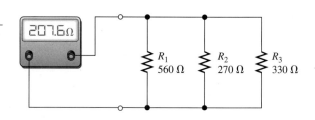

R_1 560 Ω R_2 270 Ω R_3 330 Ω

28. 그림 5-73에서 개방저항이 있으면 찾고, 확인하시오.

그림 5–73

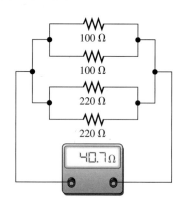

100 Ω

100 Ω

220 Ω

220 Ω

고급문제

29. 그림 5-74의 회로에서 저항 R_2, R_3, R_4를 구하시오.

그림 5–74

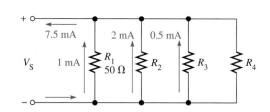

V_S

7.5 mA 2 mA 0.5 mA

1 mA R_1 50 Ω R_2 R_3 R_4

30. 병렬 회로의 총 저항이 25 Ω이다. 총 전류가 100 mA라면 병렬 회로의 부분을 구성하는 220 Ω에 흐르는 전류는 얼마인가?

31. 그림 5-75의 회로에서 각 저항을 통해서 흐르는 전류는 얼마인가? R은 가장 작은 값의 저항이고, 나머지 저항들은 그 값의 배수이다.

그림 5-75

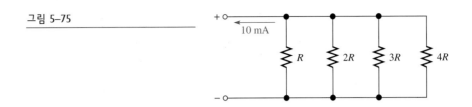

32. 1/2 W 저항만으로 구성된 병렬 회로가 있다. 합성저항이 1.0 kΩ이고 총 전류가 50 mA이다. 각 저항이 최대 전력 수준의 반만 사용할 때 다음을 구하시오.
  (a) 저항의 수   **(b)** 각 저항값
  (c) 각 지로에 흐르는 전류   **(d)** 인가 전압

33. 그림 5-76에 제시된 각 회로에 대해 미지의(정의되지 않은) 값을 구하시오.

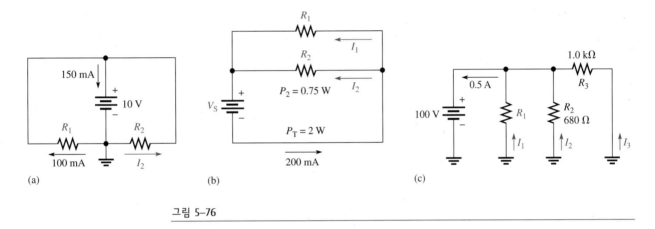

그림 5-76

34. 그림 5-77의 회로에서 다음과 같은 상황에 대해 단자 A와 접지 사이의 총 저항을 구하시오.
  (a) SW1, SW2 개방   **(b)** SW1 단락, SW2 개방
  (c) SW1 개방, SW2 단락   **(d)** SW1, SW2 단락

그림 5-77

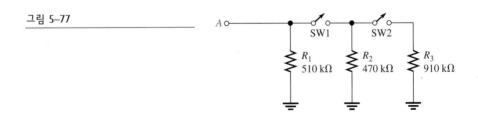

35. 그림 5-78에서 과전류가 발생하기 위한 R_2의 값은 얼마인가?

그림 5-78

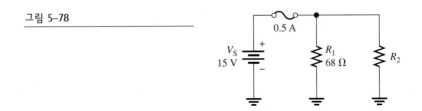

36. 그림 5-79에서 전원으로부터 흘러 나오는 총 전류와 각 스위치 위치에 따라 각 저항을 통해 흐르는 전류를 구하시오.

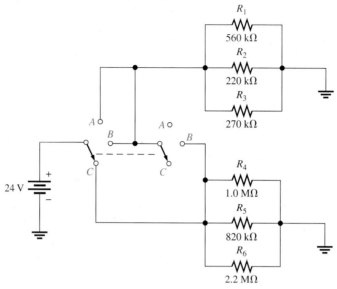

그림 5-79

37. 방에는 1.25 A인 천장 전등과 4개의 벽 콘센트를 가지고 있는 전기회로가 있다. 각 0.833 A인 2개의 테이블 전구는 2개의 콘센트에 꽂혀 있고, 1 A인 TV는 3번째 콘센트에 꽂혀 있다. 이 모든 제품이 사용될 때, 방으로 인입되는 주선으로 흐르는 전류는 얼마인가? 만약 주선이 5 A 회로 차단기에 의해 보호되고 있다면, 4번째 콘센트에는 최대 얼마만큼의 전류를 흘릴 수 있겠는가? 이 배선의 회로도를 그리시오.

38. 병렬 회로의 합성저항이 25 Ω이다. 총 전류가 100 mA라면 병렬 회로의 220 Ω 저항을 통해 흐르는 전류값은 얼마인가?

39. 그림 5-80의 양면 PCB에서 병렬 회로로 구성된 저항의 그룹을 찾고, 각 그룹의 총 저항을 구하시오.

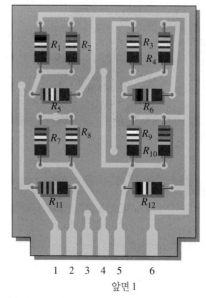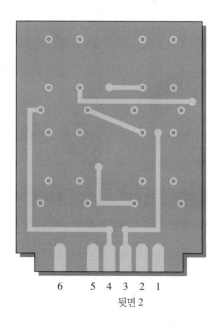

앞면 1   뒷면 2

그림 5-80

40. 그림 5-81에서 총 저항이 200 Ω이면 R_2의 값은 얼마인가?

그림 5-81

41. 그림 5-82에서 미지의 저항값을 구하시오.

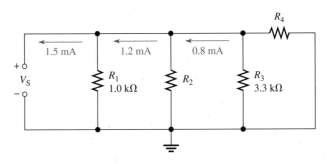

그림 5-82

42. 총 저항 1.5 kΩ을 갖는 병렬 회로에 250 mA의 총 전류가 흐른다. 전류는 25%를 증가시켜야 한다. 이 전류를 증가시키기 위해 병렬 회로에 추가하여야 하는 저항의 값은 얼마인가?

43. 그림 5-83과 같이 설정하기 위한 회로도를 그리시오. 그리고 아랫부분의 3선과 윗부분의 3선을 통해서 25 V가 인가되었을 때, 회로의 오류는 무엇인지 구하시오.

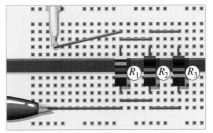

(b) 리드선이 연결된 프로토보드, 윗부분의 클립 리드선은 계측기로 연결되고, 회색 리드선은 25 V 전압원의 접지에 연결된다. 계측기의 아랫부분의 클립 리드선은 +25 V에 연결한다.

(a) 계측기에서 오른쪽 리드선은 프로토보드에 연결되고, 왼쪽 리드선은 25 V 전압원의 양극에 연결된다.

그림 5-83

그림 5–84

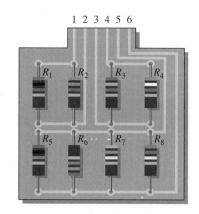

44. 그림 5-84의 회로기판에 개방된 소자가 없는지 파악하기 위한 시험절차를 서술하시오. 기판으로부터 요소를 제거해서는 안 된다. 자세히 단계별로 시험절차를 작성하시오.

45. 5개의 1/2 W 저항으로 구성된 병렬 회로가 있다. 이들 저항값은 1.8 kΩ, 2.2 kΩ, 3.3 kΩ, 3.9 kΩ, 4.7 kΩ이다. 병렬 회로에 전압을 서서히 증가시킴에 따라 총 전류는 천천히 증가한다. 그런데 갑자기 총 전류의 값이 낮아졌다.

(a) 전원공급 문제를 제외하고, 어떤 일이 일어났는가?

(b) 인가할 수 있는 최대 전압은 얼마인가?

(c) 이것을 복구하기 위해 어떤 것을 해주어야 하는가?

46. 그림 5-85의 회로기판에서 2번 핀과 4번 핀 사이가 단락이 되었을 때 다음 핀들 사이의 저항을 구하시오.

    (a) 1, 2번 핀   **(b)** 2, 3번 핀   **(c)** 3, 4번 핀   **(d)** 1, 4번 핀

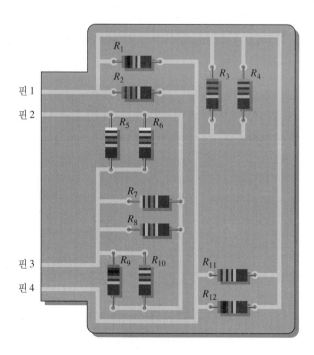

그림 5–85

47. 그림 5-85의 회로기판에서 3번 핀과 4번 핀 사이가 단락되었을 때 다음 핀들 사이의 저항을 구하시오.

    (a) 1, 2번 핀   **(b)** 2, 3번 핀   **(c)** 2, 4번 핀   **d)** 1, 4번 핀

Multisim을 이용한 고장진단 문제

48. CD-ROM에서 P05-48 파일을 열고, 전류를 측정하였을 때 회로에서 오류가 발견되면 오류를 정의하시오.

49. CD-ROM에서 P05-49 파일을 열고, 전류를 측정하였을 때 회로에서 오류가 발견되면 오류를 정의하시오.

50. CD-ROM에서 P05-50 파일을 열고, 저항을 측정하였을 때 회로에서 오류가 발견되면 오류를 정의하시오.

51. CD-ROM에서 P05-51 파일을 열고, 각 회로의 총 전류를 측정하고 계산된 값을 비교하시오.

정 답

절 복습문제

5-1 저항의 병렬 연결

1. 병렬 저항은 동일한 두 점 사이를 연결한다.

2. 병렬 회로는 주어진 두 점 사이에 하나의 전류 경로를 가진다.

3. 그림 5-86 참조.

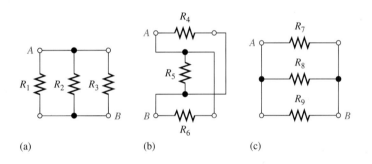

그림 5–86

4. 그림 5-87 참조

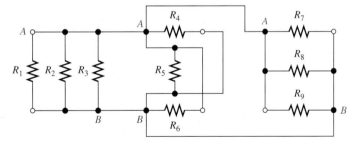

그림 5–87

5-2 병렬 회로의 합성저항

1. 많은 저항들이 병렬로 연결되어 있기 때문에, 총 저항은 감소한다.

2. R_T는 항상 가장 작은 저항값보다 적은 값을 가진다.

3. $R_T = 2.2\ k\Omega/12 = 183\ \Omega$

5-3 병렬 회로에서의 전압

1. 5 V

2. $V_{R2} = 118$ V, $V_S = 118$ V

3. $V_{R1} = 50$ V, $V_{R2} = 50$ V

4. 모든 병렬 지로에는 동일한 전압이 걸린다.

5-4 옴의 법칙 응용

1. $I_T = 10$ V$/(68\ \Omega/3) = 441$ mA

2. $V_S = 20$ mA$(680\ \Omega \parallel 330\ \Omega) = 4.44$ V

3. $I_1 = 4.44$ V$/680\ \Omega = 6.53$ mA; $I_2 = 4.44$ V$/330\ \Omega = 13.5$ mA

4. $R_T = 4(12$ V$/6$ mA$) = 8$ kΩ

5. $V = (1.0$ k$\Omega \parallel 2.2$ k$\Omega)100$ mA $= 68.8$ V

5-5 키르히호프의 전류 법칙

1. 키르히호프의 전류 법칙 : 한 절점에서 모든 전류의 대수적인 합은 0이다. 임의의 절점으로 유입되는 전류의 총합과 그 절점으로부터 유출되는 전류의 총합은 같다.

2. $I_1 + I_2 + I_3 = 2.5$ A

3. 100 mA + 300 mA = 400 mA

4. $I_1 = 5\ \mu$A $- 2\ \mu$A $= 3\ \mu$A

5. 8 A $-$ 1 A $=$ 7 A 유입, 8 A $-$ 3 A $=$ 5 A 유출

5-6 전류 분배기

1. 22 Ω일 때 최대 전류를 갖고, 220 Ω일 때 최소 전류를 가진다.

2. $I_3 = (R_T/R_3)/4$ mA $= (113.6\ \Omega/470\ \Omega)4$ mA $= 967\ \mu$A

3. $I_2 = (R_T/680\ \Omega)10$ mA $= 3.27$ mA; $I_1 = (R_T/330\ \Omega)10$ mA $= 6.37$ mA

5-7 병렬 회로에서의 전력

1. 총 전력(P_T)를 구하기 위해 각 저항에서의 전력을 더한다.

2. $P_T = 1$ W $+ 2$ W $+ 5$ W $+ 8$ W $= 16$ W

3. $P_T = (1$ mA$)^2 R_T = 615\ \mu$W

5-8 고장진단

1. 병렬 지로가 개방되었을 때, 전압 변화는 없고 총 전류는 감소한다.

2. 한 지로가 개방되었다면, 병렬 합성저항은 증가한다.

3. 예. 남아 있는 전구는 계속 켜져 있다.

4. 남아 있는 모든 지로의 전류는 1 A이다.

5. 1 mA + 2.5 mA = 3.5 mA; 그러므로 1.2 mA 지로가 개방되었다.

응용 과제

1. R_{SH}가 가장 많은 전류를 가진다.

2. 25 mA 범위 : $R_{AB} = R_M = 6\ \Omega$

250 mA 범위 : $R_{AB} = R_M \parallel R_{SH} = 6\ \Omega \parallel 670$ m$\Omega = 603$ mΩ

2.5 A 범위 : $R_{AB} = (R_1 + R_M) \parallel R_{SH} = (60.4\ \Omega + 6\ \Omega) \parallel 670$ m$\Omega = 66.4\ \Omega \parallel 670$ m$\Omega = 663$ mΩ

3. 접촉저항의 효과를 제거하기 위해서

4. 150 mA

5. 25 mA 범위 : 7.5 mA, 250 mA 범위 : 75 mA, 2.5 A 범위 : 0.75 A

예제 관련 문제

5-1 재결선은 필요 없다.

5-2 1, 2번 핀과 3, 4번 핀을 연결한다.

5-3 9.34 Ω

5-4 9번 과정을 '+ 키를 누른다'로 대체한다.
$100^{-1} + 47^{-1} + 22^{-1} +$가 표기된다.
10번 과정을 '33 입력'으로 대체한다.
$100^{-1} + 47^{-1} + 22^{-1} + 33$이 표기된다.
11번 과정 : x^{-1} 키를 누르면, $100^{-1} + 47^{-1} + 22^{-1} + 33^{-1}$ 이 표기된다.
12번 과정 : ENTER 키를 누르면, 107.034171502 E^{-3}이 표기된다.
13번 과정 : x^{-1}과 ENTER 키를 누르면, 9.34281067406E0이 표기된다.

5-5 132 Ω

5-6 33.3 kΩ

5-7 25 V

5-8 $I_1 = 100$ mA, $I_2 = 179$ mA, 100 mA + 179 mA = 279 mA

5-9 $I_1 = 20.0$ mA, $I_2 = 9.09$ mA, $I_3 = 35.7$ mA, $I_4 = 22.0$ mA

5-10 8.62 mA

5-11 R_T를 측정하기 위해 저항계를 사용한다. 그러면 병렬저항 공식을 사용해서 R_1을 계산할 수 있다.

5-12 20 mA

5-13 $I_T = 112$ mA, $I_2 = 50$ mA

5-14 2.5 mA, 5 mA

5-15 $I_1 = 1.63$ mA, $I_2 = 3.35$ mA

5-16 $I_1 = 59.4$ mA, $I_2 = 40.6$ mA

5-17 1.78 W

5-18 81 W

5-19 15.4 mA

5-20 틀리다. $R_{10}(68$ kΩ$)$이 개방되었다.

자습문제

1. (b)　　**2.** (c)　　**3.** (b)　　**4.** (d)　　**5.** (a)　　**6.** (c)　　**7.** (c)

8. (c)　　**9.** (d)　　**10.** (b)　　**11.** (a)　　**12.** (d)　　**13.** (c)　　**14.** (b)

고장진단 : 증상과 원인

1. (b)　　**2.** (c)　　**3.** (a)　　**4.** (b)　　**5.** (b)

직병렬 회로

장의 목표

▶ 직렬-병렬 회로의 형태를 정의한다.
▶ 직렬-병렬 회로를 해석한다.
▶ 부하가 연결된 전압 분배기를 해석한다.
▶ 회로에서 전압계의 부하효과를 계산한다.
▶ 휘스톤 브리지를 해석하고 응용한다.
▶ 회로 해석을 간단히 하기 위해 테브난 정리를 응용한다.
▶ 최대전력 전달이론을 응용한다.
▶ 회로 해석에 중첩의 정리를 응용한다.
▶ 직렬-병렬 회로의 고장을 진단한다.

핵심 용어

▶ 단자 등가성(terminal equivalency)
▶ 부하전류(load current)
▶ 부하효과(loading effect)
▶ 불평형 브리지(unbalanced bridge)
▶ 블리더 전류(bleeder current)
▶ 중첩(superposition)
▶ 최대 전력 전달(maximum power transfer)
▶ 테브난 정리(Thevenin's theorem)
▶ 평형 브리지(balanced bridge)
▶ 휘스톤 브리지(Wheatstone bridge)

응용 과제 개요

이 장의 응용 과제에서는 이전 장에서 공부한 내용과 이 장에서 학습한 전압 분배기에 대한 지식을 이용하여 휴대용 전원 공급장치에서 사용되는 전압 분배기 회로를 평가하는 방법을 학습한다. 이 응용 과제에서 다루는 전압 분배기의 주요 기능은 부하로 작용하는 3개의 다른 기기에 기준 전압을 제공하는 것이다. 이 과제를 통해 회로기판에서 발생하는 여러 가지의 일반적인 고장문제들에 대해 고장진단하는 방법을 학습하게 될 것이다. 이 장을 학습하고 나면, 응용 과제를 완벽하게 수행할 수 있게 될 것이다.

지원 웹 사이트

학습을 돕기 위해 다음의 웹 사이트를 방문하기 바란다.
http://www.prenhall.com/floyd

도입

전기회로에서는 저항이 직병렬로 혼합된 형태가 자주 나타난다. 이 장에서는 직병렬 형태의 다양한 회로를 분석하는 방법을 다룰 것이다. 휘스톤 브리지라고 불리는 중요한 회로가 소개되고, 복잡한 회로를 테브난 정리를 이용하여 단순화하는 방법을 배우게 될 것이다. 주어진 회로에서 임의의 부하에 대해 최대 전력을 공급할 수 있도록 최대전력 전달이론에 대해서 논할 것이다. 또한, 하나 이상의 전압원을 갖는 회로를 분석하기 위해 중첩의 정리를 적용하는 방법을 배울 것이다. 직병렬 회로에서 개방과 단락에 대한 고장진단 방법에 대해서도 학습할 것이다.

6–1 직병렬 회로 관계 정의

직병렬 회로는 직렬 회로와 병렬 회로의 조합으로 이루어져 있다. 회로에서 소자들의 연결관계가 직렬인지 또는 병렬인지를 구별할 수 있는 능력은 매우 중요하다.

절의 학습내용

▶ **직병렬 관계를 확인한다.**

  ▶ 주어진 회로에서 각 저항 사이의 연결관계를 인식한다.

  ▶ PCB상에서 직병렬 관계를 결정한다.

그림 6-1(a)에는 간단한 직병렬 저항의 조합을 나타내었다. 점 A에서 점 B까지의 저항 성분은 R_1이고, 점 B에서 점 C까지의 저항 성분은 R_2와 R_3가 병렬로 연결되어 $R_2 \| R_3$이다. 따라서 점 A에서 점 C까지의 저항 성분은 그림 6-1(b)에 나타낸 바와 같이 병렬 연결된 저항 R_2, R_3와 R_1을 직렬로 연결한 것이다.

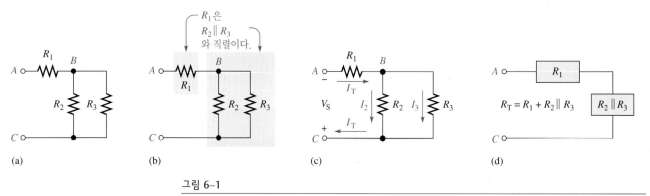

그림 6–1

간단한 직병렬 회로

그림 6-1(a)의 회로를 그림 6-1(c)에 보인 바와 같이 전압원에 연결하면 총 전류는 R_1을 지나, 점 B에서 두 병렬 경로로 나누어져서 흐른다. 이 두 지로에서 흐르는 전류는 후에 다시 합쳐진다. 총 전류는 그림에서와 같이 양의 단자로 흘러 들어간다. 전체적인 저항의 관계는 그림 6-1(d)와 같은 블록도로 표현된다.

그림 6-1(a)의 회로에 소자를 단계적으로 추가해 가면서 직병렬 관계를 보다 심도 있게 다루어 보자.

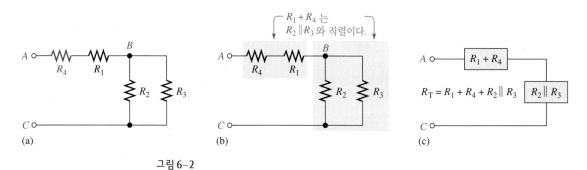

그림 6–2

R_4가 R_1에 직렬로 추가된 회로

1. 그림 6-2(a) 회로에서는 R_4가 R_1에 직렬로 연결되어 있다. 점 A와 점 B 사이의 저항은 $R_1 + R_4$이다. 이 직렬 조합은 그림 6-2(b)에 나타낸 것처럼 R_2와 R_3가 병렬로 연결된 병렬 조합에 직렬로 연결된다. 그림 6-2(c)는 저항관계를 블록도로 나타낸 것이다.

2. 그림 6-3(a) 회로에서는 R_5가 R_2에 직렬로 연결되어 있다. R_2와 R_5의 직렬 조합은 R_3와 병렬로 연결된다. 전체 직병렬 조합은 그림 6-3(b)에 나타낸 것처럼 R_1과 R_4의 직렬 조합과 직렬로 다시 연결된다. 이들에 대한 블록도를 그림 6-3(c) 부분에 나타내었다.

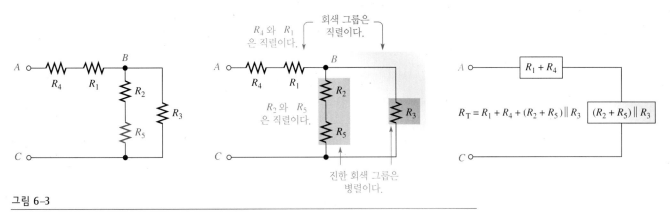

그림 6-3

R_5가 R_2에 직렬로 추가된 회로

3. 그림 6-4(a) 회로에서는 R_6가 R_1과 R_4의 직렬 조합 저항에 병렬로 연결되어 있다. 전체 직병렬 조합은 그림 6-4(b)에 나타낸 것처럼 R_1, R_4, R_6의 직병렬 회로와 R_2, R_3, R_5의 직병렬 회로가 직렬로 연결된다. 이들에 대한 블록도를 그림 6-4(c) 부분에 나타내었다.

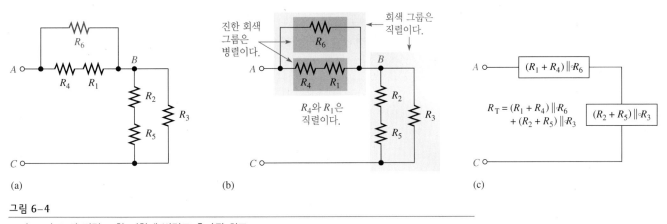

(a)   (b)   (c)

그림 6-4

R_6가 R_1과 R_4의 직렬 조합 저항에 병렬로 추가된 회로

예제 6-1	그림 6-5의 직병렬 관계를 정의하시오.
해	전원의 음의 단자에서부터 시작하여 전류 경로를 따라간다.

1. 모든 전류는 회로의 나머지 부분과 직렬로 연결된 저항 R_1을 통해 흐른다.

2. 전체 전류는 절점 A를 지나 R_2를 흐르는 경로와 R_3를 흐르는 경로의 2개의 경로로 나누어진다.

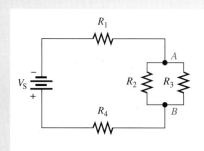

그림 6-5

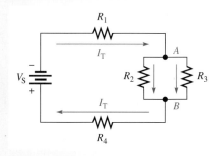

그림 6-6

3. R_2와 R_3는 서로 병렬관계이고, 이 병렬관계는 R_1과 직렬관계를 가지고 있다.

4. 절점 B에서 R_2와 R_3를 통해 흐르던 전류는 다시 하나의 경로로 합쳐진다. 결국 전체 전류는 R_4를 통해 흐른다.

5. R_4는 R_1과 R_2와 R_3 병렬 조합이 직렬로 연결된 합성저항과 직렬로 연결되어 있다.

전체 전류 I_T는 그림 6-6에 나타내어져 있다. 결론적으로, 이 회로의 저항은 R_1과 R_4가 R_2와 R_3 병렬 조합 저항에 직렬로 연결되어 있다.

$$R_1 + R_4 + R_2 \parallel R_3$$

관련 문제* 만약 다른 저항 R_5가 그림 6-6의 절점 A와 양의 단자 사이에 연결되어 있다면 이 저항은 다른 저항들과의 관계가 어떻게 되는가?

---

* 정답은 장의 끝부분에 있다.

예제 6–2

그림 6-7 회로에서 단자 A와 단자 D 사이의 직병렬 조합을 설명하시오.

그림 6-7

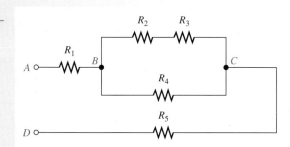

해 절점 B와 절점 C 사이에는 2개의 병렬 경로가 있다.

1. 아래 경로는 R_4로 구성되어 있다.

2. 위 경로는 R_2와 R_3의 직렬 결합으로 구성되어 있다.

이 병렬 조합은 R_1과 R_5에 직렬로 연결되어 있다. 결국 R_1과 R_5는 R_4와 $(R_2 + R_3)$와의 병렬 조합과 직렬로 연결되어 있다.

$$R_1 + R_5 + R_4 \parallel (R_2 + R_3)$$

관련 문제 그림 6-7에서 절점 C와 절점 D 사이에 저항이 연결되어 있다면, 회로에서 이들의 관계를 설명하시오.

예제 6-3

그림 6-8에서 각 두 단자 사이의 합성저항에 대해 설명하시오.

그림 6-8

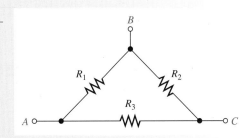

해 **1.** 단자 A와 단자 B 사이 : R_1은 R_2와 R_3의 직렬 조합과 병렬로 연결되어 있다.

2. 단자 A와 단자 C 사이 : R_3는 R_1과 R_2의 직렬 조합과 병렬로 연결되어 있다.

3. 단자 B와 단자 C 사이 : R_2는 R_1과 R_3의 직렬 조합과 병렬로 연결되어 있다.

관련 문제 그림 6-8에서 새로운 저항 R_4가 단자 C와 접지에 연결된다면, 각 단자들과 접지 사이에서의 전체 저항에 대해 설명하시오. 어떠한 저항도 접지에 바로 연결되어 있지 않다.

회로도에 제시된 회로를 프로토보드에 연결할 때, 프로토보드의 저항과 연결선이 회로도에 그려진 것과 유사하다면 회로를 확인하는 것은 매우 쉬울 것이다. 그러나 회로도를 표현하는 방법의 차이 때문에 회로도상에서 직병렬 관계를 알아보기 어려운 경우가 종종 있다. 이러한 경우, 이들의 관계를 명확하게 알 수 있도록 도면을 다시 그리는 것이 도움이 될 수 있다.

예제 6-4

그림 6-9 회로의 직병렬 관계를 정의하시오.

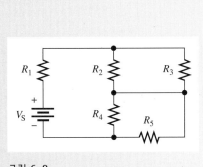

그림 6-9

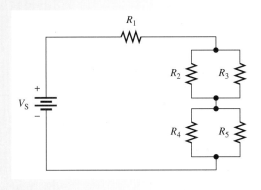

그림 6-10

해 직병렬 관계를 보다 쉽게 이해하기 위해서 주어진 회로를 그림 6-10과 같이 다시 그렸다. 이 회로를 보면, R_2와 R_3가 서로 병렬이고, R_4와 R_5가 서로 병렬임을 쉽게 알 수 있다. 두 병렬 조합은 R_1과 직렬로 연결된다.

$$R_1 + R_2 \parallel R_3 + R_4 \parallel R_5$$

관련 문제 그림 6-10에서 한 개의 저항을 R_3의 아래쪽 끝과 R_5의 위쪽 끝에 연결시키면 회로에는 어떠한 영향이 있을 수 있는가를 설명하시오.

일반적으로 회로기판이나 프로토보드상에서의 소자의 배열은 실제 전기적인 관계와 일치하지 않는다. 따라서 회로소자와 배선을 재정리하여 회로도로 표현함으로써, 독자들은 직병렬 관계를 보다 쉽게 이해할 수 있을 것이다.

예제 6-5

그림 6-11에 있는 PCB를 보고 저항들의 관계를 설명하시오.

그림 6-11

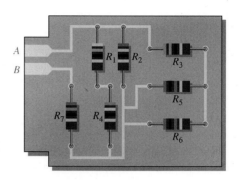

해 그림 6-12(a)의 회로도는 기판상에 배치되어 있는 형태와 유사하게 그려진 것이다. 그림 6-12(b) 부분은 저항의 재배치를 통해 회로의 직병렬 관계를 보다 명확하게 표현한 것이다.

R_1과 R_4는 직렬이고, $R_1 + R_4$는 R_2와 병렬이다. R_5와 R_6는 병렬이고, 이 조합은 다시 R_3와 직렬로 되어 있다. R_3, R_5, R_6로 이루어진 직병렬 조합은 R_2와 $R_1 + R_4$에 병렬로 연결된다. 이 전체적인 직병렬 조합은 R_7과 직렬로 연결된다.

그림 6-12(c)에 이들의 관계를 명확하게 표현하였으며, 수식은 다음과 같이 정리할 수 있다.

$$R_{AB} = (R_5 \| R_6 + R_3) \| R_2 \| (R_1 + R_4) + R_7$$

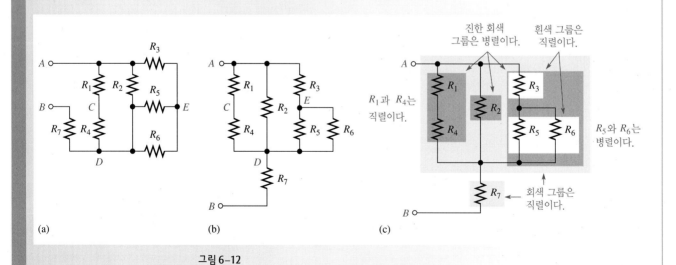

그림 6-12

관련 문제 그림 6-11의 PCB에서 R_1과 R_4 사이가 개방되어 있다면, 어떤 현상이 일어나겠는가?

6-1 복습문제*

1. 다음과 같은 직병렬 회로가 주어져 있다 : R_1과 R_2는 병렬이다. 이 병렬 조합은 또 다른 R_3와 R_4의 병렬 조합과 직렬로 연결되어 있다. 이 회로를 그리시오.
2. 그림 6-13의 회로에서 저항의 직병렬 관계를 설명하시오.
3. 그림 6-14에서 어떤 저항이 병렬로 연결되어 있는가?

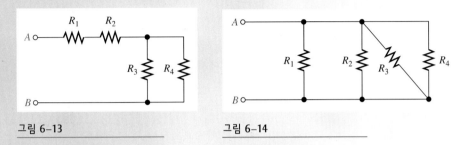

그림 6-13   그림 6-14

4. 그림 6-15에서 병렬관계를 설명하시오.
5. 그림 6-15에서 병렬 조합들은 직렬로 연결되어 있는가?

그림 6-15

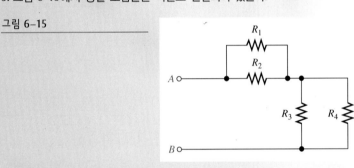

* 정답은 장의 끝부분에 있다.

6-2 직병렬 저항회로의 해석

직병렬 회로의 해석 방법에는 필요로 하는 정보와 구하고자 하는 회로의 소자값 등에 따라 다양한 접근방법이 있을 수 있다. 이 절에서 제시되는 예제들은 회로를 해석하는 데 필요한 모든 방법들을 다루고 있지는 않지만, 직병렬 회로를 해석하는 데 많은 도움을 줄 것이다.

절의 학습내용

▶ **직병렬 회로를 해석한다.**

  ▶ 합성저항을 계산한다.

  ▶ 모든 전류값을 계산한다.

  ▶ 모든 전압 강하를 계산한다.

회로 해석에 필요한 기본 원리인 옴의 법칙, 키르히호프의 법칙, 전압분배 공식, 전류분배 공식 등을 알고, 이 법칙들을 응용할 수 있는 방법을 알고 있다면, 대부분의 저항회로를 해석하기에는 문제가 없을 것이다. 물론 회로 해석에 앞서 회로의 직병렬 조합을 인식하는 것이 가장 중요한 문제라 할 수 있다. 회로를 해석함에 있어 모든 상황에 적용되는 정형적인 해석 방법은 있을 수 없다. 단지 논리적인 사고만이 문제를 해결하는 데 도움이 될 것이다.

합성저항

4장에서 직렬 합성저항을 구하는 방법을 살펴보았고, 5장에서는 병렬 합성저항을 구하는 방법을 살펴보았다. 직병렬 회로의 합성저항(R_T)을 구하기 위해서는 먼저 직병렬 조합을 정의한 후에 이미 학습한 대로 계산을 수행하면 된다. 다음의 두 예제를 통해 일반적인 접근방법을 소개한다.

예제 6–6

그림 6-16 회로에서 단자 A와 단자 B 사이의 저항 R_T를 구하시오.

그림 6-16

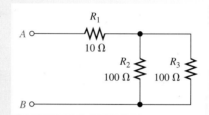

해 R_2와 R_3는 병렬로 연결되어 있으며, 이 병렬 조합은 R_1과 직렬로 연결되어 있다. 먼저 R_2와 R_3의 병렬 등가저항값을 구한다. R_2와 R_3는 저항값이 같기 때문에 그 값을 2로 나누어 등가저항을 계산한다.

$$R_{2\|3} = \frac{R}{n} = \frac{100\ \Omega}{2} = 50\ \Omega$$

이제 R_1은 $R_{2\|3}$와 직렬로 연결되어 있으므로, 회로의 합성저항은 다음과 같다.

$$R_T = R_1 + R_{2\|3} = 10\ \Omega + 50\ \Omega = \mathbf{60\ \Omega}$$

관련 문제 R_3를 82 Ω으로 변경하였을 경우, 그림 6-16의 R_T를 구하시오.

 CD-ROM에서 Multisim E06-06 파일을 열어라. 멀티미터를 이용하여, 전체 저항값을 구하고, R_1을 18 Ω으로, R_2를 82 Ω으로, R_3를 82 Ω으로 바꾸고 전체 합성저항값을 측정하라.

예제 6–7

그림 6-17의 회로에서 R_T를 구하시오.

그림 6-17

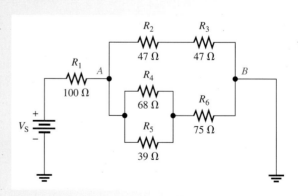

해 **1.** 절점 A와 절점 B 사이에서 위쪽 지로에는 R_2와 R_3가 직렬로 연결되어 있다. 이 직렬 조합은 R_{2+3}로 표시되고, $R_2 + R_3$와 같다.

$$R_{2+3} = R_2 + R_3 = 47\ \Omega + 47\ \Omega = 94\ \Omega$$

2. 아래쪽 지로에서 R_4와 R_5는 병렬로 연결되어 있다. 이 병렬 조합은 $R_{4\|5}$로 표시된다.

$$R_{4\|5} = \frac{R_4 R_5}{R_4 + R_5} = \frac{(68\ \Omega)(39\ \Omega)}{68\ \Omega + 39\ \Omega} = 24.8\ \Omega$$

3. 또한, 아래쪽 지로에서 R_4와 R_5의 병렬 연결 조합과 R_6는 직렬로 연결되어 있다. 이 직병렬 조합은 $R_{4\|5+6}$로 표시된다.

$$R_{4\|5+6} = R_6 + R_{4\|5} = 75\ \Omega + 24.8\ \Omega = 99.8\ \Omega$$

그림 6-18은 원래 회로를 등가회로로 간략하게 나타낸 것이다.

그림 6–18

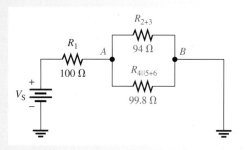

4. 이제 절점 A와 절점 B 사이의 저항값을 구할 수 있다. 이는 R_{2+3}와 $R_{4\|5+6}$와의 병렬 조합으로 연결되어 있으며, 등가저항을 계산하면 다음과 같다.

$$R_{AB} = \frac{1}{\dfrac{1}{R_{2+3}} + \dfrac{1}{R_{4\|5+6}}} = \frac{1}{\dfrac{1}{94\ \Omega} + \dfrac{1}{99.8\ \Omega}} = 48.4\ \Omega$$

5. 마지막으로, 전체 회로의 합성저항은 R_1과 R_{AB}의 직렬 조합이므로 다음과 같이 구해진다.

$$R_T = R_1 + R_{AB} = 100\ \Omega + 48.4\ \Omega = \textbf{148.4}\ \boldsymbol{\Omega}$$

관련 문제 그림 6-17에서 절점 A에서 절점 B에 68 Ω의 저항이 추가될 경우, R_T를 구하시오.

 CD-ROM에서 Multisim E06-07 파일을 열고, 전체 합성저항값을 검증하라. 회로로부터 R_5를 제거한 후에 전체 저항값을 측정하라. 그리고 나서 합성저항을 계산한 결과와 측정된 값을 비교하라.

총 전류

일단 합성저항값과 전원전압을 알면, 옴의 법칙을 이용하여 전체 회로에 흐르는 전류를 구할 수 있다. 총 전류는 전원전압을 합성저항으로 나눈 값이다.

$$I_T = \frac{V_S}{R_T}$$

예를 들어, 예제 6-7(그림 6-17)의 회로에서 총 전류를 구해 보자. 이 때 전원전압을 30V로 가정하면 전류값은 다음과 같이 구할 수 있다.

$$I_T = \frac{V_S}{R_T} = \frac{30\ V}{148.4\ \Omega} = 202\ mA$$

지로전류

전류분배 법칙, 키르히호프의 전류 법칙, 옴의 법칙을 이용하거나 이들 원리를 조합하여 직병렬 회로에서의 임의의 지로에 대한 전류를 계산할 수 있다. 구하고자 하는 전류를 계산하기 위해 이들 공식을 반복적으로 적용하여야 하는 경우도 있다.

예제 6-8

그림 6-19의 회로에서 $V_S = 50$ V일 때 R_4에 흐르는 전류를 구하시오.

그림 6-19

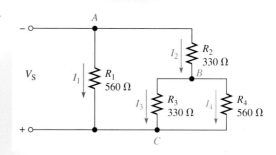

해 먼저 절점 B로 유입되는 전류 I_2를 구한다. 이 전류를 알게 되면, 전류분배 법칙을 통해 R_4에 흐르는 전류 I_4를 계산할 수 있다.

이 회로는 2개의 주요한 지로로 이루어져 있음을 상기하자. 가장 왼쪽 지로는 R_1으로만 구성되어 있다. 오른쪽 지로는 R_2 저항과 R_3와 R_4의 병렬 조합 저항이 직렬로 연결되어 있다. 이들 2개의 주된 지로에 걸리는 전압은 50 V로 동일하다. 오른쪽의 주된 지로의 등가저항($R_{2+3\|4}$)을 계산하고, 옴의 법칙을 적용하여 R_3와 R_4의 절점에서 I_2를 구할 수 있다. I_2는 이 주된 지로를 통해 흐르는 총 전류이다. 따라서,

$$R_{2+3\|4} = R_2 + \frac{R_3 R_4}{R_3 + R_4} = 330 \ \Omega + \frac{(330 \ \Omega)(560 \ \Omega)}{890 \ \Omega} = 538 \ \Omega$$

$$I_2 = \frac{V_S}{R_{2+3\|4}} = \frac{50 \ \text{V}}{538 \ \Omega} = 93 \ \text{mA}$$

여기서, 2개의 저항을 갖는 전류분배 법칙을 이용하여 I_4를 구하면 다음과 같다.

$$I_4 = \left(\frac{R_3}{R_3 + R_4} \right) I_2 = \left(\frac{330 \ \Omega}{890 \ \Omega} \right) 93 \ \text{mA} = \mathbf{34.5 \ mA}$$

관련 문제 그림 6-19에서 전류 I_1, I_3와 I_T를 구하시오.

 CD-ROM에서 Multisim E06-08 파일을 열고, 각 저항에 흐르는 전류를 측정하라. 계산된 값과 측정된 값을 비교하라.

전압관계

그림 6-20의 회로는 직병렬 회로에서의 전압관계를 보여준다. 전압계는 각 저항의 전압을 측정하는 데 사용된다.

그림 6-20에서 설명하고자 하는 일반적인 전압관계는 다음과 같다.

1. V_{R1}과 V_{R2}는 R_1과 R_2가 병렬이기 때문에 같다(병렬 지로에 걸리는 전압은 동일함을 상기하자). V_{R1}과 V_{R2}는 점 A에서 점 B까지의 전압과 같다.

그림 6-20

전압관계의 예

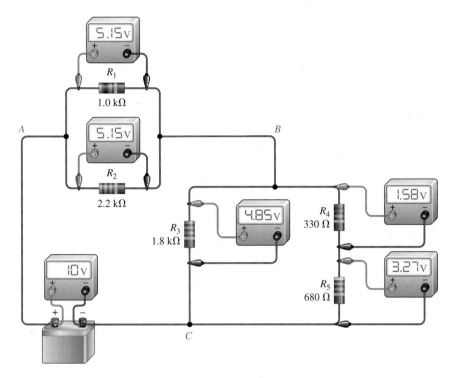

2. R_3는 R_4와 R_5의 직렬 조합과 병렬로 연결되어 있기 때문에 V_{R3}는 $V_{R4} + V_{R5}$와 같다 (V_{R3}는 점 B에서 점 C까지의 전압과 같다).

3. R_4는 $R_4 + R_5$ 저항값의 1/3이기 때문에 V_{R4}는 점 B에서 점 C까지의 전압의 1/3이다(전 압분배 법칙에 의거하여).

4. R_5는 $R_4 + R_5$의 2/3이기 때문에 V_{R5}는 점 B에서 점 C까지의 전압의 2/3이다.

5. 키르히호프의 전압 법칙에 의해 전압 강하의 합은 공급전압과 동일하여야 하므로, $V_{R1} + V_{R3}$는 V_S와 동일하다.

예제 6-9를 통해 그림 6-20의 전압계 판독 결과를 증명해 보자.

예제 6–9

그림 6-20의 전압계 판독 결과가 정확한지 증명하시오. 회로도를 그림 6-21과 같이 다시 그린다.

그림 6–21

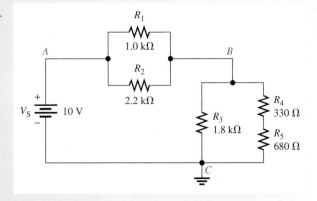

해 절점 A와 절점 B 사이의 저항은 R_1과 R_2의 병렬 조합이다.

$$R_{AB} = \frac{R_1 R_2}{R_1 + R_2} = \frac{(1.0 \text{ k}\Omega)(2.2 \text{ k}\Omega)}{3.2 \text{ k}\Omega} = 688 \ \Omega$$

절점 B와 절점 C 사이의 저항은 R_3 저항과 R_4와 R_5의 병렬 조합 저항과 병렬로 연결되어 있다.

$$R_4 + R_5 = 330 \ \Omega + 680 \ \Omega = 1010 \ \Omega = 1.01 \text{ k}\Omega$$

$$R_{BC} = \frac{R_3(R_4 + R_5)}{R_3 + R_4 + R_5} = \frac{(1.8 \text{ k}\Omega)(1.01 \text{ k}\Omega)}{2.81 \text{ k}\Omega} = 647 \ \Omega$$

A와 B 사이의 저항과 B와 C 사이의 저항은 직렬로 연결되어 있다. 따라서 전체 합성저항은 다음과 같다.

$$R_{\text{T}} = R_{AB} + R_{BC} = 688 \ \Omega + 647 \ \Omega = 1335 \ \Omega$$

전압을 계산하기 위해 전압분배 법칙을 이용하면 다음과 같다.

$$V_{AB} = \left(\frac{R_{AB}}{R_{\text{T}}}\right)V_{\text{S}} = \left(\frac{688 \ \Omega}{1335 \ \Omega}\right)10 \text{ V} = 5.15 \text{ V}$$

$$V_{BC} = \left(\frac{R_{BC}}{R_{\text{T}}}\right)V_{\text{S}} = \left(\frac{647 \ \Omega}{1335 \ \Omega}\right)10 \text{ V} = 4.85 \text{ V}$$

$$V_{R1} = V_{R2} = V_{AB} = \mathbf{5.15 \text{ V}}$$

$$V_{R3} = V_{BC} = \mathbf{4.85 \text{ V}}$$

$$V_{R4} = \left(\frac{R_4}{R_4 + R_5}\right)V_{BC} = \left(\frac{330 \ \Omega}{1010 \ \Omega}\right)4.85 \text{ V} = \mathbf{1.58 \text{ V}}$$

$$V_{R5} = \left(\frac{R_5}{R_4 + R_5}\right)V_{BC} = \left(\frac{680 \ \Omega}{1010 \ \Omega}\right)4.85 \text{ V} = \mathbf{3.27 \text{ V}}$$

관련 문제 그림 6-21의 전압원의 크기를 2배로 하고, 각 저항에서의 전압 강하를 계산하시오.

CD-ROM에서 Multisim E06-09 파일을 열고, 각 저항의 전압을 측정한 후 계산된 값과 비교하라. 만약 전원전압의 크기가 2배가 된다면 각 요소의 전압 강하는 2배가 되고 만약 전원전압이 절반이 되면 각 요소의 전압 강하도 절반으로 줄어드는 것을 측정을 통해 증명하라.

예제 6-10

그림 6-22

그림 6-22에서 각 저항의 전압 강하를 계산하시오.

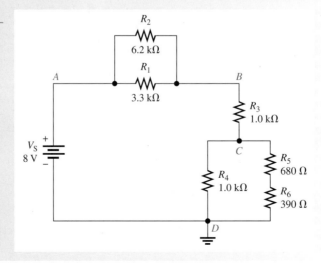

해 총 전압이 주어졌기 때문에 전압강하 공식을 이용하여 이 문제를 해결할 수 있다.

1단계: 각 병렬 조합을 등가저항으로 바꾸어 회로를 간소화한다. R_1과 R_2는 절점 A와 절점 B 사이에 병렬로 연결되어 있기 때문에 이들을 등가저항으로 바꾼다.

$$R_{AB} = \frac{R_1 R_2}{R_1 + R_2} = \frac{(3.3\,\text{k}\Omega)(6.2\,\text{k}\Omega)}{9.5\,\text{k}\Omega} = 2.15\,\text{k}\Omega$$

절점 C와 절점 D에서 R_4는 R_5와 R_6의 직렬 조합과 병렬로 연결되어 있으므로, 이들의 합성은 다음과 같다.

$$R_{CD} = \frac{R_4(R_{5+6})}{R_4 + R_{5+6}} = \frac{(1.0\,\text{k}\Omega)(1.07\,\text{k}\Omega)}{2.07\,\text{k}\Omega} = 517\,\Omega$$

2단계: 그림 6-23과 같이 등가회로를 그리고, 전체 회로의 합성저항을 구한다.

$$R_T = R_{AB} + R_3 + R_{CD} = 2.15\,\text{k}\Omega + 1.0\,\text{k}\Omega + 517\,\Omega = 3.67\,\text{k}\Omega$$

그림 6-23

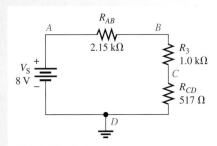

3단계: 전압분배 법칙을 이용하여 등가회로에서의 전압을 계산한다.

$$V_{AB} = \left(\frac{R_{AB}}{R_T}\right)V_S = \left(\frac{2.15\,\text{k}\Omega}{3.67\,\text{k}\Omega}\right)8\,\text{V} = 4.69\,\text{V}$$

$$V_{BC} = \left(\frac{R_3}{R_T}\right)V_S = \left(\frac{1.0\,\text{k}\Omega}{3.67\,\text{k}\Omega}\right)8\,\text{V} = 2.18\,\text{V}$$

$$V_{CD} = \left(\frac{R_{CD}}{R_T}\right)V_S = \left(\frac{517\,\Omega}{3.67\,\text{k}\Omega}\right)8\,\text{V} = 1.13\,\text{V}$$

그림 6-22를 참조하면, V_{AB}는 R_1과 R_2에 걸리는 전압과 같다.

$$V_{R1} = V_{R2} = V_{AB} = \textbf{4.69 V}$$

V_{BC}는 R_3에 걸리는 전압이다.

$$V_{R3} = V_{BC} = \textbf{2.18 V}$$

V_{CD}는 R_4와 R_5, R_6의 직렬 조합 저항의 양단에 걸리는 전압이다.

$$V_{R4} = V_{CD} = \textbf{1.13 V}$$

4단계: V_{R5}와 V_{R6}를 계산하기 위해 R_5와 R_6의 직렬 회로에 대해 전압분배 법칙을 적용한다.

$$V_{R5} = \left(\frac{R_5}{R_5 + R_6}\right)V_{CD} = \left(\frac{680\,\Omega}{1070\,\Omega}\right)1.13\,\text{V} = \textbf{718 mV}$$

$$V_{R6} = \left(\frac{R_6}{R_5 + R_6}\right)V_{CD} = \left(\frac{390\,\Omega}{1070\,\Omega}\right)1.13\,\text{V} = \textbf{412 mV}$$

관련 문제 그림 6-22의 각 저항에 대해 전류와 전력을 계산하시오.

 CD-ROM에서 Multisim E06-10 파일을 열고, 각 저항의 전압을 측정한 후 계산된 값과 비교하라. R_4가 2.2 kΩ으로 증가된다면, 어떤 요소의 전압이 증가하고 어떤 요소의 전압이 줄어드는지 확인하고 이를 측정을 통해 증명하라.

6-2 복습문제

1. 그림 6-24 회로에서 단자 A와 단자 B 사이의 합성저항을 구하시오.
2. 그림 6-24에서 R_3에 흐르는 전류를 구하시오.
3. 그림 6-24에서 V_{R2}를 구하시오.
4. 그림 6-25에서 R_T와 I_T를 계산하시오.

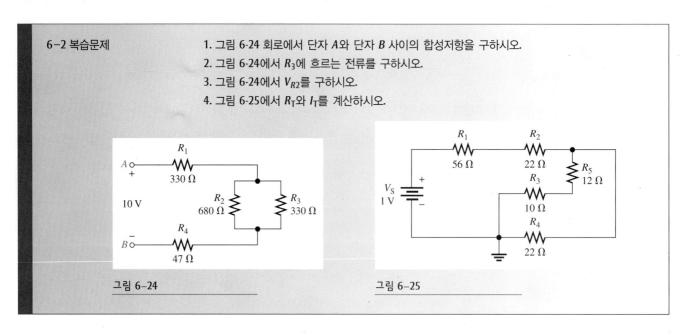

그림 6-24

그림 6-25

6-3 부하저항을 갖는 전압 분배기

4장에서 전압 분배기에 대해 소개한 바 있다. 이 절에서는 부하저항이 전압 분배기 회로에 어떠한 영향을 주는지 살펴볼 것이다.

절의 학습내용

▶ **부하가 연결된 전압 분배기를 해석한다.**

  ▶ 전압 분배기 회로에서 부하저항에 의한 효과를 계산한다.

  ▶ 블리더 전류를 정의한다.

그림 6-26(a)의 전압 분배기는 입력전압이 10 V이고 두 저항의 크기가 같으므로 5 V의 출력전압을 나타낸다. 이 전압은 부하가 없을 때의 출력전압이다. 부하저항 R_L이 그림 6-26(b)와 같이 연결될 경우에는 출력전압은 부하저항 R_L의 값에 따라 감소한다. 이러한 효과를 **부하효과(loading effect)**라 한다. 부하저항은 R_2와 병렬로 연결이 되어 있어 절점 A에서 접지까지의 저항은 감소되고, 그 결과 병렬 조합에 걸리는 전압 역시 줄어든다. 이것은 전압 분배기의 부하에 의한 한 가지 효과이며, 또 다른 부하효과는 회로의 합성저항이 감소되기 때문에 부하에 흐르는 전류가 증가한다는 것이다.

R_L이 R_2에 비해 클수록, 그림 6-27에 나타낸 바와 같이 출력전압은 무부하시의 출력전압에 가까워진다. 두 개의 저항이 병렬로 연결되어 있을 때, 한 저항의 크기가 다른 저항보다 매우 크다면 합성저항의 크기는 크기가 작은 저항에 가깝게 된다.

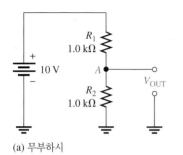

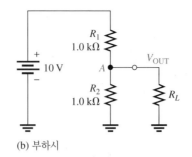

그림 6-26

부하시와 무부하시의 전압 분배기

(a) 무부하시

(b) 부하시

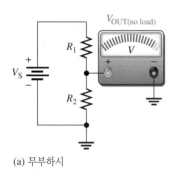

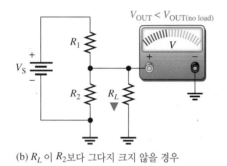

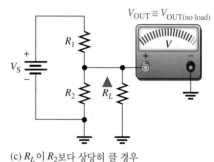

(a) 무부하시

(b) R_L이 R_2보다 그다지 크지 않을 경우

(c) R_L이 R_2보다 상당히 클 경우

그림 6-27

부하저항의 효과

예제 6-11

(a) 그림 6-28에서 무부하시의 전압 분배기의 출력전압을 구하시오.

(b) 그림 6-28에서 부하저항이 각각 $R_L = 10\ k\Omega$, $R_L = 100\ k\Omega$일 때 전압 분배기에 의한 출력전압을 구하시오.

그림 6-28

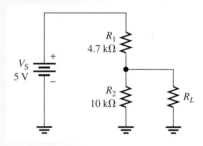

해 **(a)** 무부하시의 출력전압은 다음과 같다.

$$V_{OUT(unloaded)} = \left(\frac{R_2}{R_1 + R_2}\right)V_S = \left(\frac{10\ k\Omega}{14.7\ k\Omega}\right)5\ V = \textbf{3.40 V}$$

(b) $10\ k\Omega$의 부하저항을 연결할 경우, R_L은 R_2와 병렬이므로 합성저항은 다음과 같다.

$$R_2 \parallel R_L = \frac{R_2 R_L}{R_2 + R_L} = \frac{(10\ k\Omega)(10\ k\Omega)}{20\ k\Omega} = 5.0\ k\Omega$$

이의 등가회로는 그림 6-29(a)에 나타나 있다. 부하저항에 의한 출력은 다음과 같다.

$$V_{OUT(loaded)} = \left(\frac{R_2 \parallel R_L}{R_1 + R_2 \parallel R_L}\right)V_S = \left(\frac{5.0\ k\Omega}{9.7\ k\Omega}\right)5\ V = \textbf{2.58 V}$$

그림 6-29

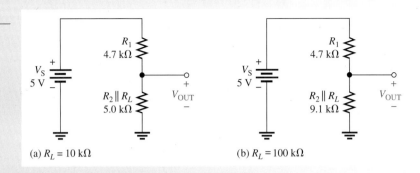

(a) $R_L = 10 \text{ k}\Omega$ (b) $R_L = 100 \text{ k}\Omega$

10 kΩ의 부하저항을 연결할 경우, 출력단자에서 접지 사이의 저항은 다음과 같다.

$$R_2 \| R_L = \frac{R_2 R_L}{R_2 + R_L} = \frac{(10 \text{ k}\Omega)(100 \text{ k}\Omega)}{110 \text{ k}\Omega} = 9.1 \text{ k}\Omega$$

이의 등가회로는 그림 6-29(b)와 같이 나타나 있으며, 부하가 있는 경우의 출력전압은 다음과 같다.

$$V_{\text{OUT(loaded)}} = \left(\frac{R_2 \| R_L}{R_1 + R_2 \| R_L} \right) V_S = \left(\frac{9.1 \text{ k}\Omega}{13.8 \text{ k}\Omega} \right) 5 \text{ V} = \mathbf{3.30 \text{ V}}$$

R_L이 작은 경우, V_{OUT}의 감소량은 3.40 V − 2.58 V = 0.82 V이다.

R_L이 큰 경우, V_{OUT}의 감소량은 3.40 V − 3.30 V = 0.1 V이다.

이것은 전압 분배기에서 R_L의 부하효과를 설명해 준다.

관련 문제   그림 6-28에서 부하저항이 1.0 MΩ일 경우 출력값 V_{OUT}을 구하시오.

 CD-ROM에서 Multisim E06-11 파일을 열고, 접지와 출력단자 사이의 전압을 측정하라. 10 kΩ의 부하저항을 연결한 후 출력전압을 측정하라. 부하저항을 100 kΩ으로 바꾼 후의 출력전압을 측정하라. 이 측정값은 계산된 값과 비슷한가?

부하전류 및 블리더 전류

다중 분기점을 갖는 전압 분배기 회로에서 전원으로부터의 총 전류는 부하저항을 통해 흐르는 전류, 즉 **부하전류(load current)**와 분배저항으로 구성된다. 그림 6-30은 두 개의 출력전압 또는 분기점을 갖는 전압 분배기를 나타낸다.

그림 6-30

2개의 분기점에서 부하를 갖는 전압 분배기의 전류

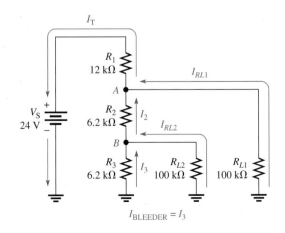

총 전류 I_T는 저항 R_1을 통해 흐르는 것에 주목하라. 총 전류는 두 개의 지로전류 I_{RL1}과 I_2로 구성된다. 또한, I_2는 두 개의 지로전류 I_{RL2}와 I_3로 구성된다. I_3는 **블리더 전류(bleeder current)**라고 하며, 이 전류는 총 전류에서 총 부하전류를 뺀 후에 남아 있는 전류이다.

$$I_{\text{BLEEDER}} = I_T - I_{RL1} - I_{RL2} \tag{6-1}$$

예제 6-12	그림 6-30의 2개의 분기점에서 부하를 갖는 전압 분배기 회로에서 부하전류 I_{RL1}과 I_{RL2}와 블리더 전류 I_3를 계산하시오.

해 절점 A에서부터 접지까지의 등가저항은 R_3와 R_{L2}의 병렬 조합 저항과 R_2가 직렬로 연결된 합성저항이 100 kΩ의 크기를 갖는 부하저항 R_{L1}과 병렬로 연결된 구조로 되어 있다. 먼저 저항값을 계산하자. R_3와 R_{L2}의 병렬 조합 저항을 R_B라 표시하고 R_B를 구하면 다음과 같다. 이의 등가회로를 그림 6-31(a)에 나타내었다.

$$R_B = \frac{R_3 R_{L2}}{R_3 + R_{L2}} = \frac{(6.2 \text{ k}\Omega)(100 \text{ k}\Omega)}{106.2 \text{ k}\Omega} = 5.84 \text{ k}\Omega$$

R_B와 R_2는 직렬로 연결되어 있으며 이를 R_{2+B}라 표시한다. 이의 등가회로를 그림 6-31(b)에 나타내었다.

$$R_{2+B} = R_2 + R_B = 6.2 \text{ k}\Omega + 5.84 \text{ k}\Omega = 12.0 \text{ k}\Omega$$

R_{L1}과 R_{2+B}는 병렬로 연결되어 있으며, 이를 R_A로 표시한다. 이의 등가회로는 그림 6-31(c)에 나타내었다.

$$R_A = \frac{R_{L1} R_{2+B}}{R_{L1} + R_{2+B}} = \frac{(100 \text{ k}\Omega)(12.0 \text{ k}\Omega)}{112 \text{ k}\Omega} = 10.7 \text{ k}\Omega$$

R_A는 절점 A부터 접지까지의 총 합성저항이다. 이 회로의 전체 합성저항은 다음과 같다.

$$R_T = R_A + R_1 = 10.7 \text{ k}\Omega + 12.0 \text{ k}\Omega = 22.7 \text{ k}\Omega$$

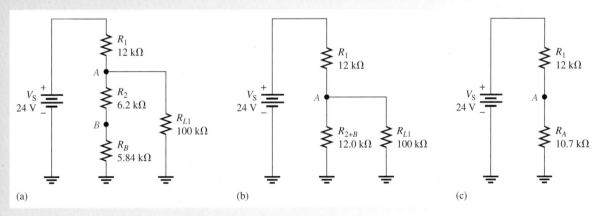

(a)   (b)   (c)

그림 6-31

그림 6-31(c)의 등가회로를 이용하여 R_{L1}에 걸리는 전압을 계산하면 다음과 같다.

$$V_{RL1} = V_A = \left(\frac{R_A}{R_T}\right)V_S = \left(\frac{10.7 \text{ k}\Omega}{22.7 \text{ k}\Omega}\right)24 \text{ V} = 11.3 \text{ V}$$

R_{L1}을 통해 흐르는 부하전류는 다음과 같다.

$$I_{RL1} = \frac{V_{RL1}}{R_{L1}} = \left(\frac{11.3\,\text{V}}{100\,\text{k}\Omega} \right) = \textbf{113}\,\boldsymbol{\mu}\textbf{A}$$

그림 6-31(a)의 등가회로와 절점 A에서의 전압을 이용하여 절점 B에서의 전압을 계산하면 다음과 같다.

$$V_B = \left(\frac{R_B}{R_{2+B}} \right)V_A = \left(\frac{5.84\,\text{k}\Omega}{12.0\,\text{k}\Omega} \right)11.3\,\text{V} = 5.50\,\text{V}$$

저항 R_{L2}를 통해 흐르는 전류는 다음과 같다.

$$I_{RL2} = \frac{V_{RL2}}{R_{L2}} = \frac{V_B}{R_{L2}} = \frac{5.50\,\text{V}}{100\,\text{k}\Omega} = \textbf{55}\,\boldsymbol{\mu}\textbf{A}$$

블리더 전류는 다음과 같다.

$$I_3 = \frac{V_B}{R_3} = \frac{5.50\,\text{V}}{6.2\,\text{k}\Omega} = \textbf{887}\,\boldsymbol{\mu}\textbf{A}$$

관련 문제 그림 6-30에서의 블리더 전류를 부하전류에 영향을 주지 않고 줄일 수 있는 방법이 있는가?

 CD-ROM에서 Multisim E06-12 파일을 열고, R_{L1}과 R_{L2}에 흐르는 전류와 저항 양단에 걸리는 전압을 측정하라.

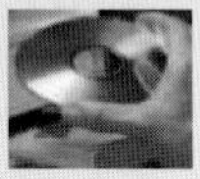

양극 전압 분배기

단일 전원으로부터의 양의 전압과 음의 전압을 출력하는 전압 분배기의 예를 그림 6-32에 나타내었다. 전압원의 양의 단자나 음의 단자 모두가 기준 접지 또는 공통 단자에 연결되지 않았다는 점에 유의하라. 절점 A와 절점 B에서의 전압은 접지에 대해 양의 전압이고, 절점 C와 절점 D에서의 전압은 접지에 대해 음의 전압이다.

그림 6-32

양극 전압 분배기. 접지를 기준으로 양의 전압과 음의 전압을 가지고 있다

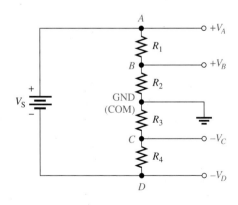

6-3 복습문제

1. 부하저항이 전압 분배기의 출력에 연결되어 있다. 부하저항이 출력전압에 어떠한 영향을 미치는가?

2. 큰 값의 부하저항이 작은 값의 부하저항보다 출력전압을 더 작게 변화시킨다. (참 또는 거짓)

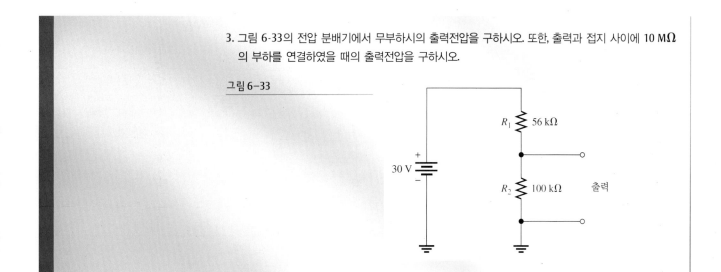

3. 그림 6-33의 전압 분배기에서 무부하시의 출력전압을 구하시오. 또한, 출력과 접지 사이에 10 MΩ 의 부하를 연결하였을 때의 출력전압을 구하시오.

그림 6-33

6-4   전압계의 부하효과

앞서 살펴본 바와 같이 전압계는 양단 전압을 측정하기 위해 저항에 병렬로 연결되어야 한다. 그 내부 저항으로 인해 전압계는 회로에서 부하처럼 작용하여 일정 범위에서는 측정하고자 하는 전압값에 영향을 미친다. 지금까지는 전압계의 내부 저항이 매우 크기 때문에 부하효과(loading effect)를 무시하였으며, 일반적으로 측정하고자 하는 회로에 대한 영향은 무시할 수 있었다. 그러나 전압계의 내부 저항이 연결하고자 하는 회로의 저항 성분에 비해 충분히 크지 않다면, 부하효과에 의해 측정전압이 실제의 전압값보다 더 작아지게 된다. 따라서 항상 이러한 효과에 주의하여야 한다.

절의 학습내용

▶ **회로에서 전압계에 의한 부하효과를 계산한다.**

   ▶ 회로에서 전압계가 부하가 되는 이유를 설명한다.

   ▶ 전압계의 내부 저항에 대해 살펴본다.

예를 들어, 그림 6-34(a)와 같이 전압계가 회로에 연결되면, 전압계의 내부 저항은 그림 6-34(b)에서와 같이 R_3와 병렬로 나타난다. 따라서 점 A에서 점 B 사이의 저항은 전압계 내부 저항 R_M에 의한 부하효과로 인해 이는 그림 6-34(c)에서 표시한 것처럼 $R_3 \parallel R_M$으로 된다.

만약 R_M이 R_3에 비해 상당히 크다면 점 A와 점 B 사이의 저항은 약간만 변하게 되고, 전압계는 실제의 전압값을 지시할 것이다. 그러나 R_M이 R_3에 비해 충분히 크지 않다면 점 A와 점 B 사이의 저항은 크게 줄어들어, R_3 양단의 전압은 부하효과로 인해 변하게 된다. 경험으로 비추어 볼 때, 전압계의 저항이 회로가 연결되어 있는 저항의 최소 10배 이상 된다면 부하효과는 거의 무시할 수 있다(측정오차는 10% 이하이다).

전압계의 종류로는 내부 저항이 **감도계수(sensitivity factor)**에 의해 결정되는 전자기형 아날로그 전압계와, 일반적으로 최소 10 MΩ 이상의 내부 저항을 갖는 디지털 전압계가 있다. 디지털 전압계는 내부 저항이 더 크기 때문에 전자기형보다 부하효과에 의한 문제가 적다.

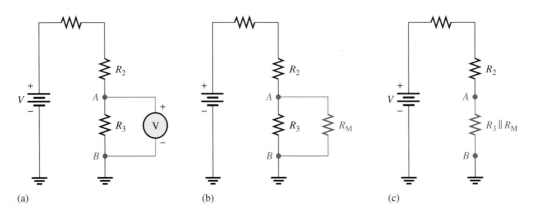

그림 6-34

전압계의 부하효과

예제 6-13

그림 6-35의 각각의 회로에서 디지털 전압계의 연결에 따른 측정전압의 변화는 얼마이겠는가? 이 전압계의 입력저항은 10 MΩ이다.

그림 6-35

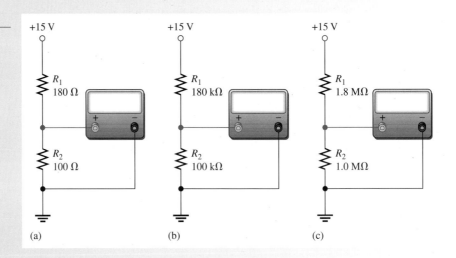

해 작은 차이를 보다 정확하게 보여주기 위해 3자리 이상의 데이터로 결과를 표현한다.

(a) 먼저 그림 6-35(a)의 회로를 검토하자. 전압 분배기 회로에서 R_2에 걸리는 무부하시 전압은 다음과 같다.

$$V_{R2} = \left(\frac{R_2}{R_1 + R_2} \right) V_S = \left(\frac{100\ \Omega}{280\ \Omega} \right) 15\ \text{V} = 5.357\ \text{V}$$

R_2와 병렬로 연결된 전압계의 저항은 다음과 같다.

$$R_2 \parallel R_M = \left(\frac{R_2 R_M}{R_2 + R_M} \right) = \frac{(100\ \Omega)(10\ \text{M}\Omega)}{10.0001\ \text{M}\Omega} = 99.999\ \Omega$$

전압계에 측정된 실제 전압은 다음과 같다.

$$V_{R2} = \left(\frac{R_2 \parallel R_M}{R_1 + R_2 \parallel R_M} \right) V_S = \left(\frac{99.999\ \Omega}{279.999\ \Omega} \right) 15\ \text{V} = 5.357\ \text{V}$$

이 전압계는 측정할 수 있는 부하효과가 없다.

(b) 그림 6-35(b)를 검토하자.

$$V_{R2} = \left(\frac{R_2}{R_1 + R_2}\right)V_S = \left(\frac{100\,\text{k}\Omega}{280\,\text{k}\Omega}\right)15\,\text{V} = 5.357\,\text{V}$$

$$R_2 \parallel R_M = \frac{R_2 R_M}{R_2 + R_M} = \frac{(100\,\text{k}\Omega)(10\,\text{M}\Omega)}{10.1\,\text{M}\Omega} = 99.01\,\text{k}\Omega$$

$$V_{R2} = \left(\frac{R_2 \parallel R_M}{R_1 + R_2 \parallel R_M}\right)V_S = \left(\frac{99.01\,\text{k}\Omega}{279.01\,\text{k}\Omega}\right)15\,\text{V} = 5.323\,\text{V}$$

전압계의 부하효과에 의해 매우 작은 양의 전압 변화가 일어났다.

(c) 그림 6-35(c)를 검토하자.

$$V_{R2} = \left(\frac{R_2}{R_1 + R_2}\right)V_S = \left(\frac{1.0\,\text{M}\Omega}{2.8\,\text{M}\Omega}\right)15\,\text{V} = 5.357\,\text{V}$$

$$R_2 \parallel R_M = \frac{R_2 R_M}{R_2 + R_M} = \frac{(1.0\,\text{M}\Omega)(10\,\text{M}\Omega)}{11\,\text{M}\Omega} = 909.09\,\text{k}\Omega$$

$$V_{R2} = \left(\frac{R_2 \parallel R_M}{R_1 + R_2 \parallel R_M}\right)V_S = \left(\frac{909.09\,\text{k}\Omega}{2.709\,\text{M}\Omega}\right)15\,\text{V} = 5.034\,\text{V}$$

전압계의 부하효과에 의해 눈에 띌 만큼의 전압이 줄어들었다. 이들의 결과를 종합해 볼 때, 전압이 측정되는 곳의 저항이 크면 클수록 부하효과는 점점 크게 된다.

관련 문제   전압계의 저항이 20 MΩ일 경우 그림 6-35(c)의 R_2에 걸리는 저항을 구하시오.

6-4 복습문제

1. 전압계가 회로에서 부하로 작용하는 이유를 설명하시오.
2. 내부 저항이 10 MΩ인 전압계를 이용하여 1.0 kΩ 저항 양단의 전압을 측정한다면, 부하효과를 고려하여야 하는가?
3. 내부 저항이 10 MΩ인 전압계를 이용하여 3.3 MΩ 저항 양단의 전압을 측정한다면, 부하효과를 고려하여야 하는가?

6–5   휘스톤 브리지

휘스톤 브리지(Wheatstone bridge) 회로는 저항을 정밀하게 측정할 수 있는 회로이다. 그 러나 브리지 회로는 일반적으로 변형 정도, 온도, 압력 등과 같은 물리량을 측정하는 변환 기와 결합하여 사용된다. **변환기(transducer)**는 물리적인 요소의 변화를 감지하여 저항 의 변화와 같이 전기적인 양으로 변환하는 장치이다. 예를 들면, 스트레인 게이지는 힘, 압력, 변위 등의 기계적인 요소가 변경되는 것을 저항의 변화로 변환하는 장치이다. 서미 스터는 온도가 변화할 때 저항값을 변화시킨다. 휘스톤 브리지 회로는 균형 상태 또는 불 균형 상태에서 동작된다. 이 동작조건은 응용되는 형태에 따라 바뀐다.

절의 학습내용

▶ **휘스톤 브리지를 적용하고 해석할 수 있다.**

  ▶ 평형 브리지 회로에서 미지의 저항을 계산한다.

  ▶ 브리지가 불평형일 때를 결정한다.

  ▶ 불평형 브리지를 이용하여 계측하는 방법을 논한다.

휘스톤 브리지 회로(Wheatstone bridge circuit)는 그림 6-36(a)와 같이 일반적으로 '다이아몬드' 형태로 구성되어 있으며, 네 개의 저항과 다이아몬드의 맨 위와 아래를 연결한 직류 전압원으로 구성되어 있다. 출력전압은 다이아몬드 형태에서의 왼쪽과 오른쪽 점 A와 점 B 사이에서 얻어진다. 그림 6-36(b)는 회로의 직병렬 관계를 명확하게 표현하기 위해 회로를 재정리하여 다시 그린 것이다.

그림 6-36

휘스톤 브리지

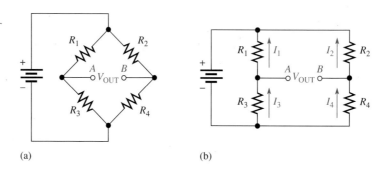

(a)   (b)

평형 휘스톤 브리지

그림 6-36 회로에서 단자 A와 단자 B 사이의 출력전압이 0일 때 휘스톤 브리지는 평형이 되었다고 한다.

$$V_{OUT} = 0 \text{ V}$$

브리지 회로가 평형 상태일 때, R_1과 R_2에 걸리는 전압은 같고($V_1 = V_2$), R_3와 R_4에 걸리는 전압이 같다($V_3 = V_4$). 그러므로 전압비는 다음과 같이 쓸 수 있다.

$$\frac{V_1}{V_3} = \frac{V_2}{V_4}$$

옴의 법칙($V = IR$)을 적용하여 수식을 다시 정리하면 다음과 같다.

$$\frac{I_1 R_1}{I_3 R_3} = \frac{I_2 R_2}{I_4 R_4}$$

여기서 $I_1 = I_3$이고 $I_2 = I_4$이므로, 모든 전류항은 사라지고 저항비만 남는다.

$$\frac{R_1}{R_3} = \frac{R_2}{R_4}$$

이 식을 R_1에 대해 정리하면 다음과 같다.

$$R_1 = R_3 \left(\frac{R_2}{R_4} \right)$$

이 공식을 이용하여 브리지 회로가 평형 상태일 때 다른 저항값으로부터 R_1의 저항값을 구할 수 있다.

미지의 저항을 찾기 위해 휘스톤 브리지를 이용하기 그림 6-36에서의 R_1은 미지의 값이라고 가정하고, 이를 R_X라 하자. R_2와 R_4는 고정값이고 이 저항 비율은 R_2/R_4이며, 이 비율 또한 고정된 값이다. R_X는 미지의 값이기 때문에 R_3는 평형 상태를 만들기 위해 $R_1/R_3 = R_2/R_4$가 될 수 있도록 조정하여야 한다. 그러므로 R_3는 가변 저항이고 우리는 이를 R_V로 부르기로 하자. R_X가 브리지 회로에 놓여 있을 때, 브리지의 출력전압이 평형 상태인 0이 될 때까지 R_V 값을 조정한다. 그러면, 미지의 저항값은 다음과 같이 구할 수 있다.

$$R_X = R_V\left(\frac{R_2}{R_4}\right) \tag{6-2}$$

R_2/R_4는 크기 비율(scale factor)이다.

검류계(galvanometer)라 불리는 전류 측정기는 평형 상태를 감지하기 위하여 두 출력단자 A와 B 사이에 연결된다. 검류계는 원래 양방향의 전류를 측정하기 위한 매우 민감한 전류계이다. 이것은 중간값이 0으로서 일반적인 전류계와는 다르다. 근래 생산되는 장비의 경우, 브리지 출력 양단에 연결된 증폭기의 출력이 0일 때 평형 조건을 나타내도록 고안되어 있다.

식 (6-2)로부터, 평형 상태에서의 R_V와 비례요인 R_2/R_4의 곱은 R_X의 실제 저항값이다. 만약 평형 상태에서 $R_2/R_4 = 1$이면 $R_X = R_V$이고, 만약 $R_2/R_4 = 0.5$이면 $R_X = 0.5R_V$이다. 실제 브리지 회로를 응용해서, R_V 값은 실제 R_X 값이 비례적으로 표시될 수 있도록 보정될 수 있다.

예제 6–14 그림 6-37의 평형 상태의 브리지 회로에서 R_X 값을 구하시오. 브리지는 R_V가 1200 Ω일 때, 평형 상태가 된다.

그림 6-37

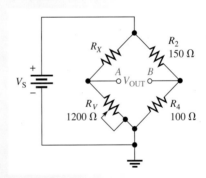

해 브리지의 크기 비율은 다음과 같다.

$$\frac{R_2}{R_4} = \frac{150\ \Omega}{100\ \Omega} = 1.5$$

미지의 저항 R_X는 다음과 같다.

$$R_X = R_V\left(\frac{R_2}{R_4}\right) = (1200\ \Omega)(1.5) = \mathbf{1800\ \Omega}$$

관련 문제 그림 6-37에서 브리지의 평형 상태를 유지하기 위해 R_V가 2.2 kΩ으로 조정된다면, R_X 값은 얼마인가?

불평형 휘스톤 브리지

불평형 브리지 조건(unbalanced bridge condition)은 V_{out}이 '0'이 아닌 경우이다. 불평형 브리지는 기계적인 변형, 온도, 압력 등과 같은 물리량을 측정하는 데 이용된다. 이러한 응용은 그림 6-38에서와 같이 변환기를 브리지 네 개의 다리 중 하나의 다리에 연결함으로써 가능하다. 변환기의 저항은 측정하고자 하는 매개변수의 변화에 비례하여 변화한다. 만약 브리지가 이미 알고 있는 점에서 평형을 이룬다면, 평형 상태로부터의 편차(전압으로 지시된다)는 측정된 매개변수의 변화량을 나타낸다. 그러므로 측정된 매개변수의 값은 브리지가 불평형되는 양에 의해 결정된다.

그림 6-38

변환기를 이용하여 물리적인 변수값을
측정하기 위한 브리지 회로

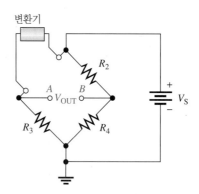

온도 측정을 위한 브리지 회로 만약 온도를 측정하여야 한다면, 변환기는 온도감지 저항인 서미스터가 된다. 서미스터 저항은 온도의 변화에 따라 예측할 수 있는 양으로 변화한다. 온도의 변화는 서미스터 저항값의 변화로 나타나고, 이로 인해 브리지가 불평형 상태가 되어 브리지 출력전압의 변화로 나타나게 된다. 출력전압은 온도에 비례한다. 이러한 출력전압은 전압계를 통해 직접적으로 표시되거나 온도의 변화를 디지털 형태로 표시하기 위해 출력전압이 증폭될 수 있다.

온도를 측정하는 데 사용되는 브리지 회로는 기준 온도에서 평형이 되도록 되어 있고, 측정하고자 하는 온도에서는 불평형이 된다. 예를 들어, 브리지 회로가 25°C에서 평형이 된다고 하자. 서미스터의 저항값은 25°C에서 이미 알고 있다. 온도가 변화하면 서미스터의 저항이 변화하여 평형 상태가 깨지고, 온도의 변화만큼 저항의 변화로 나타난다. 이 저항의 변화는 전압의 변화로 측정된다. 이러한 과정을 거쳐 온도를 측정하는 원리를 예제 6-15를 통해 알아보자.

예제 6-15

만약 25°C에서 1.0 kΩ을 나타내는 서미스터가 50°C의 온도에 노출되었을 때, 온도 측정을 위한 브리지 회로의 출력전압을 구하시오. 서미스터의 저항은 50°C에서 900 Ω으로 줄어든다고 가정한다.

그림 6-39

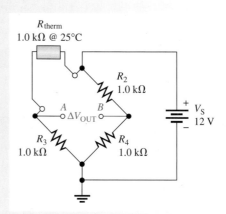

50°C에서 브리지의 왼쪽 부분에 전압분배 법칙을 적용하자.

$$V_A = \left(\frac{R_3}{R_3 + R_{therm}} \right) V_S = \left(\frac{1\ k\Omega}{1\ k\Omega\ +\ 900\ \Omega} \right) 12\ V = 6.32\ V$$

브리지의 오른쪽 부분에 전압분배 법칙을 적용하자.

$$V_B = \left(\frac{R_4}{R_2 + R_4} \right) V_S = \left(\frac{1\ k\Omega}{2\ k\Omega} \right) 12\ V = 6.00\ V$$

50°C에서의 출력전압은 V_A와 V_B의 차이이다.

$$V_{OUT} = V_A - V_B = 6.32\ V - 6.00\ V = \mathbf{0.32\ V}$$

절점 A는 절점 B에 대해 양의 값을 갖는다.

관련 문제 그림 6-39의 서미스터 저항은 온도가 60°C까지 올라가면 850 Ω으로 줄어든다. 이 때의 출력전압 V_{OUT}은 얼마인가?

불평형 휘스톤 브리지의 다른 응용의 예 스트레인 게이지를 갖는 휘스톤 브리지는 힘을 측정하는 데 사용된다. **스트레인 게이지(strain gauge)**는 외부 힘에 의해 눌려지거나 늘어나면서 생기는 저항의 변화를 측정하는 장치이다. 스트레인 게이지의 저항값이 변화함에 따라, 기존의 평형 상태의 브리지는 불평형 상태로 변화할 것이다. 이렇게 불평형 상태가 됨에 따라 출력전압은 0 V에서 변화가 일어날 것이고, 이러한 변화량은 극히 작을 것이다. 따라서 스트레인 게이지에서 저항의 변화는 상당히 작다. 이러한 고감도로 인하여 극히 작은 양의 변화가 휘스톤 브리지를 불평형으로 만들게 된다. 예를 들어, 스트레인 게이지를 갖는 휘스톤 브리지는 무게를 측정하는 데 사용되어진다. 어떤 저항 변환기의 경우에는 저항의 변화가 상당히 작아서, 실제로 직접 측정하기에는 어려움이 따른다. 특히 스트레인 게이지는 도선의 미세한 수축과 이완 현상을 저항값의 변화로 나타내는 장치로서 가장 유용하게 사용되는 저항 변환기 중의 하나이다. 도선이 이완되면 스트레인 게이지의 저항값이 미세하게 증가하고, 도선이 수축되면 스트레인 게이지의 저항값은 미세하게 감소한다.

스트레인 게이지는 작은 양의 무게부터 거대한 트럭의 무게까지 재는 다양한 용도로 이용되고 있다. 일반적으로 게이지는 저울에 질량의 변화가 일어났을 때 변형을 일으키는 특별히 고안된 알루미늄판 위에 장착된다. 스트레인 게이지는 상당히 미세하고 정교해서 아주 정밀하게 장착되어져야 한다. 이러한 형태로 하나의 부품으로 조립된 것을 로드 셀(load cell)이라 한다. 이러한 로드 셀은 여러 가지 응용에 적용할 수 있도록 다양한 형태와 크기로 생산되고 있다. 네 개의 스트레인 게이지를 가지고 물체의 무게를 재는 데 사용되는 전형적인 S형 로드 셀이 그림 6-40(a)에 나타나 있다. 부하가 저울에 놓이면, 두 개의 게이지는 이완되고, 두 개의 게이지는 수축되도록 게이지가 장착되어 있다.

로드 셀은 그림 6-40(b)에 나타난 것과 같이 두 개의 인장(T)과 압축(C)의 스트레인 게이지(SG)가 각각 대각선 요소를 갖는 휘스톤 브리지로 구성되어 있다. 브리지의 출력은 2치화되어 출력장치에 표시되거나 정보 처리를 위해 컴퓨터로 보내어지기도 한다. 휘스톤 브리지 회로의 가장 주요한 장점은 저항의 작은 변화를 측정할 수 있다는 점이다. 네 개의 능동 변환기를 사용함으로써 계측기 회로에서 이상적인 브리지로 활용할 수 있으며, 이로 인해 측정의 감도를 증가시킬 수 있다. 휘스톤 브리지 회로는 온도 변화를 보상하거나, 도선의 부정확한 연결에 의해 발생되는 도선 저항의 변화를 보상하는 데 장점을 가지고 있다.

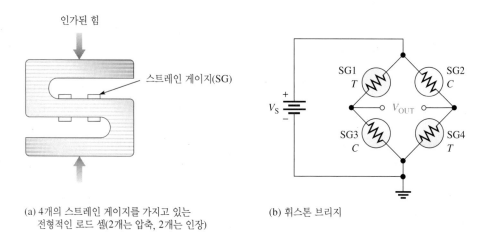

(a) 4개의 스트레인 게이지를 가지고 있는
   전형적인 로드 셀(2개는 압축, 2개는 인장)

(b) 휘스톤 브리지

그림 6-40

로드 셀의 예

스트레인 게이지는 저울의 응용 외에 압력을 측정하고, 변위와 가속도를 측정하는 여러 가지 용도로 휘스톤 브리지를 구성하여 사용된다. 압력을 측정할 경우에는 압력이 변환기에 인가되면 늘어나는 유연한 다이어프램을 연결하여 사용한다. 휘어지는 양은 압력과 관계가 있고 이 압력의 결과는 다시 작은 양의 저항 변화로 나타난다.

6-5 복습문제	1. 기본적인 휘스톤 브리지 회로를 그리시오. 2. 브리지 회로는 어떤 조건에서 평형 조건이 되는가? 3. 그림 6-37에서 $R_V = 3.3\ k\Omega$, $R_2 = 10\ k\Omega$, $R_4 = 2.2\ k\Omega$이라고 할 때, 미지의 저항값은 얼마인가? 4. 불평형 조건에서 사용되는 휘스톤 브리지는 어떻게 이용되는가?

6-6 테브난 정리

테브난 정리(Thevenin's theorem)는 회로를 표준 등가회로로 단순화하는 방법이다. 이 정리는 대부분의 경우에 직병렬 회로의 해석을 간단하게 하는 데 이용된다. 회로를 등가회로로 단순화하는 방법으로 노턴 정리(Norton's theorem)도 있다. 이 정리는 부록 C에서 설명한다.

절의 학습내용

▶ **회로 해석을 단순화하기 위하여 테브난 정리를 적용한다.**

  ▶ 테브난 등가회로에 대한 형태를 설명한다.

  ▶ 테브난 등가전압원을 구한다.

  ▶ 테브난 등가저항을 구한다.

  ▶ 테브난 정리에서의 단자 등가성을 설명한다.

  ▶ 회로의 한 부분을 테브난화한다.

  ▶ 휘스톤 브리지를 테브난화한다.

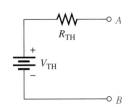

두 개의 단자를 가진 저항회로의 테브난 등가회로는 그림 6-41에서 보인 바와 같이 등가 전압원(V_{TH})과 등가저항(R_{TH})으로 구성된다. 등가전압 및 등가저항의 값은 원래 회로의 값에 의해 결정된다. 두 개의 단자를 가지고 있는 저항회로는 테브난 정리를 이용하여 회로의 복잡도에 관계 없이 간략화될 수 있다.

등가전압 V_{TH}와 등가저항 R_{TH}는 테브난 등가회로를 구성하는 요소들이다.

테브난 등가전압(V_{TH})은 회로의 두 단자 사이의 개방회로(무부하) 전압으로 정의된다.

이들 두 단자 사이에 연결되는 소자는 R_{TH}와 직렬로 연결된 전압원 V_{TH}이다. **테브난 정리 (Thevenin's theorem)**에 의하면 테브난 등가저항은 다음과 같다.

테브난 등가저항(R_{TH})은 모든 전원을 내부 저항으로 대체하였을 때, 두 단자 사이에 나타 나는 전체 저항을 의미한다.

비록 테브난 등가회로는 기존 회로와 동일하지는 않지만, 출력전압과 전류에 있어서는 동 일하게 작용한다. 그림 6-42는 이러한 상황에 대한 실험내용을 나타내고 있다. 먼저 내부에 복잡한 저항회로로 구성된 회로를 상자에 넣고, 이 상자에는 단지 출력단자만 뽑아 놓는다. 또한 그 회로의 테브난 등가회로를 동일한 규격의 상자에 넣고, 마찬가지로 출력단자만 뽑는 다. 각 상자의 출력단자의 양단에 동일한 부하저항을 연결한다. 그리고 그림에서와 같이 각 부하에 대한 전압과 전류를 측정하기 위해 전압계와 전류계를 설치한다. 측정된 값은 동일할 것이고(허용오차를 무시한다면), 원래 회로가 들어 있는 상자와 테브난 등가회로가 들어 있는 상자를 구분할 수 없을 것이다. 전기적인 측정에 의해 얻어진 실험 결과를 볼 때, 두 회로는 동일한 현상을 보이고 있다. 두 개의 단자에서 볼 때 두 회로는 동일하게 보이기 때문에 이러 한 조건을 **단자 등가성(terminal equivalency)**이라 부른다.

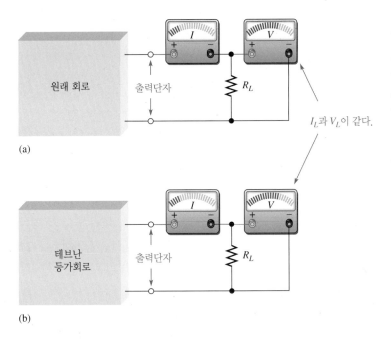

그림 6-41

저항과 직렬로 연결된 전압원으로 구성 된 테브난 등가회로의 일반적인 형태

그림 6-42

어느 상자에 원래 회로가 들어 있고 어느 상자에 테브난 등가회로가 들어 있는가? 두 회로는 단자 등가성을 가지 고 있기 때문에 계측기를 통해서는 알 수 없을 것이다

임의의 회로에서 테브난 등가회로를 계산하기 위해, 등가전압인 V_{TH}와 등가저항인 R_{TH}를 계산하여야 한다. 단자 A, B 사이의 테브난 등가회로를 구하는 방법을 그림 6-43에 나타내 었다.

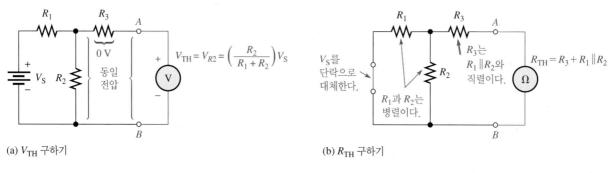

(a) V_{TH} 구하기

(b) R_{TH} 구하기

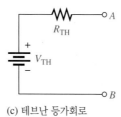

(c) 테브난 등가회로

그림 6–43

테브난 정리를 적용하여 회로를 간단화하는 방법의 예

그림 6-43(a)에서, 단자 A와 단자 B 사이에 걸리는 전압을 테브난 등가전압이라 한다. 이 회로에서 R_3로는 전류가 흐르지 않기 때문에 R_3 양단의 전압 강하는 없다. 따라서 단자 A와 단자 B 사이의 전압은 R_2의 양단에 걸리는 전압과 같다. 이 예에서의 V_{TH}는 다음과 같이 구할 수 있다.

$$V_{TH} = \left(\frac{R_2}{R_1 + R_2} \right) V_S$$

그림 6-43(b)에서, 테브난 등가저항은 내부 전원을 단락시켰을 때 단자 A와 단자 B 사이의 저항이 된다. 이 회로에서 단자 A와 단자 B 사이의 저항은 R_1과 R_2의 병렬 조합과 R_3가 직렬로 연결되어 있다. 따라서 R_{TH}는 다음과 같이 구할 수 있다.

$$R_{TH} = R_3 + \frac{R_1 R_2}{R_1 + R_2}$$

테브난 등가회로는 그림 6-43(c)로 나타내었다.

예제 6–16

그림 6-44의 회로에서 단자 A와 단자 B 사이의 테브난 등가회로를 구하시오. 만약 단자 A와 단자 B 사이에 부하저항이 있다면 이것은 다른 무엇보다 먼저 제거하여야 할 것이다.

그림 6–44

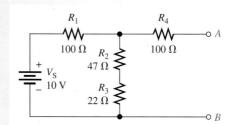

해 그림 6-45(a)에서와 같이 R_4에 걸리는 전압 강하가 없기 때문에 V_{AB}는 $R_2 + R_3$에 걸린 전압과 같고 $V_{TH} = V_{AB}$이다. V_{TH}를 구하기 위해 전압분배 이론을 이용한다.

$$V_{TH} = \left(\frac{R_2 + R_3}{R_1 + R_2 + R_3}\right)V_S = \left(\frac{69\ \Omega}{169\ \Omega}\right)10\ V = \mathbf{4.08\ V}$$

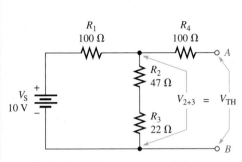

(a) A, B 사이의 전압은 V_{TH}이고, V_{2+3}과 같다.

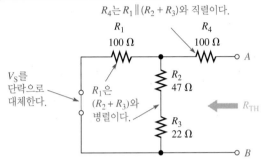

(b) A, B 단자를 보았을 때, R_4는 $(R_2 + R_3)$와 R_1과의 병렬 합성저항과 직렬로 연결되어 있다.

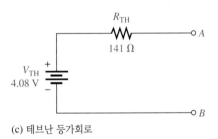

(c) 테브난 등가회로

그림 6-45

R_{TH}를 구하기 위해서, 먼저 전원을 단락시켜 내부 저항을 '0'으로 한다. 그러면, 그림 6-45(b)에서와 같이 R_1이 $R_2 + R_3$와 병렬로 나타나고, R_4는 R_1, R_2, R_3의 직병렬 조합에 직렬로 연결된다.

$$R_{TH} = R_4 + \frac{R_1(R_2 + R_3)}{R_1 + R_2 + R_3} = 100\ \Omega + \frac{(100\ \Omega)(69\ \Omega)}{169\ \Omega} = \mathbf{141\ \Omega}$$

이상의 결과로 얻어진 테브난 등가회로를 그림 6-45(c)에 나타내었다.

관련 문제 그림 6-44의 회로에서 R_2와 R_3 양단에 56 Ω의 저항이 병렬로 연결된 경우 V_{TH}와 R_{TH}를 구하시오.

테브난의 등가성은 관점에 따라 다르다

임의의 회로에 대한 테브난 등가는 회로를 바라보는 두 점의 위치에 따라 다르다. 그림 6-44 에서는 단자 A와 단자 B 사이에서 회로를 보았을 것이다. 임의의 주어진 회로에서, 출력단자 가 어떻게 나타나 있는가에 따라 한 개 이상의 테브난 등가회로를 가질 수 있다. 예를 들어, 그림 6-46에서 두 개의 단자 A와 C 사이를 본다면 단자 A와 단자 B를 보았을 때와 단자 B 와 단자 C를 보았을 때와는 확연히 다른 결과가 나올 것이다.

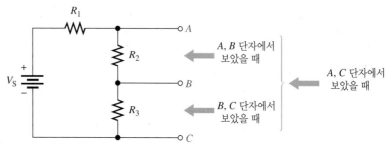

그림 6–46

테브난 등가회로를 보는 관점에 따라 다르다

그림 6-47(a)는 단자 A와 단자 C 사이의 관점에서 바라보았을 때의 경우로, V_{TH}는 $R_2 + R_3$에 걸리는 전압을 나타내고 이는 전압분배 공식을 이용하여 다음과 같이 표현할 수 있다.

$$V_{TH(AC)} = \left(\frac{R_2 + R_3}{R_1 + R_2 + R_3} \right) V_S$$

또한 그림 6-47(b)에서 단자 A와 단자 C 사이의 저항은 $R_2 + R_3$와 R_1을 병렬로 연결한 값이다(전원은 단락된 것으로 한다). 이는 다음과 같이 표현할 수 있다.

$$R_{TH(AC)} = R_1 \parallel (R_2 + R_3) = \frac{R_1(R_2 + R_3)}{R_1 + R_2 + R_3}$$

결과로 얻어진 테브난 등가회로는 그림 6-47(c)와 같다.

그림 6-47(d)는 단자 B와 단자 C 사이의 관점에서 바라보았을 때의 경우로, $V_{TH(BC)}$는 R_3에 인가되는 전압이 될 것이고, 이는 다음과 같이 표현할 수 있다.

$$V_{TH(BC)} = \left(\frac{R_3}{R_1 + R_2 + R_3} \right) V_S$$

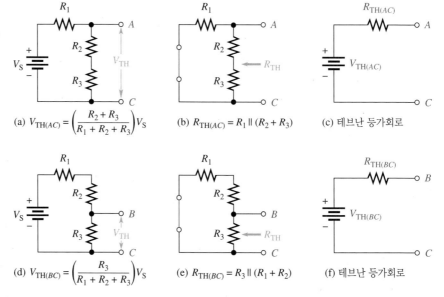

(a) $V_{TH(AC)} = \left(\dfrac{R_2 + R_3}{R_1 + R_2 + R_3} \right) V_S$ (b) $R_{TH(AC)} = R_1 \parallel (R_2 + R_3)$ (c) 테브난 등가회로

(d) $V_{TH(BC)} = \left(\dfrac{R_3}{R_1 + R_2 + R_3} \right) V_S$ (e) $R_{TH(BC)} = R_3 \parallel (R_1 + R_2)$ (f) 테브난 등가회로

그림 6–47

2개의 다른 관점에서 본 테브난 등가회로의 예. (a), (b), (c)는 하나의 관점(단자 A, C)에서 본 해석이고, (d), (e), (f)는 또 다른 관점(단자 B, C)에서 본 해석이다(V_{TH}와 R_{TH}는 각각의 경우에서 다른 값을 가진다)

그림 6-47(e)에 나타낸 바와 같이 단자 B와 단자 C 사이의 저항은 R_1과 R_2의 직렬 조합과 R_3가 병렬로 연결되어 있다.

$$R_{TH(BC)} = R_3 \parallel (R_1 + R_2) = \frac{R_3(R_1 + R_2)}{R_1 + R_2 + R_3}$$

결과로 얻어진 테브난 등가회로는 그림 6-47(f)와 같다.

브리지 회로의 테브난화

테브난 정리의 유용성은 휘스톤 브리지 회로에 적용될 때 가장 잘 드러난다. 예를 들면 그림 6-48과 같이 부하저항이 휘스톤 브리지의 출력단자에 연결되어 있을 때, 이 회로는 간단한 직병렬 회로가 아니므로 해석하기가 아주 어렵다. 즉, 저항 사이의 결선이 직렬 혹은 병렬인지 판단하기가 쉽지 않다.

테브난 정리를 이용하면 그림 6-49에서 단계적으로 보인 바와 같이 브리지 회로를 부하저항에서 바라본 등가회로로 단순화시킬 수 있다. 이 그림의 각 단계를 주의 깊게 살펴보자. 브리지에 대한 등가회로를 구하면 임의값의 부하저항에 대한 전압과 전류를 옴의 법칙을 사용하여 쉽게 구할 수 있다.

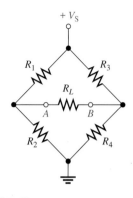

그림 6-48

출력단자들 사이에 연결된 부하저항을 갖는 휘스톤 브리지는 간단한 직병렬 회로가 아니다

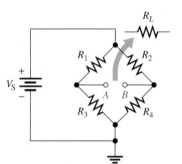

(a) 출력단자 A, B 사이에 개방회로를 만들기 위해 R_L을 제거한다.

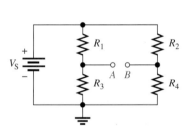

(b) 회로를 다시 그린다(원한다면).

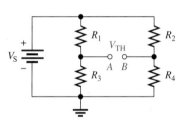

(c) V_{TH}를 계산한다.
$$V_{TH} = V_A - V_B = \left(\frac{R_3}{R_1 + R_3}\right)V_S - \left(\frac{R_4}{R_2 + R_4}\right)V_S$$

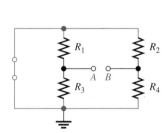

(d) 이 회로의 내부 저항을 계산하기 위해 V_S를 단락시켜서 제거한다. 주의사항 : 점선은 (e) 부분에서 표시된 점선과 전기적으로 동일하다.

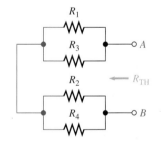

(e) 회로를 다시 그린다(원한다면). 그리고 R_{TH}를 계산한다.
$$R_{TH} = R_1 \parallel R_3 + R_2 \parallel R_4$$

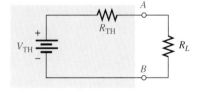

(f) R_L이 다시 연결된 테브난 등가회로(회색으로 표시)

그림 6-49

테브난 정리를 이용한 휘스톤 브리지의 단순화

예제 6-17　　　그림 6-50의 브리지 회로에서 부하저항 R_L에 대한 전압과 전류를 구하시오.

그림 6-50

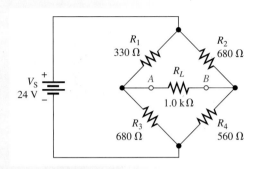

해 **1단계** : 단자 A와 단자 B 사이의 저항 R_L을 제거한다.

2단계 : 그림 6-49에서 보여진 바와 같이 단자 A와 단자 B 사이로부터 바라본 브리지를 테브난화하기 위해 먼저 V_{TH}를 구한다.

$$V_{TH} = V_A - V_B = \left(\frac{R_3}{R_1 + R_3}\right)V_S - \left(\frac{R_4}{R_2 + R_4}\right)V_S$$

$$= \left(\frac{680\ \Omega}{1010\ \Omega}\right)24\ V - \left(\frac{560\ \Omega}{1240\ \Omega}\right)24\ V = 16.16\ V - 10.84\ V = 5.32\ V$$

3단계 : R_{TH}를 구한다.

$$R_{TH} = \frac{R_1 R_3}{R_1 + R_3} + \frac{R_2 R_4}{R_2 + R_4}$$

$$= \frac{(330\ \Omega)(680\ \Omega)}{1010\ \Omega} + \frac{(680\ \Omega)(560\ \Omega)}{1240\ \Omega} = 222\ \Omega + 307\ \Omega = 529\ \Omega$$

4단계 : V_{TH}와 R_{TH}를 테브난 등가회로에 직렬로 연결한다.

5단계 : 등가회로의 A와 B 두 단자에 부하저항을 연결하고 그림 6-51에 나타나 있듯이 부하저항과 부하전류를 계산한다.

$$V_L = \left(\frac{R_L}{R_L + R_{TH}}\right)V_{TH} = \left(\frac{1.0\ k\Omega}{1.529\ k\Omega}\right)5.32\ V = \mathbf{3.48\ V}$$

$$I_L = \frac{V_L}{R_L} = \frac{3.48\ V}{1.0\ k\Omega} = \mathbf{3.48\ mA}$$

그림 6-51

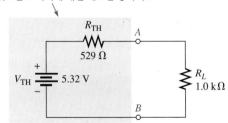

휘스톤 브리지에 대한 테브난 등가회로

관련 문제 그림 6-50에서 $R_1 = 2.2\ k\Omega$, $R_2 = 3.9\ k\Omega$, $R_3 = 3.3\ k\Omega$, $R_4 = 2.7\ k\Omega$일 때, I_L을 계산하시오.

CD-ROM에서 Multisim E06-17 파일을 열고, 멀티미터를 이용하여 R_L에 대한 전압과 전류를 측정하라. 관련 문제에서의 값으로 저항을 바꾼 후에 R_L에 대한 전압과 전류를 측정하라.

테브난 정리의 요약

테브난 등가회로는 원래 회로에는 관계 없이 항상 등가전압원과 등가저항을 직렬로 연결한 것과 같다는 점을 상기하자. 테브난 정리의 요점은 외부 부하에 대한 등가회로가 원래 회로를 대신 할 수 있다는 것이다. 테브난 등가회로의 양단에 연결된 부하저항에는 원래 회로의 양단에 부하저항이 연결되었을 경우와 마찬가지로 동일한 전류가 흐르고 동일한 전압이 걸린다.

테브난 정리를 적용하는 단계를 요약하면 다음과 같다.

1단계 : 테브난 등가회로를 구하려는 두 단자를 개방한다(부하를 제거한다).

2단계 : 개방된 두 단자 사이의 전압(V_{TH})을 구한다.

3단계 : 모든 전원은 내부 저항으로 대체하고, 두 단자 사이의 저항(R_{TH})을 구한다(이상적인 전압원은 단락으로 대체한다).

4단계 : V_{TH}와 R_{TH}를 직렬로 연결시켜 원래 회로를 대신하는 완전한 테브난 등가를 만든다.

5단계 : 테브난 등가회로의 양단에 1단계에서 제거한 부하저항을 연결한다. 이제 부하전류를 옴의 법칙에 의해 계산할 수 있으며, 원래 회로의 부하전류와 동일하다.

테브난 정리 외에 회로를 해석하는 방법으로 두 가지 부가적인 이론이 적용되기도 한다. 이 중 하나는 노턴(Norton) 정리로 이는 테브난 정리에 대해 전압원 대신 전류원을 사용하는 방법이다. 또 다른 하나는 밀만(Millman) 정리로 이는 병렬로 연결된 전압원을 이용한다. 노턴 정리와 밀만 정리를 부록 C에 정리해 놓았다.

유용한 정보

회로의 테브난 저항은 출력단자에 가변 저항을 연결하고, 회로의 출력전압이 개방되었을 때의 전압 값의 1/2이 되도록 조정함으로써 측정이 가능하다. 이제 가변 저항을 제거하고 저항을 측정한다면, 이 때의 저항값이 이 회로의 테브난의 등가저항이 된다.

6-6 복습문제

1. 테브난 등가회로에서 두 가지 요소는 무엇인가?
2. 테브난 등가회로의 일반적인 형태를 그리시오.
3. V_{TH}를 정의하시오.
4. R_{TH}를 정의하시오.
5. 그림 6-52의 원래 회로를 단자 A와 단자 B 사이의 테브난 등가회로를 변환하시오.

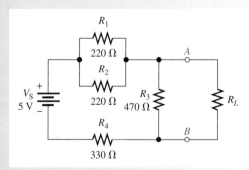

그림 6-52

6-7 최대전력 전달이론

최대전력 전달이론은 전원으로부터 공급되는 전력을 최대로 하기 위해 부하의 크기를 알아야 할 때 중요하게 적용된다.

절의 학습내용

▶ **최대전력 전달이론을 적용한다.**

　　▶ 이론을 설명한다.

　　▶ 주어진 회로에서 최대 전력을 전달하기 위한 부하저항을 구한다.

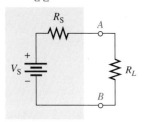

전원

그림 6-53

$R_L = R_S$일 때 부하에 최대 전력이 전달된다

최대전력 전달이론(maximum power transfer theorem)은 다음과 같다.

주어진 전원전압의 내부 저항과 부하저항이 같을 때, 부하에 최대 전력이 전달된다.

회로의 전원저항 R_S는 테브난 정리를 이용하여 출력단자에서 본 등가저항이다. 출력저항과 부하가 있는 테브난 등가회로를 그림 6-53에 나타내었다. $R_L = R_S$일 때 전압원에서 R_L로 최대 전력이 전달된다.

이 이론의 실제적인 응용은 스테레오, 라디오 및 확성용 증폭기와 같은 오디오 시스템에서 이루어지고 있다. 스피커를 구동하는 회로는 전력 증폭기이다. 이들 시스템은 스피커에 최대 전력을 공급하기 위해 최적화되어 있다. 즉, 스피커의 저항은 증폭기 출력의 내부 저항과 같다.

예제 6-18은 $R_L = R_S$일 때 최대 전력이 공급됨을 보여준다.

예제 6-18

그림 6-54에 있는 전원은 내부 저항이 75 Ω이다. 다음 각각의 부하저항에 대하여 부하전력을 구하시오.

(a) 0 Ω　　**(b)** 25 Ω　　**(c)** 50 Ω　　**(d)** 75 Ω　　**(e)** 100 Ω　　**(f)** 125 Ω

부하저항에 대한 부하전력을 나타내는 그래프를 그리시오.

그림 6-54

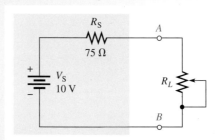

해 각 부하저항의 값에 대해 부하전력 P_L을 구하기 위해 옴의 법칙($I = V/R$)과 전력 공식 ($P = I^2 R$)을 이용한다.

(a) $R_L = 0\ \Omega$일 경우 :

$$I = \frac{V_S}{R_S + R_L} = \frac{10\ \text{V}}{75\ \Omega + 0\ \Omega} = 133\ \text{mA}$$

$$P_L = I^2 R_L = (133\ \text{mA})^2 (0\ \Omega) = 0\ \text{mW}$$

(b) $R_L = 25\,\Omega$일 경우 :

$$I = \frac{V_S}{R_S + R_L} = \frac{10\,V}{75\,\Omega + 25\,\Omega} = 100\,mA$$

$$P_L = I^2 R_L = (100\,mA)^2(25\,\Omega) = \mathbf{250\,mW}$$

(c) $R_L = 50\,\Omega$일 경우 :

$$I = \frac{V_S}{R_S + R_L} = \frac{10\,V}{125\,\Omega} = 80\,mA$$

$$P_L = I^2 R_L = (80\,mA)^2(50\,\Omega) = \mathbf{320\,mW}$$

(d) $R_L = 75\,\Omega$일 경우 :

$$I = \frac{V_S}{R_S + R_L} = \frac{10\,V}{150\,\Omega} = 66.7\,mA$$

$$P_L = I^2 R_L = (66.7\,mA)^2(75\,\Omega) = \mathbf{334\,mW}$$

(e) $R_L = 100\,\Omega$일 경우 :

$$I = \frac{V_S}{R_S + R_L} = \frac{10\,V}{175\,\Omega} = 57.1\,mA$$

$$P_L = I^2 R_L = (57.1\,mA)^2(100\,\Omega) = \mathbf{326\,mW}$$

(f) $R_L = 125\,\Omega$일 경우 :

$$I = \frac{V_S}{R_S + R_L} = \frac{10\,V}{200\,\Omega} = 50\,mA$$

$$P_L = I^2 R_L = (50\,mA)^2(125\,\Omega) = \mathbf{313\,mW}$$

부하저항이 전원의 내부 저항과 동일할 때, 즉 $R_L = R_S = 75\,\Omega$일 때 부하의 전력이 최대가 됨을 유의하라. 부하저항이 이 값보다 크거나 작으면 전체 전력은 작아짐을 그림 6-55를 통해 확인할 수 있다.

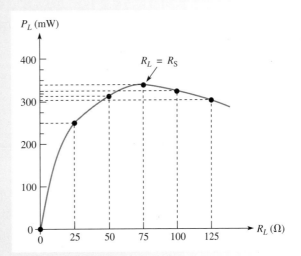

그림 6-55

$R_L = R_S$일 때 부하전력이 최대임을 나타내는 곡선

관련 문제 그림 6-54에서 전원저항이 600 Ω일 때, 부하에 전달될 수 있는 최대 전력은 얼마인가?

6-7 복습문제	1. 최대전력 전달이론을 설명하시오.
	2. 전원으로부터 부하에 최대 전력이 전달되는 조건은 무엇인가?
	3. 주어진 회로의 내부 저항이 50 Ω일 때, 최대 전력이 전달되는 부하저항값은 얼마인가?

6-8 중첩의 정리

일부 회로에서 한 개 이상의 전압원 또는 전류원이 사용되는 경우가 있다. 예를 들면 대부분의 증폭기는 AC와 DC 전원인 두 전압원으로 동작한다. 이 외에 몇몇의 증폭기에서는 적절한 동작을 수행하기 위해 (+)와 (−)의 전원이 요구된다. 다중의 전원이 회로에 공급될 때, 회로 해석을 위해 중첩의 정리가 적용된다.

절의 학습내용

▶ **회로를 해석함에 있어 중첩의 정리를 적용한다.**

　▶ 중첩의 정리를 설명한다.

　▶ 중첩의 정리를 단계별로 적용한다.

　　중첩의 정리(superposition theorem)는 다중 전원이 있는 회로에서 한 번에 한 전원에 의한 전압과 전류값들을 구하는 방법으로, 이 때 다른 전원은 내부 저항으로 대체한다. 이상적인 전압원은 내부 저항이 0임을 상기하자. 이 절에서는 단순하게 적용하기 위해 모든 전압원은 이상적인 것으로 간주한다.

중첩의 정리는 일반적으로 다음과 같이 설명된다.

다중 전원이 공급되는 회로에서 어느 특정 지로의 전류는, 각 전원이 단독으로 공급될 때 그 특정 지로의 전류를 구하고, 이를 대수적으로 더함으로써 구할 수 있다. 이 때 다른 모든 전원은 그들의 내부 저항으로 대체한다. 결과적으로 그 지로의 총 전류는 개별적 전원에 의한 지로전류의 대수적인 합이 된다.

중첩의 정리를 적용하는 단계는 다음과 같다.

1단계 : 한 번에 한 개의 전압(전류)원을 취하고 다른 전압(전류)원은 단락(개방)시킨다(단락은 내부 저항이 0임을 의미하고 개방은 내부 저항이 무한대임을 의미한다).

2단계 : 회로에 전원이 한 개만 있는 것으로 생각하여 원하는 특정 전류(전압)를 구한다.

3단계 : 회로에서 다음 전원을 취하여 각 전원에 대해 1단계와 2단계를 반복한다.

4단계 : 주어진 지로에서 실제 전류를 구하기 위해 각 개별 전원에 의한 각각의 전류값들을 대수적으로 합한다(같은 방향은 더하고, 다른 방향은 뺀다). 전류를 구하면 옴의 법칙을 적용하여 전압을 구할 수 있다.

그림 6-56에는 이상적인 전압원을 갖는 직병렬 회로에 대해 중첩의 정리를 적용하는 방법을 설명하고 있다. 그림을 통해 중첩의 정리를 적용하는 방법을 살펴보자.

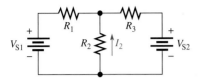

(a) 문제 : I_2를 구한다.

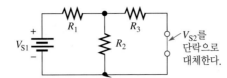

(b) V_{S2}를 0 Ω의 저항으로 대체한다(단락).

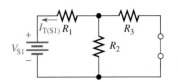

(c) V_{S1}에 대해 R_T와 I_T를 구한다.

$$R_{T(S1)} = R_1 + R_2 \| R_3$$
$$I_{T(S1)} = V_{S1}/R_{T(S1)}$$

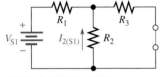

(d) V_{S1}에 대한 I_2를 구한다.

$$I_{2(S1)} = \left(\frac{R_3}{R_2 + R_3} \right) I_{T(S1)}$$

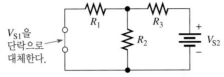

(e) V_{S1}을 0 Ω의 저항으로 대체한다(단락).

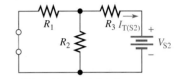

(f) V_{S2}에 대한 R_T와 I_T를 계산한다.

$$R_{T(S2)} = R_3 + R_1 \| R_2$$
$$I_{T(S2)} = V_{S2}/R_{T(S2)}$$

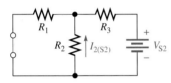

(g) V_{S2}에 대한 I_2를 구한다.

$$I_{2(S2)} = \left(\frac{R_1}{R_1 + R_2} \right) I_{T(S2)}$$

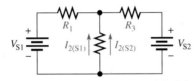

(h) 원래 전원들로 복원한다. 실제 I_2를 구하기 위해
$I_{2(S1)}$과 $I_{2(S2)}$를 더한다.

$$I_2 = I_{2(S1)} + I_{2(S2)}$$

그림 6–56

중첩의 정리 적용 예

예제 6–19

중첩의 정리를 이용하여 그림 6-57 회로의 R_2에 흐르는 전류와 양단 전압을 구하시오.

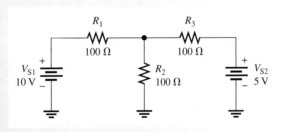

그림 6-57

해 **1단계** : 그림 6-58에서 나타낸 바와 같이 V_{S2}를 단락으로 대체하고, V_{S1}만 공급되는 조건
에서 R_2에 흐르는 전류를 구한다. I_2를 구하기 위해 전류분배 법칙을 이용한다.
V_{S1}이 공급되는 조건에서는 다음과 같다.

$$R_{T(S1)} = R_1 + \frac{R_3}{2} = 100\ \Omega + 50\ \Omega = 150\ \Omega$$

$$I_{T(S1)} = \frac{V_{S1}}{R_{T(S1)}} = \frac{10\ \text{V}}{150\ \Omega} = 66.7\ \text{mA}$$

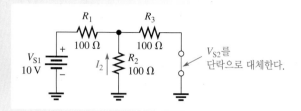

그림 6–58

V_{S1}에 의해 R_2를 통해 흐르는 전류는 다음과 같다.

$$I_{2(S1)} = \left(\frac{R_3}{R_2 + R_3}\right)I_{T(S1)} = \left(\frac{100\ \Omega}{200\ \Omega}\right)66.7\ \text{mA} = 33.3\ \text{mA}$$

이 전류는 R_2를 통해 위쪽으로 흐르고 있음을 명심하자.

2단계 : 그림 6-59에 나타낸 바와 같이 V_{S1}을 단락으로 대체하고, V_{S2}에 의해 R_2를 통해 흐르는 전류를 구한다.

$$R_{T(S2)} = R_3 + \frac{R_1}{2} = 100\ \Omega + 50\ \Omega = 150\ \Omega$$

$$I_{T(S2)} = \frac{V_{S2}}{R_{T(S2)}} = \frac{5\ \text{V}}{150\ \Omega} = 33.3\ \text{mA}$$

V_{S2}에 의한 R_2의 전류는 다음과 같다.

$$I_{2(S2)} = \left(\frac{R_1}{R_1 + R_2}\right)I_{T(S2)} = \left(\frac{100\ \Omega}{200\ \Omega}\right)33.3\ \text{mA} = 16.7\ \text{mA}$$

이 전류는 R_2를 통해 위쪽으로 흐르고 있음을 명심하자.

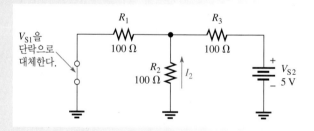

그림 6–59

3단계 : 두 전류 성분은 R_2를 통해 위쪽으로 흐르므로 대수적으로 부호가 동일하다. 따라서 두 전류값을 더하여 얻는 R_2에 흐르는 총 전류를 얻는다.

$$I_{2(\text{tot})} = I_{2(S1)} + I_{2(S2)} = 33.3\ \text{mA} + 16.7\ \text{mA} = \textbf{50 mA}$$

R_2의 양단 전압은 다음과 같다.

$$V_{R2} = I_{2(\text{tot})}R_2 = (50\ \text{mA})(100\ \Omega) = \textbf{5 V}$$

관련 문제   그림 6-57에서 V_{S2}의 극성을 바꾸었을 때, R_2에 흐르는 전류를 구하시오.

예제 6-20

그림 6-60에서 R_3에 흐르는 전류와 R_3의 양단 전압을 구하시오.

그림 6-60

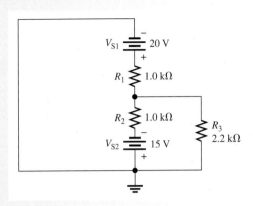

해 **1단계** : 그림 6-61에 나타낸 바와 같이 V_{S2}를 단락시킨 상황에서 V_{S1} 전압에 의해 R_3에 흐르는 전류를 구한다. V_{S1}이 공급되는 조건에서는 다음과 같다.

$$R_{T(S1)} = R_1 + \frac{R_2 R_3}{R_2 + R_3} = 1.0 \, k\Omega + \frac{(1.0 \, k\Omega)(2.2 \, k\Omega)}{3.2 \, k\Omega} = 1.69 \, k\Omega$$

$$I_{T(S1)} = \frac{V_{S1}}{R_{T(S1)}} = \frac{20 \, V}{1.69 \, k\Omega} = 11.8 \, mA$$

V_{S1}에 의해 R_3로 흐르는 전류를 계산하기 위해 전류분배 법칙을 적용한다.

$$I_{3(S1)} = \left(\frac{R_2}{R_2 + R_3} \right) I_{T(S1)} = \left(\frac{1.0 \, k\Omega}{3.2 \, k\Omega} \right) 11.8 \, mA = 3.69 \, mA$$

이 전류는 R_3를 통해 위쪽으로 흐르고 있음을 명심하자.

그림 6-61

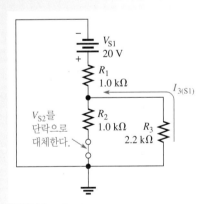

2단계 : 그림 6-62에서와 같이 V_{S1}을 단락시킨 후 V_{S2}에 의해 R_3에 흐르는 전류를 구한다. V_{S2}가 공급되는 조건에서는 다음과 같다.

$$R_{T(S2)} = R_2 + \frac{R_1 R_3}{R_1 + R_3} = 1.0 \, k\Omega + \frac{(1.0 \, k\Omega)(2.2 \, k\Omega)}{3.2 \, k\Omega} = 1.69 \, k\Omega$$

$$I_{T(S2)} = \frac{V_{S2}}{R_{T(S2)}} = \frac{15 \, V}{1.69 \, k\Omega} = 8.88 \, mA$$

그림 6–62

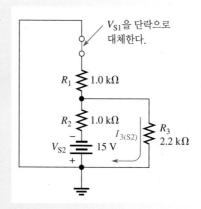

V_{S2}에 의해 R_3로 흐르는 전류를 계산하기 위해 전류분배 법칙을 적용한다.

$$I_{3(S2)} = \left(\frac{R_1}{R_1 + R_3} \right) I_{T(S2)} = \left(\frac{1.0\,\text{k}\Omega}{3.2\,\text{k}\Omega} \right) 8.88\,\text{mA} = 2.78\,\text{mA}$$

이 전류는 R_3를 통해 아래쪽으로 흐르고 있음을 명심하자.

3단계: R_3를 통해 흐르는 전체 전류와 R_3에 걸리는 전압을 계산한다.

$$I_{3(tot)} = I_{3(S1)} - I_{3(S2)} = 3.69\,\text{mA} - 2.78\,\text{mA} = 0.91\,\text{mA} = \mathbf{910\,\mu A}$$
$$V_{R3} = I_{3(tot)}R_3 = (910\,\mu A)(2.2\,\text{k}\Omega) \cong \mathbf{2\,V}$$

R_3를 통해 흐르는 전류는 위쪽으로 향하고 있다.

관련 문제 그림 6-60에서 V_{S1}이 12 V이고 이 극성이 반대로 되어 있을 경우에 대해 R_3에 흐르는 전류를 구하시오.

직류 전원장치가 이상적인 전압원으로 간주될 수 있을지라도, 대부분의 교류 전원은 이상적이지 않은 경우가 많다. 예를 들어, 함수 발생기는 일반적으로 50 Ω에서 600 Ω 정도의 내부 저항을 가지고 있고 이러한 내부 저항은 이상적인 전원에 직렬로 연결되어 있다. 또한 전지는 처음 사용하였을 때 이상적인 전원으로 볼 수 있으나, 사용할수록 내부 저항이 증가한다. 중첩의 정리를 적용할 때, 전원은 더 이상 이상적으로 고려할 수 없고 내부 저항을 인가되어 있는 것으로 간주하여야 한다.

전류원은 전압원에 비해 일반적이지 않으며 항상 이상적이지도 않다. 만약 트랜지스터와 같이 전류원이 이상적이지 않으면 중첩의 정리를 적용할 때 내부 등가저항으로 대체하여야만 한다.

6-8 복습문제

1. 중첩의 정리를 설명하시오.
2. 다중 전원을 가지고 있는 선형 회로의 해석에서 중첩의 정리가 유용한 이유를 설명하시오.
3. 중첩의 정리를 적용할 때, 전압원을 단락시키는 이유는 무엇인가?
4. 중첩의 정리를 적용할 때, 두 전류가 회로의 지로에서 서로 반대 방향으로 흐른다면, 최종 전류는 어느 방향으로 흐르겠는가?

5. 그림 6-63에서 중첩의 정리를 이용하여 R_1에 흐르는 전류를 구하시오.

그림 6-63

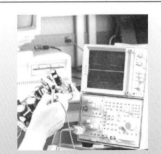

6-9 고장진단

고장진단은 임의의 회로에서 고장의 원인이 되는 이유와 위치를 확인하는 과정을 의미한다. 직렬 회로나 병렬 회로에서의 고장진단 방법은 이미 살펴보았다. 회로의 고장진단을 성공적으로 수행하기 위해서는 무엇이 잘못되었는지를 사전에 알고 있어야 한다.

절의 학습내용

▶ **직병렬 회로의 고장진단을 한다.**

　▶ 개방회로의 영향을 이해한다.

　▶ 단락회로의 영향을 이해한다.

　▶ 개방과 단락의 위치를 파악한다.

개방과 단락은 전기회로에서 일어나는 전형적인 문제들이다. 4장에서 언급한 바와 같이 만약 저항이 타버린다면, 이는 개방회로가 될 것이다. 잘못된 납땜이나 단선, 그리고 불확실한 접속 또한 개방의 원인이 된다. 납땜 덩어리와 같은 이상물질과 절연이 파괴된 전선 등은 종종 회로에서 단락을 일으키는 원인이 된다. 단락은 두 점 사이의 저항값이 0이 되는 것이다.

완벽한 단락이나 단선뿐만 아니라, 부분적인 단락이나 단선은 회로에서 문제를 일으킨다. 부분적인 개방은 무한대의 저항값을 갖지는 않으나 일반적인 저항보다 대단히 큰 저항값을 갖게 된다. 부분적인 단선인 경우는 '0'은 아니지만 일반적인 저항값보다는 훨씬 작은 저항값을 가지게 된다.

다음의 세 가지 예제를 통해 직병렬 회로에서의 고장진단에 대해 살펴보도록 하자.

예제 6-21

그림 6-64에서 전압계에 지시된 값을 보고 고장이 있는지 확인해 보자. 만약 고장이 있다면 단락인지 개방인지 확인하시오.

그림 6-64

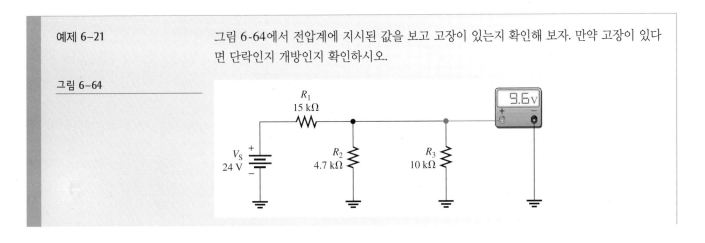

해 **1단계** : 분석

전압계가 지시하여야 하는 값을 알아보자. R_2와 R_3가 병렬이기 때문에, 이들의 합성저항은 다음과 같다.

$$R_{2\|3} = \frac{R_2 R_3}{R_2 + R_3} = \frac{(4.7\,\text{k}\Omega)(10\,\text{k}\Omega)}{14.7\,\text{k}\Omega} = 3.20\,\text{k}\Omega$$

등가 병렬 조합 양단의 전압은 전압분배 공식에 의해 구할 수 있다.

$$V_{2\|3} = \left(\frac{R_{2\|3}}{R_1 + R_{2\|3}}\right)V_S = \left(\frac{3.2\,\text{k}\Omega}{18.2\,\text{k}\Omega}\right)24\,\text{V} = 4.22\,\text{V}$$

이 계산 결과는 전압계로 측정하였을 때 4.22 V가 되어야 함을 의미한다. 그러나 $R_{2\|3}$ 양단의 전압계 지시값은 9.6 V이다. 이는 잘못된 결과이고 R_2나 R_3가 개방되었기 때문으로 생각된다. 왜 이러한 결과가 나온 것일까? 이는 이들 두 저항 중 하나가 개방되어 계측기에 연결된 저항이 예상값보다 훨씬 크기 때문으로 추측된다. 저항값이 커지면, 더 높은 전압 강하가 발생될 것이다.

2단계 : 계획

R_2가 개방되었다고 가정하고, 개방된 저항을 찾도록 하자. 만약 R_2가 개방되었다면, R_3 양단의 전압은 다음과 같이 된다.

$$V_3 = \left(\frac{R_3}{R_1 + R_3}\right)V_S = \left(\frac{10\,\text{k}\Omega}{25\,\text{k}\Omega}\right)24\,\text{V} = 9.6\,\text{V}$$

측정전압이 9.6 V이므로, 이 계산의 결과는 R_2가 개방되었다는 것을 의미한다.

3단계 : 측정

전원을 끊고 R_2를 제거한다. 저항이 개방되어 있음을 확인한다. 만약 그렇지 않다면, R_2 주변의 선, 납땜 또는 연결 상태를 검사하여 개방된 부분을 찾는다.

관련 문제 그림 6-64에서 R_3가 개방되어 있다면 전압계의 지시값은 얼마가 되겠는가? 또한 R_1이 개방되어 있다면 얼마가 되겠는가?

 CD-ROM에서 Multisim E06-21 파일을 열어라. 만약 회로에 문제가 있다면 문제가 되는 곳의 회로를 분리시켜라.

예제 6-22

그림 6-65에서 전압계에 24 V가 관측되었다고 가정하자. 고장이 발생했는지 확인하고 발생했다면 문제를 해결하시오.

그림 6-65

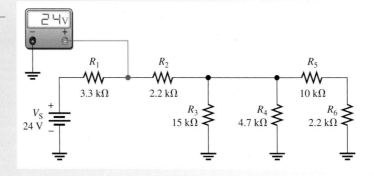

해 **1단계** : 분석

저항 R_1 양측의 전압은 + 24 V이기 때문에 양단의 전압 강하는 없다. 전원으로부터 R_1에 흐르는 전류가 없으므로 R_2를 통한 회로가 개방되었거나 R_1이 단락된 것이다.

2단계 : 계획

가장 유력한 고장원인은 R_2가 개방된 것이다. 만약 R_2가 개방되어 있다면 전원으로부터 어떠한 전류도 흐르지 않는다. 이것을 검증하기 위해 R_2에 걸리는 전압을 측정한다. 만약 R_2가 개방되어 있다면 전압계는 24 V를 나타낼 것이다. R_2의 오른쪽 전압은 전압 강하를 일으키는 어떤 저항에도 전류가 흐르지 않기 때문에 0이 될 것이다.

3단계 : 측정

R_2가 개방되어 있다는 것을 증명하기 위한 측정방법이 그림 6-66에 나타나 있다.

그림 6–66

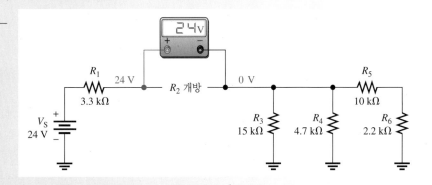

관련 문제 그림 6-65에서 개방된 R_5의 양단 전압은 얼마인가? 다른 고장은 없다고 가정한다.

 CD-ROM에서 Multisim E06-22 파일을 열어라. 만약 회로에 문제가 있다면 문제가 되는 곳의 회로를 분리시켜라.

예제 6–23

그림 6-67의 회로에는 2개의 전압계가 전압을 가리키고 있다. 개방 또는 단락이 있는지 확인하고, 있다면 그 위치를 말하시오.

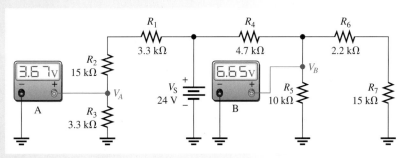

그림 6–67

해 **1단계** : 전압계의 지시값이 올바른지 확인해 보자. R_1, R_2, R_3가 전원의 왼쪽에서 전압 분배기로 동작하고 있다. R_3의 양단 전압(V_A)을 계산하면

$$V_A = \left(\frac{R_3}{R_1 + R_2 + R_3}\right)V_S = \left(\frac{3.3\,\text{k}\Omega}{21.6\,\text{k}\Omega}\right)24\,\text{V} = 3.67\,\text{V}$$

이고, 이는 전압계 A의 판독 결과와 일치한다. 이것은 R_1, R_2, R_3가 문제 없이 연결되어 있음을 나타낸다.

2단계 : 전압계 B의 지시값이 올바른지 확인해 보자. $R_6 + R_7$은 R_5와 병렬이다. R_5, R_6, R_7은 직병렬 조합으로 R_4와 직렬로 연결되어 있다. R_5, R_6, R_7의 조합의 등가저항을 계산하면 다음과 같다.

$$R_{5\|(6+7)} = \frac{R_5(R_6 + R_7)}{R_5 + R_6 + R_7} = \frac{(10\,\text{k}\Omega)(17.2\,\text{k}\Omega)}{27.2\,\text{k}\Omega} = 6.32\,\text{k}\Omega$$

$R_{s\|(6+7)}$과 R_4는 전압 분배기로 동작하며 전압계 B의 전압은 $R_{5\|(6+7)}$의 양단 전압을 의미한다. 이것이 맞는지 다음을 통해서 확인해 보자.

$$V_B = \left(\frac{R_{5\|(6+7)}}{R_4 + R_{5\|(6+7)}}\right)V_S = \left(\frac{6.32\,\text{k}\Omega}{11\,\text{k}\Omega}\right)24\,\text{V} = 13.8\,\text{V}$$

그런데 실제 측정값은 6.65 V이므로 올바르지 않다. 문제를 해결하기 위해 좀더 생각해 보자.

3단계 : R_4는 개방되지 않았다. 만약 R_4가 개방되었다면, 계기는 0 V를 나타낼 것이다. 만약 단락되었다면 지시값은 24 V이었을 것이다. 실제 전압이 훨씬 작으므로 $R_{5\|(6+7)}$의 저항값은 계산된 6.32 kΩ보다 작을 것이다. R_7의 위쪽에서 접지점까지 단락되었다면 R_6는 실제적으로 R_5와 병렬 연결되어 있다. 이 경우

$$R_5 \| R_6 = \frac{R_5 R_6}{R_5 + R_6} = \frac{(10\,\text{k}\Omega)(2.2\,\text{k}\Omega)}{12.2\,\text{k}\Omega} = 1.80\,\text{k}\Omega$$

이다. 따라서 V_B는 다음과 같다.

$$V_B = \left(\frac{1.80\,\text{k}\Omega}{6.5\,\text{k}\Omega}\right)24\,\text{V} = 6.65\,\text{V}$$

이 V_B 값은 전압계 B의 지시값과 일치한다. 따라서 R_7 양단은 단락되어 있다. 이러한 경우가 실제 회로에서 발생하였다면 단락의 물리적 원인을 찾아보아야 할 것이다.

관련 문제 그림 6-67에서 만약 R_2가 단락되었다면, 전압계 A는 얼마를 나타내겠는가? 또 전압계 B는 얼마를 나타내겠는가?

 CD-ROM에서 Multisim E06-23 파일을 열어라. 만약 회로에 문제가 있다면 문제가 되는 곳의 회로를 분리시켜라.

6-9 복습문제

1. 일반적인 회로 고장의 형태 2가지를 들으시오.
2. 그림 6-68의 회로에서 다음과 같은 문제가 발생하였을 때, 절점 A에서 측정되는 전압값을 구하시오.
   (a) 고장 없음   (b) R_1 개방   (c) R_5 양단 단락
   (d) R_3와 R_4 개방   (e) R_2 개방

그림 6-68

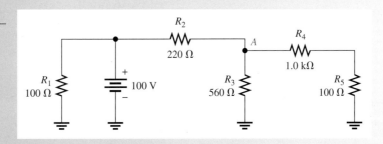

3. 그림 6-69의 회로에서 하나의 저항이 개방되었다. 계측기값을 근거로 할 때, 개방저항은 어느 것인가?

그림 6-69

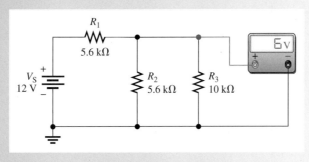

응용 과제
지식을 실무로 활용하기

3개의 출력전압을 갖는 전압 분배기가 PCB에 구성되어 있다. 전압 분배기는 3개까지의 기준 전압을 제공하는 용도로 휴대용 전원 공급장치의 일부로 사용된다. 전원 공급장치는 전압분배 회로기판으로 12 V의 일정 전압을 공급하는 전압 조정기와 전지 팩으로 구성되어 있다. 이 응용 과제에서는 부하가 있는 전압 분배기, 키르히호프의 법칙과 옴의 법칙 등의 지식을 적용하여 어떠한 부하조건에 대해서도 전압 분배기와 관련된 전압과 전류를 결정하는 방법을 학습할 것이다. 또한 고장 원인에 대해 회로의 고장진단을 하는 방법을 다루게 될 것이다.

1단계 : 회로도

그림 6-70에 있는 회로기판에 대한 회로도를 그리고 저항을 명시하라.

2단계 : 12 V 전원 공급장치 연결하기

모든 저항이 직렬로 연결되어지고 2번 핀이 가장 높은 출력전압을 갖게 되기 위해 12 V의 전원 공급장치를 회로기판에 연결하는 방법을 설명하라.

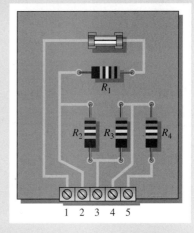

그림 6-70

전압분배 회로기판

3단계 : 무부하 상태에서의 출력전압 결정하기

무부하 상태에서의 출력전압을 계산하시오. 그림 6-71에 있는 표에 전압값을 추가하라.

10 MΩ 부하	$V_{OUT\,(2)}$	$V_{OUT\,(3)}$	$V_{OUT\,(4)}$	% 변동률	$I_{LOAD\,(2)}$	$I_{LOAD\,(3)}$	$I_{LOAD\,(4)}$
없음							
접지로 2번 핀 연결							
접지로 3번 핀 연결							
접지로 4번 핀 연결							
접지로 2번 핀 연결				2			
접지로 3번 핀 연결				3			
접지로 2번 핀 연결				2			
접지로 4번 핀 연결				4			
접지로 3번 핀 연결				3			
접지로 4번 핀 연결				4			
접지로 2번 핀 연결				2			
접지로 3번 핀 연결				3			
접지로 4번 핀 연결				4			

그림 6-71

전원 공급을 위한 전압 분배기의 동작 매개변수 표

4단계 : 부하시 출력전압 결정하기

전압 분배기로 연결되는 각각의 계측장비는 10 MΩ의 입력저항을 가지고 있다. 이것은 장비가 전압 분배기에 연결될 때 출력과 접지(전원의 음의 방향) 사이에 10 MΩ의 내부 저항이 연결된다는 것을 의미한다. 각 부하 결합에 따른 각 부하에 걸리는 전압을 계산하고 그림 6-71에 있는 표에 이들을 추가하라.

1. 2번 핀과 접지점에 연결된 10 MΩ 부하
2. 3번 핀과 접지점에 연결된 10 MΩ 부하
3. 4번 핀과 접지점에 연결된 10 MΩ 부하
4. 2번 핀과 접지점에 연결된 10 MΩ 부하와 3번 핀과 접지점에 연결된 10 MΩ 부하
5. 2번 핀과 접지점에 연결된 10 MΩ 부하와 4번 핀과 접지점에 연결된 10 MΩ 부하
6. 3번 핀과 접지점에 연결된 10 MΩ 부하와 4번 핀과 접지점에 연결된 10 MΩ 부하
7. 2번 핀과 접지점에 연결된 10 MΩ 부하, 3번 핀과 접지점에 연결된 10 MΩ 부하, 4번 핀과 접지점에 연결된 세 번째 부하

5단계 : 출력전압 변동률 결정하기

4단계에서 제시된 각각의 부하조건에 대해 무부하 대비 부하들에 의해 발생하는 출력전압의 변동률을 다음의 수식을 이용하여 표현하고, 이 값을 그림 6-71에 첨가하라.

$$전압\ 변동률 = \left(\frac{V_{OUT(unloaded)} - V_{OUT(loaded)}}{V_{OUT(unloaded)}} \right) 100\%$$

6단계 : 부하전류 결정하기

4단계에 제시된 각각의 부하조건에 대해 10 MΩ 부하에 흐르는 전류를 계산하라. 그리고 이를 그림 6-71에 있는 표에 추가하라. 퓨즈의 최소값을 결정하라.

7단계 : 회로기판 고장진단하기

그림 6-72에서 보여진 바와 같이, 전압 분배기 회로는 12 V의 전원이 연결되어 있고, 기준 전압을 3개의 계측기로 공급할 수 있도록 연결되어 있다. 8개의 각각 다른 경우에 대해 각 시험 위치에서 전압계를 이용하여 전압을 계측한다. 각 경우에 대해 전압 측정에 의해서 발생하는 문제를 설명하라.

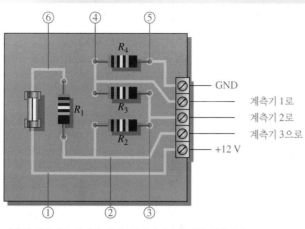

다음의 전압계를 접지에 대해 1부터 6까지의 시험 위치에서
연결하여 전압을 측정한다. 판독 결과는 V 단위이다.

경우	시험 위치(volts)					
	1	2	3	4	5	6
1	0	0	0	0	0	0
2	12	0	0	0	0	0
3	12	0	0	0	0	12
4	12	11.6	0	0	0	12
5	12	11.3	10.9	0	0	12
6	12	11	10.3	10	0	12
7	12	5.9	0	0	0	12
8	12	7.8	3.8	0	0	12

그림 6-72

Multisim 해석 및 고장진단하기

1. Multisim을 이용하여 1단계에 보여준 회로를
   연결하고, 3단계에서 계산된 무부하시의 출력전
   압을 검증하라.
2. 6단계에서 계산된 부하전류를 측정하라.
3. 회로에서 고장의 원인을 삽입하고, 전압을 측정함으로써, 각
   각의 경우에 대해 7단계에서 결정된 고장을 증명하라.

복습문제

1. 이 절에서 언급된 휴대용 전원 공급기가 3개의 계측장비에
   기준 전압을 공급한다면 100 mAh 전지는 얼마 동안 사용할
   수 있겠는가?
2. 전압 분배기 기판에서 1/8 W 저항이 사용될 수 있는가?
3. 1/8 W 저항이 이용될 때, 출력이 접지점에 단락된다면 과도
   한 전력으로 인해 모든 저항이 과열이 되는 원인이 되는가?

요 약

▶ 직병렬 회로는 전류의 직렬 경로와 병렬 경로의 조합이다.

▶ 직병렬 회로의 합성저항을 구하려면 직렬과 병렬 관계를 확인하고 5장과 6장에서 배운 직렬 및 병
  렬 저항에 관한 공식을 적용한다.

▶ 총 전류를 구하려면 총 전압을 합성저항으로 나눈다.

▶ 지로전류를 구하기 위하여 전류분배 공식, 키르히호프의 전류 법칙 또는 옴의 법칙을 적용하는데,
  각 회로문제에 따라 가장 적당한 방법을 선택한다.

▶ 직병렬 회로의 임의의 부분에 걸리는 양단 전압을 구하기 위해서는 전압분배 공식, 키르히호프의 전압 법칙 또는 옴의 법칙을 이용한다. 각 회로문제에 따라 가장 적당한 방법을 선택한다.

▶ 전압 분배기 출력단에 부하저항이 연결되면 출력전압은 감소한다.

▶ 부하효과를 최소화시키기 위해서는, 부하저항과 연결되는 저항값에 비해 부하저항값이 상당히 커야한다. 일반적으로 대략 10배의 값이 사용되지만 그 크기는 필요로 하는 출력전압의 정밀도에 따라결정된다.

▶ 두 개 이상의 전원을 가진 회로에서 전류나 전압을 계산하고자 할 때에는 중첩의 정리를 이용하여계산한다.

▶ 평형 휘스톤 브리지 회로를 사용하여 미지의 저항을 측정할 수 있다.

▶ 출력전압이 0일 때 브리지는 평형을 이룬다. 평형 상태일 때 브리지의 출력단자에 연결된 부하로 흐르는 전류는 0이다.

▶ 불평형 휘스톤 브리지는 변환기를 결합하여 물리량을 측정하는 데 이용된다.

▶ 임의의 두 단자를 가지고 있는 저항회로에서 회로가 복잡할 경우 회로를 테브난 등가회로로 교체하여 해석한다.

▶ 테브난 등가회로는 등가저항(R_{TH})과 직렬로 연결된 등가전압(V_{TH})으로 이루어져 있다.

▶ 최대전력 전달이론은 부하가 $R_S = R_L$일 때 최대 전력이 전원에서 부하로 전달되는 것을 의미한다.

▶ 회로의 개방과 단락은 가장 대표적인 회로의 고장원인이다.

▶ 저항이 타버리는 경우 그 저항은 보통 개방된다.

핵심 용어

이 장에서 제시된 핵심 용어는 책의 끝부분의 용어집에 정의되어 있다.

단자 등가성(terminal equivalency) : 서로간의 회로에 같은 값의 부하저항이 연결되이 있으면서 같은 전압과 같은 전류를 공급하는 두 회로가 있을 때의 상태

부하전류(load current) : 부하에 공급되는 출력전류

부하효과(loading effect) : 회로의 출력단에 소자가 연결되어 전류가 흐를 때 나타나는 효과

불평형 브리지(unbalanced bridge) : 평형 상태로부터의 변이량에 비례하여 브리지 출력전압이 나타나는 불평형 상태의 브리지 회로. 평형화된 상태로부터 일정량의 전압에 의해 불평형 상태로 존재하는 브리지 회로

블리더 전류 (bleeder current) : 회로의 총 전류에서 총 부하전류를 뺀 나머지 전류

중첩(superposition) : 두 개 이상의 전원을 가진 회로에서 각각의 전원에 대한 효과를 해석한 후 이들 효과를 합치는 방법으로 회로를 해석하는 기법

최대 전력 전달(maximum power transfer) : 부하저항과 출력저항이 일치할 때 전원에서 부하에 최대의 전력을 전달하는 상태

테브난 정리(Thevenin's theorem) : 단순 등가전압과 단순 등가저항이 직렬로 연결되어 있으면서 두 개의 단자를 가진 회로로, 회로를 단순화하는 회로의 해석방법

평형 브리지(balanced bridge) : 브리지의 출력전압이 '0'으로 평형 상태에 있는 브리지 회로

휘스톤 브리지(Wheatstone bridge) : 브리지의 평형 상태를 이용하여 미지의 저항을 정확하게 측정할 수 있도록 네 개의 다리로 구성된 회로. 저항의 변화량은 불평형 상태를 사용하여 측정될 수 있다.

주요 공식

(6-1)　　$I_{\text{BLEEDER}} = I_T - I_{RL1} - I_{RL2}$　　블리더 전류

(6-2)　　$R_X = R_V\left(\dfrac{R_2}{R_4}\right)$　　휘스톤 브리지에서 미지의 저항

자습문제

정답은 장의 끝부분에 있다.

1. 그림 6-73에 관한 다음 설명 중에서 올바른 것은 무엇인가?

(a) R_1과 R_2는 R_3, R_4, R_5와 직렬이다.

(b) R_1과 R_2는 직렬이다.

(c) R_3, R_4, R_5는 병렬이다.

(d) R_1과 R_2의 직렬 조합은 R_3, R_4, R_5의 직렬 조합과 병렬이다.

(e) (b)와 (d)

그림 6-73

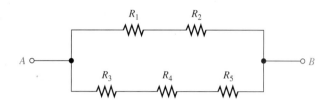

2. 그림 6-73의 합성저항은 다음 공식 중 어느 것으로 구할 수 있는가?

(a) $R_1 + R_2 + R_3 \| R_4 \| R_5$

(b) $R_1 \| R_2 + R_3 \| R_4 \| R_5$

(c) $(R_1 + R_2) \| (R_3 + R_4 + R_5)$

(d) 답이 없음

3. 그림 6-73의 저항값이 모두 같다면 단자 A와 단자 B에 전압을 인가할 때 전류는 어떠한가?

(a) R_5에서 최대

(b) R_3, R_4, R_5에서 최대

(c) R_1과 R_2에서 최대

(d) 모든 저항에서 동일

4. 1.0 kΩ의 저항 2개가 직렬 연결되고 이에 2.2 kΩ의 저항이 병렬 연결되어 있다. 한 개의 1.0 kΩ 저항의 양단 전압이 6 V이다. 2.2 kΩ 저항의 양단 전압은 얼마인가?

(a) 6 V   (b) 3 V   (c) 12 V   (d) 13.2 V

5. 330 Ω 저항과 470 Ω 저항을 병렬 연결하고 이를 1.0 kΩ 저항 4개의 병렬 조합과 직렬로 연결했다. 이 회로 양단에 100 V 전원을 연결하였을 때 최대 전류가 흐르는 저항의 값은 얼마인가?

(a) 1.0 kΩ   (b) 330 Ω   (c) 470 Ω

6. 문제 5의 회로에서 최대 전압이 걸리는 저항은 어느 것인가?

(a) 1.0 kΩ   (b) 470 Ω   (c) 330 Ω

7. 문제 5의 회로에서 1개의 1.0 kΩ 저항에 흐르는 전류의 총 전류에 대한 백분율은 얼마인가?

(a) 100%   (b) 25%   (c) 50%   (d) 31.25%

8. 어떤 전압 분배기의 출력이 무부하시에 9V이다. 부하를 연결하면 출력전압은 어떻게 되는가?

(a) 증가한다.   (b) 감소한다.   (c) 불변이다.   (d) 0이 된다.

9. 2개의 10 kΩ 저항이 직렬로 연결된 전압 분배기가 있다. 아래 부하저항 중 어느 것이 출력전압에 최대로 영향을 미치는가?

(a) 1 MΩ   (b) 20 kΩ   (c) 100 kΩ   (d) 10 kΩ

10. 부하저항을 전압 분배기 회로의 출력단에 연결하면 전원에서 유출되는 전류는 어떻게 되겠는가?

(a) 감소한다.   (b) 증가한다.   (c) 동일하다.   (d) 차단된다.

11. 평형 상태의 휘스톤 브리지의 출력전압은 얼마인가?

(a) 전원전압과 동일하다.

(b) 0이다.

(c) 브리지 내의 모든 저항값에 의해 결정된다.

(d) 미지의 저항값에 따라 결정된다.

12. 2개 이상의 전원이 있을 때 가장 주요하게 해석할 수 있는 방법은 무엇인가?

(a) 테브난 정리   (b) 옴의 법칙   (c) 중첩의 정리   (d) 키르히호프의 법칙

13. 2개의 전원을 갖는 회로에 대해, 하나의 전원은 10 mA의 전류를 하나의 지로에 공급하고 다른 전원은 8 mA를 같은 지로에 반대 방향으로 공급한다. 2개의 전원이 동시에 연결되었을 때 이 지로에 걸리는 전체 전류는 얼마인가?

(a) 10 mA   (b) 8 mA   (c) 18 mA   (d) 2 mA

14. 테브난 정리는 무엇으로 구성되어 있는가?

(a) 저항과 직렬로 연결된 전압원

(b) 저항과 병렬로 연결된 전압원

(c) 저항과 병렬로 연결된 전류원

(d) 2개의 전압원과 1개의 저항

15. 내부 저항이 300 Ω을 가지고 있는 전압원에서 몇 Ω의 저항에서 최대 전력을 전달하는가?

(a) 150 Ω 부하   (b) 50 Ω 부하   (c) 300 Ω 부하   (d) 600 Ω 부하

16. 매우 큰 저항값을 가진 회로에서 어떤 지점에서 전압을 측정하고 있다. 그런데 측정전압이 계산값보다 조금 작다면, 이 결과의 원인으로 가능한 것은 무엇인가?

(a) 한 개 이상의 저항값이 빠졌다.   (b) 전압계의 부하효과

(c) 전원전압이 너무 낮다.   (d) (a), (b), (c) 모두

고장진단 : 증상과 원인

이러한 연습문제의 목적은 고장진단에 필수적인 과정을 이해함으로써 회로의 이해를 돕는 것이다. 정답은 장의 끝부분에 있다.

그림 6-74를 참조하여 각각의 증상에 대한 원인을 규명하시오.

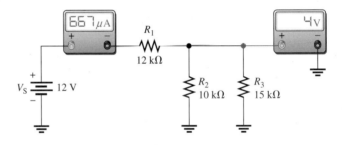

그림 6-74

전압계에 표시된 측정값은 정확하다고 가정한다

1. 증상 : 전류계의 판독 결과가 너무 낮게 나왔고 전압계는 5.45 V로 측정되었다.

원인 :

(a) R_1이 개방

(b) R_2가 개방

(c) R_3가 개방

2. 증상 : 전류계의 판독 결과는 1 mA가 나왔고 전압계가 0 V로 측정되었다.

원인 :

(a) R_1에서 단락

(b) R_2에서 단락

(c) R_3가 개방

3. 증상 : 전류계의 판독 결과는 0에 가깝고 전압계가 12 V로 측정되었다.

원인 :

(a) R_1이 개방

(b) R_2가 개방

(c) R_2와 R_3가 모두 개방

4. 증상 : 전류계의 판독 결과는 444 μA가 나왔고 전압계가 6.67 V로 측정되었다.

원인 :

(a) R_1이 단락

(b) R_2가 개방

(c) R_3가 개방

5. 증상 : 전류계의 판독 결과는 2 mA가 나왔고 전압계가 12 V로 측정되었다.

원인 :

(a) R_1이 단락

(b) R_2가 단락

(c) R_2와 R_3가 개방

문 제   홀수문제의 답은 책 끝부분에 있다.

기본문제

6-1 **직병렬 회로 관계 정의**

1. 그림 6-75에서 전원단자를 기준으로 직병렬 관계를 설명하시오.

그림 6-75

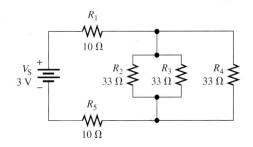

2. 다음의 직병렬 조합을 그리시오.

(a) R_2와 R_3의 병렬 조합과 직렬 연결된 R_1

(b) R_2와 R_3의 직렬 조합과 병렬 연결된 R_1

(c) 저항 4개의 병렬 조합과 직렬로 연결된 R_2를 포함하는 지로와 병렬인 R_1

3. 다음의 직병렬 회로를 그리시오.

(a) 지로 3개의 병렬 조합, 각 지로는 2개의 직렬 저항을 포함

(b) 병렬 회로 3개의 직렬 조합, 각 병렬 회로는 2개의 저항을 포함

4. 그림 6-76의 각 회로에서, 전원으로부터 바라본 저항들의 직병렬 관계를 설명하시오.

그림 6-76

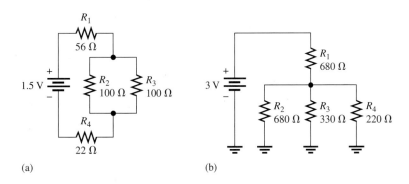

(a)   (b)

6-2 직병렬 저항 회로의 해석

5. 어떤 회로가 2개의 병렬 저항으로 구성되어 있다. 합성저항값이 667 Ω이고 한 개의 저항은 1.0 kΩ 이다. 나머지 저항값은 얼마인가?

6. 그림 6-77의 회로에서 A, B 사이의 합성저항을 구하시오.

7. 그림 6-76의 각 회로에서, 전원에 연결된 합성저항을 구하시오.

8. 그림 6-75에 있는 각 저항에 흐르는 전류와 양단 전압을 구하시오.

9. 그림 6-76의 두 회로에서 각 저항에 흐르는 전류와 양단 전압을 구하시오.

10. 그림 6-78에서 다음을 구하시오.

(a) 단자 A와 단자 B 사이의 전체 저항

(b) 단자 A와 단자 B 사이에 연결되어 있는 6 V 전압에 인가된 총 전류

(c) R_5에 흐르는 전류

(d) R_2에 걸리는 전압

11. 그림 6-78에서 $V_{AB} = 6$ V일 때, R_2에 흐르는 전류를 구하시오.

12. 그림 6-78에서 $V_{AB} = 6$ V일 때, R_4에 흐르는 전류를 구하시오.

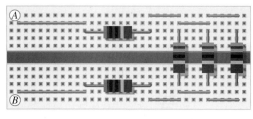

그림 6-77

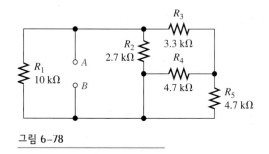

그림 6-78

6-3 부하저항을 갖는 전압 분배기

13. 56 kΩ 저항 2개로 구성된 전압 분배기에 15 V를 인가하였다. 무부하시의 출력전압을 구하시오. 출력단에 1.0 MΩ 부하저항을 연결하였다면 출력전압은 얼마인가?

14. 2개의 출력전압을 얻기 위해 전압 12 V를 분배하였다. 2개의 탭을 제공하기 위하여 3.3 kΩ 저항 3개를 사용하였다. 2개의 출력 중 더 높은 값에 10 kΩ의 부하를 연결하였다면, 부하시 출력전압은 얼마인가?

15. 10 kΩ 부하와 56 kΩ 부하를 갖는 전압 분배기에서 출력전압의 감소량이 적은 것은 어느 것인가?

16. 그림 6-79에서, 출력단자에 부하가 연결되지 않았을 때의 전지로부터 공급되는 전류를 구하시오. 10 kΩ 부하를 가질 때, 전지로부터 공급되는 전류는 얼마인가?

그림 6-79

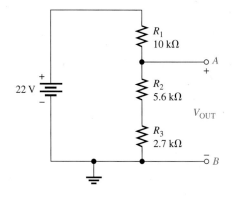

6-4 전압계의 부하효과

17. 10 MΩ의 내부 저항을 갖는 전압계에서 최소한의 부하효과를 나타내는 저항값은 다음 중에서 어느 것인가?

    (a) 100 kΩ   **(b)** 1.2 MΩ   **(c)** 22 kΩ   **(d)** 8.2 MΩ

18. 임의의 전압 분배기가 3개의 1 MΩ의 저항으로 이루어져 있으며 이는 100 V 전압원에 직렬로 연결되어 있다. 만약 10 MΩ의 전압계를 가지고 이들 저항 중 1개의 저항을 측정하였을 때의 전압을 구하시오.

19. 문제 18에서 측정한 값과 무부하시의 전압과의 차이는 얼마인가?

20. 문제 18에서 몇 %만큼의 전압의 차이가 발생하는가?

6-5 휘스톤 브리지

21. 미지의 저항을 휘스톤 브리지 회로에 연결시켰다. 브리지 매개변수는 다음과 같이 설정하였다 : $R_V = 18\ \text{k}\Omega$, $R_2/R_4 = 0.02$. R_X는 얼마인가?

22. 그림 6-80에 브리지 회로망이 나타나 있다. 브리지가 평형을 이루기 위한 R_V의 크기는 얼마인가?

23. 그림 6-81에서 평형 브리지에서의 저항값 R_X를 계산하시오.

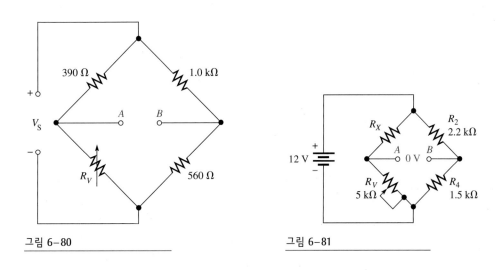

그림 6-80   그림 6-81

24. 온도가 65°C일 때, 그림 6-82에 제시된 불평형 브리지의 출력전압을 구하시오. 서미스터는 온도가 25°C일 때 1 kΩ의 저항을 갖고, 양의 온도계수를 가지고 있다. 온도가 1°C 증가할 때마다 5 Ω의 저항값이 변한다고 가정한다.

그림 6-82

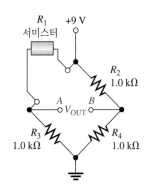

6-6 테브난 정리

25. 그림 6-83의 회로에서 단자 A와 단자 B에서 바라본 테브난 등가회로를 구하시오.

그림 6-83

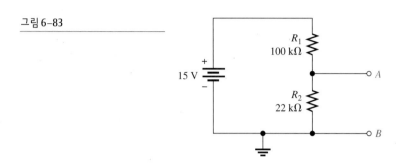

26. 그림 6-84의 회로에서 단자 A와 단자 B에서 바라본 테브난 등가회로를 구하시오.

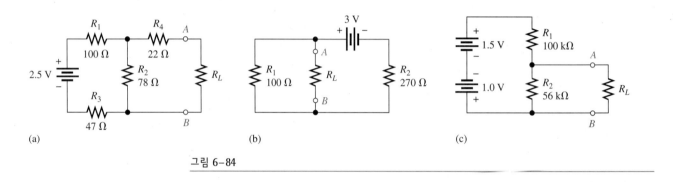

(a)　　　　　　　　　　(b)　　　　　　　　　　(c)

그림 6-84

27. 그림 6-85에서 R_L에서의 전압과 전류를 계산하시오.

그림 6-85

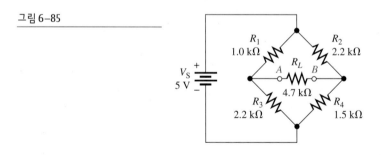

6-7 최대전력 전달이론

28. 그림 6-83에서 최대의 전력이 공급될 수 있도록 단자 A와 단자 B 사이에 연결되는 부하저항의 값을 구하시오.

29. 테브난 등가회로에서 $V_{TH} = 5.5$ V이고 $R_{TH} = 75\ \Omega$이다. 최대 전력 전달을 받기 위한 부하저항값은 얼마인가?

30. 그림 6-84(a)에서의 R_L이 최대값의 전력을 소비할 수 있도록 R_L 값을 결정하시오.

6-8 중첩의 정리

31. 그림 6-86에서 중첩의 정리를 이용하여 R_3에 흐르는 전류를 계산하시오.

32. 그림 6-86에서 R_2에 흐르는 전류는 얼마인가?

그림 6-86

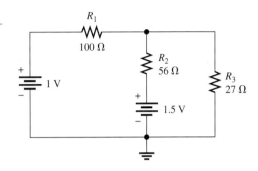

6-9 고장진단

33. 그림 6-87에서 전압계의 지시값이 옳은가? 만약 틀리다면 무엇이 문제인가?

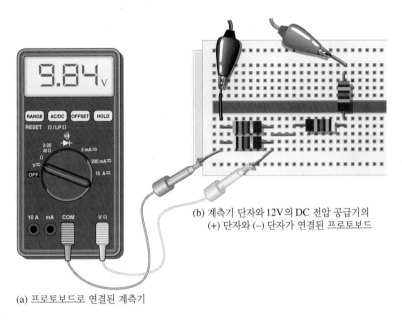

(a) 프로토보드로 연결된 계측기

(b) 계측기 단자와 12V의 DC 전압 공급기의
(+) 단자와 (−) 단자가 연결된 프로토보드

그림 6-87

34. 그림 6-88에서 R_2가 개방되었다면, 점 A, B, C의 전압은 얼마인가?

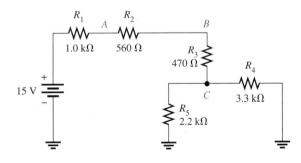

그림 6-88

35. 그림 6-89에서 각 측정기의 값을 확인하고, 만약 문제가 있다면 그 부분을 찾으시오.

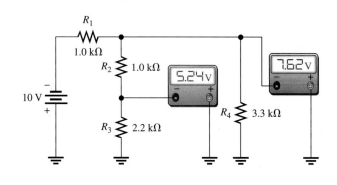

그림 6-89

36. 그림 6-88에서 다음과 같은 문제가 발생했을 때, 각 저항에서 예측되는 전압을 구하시오. 고장은 서로 독립적이라고 가정한다.

(a) R_1 개방

(b) R_3 개방

(c) R_4 개방

(d) R_5 개방

(e) C 지점이 접지와 단락

37. 그림 6-89에서 다음과 같은 문제가 발생했을 때, 각 저항에서 예측되는 전압을 구하시오.

(a) R_1 개방

(b) R_2 개방

(c) R_3 개방

(e) R_4에서 단락

고급문제

38. 그림 6-90의 각 회로에 대해 전원을 기준으로 각 저항의 직병렬 관계를 설명하시오.

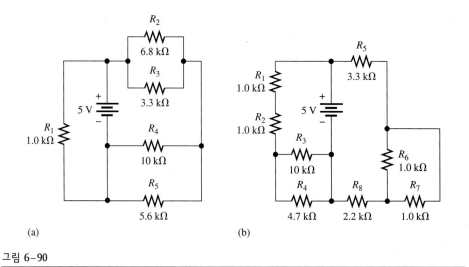

그림 6-90

39. 그림 6-91의 회로에서 저항값을 보고 PCB의 회로도를 그리고 직병렬 관계를 정리하시오. R_T 값에 영향을 주지 않는 저항은 어떤 것인가?

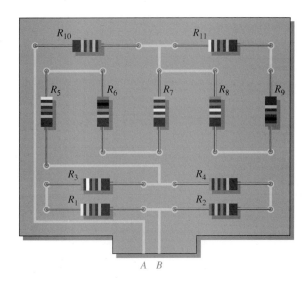

그림 6-91

40. 그림 6-92에서 다음을 구하시오.

  (a) 전원에서 본 전체 합성저항

  (b) 전원으로부터 흐르는 총 전류

  (c) 910 Ω을 통해 흐르는 전류

  (d) 점 A와 점 B 사이에 걸리는 전압

그림 6-92

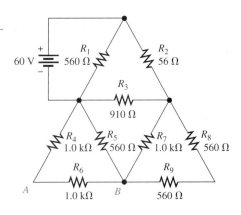

41. 그림 6-93의 회로에서 점 A, B, C 사이에 측정되는 전압과 전체 합성저항을 구하시오.

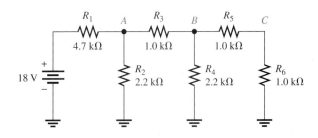

그림 6-93

42. 그림 6-94에서 두 단자 *A*와 *B* 사이의 총 저항을 계산하시오. 또한 단자 *A*와 단자 *B* 사이에 10 V의 전압이 인가되었을 때, 각 지로에 흐르는 전류를 구하시오.

43. 그림 6-94에서 각 저항에 걸리는 전압은 얼마인가? 단자 *A*와 단자 *B* 사이에 10 V의 전압이 인가되어 있다.

그림 6-94

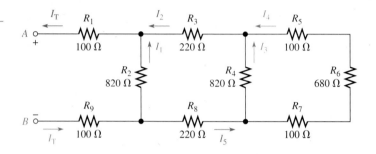

44. 그림 6-95에서 V_{AB}를 구하시오.

그림 6-95

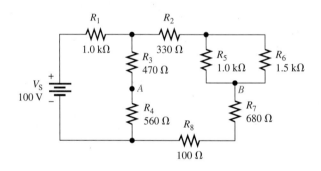

45. 그림 6-96에서 R_2 값을 구하시오.

그림 6-96

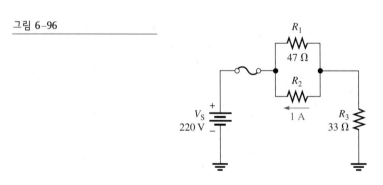

46. 그림 6-97의 회로에서 점 *A*, *B*, *C*에 측정되는 전압과 전체 합성저항을 구하시오.

그림 6-97

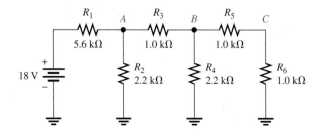

47. 무부하시에 6 V를 공급하고 1.0 kΩ 부하 양단에 최소 5.5 V 출력을 공급하는 전압 분배기를 설계하시오. 전원전압은 24 V이고 무부하시 전류는 100 mA를 초과하지 않는다.

48. 다음과 같은 규격을 만족하는 전압 분배기에 대해 저항값을 결정하시오 : 전류는 무부하 상태에서 5 mA를 넘지 않는다. 전원전압은 10 V이다. 5 V의 출력과 2.5 V의 출력이 요구된다. 회로를 그리고, 각각의 출력에 1.0 kΩ의 부하가 걸려 있을 때의 출력값을 구하시오.

49. 중첩의 정리를 이용하여 그림 6-98에서 오른쪽 지로의 전류를 계산하시오.

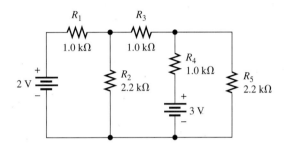

그림 6–98

50. 그림 6-99에서 R_L을 통해 흐르는 전류를 구하시오.

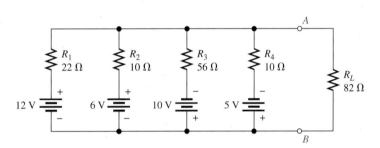

그림 6–99

51. 테브난 정리를 이용하여 그림 6-100에서 R_4에 인가되는 전압을 구하시오.

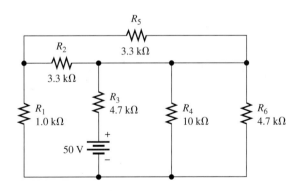

그림 6–100

52. 그림 6-101에서 다음의 조건을 만족시키는 V_{OUT}을 계산하시오.

(a) 스위치 SW2가 12 V와 접지 사이에 연결되어 있는 경우

(b) 스위치 SW1이 12 V와 접지 사이에 연결되어 있는 경우

그림 6–101

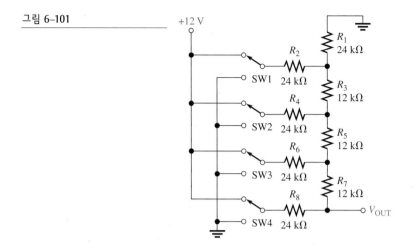

53. 그림 6-102에 있는 양면 PCB에 대한 도면을 그리고, 도면에 저항값을 명기하시오.

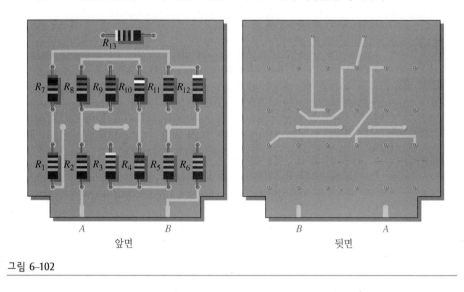

앞면   뒷면

그림 6–102

54. 그림 6-90(b)의 회로를 PCB상에 배치하시오. 전지는 기판의 외부에 연결된다.

55. 그림 6-103의 전압 분배기는 스위치로 부하가 선택된다. 각 스위치 위치에 대해 각 탭에 걸리는 전압(V_1, V_2, V_3)을 구하시오.

그림 6–103

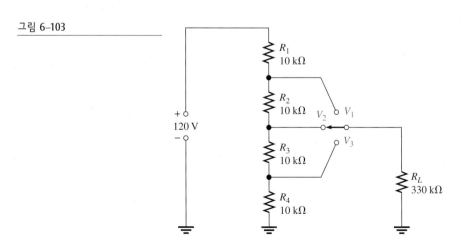

56. 그림 6-104는 FET를 사용한 DC 바이어스 증폭기의 기본 회로를 나타낸다. 바이어스는 적절한 증폭기 동작을 위해 임의의 직류 전압 레벨로 조정하는 것이다. 트랜지스터 증폭기에 대해 아는 바가 없더라도 회로의 직류 전압과 전류는 이미 살펴본 방법을 사용하여 구할 수 있다.

(a) V_G와 V_S를 구하시오.
(b) I_1, I_2, I_D, I_S를 구하시오.
(c) V_{DS}와 V_{DG}를 구하시오.

그림 6-104

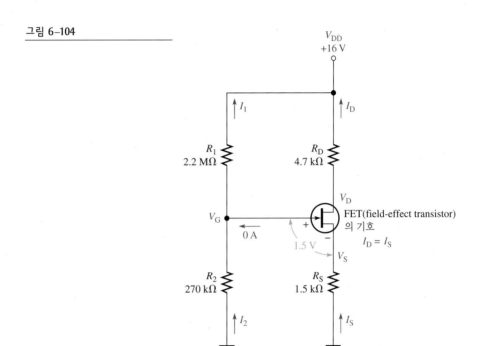

57. 그림 6-105의 전압계를 보고 회로에 고장이 있는지 확인하시오. 만약 있다면 어떤 고장인가?
58. 그림 6-106의 전압계의 지시값은 옳은가?

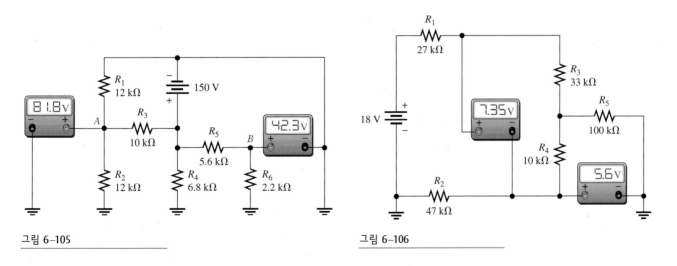

그림 6-105

그림 6-106

59. 그림 6-107에 하나의 고장이 있다. 전압계의 지시값을 근거로 하여 어떠한 고장요소가 있는지 설명하시오.

그림 6–107

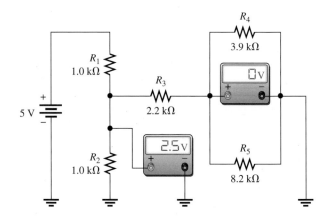

60. 그림 6-108의 전압계를 살펴보고 회로에 고장이 있는지 확인하시오. 만약 있다면 어떤 고장인가?

61. 그림 6-108에서 만일 4.7 kΩ의 저항이 개방되었을 때의 전압계 지시값을 구하시오.

그림 6–108

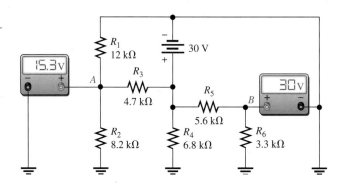

Multisim을 이용한 고장진단 문제

62. CD-ROM에서 P06-62 파일을 열고, 회로에 문제가 있는지를 결정하시오. 만약 있다면 어떤 고장인가?

63. CD-ROM에서 P06-63 파일을 열고, 회로에 문제가 있는지를 결정하시오. 만약 있다면 어떤 고장인가?

64. CD-ROM에서 P06-64 파일을 열고, 회로에 문제가 있는지를 결정하시오. 만약 있다면 어떤 고장인가?

65. CD-ROM에서 P06-65 파일을 열고, 회로에 문제가 있는지를 결정하시오. 만약 있다면 어떤 고장인가?

66. CD-ROM에서 P06-66 파일을 열고, 회로에 문제가 있는지를 결정하시오. 만약 있다면 어떤 고장인가?

67. CD-ROM에서 P06-67 파일을 열고, 회로에 문제가 있는지를 결정하시오. 만약 있다면 어떤 고장인가?

68. CD-ROM에서 P06-68 파일을 열고, 회로에 문제가 있는지를 결정하시오. 만약 있다면 어떤 고장인가?

69. CD-ROM에서 P06-69 파일을 열고, 회로에 문제가 있는지를 결정하시오. 만약 있다면 어떤 고장인가?

정 답

절 복습문제

6-1 직병렬 회로 관계 정의

1. 그림 6-109 참조

그림 6-109

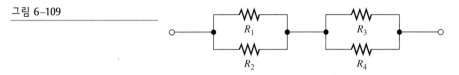

2. R_1과 R_2는 R_3와 R_4의 병렬 조합에 대해 직렬로 연결되어 있다.

3. 모든 저항은 병렬이다.

4. R_1과 R_2는 병렬이고, R_3와 R_4는 병렬이다.

5. 2개의 병렬이 서로 직렬로 연결되어 있다.

6-2 직병렬 저항 회로의 해석

1. $R_T = R_1 + R_4 + R_2 \parallel R_3 = 599 \ \Omega$

2. $I_3 = 11.2$ mA

3. $V_{R2} = I_2 R_2 = 3.7$ V

4. $R_T = 89 \ \Omega$, $I_T = 11.2$ mA

6-3 부하저항을 갖는 전압 분배기

1. 부하는 출력전압을 감소시킨다.

2. 참

3. $V_{OUT(unloaded)} = 19.23$ V, $V_{OUT(loaded)} = 19.16$ V

6-4 전압계의 부하효과

1. 전압계는 회로에 부하로 작용한다. 이는 측정기 내부 전압이 회로의 전압과 병렬로 연결되면서 2개의 회로 사이에 저항이 줄어들기 때문이다.

2. 아니오. 측정기 저항은 1.0 kΩ 보다 커야 한다.

3. 예

6-5 휘스톤 브리지

1. 그림 6-110 참조

그림 6-110

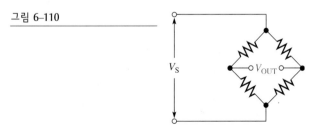

2. 출력전압이 0일 때 브리지 회로는 평형이다.

3. $R_X = 15$ kΩ

4. 불평형 브리지는 변환기의 변화량을 측정하는 데 이용된다.

6-6 테브난 정리

1. 테브난 등가회로는 V_{TH}와 R_{TH}로 구성되어 있다.

2. 그림 6-111 참조

그림 6–111

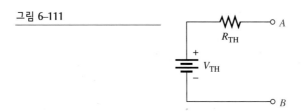

3. V_{TH}는 회로의 두 점 사이에서 단락된 상태에서의 전압이다.

4. R_{TH}는 모든 전원이 내부 저항으로 교체되었을 때, 두 단자 사이에서 바라본 저항을 의미한다.

5. 그림 6-112 참조

그림 6–112

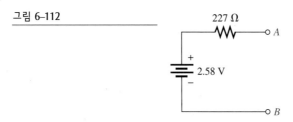

6-7 최대전력 전달이론

1. 최대전력 전달이론은 부하저항이 내부 저항과 같을 때 부하에 최대 전력이 전달된다는 것을 설명하는 것이다.

2. 최대 전력은 $R_L = R_S$일 때 전달된다.

3. $R_L = R_S = 50\ \Omega$

6-8 중첩의 정리

1. 선형 회로에서 다중의 전원을 가지고 있는 임의의 지로에 대한 전체 전류는 각각의 전원이 독립적으로 작용하고 있을 때, 하나의 전원이 홀로 작용하고 다른 전원이 내부 저항으로 대체되었을 때의 전류들에 대한 대수적인 합과 같다는 것이다.

2. 중첩의 정리는 각 전원이 독립적으로 인가되는 것을 기반으로 한다.

3. 이상적인 전압원의 내부 저항은 0이다.

4. 총 전류의 방향은 값이 큰 전류의 방향이다.

5. $I_{R1} = 6.67$ mA

6-9 고장진단

1. 단락과 개방은 2개의 일반적인 고장이다.

2. (a) 62.8 V   **(b)** 62.8 V   **(c)** 62 V   **(d)** 100 V   **(e)** 0 V

3. 10 KΩ의 저항이 개방되어 있다.

응용 과제

1. 전지는 413일간 사용할 수 있다.

2. 예. 1/8 W 저항이 사용될 수 있다.

3. 아니오. 저항은 과열되지 않는다.

예제 관련 문제

6-1 부가된 저항은 R_4와 R_2, R_3와의 병렬 조합에 대한 직렬 조합에 병렬로 연결될 것이다.

6-2 부가된 저항은 R_5와 병렬이다.

6-3 A부터 접지 : $R_T = R_3 \| (R_1 + R_2) + R_4$

B부터 접지 : $R_T = R_2 \| (R_1 + R_3) + R_4$

C부터 접지 : $R_T = R_4$

6-4 없다. 새로운 저항은 이 점들 사이에 연결되어 단락이 될 것이다.

6-5 R_1과 R_4는 회로에서 효과적으로 제거된다.

6-6 55.1 Ω

6-7 128.3 Ω

6-8 $I_1 = 89.3$ mA, $I_2 = 58.5$ mA, $I_T = 182.3$ mA

6-9 $V_1 = V_2 = 10.3$ V, $V_3 = 9.70$ V, $V_4 = 3.16$ V, $V_5 = 6.54$ V

6-10 $I_1 = 1.42$ mA, $P_1 = 6.67$ mW; $I_2 = 756$ μA, $P_2 = 3.55$ mW

$I_3 = 2.18$ mA, $P_3 = 4.75$ mW; $I_4 = 1.13$ mA, $P_4 = 1.28$ mW

$I_5 = 1.06$ mA, $P_5 = 758$ μW; $I_6 = 1.06$ mA, $P_6 = 435$ μW

6-11 3.39 V

6-12 R_1, R_2, R_2가 비례적으로 값이 증가한다.

6-13 5.19 V

6-14 3.3 kΩ

6-15 0.49 V

6-16 2.36 V, 124 Ω

6-17 1.17 mA

6-18 41.7 mW

6-19 16.6 mW

6-20 5 mA

6-21 5.73 V, 0 V

6-22 9.46 V

6-23 $V_A = 12$ V, $V_B = 13.8$ V

자습문제

1. (e)　**2.** (c)　**3.** (c)　**4.** (c)　**5.** (b)　**6.** (a)　**7.** (b)　**8.** (b)
9. (d)　**10.** (b)　**11.** (b)　**12.** (c)　**13.** (d)　**14.** (a)　**15.** (c)　**16.** (d)

고장진단 : 증상과 원인

1. (c)　**2.** (b)　**3.** (c)　**4.** (b)　**5.** (a)

자기와 전자기

장의 목표

▶ 자기장의 원리를 설명한다.
▶ 전자기의 원리를 설명한다.
▶ 여러 형태의 전자기 장치들의 동작원리를 이해한다.
▶ 자기 히스테리시스를 설명한다.
▶ 전자기 유도 원리를 이해한다.
▶ 전자기 유도의 응용 예를 살펴본다.

핵심 용어

▶ 가우스(gauss : G)
▶ 기자력
　(magnetomotive force:mmf)
▶ 렌쯔의 법칙(Lenz's law)
▶ 릴레이(relay)
▶ 보자력(retentivity)
▶ 솔레노이드(solenoid)
▶ 스피커(speaker)
▶ 암페어·권선 수
　(ampere-turn : At)
▶ 웨버(weber : Wb)
▶ 유도 전류
　(induced current : i_{ind})
▶ 유도 전압
　(induced voltage : v_{ind})
▶ 자기장(magnetic field)
▶ 자기저항(reluctance : $\mathcal{R}$)

▶ 자력선(lines of force)
▶ 자속(magnetic flux)
▶ 자화력
　(magnetic field intensity)
▶ 전자기(electromagnetism)
▶ 전자기 유도
　(electromagnetic induction)
▶ 전자기장
　(electromagnetism field)
▶ 테슬라(tesla : T)
▶ 투자율(permeability)
▶ 패러데이의 법칙
　(Faraday's law)
▶ 히스테리시스(hysteresis)

응용 과제 개요

이 응용 과제에서는 이 장에서 학습한 릴레이와 다른 장치들을 간단한 침입경보 장치에 적용할 것이다. 완전한 시스템을 구현하기 위해 구성부품을 연결하는 방법과 시스템이 제대로 작동하고 있는지를 확인하기 위해 검사하는 방법 등에 대해 학습할 것이다. 이 장을 학습하고 나면, 응용 과제를 완벽하게 수행할 수 있게 될 것이다.

지원 웹 사이트

학습을 돕기 위해 다음의 웹 사이트를 방문하기 바란다.
http://www.prenhall.com/floyd

도입

이 장에서는 이전의 6개의 장에서 다룬 내용과는 달리 자기와 전자기에 대한 새로운 개념을 소개한다. 여러 형태의 전기장치의 동작원리는 자기 또는 전자기 원리에 부분적으로 기초하고 있다. 전자기 유도는 인덕터 또는 코일이라 불리는 전기소자(11장에서 다룬다)에서 중요한 원리로 작용한다. 자석은 영구자석과 전자석으로 구분된다. 영구자석은 외부적인 여자(excitation) 없이 두 극 사이에 일정한 자기장을 유지한다. 전자석은 자석에 전류가 흐르고 있을 때에만 자기장을 만들어 낸다. 전자석은 기본적으로 자기코어 물질의 둘레에 코일을 감은 것이다.

7–1   자기장

영구자석은 자석을 둘러싸고 있는 자기장을 가지고 있다. **자기장(magnetic field)**은 N극으로부터 S극으로 방사되는 **자력선(lines of force)**으로 구성되고, 자성 물질을 통하여 다시 N극으로 되돌아간다.

절의 학습내용

▶ **자기장의 원리를 설명한다.**

   ▶ 자속을 정의한다.

   ▶ 자속밀도를 정의한다.

   ▶ 물질이 어떻게 자화되는지 논의한다.

   ▶ 자기 스위치의 동작을 설명한다.

BIOGRAPHY

Wilhelm Eduard Weber, 1804–1891

웨버는 가우스와 매우 밀접하게 일을 했던 독일 물리학자였다. 그는 독자적으로 절대 전기 단위의 시스템을 확립하였고, 또한 빛의 전자기 이론을 발전시키는 데 매우 중요한 연구를 수행하였다. 자속의 단위는 그의 업적을 기려 명명된 것이다(사진제공 : Courtesy of the Smithsonian Institution. Photo No. 52,604).

영구자석은 그림 7-1에 나타낸 바와 같이 자석 주변에 N극에서 S극으로 자력선(line of force 또는 flux line)으로 구성된 자기장으로 둘러싸여 있다. 모든 자기장은 전하의 움직임으로부터 일어나고, 대부분 움직이는 전하는 전자이다. 그림에서는 설명을 명확하게 하기 위해 수개의 자력선만을 보여준다. 그러나 실제로는 많은 선들이 3차원적으로 자석을 둘러싸고 있다. 선들은 가능한 가장 작은 크기로 줄어들고 서로 섞여 있지만 그들은 서로 닿지는 않는다. 실제로 이것이 자석 주위에서 연속적인 자기장을 형성한다.

그림 7–1

막대자석 주위의 자력선

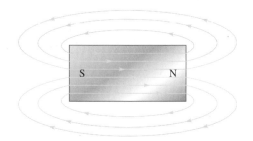

자석 주위를 도는 원형의 화살선은 자기장에서 많은 자력선 중 단지 몇 개만 표현한 것이다.

두 개의 영구자석의 서로 다른 극을 가까이 놓으면 그림 7-2(a)에 나타낸 것처럼 자기장에 인력이 작용한다. 서로 같은 극을 가까이 놓으면 그림 7-2(b)에 나타낸 것처럼 서로 척력이 작용한다.

종이, 유리, 나무, 또는 플라스틱과 같은 비자성 물질이 자기장 내부에 놓여 있으면 자력선의 형태는 그림 7-3(a)와 같이 변하지 않는다. 그러나 철과 같은 자성 물질이 자기장 내부에 놓여 있으면 자력선은 경로를 바꿔 주위의 공기를 통과하기보다는 철을 통과하게 된다. 이것은 공기보다 철이 더 쉽게 자장 경로를 제공하기 때문이다. 그림 7-3(b)에 이 원리를 나타내었다. 자력선이 철 또는 다른 물질을 따라 경로가 형성된다는 원리는 표류 전자장으로부터 회로에 민감하게 미치는 영향을 제거하기 위한 차폐회로 설계에 활용된다.

자속(ϕ)

자석의 N극에서 나와 S극으로 들어가는 자력선의 묶음을 **자속(magnetic flux)**이라 하고, ϕ(그리스 문자 phi)로 표시한다. 자기장에서 자력선의 수는 자속값을 결정한다. 자력선의 수가 많을수록 자속값이 크고 자기장의 힘이 강해진다.

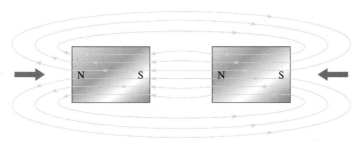

(a) 극이 다르면 인력이 작용한다.

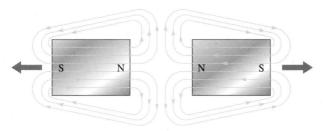

(b) 극이 같으면 척력이 작용한다.

그림 7-2

자석의 인력과 척력

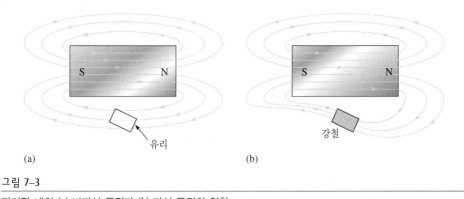

(a)   (b)

그림 7-3

자기장 내의 (a) 비자성 물질과 (b) 자성 물질의 영향

B I O G R A P H Y

Nikola Tesla,
1856–1943

테슬라는 크로아티아(후에는 오스트리아·헝가리) 출신의 전기 기술자로 교류 유도 전동기, 다상 교류 시스템, 테슬라 코일 트랜스포머, 무선 통신, 형광등을 발명하였다. 1884년 미국으로 가서 에디슨과 함께 일을 하였으며, 그 후 웨스팅하우스에서 일을 하였다. 자속밀도의 SI 단위는 그의 업적을 기려 명명된 것이다(사진 제공 : Courtesy of the Nikola Tesla Museum, Belgrade, Yugoslavia).

자속의 단위는 **웨버(weber : Wb)**이다. 1 웨버는 10^8개의 자력선 수와 같다. 웨버는 매우 큰 단위이므로 실제로는 대개 마이크로웨버(μWb)가 사용된다. 1 마이크로웨버는 100개의 자력선 수와 같다.

자속밀도(B)

자속밀도(magnetic flux density)는 자기장에 수직인 단위 면적당 자속의 양이다. 자속의 기호는 B이며 단위는 **테슬라(tesla : T)**이다. 1 테슬라는 제곱미터당 1 웨버(Wb/m^2)를 의미한다. 다음 식은 자속밀도를 표현한 것이다.

$$B = \frac{\phi}{A} \tag{7-1}$$

여기서 ϕ = 자속

A = 자기장의 제곱미터(m^2)의 단위를 갖는 단면적

예제 7-1

그림 7-4에 나타낸 2개의 자기코어 내에서 자속과 자속밀도를 비교하시오. 그림은 자화된 물질의 단면적을 나타낸다. 각 도트는 100개의 선 또는 1 μWb를 나타내는 것으로 가정한다.

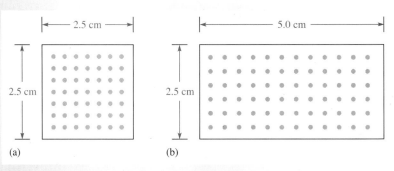

그림 7-4

해 자속은 선의 수이다. 그림 7-4(a)에는 49개의 도트가 있다. 각각이 1 μWb를 나타내므로 자속은 49 μWb이다. 그림 7-4(b)에는 72개의 도트가 있다. 따라서 자속은 72 μWb이다.

자속밀도를 계산하기 위해서는 우선 m^2 단위의 면적을 계산한다. 그림 7-4(a)의 면적은 다음과 같고,

$$A = l \times w = 0.025\,m \times 0.025\,m = 6.25 \times 10^{-4}\,m^2$$

그림 7-4(b)의 면적은 다음과 같다.

$$A = l \times w = 0.025\,m \times 0.050\,m = 1.25 \times 10^{-3}\,m^2$$

자속밀도를 계산하기 위해서 식 (7-1)을 사용한다. 그림 7-4(a)의 자속밀도는 다음과 같고,

$$B = \frac{\phi}{A} = \frac{49\,\mu Wb}{6.25 \times 10^{-4}\,m^2} = 78.4 \times 10^{-3}\,Wb/m^2 = 78.4 \times 10^{-3}\,T$$

그림 7-4(b)의 자속밀도는 다음과 같다.

$$B = \frac{\phi}{A} = \frac{72\,\mu Wb}{1.25 \times 10^{-3}\,m^2} = 57.6 \times 10^{-3}\,Wb/m^2 = 57.6 \times 10^{-3}\,T$$

표 7-1에 두 코어를 비교한 데이터를 제시한다. 가장 큰 자속을 가진 코어가 가장 높은 자속밀도를 가지지는 않는다.

표 7-1

	자속(Wb)	면적(m^2)	자속밀도(T)
그림 7-4(a)	49 μWb	6.25×10^{-4} m2	78.4×10^{-3} T
그림 7-4(b)	72 μWb	1.25×10^{-3} m2	57.6×10^{-3} T

관련 문제* 만약 5.0 cm × 5.0 cm인 코어 내에 그림 7-4(a)와 같은 자속이 존재한다면 자속밀도는 얼마인가?

* 정답은 장의 끝부분에 있다.

예제 7–2
어떤 자성 물질 내에 자속밀도가 0.23 T이고 물질의 면적이 0.38 in.^{2}이면 물질을 관통하는 자속은 얼마인가?

해
우선 0.38 in.^{2}를 m로 변환하여야만 한다. 39.37 in. = 1 m이다. 따라서

$$A = 0.38\ \text{in.}^2[1\ \text{m}^2/(39.37\ \text{in.})^2] = 245 \times 10^{-6}\ \text{m}^2$$

물질을 관통하는 자속은 다음과 같다.

$$\phi = BA = (0.23\ \text{T})(245 \times 10^{-6}\ \text{m}^2) = 56.4\ \mu\text{Wb}$$

관련 문제
만약 $A = 0.05$ in.^{2}이고 $\phi = 1000\ \mu\text{Wb}$일 때 B를 계산하시오.

가우스 자속밀도의 SI 단위는 테슬라(T)이다. 또 다른 형태의 단위로는 CGS(centimeter-gram-second) 단위계로 사용되는 **가우스(gauss : G)**가 있다(10^4 G = 1 T). 사실 자속밀도를 측정하는 데 사용되는 계기는 가우스미터이다. 가우스는 위치에 따라 0.3 G에서 0.6 G를 나타내는 지자계와 같이 작은 양의 자기장을 측정하는 데 편리한 단위이다.

물질은 어떻게 자화되는가?

철, 니켈, 코발트와 같은 강자성체는 자석의 자기장 내에 두면 자화된다. 영구자석에 클립이나 못, 쇳가루 따위가 붙는 것을 본 기억이 있을 것이다. 이러한 경우, 물질들은 영구자석의 자기장 영향으로 자화되어(실질적으로 그 자신이 자석이 된다) 자석에 끌리게 된다. 자기장을 제거하면 일반적으로 물질은 자력을 잃는다.

강자성체는 원자핵 주위에 있는 전자의 자전(궤도 움직임과 회전)에 의해 형성되는 미소한 크기의 자구(magnetic domain)를 갖는다. 이 자구들은 N극과 S극을 갖는 매우 작은 막대자석으로 볼 수 있다. 물체가 외부 자기장에 영향을 받지 않으면 자구는 그림 7-5(a)에서와 같이 불규칙하게 배열되고, 물체를 자기장 내에 두면 자구는 그림 7-5(b)에서와 같이 일정하게 정렬하여 물체는 실제적으로 자석이 된다.

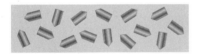

(a) 자화되지 않은 물질에서는 자구(N ◀▬ S)는 방향이 불규칙적이다.

(b) 물질이 자화되면, 자구는 일정하게 일렬로 정렬된다.

그림 7-5

(a) 자화되지 않는 (b) 자화된 강자성체 자구

응용 영구자석은 평상시 닫혀 있는(normally closed : NC) 스위치와 같은 스위치로 사용된다. 그림 7-6(a)에 나타낸 것처럼 자석이 스위치 메커니즘 근처에 있을 때, 금속 막대는 NC 위치를 유지한다. 그림 7-6(b)에서와 같이 자석이 멀리 움직이면, 스프링이 금속 막대를 끌어 올려 접촉을 끊는다.

이러한 종류의 스위치는 창문이나 문을 통한 침입을 감시하는 보안 시스템에 주로 사용된다. 그림 7-7과 같이 일반적인 송신기에 연결된 자기 스위치로 여러 장소에 대한 침입 여부도 감시할 수 있다. 이 스위치 중에서 어느 한 스위치가 개방될 때, 송신기가 작동되어 중앙 수신기와 경보장치에 신호를 보낸다.

그림 7–6

자석 스위치의 동작

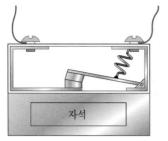

(a) 자석이 근처에 있으면 접점은 닫힌다.

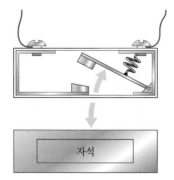

(b) 자석이 멀리 움직이면 접점은 개방된다.

그림 7–7

일반적인 침입경보 시스템의 연결

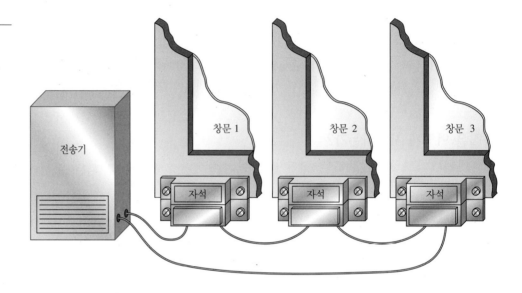

7–1 복습문제*

1. 두 자석의 N극이 서로 가까이 놓여 있을 때, 이들에는 인력이 작용하는가 아니면 척력이 작용하는가?
2. 자속이란 무엇인가?
3. $\phi = 4.5\ \mu\text{Wb}$이고 $A = 5 \times 10^{-3}\ \text{m}^2$일 때, 자속밀도는 얼마인가?

---

* 정답은 장의 끝부분에 있다.

7–2 전자기

전자기는 도체에 흐르는 전류에 의해 생성되는 자기장이다.

절의 학습내용

▶ **전자기의 원리를 설명한다.**

　▶ 자력선의 방향을 결정한다.

　▶ 투자율(permeability)을 정의한다.

　▶ 자기저항(reluctance)을 정의한다.

　▶ 기자력(magnetomotive force)을 정의한다.

　▶ 기초 전자석을 설명한다.

그림 7-8과 같이 전류는 도체 주위에 **전자기장(electromagnetic field)**이라 불리는 자기장을 생성한다. 눈에 보이지 않는 자기력선은 도체 주위를 동심원 형태로 형성되고, 길이를 따라 연속적이다. 주어진 전류 방향에 대해 도체를 둘러싸고 있는 자력선의 방향은 그림과 같이 시계 방향이다. 전류가 반대로 흐르면, 자력선은 반시계 방향이 된다.

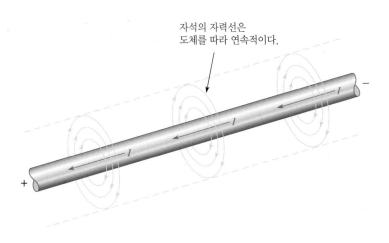

자석의 자력선은
도체를 따라 연속적이다.

그림 7–8
전류가 흐르는 도체 주위의 자기장. 도체 내 화살표는 전자(−에서 +) 전류의 방향을 나타낸다

자기장은 우리의 눈에 보이진 않지만 그 영향을 눈으로 확인할 수 있다. 예를 들어, 전류가 흐르는 도선에 수직으로 종이를 관통하고 종이 위에 쇳가루를 뿌리면 그림 7-9(a)와 같이 동심원 모양으로 쇳가루가 정렬된다. 그림 7-9(b)는 전자기장 내에 나침반을 두었을 때, 나침반의 바늘이 자력선의 방향을 지시하는 그림이다. 전자기장은 도체에 가까워질수록 강해지고 도체에서 멀어질수록 약해진다.

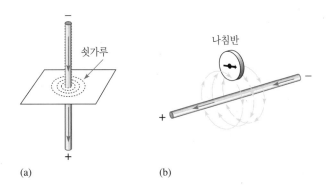

쇳가루

나침반

(a)   (b)

그림 7–9
전자기장의 시각적 효과

왼손 법칙 자력선의 방향을 기억하는 데 쉬운 방법이 그림 7-10에 나타나 있다. 왼손을 가지고 도체를 붙잡았을 때 엄지손가락을 전류가 흐르는 방향에 맞추면 나머지 손가락이 가리키는 것이 자력선의 방향이다.

그림 7–10

왼손 법칙의 설명. 왼손 법칙은 전자의 흐름(전류가 −에서 +)에 대해 사용된다

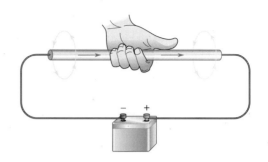

전자기의 성질

전자기장에 관련된 몇 가지 중요한 성질은 다음과 같다.

투자율(μ) 투자율은 어떤 물질이 자기장을 얼마나 쉽게 발생시키는지 정도를 나타낸다. **투자율(permeability)**이 클수록 자기장은 더 쉽게 형성된다. 투자율의 기호는 μ(그리스 문자 mu)이다.

그 값은 물질의 종류에 따라 다르다. 진공의 투자율(μ_0)은 $4\pi \times 10^{-7}$ Wb/At·m(웨버/암페어-권선 수·미터)이고 투자율의 기준값으로 사용된다. 강자성체는 일반적으로 진공보다 수백 배 큰 투자율을 갖는다. 따라서 강자성체 내에서는 자기장이 상대적으로 쉽게 형성된다. 강자성체에는 철, 강철, 니켈, 코발트, 그리고 이들의 합금 등이 있다.

어떤 물질의 비투자율(relative permeability : μ_r)은 진공의 투자율(μ_0)에 대한 물질의 절대 투자율(μ)의 비이다. μ_r은 비율이므로 단위가 없다. 강철과 같은 일반적인 자성 물질은 수백의 비투자율을 갖고, 강자성체는 100,000 이상의 비투자율을 갖는다.

$$\mu_r = \frac{\mu}{\mu_0} \tag{7-2}$$

자기저항($\mathcal{R}$) 물질 내에서 자기장의 발생을 억제하는 성질을 **자기저항(reluctance)**이라고 한다. 자기저항값은 아래의 식과 같이 자기 경로의 길이(l)에 비례하고, 투자율(μ)과 물질의 단면적(A)에 반비례한다.

$$\mathcal{R} = \frac{l}{\mu A} \tag{7-3}$$

자기회로에서 자기저항은 전기회로의 저항과 유사하다. 자기저항의 단위는 길이(l)에 미터를, 단면적(A)에 제곱미터를, 투자율(μ)에 Wb/At·m를 대입하여 다음과 같이 유도할 수 있다.

$$\mathcal{R} = \frac{l}{\mu A} = \frac{\cancel{m}}{(\text{Wb/At·}\cancel{m})(\cancel{m^2})} = \frac{\text{At}}{\text{Wb}}$$

At/Wb는 암페어-권선 수/웨버이다.

식 (7-3)은 권선저항을 결정하는 식 (2-6)과 유사하다. 식 (2-6)을 다시 써보자.

$$R = \frac{\rho l}{A}$$

저항률(ρ)의 역수는 전도성(σ)이다. ρ 대신에 $1/\sigma$을 쓰면 식 (2-6)은

$$R = \frac{l}{\sigma A}$$

로 쓸 수 있다. 권선저항에 대한 마지막 식을 식 (7-3)과 비교해 보면, 길이(l)와 면적(A)은 두 식에서 의미하는 것과 같다. 전기회로에서 전도성(σ)은 자기회로의 투자율(μ)과 유사하다. 또한 전기회로의 저항(R)은 자기회로의 자기저항($\mathcal{R}$)과 유사하다. 둘은 상대적이다. 일반적으로 자기회로의 자기저항은 50,000 At/Wb 또는 그 이상이며 물질의 크기와 형태에 따라 다르다.

예제 7-3

저탄소강으로 만든 토러스의 자기저항을 계산하시오. 토러스의 내측 반경은 1.75 cm이고, 외측 반경은 2.25 cm이다. 저탄소강의 투자율은 2×10^{-4} Wb/At·m로 가정한다.

해 계산하기 전에 면적과 길이의 단위를 cm에서 m로 변환한다. 주어진 치수로부터 두께는 0.5 cm = 0.005 m이다. 따라서 단위 면적은 다음과 같다.

$$A = \pi r^2 = \pi (0.0025)^2 = 1.96 \times 10^{-5} \text{ m}^2$$

길이는 2.0 cm 또는 0.02 m의 평균 반경으로 측정한 토러스의 원주와 같다.

$$l = C = 2\pi r = 2\pi(0.02 \text{ m}) = 0.125 \text{ m}$$

식 (7-3)에 값을 대입하여 자기저항을 구하면 다음과 같다.

$$\mathcal{R} = \frac{l}{\mu A} = \frac{0.125 \text{ m}}{(2 \times 10^{-4} \text{ Wb/At·m})(1.96 \times 10^{-5} \text{ m}^2)} = \mathbf{31.9 \times 10^6 \text{ At/Wb}}$$

관련 문제 5×10^{-4} Wb/At·m의 투자율을 가진 주강이 주철로 만든 코어를 대신한다면 자기저항은 얼마인가?

예제 7-4

연강의 비투자율이 800이다. 길이가 10 cm이고 단면적이 1.0 cm × 1.2 cm를 가진 연강 코어의 자기저항을 계산하시오.

해 우선 연강의 투자율을 결정한다.

$$\mu = \mu_0 \mu_r = (4\pi \times 10^{-7} \text{ Wb/At·m})(800) = 1.00 \times 10^{-3} \text{ Wb/At·m}$$

다음으로, 길이와 단면적을 m로 환산한다.

$$l = 10 \text{ cm} = 0.1 \text{ m}$$
$$A = 0.01 \text{ m} \times 0.012 \text{ m} = 1.2 \times 10^{-4} \text{ m}^2$$

여기서 식 (7-3)에 값을 대입하여 자기저항을 구하면 다음과 같다.

$$\mathcal{R} = \frac{l}{\mu A} = \frac{0.1 \text{ m}}{(1.00 \times 10^{-3} \text{ Wb/At·m})(1.2 \times 10^{-4} \text{ m}^2)} = \mathbf{8.33 \times 10^5 \text{ At/Wb}}$$

관련 문제 만약 코어가 비투자율이 4000인 78 퍼멀로이로 만들어졌다면, 자기저항은 얼마인가?

기자력(mmf) 앞에서 배운 것과 같이 도선에 흐르는 전류는 자기장을 생성한다. 이와 같이 자기장을 생성하는 힘을 **기자력(magnetomotive force : mmf)**이라고 한다. 기자력은 실제로 물리적 의미에서 힘을 의미하는 것이 아니라 전하(전류)의 운동의 결과를 나타내는 것이

므로 약간은 잘못 붙여진 이름이다. 기자력의 단위인 **암페어-권선 수(ampere-turn : At)**는 한 번 감겨진 도선에 흐르는 전류에 권선 수를 곱한 것이다. 기자력에 관한 식은 다음과 같다.

$$F_m = NI \tag{7-4}$$

여기서 F_m = 기자력

      N = 도선을 감은 권선 수(turn)

      I = 암페어 단위의 전류

그림 7-11은 자성체 주위를 감고 있는 도선에 전류를 흘릴 때, 자기 경로를 따라서 자속을 만드는 힘이 발생되는 모습을 보여준다. 자속의 크기는 아래의 식과 같이 기자력의 크기와 물질의 자기저항으로 결정된다.

$$\phi = \frac{F_m}{\mathcal{R}} \tag{7-5}$$

자속(ϕ)은 전류와 유사하고, 기자력(F_m)은 전압, 자기저항($\mathcal{R}$)은 저항과 비슷하기 때문에, 식 (7-5)는 자기회로의 옴의 법칙으로 알려져 있다.

그림 7–11

기본적인 전자기 회로

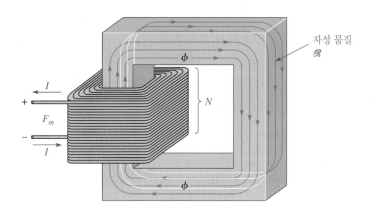

예제 7–5

그림 7-12에서 재료의 자기저항이 0.28×10^5 At/Wb일 때, 자기 경로에 형성되는 자속은 얼마인가?

그림 7-12

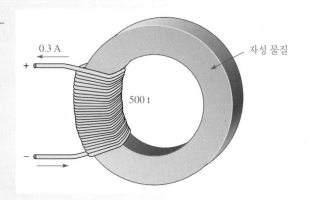

해 $\phi = \dfrac{F_m}{\mathcal{R}} = \dfrac{NI}{\mathcal{R}} = \dfrac{(500 \text{ t})(0.3 \text{ A})}{2.8 \times 10^5 \text{ At/Wb}} = 5.36 \times 10^{-4}$ Wb $= \mathbf{536 \ \mu Wb}$

관련 문제   그림 7-12에서 자기저항이 7.5×10^3 At/Wb이고, 권선 수가 300 t, 전류가 0.18 A이면 자속은 얼마인가?

예제 7-6	권선 수가 400인 코일에 0.1 A의 전류가 흐른다고 하자.

(a) 기자력은 얼마인가?

(b) 자속이 250 μWb이면 회로의 자기저항은 얼마인가?

해 **(a)** $N = 400$ t, $I = 0.1$ A

$$F_m = NI = (400 \text{ t})(0.1 \text{ A}) = \textbf{40 At}$$

(b) $\mathcal{R} = \dfrac{F_m}{\phi} = \dfrac{40 \text{ At}}{250 \text{ μWb}} = \textbf{1.60} \times \textbf{10}^5 \textbf{ At/Wb}$

관련 문제　$I = 85$ mA, $N = 500$ t, $\phi = 500$ μWb일 때, 기자력과 자기저항을 계산하시오.

전자석

전자석은 앞에서 설명한 성질에 기초한다. 쉽게 자화되는 물질을 가운데 두고 그 둘레를 코일로 감으면 간단한 전자석을 만들 수 있다.

　전자석의 모양은 사용하는 분야에 따라 다양하게 만들 수 있다. 예를 들어, 그림 7-13과 같이 U자 모양의 자기코어로 만들 수 있다. 코일이 전원에 연결되어 전류가 흐르면 그림 7-13(a)처럼 자기장이 형성된다. 전류가 그림 7-13(b)와 같이 반대 방향으로 흐르면 자기장의 방향도 반대로 된다. N극과 S극을 가깝게 하면 두 극 사이의 공극(air gap)이 작아지고 작아진 공극으로 인해 자기저항이 감소해서 자기장이 쉽게 형성된다.

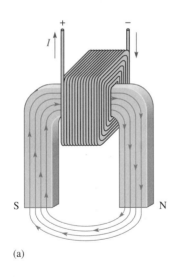

(a)

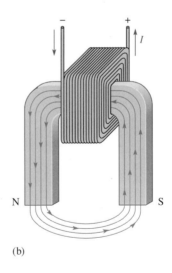

(b)

그림 7-13
코일에 흐르는 전류의 방향을 반대로 하면 자기장의 방향도 반대로 된다

7-2 복습문제	1. 자기와 전자기의 차이를 설명하시오.
	2. 전자석에 흐르는 전류의 방향을 바꾸면 자계에는 어떤 현상이 발생하는가?
	3. 자기회로에 대한 옴의 법칙을 설명하시오.
	4. 문제 3에서 각 양들을 전기회로에서 해당하는 양과 비교하시오.

7–3   전자기 장치

테이프 레코더, 전동기, 스피커, 솔레노이드와 릴레이 등과 같은 많은 유용한 소자들이 전자기에 기초하여 동작한다. 트랜스포머는 또 다른 중요한 예이고, 14장에서 설명될 것이다.

절의 학습내용

▶ **여러 종류의 전자기 소자의 동작원리를 기술한다.**

  ▶ 솔레노이드와 솔레노이드 밸브의 작동원리를 논의한다.

  ▶ 릴레이의 작동원리를 논의한다.

  ▶ 스피커의 작동원리를 논의한다.

  ▶ 기본 아날로그 계측기 무브먼트를 논의한다.

  ▶ 자기 디스크와 테이프의 읽기/쓰기 동작을 설명한다.

  ▶ 광-자기 디스크의 개념을 설명한다.

솔레노이드

솔레노이드(solenoid)는 플런저(plunger)라고 불리는 가동 철심이 있는 전자기 소자이다. 이 철심의 동작은 전자기장과 기계적 스프링의 힘에 의해 결정된다. 그림 7-14에 솔레노이드의 기본 구조를 나타내었다. 솔레노이드는 속이 빈 비자성체 원통에 코일을 감은 형태이다. 고정 철심은 축의 한 끝에 고정되어 있고, 가동 철심(플런저)은 고정 철심에 스프링으로 연결되어 있다.

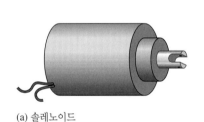

(a) 솔레노이드

코일   코일 형태

플런저

(b) 기본 구조

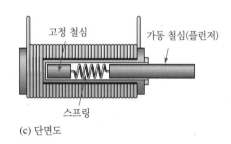

고정 철심   가동 철심(플런저)

스프링

(c) 단면도

그림 7–14

기본적인 솔레노이드 구조

정지 상태(또는 전류가 가해지지 않은 경우)에서 플런저는 그림 7-15(a)에 보여주는 것처럼 바깥쪽으로 확장된다. 코일에 전류가 흐르면 두 개의 강철 코어를 자화시켜 전자기장이 발생하게 되어 그림 7-15(b)와 같이 솔레노이드가 동작한다. 고정 철심의 S극이 가동 철심의 N극을 안쪽으로 끌어당겨 플런저는 안쪽으로 들어가고 스프링은 압축된다. 코일에 전류가 흐르는 동안 플런저는 자기장의 인력에 의해 안쪽으로 들어간 상태로 유지된다. 전류가 제거되면 자기장이 없어지고 압축된 스프링은 팽창되며 플런저를 밖으로 밀어낸다. 솔레노이드는 밸브의 개폐나 자동차문의 자동잠금 장치 등에 응용된다.

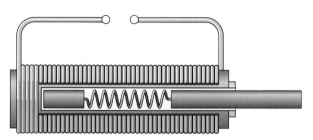

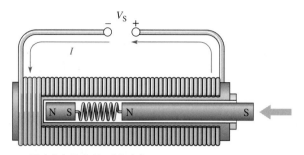

(a) 동작하지 않으면(전압 또는 전류가 없다) 플런저는 확장되어 있다.

(b) 동작하면 플런저는 압축된다.

그림 7–15

기본적인 솔레노이드 동작

솔레노이드 밸브 산업용 제어에서 솔레노이드 밸브는 공기, 물, 스팀, 오일과 같은 여러 유체의 흐름을 제어하는 데 널리 사용된다. **솔레노이드 밸브(solenoid valve)**는 공압(공기)과 유압(오일) 시스템 등의 기계제어 시스템에서 일반적으로 사용된다. 또한 솔레노이드 밸브는 항공우주와 의료 분야에서도 사용된다. 솔레노이드는 플런저를 이동하여 포트를 열고 닫거나 블로킹 플랩을 회전시킬 수 있다.

그림 7–16

기본적인 솔레노이드 밸브 구조

솔레노이드 밸브는 두 개의 기본적인 장치(솔레노이드 코일과 밸브 본체)로 구성되어진다. 솔레노이드 밸브는 밸브를 개폐하도록 하는 데 필요한 움직임을 제공하기 위해 자기장을 제공하는 역할을 하고, 누설방지 실(seal)을 통해 코일 조립체와 절연되어 있는 밸브 본체에는 파이프와 나비 밸브가 포함되어 있다. 그림 7-16은 솔레노이드 밸브 중 하나의 단면을 잘라 나타낸 것이다. 솔레노이드 밸브가 동작하면, 나비 밸브는 NC(normally closed) 밸브를 열거나 NO(normally open) 밸브를 닫는다.

솔레노이드 밸브들은 통상적으로 열리거나 통상적으로 닫혀 있는 밸브들을 포함하는 다양한 구성으로 출시되고 있다. 솔레노이드 밸브의 유체(가스 혹은 물), 압력, 경로의 수, 크기에 대해 다양한 정격을 갖는다. 같은 밸브를 이용하여 한 개 이상의 라인을 제어할 수도 있고, 물체를 이동하기 위한 한 개 이상의 솔레노이드를 제어할 수도 있다.

릴레이

릴레이(relay)는 기계적인 움직임을 제공하기보다는 전기적 접점을 개폐하는 데 사용된다는 점에서 솔레노이드와 다르다. 그림 7-17은 평상시 닫혀 있는(NC) 접점과 평상시 열려 있는(NO) 접점을 갖는 아마추어 형태의 릴레이(single pole-double throw, 1극-2접점)를 보여준

그림 7–17

기본적인 1극-2접점의 아마추어 릴레이 구조

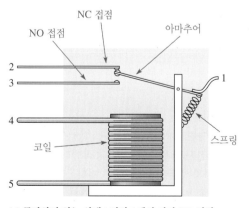

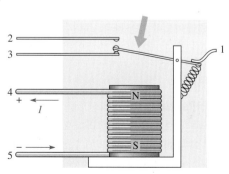

(a) 동작하지 않는 상태 : 단자 1에서 단자 2로 연결

(b) 동작하는 상태 : 단자 1에서 단자 3으로 연결

다. 코일에 전류가 흐르지 않을 때, 아마추어에 연결된 스프링에 의해 위쪽 접점과 접촉해서 그림 7-17(a)와 같이 단자 1과 단자 2가 연결된다. 코일에 전류가 흘러 릴레이가 동작하면 전자기장의 인력이 발생해서 아마추어를 아래로 끌어당기고, 그림 7-17(b)와 같이 단자 1과 단자 3이 연결된다.

일반적인 아마추어 릴레이의 내부 구성과 기호를 그림 7-18에서 보여준다.

그림 7-18

일반적인 아마추어 릴레이

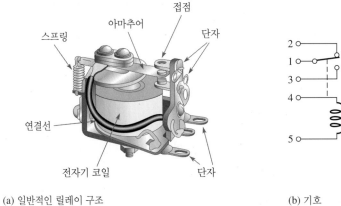

(a) 일반적인 릴레이 구조   (b) 기호

보편적으로 사용되고 있는 또 다른 형태의 릴레이는 그림 7-19에 나타낸 것과 같은 리드 (reed) 릴레이이다. 리드 릴레이는 아마추어 릴레이와 같이 전자기 코일을 사용한다. 접점은 자성체의 얇은 리드이고, 대개 코일 내부에 위치한다. 코일에 전류가 흐르지 않으면 리드는 그림 7-19(b)와 같이 접점이 열린 상태를 유지한다. 코일에 전류가 흐르면 그림 7-19(c)와 같이 리드가 자화되어 서로를 끌어당겨 접촉한다.

그림 7-19

기본적인 리드 릴레이 구조

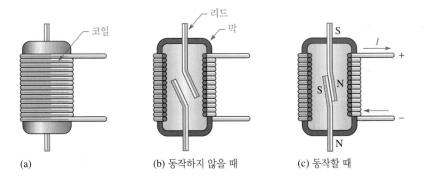

(a)   (b) 동작하지 않을 때   (c) 동작할 때

리드 릴레이는 작동이 빠르고, 안정적이며, 접촉시 발생하는 아크가 적다는 점에서 아마추어 릴레이보다 우수하다. 그러나 리드 릴레이는 조절할 수 있는 전류 용량이 아마추어 릴레이보다 작고 기계적 충격에 약하다.

스피커

스피커(speaker)는 전기신호를 음향신호로 변환해 주는 전자기 소자이다. 영구자석 스피커는 일반적으로 스테레오, 라디오, TV 등에 사용되며 전자기 원리에 의해 동작한다. 일반적인 형태의 스피커는 그림 7-20(a)와 같이 영구자석과 전자석 두 개로 이루어진다. 스피커의 콘 (cone)은 전자석 형태로 코일이 감겨진 공동의 원통에 붙어 있는 종이와 비슷한 진동판으로 구성된다. 영구자석의 한쪽 극이 원통형 코일 내부에 위치한다. 코일에 어느 한쪽 방향으로

(a) 기본적인 스피커의 구조

(b) 콘을 오른쪽으로
움직이게 하는 코일 전류

(c) 콘을 왼쪽으로 움직이게
하는 코일 전류

그림 7–20

기본적인 스피커 작동원리

전류가 흐르면 영구자석의 자기장과 전자석의 상호작용으로 그림 7-20(b)와 같이 원통이 오른쪽으로 움직인다. 코일에 반대 방향으로 전류가 흐르면 그림 7-20(c)와 같이 왼쪽으로 원통이 움직인다.

원통형 코일에 흐르는 전류의 방향에 따라 원통형 코일이 움직이고 여기에 붙어 있는 유연한 진동판(콘) 또한 안쪽과 바깥쪽으로 움직이게 된다. 코일에 흐르는 전류의 양이 자기장의 강도를 결정하며 이것으로 진동판의 움직임을 제어할 수 있다.

그림 7-21에서와 같이, 코일에 음향신호 전압(음성 또는 음악)이 가해지면, 전류는 방향과 크기에 비례하여 변화한다. 이에 반응하여, 진동판은 음향신호에 대응하는 비율과 크기에 따라 안쪽과 바깥쪽으로 진동하게 된다. 진동판의 진동은 진동판과 접촉하고 있는 공기를 똑같은 방법으로 진동시킨다. 이 공기의 진동이 음파로 공기를 통해 전달된다.

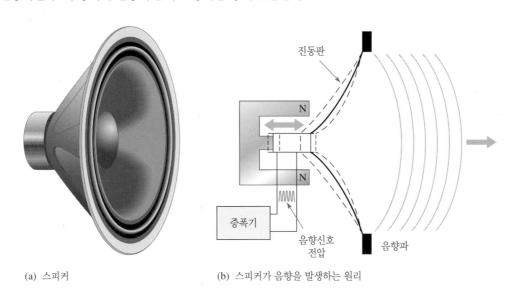

(a) 스피커

(b) 스피커가 음향을 발생하는 원리

그림 7–21

스피커는 음향신호 전압을 음파로 변환한다

계측기 무브먼트

d'Arsonval 계측기 무브먼트가 아날로그 멀티미터에 가장 폭넓게 사용된다. 이 형태의 계측기 무브먼트(meter movement)에서 지침은 코일에 흐르는 전류의 양에 비례하여 편향된다.

그림 7–22

기본적인 d'Arsonval 계측기 무브먼트

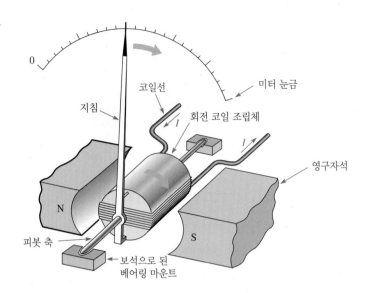

그림 7-22에 기본적인 d'Arsonval 계측기 무브먼트를 나타내었다. 이는 베어링에 지지되어 있는 조립체에 선이 감겨 있는 코일로 구성되며, 영구자석의 두 극 사이에 배치되어 있다. 지침은 가동 조립체(moving assembly)에 붙인다. 코일에 전류가 흐르지 않을 때 스프링에 의해 지침은 가장 왼쪽(영점)을 지시한다. 코일에 전류가 흐르면 전자기력이 코일에 작용하여 오른쪽으로 회전하게 된다. 회전하는 정도는 전류의 양에 따라 결정된다.

그림 7-23은 자기장의 상호작용에 의해 어떻게 코일 조립체(coil assembly)가 회전하는지를 보여준다. 한 번 감긴 코일에 전류가 안으로 들어가는 것이 ⊕이고, 나오는 것이 ⊙이다. 들어가는 전류는 시계 방향의 전자기장을 발생시키며 이 전자기장이 영구자석의 위쪽 자기장을 키운다. 그 결과 오른쪽에 있는 코일은 아래 방향으로 힘을 받는다. 밖으로 나오는 전류는 반시계 방향의 전자기장을 발생시키며 이 전자기장이 영구자석의 아래쪽 자기장을 키운다. 그 결과 왼쪽에 있는 코일은 위 방향으로 힘을 받는다. 이 두 힘이 스프링의 힘에 대항하여 코일 조립체를 시계 방향으로 회전시킨다. 지시되는 힘과 스프링의 힘은 코일에 흐르는 전류값에서 균형을 이룬다. 전류가 제거되면 스프링의 힘이 지침을 영점으로 되돌려 놓게 된다.

그림 7–23

전자기장과 영구자석의 자기장이 상호 작용을 할 때, 힘은 코일 조립체로 가해져서 시계 방향으로 회전하고, 이로 인해 바늘이 기울어진다

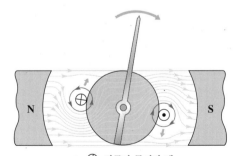

⊕ 전류가 들어갈 때
⊙ 전류가 나올 때

자기 디스크와 테이프의 읽기/쓰기 헤드

자기 디스크 또는 테이프 표면의 읽기/쓰기 동작을 간략화해서 그림 7-24에 나타내었다. 쓰기 헤드가 자기 표면의 작은 부분을 자화시키는 방법으로 자기 표면에 데이터 비트(1 또는 0)

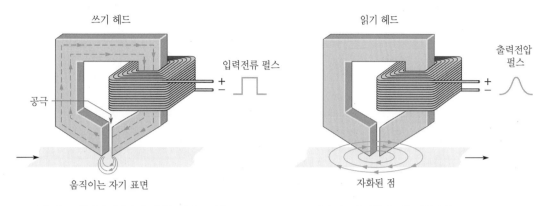

(a) 쓰기 헤드로부터의 자속은 움직이는 자기 표면을 통하는 경로를 따라 작은 자기저항을 따른다.

(b) 읽기 헤드가 자화된 점을 지나가면, 유도 전압이 출력단에 나타난다.

그림 7–24

자기 표면에서의 읽기/쓰기 기능

를 쓴다. 그림 7-24(a)에 나타낸 바와 같이, 자속의 방향은 권선에 흐르는 펄스 전류의 방향으로 제어한다. 쓰기 헤드에 있는 공극에서 자속은 저장장치의 표면을 통하는 경로를 따라 형성된다. 이러한 과정으로 인해 표면의 작은 점이 자기장의 방향으로 자화된다. 자화된 작은 점의 한 극성이 1을 표시하고 반대 극성이 0을 표시한다. 한 번 표면이 자화되면, 반대 방향의 자기장으로 덮어쓰기 전까지 그 극성을 유지한다.

자화된 표면에 읽기 헤드가 지나가면 자화된 점은 읽기 헤드에 자기장을 생성하여 권선에 전압 펄스를 발생시킨다. 이 펄스의 극성은 자화된 점의 방향에 따라 결정되며 저장된 비트가 1인지 0인지를 표시한다. 그림 7-24(b)에 이 과정을 나타내었다. 읽기/쓰기 헤드는 대개 하나의 장치로 되어 있다.

자기-광 디스크

자기-광 디스크(magneto-optical disk)는 전자기와 레이저 광선을 이용하여 자기 표면에 데이터를 읽고 쓴다. 자기-광 디스크는 자기 플로피 디스크와 하드 디스크처럼 트랙과 섹터로 포맷된다. 그러나 레이저 빔은 극히 작은 점까지 정확한 방향 조절이 가능하므로, 자기-광 디스크는 표준 자기 하드 디스크보다 훨씬 많은 양의 데이터를 저장할 수 있다.

그림 7-25(a)는 전자석이 디스크 표면에 위치했을 때, 기록되기 전의 단면을 나타낸다. 화살표로 표시한 작은 자석 입자가 모두 같은 방향으로 자화되어 있다.

디스크에 데이터를 쓰는 과정은 그림 7-25(b)와 같이 자석 입자의 방향과 반대 방향으로 외부 자기장을 인가하고, 1이 저장될 정확한 지점에 고전력 레이저 빔을 조사함으로써 이루어진다. 광-자기 합금으로 만든 디스크는 상온에서는 자화가 거의 되지 않지만, 레이저 빔이 물질의 한 점을 가열시키면 전자석으로 형성된 외부 자기장 때문에 기존의 자화된 방향과 반대로 된다. 쓰기 헤드의 자기장으로 선택되는 여러 개의 0 중에서 레이저 빔이 가해지는 한 점만 0이 저장되고, 레이저 빔이 가해지지 않은 자석 입자들은 원래의 방향을 유지한다.

그림 7-25(c)와 같이 디스크로부터 데이터를 읽을 경우, 디스크를 읽을 지점에서 저전력의 레이저 빔을 조사하여 외부 자기장을 제거한다. 기본적으로 1이 기록된 점(반대 방향으로 자화된 지점)에서 레이저 빔은 그 편광이 천이되어 반사된다. 반면에 0이 기록된 지점에서 반사

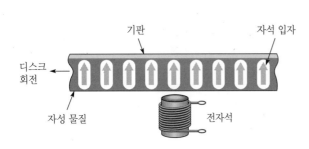

(a) 기록되어 있지 않은 디스크의 작은 단면

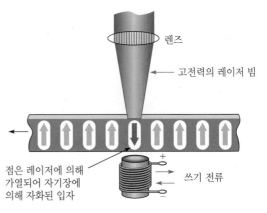

(b) 쓰기 : 고전력의 레이저 빔이 한 점을 가열하면,
자석 입자가 자기장으로 정렬된다.

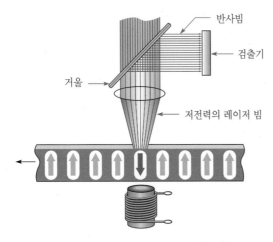

(c) 읽기 : 저전력의 레이저 빔이 조사되어 반대 극성의 자석 입자에
편광이 반사되고 입사된다. 만약 입자가 반대로 되지 않았다면
반사되는 빔의 극성은 변하지 않는다.

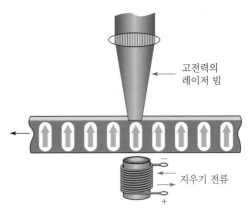

(d) 지우기 : 고전력의 빔을 조사함에 따라 자기장의
극성은 바뀌고 이에 따라 자석 입자는 원래 극성으로
저장된다.

그림 7–25

자기·광 디스크의 기본 개념

된 레이저 빔의 편광은 변하지 않는다. 광검출기가 반사되는 레이저 빔의 편광을 감지하여 저
장된 데이터가 1인지 0인지 결정한다.

　그림 7-25(d)는 고전력의 빔을 조사함에 따라 자기장의 극성이 바뀌고, 이에 따라 원래의
자석 입자 방향을 복구하여 기록을 지우는 과정을 보여준다.

7–3 복습문제	1. 솔레노이드와 릴레이의 차이점을 설명하시오.
	2. 솔레노이드에서 움직이는 부분을 무엇이라 부르는가?
	3. 릴레이에서 움직이는 부분을 무엇이라 부르는가?
	4. d'Arsonval 계측기 무브먼트의 기초가 되는 기본 원리는 무엇인가?

7-4 자기 히스테리시스

물질에 자화시키는 힘(자화력)이 가해질 때, 물질 내부에서 자속밀도는 어떻게 변화하는지 살펴본다.

절의 학습내용

▶ **자기 히스테리시스를 설명한다.**

    ▶ 자화력에 대한 식을 서술한다.

    ▶ 히스테리시스 곡선을 논의한다.

    ▶ 보자력을 정의한다.

자화력(H)

물질에서 **자화력(magnetic field intensity, 또는 magnetizing force)**은 아래 식과 같이 물질의 단위 길이(l)당 자기 원동력(F_m)으로 정의한다. 자화력(H)의 단위는 At/m이다.

$$H = \frac{F_m}{l} \tag{7-6}$$

여기서 $F_m = NI$이다. 자화력은 코일의 권선 수(N), 코일에 흐르는 전류(I), 그리고 물질의 길이(l)에 의존한다. 자화력은 물질의 종류와는 관계가 없다.

$\phi = F_m/\mathcal{R}$이므로, $F_m\mathcal{R}$이 증가함에 따라 자속도 증가하며, 마찬가지로 자화력(H) 또한 증가한다. 자속밀도(B)가 단위 단면적당 자속($B = \phi/A$)임을 상기하면, B 또한 H에 비례한다. 두 양(B와 H)의 관계를 나타내는 곡선을 B-H 곡선 또는 히스테리시스 곡선이라고 한다. B와 H 모두에 영향을 미치는 매개변수를 그림 7-26에 나타내었다.

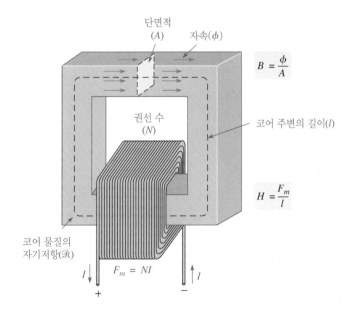

단면적 (A) 자속(ϕ)

$B = \dfrac{\phi}{A}$

권선 수 (N)

코어 주변의 길이(l)

$H = \dfrac{F_m}{l}$

코어 물질의 자기저항($\mathcal{R}$)

$F_m = NI$

I I

$+$ $-$

그림 7-26

자화력(H)과 자속밀도(B)를 결정하는 매개변수

히스테리시스 곡선과 보자력

히스테리시스(hysteresis)는 자화력으로 자성체를 자화시킬 때 발생하는 지연 특성이다. 코일에 흐르는 전류를 변화시켜 자화력(H)을 크게 하거나 작게 할 수 있고, 코일에 인가되는 전압의 극성을 반대로 하여 자화력의 방향도 바꿀 수 있다.

그림 7-27은 히스테리시스 곡선을 그리는 과정을 보여준다. 먼저 자기코어가 자화되지 않아 $B = 0$이라고 가정하자. 자화력(H)이 0에서부터 증가하면 그림 7-27(a)와 같이 자속밀도(B)도 이에 비례해서 증가한다. H가 어떤 특정값에 도달하면 B의 변화가 수평이 되기 시작한다. H가 더욱 증가하여 그림 7-27(b)와 같이 어떤 값(H_{sat})에 도달하면, B는 포화값(B_{sat})이 된다. 일단 포화 상태에 도달하면 H가 더 증가해도 B는 증가하지 않는다.

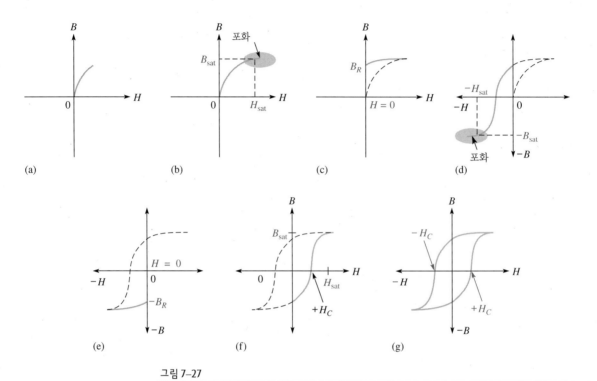

그림 7-27

자기 히스테리시스(B-H) 곡선의 발생과정

포화점에 도달한 후에 H가 0으로 감소하면, B는 그림 7-27(c)와 같이 B는 다른 경로를 따라 잔류값(B_R)까지 감소한다. 이는 자화력이 제거되어도($H = 0$) 그 물질이 자화 상태를 유지함을 나타낸다. 자화력이 없는 상태에서 물질이 자화된 상태를 유지하는 능력을 **보자력(retentivity)**이라 한다. 물질의 보자력은 포화 상태로 자화된 다음 유지할 수 있는 최대 자속을 나타내며, B_R과 B_{sat}의 비율로 나타내어진다.

코일에 흐르는 전류의 방향을 반대로 함으로써 자화력의 방향을 반대 방향으로 반전시킬 수 있으며, 이를 곡선에서 H가 음의 값을 갖는 것으로 표시되었다. 음의 방향으로 H를 증가시키면, 그림 7-27(d)와 같이 어떤 값($-H_{sat}$)에서 포화되어 자속밀도가 음의 최대값이 된다.

자화력이 제거되면($H = 0$) 자속밀도는 그림 7-27(e)와 같이 음의 잔류값($-B_R$)이 된다. 자화력이 양의 방향으로 H_{sat}가 될 때 자속밀도는 그림 7-27(f)와 같이 곡선을 따라 $-B_R$ 값에서부터 최대값으로 되돌아간다.

완성된 B-H 곡선은 그림 7-27(g)와 같고 이 곡선을 히스테리시스 곡선이라고 한다. 자속밀도가 0이 되도록 만드는 자화력을 항자력(coercive force : H_C)이라 한다.

보자력이 낮은 물질은 자기장을 유지하기 힘들지만 보자력이 높은 물질은 B의 포화값과 거의 비슷한 B_R의 값을 나타낸다. 응용되는 분야에 따라, 자성 물질의 보자력은 장점이자 단점이 될 수 있다. 예를 들어, 영구자석과 자기 테이프의 경우 높은 보자력이 요구되지만 녹음기의 읽기/쓰기 헤드는 낮은 보자력이 요구된다. 교류 전동기에서는 전류의 방향이 바뀔 때마다 잔류 자기장을 제거하여야 하고, 따라서 에너지의 낭비가 일어나므로 높은 보자력은 바람직하지 않다.

7-5 전자기 유도

도체와 자기장 사이에 상대적인 움직임이 있을 때 도체 양단에 전압이 발생한다. 이 원리는 전자기 유도로 알려져 있고, 이 때 발생되는 전압을 유도 전압이라 한다. 전자기 유도 원리는 트랜스포머, 발전기, 전동기와 기타 여러 소자들을 만드는 데 적용된다.

절의 학습내용

▶ **전자기 유도의 원리를 논의한다.**

   ▶ 자기장 속의 도체에 전압이 유도되는 원리를 설명한다.

   ▶ 유도 전압 극성을 결정한다.

   ▶ 자기장에서 도체가 받는 힘을 논의한다.

   ▶ 패러데이(Faraday)의 법칙을 설명한다.

   ▶ 렌쯔(Lenz)의 법칙을 설명한다.

상대적인 움직임

도체가 자기장을 가로질러 움직일 때 자기장과 도선 사이에는 상대적인 움직임이 있다. 마찬가지로 고정된 도체를 자기장이 빨리 지나갈 때에도 상대적인 움직임이 있다. 어느 경우이든 상대적인 움직임은 그림 7-28에서 나타낸 것처럼 도체에 **유도 전압(induced voltage : v_{ind})**을 발생시킨다. 소문자 v는 순시전압을 의미한다.

  유도 전압의 크기는 도체와 자기장이 상대적으로 움직이는 비율로 결정된다. 상대적으로 빠른 속도로 움직이면, 보다 큰 전압을 유도한다.

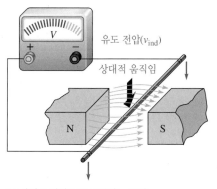

(a) 아래쪽 방향으로 움직이는 도체

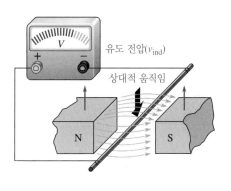

(b) 위쪽 방향으로 움직이는 자기장

그림 7-28

도체와 자기장의 상대적인 움직임

유도 전압의 극성

그림 7-28에서 도체가 자기장에 대해 한쪽 방향으로 움직이다가 다른 방향으로 움직일 때 유도 전압의 극성이 바뀌는 것을 볼 수 있다. 도선이 아래쪽으로 움직일 때 발생되는 유도 전

압의 극성을 그림 7-29(a)에 표시하였다. 도선이 위쪽으로 움직일 때 발생되는 유도 전압의 극성을 그림 7-29(b)에 표시하였다.

그림 7–29

유도 전압의 극성은 자기장에 상대적인 도체의 움직이는 방향으로 결정된다

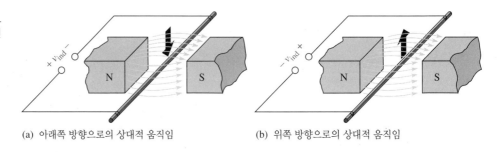

(a) 아래쪽 방향으로의 상대적 움직임   (b) 위쪽 방향으로의 상대적 움직임

유도 전류

그림 7-29에서 도체에 부하저항이 연결된 경우, 도체와 자기장 사이의 상대적인 움직임에 의해 발생되는 유도 전압으로 인해 그림 7-30과 같이 전류가 흐르게 된다. 이 전류를 **유도 전류(induced current** : i_{ind})라고 한다. 소문자 i는 순시전류를 나타낸다.

그림 7–30

도체가 자기장을 통하여 움직일 때 부하에 유도되는 전류(i_{ind})

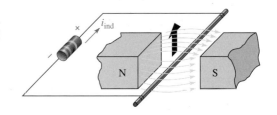

도체가 자기장을 가로질러 움직임으로써 전압이 발생하고, 그 결과 부하에 전류가 흐르는 동작은 발전기의 기본 원리이다. 또한, 움직이는 자기장 속에 도체가 있는 개념은 전기회로에서 인덕턴스의 기본 원리이다.

자기장에서 전류가 흐르는 도체가 받는 힘(전동기 동작)

그림 7-31(a)는 자기장 내에 있는 도선에서 전류가 흘러 나오는 그림이다. 전류의 흐름으로 생성된 전자기장은 영구자석의 자기장과 상호작용을 한다. 그 결과, 도선 위쪽의 자력선이 전자력선의 방향과 반대이므로, 도선 위에 있는 영구자석의 자력선은 도선 아래로 휘어진다. 그러므로 도선 위의 자속밀도가 감소하고 자기장이 약화된다. 반면에, 도체 아래쪽의 자속밀도는 증가하고 자기장의 세기가 커진다. 그 결과 도체는 위로 향하는 힘을 받고 도체는 자기장이 약한 쪽으로 움직인다. 그림 7-31(b)는 전류가 흘러 들어갈 때 도체에 가해지는 힘이

그림 7–31

자기장 내에서 전류가 흐르는 도체가 받는 힘

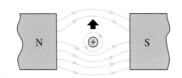

(a) 위쪽 방향으로의 힘 : 위쪽은 자기장이 약해지고 아래쪽은 자기장이 강해진다.

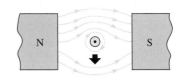

(b) 아래쪽 방향으로의 힘 : 위쪽은 자기장이 강해지고 아래쪽은 자기장이 약해진다.

⊕ 전류가 흘러 들어감
⊙ 전류가 흘러 나옴

아래쪽 방향임을 나타낸다. 도체에서 이렇게 아래쪽 방향과 위쪽 방향으로 받는 힘이 전동기의 기본 원리가 된다.

패러데이의 법칙

패러데이(Michael Faraday)는 1831년 **전자기 유도(electromagnetic induction)**의 원리를 발견하였다. 영구자석을 코일을 통해 움직일 때 코일에 전압이 유도되고, 폐회로가 구성되면 유도 전압이 유도 전류를 발생시킨다는 것을 발견했다. 패러데이가 발견한 원리는 다음과 같다.

1. 코일에 유도되는 전압의 크기는 코일에 대한 자기장의 변화율에 비례한다.
2. 코일에 유도되는 전압의 크기는 코일을 감은 권선 수에 비례한다.

그림 7-32는 패러데이의 첫 번째 발견에 대한 내용을 보여준다. 막대자석을 코일 내에서 움직이면, 자기장의 변화가 발생한다. 그림의 7-32(a)에서는 자석이 어떤 속도로 움직이면 지시되는 것과 같이 임의의 값의 유도 전압이 발생하는 것을 보여준다. 그림 7-32(b)에서는 자석이 코일 내에서 보다 빠르게 움직이면 더 큰 전압이 유도되는 것을 보여준다.

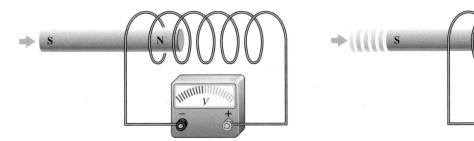

(a) 자석이 오른쪽으로 천천히 움직임에 따라
코일에 대해 자기장은 변화하고 전압이 유도된다.

(b) 자석이 보다 빠른 속도로 오른쪽으로 움직임에 따라
코일에 대해 자기장은 보다 빨리 변화하고 더 큰 전압이 유도된다.

그림 7–32

패러데이의 법칙의 첫 번째 관찰 : 유도 전압의 크기는 코일에 미치는 자기장의 변화율에 비례한다

패러데이의 두 번째 발견의 내용을 그림 7-33에 나타낸다. 그림 7-33(a)는 자석을 코일에 대해 움직여서 코일에 전압이 유도되는 것을 나타낸다. 그림 7-33(b)는 코일의 권선 수를 더 많이 하여 동일한 속도로 자석을 움직임에 따라 더 큰 전압이 유도되는 것을 나타낸다.

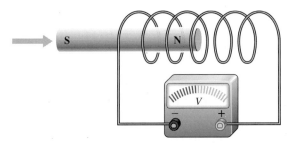
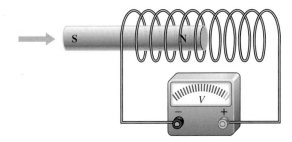

(a) 코일을 따라 자석이 움직이면 전압이 유도된다.

(b) 코일의 권선 수를 많이 하여 똑같은 속도로 자석을 움직이면,
더 큰 전압이 유도된다.

그림 7–33

패러데이의 법칙의 두 번째 관찰 : 유도 전압의 크기는 코일의 권선 수에 비례한다

패러데이의 법칙(Faraday's law)은 다음과 같이 정리된다.

코일에 유도되는 전압은 코일의 권선 수와 자기장의 변화율을 곱한 값과 같다.

렌쯔의 법칙

자기장의 변화가 코일에 전압을 유도하며, 이 때 유도되는 전압의 크기는 자기장의 변화율과 코일의 권선 수에 비례한다. **렌쯔의 법칙(Lenz's law)**은 유도 전압의 방향 또는 극성을 정의한다.

코일에 흐르는 전류가 변할 때, 자기장 변화로 유도 전압이 발생한다. 유도 전압의 극성은 항상 전류의 변화에 반대되는 방향으로 결정된다.

7–5 복습문제

1. 고정된 자기장 내에서 고정된 도체 양단에 유도되는 전압은 얼마인가?
2. 자기장 내를 움직이는 도체의 속도가 증가할 때 유도되는 전압은 증가하는가, 감소하는가, 아니면 변화가 없는가?
3. 자기장 내의 도체에 전류가 흐르면 어떤 현상이 발생하는가?

7–6 전자기 유도의 응용

전자기 유도에 대한 응용 가운데 대표적인 두 가지는 자동차 크랭크축 위치 센서와 직류 발전기이다.

절의 학습내용

▶ **전자기 유도의 응용 예를 기술한다.**

▶ 크랭크축 위치 센서가 어떻게 동작하는지를 설명한다.

▶ 직류 발전기가 어떻게 동작하는지를 설명한다.

자동차 크랭크축 위치 센서

자동차 엔진 센서의 한 종류는 전자기 유도를 이용하여 크랭크축 위치를 직접 감지한다. 자동차에서 많이 사용되는 전자 엔진 제어기는 점화시간을 결정하거나 연료제어 시스템을 조정하는 데 크랭크축의 위치를 이용한다. 그림 7-34는 기본 개념을 보여준다. 철로 된 원판이 확장된 축에 의해 자동차 크랭크축에 붙어 있다. 원판에 붙어 있는 돌출 철편이 특정한 크랭크축의 위치를 나타낸다.

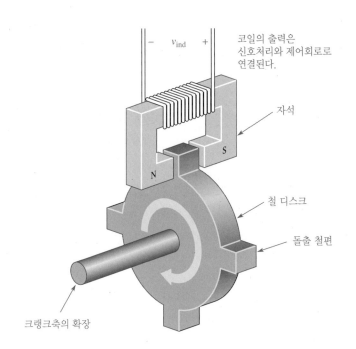

그림 7–34
철편이 자석의 공극을 통과할 때 전압을 발생시키는 크랭크축 위치 센서

코일의 출력은 신호처리와 제어회로로 연결된다.

v_{ind}

자석

S

N

철 디스크

돌출 철편

크랭크축의 확장

그림 7-34에 나타내었듯이, 크랭크축과 함께 원판이 회전하면서 영구자석의 공극 사이를 주기적으로 지나게 된다. 철이 공기보다 훨씬 작은 자기저항을 가지므로(자기장은 공기보다 철에서 훨씬 쉽게 발생된다), 공극에 철편이 들어올 때 자속이 급격하게 증가하고, 그 결과 코일에 전압이 유도된다. 이 과정을 그림 7-35에 보였다. 전자 엔진 제어회로는 유도된 전압을 크랭크축 위치를 나타내는 지시계로 사용한다.

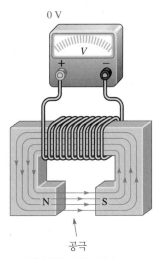

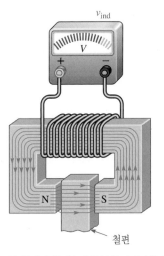

그림 7–35
철편이 자석의 공극을 통과할 때 코일은 자기장의 변화를 감지하고, 전압이 유도된다

0 V

v_{ind}

V

V

N S

N S

공극

철편

(a) 자기장에는 변화가 없다. 따라서 유도 전압은 발생하지 않는다.

(b) 철편이 들어오면 공극의 자기저항이 줄어들고, 이로 인해 자속이 순간적으로 증가하여 순간 전압이 유도된다.

직류 발전기

그림 7-36은 영구자석이 만드는 자기장과 단일 루프 도선으로 간단하게 구성된 직류 발전기(DC generator)를 나타낸다. 도선의 각 끝은 분리된 링에 연결되어 있다. 전도성 금속 링은 정류자(commutator)라고 한다. 자기장 내에서 도선 루프가 회전함에 따라 분리된 정류자 링

그림 7–36

기본적인 직류 발전기

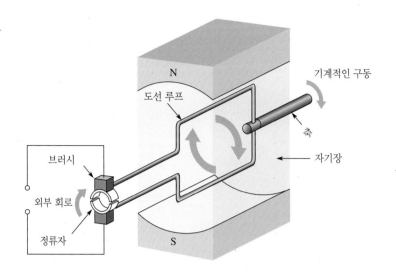

도 따라서 회전한다. 서로 분리된 링의 절반이 브러시(brush)라고 하는 고정된 접점과 닿게 되어 있어 도선 루프가 외부 회로와 연결된다.

자기장 내에서 루프가 회전하면서 그림 7-37과 같이 자속선을 여러 각도로 자르면서 지난다. 위치 *A*에서 도선 루프는 자기장과 평행하게 움직이게 된다. 그러므로 이 순간 자속을 자르는 비율은 0이다. 루프가 위치 *A*에서 위치 *B*로 회전하면 자속을 자르는 비율이 증가한다. 위치 *B*에서 루프는 자기장에 대해 직각으로 움직이므로 최대의 자속을 자른다. 위치 *B*에서 위치 *C*로 루프가 회전하면, 자속을 자르는 비율이 감소하여 위치 *C*에서 최소(0)가 된다. 위치 *C*에서 위치 *D*까지 루프가 회전할 때, 자속을 자르는 비율이 증가하여 위치 *D*에서 최대가 되고 다시 위치 *A*에서 최소가 된다.

그림 7-37

자기장을 통해 잘려진 도선 루프의 단면

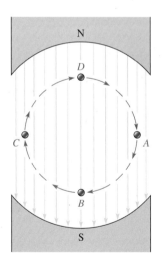

도선이 자기장을 통과하며 지나갈 때 패러데이의 법칙에 의한 전압이 유도되며, 유도된 전압의 크기는 도선을 루프로 감은 수(권선 수, number of turns)와 자기장에 대한 도선의 움직임의 변화율에 비례한다. 자속을 자르는 비율이 움직이는 각도에 따라 변하므로, 자속에 대해 도선의 움직이는 각도가 유도 전압의 크기를 결정한다.

그림 7-38은 자기장 내에서 단일 루프가 회전할 때 외부 회로에 전압이 어떻게 유도되는지를 보여준다. 어느 순간에 루프가 수평 지점에 있다고 하면 이 때 유도되는 전압은 0이다. 루프가 회전을 계속하면 그림 7-38(a)와 같이 위치 *B*에서 최대의 전압이 유도된다. 그 다음

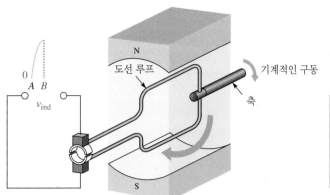

(a) 위치 B : 루프는 자속선에 대해 수직으로 움직이고 전압은 최대이다.

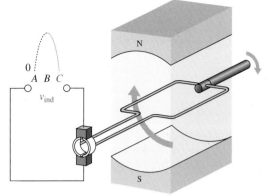

(b) 위치 C : 루프는 자속선과 평행으로 움직이고 전압은 0이다.

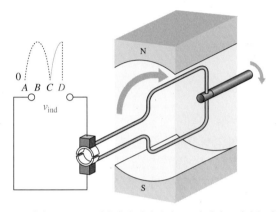

(c) 위치 D : 루프는 자속선에 대해 수직으로 움직이고 전압은 최대이다.

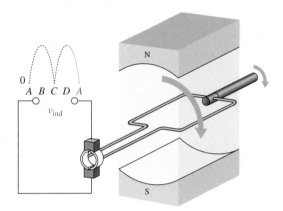

(d) 위치 A : 루프는 자속선과 평행으로 움직이고 전압은 0이다.

그림 7–38

기본적인 직류 발전기 동작

위치 B에서 위치 C로 루프가 계속 회전하면 전압은 그림 7-38(b)와 같이 위치 C에서 0으로 감소한다.

그림 7-38(c)와 그림 7-38(d)에 나타낸 것과 같이 한 주기 중, 후반의 반 회전 동안 브러시는 이전에 접촉되었던 정류자 절편과 반대로 스위칭되어 출력단자에서 전압의 극성이 동일하게 유지된다. 그러므로 루프가 위치 C에서 위치 D, 그리고 다시 위치 A로 회전하는 동안 전압은 위치 C에서 0, 위치 D에서 최대, 다시 위치 A에서 0으로 변화된다.

그림 7-39는 루프가 몇 번의 회전(그림의 경우 3회전)을 거치는 동안 유도 전압의 변화를 보여준다. 이 때 발생된 전압은 극성이 바뀌지 않았으므로 직류 전압이다. 그러나 전압은 0과 최대값 사이에서 변화한다.

그림 7–39

직류 발전기 내에서 루프가 세 번 회전하는 동안 유도된 전압

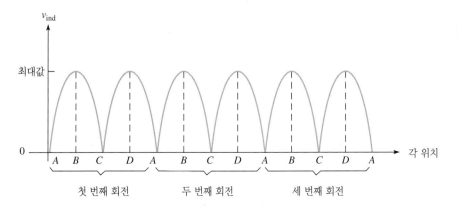

더 많은 루프가 더해지면 각 루프에 발생되는 유도 전압은 출력단에서 더해진다. 각 루프의 유도 전압들이 서로 어긋나 있기 때문에 더해진 전압은 최대값이나 0이 되지는 않는다. 두 개의 루프로 생성되어 조금 완만해진 직류 전압을 그림 7-40에 보였다. 필터를 사용해서 진동하는 전압을 완만하게 만들면 거의 일정한 직류 전압을 얻을 수 있다(필터는 13장에서 다룬다).

그림 7–40

2개의 루프를 갖는 발전기에 유도되는 전압. 유도 전압의 변화가 훨씬 적어진다

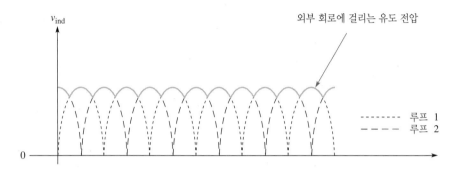

---- 루프 1
--- --- 루프 2

직류 전동기

원칙적으로, 직류 전동기의 기본 구조는 직류 전원이 정류자 회로에 접속되어, 도선 루프를 통해 전류를 제공하는 것을 제외하고는 직류 발전기와 같다. 루프는 정적인 자기장과 루프 전류에 의해 정해진 전자기장의 인력과 척력 때문에 회전한다. 이것을 전동기 동작이라 부른다. 직류 발전기처럼 정류자가 루프 내의 전류의 방향을 역으로 스위치함으로써 연속적인 회전을 얻게 된다. 발전기에서 외부의 기계적 에너지는 유도 전압을 얻기 위해 루프를 회전시키는 데 사용된다. 전동기에서 외부의 전기적 에너지는 기계적 회전을 얻기 위해 루프를 회전시키는 데 사용된다.

7–6 복습문제	1. 크랭크축 위치 센서에서 철로 된 디스크의 철편이 자석의 공극 내에 있다면 유도되는 전압은 얼마인가?
	2. 기본적인 직류 발전기의 루프가 더 빠른 속도로 회전하기 시작할 때 유도 전압은 얼마나 발생하는가?

응용 과제
지식을 실무로 활용하기

릴레이는 다양한 제어 응용에 사용되고 있는 전자기 소자이다. 릴레이는 전지의 전압과 같이 낮은 전압으로 교류 콘센트로부터 출력되는 110 V와 같은 매우 높은 전압을 개폐하는 데 사용된다. 이번 응용에서는 릴레이가 기본적으로 침입경보 시스템에 어떻게 사용되는지를 보여줄 것이다. 그림 7-41에는 음향경보와 조명을 작동시키기 위해 릴레이를 사용한 단순

화된 침입경보 시스템의 회로도를 나타낸다. 시스템은 가정의 전원이 끊어져도 동작을 멈추지 않게 하기 위하여 9 V 전지로 동작한다. 자석 검출 스위치는 창문이나 문에 위치하고, 병렬로 연결된 평상시 열려 있는(NO) 스위치이다. 릴레이는 3극-2접점으로 되어 있고, DC 9 V의 코일 전압으로 동작하며, 50 mA로 동작한다. 침입이 발생하면, 스위치 중 하나는 단락되어 전지로부터 릴레이 코일을 통해 전류를 흐르게 한다. 이로 인해 릴레이가 동작

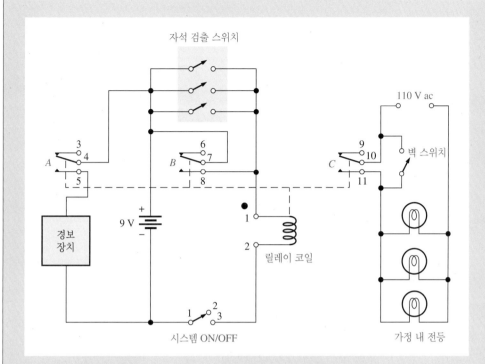

그림 7–41

간단한 침입경보 시스템

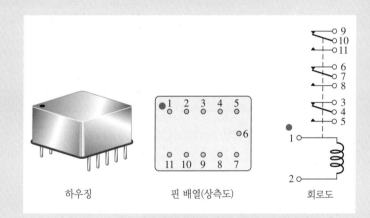

그림 7–42

3극-2접점 릴레이

하고 3세트의 평상시 열려 있는(NO) 접점이 닫히게 된다. 접점 A의 접촉으로 인해 전지로부터 2 A를 유입하여 음향경보는 작동된다. 접점 C의 접촉으로 인해 집 내부의 조명회로는 작동된다. 접점 B의 접촉에 의해 침입자가 침입하고 나서 창문이나 문을 닫아도 동작이 유지될 수 있도록 릴레이를 작동시켜 놓는다. 접점 B가 검출 스위치와 병렬로 되어 있지 않으면 침입자가 침입 후 창문이나 문을 닫자마자 음향경보와 조명은 멈추게 된다. 회로도에 나타나 있듯이 릴레이 접점은 코일과 물리적으로 붙어 있지 않다. 3극-2접점 릴레이는 그림 7-42와 같이 하나의 패키지로 되어 있다. 또한 그림 7-42는 릴레이의 핀 다이어그램과 내부 구성을 보여준다.

1단계 : 시스템 연결하기

그림 7-41의 회로도에 제시된 경보 시스템을 만들기 위해 그림 7-43의 소자들을 서로 연결하기 위한 점대점 연결목록과 연결도를 만든다.

2단계 : 시스템 시험하기

완전하게 연결된 침입경보 시스템을 단계별로 검사한다.

복습문제

1. 그림 7-41에서 시스템을 동작하기 위해 닫아야만 하는 자석 검출 스위치는 몇 개인가?

2. 3개의 릴레이 접점들의 각각의 역할은 무엇인가?

그림 7–43

침입경보 소자의 배열

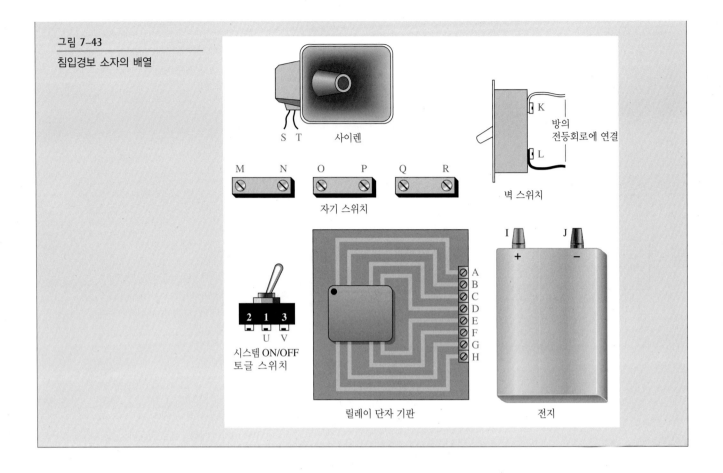

요 약

▶ 자석의 서로 다른 극끼리는 끌어당기고, 같은 극끼리는 밀어낸다.

▶ 자화될 수 있는 물질을 강자성체라고 한다.

▶ 도체에 전류가 흐르면, 도체 주위로 전자기장이 발생된다.

▶ 왼손 법칙을 이용하면 도체 주위의 전자력선의 방향을 알 수 있다.

▶ 전자석은 기본적으로 자기코어에 도선을 감은 것이다.

▶ 자기장에서 도체가 움직이거나 도체에 대해서 자기장이 움직이면 도체에 전압이 유도된다.

▶ 도체와 자기장 사이의 상대적 움직임이 빨라지면, 유도 전압의 크기가 커진다.

▶ 표 7-2에 자기의 양과 단위를 요약하였다.

표 7–2

기호	양	SI 단위
B	자속밀도	tesla(T)
ϕ	자속	weber(Wb)
μ	투자율	webers/ampere-turn·meter(Wb/At·m)
$\mathcal{R}$	자기저항	ampere-turns/weber(At/Wb)
F_m	기자력(mmf)	ampere-turn(At)
H	자화력	ampere-turns/meter(At/m)

핵심 용어

이 장에서 제시된 핵심 용어는 책 끝부분의 용어집에 정의되어 있다.

가우스(gauss : G) : 자속밀도의 CGS 단위

기자력(magnetomotive force : mmf) : 자기장을 만드는 힘

렌쯔의 법칙(Lenz's law) : 코일에 흐르는 전류가 변할 때, 자기장 변화로 유도 전압이 발생하고 유도 전압의 극성은 항상 전류의 변화를 반대되는 방향으로 결정한다.

릴레이(relay) : 전자기에 의해 제어되는 기계소자로서 전기 접점이 자화 전류에 의해 개폐된다.

보자력(retentivity) : 한 번 자화된 물질이 자기장이 제거된 뒤에도 자화된 상태를 유지하는 능력

솔레노이드(solenoid) : 전자기로 제어되는 기계소자로서 축 또는 플런저가 자화 전류에 의해 활성화 되어 기계적 움직임을 갖는다.

스피커(speaker) : 전기적 신호를 음파로 바꾸는 전자석 장치

암페어-권선 수(ampere-turn : At) : 기자력(mmf)의 SI 단위

웨버(weber : Wb) : 10^8개의 자력선으로 나타내는 자속의 SI 단위

유도 전류(induced current : i_{ind}) : 자기장의 변화에 의해 도체에 유도되는 전류

유도 전압(induced voltage : v_{ind}) : 자기장의 변화에 의해 도체에 유도되는 전압

자기장(magnetic field) : 자석의 N극에서 S극으로 방사되는 힘의 장

자기저항(reluctance : $\mathcal{R}$) : 물질의 자기장 생성을 방해하는 성질

자력선(lines of force) : N극에서 S극으로 방사되는 자기장 내의 자속선

자속(magnetic flux) : 영구자석이나 전자석의 N극과 S극 사이의 힘의 선

자화력(magnetic field intensity) : 자성 물질의 단위 길이당 기자력(mmf)의 양

전자기(electromagnetism) : 도체에 흐르는 전류에 의한 자기장의 생성

전자기 유도(electromagnetic induction) : 도체와 자기장 또는 전자기장 사이의 상대적인 움직임으로 인해 도체에 전압이 발생되는 과정 또는 현상

전자기장(electromagnetic field) : 도체에 흐르는 전류에 의해 도체 주위에 발생되는 자력선 그룹

테슬라(tesla : T) : 자속밀도 단위

투자율(permeability : mmf) : 물질이 얼마나 쉽게 자기장을 만들 수 있는지를 나타내는 척도

패러데이의 법칙(Faraday's law) : 코일에 유도되는 전압은 코일을 감은 권선 수에 자속의 변화율을 곱한 것과 같다.

히스테리시스(hysteresis) : 자성 물질에 자화력이 가해졌을 때 자화가 지연되는 특성

주요 공식

(7-1) $B = \dfrac{\phi}{A}$ 자속밀도

(7-2) $\mu_r = \dfrac{\mu}{\mu_0}$ 비투자율

(7-3) $\mathcal{R} = \dfrac{l}{\mu A}$ 자기저항

(7-4) $F_m = NI$ 기자력

(7-5) $\phi = \dfrac{F_m}{\mathcal{R}}$ 자속

(7-6) $H = \dfrac{F_m}{l}$ 자화력

자습문제
정답은 장의 끝부분에 있다.

1. 막대자석의 S극을 서로 가까이 놓으면 어떻게 되는가?
   (a) 인력이 발생한다.　　　　　　　　(b) 척력이 발생한다.
   (c) 위로 힘이 작용한다.　　　　　　　(d) 영향이 없다.

2. 자기장은 무엇으로 만들어지는가?
   (a) 양전하와 음전하　　　　　　　　(b) 자기 영역
   (c) 자속　　　　　　　　　　　　　(d) 자극

3. 자력선의 방향은?
   (a) N극에서 S극　　　　　　　　　　(b) S극에서 N극
   (c) 자석의 내부에서 외부　　　　　　(d) 앞에서 뒤

4. 자기회로의 자기저항은 무엇과 비슷한가?
   (a) 전기회로의 전압　　　　　　　　(b) 전기회로의 전류
   (c) 전기회로의 전력　　　　　　　　(d) 전기회로의 저항

5. 자속의 단위는 무엇인가?
   (a) 테슬라　　　(b) 웨버　　　(c) 암페어-권선 수　　　(d) 암페어-권선 수/웨버

6. 기자력의 단위는 무엇인가?
   (a) 테슬라　　　(b) 웨버　　　(c) 암페어-권선 수　　　(d) 암페어-권선 수/웨버

7. 자속밀도의 단위는 무엇인가?
   (a) 테슬라　　　(b) 웨버　　　(c) 암페어-권선 수
   (d) 가우스　　　(e) (a) 또는 (d)

8. 가동축을 전자기로 움직이게 하는 것은 무엇인가?
   (a) 릴레이　　　(b) 회로 차단기　　　(c) 자기 스위치　　　(d) 솔레노이드

9. 자기장에 있는 도선에 전류가 흐르면 도선은 어떻게 되는가?
   (a) 도선은 과열된다.　　　　　　　(b) 도선은 자화된다.
   (c) 도선에 힘이 가해진다.　　　　　(d) 자기장이 상쇄된다.

10. 변화하는 자기장 내에 코일이 있다. 코일의 권선 수가 증가하면 코일에 유도되는 전압은 어떻게 되는가?
    (a) 변화 없다.　　　　　　　　　(b) 감소한다.
    (c) 증가한다.　　　　　　　　　(d) 과도한 전압이 유도된다.

11. 일정한 자기장 내에서 도체가 앞뒤로 일정한 비율로 움직일 때 도체에 유도되는 전압은 어떻게 되는가?
    (a) 일정하다.　　　　　　　　　(b) 극성이 바뀐다.
    (c) 감소한다.　　　　　　　　　(d) 증가한다.

12. 그림 7-32의 크랭크축 위치 센서에서 코일에 유도되는 전압은 무엇 때문인가?
    (a) 코일의 전류　　　　　　　　(b) 디스크의 회전
    (c) 자기장을 통과하는 철편　　　(d) 디스크 회전속도의 증가

문 제
홀수문제의 답은 책 끝부분에 있다.

기본문제

7-1 자기장

1. 자기장의 단면적이 증가하고 자속이 일정할 때, 자속밀도는 증가하는가 아니면 감소하는가?
2. 어떤 자기장의 단면적이 0.5 m^2이고 이 때 자속이 $1500\ \mu\text{Wb}$이다. 자속밀도를 구하시오.

3. 자속밀도가 2500×10^6 T이고 단면적이 150 cm^{2}이면 자성 물질의 자속은 얼마인가?

4. 지구의 자기장이 0.6 G(gauss)이면 자속밀도를 테슬라로 표현하시오.

5. 매우 강한 영구자석이 100,0000 μT의 자속밀도를 가진다. 자속밀도를 가우스로 표현하시오.

7-2 전자기

6. 그림 7-9의 도체에 흐르는 전류의 방향이 바뀌면 나침반의 지침이 어떻게 되는가?

7. 절대 투자율이 750×10^{-6} Wb/At·m인 강자성체의 비투자율은 얼마인가?

8. 길이가 0.28 m, 단면적이 0.08 m^{2}인 절대 투자율이 150×10^{-7} Wb/At·m이면 물질의 자기저항은 얼마인가?

9. 3 A의 전류가 권선 수가 500 t인 코일에 흐를 때 기자력은 얼마인가?

7-3 전자기 장치

10. 솔레노이드가 동작할 때 플런저는 앞으로 나오는가, 들어가는가?

11. (a) 솔레노이드가 동작할 때 플런저를 움직이는 힘은 무엇인가?

(b) 플런저를 원래의 위치로 되돌리는 힘은 무엇인가?

12. 그림 7-44의 회로에서 스위치 1(SW1)이 닫힐 때, 회로에서 일어나는 현상을 순서대로 설명하시오.

그림 7-44

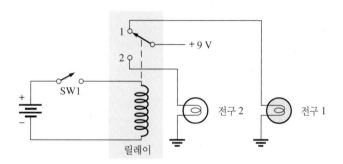

13. d'Arsonval 계측기 무브먼트의 코일에 전류가 흐를 때 무엇이 지침을 움직이게 하는가?

7-4 자기 히스테리시스

14. 문제 9에서 코어의 길이가 0.2 m이면 자화력은 얼마인가?

15. 그림 7-45에서 어떻게 하면 코어의 물리적 특성을 변화시키지 않고 자속밀도를 변화시킬 수 있는가?

그림 7-45

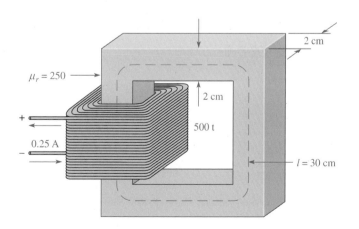

16. 그림 7-45에서 권선 수가 100 t일 때 다음을 계산하시오.

(a) H (b) ϕ (c) B

17. 그림 7-46의 히스테리시스 곡선을 보고 보자력이 가장 큰 물질을 선택하시오.

그림 7-46

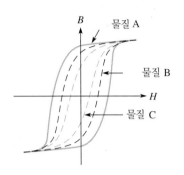

물질 A
물질 B
물질 C

7-5 전자기 유도

18. 패러데이의 법칙에 따르면, 자속의 변화율이 2배가 될 때 코일에 유도되는 전압은 어떻게 되는가?

19. 코일에 100 mV의 전압이 유도되었다. 이 코일에 100 Ω의 저항이 연결된다. 유도되는 전류는 얼마인가?

7-6 전자기 유도의 응용

20. 그림 7-34에서 철판 디스크가 회전하지 않으면 전압이 유도되지 않는다. 이유는 무엇인가?

21. 그림 7-36에서 정류자와 브러시의 역할을 설명하시오.

고급문제

22. 하나의 루프로 이루어진 직류 발전기가 초당 60번 회전한다. 직류 출력이 최대가 되는 횟수는 1초에 몇 번인가?

23. 문제 22의 직류 발전기에 두 번째 루프가 첫 번째 루프와 90° 각도로 설치되었다. 최대 전압이 10 V라고 할 때 시간에 대한 전압의 변화를 그래프로 그리시오.

Multisim을 이용한 고장진단 문제

24. CD-ROM에서 P07-24 파일을 열고, 회로에 문제가 있는지를 결정하시오. 만약 있다면 어떤 고장인가?

25. CD-ROM에서 P07-25 파일을 열고, 회로에 문제가 있는지를 결정하시오. 만약 있다면 어떤 고장인가?

정 답

절 복습문제

7-1 자기장

1. 서로 밀어낸다.

2. 자속은 자기장을 만드는 자력선(힘의 선)의 묶음이다.

3. $B = \phi/A = 900\ \mu T$

7-2 전자기

1. 전자기는 도체에 흐르는 전류에 의해 생성된다. 전자기장은 도체에 전류가 흐를 때에만 존재한다. 자기장은 전류와 관계 없이 존재한다.

2. 전류의 방향이 바뀌면 자기장의 방향 또한 반대로 된다.

3. 자속은 기자력을 자기저항으로 나눈 것과 같다.

4. 자속 : 전류, 자기 원동력 : 전압, 자기저항 : 저항

7-3 전자기 장치

1. 솔레노이드는 단지 움직임만 있다. 릴레이는 전기 접점을 닫는다.

2. 솔레노이드의 가동 부분은 플런저이다.

3. 릴레이의 가동 부분은 아마추어이다.

4. d'Arsonval 계측기 무브먼트는 자기장의 상호작용에 기초한다.

7-4 자기 히스테리시스

1. 도선이 감겨진 코어에서 전류를 증가시키면 자속밀도가 증가한다.

2. 보자력은 물질이 자화력이 제거된 상태에서 자화된 상태를 유지하는 능력을 의미한다.

7-5 전자기 유도

1. 유도 전압이 0이다.

2. 유도 전압은 증가한다.

3. 자기장에서 도체에 전류가 흐르면 도체가 힘을 받는다.

7-6 전자기 유도의 응용

1. 유도 전압이 0이다.

2. 유도 전압을 증가시킨다.

응용 과제

1. 하나 혹은 그 이상의 자석 검출 스위치가 닫혀져야 한다.

2. 접점 A는 음향경보 장치, 접점 B는 릴레이 동작 유지, 접점 C는 조명을 동작시키도록 동작한다.

예제 관련 문제

7-1 19.6×10^{-3} T

7-2 31.0 T

7-3 자기저항이 12.8×10^6 At/Wb로 감소한다.

7-4 자기저항이 165.7×10^3 At/Wb이다.

7-5 7.2 mWb

7-6 $F_m = 42.5$ At, $\mathscr{R} = 8.5 \times 10^4$ At/Wb

자습문제

1. (b)	**2.** (c)	**3.** (a)	**4.** (d)	**5.** (b)	**6.** (c)
7. (e)	**8.** (d)	**9.** (c)	**10.** (c)	**11.** (b)	**12.** (c)

AC 회로

Part **2**

교류 전압과 전류

장의 목표

▶ 정현파형을 구별하고 그 특성을 규정한다.

▶ 정현파가 어떻게 생성되는지 설명한다.

▶ 정현파의 전압 및 전류값을 구한다.

▶ 정현파의 관계를 설명한다.

▶ 정현파형을 수학적으로 분석한다.

▶ 교류 저항회로에 기본 회로 법칙을 적용한다.

▶ 교류와 직류가 혼재되었을 때 전체 전압을 계산한다.

▶ 기본 비정현파의 특성을 살펴본다.

▶ 오실로스코프를 이용해서 파형을 측정한다.

핵심 용어

▶ 고조파(harmonics)

▶ 기본 주파수
   (fundamental frequency)

▶ 도(degree)

▶ 듀티 사이클(duty cycle)

▶ 라디안(radian)

▶ 램프(ramp)

▶ 발진기(oscillator)

▶ 사이클(cycle)

▶ 상승시간(rise time : t_r)

▶ 순시값(instantaneous value)

▶ 실효값(rms value)

▶ 오실로스코프(oscilloscope)

▶ 위상(phase)

▶ 정현파(sine wave)

▶ 주기(period : T)

▶ 주기적(periodic)

▶ 주파수(frequency : f)

▶ 진폭(amplitude)

▶ 최대값(peak value)

▶ 최소-최대값
   (peak-to-peak value)

▶ 파형(waveform)

▶ 펄스(pulse)

▶ 펄스폭(pulse width : t_w)

▶ 평균값(average value)

▶ 하강시간(fall time : t_f)

▶ 함수 발생기
   (function generator)

▶ 헤르츠(hertz : Hz)

응용 과제 개요

실험용 계측기를 설계하고 생산하는 회사의 전자 기술자로서 여러분에게 조절 가능한 매개변수를 가진 다양한 형태의 시변 전압을 출력하는 새로운 함수 발생기를 테스트하는 업무가 부여되었다. 여러분은 측정 결과를 분석하고 시제품의 동작 한계를 기록할 것이다. 이 장을 학습하고 나면, 응용 과제를 완벽하게 수행할 수 있게 될 것이다.

지원 웹 사이트

학습을 돕기 위해 다음의 웹 사이트를 방문하기 바란다.

http://www.prenhall.com/floyd

도입

이 장에서는 교류 회로에 대해 소개한다. 교류 전압과 전류는 파형이라 불리는 특정 형태에 따라 극성과 방향이 주기적으로 변화하고, 시간에 따라 변동하는 특성을 가지고 있다. 특히 정현파는 교류 회로에서 가장 기본적이고 중요하게 다루어지는 부분이기 때문에 가장 강조되어야 할 사항이다. 또한 펄스파, 삼각파, 톱니파와 같은 다른 형태의 파형도 설명한다. 파형을 보여주고 측정하기 위해 오실로스코프의 사용법에 대해 설명한다.

8-1 정현파

정현파형(sinusoidal wave form) 혹은 사인파는 교류 전류(alternating current : AC)와 교류 전압을 표현하는 일반적인 형태로서, 정현곡선파(sinusoidal wave) 또는 간단히 정현파(sinusoid)라고 한다. 전력회사가 일반 가정에 공급하는 전기는 정현곡선의 전압과 전류의 모양이다. 또한, 다른 형태의 주기파형은 고조파(harmonics)라고 불리는 정현파 여러 개가 합성된 것이다.

절의 학습내용

▶ **정현파형을 구별하고 그 특성을 규정한다.**

    ▶ 주기를 결정한다.

    ▶ 주파수를 결정한다.

    ▶ 주기와 주파수의 관계를 정의한다.

그림 8-1

정현파 전압원의 기호

정현파(sine wave, 사인파)는 두 가지 방법, 즉 회전하는 전기기기(교류 발전기)나 일반적으로 신호 발생기로 알려진 전자발진회로를 이용해서 만들어진다. 그림 8-1은 정현파 전압원을 나타내는 기호이다.

그림 8-2의 그래프는 정현파의 일반적인 모양이며, 이 정현파는 교류 전류 또는 교류 전압이 될 수 있다. 전압(전류)은 수직축에 표시하고 시간(t)은 수평축에 표시한다. 시간에 대해 전압(또는 전류)이 어떻게 변하는지 관찰하라. 전압(또는 전류)은 0에서 출발해서 양(+)의 최대값까지 증가하고, 다시 0으로 되돌아온다. 그 다음 음(−)의 최대값까지 증가하고 다시 0으로 되돌아옴으로써 완전한 한 사이클이 완성된다.

그림 8-2

한 주기의 정현파 그래프

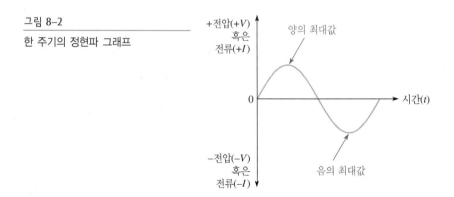

정현파의 극성

앞에 말한 것처럼 정현파는 그 값이 0일 때를 기준으로 부호가 바뀐다. 즉, 양에서 음의 값으로 또는 음에서 양의 값으로 변한다. 정현파 전압원(V_s)이 그림 8-3과 같이 저항회로에 인가되면, 시간에 대해 변하는 정현파 전류가 흐른다. 전압의 부호가 변하면, 전류의 방향도 이에 대응하여 변하게 된다.

인가된 전압 V_s가 양의 범위에서 변할 때 전류의 방향은 그림 8-3(a)와 같다. 인가된 전압 V_s가 음의 범위에서 변할 때 전류의 방향은 그림 8-3(b)와 같이 반대 방향이 된다. 양의 범위에서의 변화와 음의 범위에서의 변화를 조합하면 정현파의 한 사이클이 만들어진다.

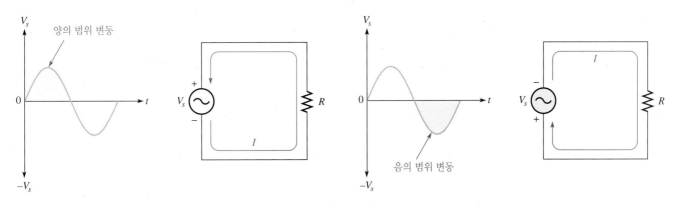

(a) 전압이 양의 범위에서 변할 때 전류의 방향은 그림과 같다.

(b) 전압이 음의 범위에서 변할 때 전류의 방향은 그림과 같다.

그림 8-3

교류 전압과 전류

정현파의 주기

정현파는 시간(t)에 대해 일정한 방식으로 변한다.

하나의 완전한 사이클이 완성되기 위해 필요한 시간을 주기(period : T)라고 한다.

그림 8-4(a)에 정현파의 주기를 나타내었다. 전형적인 정현파는 그림 8-4(b)와 같이 자신만의 동일한 사이클에 따라 반복된다. 정현파는 반복되는 사이클이 모두 같으므로, 정현파의 주기는 일정하다. 정현파의 주기는 그림 8-4(a)와 같이 0을 지나는 지점에서 다음번 같은 모양으로 0을 지나는 지점까지 시간을 측정함으로써 구할 수 있다. 또한 주기는 주어진 사이클의 최대점과 이에 대응하는 다음 사이클의 최대점 사이를 측정함으로써 구할 수 있다.

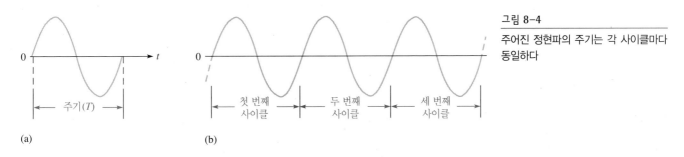

그림 8-4

주어진 정현파의 주기는 각 사이클마다 동일하다

(a)

(b)

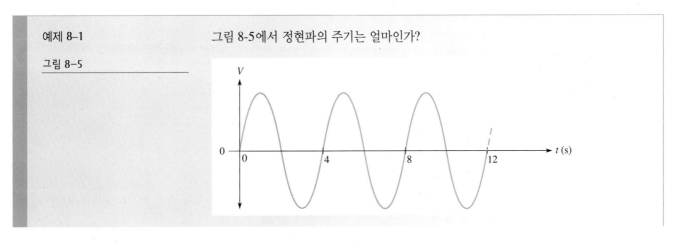

예제 8-1

그림 8-5에서 정현파의 주기는 얼마인가?

그림 8-5

해 그림 8-5에 나타난 바와 같이 3개의 사이클을 완성하는 데 12초가 소요되므로 한 사이클이 완성되기 위해서는 4초가 소요되고 이 값이 주기값이 된다.

$$T = 4\ s$$

관련 문제* 주어진 정현파가 5개의 사이클에 12초가 소요된다면 주기는 얼마인가?

* 정답은 장의 끝부분에 있다.

예제 8-2 그림 8-6에서 정현파의 주기를 구하는 3가지 가능한 방법을 보이시오. 몇 개의 사이클이 나타나 있는가?

그림 8-6

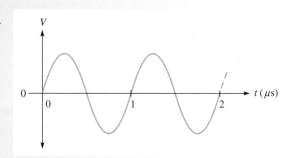

해 **방법 1** : 주기는 0을 지나는 점에서 다음번 같은 모양으로 0을 지나는 점까지의 시간을 측정함으로써 구할 수 있다(0을 지나는 점의 기울기가 같아야 한다).

방법 2 : 주기는 한 사이클의 양의 최대값에서 다음 사이클의 양의 최대값까지의 시간을 측정함으로써 구할 수 있다.

방법 3 : 주기는 한 사이클의 음의 최대값에서 다음 사이클의 음의 최대값까지의 시간을 측정함으로써 구할 수 있다.

이러한 측정방법은 **2개의 사이클**이 보이는 그림 8-7에 나타나 있다. 최대값을 사용하거나 0을 지나는 점을 사용하거나 모두 동일한 값을 얻는다는 점에 주목하라.

그림 8-7
정현파의 주기 측정

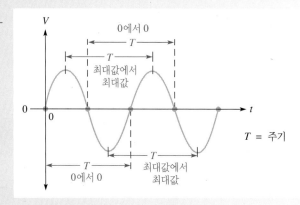

관련 문제 최대값이 1 ms에서 있고 다음번 최대값이 2.5 ms에 있는 경우 주기는 얼마인가?

정현파의 주파수

주파수(frequency)는 1초 동안 포함되는 정현파의 사이클 수이다.

1초 동안 포함하는 사이클이 많을수록 주파수가 높다. 주파수(f)의 단위는 **헤르츠(hertz : Hz)**이다. 1 Hz는 초당 1 사이클과 같고 60 Hz는 초당 60 사이클과 같다. 그림 8-8에 두 개의 정현파를 보였다. 그림 8-8(a)의 정현파는 1초 동안 두 개의 사이클을 포함하고, 그림 8-8(b)는 1초 동안 네 개의 사이클을 포함한다. 그러므로 그림 8-8(b)의 정현파 주파수는 그림 8-8(a)의 정현파 주파수의 두 배이다.

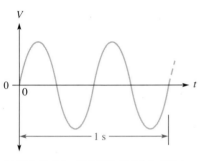 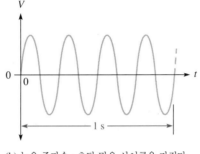

(a) 낮은 주파수 : 초당 적은 사이클을 가진다.   (b) 높은 주파수 : 초당 많은 사이클을 가진다.

그림 8-8

주파수의 예

주파수와 주기의 관계

주파수(f)와 주기(T) 사이에는 다음 식과 같은 관계가 성립한다.

$$f = \frac{1}{T} \qquad (8\text{-}1)$$

$$T = \frac{1}{f} \qquad (8\text{-}2)$$

f와 T는 서로 역수관계에 있다. 하나를 알면 계산기의 x^{-1} 또는 $1/x$ 키를 눌러 다른 하나를 구할 수 있다(일부 계산기에서 역수 키는 2차 기능이다). 이러한 역수관계는 주기가 긴 정현파는 주기가 짧은 정현파보다 1초당 더 적은 수의 사이클을 가짐을 의미한다.

예제 8-3

그림 8-9

그림 8-9의 정현파 중에 높은 주파수를 가진 것은 어느 것인가? 각 파형의 주기와 주파수를 구하시오.

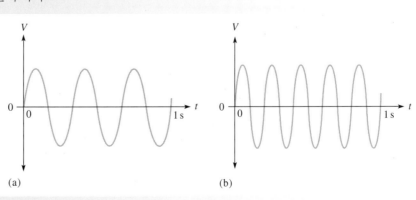

(a)   (b)

해　그림 8-9(b)의 정현파가 그림 8-9(a)의 것보다 1초에 더 많은 사이클을 가지고 있으므로 더 높은 주파수를 가진다. 그림 8-9(a)에서는 3개의 사이클이 1초에 완성된다. 따라서 주파수는

$$f = 3 \text{ Hz}$$

한 사이클은 0.333초(1/3초)가 소요된다. 따라서 주기는

$$T = 0.333 \text{ s} = 333 \text{ ms}$$

그림 8-9(b)에서는 5개의 사이클이 1초에 완성된다. 따라서 주파수는

$$f = 5 \text{ Hz}$$

한 사이클은 0.2초(1/5초)가 소요된다. 따라서 주기는

$$T = 0.2 \text{ s} = 200 \text{ ms}$$

관련 문제　연속된 음의 최대값 사이의 시간 간격이 50 μs인 정현파의 주파수는 얼마인가?

예제 8-4　어떤 정현파의 주기가 10 ms일 때 주파수는 얼마인가?

해　식 (8-1)에서

$$f = \frac{1}{T} = \frac{1}{10 \text{ ms}} = \frac{1}{10 \times 10^{-3} \text{ s}} = 100 \text{ Hz}$$

관련 문제　4개의 사이클에 20 ms가 소요되는 정현파가 있다. 주파수는 얼마인가?

예제 8-5　정현파의 주파수가 60 Hz이다. 주기는 얼마인가?

해　식 (8-2)에서

$$T = \frac{1}{f} = \frac{1}{60 \text{ Hz}} = 16.7 \text{ ms}$$

관련 문제　$f = 1$ kHz이다. T는?

8-1 복습문제*

1. 정현파의 한 주기를 설명하시오.
2. 정현파는 어떤 점에서 부호가 바뀌는가?
3. 한 주기에서 정현파가 최대가 되는 점은 몇 개인가?
4. 정현파의 주기는 어떻게 측정하는가?
5. 주파수를 정의하고 그 단위가 무엇인지 말하시오.
6. $T = 5$ μs인 경우 f를 구하시오.
7. $f = 120$ Hz인 경우 T를 구하시오.

＊ 정답은 장의 끝부분에 있다.

8-2 정현파 전압원

이전 절에 설명한 것처럼 정현파 전압을 발생시키는 방법에는 기본적으로 전자기적인 방법과 전자적인 방법, 두 가지가 있다. 정현파는 교류 발전기를 이용하여 전자기적으로 발생시킬 수 있고, 발진회로를 이용하여 전자적으로 발생시킬 수도 있다.

절의 학습내용

▶ **정현파가 어떻게 생성되는지 설명한다.**

   ▶ 교류 발전기의 기본 동작을 설명한다.

   ▶ 교류 발전기에서 주파수에 영향을 주는 인자를 설명한다.

   ▶ 교류 발전기에서 전압에 영향을 주는 인자를 설명한다.

교류 발전기

그림 8-10은 영구자석과 단일 도선 루프로 간략하게 구성한 전자기계적인 교류 발전기(ac generator)의 단면이다. 기본 동작을 설명하기 위해 그림 8-11에 영구자석으로 생성한 자기장에 단일 루프 도선으로 구성된 단순화한 교류 발전기를 나타내었다. 도선 루프의 양쪽 끝은 각각 분리된 슬립 링(slip ring)이라고 부르는 도전성 링에 연결되어 있음을 주목하라. 전동기와 같은 기계적 구동장치가 도선 루프가 연결된 축(샤프트)을 회전시킨다. N극과 S극 사이의 자기장 내에서 도선 루프가 회전함으로써 슬립 링 또한 회전한다. 슬립 링은 브러시를 통해 외부의 부하와 루프를 연결한다. 이 교류 발전기와 그림 7-36의 직류 발전기를 비교하면 링과 브러시 배열이 다름을 알 수 있다.

그림 8-10

전자기계적인 교류 발전기의 단면

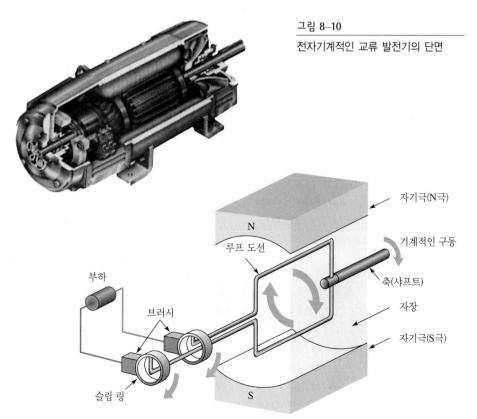

그림 8-11

기본적인 교류 발전기의 동작

자기극(N극)

기계적인 구동

축(샤프트)

루프 도선

자장

자기극(S극)

부하

브러시

슬립 링

N

S

자기장 속의 도체가 움직일 때 전압이 유도된다는 것을 7장에서 살펴보았다. 그림 8-12에 도선 루프가 회전함으로써 기본적인 교류 발전기가 정현파를 생성하는 모습을 보였다. 오실로스코프는 전압의 파형을 표시하는 데 사용된다.

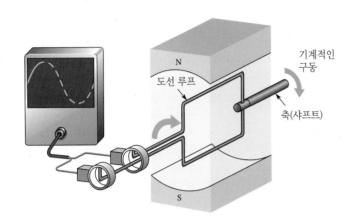

(a) 첫 번째 1/4 사이클(양의 범위 변화)

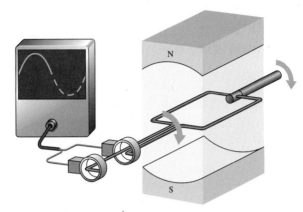

(b) 두 번째 1/4 사이클(양의 범위 변화)

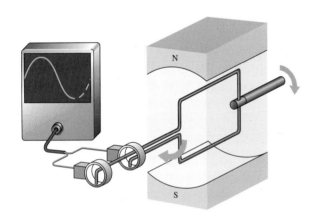

(c) 세 번째 1/4 사이클(음의 범위 변화)

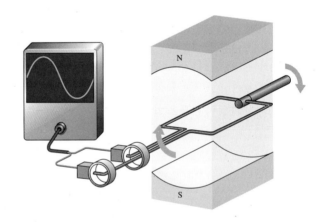

(d) 네 번째 1/4 사이클(음의 범위 변화)

그림 8-12

도선 루프가 한 바퀴 회전하면 정현파 전압 한 사이클이 발생한다

먼저, 그림 8-12(a)는 도선 루프가 처음 1/4 회전한 모습이다. 유도 전압이 0이 되는 수평 위치에서 유도 전압이 최대가 되는 수직 위치까지 이동한다. 특히 수평 위치에 있을 때 도선 루프는 자석의 N극과 S극 사이에 존재하는 자속과 나란히 움직인다. 자속을 자르지 않으므로 유도 전압은 0이다. 루프가 처음 1/4 사이클을 회전하는 동안 자속을 자르는 비율은 점차 증가하여 루프가 자속과 수직이 되는 위치에 도달할 때 자속을 자르는 비율이 최대가 된다. 그러므로 1/4 사이클 동안 유도 전압은 0에서 시작해서 최대값까지 크기가 증가한다. 그림 8-12(a)에서 보듯이 이 때의 회전은 0부터 양의 최대값까지의 유도 전압을 생성하는 정현파 사이클의 1/4에 해당된다.

그림 8-12(b)는 처음 1/2 회전을 완료한 모습이다. 회전하는 동안 전압은 루프가 자속을 자르는 비율이 감소되는 비율로 양의 최대값에서 0으로 감소한다.

그림 8-12(c)와 그림 8-12(d)의 나머지 반 바퀴 회전 동안, 루프는 지금까지와 반대 방향으로 자기장을 자른다. 따라서 발생되는 전압의 극성이 처음 반 바퀴 회전할 때와 반대 극성

을 나타낸다. 루프가 완전히 한 바퀴 회전하면, 정현파 전압의 완전한 사이클이 완성된다. 루프가 지속적으로 회전함으로써 정현파의 사이클 또한 반복적으로 발생한다.

주파수 기본적인 교류 발전기(alternator라고도 부른다)에서 자기장의 도체가 한 번 회전할 때 정현파 전압 한 사이클이 발생된다. 즉, 도체가 회전하는 비율은 정현파 전압이 한 사이클을 완료하는 데 걸리는 시간을 결정한다. 예를 들어, 도체가 1초에 60 회전(60 rps)을 한다면 이 때 발생되는 정현파의 주기는 1/60 초이고, 여기에 대응하는 주파수는 60 Hz이다. 따라서 그림 8-13과 같이 도체의 회전속도가 빨라지면 유도되는 전압의 주파수도 높아진다.

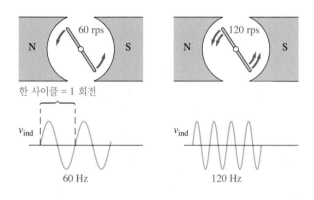

그림 8-13
주파수는 교류 발전기의 도선 루프의 회전수에 직접적으로 비례한다

더 높은 주파수를 얻기 위한 다른 방법으로는 자석의 극 수를 늘리는 것이 있다. 앞에서 자석의 극이 두 개인 경우를 예로 들어 발전기의 동작원리를 살펴보았다. 도체는 1 회전 동안 하나의 N극과 하나의 S극을 지나므로 하나의 정현파 사이클을 만든다. 그림 8-14와 같이 자석의 극을 두 개 대신 네 개로 할 경우 한 사이클은 반 바퀴 회전으로 만들어진다. 이는 동일한 회전속도에 대해 주파수가 두 배로 됨을 의미한다.

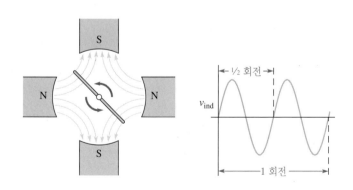

그림 8-14
4극으로 구성함에 따라 두 배의 주파수가 만들어진다

쌍을 이루는 극의 수(극대수)와 초당 회전수(rps)로 나타낸 주파수에 관한 식은 다음과 같다.

$$f = (극대수)(rps) \tag{8-3}$$

예제 8–6	4극 발전기가 100 rps로 회전할 때 출력전압의 주파수를 구하시오.
해	$f = $ (극대수)(rps) $= 2(100 \text{ rps}) = \textbf{200 Hz}$
관련 문제	4극 발전기의 출력 주파수가 60 Hz일 때 초당 회전수(rps)를 구하시오.

전압 진폭　도체에 유도되는 전압은 코일을 감은 권선 수와 자기장에 대해 움직이는 변화율에 의존한다. 그러므로 도체의 회전속도가 증가할 때, 유도 전압의 주파수만 증가하는 것이 아니라 **진폭(amplitude, 전압의 크기)**도 커진다. 일반적으로 고정된 주파수를 사용하므로, 실제 유도 전압의 크기를 키우기 위해 도선 루프를 더 감는 방법을 사용한다.

전자신호 발생기

신호 발생기는 전자회로 시스템의 시험과 제어에 사용되는 정현파를 전자적으로 발생시키는 장비이다. 제한된 주파수 범위에서 단 하나의 파형만 발생시키는 특수 목적 장비로부터 넓은 폭의 가변 주파수 범위에서 여러 가지 파형을 발생시키는 프로그램 가능한 기기에 이르기까지 다양한 신호 발생기가 있다. 모든 신호 발생기는 기본적으로 진폭과 주파수가 조절 가능한 정현파 혹은 다른 형태의 파형을 발생시키는 전자회로인 **발진기(oscillator)**로 구성되어 있다.

함수 발생기와 임의 파형 발생기　함수 발생기(function generator)는 정현파와 삼각파뿐만 아니라 펄스파를 제공한다. 그림 8-15(a)에 전형적인 신호 발생기를 나타내었다. 임의 파형 발생기는 다양한 형태와 특성의 신호뿐만 아니라 정현파, 삼각파, 펄스파와 같은 표준 신호를 발생하는 데에도 사용될 수 있다. 전형적인 임의 파형 발생기를 그림 8-15(b)에 나타내었다.

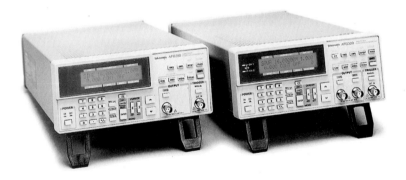

(a) 함수 발생기의 예

(b) 전형적인 임의 파형 발생기

그림 8–15

전형적인 신호 발생기(Tektronix, Inc. 제공)

8–2 복습문제	1. 2가지 종류의 정현파 전원을 나열하시오.
	2. 정현파는 전자기적으로 어떻게 생성되는가?
	3. 기계적인 발전기의 출력전압 주파수는 무엇에 의존하는가?
	4. 기계적인 발전기의 출력전압 진폭은 무엇에 의존하는가?

8-3 정현파의 전류와 전압값

정현파의 전압과 전류의 진폭을 수치로 표시하는 방법은 순시값, 최대값, 최소-최대값, 실
효값(rms 값), 평균값 등이 있다.

절의 학습내용

▶ **정현파의 전압 및 전류값을 구한다.**

　▶ 어떤 점의 순시값을 구한다.

　▶ 최대값을 구한다.

　▶ 최소-최대값을 구한다.

　▶ 실효값(rms 값)을 정의한다.

　▶ 완전한 사이클에 대한 평균값이 0인 이유를 설명한다.

　▶ 1/2 사이클의 평균값을 구한다.

순시값

그림 8-16에 나타나 있듯이 어떤 시간에 대응하는 정현파의 한 점이 전압(또는 전류)의 **순시
값(instantaneous value)**이다. 이 순시값은 곡선을 따라 다른 값을 갖는다. 순시값은 양으
로 변하는 동안은 양의 값이고 음으로 변하는 동안은 음의 값이다. 전압과 전류의 순시값 기
호는 그림 8-16(a)와 같이 각각 소문자 v, i를 사용한다. 그림에는 전압에 대한 곡선만 나타
냈지만 v 대신에 i를 쓰면 전류에 대한 곡선으로 사용할 수 있다. 그림 8-16(b)의 예에서 순
시전압값은 1 μs일 때 3.1 V, 2.5 μs일 때 7.07 V, 5 μs일 때 10 V, 10 μs일 때 0 V, 11 μs
일 때 −3.1 V이다.

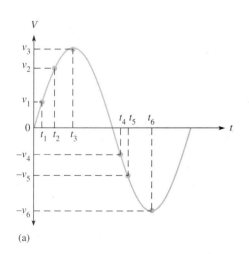

(a)

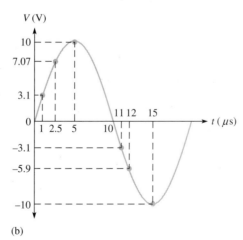

(b)

그림 8-16

정현파 전압의 순시값의 예

최대값

정현파의 **최대값(peak value)**은 영(0)점을 기준으로 전압(또는 전류)의 양 또는 음의 최대가
되는 값이다. 음과 양의 최대값이 같기 때문에, 정현파는 그림 8-17에 나타낸 바와 같이 단일
최대값으로 표현할 수 있다. 여기에서 정현파의 최대값은 일정하며, V_p 또는 I_p로 표시한다.
그림에서 최대값은 8 V이다.

그림 8–17
최대값

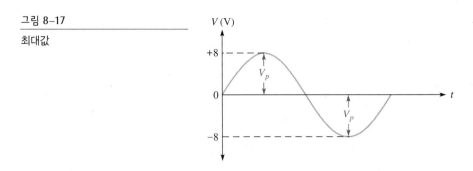

최소-최대값

그림 8-18과 같이 정현파의 **최소-최대값(peak-to-peak value)**은 전압 또는 전류의 양의 최대값부터 음의 최대값까지의 값이다. 이 값은 아래의 식과 같이 항상 최대값의 두 배가 된다. 최소-최대 전압 또는 전류값은 각각 V_{pp} 또는 I_{pp}로 표시한다.

$$V_{pp} = 2V_p \tag{8-4}$$

$$I_{pp} = 2I_p \tag{8-5}$$

그림 8-18에서 최소-최대값은 16 V이다.

그림 8–18
최소-최대값

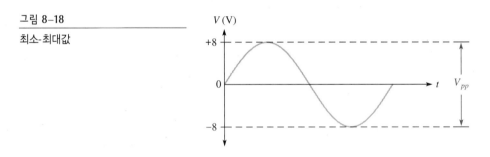

실효값(rms 값)

rms는 제곱의 평균의 제곱근(root mean square)의 약자이다. 대부분의 교류 전압계는 rms 값을 표시한다. 가정의 벽에 나와 있는 콘센트의 110 V는 rms 값이다. **rms 값**은 **실효값(effective value)**이라고도 하는데 정현파 전압의 rms 값은 실제 정현파의 가열효과를 측정한 것이다. 예를 들어, 그림 8-19(a)와 같이 교류(정현파) 전압원에 저항을 연결하면, 저항에

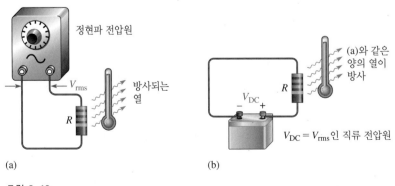

(a)   (b)

그림 8–19

동일한 열이 발생한 경우 정현파 전압은 직류 전압과 같은 실효값(rms 값)을 가진다

소비되는 전력으로 얼마만큼의 열이 발생한다. 그림 8-19(b)를 살펴보면 동일한 저항이 직류 전압원에 연결되어 있다. 저항이 교류 전압원에 연결되었을 때와 동일한 양의 열을 발생시키도록 직류 전압을 조절할 수 있다.

정현파 전압의 rms 값은 저항에 정현파 전압으로 발생시키는 열과 동일한 양의 열을 발생시키는 직류 전압의 값과 같다.

정현파 전압과 전류에 대한 최대값은 아래 식을 이용하여 rms 값으로 변환할 수 있다.

$$V_{rms} = 0.707 V_p \tag{8-6}$$

$$I_{rms} = 0.707 I_p \tag{8-7}$$

위 식을 이용하여 rms 값으로 최대값을 계산할 수 있다.

$$V_p = \frac{V_{rms}}{0.707}$$

$$V_p = 1.414 V_{rms} \tag{8-8}$$

마찬가지로

$$I_p = 1.414 I_{rms} \tag{8-9}$$

최소-최대값을 구하기 위해서는 최대값을 두 배로 하면 된다.

$$V_{pp} = 2.828 V_{rms} \tag{8-10}$$

그리고

$$I_{pp} = 2.828 I_{rms} \tag{8-11}$$

평균값

하나의 완전한 사이클을 갖는 정현파의 **평균값(average value)**은 양의 값(0을 교차하는 점 이상)과 음의 값(0을 교차하는 점 이하)이 상쇄되므로 항상 0이다.

전원 공급기의 전압 측정 같은 특정 용도에 이용하기 위해 정현파의 평균값은 완전한 사이클 대신 1/2 사이클을 취해서 구한다. 평균값은 1/2 사이클 동안 정현파가 만드는 총면적을 라디안으로 표시한 수평축의 거리로 나눈 것이다. 평균값은 아래와 같이 최대값을 사용하여 표현할 수 있다.

$$V_{avg} = 0.637 V_p \tag{8-12}$$

$$I_{avg} = 0.637 I_p \tag{8-13}$$

정현파 전압의 1/2 사이클(반 주기) 평균값을 그림 8-20에 나타내었다.

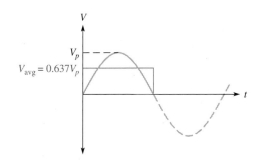

그림 8-20
반 주기 평균값

예제 8-7

그림 8-21의 정현파에 대하여 V_p, V_{pp}, V_{rms}, 그리고 반 주기 V_{avg}를 구하시오.

그림 8-21

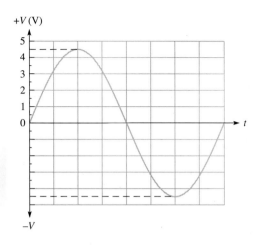

해 그래프로부터 $V_p = $ **4.5 V**이다. 이 값으로부터 다른 값들을 구할 수 있다.

$$V_{pp} = 2V_p = 2(4.5 \text{ V}) = \textbf{9 V}$$

$$V_{rms} = 0.707V_p = 0.707(4.5\text{V}) = \textbf{3.18 V}$$

$$V_{avg} = 0.637V_p = 0.637(4.5\text{V}) = \textbf{2.87 V}$$

관련 문제 정현파의 $V_p = 25$ V일 때 V_{pp}, V_{rms}, V_{avg}를 구하시오.

8-3 복습문제

1. 각 경우에 대해 V_{pp}를 구하시오.
   (a) $V_p = 1$ V   (b) $V_{rms} = 1.414$ V   (c) $V_{avg} = 3$ V
2. 각 경우에 대해 V_{rms}를 구하시오.
   (a) $V_p = 2.5$ V   (b) $V_{pp} = 10$ V   (c) $V_{avg} = 1.5$ V
3. 각 경우에 대해 반 주기 V_{avg}를 구하시오.
   (a) $V_p = 10$ V   (b) $V_{rms} = 2.3$ V   (c) $V_{pp} = 60$ V

8-4 정현파의 각도 측정

앞에서 보았듯이 정현파는 수평축을 시간으로 놓고 측정할 수 있다. 그러나 완전한 한 사이클을 나타내는 시간 또는 사이클의 임의의 구간은 주파수에 따라 다르므로 정현파의 특정 부분을 도나 라디안 단위의 각도로 표시하기도 한다. 각도 측정은 주파수에 독립적이다.

절의 학습내용

▶ **정현파의 각도관계를 설명한다.**

   ▶ 각도로 정현파를 측정하는 방법에 대해 설명한다.

   ▶ 라디안을 정의한다.

   ▶ 라디안을 도로 변환한다.

   ▶ 정현파의 위상각을 구한다.

앞에서 설명한 바와 같이 정현파 전압은 교류 발전기로 발생시킬 수 있다. 교류 발전기의 회전자가 360° 회전함으로써 출력전압이 정현파의 완전한 한 사이클이 된다. 따라서 정현파의 각도 측정은 그림 8-22와 같이 발전기 회전자의 회전각과 관계된다.

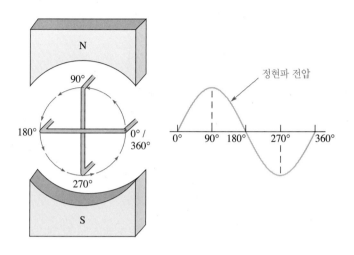

그림 8–22
교류 발전기의 회전운동과 정현파의 관계

각도 측정

도(degree)는 원의 1/360 또는 1 회전에 대응하는 각도 측정방법이다. **라디안(radian : rad)**은 반지름의 길이만큼 원주 위에 호를 잡았을 때 중심각 크기로 정의한다. 1 라디안은 그림 8-23과 같이 57.3°와 같다. 360°는 2π 라디안이다.

그리스 문자 π는 모든 원의 반지름에 대한 원주의 비로서 대략 3.1416의 상수값을 갖는다.

과학기술용 계산기는 π 함수를 가지고 있어서 실제의 수치를 입력할 필요가 없다.

표 8-1은 도의 여러 값과 이에 대응하는 라디안값을 보여준다. 이들 각도 측정을 그림 8-24에 보였다.

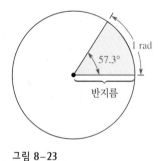

그림 8–23
라디안과 도와의 관계를 나타내는 각도 측정

표 8-1

도(°)	라디안(rad)
0	0
45	$\pi/4$
90	$\pi/2$
135	$3\pi/4$
180	π
225	$5\pi/4$
270	$3\pi/2$
315	$7\pi/4$
360	2π

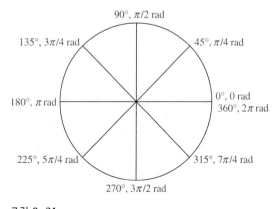

그림 8–24
0°에서 반시계 방향으로 회전할 때 각도 측정

라디안/도 변환

도는 식 (8-14)를 이용하여 라디안으로 변환할 수 있다.

$$\text{rad} = \left(\frac{\pi \, \text{rad}}{180^\circ} \right) \times \text{degrees} \tag{8-14}$$

마찬가지로 라디안도 식 (8-15)를 이용하여 도로 변환할 수 있다.

$$\text{degrees} = \left(\frac{180^\circ}{\pi \, \text{rad}} \right) \times \text{rad} \tag{8-15}$$

예제 8-8

(a) 60°를 라디안으로 변환하시오.   (b) $\pi/6$ 라디안을 도(degree)로 변환하시오.

해 (a) $\text{rad} = \left(\dfrac{\pi \, \text{rad}}{180^\circ} \right) 60^\circ = \dfrac{\pi}{3} \, \textbf{rad}$

(b) $\text{degrees} = \left(\dfrac{180^\circ}{\pi \, \text{rad}} \right) \left(\dfrac{\pi}{6} \, \text{rad} \right) = \textbf{30}^\circ$

관련 문제 (a) 15°를 라디안으로 변환하시오.   (b) $5\pi/8$ 라디안을 도(degree)로 변환하시오.

정현파의 각도

정현파의 각도 측정은 완전한 사이클에 대해 360° 또는 2π 라디안을 기본으로 한다. 1/2 사이클은 180° 또는 π 라디안, 1/4 사이클은 90° 또는 $\pi/2$ 라디안이다. 그림 8-25(a)에 정현파의 완전한 사이클에 대한 도 단위의 각도를 보였다. 그림 8-25(b)는 동일한 점을 라디안으로 나타낸 것이다.

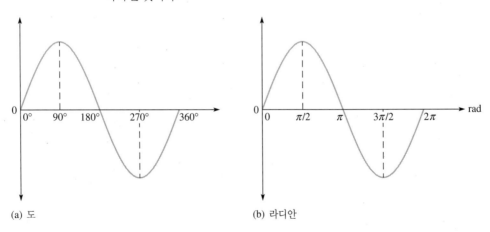

(a) 도

(b) 라디안

그림 8–25

정현파의 각도

정현파의 위상

정현파의 **위상(phase)**은 기준에 대해 상대적인 정현파의 위치를 나타내는 각도 측정값을 의미한다. 그림 8-26에 기준이 되는 정현파의 한 사이클을 나타내었다. 양의 방향으로 수평축 0을 교차하는 첫 번째 지점이 0°(0 rad)이고, 양의 최대가 90°($\pi/2$ rad)이다. 음의 방향으로 수평축 0을 교차하는 점이 180°(π rad)이고, 음의 최대가 270°($3\pi/2$ rad)이다. 사이클은 360°(2π rad)에 완성된다. 정현파가 이 기준에 대해 왼쪽이나 오른쪽으로 이동하면 위상이 천이(shift)되었다고 한다.

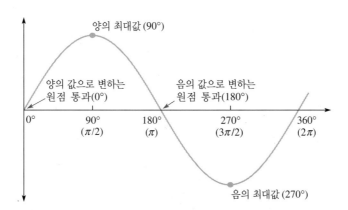

그림 8-26

위상 기준

그림 8-27은 정현파의 위상 천이를 보여준다. 그림 8-27(a)에서 정현파 B는 오른쪽으로 90°(π/2 rad) 이동하였다. 따라서 정현파 A와 정현파 B 사이에 90° 위상차가 있다. 시간이 수평축의 오른쪽으로 증가하므로 시간축에서 정현파 B의 양의 최대는 정현파 A의 양의 최대 이후가 된다. 이 경우, 정현파 B는 정현파 A보다 90° 또는 π/2 라디안 뒤진다(lag)고 말한다. 다른 말로 정현파 A가 정현파 B보다 90° 앞선다(lead)고 한다.

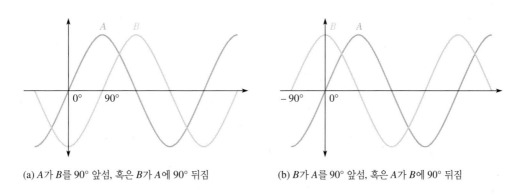

(a) A가 B를 90° 앞섬, 혹은 B가 A에 90° 뒤짐   (b) B가 A를 90° 앞섬, 혹은 A가 B에 90° 뒤짐

그림 8-27

위상차의 예

그림 8-27(b)에서 정현파 B는 왼쪽으로 90° 이동하였다. 그러므로 정현파 A와 정현파 B 사이에는 90° 위상차가 있다. 이 경우 정현파 B의 양의 최대는 정현파 A보다 먼저 발생한다. 그러므로 정현파 B는 90° 앞선다(lead)고 말한다. 두 경우 모두 두 파형 사이에는 90°의 위상차가 있게 된다.

예제 8-9   그림 8-28(a), (b)에서 정현파 A, B의 위상각은 얼마인가?

그림 8-28

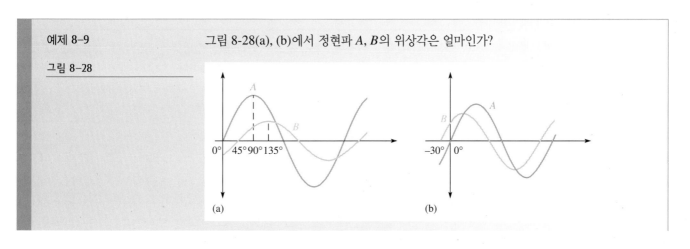

해　그림 8-28(a)에서 정현파 A는 0°에서 0을 지나고 여기에 해당하는 정현파 B의 0을 지나는 점은 45°이다. 2개 정현파의 위상각은 **45°**이며 정현파 A가 앞선다.

　　그림 8-28(b)에서 정현파 B는 −30°에서 0을 지나고 여기에 해당하는 정현파 A의 0을 지나는 점은 0°이다. 2개 정현파의 위상각은 **30°**이며 정현파 B가 앞선다.

관련 문제　0°인 기준에 대하여 양의 값으로 변하는 0을 지나는 점이 15°인 정현파 A와 23°인 정현파 B 사이의 위상각을 구하시오.

　　실제 오실로스코프를 이용해서 두 파형 사이의 위상차를 측정할 때에는 동일한 진폭을 갖는 점을 측정하여야 한다. 오실로스코프의 입력 채널의 수직축을 조정해서 다른 파형과 진폭이 일치하도록 조절할 수 있다. 이러한 절차는 두 파형의 정확한 중심을 측정하지 않아 발생하는 오류를 방지해 준다.

8–4 복습문제

1. 정현파에서 양의 값으로 변하는 0을 지나는 점이 0°인 경우 다음 점들의 각도를 구하시오.
   (a) 양의 최대값　　　　　　　　(b) 음의 값으로 변하는 0을 지나는 점
   (c) 음의 최대값　　　　　　　　(d) 첫 주기가 완결되는 점
2. 반 주기(1/2 사이클)는 _____° 혹은 _____ 라디안에서 완성된다.
3. 한 주기(1 사이클)는 _____° 혹은 _____ 라디안에서 완성된다.
4. 그림 8-29의 정현파 B와 정현파 C 사이의 위상각을 구하시오.

그림 8–29

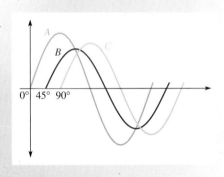

8–5　정현파 공식

전압 또는 전류값을 수직축에, 각도(도 또는 라디안)를 수평축에 표시하여 정현파를 그래프로 나타낼 수 있다. 이 그래프의 수학적인 표현도 가능하다.

절의 학습내용

▶ **정현파형을 수학적으로 분석한다.**

　▶ 정현파 공식을 설명한다.

　▶ 정현파 공식을 이용하여 순시값을 구한다.

그림 8-30은 정현파의 한 사이클의 일반적인 그래프이다. 진폭(amplitude) A는 수직축의 전압 또는 전류의 최대값이고 각도는 수평축을 따라 증가한다. 변수 y는 주어진 각도 θ(그리스 문자 theta)에 대한 전압 또는 전류의 순시값이다.

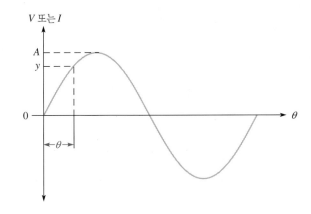

그림 8–30

진폭과 위상을 보여주는 일반적인 정현파의 한 주기(1 사이클)

모든 전기적인 정현파 곡선은 일정한 수학 공식을 따른다. 그림 8-30의 정현파 곡선에 대한 일반적인 표현은 다음과 같다.

$$y = A \sin \theta \qquad (8\text{-}16)$$

이 공식에 따르면 정현파의 어느 점에 대한 순시값 y는 최대값 A에 그 점의 각도 θ의 사인값을 곱한 것과 같다. 예를 들어, 어느 정현파 전압의 최대값이 10 V이면 수평축에서 60°인 지점에서 순시전압은 다음과 같이 계산할 수 있다. 여기서 $y = v$이고 $A = V_p$이다.

$$v = V_p \sin \theta = (10 \text{ V}) \sin 60° = (10 \text{ V})0.866 = 8.66 \text{ V}$$

그림 8-31에 이 점의 순시값을 보였다. 계산기의 SIN 키를 이용해서 어떤 각도이든 사인값을 구할 수 있다. 이 때 계산기의 각도 모드는 반드시 도(degree)로 놓아야 한다.

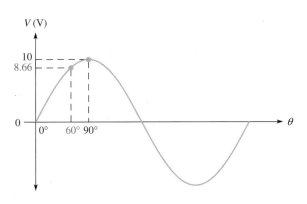

그림 8–31

$\theta = 60°$일 때 정현파 전압의 순시값의 예

정현파 공식의 유도

정현파를 수평축을 따라서 움직이면 각도는 증가하고 크기(y축상의 높이)는 변화한다. 어느 순간에서의 정현파의 크기는 위상각과 진폭(최대 높이)으로 표시할 수 있으며, 따라서 **페이저(phasor)값**으로 표시할 수 있다. 페이저는 크기와 방향(위상각)을 가진 양으로 그래프로 나타내면 고정된 점을 회전하는 화살표로 나타낼 수 있다. 정현파 페이저의 길이는 최대값(진폭)에 해당하고 회전하는 동안 각도는 위상각에 해당한다. 정현파 한 주기(1 사이클)는 페이저가 360° 회전하는 것으로 볼 수 있다.

그림 8-32에 반시계 방향으로 360° 완전히 회전하는 페이저를 나타내었다. 만약 페이저의 끝부분을 수평축으로 움직이는 위상각에 대해 그래프로 투영하면 그림과 같이 정현파가 나오게 된다. 페이저의 각 회전 위치마다 해당되는 크기값이 있다. 그림에서 보는 바와 같이 90° 혹은 270°에서 정현파의 크기는 최대가 되고 페이저의 길이와 같게 된다. 0° 혹은 180°에서 페이저는 수평축 위에 놓이게 되고 정현파의 값은 0이 된다.

그림 8–32

회전하는 페이저로 나타낸 정현파

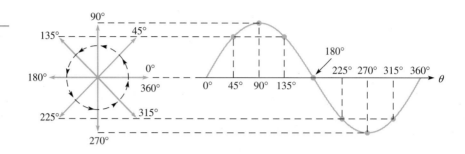

특정한 각도에서 페이저 표현을 생각해 보자. 그림 8-33은 45°의 각도에서 전압 페이저와 여기 해당하는 정현파의 점을 보여준다. 여기에서 정현파의 순시값 v는 위치(각도)와 길이(진폭)에 모두 관련되어 있다. 수평축에 대한 페이저 끝부분의 수직 거리는 바로 그 점에서 정현파의 순시값을 나타낸다.

그림 8–33

직각삼각형을 사용한 정현파 공식의 유도, $v = V_p \sin \theta$

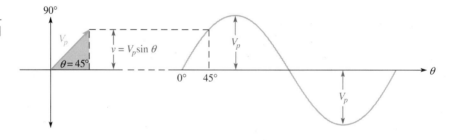

그림 8-33에 나타난 것과 같이 페이저 끝부분에서 수직선을 그리면 **직각삼각형(right triangle)**이 형성된다. 페이저의 길이는 이 삼각형의 **빗변(hypotenuse)**에 해당하며 수직 투영은 원점의 대변에 해당한다. 삼각함수 공식으로부터 대변은 빗변과 각도 θ의 사인값의 곱과 같게 된다. 이 경우 페이저의 길이는 정현파 전압의 최대값 V_p와 같고 따라서 순시값에 해당하는 대변의 길이는 다음과 같이 나타낼 수 있다.

$$v = V_p \sin \theta \tag{8-17}$$

이 식을 정현파 전류에 대해 쓰면 다음과 같다.

$$i = I_p \sin \theta \tag{8-18}$$

위상이 천이된 정현파의 표현

수직축을 기준점으로 삼았을 경우 그림 8-34(a)와 같이 정현파가 기준에 대해 오른쪽으로 어떤 각 ϕ 만큼 천이(뒤진다)되었을 때 위상이 천이된 정현파에 대한 일반적인 표현은 다음과 같다.

$$y = A \sin (\theta - \phi) \tag{8-19}$$

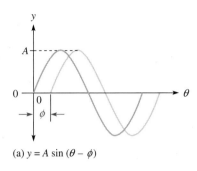

(a) $y = A \sin(\theta - \phi)$

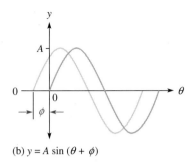

(b) $y = A \sin(\theta + \phi)$

그림 8–34

위상 천이된 정현파

그림 8-34(b)와 같이 정현파가 기준에 대해 왼쪽으로 어떤 각 ϕ 만큼 천이(앞선다)되었을 때 위상 천이된 정현파에 대한 일반적인 표현은 다음과 같다.

$$y = A \sin(\theta + \phi) \tag{8-20}$$

예제 8–10

그림 8-35에 각 정현파 전압에서 수평축 90°에서의 순시값을 구하시오.

그림 8–35

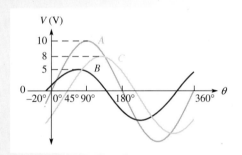

해 정현파 A를 기준으로 한다. 정현파 B는 A에 대해 20° 왼쪽으로 천이되었으므로 B가 앞서 있음을 알 수 있다. 정현파 C는 A에 대해 45° 오른쪽으로 천이되었으므로 C가 뒤져 있음을 알 수 있다.

$$v_A = V_p \sin\theta = (10\text{ V})\sin 90° = \textbf{10 V}$$
$$v_B = V_p \sin(\theta + \phi_B) = (5\text{ V})\sin(90° + 20°) = (5\text{ V})\sin 110° = \textbf{4.70 V}$$
$$v_C = V_p \sin(\theta - \phi_C) = (8\text{ V})\sin(90° - 45°) = (8\text{ V})\sin 45° = \textbf{5.66 V}$$

관련 문제 20 V의 최대값을 가지는 정현파에서 0° 기준에서 +65°에서의 순시값은 얼마인가?

8-5 복습문제

1. 다음 각도에서 사인값을 구하시오.
   (a) 30°   (b) 60°   (c) 90°
2. 그림 8-31의 정현파에서 120°에서의 순시값을 계산하시오.
3. 0° 기준에 대해 10°만큼 앞서는 정현파 전압의 45°에서의 순시값을 구하시오(V_p = 10 V).

8-6 교류 회로의 분석

정현파 전압과 같이 시간에 따라 변하는 교류 전압이 회로에 인가될 때에도 앞에서 배운 회로 법칙을 사용할 수 있다. 옴의 법칙과 키르히호프의 법칙은 직류 회로에서와 동일한 방법으로 교류 회로에 적용된다.

절의 학습내용

▶ **교류 저항회로에 기본 회로 법칙을 적용한다.**

    ▶ 교류 전원이 있는 저항회로에 옴의 법칙을 적용한다.

    ▶ 교류 전원이 있는 저항회로에 키르히호프의 전압 법칙과 전류 법칙을 적용한다.

그림 8-36의 회로와 같이 저항에 정현파 전압이 인가되면 회로에 정현파 전류가 흐른다. 전압이 0이 될 때 전류도 0이 되고, 전압이 최대가 될 때 전류도 최대가 된다. 결과적으로 전압과 전류는 서로 위상이 같다.

교류 회로에 옴의 법칙을 사용할 때에는 전압과 전류를 같은 값으로 통일하여, 이를테면 모두 최대값으로 하거나, 모두 실효값(rms 값)으로 하거나, 혹은 모두 평균값으로 하여 사용하여야 한다.

그림 8-36
_____

정현파 전압은 정현파 전류를 만든다

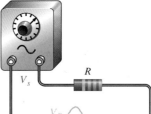

키르히호프의 전압 및 전류 법칙을 직류 회로에서 사용한 것처럼 교류 회로에도 사용한다. 그림 8-37의 정현파 전압원이 있는 저항회로에 키르히호프의 전압 법칙을 사용하였다. 그림 8-37에서 보는 바와 같이 전원전압은 직류 회로에서와 동일하게 각 저항 양단에서의 전압 강하의 전체 합과 같다.

그림 8-37
_____

교류 회로에서 키르히호프의 전압 법칙의 예

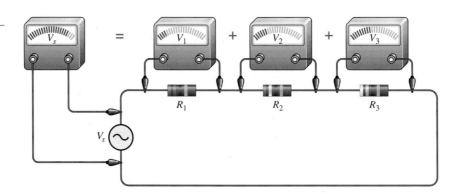

교류 저항회로에서의 전력은 전류와 전압에 대하여 실효값(rms 값)을 사용하여야 한다는 점 이외에는 직류 회로와 동일하게 결정된다. 실효값(rms 값)은 동일한 가열효과를 나타내는 직류값에 해당한다는 사실을 기억하라. 교류 저항회로에서 일반적인 전력 공식은 다음과 같이 다시 쓸 수 있다.

$$P = V_{rms} I_{rms}$$

$$P = \frac{V_{rms}^2}{R}$$

$$P = I_{rms}^2 R$$

예제 8–11

그림 8-38에서 전압원이 실효값으로 주어져 있을 때 각 저항에서의 실효 전압값과 실효 전류값을 구하시오. 또한 전체 전력을 구하시오.

그림 8–38

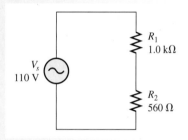

해 회로의 전체 저항을 구하면 다음과 같다.

$$R_{tot} = R_1 + R_2 = 1.0 \text{ k}\Omega + 560 \text{ }\Omega = 1.56 \text{ k}\Omega$$

실효 전류값을 구하기 위해 옴의 법칙을 적용하면 다음과 같다.

$$I_{rms} = \frac{V_{s(rms)}}{R_{tot}} = \frac{110 \text{ V}}{1.56 \text{ k}\Omega} = \textbf{70.5 mA}$$

각 저항에서의 실효 전압강하값은 다음과 같다.

$$V_{1(rms)} = I_{rms} R_1 = (70.5 \text{ mA})(1.0 \text{ k}\Omega) = \textbf{70.5 V}$$
$$V_{2(rms)} = I_{rms} R_2 = (70.5 \text{ mA})(560 \text{ }\Omega) = \textbf{39.5 V}$$

전체 전력은 다음과 같다.

$$P_{tot} = I_{rms}^2 R_{tot} = (70.5 \text{ mA})^2 (1.56 \text{ k}\Omega) = \textbf{7.75 W}$$

관련 문제 위의 예제를 10 V 최대값에 대해 반복하시오.

 CD-ROM의 Multisim E08-11 파일을 열고, 각 저항에서의 실효 전압값을 측정하여 계산한 값과 비교하라. 전원전압을 10 V 최대값으로 바꾼 후 각 저항의 전압값을 측정하여 계산한 값과 비교하라.

예제 8–12

그림 8-39의 모든 값들은 실효값으로 주어져 있다.

(a) 그림 8-39(a)에서 미지의 전압강하값(R_3에서)을 최대값으로 구하시오.

(b) 그림 8-39(b)에서 전체 실효 전류값을 구하시오.

(c) 그림 8-39(b)에서 전체 전력을 구하시오.

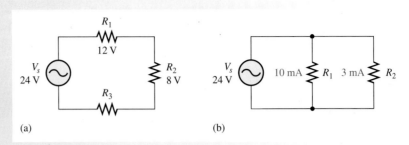

그림 8-39

해 **(a)** V_3를 구하기 위해 키르히호프의 전압 법칙을 사용한다.

$$V_s = V_1 + V_2 + V_3$$

$$V_{3(rms)} = V_{s(rms)} - V_{1(rms)} - V_{2(rms)} = 24\,V - 12\,V - 8\,V = \mathbf{4\,V}$$

실효값을 최대값으로 바꾸면 다음과 같다.

$$V_{3(p)} = 1.414V_{3(rms)} = 1.414(4\,V) = \mathbf{5.66\,V}$$

(b) I_{tot}를 구하기 위해 키르히호프의 전류 법칙을 사용한다.

$$I_{tot(rms)} = I_{1(rms)} + I_{2(rms)} = 10\,mA + 3\,mA = \mathbf{13\,mA}$$

(c) $P_{tot} = V_{rms}I_{rms} = (24\,V)(13\,mA) = \mathbf{312\,mW}$

관련 문제 직렬 회로의 전압 강하가 $V_{1(rms)} = 3.50\,V$, $V_{2(p)} = 4.25\,V$, $V_{3(avg)} = 1.70\,V$일 때 전원전압의 최소-최대값을 구하시오.

8-6 복습문제

1. 반 주기 평균값이 12.5 V인 정현파 전압이 330 Ω에 인가되었다. 회로의 전류를 최대값으로 나타내시오.

2. 직렬 저항회로에서 전압 강하의 최대값은 6.2 V. 11.3 V. 7.8 V이다. 전원전압의 실효값은 얼마인가?

8-7 직류와 교류 전압의 중첩

실제 회로는 직류와 교류가 혼재되어 있는 경우가 많다. 예를 들어, 증폭기 회로는 교류 신호전압과 직류 구동전압에 중첩된다.

절의 학습내용

▶ **교류와 직류가 혼재되었을 때 전체 전압을 계산한다.**

그림 8-40은 직류 전압원과 교류 전압원이 직렬로 연결된 회로이다. 저항 양단의 전압을 측정하면, 두 전압이 산술적으로 더해져서 직류 전압에 교류 전압이 '더해진다'.

만일 V_{DC}가 정현파 전압의 최대값보다 클 경우, 더해진 전압은 극성이 절대로 바뀌지 않는 정현파가 되어 음양의 변화가 교대로 일어나지 않는다. 즉, 그림 8-41(a)와 같이 직류 전

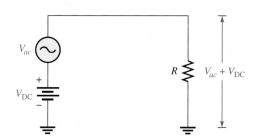

그림 8–40

직류와 교류 전압의 중첩

압이 더해진 정현파를 얻을 수 있다. 만일 V_{DC}가 정현파 전압의 최대값보다 작을 경우, 그림 8-41(b)와 같이 음의 1/2 사이클 동안 정현파는 일부 음의 값을 갖게 되므로 전압의 극성이 교대로 변한다. 어느 경우이든지 정현파의 최대 전압값은 $V_{DC} + V_p$가 되고 최소 전압값은 $V_{DC} - V_p$가 된다.

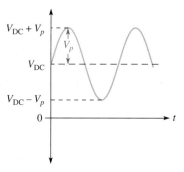

그림 8–41

DC 레벨을 가진 정현파

(a) $V_{DC} > V_p$ 정현파는 음의 값을 갖지 않는다.

(b) $V_{DC} < V_p$ 정현파는 사이클의 일부 구간에서 부호가 바뀐다.

예제 8–13

그림 8-42의 각 회로에서 저항에 걸리는 최대 전압과 최소 전압을 구하고 결과 파형을 그리시오.

그림 8–42

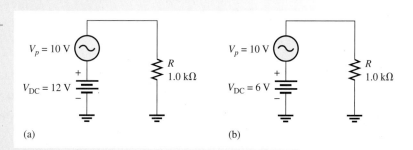

(a)

(b)

해 그림 8-42(a)에서 R에 걸리는 최대 전압은 다음과 같다.

$$V_{max} = V_{DC} + V_p = 12 \text{ V} + 10 \text{ V} = \mathbf{22 \text{ V}}$$

R에 걸리는 최소 전압은 다음과 같다.

$$V_{min} = V_{DC} - V_p = 12 \text{ V} - 10 \text{ V} = \mathbf{2 \text{ V}}$$

따라서 $V_{R(tot)}$는 그림 8-43(a)와 같이 +22 V에서 +2 V 사이의 값을 가지는 부호가 변하지 않는 정현파가 된다.

그림 8–43

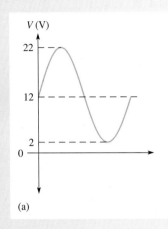

(a)

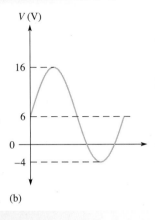

(b)

그림 8-42(b)에서 R에 걸리는 최대 전압은 다음과 같다.

$$V_{max} = V_{DC} + V_p = 6 \text{ V} + 10 \text{ V} = \textbf{16 V}$$

R에 걸리는 최소 전압은 다음과 같다.

$$V_{min} = V_{DC} - V_p = \textbf{-4 V}$$

따라서 $V_{R(tot)}$는 그림 8-43(b)와 같이 +16 V에서 −4 V 사이의 값을 가지는 부호가 변하는 정현파가 된다.

관련 문제 그림 8-43(a)의 파형은 교류가 아닌데 그림 8-43(b)의 파형은 교류로 볼 수 있는지 설명하시오.

8–7 복습문제

1. $V_p = 5$ V인 정현파에 +2.5 V 직류 전압이 더해지면, 전압의 양의 최대값은 얼마인가?
2. 문제 1에서 결과 전압의 부호가 바뀌는가?
3. 만일 문제 1에서 DC 전압이 −2.5 V이면 결과 전압의 양의 최대값은 얼마인가?

8–8 비정현파

전자회로에서 정현파는 중요하지만, 교류 또는 시간에 따라 변하는 파형에는 정현파만 있는 것은 아니다. 전자회로에 사용되는 다른 주요 **파형(wave form)**으로는 펄스파와 삼각파가 있다.

절의 학습내용

▶ **기본 비정현파의 특성을 살펴본다.**

▶ 펄스파의 특성을 설명한다.

▶ 듀티 사이클을 정의한다.

▶ 삼각파와 톱니파의 특성을 설명한다.

▶ 파형의 고조파 성분을 설명한다.

펄스파

기본적으로 **펄스(pulse)**는 어떤 전압 또는 전류값(**기준선, baseline**)에서 어떤 크기의 진폭으로 급격히 변화(**선행 모서리, leading edge**)되고, 얼마간의 시간 뒤에 다시 급격히 원래의 전압 또는 전류값으로 변화(**후행 모서리, trailing edge**)하는 것으로 설명할 수 있다. 다른 레벨로의 변화를 스텝(step)이라고 부른다. 이상적인 펄스는 동일한 진폭의 상승, 하강 두 스텝으로 이루어진다. 선행 또는 후행 모서리가 양의 방향으로 진행할 때, 이것을 **상승 모서리(rising edge)**라고 하며, 선행 또는 후행 모서리가 음의 방향으로 진행할 때, 이것을 **하강 모서리(falling edge)**라고 한다.

그림 8-44(a)는 선행 모서리가 양의 방향으로 진행한 후 **펄스폭(pulse width)**이라고 하는 시간 후에 음의 방향으로 후행 모서리가 진행하는 이상적인 상승 펄스이고, 그림 8-44(b)는 모서리가 이와 반대로 진행하는 이상적인 하강 펄스이다. 기준선에서 측정한 펄스의 높이가 그 펄스의 전압(또는 전류)값이 된다. 일반적으로 분석을 단순화하기 위해 모든 펄스를 이상적(순간적인 스텝으로 구성되어 완벽하게 직사각형 모양을 가지는)이라고 여기고 다룬다.

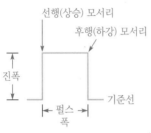

(a) 양의 값으로 변하는 펄스

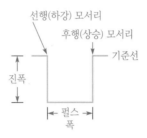

(b) 음의 값으로 변하는 펄스

그림 8-44

이상적인 펄스

그러나 실제 펄스는 결코 이상적이지 않다. 모든 펄스는 이상적인 경우와 다른 특성을 갖는다. 실제로 펄스는 한 값에서 다른 값으로 순간적인 변화가 불가능하다. 그림 8-45(a)와 같이 변화(스텝)하는 과정에는 항상 시간이 필요하다. 그림에서 보는 바와 같이 상승 모서리, 즉 펄스가 낮은 값에서 높은 값으로 진행하는 동안 어느 정도 시간이 흐른다. 이 시간을 **상승시간(rise time : t_r)**이라고 한다.

상승시간은 펄스가 전체 진폭의 10%에서 시작해서 90%까지 도달하는 데 필요한 시간이다.

하강 모서리, 즉 펄스가 높은 값에서 낮은 값으로 진행하는 동안 걸리는 시간을 **하강시간(fall time : t_f)**이라고 한다.

하강시간은 펄스가 전체 진폭의 90%에서 시작해서 10%까지 도달하는 데 필요한 시간이다.

실제 펄스의 경우 상승 모서리와 하강 모서리가 수직이 아니므로 펄스폭(t_W)에 대한 정확한 정의가 필요하다.

펄스폭은 전체 진폭의 50%에 해당하는 상승 모서리의 한 점과 전체 진폭의 50%에 해당하는 하강 모서리의 한 점 사이의 시간간격이다.

그림 8-45(b)에 펄스폭을 보였다.

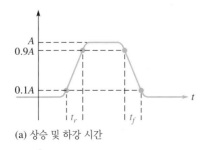

(a) 상승 및 하강 시간

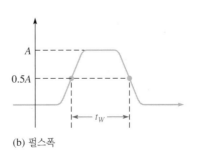

(b) 펄스폭

그림 8-45

실제 펄스

펄스의 반복 어떠한 파형이건 일정한 시간간격으로 반복되는 파는 **주기적(periodic)**이라고 한다. 주기적 펄스파의 몇 가지 예를 그림 8-46에 보였다. 각각의 경우 펄스는 규칙적인 시간간격으로 반복된다. 펄스가 반복되는 비율이 **펄스 반복 주파수(pulse repetition frequency)**이고 이 주파수가 파형의 기본 주파수가 된다. 주파수는 헤르츠 또는 초당 펄스 수로 나타낼 수 있다. 어느 펄스의 한 점과 다음 펄스의 대응점 사이의 시간이 주기(T)이다. 주파수와 주기 사이의 상호관계는 정현파의 경우와 같이 $f = 1/T$와 같다.

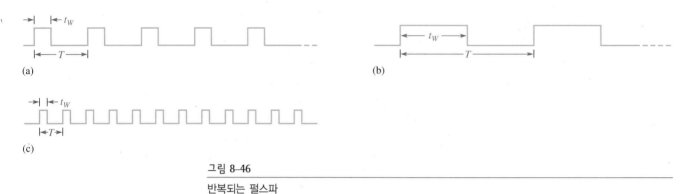

그림 8-46

반복되는 펄스파

반복되는 펄스파의 매우 중요한 특성은 **듀티 사이클(duty cycle)**이다.

듀티 사이클은 통상 %로 표시하며, 주기(T)에 대한 펄스폭(t_W)의 비율이다.

$$\text{백분율 듀티 사이클} = \left(\frac{t_W}{T}\right)100\% \tag{8-21}$$

예제 8-14 그림 8-47의 펄스파의 주기, 주파수, 듀티 사이클을 구하시오.

그림 8-47

해 그림 8-47에 나타난 바와 같이 주기는 다음과 같다.

$$T = 10 \ \mu s$$

식 (8-1)과 식 (8-21)을 사용하면 주파수와 듀티 사이클을 구할 수 있다.

$$f = \frac{1}{T} = \frac{1}{10 \ \mu s} = 100 \ \text{kHz}$$

$$\text{백분율 듀티 사이클} = \left(\frac{t_W}{T}\right)100\% = \left(\frac{1 \ \mu s}{10 \ \mu s}\right)100\% = 10\%$$

관련 문제 200 kHz 주파수에 펄스폭이 0.25 μs인 펄스파가 있다. 듀티 사이클을 백분율로 나타내시오.

구형파 **구형파(square wave)**는 듀티 사이클이 50%인 펄스파이다. 따라서 펄스폭이 주기의 1/2과 같다. 그림 8-48에 구형파를 보였다.

그림 8-48

구형파

펄스파의 평균값 펄스파의 평균값(V_{avg})은 듀티 사이클에 펄스의 진폭을 곱하고 기준선(baseline)의 레벨값을 더한 것이다. 이 때 상승 펄스의 경우에는 낮은 쪽, 하강 펄스의 경우에는 높은 쪽의 레벨이 기준선이다. 공식은 다음과 같다.

$$V_{avg} = 기준선\ 전압 + (듀티\ 사이클)(진폭) \qquad (8\text{-}22)$$

다음 예제는 펄스파에서 평균값을 구하는 방법을 보여준다.

예제 8-15   그림 8-49의 상승 펄스의 평균값을 구하시오.

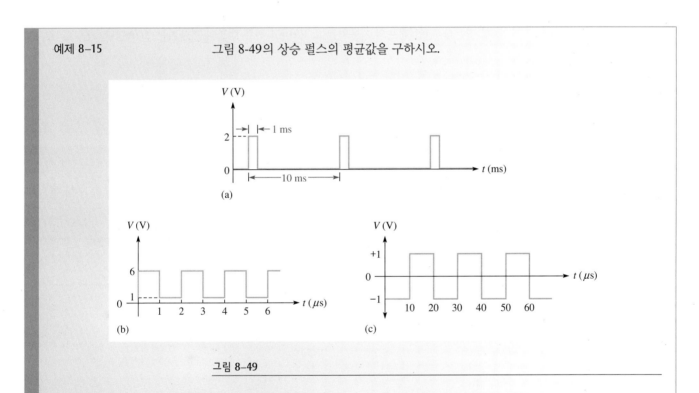

그림 8-49

해 그림 8-49(a)에서 기준선은 0 V이고 진폭은 2 V이며 듀티 사이클은 10%이다. 따라서 평균값은 다음과 같다.

$$V_{avg} = 기준선\ 전압 + (듀티\ 사이클)(진폭)$$
$$= 0\ V + (0.1)(2\ V) = \mathbf{0.2\ V}$$

그림 8-49(b)에서 기준선은 +1 V이고 진폭은 5 V이며 듀티 사이클은 50%이다. 따라서 평균값은 다음과 같다.

$$V_{avg} = 기준선\ 전압 + (듀티\ 사이클)(진폭)$$
$$= 1\ V + (0.5)(5\ V) = 1\ V + 2.5\ V = \mathbf{3.5\ V}$$

그림 8-49(c)에서 기준선은 −1 V이고 진폭은 2 V이며 듀티 사이클은 50%이다. 따라서 평균값은 다음과 같다.

$$V_{avg} = 기준선 전압 + (듀티 사이클)(진폭)$$
$$= -1 V + (0.5)(2 V) = -1 V + 1 V = \textbf{0 V}$$

이 파형은 교류 구형파로서 교류 정현파와 마찬가지로 전체 사이클에 대한 평균값은 0이 된다.

관련 문제 그림 8-49(a)의 기준선이 +1 V 천이된 경우 평균값은 어떻게 되는가?

삼각파와 톱니파

삼각파와 톱니파는 전압 또는 전류의 램프로 만들어진다. **램프(ramp)**는 전압 또는 전류의 선형적인 증가 또는 감소를 가리킨다. 그림 8-50에 증가하는 램프와 감소하는 램프를 나타내었다. 그림 8-50(a)에서 램프는 양의 기울기를 갖고, 그림 8-50(b)에서 램프는 음의 기울기를 갖는다. 전압 램프의 기울기는 ± V/t이고 전류 램프의 기울기는 ± I/t이다.

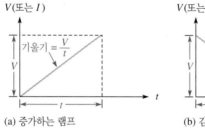
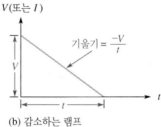

(a) 증가하는 램프   (b) 감소하는 램프

그림 8-50

램프(ramp)

예제 8-16

그림 8-51에서 전압 램프의 기울기는 얼마인가?

그림 8-51

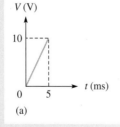
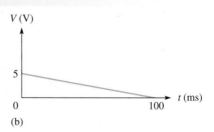

(a)   (b)

해 그림 8-51(a)에서 전압은 0 V에서 +10 V로 5 ms 동안 증가하였다. 따라서 $V = 10$ V이고 $t = 5$ ms이므로 기울기는 다음과 같다.

$$\frac{V}{t} = \frac{10 \text{ V}}{5 \text{ ms}} = \textbf{2 V/ms}$$

그림 8-51(b)에서 전압은 +5 V에서 0 V로 100 ms 동안 감소하였다. 따라서 $V = -5$ V이고 $t = 100$ ms이므로 기울기는 다음과 같다.

$$\frac{V}{t} = \frac{-5 \text{ V}}{100 \text{ ms}} = \mathbf{-0.05 \text{ V/ms}}$$

관련 문제   기울기가 +12 V/μs인 전압 램프가 0 V에서 출발하였을 때 0.01 ms에서의 전압값은 얼마인가?

삼각파   그림 8-52는 동일한 기울기로 증가하고 감소하는 램프들로 이루어진 **삼각파(triangular waveform)**이다. 이 삼각파의 주기는 그림과 같이 하나의 최대값에서 다음 위치에 해당하는 최대값까지 걸리는 시간으로 측정한다. 이 삼각파는 교류이며 평균값이 0이다.

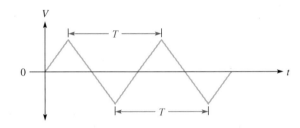

그림 8–52

교류 삼각파

그림 8-53은 평균값이 0이 아닌 삼각파를 그린 것이다. 삼각파의 주파수는 정현파의 경우와 마찬가지로 $f = 1/T$로 구한다.

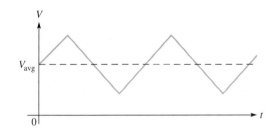

그림 8–53

교류가 아닌 삼각파

톱니파   실제로 **톱니파(sawtooth waveform)**는 지속시간이 짧은 램프와 지속시간이 상대적으로 상당히 긴 램프, 두 개로 이루어진 삼각파의 특별한 경우이다. 톱니파는 여러 전자 시스템에 사용된다. 예를 들어, TV 수신기에서 화면을 발생시키는 전자빔의 제어에 톱니파 전압 또는 전류를 이용한다. 하나의 톱니파는 전자빔을 수평 방향으로 움직이고, 다른 하나의 톱니파는 전자빔을 수직 방향으로 움직인다. 톱니파 전압을 종종 스윕(sweep) 전압이라고 부른다.

그림 8-54는 톱니파의 예이다. 상대적으로 지속시간이 긴 증가하는 램프와 뒤이어 상대적으로 지속시간이 짧은 감소하는 램프로 구성되어 있다는 점에 주목하자.

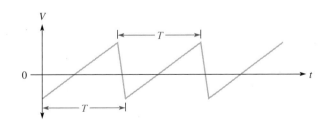

그림 8–54

교류 톱니파

고조파

반복되는 비정현파는 기본 주파수와 고차 주파수의 합으로 이루어진다. **기본 주파수(fundamental frequency)**는 파형의 반복되는 비율을 말하며, **고조파(harmonics)**는 기본 주파수의 정수배가 되는 높은 주파수의 정현파이다.

홀수 고조파 홀수 고조파(odd harmonics)는 기본 주파수의 홀수배 주파수를 갖는 고조파이다. 예를 들어, 1 kHz 구형파는 1 kHz의 기본파와 3 kHz, 5 kHz, 7 kHz, ...와 같은 주파수의 고조파로 이루어져 있다. 고조파 주파수가 3 kHz인 경우에는 제3차 고조파라고 하며, 5 kHz인 경우에는 제5차 고조파라고 한다.

짝수 고조파 짝수 고조파(even harmonics)는 기본 주파수의 짝수배 주파수를 갖는 고조파이다. 예를 들어, 어떤 파의 기본 주파수가 200 Hz라면, 제2차 고조파 주파수는 400 Hz, 제4차 고조파 주파수는 800 Hz, 그리고 제6차 고조파 주파수는 1200 Hz이다. 이들이 짝수 고조파이다.

합성파 순수 정현파를 변화시켜서 고조파를 발생시킨다. 비정현파는 기본파와 고조파의 합성이다. 어떤 파형은 홀수 고조파만으로, 또 어떤 파형은 짝수 고조파만으로 이루어져 있다. 파형은 그 파가 가지고 있는 고조파 성분으로 결정된다. 일반적으로 기본파와 낮은 차수의 고조파가 파형을 결정하는 데 중요한 역할을 한다.

구형파는 기본파와 홀수 고조파 성분으로 이루어진 파형의 대표적인 예이다. 기본파와 각 홀수 고조파 성분이 매 시간마다 산술적으로 더해져 구형파 모양의 곡선을 형성하는 과정을 그림 8-55에 보였다. 그림 8-55(a)에서 기본파와 제3차 고조파는 구형파와 비슷한 파형을 만들기 시작한다. 그림 8-55(b)에서 기본파와 제3차 고조파 그리고 제5차 고조파는 더욱더 구형파와 비슷한 파형을 만든다. 제7차 고조파까지 포함된 그림 8-55(c)의 결과는 훨씬 더 구형파와 비슷하다. 더 많은 고조파 성분이 포함됨으로써 주기적인 구형파가 완성된다.

유용한 정보

오실로스코프의 주파수 응답 특성에 따라 보여지는 파형의 정확도는 제한된다. 펄스파를 제대로 보기 위해서는 주파수 응답 특성이 측정 파형의 주요 고조파들을 수용할 수 있도록 충분히 높아야 한다. 예를 들면 100 MHz 오실로스코프에서는 3차, 5차와 그 이상 차수의 고조파가 상당히 감쇄되기 때문에 100 MHz 펄스파가 왜곡되어 보이게 된다.

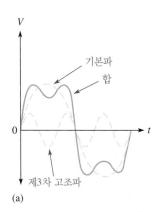

(a)

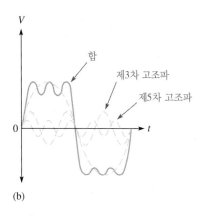

(b)

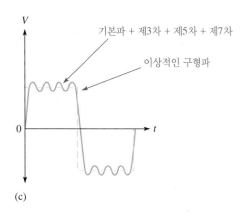

(c)

그림 8–55

홀수 고조파를 결합하여 구형파를 만든다

8–8 복습문제

1. 다음 매개변수를 정의하시오.
   (a) 상승시간   (b) 하강시간   (c) 펄스폭
2. 200 μs의 펄스폭을 가지고 1 ms마다 반복되는 펄스의 주파수는 얼마인가?

그림 8–56

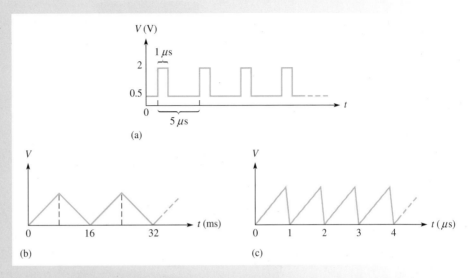

(a)

(b)

(c)

3. 그림 8-56(a)의 파형의 듀티 사이클, 진폭, 평균값을 구하시오.
4. 그림 8-56(b)의 삼각파의 주기는 얼마인가?
5. 그림 8-56(c)의 톱니파의 주파수는 얼마인가?
6. 기본 주파수의 정의는 무엇인가?
7. 기본 주파수가 1 kHz일 때 제2차 고조파의 주파수는 얼마인가?
8. 주기가 10 μs인 구형파의 기본 주파수는 얼마인가?

8–9   오실로스코프

오실로스코프(간단하게 스코프라고 한다)는 파형을 관찰하고 측정하는 데 있어서 가장 폭넓고 다양하게 사용되는 시험용 계측기이다.

절의 학습내용

▶ **오실로스코프를 이용해서 파형을 측정한다.**

   ▶ 기본적인 오실로스코프 조작법을 학습한다.

   ▶ 진폭을 측정하는 방법을 이해한다.

   ▶ 주기와 주파수를 측정하는 방법을 이해한다.

오실로스코프(oscilloscope)는 기본적으로 측정한 전기적인 신호의 그래프를 화면상에 뿌려주는 그래프 표시장치이다. 대부분의 경우 그래프는 시간에 따라 신호가 어떻게 변화하는지를 보여준다. 표시화면의 수직축은 전압을 나타내고 수평축은 시간을 나타낸다. 오실로스코프를 사용하면 신호의 진폭과 주기, 주파수를 측정할 수 있다. 또한 펄스파의 펄스폭과 듀티 사이클, 상승시간, 하강시간을 측정할 수 있다. 대부분의 오실로스코프는 최소한 두 개의 신호를 화면에 동시에 보여주기 때문에 두 파형의 시간관계를 볼 수 있다. 전형적인 오실로스코프를 그림 8-57에 나타내었다.

디지털 파형을 보기 위해서 아날로그와 디지털, 두 가지 기본적인 형태의 오실로스코프를 사용할 수 있다. 그림 8-58(a)에서 볼 수 있듯이 아날로그 스코프는 화면상에서 스윕(sweep)하면서 측정한 전압을 음극선관(cathode ray tube : CRT)에서 전자빔의 상하 운동 제어에 직접 인가함으로써 동작한다. 따라서 빔은 파형 형태를 화면에 그려준다. 그림 8-58(b)에 나

그림 8-57

전형적인 오실로스코프(Tektronix, Inc. 제공)

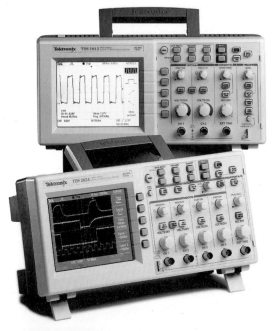

그림 8-58

아날로그와 디지털 오실로스코프의 기본적인 비교

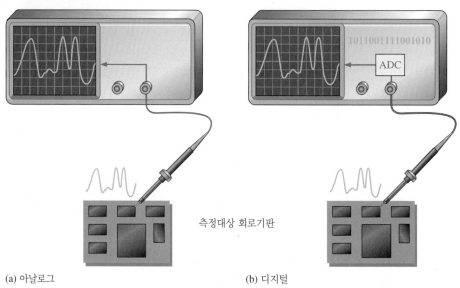

(a) 아날로그   측정대상 회로기판   (b) 디지털

타난 바와 같이 디지털 스코프는 아날로그-디지털 변환기(analog-to-digital converter : ADC)에서 샘플링 과정을 통하여 측정 파형을 디지털 정보로 변환한다.

디지털 스코프는 아날로그 스코프보다 널리 사용된다. 그러나 두 가지 모두 여러 응용에 사용될 수 있고 각각의 특성에 따라 보다 적합한 경우가 있다. 아날로그 스코프는 '실시간'으로 발생하는 파형을 보여준다. 디지털 스코프는 불규칙적으로 발생하거나 한 번만 발생하는 펄스를 측정하는 데 적합하다. 또한 디지털 스코프에서는 측정된 파형의 정보가 저장되므로 나중에 다시 보거나, 프린트하거나 컴퓨터 혹은 다른 방법으로 상세한 분석이 가능하다.

아날로그 오실로스코프의 기본 동작 전압을 측정하기 위해 프로브가 스코프로부터 회로에서 전압이 있는 지점까지 연결되어 있어야 한다. 일반적으로 신호의 진폭을 10배로 줄여주는 (감쇄시켜 주는) ×10 프로브가 사용된다. 신호는 프로브를 통해 수직 회로로 들어가 스코프의 수직 제어에 설정한 실제 크기에 따라 더 감쇄되거나(줄어들거나) 증폭된다. 그런 다음에 수직 회로는 음극선관(CRT)의 수직 편향판을 구동한다. 또한 신호는 동기(trigger, 트리거)회로로 들어가는데 여기서는 톱니파를 사용하여 화면상에 전자빔의 반복되는 수평 스윕을 초기화하기 위해 수평 회로를 동기시켜 준다. 초당 스윕수는 빔이 화면상에서 파형 모양의 실선으로 보일 만큼 많은데 이러한 기본 동작을 그림 8-59에 나타내었다.

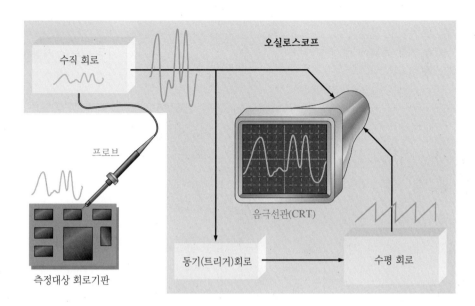

그림 8-59
아날로그 오실로스코프의 블록도

디지털 오실로스코프의 기본 동작   디지털 스코프의 일부분은 아날로그 스코프와 동일하다. 그러나 디지털 스코프는 아날로그 스코프보다 더 복잡하고 일반적으로 음극선관(CRT) 대신 LCD 화면이 사용된다. 파형이 발생하면 바로 보여주는 대신 디지털 스코프는 아날로그-디지털 변환기(ADC)를 사용하여 우선 측정한 아날로그 파형을 획득하여 디지털 형식으로 변환한다. 디지털 데이터는 저장되어 처리되는데 이 데이터는 재구성 및 표시회로에서 실제 아날로그 형태로 보여진다. 그림 8-60은 디지털 오실로스코프의 블록도를 나타낸 것이다.

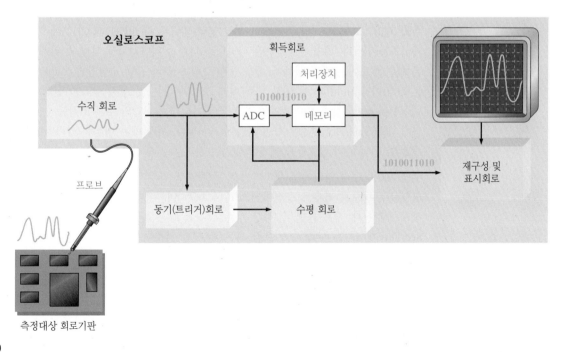

그림 8-60
디지털 오실로스코프의 블록도

오실로스코프 제어

그림 8-61에 일반적인 2 채널 오실로스코프의 전면부를 보였다. 제조사와 모델에 따라 기기는 달라지지만 대부분 일정한 공통 기능을 가지고 있다. 예를 들면 두 개의 수직 영역에는 위치 제어, 채널 메뉴 버튼과 Volt/Div 제어기능을 가지고 있으며, 수평 영역은 Sec/Div 제어 기능을 가지고 있다.

이제 주요 기능에 대해 설명한다. 사용하는 특정 스코프에 대한 세부 기능은 사용자 매뉴얼을 참조하라.

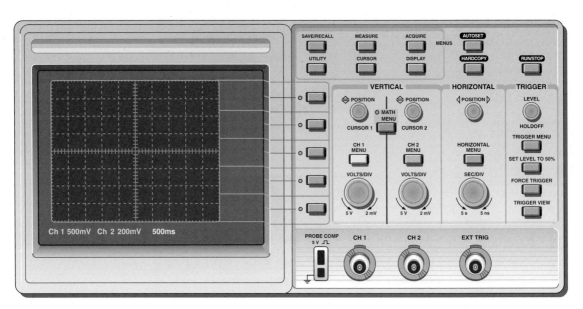

그림 8–61

전형적인 2 채널 오실로스코프. 숫자들은 수직(전압)과 수평(시간) 눈금에 대한 값을 나타내며, 스코프의 수직 및 수평 제어기능을 사용하여 변경할 수 있다

수직 제어 그림 8-61의 스코프의 수직 영역에는 두 채널(CH1과 CH2)에 대해 각각 동일한 제어기능이 있다. 위치 제어기능은 나타나는 파형을 위아래로 움직일 수 있게 한다. 메뉴 버튼은 화면에 보이는 것에 대하여, 예를 들면 그림 8-62와 같이 결합방법(coupling, 교류, 직류, 혹은 접지)이나 Volt/Div에 대한 대략/미세 조정과 같은 몇 가지 항목을 선택할 수 있게 한다. Volt/Div 제어기능은 화면상의 수직 눈금이 나타내는 전압의 수를 조절할 수 있게 한다. 각 채널에 대한 Volt/Div 설정은 화면 하단에 표시된다. 수학 메뉴 버튼은 입력파형들에 대하여 그림 8-62(b)와 같이 신호들을 빼거나 더하는 것과 같은 연산을 선택할 수 있게 한다.

수평 제어 수평 영역에서 제어기능은 두 채널에 전부 적용된다. 위치 제어기능은 보여지는 파형을 수평으로 좌우로 움직이게 해준다. 메뉴 버튼은 화면에 보이는 몇 가지 항목을 선택하게 해주는데 예를 들면 주 시간 기준, 파형의 부분 확장, 그리고 다른 매개변수들이 있다. Sec/Div 제어기능은 각 수평 눈금 혹은 주 시간 기준이 나타내는 시간을 조절할 수 있게 해준다. Sec/Div 설정은 화면 하단에 표시된다.

동기 제어 동기 영역에서는 레벨 제어기능이 동기시켜 주는 파형(동기원)의 어느 점에서 동기가 발생하여 입력파형을 보여주는 스윕을 시작할지를 결정한다. 메인 메뉴는 화면상에 보이는 것에 대하여 그림 8-63에 보이는 것처럼 경계(edge) 혹은 경사(slope) 동기, 동기원(trigger source), 동기 모드, 그 밖의 매개변수와 같이 여러 항목을 선택할 수 있게 해준다. 외부 동기 신호를 위한 입력도 있다.

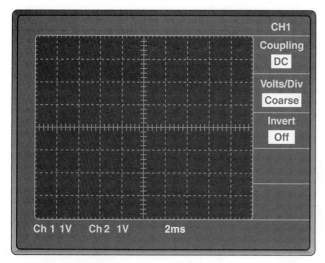

(a) 채널 메뉴 선택의 예

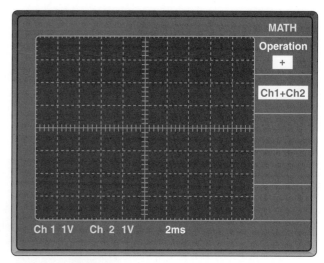

(b) 수학 메뉴 선택의 예

그림 8-62

메뉴 선택의 예를 보여주는 스코프 화면

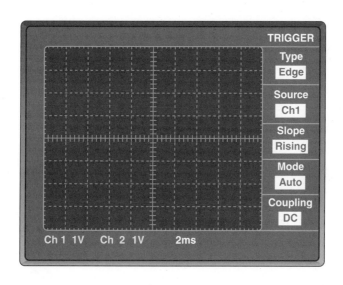

그림 8-63

동기(트리거) 메뉴의 예

동기는 화면상의 파형을 안정화시켜 주고 한 번 혹은 불규칙적으로 발생하는 펄스에 대해 적절하게 동기를 시켜준다. 또한 이 기능을 사용하면 두 파형의 시간 지연을 볼 수 있다. 동기되지 않은 신호는 화면상에 흐르게 되어 마치 여러 개의 파형처럼 보이게 된다.

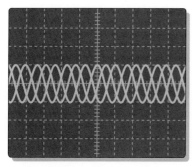

(a) 동기되지 않은 파형

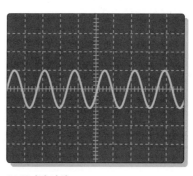

(b) 동기된 파형

그림 8-64

오실로스코프에서 동기되지 않은 파형과 동기된 파형의 비교

신호를 스코프에 결합하는 방법   결합(coupling)은 측정할 신호전압을 오실로스코프에 연결하는 데 사용하는 방법이다. DC와 AC 결합 모드는 수직 메뉴에서 선택할 수 있다. 직류 결합은 직류 성분을 포함한 파형이 보이게 한다. 교류 결합은 신호에서 직류 성분을 제거함으로써 파형이 0 V에 중심을 두도록 한다. 접지 모드는 입력을 끊어 화면에 0 V 기준이 어디인지 알게 한다. 그림 8-65는 직류 성분을 포함한 정현파를 사용하여 직류 및 교류 결합의 결과를 보여준다.

그림 8-65

직류 성분을 포함한 동일한 파형

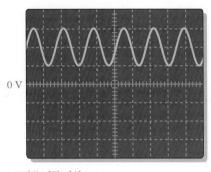

(a) 직류 결합 파형

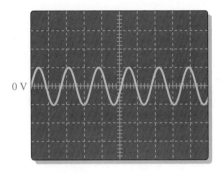

(b) 교류 결합 파형

그림 8-66과 같은 전압 프로브가 신호를 스코프에 연결하는 데 사용된다. 모든 계측기는 측정할 회로에 부하효과로 인해 영향을 주는데 이러한 부하효과를 최소화하기 위해 대부분의 스코프는 감쇠 프로브를 사용한다. 측정되는 신호를 10배 감쇠시키는 프로브를 ×10(10배) 프로브라 하고 감쇠가 없는 프로브를 ×1(1배) 프로브라 한다. 오실로스코프는 사용되는 프로브 종류의 감쇠에 따라 캘리브레이션을 조절하여야 한다. 대부분의 경우 ×10 프로브가 사용되지만 미세 신호를 측정하는 경우 ×1 프로브를 사용하는 것이 좋다.

그림 8-66

오실로스코프 전압 프로브

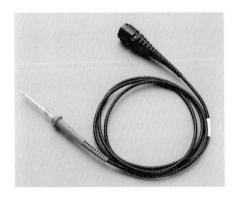

프로브는 입력 캐패시턴스를 보정할 수 있는 조절기능을 제공한다. 대부분의 스코프는 프로브 보정을 위한 구형파를 제공하는 프로브 보정 출력을 가지고 있다. 측정하기 전에 왜곡을 제거하기 위해 프로브가 충분히 보정되었는지 확인하여야 한다. 대개 프로브 보정을 위해 나사 혹은 다른 조절수단이 제공된다. 그림 8-67은 적절하게 보정된 경우, 보정이 부족한 경우, 그리고 과도하게 보정된 경우의 3가지 프로브 조건에 대한 파형을 보여준다. 만일 파형이 과도하게 혹은 부족하게 보정된 경우 적절하게 보정된 구형파형을 얻을 때까지 프로브를 보정해 주어야 한다.

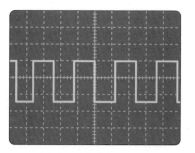
(a) 적절하게 보정된 경우

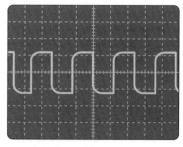
(b) 부족하게 보정된 경우

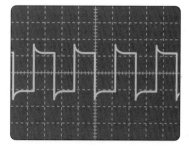
(c) 과도하게 보정된 경우

그림 8-67

프로브 보정조건

예제 8-17

그림 8-68에서 디지털 스코프의 화면 표시와 화면 하단의 Volts/Div, Sec/Div 설정으로부터 각 정현파에 대해 최소-최대값과 주기를 구하시오. 정현파는 화면에 수직으로 중심이 맞춰져 있다.

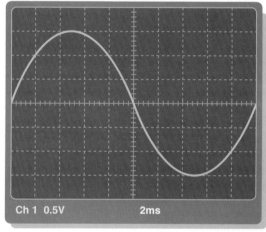
(a)

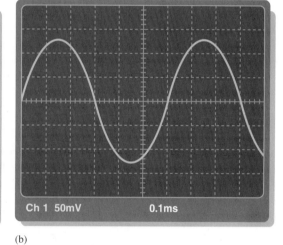
(b)

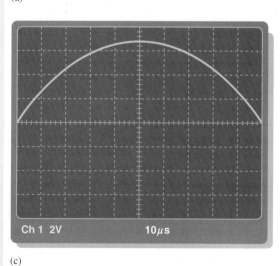
(c)

(d)

그림 8-68

해 그림 8-68(a)의 수직 눈금을 보면

$$V_{pp} = 6칸 \times 0.5 \text{ V/칸} = \textbf{3.0 V}$$

수평 눈금을 보면(한 사이클이 10칸을 차지하고 있으므로)

$$T = 10칸 \times 2 \text{ ms/칸} = \textbf{20 ms}$$

그림 8-68(b)의 수직 눈금을 보면

$$V_{pp} = 5칸 \times 50 \text{ mV/칸} = \textbf{250 mV}$$

수평 눈금을 보면(한 사이클이 6칸을 차지하고 있으므로)

$$T = 6칸 \times 0.1 \text{ ms/칸} = 0.6\text{ms} = \textbf{600 } \mu\text{s}$$

그림 8-68(c)의 수직 눈금을 보면

$$V_{pp} = 6.8칸 \times 2 \text{ V/칸} = \textbf{13.6 mV}$$

수평 눈금을 보면(1/2 사이클이 10칸을 차지하고 있으므로)

$$T = 20칸 \times 10 \text{ } \mu\text{s/칸} = \textbf{200 } \mu\text{s}$$

그림 8-68(d)의 수직 눈금을 보면

$$V_{pp} = 4칸 \times 5 \text{ V/칸} = \textbf{20 V}$$

수평 눈금을 보면(한 사이클이 2칸을 차지하고 있으므로)

$$T = 2칸 \times 2 \text{ } \mu\text{s/칸} = \textbf{4 } \mu\text{s}$$

관련 문제 그림 8-68에 나타난 각 파형에 대하여 실효값(rms 값)과 주파수를 구하시오.

8-9 복습문제

1. 디지털과 아날로그 스코프의 주된 차이점은 무엇인가?
2. 전압은 스코프 화면에서 수평으로 읽히는가 아니면 수직으로 읽히는가?
3. 오실로스코프에서 Volts/Div의 기능은 무엇인가?
4. 오실로스코프에서 Sec/Div의 기능은 무엇인가?
5. 전압 측정시에 ×10 프로브를 사용하여야 하는 경우는 언제인가?

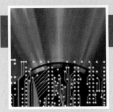

응용 과제
지식을 실무로 활용하기

정현파, 삼각파, 펄스파를 발생시키는 함수 발생기를 점검하고자 한다. 각 형태의 출력에 대해 주파수와 진폭의 최소 및 최대값, 직류 오프셋의 양과 음의 최대값, 그리고 펄스 파형의 최소 및 최대 듀티 사이클을 분석할 것이다. 측정 결과들은 논리적인 형식에 맞춰 기록한다.

1단계 : 함수 발생기 사용법 익히기

함수 발생기를 그림 8-69에 나타내었다. 각 조절단자는 원 안의 숫자로 표시하였으며 개략적인 설명은 아래와 같다.

1. **전원 ON/OFF 스위치** 푸시 버튼 스위치를 눌러 전원을 켠다. 전원을 끄기 위해서는 다시 한번 더 스위치를 눌러준다.
2. **함수 스위치** 정현파, 삼각파, 펄스파 출력을 선택하기 위해서 스위치 중 하나를 누른다.
3. **주파수/진폭 범위 스위치** 이들 메뉴 선택 스위치는 조절 제어단자 ④와 함께 사용된다.
4. **주파수 조절 제어단자** 이 다이얼을 돌려서 선택된 범위의 특정 주파수를 설정한다.

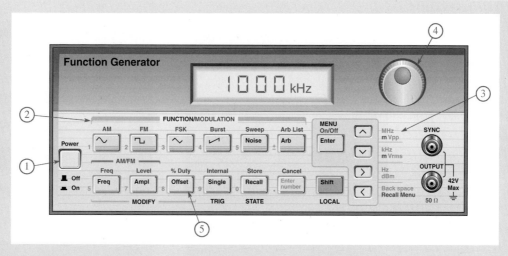

그림 8-69

함수 발생기

5. **직류 오프셋/듀티 사이클 조절단자** 이 조절단자는 교류 출력의 직류 레벨을 조절한다. 파형에 양의 혹은 음의 직류 레벨을 더할 수 있으며 펄스 파형 출력의 듀티 사이클을 조절할 수 있다. 정현파 혹은 삼각파 출력은 이 조절단자로부터 영향을 받지 않는다.

2단계 : 정현파 출력 측정하기

함수 발생기의 출력을 스코프의 채널 1 입력에 연결하고 정현파 출력 스위치를 선택한다. 스코프는 직류 결합으로 설정한다.

그림 8-70(a)에서 함수 발생기의 진폭과 주파수는 최소값으로 설정되어 있다고 하자. 이 값을 측정하여 기록한다. 진폭은 최대값과 실효값으로 나타낸다.

그림 8-70(b)에서 진폭과 주파수는 최대값으로 설정되어 있다고 하자. 이 값을 측정하여 기록한다. 진폭은 최대값과 실효값으로 나타낸다.

3단계 : 직류 오프셋 측정하기

직류 오프셋 측정시에 함수 발생기의 정현파 진폭과 주파수가 임의의 값으로 설정되어 있다고 하자.

그림 8-71(a)에서 함수 발생기의 직류 오프셋은 양의 최대값으로 조절되어 있다. 이 값을 측정하여 기록한다.

그림 8-71(b)에서 직류 오프셋은 음의 최대값으로 조절되어 있다. 이 값을 측정하여 기록한다.

4단계 : 삼각파 출력 측정하기

함수 발생기의 삼각파 출력이 선택되었으며 스코프는 교류 결합으로 설정되어 있다.

그림 8-72(a)에서 함수 발생기의 진폭과 주파수는 최소값으로 설정되어 있다고 하자. 이 값을 측정하여 기록한다.

그림 8-72(b)에서 진폭과 주파수는 최대값으로 설정되어 있다고 하자. 이 값을 측정하여 기록한다.

그림 8-70

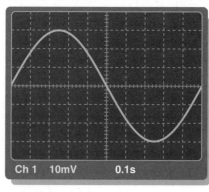

(a) 수평축은 0 V이다.

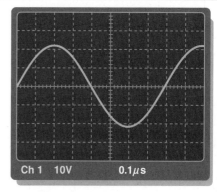

(b) 수평축은 0 V이다.

그림 8–71

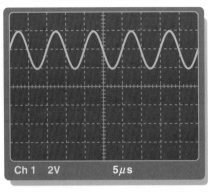
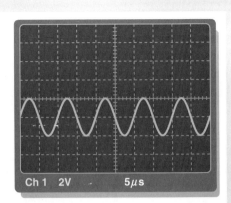

(a) 수평축은 0 V이다.

(b) 수평축은 0 V이다.

그림 8–72

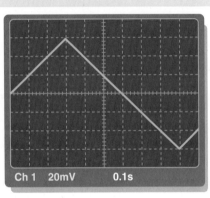
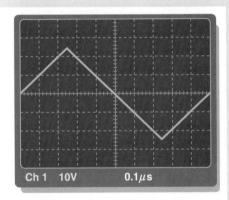

(a) 수평축은 0 V이다.

(b) 수평축은 0 V이다.

그림 8–73

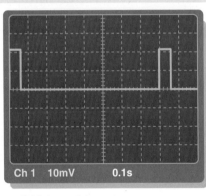
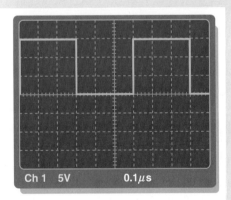

(a) 수평축은 0 V이다.

(b) 수평축은 0 V이다.

5단계 : 펄스파 출력 측정하기

함수 발생기의 펄스파 출력이 선택되었으며 스코프는 직류 결합으로 설정하였다.

그림 8-73(a)에서 함수 발생기의 진폭과 주파수는 최소값으로 설정하였으며 듀티 사이클도 최소값으로 조절하였다. 이들 값을 측정하고 기록한다. 듀티 사이클을 백분율값으로 나타낸다.

그림 8-73(b)에서 함수 발생기의 진폭과 주파수는 최대값으로 설정하였으며 듀티 사이클도 최대값으로 조절하였다. 이들 값을 측정하고 기록한다. 듀티 사이클을 백분율값으로 나타낸다.

복습문제

1. 일반적으로 스코프의 Sec/Div 조절단자를 어떻게 설정해야 보다 정확한 주파수 측정이 가능한가?
2. 일반적으로 스코프의 Volts/Div 조절단자를 어떻게 설정해야 보다 정확한 진폭 측정이 가능한가?
3. 오실로스코프 각 채널에 대하여 결합 모드 설정(AC, DC, GND)의 목적을 설명하시오.

요 약

▶ 정현파는 시간에 따라 변하는 주기파이다.

▶ 정현파는 교류 전류와 교류 전압의 기본적인 형태이다.

▶ 교류 전류는 전원전압의 극성 변화에 따라 흐르는 방향이 바뀐다.

▶ 교류 정현파의 한 사이클은 양의 변화와 음의 변화로 이루어진다.

▶ 정현파 전압은 자기장 속에서 도체를 회전시켜 얻을 수 있다.

▶ 일반적으로 정현파를 만드는 두 가지 방법은 전자기 교류 발전기와 전자발진회로이다.

▶ 정현파의 완전한 사이클은 360° 또는 2π 라디안이다. 1/2 사이클은 180° 또는 π 라디안이다. 1/4 사이클은 90° 또는 $\pi/2$ 라디안이다.

▶ 위상각은 기준 정현파와 주어진 정현파 사이의 차를 도(degree) 또는 라디안으로 표시한 것이다.

▶ 페이저의 각도 위치는 정현파의 각도를 나타내고 페이저의 길이는 진폭을 나타낸다.

▶ 옴의 법칙이나 키르히호프의 법칙을 적용하기 위해서는 전압과 전류는 일관된 단위를 사용하여 나타내어야 한다.

▶ 저항회로에서 전력은 실효 전압과 실효 전류값으로 구할 수 있다.

▶ 펄스는 기준선에서 진폭값으로의 천이와 그 뒤에 다시 기준선으로의 천이로 이루어진다.

▶ 삼각파 또는 톱니파는 증가하는 램프와 감소하는 램프로 이루어진다.

▶ 고조파 주파수는 비정현파의 반복률(기본 주파수)의 홀수배 또는 짝수배이다.

▶ 정현파에서의 각 단위의 상호 변환 관계를 표 8-2에 요약하였다.

표 8–2

변환하기 전 단위	변환한 이후 단위	곱해줄 값
최대값	실효값	0.707
최대값	최소-최대값	2
최대값	평균값	0.327
실효값	최대값	1.414
최소-최대값	최대값	0.5
평균값	최대값	1.57

핵심 용어

이 장에서 제시된 핵심 용어는 책 끝부분의 용어집에 정의되어 있다.

기본 주파수(fundamental frequency) : 파형의 반복률

고조파(harmonics) : 합성파에 포함된 주파수로 펄스 반복 주파수(기본 주파수)의 정수배이다.

도(degree) : 완전한 회전의 1/360에 해당하는 각도 측정 단위

듀티 사이클(duty cycle): 한 사이클 동안 펄스가 존재하는 시간의 백분율을 나타내는 펄스파의 특성으로, 주기에 대한 펄스폭의 비는 비율이나 백분율로 표시한다.

라디안(radian) : 각도 측정의 단위로서 360°는 2π 라디안이며, 1 라디안은 57.3°이다.

램프(ramp) : 전압 또는 전류가 선형적으로 증가하거나 감소하는 것으로 규정되는 파형의 형태

발진기(oscillator) : 양의 궤환을 이용해서 외부 입력신호 없이 시변 신호를 발생시키는 전자회로

사이클(cycle) : 주기 파형의 1회 반복

상승시간(rise time : t_r) : 펄스 진폭이 10%에서 90%까지 변화하는 데 필요한 시간

순시값(instantaneous value) : 주어진 시간에서의 순간 파형의 전압 또는 전류값

오실로스코프(oscilloscope) : 화면에 신호 파형을 표시하는 계측기

위상(phase) : 시간에 대해 변하는 파가 발생할 때, 어떤 기준에 대해 발생하는 상대적 각도 편차

정현파(sine wave) : $v = A \sin\theta$로 정의되는 정현적인 모양을 반복하는 형태의 파형

주기(period : T) : 주기 파형이 하나의 완전한 사이클이 되는 데 필요한 시간

주기적(periodic) : 고정된 시간간격으로 반복되는 특성

주파수(frequency : f) : 주기 함수의 변화율 수치. 1초에 완성되는 사이클의 수. 주파수의 단위는 헤르츠(Hz)

진폭(amplitude) : 전압 또는 전류의 최대값

최대값(peak value) : 파형의 양 또는 음의 최대점의 전압 또는 전류값

최소-최대값(peak-to-peak value) : 파형의 최소점에서 최대점까지 측정한 전압 또는 전류값

파형(waveform) : 시간에 따라 변화하는 값을 보여주는 전압 또는 전류 변동 패턴

펄스(pulse) : 전압 혹은 전류에 대하여 일정한 시간간격을 두고 두 개의 반대 방향으로 같은 크기의 계단 변화를 가지는 형태의 파형

펄스폭(pulse width : t_W) : 이상적인 펄스의 반대되는 스텝 사이의 시간. 실제 펄스의 경우 선행과 후행 모서리의 50% 되는 지점 사이의 시간

평균값(average value) : 1/2 사이클 동안 정현파의 평균. 최대값의 0.637배이다.

하강시간(fall time : t_f) : 펄스가 그 전체 진폭의 90%에서 10%로 변할 때 걸리는 시간

함수 발생기(function generator) : 하나 이상의 형태의 파형을 생성하는 기기

헤르츠(hertz : Hz) : 주파수의 단위. 1 헤르츠는 초당 1 사이클과 같다.

rms(root mean square) : 열효과를 나타내는 정현파 전압값, 실효값으로도 알려져 있다. 최대값의 0.707배이다. rms는 제곱의 평균의 제곱근(root mean square)의 약자이다.

주요 공식

(8-1) $f = \dfrac{1}{T}$ 주파수

(8-2) $T = \dfrac{1}{f}$ 주기

(8-3) $f = (극대수)(rps)$ 발전기의 출력 주파수

(8-4) $V_{pp} = 2V_p$ 정현파의 최소-최대값 전압

(8-5) $I_{pp} = 2I_p$ 정현파의 최소-최대값 전류

(8-6) $V_{rms} = 0.707V_p$ 정현파의 rms 전압값

(8-7) $I_{rms} = 0.707I_p$ 정현파의 rms 전류값

(8-8) $V_p = 1.414V_{rms}$ 정현파의 최대 전압

(8-9) $I_p = 1.414\,I_{rms}$ 정현파의 최대 전류

(8-10) $V_{pp} = 2.828V_{rms}$ 정현파의 최소-최대값 전압

(8-11) $I_{pp} = 2.828I_{rms}$ 정현파의 최소-최대값 전류

(8-12) $V_{avg} = 0.637V_p$ 정현파의 1/2 사이클 평균 전압

(8-13) $I_{avg} = 0.637I_p$ 정현파의 1/2 사이클 평균 전류

(8-14) $rad = \left(\dfrac{\pi\ rad}{180^\circ}\right) \times degrees$ 도를 라디안으로 변환

(8-15) $degrees = \left(\dfrac{180^\circ}{\pi\ rad}\right) \times rad$ 라디안을 도로 변환

(8-16) $y = A \sin \theta$ 정현파의 일반 공식

(8-17) $v = V_p \sin \theta$ 정현파 전압

(8-18) $i = I_p \sin \theta$ 정현파 전류

(8-19) $y = A \sin(\theta - \phi)$ 기준보다 뒤진 정현파

(8-20) $y = A \sin(\theta + \phi)$ 기준보다 앞선 정현파

(8-21) 백분율 듀티 사이클 $= \left(\dfrac{t_W}{T}\right) = 100\%$ 듀티 사이클

(8-22) $V_{avg} =$ 기준선 전압 $+$ (듀티 사이클)(진폭) 펄스파의 평균값

자습문제   정답은 장의 끝부분에 있다.

1. 직류와 교류 사이의 차이점은?
  (a) 교류는 값이 변하고 직류는 변하지 않는다.
  (b) 교류는 방향이 바뀌고 직류는 바뀌지 않는다.
  (c) (a), (b) 모두
  (d) (a), (b) 모두 아님

2. 매 사이클 동안 정현파는 최대값에 몇 번 도달하는가?
  (a) 한 번   **(b)** 두 번
  (c) 네 번   **(d)** 주파수에 따라 그 수가 다르다.

3. 주파수가 12 kHz인 정현파는 어느 주파수를 갖는 정현파보다 빠르게 변하는가?
  (a) 20 kHz   **(b)** 15,000 Hz
  (c) 10,000 Hz   **(d)** 1.25 MHz

4. 주기가 2 ms인 정현파는 어느 주기를 갖는 정현파보다 빠르게 변하는가?
  (a) 1 ms   **(b)** 0.0025 s   **(c)** 1.5 ms   **(d)** 1000 μs

5. 정현파 주파수 60 Hz이면, 10초 동안 몇 사이클을 지나가는가?
  (a) 6 사이클   **(b)** 10 사이클
  (c) 1/16 사이클   **(d)** 600 사이클

6. 정현파의 최대값이 10 V라면, 최소-최대값은 얼마인가?
  (a) 20 V   **(b)** 5 V   **(c)** 100 V   **(d)** 답이 없음

7. 정현파의 최대값이 20 V라면, rms 값은 얼마인가?
  (a) 14.14 V   **(b)** 6.37 V   **(c)** 7.07 V   **(d)** 0.707 V

8. 최대값이 10 V인 정현파의 한 사이클 평균값은 얼마인가?
  (a) 0 V   **(b)** 6.37 V   **(c)** 7.07 V   **(d)** 5 V

9. 최대값이 20 V인 정현파의 1/2 사이클 평균값은 얼마인가?
  (a) 0 V   **(b)** 6.37 V   **(c)** 12.74 V   **(d)** 14.14 V

10. 한 정현파가 10°일 때 양의 방향으로 영점을 지났고 다른 정현파는 45°에서 양의 방향으로 영점을 지났다. 두 파형 사이의 위상각은 얼마인가?
  (a) 55°   **(b)** 35°   **(c)** 0°   **(d)** 답이 없음

11. 최대값이 15 A인 정현파에서, 영 교차점으로부터 양의 방향으로 32° 떨어진 지점의 순시값은 얼마가 되는가?
  (a) 7.95 A   **(b)** 7.5 A   **(c)** 2.13 A   **(d)** 7.95 V

12. 10 kΩ 저항에 실효 전류 5 mA가 흘렀다면, 저항 양단의 실효 전압강하는 얼마인가?
  (a) 70.7 V   **(b)** 7.07 V   **(c)** 5 V   **(d)** 50 V

13. 직렬 연결된 2개의 저항이 교류 전원에 연결되어 있다. 하나의 저항에 6.5 V의 실효 전압이 걸리고 다른 하나에는 3.2 V의 실효 전압이 걸렸다. 교류 전원의 최대값은 얼마인가?
  (a) 9.7 V   **(b)** 9.19 V   **(c)** 13.72 V   **(d)** 4.53 V

14. 펄스폭이 10 μs인 10 kHz 펄스파가 있다. 듀티 사이클은 얼마인가?
  (a) 100%   **(b)** 10%   **(c)** 1%   **(d)** 계산 불가능

15. 구형파의 듀티 사이클은 얼마인가?

(a) 주파수에 따라 다르다.   (b) 펄스폭에 따라 다르다.

(c) (a), (b) 모두   (d) 50%

고장진단 : 증상과 원인

이러한 연습문제의 목적은 고장진단에 필수적인 과정을 이해함으로써 회로의 이해를 돕는 것이다. 정답은 장의 끝부분에 있다.

그림 8-74를 참조하여 각각의 증상에 대한 원인을 규명하시오.

그림 8-74

교류 전압계에 표시된 측정값은 정확 하다고 가정한다

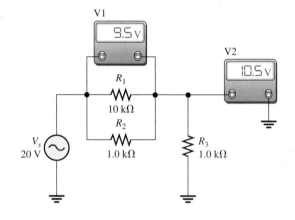

1. 증상 : 전압계 1은 0 V, 전압계 2는 20 V가 판독되었다.

원인 :

(a) R_1 개방

(b) R_2 개방

(c) R_3 개방

2. 증상 : 전압계 1은 20 V, 전압계 2는 0 V가 판독되었다.

원인 :

(a) R_1 개방

(b) R_2 단락

(c) R_3 단락

3. 증상 : 전압계 1은 18.2 V, 전압계 2는 1.8 V가 판독되었다.

원인 :

(a) R_1 개방

(b) R_2 개방

(c) R_1 단락

4. 증상 : 전압계 1, 2 모두 10 V가 판독되었다.

원인 :

(a) R_1 개방

(b) R_1 단락

(c) R_2 개방

5. 증상 : 전압계 1은 16.7 V, 전압계 2는 3.3 V가 판독되었다.

원인 :

(a) R_1 개방

(b) R_2에 1 kΩ 대신 10 kΩ 사용

(c) R_3에 1 kΩ 대신 10 kΩ 사용

문 제

홀수문제의 답은 책 끝부분에 있다.

기본문제

8-1 정현파

1. 아래의 주기에 대해 주파수를 계산하시오.

(a) 1 s   **(b)** 0.2 s   **(c)** 50 ms   **(d)** 1 ms   **(e)** 500 μs   **(f)** 10 μs

2. 아래 주파수에 대해 주기를 계산하시오.

(a) 1 Hz   **(b)** 60 Hz   **(c)** 500 Hz   **(d)** 1 kHz   **(e)** 200 kHz   **(f)** 5 MHz

3. 정현파가 10 μs 동안 5개의 사이클이 있다. 주기는 얼마인가?

4. 정현파의 주파수가 50 kHz이다. 10 ms 동안 몇 개의 사이클이 있겠는가?

8-2 정현파 전압원

5. 2극 단일 위상 발전기의 회전자의 도체 루프가 250 rps로 회전한다. 출력되는 유도 전압의 주파수는 얼마인가?

6. 어떤 4극 발전기가 3600 rpm의 속도로 회전하고 있다. 이 발전기에서 발생하는 전압의 주파수는 얼마인가?

7. 4극 발전기로 400 Hz의 정현파 전압을 발생시키려면 회전속도는 얼마가 되어야 하는가?

8-3 정현파의 전류와 전압값

8. 정현파 전압의 최대값이 12 V이다. 다음을 계산하시오.

(a) rms 값   **(b)** 최소-최대값   **(c)** 반 주기 평균값

9. 정현파 전류의 rms 값이 5 mA이다. 다음을 계산하시오.

(a) 최대값   **(b)** 반 주기 평균값   **(c)** 최소-최대값

10. 그림 8-75의 정현파에 대해 최대값, 최소-최대값, rms 값, 평균값을 계산하시오.

11. 그림 8-75의 각 수평 간격이 1 ms일 때 다음 시점에서 순시값을 구하시오.

(a) 1 ms   **(b)** 2 ms   **(c)** 4 ms   **(d)** 7 ms

그림 8-75

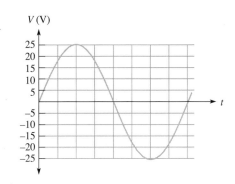

8-4 정현파의 각도 측정

12. 그림 8-75에서 다음 각도에서 순시전압을 구하시오.

(a) 45°   **(b)** 90°   **(c)** 180°

13. 정현파 *A*가 30°에서 양(+)방향 영 교차점을 갖는다. 정현파 *B*는 45°에서 양(+)방향 영 교차점을 갖는다. 두 신호 사이의 위상각을 계산하시오. 어느 신호가 앞서는가?

14. 한 정현파가 75°에서 양의 최대값이 되고 다른 하나는 100°에서 양의 최대값이 되었다. 이들 정현파는 기준점 0에서 얼마나 이동하였는가? 이 두 정현파 사이의 위상각은 얼마인가?

15. 다음 설명에 따라 2개의 정현파를 그리시오. 정현파 A가 기준이고 정현파 B는 A보다 90° 뒤진다. 두 파의 진폭은 같다.

16. 다음 도 단위의 각도를 라디안 단위로 변환하시오.

    (a) 30°   **(b)** 45°   **(c)** 78°   **(d)** 135°   **(e)** 200°   **(f)** 300°

17. 다음 라디안 단위의 각도를 도 단위로 변환하시오.

    (a) $\pi/8$ rad   **(b)** $\pi/3$ rad   **(c)** $\pi/2$ rad   **(d)** $3\pi/5$ rad   **(e)** $6\pi/5$ rad   **(f)** 1.8π rad

8-5 정현파 공식

18. 어떤 정현파가 0°에서 양(+)방향 영 교차점을 갖고 rms 값이 20 V이다. 아래의 각 각도에서 순시값을 계산하시오.

    (a) 15°   **(b)** 33°   **(c)** 50°   **(d)** 110°

    (e) 70°   **(f)** 145°   **(g)** 250°   **(h)** 325°

19. 0°기준 정현파 전류가 100 mA 최대값을 가지고 있다. 아래의 각 지점에서 순시값을 계산하시오.

    (a) 35°   **(b)** 95°   **(c)** 190°   **(d)** 215°   **(e)** 275°   **(f)** 360°

20. 0°기준 정현파의 rms 값이 6.37 V이다. 아래의 각 지점에서 순시값을 계산하시오.

    (a) $\pi/8$ rad   **(b)** $\pi/4$ rad   **(c)** $\pi/2$ rad   **(d)** $3\pi/4$ rad

    (e) π rad   **(f)** $3\pi/2$ rad   **(g)** 2π rad

21. 정현파 A가 정현파 B보다 30° 뒤진다. 두 정현파의 최대값이 15 V이다. 정현파 A가 0°에서 양(+) 방향 영 교차점을 갖는다. 30°, 45°, 90°, 180°, 200°, 300°일 때 정현파 B의 순시값을 계산하시오.

22. 정현파 A가 정현파 B를 30° 앞선 경우에 대해 문제 21을 반복하시오.

8-6 교류 회로의 분석

23. 정현파 전압이 그림 8-76의 저항회로에 인가되었다. 다음을 계산하시오.

    (a) I_{rms} **(b)** I_{avg} **(c)** I_p **(d)** I_{pp} **(e)** 양의 최대값에서 i

그림 8-76

24. 그림 8-77에서 저항 R_1과 R_2에 걸리는 전압의 1/2 사이클 평균값을 구하시오. 표시된 모든 수치는 rms 값이다.

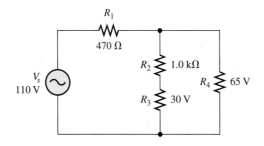

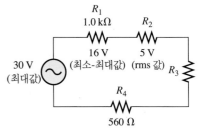

그림 8-77   그림 8-78

25. 그림 8-78의 R_3에 걸리는 rms 전압을 계산하시오.

8-7 직류와 교류 전압의 중첩

26. 10.6 V의 rms 값을 갖는 정현파가 직류 24 V와 더해졌다. 그 결과 파형의 최대값과 최소값은 얼마인가?

27. 3 V의 rms 값을 갖는 정현파에 몇 V의 직류 전압을 더해야 전압의 부호가 변하지 않게 되는가(음의 값을 갖지 않게 되는가)?

28. 최대값이 6 V인 정현파가 8 V 직류 전압과 더해졌다. 직류 전압이 5 V로 감소하면, 정현파가 얼마만큼 음의 값을 가지는가?

8-8 비정현파

29. 그림 8-79로부터 대략적인 t_r, t_f, t_W, 그리고 진폭을 구하시오.

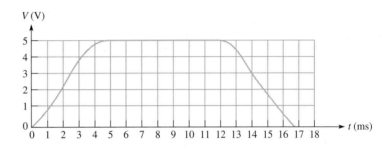

그림 8-79

30. 그림 8-80에서 각 파형에 대해 듀티 사이클을 계산하시오.

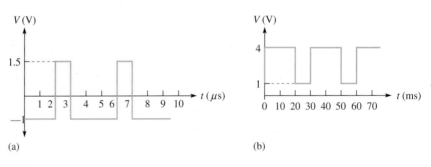

(a)

(b)

그림 8-80

31. 그림 8-80에서 각 펄스파의 평균값을 구하시오.

32. 그림 8-80에서 각 파형의 주파수는 얼마인가?

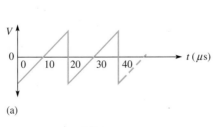

(a)

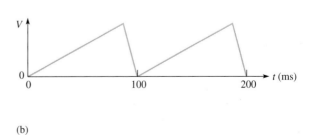

(b)

그림 8-81

33. 그림 8-81에서 각 톱니파의 주파수는 얼마인가?

34. 구형파의 주기가 40 μs이다. 앞의 6개 홀수 고조파 항목을 만드시오.

35. 문제 34에서 구형파의 기본 주파수는 얼마인가?

8-9 오실로스코프

그림 8–82

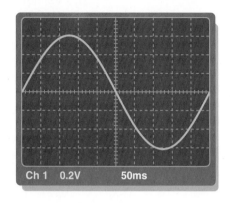

36. 그림 8-82의 스코프 화면에 표시된 정현파의 최대값과 주기를 계산하시오. 수평축은 0 V이다.

37. 그림 8-82의 스코프 화면에 표시된 정현파의 실효값과 주파수를 계산하시오. 수평축은 0 V이다.

그림 8–83

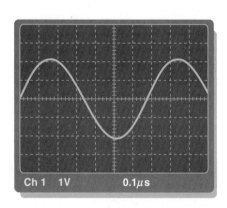

38. 그림 8-83의 스코프 화면에 표시된 정현파의 실효값과 주파수를 계산하시오. 수평축은 0 V이다.

39. 그림 8-84의 스코프 화면에 표시된 펄스파의 진폭, 펄스폭, 그리고 듀티 사이클을 찾으시오. 수평축은 0 V이다.

그림 8–84

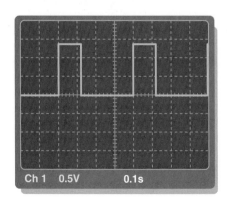

고급문제

40. 어떤 정현파의 주파수가 2.2 kHz이고 rms 값이 25 V이다. 사이클이 $t = 0$ s일 때 시작된다면, 0.12 ms에서 0.2 ms 사이의 전압 변화는 얼마인가?

41. 그림 8-85는 직류 전원과 직렬 연결된 정현파 전압을 나타내고 있다. 사실상, 두 전압은 중첩되어 있다. R_L에 걸리는 전압을 그리고 R_L에 흐르는 최대 전류와 평균 전류를 구하시오.

그림 8-85

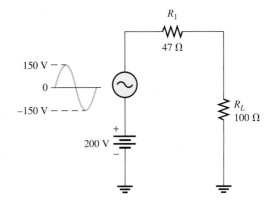

42. 그림 8-86은 계단(stairstep)이라고 부르는 비정현파이다. 평균값을 계산하시오.

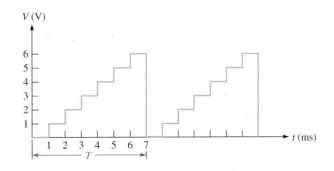

그림 8-86

43. 그림 8-87의 오실로스코프에서

  (a) 몇 개의 사이클이 나타나 있는가?

  (b) 정현파의 실효값은 얼마인가?

  (c) 정현파의 주파수는 얼마인가?

그림 8-87

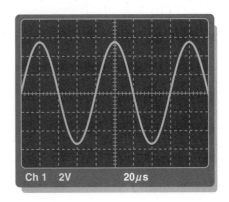

44. 그림 8-87의 스코프 화면을 나타내는 그리드를 정확히 그리시오. Volts/Div 조절단자 설정을 5 V 로 변경하였을 때 정현파는 어떻게 나타나겠는가?

45. 그림 8-87의 스코프 화면을 나타내는 그리드를 정확히 그리시오. Sec/Div 조절단자 설정을 10 μs 로 변경하였을 때 정현파는 어떻게 나타나겠는가?

46. 그림 8-88에서 스코프의 설정사항과 화면, 회로기판을 조사하여 입력신호와 출력신호의 주파수와 최대값을 계산하시오. 화면의 파형은 채널 1이다. 스코프에 설정된 것을 바탕으로 채널 2의 예상 파형을 그리시오.

47. 그림 8-89의 오실로스코프 화면과 회로기판을 조사하여, 미지의 입력신호의 최대값과 주파수를 계산하시오.

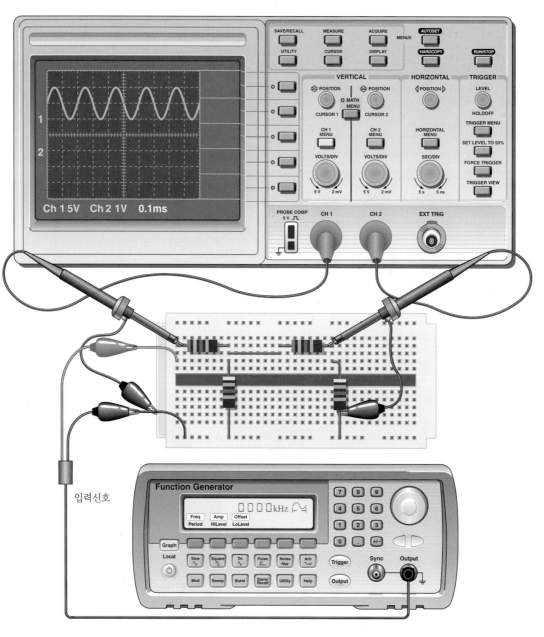

그림 8–88

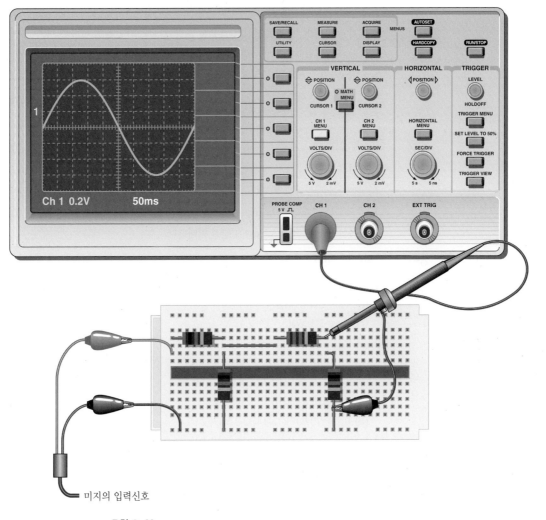

미지의 입력신호

그림 8-89

Multisim을 이용한 고장진단 문제

48. P08-48 파일을 열고 오실로스코프를 사용하여 정현파 전압의 최대값과 주기를 측정하시오.

49. P08-49 파일을 열고 결함이 있는지 점검하시오.

50. P08-50 파일을 열고 결함이 있는지 점검하시오.

51. P08-51 파일을 열고 오실로스코프를 사용하여 펄스파의 진폭과 주기를 측정하시오.

52. P08-52 파일을 열고 결함이 있는지 점검하시오.

정 답

절 복습문제

8-1 정현파

1. 정현파의 한 사이클은 0을 통과하고 양의 최대값이 된 다음, 0을 지나고 음의 최대값이 되어 다시 0을 통과한다.

2. 정현파는 0을 지날 때 극성이 바뀐다.

3. 정현파는 매 사이클마다 2개의 최대점(peak)을 갖는다.

4. 주기는 하나의 영 교차점에서 다음번 해당되는(동일한 부호 변화를 가지는) 영 교차점까지, 또는 하나의 최대점에서 다음번 해당되는(동일한 기울기 변화를 가지는) 최대점까지이다.

5. 주파수는 1초 동안의 사이클 수이다. 주파수의 단위는 헤르츠이다.

6. $f = 1/(5\mu s) = 200$ kHz

7. $T = 1/(120$ Hz$) = 8.33$ ms

8-2 정현파 전압원

1. 정현파 전원의 2가지 형태로 전자기적 방법과 전자적 방법이 있다.

2. 정현파는 자장에서 회전하는 도체에 의해 전자기적으로 발생한다.

3. 주파수는 극대수와 속도(rps)에 직접 비례한다.

4. 진폭은 권선 수와 속도(rps)에 직접 비례한다.

8-3 정현파의 전류와 전압값

1. (a) $V_{pp} = 2(1$ V$) = 2$ V

   (b) $V_{pp} = 2(1.414)(1.414$ V$) = 4$ V

   (c) $V_{pp} = 2(1.57)(3$ V$) = 9.42$ V

2. (a) $V_{rms} = (0.707)(2.5$ V$) = 1.77$ V

   (b) $V_{rms} = (0.5)(0.707)(10$ V$) = 3.54$ V

   (c) $V_{rms} = (0.707)(1.57)(1.5$ V$) = 1.66$ V

3. (a) $V_{avg} = (0.637)(10$ V$) = 6.37$ V

   (b) $V_{avg} = (0.637)(1.414)(2.3$ V$) = 2.07$ V

   (c) $V_{avg} = (0.637)(0.5)(60$ V$) = 19.1$ V

8-4 정현파의 각도 측정

1. (a) 90° 에서 양의 최대값

   (b) 180°에서 음의 방향으로 0점 교차

   (c) 270°에서 음의 최대값

   (d) 360°에서 사이클 완료

2. 1/2 사이클은 180° 혹은 π 라디안에서 완료된다.

3. 1 사이클은 360° 혹은 2π 라디안에서 완료된다.

4. $\theta = 90° - 45° = 45°$

8-5 정현파 공식

1. (a) $\sin 30° = 0.5$

   (b) $\sin 60° = 0.866$

   (c) $\sin 90° = 1$

2. $v = 10 \sin(120°) = 8.66$ V

3. $v = 10 \sin(45 + 10°) = 8.19$ V

8-6 교류 회로의 분석

1. $I_p = V_p/R = (1.57)(12.5$ V$)/330$ Ω $= 59.5$ mA

2. $V_{s(rms)} = (0.707)(25.3$ V$) = 17.9$ V

8-7 직류와 교류 전압의 중첩

1. $+V_{max} = 5$ V $+ 2.5$ V $= 7.5$ V

2. 교번할 것이다.

3. $+V_{max} = 5\text{ V} - 2.5\text{ V} = 2.5\text{ V}$

8-8 비정현파

1. (a) 상승시간은 펄스 상승 모서리의 10%에서 90%까지 걸리는 시간이다.

　(b) 하강시간은 펄스 하강 모서리의 90%에서 10%까지 걸리는 시간이다.

　(c) 펄스폭은 선행 펄스 모서리의 50% 지점에서 후행 펄스 모서리의 50% 지점 사이의 시간이다.

2. $f = 1/1\text{ ms} = 1\text{ kHz}$

3. 듀티 사이클 $= (1/5)100\% = 20\%$; 진폭 $= 1.5\text{ V}$; $V_{avg} = 0.5\text{ V} + 0.2(1.5\text{ V}) = 0.8\text{ V}$

4. $T = 16\text{ ms}$

5. $f = 1/T = 1/(1\ \mu\text{s}) = 1\text{ MHz}$

6. 기본 주파수는 파형의 반복률이다.

7. 제2차 고조파 주파수 : 2 kHz

8. $f = 1/(10\ \mu\text{s}) = 100\text{ kHz}$

8-9 오실로스코프

1. 아날로그 : 신호가 직접 표시장치를 구동한다.

　디지털 : 신호가 디지털로 변환되어 처리된 후 다시 표시된다.

2. 전압은 수직축으로 측정한다.

3. Volts/Div 조절단자는 각 수직 간격에 의해 표시되는 전압의 양을 설정한다.

4. Sec/Div 조절단자는 각 수평 간격에 의해 표시되는 시간의 양을 설정한다.

5. 미소 전압을 측정하는 경우가 아닌 대부분의 경우 ×10 프로브를 사용한다.

응용 과제

1. 주파수를 측정할 수 있는 가장 낮은 Sec/Div 설정

2. 전압을 측정할 수 있는 가장 낮은 Volts/Div 설정

3. AC : 교류 전압만 결합시킨다.

　GND : 0 V를 보기 위한 접지를 입력한다.

　DC : 교류와 직류 전압을 모두 결합시킨다.

예제 관련 문제

8-1	2.4 s
8-2	1.5 ms
8-3	20 kHz
8-4	200 Hz
8-5	1 ms
8-6	30 rps
8-7	$V_{pp} = 50\text{ V}$, $V_{rms} = 17.7\text{ V}$, $V_{avg} = 15.9\text{ V}$
8-8	**(a)** $\pi/12$ rad
	(b) 112.5°
8-9	8°
8-10	18.1 V
8-11	$I_{rms} = 4.53\text{ mA}$, $V_{1(rms)} = 4.53\text{ V}$, $V_{2(rms)} = 2.54\text{ V}$, $P_{tot} = 32\text{ mW}$
8-12	23.7 V

8-13 (a)의 파형은 음의 값을 갖지 않는다.

(b)의 파형은 사이클의 일부에서 음의 값을 가진다.

8-14 5%

8-15 1.2 V

8-16 120 V

8-17 **(a)** $V_{rms} = 1.06$ V, $f = 50$ Hz

(b) $V_{rms} = 88.4$ mV, $f = 1.67$ kHz

(c) $V_{rms} = 4.81$ V, $f = 5$ kHz

(d) $V_{rms} = 7.07$ V, $f = 250$ kHz

자습문제

1. (b)　　**2.** (b)　　**3.** (c)　　**4.** (b)　　**5.** (d)　　**6.** (a)　　**7.** (a)

8. (a)　　**9.** (c)　　**10.** (b)　　**11.** (a)　　**12.** (d)　　**13.** (c)　　**14.** (b)

15. (d)

고장진단 : 증상과 원인

1. (c)　　**2.** (c)　　**3.** (b)　　**4.** (a)　　**5.** (b)

캐패시터

장의 개요

장의 목표

▶ 캐패시터의 기본적인 구조와 특성을 살펴본다.
▶ 캐패시터의 여러 가지 종류를 살펴본다.
▶ 직렬 연결된 캐패시터를 분석한다.
▶ 병렬 연결된 캐패시터를 분석한다.
▶ 직류 스위칭 회로에서 캐패시터의 동작을 설명한다.
▶ 교류 회로에서 캐패시터의 동작을 설명한다.
▶ 몇 가지 캐패시터의 응용에 대해 살펴본다.

핵심 용어

▶ 결합(coupling)
▶ 과도시간(transient time)
▶ 맥동전압(ripple voltage)
▶ 무효전력(reactive power)
▶ 바이패스(bypass)
▶ 순시전력 (instantaneous power)
▶ 온도계수 (temperature coefficient)
▶ 완충(decoupling)
▶ 용량성 리액턴스 (capacitive reactance)
▶ 유전상수 (dielectric constant)

▶ 유전체(dielectric)
▶ 유효전력(true power)
▶ 지수함수 (exponential curve)
▶ 충전(charging)
▶ 캐패시터(capacitor)
▶ 캐패시턴스(capacitance)
▶ 쿨롱의 법칙 (Coulomb's law)
▶ 패럿(farad : F)
▶ 필터(filter)
▶ *RC* 시정수 (*RC* time constant)
▶ VAR(volt-ampere reactive)

응용 과제 개요

캐패시터는 많은 응용에서 사용된다. 이 장의 응용 과제에서는 증폭기 회로에서 캐패시터를 한 지점에서 다른 지점으로 교류 결합하여 직류 전압을 차단하는 데 초점을 맞추었다. 오실로스코프를 사용하여 증폭기 회로기판에서 측정한 전압이 올바른지 확인하여야 하며 만일 올바른 파형이 나오지 않으면 문제를 해결하여야 한다. 이 장을 학습하고 나면, 응용 과제를 완벽하게 수행할 수 있을 것이다.

지원 웹 사이트

학습을 돕기 위해 다음의 웹 사이트를 방문하기 바란다.
http://www.prenhall.com/floyd

도입

캐패시터는 전하를 저장하는 장치로 전기장을 만들어 에너지를 저장한다. 전하를 저장하는 능력을 캐패시턴스라고 부른다. 이 장에서는 기본적인 캐패시터를 소개하고 그 특성을 학습한다. 다양한 종류의 캐패시터에 관하여 물리적인 구조와 전기적인 특성에 대해 살펴본다. 직렬 및 병렬 조합을 분석하고 직류 및 교류 회로에서 캐패시터의 기본 동작을 학습한다. 또한 대표적인 응용에 대해 살펴본다.

9-1 캐패시터 기초

캐패시터는 전하를 저장하는 수동 전기소자로 캐패시턴스라는 특성을 가지고 있다.

절의 학습내용

▶ **캐패시터의 기본적인 구조와 특성을 살펴본다.**

   ▶ 캐패시터가 전하를 저장하는 방법을 설명한다.

   ▶ 캐패시턴스를 정의하고 그 단위를 알아본다.

   ▶ 쿨롱의 법칙을 설명한다.

   ▶ 캐패시터가 에너지를 저장하는 방법을 설명한다.

   ▶ 정격전압과 온도계수를 설명한다.

   ▶ 캐패시터의 누설전류를 설명한다.

   ▶ 물리적인 특성이 캐패시턴스에 어떻게 영향을 미치는지 살펴본다.

기본 구조

가장 간단한 구조의 **캐패시터(capacitor)**는 **유전체(dielectric)**라 불리는 절연물질로 분리된 두 개의 평행한 도체판으로 구성된 전기적인 소자이다. 기본적인 캐패시터는 그림 9-1(a)와 같고 그 기호는 그림 9-1(b)에 표시하였다.

그림 9-1

기본적인 캐패시터

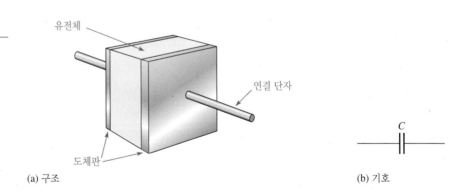

(a) 구조 (b) 기호

캐패시터가 전하를 저장하는 방법

캐패시터의 두 도체판은 중성 상태에서는 그림 9-2(a)에서와 같이 같은 수의 자유전자를 가지고 있다. 캐패시터가 저항을 통해 전압원에 연결되면 그림 9-2(b)에 보인 것처럼 전자(음전하)들이 도체판 A에서 제거되고 같은 수의 전자들이 도체판 B에 모인다. 도체판 A가 전자를 잃고 도체판 B가 전자를 얻으면 도체판 A는 도체판 B에 대해 양전하를 띠게 된다. 이러한 대전과정중에 전자들은 단지 연결 도선과 전원을 통해서만 흐른다. 캐패시터의 유전체는 절연체이므로 전자가 통과할 수 없다. 그림 9-2(c)와 같이 캐패시터에 형성된 전압이 전원전압과 같아질 때 전자의 이동이 멈추게 된다. 캐패시터가 전원으로부터 분리되면 그림 9-2(d)와 같이 캐패시터는 오랜 시간 동안 저장된 전하가 남아 있고, 전압이 유지된다(그 시간은 캐패시터의 종류에 따라 다르다). 충전된 캐패시터는 일시적인 전지처럼 동작한다.

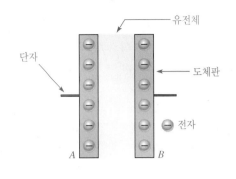

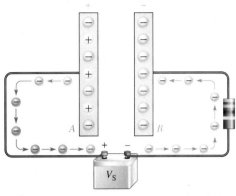

(a) 중성(대전되지 않은) 캐패시터(양 도체판에 동일한 전하를 가진다)

(b) 전압원에 연결되면 캐패시터가 충전되면서 전자가 도체판 A에서 도체판 B로 흘러간다.

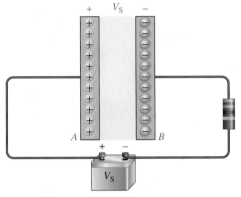

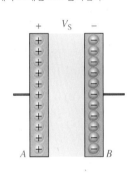

(c) 캐패시터가 V_S만큼 충전되면 전자가 더 이상 흐르지 않는다.

(d) 이상적인 경우 캐패시터는 전압원에서 분리되어도 전하를 유지한다.

그림 9-2

전하를 저장하는 캐패시터에 대한 설명

캐패시턴스

캐패시터가 도체판 양단에 저장할 수 있는 단위 전압당 전하의 양을 **캐패시턴스(capacitance)**라 하고 C로 표시한다. 즉, 캐패시턴스는 전하를 저장하기 위한 캐패시터의 능력 정도를 나타낸다. 캐패시터가 저장할 수 있는 단위 전압당 전하가 많으면 많을수록 캐패시턴스는 커지며, 다음 식으로 표현된다.

$$C = \frac{Q}{V} \tag{9-1}$$

여기서 C = 캐패시턴스
Q = 전하
V = 전압

식 (9-1)로부터 다음 두 식을 구할 수 있다.

$$Q = CV \tag{9-2}$$

$$V = \frac{Q}{C} \tag{9-3}$$

캐패시턴스의 단위   **패럿(farad : F)**은 캐패시턴스의 기본 단위이다. 쿨롱(C)이 전하의 단위임을 기억하라.

1 F은 1 C의 전하가 1 V의 전압으로 도체판 양단에 저장되는 캐패시턴스의 크기이다.

전자공학에서 사용되는 대부분의 캐패시터는 마이크로패럿(μF)과 피코패럿(pF) 단위의 캐패시턴스값을 갖는다. $1\ \mu F = 1 \times 10^{-6}$ F이고, $1\ pF = 1 \times 10^{-12}$ F이다. 패럿, 마이크로패럿, 피코패럿 간의 변환관계를 표 9-1에 나타내었다.

표 9–1

패럿, 마이크로패럿, 피코패럿 간의 변환

변경 이전 단위	변경 이후 단위	소수점의 이동
Farad	Microfarad	오른쪽으로 6칸, $\times 10^6$
Farad	Picofarad	오른쪽으로 12칸, $\times 10^{12}$
Microfarad	Farad	왼쪽으로 6칸, $\times 10^{-6}$
Microfarad	Picofarad	오른쪽으로 6칸, $\times 10^6$
Picofarad	Farad	왼쪽으로 12칸, $\times 10^{-12}$
Picofarad	Microfarad	왼쪽으로 6칸, $\times 10^{-6}$

예제 9–1

(a) 10 V 전압이 인가되었을 때 50 μC을 저장하는 캐패시터의 캐패시턴스를 구하시오.

(b) 2.2 μF 캐패시터 양단에 100 V 전압이 인가되었다. 저장하고 있는 전하의 양은?

(c) 2 μC의 전하를 저장하고 있는 100 pF 캐패시터 양단의 전압을 구하시오.

해 **(a)** $C = \dfrac{Q}{V} = \dfrac{50\ \mu C}{10\ V} = \mathbf{5\ \mu F}$

(b) $Q = CV = (2.2\ \mu F)(100\ V) = \mathbf{220\ \mu C}$

(c) $V = \dfrac{Q}{C} = \dfrac{2\ \mu C}{100\ pF} = \mathbf{20\ kV}$

관련 문제* $C = 1000$ pF, $Q = 10\ \mu$C일 때 V를 구하시오.

＊ 정답은 장의 끝부분에 있다.

예제 9–2

다음 값들을 마이크로패럿으로 변환하시오.

(a) 0.00001 F **(b)** 0.0047 F **(c)** 1000 pF **(d)** 220 pF

해 **(a)** $0.00001\ F \times 10^6\ \mu F/F = \mathbf{10\ \mu F}$

(b) $0.0047\ F \times 10^6\ \mu F/F = \mathbf{4700\ \mu F}$

(c) $1000\ pF \times 10^{-6}\ \mu F/pF = \mathbf{0.001\ \mu F}$

(d) $220\ pF \times 10^{-6}\ \mu F/pF = \mathbf{0.00022\ \mu F}$

관련 문제 47,000 pF을 마이크로패럿으로 변환하시오.

예제 9–3

다음 값들을 피코패럿으로 변환하시오.

(a) 0.1×10^{-8} F **(b)** 0.000027 F **(c)** 0.01 μF **(d)** 0.0047 μF

해 (a) 0.1×10^{-8} F $\times 10^{12}$ pF/F = **1000 pF**

(b) $0.000027\ \mu$F $\times 10^{12}$ pF/F = $\mathbf{27 \times 10^6}$ **pF**

(c) $0.01\ \mu$F $\times 10^6$ pF/μF = **10,000 pF**

(d) $0.0047\ \mu$F $\times 10^6$ pF/μF = **4700 pF**

관련 문제 $100\ \mu$F을 피코패럿으로 변환하시오.

캐패시터가 에너지를 저장하는 방법

캐패시터는 반대 극성을 갖는 전하에 의해 두 도체판에 형성되는 전계(전기장)의 형태로 에너지를 저장한다. 그림 9-3에서와 같이 전계는 유전체 내에 집중되어 있으며, 양전하와 음전하 사이의 힘의 선으로 나타난다.

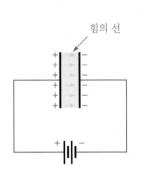

그림 9–3
전기장은 캐패시터 내에서 에너지를 저장한다. 회색 영역은 유전체를 나타낸다

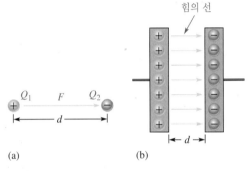

그림 9–4
반대 극성의 전하 사이에 형성되는 힘의 선

쿨롱의 법칙(Coulomb's law)은 다음과 같이 쓸 수 있다.

두 대전체(Q_1, Q_2) 사이에 존재하는 힘(F)은 두 전하의 곱에 비례하고 두 전하 사이의 거리(d)의 제곱에 반비례한다.

그림 9-4(a)는 양전하와 음전하 사이의 힘의 선을 보여준다. 그림 9-4(b)는 캐패시터의 도체판에 상반되는 여러 전하가 많은 힘의 선을 만들고 유전체 내에서 에너지를 저장하는 전계를 형성하는 모습을 보인 것이다.

캐패시터 도체판에서 전하들 사이의 힘이 크면 클수록 더 많은 에너지가 저장된다. 비록 분포된 전하는 더 이상 점전하로 동작하지 않기 때문에 쿨롱의 법칙을 정확히 따르지 않지만 그 힘은 여전히 전하의 양과 도체판 사이의 거리에 의존한다.

도체판에 있는 전하 사이에 작용하는 힘이 커질수록 저장되는 에너지의 양도 많아진다. 그러므로 쿨롱의 법칙에 따르면 저장되는 전하가 많을수록 그 힘도 커지기 때문에 저장되는 에너지의 양은 캐패시턴스에 비례한다.

또한 $Q = CV$로부터 저장되는 전하량은 전압뿐만 아니라 캐패시턴스에 비례한다. 따라서 저장되는 에너지는 캐패시터의 도체판 사이의 전압의 제곱에 비례하게 된다. 캐패시터에 의해 저장되는 에너지에 대한 식은 다음과 같다.

$$W = \frac{1}{2}CV^2 \tag{9-4}$$

캐패시턴스(C)의 단위가 F, 전압(V)의 단위가 V일 때 에너지(W)의 단위는 J이 된다.

정격전압

모든 캐패시터는 도체판 사이에서 견딜 수 있는 전압에 한계가 있다. 정격전압은 소자에 손상을 주지 않고 가할 수 있는 최대 직류 전압을 의미한다. 만약 파괴전압(breakdown voltage) 또는 동작전압(working voltage)이라고 부르는 최대 전압을 초과하면 캐패시터는 영구적인 손상을 받을 수 있다.

따라서 캐패시터를 회로에 실제로 사용하기 전에 캐패시턴스와 정격전압을 고려하여야 한다. 캐패시턴스값은 특정 회로의 요구에 따라 결정된다. 정격전압은 사용될 회로에서 예상되는 최대 전압보다 항상 커야 한다.

유전강도 캐패시터의 파괴전압은 사용되는 유전체의 **유전강도(dielectric strength)**에 의해 결정된다. 유전강도의 단위는 V/mil이다(1 mil = 0.001 in. = 2.54×10^{-5} m). 표 9-2에 몇 가지 재질의 일반적인 유전강도값을 나타내었다. 정확한 값은 재질의 구성비에 따라 변화한다.

표 9–2

일반적인 유전체와 전형적인 유전강도값

재질	유전강도(V/mil)
공기	80
기름	375
세라믹	1000
기름종이	1200
테프론	1500
운모	1500
유리	2000

예를 통해, 캐패시터의 유전강도를 설명해 보자. 어떤 캐패시터의 판간 거리가 1 mil이고 유전체로는 세라믹이 사용되었다면, 세라믹의 유전강도가 1000 V/mil이므로 이 캐패시터는 최대 1000 V까지 견딜 수 있다. 만약 최대 전압이 초과되면 유전체가 파괴되고 전류가 흘러 캐패시터에 영구적인 손상을 줄 수 있다. 세라믹 캐패시터의 판간 거리가 2 mil이라면 이 캐패시터의 파괴전압은 2000 V이다.

온도계수

온도계수(temperature coefficient)는 온도에 따라 캐패시턴스가 변화하는 정도와 방향을 나타낸다. 양의 온도계수는 온도가 증가함에 따라 캐패시턴스가 증가하고, 온도가 감소함에 따라 캐패시턴스가 감소하는 것을 의미한다. 음의 온도계수는 온도가 증가함에 따라 캐패시턴스가 감소하고 온도가 감소함에 따라 캐패시턴스가 증가하는 것을 의미한다.

온도계수는 통상 ppm/°C(parts per million per Celsius degree)로 나타낸다. 예를 들어, 1 μF인 캐패시터의 음의 온도계수가 150 ppm/°C이면 온도가 1° 상승할 때마다 캐패시턴스가 150 pF씩 감소한다(1 μF = 1,000,000 pF).

누설전류

완전한 절연물질은 없다. 어떠한 캐패시터값을 갖는 유전체라도 아주 작은 양의 전류는 흐를 수 있다. 따라서 캐패시터에서의 전하는 결국 누출된다. 큰 전해질 형태의 캐패시터는 다른 종류보다 누출이 더 심하다. 그림 9-5는 실제 캐패시터의 등가회로를 보여준 것이다. 병렬 저항 R_{leak}은 누설전류가 있는 유전체의 매우 높은 저항(수백 kΩ 이상)을 나타낸다.

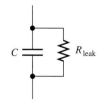

그림 9–5

실제 캐패시터의 등가회로

캐패시터의 물리적인 특성

도체판의 면적과 판간 거리, 유전상수 등은 캐패시턴스와 정격전압을 결정하는 중요한 변수들이다.

도체판의 면적 캐패시턴스는 도체판의 면적으로 결정되는 도체판의 크기에 비례한다. 판면적이 크면 캐패시턴스는 커지며 판 면적이 작으면 캐패시턴스는 작아진다. 그림 9-6(a)는 평판 캐패시터의 판 면적이 한 개의 판 면적과 같은 경우를 보여준 것이다. 그림 9-6(b)와 같이 판들이 서로에 대해 이동하면, 겹치는 부분의 면적이 유효 판 면적이 된다. 유효 판 면적에서의 이러한 변화는 가변 캐패시터의 기본 원리가 된다.

판간 거리 캐패시턴스는 판간 거리에 반비례한다. 판간 거리는 그림 9-7에서와 같이 d로 표시한다. 그림과 같이 판간 거리가 클수록 캐패시턴스는 작아진다. 앞에서 논의되었듯이 파괴전압은 판간 거리에 비례한다. 판간 거리가 클수록 파괴전압이 커진다.

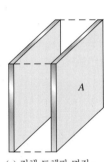

(a) 전체 도체판 면적 : 캐패시턴스 증가

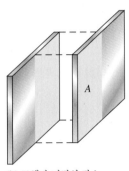

(b) 도체판 면적의 감소 : 캐패시턴스 감소

그림 9-6

캐패시턴스는 도체판의 유효 면적 A에 비례

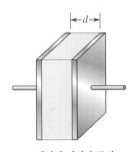

(a) 도체판간 거리가 근접 : 캐패시턴스 증가

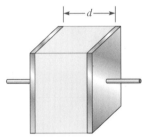

(b) 도체판간 거리가 멀어짐 : 캐패시턴스 감소

그림 9-7

캐패시턴스는 도체판간 거리 d에 반비례

유전상수 이미 알고 있듯이 캐패시터의 판 사이에 있는 절연물질을 유전체라고 한다. 모든 유전체는 캐패시터의 반대 극성으로 대전된 판 사이에 존재하는 자기장의 힘의 선을 집중시켜줌으로써 에너지 저장용량을 증가시킨다. 전계를 형성하는 정도를 나타내는 재료의 성질을 **유전상수(dielectric constant)** 또는 상대 유전율(relative permittivity)이라 하며, 기호로는 ε_r(그리스 문자 epsilon에 첨자 r을 붙임)을 사용한다.

캐패시턴스는 유전상수에 비례한다. 진공의 유전상수를 '1'로 정의하고 공기의 유전상수는 '1'에 매우 가깝다. 다른 재료들은 진공이나 공기의 유전상수를 기준으로 하여 정해지는 ε_r을 갖는다. 예를 들어, $\varepsilon_r = 5$인 재료는 다른 모든 조건들이 같다면 공기의 캐패시턴스보다 5배가 크다.

표 9-3은 몇 가지 유전체에 대한 전형적인 유전상수를 나타낸 것이다. 그 값들은 재료의 구성에 따라 다를 수 있다.

유전상수(또는 상대 유전율)는 진공중의 유전율 ε_0에 대한 어떤 물질의 절대 유전율 ε의 비로서 상대적인 값이므로 단위가 없고 다음의 식으로 표현된다.

$$\varepsilon_r = \frac{\varepsilon}{\varepsilon_0} \tag{9-5}$$

ε_0의 값은 8.85×10^{-12} F/m(미터당 패럿)이다.

표 9–3

일반적인 유전체와 전형적인 유전상수

재질	전형적인 ε_r 값
공기	1.0
테프론	2.0
기름종이	2.5
기름	4.0
운모	5.0
유리	7.5
세라믹	1200

캐패시턴스 공식 캐패시턴스는 판 면적 A와 유전상수 ε_r에 비례하고 판간 거리 d에 반비례한다. 이 세 변수로 캐패시턴스를 계산하기 위한 정확한 식은 다음과 같다.

$$C = \frac{A\varepsilon_r(8.85 \times 10^{-12} \text{ F/m})}{d} \tag{9-6}$$

여기서, A의 단위는 제곱미터(m^2), d의 단위는 미터(m), C의 단위는 패럿(F)이다.

예제 9–4

판의 면적이 0.01 m^2이고 판간 거리가 1 mil(2.54×10^{-5} m) 떨어져 있는 평판 캐패시터의 캐패시턴스를 구하시오. 유전체는 유전상수가 5.0인 운모를 사용하였다.

해 식 (9-6)으로부터

$$C = \frac{A\varepsilon_r(8.85 \times 10^{-12} \text{ F/m})}{d} = \frac{(0.01 \text{ m}^2)(5.0)(8.85 \times 10^{-12} \text{ F/m})}{2.54 \times 10^{-5} \text{ m}} = \mathbf{0.017\ \mu F}$$

관련 문제 $A = 0.005 \text{ m}^2$, $d = 3$ mil(7.92×10^{-5} m), 유전체는 세라믹인 캐패시터의 C 값은 몇 μF인가?

9–1 복습문제*

1. 캐패시턴스를 정의하시오.
2. (a) 1 F은 몇 μF인가?
   (b) 1 F은 몇 pF인가 ?
   (c) 1 μF은 몇 pF인가?
3. 0.0015 μF을 pF과 F으로 나타내시오.
4. 양단에 15 V가 인가된 0.01 μF 캐패시터에 저장된 에너지는 몇 J인가?
5. (a) 판 면적이 증가될 때 캐패시턴스는 증가하는가, 감소하는가?
   (b) 판간 거리가 증가될 때 캐패시턴스는 증가하는가, 감소하는가?
6. 세라믹 캐패시터의 판간 거리가 2 mil일 때 전형적인 파괴전압은 얼마인가?

* 정답은 장의 끝부분에 있다.

9-2 캐패시터의 종류

캐패시터는 일반적으로 유전체의 종류에 따라 분류된다. 가장 일반적인 유전체로는 운모, 세라믹, 플라스틱 박막, 전해질(알루미늄 산화물, 탄탈 산화물) 등이 있다.

절의 학습내용

▶ **캐패시터의 여러 가지 종류를 살펴본다.**

    ▶ 운모, 세라믹, 플라스틱 박막, 전해 캐패시터의 특성을 살펴본다.

    ▶ 가변 캐패시터의 종류를 살펴본다.

    ▶ 캐패시턴스 라벨링 방법을 확인한다.

    ▶ 캐패시턴스 측정방법에 대해 논의한다.

고정 용량 캐패시터

운모 캐패시터 운모 캐패시터의 종류에는 겹겹으로 쌓인 형(stacked-foil type)과 은-운모형(silver-mica type)의 두 가지가 있다. 겹겹으로 쌓인 형의 기본적인 구조를 그림 9-8에 나타내었다. 금속막(foil)과 운모(mica)의 얇은 층이 교대로 겹쳐진 형태이다. 금속막이 도체판을 형성하며 판 면적을 증가시키기 위해 한 층 건너씩 서로 연결되어 있다. 판 면적이 증가하기 위해서는 더 많은 층을 연결하여야 하고 따라서 캐패시턴스도 증가한다. 운모/금속막 층은 그림 9-8(b)에서처럼 베이클라이트(Bakelite)와 같은 절연물질로 둘러싸여 있다. 은-운모 캐패시터는 은으로 된 전극물질을 입힌 운모층을 형성하는 방식으로 만들어진다.

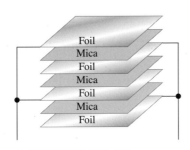

(a) 겹겹으로 쌓인 층의 배열

(b) 층들은 함께 압착되어 캡슐화한다.

그림 9-8

방사형 도선을 갖는 전형적인 운모 캐패시터의 구조

운모 캐패시터는 1 pF에서 0.1 μF의 캐패시턴스값과 100 V에서 2500 V의 정격전압을 갖는다. 일반적으로 온도계수의 범위는 −20 ppm/°C에서 +100 ppm/°C이며, 운모의 일반적인 유전상수는 '5'이다.

세라믹 캐패시터 세라믹 유전체는 '1200' 정도의 매우 높은 유전상수를 갖는다. 따라서 세라믹 캐패시터는 작은 크기로 상당히 높은 캐패시턴스값을 얻을 수 있다. 세라믹 캐패시터는 일반적으로 그림 9-9와 같은 세라믹 원판 모양이나, 그림 9-10과 같이 방사형 도선(radial-lead) 형태의 다층 구조, 또는 그림 9-11과 같이 PCB에 표면 실장할 수 있도록 연결 도선이 없는 세라믹 칩 등이 있다.

세라믹 캐패시터는 일반적으로 6 kV 이상의 정격전압을 가진 1 pF에서 2.2 μF의 캐패시턴스값을 갖는다. 일반적인 세라믹 캐패시터의 온도계수는 200,000 ppm/°C이다.

유용한 정보

인쇄회로기판(PCB)에 표면 실장하는 칩 캐패시터는 양단에 도체 단자판이 형성되어 있다. 이 캐패시터는 자동 회로기판 조립에 사용되는 리플로(reflow)와 웨이브 솔더링(wave soldering)시에 부딪히는 용융된 납의 온도를 견딜 수 있다. 칩 캐패시터는 소형화 추세에 따라 그 수요가 증가되고 있다.

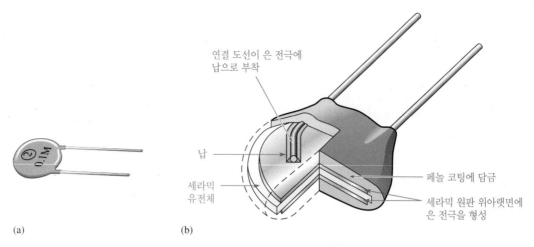

(a)   (b)

그림 9–9
_____

세라믹 원판 캐패시터와 기본 구조

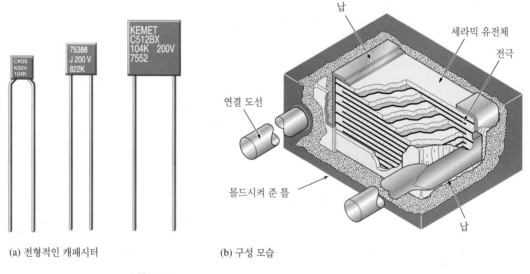

(a) 전형적인 캐패시터   (b) 구성 모습

그림 9–10
_____

세라믹 캐패시터의 예

그림 9–11
_____

PCB의 표면 실장에 사용되는 전형적
인 세라믹 칩 캐패시터의 구성 모습

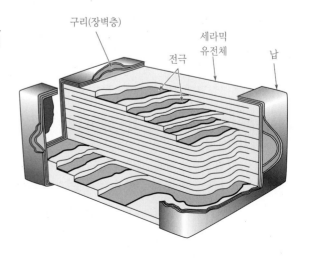

플라스틱-박막 캐패시터 플라스틱-박막 캐패시터에 일반적으로 쓰이는 유전물질로는 폴리카보네이트, 프로필렌, 폴리에스테르, 폴리스티렌, 폴리프로필렌, 마일라 등이 있다. 이들 중 일부는 100 μF 이상의 캐패시턴스를 갖는 것도 있지만 대부분 1 μF 이하의 값을 갖는다.

그림 9-12는 대부분의 플라스틱-박막 캐패시터에 사용되는 일반적인 기본 구조를 나타낸다. 도체판으로 쓰이는 두 개의 얇은 금속 사이에 얇은 플라스틱 유전체가 끼워져 있다. 그 중 하나의 선은 안쪽 판에 연결되어 있고, 다른 하나는 바깥쪽 판에 연결되어 있다. 이것을 둥글게 말아서 원통 모양의 캐패시터를 만든다. 이런 방법으로 면적이 넓으면서도 크기는 작고 용량이 큰 캐패시터를 만들 수 있다. 박막 유전체에 직접 금속을 증착하는 방법도 있다.

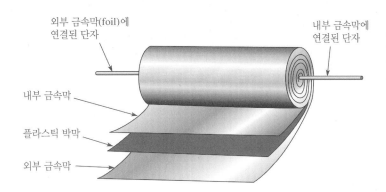

외부 금속막(foil)에
연결된 단자

내부 금속막에
연결된 단자

내부 금속막

플라스틱 박막

외부 금속막

그림 9–12

축방향 도선을 갖는 원통 모양(tubular) 플라스틱·박막 유전체 캐패시터의 기본 구조

그림 9-13(a)는 전형적인 플라스틱-박막 캐패시터를, 그림 9-13(b)는 플라스틱-박막 캐패시터의 한 종류에 대한 내부 구조를 보여준다.

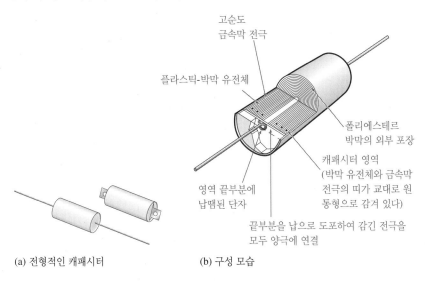

고순도
금속막 전극

플라스틱-박막 유전체

폴리에스테르
박막의 외부 포장

캐패시터 영역
(박막 유전체와 금속막
전극의 띠가 교대로 원
통형으로 감겨 있다)

영역 끝부분에
납땜된 단자

끝부분을 납으로 도포하여 감긴 전극을
모두 양극에 연결

(a) 전형적인 캐패시터   (b) 구성 모습

그림 9–13

플라스틱·박막 캐패시터의 예

전해 캐패시터 전해 캐패시터는 한쪽 판은 양으로, 다른 판은 음으로 대전되도록 분극이 되어 있다. 이러한 캐패시터는 1 μF에서 200,000 μF 이상의 높은 캐패시턴스를 가질 수 있으나 비교적 낮은 파괴전압(전형적인 최대 전압은 350 V 정도이지만 더 높은 전압의 것도 종종 있다)과 높은 누설전류를 갖는다.

전해 캐패시터는 운모 캐패시터나 세라믹 캐패시터보다 캐패시턴스가 훨씬 높지만 정격전압은 더 낮다. 알루미늄 전해질이 가장 보편적으로 사용된다. 다른 캐패시터들은 두 개의 유사한 도체판을 사용하는 반면, 전해 캐패시터의 도체판은 한쪽은 알루미늄 막, 다른 한쪽은 플라스틱 박막과 같은 재료가 붙은 전도성 전해질로 되어 있다. 두 도체판은 알루미늄 도체판 표면에 형성된 알루미늄 산화막에 의해 분리되어 있다. 그림 9-14(a)는 축방향 도선을 갖는 전형적인 알루미늄 전해 캐패시터의 기본 구조를 보여준다. 그림 9-14(b)는 방사형 도선을 갖는 전해 캐패시터이며, 전해 캐패시터의 기호는 그림 9-14(c)에 나타난다.

안전 주의 사항

전해 캐패시터의 연결 방향에 따라 차이가 있으므로 많은 주의가 요구된다. 항상 극성을 확인하여야 한다. 만일 반대로 연결하면 폭발하여 다칠 수도 있다.

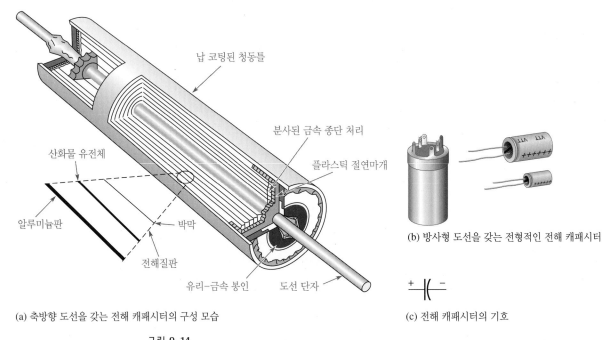

(a) 축방향 도선을 갖는 전해 캐패시터의 구성 모습

(b) 방사형 도선을 갖는 전형적인 전해 캐패시터

(c) 전해 캐패시터의 기호

그림 9-14

전해 캐패시터의 예

탄탈 전해 캐패시터는 그림 9-14와 유사한 원통 모양이거나 그림 9-15에 보이는 물방울 (tear drop) 모양이다. 물방울 모양의 구조에서 양극판은 얇은 막이 아닌 탄탈 가루로 만든 알갱이다. 탄탈 산화물은 유전체를 형성하고, 이산화망간은 음(−)극판을 형성한다.

산화 유전체를 절연하기 위하여 사용되는 공정 때문에 알루미늄이나 탄탈로 된 금속판은 항상 전해질판에 대해 양의 극성을 갖도록 연결되어 있고, 따라서 모든 전해 캐패시터는 극성을 갖는다. 금속판(양의 단자)은 (+) 기호나 어떤 명확한 표시로서 나타내며, 직류 회로에서 캐패시터 양단 전압의 극성이 바뀌지 않도록 연결해 주어야 한다. 전압 극성이 바뀌어 연결되면 캐패시터는 완전히 파괴된다.

그림 9-15

전형적인 물방울형 탄탈 전해 캐패시터의 구성 모습

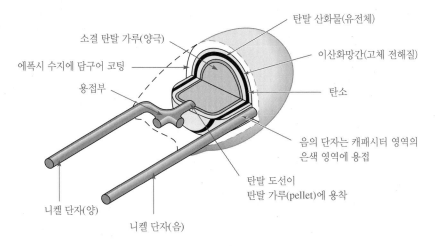

가변 캐패시터

가변 캐패시터는 라디오나 TV 튜너에서와 같이 캐패시턴스를 수동이나 자동으로 조정할 필요가 있는 회로에서 사용된다. 일반적으로 300 pF 이하의 값을 갖지만 특수한 응용에서는 더 큰 값을 갖기도 한다. 그림 9-16은 가변 캐패시터의 기호를 보인 것이다.

조절할 수 있는 캐패시터는 일반적으로 홈이 파인 나사 형태를 가지며, 회로에서 매우 정밀하게 조절하는 데 사용되어 **트리머(trimmer)**라고 부른다. 이러한 형태의 캐패시터는 일반적으로 세라믹이나 운모 유전체이며, 캐패시턴스는 판간 거리를 조절함으로써 변화될 수 있다. 일반적으로 트리머 캐패시터는 100 pF 이하의 값을 가진다. 그림 9-17은 몇 가지 가변 캐패시터들을 보인 것이다.

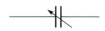

그림 9–16

가변 캐패시터의 기호

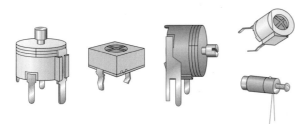

그림 9–17

트리머 캐패시터

바렉터(varactor)는 단자에 걸리는 전압을 바꾸면 캐패시턴스 특성이 변화하는 반도체 소자이다. 이 소자는 전자소자를 다루는 과목에서 상세히 다루어진다.

캐패시턴스 라벨링

캐패시터값은 캐패시터의 겉에 숫자 또는 영/숫자로 나타내거나, 때로는 색띠 부호로 나타낸다. 캐패시터에 표시되는 문자와 숫자는 캐패시턴스와 정격전압, 허용오차 등의 여러 매개변수를 나타낸다.

어떤 캐패시터에는 캐패시턴스에 대한 단위가 표기되어 있지 않은데, 이러한 경우에 단위는 표기된 값과 경험상으로 알아내어야 한다. 예를 들면, .001이나 .01로 표기된 세라믹 캐패시터가 있다고 할 때 pF의 단위는 너무 작아서 이 종류의 캐패시터로는 만들지 않으므로 μF의 단위를 가짐을 알 수 있다. 다른 예로서 50이나 330으로 표기된 세라믹 캐패시터가 있다면 μF의 단위는 너무 커서 이 종류의 캐패시터로는 만들지 않으므로 pF의 단위를 가짐을 알 수 있다. 어떤 경우에는 세 자리의 숫자가 사용되기도 한다. 앞의 두 자리는 캐패시턴스의 처음 두 숫자를 나타내고 세 번째 숫자는 캐패시턴스의 두 자릿수 다음에 오는 0의 개수를 나타낸다. 예를 들면, 103은 10,000 pF을 나타낸다. 때로는 단위가 pF이나 μF으로 표기되기도 하며, 어떤 경우에는 μF이 MF 또는 MFD로 표기된다.

정격전압은 어떤 종류의 캐패시턴스에는 WV 또는 WVDC로 표기되고 때로는 생략되기도 한다. 생략된 경우에는 제조업체가 제공하는 정보로부터 정격전압을 알 수 있다. 캐패시터의 오차는 ±10%와 같은 백분율로 표기된다. 온도계수는 ppm(parts per million)으로 나타낸다. 이러한 경우에는 숫자 앞에 P나 N이 표기된다. 예를 들면, N750은 음의 온도계수 750 ppm/°C를 의미하며, P30은 양의 온도계수 30 ppm/°C를 의미한다. NP0로 표기된 캐패시터는 양과 음의 온도계수가 0이며, 캐패시턴스가 온도에 따라 변하지 않음을 뜻한다. 어떤 종류의 캐패시터는 색띠 부호로 표시되어 있다. 색띠 부호에 대한 정보는 부록 B를 참조하라.

캐패시턴스 측정

그림 9-18에 보이는 것과 같은 LCR(인덕턴스, 캐패시턴스, 저항) 미터가 캐패시터의 값을 검사하는 데 사용된다. 또한 대부분의 DMM은 캐패시턴스 측정기능을 제공한다. 모든 캐패시터는 일정 시간 동안 값이 변화하는데 일부는 다른 것보다 더 많이 바뀐다. 예를 들면 세라믹 캐패시터는 첫 해 동안 그 값이 10%에서 15% 변동된다. 특히 전해 캐패시터는 전해용액의

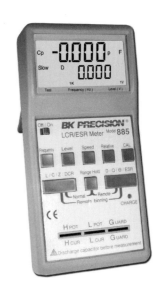

그림 9–18

전형적인 **LCR 미터**(B+K Percision 제공)

증발에 따라 값 변화를 갖게 된다. 그 외의 경우에 캐패시터에 값이 잘못 표기되어 있거나 다른 값의 캐패시터가 회로에 들어가 있을 수 있다. 결함이 있는 캐패시터의 경우 값 변화가 25% 이하라고 하더라도 회로의 문제를 해결할 때 이것을 문제의 원인에서 제거해 주기 위해 값 확인이 필요하다. 200 pF에서 20 μF의 값은 캐패시터를 연결하고 스위치를 설정한 후 표시된 값을 읽음으로써 측정할 수 있다.

일부 LCR 미터는 캐패시터의 누설전류를 측정하는 데에도 사용된다. 누설전류를 검사하기 위해서는 실제 동작조건과 같이 충분한 전압이 인가되어야 한다. 이러한 작업은 측정기기에서 자동으로 이루어진다. 결함이 있는 캐패시터의 40% 이상이 과도한 누설전류를 가지고 있으며 전해 캐패시터가 특히 이러한 문제에 영향을 받기 쉽다.

9–2 복습문제	1. 캐패시터는 일반적으로 어떻게 분류되는가?
	2. 고정 용량 캐패시터와 가변 캐패시터의 차이는 무엇인가?
	3. 어떤 종류의 캐패시터가 극성을 가지고 있는가?
	4. 극성을 가진 캐패시터를 회로에 사용하고자 할 때 어떤 주의가 요구되는가?
	5. 전해 캐패시터가 음의 전압원과 접지 사이에 연결되어 있다. 캐패시터의 어느 단자가 접지에 연결되어야 하는가?

9–3   직렬 캐패시터

직렬로 연결된 캐패시터의 총 캐패시턴스는 각각의 캐패시턴스보다 작다. 직렬로 연결된 캐패시터에서 전압은 캐패시턴스에 비례하여 나누어진다.

절의 학습내용

▶ **직렬 연결된 캐패시터를 분석한다.**

   ▶ 총 캐패시턴스를 구한다.

   ▶ 캐패시터의 전압을 구한다.

캐패시터가 직렬로 연결되면 유효 판간 거리가 증가하므로 총 캐패시턴스는 가장 작은 캐패시턴스보다도 작아진다. 직렬로 연결된 총 캐패시턴스의 계산은 병렬로 연결된 저항(5장)의 합성저항값을 계산하는 것과 유사하다.

두 개의 캐패시터를 직렬로 연결하여 전체 캐패시턴스가 어떻게 되는지 보도록 하자. 그림 9-19에는 초기에 완전 방전되어 있는 두 개의 캐패시터가 직렬로 직류 전압원에 연결되어 있다. 스위치를 닫으면 그림 9-19(a)에 나타난 바와 같이 전류가 흐르기 시작한다.

이미 설명한 바와 같이 직렬 회로는 모든 점에서 전류가 같으며 전류는 전하가 흐르는 비율로서 정의된다($I = Q/t$). 일정 시간 동안 일정량의 전하가 회로를 통해 흐른다. 전류는 그림 9-19(a)의 회로 어디서나 동일하므로 동일한 크기의 전하가 전원의 음극에서 C_1의 도체판 A로, C_1의 도체판 B에서 C_2의 도체판 A로, C_2의 도체판 B에서 전원의 양극으로 흐른다. 결국, 당연한 사실이지만 같은 양의 전하가 주어진 시간 동안 두 캐패시터의 도체판에 쌓이고, 그 동안 회로를 통해 흘러간 전체 전하(Q_T)는 C_1에 저장된 전하량과 같으며 또한 C_2에 저장된 전하량과도 같다.

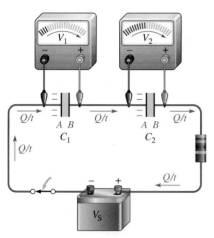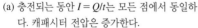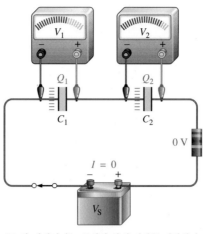

그림 9-19
직렬 연결된 캐패시터의 전체 캐패시
턴스값은 가장 작은 값보다 작다

(a) 충전되는 동안 $I = Q/t$는 모든 점에서 동일하   (b) 각 캐패시터는 동일한 양의 전하를 저장한다
다. 캐패시터 전압은 증가한다. $(Q_T = Q_1 = Q_2)$.

$$Q_T = Q_1 = Q_2$$

캐패시터가 충전될수록 각각에 걸린 전압은 그림에 나타난 바와 같이 증가된다.

그림 9-19(b)는 캐패시터가 완전히 충전되고 전류가 더 이상 흐르지 않는 경우를 보여준다. 두 캐패시터 모두 동일한 양의 전하를 저장하고 각각에 걸린 전압은 캐패시턴스값에 의존한다($V = Q/C$). 키르히호프의 전압 법칙은 저항회로의 경우와 마찬가지로 캐패시터 회로에 적용될 수 있는데, 이 법칙을 적용하면 충전된 캐패시터 양단에 걸리는 전압의 합은 전원 전압과 같다.

$$V_S = V_1 + V_2$$

공식 $V = Q/C$를 사용하여 키르히호프의 법칙 공식에 대입하면 다음 관계식을 얻을 수 있다 (여기서 $Q = Q_T = Q_1 = Q_2$).

$$\frac{Q}{C_T} = \frac{Q}{C_1} + \frac{Q}{C_2}$$

Q를 인수로 빼내고 다음과 같이 양변의 Q를 삭제할 수 있다.

$$\frac{\cancel{Q}}{C_T} = \cancel{Q}\left(\frac{1}{C_1} + \frac{1}{C_2}\right)$$

이와 같이 직렬로 연결된 두 개의 캐패시터는 다음 관계식을 가진다.

$$\frac{1}{C_T} = \frac{1}{C_1} + \frac{1}{C_2}$$

양변의 역수를 취하면 직렬로 연결된 두 개의 캐패시터에 대한 전체 캐패시턴스 공식을 얻을 수 있다.

$$C_T = \frac{1}{\dfrac{1}{C_1} + \dfrac{1}{C_2}} \tag{9-7}$$

식 (9-7)은 또한 다음과 같이 쓸 수 있다.

$$C_T = \frac{C_1 C_2}{C_1 + C_2}$$

예제 9–5

그림 9-20에서 전체 캐패시턴스 C_T를 구하시오.

그림 9-20

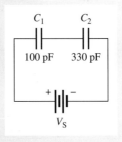

해

$$C_T = \frac{C_1 C_2}{C_1 + C_2} = \frac{(100 \text{ pF})(330 \text{ pF})}{100 \text{ pF} + 330 \text{ pF}} = \mathbf{76.7 \text{ pF}}$$

관련 문제   그림 9-20에서 $C_1 = 470$ pF이고 $C_2 = 680$ pF일 때 C_T를 구하시오.

일반 공식   두 개의 캐패시터에 대한 공식은 그림 9-21과 같이 임의의 수의 캐패시터가 직렬로 연결된 경우로 확장될 수 있다.

그림 9-21
──────────────
n개의 캐패시터가 직렬로 연결된 일반적인 회로

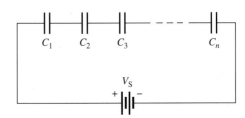

임의의 수의 캐패시터가 직렬로 연결된 경우 전체 캐패시턴스에 대한 식은 다음과 같다. 아래첨자 n은 임의의 수가 될 수 있다.

$$\frac{1}{C_T} = \frac{1}{C_1} + \frac{1}{C_2} + \frac{1}{C_3} + \cdots + \frac{1}{C_n}$$

$$C_T = \frac{1}{\dfrac{1}{C_1} + \dfrac{1}{C_2} + \dfrac{1}{C_3} + \cdots + \dfrac{1}{C_n}} \tag{9-8}$$

명심할 것은 '전체 직렬 캐패시턴스는 가장 작은 캐패시턴스보다 작다' 는 것이다.

예제 9–6

그림 9-22에서 전체 캐패시턴스를 구하시오.

그림 9-22

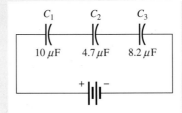

해 $\quad C_T = \dfrac{1}{\dfrac{1}{C_1} + \dfrac{1}{C_2} + \dfrac{1}{C_3}} = \dfrac{1}{\dfrac{1}{10\ \mu F} + \dfrac{1}{4.7\ \mu F} + \dfrac{1}{8.2\ \mu F}} = \mathbf{2.30\ \mu F}$

관련 문제 만일 4.7 μF이 그림 9-22의 3개의 캐패시터에 직렬로 연결된 경우 C_T 값은 어떻게 되는가?

캐패시터의 전압

공식 $V = Q/C$에 의해 직렬로 연결된 각 캐패시터 양단에 걸리는 전압은 캐패시턴스값에 반비례한다. 직렬로 연결된 캐패시터에 걸리는 전압은 다음 식으로부터 구할 수 있다.

$$V_x = \left(\dfrac{C_T}{C_x}\right)V_S \qquad\qquad (9\text{-}9)$$

여기서 C_x는 C_1, C_2, C_3와 같은 직렬로 연결된 캐패시터를 나타내고, V_x는 C_x 양단에 걸리는 전압이다.

직렬로 연결된 경우, 가장 큰 값의 캐패시터에는 가장 작은 전압이 걸리고, 가장 작은 값의 캐패시터에는 가장 큰 전압이 걸린다.

예제 9–7   그림 9-23에서 각 캐패시터에 걸린 전압을 구하시오.

그림 9–23

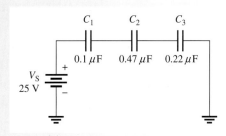

해   전체 캐패시턴스를 구하면 다음과 같다.

$$C_T = \dfrac{1}{\dfrac{1}{C_1} + \dfrac{1}{C_2} + \dfrac{1}{C_3}} = \dfrac{1}{\dfrac{1}{0.1\ \mu F} + \dfrac{1}{0.47\ \mu F} + \dfrac{1}{0.22\ \mu F}} = 0.06\ \mu F$$

각 캐패시터에 걸린 전압은 다음과 같다.

$$V_1 = \left(\dfrac{C_T}{C_1}\right)V_S = \left(\dfrac{0.06\ \mu F}{0.1\ \mu F}\right)25\ V = \mathbf{15.0\ V}$$

$$V_2 = \left(\dfrac{C_T}{C_2}\right)V_S = \left(\dfrac{0.06\ \mu F}{0.47\ \mu F}\right)25\ V = \mathbf{3.19\ V}$$

$$V_3 = \left(\dfrac{C_T}{C_3}\right)V_S = \left(\dfrac{0.06\ \mu F}{0.22\ \mu F}\right)25\ V = \mathbf{6.82\ V}$$

관련 문제 또 다른 0.47 μF 캐패시터를 그림 9-23의 캐패시터에 직렬로 연결하였다. 모든 캐패시터가 초기에 완전 방전되어 있다고 할 때 새로운 캐패시터에 걸린 전압을 구하시오.

CD-ROM에서 Multisim E09-07 파일을 열고, 각 캐패시터의 양단에 걸린 전압을 측정한 후 계산값과 비교하라. 0.47 μF 캐패시터를 다른 3개의 캐패시터에 직렬로 연결하고 새로운 캐패시터의 전압을 측정하라. 또한 C_1, C_2, C_3에 걸린 전압을 측정하고 이전 전압과 비교하라. 4번째 캐패시터가 추가된 후 전압은 증가하였는가, 감소하였는가? 이유는 무엇인가?

9-3 복습문제

1. 직렬 연결된 캐패시터의 전체 캐패시턴스는 가장 작은 캐패시터의 값보다 작은가, 혹은 큰가?
2. 100 pF, 220 pF, 560 pF 캐패시터가 직렬로 연결되어 있다. 전체 캐패시턴스는 얼마인가?
3. 0.01 μF과 0.015 μF 캐패시터가 직렬로 연결되어 있다. 전체 캐패시턴스를 구하시오.
4. 문제 3에서 10 V 전원을 두 직렬 캐패시터 양단에 연결하였을 때 0.01 μF 캐패시터에 걸린 전압을 구하시오.

9-4 병렬 캐패시터

캐패시터가 병렬로 연결되어 있는 경우에 캐패시턴스는 더해진다.

절의 학습내용

▶ **병렬 연결된 캐패시터를 분석한다.**

   ▶ 총 캐패시턴스값을 계산한다.

    캐패시터가 병렬로 연결되어 있을 때, 유효 판 면적이 증가하므로 총 캐패시턴스는 각 캐패시턴스의 합이 된다. 병렬일 때의 총 캐패시턴스를 계산하는 것은 직렬일 때의 합성저항을 계산하는 것(4장)과 유사하다.

    그림 9-24는 두 개의 병렬 연결된 캐패시터가 직류 전원에 연결된 것을 나타낸다. 스위치가 닫히면 그림 9-24(a)에서 보이는 바와 같이 전류가 흐르기 시작한다. 전체 전하(Q_T)는 일

그림 9-24

병렬 연결된 캐패시터에 의해 만들어지는 전체 캐패시턴스는 각 캐패시턴스의 합과 같다

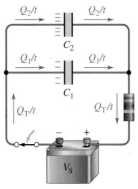

(a) 각 캐패시터의 전하량은 캐패시턴스값에 직접 비례한다.

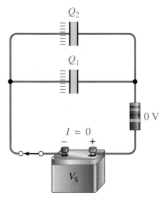

(b) $Q_T = Q_1 + Q_2$

정 시간 동안 회로에 흐른다. 전체 전하의 일부는 C_1에 저장되고 일부는 C_2에 저장된다. 전체 전하에서 각 캐패시터에 저장된 몫은 $Q = CV$ 관계식에 따라 캐패시턴스값에 관련된다.

그림 9-24(b)는 캐패시터가 완전히 충전되어 더 이상 전류가 흐르지 않는 모습을 보여준다. 각 캐패시터 양단의 전압은 같으므로 용량이 큰 캐패시터가 더 많은 전하를 저장한다. 만일 캐패시터의 값이 같다면 동일한 양의 전하를 저장하게 된다. 각 캐패시터에 저장된 전하를 합하면 전원에서 전달된 전체 전하와 같게 된다.

$$Q_T = Q_1 + Q_2$$

식 (9-2)에서 $Q = CV$이므로 이를 대입하면 다음 관계식을 얻는다.

$$C_T V_S = C_1 V_S + C_2 V_S$$

V_S항은 모두 동일하므로 상쇄되고 따라서 병렬 연결된 두 캐패시터의 전체 캐패시턴스는 다음과 같다.

$$C_T = C_1 + C_2 \qquad\qquad (9\text{-}10)$$

예제 9-8

그림 9-25에서 전체 캐패시턴스는 얼마인가? 각 캐패시터 양단의 전압은 얼마인가?

그림 9-25

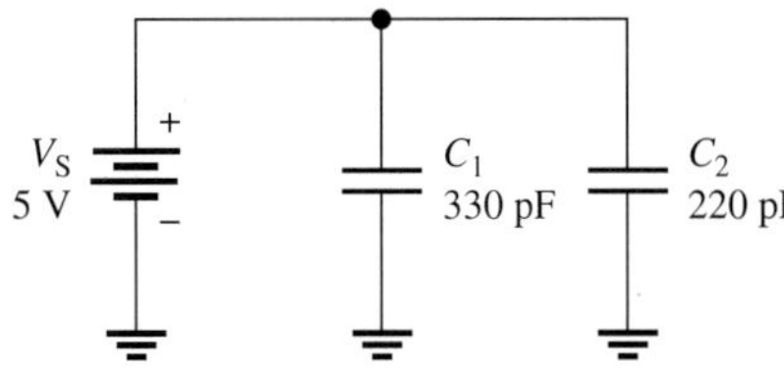

V_S 5 V C_1 330 pF C_2 220 pF

해 전체 캐패시턴스는 다음과 같다.

$$C_T = C_1 + C_2 = 330\ \text{pF} + 220\ \text{pF} = \mathbf{550\ pF}$$

병렬 연결된 캐패시터 양단의 전압은 전원전압과 같으므로 다음과 같이 나타난다.

$$V_S = V_1 = V_2 = \mathbf{5\ V}$$

관련 문제 그림 9-25에서 C_1, C_2 캐패시터에 100 pF 캐패시터가 병렬로 연결될 경우 C_T를 구하시오.

일반 공식 식 (9-10)은 그림 9-26과 같이 임의의 수의 캐패시터가 병렬 연결된 경우로 확장할 수 있다. 확장된 공식은 다음과 같다. 아래첨자 n은 임의의 숫자이다

$$C_T = C_1 + C_2 + C_3 + \cdots + C_n \qquad\qquad (9\text{-}11)$$

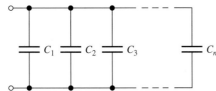

그림 9-26

n개의 캐패시터가 병렬로 연결된 일반적인 회로

예제 9-9

그림 9-27에서 C_T를 구하시오.

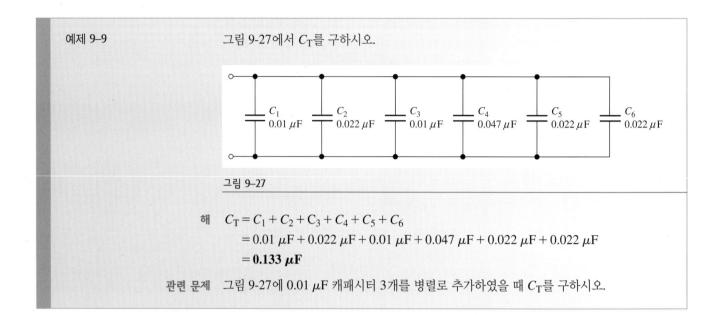

| C_1 0.01 μF | C_2 0.022 μF | C_3 0.01 μF | C_4 0.047 μF | C_5 0.022 μF | C_6 0.022 μF |

그림 9-27

해

$$C_T = C_1 + C_2 + C_3 + C_4 + C_5 + C_6$$
$$= 0.01\ \mu F + 0.022\ \mu F + 0.01\ \mu F + 0.047\ \mu F + 0.022\ \mu F + 0.022\ \mu F$$
$$= \mathbf{0.133\ \mu F}$$

관련 문제 그림 9-27에 0.01 μF 캐패시터 3개를 병렬로 추가하였을 때 C_T를 구하시오.

9-4 복습문제

1. 병렬 회로의 전체 캐패시턴스는 어떻게 구하는가?
2. 회로의 응용에서 0.05 μF이 필요하다. 하지만 현재 0.01 μF의 캐패시터만 여러 개 가지고 있다. 전체 캐패시턴스를 얻는 방법은 무엇인가?
3. 10 pF, 56 pF, 33 pF, 68 pF이 병렬로 연결되어 있다. C_T를 구하시오.

9-5 직류 회로에서의 캐패시터

캐패시터는 DC 전압원에 연결되면 충전된다. 회로에서의 캐패시턴스와 저항값을 알고 있다면 도체판 양단에 걸리는 전하의 축적을 예측할 수 있다.

절의 학습내용

▶ **용량성 직류 스위칭 회로에서 캐패시터의 동작을 설명한다.**

　▶ 캐패시터의 충전과 방전을 살펴본다.

　▶ *RC* 시정수를 정의한다.

　▶ 시정수와 충전 및 방전의 관계를 살펴본다.

　▶ 충전 및 방전 곡선에 대한 방정식을 구한다.

　▶ 캐패시터가 일정한 직류를 차단하는 이유를 설명한다.

캐패시터의 충전

그림 9-28과 같이 캐패시터가 직류 전압원에 연결되면 충전된다. 그림 9-28(a)의 캐패시터는 충전이 되지 않은 상태이다. 즉, 도체판 *A*와 도체판 *B*의 자유전자의 수는 같다. 그림 9-28(b)에서와 같이 스위치가 닫히면 전자가 화살표 방향으로 도체판 *A*에서 도체판 *B*로 이동한다. 도체판 *A*는 전자를 잃고 도체판 *B*는 전자를 얻게 되어 도체판 *A*는 도체판 *B*에 대해서 양극을 띠게 된다. 그림 9-28(c)와 같이 **충전(charging)**이 계속되면, 도체판 사이의 전압은

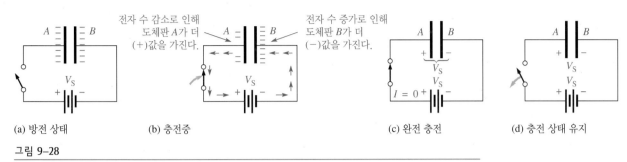

(a) 방전 상태　　　(b) 충전중　　　　　　(c) 완전 충전　　　(d) 충전 상태 유지

그림 9-28

캐패시터의 충전

인가 전압 V_S와 크기는 같고 극성이 반대인 전압이 될 때까지 빠르게 형성된다. 캐패시터가 완전히 충전되면 전류는 더 이상 흐르지 않는다.

캐패시터는 일정한 DC를 차단한다.

그림 9-28(d)에서와 같이 충전된 캐패시터가 전원으로부터 분리되면, 캐패시터는 오랜 시간 동안 충전된 상태를 유지하는데, 캐패시터가 충전을 유지하는 기간은 누설저항에 따라 달라진다. 일반적으로 전해 캐패시터가 다른 종류의 캐패시터보다 빨리 방전된다.

캐패시터의 방전

그림 9-29에서와 같이 충전된 캐패시터 양단에 전선을 연결하면 캐패시터는 방전(discharging)된다. 이러한 특별한 경우에는 저항이 매우 낮은 전선이 스위치를 거쳐서 캐패시터 양단에 연결된다. 그림 9-29(a)에서와 같이 스위치를 닫기 전에는 캐패시터가 50 V로 충전되어 있었다. 그림 9-29(b)에서와 같이 스위치가 닫히면, 도체판 B에 있던 과잉 전자들이 도체판 A로 화살표 방향을 따라 이동하여 전류가 전선을 따라 흐르게 되며, 캐패시터에 저장되어 있던 에너지는 전선에서 소비된다. 두 도체판의 자유전자의 수가 다시 같아지면, 전하는 중성이 되고 캐패시터의 전압은 0이 되어 캐패시터는 그림 9-29(c)와 같이 완전히 방전된다.

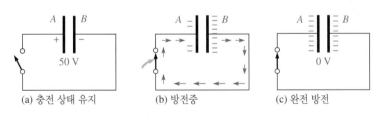

(a) 충전 상태 유지　(b) 방전중　(c) 완전 방전

그림 9-29

캐패시터의 방전

충전 및 방전시 전류와 전압

그림 9-28과 그림 9-29에서 방전전류와 충전전류는 서로 반대 방향이라는 것에 유의하여야 한다. 유전체는 절연물질이므로 이상적으로는 충전이나 방전하는 동안에는 캐패시터의 유전체를 통해서 흐르는 전류가 없다. 한 도체판에서 다른 도체판으로 흐르는 전류는 외부 회로를 통해서만 흐를 수 있다.

그림 9-30(a)는 캐패시터가 직류 전압원에 저항과 스위치를 통해서 직렬로 연결되어 있음을 보여준다. 처음에 스위치는 열려 있으며 캐패시터에는 양단 전압이 '0'으로 방전되어 있다. 스위치가 닫히는 순간 전류는 최대값으로 흐르고 캐패시터는 충전되기 시작한다. 캐패시터의 양단 전압이 0 V이므로 최대 전류가 흘러 캐패시터는 마치 단락회로인 것처럼 작동되며 전류는 저항에 의해서만 제한을 받는다. 시간이 경과하여 캐패시터가 충전됨에 따

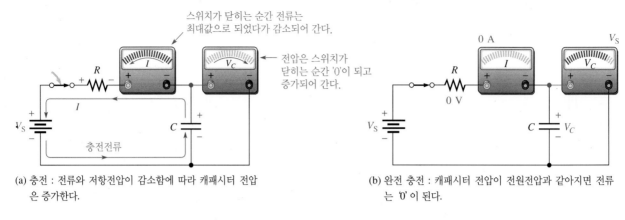

(a) 충전 : 전류와 저항전압이 감소함에 따라 캐패시터 전압은 증가한다.

(b) 완전 충전 : 캐패시터 전압이 전원전압과 같아지면 전류는 '0'이 된다.

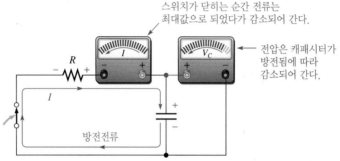

(c) 방전 : 캐패시터 전압, 저항전압, 그리고 전류는 최초의 최대값에서 감소한다. 방전전류는 충전전류와 반대 방향이다.

그림 9-30

캐패시터 충전과 방전시의 전류와 전압

라, 전류는 감소하고 캐패시터 전압(V_C)은 증가한다. 충전기간 동안 저항의 전압은 전류에 비례한다.

어느 정도의 시간이 경과한 후에는 캐패시터가 완전히 충전되어, 그림 9-30(b)에서와 같이 전류는 더 이상 흐르지 않고 캐패시터의 전압은 전원전압과 같아진다. 다시 스위치를 열어놓아도 캐패시터는 완전 충전 상태를 유지한다(어떠한 누설도 무시).

그림 9-30(c)에서는 전압원이 제거되었다. 스위치를 닫으면 캐패시터는 방전하기 시작한다. 처음에는 충전될 때와 반대 방향으로 최대 전류가 흐른다. 시간이 경과함에 따라 전류와 캐패시터 전압은 감소한다. 저항에 걸리는 전압은 항상 전류에 비례한다. 캐패시터가 완전히 방전되면 전류와 캐패시터 전압은 '0'이 된다.

직류 회로에서 캐패시터에 관한 다음 법칙을 기억하자.

1. 캐패시터는 일정한 전압에 대해 개방회로로 동작한다.

2. 캐패시터는 순간적으로 변화하는 전압에 대해 단락회로로 동작한다.

이제 용량성 회로에서 전압과 전류가 시간에 따라 어떻게 변화하는지 좀더 자세히 알아보기로 하자.

RC 시정수

실제의 회로에 있어서, 캐패시터에는 어느 정도의 저항 성분이 존재한다. 이 저항 성분은 단순히 전선의 작은 저항일 수도 있고, 설계된 저항일 수도 있다. 따라서 캐패시터의 충전과 방전 특성은 이러한 저항과 함께 고려되어야 한다. 저항은 캐패시터의 충전 및 방전에 있어서 시간이라는 요소를 갖게 한다.

캐패시터가 저항을 통해서 충전 및 방전될 때 캐패시터가 완전히 충전되거나 방전되기 위해서는 어느 정도의 시간이 필요하다. 전하가 어느 점에서 다른 점으로 이동하기 위해서는 어느 정도의 시간이 필요하므로 캐패시터에 걸리는 전압은 순간적으로 변화할 수 없다. 캐패시터가 충전되거나 방전되는 비율은 그 회로의 시정수에 의해 결정된다.

직렬 RC 회로의 RC 시정수(RC time constant)는 저항과 캐패시턴스의 곱과 같은 시간 간격이다.

시정수의 단위는 저항이 Ω, 캐패시턴스가 F일 때 초(s)로 표현되고, 기호는 τ(그리스 문자 tau)이며, 구하는 식은 다음과 같다.

$$\tau = RC \tag{9-12}$$

$I = Q/t$이므로, 전류는 단위 시간당 이동하는 전하량이다. 저항이 증가하면 충전전류는 감소하고, 따라서 캐패시터의 충전시간이 증가한다. 캐패시턴스가 증가하면 캐패시터에 저장할 수 있는 전하량이 증가하여, 동일한 전류에 대해서 캐패시터를 충전하는 데 더 많은 시간이 필요하다.

예제 9–10	1.0 $M\Omega$ 저항과 4.7 μF 캐패시터가 직렬 연결된 RC 회로의 시정수를 구하시오.
해	$\tau = RC = (1.0 \times 10^6 \ \Omega)(4.7 \times 10^{-6} \ F) = \mathbf{4.7 \ s}$
관련 문제	직렬 RC 회로가 270 $k\Omega$ 저항과 3300 pF 캐패시터를 가지고 있을 때 시정수를 μs로 구하시오.

두 전압 레벨 사이에 캐패시터가 충전 혹은 방전하는 경우 시정수만큼의 시간이 경과하면 캐패시터의 전하량이 그 차이에 대하여 대략 63% 변화한다. 충전되지 않은 캐패시터는 1 시정수의 시간이 경과한 시점에서 완전히 충전된 전압의 63%까지 충전된다. 또한 캐패시터가 방전되면 1 시정수만큼의 시간이 경과한 후에 전압이 대략 초기값의 100% − 63% = 37%로 떨어진다. 즉, 63%가 변화된다.

충전 및 방전 곡선

캐패시터는 그림 9-31과 같이 비선형 곡선을 따라 충전되거나 방전된다. 이 그래프에서, 완전

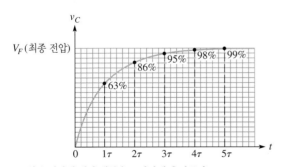

(a) 최종 전압에 대한 백분율로 나타낸 충전곡선

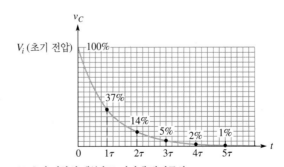

(b) 초기 전압의 백분율로 나타낸 방전곡선

그림 9–31

RC 회로에서 캐패시터의 충전과 방전에 해당하는 지수함수적인 전압곡선

충전시의 백분율을 각 시정수 구간마다 표시하였다. 이 곡선은 **지수함수(exponential curve)**에 따라 변화한다. 충전곡선은 지수함수적으로 증가하고, 방전곡선은 지수함수적으로 감소한다. 시정수의 5배의 시간이 지나면 대략 최종값의 99%에 접근한다. 캐패시터가 완전히 충전되거나 방전되려면 시정수의 5배가 되는 시간이 필요하며, 이것을 **과도 시간(transient time)**이라고 부른다.

일반 공식 증가하거나 감소하는 지수함수 곡선에 대한 일반적인 표현은 전압과 전류의 순시값에 대해서 다음 공식으로 주어진다.

$$v = V_F + (V_i - V_F)e^{-t/\tau} \tag{9-13}$$

$$i = I_F + (I_i - I_F)e^{-t/\tau} \tag{9-14}$$

여기서 V_F와 I_F는 전압과 전류의 최종값을 나타내고, V_i와 I_i는 전압과 전류의 초기값을 나타낸다. 소문자 v와 i는 시간 t에서의 캐패시터 전압과 전류의 순시값을 나타내고, e는 자연대수의 밑수이다. 지수항은 계산기에서 e^x 키를 사용하여 계산할 수 있다.

'0'으로부터 충전 그림 9-31(a)와 같이 전압이 영($V_i = 0$)인 상태에서부터 증가하는 지수함수 전압곡선은 식 (9-15)로 주어진다. 이 식은 식 (9-13)으로부터 다음과 같이 유도된다.

$$v = V_F + (V_i - V_F)e^{-t/\tau} = V_F + (0 - V_F)e^{-t/RC} = V_F - V_F e^{-t/RC}$$

V_F를 공통으로 묶어줌으로써 다음 식을 얻을 수 있다.

$$v = V_F(1 - e^{-t/RC}) \tag{9-15}$$

초기에 충전되지 않은 상태였다면, 어느 순간의 캐패시터의 충전전압은 식 (9-15)를 사용하여 계산할 수 있다. 증가하는 전류에 대해서도 v를 i로, V_F를 I_F로 바꾸어줌으로써 계산할 수 있다.

예제 9–11

그림 9-32에서 캐패시터가 초기에 완전히 방전되어 있을 때 스위치를 닫고 50 μs 지난 후 캐패시터 전압을 구하시오. 충전곡선을 그리시오.

그림 9–32

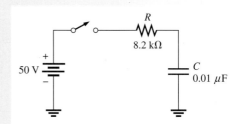

해 시정수는 다음과 같다.

$$\tau = RC = (8.2 \text{ k}\Omega)(0.01 \text{ }\mu\text{F}) = 82 \text{ }\mu\text{s}$$

캐패시터가 완전히 충전될 때 전압은 50 V(이 값이 V_F이다)이고 초기 전압은 '0'이다. 50 μs가 시정수보다 작은 값임을 유념하면 캐패시터는 V_F의 63%보다 작음을 알 수 있다.

$$v = V_F(1 - e^{-t/RC}) = (50 \text{ V})(1 - e^{-50\mu s/82\mu s}) = \mathbf{22.8 \text{ V}}$$

캐패시터의 충전곡선을 그림 9-33에 나타내었다.

그림 9-33

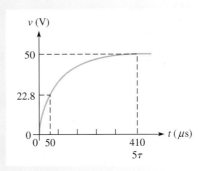

관련 문제 그림 9-32에서 스위치를 닫고 15 μs 지난 후 캐패시터 전압을 구하시오.

'0'으로 방전 그림 9-31(b)와 같이 지수함수적으로 감소하여 $V_F = 0$으로 끝나는 전압곡선
에 대한 공식은 다음과 같은 일반적인 식으로부터 유도된다.

$$v = V_F + (V_i - V_F)e^{-t/\tau} = 0 + (V_i - 0)e^{-t/RC}$$

이 식은 다음과 같이 정리된다.

$$v = V_i e^{-t/RC} \qquad (9\text{-}16)$$

여기서 V_i는 방전이 시작되는 순간의 전압이다. 이 식으로부터 임의의 순간에서의 방전전압
을 구할 수 있다. 지수 $-t/RC$는 $-t/\tau$로 쓸 수 있다.

예제 9-12 그림 9-34에서 스위치가 닫힌 후 6 ms 시점에서 캐패시터 전압을 구하시오. 방전곡선도
그리시오.

그림 9-34

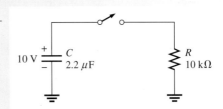

해 방전 시정수는 다음과 같다.

$$\tau = RC = (10 \text{ k}\Omega)(2.2 \text{ }\mu\text{F}) = 22 \text{ ms}$$

초기 캐패시터 전압은 10 V이다. 6 ms가 시정수보다 작음을 유념하면 캐패시터는 63%
보다 적게 방전할 것임을 알 수 있다. 따라서 6 ms일 때 전압은 초기 전압의 37%보다 크
게 된다.

$$v = V_i e^{-t/RC} = (10 \text{ V})e^{-6\text{ms}/22\text{ms}} = \mathbf{7.61 \text{ V}}$$

방전곡선을 그림 9-35에 나타내었다.

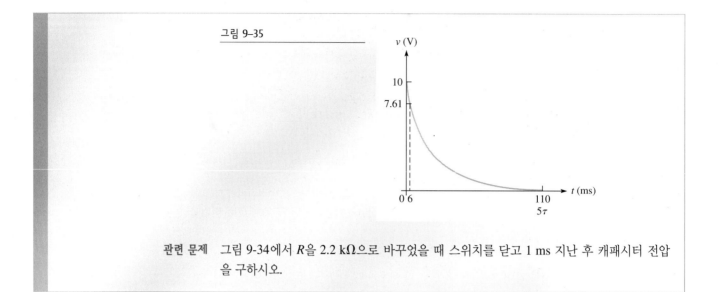

그림 9–35

관련 문제   그림 9-34에서 R을 2.2 kΩ으로 바꾸었을 때 스위치를 닫고 1 ms 지난 후 캐패시터 전압을 구하시오.

일반적인 지수함수 곡선을 이용하는 방법   그림 9-36의 범용 지수곡선을 이용하여 캐패시터의 충전과 방전시의 도식적 풀이를 할 수 있다. 예제 9-13은 그래프로 해석하는 방법을 설명한다.

그림 9–36

정규화된 범용 지수곡선

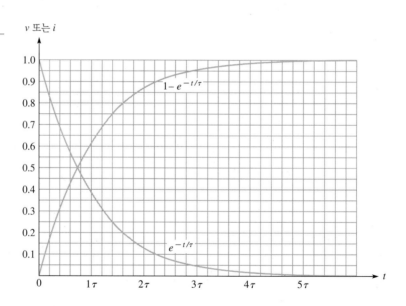

예제 9–13   그림 9-37의 캐패시터가 75 V 충전되는 데 걸리는 시간과 스위치를 닫고 2 ms 지난 후 캐패시터 전압을 그림 9-36의 정규화된 범용 지수곡선을 사용하여 구하시오.

그림 9–37

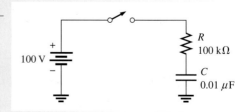

해 최종 전압은 100 V로서 그래프의 100% 레벨(1.0)에 해당한다. 75 V는 최대값의 75%로 그래프에서 0.75에 해당한다. 그래프에서 이 점은 1.4 시정수에 해당함을 알 수 있다. 이 회로에서 시정수는 다음과 같다 : $RC = (100 \text{ k}\Omega)(0.01 \text{ }\mu\text{F}) = 1 \text{ ms}$.

따라서 캐패시터 전압이 75 V에 도달하는 데 걸리는 시간은 스위치가 닫힌 뒤 1.4 ms 이후가 된다. 캐패시터 전압은 2 ms 시점에서 대략 86 V(수직축상에서 0.86)가 된다. 이러한 도식적 풀이를 그림 9-38에 나타내었다.

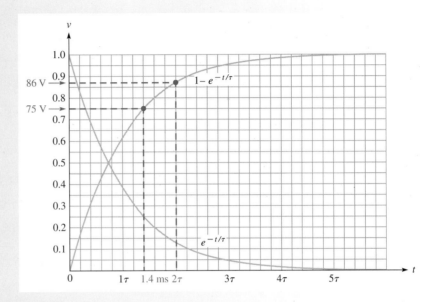

그림 9-38

관련 문제 정규화된 범용 지수곡선을 사용하여 그림 9-37의 캐패시터가 0에서 50 V로 충전되는 데 걸리는 시간을 구하시오. 또한 스위치를 닫고 3 ms 지난 후 캐패시터 전압을 구하시오.

구형파에 대한 응답

시정수에 비해 긴 주기의 구형파로 RC 회로를 구동하는 경우 지수적으로 상승 및 하강하는 것을 볼 수 있다. 구형파는 단일 스위치와는 달리 ON/OFF 동작을 제공하여, 파형이 '0'으로 떨어질 때 전원(함수 발생기)으로의 방전 경로를 제공해 준다.

구형파가 상승하면 캐패시터의 전압은 구형파의 최대값을 향해 시정수에 따른 시간 안에 지수적으로 증가한다. 구형파가 '0' 값으로 돌아오면 캐패시터 전압은 시정수에 따라 지수적으로 감소한다. 구형파 발생기의 내부 저항도 RC 시정수의 일부가 된다. 그러나 저항 R보다 충분히 작은 경우 무시할 수 있다. 다음 예제는 주기가 시정수보다 긴 경우에 대해 파형을 보여준다. 다른 경우는 15장에서 자세히 다루도록 한다.

예제 9-14 그림 9-39(a)의 회로에 그림 9-39(b)와 같은 입력파형이 인가될 때, 한 주기 동안에 대해 매 0.1 ms마다 캐패시터 양단 전압을 구하고, 캐패시터의 전압파형을 대략적으로 그리시오. 이 때 구형파 발생기의 내부 저항은 무시된다.

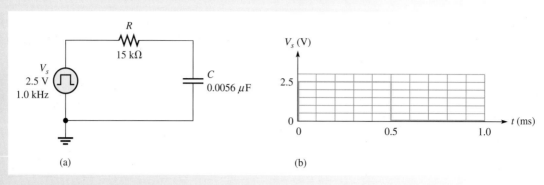

그림 9–39

해
$$\tau = RC = (15 \text{ k}\Omega)(0.0056 \mu\text{F}) = 0.084 \text{ ms}$$

구형파의 주기는 1 ms로 대략 12 τ에 해당한다. 이는 펄스의 상태 변화 후 6 τ가 경과함을 뜻하며 캐패시터가 완전 충전되고 완전 방전되도록 해준다. 증가하는 지수함수에 대하여 $v = V_F (1 - e^{-t/RC})$이다.

0.1 ms에서 $v = 2.5 \text{ V}(1 - e^{-0.1\text{ms}/0.084\text{ ms}}) = 1.74 \text{ V}$

0.2 ms에서 $v = 2.5 \text{ V}(1 - e^{-0.2\text{ms}/0.084\text{ms}}) = 2.27 \text{ V}$

0.3 ms에서 $v = 2.5 \text{ V}(1 - e^{-0.3\text{ms}/0.084\text{ms}}) = 2.43 \text{ V}$

0.4 ms에서 $v = 2.5 \text{ V}(1 - e^{-0.4\text{ms}/0.084\text{ms}}) = 2.48 \text{ V}$

0.5 ms에서 $v = 2.5 \text{ V}(1 - e^{-0.5\text{ms}/0.084\text{ms}}) = 2.49 \text{ V}$

감소하는 지수함수에 대하여 $v = V_i\, e^{-t/RC}$이다. 이 방정식에서 시간은 방전이 시작된 시점을 기준으로 나타낸다(실제 시간에서 0.5 ms를 빼주어야 한다). 예를 들면 0.6 ms일 때 $t = 0.6 \text{ ms} - 0.5 \text{ ms} = 0.1 \text{ ms}$이다.

0.6 ms에서 $v = 2.5 \text{ V}(e^{-0.1\text{ms}/0.084\text{ms}}) = 0.76 \text{ V}$

0.7 ms에서 $v = 2.5 \text{ V}(e^{-0.2\text{ms}/0.084\text{ms}}) = 0.23 \text{ V}$

0.8 ms에서 $v = 2.5 \text{ V}(e^{-0.3\text{ms}/0.084\text{ms}}) = 0.07 \text{ V}$

0.9 ms에서 $v = 2.5 \text{ V}(e^{-0.4\text{ms}/0.084\text{ms}}) = 0.02 \text{ V}$

1.0 ms에서 $v = 2.5 \text{ V}(e^{-0.5\text{ms}/0.084\text{ms}}) = 0.01 \text{ V}$

그림 9-40에 결과 그래프를 나타내었다.

그림 9–40

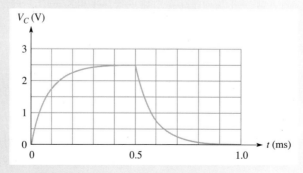

관련 문제 0.65 ms일 때 캐패시터 전압은 얼마인가?

9–5 복습문제

1. $R = 1.2 \text{ k}\Omega$, $C = 1000 \text{ pF}$일 때 시정수를 구하시오.

2. 문제 1의 회로를 5 V 전원으로 충전할 때 초기에 완전 방전된 캐패시터가 완전히 충전되는 데 걸리는 시간은 얼마인가? 완전히 충전되었을 때 전압은 얼마인가?

3. 시정수가 1 ms인 회로가 있다. 캐패시터가 초기에 완전 방전되어 있다고 할 때 회로를 10 V 전지로 충전한다면 2 ms, 3 ms, 4 ms, 5 ms에서의 캐패시터 전압은 각각 어떻게 되는가?

4. 100 V로 충전된 캐패시터가 있다. 저항을 사용하여 방전시킬 때 1 시정수 뒤의 캐패시터 전압은 얼마인가?

9–6   교류 회로에서의 캐패시터

이전 절에서 살펴보았듯이 캐패시터는 직류를 차단한다. 이 절에서는 캐패시터가 교류는 통과시키지만, 용량성 리액턴스라고 하는 교류 저항을 갖고 있으며, 그것은 주파수에 의존함을 살펴보도록 하자.

절의 학습내용

▶ **용량성 교류 회로를 분석한다.**

　▶ 용량성 리액턴스를 정의한다.

　▶ 주어진 회로에서 용량성 리액턴스의 값을 구한다.

　▶ 캐패시터에서 전류와 전압 사이의 위상차가 발생하는 이유를 설명한다.

　▶ 캐패시터에서 순시전력, 유효전력, 무효전력 등을 논의한다.

용량성 리액턴스(X_C)

그림 9-41을 보면 캐패시터가 정현파 전압원에 연결되어 있다. 전원전압의 진폭을 상수로 고정하고 주파수를 증가시키면 전류의 진폭은 증가된다. 또한 전원 주파수를 감소시키면 전류 진폭도 감소된다.

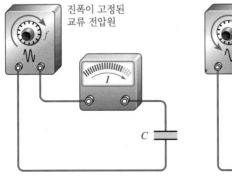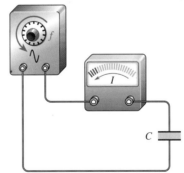

그림 9–41

용량성 회로에서 전류는 전원전압의 주파수에 비례하여 변화한다

(a) 주파수가 증가하면 전류도 증가한다.　(b) 주파수가 감소하면 전류도 감소한다.

　전압의 주파수가 증가되면 변화율도 증가된다. 이러한 관계를 주파수가 두 배가 된 경우에 대하여 그림 9-42에 나타내었다. 이제 전압이 변하는 비율이 증가되면 주어진 시간에 회로 내에서 이동하는 전하량도 또한 증가된다. 주어진 시간에 더 많은 전하는 더 많은 전류를 의미한다. 예를 들면 주파수가 10배가 되면 주어진 시간구간 안에 충전 및 방전이 10배 만큼

그림 9-42

정현파의 변화율은 주파수가 증가할수록 증가한다

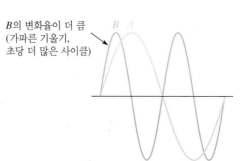

B의 변화율이 더 큼
(가파른 기울기,
초당 더 많은 사이클)

일어남을 의미한다. 전하의 이동비율이 10배가 되며 이는 $I = Q/t$에 의해 전류가 10배 증가됨을 의미한다.

고정된 전압에 대하여 증가된 전류량은 전류의 흐름을 저해하는 요소가 감소됨을 나타낸다. 따라서 캐패시터는 전류의 흐름을 저해하는 성질을 가지고 있는데 이 성질은 주파수에 반비례하여 변화한다.

캐패시터에서 정현파 전류의 흐름을 저해하는 성질을 용량성 리액턴스라고 부른다.

용량성 리액턴스(capacitive reactance)의 기호는 X_C이며 단위는 옴(Ω)이다.

이미 캐패시터에서 전류의 흐름을 저해하는 성질(용량성 리액턴스)이 주파수에 어떻게 관계하는지 살펴보았다. 이제 캐패시턴스(C)가 리액턴스에 어떻게 영향을 주는지 살펴보자. 그림 9-43(a)에 진폭과 주파수가 고정된 정현파 전압을 1 μF 캐패시터에 인가하였을 때 일정량의 교류 전류가 흐르는 모습을 나타내었다. 캐패시턴스를 2 μF으로 증가시키면 그림 9-43(b)와 같이 전류가 증가한다. 이렇게 캐패시턴스가 증가하면 전류의 흐름을 저해하는 성질(용량성 리액턴스)은 감소한다. 따라서 용량성 리액턴스는 주파수에 반비례할 뿐만 아니라 캐패시턴스에도 반비례한다. 이러한 관계식은 다음과 같이 쓸 수 있다.

X_C는 $\dfrac{1}{fC}$에 비례한다.

X_C와 $1/(fC)$의 비례상수는 $1/(2\pi)$임이 입증될 수 있으며, 따라서 용량성 리액턴스(X_C)의 식은 다음과 같다.

$$X_C = \frac{1}{2\pi fC} \tag{9-17}$$

여기서 X_C의 단위는 옴(Ω)이며, f의 단위는 헤르츠(Hz), C의 단위는 패럿(F)이다. 2π 항은 8장에서 배운 바와 같이 회전운동으로 정현파를 나타낼 경우 1 회전은 2π 라디안이라는 사실에서 나온다.

그림 9-43

고정된 전압과 고정된 주파수에 대해 전류는 캐패시턴스값에 비례하여 변화한다

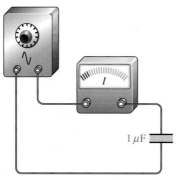

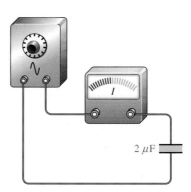

(a) 캐패시턴스가 작으면 더 적은 전류가 흐른다.

(b) 캐패시턴스가 커지면 더 많은 전류가 흐른다.

예제 9–15 그림 9-44와 같이 정현파 전류가 캐패시터에 인가되었다. 정현파 주파수가 1 kHz일 때 용량성 리액턴스를 구하시오.

그림 9-44

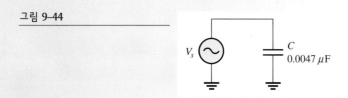

해

$$X_C = \frac{1}{2\pi f C} = \frac{1}{2\pi(1 \times 10^3 \text{ Hz})(0.0047 \times 10^{-6} \text{ F})} = \mathbf{33.9\, k\Omega}$$

관련 문제 그림 9-44의 용량성 리액턴스가 10 kΩ이 되는 주파수를 구하시오.

옴의 법칙 캐패시터의 리액턴스는 저항의 저항값과 유사하다. 사실 둘 다 옴(Ω)으로 표현 된다. R과 X_C가 전부 전류 흐름을 저해하는 형태이므로 옴의 법칙은 저항회로의 경우와 마 찬가지로 캐패시터 회로에도 적용될 수 있다.

$$I = \frac{V}{X_C} \tag{9-18}$$

교류 회로에 옴의 법칙을 적용할 때 전류와 전압을 같은 방식으로 나타내어야 한다. 즉, 전 부 실효값을 쓰든지 전부 최대값을 쓰든지 통일해서 사용하여야 한다.

예제 9–16 그림 9-45에서 실효 전류를 구하시오.

그림 9-45

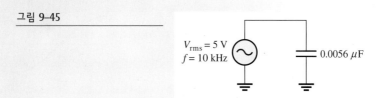

해 우선 X_C를 구한다.

$$X_C = \frac{1}{2\pi f C} = \frac{1}{2\pi(10 \times 10^3 \text{ Hz})(0.0056 \times 10^{-6} \text{ F})} = 2.84\, k\Omega$$

다음에는 옴의 법칙을 적용한다.

$$I_{\text{rms}} = \frac{V_{\text{rms}}}{X_C} = \frac{5 \text{ V}}{2.84\, k\Omega} = \mathbf{1.76\, mA}$$

관련 문제 그림 9-45에서 주파수를 25 kHz로 변동하였을 때 실효 전류값을 구하시오.

 CD-ROM에서 Multisim E09-16 파일을 열고, 실효 전류값을 측정하여 계산값과 비교하 라. 전원전압 주파수를 25 kHz로 바꾼 후 전류를 측정하라.

전류가 캐패시터 전압을 90° 앞섬

그림 9-46에 정현파 전압을 나타내었다. 곡선의 '기울기(가파른 정도)'로 나타나는 전압의 변동률은 정현파 곡선에 따라 바뀐다. '0'을 지나는 점에서 곡선은 가장 빠른 비율로 변한다. 최대점에서 곡선은 최대값에 도달하고 방향이 바뀌므로 '0'의 변동률을 가진다.

그림 9-46

정현파의 변동률

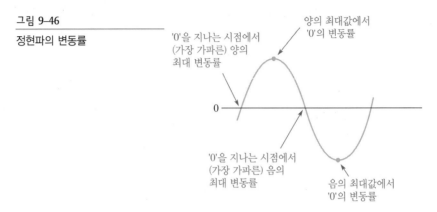

캐패시터에 저장된 전하량은 걸린 전압에 따라 결정된다. 따라서 두 도체판 사이에 움직인 전하의 변동률($Q/t = I$) 역시 전압의 변동률에 따라 결정된다. 전압이 최대의 변동률을 가지는 점에서('0'을 지나는 지점에서) 전류는 최대값을 가진다. 전압의 변동률이 최소인 점에서 (최대값으로 변동률이 '0'인 점에서) 전류는 최소값('0'의 값)을 가진다. 이러한 위상관계를 그림 9-47에 나타내었다. 그림에서 보는 바와 같이 전류의 최대값은 전압의 최대값보다 1/4 사이클 앞에서 발생한다. 이와 같이 전류는 전압을 90° 앞서게 된다.

그림 9-47

전류는 캐패시터 전압을 90° 앞선다

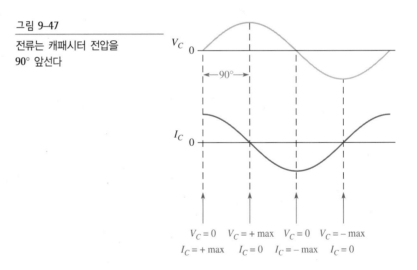

$V_C = 0$ $V_C = + \max$ $V_C = 0$ $V_C = - \max$
$I_C = + \max$ $I_C = 0$ $I_C = - \max$ $I_C = 0$

캐패시터에서의 전력

이미 논의된 바와 같이 충전된 캐패시터는 유전체 내에 존재하는 전계에 에너지를 저장한다. 이상적인 캐패시터에서는 에너지가 소모되지 않는다. 다만 일시적으로 에너지를 저장할 따름이다. 교류 전압이 캐패시터에 인가되면 전압 사이클의 1/4 동안 에너지는 캐패시터에 저장된다. 저장된 에너지는 다음 1/4 사이클 동안 전원으로 되돌아가므로 에너지 손실은 없다. 그림 9-48은 캐패시터 전압과 전류의 한 사이클 동안에 나타나는 전력곡선을 보여준다.

순시전력(p)   순시전압 v와 순시전류 i를 곱한 값이 **순시전력(instantaneous power : p)**이 된다. v나 i가 0인 지점에서 p 역시 0이다. v와 i가 모두 양(+)의 값을 가지면 p는 양(+)이다. v와 i가 하나는 양(+)이고 다른 하나는 음(−)이면 p는 음(−)이다. v와 i가 둘 다 음(−)이면 p

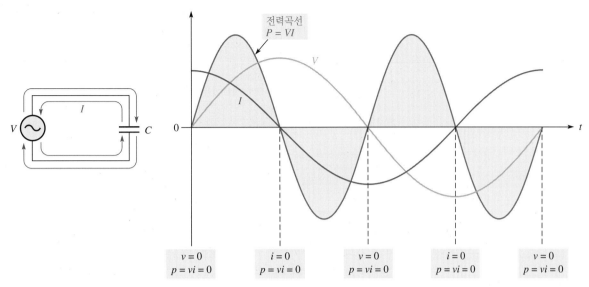

그림 9-48

캐패시터에서의 전력곡선

는 양(+)이 된다. 그림에서 보는 바와 같이 전력은 정현파형의 곡선을 따라 변화한다. 전력의 (+) 값은 에너지가 캐패시터에 의해 저장됨을 의미하며, 전력의 (−) 값은 에너지가 캐패시터에서 전원으로 되돌아감을 나타낸다. 에너지가 저장되거나 전원으로 되돌아가면서 전력은 전압이나 전류보다 두 배의 주파수를 가짐을 주목하라.

유효전력(P_{true}) 이상적으로 전력 사이클의 (+) 부분 동안 캐패시터에 의해 저장된 모든 에너지는 (−) 부분 동안 전원으로 되돌아간다. 캐패시터에서는 에너지 소모가 없으므로 **유효전력(true power : P_{true})**은 0이다. 그러나 실제 캐패시터에서는 누설전류와 도체판의 저항으로 인해 약간의 전력이 유효전력의 형태로 손실된다.

무효전력(P_r) 캐패시터가 에너지를 저장하거나 돌려 보내는 비율을 **무효전력(reactive power : P_r)**이라 한다. 매 순간 캐패시터는 에너지를 전원으로부터 받고 있거나 전원으로 돌려 보내고 있으므로 무효전력은 0이 아니다. 그러나 무효전력이 열로 변환되는 에너지 손실을 의미하지는 않는다. 무효전력을 구하는 식은 다음과 같다.

$$P_r = V_{rms} I_{rms} \tag{9-19}$$

$$P_r = \frac{V_{rms}^2}{X_C} \tag{9-20}$$

$$P_r = I_{rms}^2 X_C \tag{9-21}$$

이러한 식들은 3장에서 다루었던 저항에서의 유효전력에 대한 식과 같은 형태로 되어 있다. 전압과 전류는 실효값으로 표현되며, 무효전력의 단위는 **VAR(volt-ampere reactive)**이다.

| 예제 9-17 | 그림 9-49에서 유효전력과 무효전력을 구하시오. |

그림 9-49

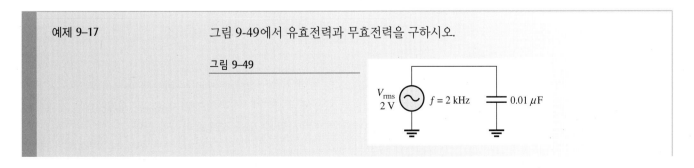

해 유효전력 P_{true}는 이상적인 캐패시터에서 항상 '0'이다. 무효전력을 구하기 위해 우선 용량성 리액턴스를 구한 후 식 (9-20)을 이용한다.

$$X_C = \frac{1}{2\pi fC} = \frac{1}{2\pi(2 \times 10^3 \text{ Hz})(0.01 \times 10^{-6} \text{ F})} = 7.96 \text{ k}\Omega$$

$$P_r = \frac{V_{rms}^2}{X_C} = \frac{(2 \text{ V})^2}{7.96 \text{ k}\Omega} = 503 \times 10^{-6} \text{ VAR} = \textbf{503 } \boldsymbol{\mu}\textbf{VAR}$$

관련 문제 그림 9-49에서 주파수가 2배가 되면 유효전력과 무효전력은 어떻게 되는가?

9-6 복습문제

1. f = 5 kHz, C = 47 pF일 때 X_C를 구하시오.

2. 0.1 μF의 리액턴스가 2 kΩ이 되는 주파수를 구하시오.

3. 그림 9-50에서 실효(rms) 전류를 구하시오.

4. 캐패시터에서 전류와 전압의 위상관계를 말하시오.

5. 1 μF 캐패시터가 실효값 12 V rms 인 교류 전압원에 연결되어 있다. 유효전력을 구하시오.

6. 문제 5에서 전원 주파수가 500 Hz일 때 무효전력을 구하시오.

그림 9-50

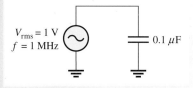

V_{rms} = 1 V
f = 1 MHz
0.1 μF

9-7 캐패시터 응용

캐패시터는 전기 전자 분야에서 광범위하게 사용된다.

절의 학습내용

▶ **몇 가지 캐패시터의 응용에 대해 살펴본다.**

  ▶ 전원 공급기 필터에 대해서 설명한다.

  ▶ 결합 캐패시터와 바이패스 캐패시터의 사용목적을 설명한다.

  ▶ 동조회로와 타이밍 회로, 컴퓨터 메모리에 응용되는 캐패시터의 기본적인 사항을 논의한다.

회로기판이나 전원 공급기, 전자장비 등을 들여다보면 한 가지 종류 이상의 캐패시터가 사용됨을 알 수 있다. 캐패시터는 직류나 교류에서 다양한 목적으로 사용된다.

축전

캐패시터의 가장 기본적인 응용 중의 하나는 컴퓨터에 있는 반도체 메모리와 같이 저전력 회로에 대해 보조 전압원으로 사용하는 것이다. 이 목적으로 사용되는 캐패시터는 캐패시턴스가 대단히 커야 하고 누설전류가 무시할 수 있을 정도로 작아야 한다.

축전용 캐패시터는 회로에서 직류 전원 공급기 입력과 접지 사이에 연결된다. 회로가 전원 공급기로 동작될 때, 캐패시터는 직류 전원 공급기의 전압까지 완전히 충전된다. 만약 전원에 문제가 발생하면 축전용 캐패시터가 회로의 임시적인 전원이 된다.

캐패시터는 전하가 충분히 남아 있는 동안 회로에 전압과 전류를 공급한다. 회로에 전류가 흐르면 캐패시터로부터 전하는 제거되며 전압은 감소한다. 따라서 축전 캐패시터는 단지 일시적인 전원으로 쓰일 수 있을 뿐이다. 캐패시터가 회로에 충분한 전원을 공급할 수 있는 시간은 회로에 흐르는 전류량과 캐패시턴스에 의해 결정된다. 전류가 적고 캐패시턴스가 클수록 시간은 길어진다.

전원 공급기의 필터

기본적인 직류 전원 공급기는 정류기와 필터로 구성된다. **정류기(rectifier)**는 110 V, 60 Hz의 정현파 전압을 정류기 종류에 따라 반파 정류전압이나 전파 정류전압인 맥동 직류 전압으로 바꾼다. 그림 9-51(a)에서와 같이 반파 정류기는 정현파 전압의 (−)쪽 1/2 사이클을 제거한다. 그림 9-51(b)에서와 같이 전파 정류기는 각 사이클에서 (−)쪽 부분의 극성을 바꾼다. 반파 및 전파 정류전압은 그 크기가 변하더라도 극성이 바뀌지 않으므로 직류이다.

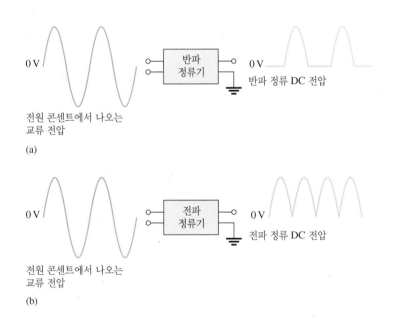

전원 콘센트에서 나오는 교류 전압

(a)

전원 콘센트에서 나오는 교류 전압

(b)

그림 9–51

반파 정류와 전파 정류 동작

모든 회로에 있어서 일정한 전원이 요구되므로 전자회로에 유용하게 쓰이기 위해서 정류된 전압은 일정한 직류 전압으로 바뀌어야 한다. 그림 9-52에 나타난 것과 같이 **필터(filter)**는 정류된 전압에서 맥동을 제거하고, 일정한 값의 직류 전압으로 바꾸어 전자회로에 공급한다.

전원 공급기 필터로서의 캐패시터 캐패시터는 전하를 저장할 수 있으므로 직류 전원 공급기에서 필터로 사용된다. 그림 9-53(a)는 전파 정류기와 캐패시터 필터를 갖는 직류 전원 공급기를 보인 것이다. 그 동작을 충전과 방전의 관점으로 설명할 수 있다. 캐패시터가 처음에는 충전되지 않았다고 가정하자. 전원을 인가한 후 정류된 전압의 첫 번째 사이클 동안 캐패시터는 정류기의 낮은 순방향 저항을 통해서 빠르게 충전된다. 캐패시터 전압은 정류전압의 최대값까지 정류전압 곡선을 따라 증가한다. 정류전압이 최대값을 지나 감소하기 시작하면, 캐패시터는 그림 9-53(b)에 보인 것과 같이 높은 저항을 갖는 부하회로를 통해서 천천히 방

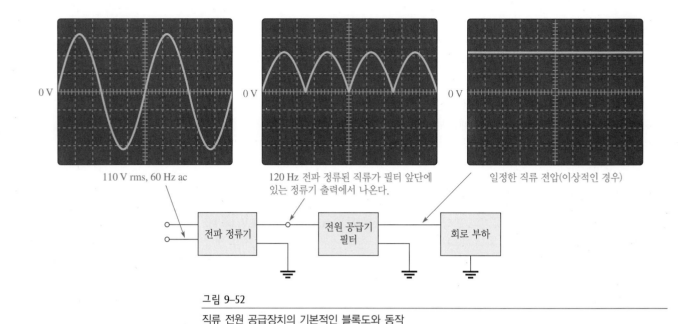

그림 9-52

직류 전원 공급장치의 기본적인 블록도와 동작

110 V rms, 60 Hz ac

120 Hz 전파 정류된 직류가 필터 앞단에 있는 정류기 출력에서 나온다.

일정한 직류 전압(이상적인 경우)

전파 정류기 / 전원 공급기 필터 / 회로 부하

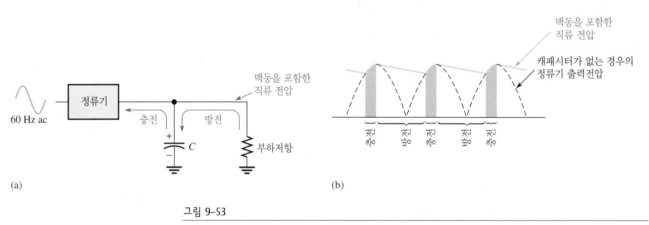

그림 9-53

전원 공급기 필터 캐패시터의 기본 동작

(a) 60 Hz ac / 정류기 / 충전 / 방전 / 맥동을 포함한 직류 전압 / C / 부하저항

(b) 맥동을 포함한 직류 전압 / 캐패시터가 없는 경우의 정류기 출력전압 / 충전 / 방전 / 충전 / 방전 / 충전

전되기 시작하는데, 일반적으로 방전되는 양은 매우 적지만 설명을 위해 조금 과장하여 나타 내었다. 정류전압의 다음 사이클에서 방전된 적은 양의 전하가 캐패시터에 다시 채워진다. 이러한 소량의 충전 및 방전 과정은 전원이 켜져 있는 동안 계속된다.

정류기는 전류가 캐패시터를 충전하는 방향으로만 흐르도록 한다. 캐패시터는 정류기 방 향으로 방전하지 않고 큰 저항을 갖는 부하로 적은 양의 전하만을 방전한다. 캐패시터의 충 전과 방전으로 인한 전압의 작은 맥동을 **맥동전압(ripple voltage)**이라고 한다. 좋은 직류 전원 공급기는 직류 출력에 있어서 아주 작은 맥동을 갖는다. 전원 공급기 필터 캐패시터의 방전 시정수는 캐패시턴스와 부하의 저항에 의존된다. 따라서 캐패시턴스가 클수록 방전시 간이 길게 되고 맥동전압이 작게 된다.

직류 차단과 교류 결합

캐패시터는 일정한 직류 전압이 회로의 한 부분에서 다른 부분으로 인가되는 것을 차단하기 위해서도 사용된다. 그러한 예로, 그림 9-54에서와 같이 캐패시터가 증폭기의 두 단 사이에 연결되어, 두 번째 단 입력의 직류 전압에 첫 번째 단 출력의 직류 전압이 영향을 미치지 못하도록 하는 역할을 한다. 이 회로가 정상적으로 작동하기 위해서는 첫 번째 단의 출력에서 직류 전압이 0이 되어야 하고, 두 번째 단의 입력에는 3 V의 직류 전압이 가해져야 한다고 가정하자. 캐패시터는 두 번째 단의 3 V와 첫 번째 단의 '0' 값이 서로 영향을 미치는 것을 막아준다.

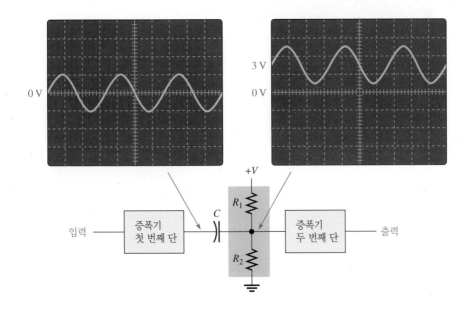

그림 9–54

증폭기에 직류를 차단(blocking)하고 교류 신호를 결합시키는 데 사용되는 캐패시터

정현파 신호전압이 첫 번째 단에 인가되면, 그림 9-54에서와 같이 그 신호전압은 증폭되어 첫 번째 단의 출력에 나타난다. 증폭된 신호전압은 캐패시터를 통해서 두 번째 단에 결합되어 직류 3 V와 중첩되고 다시 두 번째 단에 의해 증폭된다. 신호전압이 캐패시터를 통과한 후에 감소하지 않기 위해서는, 신호전압의 주파수에서 리액턴스가 무시될 수 있을 정도로 캐패시터의 용량이 충분히 커야 한다. 이러한 목적으로 사용되는 캐패시터를 **결합 캐패시터 (coupling capacitor)**라고 하며, 이상적으로는 직류에서 개방회로로 작동하고 교류에서는 단락회로로 작동한다. 신호의 주파수가 감소함에 따라 용량성 리액턴스가 증가하게 되는데, 어느 점 이상에서는 용량성 리액턴스가 너무 커져서 첫 번째 단과 두 번째 단 사이에서 교류 전압이 상당히 감소하게 된다.

전원 공급선의 완충

직류 전원선으로부터 접지로 연결된 캐패시터는 디지털 회로의 빠른 스위칭(레벨의 변화)으로 인해 직류 공급전압에서 발생하는 원치 않는 과도 전압이나 스파이크를 완충하기 위하여 사용된다. 과도 전압은 회로의 정상 작동에 영향을 주는 높은 주파수를 포함한다. 이러한 과도 전압은 리액턴스가 매우 낮은 **완충 캐패시터(decoupling capacitor)**를 통해 접지와 단락된다. 일반적으로 회로의 전압 공급선을 따라 여러 곳에 완충 캐패시터가 사용되는데 주로 집적회로(IC) 근처에 사용된다.

바이패스

캐패시터는 회로상의 어떤 저항 양단의 직류 전압을 바꾸지 않고 교류 전압만 **바이패스 (bypass)**하기 위해서도 사용된다. 예를 들면, 바이어스 전압(bias voltage)이라 불리는 직류 전압은 증폭기 회로의 여러 점에서 요구된다. 증폭기가 정상적으로 작동하려면 바이어스 전압은 일정하게 유지되어야 하므로, 교류 전압은 제거되어야 한다. 바이어스 점으로부터 접지로 결합된 충분한 용량의 캐패시터는 교류 전압에 대해서는 리액턴스가 매우 낮은 경로를 공급하고,

주어진 점에 일정한 직류 바이어스 전압을 남게 한다. 바이패스 응용을 그림 9-55에 나타내었다. 낮은 주파수에서는 바이패스 캐패시터의 리액턴스가 증가하므로 그 효과가 감소한다.

그림 9–55

바이패스 캐패시터의 동작의 예

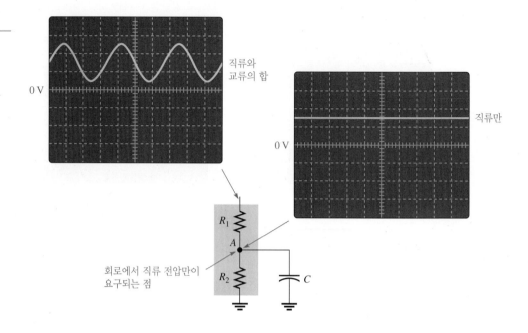

신호 필터

필터는 여러 주파수의 신호들로부터 특정 주파수를 갖는 하나의 교류 신호를 고르거나, 특정 주파수대의 신호만을 통과시키고 다른 주파수의 신호들은 모두 제거하기 위해 사용된다. 이러한 응용의 일반적인 예로 라디오나 TV 수신기를 들 수 있는데, 한 방송국에서 보내는 신호만을 선택하고 다른 방송국에서 보내는 신호를 제거하거나 걸러내는 데 사용된다.

라디오나 TV의 방송국을 선택하기 위해 다이얼을 돌리면, 필터의 일종인 동조회로의 캐패시턴스가 변화하여 원하는 방송국의 신호만이 수신기 회로를 통과하게 된다. 캐패시터는 저항과 인덕터(11장에서 다룬다) 등 다른 소자들과 함께 사용된다.

필터의 주된 특징은 주파수를 선택할 수 있다는 데에 있으며, 캐패시터의 리액턴스는 주파수에 따라 달라진다는 사실($X_C = 1/2\pi fC$)에 기반을 둔다.

타이밍 회로

캐패시터가 사용되는 중요한 분야로 시간을 지연시키거나 특정한 성질을 갖는 파형을 발생시키는 타이밍 회로가 있다. 저항과 캐패시턴스를 갖는 회로의 시정수는 R과 C의 값을 적당한 값으로 변화시킴으로써 조절할 수 있다. 캐패시터의 충전시간은 여러 종류의 회로에서 시간을 지연시키는 데에 사용될 수 있다. 그 예로는 일정한 시간간격으로 점멸되는 자동차의 방향 지시등을 제어하는 회로가 있다.

컴퓨터 메모리

컴퓨터 동적 메모리는 1과 0으로 구성된 2진 정보를 저장하는 기본 저장소자로서 캐패시터가 사용된다. 충전된 캐패시터는 1을 나타내며, 방전된 캐패시터는 0을 나타낸다. 2진 데이터를 구성하는 1과 0의 형태가 관련 회로와 캐패시터의 배열로 구성된 메모리에 저장된다. 이 주제에 대해서는 컴퓨터나 디지털 기초과정에서 배우게 될 것이다.

9–7 복습문제	1. 반파 혹은 전파 정류된 직류 전압이 필터 캐패시터에 의해 어떻게 평활하게 되는지 설명하시오.
	2. 결합 캐패시터의 목적을 설명하시오.
	3. 결합 캐패시터의 용량은 얼마나 큰 것을 사용하여야 하는가?
	4. 완충 캐패시터의 목적을 설명하시오.
	5. 신호 필터와 같은 주파수 선택적인 회로에서 주파수와 용량성 저항의 관계가 얼마나 중요한지 논하시오.
	6. 캐패시터 회로의 매개변수 가운데 시간 지연 응용에서 가장 중요한 것은 무엇인가?

응용 과제

지식을 실무로 활용하기

이 장에서 배운 대로 캐패시터는 특정 형태의 증폭기 회로에서 교류 신호를 결합시키고 직류 전압을 차단할 때 사용된다. 이 응용 과제에서는 두 개의 결합 캐패시터가 들어 있는 증폭기 회로기판에서 세 개의 동일한 증폭기 회로기판의 전압을 점검하여 캐패시터가 제대로 동작하는지 확인할 것이다. 이 과제에서는 증폭기 회로에 대한 지식이 없더라도 가능하다.

모든 증폭기 회로는 교류 신호를 증폭하기 위한 적절한 동작 조건을 만들기 위해 직류 전압이 요구되는 트랜지스터를 포함하고 있다. 이러한 직류 전압을 바이어스 전압이라고 부른다. 그림 9-56(a)에서 보는 바와 같이 증폭기에 사용되는 일반적인 형태의 직류 바이어스 회로는 R_1과 R_2로 구성된 전압 분배기로 증폭기 입력에 적절한 직류 전압을 형성해 준다.

교류 전압이 증폭기에 인가되면 입력 결합 캐패시터 C_1은 교류 전원의 내부 저항이 직류 바이어스 전압이 바뀌게 하는 것을 막아준다. 캐패시터가 없으면 전원 내부 저항은 R_2에 병렬로 나타나서 직류 전압값이 심하게 변하게 된다.

결합 캐패시터는 교류 신호의 주파수에서 용량성 리액턴스 (X_C)가 바이어스 저항값보다 매우 작게 되도록 선정한다. 따라서 결합 캐패시터는 효과적으로 교류 신호를 전원에서 증폭기 입력으로 결합시켜 준다. 그림 9-56(a)에 나타난 바와 같이 결합 캐패시터를 전원측에서 보면 교류 신호만 있지만, 증폭기측에서 보면 교류와 직류의 합이 된다(신호전압이 전압 분배기로 설정된 직류 바이어스 전압에 더해진 모양이 된다). 캐패시터 C_2는 출력 결합 캐패시터로 증폭된 교류 신호를 출력에 연결된 다음 증폭단으로 결합시켜 준다.

그림 9-56(b)에 있는 것과 같은 세 개의 증폭기 기판을 오실로스코프를 사용하여 적절한 입력전압을 가지는지 점검한다. 만일 전압이 맞게 나오지 않으면 가장 가능성이 높은 결함을

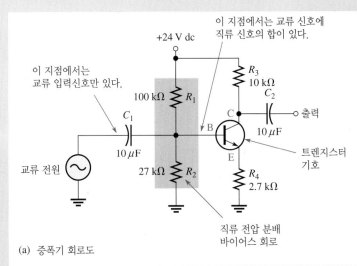

(a) 증폭기 회로도

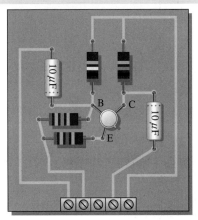

(b) 증폭기 기판

그림 9-56

캐패시터를 사용하여 결합된 증폭기

알아낸다. 모든 측정에서 직류 바이어스 전압에 대하여 증폭기
의 부하효과(loading effect)는 없다고 가정한다.

1단계 : PCB와 회로도 비교하기

그림 9-56(b)의 PCB를 점검하여 그림 9-56(a)의 회로도와 일
치하는지 확인한다.

2단계 : 기판 1의 입력 점검하기

그림 9-57과 같이 오실로스코프 프로브를 채널 1에서 기판 1로
연결하였다. 주파수 5 kHz, 진폭 1 V rms로 설정된 정현파 전
원전압에서 입력신호를 기판에 연결하였다. 그림 9-57의 스코
프에 나온 전압과 주파수는 맞게 나온 것인가? 만일 맞지 않다
면 회로에서 가장 가능성이 높은 결함은 무엇인가?

3단계 : 기판 2의 입력 점검하기

그림 9-57과 같이 오실로스코프 프로브를 채널 1에서 기판 2로
연결하였다. 2단계와 동일하게 설정된 정현파 전원전압에서 입
력신호를 기판에 연결하였다. 그림 9-58의 스코프의 화면은 맞
게 나온 것인가? 만일 맞지 않다면 회로에서 가장 가능성이 높
은 결함은 무엇인가?

4단계 : 기판 3의 입력 점검하기

그림 9-57과 같이 오실로스코프 프로브를 채널 1에서 기판 3으
로 연결하였다. 3단계와 동일하게 설정된 정현파 전원전압에서
입력신호를 기판에 연결하였다. 그림 9-59의 스코프의 화면은
맞게 나온 것인가? 만일 맞지 않다면 회로에서 가장 가능성이
높은 결함은 무엇인가?

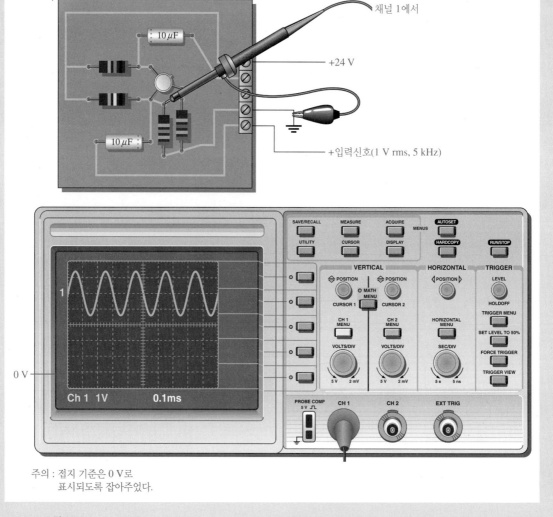

주의 : 접지 기준은 0 V로
        표시되도록 잡아주었다.

그림 9-57

시험기판 1

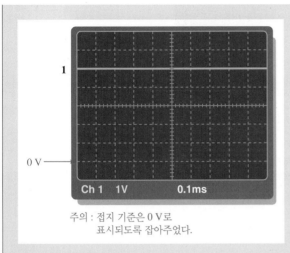

그림 9–58

시험기판 2

주의 : 접지 기준은 0 V로
표시되도록 잡아주었다.

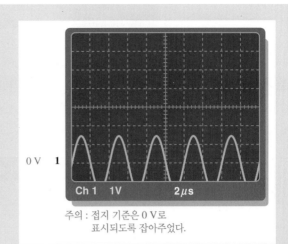

그림 9–59

시험기판 3

주의 : 접지 기준은 0 V로
표시되도록 잡아주었다.

복습문제

1. 교류 전원을 증폭기에 연결할 때 입력 결합 캐패시터가 필요
한 이유를 설명하시오.

2. 그림 9-56에서 캐패시터 C_2는 출력 결합 캐패시터이다. 증
폭기에 입력신호가 인가되었을 때 C로 표시된 부분과 회로
출력에서 어떤 신호가 측정될 것이라 생각하는가?

요 약

▶ 캐패시터는 유전체라 불리는 절연물질로 분리된 두 개의 병렬 도체판으로 구성된다.

▶ 캐패시터는 도체판 사이의 전계에 에너지를 저장한다.

▶ 에너지는 두 개의 대전된 도체판 사이의 유전체 내에 형성된 전기장에 의해 캐패시터에 저장된다.

▶ 캐패시턴스의 단위는 패럿(F)이다.

▶ 캐패시턴스는 판 면적과 유전상수에 비례하고 판간 거리(유전체의 두께)에 반비례한다.

▶ 유전상수는 전계를 형성하는 절연물질의 능력을 나타낸다.

▶ 유전강도는 캐패시터의 파괴전압을 결정하는 한 요소이다.

▶ 캐패시터는 일반적으로 유전체 물질에 따라 분류된다. 많이 사용되는 물질로는 운모, 세라믹, 플라스
틱 박막, 전해질(알루미늄 산화물, 탄탈 산화물)이 있다.

▶ 직렬 연결에서 총 캐패시턴스는 가장 작은 캐패시턴스보다 작다.

▶ 병렬 연결에서 총 캐패시턴스는 전체 캐패시턴스의 합이 된다.

▶ 캐패시터는 일정한 직류를 차단한다.

▶ 직렬 RC 회로에서의 시정수는 충전시간과 방전시간을 결정한다.

▶ RC 회로에서, 충전전압 또는 방전전압과 전류는 매 시정수만큼의 시간 동안 63%씩 변화한다.

▶ 캐패시터가 완전히 충전되거나 방전되기 위해서는 시정수의 5배만큼의 시간이 필요하며, 이를 과도
시간이라 부른다.

▶ 충전과 방전은 지수함수 곡선을 따른다.

▶ 충전시 매 시정수에서 최종 전하량에 대한 전하량의 대략적인 백분율값을 표 9-4에 나타내었다.

▶ 방전시 매 시정수에서 초기 전하량에 대한 전하량의 대략적인 백분율값을 표 9-5에 나타내었다.

▶ 캐패시터에서의 전류는 전압보다 90° 앞선 위상을 갖는다.

표 9-4

시정수의 수	최종 충전값의 대략적인 백분율
1	63
2	86
3	95
4	98
5	99(100%로 인식됨)

표 9-5

시정수의 수	초기 충전값의 대략적인 백분율
1	37
2	14
3	5
4	2
5	1(0으로 인식됨)

▶ 캐패시터는 자신의 리액턴스와 나머지 회로의 저항에 따라 결정되는 양만큼 교류를 통과시킨다.

▶ 용량성 리액턴스(X_C)는 교류의 흐름이 방해하는 성질로 단위는 옴(Ω)이다.

▶ X_C는 주파수와 캐패시턴스에 반비례한다.

▶ 이상적인 캐패시터는 에너지 손실이 없기 때문에 캐패시터에서의 유효전력은 '0'이다. 그러나 대부분 캐패시터에서는 누설저항으로 인하여 적은 양의 에너지 손실이 존재한다.

핵심 용어

이 장에서 제시된 핵심 용어는 책 끝부분의 용어집에 정의되어 있다.

결합(coupling) : 직류 전압을 차단하면서 한 점에서 다른 점으로 전달하기 위해 두 점 사이에 캐패시터를 연결하는 방법

과도 시간(transient time) : 시정수의 5배에 해당하는 시간간격

맥동전압(ripple voltage) : 캐패시터의 충전과 방전으로 인한 전압의 작은 맥동

무효전력(reactive power) : 캐패시터에 의하여 저장되거나 전원으로 되돌려지는 에너지의 비율. 단위는 VAR

바이패스(bypass) : 직류 전압에 영향을 주지 않으면서 교류 신호를 제거하기 위해 어떤 점에서 접지로 연결된 캐패시터로, 특별한 경우가 완충(decoupling)이다.

순시전력(instantaneous power : p) : 특정 순간에서 회로의 전력값

온도계수(temperature coefficient) : 온도 변화에 대한 변화량을 나타내는 상수

완충(decoupling) : 직류 전압에 영향을 주지 않으면서 교류를 단락시키기 위해 회로의 두 점, 주로 전원 공급선로와 접지 사이에 캐패시터를 연결하는 방법

용량성 리액턴스(capacitive reactance) : 정현파 전류에 대한 캐패시터의 저항. 단위는 옴(Ω)

유전강도(dielectric strength) : 파괴전압을 견디기 위한 유전체의 능력 정도

유전상수(dielectric constant) : 전계를 형성하기 위한 유전체의 능력 정도

유전체(dielectric) : 캐패시터의 판 사이에 있는 절연물질

유효전력(true power : P_{true}) : 회로에서 소모되는 전력으로서, 주로 열의 형태로 소모된다.

지수함수(exponential curve) : 자연대수를 밑으로 한 수학 함수로서, 캐패시터의 충전 및 방전은 지수함수에 의해 나타낼 수 있다.

충전(charging) : 전류가 한쪽 도체판에서 전하를 제거하고 다른 쪽 도체판에 쌓아줌으로써 한쪽 도체판이 다른 쪽보다 더 양의 극성을 갖게 해주는 과정

캐패시터(capacitor) : 절연물질로 분리된 두 개의 도체판으로 구성된 전기적인 소자로서 캐패시턴스의 특성을 갖는다.

캐패시턴스(capacitance) : 전하를 저장하기 위한 캐패시터의 능력

쿨롱의 법칙(Coulomb's law) : 두 대전체 사이에 존재하는 힘은 두 전하의 곱에 비례하고 두 전하 사이의 거리의 제곱에 반비례하는 상태를 나타내는 물리적인 법칙

패럿(farad : F) : 캐패시턴스의 단위

필터(filter) : 특정 주파수만 통과 또는 차단하고, 다른 주파수들은 제외시키는 회로

RC 시정수(RC time constant) : R과 C에 의해 설정되는 고정된 시간간격으로 RC 직렬 회로의 시간 응답을 결정한다. 저항과 캐패시턴스의 곱과 같다.

VAR(volt-ampere reactive) : 무효전력의 단위

주요 공식

(9-1) $\quad C = \dfrac{Q}{V}$ 　　　　전하와 전압으로 나타낸 캐패시턴스

(9-2) $\quad Q = CV$ 　　　　캐패시턴스와 전압으로 나타낸 전하

(9-3) $\quad V = \dfrac{Q}{C}$ 　　　　전하와 캐패시턴스로 나타낸 전압

(9-4) $\quad W = \dfrac{1}{2}CV^2$ 　　　　캐패시터에 저장되는 에너지

(9-5) $\quad \varepsilon_r = \dfrac{\varepsilon}{\varepsilon_0}$ 　　　　유전상수(상대 유전율)

(9-6) $\quad C = \dfrac{A\varepsilon_r(8.85 \times 10^{-12}\ \text{F/m})}{d}$ 　　　　물리적인 매개변수로 나타낸 캐패시턴스

(9-7) $\quad C_T = \dfrac{1}{\dfrac{1}{C_1} + \dfrac{1}{C_2}}$ 　　　　총 직렬 캐패시턴스(2개의 캐패시터)

(9-8) $\quad C_T = \dfrac{1}{\dfrac{1}{C_1} + \dfrac{1}{C_2} + \dfrac{1}{C_3} + \cdots + \dfrac{1}{C_n}}$ 　　　　총 직렬 캐패시턴스(일반적인 경우)

(9-9) $\quad V_x = \left(\dfrac{C_T}{C_x}\right)V_S$ 　　　　직렬 연결된 캐패시터의 전압

(9-10) $\quad C_T = C_1 + C_2$ 　　　　총 병렬 캐패시턴스(2개의 캐패시터)

(9-11) $\quad C_T = C_1 + C_2 + C_3 + \cdots + C_n$ 　　　　총 병렬 캐패시턴스(n개의 캐패시터)

(9-12) $\quad \tau = RC$ 　　　　RC 시정수

(9-13) $\quad v = V_F + (V_i - V_F)e^{-t/\tau}$ 　　　　지수함수적인 전압(일반적인 형태)

(9-14) $\quad i = I_F + (I_i - I_F)e^{-t/\tau}$ 　　　　지수함수적인 전류(일반적인 형태)

(9-15) $\quad v = V_F(1 - e^{-t/RC})$ 　　　　0 V에서 시작하여 지수함수적으로 증가하는 전압

(9-16) $\quad v = V_i e^{-t/RC}$ 　　　　0 V까지 지수함수적으로 감소하는 전압

(9-17) $\quad X_C = \dfrac{1}{2\pi f C}$ 　　　　용량성 리액턴스

(9-18) $\quad I = \dfrac{V}{X_C}$ 　　　　캐패시터에 대한 옴의 법칙

(9-19) $\quad P_r = V_{\text{rms}} I_{\text{rms}}$ 　　　　캐패시터의 무효전력

(9-20) $\quad P_r = V_{\text{rms}}^2 / X_C$ 　　　　캐패시터의 무효전력

(9-21) $\quad P_r = I_{\text{rms}}^2 X_C$ 　　　　캐패시터의 무효전력

자습문제

정답은 장의 끝부분에 있다.

1. 다음 중에서 캐패시터를 올바르게 나타낸 것은?

(a) 판은 도체이다.

(b) 유전체는 판 사이의 절연체이다.

(c) 일정한 직류는 완전히 충전된 캐패시터를 통해서 흐른다.

(d) 실제의 캐패시터는 전원으로부터 분리될 때 무한히 전하를 저장한다.

(e) 답이 없다.   **(f)** 모두 맞다.   **(g)** (a)와 (b)만 맞다.

2. 다음 중 어느 것이 맞는가?

(a) 충전되는 캐패시터의 유전체를 통해 흐르는 전류가 있다.

(b) 캐패시터가 직류 전압원에 연결되면 전원전압으로 충전된다.

(c) 이상적인 캐패시터는 전압원으로부터 분리할 때 방전된다.

3. 0.01 μF의 캐패시턴스는 다음의 어느 것보다 큰가?

(a) 0.00001 F   **(b)** 100,000 pF   **(c)** 1000 pF   **(d)** (a), (b), (c) 모두

4. 1000 pF의 캐패시턴스는 다음의 어느 것보다 작은가?

(a) 0.01 μF   **(b)** 0.001 μF   **(c)** 0.00000001 F   **(d)** (a)와 (c)

5. 캐패시터에 걸리는 전압이 증가하면 저장되는 전하는 어떻게 되는가?

(a) 증가한다.   **(b)** 감소한다.   **(c)** 일정하다.   **(d)** 계속 변화한다.

6. 캐패시터에 걸리는 전압이 2배로 되면 저장되는 전하는 어떻게 되는가?

(a) 변화가 없다.   **(b)** 반으로 된다.   **(c)** 4배로 증가한다.   **(d)** 2배가 된다.

7. 다음 중 어느 경우에 캐패시터의 정격전압이 증가하는가?

(a) 판간 거리가 증가할 때   **(b)** 판간 거리가 감소할 때

(c) 판 면적이 증가할 때   **(d)** (b)와 (c)

8. 다음 중 어느 경우에 캐패시턴스의 값이 증가하는가?

(a) 판 면적이 감소할 때   **(b)** 판간 거리가 증가할 때

(c) 판간 거리를 줄일 때   **(d)** 판 면적이 증가할 때

(e) (a)와 (b)   **(f)** (c)와 (d)

9. 1 μF, 2.2 μF, 0.05 μF의 캐패시터들이 직렬로 연결되어 있다. 총 캐패시턴스는 다음의 어느 것보다 작은가?

(a) 1 μF   **(b)** 2.2 μF   **(c)** 0.05 μF   **(d)** 0.001 μF

10. 0.02 μF의 캐패시터 4개가 병렬로 연결되면 총 캐패시턴스는 얼마인가?

(a) 0.02 μF   **(b)** 0.08 μF   **(c)** 0.05 μF   **(d)** 0.04 μF

11. 충전되지 않은 캐패시터와 저항이 12 V 전지와 스위치를 통하여 직렬로 연결되어 있다. 스위치를 닫는 순간에 캐패시터에 걸리는 전압은 얼마인가?

(a) 12 V   **(b)** 6 V   **(c)** 24 V   **(d)** 0 V

12. 문제 11에서 캐패시터가 완전히 충전될 때 걸리는 전압은 얼마인가?

((a) 12 V   **(b)** 6 V   **(c)** 24 V   **(d)** −6 V

13. 문제 11에서 캐패시터가 완전히 충전되는 시간은 대략 얼마인가?

(a) RC **(b)** $5RC$ **(c)** $12RC$ **(d)** 예측할 수 없다.

14. 정현파 전압을 캐패시터 양단에 인가할 때 주파수가 증가하면 전류는 어떻게 되는가?

(a) 증가한다.   **(b)** 감소한다.   **(c)** 일정하다.   **(d)** 더 이상 흐르지 않는다.

15. 캐패시터와 저항이 정현파 발생기에 직렬로 연결되어 있다. 용량성 리액턴스가 저항과 같도록 주파수가 맞추어져 있기 때문에, 같은 크기의 전압이 각 소자 양단에 나타난다. 주파수가 감소하면 어떻게 되는가?

(a) $V_R > V_C$ **(b)** $V_C > V_R$ **(c)** $V_R = V_C$ **(d)** $V_C < V_R$

고장진단 : 증상과 원인

이러한 연습문제의 목적은 고장진단에 필수적인 과정을 이해함으로써 회로의 이해를 돕는 것이다. 정답은 장의 끝부분에 있다.

그림 9-60을 참조하여 각각의 증상에 대한 원인을 규명하시오.

그림 9–60
교류 전압계에 표시된 측정값은 정확
하다고 가정한다

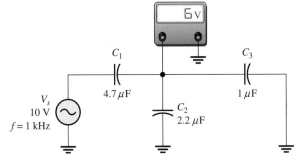

1. 증상 : 전압계에 0 V가 읽힌다.

원인 :

(a) C_1 단락   (b) C_2 단락   (c) C_3 개방

2. 증상 : 전압계에 10 V가 읽힌다.

원인 :

(a) C_1 단락   (b) C_2 개방   (c) C_3 개방

3. 증상 : 전압계에 6.86 V가 읽힌다.

원인 :

(a) C_1 개방   (b) C_2 개방   (c) C_3 개방

4. 증상 : 전압계에 0 V가 읽힌다.

원인 :

(a) C_1 개방   (b) C_2 개방   (c) C_3 개방

5. 증상 : 전압계에 8.28 V가 읽힌다.

원인 :

(a) C_1 단락   (b) C_2 개방   (c) C_3 개방

문 제

홀수문제의 답은 책 끝부분에 있다.

기본문제

9-1 캐패시터 기초

1. (a) $Q = 50 \mu C$, $V = 10$ V일 때, 캐패시턴스를 구하시오.

(b) $C = 0.001 \mu F$, $V = 1$ kV일 때, 전하량을 구하시오.

(c) $Q = 2$ mC, $C = 200 \mu F$일 때, 전압을 구하시오.

2. 다음 값들을 μF에서 pF으로 변환하시오.

(a) $0.1 \mu F$ (b) $0.0025 \mu F$ (c) $5 \mu F$

3. 다음 값들을 pF에서 μF으로 변환하시오.

(a) 1000 pF   (b) 3500 pF   (c) 250 pF

4. 다음 값들을 F에서 μF으로 변환하시오.

(a) 0.0000001 F   (b) 0.0022 F   (c) 0.0000000015 F

5. 100 V의 전압이 걸릴 때 10 mJ의 에너지를 저장할 수 있는 캐패시터의 용량은 얼마인가?

6. 운모 캐패시터의 판 면적이 20 cm²이고 유전체의 두께가 2.5 mil이라면 캐패시턴스는 얼마인가?

7. 공기 캐패시터의 판 면적이 0.1 m²이고 판간 거리가 0.01 m라면 캐패시턴스는 얼마인가?

8. 한 학생이 과학박람회 과제로 2개의 사각 판을 가지고 1 F 캐패시터를 만들고자 한다. 그는 8×10^{-5} m 두께의 종이 유전체($\varepsilon_r = 2.5$)를 사용하고자 한다. 과학박람회는 돔형 야구장에서 열리는데 그의 캐패시터는 돔형 경기장에 들어갈 수 있겠는가? 만일 만들 수 있다면 그 크기는 얼마이겠는가?

9. 한 학생이 각 변이 30 cm인 2개의 도체판을 가지고 캐패시터를 만들려고 한다. 그는 8×10^{-5} m 두께의 종이 유전체($\varepsilon_r = 2.5$)를 도체판 사이에 넣어주었는데 이 캐패시터의 용량은 얼마이겠는가?

10. 대기온도(25°C)에서 어떤 캐패시터의 용량이 1000 pF이다. 이 캐패시터가 200 ppm/°C의 음(−)의 온도계수를 갖는다면 75°C에서 캐패시턴스는 얼마인가?

11. 0.001 μF의 캐패시터가 500 ppm/°C의 양(+)의 온도계수를 갖는다. 온도가 25°C 증가하면 캐패시턴스는 얼마나 증가하는가?

9-2 캐패시터의 종류

12. 겹겹이 쌓은 운모 캐패시터의 구조에서 판 면적은 어떻게 증가하는가?

13. 운모 캐패시터와 세라믹 캐패시터 중 유전상수가 더 큰 것은 무엇인가?

14. 그림 9-61에서 점 A와 점 B 사이의 R_2 양단에 전해 캐패시터를 연결하는 법을 보이시오.

그림 9–61

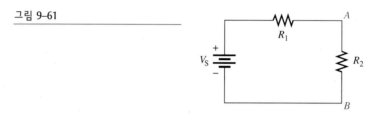

15. 그림 9-62의 숫자로 용량이 적힌 세라믹 디스크 캐패시터의 값을 구하시오.

그림 9–62

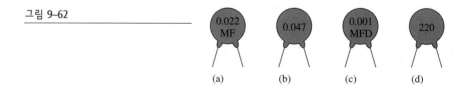

16. 전해 캐패시터의 2가지를 적으시오. 전해 캐패시터는 다른 캐패시터와 무엇이 다른가?

17. 그림 9-63의 단면도에 보이는 세라믹 디스크 캐패시터 부분의 명칭을 적으시오.

그림 9–63

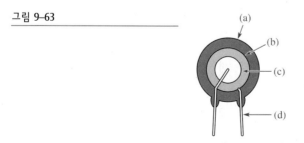

9-3 직렬 캐패시터

18. 1000 pF의 캐패시터 5개가 직렬로 연결되면 총 캐패시턴스는 얼마인가?

19. 그림 9-64에서 각 회로의 총 캐패시턴스를 구하시오.

그림 9-64

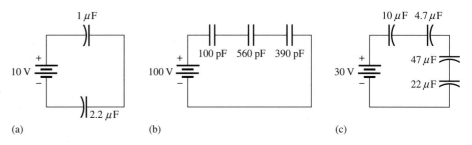

(a)　　　　　　(b)　　　　　　(c)

20. 그림 9-64의 각 회로에서 각 캐패시터에 걸리는 전압을 구하시오.

21. 그림 9-65의 직렬 캐패시터에 저장된 총 전하량이 10 μC이다. 각 캐패시터 양단에 걸리는 전압을 구하시오.

그림 9-65

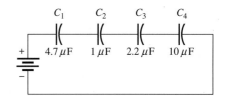

9-4 병렬 캐패시터

22. 그림 9-66의 각 회로에서 C_T를 구하시오.

그림 9-66

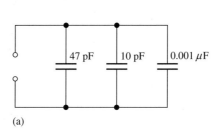
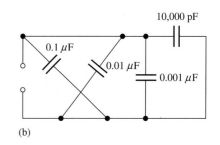

(a)　　　　　　(b)

23. 그림 9-67의 각 회로에서 C_T를 구하시오.

24. 그림 9-67의 각 회로에서 점 A와 점 B 사이의 전압은 얼마인가?

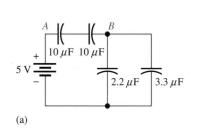
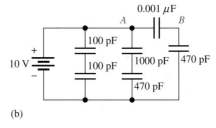
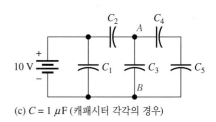

(a)　　　　　　(b)　　　　　　(c) $C = 1 \mu$F (캐패시터 각각의 경우)

그림 9-67

9-5 직류 회로에서의 캐패시터

25. 다음 각각의 직렬 RC 결합에 대한 시정수를 구하시오.

    (a) $R = 100\Omega$, $C = 1 \mu$F　　　　　　**(b)** $R = 10$ MΩ, $C = 56$ pF

    (c) $R = 4.7$ kΩ, $C = 0.0047 \mu$F　　　**(d)** $R = 1.5$ MΩ, $C = 0.01 \mu$F

26. 다음 각각의 결합에서 캐패시터가 완전히 충전되는 데에 걸리는 시간은?

(a) $R = 47\ \Omega$, $C = 47\ \mu F$ (b) $R = 3300\ \Omega$, $C = 0.015\ \mu F$

(c) $R = 22\ k\Omega$, $C = 100\ pF$ (d) $R = 4.7\ M\Omega$, $C = 10\ pF$

27. 그림 9-68의 회로에서 캐패시터는 처음에 충전되어 있지 않았다. 스위치를 닫고 다음의 시간이 경과한 후의 캐패시터 전압을 구하시오.

(a) $10\ \mu s$ (b) $20\ \mu s$ (c) $30\ \mu s$ (d) $40\ \mu s$ (e) $50\ \mu s$

그림 9–68

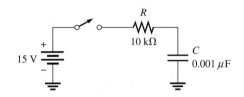

28. 그림 9-69에서 캐패시터가 25 V로 충전되어 있다. 스위치를 닫고 다음 시간이 경과한 후의 캐패시터 전압은 얼마인가?

(a) 1.5 ms   (b) 4.5 ms   (c) 6 ms   (d) 7.5 ms

그림 9–69

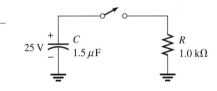

29. 문제 27을 다음 시간간격에 대하여 반복하시오.

(a) $2\ \mu s$ (b) $5\ \mu s$ (c) $15\ \mu s$

30. 문제 28을 다음 시간간격에 대하여 반복하시오.

(a) 0.5 ms   (b) 1 ms   (c) 2 ms

9-6   교류 회로에서의 캐패시터

31. 다음 주파수에서 $0.047\ \mu F$ 캐패시터의 X_C를 구하시오.

(a) 10 Hz   (b) 250 Hz   (c) 5 kHz   (d) 100 kHz

32. 그림 9-70의 각 회로에서 총 용량성 리액턴스는 얼마인가?

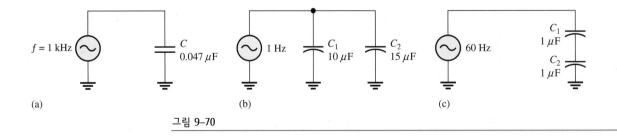

그림 9–70

33. 그림 9-67에서 각 직류 전압원이 10 V rms, 2 kHz인 교류 전원으로 바뀌었다. 각 경우에서의 총 리액턴스를 구하시오.

34. 그림 9-70의 각 회로에서 $X_C = 100\ \Omega$이 되려면 주파수는 얼마여야 하는가? 또한 $X_C = 1\ k\Omega$이 되려면 주파수가 얼마여야 하는가?

35. 어떤 캐패시터가 연결되었을 때 실효값 20 V의 정현파 전압에서 100 mA의 실효 전류가 흐른다. 리액턴스는 얼마인가?

36. 10 kHz의 전압을 0.0047 μF의 캐패시터에 인가하였을 때 1 mA의 실효 전류가 측정되었다. 전압의 실효값은 얼마인가?

37. 문제 36에서 유효전력과 무효전력을 구하시오.

9-7 캐패시터의 응용

38. 그림 9-53의 전원 공급기 필터에서 캐패시터에 다른 캐패시터가 병렬로 연결된다면 맥동전압은 어떻게 되는가?

39. 증폭기 회로의 어떤 점에서 10 kHz 교류 전압을 제거하려면 이상적인 바이패스 캐패시터의 리액턴스는 얼마가 되어야 하는가?

고급문제

40. 1 μF 캐패시터 1개와 용량을 모르는 캐패시터 1개를 직렬로 12 V의 전원에 연결하였다. 1 μF의 캐패시터는 8 V로 충전되었고 다른 하나는 4 V로 충전되었다. 용량을 모르는 캐패시터의 용량은 얼마인가?

41. 그림 9-69에서 C가 3 V까지 방전되는 시간은 얼마인가?

42. 그림 9-68에서 C가 8 V까지 충전되는 시간은 얼마인가?

43. 그림 9-71에서 회로의 시정수를 구하시오.

44. 그림 9-72에서 캐패시터는 처음에 충전되어 있지 않았다. 스위치를 닫고 10 μs가 지난 후 캐패시터 전압의 순시값은 7.2 V이다. R의 값을 구하시오.

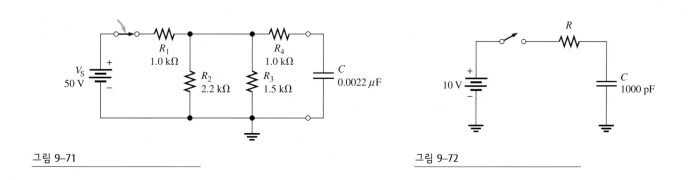

그림 9-71

그림 9-72

45. (a) 그림 9-73에서 스위치가 1의 위치로 올 때 캐패시터가 방전된다. 스위치가 1의 위치에 10 ms 동안 머무른 뒤 위치 2로 옮겨져서 계속 있게 된다. 캐패시터 전압의 완전한 파형을 그리시오.
   (b) 스위치가 위치 2에서 5 ms 동안 머무른 후 다시 위치 1로 바뀐다면 파형은 어떻게 되는가?

46. 그림 9-74의 회로에서 각 캐패시터 양단에서의 교류 전압과 각 지로의 전류를 구하시오.

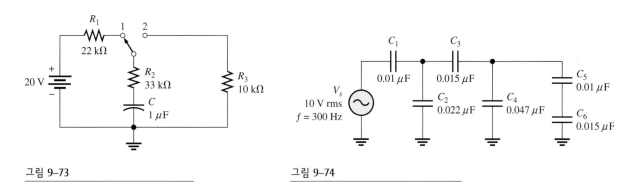

그림 9-73

그림 9-74

47. 그림 9-75에서 C_1 값을 구하시오.

그림 9–75

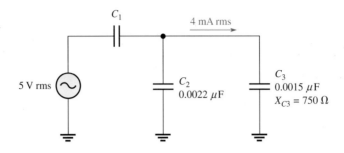

48. 그림 9-76에서 연동 스위치(ganged switch)가 위치 1에서 위치 2로 바뀌면 C_5와 C_6에 걸리는 전압은 얼마인가?

그림 9–76

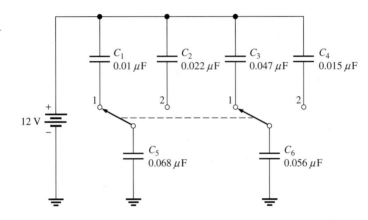

49. 그림 9-74에서 C_4가 개방되는 경우 다른 캐패시터 양단에 걸리는 전압은 얼마인가?

Multisim을 이용한 고장진단 문제

50. P9-50 파일을 열고 결함이 있는지 점검하시오.

51. P9-51 파일을 열고 결함이 있는지 점검하시오.

52. P9-52 파일을 열고 결함이 있는지 점검하시오.

53. P9-53 파일을 열고 결함이 있는지 점검하시오.

54. P9-54 파일을 열고 결함이 있는지 점검하시오.

정 답

절 복습문제

9–1 캐패시터 기초

1. 캐패시턴스는 전하를 저장하는 능력(용량)이다.

2. (a) 1 F은 1,000,000 μF이다.

(b) 1 F은 1×10^{12} pF이다.

(c) 1 μF은 1,000,000 pF이다.

3. 0.0015 μF $\times 10^6$ pF/μF = 1500 pF, 0.0015 μF $\times 10^{-6}$ F/μF = 0.0000000015 F

4. $W = 1/2CV^2 = 1/2(0.01 \, \mu F)(15 \, V)^2 = 1.125 \, \mu J$

5. (a) 도체판 면적이 증가하면 캐패시턴스는 증가한다.

   (b) 도체판 간격이 증가하면 캐패시턴스는 감소한다.

6. (1000 V/mil)(2 mils) = 2 kV

9-2 캐패시터의 종류

1. 캐패시터는 유전체의 재질에 따라 분류된다.

2. 고정 캐패시터는 바꿀 수가 없고 가변 캐패시터는 바꿀 수 있다.

3. 전해 캐패시터는 분극되어 있다.

4. 정격전압이 충분한지 확인하고 분극 캐패시터를 연결하여야 하며, 회로의 (+)쪽을 캐패시터의 (+) 쪽으로 연결한다.

5. 양의 단자가 접지에 연결되어야 한다.

9-3 직렬 캐패시터

1. 직렬 C_T는 가장 작은 C보다 작다.

2. $C_T = 61.2$ pF

3. $C_T = 0.006$ μF

4. $V = (0.006\ \mu\text{F}/0.01\ \mu\text{F})\ 10\ \text{V} = 6\ \text{V}$

9-4 병렬 캐패시터

1. 병렬 연결에서는 각각의 캐패시터값을 더하여 전체 캐패시턴스 C_T를 구한다.

2. 0.01 μF 캐패시터 5개를 병렬로 연결하여 0.05 μF을 얻는다.

3. $C_T = 167$ pF

9-5 직류 회로에서의 캐패시터

1. $\tau = RC = 1.2\ \mu$s

2. $5\tau = 6\ \mu$s ; V_C는 대략 5 V가 된다.

3. $v_{2\text{ms}} = (0.86)10\ \text{V} = 8.6\ \text{V}$, $v_{3\text{ms}} = (0.95)10\ \text{V} = 9.5\ \text{V}$,

   $v_{4\text{ms}} = (0.98)10\ \text{V} = 9.8\ \text{V}$, $v_{5\text{ms}} = (0.99)10\ \text{V} = 9.9\ \text{V}$

4. $v_C = (0.37)(100\ \text{V}) = 37\ \text{V}$

9-6 교류 회로에서의 캐패시터

1. $X_C = 1/2\pi fC = 677$ kΩ

2. $f = 1/2\pi CX_C = 796$ Hz

3. $I_{\text{rms}} = 1\ \text{V}/1.59\ \Omega = 629$ mA

4. 캐패시터에서 전류는 전압보다 90° 앞선다.

5. $P_{\text{true}} = 0$ W

6. $P_r = (12\ \text{V})^2/318\ \Omega = 0.453$ VAR

9-7 캐패시터의 응용

1. 캐패시터가 최대값으로 일단 충전되면, 다음 최대값까지는 매우 천천히 방전한다. 따라서 정류된 전압을 평활하게 한다.

2. 결합 캐패시터는 교류를 한 점으로부터 다른 점으로 통과시키지만, 직류는 차단한다.

3. 결합 캐패시터는 통과시키려는 주파수에서 리액턴스가 무시될 수 있을 정도로 용량이 충분히 커야 한다.

4. 완충 캐패시터(decoupling capacitor)는 전력선의 과도 전압을 접지로 단락시켜 준다.

5. X_C는 주파수에 반비례하며, 교류 신호를 통과시키는 필터의 능력이다.

6. 시정수는 시간을 지연시키려는 경우에 사용한다.

응용 과제

1. 결합 캐패시터는 전원이 직류 전압에 영향을 주지 않게 하면서 교류 신호를 통과시켜 준다.

2. C로 표시된 지점에서는 교류 전압과 직류 전압이 합쳐져 있다. 출력에는 교류 전압만이 존재한다.

예제 관련 문제

9-1	10 kV
9-2	0.047 F
9-3	100,000,000 pF
9-4	0.697 F
9-5	278 pF
9-6	1.54 μF
9-7	2.83 V
9-8	650 pF
9-9	0.163 μF
9-10	891 μs
9-11	8.36 V
9-12	8.13 V
9-13	0.7 ms, 95 V
9-14	0.42 V
9-15	3.39 kHz
9-16	4.40 mA
9-17	0 W, 1.01 mVAR

자습문제

1. (g) **2.** (b) **3.** (c) **4.** (d) **5.** (a) **6.** (d) **7.** (a) **8.** (f)
9. (c) **10.** (b) **11.** (d) **12.** (a) **13.** (b) **14.** (a) **15.** (b)

고장진단 : 증상과 원인

1. (b) **2.** (a) **3.** (c) **4.** (a) **5.** (b)

RC 회로

장의 개요

장의 목표

▶ RC 회로에서 전압과 전류 사이의 관계를 설명한다.

▶ 직렬 RC 회로의 임피던스와 위상각을 구한다.

▶ 직렬 RC 회로를 해석한다.

▶ 병렬 RC 회로의 임피던스와 위상각을 구한다.

▶ 병렬 RC 회로를 해석한다.

▶ 직병렬 RC 회로를 해석한다.

▶ RC 회로의 전력을 구한다.

▶ RC 회로의 응용 예를 살펴본다.

▶ RC 회로의 고장을 진단한다.

핵심 용어

▶ 대역폭(bandwidth)

▶ 어드미턴스(admittance : Y)

▶ 역률(power factor : PF)

▶ 용량성 서셉턴스(capacitive susceptance : B_c)

▶ 위상각(phase angle)

▶ 임피던스(impedance : Z)

▶ 주파수 응답(frequency response)

▶ 차단 주파수(cutoff frequency)

▶ 피상전력(apparent power : P_a)

응용 과제 개요

응용 과제에서는 통신 시스템에 사용되는 용량성 결합 증폭기의 주파수 응답을 해석할 수 있다. 증폭기의 RC 입력회로에 초점을 맞추어 다른 주파수에 대해 어떻게 응답하는지 살펴본다. 측정 결과는 주파수 응답곡선으로 도식적으로 정리할 수 있다. 이 장을 학습하고 나면, 응용 과제를 완벽하게 수행할 수 있게 될 것이다.

지원 웹 사이트

학습을 돕기 위해 다음의 웹 사이트를 방문하기 바란다.

http://www.prenhall.com/floyd

도입

저항과 캐패시턴스를 포함한 RC 회로는 기본적인 리액티브 회로이다. 이 장에서는 직렬 및 병렬 RC 회로와 정현파 전압에 대한 응답을 다루고, 직병렬 조합회로에 대해서도 살펴본다. RC 회로의 전력에 대해 살펴보고 정격전력에 대한 실질적인 측면을 논의한다. 세 가지 RC 회로 응용을 소개함으로써 간단한 저항과 캐패시터 조합이 어떻게 응용되는지 볼 수 있게 해준다. 또한 RC 회로의 일반적인 결함에 대한 고장진단을 다룬다.

리액티브 회로를 해석하는 방법은 직류 회로에서 배운 방식과 유사하다. 리액티브 회로 문제는 한 번에 하나의 주파수에서만 풀 수 있으며 페이저 연산을 사용하여야 한다.

10-1 *RC* 회로의 정편파 응답

정현파 전압이 *RC* 회로에 인가되면, 저항과 캐패시터에 나타나는 전압과 전류도 마찬가지로 정현파가 되며, 이 정현파의 주파수도 인가된 정현파의 주파수와 같게 된다. 캐패시턴스의 영향으로 전압과 전류 사이에는 위상차(phase difference)가 발생하는데, 위상차의 크기는 저항값과 캐패시터의 용량성 리액턴스값에 의해 결정된다.

절의 학습내용

▶ ***RC* 회로에서 전압과 전류 사이의 관계를 설명한다.**

  ▶ *RC* 회로에서의 전압과 전류 파형을 살펴본다.

  ▶ 각 전압, 전류 파형 사이의 위상차에 대해 논의한다.

직렬 *RC* 회로의 경우에 대하여 그림 10-1에 나타난 바와 같이, 저항 양단의 전압(V_R)과 캐패시터 양단의 전압(V_C), 그리고 회로에 흐르는 전류(I)는 전원전압(V_s)과 동일한 주파수를 갖는 정현파(사인파)이다. 여기서, 위상차가 발생하는 것은 캐패시턴스 때문이다. 이미 배운 바와 같이 저항의 전압은 전류와 동상(in phase)이며, 전원전압에 대해서 앞선 위상을 갖는다. 캐패시터의 전압은 전압원에 대해 뒤지는 위상을 갖는다. 캐패시터 전류와 전압의 위상각은 언제나 90°가 된다. 일반적인 위상관계가 그림 10-1에 나타나 있다.

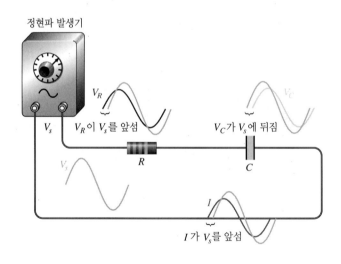

그림 10-1

전원전압 V_s에 대하여 V_R, V_C, I의 정현파 응답에서 일반적인 위상관계. V_R과 I는 동상이고 V_R과 V_C는 90° 위상차를 갖는다

전압과 전류의 진폭(크기, amplitude)과 위상관계는 저항값과 용량성 리액턴스값의 크기에 따라 정해진다. 만일 회로가 저항 성분만을 갖고 있다면, 전원전압과 회로에 흐르는 전류 사이의 위상차는 0°가 된다. 회로가 캐패시턴스 성분만을 갖고 있다면, 전압과 전류 사이의 위상차는 90°가 되며 전류가 그 각도만큼 전압보다 앞선다. 따라서 회로에 저항 성분과 캐패시턴스 성분이 함께 포함되어 있는 경우 전원전압과 전체 전류 사이의 위상차는 저항값과 리액턴스값의 상대적인 크기에 의해 결정되며 0°와 90° 사이의 어떤 값을 갖게 된다.

10-2 직렬 *RC* 회로의 임피던스와 위상각

직렬 RC 회로의 **임피던스(impedance)**는 저항과 용량성 리액턴스로 구성되며 정현파 전류의 흐름을 방해하는 전체적인 성질의 정도를 표시하는 양으로서 단위는 옴(Ω)이다. **위상각(phase angle)**은 전체 전류와 전원전압 사이의 위상차를 말한다.

절의 학습내용

▶ **직렬 *RC* 회로의 임피던스와 위상각을 구한다.**

  ▶ 임피던스를 정의한다.

  ▶ 임피던스 삼각도를 그린다.

  ▶ 전체 임피던스의 크기를 구한다.

  ▶ 위상각을 구한다.

저항으로만 구성된 회로에서 임피던스는 전체 저항의 값과 같다. 캐패시터만으로 구성된 회로의 임피던스는 전체 용량성 리액턴스의 값과 같다. 직렬 RC 회로의 총 임피던스는 저항과 리액턴스에 의해 결정된다. 이 개념을 그림 10-2에 나타내었다. 임피던스의 크기는 Z로 표시한다.

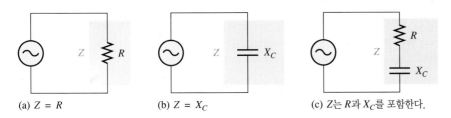

(a) $Z = R$ (b) $Z = X_C$ (c) Z는 R과 X_C를 포함한다.

그림 10-2

임피던스의 3가지 경우

교류 회로를 해석할 때, R과 X_C는 그림 10-3(a)의 페이저도에 나타나 있듯이 모두 페이저의 양으로 다룬다. R을 기준으로 X_C는 −90°의 위치에 표시된다. 이것은 직렬 RC 회로에서 캐패시터 양단의 전압이 전류보다 90° 만큼 뒤지기 때문이고, 결국 저항 양단의 전압과 비교하여도 90°만큼 뒤지게 된다. Z는 페이저 R과 X_C의 합이 되므로, Z를 페이저 형태로 표시하면 그림 10-3(b)와 같아진다. 페이저 X_C의 위치를 오른쪽으로 이동시키면 그림 10-3(c)와 같이 임피던스 삼각도라고 불리는 직각삼각형이 만들어진다. 각 페이저의 길이는 크기[단위는 옴(Ω)]를 나타내며, 각도 θ(그리스 문자 theta)는 RC 회로의 위상각으로 전원전압과 전류 사이의 위상차를 나타낸다.

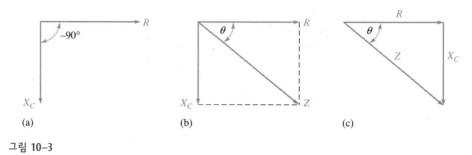

그림 10-3

직렬 RC 회로에서 임피던스 삼각도

직각삼각형 정리(피타고라스 정리)를 적용하면 임피던스의 크기(즉, 길이)는 저항과 리액턴스의 크기를 사용하여 다음과 같이 나타낼 수 있다.

$$Z = \sqrt{R^2 + X_C^2} \tag{10-1}$$

그림 10-4의 RC 회로에 나타난 바와 같이 임피던스의 크기(Z)는 옴(Ω)으로 나타낸다.

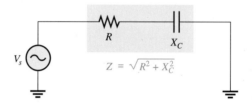

그림 10-4

직렬 RC 회로에서 임피던스

위상각 θ는 다음과 같이 표시된다.

$$\theta = \tan^{-1}\left(\frac{X_C}{R}\right) \tag{10-2}$$

$\tan^{-1}$은 역탄젠트 함수를 나타내며 대부분의 계산기에서 2nd 키와 TAN^{-1} 키의 형태로 들어 있다. 역탄젠트 함수는 arctangent(arctan)라고도 한다.

| 예제 10-1 | 그림 10-5의 RC 회로에서 임피던스와 위상각을 구하고 임피던스 삼각도를 그리시오. |

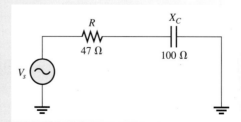

그림 10-5

해 임피던스를 구한다.

$$Z = \sqrt{R^2 + X_C^2} = \sqrt{(47\ \Omega)^2 + (100\ \Omega)^2} = \mathbf{110\ \Omega}$$

위상각을 구한다.

$$\theta = \tan^{-1}\left(\frac{X_C}{R}\right) = \tan^{-1}\left(\frac{100\ \Omega}{47\ \Omega}\right) = \tan^{-1}(2.13) = \mathbf{64.8°}$$

전원전압은 전류보다 64.8°만큼 뒤진 위상을 갖는다.
임피던스 삼각도를 그림 10-6에 나타내었다.

그림 10-6

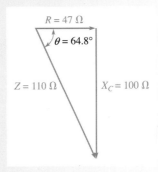

관련 문제*   그림 10-5에서 $R = 1.0\ \text{k}\Omega$, $X_C = 2.2\ \text{k}\Omega$일 때 Z와 θ를 구하시오.

* 정답은 장의 끝부분에 있다.

10-2 복습문제

1. 임피던스의 정의는 무엇인가?
2. 직렬 RC 회로에서 전원전압은 전류보다 앞선 위상을 가지는가, 아니면 뒤진 위상을 가지는가?
3. RC 회로에서 위상차를 만드는 요인은 무엇인가?
4. 직렬 RC 회로에서 저항이 33 kΩ, 용량성 리액턴스가 50 kΩ일 때 임피던스와 위상각을 구하시오.

10-3   직렬 RC 회로의 해석

옴의 법칙과 키르히호프의 전압 법칙은 RC 회로를 해석하여 전압과 전류와 임피던스를 구하는 데 사용된다. 또한 이 절에서는 RC 진상회로와 RC 지상회로에 대해 살펴본다.

절의 학습내용

▶ **직렬 RC 회로를 해석한다.**

   ▶ 옴의 법칙과 키르히호프의 전압 법칙을 직렬 RC 회로에 적용한다.

   ▶ 전압과 전류의 위상관계를 살펴본다.

   ▶ 주파수 크기에 따른 임피던스와 위상각의 변화를 살펴본다.

   ▶ RC 지상회로에 대해 살펴보고 해석해 본다.

   ▶ RC 진상회로에 대해 살펴보고 해석해 본다.

옴의 법칙

옴의 법칙을 적용하여 직렬 *RC* 회로를 해석하는 경우에 페이저의 양 *Z*, *V*, *I*가 사용된다. 옴의 법칙은 다음과 같은 세 가지 등가적인 형태로 표시된다.

$$V = IZ \tag{10-3}$$

$$I = \frac{V}{Z} \tag{10-4}$$

$$Z = \frac{V}{I} \tag{10-5}$$

다음 두 예제는 옴의 법칙을 보여주는 예이다.

예제 10–2

그림 10-7에서 전류가 0.2 mA일 때 전원전압과 위상각을 구하고 임피던스 삼각도를 그리시오.

그림 10–7

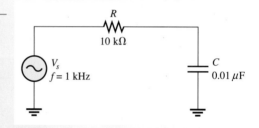

해 용량성 리액턴스를 구한다.

$$X_C = \frac{1}{2\pi f C} = \frac{1}{2\pi (1000 \text{ Hz})(0.01 \text{ }\mu\text{F})} = 15.9 \text{ k}\Omega$$

임피던스를 구한다.

$$Z = \sqrt{R^2 + X_C^2} = \sqrt{(10 \text{ k}\Omega)^2 + (15.9 \text{ k}\Omega)^2} = 18.8 \text{ k}\Omega$$

옴의 법칙을 적용하면 다음과 같다.

$$V_s = IZ = (0.2 \text{ mA})(18.8 \text{ k}\Omega) = \textbf{3.76 V}$$

위상각을 구한다.

$$\theta = \tan^{-1}\left(\frac{X_C}{R}\right) = \tan^{-1}\left(\frac{15.9 \text{ k}\Omega}{10 \text{ k}\Omega}\right) = \textbf{57.8}°$$

전원전압은 크기가 3.76 V가 되며 전류에 대해 57.8°만큼 뒤진 위상을 갖는다.
임피던스 삼각도를 그림 10-8에 나타내었다.

그림 10–8

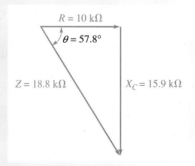

관련 문제 그림 10-7에서 *f* = 2 kHz이고 *I* = 200 μA일 때 V_s를 구하시오.

예제 10–3

그림 10-9의 *RC* 회로에서 전류를 구하시오.

그림 10–9

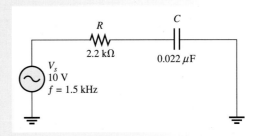

해 용량성 리액턴스를 구한다.

$$X_C = \frac{1}{2\pi fC} = \frac{1}{2\pi(1.5\,\text{kHz})(0.022\,\mu\text{F})} = 4.82\,\text{k}\Omega$$

임피던스를 구한다.

$$Z = \sqrt{R^2 + X_C^2} = \sqrt{(2.2\,\text{k}\Omega)^2 + (4.82\,\text{k}\Omega)^2} = 5.30\,\text{k}\Omega$$

옴의 법칙을 적용하면 다음과 같다.

$$I = \frac{V}{Z} = \frac{10\,\text{V}}{5.30\,\text{k}\Omega} = \textbf{1.89 mA}$$

관련 문제 그림 10-9에서 V_s와 I 사이의 위상각을 구하시오.

 CD-ROM에서 Multisim E10-03 파일을 열고 저항과 캐패시터의 전류와 전압을 측정하라.

전류와 전압의 위상관계

직렬 *RC* 회로에서, 저항과 캐패시터에는 동일한 전류가 흐른다. 이렇게 저항 양단의 전압과 전류의 위상은 서로 같고, 캐패시터 양단 전압은 전류보다 90°만큼 뒤진다. 따라서 그림 10-10의 파형 그림에 나타나 있듯이 저항 양단 전압 V_R과 캐패시터 양단 전압 V_C 사이에는 90°의 위상차가 발생한다.

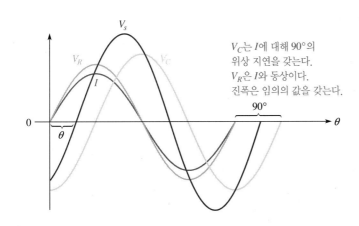

V_C는 I에 대해 90°의 위상 지연을 갖는다.
V_R은 I와 동상이다.
진폭은 임의의 값을 갖는다.

그림 10–10

직렬 *RC* 회로에서 전압과 전류의 위상관계

키르히호프의 전압 법칙에 따르면 각 소자에서 발생하는 전압 강하의 합은 전원전압과 같게 된다. 그러나 V_R과 V_C 사이에는 그림 10-11(a)와 같이 90°의 위상차가 있으므로, 이 두 전압의 합을 구할 때에는 페이저를 사용하여야 한다. 즉, 그림 10-11(b)와 같이 V_s는 V_R과 V_C의 페이저 합이 되므로, 다음 식과 같이 나타낼 수 있다.

$$V_s = \sqrt{V_R^2 + V_C^2} \tag{10-6}$$

그림 10–11

그림 10–10의 파형에 대한 전압 페이저도

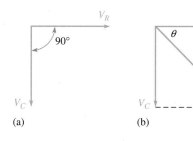

(a)　　　　　　　　(b)

저항 양단 전압과 전원전압 사이의 위상각은 다음과 같다.

$$\theta = \tan^{-1}\left(\frac{V_C}{V_R}\right) \tag{10-7}$$

저항 양단 전압과 전류의 위상이 서로 같으므로, 식 (10-7)에서 θ는 전원전압과 전류 사이의 위상각을 나타내며 그 값은 $\tan^{-1}(X_C/R)$과 같다. 그림 10-10의 전압과 전류 파형 그림에 대한 페이저도를 그림 10-12에 나타내었다.

그림 10–12

그림 10–10의 파형에 대한 전류와 전압의 페이저도

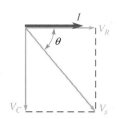

예제 10–4

그림 10-13에서 전원전압과 위상각을 구하고 전압 페이저도를 그리시오.

그림 10–13

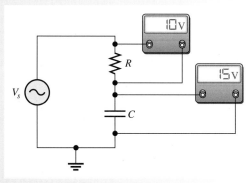

해　V_R과 V_C는 90°의 위상차를 가지므로 직접 더할 수 없다. 전원전압은 V_R과 V_C의 페이저 합이 된다.

$$V_s = \sqrt{V_R^2 + V_C^2} = \sqrt{(10\,\text{V})^2 + (15\,\text{V})^2} = \mathbf{18\,V}$$

저항전압과 전원전압 사이의 위상차를 구하면 다음의 값을 갖는다.

$$\theta = \tan^{-1}\left(\frac{V_C}{V_R}\right) = \tan^{-1}\left(\frac{15\ \text{V}}{10\ \text{V}}\right) = \mathbf{56.3°}$$

전압의 페이저도를 그림 10-14에 나타내었다.

그림 10-14

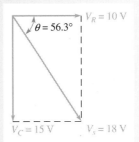

관련 문제 어떤 직렬 *RC* 회로에서 $V_s = 10$ V, $V_R = 7$ V일 때 V_C를 구하시오.

주파수값에 따른 임피던스의 변화

이미 알고 있듯이, 용량성 리액턴스의 크기는 주파수에 반비례한다. $Z = \sqrt{R^2 + X_C^2}$이므로 X_C가 증가하면 총 임피던스의 크기도 증가하며, 반대로 X_C가 감소하면 임피던스의 크기도 따라서 감소한다. 따라서 *RC* 회로에서 임피던스 크기 *Z*는 주파수값에 반비례한다.

그림 10-15는 전원전압의 진폭이 고정된 상태에서 주파수의 변화가 전압과 전류의 크기에 미치는 영향을 잘 나타내고 있다. 그림 10-15(a)에서 주파수가 증가하면 X_C는 감소한다. 따라서 캐패시터 양단의 전압도 줄어들게 된다. X_C가 감소하면 *Z*도 감소하므로 전류는 증가한다. 전류가 증가하면 저항 *R* 양단 전압은 커지게 된다.

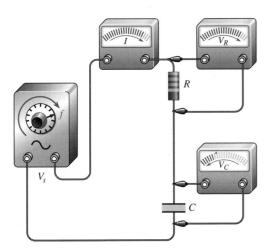

(a) 주파수가 증가하게 되면 X_C가 감소함에 따라 *Z*도 감소하고 따라서 *I*와 V_R은 증가하고 V_C는 감소한다.

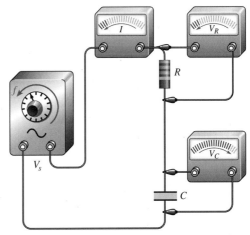

(b) 주파수가 감소하게 되면 X_C가 증가함에 따라 *Z*도 증가하고 따라서 *I*와 V_R은 감소하고 V_C는 증가한다.

그림 10-15

전원 주파수가 변함에 따라 임피던스의 변화가 전압과 전류에 어떤 영향을 미치는지 보여주는 예. 전원전압의 진폭은 일정하게 유지된다

그림 10-15(b)에서 주파수가 감소하면 X_C는 증가한다. 따라서 캐패시터 양단의 전압도 커지게 된다. X_C가 증가하면 Z도 증가하므로 전류는 감소한다. 전류가 감소하면 저항 R 양단 전압은 작아진다.

주파수가 Z와 X_C에 미치는 영향을 그림 10-16을 통해 살펴볼 수 있다. 주파수가 증가해도 진폭(크기) V_s를 일정하게 유지시키고 있으므로, Z에 걸리는 전압은 일정한 값으로 유지된다($V_s = V_Z$). 또한 C 양단의 전압은 주파수가 증가함에 따라 감소하고 있다. 전류가 증가함은 Z가 감소함을 나타내는데 그것은 옴의 법칙($Z = V_Z/I$)에서 말하는 반비례 관계 때문이다. 전류의 증가는 또한 X_C의 감소를 나타낸다($X_C = V_C/I$). V_C의 감소는 X_C의 감소와 연관된다.

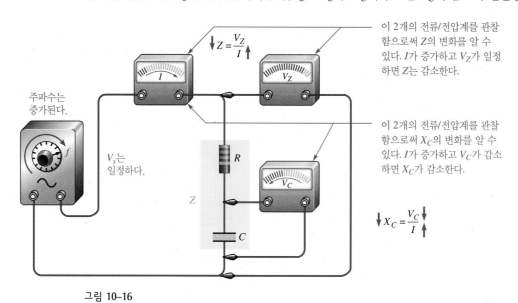

이 2개의 전류/전압계를 관찰함으로써 Z의 변화를 알 수 있다. I가 증가하고 V_Z가 일정하면 Z는 감소한다.

이 2개의 전류/전압계를 관찰함으로써 X_C의 변화를 알 수 있다. I가 증가하고 V_C가 감소하면 X_C가 감소한다.

그림 10–16

주파수에 따른 Z와 X_C의 변화를 보여주는 예

직렬 *RC* 회로에서 X_C는 위상차를 만들어 내는 요인이므로 X_C 값의 변화는 위상각을 변화시킨다. 주파수가 증가하면 X_C는 작아지므로 위상각도 작아진다. 주파수가 감소하면 X_C는 커지므로 위상각도 커지게 된다. V_s와 V_R 사이의 위상차가 회로의 위상각이 되는데 그것은 I와 V_R의 위상이 같기 때문이다.

그림 10-17은 주파수가 변하면서 생기는 X_C, Z, θ의 변화를 임피던스 삼각도를 이용하여 설명하고 있다. 물론 R은 주파수의 변화에 관계 없이 일정한 값을 갖는다. 그러나 X_C 값이 주파수에 반비례하므로 총 임피던스의 크기와 위상각도 주파수에 따라 변화한다는 점을 이해하는 것이 중요하다. 예제 10-5를 통해 이에 대해 알아보기로 한다.

그림 10–17

주파수가 증가하면 X_C가 감소하고 Z가 감소하고 θ가 감소한다. 각 주파수값은 다른 임피던스 삼각도를 통해 가시화할 수 있다

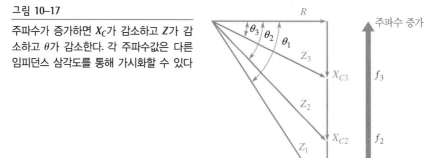

예제 10-5

그림 10-18의 직렬 *RC* 회로에서 다음 각 주파수에 대하여 임피던스와 위상각을 구하시오.

(a) 10 kHz **(b)** 20 kHz **(c)** 30 kHz

그림 10-18

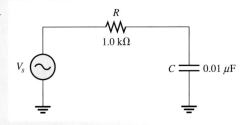

해 **(a)** $f =$ 10 kHz일 때 임피던스와 위상각은 다음과 같다.

$$X_C = \frac{1}{2\pi f C} = \frac{1}{2\pi(10 \text{ kHz})(0.01 \text{ } \mu\text{F})} = 1.59 \text{ k}\Omega$$

$$Z = \sqrt{R^2 + X_C^2} = \sqrt{(1.0 \text{ k}\Omega)^2 + (1.59 \text{ k}\Omega)^2} = \mathbf{1.88 \text{ k}\Omega}$$

$$\theta = \tan^{-1}\left(\frac{X_C}{R}\right) = \tan^{-1}\left(\frac{1.59 \text{ k}\Omega}{1.0 \text{ k}\Omega}\right) = \mathbf{57.8°}$$

(b) $f =$ 20 kHz일 때 임피던스와 위상각은 다음과 같다.

$$X_C = \frac{1}{2\pi(20 \text{ kHz})(0.01 \text{ } \mu\text{F})} = 796 \text{ } \Omega$$

$$Z = \sqrt{(1.0 \text{ k}\Omega)^2 + (796 \text{ } \Omega)^2} = \mathbf{1.28 \text{ k}\Omega}$$

$$\theta = \tan^{-1}\left(\frac{796 \text{ } \Omega}{1.0 \text{ k}\Omega}\right) = \mathbf{38.5°}$$

(c) $f =$ 30 kHz일 때 임피던스와 위상각은 다음과 같다.

$$X_C = \frac{1}{2\pi(30 \text{ kHz})(0.01 \text{ } \mu\text{F})} = 531 \text{ } \Omega$$

$$Z = \sqrt{(1.0 \text{ k}\Omega)^2 + (531 \text{ } \Omega)^2} = \mathbf{1.13 \text{ k}\Omega}$$

$$\theta = \tan^{-1}\left(\frac{531 \text{ } \Omega}{1.0 \text{ k}\Omega}\right) = \mathbf{28.0°}$$

주파수가 증가할수록 X_C와 Z는 증가하고 θ는 감소한다.

관련 문제 $f =$ 1 kHz인 경우에 대해 그림 10-18 회로의 임피던스와 위상각을 구하시오.

RC 지상회로

***RC* 지상회로(*RC* lag circuit)**는 출력전압이 입력전압에 대해 일정한 각도 ϕ만큼 뒤지는 위상을 갖는 위상 천이 회로이다. 위상 천이 회로는 전자통신 시스템과 다른 응용 분야에 널리 사용된다.

기본적인 직렬 *RC* 지연회로를 그림 10-19(a)에 나타내었다. 출력전압을 캐패시터 양단에서 취하고 입력전압은 회로에 인가된 전체 전압임을 주목하라. 전압의 관계를 그림 10-19(b)에 페이저도로 나타내었다. 회로의 위상각은 V_{in}과 전류 사이의 각도임을 유념하라. 그림 10-19(b)에서 출력전압 V_{out}은 V_{in}을 90°와 회로의 위상각 θ와의 차에 해당하는 ϕ로 나타낸 각도만큼 뒤지게 됨을 주목하라. 각도 ϕ는 출력전압이 입력전압보다 지연될 때 지상(phase

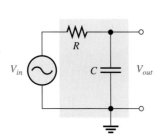

(a) 기본적인 *RC* 지상회로

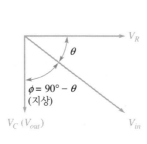

(b) V_{in}과 V_{out} 사이의 지상(phase lag)을 보여주는 전압 페이저도

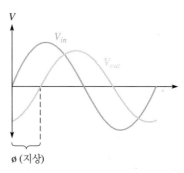

(c) 입력 및 출력 전압파형

그림 10–19

RC 지상회로($V_{out} = V_C$)

lag)이라 하고 출력전압이 입력전압보다 앞서는 경우 진상(phase lead)이라 한다.

$\theta = \tan^{-1}(X_C/R)$이므로 지상값 ϕ는 다음과 같이 쓸 수 있다.

$$\phi = 90° - \tan^{-1}\left(\frac{X_C}{R}\right) \tag{10-8}$$

그림 10-19(c)에 지상회로의 입출력 전압파형을 나타내었다. 입력과 출력 사이의 정확한 지상값은 저항값과 용량성 리액턴스값에 의해 결정된다. 출력전압의 크기 역시 이들 값에 의해 결정된다.

예제 10–6

그림 10-20의 지상회로에서 입력전압과 출력전압 사이의 지상(phase lag)값을 구하시오.

그림 10–20

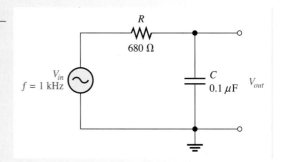

해 우선 용량성 리액턴스값을 구한다.

$$X_C = \frac{1}{2\pi f C} = \frac{1}{2\pi(1\ \text{kHz})(0.1\ \mu\text{F})} = 1.59\ \text{k}\Omega$$

출력전압과 입력전압 사이의 지상값을 구하면 다음 값을 갖는다.

$$\phi = 90° - \tan^{-1}\left(\frac{X_C}{R}\right) = 90° - \tan^{-1}\left(\frac{1.59\ \text{k}\Omega}{680\ \Omega}\right) = \mathbf{23.2°}$$

출력전압은 입력전압에 대하여 23.2° 뒤진 위상을 갖는다.

관련 문제 지상회로에서 주파수가 증가하면 지상값은 어떻게 되는가?

지상회로는 입력전압의 일부는 R에 걸리고 나머지는 C에 걸리는 전압 분배기로 생각할 수 있다. 출력전압은 다음 공식에 의해 결정된다.

$$V_{out} = \left(\frac{X_C}{\sqrt{R^2 + X_C^2}} \right) V_{in} \qquad (10-9)$$

예제 10–7

예제 10-6에 나온 그림 10-20의 지상회로에서 입력전압의 실효값이 10 V일 때 출력전압의 크기를 구하시오. 진폭과 위상관계를 보여주는 입출력 파형을 그리시오. 예제 10-6에서 X_C 값은 1.59 kΩ, ϕ 값은 23.2°였다.

해 식 (10-9)를 사용하여 그림 10-20의 지상회로의 출력전압을 구한다.

$$V_{out} = \left(\frac{X_C}{\sqrt{R^2 + X_C^2}} \right) V_{in} = \left(\frac{1.59\,\text{k}\Omega}{\sqrt{(680\,\Omega)^2 + (1.59\,\text{k}\Omega)^2}} \right) 10\,\text{V} = \mathbf{9.2\ V\ rms}$$

이들 파형을 그림 10-21에 나타내었다.

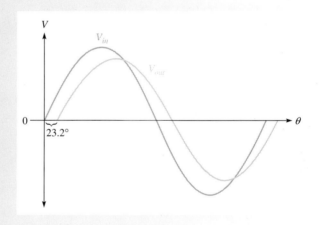

그림 10–21

관련 문제 지상회로에서 주파수가 증가하면 출력전압의 진폭은 어떻게 되는가?

지상회로에 대한 주파수의 영향 회로의 위상각 θ는 주파수가 증가하면 감소하므로 입력전압과 출력전압 사이의 지상값 ϕ는 증가하게 된다. 식 (10-8)로부터 이러한 관계를 볼 수 있다. 또한 V_{out}의 크기는 주파수가 증가할수록 감소되는데 그것은 X_C가 작아지고 따라서 캐패시터 양단에 걸리는 전압 역시 작아지기 때문이다. 그림 10-22는 주파수에 따라 지상값과 출력전압 크기가 어떻게 변하는지 보여준다.

RC 진상회로

***RC* 진상회로(*RC* lead circuit)**는 출력전압이 입력전압에 대해 일정한 각도 ϕ만큼 앞서는 위상을 갖는 위상 천이 회로이다. 기본적인 *RC* 진상회로를 그림 10-23(a)에 나타내었다. 지상회로와의 차이점에 주목하라. 여기에서 출력전압은 저항에서 취한다. 전압 사이의 관계를

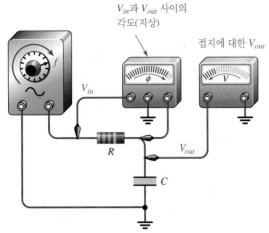

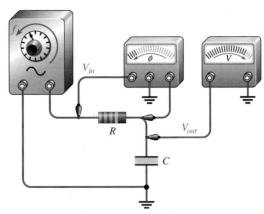

(a) *f*가 증가하면 지상값 *φ*는 증가하고 *V_out*은 감소한다.   (b) *f*가 감소하면 지상값 *φ*는 감소하고 *V_out*은 증가한다.

그림 10–22

*V_in*의 진폭을 일정하게 유지하였을 때 *RC* 지상회로에서 주파수가 지상값과 출력전압에 미치는 영향을 보여주는 예

그림 10-23(b)에 페이저도로 나타내었다. V_R과 I는 동상이므로 출력전압 V_{out}은 입력전압 V_{in}을 회로의 위상각만큼 앞서게 된다.

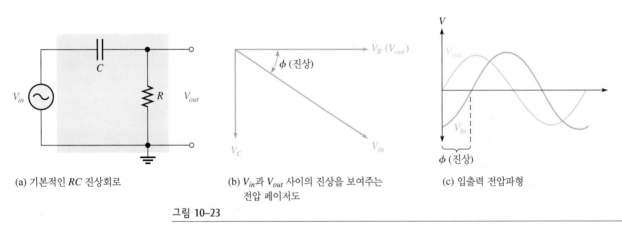

(a) 기본적인 *RC* 진상회로   (b) V_{in}과 V_{out} 사이의 진상을 보여주는   (c) 입출력 전압파형
전압 페이저도

그림 10–23

RC 진상회로($V_{out} = V_R$)

입출력 전압을 오실로스코프로 보면 그림 10-23(c)와 유사한 파형을 볼 수 있다. 물론 입력과 출력 사이의 정확한 진상값은 R과 X_C 값에 의해 결정된다. 진상값 ϕ는 다음과 같이 쓸 수 있다.

$$\phi = \tan^{-1}\left(\frac{X_C}{R}\right) \tag{10-10}$$

출력전압은 다음과 같이 표현된다.

$$V_{out} = \left(\frac{R}{\sqrt{R^2 + X_C^2}}\right)V_{in} \tag{10-11}$$

예제 10–8

그림 10-24의 회로의 출력전압과 진상값을 구하시오.

그림 10–24

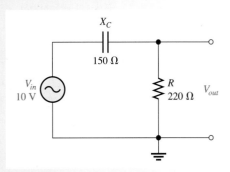

해 진상값을 구하면 다음의 값을 갖는다.

$$\phi = \tan^{-1}\left(\frac{X_C}{R}\right) = \tan^{-1}\left(\frac{150\ \Omega}{220\ \Omega}\right) = \mathbf{34.3°}$$

출력은 입력을 34.3°만큼 앞서게 된다.

식 (10-11)을 사용하여 출력전압을 구하면 다음과 같다.

$$V_{out} = \left(\frac{R}{\sqrt{R^2 + X_C^2}}\right)V_{in} = \left(\frac{220\ \Omega}{\sqrt{(220\ \Omega)^2 + (150\ \Omega)^2}}\right)10\ \text{V} = \mathbf{8.26\ V}$$

관련 문제 그림 10-24에서 *R* 값이 증가하면 진상값과 출력전압은 어떻게 되는가?

진상회로에 대한 주파수의 영향 진상값은 회로의 위상각 *θ*와 같으므로 주파수가 증가하면 감소하게 된다. 출력전압은 주파수가 증가할수록 커지게 되는데 그것은 X_C가 작아지고 따라서 더 많은 전압이 저항 양단에 걸리게 되기 때문이다. 그림 10-25는 이러한 관계를 보여주고 있다.

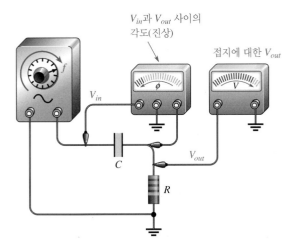

(a) *f*가 증가하면 진상값 *φ*는 감소하고 V_{out}은 증가한다.

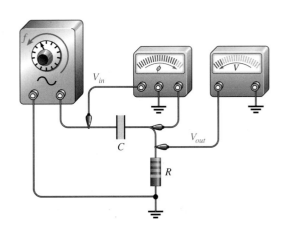

(b) *f*가 감소하면 진상값 *φ*는 증가하고 V_{out}은 감소한다.

그림 10–25

V_{in}의 진폭을 일정하게 유지하였을 때 *RC* 진상회로에서 주파수가 진상값과 출력전압에 미치는 영향을 보여주는 예

10-3 복습문제

1. 직렬 *RC* 회로에서 $V_R = 4$ V, $V_C = 5$ V일 때 전원전압의 크기는 얼마인가?

2. 문제 1에서 위상각은 어떻게 되는가?

3. 직렬 *RC* 회로에서 캐패시터 전압과 저항전압 사이의 위상차는 어떻게 되는가?

4. 직렬 *RC* 회로에서 전원전압 주파수가 증가하면 다음 값들은 어떻게 되는가?
   (a) 용량성 리액턴스   (b) 임피던스   (c) 위상각

5. *RC* 지상회로가 4.7 kΩ 저항과 0.022 μF 캐패시터로 구성되어 있다 3 kHz 주파수에 대하여 입력전압과 출력전압의 지상값을 구하시오.

6. 문제 5의 지상회로에 대해 동일한 소자값을 가지는 *RC* 진상회로가 있다. 10 V rms 입력에 대하여 3 kHz에서 출력전압의 크기를 구하시오.

10-4 병렬 *RC* 회로의 임피던스와 위상각

이 절에서는 병렬 *RC* 회로의 임피던스와 위상각을 구하는 방법에 대해 설명한다. 또한 병렬 *RC* 회로의 해석에 유용한 컨덕턴스(G), 용량성 서셉턴스(B_C)와 전체 어드미턴스(Y_{tot})에 대해서도 알아본다.

절의 학습내용

▶ **병렬 *RC* 회로의 임피던스와 위상각을 구한다.**

    ▶ 총 임피던스를 곱 나누기 합(product-over-sum) 형태로 표시한다.

    ▶ 위상각을 R과 X_C로 표시한다.

    ▶ 컨덕턴스, 용량성 서셉턴스, 어드미턴스를 구한다.

    ▶ 어드미턴스를 임피던스로 변환한다.

그림 10-26에는 기본적인 형태의 병렬 *RC* 회로가 나타나 있다.

그림 10-26

병렬 *RC* 회로

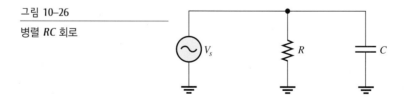

이 회로의 임피던스는 식 (10-12)와 같이 병렬 저항의 경우와 유사하게 곱 나누기 합(product-over-sum)의 형태로 주어진다. 이 경우 분모는 R과 X_C의 페이저 합이 된다.

$$Z = \frac{RX_C}{\sqrt{R^2 + X_C^2}} \tag{10-12}$$

인가 전압과 회로의 전체 전류 사이의 위상각은 식 (10-13)과 같이 R과 X_C로 나타낼 수 있다.

$$\theta = \tan^{-1}\left(\frac{R}{X_C}\right) \tag{10-13}$$

이 공식은 10-5절에 소개될 지로전류를 사용한 등가공식[식 (10-22)]에서 유도할 수 있다.

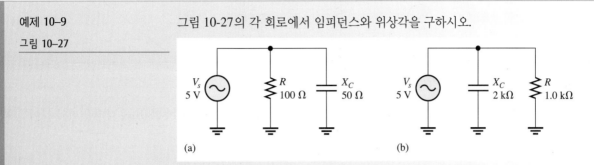

예제 10-9
그림 10-27

그림 10-27의 각 회로에서 임피던스와 위상각을 구하시오.

(a)

(b)

해 그림 10-27(a)의 회로에 대하여 임피던스와 위상각을 구한다.

$$Z = \frac{RX_C}{\sqrt{R^2 + X_C^2}} = \frac{(100\,\Omega)(50\,\Omega)}{\sqrt{(100\,\Omega)^2 + (50\,\Omega)^2}} = \mathbf{44.7\,\Omega}$$

$$\theta = \tan^{-1}\left(\frac{R}{X_C}\right) = \tan^{-1}\left(\frac{100\,\Omega}{50\,\Omega}\right) = \mathbf{63.4°}$$

그림 10-27(b)의 회로에 대하여 임피던스와 위상각을 구한다.

$$Z = \frac{(1.0\,\text{k}\Omega)(2\,\text{k}\Omega)}{\sqrt{(1.0\,\text{k}\Omega)^2 + (2\,\text{k}\Omega)^2}} = \mathbf{894\,\Omega}$$

$$\theta = \tan^{-1}\left(\frac{1.0\,\text{k}\Omega}{2\,\text{k}\Omega}\right) = \mathbf{26.6°}$$

관련 문제 그림 10-27(b)의 회로에서 주파수가 2배가 되면 Z는 어떻게 되는가?

컨덕턴스, 용량성 서셉턴스, 어드미턴스

컨덕턴스(conductance : G)는 저항의 역수로서 다음과 같이 표시되었다.

$$G = \frac{1}{R} \tag{10-14}$$

병렬 RC 회로를 쉽게 해석할 수 있도록 두 가지 새로운 양을 정의한다. 서셉턴스는 리액턴스의 역수이다. 따라서 **용량성 서셉턴스(capacitive susceptance : B_C)**는 용량성 리액턴스의 역으로 정의되며 캐패시터가 전류를 얼마나 흘려주는지 척도가 된다. 식으로 나타내면 다음과 같다.

$$B_C = \frac{1}{X_C} \tag{10-15}$$

어드미턴스(admittance : Y)는 임피던스의 역으로 정의되며 다음과 같이 쓸 수 있다.

$$Y = \frac{1}{Z} \tag{10-16}$$

G, B_C, Y의 단위는 옴(Ω)의 역수인 지멘스(S)가 된다.

병렬 RC 회로를 해석하는 경우 저항(R), 용량성 리액턴스(X_C), 임피던스(Z)를 사용하는 것보다 컨덕턴스(G), 용량성 서셉턴스(B_C), 어드미턴스(Y)를 사용하는 쪽이 훨씬 간편하다.

그림 10–28

병렬 *RC* 회로의 어드미턴스

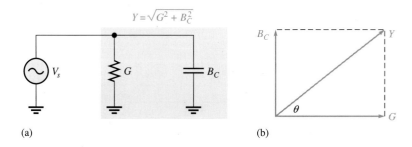

(a)   (b)

그림 10-28(a)의 병렬 회로에서, 총 어드미턴스는 그림 10-28(b)에 나타난 바와 같이 컨덕턴스와 용량성 서셉턴스의 페이저 합이 된다.

$$Y_{tot} = \sqrt{G^2 + B_C^2} \tag{10-17}$$

예제 10–10   그림 10-29에서 전체 어드미턴스를 구하고 임피던스로 변환하시오.

그림 10–29

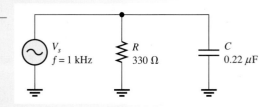

해 Y를 구하기 위해 우선 G와 B_C를 구한다. $R = 330\ \Omega$이므로 컨덕턴스를 구하면 다음과 같다.

$$G = \frac{1}{R} = \frac{1}{330\ \Omega} = 3.03\ \text{mS}$$

용량성 리액턴스를 구한다.

$$X_C = \frac{1}{2\pi fC} = \frac{1}{1\ 2\pi(1000\ \text{Hz})(0.22\ \mu\text{F})} = 723\ \Omega$$

용량성 서셉턴스를 구한다.

$$B_C = \frac{1}{X_C} = \frac{1}{723\ \Omega} = 1.38\ \text{mS}$$

따라서 전체 어드미턴스를 구하면 다음 값을 갖는다.

$$Y_{tot} = \sqrt{G^2 + B_C^2} = \sqrt{(3.03\ \text{mS})^2 + (1.38\ \text{mS})^2} = \mathbf{3.33\ mS}$$

임피던스로 변환하면 다음 값을 갖는다.

$$Z = \frac{1}{Y_{tot}} = \frac{1}{3.33\ \text{mS}} = \mathbf{300\ \Omega}$$

관련 문제   그림 10-29에서 f가 2.5 kHz로 증가되었을 때 어드미턴스를 구하시오.

10–4 복습문제   1. 1.0 kΩ 저항이 650 Ω 용량성 리액턴스와 병렬 연결되었을 때 Z를 구하시오.

2. 컨덕턴스, 용량성 서셉턴스, 어드미턴스를 정의하시오.

3. Z가 100 Ω일 때 Y 값을 구하시오.

4. 병렬 *RC* 회로에서 $R = 50\ \Omega$, $X_C = 75\ \Omega$일 때 Y를 구하시오.

10-5 병렬 *RC* 회로의 해석

옴의 법칙과 키르히호프의 전류 법칙을 사용하여 병렬 *RC* 회로를 해석하고, 병렬 *RC* 회로에서 전류와 전압과의 관계에 대해 살펴본다.

절의 학습내용

▶ **병렬 *RC* 회로를 해석한다.**

　▶ 옴의 법칙과 키르히호프의 전류 법칙을 병렬 *RC* 회로에 적용한다.

　▶ 주파수값에 따른 임피던스와 위상각의 변화를 살펴본다.

　▶ 병렬 회로를 등가 직렬 회로로 변환한다.

　병렬 회로를 쉽게 해석할 수 있도록 임피던스에 관한 옴의 법칙[식 (10-3), (10-4), (10-5)]을 $Y = 1/Z$ 관계를 이용하여 어드미턴스 형태로 나타내면 다음과 같다.

$$V = \frac{I}{Y} \tag{10-18}$$

$$I = VY \tag{10-19}$$

$$Y = \frac{I}{V} \tag{10-20}$$

예제 10-11

그림 10-30 에서 총 전류와 위상각을 구하시오.

그림 10-30

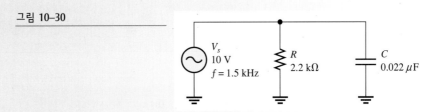

해　우선 전체 어드미턴스를 구하기 위해 용량성 리액턴스를 구한다.

$$X_C = \frac{1}{2\pi f C} = \frac{1}{1\ 2\pi(1.5\ \text{kHz})(0.022\ \mu\text{F})} = 4.82\ \text{k}\Omega$$

컨덕턴스를 구한다.

$$G = \frac{1}{R} = \frac{1}{2.2\ \text{k}\Omega} = 455\ \mu\text{S}$$

용량성 서셉턴스를 구한다.

$$B_C = \frac{1}{X_C} = \frac{1}{4.82\ \text{k}\Omega} = 207\ \mu\text{S}$$

따라서 전체 어드미턴스를 구하면 다음 값을 갖는다.

$$Y_{tot} = \sqrt{G^2 + B_C^2} = \sqrt{(455\ \mu\text{S})^2 + (207\ \mu\text{S})^2} = 500\ \mu\text{S}$$

이제 옴의 법칙을 사용하여 전체 전류를 계산한다.

$$I_{tot} = VY_{tot} = (10 \text{ V})(500 \text{ }\mu\text{S}) = \textbf{5.00 mA}$$

위상각을 구한다.

$$\theta = \tan^{-1}\left(\frac{R}{X_C}\right) = \tan^{-1}\left(\frac{2.2 \text{ k}\Omega}{4.82 \text{ k}\Omega}\right) = \textbf{24.5°}$$

전체 전류는 5.00 mA이며 전원전압에 대하여 24.5° 앞선 위상을 갖는다.

관련 문제 주파수가 2배가 되면 총 전류는 어떻게 되는가?

 CD-ROM에서 Multisim E10-11 파일을 열고 전체 전류가 계산한 값과 같은지 확인하라. 각 지로전류를 구하라. 주파수를 2배로 하여 3 kHz로 해주었을 때 총 전류를 측정하라.

전류와 전압의 위상관계

그림 10-31(a)에 기본 병렬 RC 회로에 흐르는 모든 전류를 나타내었다. 그림에서 보는 바와 같이 전원전압 V_s는 저항과 캐패시터 양단에 병렬로 연결되어 있으므로 각 전압 V_s, V_R, V_C는 크기와 위상이 모두 같게 된다. 총 전류 I_{tot}는 노드에서 두 개의 지로(branch)전류 I_C와 I_R로 나누어진다.

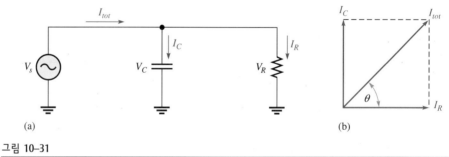

그림 10–31

병렬 RC 회로의 전류와 전압. (a)에 나타난 전류의 방향은 순시값으로 전원전압이 바뀌면 반대 방향이 된다. (b)의 전류 페이저는 매 사이클마다 1 회전한다

저항 양단의 전압과, 저항을 통해 흐르는 전류의 위상은 서로 같다. 또한 캐패시터를 통해 흐르는 전류는 캐패시터 양단의 전압보다 90°만큼 앞선다. 따라서 캐패시터를 통해 흐르는 전류는 저항을 통해 흐르는 전류보다 90°만큼 앞서게 된다. 키르히호프의 전류 법칙에 의해 총 전류는 이 두 전류의 페이저 합이 된다. 이 관계를 그림 10-31(b)의 페이저도에 나타내었다. 총 전류를 구해 보면, 다음과 같다.

$$I_{tot} = \sqrt{I_R^2 + I_C^2} \tag{10-21}$$

저항전류와 총 전류 사이의 위상각은 다음과 같이 나타난다.

$$\theta = \tan^{-1}\left(\frac{I_C}{I_R}\right) \tag{10-22}$$

식 (10-22)는 $\theta = \tan^{-1}(R/X_C)$로 표시되는 식 (10-13)과 같다.

그림 10-32는 전체 전압, 전류에 대한 페이저도이다. I_C가 I_R을 90° 앞서고 I_R은 전압($V_s = V_R = V_C$)과 동상임을 주목하라.

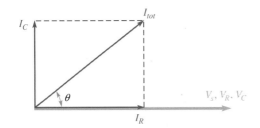

그림 10–32

병렬 *RC* 회로의 전류/전압 페이저
도(진폭은 임의의 값임)

예제 10–12	그림 10-33에서 각 전류의 값을 구하고 전원전압에 대한 위상관계를 논하시오. 전류 페이저도를 그리시오.

그림 10–33

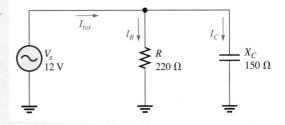

해 저항에 흐르는 전류와 캐패시터 전류 그리고 전체 전류는 다음과 같이 쓸 수 있다.

$$I_R = \frac{V_s}{R} = \frac{12\,\text{V}}{220\,\Omega} = \textbf{54.5 mA}$$

$$I_C = \frac{V_s}{X_C} = \frac{12\,\text{V}}{150\,\Omega} = \textbf{80 mA}$$

$$I_{tot} = \sqrt{I_R^2 + I_C^2} = \sqrt{(54.5\,\text{mA})^2 + (80\,\text{mA})^2} = \textbf{96.8 mA}$$

위상각을 구하면 다음과 같다.

$$\theta = \tan^{-1}\left(\frac{I_C}{I_R}\right) = \tan^{-1}\left(\frac{80\,\text{mA}}{54.5\,\text{mA}}\right) = 55.7°$$

I_R은 전원전압과 동상이고 I_C는 전원전압을 90° 앞서며 I_{tot}는 전원전압에 대해 55.7° 앞선다. 전류 페이저도는 그림 10-34에 나타내었다.

그림 10–34

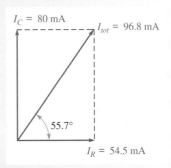

관련 문제	병렬 *RC* 회로에서 $I_R = 100$ mA, $I_C = 60$ mA일 때 전체 전류와 위상각을 구하시오.

병렬 회로의 직렬 변환

모든 병렬 *RC* 회로는 자신과 등가가 되는 직렬 *RC* 회로로 변환될 수 있다. 단자에서의 임피던스의 크기와 위상이 동일한 두 회로는 서로의 등가회로(equivalent circuit)가 된다.

주어진 병렬 *RC* 회로의 등가 직렬 회로를 구하려면, 먼저 병렬 회로의 총 임피던스와 위상각을 구한다. 이렇게 구한 *Z*와 *θ*로부터 그림 10-35와 같이 임피던스 삼각도를 그린다. 그림에 표시된 것과 같이 삼각형의 수직 성분이 등가 직렬 회로의 저항이 되고 수평 성분이 등가 직렬 회로의 용량성 리액턴스가 된다. 이 두 값은 삼각함수의 관계식을 이용하면 다음 식과 같이 표시된다.

$$R_{eq} = Z \cos \theta \tag{10-23}$$

$$X_{C(eq)} = Z \sin \theta \tag{10-24}$$

cosine 함수와 sine 함수는 모든 공학용 계산기에서 지원된다.

그림 10–35

병렬 *RC* 회로의 등가 직렬 회로에 대한 임피던스 삼각도. *Z*와 *θ*는 병렬 회로에서 알려진 값이고 R_{eq}와 $X_{C(eq)}$는 등가 직렬 회로의 값이다

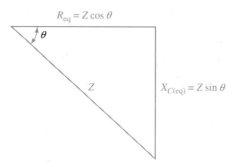

예제 10–13

그림 10-36의 병렬 회로를 등가 직렬 회로로 변환하시오.

그림 10–36

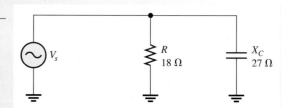

해 우선 병렬 회로의 전체 어드미턴스를 다음과 같이 구한다.

$$G = \frac{1}{R} = \frac{1}{18\ \Omega} = 55.6\ \text{mS}$$

$$B_C = \frac{1}{X_C} = \frac{1}{27\ \Omega} = 37.0\ \text{mS}$$

$$Y_{tot} = \sqrt{G^2 + B_C^2} = \sqrt{(55.6\ \text{mS})^2 + (37.0\ \text{mS})^2} = 66.8\ \text{mS}$$

그러면 전체 임피던스는 다음 값을 갖는다.

$$Z_{tot} = \frac{1}{Y_{tot}} = \frac{1}{66.8\ \text{mS}} = 15.0\ \Omega$$

위상각을 구한다.

$$\theta = \tan^{-1}\left(\frac{R}{X_C}\right) = \tan^{-1}\left(\frac{18\ \Omega}{27\ \Omega}\right) = 33.6°$$

등가 직렬 회로값은 다음과 같다.

$$R_{eq} = Z \cos \theta = (15\ \Omega)\cos(33.6°) = \textbf{12.5 } \boldsymbol{\Omega}$$

$$X_{C(eq)} = Z \sin \theta = (15\ \Omega)\sin(33.6°) = \textbf{8.3 } \boldsymbol{\Omega}$$

직렬 등가 회로를 그림 10-37에 나타내었다. *C* 값은 주파수가 주어진 경우 결정할 수 있다.

그림 10–37

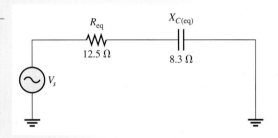

관련 문제　병렬 *RC* 회로의 임피던스가 10 kΩ이고 위상각이 26°이다. 등가 직렬 회로로 변환하시오.

병렬 *RC* 회로는 X_C가 증가함에 따라 리액티브한 성질이 줄어든다. 즉, 전류 위상각은 점점 작아진다. 그것은 X_C가 *R*보다 커지면 캐패시터의 지로로 흐르는 전류가 적어지고 동상인 저항에 흐르는 전류는 증가하지 않더라도 전체 전류에 대한 비율이 높아지게 된다.

10–5 복습문제

1. *RC* 회로의 어드미턴스가 3.5 mS이고 전원전압이 6 V일 때 전체 전류는 ?
2. 병렬 *RC* 회로에서 저항에 흐르는 전류가 10 mA이고 캐패시터 전류가 5 mA일 때 전체 전류와 위상각을 구하시오.
3. 병렬 *RC* 회로에서 캐패시터 전류와 전원전압의 위상각을 구하시오.

10–6　직병렬 *RC* 회로의 해석

이 절에서는 이제까지 다루어 온 개념들을 바탕으로 *R*과 *C*가 직렬과 병렬의 조합으로 구성된 회로를 해석해 본다.

절의 학습내용

▶ **직병렬 *RC* 회로를 해석한다.**

- ▶ 총 임피던스를 구한다.
- ▶ 전류와 전압을 구한다.
- ▶ 임피던스와 위상각을 측정한다.

다음 예제는 직병렬 회로의 해석을 보여주고 있다.

예제 10-14

그림 10-38의 직병렬 *RC* 회로에서 다음 값을 구하시오.

(a) 총 임피던스 **(b)** 총 전류 **(c)** I_{tot}와 V_s 사이의 위상각

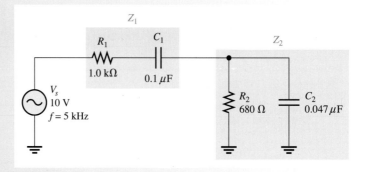

그림 10-38

해 **(a)** 우선 각 캐패시터의 용량성 리액턴스의 크기를 구한다.

$$X_{C1} = \frac{1}{2\pi(5 \text{ kHz})(0.1 \ \mu\text{F})} = 318 \ \Omega$$

$$X_{C2} = \frac{1}{2\pi(5 \text{ kHz})(0.047 \ \mu\text{F})} = 677 \ \Omega$$

풀이방법은 우선 병렬 회로 부분의 등가 직렬 저항과 캐패시턴스를 구한다. 그런 다음 저항을 더하여($R_1 + R_{eq}$) 총 저항을 구하고 리액턴스를 더하여($X_{C1} + X_{C(eq)}$) 총 리액턴스를 구한 다음 이들 값에서 총 임피던스를 구한다.

병렬 회로 부분의 어드미턴스를 구함으로써 임피던스(Z_2)를 구한다.

$$G_2 = \frac{1}{R_2} = \frac{1}{680 \ \Omega} = 1.47 \text{ mS}$$

$$B_{C2} = \frac{1}{X_{C2}} = \frac{1}{677 \ \Omega} = 1.48 \text{ mS}$$

$$Y_2 = \sqrt{G_2^2 + B_{C2}^2} = \sqrt{(1.47 \text{ mS})^2 + (1.48 \text{ mS})^2} = 2.09 \text{ mS}$$

$$Z_2 = \frac{1}{Y_2} = \frac{1}{2.09 \text{ mS}} = 478 \ \Omega$$

병렬 회로 부분의 위상각은 다음과 같다.

$$\theta_p = \tan^{-1}\left(\frac{R_2}{X_{C2}}\right) = \tan^{-1}\left(\frac{680 \ \Omega}{677 \ \Omega}\right) = 45.1°$$

병렬 회로 부분의 등가 직렬값은 다음과 같다.

$$R_{eq} = Z_2 \cos \theta_p = (478 \ \Omega)\cos(45.1°) = 337 \ \Omega$$

$$X_{C(eq)} = Z_2 \sin \theta_p = (478 \ \Omega)\sin(45.1°) = 339 \ \Omega$$

전체 회로 저항을 구한다.

$$R_{tot} = R_1 + R_{eq} = 1000 \ \Omega + 337 \ \Omega = 1.34 \text{ k}\Omega$$

전체 회로 리액턴스를 구한다.

$$X_{C(tot)} = X_{C1} + X_{C(eq)} = 318 \ \Omega + 339 \ \Omega = 657 \ \Omega$$

전체 회로 임피던스를 구한다.

$$Z_{tot} = \sqrt{R_{tot}^2 + X_{C(tot)}^2} = \sqrt{(1.34\,k\Omega)^2 + (657\,\Omega)^2} = \mathbf{1.49\,k\Omega}$$

(b) 옴의 법칙을 사용하여 총 전류를 구한다.

$$I_{tot} = \frac{V_s}{Z_{tot}} = \frac{10\,V}{1.49\,k\Omega} = \mathbf{6.71\,mA}$$

(c) 위상각을 구하기 위해 회로를 R_{tot}와 $X_{C(tot)}$의 직렬 조합으로 보면 I_{tot}와 V_s의 위상각은 다음과 같다.

$$\theta = \tan^{-1}\left(\frac{X_{C(tot)}}{R_{tot}}\right) = \tan^{-1}\left(\frac{657\,\Omega}{1.34\,k\Omega}\right) = \mathbf{26.1°}$$

관련 문제 그림 10-38에서 Z_1과 Z_2에 걸린 전압을 구하시오.

 CD-ROM에서 Multisim E10-14 파일을 열고 전체 전류 계산값이 맞는지 확인하라. R_2에 흐르는 전류와 C_2에 흐르는 전류를 측정하고 Z_1과 Z_2에 걸리는 전압을 측정하라.

회로의 측정

Z_{tot} 측정 이제 예제 10-14의 회로에서 Z_{tot} 값을 측정을 통하여 어떻게 구하는지 알아본다. 총 임피던스는 다음 세 단계를 통해 구하는데, 이를 그림 10-39에 표시하였다(이 외에도 여러 가지 방법이 있다).

1단계 : 정현파 신호 발생기에서 발생되는 신호원의 전압을 일정한 값(여기서는 10 V)으로 맞추고, 신호원의 주파수도 5 kHz가 되도록 조정한다. 이 때 정현파 신호 발생기의 주파수, 진폭 조절 손잡이의 눈금을 위의 값(10 V와 5 kHz)에 맞추는 것만으로 끝내지 말고, 교류 전압계와 주파수 카운터를 사용하여 신호 발생기에서 출력되는 신호가 실제 위에서 정한 값을 갖는지 확인하여야 한다.

2단계 : 그림 10-39와 같이 회로에 교류 전류계를 연결하여 전체 전류를 측정한다. 혹은 R_1에 걸린 전압을 측정하여 전류를 계산할 수도 있다.

3단계 : 옴의 법칙을 사용하여 총 임피던스를 계산한다.

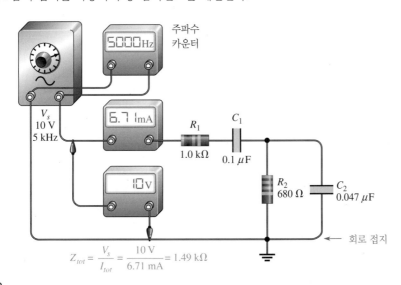

그림 10-39

V_s와 I_{tot}를 측정함으로써 Z_{tot}를 구하는 방법

θ 측정 위상각을 측정하기 위해서는 전압파형과 전류파형이 오실로스코프의 화면에 적절한 시간간격으로 나타나도록 해주어야 한다. 오실로스코프에서는 파형을 측정하기 위해 두 종류의 프로브(probe)가 사용되는데, 전압 프로브(voltage probe)와 전류 프로브(current probe)가 바로 그것이다. 전류 프로브를 사용하면 위상각 측정이 아주 간편하지만, 전압 프로브처럼 쉽게 구하기가 어렵다. 그러므로 여기서는 오실로스코프와 전압 프로브만을 사용하여 위상각을 측정해 보기로 한다. 특별한 절연방법이 있기는 하지만 일반적으로 전압 프로브에는 프로브 팁(probe tip)과 접지단자(ground lead)라고 불리는 두 개의 외부 접속단자가 달려 있어, 이것을 회로에 연결하여 파형을 측정한다. 따라서 프로브에 의해 오실로스코프로 측정되는 모든 전압은 프로브의 접지단자를 기준(0 V)으로 한다.

전압 프로브만을 사용하기 때문에 전체 전류를 직접 측정할 수는 없다. 그러나 저항 R_1 양단 전압의 위상이 전체 전류의 위상과 같다는 사실은 이미 이론을 통해 잘 알고 있으므로, 이를 이용하면 위상각을 측정할 수 있다.

위상 측정을 시작하기 전에, R_1 양단 전압 V_{R1}을 측정하는 데 한 가지 문제점이 있다는 것을 반드시 알아야 한다. 그림 10-40(a)와 같이 스코프 프로브를 저항 양단에 연결하면 스코프의 접지단자에 의해 점 B가 회로의 접지와 단락되어 버리므로, R_1을 통과한 전류는 더 이상 회로의 각 소자를 통해 흐르지 못하고 모두 회로 접지로 흘러 버리게 된다. 결국, 그림 10-40(b)와 같이 R_1을 제외한 나머지 소자를 회로에서 모두 제거한 셈이 되는 것이다(지금까지의 내용은 스코프가 전력선의 접지와 분리되어 있지 않은 경우를 가정하여 설명한 것이다).

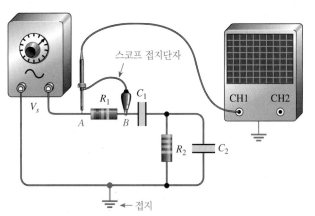
(a) 스코프 프로브의 접지단자가 점 *B*에 연결된 경우

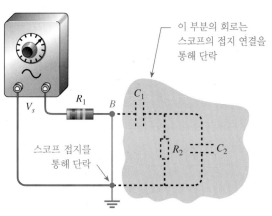
(b) 점 *B*가 접지에 연결된 경우 회로 나머지 부분이 단락되는 효과

그림 10-40

계측기와 회로가 모두 접지된 경우, 소자 양단을 직접 측정할 때 생기는 효과

이와 같은 일이 일어나지 않도록, 그림 10-41(a)와 같이 신호원의 두 출력단자를 서로 바꾸어 회로와 연결한다. 이렇게 하면 R_1의 한쪽 단자가 회로 접지에 연결된다. 이와 같이 연결하여도 R_1이 회로에 직렬로 연결된 상태에는 변함이 없으므로, 이 회로는 변경 전과 전기적으로 동일하다. 이제는 그림 10-41(b)와 같이 스코프로 V_{R1}을 측정할 수 있다. 전압 프로브를 하나 더 사용하여, 전압원 양단에 연결하고 V_s를 측정한다. 이제 스코프의 채널 1에는 V_{R1} 신호가, 채널 2에는 V_s 신호가 입력되고 있다. 스코프의 '동기 신호원(trigger source) 스위치'는 전압전원(이 경우 채널 2)으로 설정해 준다.

프로브를 회로에 연결하기 전에, 두 개의 수평선(trace라고도 한다)을 화면의 중앙에 맞추어 마치 중앙에 한 개의 수평선만 있는 것처럼 보이도록 한다. 프로브 팁을 접지와 연결한 다음, '수직 위치 조정 손잡이'를 돌리면 이와 같이 되도록 쉽게 조정할 수 있다. 이 과정은 두 파형이 0이 되는 위치를 화면상에서 일치시켜, 정확한 위상 측정이 가능하도록 하기 위해서이다.

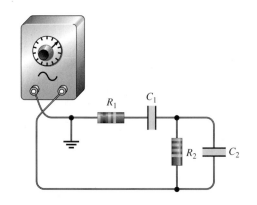
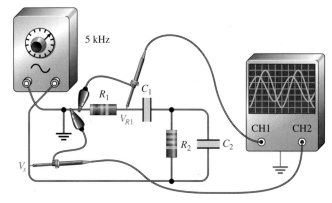

(a) R_1의 한 점이 접지되도록 접지 위치의 변경

(b) 스코프는 V_{R1}과 V_s를 표시한다. V_{R1}은 전체 전류의 위상을 나타낸다.

그림 10–41

접지 위치를 변경함으로써 회로의 일부가 단락되는 것을 피하면서 접지를 기준으로 전압을 직접 측정할 수 있다

파형이 화면상에 안정적으로 나타나면 전원전압의 주기를 측정할 수 있다. 그런 다음에는 Volts/Div 조절 손잡이를 사용하여 각 파형이 비슷한 진폭으로 나타나도록 조절해 준다. 이제 Sec/Div 조절 손잡이를 사용하여 두 파형 사이의 간격을 수평으로 넓혀준다. 이 수평 간격은 바로 두 파형 사이의 시간 차이를 나타낸다. 수평선상에서 파형 사이의 칸 수와 Sec/Div를 곱하면 파형 사이의 시간 Δt를 구할 수 있다. 또한 오실로스코프에 커서 기능이 지원되는 경우 커서를 사용하여 Δt를 구할 수 있다.

주기 T를 구하고 파형 사이의 시간 Δt를 구했으면 다음 식을 사용하여 위상각을 구할 수 있다.

$$\theta = \left(\frac{\Delta t}{T}\right)360° \qquad (10\text{-}25)$$

그림 10-42에 표시 화면의 예가 나타나 있다. 여기에서 두 파형 사이의 간격은 1.5 수평 간격이고 Sec/Div 조절 손잡이는 10 μs로 설정되어 있다. 파형의 주기는 200 μs이고 Δt는 다음과 같이 15 μs이다.

$$\Delta t = 1.5 \text{ divisions} \times 10 \ \mu\text{s/division} = 15 \ \mu\text{s}$$

위상각은 다음과 같다.

$$\theta = \left(\frac{\Delta t}{T}\right)360° = \left(\frac{15 \ \mu\text{s}}{200 \ \mu\text{s}}\right)360° = 27°$$

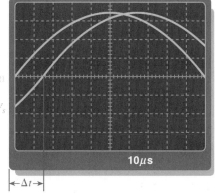

그림 10–42

오실로스코프를 사용한 위상각의 결정

$\Delta t = 1.5 \text{ divisions} \times 10 \ \mu\text{s/division} = 15 \ \mu\text{s}$

10–6 복습문제	1. 그림 10–38의 직병렬 회로에 대하여 직렬 등가 회로를 구하라.
	2. 그림 10–38에서 R_1에 걸린 전압은 얼마인가?

10–7 *RC* 회로의 전력

어떤 교류 회로가 저항만으로 구성되어 있을 때, 전원에 의해 공급되는 모든 에너지는 저항에 의해 열로 소모된다. 반대로 캐패시터만으로 이루어진 교류 회로에서는, 전원전압의 한 사이클 내의 일정한 시간(1/2 사이클) 동안 전원에 의해 공급되는 모든 에너지가 캐패시터에 저장되고, 나머지 1/2 사이클 동안 캐패시터에 저장되어 있던 에너지가 다시 전원으로 반환된다. 따라서 캐패시터만으로 이루어진 회로에서는 에너지가 열로 변환되지 않으므로 손실이 없다. 회로에 저항과 캐패시터가 함께 들어 있는 경우, 전체 에너지 중의 일부는 캐패시터에서 저장과 반환이 반복되고, 그 나머지 에너지는 저항에 의해 소모된다. 소모되는 에너지의 양은 저항값과 용량성 리액턴스값의 상대적인 크기에 의해 결정된다.

절의 학습내용

▶ **RC 회로의 전력을 구한다.**

    ▶ 유효전력과 무효전력에 대해 살펴본다.

    ▶ 전력 삼각도를 그린다.

    ▶ 역률을 정의한다.

    ▶ 피상전력에 대해 살펴본다.

    ▶ RC 회로의 전력을 계산한다.

저항값이 용량성 리액턴스값보다 큰 경우에는 당연히 저항에서 소모되는 에너지의 양이 캐패시터에 의해 저장되는 에너지의 양에 비해 크다. 마찬가지로 리액턴스값이 저항값에 비해 크다면, 소모되는 에너지보다 저장되고 반환되는 에너지의 양이 더 크게 된다.

저항에서 소모되는 전력을 유효전력(true power : P_{true})이라고 하며, 캐패시터에 저장되는 전력을 무효전력(reactive power : P_r)이라고 한다는 것은 앞에서 이미 설명하였는데 이들의 식은 다음과 같다. 유효전력의 단위는 와트(W)이고, 무효전력의 단위는 바알(volt-ampere reactive : VAR)이다.

$$P_{\text{true}} = I_{tot}^2 R \tag{10-26}$$

$$P_r = I_{tot}^2 X_C \tag{10-27}$$

RC 회로의 전력 삼각도

그림 10-43(a)에 직렬 *RC* 회로에 대한 일반적인 임피던스 페이저도가 나타나 있다. P_{true}와 P_r의 상대적인 크기는 R과 X_C에 I_{tot}^2을 곱한 것과 같기 때문에 전력의 페이저 관계도 이와 유사하게 그림 10-43(b)와 같이 그려볼 수 있다.

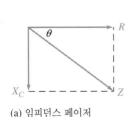

(a) 임피던스 페이저

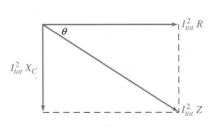

(b) 임피던스 페이저에 I_{tot}^2을 곱하여 얻은 전력

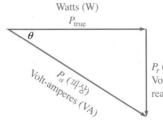

(c) 전력 삼각도

그림 10–43

직렬 *RC* 회로에서 전력 삼각도 유도

P_{true}와 P_r의 페이저 합으로 구한 전력 페이저 $I_{tot}^2 Z$가 **피상전력(apparent power : P_a)**이 된다. 피상전력 P_a는 어느 순간이든지 신호원으로부터 RC 회로에 전달되는 것처럼 보이는 총 전력이다. 피상전력의 일부가 유효전력이 되고 또 다른 일부가 무효전력이 된다. 피상전력의 단위는 볼트-암페어(VA)이며 다음 식으로 표시된다.

$$P_a = I_{tot}^2 Z \qquad (10\text{-}28)$$

그림 10-43(b)의 페이저도를 다시 그려보면 그림 10-43(c)와 같이 직각삼각형의 형태를 만들 수 있다. 이 삼각형을 전력 삼각도라고 한다. 삼각함수 법칙을 이용하면, 유효전력은 다음과 같이 된다.

$$P_{\text{true}} = P_a \cos \theta$$

P_a는 $I_{tot}^2 Z$, 즉 $V_s I_{tot}$이므로 이 중에서 RC 회로에서 실제 소모되는 전력인 유효전력은 다음과 같이 쓸 수 있다.

$$P_{\text{true}} = V_s I_{tot} \cos \theta \qquad (10\text{-}29)$$
$$\text{여기서} \quad V_s = \text{인가 전압}$$
$$I_{tot} = \text{총 전류}$$

저항만으로 구성된 회로에서 $\theta = 0°$이므로 $\cos 0° = 1$이 되어 P_{true}는 $V_s I_{tot}$와 같다. 캐패시터만으로 이루어진 회로에서는 $\theta = 90°$이므로 $\cos 90° = 0$이 되어 P_{true}는 0이 된다. 즉, 앞에서 살펴본 바와 같이 이상적인 캐패시터에서는 전력 소모가 없다.

역률

전력을 표시하는 식에 포함되어 있는 $\cos \theta$ 항을 **역률(power factor : PF)**이라고 하며, 다음과 같이 나타낸다.

$$PF = \cos \theta \qquad (10\text{-}30)$$

인가 전압과 전체 전류 사이의 위상각이 증가하면 역률은 감소한다. 위상각이 증가한다는 것은 회로의 성질이 용량성 회로에 가깝게 된다는 것을 나타낸다. 역률이 작을수록 소모되는 전력도 작아진다.

역률은 캐패시턴스 성분만을 갖는 회로에서의 값인 0과, 저항 성분만을 갖는 회로에서의 값인 1 사이의 임의의 값을 갖는다. RC 회로에서는 전류가 전압보다 앞서므로, 이 때의 역률을 진상 역률(leading power factor)이라고 부르기도 한다.

예제 10–15　　　　그림 10-44의 RC 회로에서 유효전력과 역률을 구하시오.

그림 10-44

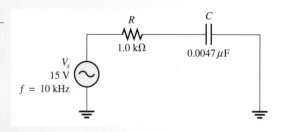

해　용량성 리액턴스와 위상각을 구한다.

$$X_C = \frac{1}{2\pi fC} = \frac{1}{2\pi(10\,\text{kHz})(0.0047\,\mu\text{F})} = 3.39\,\text{k}\Omega$$

$$\theta = \tan^{-1}\left(\frac{X_C}{R}\right) = \tan^{-1}\left(\frac{3.39\,\text{k}\Omega}{1.0\,\text{k}\Omega}\right) = 73.6°$$

역률을 구한다.

$$PF = \cos\theta = \cos(73.6°) = \mathbf{0.282}$$

임피던스를 구한다.

$$Z = \sqrt{R^2 + X_C^2} = \sqrt{(1.0\,\text{k}\Omega)^2 + (3.39\,\text{k}\Omega)^2} = 3.53\,\text{k}\Omega$$

따라서 전류는 다음과 같다.

$$I = \frac{V_s}{Z} = \frac{15\,\text{V}}{3.53\,\text{k}\Omega} = 4.25\,\text{mA}$$

유효전력을 구한다.

$$P_{\text{true}} = V_sI\cos\theta = (15\,\text{V})(4.25\,\text{mA})(0.282) = \mathbf{18.0\,mW}$$

관련 문제 그림 10-44에서 주파수가 1/2이 되었을 때 역률은 어떻게 되는가?

 CD-ROM에서 Multisim E10-15 파일을 열고 전류를 측정하여 계산값과 비교하라. 10 kHz, 5 kHz, 20 kHz에서 *R*과 *C*에 걸린 전압을 측정하고 관찰한 결과를 설명하라.

피상전력의 중요성

이미 앞에서 언급했듯이, 피상전력은 신호원과 부하 사이에 전달되는 것처럼 보이는 전력으로 두 개의 성분, 즉 유효전력과 무효전력으로 구성되어 있다.

　모든 전기 전자 시스템에서, 실제로 일을 하는 데 사용되는 전력은 유효전력뿐이다. 무효전력은 단지 신호원과 부하 사이를 왔다 갔다 할 따름이다. 모든 전력이 유용한 일을 위해서만 사용되는 이상적인 경우를 생각하면, 부하로 공급되는 전력의 전체가 유효전력이 되어야 한다(즉, 무효전력이 하나도 없어야 한다). 그러나 실제로는 부하가 리액턴스 성분을 갖고 있으므로, 유효전력뿐만 아니라 무효전력도 반드시 고려하여야 한다.

　리액턴스 성분이 있는 부하에 흐르는 전체 전류는 두 성분, 즉 저항성 전류와 리액턴스성 전류로 나누어진다. 부하의 전력 중에서 유효전력(단위는 W)을 구할 때에는, 신호원에서 부하로 흐르는 전체 전류 중 저항성 전류만을 고려하면 된다. 부하에 실제로 흐르는 전류를 정확하게 알기 위해서는 반드시 피상전력(단위는 VA)을 고려하여야 한다.

　교류 발전기와 같은 신호원은 어떤 정해진 최대값, 즉 정격 이내에서 부하에 전류를 공급할 수 있다. 만일 부하가 이 최대값보다 더 큰 전류를 신호원으로부터 뽑아내려 한다면, 신호

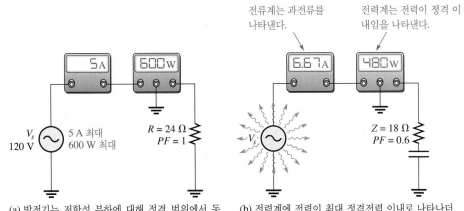

(a) 발전기는 저항성 부하에 대해 정격 범위에서 동작한다.

(b) 전력계에 전력이 최대 정격전력 이내로 나타나더라도 발전기는 과도한 전류로 인해 내부 손상의 위험이 있다.

그림 10–45

용량성 부하에 대해 전원의 정격이 부적합한 경우. 정격은 와트가 아닌 VA가 되어야 한다

원은 손상을 입고 만다. 그림 10-45(a)에 있는 120 V 발전기는 최대 5 A의 전류를 부하에 공급할 수 있다. 정격전력이 600 W인 발전기가 그림에서처럼 24 Ω의 값을 갖는 저항성 부하에 연결된 경우를 생각해 보자(즉, 역률은 1이 된다). 전류계는 5 A를 표시하고 있으며, 전력계는 600 W를 가리키고 있다. 비록 발전기를 최대 전압과 최대 전류로 동작시키고 있지만, 정격을 넘어서지는 않고 있으므로 발전기에는 아무런 문제가 없다.

이제 그림 10-45(b)와 같이, 리액턴스 성분이 포함된 부하인 경우로 임피던스 크기는 18Ω, 역률은 0.6인 경우를 생각해 보자. 그러면 회로에 흐르는 총 전류는 120 V/18 Ω = 6.67A가 되므로 발전기의 최대 전류 정격을 넘어서게 된다. 비록 전력계는 발전기의 정격전력인 600 W보다는 훨씬 작은 480 W를 가리키고 있지만, 이 과도 전류에 의해 발전기는 손상을 입고 만다. 이상의 예를 통해 살펴본 바와 같이, 교류 신호원에 대해서는 유효전력이 실제의 전력과 차이가 나게 되므로 정격전력을 유효전력으로 표시하는 것은 적절하지 못하다. 따라서 교류 발전기의 전력을 600 W와 같이 유효전력으로 표기하기보다는 실제 대부분의 제조업체에서 사용하는 것처럼 반드시 피상전력을 사용하여 600 VA와 같이 써주어야 한다.

예제 10–16 그림 10-46의 회로에서 X_C가 2 kΩ인 경우 유효전력, 무효전력, 피상전력을 구하시오.

그림 10–46

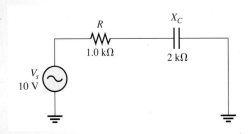

해 우선 전류를 구하기 위해 총 임피던스를 구한다.

$$Z_{tot} = \sqrt{R^2 + X_C^2} = \sqrt{(1.0\,\text{k}\Omega)^2 + (2\,\text{k}\Omega)^2} = 2.24\,\text{k}\Omega$$

$$I = \frac{V_s}{Z} = \frac{10\,\text{V}}{2.24\,\text{k}\Omega} = 4.46\,\text{mA}$$

위상각 θ를 구한다.

$$\theta = \tan^{-1}\left(\frac{X_C}{R}\right) = \tan^{-1}\left(\frac{2\,\text{k}\Omega}{1.0\,\text{k}\Omega}\right) = 63.4°$$

유효전력을 구한다.

$$P_{\text{true}} = V_s I \cos\theta = (10\,\text{V})(4.46\,\text{mA})\cos(63.4°) = \mathbf{20\ mW}$$

공식 $P_{\text{true}} = I^2 R$을 이용해도 동일한 결과를 얻는다.
무효전력을 구한다.

$$P_r = I^2 X_C = (4.46\,\text{mA})^2 (2\,\text{k}\Omega) = \mathbf{39.8\ mVAR}$$

피상전력을 구한다.

$$P_a = I^2 Z = (4.46\,\text{mA})^2 (2.24\,\text{k}\Omega) = \mathbf{44.6\ mVA}$$

피상전력은 P_{true}와 P_r의 페이저 합으로도 구할 수 있다.

$$P_a = \sqrt{P_{\text{true}}^2 + P_r^2} = 44.6\,\text{mVA}$$

관련 문제 그림 10-46에서 X_C가 10 kΩ인 경우 유효전력을 구하시오.

10-8 기본 응용

RC 회로의 응용 범위는 매우 넓으며, 때로는 복잡한 회로의 일부분으로서 사용되기도 한다. 세 가지 응용으로 위상 천이 회로망(phase shift network)(또는 이상 회로), 주파수 선택성 회로망(frequency-selective network)인 필터, 그리고 교류 결합에 대해 살펴본다.

절의 학습내용

▶ **기본적인 *RC* 응용 회로에 대해 살펴본다.**

　▶ 발진회로로 사용되는 *RC* 회로에 대해 설명하고 해석한다.

　▶ 필터로 사용되는 *RC* 회로에 대해 설명하고 해석한다.

　▶ 교류 결합회로에 대해 설명하고 해석한다.

위상 천이 발진기

직렬 *RC* 회로는 *R* 값과 *C* 값에 의해 정해지는 양만큼 출력전압의 위상을 천이시켜 준다. 이렇게 주파수에 따라 위상을 천이시켜 주는 능력은 궤환 발진회로에 있어서 필수적이다. **발진기(oscillator)**는 주기적인 파형을 생성하는 회로로 많은 전자 시스템에서 중요한 역할을 한다. 발진기에 대해서는 소자 관련 과목에서 다룰 것이므로 여기서는 위상 천이에 사용되는 *RC* 회로에 초점을 맞추도록 한다. 요구되는 성질은 발진기 출력의 일부를 적절한 위상으로 입력에 다시 넣어줌으로써(궤환, feedback) 입력을 강화하고 발진을 유지하는 것이다. 일반적으로 신호를 180° 위상 천이하여 궤환시켜 주는 것이 필요하다.

단일 *RC* 회로는 위상 천이가 90° 이내로 제한된다. 10-3절에 설명한 기본적인 *RC* 지상회로는 위상 천이 발진기(phase shift oscillator)라고 불리는 특정 회로를 보여주는 그림 10-47과 같이 복잡한 *RC* 회로망을 형성하기 위해 적층될 수 있다. 이 위상 천이 발진기는 보통 세개의 동일한 소자의 *RC* 회로를 사용하여 특정 주파수에서 180° 위상 천이가 발생하도록 해

그림 10-47

위상 천이 발진기

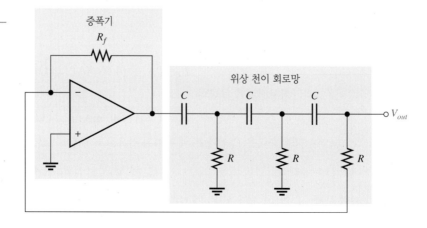

준다. 증폭기 출력은 RC 회로망을 통하여 발진을 유지하기 위해서 충분한 이득을 제공하는 증폭기 입력으로 궤환된다.

다수의 RC 회로를 조합하는 경우 부하효과(loading effect)가 발생하여 전체 위상 천이값이 개별 RC 회로의 위상 천이값의 합과 다르게 될 수 있다. 이러한 회로에 대한 자세한 계산은 지루한 페이저 연산을 필요로 하지만 결과는 단순하다. 동일한 소자를 사용한 경우 180° 위상 천이가 발생하는 주파수는 다음 식에 의해 주어진다.

$$f_r = \frac{1}{2\pi\sqrt{6}RC}$$

또한 RC 회로망은 증폭기에서 나온 신호를 29만큼 감쇠시킨다(줄여준다). 따라서 증폭기는 이러한 감쇠에 대하여 −29만큼 보충해 주어야 한다(여기서 음의 부호는 위상 천이 부분을 고려한 것이다).

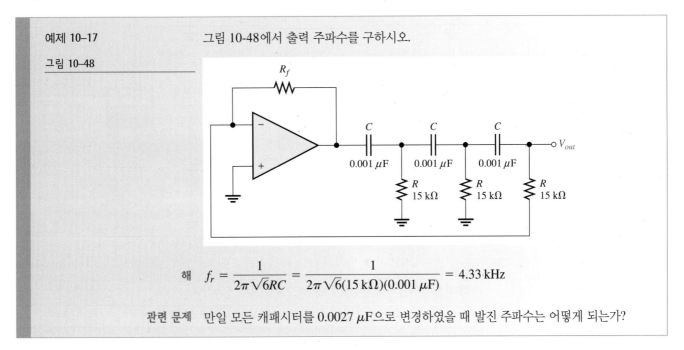

예제 10–17

그림 10–48

그림 10-48에서 출력 주파수를 구하시오.

해 $f_r = \dfrac{1}{2\pi\sqrt{6}RC} = \dfrac{1}{2\pi\sqrt{6}(15\ \text{k}\Omega)(0.001\ \mu\text{F})} = 4.33\ \text{kHz}$

관련 문제 만일 모든 캐패시터를 0.0027 μF으로 변경하였을 때 발진 주파수는 어떻게 되는가?

필터로서의 RC 회로

주파수 선택성 회로(필터)란 특정 범위의 주파수를 갖는 신호 입력은 출력 쪽으로 잘 통과시키고, 이를 제외한 나머지 범위의 주파수를 갖는 신호는 통과되지 못하도록 막아주는 회로를 말한다. 즉, 특정 범위의 주파수를 제외한 나머지 주파수를 갖는 신호는 필터에 의해 걸러져서 출력에 나타나지 않게 된다.

직렬 RC 회로도 주파수 선택성을 나타내는데 이 RC 필터에는 두 가지 종류가 있다. 이 중하나는 **저역통과 필터(low-pass filter)**로, 지상회로의 경우와 같이 직렬 RC 회로에서 캐패시터 양단 전압을 출력으로 취한 것이다. 다른 하나는 **고역통과 필터(high-pass filter)**이며, 이 경우에는 진상회로와 같이 저항 양단 전압이 출력이 된다. 실제 응용에서 RC 회로는 연산증폭기와 함께 사용되어 수동 RC 필터보다 더 효과적인 능동 필터를 구성하는 데 사용된다.

저역통과 필터 특성 지상회로에서의 출력의 크기와 위상각에 대해서는 앞에서 이미 살펴보았다. 직렬 RC 회로에서 필터의 동작에 있어서 출력신호의 크기가 입력신호의 주파수에 따라 어떻게 변화하는지가 중요하다.

그림 10-49는 필터의 기능을 하는 직렬 RC 회로의 동작을 이해할 수 있도록 100 Hz에서 시작하여 20 kHz까지 증가하는 주파수에 대해 해당 출력을 각각 구해 본 것이다. 그림에서 보는 바와 같이 용량성 리액턴스는 주파수가 증가함에 따라 감소하므로 입력전압이 각 단계마다 10 V 상수로 고정되어 있더라도 캐패시터 양단에 걸린 전압은 감소하게 된다. 주파수에 따른 회로 변수의 변화를 표 10-1에 요약하였다.

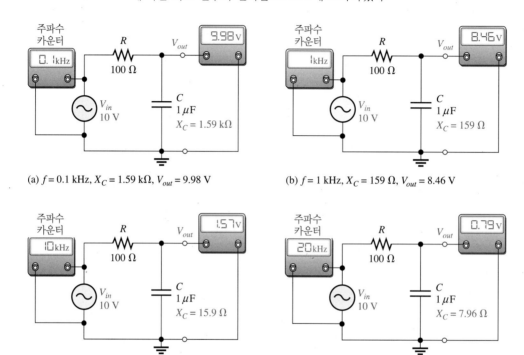

(a) f = 0.1 kHz, X_C = 1.59 kΩ, V_{out} = 9.98 V
(b) f = 1 kHz, X_C = 159 Ω, V_{out} = 8.46 V
(c) f = 10 kHz, X_C = 15.9 Ω, V_{out} = 1.57 V
(d) f = 20 kHz, X_C = 7.96 Ω, V_{out} = 0.79 V

그림 10-49

저역통과 필터 동작의 예. 주파수가 증가하면 출력전압은 감소한다.

표 10-1

f (kHz)	X_C (Ω)	Z_{tot} (Ω)	I (mA)	V_{out} (V)
0.1	1,590	≈1,590	≈6.29	9.98
1	159	188	53.2	8.46
10	15.9	101	99.0	1.57
20	7.96	≈100	≈100	0.79

그림 10-49의 저역통과 RC 회로에 대한 **주파수 응답(frequency response)**은 주파수 f와 출력전압 V_{out}과의 관계를 표시한 것으로 그래프로 나타내면 그림 10-50과 같은 형태가 된다. 이 응답곡선을 보면 낮은 주파수에서 전압이 더 크며 주파수가 증가함에 따라 출력이 감소하는 것을 알 수 있다. 주파수는 로그 스케일로 표시한다.

고역통과 필터 특성 RC 고역통과 필터 동작을 보여주기 위하여 그림 10-51에 일련의 측정 예를 나타내었다. 주파수는 10 Hz에서 시작하여 10 kHz까지 단계적으로 증가시켜 주었다. 그림에서 보는 바와 같이 용량성 리액턴스는 주파수가 증가함에 따라 감소하므로 입력전압에 대하여 저항 양단에 걸리는 전압은 증가하게 된다. 주파수에 따른 회로 변수의 변화를 요약하여 표 10-2에 나타내었다.

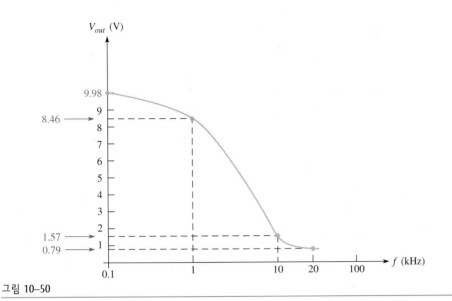

그림 10-50

그림 10-49의 저역통과 *RC* 회로의 주파수 응답곡선

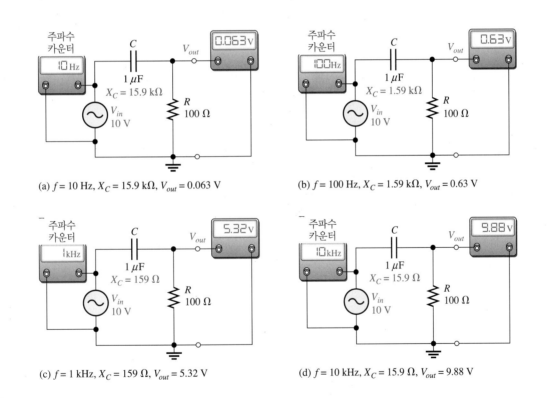

(a) $f = 10$ Hz, $X_C = 15.9$ kΩ, $V_{out} = 0.063$ V

(b) $f = 100$ Hz, $X_C = 1.59$ kΩ, $V_{out} = 0.63$ V

(c) $f = 1$ kHz, $X_C = 159$ Ω, $V_{out} = 5.32$ V

(d) $f = 10$ kHz, $X_C = 15.9$ Ω, $V_{out} = 9.88$ V

그림 10-51

고역통과 필터 동작의 예. 주파수가 증가하면 출력전압은 증가한다

표 10-2

f (kHz)	X_C (Ω)	Z_{tot} (Ω)	I (mA)	V_{out} (V)
0.01	15,900	≈15,900	0.629	0.063
0.1	1,590	1,593	6.28	0.63
1	159	188	53.2	5.32
10	15.9	101	98.8	9.88

그림 10–52

그림 10-51의 고역통과 RC 회로의 주파수 응답곡선

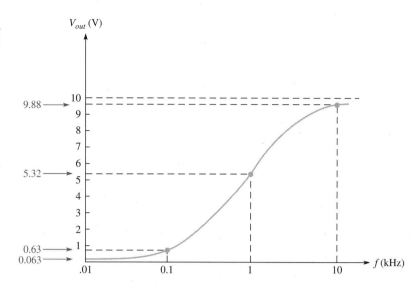

그림 10-51의 고역통과 필터 회로에 대한 주파수 응답곡선(frequency response curve)을 그려보면 그림 10-52와 같은 형태가 된다. 이 응답곡선으로부터 높은 주파수에서 출력전압이 더 크며 주파수가 감소하면 출력전압도 감소함을 볼 수 있다. 주파수의 단위는 로그 스케일이다.

RC 회로의 차단 주파수와 대역폭 저역통과 또는 고역통과 필터 회로에서 저항값과 리액턴스값이 같아지는 주파수를 **차단 주파수(cutoff frequency)**라고 하며 f_c로 표시한다. 즉, 차단 주파수 f_c는 $1/(2\pi f_c C) = R$의 조건에서 다음 식과 같이 표현된다.

$$f_c = \frac{1}{2\pi RC} \tag{10-31}$$

차단 주파수 f_c에서, 필터의 출력전압은 최대값의 70.7%가 된다. 통상적으로 회로의 특성을 말할 때, 차단 주파수를 입력신호를 통과시키거나 차단시키는 경계로 생각한다. 예를 들어, 고역통과 필터에서는 f_c 이상의 주파수는 필터에 의해 통과되고, f_c 이하의 주파수는 차단되는 것으로 생각한다. 저역통과 필터의 경우는 그 반대이다.

회로에 의해 입력에서 출력으로 통과되는 주파수의 범위를 **대역폭(BW : bandwidth)**이라고 한다. 그림 10-53에 저역통과 필터의 대역폭과 차단 주파수를 나타내었다.

그림 10–53

차단 주파수와 대역폭을 보여주는 저역통과 필터 회로의 정규화된 일반 응답곡선

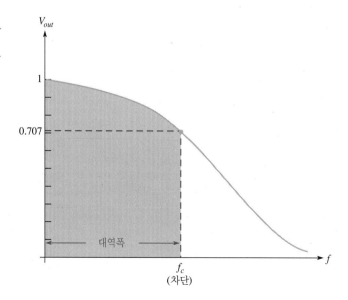

교류 신호를 직류 바이어스 회로에 결합시켜 주는 방법

그림 10-54의 *RC* 회로는 교류 전압에 직류 전압을 더해 주기 위한 목적으로 사용되고 있다. 이러한 형태의 회로는 증폭기 회로에서 많이 사용된다. 여기서 직류 전압은 증폭기의 동작점이 적절한 위치에 놓이도록 하며, 캐패시터를 통과하는 교류 전압은 이 직류 바이어스 전압에 더해진 다음 증폭기에서 증폭된다. 캐패시터는 교류 신호원의 작은 내부 저항값으로 인해 직류 바이어스 전압이 영향을 받지 않도록 하는 역할을 하고 있다.

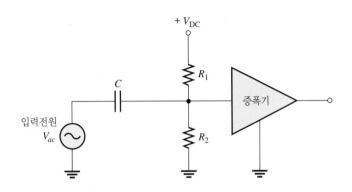

그림 10–54

증폭기 바이어스와 신호 결합회로

이 경우, 캐패시턴스값이 큰 캐패시터를 선택하는 것이 바람직하다. 이것은 입력 교류 신호가 갖는 전체 주파수 범위에 대해서 캐패시터가 갖는 용량성 리액턴스값을 바이어스 회로의 저항값에 비해 아주 작게 하기 위한 것이다. 리액턴스값이 아주 작은 값(이상적으로는 0의 값)을 가져야 교류 신호가 캐패시터를 통과할 때, 전압 강하나 위상 변화가 거의 일어나지 않기 때문이다. 이 경우, 교류 신호전압은 전부 증폭기의 입력에 도달할 수 있다.

그림 10-55를 보면 중첩의 정리를 사용하여 그림 10-54 회로의 동작을 해석하고 있다. 그림 10-55(a)에서는 회로에 직류 전압만이 존재하는 경우에 대한 해석을 위해, 교류 신호원을 단락시켜 회로에서 제거한다. *C*는 직류에 대해서 개방된 것으로 볼 수 있으므로 점 *A*의 전압은 전압분배 법칙에 의해 R_1, R_2와 직류 전압원에 의해 결정된다.

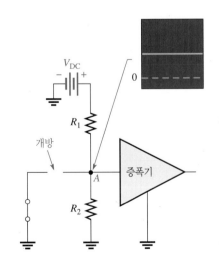

(a) 직류 등가회로 : 교류 전압은 단락으로 바뀐다. *C*는 직류에 개방되어 있고 R_1과 R_2는 직류 전압 분배기로 동작한다.

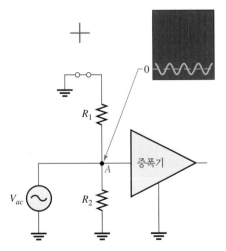

(b) 교류 등가회로 : 직류 전압은 단락으로 바뀐다. *C*는 교류에 단락되어 있고 모든 V_{ac}는 점 *A*에 결합된다.

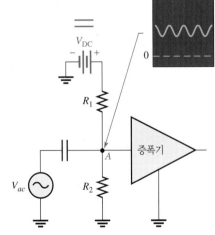

(c) 직류 + 교류 : 전압은 점 *A*에서 중첩된다.

그림 10–55

RC 바이어스 및 결합회로에서 직류와 교류 전압의 중첩

그림 10-55(b)는 교류 신호원만 존재할 때의 해석으로, 직류 전원 역시 이상적인 내부 저항을 나타내기 위해 단락시켜 제거한다. C는 교류 신호에 대해서는 단락 도선으로 바꿀 수 있으므로 점 A의 전압은 교류 신호원의 전압과 같으며 R_1과 R_2의 병렬 조합에 나타난다. 그림 10-55(c)는 직류와 교류의 전압이 중첩의 결과로 직류 전압값에 교류 신호전압이 올라간 효과를 보여준다.

10-8 복습문제	1. 위상 천이 발진기에서 *RC* 회로는 몇 도의 전체 위상 천이를 제공하여야 하는가?
	2. 직렬 *RC* 회로에서 저역통과 특성을 얻기 위해 어떤 소자에서 출력전압을 취하여야 하는가?

10–9 고장진단

이 절에서는 *R*, *C*와 같은 수동 소자에서 일반적으로 발생하는 고장 또는 성능 저하(degradation)의 종류와 이들이 *RC* 회로의 동작에 미치는 영향에 대해 알아본다. 고장진단에서 APM(분석, 계획, 측정) 기법은 회로에서 고장 부분을 찾는 데 사용된다.

절의 학습내용

▶ **RC 회로의 고장을 진단한다.**

    ▶ 개방된 저항의 고장을 진단한다.

    ▶ 개방된 캐패시터의 고장을 진단한다.

    ▶ 단락된 캐패시터의 고장을 진단한다.

    ▶ 누설전류가 흐르는 캐패시터의 고장을 진단한다.

개방된 저항의 영향 그림 10-56과 같이, 개방된 저항이 회로의 동작에 미치는 영향에 대해서는 쉽게 알 수 있다. 저항이 끊어져 있으므로 전류가 흐를 수 있는 경로가 없다. 따라서 캐패시터의 전압은 0 V에서 변하지 않으며, 총 전압 V_s는 모두 저항 양단에 나타나게 된다.

개방된 캐패시터의 영향 캐패시터가 개방된 경우도 마찬가지로 회로에 전류가 흐를 수 없게 된다. 따라서 저항 양단의 전압은 0 V에서 변하지 않고, 그림 10-57과 같이 전원전압 V_s는 전부 개방된 캐패시터 양단에 나타나게 된다.

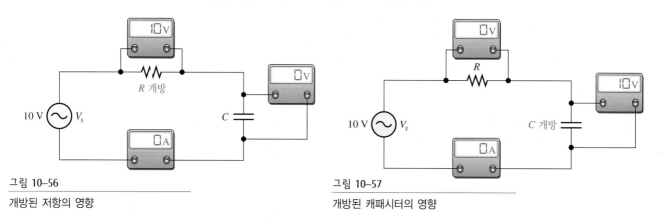

그림 10–56
개방된 저항의 영향

그림 10–57
개방된 캐패시터의 영향

단락된 캐패시터의 영향 단락된 캐패시터 양단의 전압은 당연히 0 V가 된다. 따라서 총 전류는 V_s/R이 되며, 총 전압 V_s는 그림 10-58과 같이 전부 저항 양단에 나타나게 된다.

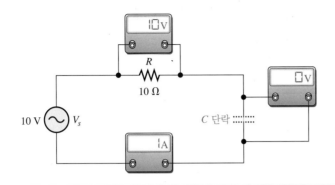

그림 10-58

단락된 캐패시터의 영향

누설전류가 흐르는 캐패시터의 영향 단자를 통해 큰 누설전류가 흐르는 캐패시터는 그림 10-59(a)와 같이 이상적인 (정상적인) 캐패시터와 누설저항 R_{leak}가 병렬로 연결된 형태의 등가회로로 표시할 수 있다. 이 누설저항의 값이 회로의 저항 R의 크기와 비슷한 정도가 된다면 회로의 응답에 큰 영향을 미치게 된다. 이 영향을 알아보기 위해 그림 10-59(b)와 같이 회로를 캐패시터에서 전원 쪽을 바라보았을 때의 테브난 등가회로로 변환한다. 여기서, 테브난 등가저항 R_{th}는 R과 R_{leak}의 병렬 합성저항이 되며(즉, 전원을 단락시킨 상태에서 캐패시터로부터 왼쪽을 바라본 저항값이 된다), 테브난 등가전압 V_{th}는 R_{leak} 양단의 전압이 되므로, 전압 분배 법칙에 의해 다음 식으로 표시된다.

$$R_{th} = R \| R_{leak} = \frac{R R_{leak}}{R + R_{leak}}$$

$$V_{th} = \left(\frac{R_{leak}}{R + R_{leak}} \right) V_{in}$$

식에서 보는 바와 같이 $V_{th} < V_{in}$이므로, 캐패시터에 충전되는 전압의 크기는 감소하게 되고 전류는 반대로 증가한다. 그림 10-59(c)에 테브난 등가회로를 나타내었다.

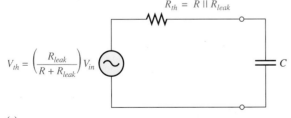

(a)

(b)

(c)

그림 10-59

누설전류가 흐르는 캐패시터의 영향

예제 10–18

그림 10-60의 캐패시터가 성능이 저하되어 누설저항이 10 kΩ이 되었다고 하자. 이 조건에서 입출력 간의 위상차와 출력전압을 구하시오.

그림 10–60

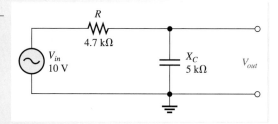

해 등가회로 저항을 구하면 다음과 같다.

$$R_{th} = \frac{RR_{leak}}{R + R_{leak}} = \frac{(4.7 \text{ k}\Omega)(10 \text{ k}\Omega)}{14.7 \text{ k}\Omega} = 3.2 \text{ k}\Omega$$

지상값을 구하면 다음과 같다.

$$\phi = 90° - \tan^{-1}\left(\frac{X_C}{R_{th}}\right) = 90° - \tan^{-1}\left(\frac{5 \text{ k}\Omega}{3.2 \text{ k}\Omega}\right) = \mathbf{32.6°}$$

출력전압을 구하기 위해 먼저 테브난 등가전압을 구한다.

$$V_{th} = \left(\frac{R_{leak}}{R + R_{leak}}\right) V_{in} = \left(\frac{10 \text{ k}\Omega}{14.7 \text{ k}\Omega}\right) 10 \text{ V} = 6.80 \text{ V}$$

$$V_{out} = \left(\frac{X_C}{\sqrt{R_{th}^2 + X_C^2}}\right) V_{th} = \left(\frac{5 \text{ k}\Omega}{\sqrt{(3.2 \text{ k}\Omega)^2 + (5 \text{ k}\Omega)^2}}\right) 6.8 \text{ V} = \mathbf{5.73 \text{ V}}$$

관련 문제 캐패시터에 누설이 없는 경우 출력전압은 어떻게 되는가?

그 밖에 고장진단시 고려할 사항들

대부분의 경우 회로의 고장은 결함 있는 부품이 원인이 아니다. 느슨한 배선, 부실한 접점, 납땜 불량 등은 개방회로의 원인이 된다. 단락은 배선의 겹침이나 납의 넘침 등에 의해 발생한다. 전원 공급장치나 파형 발생기에 연결하지 않을 만큼 간단한 경우가 생각보다 많이 있다. 회로에서 잘못된 값의 소자 사용(맞지 않은 저항값과 같은), 잘못된 주파수로 함수 발생기를 설정하는 것, 혹은 출력을 잘못 연결하는 것이 부적절한 동작의 원인이 된다.

회로에 문제가 있는 경우 기기가 회로와 전원 출력에 제대로 연결되었는지 항상 확인하여야 한다. 또한 접점이 깨졌거나 느슨한지, 커넥터는 제대로 끼워져 있는지, 도선 조각이나 납으로 인한 단락이 없는지와 같이 분명한 상태들을 확인하여야 한다.

중요한 점은 회로가 제대로 동작하지 않을 때에는 소자의 불량뿐만 아니라 모든 가능성에 대해 고려하여야 한다는 것이다. 다음 예제는 간단한 회로에 대해 APM(분석, 계획, 측정) 기법을 적용한 예를 보여준다.

예제 10–19

그림 10-61의 회로도로 표시되는 회로는 캐패시터 양단 전압에 해당하는 출력전압이 7.4 V의 출력이 나와야 하는데 나오지 않고 있다. 회로가 프로토보드에 구성되어 있을 때 고장진단 기법을 사용하여 문제점을 찾으시오.

그림 10–61

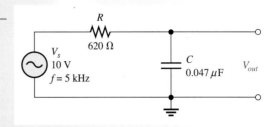

해 APM 기법을 적용하여 고장진단을 해보자.

분석(analysis) : 회로의 출력이 나오지 않는 가능한 원인을 생각해 보자.

1. 입력 전원전압이 없다. 혹은 주파수가 너무 높아서 용량성 리액턴스가 거의 0에 가깝다.

2. 출력단에 단락이 있다. 캐패시터 내부가 단락되었거나 물리적인 단락이 있을 수 있다.

3. 전원과 출력 사이에 개방된 부분이 있다. 이로 인해 전류가 흐르지 않아서 출력전압이 0이 된다. 저항이 개방되었거나 연결 배선의 끊어짐, 느슨함, 혹은 프로토보드 접점의 결함으로 도전 경로가 개방되어 있다.

4. 소자값이 잘못되어 있다. 저항이 너무 커서 전류와 출력전압이 무시할 만큼 작게 된다. 캐패시터가 너무 커서 입력 주파수에 대해 리액턴스가 0에 가깝다.

계획(planning) : 함수 발생기의 전원 코드가 빠져 있거나 주파수 설정이 제대로 되었는지 육안 검사를 한다. 또한 끊어진 단자나 단락된 단자, 잘못된 저항색 코드값 혹은 캐패시터 라벨값 등은 육안으로 발견할 수 있다. 육안 검사상에 문제가 없다면 고장의 원인을 추적하기 위해 전압 측정에 들어간다. 측정을 위해 오실로스코프나 DMM(디지털 멀티미터)을 사용한다.

측정(measurement) : 함수 발생기에 전원에 잘 연결되어 있고 주파수 설정이 맞는 것을 확인하였다. 또한 육안 검사를 통하여 눈에 보이는 단락이나 개방이 없고 소자값들이 맞게 되어 있음을 확인하였다.

측정과정에서 1단계는 전원전압을 스코프로 확인하는 것이다. 10 V 실효값에 5 kHz 정현파가 그림 10-62(a)와 같이 회로 입력에서 관찰되었다고 하자. 올바른 전압이 나타나므로 첫 번째 가능성은 제거할 수 있다. 이제 캐패시터의 단락을 점검하기 위해 전원을 제거하고 DMM(저항계로 설정)으로 캐패시터 양단을 측정한다. 캐패시터에 문제가 없으면 짧은 충전시간 이후에 개방을 나타내는 OL(과부하, overload) 표시가 멀티미터 화면에 나타난다. 캐패시터 점검 결과 그림 10-62(b)와 같이 양호로 나온다면 두 번째 가능성도 배제할 수 있다.

전압이 입력과 출력 사이의 어딘가에서 '사라진' 것이므로 전압을 찾아보아야 한다. 전원을 다시 연결하고 저항 양단의 전압을 DMM(전압계로 설정)으로 측정한다. 저항 양단의 전압이 0이라면 이것은 전류가 흐르지 않음을 의미하는 것으로 회로 어딘가가 개방되어 있음을 의미한다.

이제 전압을 찾아 전원 쪽으로 거꾸로 찾아가 보자(전원에서부터 앞으로 진행할 수도 있다). 스코프나 DMM을 사용할 수 있지만 멀티미터를 사용하여 한쪽은 기준 전위(접지)에 연결하고 다른 한쪽은 회로를 점검하는 곳에 연결한다. 그림 10-62(c)에 나타난 바와 같이 저항의 오른쪽 단자, ①번 지점의 전압은 0으로 나타났다. 저항 양단의 전압이 0임을 이미 측정하였으므로 저항의 왼쪽 단자, ②번 지점의 전압 역시 멀티미터에 나타난 것처

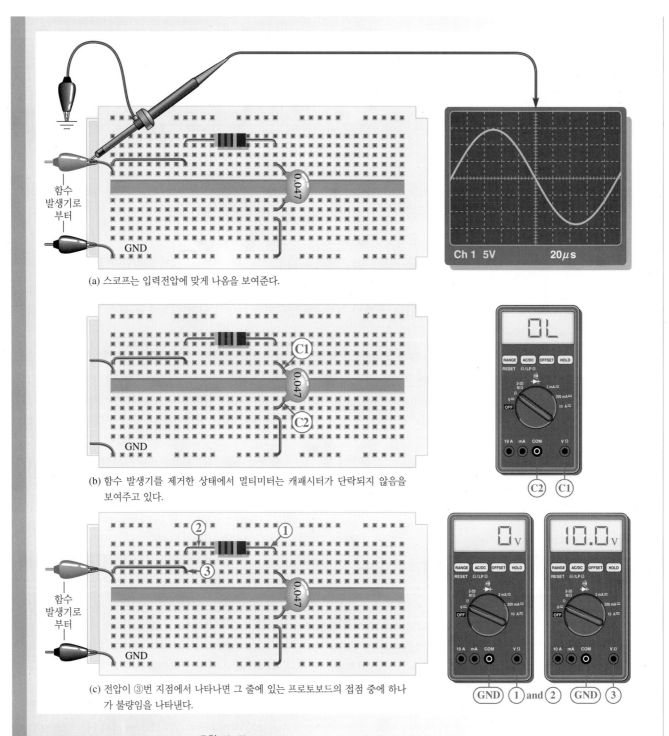

(a) 스코프는 입력전압에 맞게 나옴을 보여준다.

(b) 함수 발생기를 제거한 상태에서 멀티미터는 캐패시터가 단락되지 않음을
보여주고 있다.

(c) 전압이 ③번 지점에서 나타나면 그 줄에 있는 프로토보드의 접점 중에 하나
가 불량임을 나타낸다.

그림 10–62

럼 0이 된다. 이제 멀티미터 프로브를 ③번 지점으로 옮겼더니 10 V가 나왔다. 이제 전압
이 나왔다! 저항의 왼쪽 단자가 0 V로 나왔고 ③번 지점에서 10 V가 나왔으므로 프로토
보드에서 도선이 삽입하는 두 홀 중에 하나가 불량이다. 작은 접점이 너무 눌러서 휘거나
부러져서 회로의 단자가 접속되지 않는 경우 이런 일이 벌어질 수 있다.

저항단자와 도선을 전부 혹은 하나만 같은 줄의 다른 홀로 옮겨본다. 저항단자를 위와 같이 다른 홀로 옮겼을 때 회로 출력(캐패시터 양단)에 전압이 나왔다고 하자.

관련 문제　캐패시터를 점검하기 전에 저항 양단을 측정하였더니 10 V가 나왔다. 이것은 무엇을 의미하는가?

10–9 복습문제

1. 누설전류가 있는 캐패시터가 있는 경우 *RC* 회로 응답이 어떻게 되는지 설명하시오.
2. 직렬 *RC* 회로에서 인가된 전압이 전부 캐패시터에 나온다면 무엇이 문제인가?
3. 직렬 *RC* 회로에서 캐패시터 양단에 0 V가 나온다면 무엇이 문제인가?

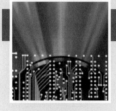

응용 과제
지식을 실무로 활용하기

9장에서 전압 분배기 바이어스를 사용한 증폭기 입력에 캐패시터를 결합한 경우를 살펴보았다. 여기에서는 비슷한 증폭기 입력회로에서 입력신호의 주파수에 따라 전압이 어떻게 바뀌는지 살펴본다. 만일 캐패시터 양단에 전압이 과도하게 떨어지면 증폭기 전체의 성능도 역으로 영향을 받는다. 이 과제를 위해 증폭기 회로의 세부 동작을 잘 알 필요는 없지만 응용 과제를 볼 필요가 있다(진행하기 전에 9장을 보라).

9장에서 배운 바와 같이 그림 10-63의 결합 캐패시터(C_1)는 저항성 전압 분배기(R_1과 R_2)로 생성한 Ⓑ지점의 직류 전압에 영향을 주지 않으면서 입력신호 전압을 증폭기 입력에 넘겨준다(Ⓐ지점에서 Ⓑ지점으로). 만일 입력 주파수가 충분히 높아서 결합 캐패시터의 리액턴스가 무시할 만한 수준이 되면 교류 신호 가운데 캐패시터에서 전압이 강하되는 부분이 없게 된다. 신호 주파수가 감소하면 용량성 리액턴스는 증가하며 신호전압이 캐패시터 양단에서 강하되는 양도 증가한다. 이로 인하여 증폭기 출력전압이 줄어들게 된다.

전원 입력(Ⓐ지점)에서 증폭기 입력(Ⓑ지점)으로 결합되는 신호전압의 양은 그림 10-63의 캐패시터값과 직류 바이어스 저항(증폭기의 부하효과가 없다고 가정한다)에 의해 결정된다. 이들 소자들은 그림 10-64에 나타난 바와 같이 사실상 고역통과 *RC* 필터를 형성한다. 전압 분배기 바이어스 저항은 교류 전원에 관해서는 서로 병렬로 연결되어 있다. 그림 10-64(a)와 같이 R_2의 하단은 접지에, R_1의 상단은 직류 전원전압에 연결되

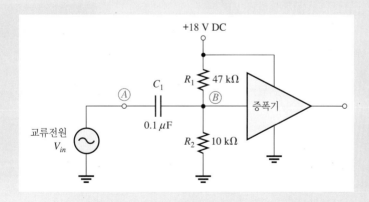

그림 10-63

캐패시터로 결합된 증폭기

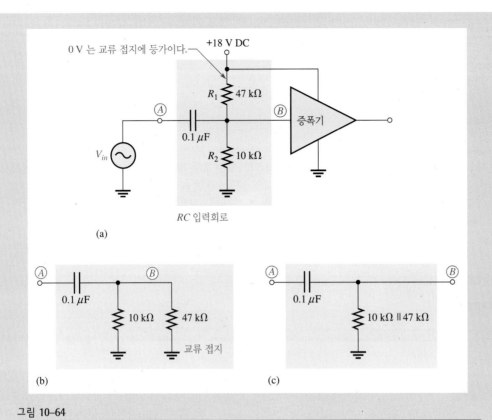

그림 10–64

캐패시터로 결합된 증폭기

어 있다. +18 V 직류 단자에는 교류 성분이 없으므로 R_1의 상단은 교류 접지라고 할 수 있는 교류 0 V에 연결되어 있다. 이 회로를 동일한 고역통과 필터로 변환하는 과정을 그림 10-64(b)와 그림 10-64(c)에 나타내었다.

1단계 : 증폭기 입력회로에 대해 평가하기

입력회로의 등가저항값을 구한다. 증폭기(그림 10-65의 점선으로 표시한 내부)는 입력회로에 부하효과를 주지 않는다고 가정한다.

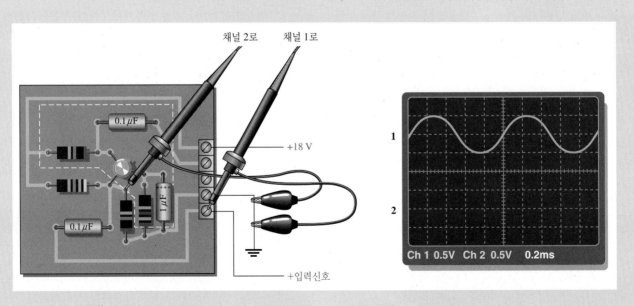

그림 10–65

주파수 f_1에서 입력회로 응답의 측정. 채널 1 파형을 나타내었다

2단계 : 주파수 f_1에 대한 응답 측정하기

그림 10-65를 보면 입력신호 전압은 증폭기 회로기판에 인가되어 오실로스코프의 채널 1에 나타내었으며 채널 2는 회로기판의 한 점에 연결되어 있다. 채널 2 프로브를 회로의 어느 지점에 연결할지, 그리고 표시할 주파수와 전압을 정한다.

3단계 : 주파수 f_2에 대한 응답 측정하기

그림 10-65의 회로기판과 그림 10-66을 참조하라. 오실로스코프의 채널 1에 나타난 입력신호 전압은 증폭기 회로기판으로 인가된다. 채널 2에 나타날 주파수와 전압을 결정한다.

2단계와 3단계에서 결정된 채널 2 파형 간의 차이를 말하고 그 이유를 설명한다.

4단계 : 주파수 f_3에 대한 응답 측정하기

그림 10-65의 회로기판과 그림 10-67을 참조하라. 오실로스코프의 채널 1에 나타난 입력신호 전압은 증폭기 회로기판으로 인가된다. 채널 2에 나타날 주파수와 전압을 결정한다.

3단계와 4단계에서 결정된 채널 2 파형 간의 차이를 말하고 그 이유를 설명한다.

5단계 : 응답곡선 그리기

그림 10-63의 ⑧지점에서 신호전압이 최대값의 70.7%가 되는 주파수를 결정한다. 이 전압값과 주파수 f_1, f_3, f_3에서의 전압값을 사용하여 응답곡선을 그린다. 입력회로가 고역통과 필터

로서 동작하려면 이 곡선이 어떻게 되어야 하는가? 직류 바이어스 전압에 영향을 주지 않으면서 전압이 최대값의 70.7%가 되는 주파수를 낮추기 위해서는 어떤 것을 할 수 있을까?

Multisim 해석

Multisim을 사용하여 그림 10-46(b)의 등가회로를 연결한다.

1. 그림 10-65에 나타난 것과 동일한 주파수와 진폭의 입력신호 전압을 인가한다. ⑧지점의 전압을 측정하고 2단계의 결과와 비교한다.

2. 그림 10-66에 나타난 것과 동일한 주파수와 진폭의 입력신호 전압을 인가한다. ⑧지점의 전압을 측정하고 3단계의 결과와 비교한다.

3. 그림 10-67에 나타난 것과 동일한 주파수와 진폭의 입력신호 전압을 인가한다. ⑧지점의 전압을 측정하고 4단계의 결과와 비교한다.

복습문제

1. 결합 캐패시터의 값을 줄여주면 증폭기 입력회로의 응답은 어떻게 되는지 설명하시오.

2. 교류 입력신호의 실효값이 10 mV이고 결합 캐패시터가 개방되었을 때 그림 10-63의 ⑧지점에서 전압은 어떻게 되는가?

3. 교류 입력신호의 실효값이 10 mV이고 R_1이 개방되었을 때 그림 10-63의 ⑧지점에서 전압은 어떻게 되는가?

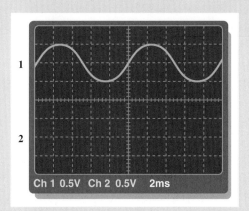

그림 10–66

주파수 f_2에서 입력회로 응답을 측정. 채널 1 파형을 나타내었다

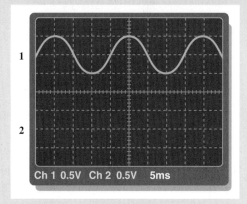

그림 10–67

주파수 f_3에서 입력회로 응답을 측정. 채널 1 파형을 나타내었다

요 약

▶ RC 회로에 정현파 전압이 인가되었을 때, 회로에 흐르는 전류와 회로의 각 소자에서 발생하는 전압도 모두 정현파가 된다.

▶ RC 회로에 흐르는 전체 전류는 전원전압보다 위상이 언제나 앞선다.

▶ 저항을 통해 흐르는 전류와 그 저항 양단 전압의 위상은 언제나 같다.

▶ 캐패시터 양단의 전압은 그 캐패시터를 통해 흐르는 전류보다 언제나 90°만큼 뒤진다.

▶ *RC* 회로의 임피던스는 저항과 용량성 리액턴스의 페이저 합으로 구한다.

▶ 임피던스의 단위는 옴(Ω)이다.

▶ 회로의 위상각은 회로 전체의 전류와 전원전압 사이의 각도이다.

▶ 직렬 *RC* 회로의 임피던스 크기는 주파수에 반비례한다.

▶ 직렬 *RC* 회로의 위상각(θ)은 주파수에 반비례한다.

▶ *RC* 지상회로에서 출력전압은 입력전압보다 뒤진 위상을 갖는다.

▶ *RC* 진상회로에서 출력전압은 입력전압보다 앞선 위상을 갖는다.

▶ 주어진 주파수에 대해, 모든 병렬 *RC* 회로는 자신과 등가인 직렬 *RC* 회로로 변환될 수 있다.

▶ 회로의 임피던스는 회로의 전체 전류와 전원전압을 측정한 다음, 옴의 법칙을 적용하면 구할 수 있다.

▶ *RC* 회로에서 전체 전력은 저항에서의 유효전력과 캐패시터에서의 무효전력으로 나누어진다.

▶ 유효전력과 무효전력의 페이저 합을 피상전력이라고 한다.

▶ 피상전력의 단위는 VA(volt-ampere)이다.

▶ 역률(power factor : *PF*)은 피상전력 중에서 유효전력이 차지하는 비율을 나타낸다.

▶ 저항 성분만을 갖는 회로의 역률은 1이며, 리액턴스 성분만을 갖는 회로의 역률은 0이다.

▶ 주파수 선택성을 갖는 회로에서 특정 범위의 주파수는 출력으로 통과되며, 그 범위 이외의 모든 주파수는 차단된다.

핵심 용어

이 장에서 제시된 핵심 용어는 책 끝부분의 용어집에 정의되어 있다.

대역폭(bandwidth) : 필터에 의해 통과되는 주파수 범위

어드미턴스(admittance : *Y*) : 리액턴스 성분을 갖는 회로에서 얼마나 전류가 잘 흐를 수 있는가를 나타내는 양으로 임피던스의 역수. 단위는 지멘스(S)

역률(power factor : *PF*) : 피상전력과 유효전력 사이의 관계를 표시하는 용어로, 피상전력에 역률을 곱하면 유효전력이 된다.

용량성 서셉턴스(capacitive susceptance : *B_c*) : 캐패시터에 얼마나 전류가 잘 흐를 수 있는가를 나타내는 양으로 용량성 리액턴스의 역수. 단위는 지멘스(S)

위상각(phase angle) : 리액티브 회로에서 전원전압과 전체 전류 사이의 각도

임피던스(impedance : *Z*) : 정현파 전류가 흐르는 것을 방해하는 성질의 정도를 표시하는 양. 단위는 옴(Ω)

주파수 응답(frequency response) : 전자회로에서, 특정 범위의 주파수에 따른 출력전압(전류)의 변화를 표시한 것

차단 주파수(cutoff frequency) : 출력전압이 최대 출력전압의 70.7%가 되는 주파수

피상전력(apparent power : *P_a*) : 저항에서의 전력(유효전력)과 리액턴스 소자에서의 전력(무효전력)의 페이저 합으로 표시되는 전력. 단위는 볼트-암페어(VA).

주요 공식

(10-1) $Z = \sqrt{R^2 + X_C^2}$ 직렬 *RC* 임피던스

(10-2) $\theta = \tan^{-1}\left(\dfrac{X_C}{R}\right)$ 직렬 *RC* 위상각

(10-3) $V = IZ$ 옴의 법칙

(10-4) $I = \dfrac{V}{Z}$ 옴의 법칙

(10-5) $\quad Z = \dfrac{V}{I}$ $\qquad$ 옴의 법칙

(10-6) $\quad V_s = \sqrt{V_R^2 + V_C^2}$ $\qquad$ 직렬 RC 회로의 전체 전압

(10-7) $\quad \theta = \tan^{-1}\!\left(\dfrac{V_C}{V_R}\right)$ $\qquad$ 직렬 RC 회로의 위상각

(10-8) $\quad \phi = 90° - \tan^{-1}\!\left(\dfrac{X_C}{R}\right)$ $\qquad$ 지상회로의 위상각

(10-9) $\quad V_{out} = \left(\dfrac{X_C}{\sqrt{R^2 + X_C^2}}\right) V_{in}$ $\qquad$ 지상회로의 출력전압

(10-10) $\quad \phi = \tan^{-1}\!\left(\dfrac{X_C}{R}\right)$ $\qquad$ 진상회로의 위상각

(10-11) $\quad V_{out} = \left(\dfrac{R}{\sqrt{R^2 + X_C^2}}\right) V_{in}$ $\qquad$ 진상회로의 출력전압

(10-12) $\quad Z = \dfrac{RX_C}{\sqrt{R^2 + X_C^2}}$ $\qquad$ 병렬 RC 회로의 임피던스

(10-13) $\quad \theta = \tan^{-1}\!\left(\dfrac{R}{X_C}\right)$ $\qquad$ 병렬 RC 회로의 위상각

(10-14) $\quad G = \dfrac{1}{R}$ $\qquad$ 컨덕턴스

(10-15) $\quad B_C = \dfrac{1}{X_C}$ $\qquad$ 용량성 서셉턴스

(10-16) $\quad Y = \dfrac{1}{Z}$ $\qquad$ 어드미턴스

(10-17) $\quad Y_{tot} = \sqrt{G^2 + B_C^2}$ $\qquad$ 전체 어드미턴스

(10-18) $\quad V = \dfrac{1}{Y}$ $\qquad$ 옴의 법칙

(10-19) $\quad I = VY$ $\qquad$ 옴의 법칙

(10-20) $\quad Y = \dfrac{I}{V}$ $\qquad$ 옴의 법칙

(10-21) $\quad I_{tot} = \sqrt{I_R^2 + I_C^2}$ $\qquad$ 병렬 RC 회로의 전체 전류

(10-22) $\quad \theta = \left(\dfrac{I_C}{I_R}\right)$ $\qquad$ 병렬 RC 회로의 위상각

(10-23) $\quad R_{eq} = Z \cos\theta$ $\qquad$ 등가 직렬 저항

(10-24) $\quad X_{C(eq)} = Z \sin\theta$ $\qquad$ 등가 직렬 리액턴스

(10-25) $\quad \theta = \left(\dfrac{\Delta t}{T}\right) 360°$ $\qquad$ 시간 측정을 통한 위상값

(10-26) $\quad P_{\text{true}} = I_{tot}^2 R$ $\qquad$ 유효전력(W)

(10-27) $\quad P_r = I_{tot}^2 X_C$ $\qquad$ 무효전력(VAR)

(10-28) $\quad P_a = I_{tot}^2 Z$ $\qquad$ 피상전력(VA)

(10-29) $\quad P_{\text{true}} = V_s I_{tot} \cos\theta$ $\qquad$ 유효전력

(10-30) $\quad PF = \cos\theta$ $\qquad$ 역률

(10-31) $\quad f_C = \dfrac{1}{2\pi RC}$ $\qquad$ RC 회로의 차단 주파수

자습문제
정답은 장의 끝부분에 있다.

1. 직렬 *RC* 회로에서 저항 양단의 전압은 어떠한가?

  (a) 신호원 전압과 위상이 서로 같다.   **(b)** 신호원 전압보다 90°만큼 뒤진다.

  (c) 전류와 위상이 서로 같다.   **(d)** 전류보다 90°만큼 뒤진다.

2. 직렬 *RC* 회로에서 캐패시터 양단의 전압은 어떠한가?

  (a) 신호원 전압과 위상이 서로 같다.   **(b)** 저항 양단의 전압보다 90°만큼 뒤진다.

  (c) 전류와 위상이 서로 같다.   **(d)** 신호원 전압보다 90°만큼 뒤진다.

3. 직렬 *RC* 회로에 인가되는 전압의 주파수가 증가하면 임피던스는 어떻게 되는가?

  (a) 증가한다.   **(b)** 감소한다.   **(c)** 변하지 않는다.   **(d)** 2배가 된다.

4. 직렬 *RC* 회로에 인가되는 전압의 주파수가 감소하면 위상각은 어떻게 되는가?

  (a) 증가한다.   **(b)** 감소한다.

  (c) 변하지 않는다.   **(d)** 불규칙적으로 변한다.

5. 직렬 *RC* 회로에서 주파수와 저항값이 2배가 되면 임피던스는 어떻게 되는가?

  (a) 2배가 된다.   **(b)** 1/2배가 된다.

  (c) 4배가 된다.   **(d)** 값이 주어지지 않았으므로 구할 수 없다.

6. 직렬 *RC* 회로에서 저항 양단 전압이 10 V rms, 캐패시터 양단 전압이 10 V rms일 때 신호원 전압의 실효값을 구하시오.

  (a) 20 V   **(b)** 14.14 V   **(c)** 28.28 V   **(d)** 10 V

7. 문제 6의 각 전압이 어떤 주어진 주파수에서 측정된 값이라고 가정할 때, 저항 양단의 전압이 캐패시터 양단의 전압보다 커지도록 하기 위해 주파수는 어떻게 되어야 하는가?

  (a) 증가되어야 한다.   **(b)** 감소되어야 한다.

  (c) 일정하게 유지되어야 한다.

  (d) 아무런 영향도 미치지 않으므로 어떤 값이 되어도 상관 없다.

8. $R = X_C$일 때, 위상각은 얼마인가?

  (a) 0°   **(b)** +90°   **(c)** −90°   **(d)** 45°

9. 위상각을 45° 이하로 감소시키기 위한 조건은 무엇인가?

  (a) $R = X_C$ **(b)** $R < X_C$ **(c)** $R > X_C$ **(d)** $R = 10X_C$

10. 신호원 전압의 주파수가 증가하면 병렬 *RC* 회로의 임피던스는 어떻게 되는가?

  (a) 증가한다.   **(b)** 감소한다.   **(c)** 변하지 않는다.

11. 병렬 *RC* 회로에서 저항을 통해 흐르는 전류가 1 A rms, 캐패시터를 통해 흐르는 전류가 1 A rms 이다. 전체 전류의 실효값은 얼마인가?

  (a) 1 A   **(b)** 2 A   **(c)** 2.28 A   **(d)** 1.414 A

12. 역률이 1이면 회로의 위상각은 얼마인가?

  (a) 90°   **(b)** 45°   **(c)** 180°   **(d)** 0°

13. 어떤 부하의 유효전력이 100 W, 무효전력이 100 VAR일 때, 피상전력은 얼마인가?

  (a) 200 VA   **(b)** 100 VA   **(c)** 141.4 VA   **(d)** 141.4 W

14. 에너지원(energy source)의 정격은 일반적으로 어떤 단위로 표시되는가?

  (a) W   **(b)** VA   **(c)** VAR   **(d)** 답이 없음

15. 저역통과 필터의 대역폭이 1 kHz일 때 차단 주파수는 얼마인가?

  (a) 0 Hz   **(b)** 500 Hz   **(c)** 2 kHz   **(d)** 1000 Hz

고장진단 : 증상과 원인

이러한 연습문제의 목적은 고장진단에 필수적인 과정을 이해함으로써 회로의 이해를 돕는 것이다. 정답은 장의 끝부분에 있다.

그림 10-68을 참조하여 각각의 증상에 대한 원인을 규명하시오.

그림 10–68

교류 전압계에 표시된 측정값은 정확하다고 가정한다

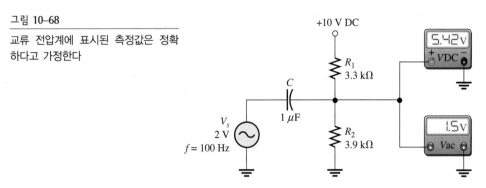

1. 증상 : 직류 전압계가 0 V를 나타내고 교류 전압계가 1.85 V를 나타낸다.

   원인 :

   (a) C 단락

   (b) R_1 개방

   (c) R_2 개방

2. 증상 : 직류 전압계가 5.42 V를 나타내고 교류 전압계가 0 V를 나타낸다.

   원인 :

   (a) C 단락

   (b) C 개방

   (c) 저항 중의 하나가 개방

3. 증상 : 직류 전압계가 거의 0 V를 나타내고 교류 전압계가 2 V를 나타낸다.

   원인 :

   (a) C 단락

   (b) C 개방

   (c) R_1 단락

4. 증상 : 직류 전압계가 10 V를 나타내고 교류 전압계가 0 V를 나타낸다.

   원인 :

   (a) C 개방

   (b) C 단락

   (c) R_1 단락

5. 증상 : 직류 전압계가 10 V를 나타내고 교류 전압계가 1.8 V를 나타낸다.

   원인 :

   (a) R_1 단락

   (b) R_2 개방

   (c) C 단락

문 제	홀수문제의 답은 책 끝부분에 있다.

기본문제

10–1 *RC* 회로의 정현파 응답

1. 직렬 *RC* 회로에 8 kHz의 정현파가 인가되고 있다. 저항 양단 전압의 주파수와 캐패시터 양단 전압의 주파수를 각각 구하시오.

2. 문제 1에서 전류파형은 어떤 형태가 되는가?

그림 10–69

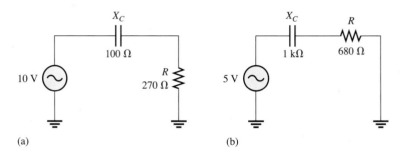

(a)　　　　　　　　　　　　　　　　(b)

10–2 직렬 *RC* 회로의 임피던스와 위상각

3. 그림 10-69의 각 회로에 대해 총 임피던스를 구하시오.

4. 그림 10-70의 각 회로에 대해 임피던스의 크기와 위상각을 구하시오.

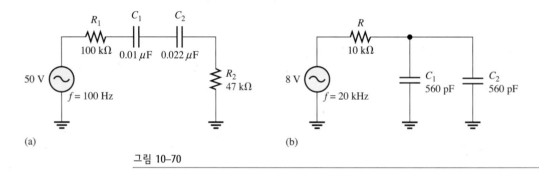

(a)　　　　　　　　　　　　　　　　(b)

그림 10–70

5. 다음의 각 주파수에 대해 그림 10-71 회로의 임피던스를 직각좌표 형식으로 구하시오.

(a) 100 Hz　　　　**(b)** 500 Hz　　　　**(c)** 1 kHz　　　　**(d)** 2.5 kHz

6. $C = 0.0047\ \mu$F으로 하여 문제 5를 반복하시오.

그림 10–71

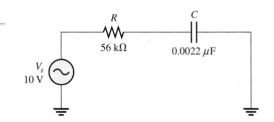

10–3 직렬 *RC* 회로의 해석

7. 그림 10-69의 각 회로에 대해 전체 전류를 구하시오.

8. 그림 10-70의 각 회로에 대해 전체 전류를 구하시오.

9. 그림 10-72의 회로에 대해 모든 전압과 전체 전류에 대한 페이저도를 그리고, 여기에 위상각을 표시하시오.

10. 그림 10-73의 회로에 대해 다음을 극좌표 형식으로 구하시오.

(a) Z **(b)** I **(c)** V_R **(d)** V_C

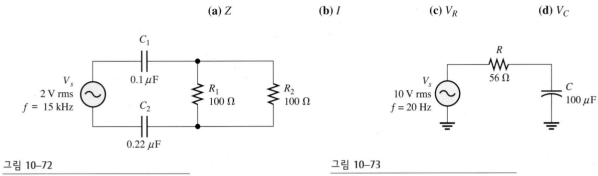

그림 10–72   그림 10–73

11. 그림 10-74의 회로에서 가변 저항을 조정하여 전체 전류가 10 mA가 되도록 하였다. 이 때 가변 저항 R의 값을 구하시오. 위상각은 얼마가 되는가?

그림 10–74

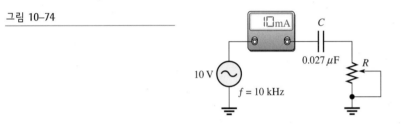

12. 그림 10-75의 지상회로에서 다음 주파수에 대하여 입력전압과 출력전압의 위상차를 구하시오.

(a) 1 Hz   **(b)** 100 Hz   **(c)** 1 kHz   **(d)** 10 kHz

13. 그림 10-76의 진상회로에 대해 문제 12를 반복하시오.

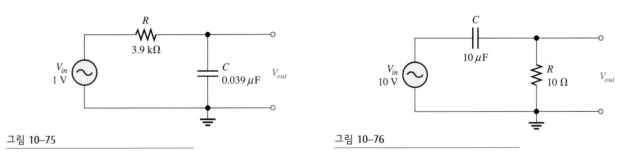

그림 10–75   그림 10–76

10-4   병렬 RC 회로의 임피던스와 위상각

14. 그림 10-77의 회로에 대해 총 임피던스를 구하시오.

15. 그림 10-78에서 임피던스의 크기와 위상각을 구하시오.

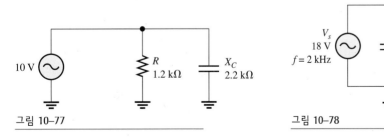

그림 10–77   그림 10–78

16. 다음의 각 주파수에 대해 문제 15를 반복하시오.

    (a) 1.5 kHz   **(b)** 3 kHz   **(c)** 5 kHz   **(d)** 10 kHz

17. 그림 10-79에서 임피던스와 위상각을 구하시오.

그림 10–79

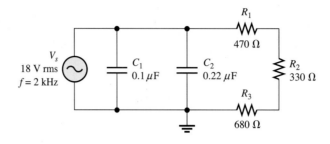

10-5   병렬 *RC* 회로의 해석

18. 그림 10-80의 회로에 대해 모든 전류와 전압을 구하시오.

19. 그림 10-81의 병렬 회로에 대해 각 소자를 통해 흐르는 전류와 전체 전류의 크기를 구하시오. 그리고 인가 전압과 전체 전류 사이의 위상각을 구하시오.

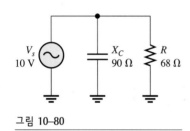

그림 10–80

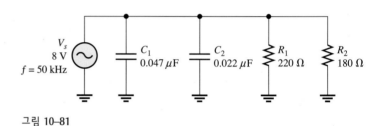

그림 10–81

20. 그림 10-82의 회로에 대해 다음을 구하시오.

    (a) Z **(b)** I_R **(c)** I_C **(d)** I_{tot} **(e)** θ

21. $R = 4.7$ kΩ, $C = 0.047$ μF이고 $f = 500$ Hz일 때, 문제 20을 반복하시오.

22. 그림 10-83의 회로를 등가 직렬 회로로 변환하시오.

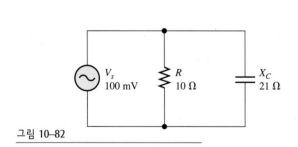

그림 10–82

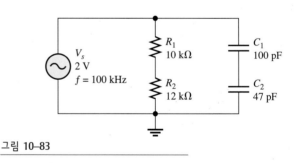

그림 10–83

10-6   직병렬 *RC* 회로의 해석

23. 그림 10-84에서 각 소자 양단의 전압을 모두 구하고 회로의 위상각을 구하시오.

24. 그림 10-84의 회로는 저항성 회로인가, 아니면 용량성 회로인가?

25. 그림 10-84에서 회로의 각 소자를 통해 흐르는 전류와 전체 전류를 구하시오.

26. 그림 10-85의 회로에 대해 다음을 구하시오.

    (a) I_{tot} **(b)** θ **(c)** V_{R1} **(d)** V_{R2} **(e)** V_{R3} **(f)** V_C

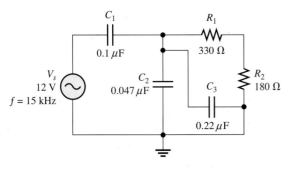

그림 10–84

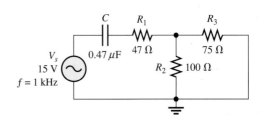

그림 10–85

10-7 RC 회로의 전력

27. 직렬 RC 회로의 유효전력이 2 W이고 무효전력이 3.5 VAR이다. 피상전력을 구하시오.

28. 그림 10-73에서 유효전력과 무효전력을 구하시오.

29. 그림 10-83 회로의 역률을 구하시오.

30. 그림 10-85 회로에 대해 P_{true}, P_r, P_a, PF를 구하시오. 또 전력 삼각도를 그리시오.

10-8 기본 응용

31. 그림 10-75의 지상회로는 저역통과 필터로서 동작한다. 0 Hz에서 10 kHz의 주파수 범위 내에서 1 kHz 간격으로 해당 주파수에 대한 출력전압을 구하여 회로의 주파수 응답곡선을 그리시오.

32. 그림 10-76의 진상회로에 대해, 0 Hz에서 10 kHz의 주파수 범위 내에서 1 kHz 간격으로 해당 주파수에 대한 출력전압을 구하여 회로의 주파수 응답곡선을 그리시오.

33. 그림 10-75와 그림 10-76의 각 회로에 대해서 $V_{in} = 1$ V rms, $f = 5$ kHz일 때 전압 페이저도를 그리시오.

34. 그림 10-86에서 증폭기 A의 출력전압의 실효값이 50 mV이다. 증폭기 B의 입력저항값이 10 kΩ이라면 결합 캐패시터(C_c)에서 강하되는 전압의 크기는 얼마인가? 단, 주파수는 3 kHz이다.

그림 10–86

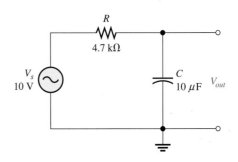

35. 그림 10-75와 그림 10-76에서 각각의 회로에 대해 차단 주파수를 구하시오.

36. 그림 10-75에서 회로의 대역폭을 구하시오.

10-9 고장진단

37. 그림 10-87에 있는 캐패시터에는 매우 큰 누설전류가 흐른다고 가정한다. 이 캐패시터의 누설저항이 10 Hz의 주파수에서 5 kΩ이라고 할 때, 이와 같은 캐패시터의 누설 특성이 출력전압과 위상각에 미치는 영향은 무엇인가?

그림 10–87

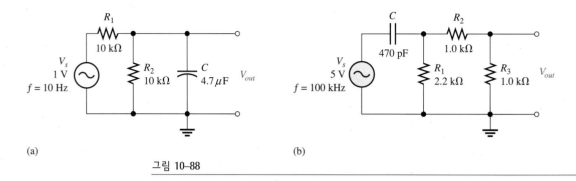

(a)

(b)

그림 10–88

38. 그림 10-88에 있는 각 캐패시터의 누설저항이 2 kΩ일 때, 출력전압을 각각 구하시오.

39. 그림 10-88(a)의 회로에서 다음의 각 고장에 대하여 출력전압을 구하시오. 그리고 정상적인 경우의 출력전압과 비교하시오.

    (a) R_1 개방   **(b)** R_2 개방   **(c)** C 개방   **(d)** C 단락

40. 그림 10-88(b)의 회로에서 다음의 각 고장에 대하여 출력전압을 구하시오. 그리고 정상적인 경우의 출력전압과 비교하시오.

    (a) C 개방   **(b)** C 단락   **(c)** R_1 개방   **(d)** R_2 개방   **(e)** R_3 개방

고급문제

41. 220 V, 60 Hz의 신호원이 2개의 부하를 구동시키고 있다. 부하 A의 임피던스는 50 Ω, 역률은 0.85이다. 또 부하 B의 임피던스는 72 Ω, 역률은 0.95이다.

    (a) 각 부하에 흐르는 전류를 구하시오.

    (b) 각 부하의 무효전력을 구하시오.

    (c) 각 부하의 유효전력을 구하시오.

    (d) 각 부하의 피상전력을 구하시오.

    (e) 두 부하 중에서 신호원과 부하를 연결하는 도선에서 발생하는 전압 강하가 큰 쪽은 어디인가?

42. 그림 10-89에서 증폭기 2에 입력되는 전압의 크기가 증폭기 1에서 출력되는 전압 크기의 70.7%가 되려면 결합 캐패시터의 값이 얼마가 되어야 하는가? 단, 주파수는 20 Hz이며 증폭기 입력저항은 무시한다.

그림 10–89

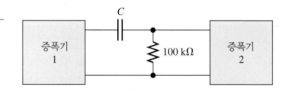

43. 그림 10-90에서 전원전압과 전체 전류 사이의 위상각이 30°가 되기 위한 R_1 값을 구하시오.

44. 그림 10-91 회로에서 전압과 전류의 페이저도를 그리시오.

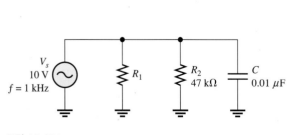

그림 10–90

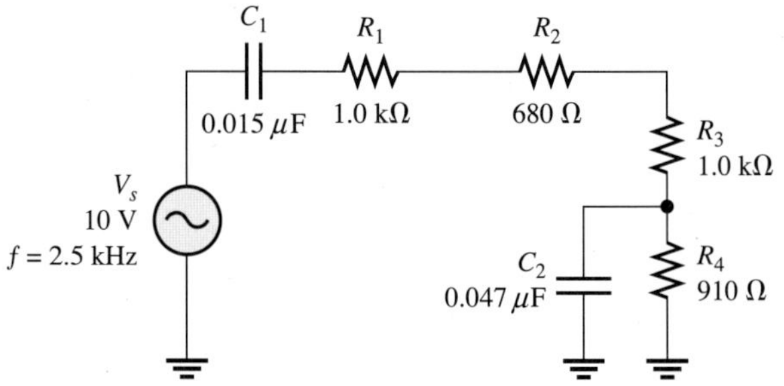

그림 10–91

45. 1.5 kW 전력을 소모하는 부하의 임피던스가 12 Ω이고 역률이 0.75이다 무효전력과 피상전력을 구하시오.

46. 다음 전체회로 요구조건을 만족하도록 그림 10-92의 블록에 있는 소자들 혹은 직렬 소자를 구하시오.

  (a) $P_{\text{true}} = 400$ W   **(b)** 진상 역률(I_{tot}가 V_s보다 앞선 위상)

47. 그림 10-93에서 $V_A = V_B$일 때 C_2 값을 구하시오.

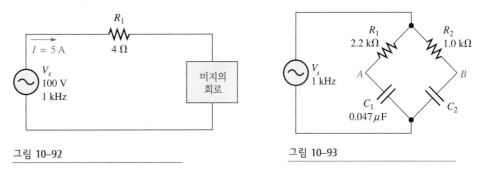

그림 10–92   그림 10–93

48. 그림 10-94의 회로도를 그리고 스코프의 파형이 맞는지 확인하시오. 회로에 결함이 있다면 찾으시오.

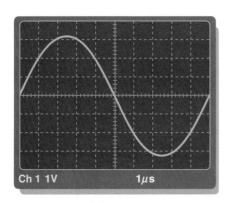

(a) 오실로스코프 화면

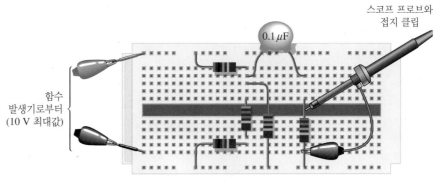

(b) 배선이 연결된 회로

그림 10–94

Multisim을 이용한 고장진단 문제

49. P10-49 파일을 열고 결함이 있는지 점검하시오.

50. P10-50 파일을 열고 결함이 있는지 점검하시오.

51. P10-51 파일을 열고 결함이 있는지 점검하시오.

52. P10-52 파일을 열고 결함이 있는지 점검하시오.

53. P10-53 파일을 열고 결함이 있는지 점검하시오.

54. P10-54 파일을 열고 결함이 있는지 점검하시오.

정 답

절 복습문제

10-1 *RC* 회로의 정현파 응답

1. V_C의 주파수는 60 Hz이고 I의 주파수도 60 Hz이다.

2. 용량성 리액턴스와 저항값

3. $R > X_C$이면 θ는 0°에 가까운 값을 갖는다.

10-2 직렬 *RC* 회로의 임피던스와 위상각

1. 임피던스는 정현파 전류를 억제하는 성질이다.

2. V_s는 I보다 뒤진 위상을 갖는다.

3. 용량성 리액턴스는 위상각을 만든다.

4. $Z = \sqrt{R^2 + X_C^2} = 59.9 \, \text{k}\Omega, \theta = \tan^{-1}(X_C/R) = 56.6°$

10-3 직렬 *RC* 회로의 해석

1. $V_s = \sqrt{V_R^2 + V_C^2} = 7.2 \, \text{V}$

2. $\theta = \tan^{-1}(V_C/V_R) = 56.3°$

3. $\theta = 90°$

4. **(a)** f가 증가하면 X_C는 감소한다.
　(b) f가 증가하면 Z는 감소한다.
　(c) f가 증가하면 θ는 감소한다.

5. $\phi = 90° - \tan^{-1}(X_C/R) = 62.8°$

6. $V_{out} = (R/\sqrt{R^2 + X_C^2})V_{in} = 8.9 \, \text{V rms}$

10-4 병렬 *RC* 회로의 임피던스와 위상각

1. $Z = RX_C/\sqrt{R^2 + X_C^2} = 545 \, \Omega$

2. 컨덕턴스는 저항의 역수, 용량성 서셉턴스는 용량성 리액턴스의 역수, 어드미턴스는 임피던스의 역수로 정의된다.

3. $Y = 1/Z = 10 \, \text{mS}$

4. $Y = \sqrt{G^2 + B_C^2} = 24 \, \text{mS}$

10-5 병렬 *RC* 회로의 해석

1. $I_{tot} = V_s Y = 21 \, \text{mA}$

2. $\theta = \tan^{-1}(I_C/I_R) = 56.3°, I_{tot} = \sqrt{I_R^2 + I_C^2} = 18 \, \text{mA}$

3. $\theta = 90°$

10-6 직병렬 *RC* 회로의 해석

1. 그림 10-95의 회로 참조

2. $V_1 = I_{tot} R_1 = 6.71 \, \text{V}$

그림 10–95

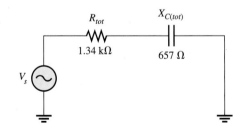

10-7 *RC* 회로의 전력

1. 전력 소모는 저항 때문에 발생한다.

2. $PF = \cos 45° = 0.707$

3. $P_{\text{true}} = I_{tot}^2 R = 1.32 \, \text{kW}, P_r = I_{tot}^2 X_C = 1.84 \, \text{kVAR}, P_a = I_{tot}^2 Z = 2.26 \, \text{kVA}$

10-8 기본 응용

1. 180°

2. 출력을 캐패시터에서 취한다.

10-9 고장진단

1. 누설저항이 C와 병렬로 연결된 것이 되므로 회로의 시정수가 바뀐다.

2. 캐패시터의 개방

3. 캐패시터의 단락, 저항의 개방, 전원전압의 꺼짐, 접점의 개방이 캐패시터 양단 전압이 0 V가 되게 할 수 있다.

응용 과제

1. 캐패시턴스의 값이 줄어들면 더 높은 주파수에서도 캐패시터에서의 전압 강하가 충분히 크게 발생한다.

2. $V_B = 3.16$ V DC

3. $V_B = 10$ mV rms

예제 관련 문제

10-1 2.42 kΩ, 65.6°

10-2 2.56 V

10-3 65.6°

10-4 7.14 V

10-5 15.9 kΩ, 86.4°

10-6 지상(phase lag)값 ϕ가 증가한다.

10-7 출력전압이 감소한다.

10-8 진상(phase lead)값 ϕ가 감소한다. 출력전압은 증가한다.

10-9 24.3 Ω

10-10 4.60 mS

10-11 6.16 mA

10-12 117 mA, 31°

10-13 $R_{eq} = 8.99$ kΩ, $X_{C(eq)} = 4.38$ kΩ

10-14 $V_1 = 7.04$ V, $V_2 = 3.21$ V

10-15 0.146

10-16 990 μW

10-17 1.60 kHz

10-18 7.29 V

10-19 저항이 개방된다.

자습문제

1. (c) **2.** (b) **3.** (b) **4.** (a) **5.** (d) **6.** (b) **7.** (a)

8. (d) **9.** (c) **10.** (b) **11.** (d) **12.** (d) **13.** (c) **14.** (b)

15. (d)

고장진단 : 증상과 원인

1. (b) **2.** (b) **3.** (a) **4.** (c) **5.** (b)

인덕터

장의 목표

▶ 인덕터의 기본 구조와 특성을 설명한다.
▶ 여러 종류의 인덕터에 대해 논의한다.
▶ 직렬 및 병렬 인덕터를 분석한다.
▶ 유도성 직류 스위칭 회로를 해석한다.
▶ 유도성 교류 회로를 해석한다.
▶ 몇 가지 인덕터 응용에 대한 예를 살펴본다.

핵심 용어

▶ 권선(winding)
▶ 권선저항(winding resistance)
▶ 렌쯔의 법칙(Lenz's law)
▶ 양호도(quality factor : Q)
▶ 유도성 리액턴스(inductive reactance)
▶ 유도 전압(induced voltage)
▶ 인덕터(inductor)
▶ 인덕턴스(inductance : L)
▶ 지수함수(exponential curve)
▶ 코일(coil)
▶ 패러데이의 법칙(Faraday's law)
▶ 헨리(henry : H)
▶ RL 시정수(RL time constant)

응용 과제 개요

결함 있는 통신장비를 다루다 보면, 시스템에서 분리되어 값이 표시되지 않은 코일의 값을 검사하거나, 시정수를 측정함으로써 대략적인 인덕턴스값을 구하여야 할 경우가 있다. 이 장을 학습하고 나면, 응용 과제를 완벽하게 수행할 수 있게 될 것이다.

지원 웹 사이트

학습을 돕기 위해 다음의 웹 사이트를 방문하기 바란다.
http://www.prenhall.com/floyd

도입

인덕턴스는 코일이 전류의 변화를 억제하는 성질이다. 인덕턴스의 기초는 전류가 도체에 흐를 때 주위에 발생하는 전자기장이다. 인덕턴스 성질을 가지도록 설계된 전기소자를 인덕터 또는 코일이라고 부르는데 이들 용어는 같은 종류의 소자를 나타낸다.

이 장에서는 인덕터의 기초를 살펴보고 그 특성을 논의한다. 다양한 종류의 인덕터에 대해 그 물리적 구조와 전기적 성질을 소개한다. 직류와 교류 회로에서 인덕터의 기본적인 동작을 살펴보고 직렬 및 병렬 조합에 대해 분석한다.

11-1 인덕터 기초

인덕터(inductor)는 전선의 코일에 의해 형성된 인덕턴스 성질을 나타내는 수동 전기소자이다.

절의 학습내용

▶ **인덕터의 기본 구조와 특성을 설명한다.**

  ▶ 인덕턴스를 정의하고 단위를 설명한다.

  ▶ 유도 전압에 대해 논의한다.

  ▶ 인덕터가 에너지를 저장하는 원리를 설명한다.

  ▶ 물리적인 성질이 인덕턴스에 미치는 영향을 논의한다.

  ▶ 권선저항과 권선 캐패시턴스에 대해 논의한다.

  ▶ 패러데이의 법칙을 기술한다.

  ▶ 렌쯔의 법칙을 기술한다.

그림 11-1

코일에 흐르는 전류는 3차원 전자기장을 생성한다. 전류는 저항에 의해 제한된다

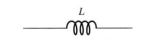

그림 11-2

인덕터의 기호

그림 11-1과 같이 도선을 감아서 코일로 만들면 기본적인 인덕터가 된다. 코일에 흐르는 전류가 전자기장을 형성한다. 코일의 각 **권선(winding)** 주위의 자력선이 더해져서 그림과 같이 코일 내부와 주위에 강한 전자기장을 형성한다. 이 때 총 전자기장의 방향이 N극과 S극을 만든다. 인덕터의 회로 기호를 그림 11-2에 나타내었다.

인덕턴스

인덕터에 전류가 흐를 때 전자기장이 형성되고 전류가 변하면 전자기장도 변화한다. 즉, 전류가 증가하면 전자기장이 확장되고, 전류가 감소하면 전자기장은 축소된다. 그러므로 변화하는 전류는 인덕터 주위의 전자기장을 변화시킨다[인덕터는 **코일(coil)**이라고도 부르며 어떤 응용에서는 **초크(choke)**라고 부른다]. 마찬가지로 전자기장이 변화하면 전류의 변화를 방해하는 방향으로 코일 양단에 **유도 전압(induced voltage)**이 발생된다. 이러한 성질을 자기 인덕턴스(self-inductance) 또는 간단히 **인덕턴스(inductance)**라고 하며, 부호로는 L을 사용한다.

인덕턴스는 전류의 변화에 대하여 유도 전압을 만들어 내는 코일의 능력을 말하며, 유도 전압은 전류의 변화를 억제하는 방향으로 형성된다.

인덕턴스의 단위 **헨리(henry : H)**는 인덕턴스의 기본 단위로 H로 나타낸다. 코일에 흐르는 전류가 1초당 1 암페어의 비율로 변화하는 경우 1 볼트의 전압이 유도될 때의 인덕턴스를 1 H로 정의한다. 헨리는 큰 단위로 실제 응용에서는 밀리헨리(mH)나 마이크로헨리(μH)가 더 많이 사용된다.

에너지 저장 인덕터는 전류에 의하여 형성된 자기장 내에 에너지를 저장한다. 저장되는 에너지는 다음 식으로 표현된다.

$$W = \frac{1}{2}LI^2 \tag{11-1}$$

저장되는 에너지는 인덕턴스와 전류의 제곱에 비례한다. 전류(I)의 단위가 암페어(A)이고 인덕턴스(L)의 단위가 헨리(H)이면 에너지(W)의 단위는 주울(J)이다.

인덕터의 물리적인 특성

코어의 투자율, 권선 수, 코어의 길이, 코어의 단면적 등은 코일의 인덕턴스를 결정하는 중요한 요소이다.

코어의 재료 인덕터는 기본적으로 도선을 감아서 코일로 만든 것이다. 코일로 둘러싸인 물체를 **코어(core)**라고 한다. 코일은 비자성 물질이나 자성 물질에 감을 수 있다. 비자성 물질의 예로는 공기, 나무, 구리, 플라스틱, 유리 등이 있다. 이러한 재료들의 투자율은 진공에서의 투자율과 같다. 자성 물질의 예로는 철, 니켈, 강철, 코발트, 합금 등이 있다. 이러한 물질들의 투자율은 진공에서의 투자율보다 수백에서 수천 배가 크며 강자성체로 분류된다. 강자성 코어는 자력선이 형성되기가 더 쉽기 때문에 더 강한 자기장이 형성된다.

7장에서 다루었듯이, 코어 재료의 투자율(μ)은 자기장이 얼마나 쉽게 형성되는가의 정도를 나타낸다. 인덕턴스는 코어 재료의 투자율에 비례한다.

물리적인 매개변수 그림 11-3에서와 같이 권선 수, 코어의 길이, 코어의 단면적이 인덕턴스 값을 결정하는 요소이다. 인덕턴스는 코어의 길이에 반비례하고 단면적에 비례한다. 또한 인덕턴스는 권선 수의 제곱에 비례한다. 이것을 식으로 나타내면 다음과 같다.

$$L = \frac{N^2 \mu A}{l} \tag{11-2}$$

여기서 L = 인덕턴스(H)
N = 권선 수
μ = 투자율(H/m)
A = 단면적(m^2)
l = 길이(m)

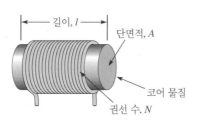

그림 11–3

코일의 인덕턴스를 결정하는 요소들

예제 11–1

그림 11-4의 코일의 인덕턴스를 구하시오. 코어의 투자율은 0.25×10^{-3} H/m이다.

그림 11-4

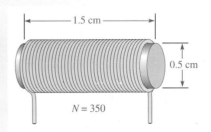

1.5 cm

0.5 cm

N = 350

해 1 cm = 0.01 m이므로 1.5 cm = 0.015 m이고 0.5 cm = 0.005 m이다.

$$A = \pi r^2 = \pi(0.25 \times 10^{-2} \text{ m})^2 = 1.96 \times 10^{-5} \text{ m}^2$$

$$L = \frac{N^2 \mu A}{l} = \frac{(350)^2 (0.25 \times 10^{-3} \text{ H/m})(1.96 \times 10^{-5} \text{ m}^2)}{0.015 \text{ m}} = \textbf{40 mH}$$

관련 문제* 권선 수 400이고 길이가 2 cm이며 직경이 1 cm, 투자율이 0.25×10^{-3} H/m인 코일의 인덕턴스를 구하시오.

* 정답은 장의 끝부분에 있다.

권선저항

코일을 어떤 물질(예를 들면, 절연된 구리선)로 만들었을 때 그 도선은 단위 길이당 어떤 저항을 가지게 된다. 도선을 여러 번 감아서 코일을 만들면 총 저항이 커질 수도 있다. 이 저항을 직류 저항 또는 **권선저항(winding resistance : R_W)**이라고 한다.

이 저항은 그림 11-5(a)에서와 같이 도선의 전 길이에 걸쳐 분포되어 있지만 도면에서는 그림 11-5(b)와 같이 코일의 인덕턴스와 직렬로 나타내기도 한다. 많은 응용에서 권선저항은 무시되어 코일을 이상적인 인덕터로 간주하지만, 저항이 고려되어야 할 경우도 있다.

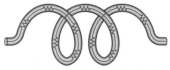

R_W L

(a) 도선은 그 길이를 따라 분포된 저항 (b) 등가회로
을 갖는다.

그림 11-5

코일의 권선저항

권선 캐패시턴스

두 개의 도체가 나란히 놓이면 그 사이에는 캐패시턴스 성분이 있다. 감은 선이 서로 가까이에 놓이면 권선 캐패시턴스(winding capacitance : C_W)라고 하는 기생 캐패시턴스가 어느 정도 있게 된다. 대개의 경우 이 권선 캐패시턴스는 매우 작아서 별로 영향을 미치지 않는다. 그러나, 특히 높은 주파수의 경우에는 그 크기가 커질 수 있다.

그림 11-6은 권선저항(R_W)과 권선 캐패시턴스(C_W)를 함께 나타낸 등가회로이다. 캐패시

턴스는 병렬로서 나타난다. 각 루프의 기생 캐패시턴스의 합은 도면에서는 그림 11-6(b)와 같이 코일과 권선저항에 병렬 연결된 캐패시턴스로 나타낸다.

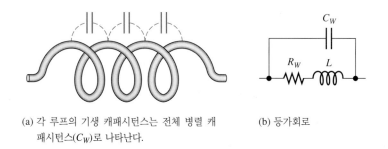

(a) 각 루프의 기생 캐패시턴스는 전체 병렬 캐
패시턴스(C_W)로 나타난다.

(b) 등가회로

그림 11–6

코일의 권선 캐패시턴스

패러데이 법칙의 복습

패러데이의 법칙(Faraday's law)은 7장에서 다루었지만 인덕터를 공부하는 데에 매우 중요하므로 여기서 다시 살펴보기로 한다. 패러데이는 코일 내에서 자석을 움직이면 전압이 유도되며 폐회로에서는 이 유도 전압이 전류를 유도한다는 것을 발견하였다.

코일에 유도되는 전압의 크기는 코일에 대한 자기장의 변화율에 비례한다.

그림 11-7에서는 막대자석을 코일 내에서 움직여서 이러한 원리를 나타내었다. 유도 전압은 코일 양단에 연결된 전압계에 나타나며 자석이 빠르게 움직일수록 유도 전압은 더 크게 된다.

그림 11–7

자장을 변화시킴으로써 유도 전압을
발생시킨다

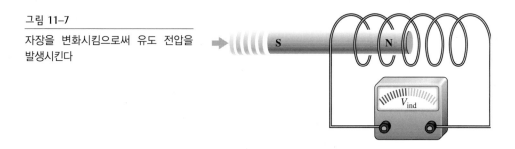

도선을 감아서 몇 개의 루프로 만들고 변화하는 자기장 내에 놓으면 코일에 전압이 유도된다. 유도 전압은 코일의 권선 수 N과 자장의 변화율에 비례한다.

렌쯔의 법칙

마찬가지로 7장에서 소개된 **렌쯔의 법칙(Lenz's law)**은 패러데이의 법칙에 더하여 유도 전압의 방향을 정의해 준다.

코일에 흐르는 전류가 변할 때, 자기장 변화로 유도 전압이 발생한다. 유도 전압의 극성은 항상 전류의 변화에 반대되는 방향으로 결정된다.

그림 11-8은 렌쯔의 법칙을 설명한다. 그림 11-8(a)에서 전류는 R_1 값에 의해 제한되어 일정하게 흐른다. 자기장이 변하지 않으므로 유도된 전압이 없다. 그림 11-8(b)에서 스위치를 갑자기 닫으면, R_2가 R_1에 병렬로 연결되어 저항이 감소한다. 따라서 전류는 증가하고 자기장이

확장되려고 하지만, 이 순간에 유도되는 전압은 전류가 증가하는 것을 방해한다.

그림 11-8(c)에서 유도 전압은 점차적으로 감소하여 전류가 증가하게 된다. 그림 11-8(d)에서는 전류가 병렬 저항에 의해 결정되는 일정한 값으로 흐르고 유도 전압은 0이 된다. 그림 11-8(e)에서 스위치를 갑자기 열면 그 순간에 유도 전압은 전류가 감소하는 것을 방해한

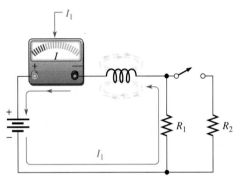

(a) 스위치 개방 : 전류와 자기장의 값이 일정하며 유도 전압은 없다.

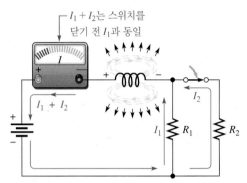

(b) 스위치가 닫히는 순간 : 자기장의 증가로 유도 전압이 발생하며 그 방향은 전류 증가에 반대되는 방향이 된다. 전체 전류는 이 순간 동일한 값을 갖는다.

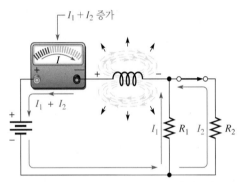

(c) 스위치가 닫힌 직후 : 자기장의 증가율이 감소하고 전류가 유도 전압의 감소에 따라 지수함수 형태로 증가한다.

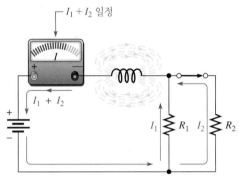

(d) 스위치가 닫혀 있는 상태 : 전류와 자기장은 일정한 값에 도달한다.

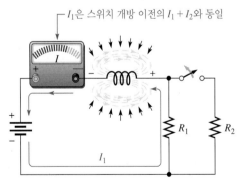

(e) 스위치를 개방하는 순간 : 자기장은 감소하기 시작하고 전류의 감소에 반대되는 방향으로 유도 전압이 발생된다.

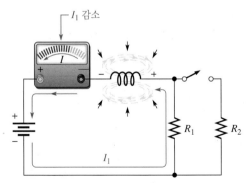

(f) 스위치를 개방한 이후 : 자기장의 감소율은 줄어들고 전류도 이전 값으로 지수함수 형태로 감소한다.

그림 11-8

유도성 회로에서 렌쯔의 법칙 설명 : 전류가 갑자기 바뀌려고 하면 전자기장이 변화하게 되고 유도 전압은 전류의 변화에 반대되는 방향이 된다.

다. 그림 11-8(f)에서 유도 전압은 점차적으로 감소하고 전류는 R_1에 의해 결정되는 값으로 감소한다. 주목할 점은 유도 전압은 전류의 변화를 방해하는 극성을 가진다는 것이다. 유도 전압의 극성은 전류가 증가하는 경우 전지전압과 반대이며 전류가 감소하는 경우 전지전압에 더해지는 방향이 된다.

11–1 복습문제*

1. 코일의 인덕턴스에 기여하는 매개변수는 무엇인가?
2. 다음의 경우 어떤 상황이 발생하는가?
   (a) N이 증가된다.
   (b) 코어 길이가 길어진다.
   (c) 코어의 단면적이 감소된다.
   (d) 강자성체가 공기 코어로 교체된다.
3. 인덕터에 권선저항이 있는 이유를 설명하시오.
4. 인덕터에 권선 캐패시턴스가 존재하는 이유를 설명하시오.

---

* 정답은 장의 끝부분에 있다.

11–2 인덕터의 종류

인덕터는 일반적으로 코어의 재료에 따라 분류된다.

절의 학습내용

▶ **여러 종류의 인덕터에 대해 논의한다.**

　▶ 고정 인덕터의 기본적인 종류에 대해 기술한다.

　▶ 고정 인덕터와 가변 인덕터를 구분한다.

인덕터는 여러 가지 모양과 크기로 만들어진다. 기본적으로는 고정형과 가변형 두 가지가 있으며 그림 11-9에 그 표준 기호를 보였다.

고정 인덕터와 가변 인덕터는 코어의 재료에 따라 분류될 수 있다. 일반적으로 코어 재질로는 공기, 철, 페라이트의 세 가지가 사용된다. 각각의 기호를 그림 11-10에 보였다.

안전 주의 사항

작은 인덕터를 포함한 브레드보드(bread-boarding) 회로를 구성하는 경우 구조강도 면으로 볼 때 캡슐로 된 인덕터를 사용하는 것이 좋다. 인덕터는 일반적으로 굵은 단자선에 연결된 미세 코일로 되어 있다. 캡슐로 되어 있지 않은 인덕터의 경우 인덕터를 프로토보드에 삽입하고 제거하는 과정을 반복하다 보면 이러한 접점이 떨어지기 쉽다.

(a) 고정형　　(b) 가변형　　　(a) 공기 코어　　(b) 철 코어　　(c) 페라이트 코어

그림 11–9

고정 및 가변 인덕터의 기호

그림 11–10

재질에 따른 인덕터 기호들

가변 인덕터는 일반적으로 나사를 돌려서 코어를 움직여 줌으로써 인덕턴스를 조정한다. 다양한 인덕터가 존재하며 그 중 일부를 그림 11-11에 보였다. 고정 인덕터는 흔히 코일의 가는 선을 보호하는 절연물질로 둘러싸여 있다. 캡슐로 된 인덕터는 저항과 유사한 외형을 갖는다.

그림 11–11

전형적인 인덕터의 예

| 11-2 복습문제 | 1. 일반적인 인덕터의 분류 2가지를 말하시오. |
| | 2. 그림 11-12의 인덕터 기호를 구분하시오. |

그림 11–12

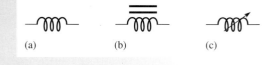

(a)   (b)   (c)

11–3 직렬 및 병렬 인덕터

인덕터가 직렬로 연결되면 총 인덕턴스가 증가하며, 인덕터가 병렬로 연결되면 총 인덕턴스가 감소한다.

절의 학습내용

▶ **직렬 및 병렬 인덕터를 분석한다.**

  ▶ 총 직렬 인덕턴스를 계산한다.

  ▶ 총 병렬 인덕턴스를 계산한다.

총 직렬 인덕턴스

그림 11-13에서와 같이 인덕터가 직렬로 연결되었을 때, 총 인덕턴스 L_T는 각 인덕턴스의 합이 된다. n개의 인덕터가 직렬로 연결되면 총 인덕턴스는 다음 식으로 표현된다.

$$L_T = L_1 + L_2 + L_3 + \cdots + L_n \tag{11-3}$$

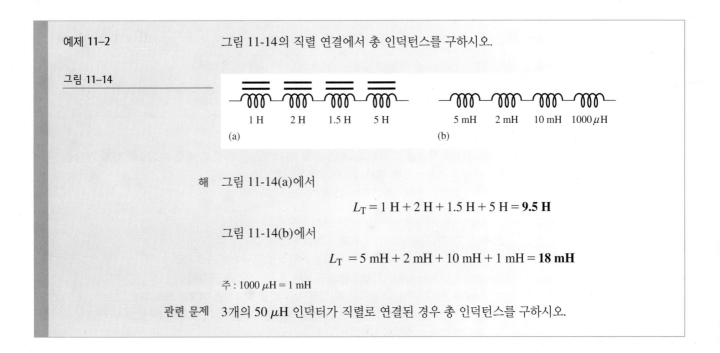

그림 11–13
인덕터의 직렬 연결

직렬에서의 총 인덕턴스에 대한 공식은 직렬에서의 총 저항에 대한 공식(4장), 병렬에서의
총 캐패시턴스에 대한 공식(9장)과 유사함을 주목하라.

예제 11–2

그림 11-14의 직렬 연결에서 총 인덕턴스를 구하시오.

그림 11–14

1 H 2 H 1.5 H 5 H	5 mH 2 mH 10 mH 1000 μH
(a)	(b)

해 그림 11-14(a)에서

$$L_T = 1\,H + 2\,H + 1.5\,H + 5\,H = \mathbf{9.5\,H}$$

그림 11-14(b)에서

$$L_T = 5\,mH + 2\,mH + 10\,mH + 1\,mH = \mathbf{18\,mH}$$

주 : 1000 μH = 1 mH

관련 문제 3개의 50 μH 인덕터가 직렬로 연결된 경우 총 인덕턴스를 구하시오.

총 병렬 인덕턴스

그림 11-15에서와 같이 인덕터가 병렬로 연결되면 총 인덕턴스는 가장 작은 인덕턴스보다
작다. 일반 공식으로 나타내면 총 인덕턴스의 역수는 각 인덕턴스의 역수의 합과 같다.

$$\frac{1}{L_T} = \frac{1}{L_1} + \frac{1}{L_2} + \frac{1}{L_3} + \cdots + \frac{1}{L_n}$$

총 인덕턴스 L_T는 앞의 식의 양변에 역수를 취하여 얻을 수 있다.

$$L_T = \frac{1}{\dfrac{1}{L_1} + \dfrac{1}{L_2} + \dfrac{1}{L_3} + \cdots + \dfrac{1}{L_n}} \tag{11-4}$$

병렬에서의 총 인덕턴스에 대한 공식은 저항의 병렬연결 공식(5장)과 캐패시턴스의 직렬연
결 공식(9장)과 유사함을 주목하라.

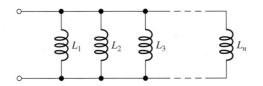

그림 11–15
인덕터의 병렬 연결

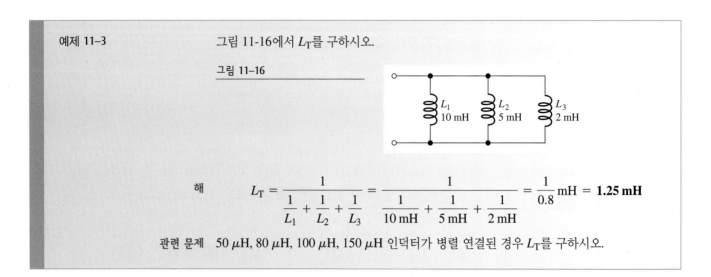

예제 11–3

그림 11-16에서 L_T를 구하시오.

그림 11–16

L_1 10 mH L_2 5 mH L_3 2 mH

해

$$L_T = \cfrac{1}{\cfrac{1}{L_1} + \cfrac{1}{L_2} + \cfrac{1}{L_3}} = \cfrac{1}{\cfrac{1}{10\text{ mH}} + \cfrac{1}{5\text{ mH}} + \cfrac{1}{2\text{ mH}}} = \frac{1}{0.8}\text{ mH} = \mathbf{1.25\ mH}$$

관련 문제 50 μH, 80 μH, 100 μH, 150 μH 인덕터가 병렬 연결된 경우 L_T를 구하시오.

인덕터가 직병렬로 연결된 경우 전체 인덕턴스는 직병렬 저항회로에서 전체 저항을 구하는 방법과 마찬가지로 구한다.

11–3 복습문제

1. 직렬 연결된 인덕터 조합에 대한 규칙을 설명하시오.
2. 100 μH, 500 μH, 2 mH 인덕터가 직렬로 연결된 경우 L_T를 구하시오.
3. 100 mH 인덕터 5개가 직렬로 연결된 경우 총 인덕턴스를 구하시오.
4. 총 병렬 인덕턴스와 각 인덕터 중 가장 작은 값을 비교하면 어떻게 되는가?
5. 총 병렬 인덕턴스를 구하는 식은 총 병렬 저항을 구하는 식과 유사하다. (참 또는 거짓)
6. 각 병렬 조합에 대하여 L_T를 구하시오.
   (a) 100 mH, 50 mH, 10 mH
   (b) 40 μH, 60 μH
   (c) 1 H 코일 10개

11–4 직류 회로에서의 인덕터

인덕터를 직류 전압원에 연결하면 인덕터의 자기장에 에너지가 저장된다. 인덕터에 흐르는 전류의 형태는 회로의 인덕턴스와 저항값에 의해 결정되는 시정수에 따라 예측할 수 있다.

절의 학습내용

▶ 유도성 직류 스위칭 회로를 해석한다.

   ▶ RL 시정수를 정의한다.

   ▶ 인덕터에서 전류가 증가하고 감소하는 현상을 기술한다.

   ▶ 시정수와 인덕터에서의 에너지 저장 및 방출 관계를 살펴본다.

   ▶ 유도 전압에 대해 설명한다.

   ▶ 인덕터에서의 전류에 대한 지수함수식을 구한다.

인덕터에 일정한 직류 전류가 흐를 때에는 유도 전압이 발생하지 않지만, 코일의 권선저항으로 인한 전압 강하는 발생한다. 인덕턴스 자체는 직류 전류에 대해서 단락된 것과 같이 작용한다. 자장에 저장되는 에너지는 $W = \frac{1}{2}LI^2$이고, 에너지의 열손실은 권선저항에서 발생한다($P = I^2R_W$). 이러한 조건이 그림 11-17에 설명되어 있다.

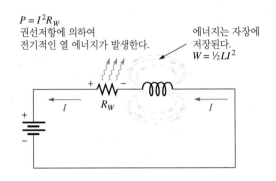

그림 11-17

인덕터에서 에너지 저장 및 열 손실

RL 시정수

인덕터의 기본적인 동작은 전류의 변화를 방해하도록 전압을 발생시키는 것이므로, 인덕터에서의 전류는 순간적으로 바뀔 수 없고, 전류가 다른 값으로 변화하려면 시간이 필요하다. 전류가 변화하는 비율은 **RL 시정수(RL time constant)**에 의해 결정된다.

RL 시정수는 인덕턴스와 저항값의 비와 같은 고정된 시간간격이다.

직렬 RL 회로에 대한 시정수는 다음과 같다.

$$\tau = \frac{L}{R} \qquad\qquad (11\text{-}5)$$

여기서 인덕턴스(L)의 단위가 헨리(H), 저항(R)의 단위가 옴(Ω)일 때 τ는 초(s)의 단위를 갖는다.

예제 11-4	직렬 RL 회로에서 저항이 10 kΩ이고 인덕턴스가 1 mH일 때 시정수를 구하시오.

$$\text{해} \qquad \tau = \frac{L}{R} = \frac{1\ \text{mH}}{1.0\ \text{k}\Omega} = \frac{1 \times 10^{-3}\ \text{H}}{1 \times 10^{3}\ \Omega} = 1 \times 10^{-6}\ \text{s} = \mathbf{1\ \mu s}$$

관련 문제 $R = 2.2\ \text{k}\Omega$이고 $L = 500\ \mu\text{H}$일 때 시정수를 구하시오.

인덕터에서의 전류

전류의 증가 직렬 RL 회로에서 전압이 인가된 후 1 시정수의 시간이 흐르면 전류는 최대값의 63%까지 증가한다. 이러한 전류의 증가현상은 RC 회로에서 전하가 충전되는 동안 캐패시터 전압이 증가하는 현상과 유사한데 전류는 **지수함수(exponential curve)** 형태로 증가하여 표 11-1과 그림 11-18에서 보인 바와 같이 최종값에 대한 백분율에 도달한다.

표 11-1

전류가 증가하는 동안 각 시정수가 흐른 후 최종 전류값에
대한 백분율

시정수의 수	최종 전류에 대한 대략적인 백분율
1	63
2	86
3	95
4	98
5	99(100%로 인식됨)

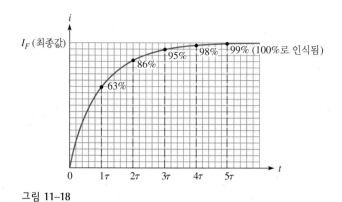

그림 11-18

인덕터에서 전류의 증가

시정수의 5배 되는 시간 동안의 전류의 변화를 그림 11-19에 보였다. 전류는 대략 5τ 후에 최종값에 도달하여 변화를 멈춘다. 이 때 인덕터는 (권선저항을 제외하면) 일정한 전류에 대해 단락회로로 작용한다. 전류의 최종값은 다음과 같다.

$$I_F = \frac{V_S}{R} = \frac{10\,\text{V}}{1.0\,\text{k}\Omega} = 10\,\text{mA}$$

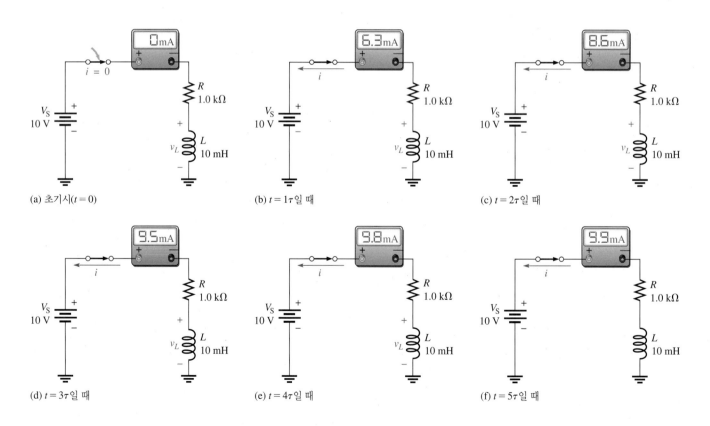

그림 11-19

인덕터에서 전류가 지수함수 형태로 증가하는 모습. 전류는 스위치를 닫은 후 매 시정수마다 대략 63%씩 증가한다. 코일에 유도되는 전압은 전류의 증가에 반대되는 방향의 극성을 갖는다

예제 11–5

그림 11-20에서 RL 시정수를 구하고 스위치를 닫은 다음 각 시정수 구간에서 전류를 구하시오.

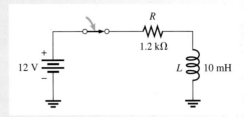

그림 11–20

해 RL 시정수는 다음과 같다.

$$\tau = \frac{L}{R} = \frac{10\,\text{mH}}{1.2\,\text{k}\Omega} = \textbf{8.33}\,\boldsymbol{\mu}\textbf{s}$$

최종 전류값은 다음과 같다.

$$I_F = \frac{V_S}{R} = \frac{12\,\text{V}}{1.2\,\text{k}\Omega} = 10\,\text{mA}$$

표 11-1의 시정수 백분율값을 사용하면 다음과 같이 된다.

1τ일 때　$i = 0.63(10\,\text{mA}) = \textbf{6.3 mA}; t = \textbf{8.33 }\boldsymbol{\mu}\textbf{s}$

2τ일 때　$i = 0.86(10\,\text{mA}) = \textbf{8.6 mA}; t = \textbf{16.7 }\boldsymbol{\mu}\textbf{s}$

3τ일 때　$i = 0.95(10\,\text{mA}) = \textbf{9.5 mA}; t = \textbf{25.0 }\boldsymbol{\mu}\textbf{s}$

4τ일 때　$i = 0.98(10\,\text{mA}) = \textbf{9.8 mA}; t = \textbf{33.3 }\boldsymbol{\mu}\textbf{s}$

5τ일 때　$i = 0.99(10\,\text{mA}) = 9.9\,\text{mA} \cong \textbf{10 mA}; t = \textbf{41.7 }\boldsymbol{\mu}\textbf{s}$

관련 문제　$R = 680\,\Omega, L = 100\,\mu\text{H}$일 때 위의 계산을 반복하시오.

전류의 감소　인덕터에서 전류는 표 11-2와 그림 11-21에 주어진 백분율값에 따라 지수함수 형태로 감소한다.

표 11–2

전류가 감소하는 동안 각 시정수 시점에서 초기 전류값에 대한 백분율

시정수의 수	초기 전류에 대한 대략적인 백분율
1	37
2	14
3	5
4	2
5	1(0으로 인식됨)

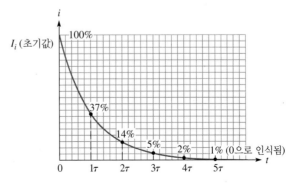

그림 11–21

인덕터에서 전류의 감소

그림 11-22에 5 시정수 구간 동안 전류의 변화를 나타내었다. 전류가 0 A에 가까운 최종 값에 도달하면 변화를 멈추게 된다. 스위치를 열기 전에 L에 흐르는 전류는 10 mA의 일정한 값을 갖는데 이 때 전류값은 L이 이상적인 경우 단락으로 동작하기 때문에 R_1에 의해 결정된다. 스위치가 열리면 유도된 전압은 처음에는 R_2를 통해 10 mA가 흐르게 한다. 전류는 각 시정수 시점에서 63%씩 감소된다.

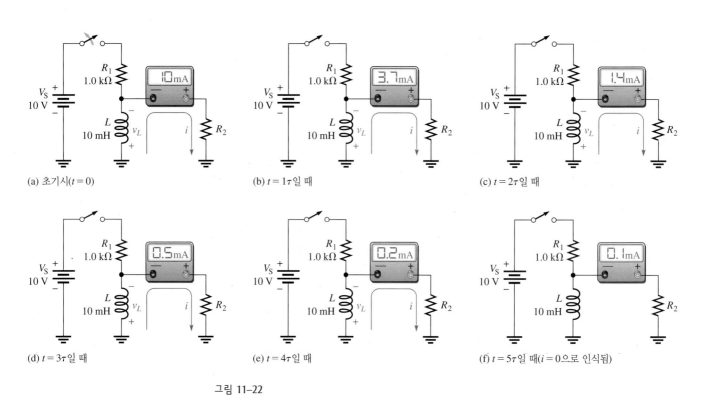

(a) 초기시 ($t = 0$)   (b) $t = 1\tau$일 때   (c) $t = 2\tau$일 때

(d) $t = 3\tau$일 때   (e) $t = 4\tau$일 때   (f) $t = 5\tau$일 때 ($i = 0$으로 인식됨)

그림 11–22

RL 회로에서 전류의 증가와 감소를 보여주는 좋은 방법은 구형파를 입력으로 사용하는 것이다. 구형파는 회로의 직류 응답을 보기에 유용한데 그것은 스위치와 같은 ON/OFF 동작을 보여주기 때문이다. 펄스 응답에 대해서는 15장에서 자세히 다룬다. 구형파가 낮은 값에서 높은 값으로 바뀌면 전류는 지수함수 형태를 나타내며 최종값을 향해 증가한다. 구형파가 0의 값으로 돌아오면 회로에 흐르는 전류는 0의 값을 향해 지수함수 형태로 감소하는 응답을 나타내게 된다. 그림 11-23에 입력전압과 전류의 파형을 나타내었다.

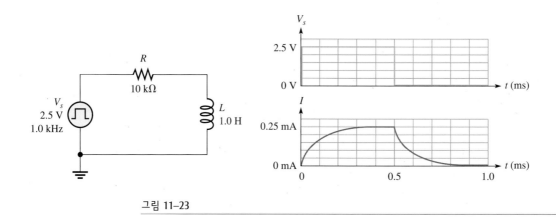

그림 11–23

예제 11-6

그림 11-23 회로에서 0.1 ms와 0.6 ms에서 전류를 구하시오.

해 회로의 RL 시정수는 다음과 같다.

$$\tau = \frac{L}{R} = \frac{1.0\,\text{H}}{10\,\text{k}\Omega} = 0.1\,\text{ms}$$

구형파의 주기가 시정수에 비해 충분히 커서 전류가 5τ일 때의 최대값에 도달하면 전류는 지수함수 형태로 증가하며 각 시정수마다 표 11-1에 나온 바와 같이 최종 전류값의 백분율값을 가진다. 최종 전류값을 구하면 다음과 같다.

$$I_F = \frac{V_s}{R} = \frac{2.5\,\text{V}}{10\,\text{k}\Omega} = 0.25\,\text{mA}$$

0.1 ms에서 전류는 다음 값을 가진다.

$$i = 0.63(0.25\,\text{mA}) = \textbf{0.158 mA}$$

0.6 ms에서 구형파 입력은 0 V로 바뀐 다음 0.1 ms, 즉 1τ가 지난 상태이므로 전류는 최대값에서 최종값 0 mA까지 63% 감소하게 된다. 따라서

$$i = 0.25\,\text{mA} - 0.63(0.25\,\text{mA}) = \textbf{0.092 mA}$$

관련 문제 0.2 ms와 0.8 ms에서 전류값을 구하시오.

직렬 RL 회로에서의 전압

이미 알고 있듯이 인덕터에서 전류가 변화할 때 전압이 유도된다. 그림 11-24의 직렬 회로에서 구형파 입력의 완전한 한 사이클 동안 저항과 코일에 걸리는 전압이 어떻게 되는지 살펴보자. 함수 발생기는 직류 전원에 스위치된 경우처럼 신호를 발생시키고 나서 0의 값으로 돌아오면 '자동적으로' 낮은 저항값(이상적으로는 0의 값)의 경로를 제공한다는 점을 유념하라.

회로에 연결된 전류계를 통해 어느 시점에서나 회로에 흐르는 전류를 볼 수 있게 하였으며 V_L은 인덕터 양단의 전압파형을 나타낸다. 그림 11-24(a)에서 구형파는 0에서 최대값인 2.5 V로 변하였다. 렌쯔의 법칙에 의해 인덕터에 유도되는 전압은 인덕터 주위에 형성된 자장의 변화에 반대되는 방향으로 발생한다. 회로에는 이렇게 크기가 같고 방향이 반대인 전압에 의해 전류가 흐르지 않게 된다.

자기장이 형성됨에 따라 인덕터에 유도된 전압은 감소하고 회로의 전류가 흐르게 된다. 1τ가 흐른 뒤에 인덕터에 유도된 전압은 63%만큼 감소하게 되고 전류는 63% 증가하여 0.158 mA가 된다. 1 시정수(0.1 ms) 뒤의 모습을 그림 11-24(b)에 나타내었다.

인덕터에 걸리는 전압은 지수함수 형태로 0의 값으로 감소하고 이 때 전류는 회로의 저항에 의해 제한된다. 그러면 그림 11-24(c)와 같이 구형파가 다시 0으로 돌아간다.($t = 5\tau$일 때). 다시 전압은 인덕터 양단에 변화에 반대되는 방향으로 유도되고 이번에는 자기장이 소멸되는 경우이므로 인덕터 전압의 방향이 반대가 된다. 전원전압이 0이 되었지만 감소하는 자장은 그림 11-24(d)와 같이 전류가 0의 값으로 감소할 때까지 전류를 같은 방향으로 흐르도록 유지해 준다.

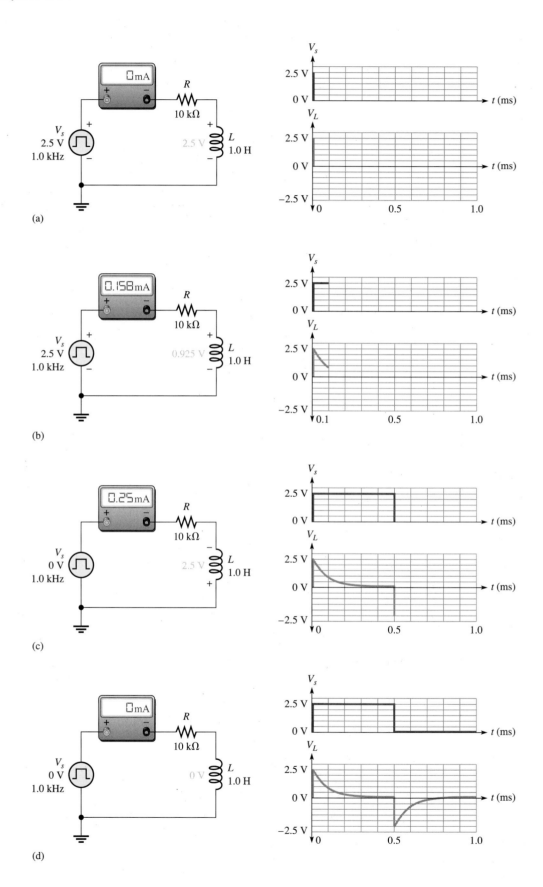

그림 11–24

예제 11–7

(a) 그림 11-25의 회로에서 구형파 입력이 인가되었다. 인덕터에서 완전한 파형을 관찰할 수 있는 최대 주파수는 얼마인가?

(b) 문제 (a)에서 설정한 주파수에서 저항 양단의 전압파형은 어떻게 되는가?

그림 11-25

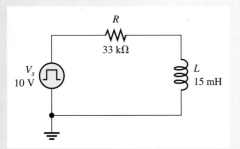

해 **(a)**

$$\tau = \frac{L}{R} = \frac{15\,\text{mH}}{33\,\text{k}\Omega} = 0.454\,\mu s$$

전체 파형을 관찰하기 위해서는 주기가 τ의 10배이어야 한다. 따라서

$$T = 10\tau = 4.54\,\mu s$$

$$f = \frac{1}{T} = \frac{1}{4.54\,\mu s} = \mathbf{220\,kHz}$$

(b) 저항 양단의 전압은 전류파형과 동일한 모양을 갖는다. 일반적인 형태는 그림 11-24에 나타나 있으며 최대값은 10 V가 된다(인덕터의 권선저항이 없다고 하면 V_s와 같게 된다).

관련 문제 $f = 220$ kHz일 때 저항 양단의 최대 전압은 얼마인가?

 CD-ROM에서 Multisim E11-07 파일을 열고, 주파수를 계산한 값으로 설정한 다음 인덕터 양단의 전압을 관찰하라.

지수함수 공식

RL 회로에서 지수함수적인 전압과 전류에 대한 식은 9장에서 다루었던 *RC* 회로의 경우와 유사하며 그림 9-36의 일반 지수함수 곡선은 캐패시터뿐만 아니라 인덕터에도 적용된다. *RL* 회로의 일반식은 다음과 같다.

$$v = V_F + (V_i - V_F)e^{-Rt/L} \tag{11-6}$$

$$i = I_F + (I_i - I_F)e^{-Rt/L} \tag{11-7}$$

여기서 V_F, I_F = 전압과 전류의 최종값
  V_i, I_i = 전압과 전류의 초기값
  v, i = 시간 t에서 인덕터 전압이나 전류의 순시값

증가하는 전류 $0(I_i = 0)$에서부터 전류가 지수함수 형태로 증가하는 특수한 경우의 식은 다음과 같다.

$$i = I_F(1 - e^{-Rt/L}) \tag{11-8}$$

식 (11-8)을 이용하여 증가하는 인덕터 전류의 순시값을 계산할 수 있다. 식 (11-8)에서 i를 v로, I_F를 V_F로 바꾸어줌으로써 전압을 구할 수 있다. 지수 $-Rt/L$은 $-t/(L/R) = -t/\tau$와 같이 쓸 수도 있다.

예제 11-8

그림 11-26에서 스위치가 닫힌 뒤 30 μs 후의 인덕터 전류를 구하시오.

그림 11-26

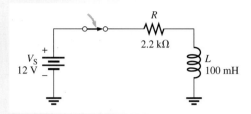

해 RL 시정수는 다음과 같다.

$$\tau = \frac{L}{R} = \frac{100\,mH}{2.2\,k\Omega} = 45.5\,\mu s$$

최종 전류값을 구하면 다음과 같다.

$$I_F = \frac{V_S}{R} = \frac{12\,V}{2.2\,k\Omega} = 5.45\,mA$$

초기 전류값은 0이다. 30 μs는 1 시정수보다 작은 값이므로 전류는 최종값의 63%보다 적게 된다.

$$i_L = I_F(1 - e^{-Rt/L}) = 5.45\,mA(1 - e^{-0.66}) = \textbf{2.63 mA}$$

관련 문제   그림 11-26에서 스위치가 닫힌 뒤 55 μs 후에 인덕터로 흐르는 전류를 구하시오.

감소하는 전류   최종값 0으로 지수함수 형태로 감소하는 특수한 경우의 식은 다음과 같다.

$$i = I_i e^{-Rt/L} \tag{11-9}$$

이 식은 어느 시점에서 감소하는 인덕터 전류를 계산하는 데 사용된다.

예제 11-9

그림 11-27에서 입력 구형파의 완전한 한 사이클 동안에 대해 각 μs 구간마다 전류를 구하시오. 각 시점에서 전류를 구한 후 전류파형을 그리시오.

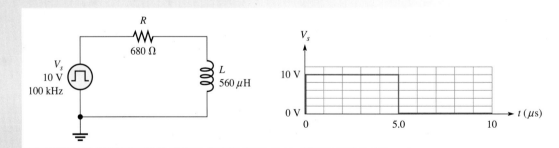

그림 11-27

해 RL 시정수는 다음과 같다.

$$\tau = \frac{L}{R} = \frac{560\,\mu H}{680\,\Omega} = 0.824\,\mu s$$

펄스가 $t = 0$에서 0 V에서 10 V로 바뀌면 전류는 지수함수 형태로 증가한다. 최종 전류값을 구하면 다음과 같다.

$$I_F = \frac{V_s}{R} = \frac{10\text{ V}}{680\ \Omega} = 14.7\text{ mA}$$

증가하는 전류의 경우 $i = I_F(1 - e^{-Rt/L}) = I_F(1 - e^{-t/\tau})$

$t = 1\ \mu s$일 때 $i = 14.7\text{ mA}(1 - e^{-1\mu s/0.824\mu s}) = 10.3\text{ mA}$

$t = 2\ \mu s$일 때 $i = 14.7\text{ mA}(1 - e^{-2\mu s/0.824\mu s}) = 13.4\text{ mA}$

$t = 3\ \mu s$일 때 $i = 14.7\text{ mA}(1 - e^{-3\mu s/0.824\mu s}) = 14.3\text{ mA}$

$t = 4\ \mu s$일 때 $i = 14.7\text{ mA}(1 - e^{-4\mu s/0.824\mu s}) = 14.6\text{ mA}$

$t = 5\ \mu s$ 일 때 $i = 14.7\text{ mA}(1 - e^{-5\mu s/0.824\mu s}) = 14.7\text{ mA}$

$t = 5\ \mu s$에서 펄스가 10 V에서 0 V로 바뀌면 전류는 지수함수 형태로 감소한다.
감소하는 전류의 경우 $i = I_i(e^{-Rt/L}) = I_i(e^{-t/\tau})$
초기 전류값은 5 μs 시점의 전류값으로 14.7 mA이다.

$t = 6\ \mu s$일 때 $i = 14.7\text{ mA}(e^{-1\mu s/0.824\mu s}) = 4.37\text{ mA}$

$t = 7\ \mu s$일 때 $i = 14.7\text{ mA}(e^{-2\mu s/0.824\mu s}) = 1.30\text{ mA}$

$t = 8\ \mu s$일 때 $i = 14.7\text{ mA}(e^{-3\mu s/0.824\mu s}) = 0.38\text{ mA}$

$t = 9\ \mu s$일 때 $i = 14.7\text{ mA}(e^{-4\mu s/0.824\mu s}) = 0.11\text{ mA}$

$t = 10\ \mu s$일 때 $i = 14.7\text{ mA}(e^{-5\mu s/0.824\mu s}) = 0.03\text{ mA}$

그림 11-28에 이 결과를 그래프로 나타내었다.

그림 11–28

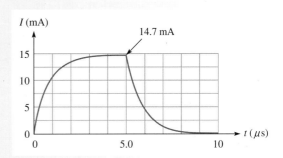

관련 문제 0.5 μs에서 전류값을 구하시오.

  CD-ROM에서 Multisim E11-09 파일을 열고, 매우 작은 직렬 저항을 인덕터와 접지 사이에 넣고 그 양단 전압을 관찰함으로써 전류를 측정하라.

11–4 복습문제

1. 15 mH 인덕터의 권선저항이 10 Ω이고 10 mA의 일정한 직류가 흐른다. 인덕터 양단에 걸리는 전압은 얼마인가?

2. 20 V 직류 전원이 직렬 RL 회로에 스위치를 통해 연결되어 있다. 스위치가 닫히는 순간 i와 v_L의 값은 얼마인가?

3. 문제 2의 회로에서 스위치가 닫힌 다음 5τ의 시간이 흐른 후의 v_L은 어떻게 되는가?

4. $R = 1.0\text{ k}\Omega$, $L = 500\ \mu\text{H}$인 직렬 RL 회로에서 시정수를 구하시오. 10 V 직류 전원을 스위치를 통해 연결한 뒤 0.25 μs 후의 전류를 구하시오.

11-5 교류 회로에서의 인덕터

인덕터는 교류를 통과시키지만 주파수에 따라 달라지는 저항 성분을 가지고 있다.

절의 학습내용

▶ **유도성 교류 회로를 해석한다.**

  ▶ 유도성 리액턴스를 정의한다.

  ▶ 주어진 회로에서 유도성 리액턴스를 계산한다.

  ▶ 인덕터에서의 순시전력, 유효전력, 무효전력을 논의한다.

유도성 리액턴스(X_L)

그림 11-29에 정현파 전압원에 연결된 인덕터를 나타내었다. 전압원의 진폭을 일정하게 하고 주파수를 증가시키면 전류의 진폭은 줄어든다. 또한 전원의 주파수를 감소시키면 전류의 진폭은 증가한다.

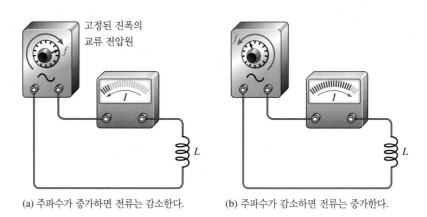

(a) 주파수가 증가하면 전류는 감소한다.　　(b) 주파수가 감소하면 전류는 증가한다.

그림 11-29

유도성 회로에서 전류는 전원전압의 주파수에 반비례하여 변화한다

전원전압의 주파수가 증가하면 아는 바와 같이 변화율도 증가한다. 이제 전원전압의 주파수가 증가하면 전류의 주파수도 증가한다. 패러데이의 법칙과 렌쯔의 법칙에 따르면 증가된 주파수는 인덕터 양단에 더 많은 전압을 유도시키고 그 방향은 전류를 억제하는 방향이므로 전류의 진폭이 줄어들게 된다. 이와 유사하게 주파수가 감소하면 전류가 증가한다.

고정 크기의 전압에 대해 주파수가 증가할 때 전류가 감소하는 것은 전류의 흐름을 억제하는 성질이 많아졌음을 나타낸다. 이렇게 인덕터는 주파수에 직접 비례하여 변화하는 전류의 흐름을 억제하는 성질을 가진다.

유도성 리액턴스는 인덕터에서 정현파 전류의 흐름을 억제하는 성질이다.

유도성 리액턴스(inductive reactance)의 기호는 X_L이며 그 단위는 옴(Ω)이다.

지금까지 인덕터에서 전류를 억제하는 성질(유도성 리액턴스)이 주파수에 어떻게 영향을 받는지 살펴보았다. 그림 11-30(a)에 고정 진폭과 고정 주파수의 정현파 전압을 1 mH 인덕터에 인가한 경우, 일정한 양의 교류가 흐르는 것을 나타내었다. 그림 11-30(b)와 같이 인덕턴스값을 2 mH로 바꾸어 주면 전류는 감소한다. 이와 같이 인덕턴스를 키워주면 전류를 억제하는 성질(유도성 리액턴스)도 증가한다. 따라서 유도성 리액턴스는 주파수에만 직접 비례

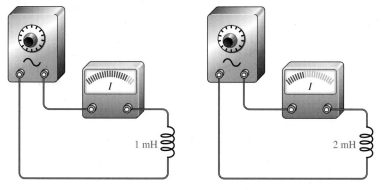

그림 11–30
고정된 전압과 고정된 주파수에 대해
전류는 인덕턴스값에 반비례하여 변화
한다

(a) 인덕턴스가 작으면 더 많은 전류가 흐른다.　　(b) 인덕턴스가 커지면 더 적은 전류가 흐른다.

하는 것이 아니라 인덕턴스에도 직접 비례한다. 이러한 관계식은 다음과 같이 쓸 수 있다.

X_L은 fL에 비례한다.

여기에서 비례상수는 2π임이 입증될 수 있으며, 따라서 유도성 리액턴스 X_L의 완전한 식은 다음과 같다.

$$X_L = 2\pi fL \tag{11-10}$$

f의 단위가 헤르츠(Hz), L의 단위가 헨리(H)일때 X_L의 단위는 옴(Ω)이다. 2π 항은 정현파와 회전운동 사이의 관계로부터 온다.

예제 11-10

그림 11-31의 회로에 10 kHz의 주파수를 가진 정현파 전압이 인가되었다. 유도성 리액턴스를 구하시오.

그림 11-31

해 10 kHz를 10×10^3 Hz로, 5 mH를 5×10^{-3} H로 바꿔 쓰고 유도성 리액턴스를 구하면 다음과 같다.

$$X_L = 2\pi fL = 2\pi (10 \times 10^3 \text{ Hz})(5 \times 10^{-3} \text{ H}) = \mathbf{314 \ \Omega}$$

관련 문제 그림 11-31에서 주파수가 35 kHz로 증가되었을 때 X_L을 구하시오.

옴의 법칙 인덕터의 리액턴스는 저항의 저항값과 유사하다. 사실 X_L은 X_C나 R과 마찬가지로 옴으로 표현된다. 용량성 리액턴스도 전류를 억제하는 성질이기 때문에 옴의 법칙은 저항 회로나 용량성 회로와 마찬가지로 유도성 회로에도 적용되며 다음과 같이 쓸 수 있다.

$$I = \frac{V}{X_L} \tag{11-11}$$

교류회로에서 옴의 법칙을 적용할 때 전류와 전압은 동일한 방식으로, 즉 모두 실효값으로 하거나, 모두 최대값으로 하거나 하여야 한다.

예제 11–11

그림 11-32에서 전류의 실효값을 구하시오.

그림 11–32

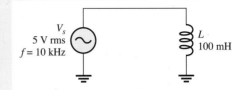

해 10 kHz를 10×10^3 Hz로, 100 mH를 100×10^{-3} H로 바꿔 쓰고 X_L을 구하면 다음과 같다.

$$X_L = 2\pi f L = 2\pi(10 \times 10^3 \text{ Hz})(100 \times 10^{-3} \text{ H}) = 6283 \ \Omega$$

옴의 법칙을 적용하면 다음의 값을 구할 수 있다.

$$I_{\text{rms}} = \frac{V_{\text{rms}}}{X_L} = \frac{5 \text{ V}}{6283 \ \Omega} = \mathbf{796 \ \mu A}$$

관련 문제 그림 11-32에서 $V_{\text{rms}} = 12$ V, $f = 4.9$ kHz, $L = 680 \ \mu$H일 때 전류의 실효값을 구하시오.

CD-ROM에서 Multisim E11-11 파일을 열고, 전류의 실효값을 측정한 다음 계산값과 비교하라. 회로값을 관련 문제의 값으로 바꾸고 전류의 실효값을 측정하라.

전류는 인덕터 전압보다 위상이 90° 뒤짐

이미 알고 있듯이 정현파 전압은 0을 지나는 지점에서 최대 변화율을 가지며 최대값에서 0의 변화율을 갖는다. 패러데이의 법칙(7장)에 의하면 코일에 유도되는 전압은 전류가 변화하는 변화율에 직접 비례하는 양을 갖는다. 따라서 코일의 전압은 전류의 변화율이 최대가 되는 지점, 즉 전류가 0을 지나는 지점에서 최대가 된다. 또한 전압의 양은 전류의 변화율이 0이 되는 전류의 최대값에서 0이 된다. 그림 11-33에 이러한 위상관계를 나타내었다. 여기를 보면 전류의 최대값은 전압의 최대값에서 1/4 사이클 이후에 나타난다. 이렇게 전류는 전압보다 위상이 90° 뒤진다. 캐패시터에서 전류는 전압보다 90° 앞선 위상을 가짐을 배운 바 있다.

그림 11–33

전류는 항상 인덕터 전압보다 90° 뒤진다

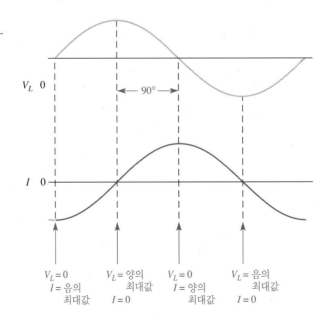

인덕터에서의 전력

앞에서 설명한 바와 같이 인덕터에 전류가 흐르면 자기장 내에 에너지가 저장된다. (권선저항이 없는) 이상적인 인덕터는 에너지를 소비하지 않고 저장한다. 교류 전압이 이상적인 인덕터에 가해지면 에너지가 사이클의 일부분 동안 인덕터에 저장되며, 저장된 에너지는 사이클의 다른 부분 동안에 전원으로 돌아간다. 이상적인 인덕터에서는 열로 변환되는 에너지의 손실이 없다. 그림 11-34는 한 사이클 동안의 인덕터 전압과 전류에 따른 전력곡선을 보인 것이다.

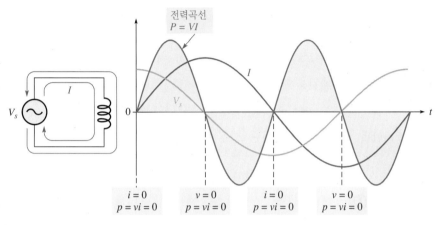

그림 11-34

인덕터에서의 전력곡선

순시전력(P) 순시전압 v와 순시전류 i를 곱하면 순시전력 p가 된다. v나 i가 0인 곳에서 p는 0이다. v와 i가 모두 (+)의 값을 가지면 p도 (+)의 값을 갖는다. v와 i 중에서 하나는 (+)이고 다른 하나가 (−)이라면 p는 (−)이 된다. 또한 v와 i가 모두 (−)이면 p는 (+)이 된다. 그림 11-34에서 알 수 있듯이 전력은 정현파형의 곡선을 따라서 변화한다. 전력의 (+) 값은 에너지가 인덕터에 저장되는 것을 나타내며, 전력의 (−) 값은 에너지가 인덕터에서 전원으로 돌아가는 것을 나타낸다. 전력은 전압이나 전류의 주파수의 두 배로 변동하는데 에너지는 이 주파수로 인덕터에 저장되거나 전원으로 돌아감을 유념하라.

유효전력(P_{true}) 이상적으로 전력 사이클이 (+)의 부분 동안 인덕터에 의해 저장된 모든 에너지는 (−)의 부분 동안 전원으로 되돌려진다. 에너지는 인덕턴스에서 소모되지 않으므로 유효전력은 0이다. 실제 인덕터에서는 권선저항(R_W) 때문에 항상 약간의 전력이 소비되며, 매우 작은 양의 유효전력이 존재한다. 그러나 이 유효전력은 대부분의 경우에 무시된다.

$$P_{true} = I_{rms}^2 R_W \tag{11-12}$$

무효전력(P_r) 인덕터가 에너지를 저장하거나 돌려 보내는 비율을 무효전력 P_r이라고 하며, 단위는 VAR이다. 매 순간 인덕터는 에너지를 전원으로부터 받고 있거나 전원으로 돌려 보내고 있으므로 무효전력은 0이 아니다. 그러나 무효전력이 열로 변환되는 에너지 손실을 의미하지는 않는다. 다음의 식이 적용된다.

$$P_r = V_{rms}I_{rms} \tag{11-13}$$

$$P_r = \frac{V_{rms}^2}{X_L} \tag{11-14}$$

$$P_r = I_{rms}^2 X_L \tag{11-15}$$

예제 11-12

10 V rms, 1 kHz 주파수의 신호가 권선저항이 5 Ω인 10 mH 코일에 인가되었다. 무효전력(P_r)과 유효전력(P_{true})을 구하시오.

해 우선 유도성 리액턴스와 전류값을 구한다.

$$X_L = 2\pi f L = 2\pi(1\,\text{kHz})(10\,\text{mH}) = 62.8\,\Omega$$

$$I = \frac{V_s}{X_L} = \frac{10\,\text{V}}{62.8\,\Omega} = 159\,\text{mA}$$

식 (11-15)를 사용하면 다음과 같다.

$$P_r = I^2 X_L = (159\,\text{mA})^2(62.8\,\Omega) = \mathbf{1.59\,VAR}$$

유효전력을 구하면 다음의 값을 가진다.

$$P_{true} = I^2 R_W = (159\,\text{mA})^2(5\,\Omega) = \mathbf{126\,mW}$$

관련 문제 주파수가 증가하면 무효전력은 어떻게 되는가?

코일의 양호도(Q)

양호도(qualily factor)는 코일의 권선저항이나 코일과 직렬로 연결된 저항의 유효전력에 대한 인덕터의 무효전력의 비이다. 즉, 권선저항(R_W)에서의 전력에 대한 L에서의 전력의 비이다. 양호도는 13장에서 다룰 공진회로에서 매우 중요하다. Q에 대한 식은 다음과 같다.

$$Q = \frac{\text{무효전력}}{\text{유효전력}} = \frac{P_r}{P_{true}} = \frac{I^2 X_L}{I^2 R_W}$$

I^2으로 약분하면 다음과 같다.

$$Q = \frac{X_L}{R_W} \tag{11-16}$$

Q는 동일한 단위를 갖는 값의 비율이므로 단위를 갖지 않음에 주목하라. 양호도는 코일에 부하가 없는 상태에서 정의되기 때문에 무부하 Q라고도 알려져 있다.

11-5 복습문제

1. 인덕터에서 전류와 전압의 위상관계는 어떻게 되는가?
2. $f = 5$ kHz, $L = 100\,\mu$H일 때 X_L을 구하시오.
3. 50 mH 인덕터의 리액턴스가 800 Ω이 되는 주파수는 얼마인가?
4. 그림 11-35에서 전류의 실효값을 구하시오.
5. 50 mH의 이상적인 인덕터가 12 V rms 전원에 연결되어 있다. 유효전력은 얼마인가? 그리고 1 kHz 주파수에서 무효전력은 얼마인가?

그림 11-35

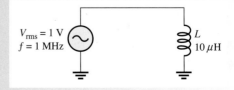

11–6　인덕터 응용

인덕터는 부품의 크기와 가격, 내부 저항과 같은 비이상적인 특성으로 인해 실제 응용에서 캐패시터만큼 다양하게 사용되지 않는다. 인덕터가 사용되는 가장 일반적인 경우 중 하나가 잡음을 제거하는 것이다.

절의 학습내용

▶ **몇 가지 인덕터 응용에 대한 예를 살펴본다.**

　▶ 잡음이 회로로 유입되는 두 가지 방식을 살펴본다.

　▶ 전자파간섭(EMI)의 억제방법을 살펴본다.

　▶ 비드(ferrite bead)의 사용법을 설명한다.

　▶ 동조회로의 기본적인 사항들에 대해 논의한다.

잡음 억제

인덕터의 가장 중요한 응용의 하나는 원하지 않는 전기적 잡음을 억제하는 것과 관련이 있다. 이러한 응용에 사용되는 인덕터는 인덕터 자체가 잡음을 방사원이 되지 않도록 하기 위해 일반적으로 닫힌 경로의 코어에 감겨 있다. 잡음에는 도전성 잡음(conductive noise)과 방사 잡음(radiated noise)이 있다.

도전성 잡음　대부분 시스템은 시스템의 다른 부분과 연결된 공통의 도전 경로를 가지고 있으며 이곳을 통해 고주파 잡음이 시스템의 한 부분에서 다른 부분으로 전달된다. 그림 11-36(a)와 같이 공통의 선로로 연결된 두 회로의 경우를 생각해 보자. 고주파 잡음에 대한 경로가 접지 루프라고 알려진 조건을 만드는 공통의 접지를 통해 존재한다. 접지 루프는 변환기가 기록 시스템에서 떨어져 있고 접지의 잡음 전류가 신호에 영향을 주는 계측기 시스템에서 특히 문제가 된다.

　만일 측정신호가 천천히 변하면 수직 초크라고 불리는 특수한 인덕터를 신호선에 그림 11-36(b)와 같이 연결한다. 수직 초크는 변압기(14장 참조)와 같은 형태로 각 신호선에 대해 인덕터 역할을 한다. 접지 루프는 이것을 높은 임피던스로 인식하기 때문에 잡음이 저감되는 반면 낮은 주파수의 신호는 초크의 낮은 임피던스를 통해 결합된다.

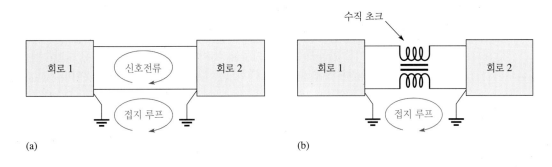

그림 11–36

　스위칭 회로는 고주파 성분으로 인해 고주파 잡음(10 MHz 이상)을 발생시키는 경향이 있다(8-7절에서 언급한 바와 같이 급격히 변화하는 펄스는 많은 고주파 성분을 포함하고 있다). 고속 스위칭 회로를 사용하는 전원 공급장치는 자체가 도전성 잡음원이 된다. 인덕터의 임피던스는 주파수에 따라 증가하므로 인덕터는 전기적인 잡음을 공급원에서 차단하며 직류만을 전달하는 데 적합한 소자가 된다. 인덕터는 도전성 잡음을 억제함으로써 한 회로가 다른 회로에 나쁜 영향을 주지 않도록 종종 전원 공급선로에 사용된다. 또한 하나 이상의 캐패시터가 필터 작용을 개선하기 위해 인덕터와 함께 사용된다.

방사 잡음 잡음은 회로에 전기장의 형태로 유입될 수 있다. 잡음원은 인근의 회로나 전원 공급장치가 될 수 있다. 방사 잡음의 영향을 줄이기 위한 방법에는 여러 가지가 있는데 통상 첫 단계는 잡음의 원인을 알아내고 차폐나 필터링을 통해 분리해 내는 것이다. 인덕터는 라디오파 잡음을 억제하는 용도의 필터에 광범위하게 사용된다. 잡음 저감용 인덕터는 그 자체가 잡음 방사원이 되지 않도록 유의하여 선정하여야 한다. 고주파의 경우(> 20 MHz), 투자율이 높은 환상(toroidal, 토로이달) 코어에 감긴 인덕터가 널리 사용된다.

RF 초크

매우 높은 주파수를 차단하는 용도의 인덕터를 라디오파(radio frequency : RF) 초크라고 부른다. RF 초크는 도전성 혹은 방사 잡음에 사용된다. 이들은 시스템의 일부로 유입되거나 빠져 나가는 고주파 잡음을 차단하도록 고주파수에서 높은 임피던스를 나타내게 설계된 특수한 인덕터이다. 일반적으로 초크는 RF 저감이 필요한 선로에 직렬로 연결한다. 간섭되는 주파수에 따라 다른 종류의 초크가 요구된다. 일반적인 형태의 전자파 간섭(electromagnetic interference : EMI) 필터는 신호선을 환상(toroidal) 코어에 수 차례 감아준다. 초크 자체가 잡음원이 되지 않도록 하기 위해 자기장을 내부로 한정하는 환상 구조가 바람직하다.

다른 형태의 RF 초크는 비드(ferrite bead)이다. 모든 도선은 인덕턴스를 가지고 있으며 비드 자체는 작은 강자성체로 도선에 붙여서 인덕턴스를 증가시켜 준다. 비드에 나타난 임피던스는 비드의 크기뿐만 아니라 재질과 주파수 모두의 함수이다. 비드는 고주파에 대해 저렴하고 효과적인 '초크'로 고주파 통신 시스템에 일반적으로 사용된다. 종종 실효 인덕턴스를 증가시키기 위해 여러 개의 비드가 직렬로 함께 사용된다.

동조회로

인덕터는 캐패시터와 함께 통신 시스템에서 주파수를 선택하는 데 사용된다. 동조회로는 특정한 좁은 주파수 대역만을 선택하고 나머지 주파수들을 제거하는 데 사용된다. TV나 라디오 수신기의 튜너는 이러한 원리를 이용하여 여러 방송국 중에서 원하는 방송국만을 선택할 수 있게 한다.

주파수 선택도는 캐패시터와 인덕터의 리액턴스가 주파수와, 직렬이나 병렬로 사용되었을 때 두 소자 사이의 상호작용과 관계가 있다는 사실에서 나온다. 캐패시터와 인덕터는 정반대의 위상 천이를 만들기 때문에 이들을 적절히 조합함으로써 선택된 주파수에서 원하는 응답을 얻을 수 있다. 동조 (공진) *RLC* 회로는 13장에서 자세히 다룰 것이다.

| 11-6 복습문제 | 1. 원하지 않는 잡음의 2가지 형태는 무엇인가?
2. EMI는 무엇의 약자인가?
3. 비드(ferrite bead)는 어떻게 사용되는가? |

응용 과제

값이 표시되어 있지 않은 코일 두 개의 인덕턴스값을 구하여야 하는 데 인덕턴스를 직접 구하는 계측기 인 인덕턴스 브리지를 찾을 수 없다. 고민 끝에 인덕턴스 회로 의 시정수 특성을 이용하여 미지의 인덕턴스를 구하고자 한다. 구형파 발생기와 오실로스코프로 측정환경을 구성하였다.

방법은 코일을 이미 알고 있는 저항과 직렬로 연결하고 구형 파를 회로에 인가한 다음 저항에 걸린 전압을 오실로스코프로 관찰함으로써 시정수를 측정하는 것이다. 시정수를 알고 저항 값을 알면 인덕턴스 L을 구할 수 있다.

구형파 입력전압이 높은 값으로 바뀔 때마다 인덕터 전류는 지수함수 형태로 증가하고, 구형파가 0의 값으로 돌아오면 인 덕터 전류는 지수함수 형태로 감소한다. 지수함수 형태의 저항 전압이 대략 최종값에 도달하는 데 걸리는 시간이 5 시정수에

해당되는데 그림 11-37에 이를 나타내었다. 코일의 권선저항이 무시할 만한 수준인지 확인하기 위한 측정이 필요하며 회로에 사용되는 저항값은 권선저항이나 전원의 저항보다 상대적으로 큰 값으로 선택하여야 한다.

1단계 : 코일 저항 측정 및 직렬 저항 선택하기

저항계로 측정한 권선저항이 85 Ω이라고 하자. 권선저항을 무 시할 만한 값으로 하기 위해 회로의 직렬 저항은 10 kΩ으로 사 용한다.

2단계 : 코일 1 인덕턴스 결정하기

그림 11-38을 보면 인덕터를 구하기 위해 10 V 구형파가 브레 드보드 회로에 인가되었다. 구형파의 주파수를 조절하여 인덕 터 전류가 각 구형파 펄스마다 최종값에 도달하도록 해준다. 스

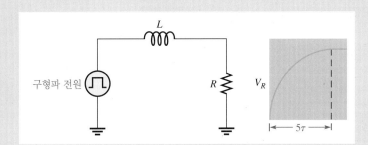

그림 11–37

시정수 측정회로

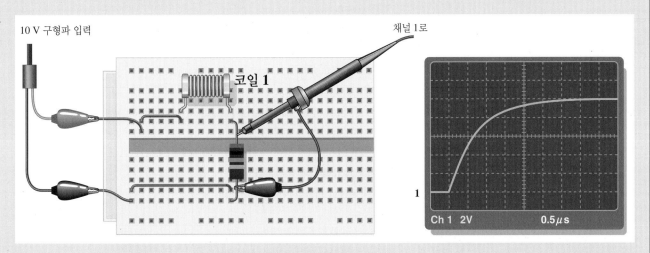

그림 11–38

코일 1의 시험

코프는 전체 지수곡선이 보이도록 설정하였다. 대략적인 회로 시정수를 스코프 화면에서 결정하고 코일 1의 인덕턴스를 계산한다.

3단계 : 코일 2 인덕턴스 결정하기

그림 11-39를 보면 인덕터를 구하기 위해 10 V 구형파가 브레드보드 회로에 인가되었다. 구형파의 주파수를 조절하여 인덕터 전류가 각 구형파 펄스마다 최종값에 도달하도록 해준다. 스코프는 전체 지수곡선이 보이도록 설정하였다. 대략적인 회로 시정수를 스코프 화면에서 결정하고 코일 2의 인덕턴스를 계산한다. 이 방법에서 어떤 문제가 있었는지 살펴본다.

4단계 : 미지의 인덕턴스를 구하는 다른 방법

시정수의 결정은 미지의 인덕턴스를 구하는 유일한 방법이 아니다. 구형파 대신 정현파 전압을 사용하는 방법에 대해 설명하시오.

복습문제

1. 그림 11-38에서 사용될 수 있는 구형파의 최대 주파수는 얼마인가?
2. 그림 11-39에서 사용될 수 있는 구형파의 최대 주파수는 얼마인가?
3. 문제 1과 2에서 결정한 최대 주파수보다 높은 주파수에서는 어떤 현상이 나타나는가? 측정에 어떤 영향을 주는지 설명하시오.

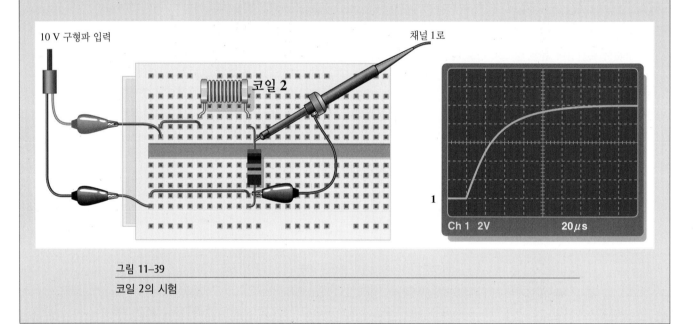

그림 11–39

코일 2의 시험

요 약

▶ (자기) 인덕턴스는 전류의 변화에 대하여 유도 전압이 형성되는 코일의 능력을 나타낸다.

▶ 인덕터는 자체에 흐르는 전류의 변화를 억제한다.

▶ 패러데이의 법칙은 자기장과 코일 사이의 상대적인 운동이 코일 양단에 전압을 유도한다는 것이다.

▶ 렌쯔의 법칙은 자기장 내에서의 변화를 억제하는 방향으로 유도 전류가 흐르도록 유도 전압의 극성이 결정된다는 것이다.

▶ 인덕터에서 에너지는 자기장 내에 저장된다.

▶ 1 H는 1초당 1 A의 비율로 변화하는 전류가 인덕터 양단에 1 V의 전압을 유도할 때의 인덕턴스값이다.

▶ 인덕턴스는 권선 수의 제곱과 투자율, 코어의 단면적에 비례하지만, 코어의 길이에는 반비례한다.

▶ 코어 재질의 투자율은 자기장 형성능력을 나타낸다.

▶ 직렬 연결된 인덕터는 그 값을 더해 준다.

▶ 병렬 연결에서 총 병렬 인덕턴스는 연결된 인덕터 중에서 가장 작은 인덕턴스보다 작다.

▶ 직렬 *RL* 회로의 시정수는 인덕턴스를 저항값으로 나눈 값이다.

▶ *RL* 회로의 인덕터에서 증가하거나 감소하는 전류와 전압은 각 시정수마다 63%씩 변화한다.

▶ 증가하거나 감소하는 전류와 전압은 지수함수 형태로 변화한다.

▶ 인덕터에서 전압은 전류보다 90° 앞선 위상을 갖는다.

▶ 유도성 리액턴스(X_L)는 주파수와 인덕턴스에 비례한다.

▶ 인덕터에서 유효전력은 0이다. 즉, 이상적인 인덕터에서는 열로 변환되는 에너지 손실이 없고, 단지 권선저항으로 인한 손실만 있다.

핵심 용어

이 장에서 제시된 핵심 용어는 책 끝부분의 용어집에 정의되어 있다.

권선(winding) : 인덕터에서 선의 루프나 감겨 있는 것

권선저항(winding resistance) : 코일을 형성하는 도선의 길이에 따른 저항값

렌쯔의 법칙(Lenz's law) : 코일에 흐르는 전류가 변화할 때 유도 전압은 전류의 변화에 반대되는 방향으로 형성된다는 물리적인 법칙으로서, 전류는 순간적으로 변할 수 없다.

양호도(quality factor) : 유효전력에 대한 무효전력의 비

유도성 리액턴스(inductive reactance) : 정현파 전류에 대한 인덕터의 저항. 단위는 옴(Ω)

유도 전압(induced voltage) : 자기장의 변화로 인해 만들어지는 전압

인덕터(inductor) : 코어 둘레에 감긴 선에 의하여 인덕턴스의 특성을 갖도록 만들어진 전기적인 소자로 코일이라고도 한다.

인덕턴스(inductance) : 전류가 변화하면 그 변화를 억제하는 방향으로 전압이 유도되는 인덕터의 성질

지수함수(exponential curve) : 자연대수를 밑으로 하는 수학적 함수로서 인덕터에서 증가하거나 감소하는 전류와 전압은 지수함수에 의해 표현된다.

코일(coil) : 인덕터를 나타내는 일반적인 용어

패러데이의 법칙(Faraday's law) : 코일의 권선에 유도되는 전압은 코일의 감긴 수에 자속의 변화량을 곱한 것과 같다는 법칙

헨리(henry : H) : 인덕턴스의 단위

***RL* 시정수(*RL* time constant)** : *R*과 *L*로 주어지는 고정된 시간간격으로 회로의 시간 응답을 결정한다.

주요 공식

(11-1) $W = \dfrac{1}{2}LI^2$ 인덕터에 의하여 저장되는 에너지

(11-2) $L = \dfrac{N^2\mu A}{l}$ 물리적인 변수로 표현한 인덕턴스

(11-3) $L_T = L_1 + L_2 + L_3 + \cdots + L_n$ 직렬 인덕턴스

(11-4) $L_T = \dfrac{1}{\dfrac{1}{L_1} + \dfrac{1}{L_2} + \dfrac{1}{L_3} + \cdots + \dfrac{1}{L_n}}$ n개의 같은 인덕터가 병렬로 연결되었을 때의 인덕턴스

(11-5) $\tau = \dfrac{L}{R}$ 시정수

(11-6) $v = V_F + (V_i - V_F)e^{-Rt/L}$ 지수함수적인 전압(일반적인 경우)

(11-7) $i = I_F + (I_i - I_F)e^{-Rt/L}$ 지수함수적인 전류(일반적인 경우)

(11-8) $i = I_F(1 - e^{-Rt/L})$ 0 V에서 시작하여 지수함수적으로 증가하는 전류

(11-9) $i = I_i e^{-Rt/L}$ 0 V까지 지수함수적으로 감소하는 전류

(11-10) $X_L = 2\pi f L$ 유도성 리액턴스

$$(11\text{-}11) \quad I = \frac{V}{X_L} \qquad\qquad\qquad \text{옴의 법칙}$$

$$(11\text{-}12) \quad P_{\text{true}} = I_{\text{rms}}^2 R_W \qquad\qquad \text{유효전력}$$

$$(11\text{-}13) \quad P_r = V_{\text{rms}} I_{\text{rms}} \qquad\qquad \text{무효전력}$$

$$(11\text{-}14) \quad P_r = \frac{V_{\text{rms}}^2}{X_L} \qquad\qquad\qquad \text{무효전력}$$

$$(11\text{-}15) \quad P_r = I_{\text{rms}}^2 X_L \qquad\qquad \text{무효전력}$$

$$(11\text{-}16) \quad Q = \frac{X_L}{R_W} \qquad\qquad\qquad \text{양호도}$$

자습문제 정답은 장의 끝부분에 있다.

1. 0.05 μH의 인덕턴스는 다음의 어느 것보다 큰가?
   (a) 0.0000005 H
   (b) 0.000005 H
   (c) 0.000000008 H
   (d) 0.00005 mH

2. 0.33 mH의 인덕턴스는 다음의 어느 것보다 작은가?
   (a) 33 μH
   (b) 330 μH
   (c) 0.05 mH
   (d) 0.0005H

3. 인덕터에 흐르는 전류가 증가하면 자기장 내에 저장되는 에너지는 어떻게 되는가?
   (a) 감소한다.
   (b) 일정하게 유지된다.
   (c) 증가한다.
   (d) 2배로 된다.

4. 인덕터에 흐르는 전류가 2배로 되면 저장되는 에너지는 어떻게 되는가?
   (a) 2배로 된다.
   (b) 4배로 된다.
   (c) 반으로 된다.
   (d) 변화가 없다.

5. 다음 중 어느 경우에 코일의 권선저항이 감소하는가?
   (a) 권선 수가 감소할 때
   (b) 더 긴 선을 사용할 때
   (c) 코어의 재료가 변화할 때
   (d) (a)와 (b) 모두

6. 다음 중 어느 경우에 철 코어의 인덕턴스가 증가하는가?
   (a) 코일의 권선 수가 증가할 때
   (b) 철 코어를 제거할 때
   (c) 코어의 길이가 증가할 때
   (d) 더 큰 선을 사용할 때

7. 10 mH의 인덕터 4개가 직렬로 연결되었을 때 총 인덕턴스는 얼마인가?
   (a) 40 mH
   (b) 2.5 mH
   (c) 40,000 μH
   (d) (a)와 (c) 모두

8. 1 mH, 3.3 mH, 0.1 mH의 인덕터가 병렬로 연결되어 있다. 총 인덕턴스는 얼마인가?
   (a) 4.4 μH
   (b) 3.3 mH보다 크다.
   (c) 0.1 mH보다 작다.
   (d) (a)와 (b) 모두

9. 인덕터와 저항이 12 V 전지와 스위치를 통하여 직렬로 연결되어 있다. 스위치를 닫는 순간에 인덕터에 걸리는 전압은 얼마인가?
   (a) 0 V
   (b) 12 V
   (c) 6 V
   (d) 4 V

10. 정현파 전압이 인덕터 양단에 인가된다. 주파수가 증가하면 전류는 어떻게 되는가?
    (a) 감소한다.
    (b) 증가한다.
    (c) 일정하다.
    (d) 순간적으로 0이 된다.

11. 인덕터와 저항이 정현파 전원에 직렬로 연결되어 있다. 유도성 리액턴스가 저항과 같도록 주파수가 맞추어져 있다. 주파수가 증가하면 어떻게 되는가?
    (a) $V_R > V_L$
    (b) $V_L < V_R$
    (c) $V_L = V_R$
    (d) $V_L > V_R$

고장진단 : 증상과 원인

이러한 연습문제의 목적은 고장진단에 필수적인 과정을 이해함으로써 회로의 이해를 돕는 것이다. 정답은 장의 끝부분에 있다.

그림 11-40을 참조하여 각각의 증상에 대한 원인을 규명하시오.

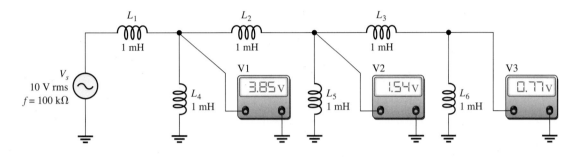

그림 11–40

교류 전압계에 표시된 측정값은 정확하다고 가정한다

1. 증상 : 모든 전압계가 0 V를 나타낸다.

   원인 :

   (a) 전원이 꺼져 있거나 고장

   (b) L_1 개방

   (c) (a) 혹은 (b)

2. 증상 : 모든 전압계가 0 V를 나타낸다.

   원인 :

   (a) L_4 완전 단락

   (b) L_5 완전 단락

   (c) L_6 완전 단락

3. 증상 : 전압계 1은 5 V를, 전압계 2, 3은 0 V를 나타낸다.

   원인 :

   (a) L_4 개방

   (b) L_2 개방

   (c) L_5 단락

4. 증상 : 전압계 1은 4 V를, 전압계 2는 2 V를, 전압계 3은 0 V를 나타낸다.

   원인 :

   (a) L_3 개방

   (b) L_6 단락

   (c) (a) 혹은 (b)

5. 증상 : 전압계 1은 4 V를, 전압계 2는 2 V를, 전압계 3은 2 V를 나타낸다.

   원인 :

   (a) L_3 단락

   (b) L_6 개방

   (c) (a) 혹은 (b)

문 제
홀수문제의 답은 책 끝부분에 있다.

기본 문제

11-1 인덕터의 기초

1. 다음 값들을 mH로 변환하시오.

(a) 1 H   (b) 250 μH   (c) 10 μH   (d) 0.0005 H

2. 다음 값들을 μH로 변환하시오.

(a) 300 mH   (b) 0.08 H   (c) 5 mH   (d) 0.00045 mH

3. 단면적이 10×10^{-5} m^{2}이고, 길이가 0.05 m인 원통형 코어가 30 mH의 인덕턴스가 되려면 권선 수는 얼마가 되어야 하는가? 단, 코어의 투자율은 1.26×10^{-6}이다.

4. 12 V 전지가 12 Ω의 권선저항을 가진 코일 양단에 접속되었다. 코일에 흐르는 전류는 얼마인가?

5. 100 mH의 인덕터에 흐르는 전류가 1 A일 때 저장되는 에너지는 얼마인가?

6. 100 mH의 코일에 흐르는 전류가 200 mA/s의 비율로 변화할 때 코일 양단에 유도되는 전압은 얼마인가?

11-3 직렬 및 병렬 인덕터

7. 5개의 인덕터가 직렬로 연결되었다. 가장 작은 값이 5 μH이다. 각 인덕터의 값이 이전 값의 2배가 되고, 인덕터가 증가하는 값의 순서로 연결되어 있다면 총 인덕턴스는 얼마인가?

8. 50 mH의 총 인덕턴스가 필요한데 10 mH와 22 mH의 코일을 사용할 수 있다. 인덕턴스가 얼마나 더 필요한가?

9. 75 μH, 50 μH, 25 μH, 15 μH의 코일이 병렬로 연결되어 있다. 총 병렬 인덕턴스를 구하시오.

10. 구할 수 있는 가장 작은 인덕턴스의 값이 12 mH이다. 총 병렬 인덕턴스의 값을 8 mH로 하기 위해 이 12 mH 인덕터와 병렬로 연결할 인덕터의 인덕턴스값은 얼마인가?

11. 그림 11-41의 각 회로에 대한 총 인덕턴스를 구하시오.

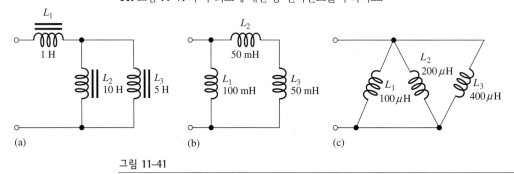

그림 11-41

12. 그림 11-42의 각 회로에 대한 총 인덕턴스를 구하시오.

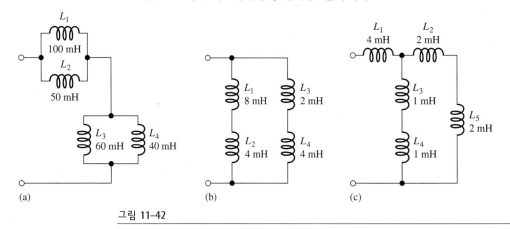

그림 11-42

11-4 직류 회로에서의 인덕터

13. 다음 각각의 *RL* 직렬 조합에 대한 시정수를 구하시오.

(a) $R = 100\ \Omega$, $L = 100\ \mu H$

(b) $R = 4.7\ k\Omega$, $L = 10\ mH$

(c) $R = 1.5\ M\Omega$, $L = 3\ H$

14. 다음 각각의 *RL* 직렬 조합에 있어서 전류가 최종값에 도달할 때까지 걸리는 시간은 얼마인가?

(a) $R = 56\ \Omega$, $L = 50\ \mu H$

(b) $R = 3300\ \Omega$, $L = 15\ mH$

(c) $R = 22\ k\Omega$, $L = 100\ mH$

15. 그림 11-43의 회로에서 초기 전류는 없었다. 스위치를 닫고 다음의 시간이 경과한 후의 인덕터 전압을 구하시오.

(a) $10\ \mu s$ **(b)** $20\ \mu s$ **(c)** $30\ \mu s$ **(d)** $40\ \mu s$ **(e)** $50\ \mu s$

그림 11–43

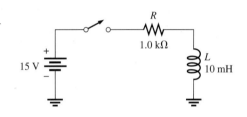

16. 그림 11-44의 회로에서 다음 시간에서 전류를 구하시오. 인덕터와 전압원은 이상적이라고 가정한다.

(a) $10\ \mu s$ **(b)** $20\ \mu s$ **(c)** $30\ \mu s$

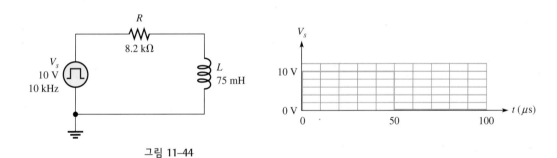

그림 11–44

11-5 교류 회로에서의 인덕터

17. 주파수가 5 kHz인 교류 전압을 단자에 연결할 때 그림 11-41의 각 회로에 대한 총 리액턴스를 구하시오.

18. 주파수가 400 Hz인 교류 전압을 단자에 연결할 때 그림 11-42의 각 회로에 대한 총 리액턴스를 구하시오.

19. 그림 11-45의 회로에서 총 실효 전류를 구하시오. L_2와 L_3에 흐르는 전류는 얼마인가?

그림 11–45

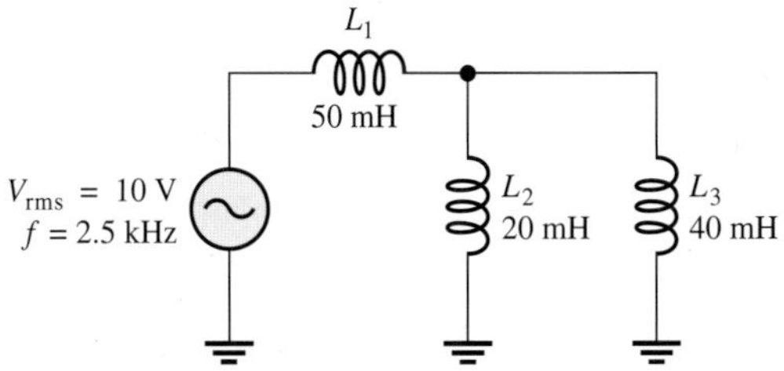

L_1
50 mH

$V_{rms} = 10\ V$
$f = 2.5\ kHz$

L_2
20 mH

L_3
40 mH

20. 그림 11-42의 각 회로에 10 V rms의 입력전압이 인가되었을 때 500 mA의 전류가 흐르려면 주파수는 얼마가 되어야 하는가?

21. 그림 11-45에서 권선저항을 무시하였을 때 무효전력을 구하시오.

고급문제

22. 그림 11-46에서 회로의 시정수를 구하시오.

23 **(a)** 그림 11-46에서 스위치가 닫힌 뒤 1.0 μs 이후 인덕터에 흐르는 전류를 구하시오.
   (b) 5τ 이후 전류는 얼마인가?

24. 그림 11-46의 회로에서 스위치가 5τ 이상 닫혀 있다가 열렸다고 하자. 스위치가 열린 뒤 1.0 μs 이후 인덕터 전류를 구하시오.

그림 11–46

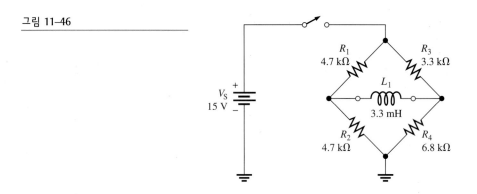

25. 그림 11-47에서 I_{L2} 값을 구하시오.

26. 그림 11-48에서 각 스위치 위치에 대하여 단자 A와 단자 B 사이의 전체 인덕턴스는 얼마인가?

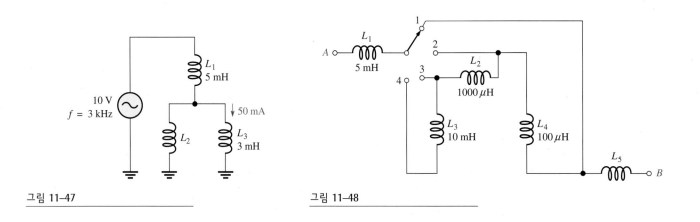

그림 11–47

그림 11–48

Multisim을 이용한 고장진단 문제

27. P11-27 파일을 열고 결함이 있는지 점검하시오.

28. P11-28 파일을 열고 결함이 있는지 점검하시오.

29. P11-29 파일의 회로에 결함이 있는지 점검하시오.

30. P11-30 파일의 회로에 고장난 소자가 있으면 찾으시오.

31. P11-31 파일의 회로에 개방 혹은 단락된 부분이 있는가? 그렇다면 고장난 소자를 찾으시오.

정 답

절 복습문제

11-1 인덕터 기초

1. 인덕턴스는 코어의 권선 수, 투자율, 단면적, 길이에 의존한다.

2. (a) N이 증가하면 L은 증가한다.

   (b) 코어의 길이가 증가하면 L은 감소한다.

   (c) 코어의 단면적이 감소하면 L은 감소한다.

   (d) 공기 코어에 대하여 L은 감소한다.

3. 모든 선은 저항 성분을 갖고 있으며, 인덕터는 선을 감아서 만들었기 때문에, 인덕터에는 항상 저항이 존재한다.

4. 코일에 인접한 권선 사이의 간격은 캐패시터에서의 판간 거리와 같은 역할을 한다.

11-2 인덕터의 종류

1. 인덕터에는 고정형과 가변형의 두 종류가 있다.

2. (a) 공기 코어   **(b)** 철 코어   **(c)** 가변

11-3 직렬 및 병렬 인덕터

1. 직렬 연결된 인덕터는 그 값을 더해 준다.

2. $L_T = 2600 \ \mu H$

3. $L_T = 5 \times 100 \ mH = 500 \ mH$

4. 병렬 연결에서 총 병렬 인덕턴스는 연결된 인덕터 중 가장 작은 인덕턴스보다 작다.

5. 참(인덕턴스의 계산과 저항의 계산은 유사)

6. (a) $L_T = 7.69 \ mH$

   (b) $L_T = 24 \ \mu H$

   (c) $L_T = 100 \ mH$

11-4 직류 회로에서의 인덕터

1. $V_L = (10 \ mA)(10 \ \Omega) = 100 \ mV$

2. 초기에 $i = 0 \ V$, $v_L = 20 \ V$

3. 5τ 이후 $v_L = 0 \ V$

4. $\tau = 500 \ \mu H / 1.0 \ k\Omega = 500 \ ns$, $i_L = 3.93 \ mA$

11-5 교류 회로에서의 인덕터

1. 인덕터에서의 전압은 전류보다 90° 앞선 위상을 갖는다.

2. $X_L = 2\pi fL = 3.14 \ k\Omega$

3. $f = X_L / 2\pi L = 2.55 \ MHz$

4. $I_{rms} = 15.9 \ mA$

5. $P_{true} = 0 \ W$, $P_r = 458 \ mVAR$

11-6 인덕터 응용

1. 도전성(conductive) 잡음과 방사(radiated) 잡음이 있다.

2. 전자파 간섭(electromagnetic interference)

3. 도선상에 인덕턴스를 높이기 위해 넣어주며 고주파(RF) 초크를 형성한다.

응용 과제

1. $f_{max} = 143$ kHz $(5\tau = 3.5\ \mu s)$

2. $f_{max} = 3.57$ kHz $(5\tau = 140\ \mu s)$

3. $f > f_{max}$ 이면, $T/2 < 5\tau$ 이므로 인덕터는 최대 전류에 도달하지 못할 것이다.

예제 관련 문제

11-1   157 mH

11-2   150 μH

11-3   20.3 μH

11-4   227 ns

11-5 $I_F = 17.6$ mA, $\tau = 147$ ns;
  1τ에서 $i = 11.1$ mA, $t = 147$ ns
  2τ에서 $i = 15.1$ mA, $t = 294$ ns
  3τ에서 $i = 16.7$ mA, $t = 441$ ns
  4τ에서 $i = 17.2$ mA, $t = 588$ ns
  5τ에서 $i = 17.4$ mA, $t = 735$ ns

11-6   0.2 ms에서 $i = 0.215$ mA
  0.8 ms에서 $i = 0.0125$ mA

11-7 R_W를 무시하면 10 V

11-8   3.83 mA

11-9   6.7 mA

11-10   1100 Ω

11-11   573 mA

11-12 P_r 감소

자습문제

1. (c)   **2.** (d)   **3.** (c)   **4.** (b)   **5.** (d)   **6 .** (a)

7. (d)   **8.** (c)   **9.** (b)   **10.** (a)   **11.** (d)

고장진단 : 증상과 원인

1. (c)   **2.** (a)   **3.** (b)   **4.** (a)   **5.** (b)

RL 회로

장의 개요

장의 목표

▶ *RL* 회로에서 전압과 전류 사이의 관계를 설명한다.
▶ *RL* 직렬 회로의 임피던스와 위상각을 구한다.
▶ *RL* 직렬 회로를 해석한다.
▶ *RL* 병렬 회로의 임피던스와 위상각을 구한다.
▶ *RL* 병렬 회로를 해석한다.
▶ *RL* 직병렬 회로를 해석한다.
▶ *RL* 회로의 전력을 구한다.
▶ *RL* 회로의 응용 예를 살펴본다.
▶ *RL* 회로의 고장을 진단한다.

핵심 용어

▶ 대역폭(bandwidth)
▶ 무효전력(reactive power)
▶ 어드미턴스(admittance : Y)
▶ 역률(power factor : PF)
▶ 위상각(phase angle)
▶ 유도성 서셉턴스(inductive susceptance : B_L)
▶ 임피던스(impedance : Z)
▶ 주파수 응답(frequency response)
▶ 차단 주파수(cutoff frequency)
▶ 피상전력(apparent power : P_a)

응용 과제 개요

응용 과제에서는 통신 시스템에 분리되어진 두 개의 밀폐된 모듈에 포함된 *RL* 회로의 형태를 알아내는 작업을 수행한다. *RL* 회로에 대한 지식과 기본적인 측정을 통해 회로의 배열과 소자 값을 결정한다. 이 장을 학습하고 나면, 응용 과제를 완벽하게 수행할 수 있게 될 것이다.

지원 웹 사이트

학습을 돕기 위해 다음의 웹 사이트를 방문하기 바란다.
http://www.prenhall.com/floyd

도입

RL 회로는 저항값과 인덕턴스를 포함하고 있다. 이 장에서는 직렬 및 병렬 *RL* 회로와 정현파 전압에 대한 응답을 다룬다. 직병렬 회로에 대해서도 살펴본다. *RL* 회로의 전력에 대해 살펴보고 역률의 실질적인 측면을 논의한다. 역률을 개선하는 방법과 두 가지 기본적인 *RL* 회로 응용을 소개하고 *RL* 회로의 일반적인 결함에 대한 고장진단을 다룬다.

리액티브 회로를 해석하는 방법은 직류 회로에서 배운 방식과 유사하다. 리액티브 회로 문제는 한 번에 하나의 주파수에서만 풀 수 있으며 페이저 연산을 사용하여야 한다.

이 장을 학습하면서 *RC* 회로와 비교하여 *RL* 회로 응답의 차이점과 유사점을 주목하라.

12-1 *RL* 회로의 정현파 응답

RC 회로의 경우와 마찬가지로, 정현파 전압이 *RL* 회로에 인가되었을 때, 회로에 발생하는 모든 전압과 전류도 정현파가 된다. 다만, 인덕턴스에 의해 이 전압과 전류 사이에는 위상차가 발생하며 위상차의 크기는 저항값과 유도성 리액턴스값의 상대적인 크기에 의해 결정된다. 일반적으로 저항이나 캐패시터와 마찬가지로 인덕터는 권선저항으로 인해 이상적인 소자가 아니다. 그러나 설명을 위해 이상적인 소자로 다룬다.

절의 학습내용

▶ **RL 회로에서 전류와 전압 사이의 관계를 설명한다.**

　▶ *RL* 회로에서 전압과 전류 파형을 살펴본다.

　▶ 위상차를 살펴본다.

　　RL 회로에서 저항 양단의 전압과 전류는 전원전압보다 뒤지게 되며, 인덕터 양단의 전압은 전원전압보다 앞선다. 이상적인 경우 인덕터에 흐르는 전류와 인덕터의 전압 사이의 위상각은 언제나 90°가 된다. 이 위상관계를 그림 12-1에 표시하였다. 그림에서 알 수 있듯이 *RL* 회로의 위상관계는 10장에서 배운 *RC* 회로의 위상관계와 반대가 된다.

그림 12-1

전원전압에 대하여 V_R, V_L, I의 일반적인 위상관계를 나타내는 정현파 응답의 예. V_R과 I는 동상이며 V_R과 V_L은 90° 위상차를 갖는다

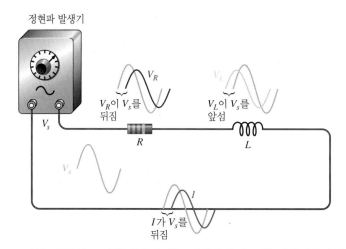

　　전압, 전류의 크기와 위상관계는 저항값과 유도성 리액턴스값에 의해 정해진다. 만일 회로가 인덕턴스 성분만을 갖고 있다면, 인가 전압과 전체 전류 사이의 위상각은 90°가 되며 전류가 이 각도만큼 전압보다 뒤진다. 따라서 회로에 저항 성분과 유도성 리액턴스 성분이 모두 포함된 경우 위상각은 0°에서 90° 사이의 값을 가지며, 그 값은 저항값과 리액턴스값의 상대적인 크기에 따라 정해진다. 모든 인덕터는 권선저항을 가지고 있기 때문에 회로가 인덕턴스 성분만을 가지는 이상적인 경우는 실제로 일어날 수 없다.

12-1 복습문제*

1. 1 kHz 정현파 전압이 *RL* 회로에 인가되었다. 이 때 흐르는 전류의 주파수는 얼마인가?
2. *RL* 회로의 저항값이 유도성 리액턴스보다 큰 경우 전원전압과 전체 전류 사이의 위상차는 0° 와 90° 중 어디에 더 가까운가?

* 정답은 장의 끝부분에 있다.

12–2 직렬 *RL* 회로의 임피던스와 위상각

RL 회로의 **임피던스(impedance)**는 정현파 전류의 흐름을 방해하는 성질의 정도를 나타내는 양으로서 단위는 옴(Ω)이다. **위상각(phase angle)**은 전체 전류와 전원전압 사이의 위상차를 말한다.

절의 학습내용

▶ **직렬 *RL* 회로의 임피던스와 위상각을 구한다.**

  ▶ 임피던스 삼각도를 그린다.

  ▶ 임피던스의 크기를 구한다.

  ▶ 위상각을 구한다.

직렬 *RL* 회로의 임피던스는 그림 12-2에 나타낸 바와 같이 저항(R)과 유도성 리액턴스(X_L)에 의해 구한다.

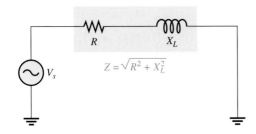

그림 12–2

직렬 *RL* 회로의 임피던스

교류 해석에서, R과 X_L은 그림 12-3(a)에 나타나 있듯이 모두 페이저 양으로 다룬다. R을 기준으로 X_L은 $+90°$의 위치에 표시되는데 이것은 직렬 *RL* 회로에서 인덕터 양단의 전압이 전류보다 $90°$만큼 앞서기 때문이고, 결국 저항 양단의 전압과 비교하여도 $90°$만큼 앞서게 된다. Z는 R과 X_L의 페이저 합이므로, 이를 페이저로 표시하면 그림 12-3(b)와 같다. 페이저 X_L의 위치를 오른쪽으로 이동시켜 그림 12-3(c)와 같은 삼각형을 만들 수 있는데, 이를 임피던스 삼각도라고 부른다. 각 페이저의 길이는 크기(단위는 Ω)를 나타내며, 각도 θ는 *RL* 회로에서 전원전압과 전류 사이의 위상각이 된다.

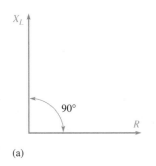

(a)

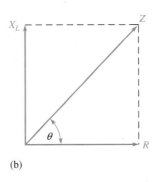

(b)

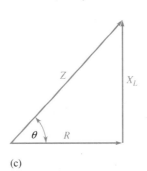

(c)

그림 12–3

직렬 *RL* 회로에서 임피던스 삼각도

직렬 *RL* 회로의 임피던스의 크기는 다음과 같이 저항과 리액턴스의 크기를 사용하여 나타낼 수 있다.

$$Z = \sqrt{R^2 + X_L^2} \qquad (12\text{-}1)$$

여기서 임피던스의 크기 Z의 단위는 옴(Ω)이다.

위상각 θ는 다음과 같이 표시된다.

$$\theta = \tan^{-1}\left(\frac{X_L}{R}\right) \qquad (12\text{-}2)$$

예제 12–1

그림 12-4의 회로에서 임피던스와 위상각을 구하고 임피던스 삼각도를 그리시오.

그림 12–4

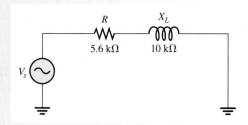

해 임피던스를 구한다.

$$Z = \sqrt{R^2 + X_L^2} = \sqrt{(5.6\,\text{k}\Omega)^2 + (10\,\text{k}\Omega)^2} = \mathbf{11.5\,k\Omega}$$

위상각을 구한다.

$$\theta = \tan^{-1}\left(\frac{X_L}{R}\right) = \tan^{-1}\left(\frac{10\,\text{k}\Omega}{5.6\,\text{k}\Omega}\right) = \mathbf{60.8°}$$

전원전압은 전류를 60.8° 앞선다. 임피던스 삼각도를 그림 12-5에 나타내었다.

그림 12–5

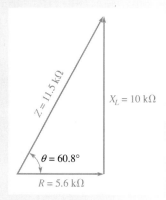

관련 문제* 직렬 *RL* 회로에서 $R = 1.8\,\text{k}\Omega$, $X_L = 950\,\Omega$일 때 임피던스와 위상각을 구하시오.

* 정답은 장의 끝부분에 있다.

12–2 복습문제

1. 직렬 *RL* 회로에서 전원전압이 전류보다 앞선 위상을 가지는가, 아니면 뒤진 위상을 가지는가?
2. *RL* 회로에서 위상각이 0이 아닌 이유는 무엇 때문인가?
3. *RL* 회로의 주파수 응답은 *RC* 회로와 어떻게 달라지는가?
4. 직렬 *RL* 회로가 33 kΩ의 저항과 50 kΩ 유도성 리액턴스를 가질 때 Z와 θ를 구하시오.

12-3   직렬 *RL* 회로의 해석

옴의 법칙과 키르히호프의 전압 법칙은 *RL* 회로에서 전압과 전류와 임피던스를 구하는
데 사용된다. 이 절에서는 *RL* 진상회로와 *RL* 지상회로에 대해서도 살펴본다.

절의 학습내용

▶ **직렬 *RL* 회로를 해석한다.**

  ▶ 옴의 법칙과 키르히호프의 전압 법칙을 *RL* 직렬 회로에 적용한다.

  ▶ 전압과 전류를 페이저 양으로 표시한다.

  ▶ 주파수에 따라 임피던스와 위상각의 변화를 살펴본다.

  ▶ *RL* 지상회로를 살펴보고 해석해 본다.

  ▶ *RL* 진상회로를 살펴보고 해석해 본다.

옴의 법칙

직렬 *RL* 회로의 해석에 옴의 법칙을 적용하기 위해서는 반드시 페이저 양 Z, V, I를 사용하
여야 한다. 이 세 가지 양에 대한 옴의 법칙은 이미 10장의 *RC* 회로에서 언급하였는데, *RL*
회로에도 마찬가지로 적용되며, 다시 써보면 다음과 같다.

$$V = IZ \qquad I = \frac{V}{Z} \qquad Z = \frac{V}{I}$$

다음 예제는 옴의 법칙을 사용한 예를 보여준다.

예제 12–2 그림 12-6에서 전류가 200 μA이다. 전원전압을 구하시오.

그림 12–6

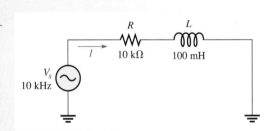

해 식 (11-10)에서 유도성 리액턴스를 구한다.

$$X_L = 2\pi f L = 2\pi(10 \text{ kHz})(100 \text{ mH}) = 6.28 \text{ k}\Omega$$

임피던스를 구한다.

$$Z = \sqrt{R^2 + X_L^2} = \sqrt{(10 \text{ k}\Omega)^2 + (6.28 \text{ k}\Omega)^2} = 11.8 \text{ k}\Omega$$

옴의 법칙을 적용하면 다음과 같다.

$$V_s = IZ = (200 \ \mu A)(11.8 \text{ k}\Omega) = \textbf{2.36 V}$$

관련 문제 만일 그림 12-6의 전원전압이 5 V이면 전류는 어떻게 되는가?

CD-ROM에서 Multisim E12-02 파일을 열고, 10 kHz, 5 kHz, 20 kHz일 때 전류를 측정한 다음 측정 결과를 설명하라.

직렬 *RL* 회로의 전류와 전압의 관계

직렬 *RL* 회로에서, 저항과 인덕터에는 동일한 전류가 흐른다. 따라서 저항 양단의 전압과 전류의 위상은 서로 같으며, 인덕터 양단 전압은 전류보다 90°만큼 앞선다. 결국, 그림 12-7의 파형도에 나타나 있듯이 저항 양단 전압 V_R과 인덕터 양단 전압 V_L 사이에는 90°의 위상차가 발생한다.

그림 12–7

직렬 *RL* 회로에서 전류와 전압의 위상 관계

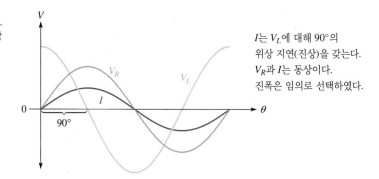

I는 V_L에 대해 90°의 위상 지연(진상)을 갖는다.
V_R과 I는 동상이다.
진폭은 임의로 선택하였다.

키르히호프의 전압 법칙에 의해, 각 소자에서 발생하는 전압 강하의 합은 인가 전압과 같아야 한다. 그러나 V_R과 V_L 사이에는 그림 12-8(a)와 같이 90°의 위상차가 있으므로, 이들의 합을 구할 때에는 페이저를 사용하여야 한다. 그림 12-8(b)와 같이 V_s는 V_R과 V_L의 페이저 합이 되므로, 다음 식으로 쓸 수 있다.

$$V_s = \sqrt{V_R^2 + V_L^2} \tag{12-3}$$

저항 양단 전압과 전원전압 사이의 위상각은 다음과 같다.

$$\theta = \tan^{-1}\left(\frac{V_L}{V_R}\right) \tag{12-4}$$

저항 양단 전압과 전류의 위상은 서로 같으므로, 식 (12-4)의 위상각 θ는 또한 전원전압과 전류 사이의 위상각을 나타내며 $\tan^{-1}(X_L/R)$과 같게 된다. 그림 12-9의 페이저도는 그림 12-7의 전압과 전류 파형을 페이저로 나타낸 것이다.

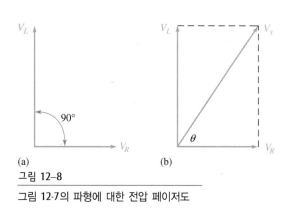

(a)　　　　　　　　(b)

그림 12–8

그림 12-7의 파형에 대한 전압 페이저도

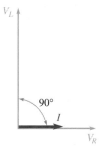

그림 12–9

그림 12-7의 파형에 대한 전압과 전류 페이저도

예제 12–3

그림 12-10에서 전원전압과 위상각을 구하고 전압 페이저도를 그리시오.

그림 12–10

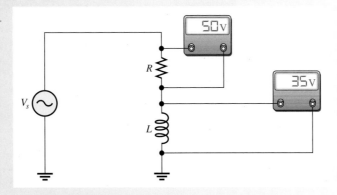

해 V_R과 V_L은 90°의 위상차를 가지므로 바로 더할 수 없다. 전원전압은 V_R과 V_L의 페이저 합이므로 다음과 같다.

$$V_s = \sqrt{V_R^2 + V_L^2} = \sqrt{(50\,\text{V})^2 + (35\,\text{V})^2} = \textbf{61 V}$$

저항 양단의 전압과 전원전압 사이의 위상각은 다음과 같다.

$$\theta = \tan^{-1}\left(\frac{V_L}{V_R}\right) = \tan^{-1}\left(\frac{35\,\text{V}}{50\,\text{V}}\right) = \textbf{35°}$$

전압 페이저도를 그림 12-11에 나타내었다.

그림 12–11

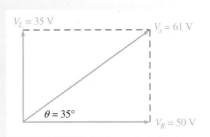

관련 문제 위에 주어진 정보만으로 그림 12-10에서 전류를 구할 수 있는가?

주파수값에 따른 임피던스와 위상각의 변화

이미 잘 알고 있듯이, 유도성 리액턴스값은 주파수에 정비례한다. X_L이 증가하면 총 임피던스의 크기도 증가하며, 반대로 X_L이 감소하면 임피던스의 크기도 따라서 감소한다. 이렇게 *RL* 회로에서 임피던스 크기 Z는 주파수값에 따라 변하게 된다.

그림 12-12는 직렬 *RL* 회로에서 주파수가 증가 혹은 감소할 때 전압과 전류가 어떻게 되는지 보여주고 있다. 그림 12-12(a)를 보면 주파수가 증가될 때 X_L은 증가하게 되고 따라서 전체 전압에서 더 많은 부분이 인덕터에 걸리게 된다. 또한 X_L이 증가함에 따라 Z도 증가하게 되어 전류는 감소하게 된다. 전류의 감소는 R에 걸리는 전압의 감소로 이어진다.

그림 12-12(b)를 보면 주파수가 감소할 때 X_L이 감소하게 되고 따라서 인덕터에 걸리는 전압도 감소하게 된다. 또한 X_L이 감소함에 따라 Z도 감소하므로 전류는 증가하게 된다. 전류의 증가는 R에 걸리는 전압의 증가로 이어진다.

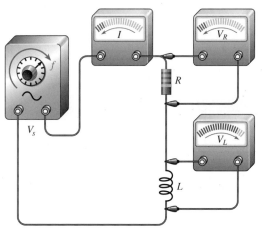

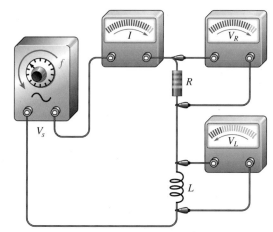

(a) 주파수가 증가하면 I, V_R은 감소하고 V_L은 증가한다.

(b) 주파수가 감소하면 I, V_R은 증가하고 V_L은 감소한다.

그림 12–12

주파수가 변함에 따라 임피던스의 변화가 전압과 전류에 주는 영향을 보여주는 예. 전원전압의 진폭은 일정하게 유지해 준다.

Z와 X_L의 변화는 그림 12-13과 같이 관찰할 수 있다. 주파수가 증가하면 Z 양단의 전압은 전원전압 V_s가 일정하므로 일정하게 유지되지만 L에 걸리는 전압은 증가한다. 감소하는 전류는 Z가 증가함을 나타내는데 이는 옴의 법칙($Z = V_Z/I$)의 반비례 관계에서 알 수 있다. 감소하는 전류는 또한 X_L이 증가함을 나타낸다. V_L의 증가는 X_L의 증가와 연관된다.

그림 12–13

전류/전압계와 옴의 법칙을 이용한 주파수에 따른 Z와 X_L의 변화 관찰

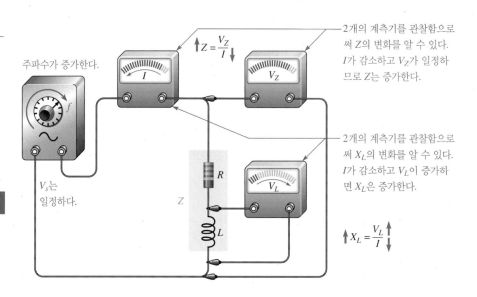

2개의 계측기를 관찰함으로써 Z의 변화를 알 수 있다. I가 감소하고 V_Z가 일정하므로 Z는 증가한다.

2개의 계측기를 관찰함으로써 X_L의 변화를 알 수 있다. I가 감소하고 V_L이 증가하면 X_L은 증가한다.

X_L은 RL 회로에 위상각을 만드는 원인이 되므로 X_L의 변화는 위상각의 변화를 가져온다. 주파수가 증가하면 X_L은 커지게 되며 따라서 위상각도 커지게 된다. 반면에 주파수가 감소하면 X_L이 작아지므로 위상각도 감소하게 된다. V_s와 V_R 사이의 위상각은 회로의 위상각이 되는데 그것은 I와 V_R이 동상이기 때문이다. 주파수에 따른 위상각의 변화를 그림 12-14에 나타내었다.

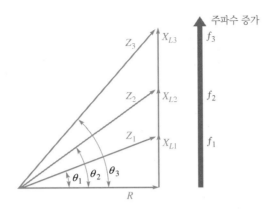

그림 12–14

주파수가 증가하면 위상각 θ도 증가한다

예제 12–4

그림 12-15의 직렬 *RL* 회로에 대하여 다음 주파수에서 임피던스와 위상각을 구하시오.

(a) 10 kHz   **(b)** 20 kHz   **(c)** 30 kHz

그림 12–15

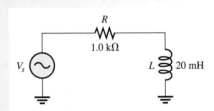

해 **(a)** f = 10 kHz일 때 임피던스와 위상각은 다음과 같다.

$$X_L = 2\pi fL = 2\pi(10\,\text{kHz})(20\,\text{mH}) = 1.26\,\text{k}\Omega$$

$$Z = \sqrt{R^2 + X_L^2} = \sqrt{(1.0\,\text{k}\Omega)^2 + (1.26\,\text{k}\Omega)^2} = \mathbf{1.61\,k\Omega}$$

$$\theta = \tan^{-1}\left(\frac{X_L}{R}\right) = \tan^{-1}\left(\frac{1.26\,\text{k}\Omega}{1.0\,\text{k}\Omega}\right) = \mathbf{51.6°}$$

(b) f = 20 kHz일 때 임피던스와 위상각은 다음과 같다.

$$X_L = 2\pi(20\,\text{kHz})(20\,\text{mH}) = 2.51\,\text{k}\Omega$$

$$Z = \sqrt{(1.0\,\text{k}\Omega)^2 + (2.51\,\text{k}\Omega)^2} = \mathbf{2.70\,k\Omega}$$

$$\theta = \tan^{-1}\left(\frac{2.51\,\text{k}\Omega}{1.0\,\text{k}\Omega}\right) = \mathbf{68.3°}$$

(c) f = 30 kHz일 때 임피던스와 위상각은 다음과 같다.

$$X_L = 2\pi(30\,\text{kHz})(20\,\text{mH}) = 3.77\,\text{k}\Omega$$

$$Z = \sqrt{(1.0\,\text{k}\Omega)^2 + (3.77\,\text{k}\Omega)^2} = \mathbf{3.90\,k\Omega}$$

$$\theta = \tan^{-1}\left(\frac{3.77\,\text{k}\Omega}{1.0\,\text{k}\Omega}\right) = \mathbf{75.1°}$$

주파수가 증가하면 X_L, Z, θ도 증가함을 주목하라.

관련 문제   그림 12-15에서 f = 100 kHz일 때 Z와 θ를 구하시오.

RL 지상회로

***RL* 지상회로(*RL* lag circuit)**는 출력전압이 입력전압보다 특정한 각도 φ만큼 뒤지는 위상을 갖는 위상 천이 회로이다. 기본적인 직렬 *RL* 지상회로를 그림 12-16(a)에 나타내었다. 출력전압은 저항 양단에서 취하고 입력전압은 회로 전체에 인가됨을 주목하라. 전압 간의 관계를 그림 12-16(b)의 페이저도와 그림 12-16(c)의 파형도에 나타내었다. 출력전압 V_{out}이 V_{in}에 대해 회로의 위상각과 동일한 값을 가지는 φ만큼 지연된다는 점을 주목하라. 이는 V_R과 I가 동상이기 때문이다.

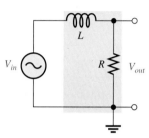

(a) 기본적인 *RL* 지상회로

(b) V_{in}와 V_{out} 사이의 지상(phase lag)을 보여주는 전압 페이저도

(c) 입력 및 출력 파형

그림 12–16

RL 지상회로($V_{out} = V_R$)

지상(phase lag)값 φ는 다음과 같이 쓸 수 있다.

$$\phi = \tan^{-1}\left(\frac{X_L}{R}\right) \tag{12-5}$$

예제 12–5

그림 12-17의 각 회로에서 지상값을 구하시오.

그림 12–17

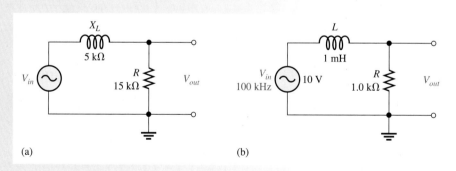

(a)

(b)

해 그림 12-17(a) 회로에서

$$\phi = \tan^{-1}\left(\frac{X_L}{R}\right) = \tan^{-1}\left(\frac{5\text{ k}\Omega}{15\text{ k}\Omega}\right) = \textbf{18.4}°$$

출력은 입력보다 18.4° 뒤진 위상을 갖는다.

그림 12-17(b) 회로에 대해 우선 유도성 리액턴스를 구한다.

$$X_L = 2\pi fL = 2\pi(100\text{ kHz})(1\text{ mH}) = 628\ \Omega$$

지상값을 구한다.

$$\phi = \tan^{-1}\left(\frac{X_L}{R}\right) = \tan^{-1}\left(\frac{628\ \Omega}{1.0\ k\Omega}\right) = \mathbf{32.1°}$$

출력은 입력보다 32.1° 뒤진 위상을 갖는다.

관련 문제 $R = 5.6\ k\Omega,\ X_L = 3.5\ k\Omega$인 지상회로에서 입력과 출력 사이의 지상값을 구하시오.

지상회로는, 입력전압의 일부는 L로, 나머지는 R로 나누어지는 전압 분배기로 생각할 수 있다. 출력전압은 다음 식으로 구할 수 있다.

$$V_{out} = \left(\frac{R}{\sqrt{R^2 + X_L^2}}\right)V_{in} \qquad\qquad (12\text{-}6)$$

예제 12–6

예제 12-5의 그림 12-17(b)에서 입력전압의 실효값이 10 V이다. 그림 12-17(b)의 지상회로에서 출력전압을 구하고 입력전압과 출력전압의 파형관계를 그리시오. 지상값(32.1°)과 X_L(628 Ω)은 예제 12-5에서 구한 값을 사용한다.

해 식 (12-6)을 사용하여 그림 12-17(b)의 지상회로의 출력전압을 구하면 다음과 같다.

$$V_{out} = \left(\frac{R}{\sqrt{R^2 + X_L^2}}\right)V_{in} = \left(\frac{1.0\ k\Omega}{1.18\ k\Omega}\right)10\ V = \mathbf{8.47\ V\ rms}$$

그림 12-18에 파형관계를 나타내었다.

그림 12–18

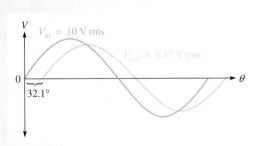

관련 문제 지상회로에서 $R = 4.7\ k\Omega$, $X_L = 6\ k\Omega$, 입력전압의 실효값이 20 V일 때 출력전압을 구하시오.

CD-ROM에서 Multisim E12-06파일을 열고 출력전압을 측정한 후 계산값과 비교하라.

지상회로에서 주파수의 영향 회로의 위상각과 지상회로의 지상값이 동일하므로 주파수가 증가하면 지상값도 증가한다. 또한 주파수의 증가는 출력 크기의 감소를 가져오는데 그것은 X_L이 커짐에 따라 더 많은 전압이 인덕터 양단에 걸리게 되고 저항 양단에는 적은 전압이 걸리기 때문이다. 그림 12-19는 주파수에 따른 지상(phase lag)값 ϕ와 출력전압 진폭의 변화를 보여준다.

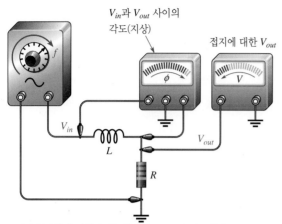

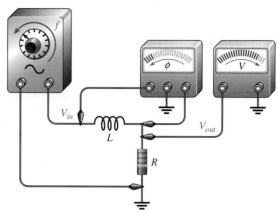

(a) f가 증가하면 지상값 φ는 증가하고 V_{out}은 감소한다.

(b) f가 감소하면 지상값 φ는 감소하고 V_{out}은 증가한다.

그림 12–19

V_{in}의 진폭을 일정하게 유지하였을 때 **RL** 지상회로에서 주파수가 지상값과 출력전압에 미치는 영향을 보여주는 예

RL 진상회로

RL 진상회로(RL lead circuit)는 출력전압이 입력전압보다 특정한 각도 φ만큼 앞서는 위상을 가지는 위상 천이 회로이다. 기본적인 직렬 **RL** 진상회로를 그림 12-20(a)에 나타내었다. 지상 회로와의 차이점을 보면 출력전압은 저항이 아닌 인덕터 양단에서 취하고 있다. 전압 간의 관계를 그림 12-20(b)의 페이저도와 그림 12-20(c)의 파형도에 나타내었다. 출력전압 V_{out}이 V_{in}에 대해 90°에서 회로의 위상각을 뺀 값에 해당하는 φ만큼 앞선다는 점을 주목하라.

그림 12–20

RL 진상회로($V_{out} = V_L$)

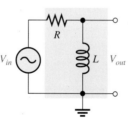

(a) 기본적인 **RL** 진상회로

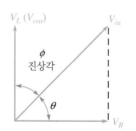

(b) V_{in}과 V_{out} 사이의 진상을 보여주는 전압 페이저도

(c) 입력 및 출력 파형

$\theta = \tan^{-1}(X_L R)$이므로 진상(phase lead)값 φ는 다음과 같이 쓸 수 있다.

$$\phi = 90° - \tan^{-1}\left(\frac{X_L}{R}\right) \tag{12-7}$$

이 식은 다음과 같이 쓸 수 있다.

$$\phi = \tan^{-1}\left(\frac{R}{X_L}\right)$$

마찬가지로 진상회로는, 입력전압의 일부는 L로, 다른 일부는 R로 나누어지는 전압 분배기로 생각할 수 있다. 출력전압은 다음 식으로 구할 수 있다.

$$V_{out} = \left(\frac{X_L}{\sqrt{R^2 + X_L^2}}\right)V_{in} \tag{12-8}$$

예제 12–7

그림 12-21의 진상회로에서 진상값과 출력전압을 구하시오.

그림 12–21

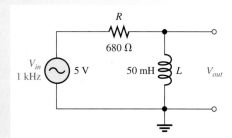

해 우선 유도성 리액턴스값을 구한다.

$$X_L = 2\pi fL = 2\pi(1\ kHz)(50\ mH) = 314\ \Omega$$

진상값을 구한다.

$$\phi = 90° - \tan^{-1}\left(\frac{X_L}{R}\right) = 90° - \tan^{-1}\left(\frac{314\ \Omega}{680\ \Omega}\right) = \mathbf{65.2°}$$

출력은 입력보다 65.2° 앞선 위상을 갖는다.

출력전압을 구한다.

$$V_{out} = \left(\frac{X_L}{\sqrt{R^2 + X_L^2}}\right)V_{in} = \left(\frac{314\ \Omega}{\sqrt{(680\ \Omega)^2 + (314\ \Omega)^2}}\right)5\ V = \mathbf{2.1\ V}$$

관련 문제 진상회로에서 $R = 2.2\ k\Omega$, $X_L = 1\ k\Omega$일 때 진상값을 구하시오.

 CD-ROM에서 Multisim E12-07 파일을 열고 출력전압을 측정한 후 계산값과 비교하라.

진상회로에서 주파수의 영향 주파수가 증가하면 회로의 위상각 θ는 증가하므로 입력전압과 출력전압 사이의 진상값은 감소하게 된다. 또한 주파수의 증가는 출력 크기의 증가를 가져오는데 그것은 X_L이 커짐에 따라 더 많은 전압이 인덕터 양단에 걸리기 때문이다. 그림 12-22는 주파수에 따른 진상값 ϕ와 출력전압 진폭의 변화를 보여준다.

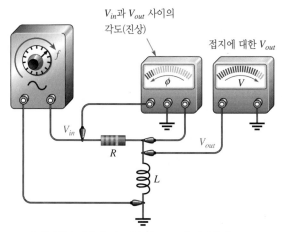

(a) *f*가 증가하면 진상값 ϕ는 감소하고 V_{out}은 증가한다.

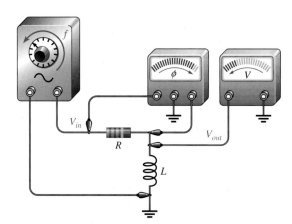

(b) *f*가 감소하면 ϕ는 증가하고 V_{out}은 감소한다.

그림 12–22

V_{in}의 진폭을 일정하게 유지하였을 때 *RL* 진상회로에서 주파수가 진상값과 출력전압에 미치는 영향을 보여주는 예

12–3 복습문제	1. 직렬 *RL* 회로에서 V_R = 2 V, V_L = 3 V일 때 전체 전압을 구하시오.
	2. 문제 1에서 위상각을 구하시오.
	3. 직렬 *RL* 회로에서 전원전압의 주파수가 증가되면 유도성 리액턴스, 임피던스, 위상각은 각각 어떻게 되는가?
	4. *RL* 진상회로가 3.3 kΩ 저항과 15 mH 인덕터로 구성되어 있다. 5 kHz 주파수에서 입력과 출력 사이의 진상값을 구하시오.
	5. *RL* 지상회로가 문제 4와 동일한 소자로 구성되어 있다. 입력의 실효값이 10 V일 때 5 kHz 주파수에서 출력전압의 크기를 구하시오.

12–4 병렬 *RL* 회로의 임피던스와 위상각

이 절에서는 병렬 *RL* 회로의 임피던스와 위상각을 구하는 방법에 대해 설명한다. 또한, 병렬 *RL* 회로의 유도성 서셉턴스와 어드미턴스에 대해서도 알아본다.

절의 학습내용

▶ **병렬 *RL* 회로의 임피던스와 위상각을 구한다.**

▶ 총 임피던스를 곱 나누기 합(product-over-sum) 형태로 표시한다.

▶ *R*과 X_L을 사용하여 위상각을 나타낸다.

▶ 유도성 서셉턴스와 어드미턴스를 정의하고 계산한다.

▶ 어드미턴스를 임피던스로 변환한다.

그림 12-23에 기본적인 병렬 *RL* 회로를 나타내었다. 임피던스는 곱 나누기 합(product-over-sum) 규칙을 사용하여 다음과 같이 쓸 수 있다.

$$Z = \frac{RX_L}{\sqrt{R^2 + X_L^2}} \tag{12-9}$$

인가 전압과 회로에 흐르는 전체 전류 사이의 위상각은 *R*과 X_L을 사용하여 다음과 같이 쓸 수 있다.

$$\theta = \tan^{-1}\left(\frac{R}{X_L}\right) \tag{12-10}$$

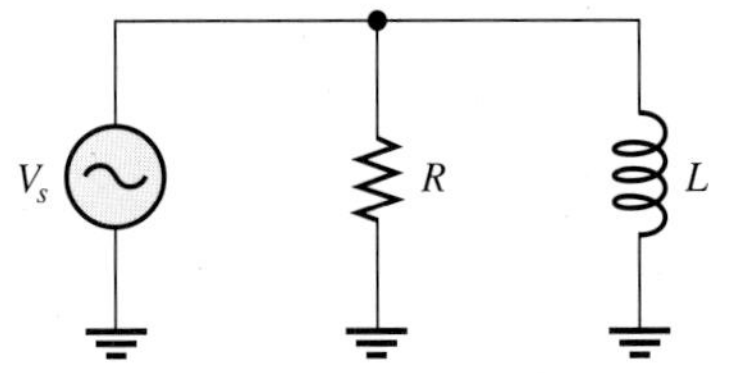

그림 12–23

병렬 *RL* 회로

예제 12–8

그림 12–24의 각 회로에서 임피던스와 위상각을 구하시오.

그림 12–24

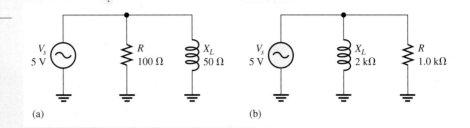

(a)　　　　　　　　　　　　(b)

해 그림 12-24(a)의 회로에서 임피던스와 위상각은 다음과 같다.

$$Z = \frac{RX_L}{\sqrt{R^2 + X_L^2}} = \frac{(100\,\Omega)(50\,\Omega)}{\sqrt{(100\,\Omega)^2 + (50\,\Omega)^2}} = \textbf{44.7}\,\boldsymbol{\Omega}$$

$$\theta = \tan^{-1}\left(\frac{R}{X_L}\right) = \tan^{-1}\left(\frac{100\,\Omega}{50\,\Omega}\right) = \textbf{63.4°}$$

그림 12-24(b)의 회로에서 임피던스와 위상각은 다음과 같다.

$$Z = \frac{(1.0\,k\Omega)(2\,k\Omega)}{\sqrt{(1.0\,k\Omega)^2 + (2\,k\Omega)^2}} = \textbf{894}\,\boldsymbol{\Omega}$$

$$\theta = \tan^{-1}\left(\frac{1.0\,k\Omega}{2\,k\Omega}\right) = \textbf{26.6°}$$

병렬 *RC* 회로의 경우 전압이 전류보다 뒤진 위상을 가졌지만 여기서는 전압이 전류보다 앞선 위상을 가진다.

관련 문제 병렬 *RL* 회로에서 *R* = 10 kΩ, *X_L* = 14 kΩ일 때 *Z*와 *θ*를 구하시오.

컨덕턴스, 서셉턴스, 어드미턴스

10-4절에서 설명한 바와 같이 컨덕턴스(*G*)는 저항의 역수, 서셉턴스(*B*)는 리액턴스의 역수, 어드미턴스(*Y*)는 임피던스의 역수로 각각 정의된다.

병렬 *RL* 회로에서, **컨덕턴스(conductance : *G*)**는 다음과 같이 쓸 수 있다.

$$G = \frac{1}{R} \tag{12-11}$$

유도성 서셉턴스(inductive susceptance : B_L)는 다음과 같다.

$$B_L = \frac{1}{X_L} \tag{12-12}$$

어드미턴스(admittance : *Y*)는 다음과 같다.

$$Y = \frac{1}{Z} \tag{12-13}$$

RC 회로에서와 마찬가지로 *G*, B_L, *Y*의 단위는 지멘스(S)가 된다.

그림 12-25(a)의 기본적인 병렬 *RL* 회로에서 전체 어드미턴스는 그림 12-25(b)와 같이 컨덕턴스와 유도성 서셉턴스의 페이저 합이 된다.

$$Y_{tot} = \sqrt{G^2 + B_L^2} \tag{12-14}$$

그림 12–25

병렬 *RL* 회로의 어드미턴스

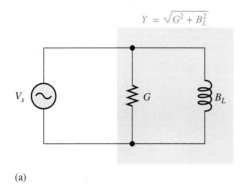

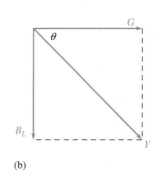

(a)   (b)

예제 12–9

그림 12-26의 회로에서 어드미턴스를 구하고 임피던스로 변환하시오.

그림 12–26

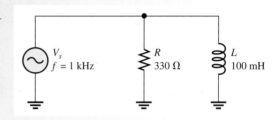

해 Y를 구하기 위해 G와 B_L을 구한다. $R = 330\ \Omega$이므로 컨덕턴스는 다음 값을 갖는다.

$$G = \frac{1}{R} = \frac{1}{330\ \Omega} = 3.03\ \text{mS}$$

유도성 리액턴스를 구한다.

$$X_L = 2\pi f L = 2\pi(1000\ \text{Hz})(100\ \text{mH}) = 628\ \Omega$$

유도성 서셉턴스를 구한다.

$$B_L = \frac{1}{X_L} = \frac{1}{628\ \Omega} = 1.59\ \text{mS}$$

따라서 전체 어드미턴스를 구하면 다음과 같다.

$$Y_{tot} = \sqrt{G^2 + B_L^2} = \sqrt{(3.03\ \text{mS})^2 + (1.59\ \text{mS})^2} = \mathbf{3.42\ mS}$$

임피던스로 변환하면 다음과 같다.

$$Z = \frac{1}{Y_{tot}} = \frac{1}{3.42\ \text{mS}} = \mathbf{292\ \Omega}$$

관련 문제 그림 12-26의 회로에서 f가 2 kHz로 증가되었을 때 전체 어드미턴스를 구하시오.

12–4 복습문제

1. $Y = 50\ \text{mS}$일 때 Z 값을 구하시오.
2. 병렬 *RL* 회로에서 $R = 47\ \text{k}\Omega$, $X_L = 75\ \text{k}\Omega$일 때 어드미턴스를 구하시오.
3. 문제 2의 회로에서 전체 전류는 전원전압보다 앞선 위상을 가지는가, 혹은 뒤진 위상을 가지는가? 그리고 위상값은 얼마인가?

12–5 병렬 *RL* 회로의 해석

옴의 법칙과 키르히호프의 전류 법칙을 사용하여 병렬 *RL* 회로를 해석하고, 병렬 *RL* 회
로에서 전류와 전압과의 관계를 살펴본다.

절의 학습내용

▶ **병렬 *RL* 회로를 해석한다.**

　▶ 옴의 법칙과 키르히호프의 전류 법칙을 병렬 *RL* 회로에 적용한다.

　▶ 전압과 전류를 페이저 양으로 표시한다.

다음 예제에서 옴의 법칙을 적용하여 병렬 *RL* 회로를 해석한다.

예제 12–10　　　　　그림 12-27의 회로에서 전체 전류와 위상각을 구하시오.

그림 12–27

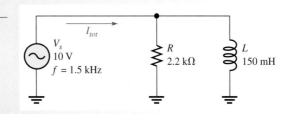

해　우선 어드미턴스를 구하기 위해 유도성 리액턴스를 구한다.

$$X_L = 2\pi f L = 2\pi(1.5 \text{ kHz})(150 \text{ mH}) = 1.41 \text{ k}\Omega$$

컨덕턴스를 구한다.

$$G = \frac{1}{R} = \frac{1}{2.2 \text{ k}\Omega} = 455 \,\mu\text{S}$$

유도성 서셉턴스를 구한다.

$$B_L = \frac{1}{X_L} = \frac{1}{1.41 \text{ k}\Omega} = 709 \,\mu\text{S}$$

따라서 전체 어드미턴스는 다음과 같다.

$$Y_{tot} = \sqrt{G^2 + B_L^2} = \sqrt{(455 \,\mu\text{S})^2 + (709 \,\mu\text{S})^2} = 842 \,\mu\text{S}$$

다음에는 옴의 법칙을 이용하여 전체 전류를 구한다.

$$I_{tot} = VY_{tot} = (10 \text{ V})(842 \,\mu\text{S}) = \textbf{8.42 mA}$$

위상각을 구한다.

$$\theta = \tan^{-1}\left(\frac{R}{X_L}\right) = \tan^{-1}\left(\frac{2.2 \text{ k}\Omega}{1.41 \text{ k}\Omega}\right) = \textbf{57.3°}$$

전체 전류는 8.42 mA이고 전원전압보다 57.3° 뒤진 위상을 갖는다.

관련 문제 그림 12-27에서 주파수가 800 Hz로 줄었을 때 전체 전류와 위상각을 구하시오.

CD-ROM에서 Multisim E12-10 파일을 열고 전체 전류와 각 지로전류를 측정하라. 주파수를 800 Hz로 변경한 후 전체 전류 I_{tot}를 측정하라.

병렬 *RL* 회로의 전류와 전압의 관계

그림 12-28(a)에는 기본 병렬 *RL* 회로에서 전류와 전압이 표시되어 있다. 그림에서 보는 바와 같이 인가 전압 V_s는 저항과 인덕터 양단에 병렬로 연결되어 있으므로 각 전압 V_s, V_R, V_L은 크기와 위상이 모두 같다는 것을 알 수 있다. 총 전류 I_{tot}는 지로전류 I_R과 I_L로 나누어지고 있다. 전류와 전압의 페이저도를 그림 12-28(b)에 나타내었다.

그림 12–28

병렬 *RL* 회로에서 전류와 전압. 그림 (a)에 나타난 전류 방향은 한 시점의 값으로 매 사이클마다 전원전압의 방향이 바뀌면 전류의 방향도 바뀐다

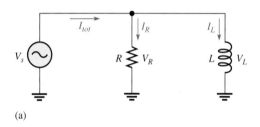

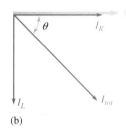

저항 양단의 전압과 저항을 통해 흐르는 전류의 위상은 서로 같다. 인덕터를 통해 흐르는 전류는 인덕터 양단의 전압보다 90°만큼 뒤지므로, 결국 인덕터를 통해 흐르는 전류는 저항을 통해 흐르는 전류보다 90° 뒤지게 된다. 총 전류는 키르히호프의 전류 법칙에 의해 이 두 전류의 페이저 합이 된다. 총 전류를 구해 보면 다음과 같다.

$$I_{tot} = \sqrt{I_R^2 + I_L^2} \qquad (12\text{-}15)$$

저항에 흐르는 전류와 전체 전류 사이의 위상각은 다음과 같다.

$$\theta = \tan^{-1}\left(\frac{I_L}{I_R}\right) \qquad (12\text{-}16)$$

예제 12–11 그림 12-29의 각 전류를 구하고 전원전압에 대한 위상관계를 설명한 후 전류 페이저도를 그리시오.

그림 12–29

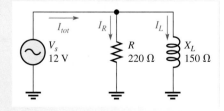

해 저항과 인덕터 전류, 그리고 전체 전류를 구한다.

$$I_R = \frac{V_s}{R} = \frac{12\,V}{220\,\Omega} = \textbf{54.5 mA}$$

$$I_L = \frac{V_s}{X_L} = \frac{12\,V}{150\,\Omega} = \textbf{80 mA}$$

$$I_{tot} = \sqrt{I_R^2 + I_L^2} = \sqrt{(54.5\,mA)^2 + (80\,mA)^2} = \textbf{96.8 mA}$$

위상각을 구한다.

$$\theta = \tan^{-1}\left(\frac{R}{X_L}\right) = \tan^{-1}\left(\frac{220\,\Omega}{150\,\Omega}\right) = 55.7°$$

저항에 흐르는 전류는 54.5 mA이고 전원전압과 동상이다. 인덕터에 흐르는 전류는 80 mA이고 전원전압보다 90° 뒤진 위상을 갖는다. 전체 전류는 96.8 mA이며 전원전압보다 55.7° 뒤진 위상을 갖는다. 전류의 페이저도를 그림 12-30에 나타내었다.

그림 12–30

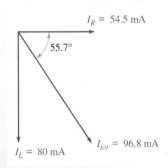

I_R = 54.5 mA

55.7°

I_L = 80 mA

I_{tot} = 96.8 mA

관련 문제 그림 12-30에서 $X_L = 300\,\Omega$일 때 I_{tot}와 θ를 구하시오.

12–5 복습문제	1. 병렬 *RL* 회로의 어드미턴스가 4 mS이고 전원전압이 8 V일 때 전체 전류를 구하시오.
	2. 병렬 *RL* 회로에서 저항에 흐르는 전류가 12 mA이고 인덕터에 흐르는 전류가 20 mA일 때 위상 각과 전체 전류를 구하시오.
	3. 병렬 *RL* 회로에서 인덕터 전류와 전원전압의 위상각을 구하시오.

12–6 직병렬 *RL* 회로의 해석

이 절에서는 이제까지 다루어 온 직렬 회로, 병렬 회로의 개념을 사용하여 직렬 *RL* 회로와 병렬 *RL* 회로가 함께 연결된 복잡한 회로를 해석해 본다.

절의 학습내용

▶ **직병렬 *RL* 회로를 해석한다.**

  ▶ 총 임피던스와 위상각을 구한다.

  ▶ 전류와 전압을 구한다.

다음의 두 예제를 통해서 직병렬 리액티브 회로를 해석하는 방법에 대하여 알아보기로 한다.

예제 12–12

그림 12-31의 직병렬 *RL* 회로에서 다음 값을 구하시오.

(a) Z_{tot} **(b)** I_{tot} **(c)** θ

그림 12–31

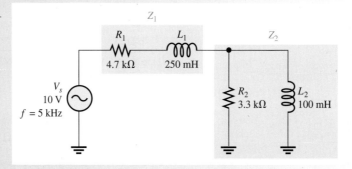

해   **(a)** 우선 유도성 리액턴스의 크기를 구한다.

$$X_{L1} = 2\pi fL_1 = 2\pi(5\ \text{kHz})(250\ \text{mH}) = 7.85\ \text{k}\Omega$$
$$X_{L2} = 2\pi fL_2 = 2\pi(5\ \text{kHz})(100\ \text{mH}) = 3.14\ \text{k}\Omega$$

Z_{tot}를 구하는 한 가지 방법은 병렬 회로 부분에 대하여 직렬 등가저항과 유도성 리액턴스의 등가 직렬값을 구한 후, 저항값($R_1 + R_{eq}$)을 더하여 전체 저항값을 구하고 리액턴스($X_{L1} + X_{L(eq)}$)를 더하여 전체 리액턴스를 구하는 것이다. 이들 값에서 전체 임피던스를 구하면 된다.

병렬 부분에 대한 임피던스(Z_2)는 다음과 같다.

$$G_2 = \frac{1}{R_2} = \frac{1}{3.3\ \text{k}\Omega} = 303\ \mu\text{S}$$

$$B_{L2} = \frac{1}{X_{L2}} = \frac{1}{3.14\ \text{k}\Omega} = 318\ \mu\text{S}$$

$$Y_2 = \sqrt{G_2^2 + B_L^2} = \sqrt{(303\ \mu\text{S})^2 + (318\ \mu\text{S})^2} = 439\ \mu\text{S}$$

그러면

$$Z_2 = \frac{1}{Y_2} = \frac{1}{439\ \mu\text{S}} = 2.28\ \text{k}\Omega$$

병렬 회로 부분과 관련된 위상각은 다음과 같다.

$$\theta_p = \tan^{-1}\left(\frac{R_2}{X_{L2}}\right) = \tan^{-1}\left(\frac{3.3\ \text{k}\Omega}{3.14\ \text{k}\Omega}\right) = 46.4°$$

이 병렬 부분에 대한 등가 직렬값은 식 (10-23)과 식 (10-24)를 병렬 *RL* 회로에 적용하면 다음과 같이 된다.

$$R_{eq} = Z_2 \cos\theta_p = (2.28\ \text{k}\Omega) \cos(46.4°) = 1.57\ \text{k}\Omega$$
$$X_{L(eq)} = Z_2 \sin\theta_p = (2.28\ \text{k}\Omega) \sin(46.4°) = 1.65\ \text{k}\Omega$$

전체 회로 저항값은 다음과 같다.

$$R_{tot} = R_1 + R_{eq} = 4.7\ \text{k}\Omega + 1.57\ \text{k}\Omega = 6.27\ \text{k}\Omega$$

전체 회로 리액턴스값은 다음과 같다.

$$X_{L(tot)} = X_{L1} + X_{L(eq)} = 7.85\ \text{k}\Omega + 1.65\ \text{k}\Omega = 9.50\ \text{k}\Omega$$

전체 회로 임피던스값은 다음과 같다.

$$Z_{tot} = \sqrt{R_{tot}^2 + X_{L(tot)}^2} = \sqrt{(6.27\ \text{k}\Omega)^2 + (9.50\ \text{k}\Omega)^2} = \mathbf{11.4\ k\Omega}$$

(b) 옴의 법칙을 적용하여 전체 전류를 구하면 다음과 같다.

$$I_{tot} = \frac{V_s}{Z_{tot}} = \frac{10 \text{ V}}{11.4 \text{ k}\Omega} = \textbf{877 } \boldsymbol{\mu}\textbf{A}$$

(c) 위상각을 구하기 위해 회로를 R_{tot}와 $X_{L(tot)}$의 직렬 조합으로 생각하고 I_{tot}가 V_s에 대해 지연되는 위상각을 구하면 다음과 같다.

$$\theta = \tan^{-1}\left(\frac{X_{L(tot)}}{R_{tot}}\right) = \tan^{-1}\left(\frac{9.50 \text{ k}\Omega}{6.27 \text{ k}\Omega}\right) = \textbf{56.6°}$$

관련 문제 **(a)** 그림 12-31의 회로에서 직렬 회로 부분에 걸리는 전압을 구하시오.

(b) 병렬 회로 부분에 걸리는 전압을 구하시오.

 CD-ROM에서 Multisim E12-12 파일을 열고 각 소자에 흐르는 전류를 측정하라. 또한 Z_1과 Z_2에 걸리는 전압을 측정하라.

예제 12–13 그림 12-32에서 각 소자에 걸리는 전압을 구하고 전압 페이저도를 그리시오.

그림 12–32

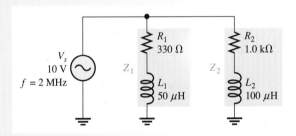

해 우선 X_{L1}과 X_{L2}를 구한다.

$$X_{L1} = 2\pi f L_1 = 2\pi(2 \text{ MHz})(50 \text{ }\mu\text{H}) = 628 \text{ }\Omega$$
$$X_{L2} = 2\pi f L_2 = 2\pi(2 \text{ MHz})(100 \text{ }\mu\text{H}) = 1.26 \text{ k}\Omega$$

각 지로의 임피던스를 구하면 다음과 같다.

$$Z_1 = \sqrt{R_1^2 + X_{L1}^2} = \sqrt{(330 \text{ }\Omega)^2 + (628 \text{ }\Omega)^2} = 709 \text{ }\Omega$$
$$Z_2 = \sqrt{R_2^2 + X_{L2}^2} = \sqrt{(1.0 \text{ k}\Omega)^2 + (1.26 \text{ k}\Omega)^2} = 1.61 \text{ k}\Omega$$

지로전류를 구하면 다음과 같다.

$$I_1 = \frac{V_s}{Z_1} = \frac{10 \text{ V}}{709 \text{ }\Omega} = 14.1 \text{ mA}$$
$$I_2 = \frac{V_s}{Z_2} = \frac{10 \text{ V}}{1.61 \text{ k}\Omega} = 6.21 \text{ mA}$$

옴의 법칙을 적용하여 각 소자에 걸리는 전압을 구한다.

$$V_{R1} = I_1 R_1 = (14.1 \text{ mA})(330 \text{ }\Omega) = \textbf{4.65 V}$$

$$V_{L1} = I_1 X_{L1} = (14.1 \text{ mA})(628 \text{ }\Omega) = \textbf{8.85 V}$$

$$V_{R2} = I_2 R_2 = (6.21 \text{ mA})(1.0 \text{ k}\Omega) = \textbf{6.21 V}$$

$$V_{L2} = I_2 X_{L2} = (6.21 \text{ mA})(1.26 \text{ k}\Omega) = \textbf{7.82 V}$$

이제 각 지로전류와 관련된 위상각을 구한다.

$$\theta_1 = \tan^{-1}\left(\frac{X_{L1}}{R_1}\right) = \tan^{-1}\left(\frac{628\ \Omega}{330\ \Omega}\right) = 62.3°$$

$$\theta_2 = \tan^{-1}\left(\frac{X_{L2}}{R_2}\right) = \tan^{-1}\left(\frac{1.26\ k\Omega}{1.0\ k\Omega}\right) = 51.6°$$

이와 같이 I_1은 V_s보다 62.3°, I_2는 V_s보다 51.6° 뒤진 위상을 갖는다. 이러한 관계를 그림 12-33(a)에 나타내었다.

그림 12–33

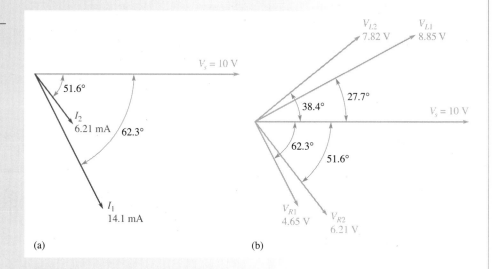

(a) (b)

전류와 전압의 위상관계는 다음과 같이 구한다.

◆ V_{R1}은 I_1과 동상이므로 V_s보다 62.3° 뒤진 위상을 갖는다.

◆ V_{L1}은 I_1보다 90° 앞선 위상을 가지므로 90° − 62.3° = 27.7° 앞선 위상을 갖는다.

◆ V_{R2}는 I_2와 동상이므로 V_s보다 51.6° 뒤진 위상을 갖는다

◆ V_{L2}는 I_2보다 90° 앞선 위상을 가지므로 90° − 51.6° = 38.4° 앞선 위상을 갖는다.

이러한 관계를 그림 12-33(b)에 나타내었다.

관련 문제 그림 12-33에서 주파수가 증가하면 전체 전류는 어떻게 되는가?

 CD-ROM에서 Multisim E12-13 파일을 열고, 각 소자의 전압을 측정한 다음 계산값과 비교하라.

12–6 복습문제

1. 그림 12-32의 회로에서 전체 전류를 구하시오. 힌트 : I_1과 I_2의 수평 성분의 합과 수직 성분의 합을 구한 후 피타고라스 정리를 적용하여 I_{tot}를 구한다.

2. 그림 12-32의 회로에서 전체 임피던스를 구하시오.

12–7 RL 회로의 전력

어떤 교류 회로가 저항 성분만을 갖고 있다면, 전원에 의해 공급되는 모든 에너지가 저항에 의해 열로 소모된다. 반대로 인덕턴스 성분만을 갖는 교류 회로에서는, 전원전압의 한 사이클 내의 일정한 시간(1/2 사이클) 동안에는 전원에 의해 공급되는 모든 에너지가 인덕터에 저장되고, 다음 1/2 사이클 동안에는 직전 1/2 사이클 동안에 인덕터에 저장되었던 에너지가 다시 전원으로 돌아간다. 따라서 인덕터에서는 에너지가 열로 변환되지 않으므로 손실이 없다. 회로에 저항과 인덕턴스가 모두 존재하는 경우, 전체 에너지 중 일부는 인덕터에서 저장과 반환이 계속해서 반복되고, 그 나머지 전력은 저항에서 소모된다. 소모되는 에너지의 양은 저항값과 유도성 리액턴스값의 상대적인 크기에 의해 결정된다.

절의 학습내용

▶ **RL 회로의 전력을 구한다.**

  ▶ 유효전력과 피상전력에 대해 설명한다.

  ▶ 전력 삼각도를 그린다.

  ▶ 역률을 정의한다.

  ▶ 역률 개선에 대해 설명한다.

저항값이 유도성 리액턴스값보다 큰 경우에는 저항에서 소모되는 에너지의 양이 인덕터에 의해 저장되었다가 전원으로 반환되는 에너지의 양에 비해 크다. 마찬가지로 리액턴스값이 저항값에 비해 크다면, 소모되는 에너지 양보다는 저장/반환되는 에너지 양이 더 커진다.

이미 잘 알고 있듯이, 저항에서 소모되는 전력을 유효전력(true power)이라고 한다. 또한 인덕터에 저장되는 전력을 **무효전력(reactive power)**이라고 하며 다음 식으로 쓸 수 있다.

$$P_r = I^2 X_L \qquad (12\text{-}17)$$

그림 12-34에 RL 회로에 대한 일반적인 전력 삼각도를 나타내었다. **피상전력(apparent power)** P_a는 유효전력(평균 전력) P_{true}와 무효전력 P_r을 합성하여 구할 수 있다.

그림 12–34

RL 회로에 대한 일반적인 전력 삼각도

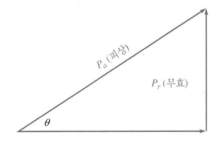

| 예제 12–14 | 그림 12-35에서 역률, 유효전력, 무효전력, 피상전력을 구하시오. |

그림 12–35

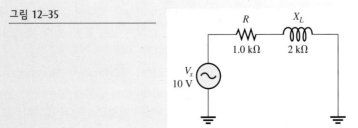

해 회로의 임피던스를 구한다.

$$Z = \sqrt{R^2 + X_L^2} = \sqrt{(1.0\,\text{k}\Omega)^2 + (2\,\text{k}\Omega)^2} = 2.24\,\text{k}\Omega$$

전류를 구한다.

$$I = \frac{V_s}{Z} = \frac{10\,\text{V}}{2.24\,\text{k}\Omega} = 4.46\,\text{mA}$$

위상각을 구한다.

$$\theta = \tan^{-1}\left(\frac{X_L}{R}\right) = \tan^{-1}\left(\frac{2\,\text{k}\Omega}{1.0\,\text{k}\Omega}\right) = 63.4°$$

따라서 역률을 구하면 다음과 같다.

$$PF = \cos\theta = \cos(63.4°) = \mathbf{0.448}$$

유효전력을 구한다.

$$P_{\text{true}} = V_s I \cos\theta = (10\,\text{V})(4.46\,\text{mA})(0.448) = \mathbf{20\,mW}$$

무효전력을 구한다.

$$P_r = I^2 X_L = (4.46\,\text{mA})^2(2\,\text{k}\Omega) = \mathbf{39.8\,mVAR}$$

피상전력을 구한다.

$$P_a = I^2 Z = (4.46\,\text{mA})^2(2.24\,\text{k}\Omega) = \mathbf{44.6\,mVA}$$

관련 문제 그림 12-35에서 주파수가 증가될 때 P_{true}, P_r, P_a는 어떻게 되는가?

역률

역률(power factor : *PF*)은 임피던스의 위상에 코사인(cosine)을 취한 값이라는 것은 이미 잘 알고 있을 것이다($PF = \cos\theta$). 따라서 인가 전압과 전체 전류 사이의 위상각이 커질수록, 역률은 작아지는데 이것은 회로의 성질이 유도성 회로에 점점 가까워짐을 나타낸다. 역률이 작을수록 유효전력의 크기는 작아지고 무효전력의 크기는 커진다. 유도성 부하의 역률을 지상 역률이라고 부르는데 이것은 전류가 전압보다 지연된 위상을 갖기 때문이다.

10장에서 이미 설명한 바와 같이, 역률(*PF*)은 전체 전력 중에서 얼마나 많은 양의 유용한 전력(유효전력)이 부하에 전달되는가를 구할 때 사용된다. 역률의 최대값은 1이며, 이것은 부하를 흐르는 전류와 부하전압 사이의 위상차가 0°라는 것을 나타낸다(즉, 부하는 저항 성분만을 갖는다). 반대로 역률이 0인 경우, 이것은 부하를 흐르는 전류와 부하전압 사이의 위상차가 90°라는 것을 의미한다(즉, 부하는 리액턴스 성분만을 갖는다).

일반적으로 역률이 1에 가까울수록 바람직하다고 할 수 있는데, 그 이유는 전원으로부터 부하로 전달되는 전력의 대부분이 부하에서 실제로 유용한 일을 하는 데 사용되는 유효전력이 되어야 하기 때문이다. 유효전력은 한쪽 방향, 즉 전원에서 부하 쪽으로만 전달되며, 부하는 이 에너지를 소모하면서 일을 수행한다. 무효전력은 전원과 부하 사이를 왕복하게 되므로, 이 전력에 의해 실제로 수행되는 일은 전혀 없다. 일을 수행하려면 반드시 에너지가 사용되어야 한다.

실제로 여러 분야에서 쓰이고 있는 부하 중에는 특정 기능을 위하여 인덕턴스를 갖고 있는 것이 많은데, 이것은 부하가 기능을 제대로 수행하기 위해 필수적이다. 이러한 부하장치의 예로는 트랜스포머, 전동기, 스피커 등을 들 수 있다. 따라서 유도성(용량성) 부하의 전기적 특성에 대해 잘 알고 있어야 한다.

그림 12-36을 보면서, 역률이 시스템 요구사항(system requirement)에 어떤 영향을 미치는가에 대해 자세히 알아보기로 한다. 이 그림에 있는 부하는 유도성 부하(inductive load)로, 이 유도성 부하는 인덕턴스와 저항이 병렬로 연결된 등가회로로 나타낼 수 있다. 그림 12-36(a)와 그림 12-36(b)를 비교하면 (a)의 부하는 역률이 상대적으로 작고(*PF* = 0.75), (b)의 부하는 큰 값의 역률을 갖고 있다(*PF* = 0.95). 회로에 연결된 전력계의 측정값을 통해 두 부하는 같은 양의

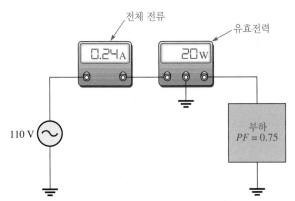

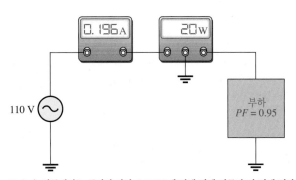

(a) 낮은 역률에서는 주어진 전력 소모(W)에 비해 전체 전류가 더 많게 된다. 유효전력(W)을 전송하기 위해 더 큰 전원이 요구된다.

(b) 높은 역률에서는 주어진 전력 소모(W)에 비해 전체 전류가 더 적게 된다. 작은 전원으로도 동일한 유효전력(W)을 전송할 수 있다.

그림 12–36

역률이 전원의 정격(VA)과 도선 굵기와 같은 시스템 요구사항에 미치는 영향을 보여주는 예

전력을 소모하고 있음을 알 수 있다. 따라서 두 부하가 하는 일의 양은 서로 같다고 할 수 있다.

두 부하가 하는 일의 양, 즉 유효전력은 같지만, 전류계를 통해 알 수 있듯이 그림 12-36(a)의 역률이 낮은 부하는 그림 12-36(b)의 역률이 높은 부하에 비해 더 많은 전류를 필요로 한다. 따라서 (a)에 있는 전원은 (b)에 있는 전원보다 피상전력 정격(VA)이 더 커야 한다. 또한 전원과 부하를 연결하는 도선의 경우에도, (a)에서 사용되는 도선의 직경이 (b)의 도선의 직경보다 굵어야 된다. 송전선과 같이 전원으로부터 부하까지 매우 긴 전송선을 연결하여야 하는 경우에는, 이 도선의 직경 차이가 매우 중요하다(가는 도선에 비해 굵은 도선의 가격이 높다).

그림 12-36의 예는 부하로 에너지를 전송할 때, 효율적인 에너지 전송의 측면에서 역률이 큰 부하가 얼마나 유리한가를 잘 보여주고 있다. 또한 전력회사가 피상전력에 대해 과금을 하기 때문에 높은 역률을 가지는 것이 비용을 절감시켜 준다.

역률 개선 그림 12-37과 같이 유도성 부하에 캐패시터를 병렬로 연결하면 유도성 부하의 역률이 커진다. 캐패시터, 즉 용량성 소자에 흐르는 전류는 인덕터와 같은 유도성 소자에 흐르는 전류와는 180°의 위상차를 가지므로, 유도성 부하에 추가로 연결한 캐패시터에 의해 전체 전류의 지상을 보상할 수 있다. 즉, 그림에서 알 수 있듯이 이러한 상쇄효과는 전체 전류는 물론 위상각도 작아지므로 역률이 커진다.

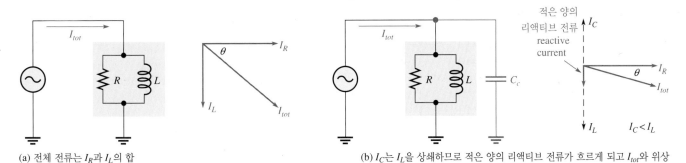

(a) 전체 전류는 I_R과 I_L의 합

(b) I_C는 I_L을 상쇄하므로 적은 양의 리액티브 전류가 흐르게 되고 I_{tot}와 위상 각이 작아지게 된다.

그림 12–37

보상 캐패시터(C_c)를 추가함으로써 역률이 커짐을 보여주는 예. θ가 감소함에 따라 *PF*가 증가한다

12-7 복습문제	1. *RL* 회로에서 전력 소모가 발생하는 소자는 무엇인가?
	2. $\theta = 50°$일 때 역률을 구하시오.
	3. 동작 주파수에서 470 Ω의 저항과 520 Ω의 유도성 리액턴스를 가지는 *RL* 회로에서 $I = 100$ mA 일 때 P_{true}, P_r, P_a를 구하시오.

12–8 기본 응용

이 절에서는 *RL* 회로의 두 가지 응용 예를 살펴본다. 첫 번째 응용은 주파수 선택성 회로 망(frequency-selective network)인 필터이며, 두 번째 응용은 높은 효율로 인해 전원 공급기에 널리 사용되는 회로인 스위칭 레귤레이터(switching regulator)이다. 스위칭 레귤레이터의 경우 다른 소자들도 사용되지만 *RL* 회로 부분만 강조하여 설명한다.

절의 학습내용

▶ *RL* 회로의 응용 예를 살펴본다.

    ▶ *RL* 필터 회로의 동작을 살펴보고 해석한다.

    ▶ 스위칭 레귤레이터에서 인덕터의 장점에 대해 살펴본다.

RL 필터

RC 회로와 마찬가지로, *RL* 직렬 회로도 주파수 선택 특성을 나타낸다.

저역통과 특성 직렬 *RC* 지상회로에서의 출력의 크기와 위상각에 대해서는 앞에서 이미 살펴보았다. 직렬 *RL* 회로에서 입력신호를 걸러내는 필터의 동작에 있어서, 입력신호의 주파수에 따른 출력신호의 크기의 변화가 중요하다.

그림 12-38은 필터의 역할을 하는 직렬 *RL* 회로의 동작을 이해할 수 있도록 100 Hz에서 출발하여 20 kHz까지 증가하는 주파수를 가지는 일련의 입력신호에 대해서, 해당 출력을 각각 구해 본 것이다. 그림에서 보는 바와 같이 입력전압을 10 V로 일정하게 유지하고 주파수를 증가시키면 리액턴스값은 점점 더 커지고 저항 양단 전압은 계속해서 감소하게 된다. 이들 특정값에 대한 **주파수 응답곡선(frequency response curve)**은 그림 10-50의 저역통과 *RC* 회로의 응답곡선과 유사한 모양이 된다.

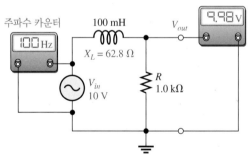

(a) f = 100 Hz, X_L = 62.8 Ω, V_{out} = 9.98 V

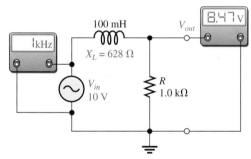

(b) f = 1 kHz, X_L = 628 Ω, V_{out} = 8.47 V

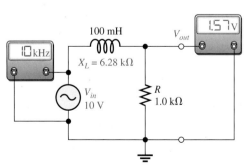

(c) f = 10 kHz, X_L = 6.28 kΩ, V_{out} = 1.57 V

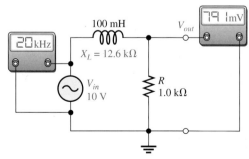

(d) f = 20 kHz, X_L = 12.6 kΩ, V_{out} = 791 mV

그림 12–38

저역통과 필터 동작의 예. 권선저항은 무시한다. 입력 주파수가 증가하면 출력전압은 감소한다

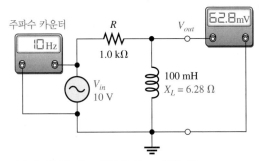

(a) $f = 10$ Hz, $X_L = 6.28 \Omega$, $V_{out} = 62.8$ mV

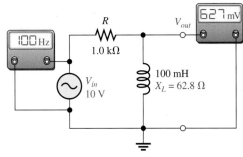

(b) $f = 100$ Hz, $X_L = 62.8 \Omega$, $V_{out} = 627$ mV

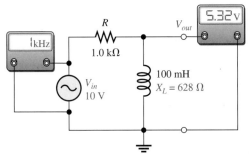

(c) $f = 1$ kHz, $X_L = 628 \Omega$, $V_{out} = 5.32$ V

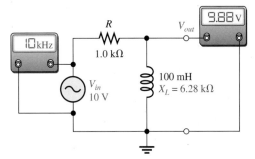

(d) $f = 10$ kHz, $X_L = 6.28$ kΩ, $V_{out} = 9.88$ V

그림 12–39

고역통과 필터 동작의 예. 권선저항은 무시한다. 입력 주파수가 증가하면 출력전압은 증가한다

고역통과 필터 RL 고역통과 필터의 동작을 설명하기 위해서, 그림 12-39는 일련의 측정과정을 보여준다. 주파수는 10 Hz에서 시작하여 10 kHz까지 증가시켜 주었다. 그림에서 보는 바와 같이 입력전압을 10 V로 일정하게 유지하고 주파수를 증가시키면 리액턴스값은 점점 더 커지고 인덕터 양단에 더 많은 전압이 걸리게 된다. 마찬가지로 이들 값을 그래프에 나타내면 그림 10-52의 고역통과 RC 회로의 응답곡선과 유사한 모양이 된다.

RL 회로의 차단 주파수 저역통과 혹은 고역통과 RL 회로에서 유도성 리액턴스가 저항값과 같아지는 주파수를 **차단 주파수(cutoff frequency)**라고 하며 f_c로 나타낸다. 이러한 조건은 $2\pi f_c L = R$로 쓸 수 있으므로 이를 f_c에 대해 정리하면 다음 식을 얻는다.

$$f_c = \frac{R}{2\pi L} \tag{12-18}$$

RC 회로의 경우와 마찬가지로 출력전압은 f_c에서 최대값의 70.7%가 된다. 고역통과 회로에서 f_c보다 높은 주파수는 통과되고 f_c보다 낮은 주파수는 차단되는 것으로 간주한다. 물론 저역통과 회로에서는 그 반대가 된다. 10장에서 정의된 **대역폭(bandwidth)**은 RC 회로와 RL 회로에 공통적으로 적용된다.

스위칭 레귤레이터

고주파 스위칭 전원 공급장치에는 작은 인덕터들이 필터부의 핵심 부품으로 사용된다. 스위칭 전원 공급장치는 교류를 직류로 변환하는 경우 다른 방식의 전원 공급장치보다 높은 효율을 가진다. 이러한 이유로 컴퓨터와 다른 전자 시스템에 널리 사용된다. 스위칭 레귤레이터(switching regulator)는 직류 전압을 정밀하게 제어한다. 그림 12-40에 이러한 스위칭 레귤레이터의 한 형태를 나타내었다. 조절되지 않은(unregulated) 직류를 고주파 펄스로 바꾸기 위해 트랜지스터 스위치가 사용된다. 출력은 펄스의 평균값이 된다. 펄스폭은 트랜지스터 스

그림 12–40

스위칭 레귤레이터 블록도

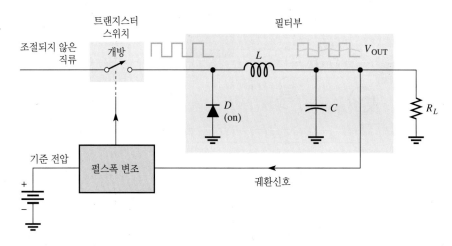

위치를 빠른 속도로 점호(ON) 혹은 소호(OFF)시키는 펄스폭 변조기에 의해 제어되고, 그 다음에는 필터부에서 필터링되어 조절된 직류[그림의 맥동(ripple)은 사이클을 보여주기 위해 과장하여 나타내었다]를 만든다. 펄스폭 변조기는 출력이 감소하면 펄스폭을 증가시켜 주고 출력이 증가하면 펄스폭을 감소시켜 줌으로써 다양한 조건에서 일정한 평균 출력을 유지한다.

　그림 12-41은 기본적인 필터 동작을 보여주고 있다. 필터는 다이오드와 인덕터, 그리고 캐패시터로 구성된다. 다이오드는 전류에 대하여 단일 방향 소자로서 전자회로 시간에 배울 것이다. 이 응용에서 다이오드는 전류가 한 방향으로만 흐르도록 하는 ON/OFF 스위치 역할을 한다.

그림 12–41

스위칭 레귤레이터 동작

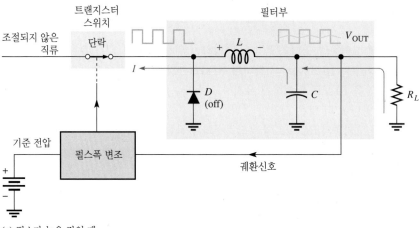

(a) 펄스가 높은 값일 때

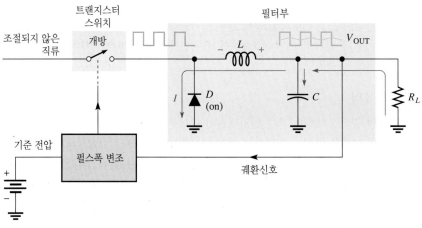

(b) 펄스가 낮은 값일 때

필터부에서 중요한 소자는 인덕터인데 이러한 형태의 조절기에서 인덕터에는 항상 전류가 흐른다. 평균 전압과 부하저항에 의해 전류의 크기는 결정된다. 렌쯔의 법칙에 따르면 코일에서 유도 전압은 전류의 변화를 억제하는 방향으로 생성된다. 트랜지스터 스위치가 닫히면 펄스는 높은 값을 가지며 전류는 그림 12-41(a)에 나타난 바와 같이 인덕터를 통해 부하로 흐른다. 이 때 다이오드는 꺼져 있다. 인덕터에 유도되는 전압은 전류의 변화를 억제하는 방향임을 유념하라. 그림 12-41(b)와 같이 펄스가 낮은 값으로 바뀌면 트랜지스터는 꺼지고 인덕터에는 이전과 반대 방향으로 전압이 유도된다. 다이오드는 닫힌 스위치로서 동작하게 되고 따라서 전류가 다이오드로 흐르게 된다. 이러한 동작은 부하전류가 일정하게 흐를 수 있게 해준다. 캐패시터는 이 과정에서 적은 양의 충전 및 방전을 통해 평활(smoothing) 동작을 도와준다.

12–8 복습문제	1. 직렬 *RL* 회로에서 저역통과 특성을 얻기 위해 출력전압을 어디서 취하여야 하는가?
	2. 스위칭 레귤레이터의 주된 장점은 무엇인가?
	3. 스위칭 레귤레이터에서 출력전압이 낮아지면 펄스폭은 어떻게 되는가?

12–9   고장진단

R, *L*과 같은 수동 소자에서 흔히 발생하는 고장은 기본적인 *RL* 회로의 주파수 응답에 영향을 미친다. 이 절에서는 예제를 통하여 APM(분석, 계획, 측정) 기법을 사용한 고장진단 과정을 보여준다.

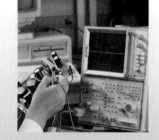

절의 학습내용

▶ ***RL* 회로의 고장을 진단한다.**

　▶ 개방된 인덕터의 고장을 진단한다.

　▶ 개방된 저항의 고장을 진단한다.

　▶ 병렬 회로에서 개방된 소자의 고장을 진단한다.

　▶ 권선이 단락된 인덕터의 고장을 진단한다.

개방된 인덕터의 영향　인덕터에서 가장 많이 발생하는 고장의 유형은 인덕터에 과도 전류가 흘러 권선(코일)이 끊어지거나, 인덕터와 외부 회로 사이에 기계적인 접촉이 이루어지지 않게 된 경우이다. 그림 12-42와 같이 인덕터가 개방되었을 때의 *RL* 회로의 동작에 대해서는 쉽게 알 수 있다. 당연히 전류가 흐를 수 있는 경로가 없다. 따라서 저항 양단의 전압은 0 V이며, 전체 전압 V_s는 모두 인덕터 양단에 나타나게 된다.

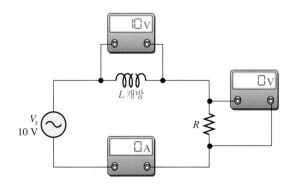

그림 12–42

개방된 코일의 영향

개방된 저항의 영향 저항이 개방되어도 인덕터가 개방된 경우와 마찬가지로 전류가 흐를 수 없고 인덕터 양단의 전압은 0이 된다. 따라서 그림 12-43과 같이 전원전압 V_s는 모두 개방된 저항 양단에 나타나게 된다.

그림 12-43

개방된 저항의 영향

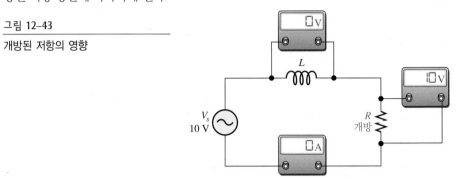

병렬 회로에서 개방된 소자의 영향 병렬 *RL* 회로에서, 저항이나 인덕터 중의 어느 한 소자가 개방되면 회로의 총 임피던스가 증가하게 되므로, 총 전류는 감소한다. 그리고 개방된 소자가 있는 경로로는 전류가 흐를 수 없게 된다. 그림 12-44에 이를 나타내었다.

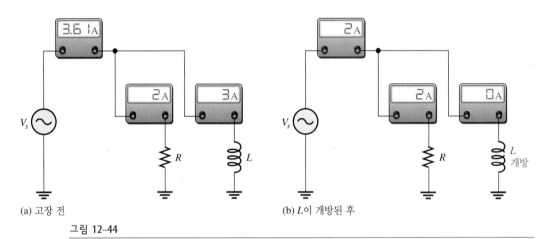

(a) 고장 전   (b) *L*이 개방된 후

그림 12-44

V_s가 일정할 때 병렬 회로에서 개방된 소자의 영향

권선이 단락된 인덕터의 영향 드문 경우이기는 하지만 과도 전류가 인덕터에 흘러 권선 사이의 절연이 파괴되면 인덕터 권선(코일)의 일부가 단락되는 고장도 발생할 수 있다. 이와 같은 고장은 코일이 완전히 개방되는 고장보다는 드물게 발생된다. 단락된 권선의 수가 충분히 많은 경우 인덕턴스의 감소로 이어지는데 이것은 코일의 인덕턴스는 권선 수의 제곱에 비례하기 때문이다.

그 밖에 고장진단시 고려할 사항들

제대로 동작하지 않는 회로의 고장원인은 항상 결함 있는 소자에만 있지 않다. 느슨한 배선, 접점의 불량, 납땜 불량 등은 개방회로의 원인이 된다. 단락은 배선의 겹침이나 납의 넘침으로 발생할 수 있다. 전원 공급장치나 함수 발생기를 연결하지 않은 것과 같이 간단한 경우가 생각보다 많이 있다. 회로 소자값이 잘못된 경우(틀린 값의 저항을 사용), 함수 발생기에서 주파수 설정이 잘못되었거나 맞지 않은 출력이 회로에 연결된 경우 역시 부적절한 동작을 야기시킨다.

항상 계측기가 회로 또는 전원단자에 제대로 연결되었는지 확인하라. 또한 접점의 파괴나 느슨함, 커넥터가 완전히 연결되었는지, 배선의 일부나 수정 연결한 부분이 다른 부분과 단락되지는 않았는지 등과 같은 분명한 사항들을 살펴보라.

다음 예제는 저항과 인덕터를 포함한 회로에서 APM(분석, 계획, 측정) 기법과 반분할
(half-splitting) 접근법을 사용한 고장진단 과정을 보여준다.

예제 12–15	그림 12-45의 회로도에 나타난 회로의 출력전압(R_4 양단의 전압)이 나오지 않는다. 이 회로는 프로토보드에 구성되어 있다. 고장진단 기법을 사용하여 문제를 해결하시오.

그림 12–45

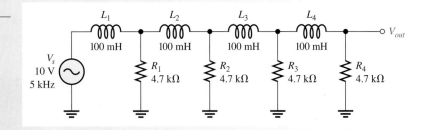

해 고장진단을 위해 APM 기법을 적용한다.

분석(analysis) : 우선 출력이 나오지 않게 되는 가능한 원인에 대해 생각해 본다.

1. 전원전압이 인가되지 않았거나 주파수가 너무 높아서 인덕터의 리액턴스가 저항에
비해 너무 커서 개방된 것처럼 동작한다.

2. 저항 중의 하나가 접지와 단락되었다. 저항이 단락되었거나 물리적인(배선상의) 단락
이 있다. 단락된 저항은 일반적인 고장은 아니다.

3. 전원과 출력 사이에 개방된 곳이 있다. 이로 인해 전류가 흐르지 않게 되고 출력전압
이 0이 된다. 인덕터가 개방되었을 수도 있고 배선이 끊어졌거나 느슨하거나 프로토
보드 접점 불량으로 도전 경로가 개방되었다.

4. 소자값이 잘못되었다. 저항값이 너무 작아서 양단 전압이 무시할 수준이거나 인덕터
값이 너무 커서 입력 주파수에서 리액턴스값이 상당히 크게 되었다.

계획(planning) : 함수 발생기 전원이 연결되지 않았거나 주파수 설정이 잘못된 것과 같
은 문제를 점검하기 위해 육안 검사를 수행한다. 또한 끊어진 배선, 단락된 배선, 맞지 않
은 저항 코드값이나 인덕터값은 육안 검사로 찾을 수 있다. 만일 육안 검사에서 문제가 없
다면 문제의 원인을 추적하기 위해 전압 측정에 들어간다. 디지털 오실로스코프와 DMM
을 사용하여 측정하는 데 반분할 기법을 사용하여 고장 부분을 신속하게 찾아낸다.

측정(measurement) : 함수 발생기 전원이 잘 연결되어 있고 주파수 설정도 맞게 되었다
고 하자. 또한 육안 검사를 통해 확인 가능한 개방이나 단락이 없었으며 소자값들도 맞게
되어 있다고 하자.

측정의 첫 단계는 오실로스코프를 사용하여 전원전압을 확인하는 것이다. 그림 12-
46(a)와 같이 실효값 10 V, 5 kHz의 정현파가 회로 입력에서 관찰되었다고 하자. 교류 전
압이 제대로 나오므로 첫 번째 가능성을 배제할 수 있다.

다음에는 전원을 제거하고 DMM(저항계로 설정)을 각 저항 양단에 연결하여 단락을 점
검한다. 만일 단락된 저항이 있으면(그럴 확률은 높지 않지만) DMM은 0의 값 혹은 매우
작은 값으로 읽히게 된다. 저항계의 값이 맞다면 두 번째 가능성도 배제할 수 있다.

전압이 입력과 출력 사이의 어딘가에서 '사라진' 것이므로 이제 전압을 찾아본다. 다시
전원을 연결하고 반분할 기법을 사용하여 ③번 지점(회로의 중간)의 교류 전압을 접지에
대해 측정한다. 그림 12-46(b)와 같이 DMM 측정단자를 L_2의 오른쪽 단자에 연결한다.

이 때 전압을 0이라고 하면 이는 ③번 지점의 오른쪽은 정상일 수 있으며 고장은 ③번 지점과 전원 사이에 있다는 것이다.

이제 전원 쪽으로 전압을 찾아가 보자(전원에서 앞으로 진행해도 된다). 그림 12-46(b)와 같이 멀티미터의 측정단자를 L_2의 왼쪽 단자인 ②번 지점에 놓았더니 8.31 V가 나왔다.

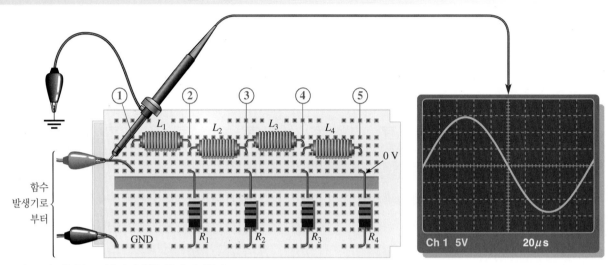

(a) 스코프는 입력으로 전압이 맞게 들어옴을 보여준다.

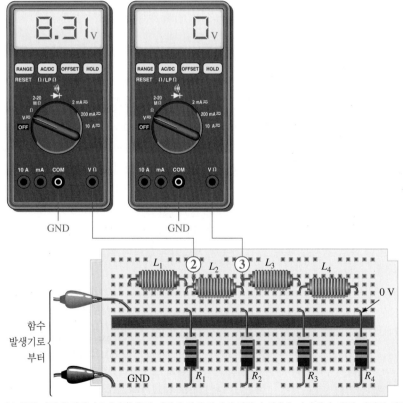

(b) ③번 지점의 전압이 0이라면 ③번 지점과 전원 사이에 결함이 있음을 나타낸다. ②번 지점의 전압이 8.31 V인 것은 L_2가 개방되었음을 나타낸다.

그림 12–46

이것은 물론 L_2가 개방되었음을 나타낸다. 다행히도 이 경우에는 기판의 접점 부분이 아닌 소자 쪽이 불량으로 나왔는데 통상 불량인 접점을 수리하는 것보다 소자를 교체하는 것이 쉽다.

관련 문제 만일 L_2의 왼쪽에서 0 V가, L_1의 오른쪽에서 10 V가 측정되었다면 이것은 무엇을 나타내는 것인가?

12–9 복습문제

1. 직렬 RL 회로 응답에서 인덕터 권선의 단락이 미치는 영향은 무엇인가?
2. 그림 12-47의 회로에서 L이 개방된 경우 I_{tot}, V_{R1}, V_{R2} 가운데 증가 혹은 감소하는 것은 무엇인가?

그림 12–47

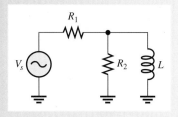

응용 과제

변경중인 통신 시스템에서 제거된 두 개의 밀폐된 모듈이 있는데, 각 모듈은 세 개의 단자가 나와 있으며 RL 회로라고만 표시되어 있고 규격은 나타나 있지 않다. 과제는 모듈을 검사하여 회로의 형태와 소자값을 구하는 것이다.

밀폐된 모듈은 그림 12-48과 같이 입력(IN), 접지(GND), 출력(OUT)으로 표시된 세 개의 단자를 가지고 있다. 직렬 RL 회로에 대한 지식을 활용하여 내부 회로의 구성과 소자값을 구하기 위해 몇 가지 기본적인 측정을 하도록 하자.

1단계 : 모듈 1의 저항값 측정하기

그림 12-48에 나타난 바와 같이 멀티미터 측정값을 통해 모듈 1의 소자 배치와 저항 및 권선 저항값을 구한다.

2단계 : 모듈 1의 교류 측정하기

그림 12-49의 측정 설정을 통하여 구한 파형으로부터 모듈 1의 인덕턴스값을 구한다.

3단계 : 모듈 2의 저항값 측정하기

그림 12-50에 나타난 바와 같이 멀티미터 측정값을 통해 모듈 2의 소자 배치와 저항 및 권선 저항값을 구한다.

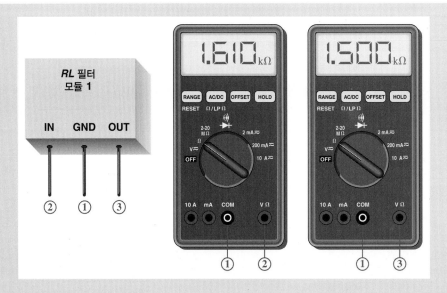

그림 12–48

모듈 1의 저항값 측정

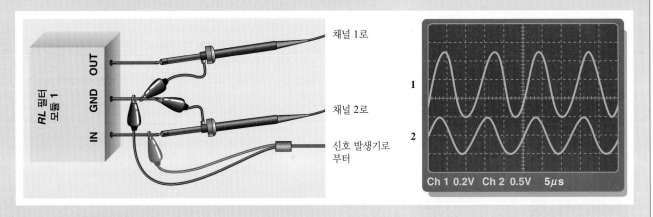

그림 12–49

모듈 1의 교류 측정

그림 12–50

모듈 2의 저항값 측정

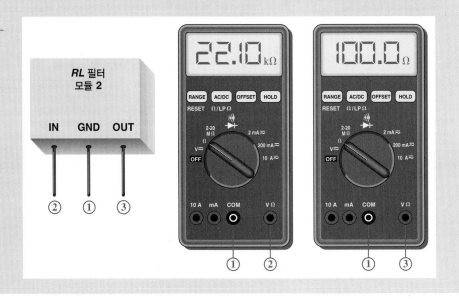

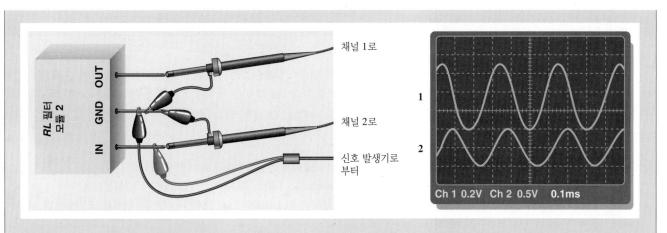

그림 12-51

모듈 2의 교류 측정

4단계 : 모듈 2의 교류 측정하기

그림 12-51의 측정 설정을 통해 구한 파형으로부터 모듈 2의 인덕턴스값을 구한다.

복습문제

1. 모듈 1의 인덕터가 개방되었다면 그림 12-49에서 출력은 어떻게 나오겠는가?
2. 모듈 2의 인덕터가 개방되었다면 그림 12-51에서 출력은 어떻게 나오겠는가?

요 약

▶ RL 회로에 정현파 전압이 인가되었을 때, 회로에 흐르는 전류와 회로의 각 소자에서 발생하는 전압 강하도 모두 정현파가 된다.

▶ RL 회로에 흐르는 전체 전류는 언제나 인가 전압보다 뒤진다.

▶ 저항을 통해 흐르는 전류와 그 저항 양단 전압의 위상은 언제나 같다.

▶ 이상적인 인덕터에서 전압은 전류보다 언제나 90°만큼 앞선다.

▶ RL 지상회로에서, 출력전압은 입력전압보다 뒤진다.

▶ RL 진상회로에서, 출력전압은 입력전압보다 앞선다.

▶ RL 회로의 임피던스는 저항과 유도성 리액턴스의 페이저 합으로 구한다.

▶ 임피던스의 단위는 옴(Ω)이다.

▶ 직렬 RL 회로의 임피던스 크기는 주파수에 정비례한다.

▶ 직렬 RL 회로의 위상각(θ)은 주파수에 정비례한다.

▶ 회로의 임피던스는 회로의 전체 전류와 인가 전압을 측정한 다음, 옴의 법칙을 적용하여 구할 수 있다.

▶ RL 회로에서 전체 전력은 저항에서 소비되는 유효전력과 인덕터에서 저장/반환되는 무효전력으로 나누어진다.

▶ 저항에서 소비되는 유효전력과 무효전력의 페이저 합을 피상전력이라고 한다.

▶ 역률에 의해, 피상전력 중에서 유효전력이 차지하는 비율을 알 수 있다.

▶ 저항 성분만을 갖는 회로의 역률은 1이며, 리액턴스 성분만을 갖는 회로의 역률은 0이다.

▶ 주파수 선택성을 갖는 회로(필터)에서는 특정 범위의 주파수는 잘 통과시키고, 그 범위 이외의 주파수는 차단시킨다.

핵심 용어

이 장에서 제시된 핵심 용어는 책 끝부분의 용어집에 정의되어 있다.

대역폭(bandwidth) : 필터에 의해 통과되는 주파수 범위

어드미턴스(admittance : Y) : 리액턴스 성분을 갖는 회로의 성질을 표시하는 용어로, 그 회로에 얼마나 전류가 잘 흐를 수 있는가를 나타내는 양이다. 이 값이 클수록 전류가 잘 흐르는데, 임피던스의 역수이며 단위는 지멘스(S)

역률(power factor : PF) : 피상전력(단위는 VA)과 유효전력(단위는 W) 사이의 관계를 표시하는 용어로, 피상전력에 역률을 곱하면 유효전력이 된다.

위상각(phase angle) : 리액티브 회로에서 전원전압과 전체 전류 사이의 각도

유도성 서셉턴스(inductive susceptance : B_L) : 유도성 리액턴스의 역수. 단위는지멘스(S)

임피던스(impedance : Z) : 정현파 전류가 흐르는 것을 방해하는 성질의 정도를 표시하는 양. 단위는 옴(Ω)

주파수 응답(frequency response) : 전자회로에서, 특정 범위의 주파수에 따른 출력전압(전류)의 변화를 표시한 것

차단 주파수(cutoff frequency) : 출력전압이 최대 출력전압의 70.7%가 되는 주파수

피상전력(apparent power : P_a) : 저항에서의 전력(유효전력)과 리액턴스 소자에서의 전력(무효전력)의 페이저 합으로 표시되는 전력. 단위는 VA(볼트-암페어)

주요 공식

(12-1)	$Z = \sqrt{R^2 + X_L^2}$	직렬 *RL* 회로의 임피던스
(12-2)	$\theta = \tan^{-1}\left(\dfrac{X_L}{R}\right)$	직렬 *RL* 회로의 위상각
(12-3)	$V_s = \sqrt{V_R^2 + V_L^2}$	직렬 *RL* 회로에서 전체 전압
(12-4)	$\theta = \tan^{-1}\left(\dfrac{V_L}{V_R}\right)$	직렬 *RL* 회로의 위상각
(12-5)	$\phi = \tan^{-1}\left(\dfrac{X_L}{R}\right)$	지상회로의 위상각
(12-6)	$V_{out} = \left(\dfrac{R}{\sqrt{R^2 + X_L^2}}\right)V_{in}$	지상회로의 출력전압
(12-7)	$\phi = 90° - \tan^{-1}\left(\dfrac{X_L}{R}\right)$	진상회로의 위상각
(12-8)	$V_{out} = \left(\dfrac{X_L}{\sqrt{R^2 + X_L^2}}\right)V_{in}$	진상회로의 출력전압
(12-9)	$Z = \dfrac{RX_L}{\sqrt{R^2 + X_L^2}}$	병렬 *RL* 회로의 임피던스
(12-10)	$\theta = \tan^{-1}\left(\dfrac{R}{X_L}\right)$	병렬 *RL* 회로의 위상각
(12-11)	$G = \dfrac{1}{R}$	컨덕턴스
(12-12)	$B_L = \dfrac{1}{X_L}$	유도성 서셉턴스
(12-13)	$Y = \dfrac{1}{Z}$	어드미턴스
(12-14)	$Y_{tot} = \sqrt{G^2 + B_L^2}$	전체 어드미턴스
(12-15)	$I_{tot} = \sqrt{I_R^2 + I_L^2}$	병렬 *RL* 회로에서 전체 전류

(12-16) $\theta = \tan^{-1}\left(\dfrac{I_L}{I_R}\right)$ 병렬 RL 회로의 위상각

(12-17) $P_r = I^2 X_L$ 무효전력

(12-18) $f_c = \dfrac{R}{2\pi L}$ RL 회로의 차단 주파수

자습문제

정답은 장의 끝부분에 있다.

1. 직렬 RL 회로에서 저항 양단의 전압은 어떠한가?

  (a) 인가 전압보다 앞선다.　　　　　　　　**(b)** 인가 전압보다 뒤진다.

  (c) 인가 전압과 위상이 서로 같다.　　　　**(d)** 전류와 위상이 서로 같다.

  (e) (a)와 (d) 모두 맞다.　　　　　　　　**(f)** (b)와 (d) 모두 맞다.

2. 직렬 RL 회로에 인가되는 전압의 주파수가 증가하면 임피던스는 어떻게 되는가?

  (a) 감소한다.　　　**(b)** 증가한다.　　　**(c)** 변하지 않는다.

3. 직렬 RL 회로에 인가되는 전압의 주파수가 감소하면 위상각은 어떻게 되는가?

  (a) 감소한다.　　　**(b)** 증가한다.　　　**(c)** 변하지 않는다.

4. 직렬 RL 회로에서 주파수가 2배, 저항값이 1/2배가 되면 임피던스는 어떻게 되는가?

  (a) 2배가 된다.　　　　　　　　　　　　**(b)** 1/2배가 된다.

  (c) 변하지 않는다.　　　　　　　　　　　**(d)** 값이 주어지지 않았으므로 구할 수 없다.

5. 직렬 RL 회로에서 전류를 감소시키려면 주파수를 어떻게 하여야 하는가?

  (a) 증가시켜야 한다. **(b)** 감소시켜야 한다.　**(c)** 일정하게 유지시켜야 한다.

6. 직렬 RL 회로에서 저항 양단의 전압이 10 V rms, 인덕터 양단의 전압이 10 V rms이다. 전원전압의 최대값은 얼마인가?

  (a) 14.14 V　　　**(b)** 28.28 V　　　**(c)** 10 V　　　**(d)** 20 V

7. 문제 6의 각 전압이 어떤 주파수에서 측정된 값이라고 가정할 때, 저항 양단의 전압이 인덕터 양단의 전압보다 커지도록 하기 위해 주파수는 어떻게 되어야 하는가?

  (a) 증가되어야 한다.　　　　**(b)** 감소되어야 한다.　　　　**(c)** 2배가 되어야 한다.

  (d) 아무런 영향도 미치지 않으므로 어떤 값이라도 상관 없다.

8. 직렬 RL 회로에서 저항 양단의 전압이 인덕터 양단의 전압보다 점점 커질수록, 위상각은 어떻게 되는가?

  (a) 증가한다.　　　**(b)** 감소한다.　　　**(c)** 아무런 영향을 받지 않는다.

9. 병렬 RL 회로에서 주파수가 증가하면 임피던스는 어떻게 되는가?

  (a) 증가한다.　　　**(b)** 감소한다.　　　**(c)** 변하지 않는다.

10. 병렬 RL 회로에서 저항을 통해 흐르는 전류가 2 A rms, 인덕터를 통해 흐르는 전류가 2 A rms이다. 전체 전류의 실효값은 얼마인가?

  (a) 4 A　　　**(b)** 5.656 A　　　**(c)** 2 A　　　**(d)** 2.828 A

11. 오실로스코프로 2개의 전압파형을 관찰하고 있다. 스코프의 시간축 조정 손잡이(시간/칸 : time/division)를 조정하여 수평축 10칸에 걸쳐 전압파형의 1/2 사이클이 나타나도록 하였다. 두 파형 중에서 한 파형은 왼쪽 맨 끝 칸에서 양(+)의 방향으로 교차하고, 다른 파형은 왼쪽에서 오른쪽으로 세 번째 칸에서 양(+)의 방향으로 영점과 교차한다. 두 파형 사이의 위상각은 얼마인가?

  (a) 18°　　　**(b)** 36°　　　**(c)** 54°　　　**(d)** 180°

12. RL 회로에서, 다음 역률 중 회로의 에너지 소모가 가장 작은 것은 어느 것인가?

  (a) 1　　　**(b)** 0.9　　　**(c)** 0.5　　　**(d)** 0.1

13. 부하가 순수하게 유도성이고 무효전력이 10 VAR일 때 피상전력은 얼마인가?

    (a) 0 VA   **(b)** 10 VA   **(c)** 14.14 VA   **(d)** 3.16 VA

14. 어떤 부하의 유효전력이 10 W, 무효전력이 10 VAR일 때, 피상전력은 얼마인가?

    (a) 5 VA   **(b)** 20 VA   **(c)** 14.14 VA   **(d)** 100 VA

15. 저역통과 *RL* 회로의 차단 주파수가 20 kHz일 때 대역폭은 얼마인가?

    (a) 20 kHz   **(b)** 40 kHz   **(c)** 0 kHz   **(d)** 알 수 없음

고장진단 : 증상과 원인

이러한 연습문제의 목적은 고장진단에 필수적인 과정을 이해함으로써 회로의 이해를 돕는 것이다. 정답은 장의 끝부분에 있다.

그림 12-52를 참조하여 각각의 증상에 대한 원인을 규명하시오.

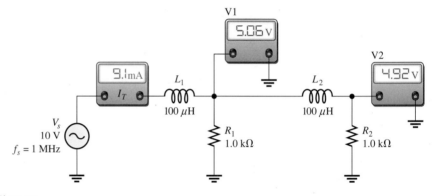

그림 12–52

교류 전압계에 표시된 측정값은 정확하다고 가정한다

1. 증상 : 전류계가 15.9 mA를 나타내고 전압계 1, 2는 0 값을 나타내고 있다.

    원인 :

    (a) L_1 개방

    (b) L_2 개방

    (c) R_1 단락

2. 증상 : 전류계가 8.47 mA를 나타내고 전압계 1은 8.47 V를, 전압계 2는 0 V를 나타내고 있다.

    원인 :

    (a) L_2 개방

    (b) R_2 개방

    (c) R_2 단락

3. 증상 : 전류계가 20 mA보다 조금 작은 값을 나타내고 전압계 1, 2는 10 V보다 조금 작은 값을 나타내고 있다.

    원인 :

    (a) L_1 단락

    (b) R_1 개방

    (c) 전원 주파수가 매우 낮게 설정되었다.

4. 증상 : 전류계가 4.55 mA를 나타내고 전압계 1은 2.53 V를, 전압계 2는 2.15 V를 나타내고 있다.

    원인 :

    (a) 전원 주파수가 500 kHz로 잘못 설정되었다.

(b) 전원전압이 5 V로 잘못 설정되었다.

(c) 전원 주파수가 2 MHz로 잘못 설정되었다.

5. 증상 : 모든 교류 전압계가 0을 가리키고 있다.

원인 :

(a) 전원전압이 잘못되었거나 꺼져 있다.

(b) L_1 개방

(c) (a) 혹은 (b)

문 제
홀수문제의 답은 책 끝부분에 있다.

기본문제

12-1 *RL* 회로의 정현파 응답

1. 직렬 *RL* 회로에 15 kHz의 정현파가 인가되고 있다. I, V_R, V_L의 주파수를 각각 구하시오.

2. 문제 1에서 I, V_R, V_L의 파형은 어떤 형태가 되는가?

12-2 직렬 *RL* 회로의 임피던스와 위상각

3. 그림 12-53의 각 회로에 대해 총 임피던스를 구하시오.

그림 12-53

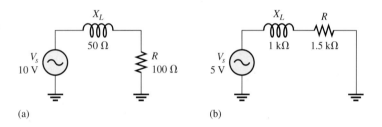

(a) (b)

4. 그림 12-54의 각 회로에 대해 임피던스의 크기와 위상각을 구하시오.

그림 12-54

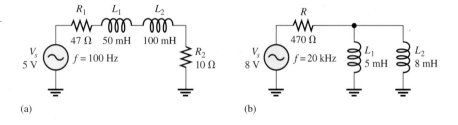

(a) (b)

5. 다음의 각 주파수에 대해 그림 12-55 회로의 임피던스를 구하시오.

(a) 100 Hz **(b)** 500 Hz **(c)** 1 kHz **(d)** 2 kHz

그림 12-55

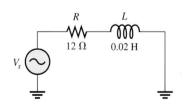

6. 직렬 *RL* 회로의 총 임피던스가 다음과 같을 때, *R*과 X_L의 값을 각각 구하시오.

    (a) $Z = 20 \ \Omega, \ \theta = 45°$ **(b)** $Z = 500 \ \Omega, \ \theta = 35°$

    (c) $Z = 2.5 \ \text{k}\Omega, \ \theta = 72.5°$ **(d)** $Z = 998 \ \Omega, \ \theta = 45°$

12-3 직렬 *RL* 회로의 해석

7. 그림 12-54(a) 회로의 전원 주파수가 1 kHz로 증가되었을 때 전체 저항에 걸리는 전압을 구하시오.

8. 그림 12-54(b) 회로에서 전체 저항과 전체 인덕턴스에 걸리는 전압을 각각 구하시오.

9. 그림 12-53의 각 회로의 전류를 구하시오.

10. 그림 12-54의 각 회로의 전체 전류를 구하시오.

11. 그림 12-56의 회로에 대해 θ를 구하시오.

12. 그림 12-56에서 인덕턴스가 2배가 되면 θ는 증가하는가, 아니면 감소하는가? 이 때 얼마나 변하는가?

13. 그림 12-55에서 V_S, V_R, V_L의 파형을 그리고, 그림에 각 전압 사이의 위상관계를 제대로 표시하시오.

14. 다음의 각 주파수에 대해서 그림 12-57 회로의 V_R과 V_L을 구하시오.

    (a) 60 Hz   **(b)** 200 Hz   **(c)** 500 Hz   **(d)** 1 kHz

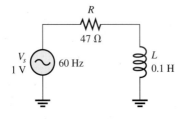

그림 12–56

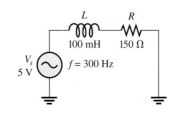

그림 12–57

15. 그림 12-58의 지상회로에서 입력 주파수가 다음과 같을 때 출력전압의 지상값을 구하시오.

    (a) 1 Hz   **(b)** 100 Hz   **(c)** 1 kHz   **(d)** 10 kHz

16. 그림 12-59의 진상회로에 대해 문제 15의 과정을 반복하시오(지상값 대신 진상값을 구한다).

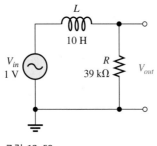

그림 12–58

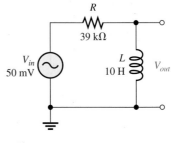

그림 12–59

12-4 병렬 *RL* 회로의 임피던스와 위상각

17. 그림 12-60의 회로에 대해 총 임피던스를 구하시오.

18. 다음의 각 주파수에 대해 문제 17을 반복하시오.

    (a) 1.5 kHz   **(b)** 3 kHz   **(c)** 5 kHz   **(d)** 10 kHz

19. 그림 12-60의 회로에서 *R*과 X_L이 같아지는 주파수를 구하시오.

12-5 병렬 *RL* 회로의 해석

20. 그림 12-61에서 각 소자를 통해 흐르는 전류와 전체 전류를 구하시오.

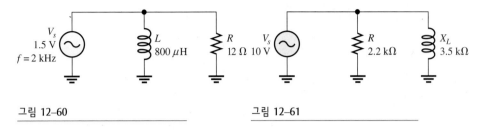

그림 12-60   그림 12-61

21. 그림 12-62의 회로에 대해 다음을 구하시오.

(a) Z **(b)** I_R **(c)** I_L **(d)** I_{tot} **(e)** θ

22. 그림 12-63의 회로를 등가 직렬 회로로 변환하시오.

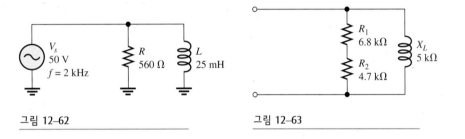

그림 12-62   그림 12-63

12-6 직병렬 *RL* 회로의 해석

23. 그림 12-64에서 각 소자 양단의 전압을 구하시오.

24. 그림 12-64의 회로는 저항성 회로인가, 아니면 유도성 회로인가?

25. 그림 12-64에서 회로의 각 소자를 통해 흐르는 전류와 전체 전류를 구하시오.

그림 12-64

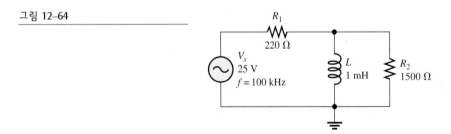

12-7 *RL* 회로의 전력

26. *RL* 회로의 유효전력이 100 mW이고 무효전력이 340 mVAR이다. 피상전력을 구하시오.

27. 그림 12-56에서 유효전력과 무효전력을 구하시오.

28. 그림 12-61 회로의 역률을 구하시오.

29. 그림 12-64의 회로에 대해 P_{true}, P_r, P_a, PF를 구하고, 전력 삼각도를 그리시오.

12-8 기본 응용

30. 그림 12-58의 회로에 대해, 0 Hz에서 5 kHz의 주파수 범위 내에서 1 kHz 간격으로 해당 주파수에 대한 출력전압을 구하여 회로의 주파수 응답곡선을 그리시오.

31. 그림 12-59의 회로에 대해, 문제 30과 동일한 방법으로 회로의 주파수 응답곡선을 그리시오.

32. 그림 12-58과 그림 12-59의 각 회로에 대해서 $f = 8$ kHz일 때 전압 페이저도를 그리시오.

12–9 고장진단

33. 그림 12-65에서 L_1이 개방되었을 때, 각 소자 양단의 전압을 구하시오.

34. 그림 12-66의 각 회로에서 다음의 각 고장 유형에 대하여 출력전압을 구하시오.

    (a) L_1 개방   **(b)** L_2 개방   **(c)** R_1 개방   **(d)** R_2 단락

그림 12–65

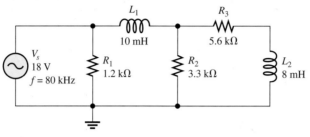

그림 12–66

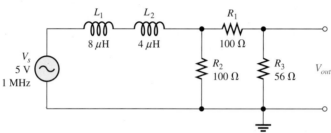

고급문제

35. 그림 12-67의 인덕터 양단의 전압을 구하시오.

그림 12–67

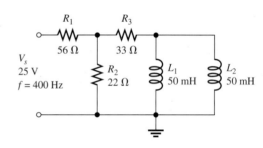

36. 그림 12-67의 회로는 저항성 회로인가, 아니면 유도성 회로인가?

37. 그림 12-67 회로의 전체 전류를 구하시오.

38. 그림 12-68 회로에 대해 다음 값을 구하시오.

    (a) Z_{tot} **(b)** I_{tot} **(c)** θ **(d)** V_L **(e)** V_{R3}

39. 그림 12-69 회로에 대해 다음 값을 구하시오.

    (a) I_{R1} **(b)** I_{L1} **(c)** I_{L2} **(d)** I_{R2}

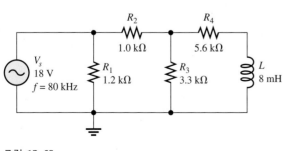

그림 12–68

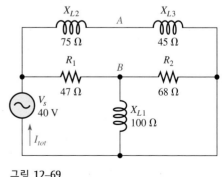

그림 12–69

40. 그림 12-70에서 입력에 대한 출력의 위상차와 감쇠율(attenuation, V_{in}에 대한 V_{out}의 비)을 구하시오.

41. 그림 12-71의 회로에 대하여 입력에서 출력으로의 감쇠율을 구하시오.

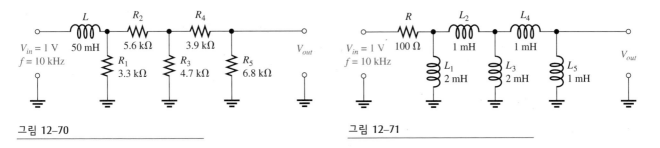

그림 12-70

그림 12-71

42. 12 V 직류 전원으로부터 순간적으로 2.5 kV를 발생시키는 이상적인 유도성 스위칭 회로를 설계하시오. 단, 전원에서 나오는 전류는 1 A를 넘으면 안 된다.

43. 그림 12-72의 회로에 대해 회로도를 그리고 스코프의 파형이 맞는지 확인하시오. 만일 회로에 결함이 있다면 찾으시오.

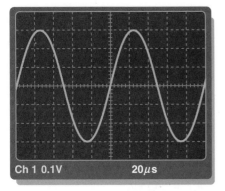

(a) 오실로스코프 화면

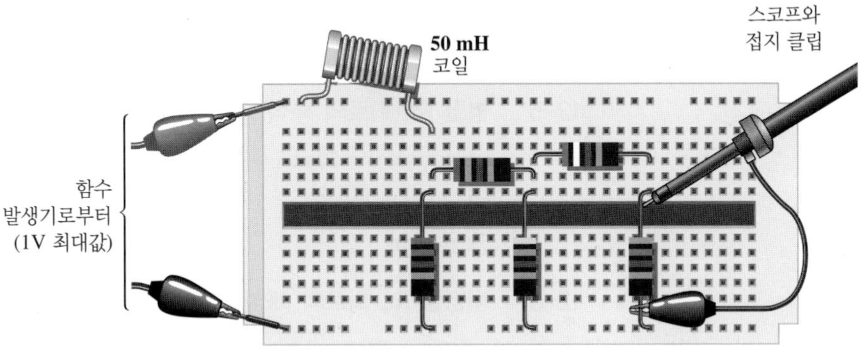

(b) 배선이 연결된 회로

그림 12-72

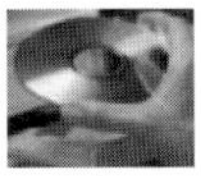

Multisim을 이용한 고장진단 문제

44. P12-44 파일을 열고 결함이 있는지 점검하시오.

45. P12-45 파일을 열고 결함이 있는지 점검하시오.

46. P12-46 파일을 열고 결함이 있는지 점검하시오.

47. P12-47 파일을 열고 결함이 있는지 점검하시오.

48. P12-48 파일을 열고 결함이 있는지 점검하시오.

49. P12-49 파일을 열고 결함이 있는지 점검하시오.

정 답

절 복습문제

12-1 *RL* 회로의 정현파 응답

1. 전류의 주파수는 1 kHz이다.

2. θ는 $R > X_L$일 때 0°에 가까운 값을 갖는다.

12-2 직렬 *RL* 회로의 임피던스와 위상각

1. V_s는 I보다 앞선 위상을 갖는다.

2. 유도성 리액턴스가 위상각을 만든다.

3. *RL* 회로는 *RC* 회로와 반대의 위상을 갖는다.

4. $Z = \sqrt{R^2 + X_L^2} = 59.9 \text{ k}\Omega, \theta = \tan^{-1}(X_L/R) = 56.6°$

12-3 직렬 *RL* 회로의 해석

1. $V_s = \sqrt{V_R^2 + V_L^2} = 3.61 \text{ V}$

2. $\theta = \tan^{-1}(V_L/V_R) = 56.3°$

3. f가 증가하면 X_L은 증가, Z는 증가, θ는 증가한다.

4. $\phi = 90° - \tan^{-1}(X_L/R) = 81.9°$

5. $V_{out} = \left(\dfrac{R}{\sqrt{R^2 + X_L^2}} \right) V_{in} = 9.90 \text{ V}$

12-4 병렬 *RL* 회로의 임피던스와 위상각

1. $Z = 1/Y = 20 \ \Omega$

2. $Y = \sqrt{G^2 + B_L^2} = 25 \text{ mS}$

3. 전체 전류 I_{tot}가 V_s보다 32.1° 뒤진다.

12-5 병렬 *RL* 회로의 해석

1. $I_{tot} = V_s Y = 32 \text{ mA}$

2. $\theta = \tan^{-1}(I_L/I_R) = 59.0°, I_{tot} = \sqrt{I_R^2 + I_L^2} = 23.3 \text{ mA}$

3. $\theta = 90°$

12-6 직병렬 *RL* 회로의 해석

1. $I_{tot} = \sqrt{(I_1 \cos \theta_1 + I_2 \cos \theta_2)^2 + (I_1 \sin \theta_1 + I_2 \sin \theta_2)^2} = 20.2 \text{ mA}$

2. $Z = V_S/I_{tot} = 494 \ \Omega$

12-7 *RL* 회로의 전력

1. 전력은 저항에서 소모된다.

2. $PF = \cos 50° = 0.643$

3. $P_{\text{true}} = I^2 R = 4.7 \text{ W}, P_r = I^2 X_L = 6.2 \text{ VAR}, P_a = \sqrt{P_{\text{true}}^2 + P_r^2} = 7.78 \text{ VA}$

12-8 기본 응용

1. 출력은 저항에서 취한다.

2. 스위칭 레귤레이터가 다른 형태보다 효율이 좋다.

3. 펄스폭이 증가한다.

12-9 고장진단

1. 권선의 일부가 단락되면 L의 값이 감소하므로 주어진 주파수에서 X_L이 감소한다.

2. L이 개방되면 I_{tot}는 감소, V_{R1}은 감소, V_{R2}는 증가한다.

응용 과제

1. $V_{out} = 0 \text{ V}$

2. $V_{out} = V_{in}$

예제 관련 문제

12-1   2.04 kΩ, 27.8°

12-2   423 μA

12-3   구할 수 없다.

12-4   12.6 kΩ, $\theta = 85.5°$

12-5   32

12-6   12.3 V rms

12-7   65.6°

12-8   8.14 kΩ, $\theta = 35.5°$

12-9   3.13 mS

12-10   14.0 mA, 71.1°

12-11   67.6 mA, 36.3°

12-12   **(a)** 8.04 V   **(b)** 2.00 V

12-13   전류는 감소한다.

12-14 P_{true}, P_r, P_a는 감소한다.

12-15 L_1과 L_2 사이의 연결이 개방된다.

자습 문제

1. (f)   **2.** (b)   **3.** (a)   **4.** (d)   **5.** (a)   **6.** (d)   **7.** (b)

8. (b)   **9.** (a)   **10.** (d)   **11.** (c)   **12.** (d)   **13.** (b)   **14.** (c)

15. (a)

고장진단 : 증상과 원인

1. (c)   **2.** (a)   **3.** (c)   **4.** (b)   **5.** (c)

RLC 회로와 공진

장의 목표

▶ 직렬 *RLC* 회로의 임피던스를 구한다.
▶ 직렬 *RLC* 회로를 해석한다.
▶ 직렬 공진회로를 해석한다.
▶ 직렬 공진 필터를 해석한다.
▶ 병렬 *RLC* 회로를 해석한다.
▶ 병렬 공진회로를 해석한다.
▶ 병렬 공진 필터의 동작을 해석한다.
▶ 공진회로의 응용 예를 살펴본다.

핵심 용어

▶ 공진 주파수(resonant frequency)
▶ 대역차단 필터(band-stop filter)
▶ 대역통과 필터(band-pass filter)
▶ 데시벨(decibel : dB)
▶ 반전력 주파수(half-power frequency)
▶ 병렬 공진(parallel resonance)
▶ 선택도(selectivity)
▶ 직렬 공진(series resonance)
▶ 차단 주파수(cutoff frequency)

응용 과제 개요

응용 과제에서는 특성을 모르는 공진 필터의 주파수 응답곡선을 그려본다. 주파수 응답 측정을 통해 필터의 형태와 공진 주파수, 대역폭을 구한다. 이 장을 학습하고 나면, 응용 과제를 완벽하게 수행할 수 있게 될 것이다.

지원 웹 사이트

학습을 돕기 위해 다음의 웹 사이트를 방문하기 바란다.
http://www.prenhall.com/floyd

도입

이 장에서는 저항, 캐패시턴스, 인덕턴스(*RLC*)의 조합으로 구성된 회로의 주파수 응답에 대해 학습한다. 직렬 및 병렬 *RLC* 회로에 대하여 직렬 및 병렬 공진 개념을 포함하여 살펴본다.

　전기회로에서 공진은 주파수 선택성의 기초가 되기 때문에 여러 형태의 전자 시스템, 특히 통신 분야 시스템의 동작에서 중요하다. 예를 들면 라디오 혹은 텔레비전 수신기는 공진의 원리에 기초하여 특정 방송국에서 송출한 주파수를 선택하고 다른 방송국의 주파수는 차단한다.

　대역통과 필터와 대역차단 필터의 동작은 인덕턴스와 캐패시턴스를 포함한 회로의 공진에 기초하는데 이 장에서는 이러한 필터에 대하여 설명하고 응용 시스템에 대해 소개한다.

13-1 직렬 *RLC* 회로의 임피던스와 위상각

RLC 회로는 저항, 인덕턴스, 캐패시턴스를 모두 갖고 있다. 유도성 리액턴스와 용량성 리액턴스는 회로의 위상각에 대해 서로 정반대의 영향을 주기 때문에, 이 두 종류의 리액턴스값을 합한 총 리액턴스의 값은 각각의 리액턴스값보다 작다.

절의 학습내용

▶ **직렬 *RLC* 회로의 임피던스를 구한다.**

  ▶ 총 리액턴스를 구한다.

  ▶ 회로의 지배적인 특성이 유도성인지 용량성인지를 파악한다.

그림 13-1의 직렬 *RLC* 회로에는 저항, 인덕턴스, 캐패시턴스가 모두 포함되어 있다.

그림 13-1

직렬 *RLC* 회로

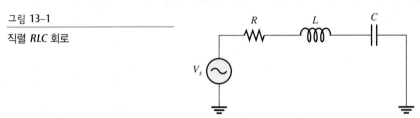

앞에서 살펴보았듯이, 유도성 리액턴스(X_L)는 전류가 인가 전압보다 뒤지도록 한다. 반대로, 용량성 리액턴스(X_C)는 전류가 인가 전압보다 앞서도록 한다. 즉, X_L과 X_C는 서로 반대되는 성질을 갖고 있으므로, X_L과 X_C가 함께 존재하는 경우에는 서로 상대편의 성질을 없애려는 특성을 갖는다. 만일 X_L과 X_C의 크기가 서로 같으면, 이 둘은 상쇄되어 총 리액턴스가 0이 된다. 직렬 회로에서 총 리액턴스의 값은 다음과 같다.

$$X_{tot} = |X_L - X_C| \tag{13-1}$$

이 식에서, $|X_L - X_C|$는 두 리액턴스값의 차이를 구한 결과에서 절대값을 취한다는 의미이다. 따라서 X_L과 X_C 중 어느 것이 크더라도 총 리액턴스의 값은 언제나 (+) 값이 된다. 예를 들어, 3 − 7 = −4이지만 절대값을 취하면, 다음과 같이 된다.

$$|3 - 7| = 4$$

$X_L > X_C$인 경우, 회로에서 유도성 리액턴스가 더 큰 값을 가지므로 이 회로는 유도성 리액턴스의 성질이 우세한 유도성(inductive) 회로가 되며, $X_C > X_L$인 경우에는, 반대로 용량성 리액턴스의 성질이 우세한 용량성(capacitive) 회로가 된다.

  RLC 회로의 총 임피던스는 다음과 같이 주어진다.

$$Z_{tot} = \sqrt{R^2 + X_{tot}^2} \tag{13-2}$$

V_s와 I의 위상각은 다음과 같이 주어진다.

$$\theta = \tan^{-1}\left(\frac{X_{tot}}{R}\right) \tag{13-3}$$

예제 13-1

그림 13-2의 직렬 *RLC* 회로에서 전체 임피던스와 위상각을 구하시오.

해   우선 X_C와 X_L을 구한다.

$$X_C = \frac{1}{2\pi f C} = \frac{1}{2\pi (1\ kHz)(0.56\ \mu F)} = 284\ \Omega$$

$$X_L = 2\pi f L = 2\pi (1\ kHz)(100\ mH) = 628\ \Omega$$

그림 13-2

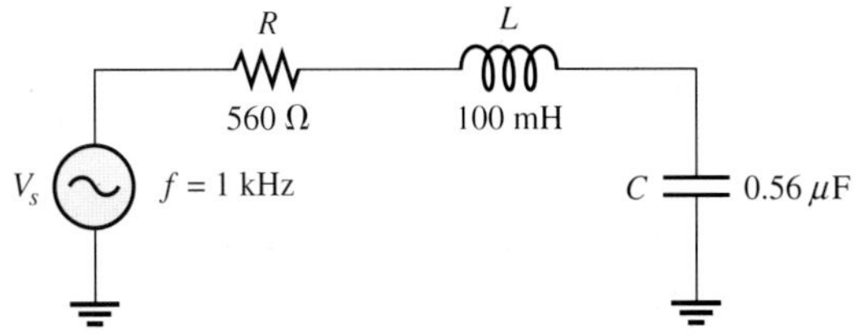

이 경우 X_L이 X_C보다 크므로 이 회로는 용량성 특성보다 유도성 특성이 많으며 전체 리액턴스의 크기를 구하면 다음과 같다.

$$X_{tot} = |X_L - X_C| = |628\ \Omega - 284\ \Omega| = 344\ \Omega \qquad \text{(유도성)}$$

전체 회로의 임피던스를 구한다.

$$Z_{tot} = \sqrt{R^2 + X_{tot}^2} = \sqrt{(560\ \Omega)^2 + (344\ \Omega)^2} = \mathbf{657\ \Omega}$$

I와 V_s의 위상각을 구한다.

$$\theta = \tan^{-1}\left(\frac{X_{tot}}{R}\right) = \tan^{-1}\left(\frac{344\ \Omega}{560\ \Omega}\right) = \mathbf{31.6°} \qquad \text{(전류가 V_s보다 뒤짐)}$$

관련 문제* 그림 13-2 회로의 주파수를 증가시켰을 때 Z와 θ를 구하시오.

＊ 정답은 장의 끝부분에 있다.

이상에서 알 수 있듯이, 회로에서 유도성 리액턴스가 용량성 리액턴스보다 크면, 이 회로는 유도성 회로로 동작하여 전류는 전원전압보다 뒤진 위상을 갖는다. 반대로, 회로에서 용량성 리액턴스가 유도성 리액턴스보다 크면, 이 회로는 용량성 회로로 동작하여 전류가 전원전압보다 앞선 위상을 갖는다.

13–1 복습문제*
1. 직렬 *RLC* 회로가 유도성인지 용량성인지 결정하는 방법을 설명하시오.
2. 주어진 직렬 *RLC* 회로에서 $X_C = 150\ \Omega$, $X_L = 80\ \Omega$일 때 전체 리액턴스를 구하고 회로가 유도성인지 용량성인지 결정하시오.
3. 문제 2에서 $R = 45\ \Omega$일 때 회로의 임피던스와 위상각, 그리고 전류와 전원전압의 위상관계를 구하시오.

＊ 정답은 장의 끝부분에 있다.

13–2 직렬 *RLC* 회로의 해석

이미 잘 알고 있듯이 용량성 리액턴스의 값은 주파수에 반비례하고, 유도성 리액턴스의 값은 주파수에 비례한다. 이 절에서는 용량성, 유도성 리액턴스가 서로 결합되면, 주파수에 따라 어떤 성질을 나타내는지 알아본다.

절의 학습내용

▶ **직렬 *RLC* 회로를 해석한다.**

　▶ 직렬 *RLC* 회로의 전류를 구한다.

　▶ 직렬 *RLC* 회로에서, 각 소자에서의 전압 강하를 구한다.

　▶ 위상각을 구한다.

그림 13-3은 일반적인 직렬 *RLC* 회로에서 총 리액턴스의 값이 주파수에 따라 어떻게 변하는가를 보여준다. 먼저, 주파수가 아주 낮은 영역에서 X_C 값은 크고 X_L 값은 작으므로, 회로는 용량성이 된다. 주파수가 점점 증가하면, X_C의 값은 점점 감소하고 X_L의 값은 계속 증가한다. 이 때 두 리액턴스값이 같아지는 점, 즉 $X_L = X_C$가 되는 주파수에서는 두 리액턴스가 서로 상쇄되어 총 리액턴스의 값은 0 Ω이 되므로, 회로는 순수한 저항성 회로가 된다. 바로 이 상태를 **직렬 공진(series resonance)**이라고 하며 13-3절에서 학습한다. 주파수가 이 상태보다 더욱 증가하면, X_L이 X_C보다 커지므로 회로는 유도성이 된다. 예제 13-2를 통해 신호원의 주파수에 따라 임피던스와 위상각이 어떻게 변하는지 알아보기로 한다.

그림 13–3
─────────────────
주파수에 따른 X_C와 X_L의 변동

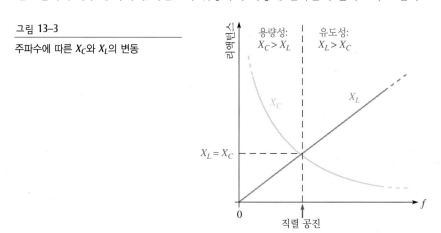

그림 13-3에 나타난 바와 같이 X_L의 그래프는 직선이 되며 X_C의 그래프는 곡선을 이룬다. 직선에 대한 일반식은 $y = mx + b$로 여기서 m은 직선의 기울기, b는 y축 교점이 된다. $X_L = 2\pi fL$은 이러한 직선의 일반식에 $y = X_L$(변수), $m = 2\pi L$(상수), $x = f$(변수), $b = 0$으로 하면 다음과 같이 맞아 들어간다 : $X_L = 2\pi fL + 0$.

X_C 곡선은 쌍곡선으로 불리는데 쌍곡선의 일반식은 $xy = k$이다. 용량성 리액턴스의 식이 $X_C = 1/2\pi fC$이므로 이 식을 다시 쓰면 $X_C f = 1/2\pi C$로 여기에서 $x = X_C$(변수), $y = f$(변수), $k = 1/2\pi C$(상수)가 된다.

예제 13–2

전원전압 주파수가 다음과 같을 때 그림 13-4 회로의 임피던스와 위상각을 구하고 주파수에 따른 임피던스와 위상각의 변화에 주목하시오.

(a) $f = 1$ kHz　　**(b)** $f = 3.5$ kHz　　**(c)** $f = 5$ kHz

그림 13–4
─────────────────

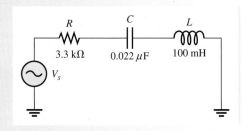

해　**(a)** $f = 1$ kHz일 때

$$X_C = \frac{1}{2\pi fC} = \frac{1}{2\pi(1\text{ kHz})(0.022\ \mu\text{F})} = 7.23\text{ k}\Omega$$

$$X_L = 2\pi fL = 2\pi(1\text{ kHz})(100\text{ mH}) = 628\ \Omega$$

회로는 용량성이 되는데 그것은 X_C가 X_L보다 상당히 크기 때문이다. 전체 리액턴스의 크기, 임피던스, 위상각은 다음과 같다.

$$X_{tot} = |X_L - X_C| = |628\,\Omega - 7.23\,k\Omega| = 6.6\,k\Omega$$

$$Z = \sqrt{R^2 + X_{tot}^2} = \sqrt{(3.3\,k\Omega)^2 + (6.6\,k\Omega)^2} = \mathbf{7.38\,k\Omega}$$

$$\theta = \tan^{-1}\left(\frac{X_{tot}}{R}\right) = \tan^{-1}\left(\frac{6.60\,k\Omega}{3.3\,k\Omega}\right) = \mathbf{63.4°}$$

전류가 전압보다 63.4° 앞선 위상을 갖는다.

(b) $f = 3.5\,kHz$일 때

$$X_C = \frac{1}{2\pi(3.5\,kHz)(0.022\,\mu F)} = 2.07\,k\Omega$$

$$X_L = 2\pi(3.5\,kHz)(100\,mH) = 2.20\,k\Omega$$

회로는 거의 순수 저항회로의 성질을 나타내는데 그것은 X_L이 X_C보다 아주 조금 크기 때문이다. 전체 리액턴스의 크기, 임피던스, 위상각은 다음과 같다.

$$X_{tot} = |2.20\,k\Omega - 2.07\,k\Omega| = 130\,\Omega$$

$$Z = \sqrt{(3.3\,k\Omega)^2 + (130\,\Omega)^2} = \mathbf{3.30\,k\Omega}$$

$$\theta = \tan^{-1}\left(\frac{130\,\Omega}{3.3\,k\Omega}\right) = \mathbf{2.26°}$$

전류가 전압보다 2.26° 뒤진 위상을 갖는다.

(c) $f = 5\,kHz$일 때

$$X_C = \frac{1}{2\pi(5\,kHz)(0.022\,\mu F)} = 1.45\,k\Omega$$

$$X_L = 2\pi(5\,kHz)(100\,mH) = 3.14\,k\Omega$$

회로는 유도성이 되는데 그것은 $X_L > X_C$이기 때문이다. 전체 리액턴스, 임피던스, 위상각은 다음과 같다.

$$X_{tot} = |3.14\,k\Omega - 1.45\,k\Omega| = 1.69\,k\Omega$$

$$Z = \sqrt{(3.3\,k\Omega)^2 + (1.69\,k\Omega)^2} = \mathbf{3.71\,k\Omega}$$

$$\theta = \tan^{-1}\left(\frac{1.69\,k\Omega}{3.3\,k\Omega}\right) = \mathbf{27.1°}$$

전류가 전압보다 27.1° 뒤진 위상을 갖는다.

주파수가 증가함에 따라 회로가 어떻게 용량성 회로에서 유도성 회로로 바뀌는지 주목하라. 위상조건은 전류가 앞서는 위상에서 뒤지는 위상으로 변화한다. 중요한 것은 주파수가 증가함에 따라 임피던스와 위상각이 최소값에 도달했다가 다시 증가한다는 점이다.

관련 문제 그림 13-4에서 $f = 7\,kHz$일 때 Z를 구하시오.

직렬 *RLC* 회로에서, 캐패시터 양단의 전압과 인덕터 양단의 전압 사이의 위상차는 항상 180°이다. 따라서 그림 13-5의 전압계와 그림 13-6의 파형에서 알 수 있듯이, 전압 V_L과 V_C의 부호는 반대가 되므로, 두 전압을 더하면 각 소자의 전압 V_C와 V_L 중 큰 전압보다는 항상 작은 값이 된다.

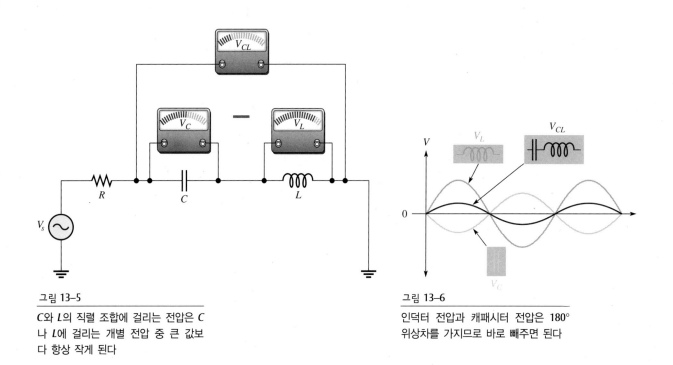

그림 13–5

*C*와 *L*의 직렬 조합에 걸리는 전압은 *C* 나 *L*에 걸리는 개별 전압 중 큰 값보다 항상 작게 된다

그림 13–6

인덕터 전압과 캐패시터 전압은 180° 위상차를 가지므로 바로 빼주면 된다

다음 예제에서는, 옴의 법칙을 적용하여 직렬 *RLC* 회로에서의 전류와 전압을 구해 본다.

예제 13-3	그림 13-7에서 각 소자에 걸리는 전압을 구하고 전체적인 전압 페이저도를 그리시오. 또한 *L*과 *C*의 조합에 걸리는 전압을 구하시오.

그림 13–7

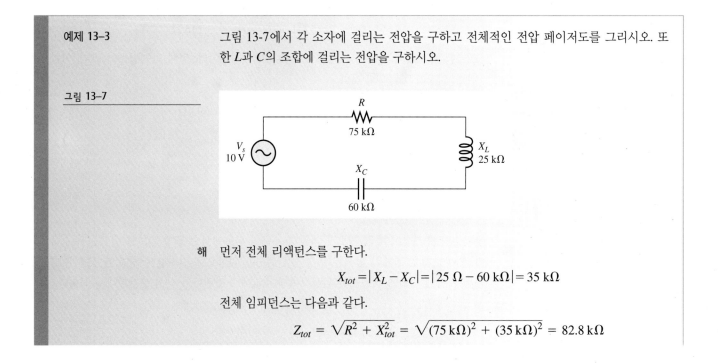

해 먼저 전체 리액턴스를 구한다.

$$X_{tot} = |X_L - X_C| = |25\,\Omega - 60\,k\Omega| = 35\,k\Omega$$

전체 임피던스는 다음과 같다.

$$Z_{tot} = \sqrt{R^2 + X_{tot}^2} = \sqrt{(75\,k\Omega)^2 + (35\,k\Omega)^2} = 82.8\,k\Omega$$

옴의 법칙을 적용하여 전류를 구한다,

$$I = \frac{V_s}{Z_{tot}} = \frac{10 \text{ V}}{82.8 \text{ k}\Omega} = 121 \, \mu\text{A}$$

이제 옴의 법칙을 적용하여 R, L, C의 전압을 구한다.

$$V_R = IR = (121 \, \mu\text{A})(75 \text{ k}\Omega) = \textbf{9.08 V}$$

$$V_L = IX_L = (121 \, \mu\text{A})(25 \text{ k}\Omega) = \textbf{3.03 V}$$

$$V_C = IX_C = (121 \, \mu\text{A})(60 \text{ k}\Omega) = \textbf{7.26 V}$$

C와 L의 조합에 걸리는 전압을 구하면 다음과 같다.

$$V_{CL} = V_C - V_L = 7.26 \text{ V} - 3.03 \text{ V} = \textbf{4.23 V}$$

전류의 위상각은 다음과 같이 주어진다.

$$\theta = \tan^{-1}\left(\frac{X_{tot}}{R}\right) = \tan^{-1}\left(\frac{35 \text{ k}\Omega}{75 \text{ k}\Omega}\right) = 25°$$

회로는 용량성 성질을 가지므로($X_C > X_L$), 전류는 전원전압보다 25° 앞선 위상을 갖는다.

전압 페이저도를 그림 13-8에 나타내었다. 여기서 V_L은 V_R보다 90° 앞선 위상을 가지며 V_C는 V_R보다 90° 뒤진 위상을 가짐을 주목한다. 또한 V_L과 V_C 사이에는 180° 위상차를 가지며 전류 페이저는 V_R과 같은 각도로 나타난다.

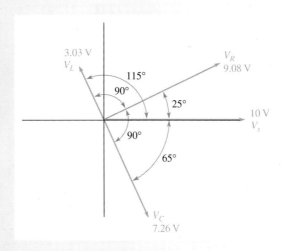

그림 13–8

관련 문제 그림 13-7에서 전원전압의 주파수가 증가하면 전류는 어떻게 되는가?

13–2 복습문제
1. 어떤 직렬 *RLC* 회로에서 $V_R = 24$ V, $V_L = 15$ V, $V_C = 45$ V일 때 전원전압을 구하시오.
2. $R = 10$ kΩ, $X_C = 18$ kΩ, $X_L = 12$ kΩ인 직렬 *RLC* 회로에서 전류와 전원전압의 위상관계는 어떻게 되는가?
3. 문제 2에서 전체 리액턴스를 구하시오.

13-3 직렬 공진회로

직렬 *RLC* 회로에서, 직렬 공진은 $X_L = X_C$일 때 발생한다. 공진이 일어나는 주파수를 **공진 주파수(resonant frequency)**라고 하며, f_r로 표시한다.

절의 학습내용

▶ **직렬 공진회로를 해석한다.**

  ▶ 공진을 정의한다.

  ▶ 공진시 회로의 리액턴스가 상쇄되어 0이 되는 이유를 설명한다.

  ▶ 직렬 공진 주파수를 계산한다.

  ▶ 공진시 전류, 전압, 위상각을 구한다.

  ▶ 공진시 회로의 임피던스를 구한다.

그림 13-9에 공진이 일어난 경우의 회로 상태를 나타내었다. 두 리액턴스가 같은 크기로 서로 상쇄되어 0이 되므로, 회로의 임피던스는 저항 성분만을 갖게 된다. 회로의 공진 상태를 식으로 표시하면 다음 두 식과 같다.

$$X_L = X_C$$
$$Z_r = R$$

그림 13-9

공진 주파수(f_r)에서 리액턴스는 크기가 같고 상쇄되므로 $Z_r = R$만 남게 된다

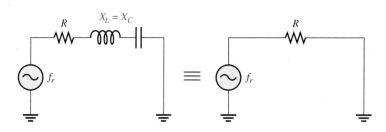

| 예제 13-4 | 그림 13-10의 직렬 *RLC* 회로에서 공진시 X_C와 Z를 구하시오. |

그림 13-10

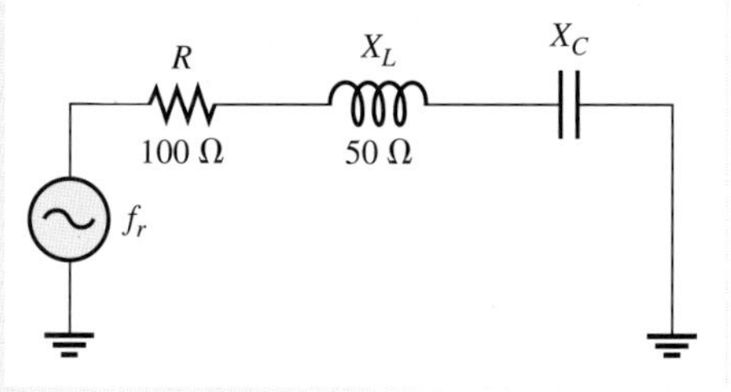

해 공진시 X_C와 X_L이 같게 되므로 다음 값이 주어진다.

$$X_C = X_L = \textbf{50 } \Omega$$

리액턴스는 서로 상쇄되어 임피던스는 저항값과 같게 된다.

$$Z_r = R = \textbf{100 } \Omega$$

관련 문제 공진 주파수보다 조금 낮은 주파수에서 회로는 유도성인가, 용량성인가?

직렬 공진 주파수에서 *C*와 *L*의 양단 전압의 크기는 리액턴스가 동일하기 때문에 같게 되는데 그것은 직렬 연결에서는 동일한 전류가 흐르기 때문이다($IX_L = IX_C$). 또한 V_L과 V_C 사이의 위상차는 항상 $180°$가 된다.

그림 13-11(a)와 그림 13-11(b)에 나타나 있듯이, V_C와 V_L의 극성은 항상 반대가 된다. 즉, C와 L 양단의 전압은 크기가 같고 부호가 서로 반대가 되므로, 그림에서와 같이 두 전압을 더하여 구하는 점 A와 점 B 사이의 전압은 항상 0 V가 된다. 점 A에서 점 B로 전류가 흐르는 상태에서 점 A와 점 B 사이의 전압이 0 V가 되려면, 그림 13-11(c)와 같이 이 두 점 사이의 총 리액턴스가 0 Ω이 되어야만 한다. 그림 13-11(d)의 전압 페이저도에서 V_C와 V_L은 크기가 서로 같고, 위상차가 180°가 되는 것을 알 수 있다.

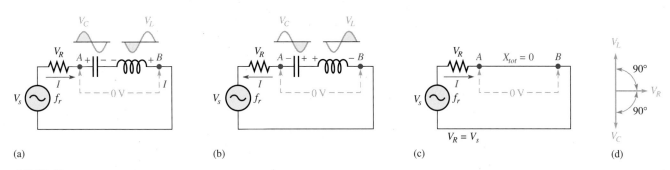

그림 13–11

공진 주파수 f_r에서 C와 L 양단의 전압은 크기가 같다. 이들 사이의 위상차가 180°가 되므로 CL 양단(점 A와 점 B 사이)의 전압은 0 V가 된다. 점 A에서 점 B 사이의 회로 부분은 공진시 단락된 것처럼 보인다(권선 저항을 무시할 경우)

직렬 공진 주파수

직렬 RLC 회로에서, 공진은 오직 하나의 특정한 주파수에서만 일어난다. 이 공진 주파수는 다음의 공진조건으로부터 구할 수 있다. 즉,

$$X_L = X_C$$

L과 C에 대한 리액턴스 공식을 대입하면, 공진 주파수(f_r)의 식은 다음과 같이 된다.

$$2\pi f_r L = \frac{1}{2\pi f_r C}$$

$$(2\pi f_r L)(2\pi f_r C) = 4\pi^2 f_r^2 LC = 1$$

$$f_r^2 = \frac{1}{4\pi^2 LC}$$

이 식의 양변에 제곱근을 취하면 공진 주파수는 식 (13-4)와 같이 된다.

$$f_r = \frac{1}{2\pi\sqrt{LC}} \qquad\qquad (13\text{-}4)$$

예제 13–5 그림 13-12의 회로에서 직렬 공진 주파수를 구하시오.

그림 13–12

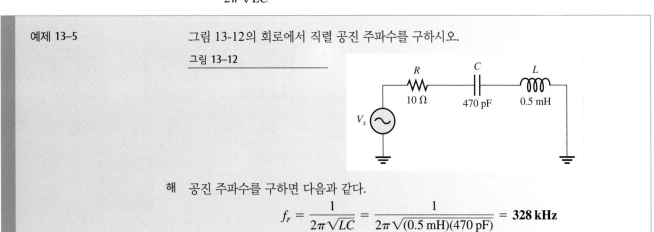

해 공진 주파수를 구하면 다음과 같다.

$$f_r = \frac{1}{2\pi\sqrt{LC}} = \frac{1}{2\pi\sqrt{(0.5\text{ mH})(470\text{ pF})}} = \textbf{328 kHz}$$

관련 문제 그림 13-12에서 $C = 0.01 \mu F$일 때 공진 주파수를 구하시오.

CD-ROM에서 Multisim E13-05 파일을 열고 직렬 공진 주파수를 측정을 통해서 구하라.

직렬 *RLC* 회로의 전류와 전압의 크기

직렬 *RLC* 회로에서 주파수가 공진 주파수보다 낮은 주파수에서 공진 주파수를 지나 높은 주파수로 변화될 때 전류와 전압의 진폭도 변화한다. 그림 13-13은 전류와 전압 강하에 대하여 일반적인 응답을 나타내고 있다. 이 그림의 설명과정은 회로의 양호도(Q)가 충분히 커서

그림 **13–13**

직렬 *RLC* 회로에서 주파수가 공진 주파수보다 낮은 주파수에서 높은 주파수로 변화할 때 전류와 전압 크기의 응답을 보여주는 예

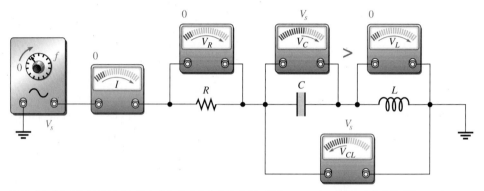

(a) 주파수가 0에서 공진 주파수보다 낮은 주파수까지 증가하는 동안 : $X_C > X_L$, 전류는 0에서 증가하고 V_R은 0에서 증가하며 V_C는 V_s에서 감소하고 V_L도 0에서 증가하며 V_{CL}은 V_s에서 감소한다.

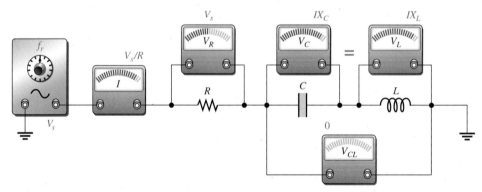

(b) 공진 주파수에서 $X_C = X_L$

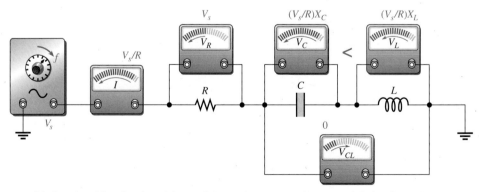

(c) 주파수가 공진 주파수보다 높은 주파수로 증가하는 동안 : $X_C < X_L$, 전류는 V_s/R에서 감소하고 V_R은 V_s에서 감소하며 V_C는 $(V_s/R)X_C$에서 감소하고 V_L은 $(V_s/R)X_L$에서 감소하며 V_{CL}은 0에서 증가한다.

응답에 영향을 주지 않는다고 가정한다. Q는 유효전력에 대한 무효전력의 비로 이 장의 뒷부분에서 설명한다.

공진 주파수보다 낮은 경우   그림 13-13(a)는 전원 주파수가 0에서 f_r로 증가하는 과정의 응답을 나타내고 있다. $f = 0$ Hz (DC)에서 캐패시터는 개방된 것처럼 동작하여 전류를 차단한다. 따라서 R과 L에 전압이 걸리지 않게 되어 모든 전원전압은 C 양단에 나타난다. 회로의 임피던스는 0 Hz에서 무한대가 되는데 그것은 X_C가 무한대이기 때문이다(C가 개방된다). 주파수가 증가하면 X_C는 감소하고 X_L은 증가하게 되어 전체 리액턴스 $X_C - X_L$도 감소한다. 따라서 임피던스는 감소하게 되고 전류는 증가하게 되어 V_R도 증가하고 V_C와 V_L도 증가한다. C와 L 전체에 걸리는 전압은 최대값 V_s로부터 감소하는데 그것은 V_C와 V_L이 동일한 값으로 접근하면서 그 차이가 줄어들기 때문이다.

공진 주파수에 도달한 경우   그림 13-13(b)와 같이 주파수가 공진 주파수 f_r에 도달하면 V_C와 V_L은 전원전압보다 상당히 큰 값이 된다. V_C와 V_L은 상쇄되므로 C와 L 전체에 걸리는 전압은 0 V가 되는데 그것은 전압의 크기가 같고 위상이 반대(180° 차이)이기 때문이다. 이 때 전체 임피던스는 R과 같게 되며 전체 리액턴스가 0이기 때문에 최소값이 된다. 이와 같이 전류는 최대값인 V_s/R이 되고 V_R은 전원전압과 같은 최대값을 가지게 된다.

공진 주파수보다 높은 경우   그림 13-13(c)와 같이 주파수를 공진 주파수보다 높은 값으로 증가시켜 주면 X_L은 계속 증가하고 X_C는 계속 감소하게 되어 전체 리액턴스 $X_L - X_C$는 증가한다. 따라서 임피던스가 증가하고 전류는 감소한다. 전류가 감소함에 따라 V_R 역시 감소하며 V_C와 V_L 역시 감소한다. V_C와 V_L이 감소하면서 그 차이는 커지게 되는데 따라서 V_{CL}은 증가한다. 주파수가 아주 높게 되면 전류는 0에 가깝게 되고 V_R과 V_C는 0에 근접하게 되어 V_L은 V_s에 근접하게 된다.

그림 13-14(a)와 그림 13-14(b)에 주파수의 증가에 따른 전류와 전압의 응답곡선을 각각 나타내었다. 주파수 증가에 대하여 전류는 공진 주파수 이하에서는 증가하며 공진 주파수에

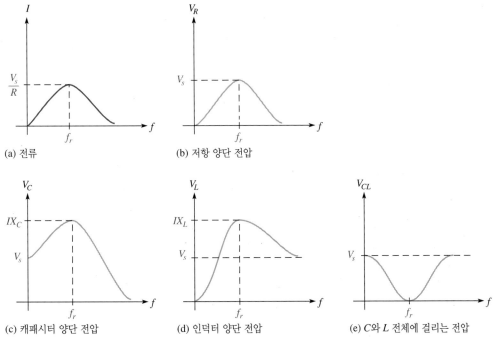

(a) 전류

(b) 저항 양단 전압

(c) 캐패시터 양단 전압

(d) 인덕터 양단 전압

(e) C와 L 전체에 걸리는 전압

그림 13-14

직렬 RLC 회로에서 주파수에 따른 일반적인 전류와 전압의 크기. V_C와 V_L은 전원전압보다 매우 커질 수 있다. 그래프의 모양은 특정한 회로값에 따라 달라진다

서 최대값에 도달한 후 공진 주파수 이상이 되면 감소한다. 저항 양단 전압은 전류와 비슷한 형태를 가진다.

　일반적인 V_C와 V_L의 기울기를 그림 13-14(c)와 그림 13-14(d)에 나타내었다. 전압은 공진 주파수에서 최대값이 되며 f_r 앞뒤로 줄어든다. 공진 주파수에서 L과 C 양단 전압은 정확히 동일한 크기에 180° 위상차를 가지므로 상쇄된다. 이렇게 공진 주파수에서 L과 C 전체에 걸리는 전압은 0이 되고 $V_R = V_s$가 된다. 개별적으로 V_L과 V_C는 전원전압보다 무척 큰 값이 될 수 있다. 명심할 사항은 V_L과 V_C의 위상은 항상 반대가 되지만 공진 주파수에서만 그 크기가 같아진다는 점이다. C와 L 전체에 걸리는 전압은 그림 13-14(e)와 같이 공진 주파수 이하에서는 주파수가 증가하면 감소하고, 공진 주파수에서 최소값이 0이 되었다가 공진 주파수 이상에서는 주파수가 증가하면 증가하게 된다.

예제 13–6

그림 13-15에서 공진 주파수에서 I, V_R, V_L, V_C를 구하시오.

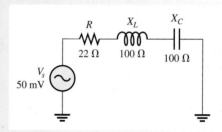

그림 13–15

해　공진 주파수에서 I는 최대값이 되며 V_s/R과 같아진다.

$$I = \frac{V_s}{R} = \frac{50\,\text{mV}}{22\,\Omega} = \textbf{2.27 mA}$$

전압을 얻기 위해 옴의 법칙을 적용하자.

$$V_R = IR = (2.27\,\text{mA})(22\,\Omega) = \textbf{50 mV}$$

$$V_L = IX_L = (2.27\,\text{mA})(100\,\Omega) = \textbf{227 mV}$$

$$V_C = IX_C = (2.27\,\text{mA})(100\,\Omega) = \textbf{227 mV}$$

모든 전원전압이 저항 양단에 걸리는 점을 주목한다. 또한 V_L과 V_C는 크기가 같고 위상에 반대가 된다. 따라서 전압은 상쇄되고 전체 리액티브 소자에 걸리는 전압이 0이 된다.

관련 문제　그림 13-15에서 $X_L = X_C = 1\,\text{k}\Omega$일 때 전류는 어떻게 되는가?

직렬 RLC 회로의 임피던스

그림 13-16의 그래프는 주파수 변화에 따른 일반적인 임피던스 크기의 변화를 X_C와 X_L의 그래프와 겹쳐서 보여주고 있다. 주파수가 0 Hz일 때 캐패시터는 개방회로, 인덕터는 단락회로로 볼 수 있으므로, X_L은 0 Ω, X_C는 ∞ Ω이 되어 결국 Z도 ∞ Ω이 된다. 주파수가 증가하면, X_C의 값은 감소하고, X_L의 값은 증가한다. 그런데 f_r보다 낮은 주파수에 대해서 $X_C > X_L$이 되므로, Z는 X_C의 변화추세를 따라 함께 감소하게 된다. f_r에서는 $X_C = X_L$이므로, $Z = R$이 된다. f_r보다 높은 주파수에서는 $X_L > X_C$이므로, Z는 X_L의 변화를 따라 함께 증가한다.

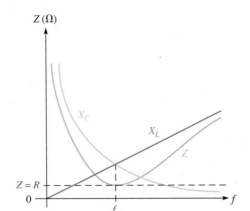

그림 13–16

직렬 *RLC* 회로에서 주파수 변화에 따른 임피던스

예제 13–7

그림 13-17의 회로에 대해 다음 주파수에서 임피던스를 구하시오.

(a) f_r **(b)** $f_r - 1$ kHz **(c)** $f_r + 1$ kHz

그림 13–17

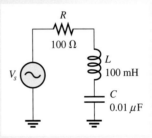

해 **(a)** f_r에서 임피던스는 R과 같다.

$$Z = R = \mathbf{100\ \Omega}$$

f_r보다 낮은 주파수의 임피던스를 구하기 위해 먼저 공진 주파수를 구한다.

$$f_r = \frac{1}{2\pi\sqrt{LC}} = \frac{1}{2\pi\sqrt{(100\ \text{mH})(0.01\ \mu\text{F})}} = 5.03\ \text{kHz}$$

(b) f_r보다 1 kHz 낮은 주파수에서 리액턴스는 다음과 같다.

$$f = f_r - 1\ \text{kHz} = 5.03\ \text{kHz} - 1\ \text{kHz} = 4.03\ \text{kHz}$$

$$X_C = \frac{1}{2\pi f C} = \frac{1}{2\pi(4.03\ \text{kHz})(0.01\ \mu\text{F})} = 3.95\ \text{k}\Omega$$

$$X_L = 2\pi f L = 2\pi(4.03\ \text{kHz})(100\ \text{mH}) = 2.53\ \text{k}\Omega$$

따라서 $f_r - 1$ kHz에서 전체 리액턴스와 임피던스는 다음과 같다.

$$X_{tot} = |X_L - X_C| = |2.53\ \text{k}\Omega - 3.95\ \text{k}\Omega| = 1.42\ \text{k}\Omega$$

$$Z = \sqrt{R^2 + X_{tot}^2} = \sqrt{(100\ \Omega)^2 + (1.42\ \text{k}\Omega)^2} = \mathbf{1.42\ k\Omega}$$

(c) f_r보다 1 kHz 높은 주파수에서 리액턴스는 다음과 같다.

$$f = 5.03\ \text{kHz} + 1\ \text{kHz} = 6.03\ \text{kHz}$$

$$X_C = \frac{1}{2\pi(6.03\ \text{kHz})(0.01\ \mu\text{F})} = 2.64\ \text{k}\Omega$$

$$X_L = 2\pi(6.03\ \text{kHz})(100\ \text{mH}) = 3.79\ \text{k}\Omega$$

따라서 $f_r + 1\,kHz$에서 전체 리액턴스와 임피던스는 다음과 같다.

$$X_{tot} = |3.79\,k\Omega - 2.64\,k\Omega| = 1.15\,k\Omega$$

$$Z = \sqrt{(100\,\Omega)^2 + (1.15\,k\Omega)^2} = \mathbf{1.15\,k\Omega}$$

(b)에서 *Z*는 용량성이며 (c)에서 *Z*는 유도성이 된다.

관련 문제   *f*가 4.03 kHz 이하로 줄어들면 임피던스는 어떻게 되는가? 6.03 kHz 이상이 되면 임피던스는 어떻게 되는가?

CD-ROM에서 Multisim E13-07 파일을 열고, 공진 주파수와 공진 주파수보다 1 kHz 낮은 주파수, 그리고 공진 주파수보다 1 kHz 높은 주파수에서 각 소자에 흐르는 전류와 양단 전압을 측정하라.

직렬 *RLC* 회로의 위상각

공진 주파수보다 낮은 주파수 영역에서 $X_C > X_L$이므로, 그림 13-18(a)와 같이 전류가 전원 전압보다 앞선 위상을 갖는다. 주파수가 공진 주파수에 접근함에 따라 위상각은 점점 감소하여, 공진 주파수와 같아지면 그림 13-18(b)와 같이 0°가 된다. 주파수가 공진 주파수 이상으로 증가하면, $X_L > X_C$가 되므로 그림 13-18(c)와 같이 전류는 전원전압보다 뒤진 위상을 갖는다. 주파수가 더욱 증가하면, 위상각은 90°에 점점 가까운 값을 갖게 된다. 그림 13-18(d)는 이제까지 설명한 주파수와 위상각 사이의 관계를 보여준다.

그림 13–18

직렬 *RLC* 회로에서 주파수 변화에 따른 위상각

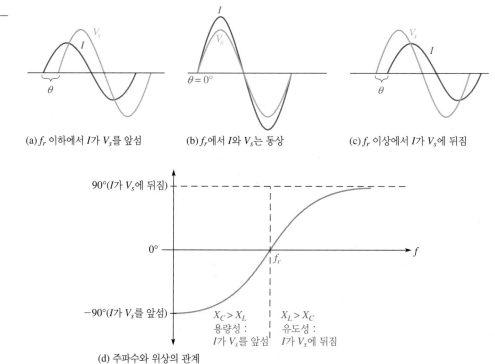

(a) f_r 이하에서 *I*가 V_s를 앞섬   (b) f_r에서 *I*와 V_s는 동상   (c) f_r 이상에서 *I*가 V_s에 뒤짐

(d) 주파수와 위상의 관계

13–3 복습문제

1. 직렬공진 조건은 무엇인가?
2. 공진 주파수에서 전류가 최대가 되는 이유는 무엇인가?
3. $C = 1000\,pF$, $L = 1000\,\mu H$일 때 공진 주파수를 구하시오.
4. 문제 3에서 50 kHz일 때 회로는 유도성인가, 용량성인가, 아니면 저항성인가?

13-4 직렬 공진 필터

직렬 *RLC* 회로는 일반적으로 필터에 많이 사용된다. 이 절에서는 기본적인 수동 대역통과 필터 및 수동 대역차단 필터의 구성과 몇 가지 중요한 필터의 특성에 대해 설명한다.

절의 학습내용

▶ **직렬 공진 필터를 해석한다.**

    ▶ 기본적인 직렬공진 대역통과 필터를 구별한다.

    ▶ 대역폭을 정의하고 구한다.

    ▶ 반전력 주파수(half-power frequency)를 정의한다.

    ▶ dB 측정에 대해 설명한다.

    ▶ 선택도를 정의한다.

    ▶ 필터의 양호도(*Q*)에 대해 설명한다.

    ▶ 직렬공진 대역차단 필터를 구별한다.

대역통과 필터

그림 13-19에 기본적인 직렬공진 대역통과 필터를 나타내었다. 직렬 *LC* 부분은 입력과 출력 사이에 위치하고 출력은 저항에서 취한다.

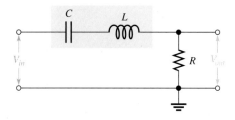

그림 13–19

기본적인 직렬공진 대역통과 필터

대역통과 필터(band-pass filter)는 공진 주파수와 공진 주파수 근처의 특정 대역(범위)에서 입력신호를 적은 진폭의 감쇄로 출력으로 전달한다. **통과대역(passband)**이라고 불리는 특정 대역 이외의 주파수에 대한 신호는 진폭이 특정 크기 이하로 줄어들며, 필터에 의해 차단되었다고 간주한다.

필터 동작은 필터의 임피던스 특성의 결과이다. 13-3절에서 배운 바와 같이 임피던스는 공진 주파수에서 최소값이 되며 공진 주파수 위와 아래에서 더 큰 값을 가진다. 매우 낮은 주파수에서 임피던스는 상당히 큰 값이 되어 전류를 차단한다. 주파수가 증가함에 따라 임피던스는 감소하여 더 많은 전류를 흐르게 하고 따라서 출력저항에 더 많은 전압이 걸리게 된다. 공진 주파수에서 임피던스는 극히 작은 값이 되는데 바로 권선 저항값과 같게 된다. 이 때 전류는 최대가 되며 따라서 출력전압도 최대가 된다. 주파수가 공진 주파수보다 높아지면 임피던스는 다시 증가하며 전류와 출력전압은 감소하게 된다. 그림 13-20에 직렬공진 대역통과 필터의 일반적인 주파수 응답을 나타내었다.

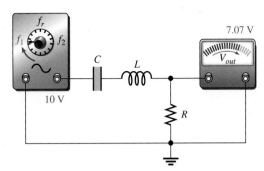

(a) 주파수가 f_1으로 증가하면 V_{out}은 7.07 V로 증가한다.

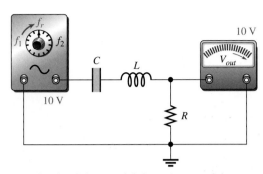

(b) 주파수가 f_1에서 f_r로 증가하면 V_{out}은 7.07 V에서 10 V로 증가한다.

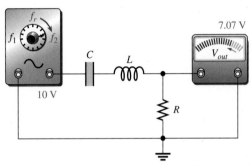

(c) 주파수가 f_r에서 f_2로 증가하면 V_{out}은 10 V에서 7.07 V로 감소한다.

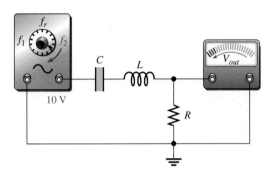

(d) 주파수가 f_2 이상으로 증가하면 V_{out}은 7.07 V 이하로 감소한다.

그림 13–20

입력전압이 10 V rms로 고정되었을 때 직렬공진 대역통과 필터의 주파수 응답의 예. 코일의 권선저항은 무시한다

통과대역의 대역폭

대역통과 필터의 대역폭(BW)은 전류(혹은 출력전압)가 공진 주파수에서의 값의 70.7%보다 크거나 같은 주파수의 범위를 의미한다. 그림 13-21에 대역통과 필터의 응답곡선에서 대역폭을 나타내었다.

필터의 출력이 최대값의 70.7%가 되는 주파수를 **차단 주파수(cutoff frequency)**라고 한다. 그림 13-21에서 f_r보다 작으면서 I(또는 V_{out})가 공진시의 값 I_{max}(혹은 $V_{out,max}$)의 70.7%가 되는 주파수 f_1을 하단 차단 주파수라고 부른다. 그리고 f_r보다 크면서 I(또는 V_{out})가 최대값의 70.7%가 되는 주파수 f_2를 상단 차단 주파수라고 부른다. f_1과 f_2를 −3dB 주파수, 임계

그림 13–21

직렬공진 대역통과 필터의 일반적인 응답곡선

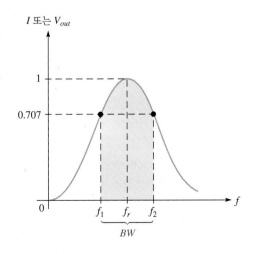

주파수, 대역 주파수, 반전력 주파수라고도 부른다(dB로 표시하는 데시벨의 정의는 이 절의 뒷 부분에서 다룬다).

대역폭에 대한 계산식은 다음과 같다.

$$BW = f_2 - f_1 \tag{13-5}$$

대역폭의 단위는 주파수와 마찬가지로 헤르츠(Hz)를 사용한다.

예제 13–8	어떤 직렬공진 대역통과 필터에서, 공진 주파수에서의 최대 전류가 100 mA이다. 차단 주파수에서 전류값은 얼마인가?
해	차단 주파수에서 전류는 최대값의 70.7%이므로 다음과 같다. $$I_{f1} = I_{f2} = 0.707\, I_{max} = 0.707(100 \text{ mA}) = \textbf{70.7 mA}$$
관련 문제	전류 최대값이 100 mA 그대로일 때 차단 주파수의 변동이 차단 주파수에서의 전류값에 영향을 주는가?

예제 13–9	공진회로에서 하단 차단 주파수가 8 kHz이고 상단 차단 주파수가 12 kHz이다. 대역폭을 구하시오.
해	$$BW = f_2 - f_1 = 12 \text{ kHz} - 8 \text{ kHz} = \textbf{4 kHz}$$
관련 문제	$f_1 = 1$ MHz, $f_2 = 1.2$ MHz일 때 대역폭을 구하시오.

필터 응답의 반전력점

앞에서 설명한 바와 같이, 상단 및 하단 차단 주파수는 종종 **반전력 주파수(half-power frequency)**라고 불린다. 이러한 용어는 전원으로부터 전달되는 유효전력이 이 주파수에서 공진 주파수 때의 1/2이 된다는 사실에서 나온다. 다음 단계는 직렬 공진회로에서 이러한 관계가 성립됨을 보여준다.

공진시에 전력은 다음 식으로 주어진다.

$$P_{max} = I_{max}^2 R$$

f_1(또는 f_2)에서의 전력은 다음과 같다.

$$P_{f1} = I_{f1}^2 R = (0.707\, I_{max}^2)R = (0.707)^2 I_{max}^2 R = 0.5\, I_{max}^2 R = 0.5\, P_{max}$$

데시벨(dB) 측정

앞에서 설명한 바와 같이, 상단 및 하단 차단 주파수를 −3dB 주파수라고도 부른다. **데시벨 (decibel : dB)**은 두 전력의 대수적인 비에 10을 곱한 값으로 필터의 입출력 관계를 표현할 때 사용한다. 다음 관계식은 전력비를 데시벨로 나타낸 것이다.

$$\text{dB} = 10 \log\left(\frac{P_{out}}{P_{in}}\right) \tag{13-6}$$

전력에 대한 위의 관계식에 근거하여 동일한 저항 양단에서 측정한 전압의 비를 사용한 데시벨 공식은 다음과 같다.

$$\text{dB} = 20 \log\left(\frac{V_{out}}{V_{in}}\right) \tag{13-7}$$

예제 13–10

어떤 주파수에서 필터의 출력이 5 W이고 입력이 10 W이다. 전력비를 데시벨로 나타내시오.

해

$$10 \log\left(\frac{P_{out}}{P_{in}}\right) = 10 \log\left(\frac{5\ \text{W}}{10\ \text{W}}\right) = 10 \log(0.5) = \mathbf{-3.01\ dB}$$

관련 문제 $V_{out}/V_{in} = 0.2$를 데시벨로 나타내시오.

–3 dB 주파수 필터의 출력은 차단 주파수에서 3 dB 감소한다. 이미 알고 있듯이 이 주파수는 출력전압이 공진시의 최대값에 대해 70.7%가 되는 점이다. 70.7%가 최대값보다 3 dB 아래(또는 –3 dB)인 사실은 다음과 같이 보일 수 있다. 최대 전압은 0 dB 기준이 된다.

$$20 \log\left(\frac{0.707 V_{max}}{V_{max}}\right) = 20 \log(0.707) = -3\ \text{dB}$$

대역통과 필터의 선택도

그림 13-21의 응답곡선을 선택도 곡선이라고도 부른다. **선택도(selectivity)**는 공진회로가 특정 주파수에 얼마나 잘 응답하고 그 밖의 다른 신호를 잘 분리해 내는가를 정의한다. 대역폭이 좁을수록 선택도는 높아진다.

이상적으로 공진회로는 대역폭 내부의 모든 신호를 통과시키고 대역 외부의 모든 신호를 완전히 차단한다고 가정한다. 그러나 실제로는 이와 같이 될 수 없으며 대역 외부의 신호가 완전히 제거되지는 않지만 그 크기는 상당히 줄어들게 된다. 주파수가 차단 주파수에서 멀어질수록 그림 13-22(a)와 같이 감쇠되는 정도도 증가한다. 이상적인 선택도 곡선을 그림 13-22(b)에 나타내었다.

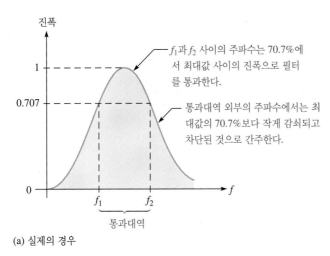

(a) 실제의 경우

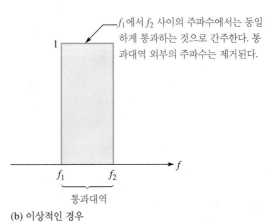

(b) 이상적인 경우

그림 13–22

대역통과 필터의 일반적인 선택도 곡선

그림 13-23에서 보는 바와 같이 선택도에 영향을 주는 또 다른 요소는 곡선의 가파른 정도이다. 차단 주파수에서 곡선이 가파르게 변할수록 회로는 더 많은 선택도를 가지는데 그것은 통과대역 외부의 주파수에서 더 빨리 줄어들기(감쇠되기) 때문이다.

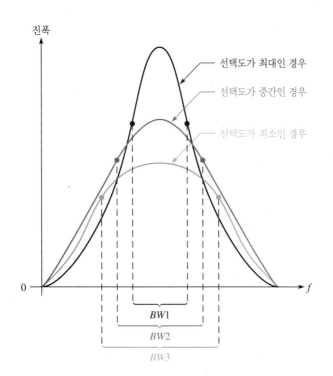

그림 13–23

상대적인 선택도 곡선

선택도가 최대인 경우

선택도가 중간인 경우

선택도가 최소인 경우

$BW1$

$BW2$

$BW3$

공진회로의 양호도(Q)

회로의 양호도(Q)는 코일의 권선저항과 코일에 직렬 연결된 다른 저항에서 발생하는 유효전력에 대한 코일의 무효전력의 비를 나타낸다. 즉, R에서의 전력에 대한 L에서의 전력의 비이다. 양호도는 공진회로에서 중요하며, 공식은 다음과 같다.

$$Q = \frac{\text{저장된 에너지}}{\text{소모되는 에너지}} = \frac{\text{무효전력}}{\text{유효전력}} = \frac{I^2 X_L}{I^2 R}$$

I^2 항을 소거하면 다음 식을 얻을 수 있다.

$$Q = \frac{X_L}{R} \tag{13-8}$$

주파수에 따라 X_L이 변하기 때문에 Q 값도 달라진다. 따라서 우리는 공진시의 Q 값에 주로 관심을 갖는다. Q는 동일한 단위(옴)의 비로 단위가 상쇄되기 때문에 Q 자체로는 단위가 없다. 양호도는 무부하 Q라고도 불리는데 그것은 코일에 부하가 연결되어 있지 않은 상태에서 정의되었기 때문이다.

예제 13–11   그림 13-24의 회로에서 공진시 Q 값을 구하시오.

그림 13–24

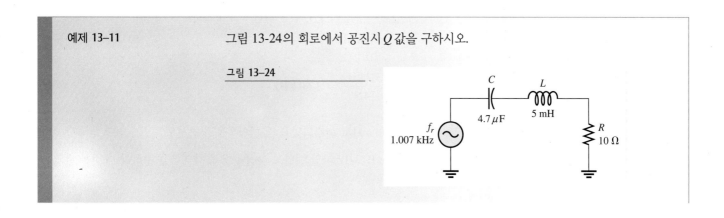

C

L

$4.7\,\mu\text{F}$

$5\,\text{mH}$

R
$10\,\Omega$

f_r
$1.007\,\text{kHz}$

해 유도성 리액턴스를 구한다.

$$X_L = 2\pi fL = 2\pi(1.007 \text{ kHz})(5 \text{ mH}) = 31.6 \text{ }\Omega$$

양호도는 다음과 같다.

$$Q = \frac{X_L}{R} = \frac{31.6 \text{ }\Omega}{10 \text{ }\Omega} = \textbf{3.16}$$

관련 문제 그림 13-24에서 *C* 값이 절반이 되면 공진시 *Q* 값은 어떻게 되는가? 이 경우 공진 주파수는 증가된다.

Q가 대역폭에 미치는 영향 회로의 *Q* 값이 커질수록 대역폭은 작아지고, *Q* 값이 작을수록 대역폭은 커진다. 공진회로의 대역폭과 *Q* 값의 관계식은 다음과 같다.

$$BW = \frac{f_r}{Q} \tag{13-9}$$

예제 13–12   그림 13-25에서 필터의 대역폭을 구하시오.

그림 13–25

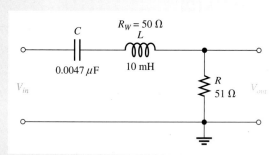

해 전체 저항을 구한다.

$$R_{tot} = R + R_W = 51 \text{ }\Omega + 50 \text{ }\Omega = 101 \text{ }\Omega$$

대역폭은 다음과 같이 구할 수 있다.

$$f_r = \frac{1}{2\pi\sqrt{LC}} = \frac{1}{2\pi\sqrt{(10 \text{ mH})(0.0047 \text{ }\mu F)}} = 23.2 \text{ kHz}$$

$$X_L = 2\pi f_r L = 2\pi(23.2 \text{ kHz})(10 \text{ mH}) = 1.46 \text{ k}\Omega$$

$$Q = \frac{X_L}{R_{tot}} = \frac{1.46 \text{ k}\Omega}{101 \text{ }\Omega} = 14.5$$

$$BW = \frac{f_r}{Q} = \frac{23.2 \text{ kHz}}{14.5} = \textbf{1.60 kHz}$$

관련 문제 그림 13-25에서 *L* 값이 50 mH로 변경되었을 때 대역폭을 구하시오.

CD-ROM에서 Multisim E13-12 파일을 열고 측정을 통해 대역폭을 구하라. 계산한 값과 비교하면 얼마나 근접하는가?

대역차단 필터

그림 13-26에 기본적인 직렬공진 대역차단 필터를 나타내었다. 출력은 회로의 LC 부분에서 취했음을 주목하라. 이 필터 역시 대역통과 필터와 마찬가지로 직렬 RLC 회로이다. 이 경우 차이점은 출력전압을 R 대신 LC 부분에서 취했다는 것이다.

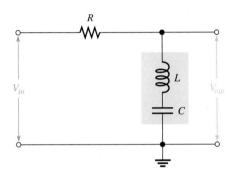

그림 13–26

기본적인 직렬공진 대역차단 필터

대역차단 필터(band-stop filter)는 그림 13-27의 응답곡선에 나타난 바와 같이 상단 및 하단 차단 주파수 사이의 주파수를 가진 신호를 차단하고 그 밖의 신호를 통과시킨다. 하단 및 상단 차단 주파수 사이의 주파수 범위를 **차단대역(stopband)**이라고 부른다. 이러한 형태의 필터를 대역소거 필터, 노치(notch) 필터라고도 부른다.

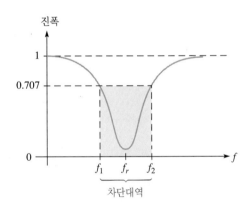

그림 13–27

대역차단 필터의 일반적인 응답곡선

대역통과 필터에서 설명한 모든 특징은 대역차단 필터에도 동일하게 적용되는데 차이점은 출력전압의 응답곡선이 반대라는 것이다. 대역통과 필터에서 V_{out}은 공진시에 최대값이 되지만 대역차단 필터에서 V_{out}은 공진시에 최소값이 된다.

매우 낮은 주파수에서 LC 조합은 상당히 큰 X_C 값으로 인해 거의 개방된 것으로 동작하며 대부분의 입력전압은 출력으로 전달된다. 주파수가 증가함에 따라 LC 조합의 임피던스는 감소하고 공진 주파수에 도달하면 (이상적인 경우) 0이 된다. 이와 같이 입력신호는 접지와 단락되어 출력전압이 거의 나오지 않게 된다. 주파수가 공진점보다 증가하면 LC 임피던스는 다시 증가하고 양단에 걸리는 전압도 증가하게 된다. 직렬공진 대역차단 필터의 일반적인 주파수 응답을 그림 13-28에 나타내었다.

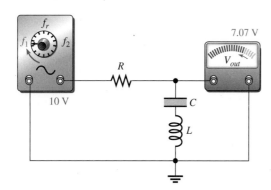

(a) 주파수가 f_1으로 증가하면 V_{out}은 10 V에서 7.07 V로 감소한다.

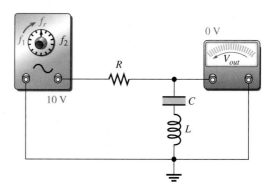

(b) 주파수가 f_1에서 f_r로 증가하면 V_{out}은 7.07 V에서 0 V로 감소한다.

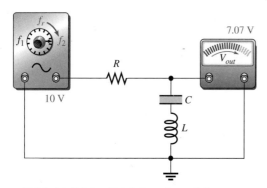

(c) 주파수가 f_r에서 f_2로 증가하면 V_{out}은 0 V에서 7.07 V로 증가한다.

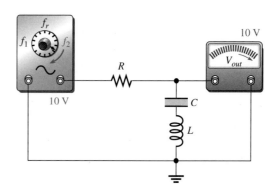

(d) 주파수가 f_2 이상으로 증가하면 V_{out}은 10 V로 증가한다.

그림 13-28

V_{in}을 10 V rms로 고정하였을 때 직렬공진 대역차단 필터의 주파수 응답의 예. 권선저항은 무시한다

예제 13–13   그림 13-29에서 f_r에서의 출력전압과 대역폭을 구하시오.

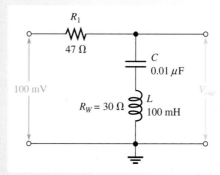

그림 13–29

해   공진시에 $X_C = X_L$이므로 출력전압은 다음과 같다.

$$V_{out} = \left(\frac{R_W}{R_1 + R_W} \right) V_{in} = \left(\frac{30\ \Omega}{77\ \Omega} \right) 100\ \text{mV} = \mathbf{39.0\ mV}$$

대역폭은 다음과 같이 구할 수 있다.

$$f_r = \frac{1}{2\pi\sqrt{LC}} = \frac{1}{2\pi\sqrt{(100\ \text{mH})(0.01\ \mu\text{F})}} = 5.03\ \text{kHz}$$

$$X_L = 2\pi f_r L = 2\pi(5.03\ \text{kHz})(100\ \text{mH}) = 3160\ \Omega$$

$$Q = \frac{X_L}{R} = \frac{X_L}{R_1 + R_W} = \frac{3160\ \Omega}{77\ \Omega} = 41$$

$$BW = \frac{f_r}{Q} = \frac{5.03\ \text{kHz}}{41} = \mathbf{123\ Hz}$$

관련 문제 주파수가 공진 주파수보다 높아지면 V_{out}은 어떻게 되는가? 또한 공진 주파수 이하가 되면 어떻게 되는가?

 CD-ROM에서 Multisim E13-13 파일을 열고, 계산한 공진 주파수를 검증한 후 그 때 전압을 측정하라. 측정을 통해 대역폭을 구하라.

13-4 복습문제

1. 대역통과 필터의 출력전압이 공진 주파수에서 15 V이다. 차단 주파수에서 출력전압의 크기를 구하시오.
2. 대역통과 필터에서 f_r = 120 kHz, Q = 12일 때 대역폭을 구하시오.
3. 대역차단 필터에서 전류는 공진시 최소가 되는가, 최대가 되는가? 출력전압은 공진시 최소가 되는가, 최대가 되는가?

13-5 병렬 *RLC* 회로의 해석

이 절에서는 병렬 *RLC* 회로의 임피던스와 위상각을 구하는 방법에 대해 알아본다. 또한 전류관계와 직병렬 회로를 병렬로 변환하는 방법을 설명한다.

절의 학습내용

▶ **병렬 *RLC* 회로를 해석한다.**

  ▶ 임피던스를 구한다.

  ▶ 위상각을 구한다.

  ▶ 각 지로의 전류를 구한다.

  ▶ 직병렬 *RLC* 회로를 등가 병렬 회로로 변환한다.

임피던스와 위상각

그림 13-30의 회로는 *R*, *L*, *C*의 병렬로 구성되어 있다. 어드미턴스는 컨덕턴스(G)와 전체 서셉턴스(B_{tot})의 페이저 합으로 구한다. B_{tot}는 유도성 서셉턴스와 용량성 서셉턴스의 차를 나타낸다.

$$B_{tot} = |B_L - B_C|$$

그림 13–30

병렬 *RLC* 회로

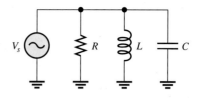

따라서 어드미턴스의 식은 다음과 같다.

$$Y = \sqrt{G^2 + B_{tot}^2} \tag{13-10}$$

전체 임피던스는 어드미턴스의 역수이다.

$$Z_{tot} = \frac{1}{Y}$$

위상각은 다음 식으로 주어진다.

$$\theta = \tan^{-1}\left(\frac{B_{tot}}{G}\right) \tag{13-11}$$

주파수가 공진 주파수보다 높은 값을 가지면($X_C < X_L$), 그림 13-30 회로의 임피던스는 용량성이 되고, 용량성 전류가 더 많이 흐르기 때문에 전체 전류는 전원전압보다 앞선 위상을 가지게 된다. 주파수가 공진 주파수보다 낮은 값을 가지면($X_C > X_L$), 회로의 임피던스는 유도성이 되고 전체 전류는 전원전압보다 뒤진 위상을 가지게 된다.

예제 13–14

그림 13-31의 병렬 *RLC* 회로에서 전체 임피던스와 위상각을 구하시오.

그림 13–31

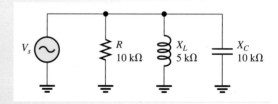

해 우선 다음과 같이 어드미턴스를 구한다.

$$G = \frac{1}{R} = \frac{1}{10\,k\Omega} = 100\,\mu S$$

$$B_C = \frac{1}{X_C} = \frac{1}{10\,k\Omega} = 100\,\mu S$$

$$B_L = \frac{1}{X_L} = \frac{1}{5\,k\Omega} = 200\,\mu S$$

$$B_{tot} = |B_L - B_C| = 100\,\mu S$$

$$Y = \sqrt{G^2 + B_{tot}^2} = \sqrt{(100\,\mu S)^2 + (100\,\mu S)^2} = 141.4\,\mu S$$

Y로부터 Z_{tot}를 구한다.

$$Z_{tot} = \frac{1}{Y} = \frac{1}{141.4\,\mu S} = \mathbf{7.07\,k\Omega}$$

위상각을 구하면 다음과 같다.

$$\theta = \tan^{-1}\left(\frac{B_{tot}}{G}\right) = \tan^{-1}\left(\frac{100\,\mu S}{100\,\mu S}\right) = \mathbf{45°}$$

관련 문제 그림 13-31 회로의 임피던스는 유도성인가, 용량성인가?

전류 사이의 관계

병렬 *RLC* 회로에서, 캐패시터를 통해 흐르는 전류와 인덕터를 통해 흐르는 전류 사이에는 180°의 위상차가 발생한다(코일의 권선저항 성분은 0 Ω으로 가정). 따라서 I_L과 I_C의 부호는 반대가 되므로, 그림 13-32의 전류계 눈금과 그림 13-33의 파형도에서 알 수 있듯이 이 두 전류를 더하여 얻는 총 리액턴스 전류(I_{CL})는 전류 I_L, I_C 중 큰 전류보다 작은 값이 된다. 물론 저항을 통해 흐르는 전류(I_R)와 각 리액턴스 소자를 통해 흐르는 전류(I_L, I_C) 사이에는 그림 13-34의 페이저도와 같이 90°의 위상차가 있다. 총 전류는 다음 식으로 표시된다.

$$I_{tot} = \sqrt{I_R^2 + I_{CL}^2} \tag{13-12}$$

여기서 I_{CL}은 지로 L과 지로 C로 흐르는 총 전류로 $|I_C - I_L|$ 이다.

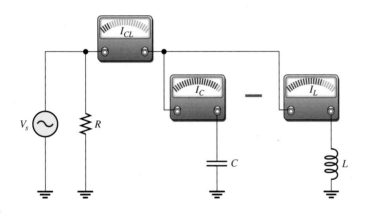

그림 13–32

병렬 *CL*의 전체 전류는 두 지로전류의 차와 같다($I_{CL} = |I_C - I_L|$)

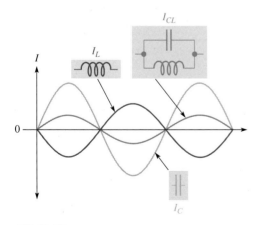

그림 13–33

I_C와 I_L의 영향은 상쇄된다

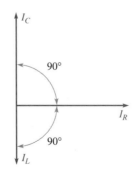

그림 13–34

병렬 *RLC* 회로의 전류 페이저도

위상각은 다음과 같이 지로전류로 나타낼 수 있다.

$$\theta = \tan^{-1}\left(\frac{I_{CL}}{I_R}\right) \tag{13-13}$$

예제 13-15   그림 13-35의 회로에서 각 지로전류와 전체 전류를 구하고 이들의 페이저도를 그리시오.

그림 13-35

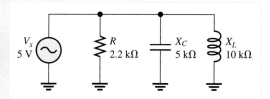

해   옴의 법칙을 적용하여 지로전류를 구한다.

$$I_R = \frac{V_s}{R} = \frac{5\,\text{V}}{2.2\,\text{k}\Omega} = \textbf{2.27 mA}$$

$$I_C = \frac{V_s}{X_C} = \frac{5\,\text{V}}{5\,\text{k}\Omega} = \textbf{1 mA}$$

$$I_L = \frac{V_s}{X_L} = \frac{5\,\text{V}}{10\,\text{k}\Omega} = \textbf{0.5 mA}$$

전체 전류는 지로전류의 페이저 합이므로 다음과 같다.

$$I_{CL} = |I_C - I_L| = 0.5\,\text{mA}$$

$$I_{tot} = \sqrt{I_R^2 + I_{CL}^2} = \sqrt{(2.27\,\text{mA})^2 + (0.5\,\text{mA})^2} = \textbf{2.32 mA}$$

위상각을 구한다.

$$\theta = \tan^{-1}\left(\frac{I_{CL}}{I_R}\right) = \tan^{-1}\left(\frac{0.5\,\text{mA}}{2.27\,\text{mA}}\right) = 12.4°$$

전체 전류는 2.32 mA가 되고 전압 V_s보다 12.4° 앞선 위상을 갖는다. 그림 13-36에 전류 페이저도를 나타내었다.

그림 13-36

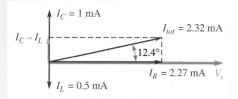

관련 문제   그림 13-35의 주파수가 증가하면 전체 전류는 증가하는가, 감소하는가? 그 이유는 무엇인가?

직병렬 회로의 등가 병렬 회로

그림 13-37의 회로는 *L*과 *C*가 병렬로 연결되어 있는 구조로, 직병렬 회로에서 특별한 의미를 가지고 있다. 즉, 실제 코일에는 권선저항이 존재하므로 *L* 지로 부분을 *L*과 직렬로 권선저항을 연결하여 표현한 것이다.

그림 13-37의 직병렬 회로에 대한 등가 병렬 회로를 그림 13-38과 같이 나타낼 수 있다. 그림 13-38의 등가 병렬 회로를 이용하면 병렬 공진의 특성을 쉽게 해석할 수 있는데 이 부분은 13-6절에서 다룬다.

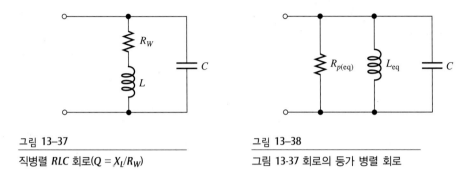

그림 13–37

직병렬 RLC 회로($Q = X_L/R_W$)

그림 13–38

그림 13-37 회로의 등가 병렬 회로

등가 인덕턴스 L_{eq}와 등가 병렬 저항 $R_{p(eq)}$의 공식은 다음과 같다.

$$L_{eq} = L\left(\frac{Q^2 + 1}{Q^2}\right) \tag{13-14}$$

$$R_{p(eq)} = R_W(Q^2 + 1) \tag{13-15}$$

여기서 Q는 코일의 양호도 X_L/R_W를 나타낸다. 여기서는 이 식의 유도과정을 다루지는 않는다. $Q \geq 10$인 경우 L_{eq}는 원래값 L과 거의 같게 된다. 예를 들면 $L = 10$ mH이고 $Q = 10$인 경우

$$L_{eq} = 10\,\text{mH}\left(\frac{10^2 + 1}{10^2}\right) = 10\,\text{mH}(1.01) = 10.1\,\text{mH}$$

두 회로의 등가라는 것은 주어진 주파수에 대하여 동일한 값의 전압이 두 회로에 인가되면 같은 전체 전류가 흐르며 두 회로의 위상각이 같음을 나타낸다. 근본적으로 등가회로는 회로 해석을 편하게 하기 위한 것이다.

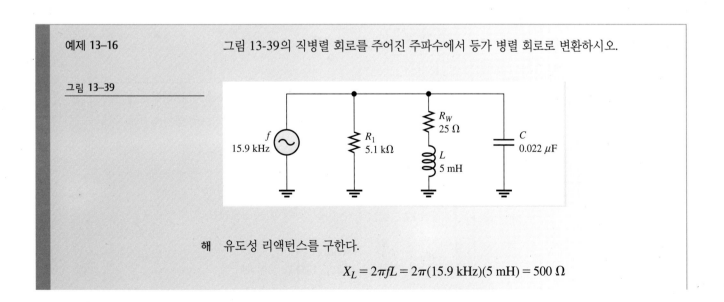

예제 13–16

그림 13-39의 직병렬 회로를 주어진 주파수에서 등가 병렬 회로로 변환하시오.

그림 13–39

해 유도성 리액턴스를 구한다.

$$X_L = 2\pi f L = 2\pi(15.9\,\text{kHz})(5\,\text{mH}) = 500\,\Omega$$

코일의 Q값은 다음과 같다.

$$Q = \frac{X_L}{R_W} = \frac{500\ \Omega}{25\ \Omega} = 20$$

$Q > 10$이므로$L_{\text{eq}} \cong L = 5\ \text{mH}$

등가 병렬 저항을 구하면 다음 값을 갖는다.

$$R_{p(\text{eq})} = R_W\,(Q^2 + 1) = (25\ \Omega)(20^2 + 1) = 10.0\ \text{k}\Omega$$

이 등가저항($R_{p(\text{eq})}$)은 그림 13-40(a)에 나타난 바와 같이 R_1에 병렬로 연결된 것처럼 보인다. 따라서 전체 병렬 저항($R_{p(tot)}$)은 그림 13-40(b)에 나타난 바와 같이 3.38 kΩ이다.

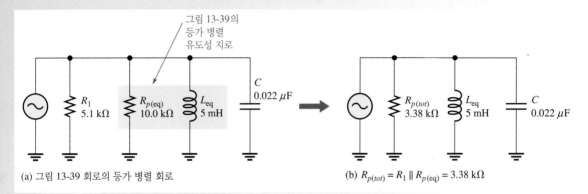

(a) 그림 13-39 회로의 등가 병렬 회로   (b) $R_{p(tot)} = R_1 \parallel R_{p(\text{eq})} = 3.38\ \text{k}\Omega$

그림 13–40

관련 문제 그림 13-39에서 $R_W = 10\ \Omega$일 때 등가 병렬 회로를 구하시오.

13–5 복습문제

1. 3개의 병렬 지로를 갖는 회로가 있다. 이 소자들의 값은 어떤 주파수에서 $R = 150\ \Omega$, $X_C = 100\ \Omega$, $X_L = 50\ \Omega$이다. $V_s = 12\ \text{V}$일 때 각 지로전류를 구하시오.
2. 문제 1에서 회로는 용량성인가, 아니면 유도성인가? 그 이유는 무엇인가?
3. 권선저항이 10 Ω인 20 mH 코일에 대하여 1 kHz에서의 등가 병렬 인덕턴스와 저항값을 구하시오.

13–6 병렬 공진회로

이 절에서는 먼저, 이상적인 병렬 *RLC* 회로의 공진조건에 대해 알아본다. 그런 다음, 보다 실제적인 경우로서 코일의 권선저항을 고려한 병렬 회로의 공진조건에 대해서도 함께 알아보기로 한다.

절의 학습내용

▶ **병렬 공진회로를 해석한다.**

    ▶ 이상적인 *RLC* 회로에서의 병렬 공진을 살펴본다.

    ▶ 실제(비이상적) *RLC* 회로에서의 병렬 공진을 살펴본다.

    ▶ 주파수값에 따른 임피던스의 변화를 살펴본다.

▶ 병렬 공진시 전류와 위상각을 구한다.

▶ 병렬 공진 주파수를 계산한다.

▶ 병렬 공진회로의 부하효과를 살펴본다.

이상적인 병렬공진 조건

이상적인 경우, **병렬 공진(parallel resonance)**은 $X_C = X_L$이 될 때 일어난다. 병렬 공진이 발생하는 주파수를 직렬 공진의 경우와 마찬가지로 공진 주파수라고 한다. $X_C = X_L$일 때, C와 L을 통해 흐르는 전류 I_C와 I_L은 서로 크기가 같고, 위상차는 180°가 된다. 따라서 그림 13-41과 같이 두 전류는 서로 상쇄되어 전체 전류는 0이 된다. 지금까지 설명한 이상적인 경우에서 권선저항은 0 Ω으로 가정하였다.

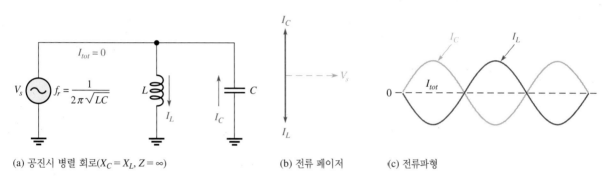

(a) 공진시 병렬 회로($X_C = X_L$, $Z = \infty$)   (b) 전류 페이저   (c) 전류파형

그림 13–41

이상적인 병렬 LC 회로의 공진

병렬 공진시, 전체 전류는 0이 되므로 병렬 LC 회로의 임피던스는 무한대(∞)가 된다. 이와 같은 이상적인 병렬공진조건을 정리해 보면 다음과 같다.

$$X_L = X_C$$
$$Z_r = \infty$$

병렬 공진 주파수

저항이 없는 이상적인 병렬 공진회로에서, 공진이 일어나는 공진 주파수는 직렬 공진회로의 경우와 동일한 식으로 구한다. 즉, 병렬공진 주파수는 다음의 식을 사용하여 구한다.

$$f_r = \frac{1}{2\pi\sqrt{LC}} \tag{13-16}$$

병렬 공진회로의 전류

병렬 LC 회로의 전류는 주파수가 공진 주파수 이하에서 공진 주파수를 거쳐 그 이상의 주파수로 증가함에 따라 증가한다. 그림 13-42는 이상적인 회로의 일반적인 응답을 전류의 증가로 보여주고 있다.

공진 주파수 이하에서 그림 13-42(a)는 전원 주파수가 0에서 f_r로 증가함에 따른 응답을 보여주고 있다. 매우 낮은 주파수에서 X_C는 매우 큰 값이 되고 X_L은 매우 작은 값이 되기 때문에 대부분의 전류는 L로 흐르게 된다. 주파수가 증가함에 따라 L에 흐르는 전류는 감소하고 C

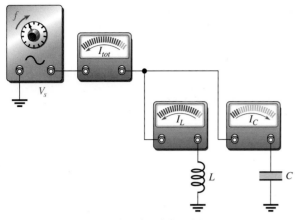

(a) 공진 주파수 이하에서 주파수가 증가하는 경우 : $X_C > X_L, I_L > I_C$, I_L은 감소하고 I_C는 증가하며 I_{tot}는 감소한다.

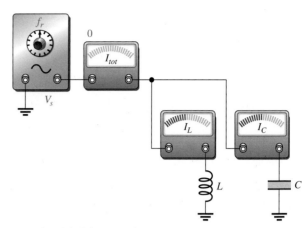

(b) 공진 주파수에서 : $X_C = X_L, I_L = I_C, I_{tot} = 0$

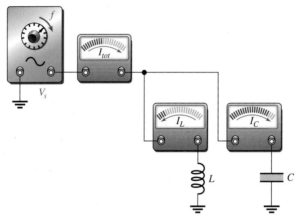

(c) 공진 주파수 이상에서 주파수가 증가하는 경우 : $X_L > X_C, I_C > I_L$, I_L은 감소하고 I_C는 증가하며 I_{tot}도 증가한다.

그림 13–42

주파수를 공진 주파수 이하에서 이상으로 변동시킬 때 병렬 *LC* 회로의 전류 응답. 전원전압의 진폭은 고정

유용한 정보

함수 발생기를 사용하여 공진 주파수를 확인할 때 함수 발생기의 테브난 저항값은 회로의 *Q* 값을 증가시킨다. 600 Ω 내부 저항을 가진 함수 발생기는 공진회로의 대역폭을 상당히 넓게 만든다. *Q*를 줄여주고 좁은 대역폭을 얻기 위해 병렬 저항을 함수 발생기 출력에 넣어준다. 이 방식의 단점은 함수 발생기의 신호 진폭이 줄어든다는 것이다.

에 흐르는 전류는 증가하므로 전체 전류는 감소하게 된다. 항상 I_L과 I_C는 180° 위상차를 가지므로 전체 전류는 두 지로전류의 차가 된다. 이 구간에서 임피던스는 증가하는데 그것은 전체 전류가 감소하는 것에서 알 수 있다.

공진 주파수에서 그림 13-42(b)와 같이 주파수가 f_r에 도달하면 X_C와 X_L은 같게 되어 크기가 같고 위상이 반대인 I_C와 I_L은 상쇄된다. 이 때 전체 전류는 0의 최소값을 가지게 되는데 I_{tot}가 0이므로 Z는 무한대가 된다. 이렇게 이상적인 *LC* 회로는 f_r에서 개방된 것처럼 보인다.

공진 주파수 이상에서 그림 13-42(c)에 나타난 것과 같이 주파수가 공진 주파수보다 높아지면 X_C는 계속 감소하고 X_L은 계속 증가하여 지로전류는 I_C가 커짐에 따라 같지 않게 된다. 따라서 전체 전류는 증가하고 임피던스는 감소한다. 주파수가 아주 높아지면 매우 큰 X_L 값에 병렬로 연결된 매우 작은 X_C 값이 지배적이 되어 임피던스는 매우 작게 된다.

결론적으로 전류는 병렬 공진시 임피던스가 최대값을 가질 때 최소값으로 떨어진다. 지로 *L*과 지로 *C*에 흐르는 전체 전류의 식은 다음과 같다.

$$I_{tot} = |I_C - I_L| \tag{13-17}$$

예제 13-17

그림 13-43의 이상적인(권선저항을 무시할 수 있는) 병렬 *LC* 회로에서 공진 주파수와 그 때의 지로전류를 구하시오.

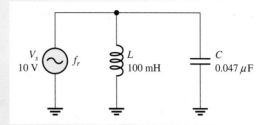

그림 13-43

해   공진 주파수를 구하면 다음과 같다.

$$f_r = \frac{1}{2\pi\sqrt{LC}} = \frac{1}{2\pi\sqrt{(100\text{ mH})(0.047\,\mu\text{F})}} = \textbf{2.32 kHz}$$

지로전류를 구하면 다음과 같다.

$$X_L = 2\pi f_r L = 2\pi(2.32\text{ kHz})(100\text{ mH}) = 1.46\text{ k}\Omega$$
$$X_C = X_L = 1.46\text{ k}\Omega$$
$$I_L = \frac{V_s}{X_L} = \frac{10\text{ V}}{1.46\text{ k}\Omega} = \textbf{6.85 mA}$$
$$I_C = I_L = \textbf{6.85 mA}$$

병렬 *LC* 회로로 들어가는 전체 전류를 구하면 다음과 같다.

$$I_{tot} = |I_C - I_L| = 0\text{A}$$

관련 문제   그림 13-43에서 *C* 값이 0.022 *μ*F으로 바뀌었을 때 f_r을 구하고 공진시 전류를 모두 구하시오.

 CD-ROM에서 Multisim E13-17 파일을 열고 측정을 통해 공진 주파수를 구하라. 공진 주파수에서 *L*과 *C*에 흐르는 전류를 구하라.

탱크회로

병렬 공진 *LC* 회로는 **탱크회로(tank circuit)**라고도 불리는데 이것은 코일에서는 자기장 (magnetic field), 캐패시터에서는 전기장(electric field)의 형태로 에너지를 저장하기 때문에 생겨난 용어이다. 회로에 저장된 에너지는 1/2 사이클마다 번갈아가면서 캐패시터와 코일 사이를 왕복하는데, 처음에 에너지가 인덕터에 저장되어 있었다면, 이 에너지는 1/2 사이클 동안 인덕터로부터 빠져나와 캐패시터를 충전시킨다. 다음 1/2 사이클 동안에는 캐패시터에 충전된 에너지가 다시 인덕터로 전달되어 저장되는데, 이 과정이 인덕터와 캐패시터 사이에서 계속적으로 반복된다. 이러한 개념을 그림 13-44에 나타내었다.

그림 13-44

이상적인 병렬공진 탱크회로에서 에너지의 저장

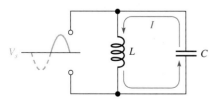

(a) 캐패시터가 충전됨에 따라 코일의 에너지는 감소한다.

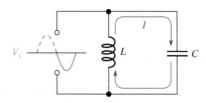

(b) 코일의 에너지가 증가함에 따라 캐패시터는 방전된다.

실제 회로의 병렬공진 조건

지금까지 이상적인 병렬 *LC* 회로의 공진에 대해서 살펴보았다. 여기에서는 권선저항을 갖는 코일로 구성된 탱크회로의 공진에 대해 알아본다. 그림 13-45에 저항이 포함된 실제 탱크회로와 등가 병렬 *RLC* 회로를 나타내었다.

그림 13-45
권선저항을 포함한 실제 병렬 공진회로 해석

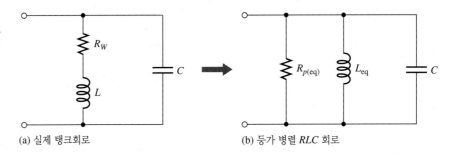

(a) 실제 탱크회로　　　　　　　　　　(b) 등가 병렬 *RLC* 회로

권선저항이 회로에서 유일한 저항 성분인 경우 공진시 회로의 양호도 *Q*는 코일의 *Q*와 같다.

$$Q = \frac{X_L}{R_W}$$

회로 소자값으로 *Q*를 나타내면 다음과 같다.

$$Q = \frac{1}{R}\sqrt{\frac{L}{C}}$$

탱크회로의 저항, 인덕턴스에 대한 등가 병렬 저항과 등가 인덕턴스는 식 (13-14)와 식 (13-15)에 의해 각각 다음과 같이 표현된다.

$$L_{\text{eq}} = L\left(\frac{Q^2 + 1}{Q^2}\right)$$

$$R_{p(\text{eq})} = R_W(Q^2 + 1)$$

여기서 $Q \geq 10$이면 $L_{\text{eq}} \cong L$로 쓸 수 있다는 것은 이미 앞에서 설명하였다.

병렬 공진시의 리액턴스 관계는 다음과 같다.

$$X_{L(\text{eq})} = X_C$$

등가 병렬 회로에서, $R_{p(\text{eq})}$는 이상적인 코일 *L*과 캐패시터 *C*에 각각 병렬로 연결되어 있다. 여기서 *L*과 *C*가 병렬로 연결된 부분은 이상적인 탱크회로가 되므로 공진시 이 탱크회로의 임피던스는 그림에 표시되어 있는 것처럼 무한대가 된다. 따라서 저항이 있는 실제 탱크회로의 공진시 임피던스는 등가 병렬 저항과 같다.

$$Z_r = R_W(Q^2 + 1) \tag{13-18}$$

그림 13-46
공진시 병렬 *LC* 부분은 개방된 것처럼 동작하므로 전원에서 보면 $R_{p(\text{eq})} = R_W(Q^2 + 1)$만 보인다

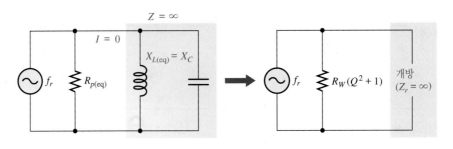

예제 13–18
공진시 그림 13-47 회로에서 임피던스를 구하시오($f_r \cong 17.794$ Hz).

그림 13–47

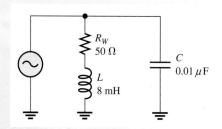

R_W
50 Ω

L
8 mH

C
0.01 μF

해 식 (13-18)을 사용하여 임피던스를 구하기 전에 먼저 양호도를 구하여야 한다.
Q를 구하기 위해 먼저 유도성 리액턴스를 구한다.

$$X_L = 2\pi f_r L = 2\pi(17,794\,\text{Hz})(8\,\text{mH}) = 894\,\Omega$$

$$Q = \frac{X_L}{R_W} = \frac{894\,\Omega}{50\,\Omega} = 17.9$$

$$Z_r = R_W(Q^2 + 1) = 50\,\Omega(17.9^2 + 1) = \mathbf{16.0\,k\Omega}$$

관련 문제 그림 13-47에서 권선저항이 10 Ω일 때 Z_r을 구하시오.

주파수에 따른 임피던스의 변화

병렬 공진회로의 임피던스는 그림 13-48에 나타나 있듯이 공진 주파수에서 최대값을 갖고, 공진 주파수에서 좌우로 멀어질수록 크기가 감소한다.

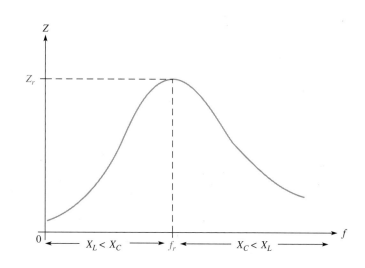

그림 13–48

병렬 공진회로의 일반적인 임피던스 곡선. 회로는 f_r 이하에서 유도성이 되고 f_r에서 저항성이 되며 f_r 이상에서는 용량성이 된다

매우 낮은 주파수에서는 X_L의 값이 매우 작고 X_C의 값은 반대로 아주 큰 값이 되므로 총 임피던스는 유도성 리액턴스의 값과 거의 같아진다. 주파수가 증가하면 X_L의 값이 증가함에 따라 임피던스도 함께 증가한다(이것은 공진 주파수에 도달하기 전까지는 X_L이 X_C보다 작기 때문이다). 공진 주파수에서는 물론 $X_L \cong X_C(Q > 10$일 때)이며, 임피던스는 최대가 된다. 주파수가 공진 주파수보다 더욱 증가하면 X_C의 값이 X_L의 값보다 작아지므로, 회로는 용량성이 되어 임피던스는 감소하게 된다.

공진시 전류와 위상각

이상적인 탱크회로에서, 공진시 회로의 임피던스는 무한대이므로 전원으로부터 공급되는 전체 전류가 0이 된다. 그러나 실제의 탱크회로에서는 공진 주파수에서도 약간의 전체 전류가 흐르며, 그 크기는 공진시 임피던스에 의해 정해진다.

$$I_{tot} = \frac{V_s}{Z_r} \tag{13-19}$$

공진시 병렬 공진회로의 임피던스는 저항 성분만을 가지므로, 위상각은 0°가 된다.

실제 회로에서 병렬 공진 주파수

이미 알고 있듯이 코일의 권선저항을 고려하면 실제 병렬 공진회로의 공진조건은 다음과 같다.

$$X_{L(eq)} = X_C$$

이 식은 다음과 같이 쓸 수 있다.

$$2\pi f_r L\left(\frac{Q^2 + 1}{Q^2}\right) = \frac{1}{2\pi f_r C}$$

이 식을 f_r에 대해서 풀면, 다음과 같다.

$$f_r = \frac{1}{2\pi\sqrt{LC}}\sqrt{\frac{Q^2}{Q^2 + 1}}$$

$Q \geq 10$인 경우, Q를 포함한 항은 1에 근사한 값을 갖는다.

$$\sqrt{\frac{Q^2}{Q^2 + 1}} = \sqrt{\frac{100}{101}} = 0.995 \cong 1$$

따라서 $Q \geq 10$인 경우, 병렬 공진 주파수는 직렬 공진 주파수와 같은 것으로 취급할 수 있다.

$$f_r \cong \frac{1}{2\pi\sqrt{LC}} \qquad Q \geq 10인 경우$$

R_W가 회로의 유일한 저항 성분일 때 회로를 구성하는 각 소자값으로 표현된 다음 식을 사용하면 회로의 병렬 공진 주파수 f_r을 정확하게 구할 수 있다.

$$f_r = \frac{\sqrt{1 - (R_W^2 C/L)}}{2\pi\sqrt{LC}} \tag{13-20}$$

실제 대부분의 경우에 있어서는 $f_r = 1/(2\pi\sqrt{LC})$의 근사식을 써도 충분하므로 위 식은 별로 사용되지 않는다. 다음 예제는 식 (13-20)을 어떻게 사용하는지 보여주고 있다.

예제 13-19

식 (13-20)을 사용하여 그림 13-49의 회로에서 공진시 주파수, 임피던스, 전체 전류를 구하시오.

그림 13-49

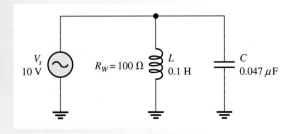

해　정확한 공진 주파수를 구한다.

$$f_r = \frac{\sqrt{1 - (R_W^2 C/L)}}{2\pi\sqrt{LC}} = \frac{\sqrt{1 - [(100\,\Omega)^2(0.047\,\mu F)/0.1\,H]}}{2\pi\sqrt{(0.047\,\mu F)(0.1\,H)}} = 2.32\,kHz$$

임피던스를 구하면 다음과 같다.

$$X_L = 2\pi f_r L = 2\pi(2.32\,kHz)(0.1\,H) = 1.46\,k\Omega$$

$$Q = \frac{X_L}{R_W} = \frac{1.46\,k\Omega}{100\,\Omega} = 14.6$$

$$Z_r = R_W(Q^2 + 1) = 100\,\Omega(14.6^2 + 1) = 21.4\,k\Omega$$

전체 전류를 구하면 다음과 같다.

$$I_{tot} = \frac{V_s}{Z_r} = \frac{10\,V}{21.4\,k\Omega} = 467\,\mu A$$

관련 문제　위의 예제를 $f_r = 1/(2\pi\sqrt{LC})$ 식을 사용하여 반복하고 결과를 비교하시오.

 CD-ROM에서 Multisim E13-19 파일을 열고 측정에 의해 공진 주파수를 구하라. 공진 주파수에서 전체 전류와 L과 C에 흐르는 전류를 구한 후 계산한 값과 비교하라.

탱크회로에서 외부 부하저항의 영향

그림 13-50(a)와 같이 대부분 실용 회로에서는 외부 부하저항이 탱크회로에 병렬로 연결되어 있다. 당연히 외부 저항(R_L)은 전원에서 전달된 에너지를 더 많이 소모하여 회로의 전체 Q값을 떨어뜨린다. 외부 저항은 사실상 코일의 등가 병렬 저항 $R_{p(eq)}$와 병렬이 되므로 그림 13-50(b)와 같이 이 두 저항에서 전체 병렬 저항 $R_{p(tot)}$을 구한다.

$$R_{p(tot)} = R_L \| R_{p(eq)}$$

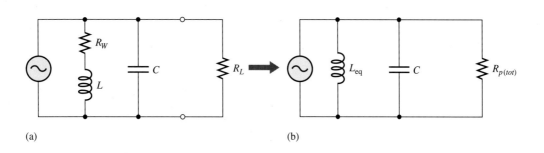

(a)　　　(b)

그림 13–50

부하저항이 있는 탱크회로와 그 등가회로

병렬 RLC 회로의 전체 Q를 Q_O로 나타내면 이것은 직렬 회로의 Q와 다르게 된다.

$$Q_O = \frac{R_{p(tot)}}{X_{L(eq)}} \tag{13-21}$$

여기서 보는 바와 같이 탱크회로에 대한 부하효과는 전체 Q(무부하시 코일의 Q와 같다)값을 감소시켜 준다.

13–6 복습문제	1. 병렬 공진시 임피던스는 최소가 되는가, 아니면 최대가 되는가?
	2. 병렬 공진시 전체 전류는 최소가 되는가, 아니면 최대가 되는가?
	3. 이상적인 병렬 공진시 $X_L = 1.5\ k\Omega$이라면 X_C는 어떻게 되는가?
	4. $R_W = 4.0\ \Omega$, $L = 50\ mH$, $C = 10\ pF$인 탱크회로에서 f_r과 Z_r을 구하시오.
	5. $Q = 25$, $L = 50\ mH$, $C = 1000\ pF$일 때 f_r을 구하시오.
	6. 문제 5에서 $Q = 2.5$일 때 f_r을 구하시오.
	7. 코일 저항이 $20\ \Omega$인 탱크회로에서 $Q = 20$일 때 공진시 전체 임피던스를 구하시오.

13–7 병렬 공진 필터

병렬 공진회로는 대역통과 필터와 대역차단 필터에 사용된다. 이 절에서는 이러한 응용에 대해 살펴보도록 한다.

절의 학습내용

▶ **병렬 공진회로의 동작을 해석한다.**

    ▶ 대역통과 필터의 구현방법을 살펴본다.

    ▶ 대역폭을 정의한다.

    ▶ 부하효과가 선택도에 미치는 영향을 설명한다.

    ▶ 대역차단 필터의 구현방법을 살펴본다.

    ▶ 대역통과 및 대역차단 병렬공진 필터에서 공진 주파수, 대역폭, 출력전압을 구한다.

대역통과 필터

그림 13-51에 기본적인 병렬공진 대역통과 필터를 나타내었다. 이 경우 출력을 탱크회로에서 취함을 주목하라.

병렬공진 대역통과 필터의 대역폭과 차단 주파수는 직렬 공진회로의 것과 동일한 방식으로 정의되므로 13-4절의 공식을 사용할 수 있다. 주파수에 대하여 V_{out}과 I_{tot}의 일반적인 대역통과 주파수 응답곡선을 그림 13-52(a)와 그림 13-52(b)에 각각 나타내었다.

필터의 동작은 다음과 같다. 매우 낮은 주파수에서 탱크회로의 임피던스는 매우 작으므로 적은 양의 전압만이 그 양단에 걸리게 된다. 주파수가 증가하면 탱크회로의 임피던스는 증가하게 되고 따라서 출력전압도 증가한다. 주파수가 공진값에 도달하면 임피던스는 최대값에 도달하고 출력전압도 최대값이 된다. 주파수가 공진 주파수보다 높은 값으로 증가하면 임피

그림 13–51

기본적인 병렬공진 대역통과 필터

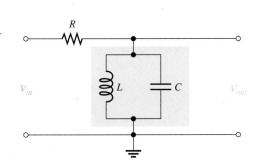

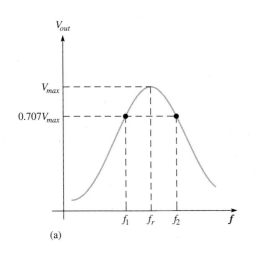

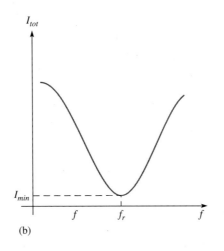

그림 13–52

병렬공진 대역통과 필터의 일반적인
주파수 응답곡선

던스는 다시 감소하게 되고 출력전압도 감소하게 된다. 병렬공진 대역통과 필터의 일반적인
응답을 그림 13-53에 나타내었다.

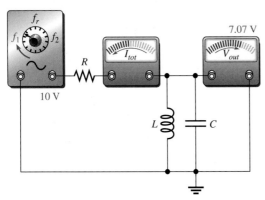

(a) 주파수가 f_1까지 증가하면 V_{out}은 7.07 V로 증가하고 I_{tot}는 감소
한다.

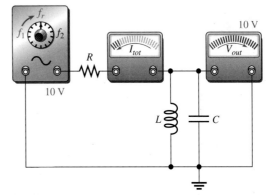

(b) 주파수가 f_1에서 f_r로 증가하면 V_{out}은 7.07 V에서 10 V로 증가
하고 I_{tot}는 최소값에서 감소한다.

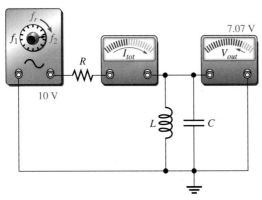

(c) 주파수가 f_r에서 f_2까지 증가하면 V_{out}은 10 V에서 7.07 V로 감
소하고 I_{tot}는 최소값으로부터 증가한다.

(d) 주파수가 f_2보다 큰 값으로 증가하면 V_{out}은 7.07 V 이하로 감소
하고 I_{tot}는 계속해서 증가한다.

그림 13–53

입력전압이 10 V rms로 일정할 때 주파수에 따른 병렬공진 대역통과 필터의 응답

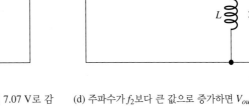

예제 13–20   병렬공진 대역통과 필터에서 최대 출력전압은 f_r일 때 4 V가 나왔다. 차단 주파수에서
V_{out}을 구하시오.

해 V_{out}은 차단 주파수에서 최대값의 70.7%이므로 다음의 값을 얻게 된다.

$$V_{out(1)} = V_{out(2)} = 0.707\ V_{out(max)} = 0.707(4\ \text{V}) = \mathbf{2.828\ V}$$

관련 문제 공진 주파수에서 V_{out}이 10 V일 때 차단 주파수에서 V_{out}을 구하시오.

예제 13–21 병렬 공진회로의 하단 차단 주파수가 3.5 kHz, 상단 차단 주파수가 6 kHz일 때 대역폭을 구하시오.

해 $$BW = f_2 - f_1 = 6\ \text{kHz} - 3.5\ \text{kHz} = \mathbf{2.5\ kHz}$$

관련 문제 필터의 하단 차단 주파수가 520 kHz, 대역폭이 10 kHz일 때 상단 차단 주파수를 구하시오.

예제 13–22 병렬공진 대역통과 필터의 공진 주파수가 12 kHz이고 $Q = 10$일 때 대역폭을 구하시오.

해 $$BW = \frac{f_r}{Q} = \frac{12\ \text{kHz}}{10} = \mathbf{1.2\ kHz}$$

관련 문제 병렬공진 대역통과 필터의 공진 주파수가 100 MHz이고 대역폭이 4 MHz일 때 Q를 구하시오.

부하효과 그림 13-54(a)와 같이 저항 부하를 출력 필터에 연결하면 필터의 Q 값은 감소한다. $B_W = f_r/Q$이므로 대역폭은 증가하게 되고 선택도는 떨어진다. 또한 공진시 필터의 임피

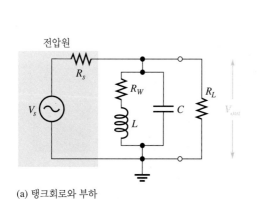

(a) 탱크회로와 부하   (b) 등가회로

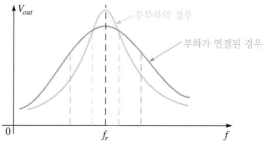

(c) 부하 연결은 대역폭을 넓혀주고 출력을 떨어뜨린다.

그림 13–54

병렬공진 대역통과 필터의 부하효과

던스는 감소하는데 그것은 R_L이 $R_{p(eq)}$와 병렬 연결되기 때문이다. 이와 같이 최대 출력전압은 그림 13-54(b)와 같이 전원의 내부 저항 R_s와 $R_{p(tot)}$의 전압 분배기 효과에 의해 감소한다. 그림 13-54(c)는 필터 응답곡선에 대한 부하의 일반적인 효과를 보여주고 있다.

예제 13–23

(a) 그림 13-55의 무부하 필터에 대하여 f_r, B_W, V_{out}을 구하시오. 전원저항은 $600\,\Omega$이다.

(b) (a)의 과정을 필터에 $50\,k\Omega$ 부하를 연결한 경우에 대해 반복하고 그 결과를 비교하시오.

그림 13–55

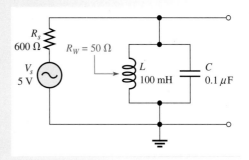

해 **(a)** $f_r \cong \dfrac{1}{2\pi\sqrt{LC}} = \dfrac{1}{2\pi\sqrt{(100\,\text{mH})(0.1\,\mu\text{F})}} = \mathbf{1.59\,kHz}$

공진시 대역폭은 다음과 같이 구할 수 있다.

$$X_L = 2\pi f_r L = 2\pi(1.59\,\text{kHz})(100\,\text{mH}) = 999\,\Omega$$

$$Q = \frac{X_L}{R_W} = \frac{999\,\Omega}{50\,\Omega} = 20$$

$$BW = \frac{f_r}{Q} = \frac{1.59\,\text{kHz}}{20} = \mathbf{79.5\,Hz}$$

출력전압을 구하면 다음과 같다.

$$R_{p(eq)} = R_W(Q^2 + 1) = 50\,\Omega(20^2 + 1) = 20.1\,k\Omega$$

$$V_{out} = \left(\frac{R_{p(eq)}}{R_{p(eq)} + R_s}\right)V_s = \left(\frac{20.1\,k\Omega}{20.7\,k\Omega}\right)5\,\text{V} = \mathbf{4.86\,V}$$

(b) $50\,k\Omega$의 부하저항이 연결되면 다음 값들을 얻을 수 있다. 공진 주파수는 영향을 받지 않는다.

$$R_{p(tot)} = R_{p(eq)} \| R_L = 20.1\,k\Omega \| 50\,k\Omega = 14.3\,k\Omega$$

$$Q_O = \frac{R_{p(tot)}}{X_L} = \frac{14.3\,k\Omega}{999\,\Omega} = 14.3$$

$$BW = \frac{f_r}{Q_O} = \frac{1.59\,\text{kHz}}{14.3} = \mathbf{111\,Hz}$$

$$V_{out} = \left(\frac{R_{p(tot)}}{R_{p(tot)} + R_s}\right)V_s = \left(\frac{14.3\,k\Omega}{14.9\,k\Omega}\right)5\,\text{V} = \mathbf{4.80\,V}$$

부하저항을 연결한 결과 대역폭은 증가하고 공진시 출력전압은 감소한다.

관련 문제 부하저항이 Q_O에 어떻게 영향을 주는가?

대역차단 필터

그림 13-56에 기본적인 병렬공진 대역차단 필터를 나타내었다. 출력은 탱크회로와 직렬 연결된 부하에서 취한다.

주파수에 따른 탱크회로 임피던스의 변화는 이전에 설명한 것과 유사한 전류 응답을 만든다. 즉, 전류는 공진에서 최소값이 되고 공진 주파수 양쪽으로 멀어질수록 증가한다. 출력전압은 직렬 부하저항에서 취했으므로 출력전압은 전류 모양을 따라가게 되고, 따라서 그림 13-57과 같은 대역차단 응답 특성을 얻게 된다.

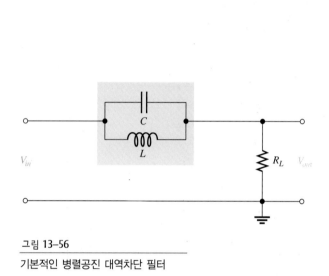

그림 13–56

기본적인 병렬공진 대역차단 필터

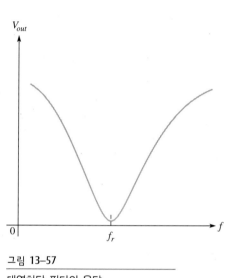

그림 13–57

대역차단 필터의 응답

사실, 그림 13-56의 대역차단 필터는 탱크회로의 Z_r과 부하저항에 의해 생성되는 전압 분배기로 볼 수 있다. 따라서 f_r에서의 출력은 다음과 같다(f_r에서 Z_r은 저항 성분만 있음을 유념하라).

$$V_{out} = \left(\frac{R_L}{R_L + Z_r}\right)V_{in}$$

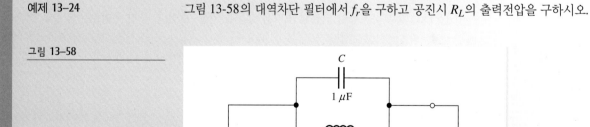

예제 13–24

그림 13-58의 대역차단 필터에서 f_r을 구하고 공진시 R_L의 출력전압을 구하시오.

그림 13–58

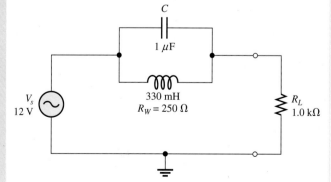

해　공진 주파수와 그 때의 임피던스는 다음과 같이 구할 수 있다.

$$f_r = \frac{\sqrt{1 - (R_W^2 C/L)}}{2\pi\sqrt{LC}} = \frac{\sqrt{1 - [(250\ \Omega)^2(1\ \mu F)/330\ mH]}}{2\pi\sqrt{(330\ mH)(1\ \mu F)}} = \mathbf{249\ Hz}$$

$$X_L = 2\pi f_r L = 2\pi(249\ Hz)(330\ mH) = 516\ \Omega$$

$$Q = \frac{X_L}{R_W} = \frac{516\ \Omega}{250\ \Omega} = 2.06$$

$$Z_r = R_W(Q^2 + 1) = 250\ \Omega(2.06^2 + 1) = 1.31\ k\Omega$$

공진시

$$V_{out} = \left(\frac{R_L}{R_L + Z_r}\right)V_s = \left(\frac{1.0\ k\Omega}{2.31\ k\Omega}\right)12\ V = \mathbf{5.19\ V}$$

관련 문제　위의 경우 이상적인 공진 주파수 식[$f_r = 1/(2\pi\sqrt{LC})$]이 적용되지 않는 이유는 무엇인가?

 CD-ROM에서 Multisim E13-24 파일을 열고, 공진 주파수를 구한 후 공진시 R_L에 걸리는 전압을 측정하라.

13-7 복습문제

1. 병렬 공진 필터의 대역폭을 증가시키는 방법은 무엇인가?
2. 높은 Q 값($Q > 10$)을 가지는 필터의 공진 주파수가 5 kHz였다. Q 값이 2로 줄어들면 f_r은 어떻게 되는가? 그 값을 구하시오.
3. $R_W = 75\ \Omega$, $Q = 25$일 때 공진 주파수에서 탱크회로의 임피던스를 구하시오.

13-8 기본 응용

공진회로는 여러 분야에 응용되고 있으며, 특히 통신 시스템에 널리 사용된다. 이 절에서는 몇 가지 통신 시스템에서 실제로 사용되고 있는 공진회로에 대해 간단히 살펴봄으로써 전자통신 분야에서 공진회로가 얼마나 중요하게 사용되고 있는가를 알아보기로 한다.

절의 학습내용

▶ **공진회로의 응용 예를 살펴본다.**

　▶ 동조 증폭기의 응용 예를 살펴본다.

　▶ 공진회로를 통한 안테나와 수신기의 결합을 살펴본다.

　▶ 동조 증폭기의 동작을 살펴본다.

　▶ 수신기에서의 신호 분리를 살펴본다.

　▶ 라디오 수신기의 동작을 살펴본다.

동조 증폭기

동조 증폭기는 특정 주파수 대역의 신호만을 증폭시키는 회로이다. 일반적으로 동조 증폭기는 병렬 공진회로와 증폭기로 구성되어 있으므로 주파수 선택성을 갖는다. 동조 증폭기의 일반적인 동작을 살펴보면, 먼저 넓은 주파수 범위를 가진 입력신호가 증폭기를 통해 증폭된다. 공진회로는 증폭된 신호 중에서 상대적으로 좁은 범위의 주파수를 갖는 신호만을 통과시킨다. 그림 13-59와 같이 가변 캐패시터의 값을 변화시켜 입력 주파수의 범위 내에서 공진 주파수를 조정할 수 있으므로, 원하는 주파수 대역의 신호만을 통과시킬 수 있다.

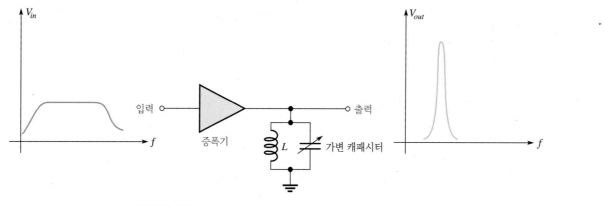

그림 13-59

기본적인 동조 대역통과 증폭기

안테나 입력에서 수신부로

송신기에서 발생된 무선 신호는 전자기파(electromagnetic wave)의 형태로 공간에 전파된다. 이 전자기파가 수신 안테나에 도달하면 안테나에는 작은 크기의 유도 전압이 발생한다. 이 때 안테나는 어떤 주파수를 갖는 전자기파라도 수신할 수 있으므로, 아주 넓은 주파수 범위 중에서 원하는 특정 주파수 대역의 신호만을 선택할 수 있어야 한다. 그림 13-60은 일반적인 안테나 수신부의 회로로서 안테나에서 수신된 신호를 트랜스포머(14장에서 설명)를 거쳐 수신기까지 전달해 주는 역할을 하고 있다. 트랜스포머의 2차측에 병렬로 연결된 가변 캐패시터는 2차 코일과 함께 병렬 공진회로를 구성하고 있다.

그림 13-60

안테나로부터의 공진 결합

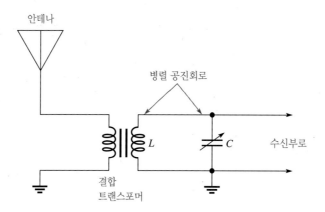

복동조 증폭기

통신 수신기 중에는 신호의 증폭도를 높이기 위해 여러 개의 동조 증폭기를 트랜스포머를 사이에 두고 직렬로 연결하여 사용하는 것도 있다. 이 때 트랜스포머의 1, 2차 코일과 병렬로 가변 캐패시터가 연결되는데, 각 코일과 캐패시터가 병렬 공진회로를 구성하므로 대역통과 필터의 역할을 하게 된다. 그림 13-61에 표시된 회로의 공진 곡선은 여러 개의 병렬 공진 회로에 의해 더욱 좁은 대역폭과 가파른 기울기(급한 경사도)를 갖게 되므로 이 방식을 사용하면 원하는 주파수 대역에 대한 선택도를 증가시킬 수 있다.

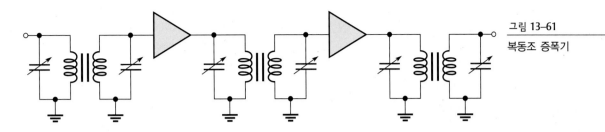

그림 13-61

복동조 증폭기

TV 수신기의 신호 수신과 신호 분리

표준 방송대역 텔레비전 수신기는 영상(그림)신호와 음성(소리)신호를 모두 수신할 수 있어야 한다. 각 TV 방송국마다 6 MHz의 주파수 대역폭이 할당되어 있는데, 채널 2는 54 MHz ~ 59 MHz 대역이 할당되어 있고, 채널 3은 60 MHz ~ 65 MHz 대역이 할당되어 있으며, 같은 방식으로 하여 채널 13은 210 MHz ~ 215 MHz 대역이 할당되어 있다. 텔레비전 수신기의 앞면에 있는 채널 조정 손잡이 또는 버튼으로 한 채널을 선택하면 동조 증폭기(tuned amplifier)의 주파수가 그 채널의 주파수로 조정되어 여러 채널의 신호 중에서 선택된 채널의 신호만이 증폭기를 통과하게 된다. 이 때 동조 증폭기를 통과하는 신호는 선택된 채널 번호에 상관 없이 언제나 41 MHz ~ 46 MHz의 대역폭을 갖게 된다. 이 주파수 대역을 중간 주파수(intermediate frequency) 대역이라고 하며, 간단히 IF 대역이라고도 쓰는데 여기에는 영상신호와 음성신호가 모두 포함되어 있다. 동조 증폭기는 IF 대역의 신호를 증폭시켜 다음 단에 있는 영상 증폭기(video amplifier)에 전달한다.

그림 13-62와 같이 영상 증폭기에서 증폭된 신호 중에서 음성신호는 4.5 MHz 대역차단 필터(band-stop filter)에 의해 제거되고, 나머지 영상신호만이 음극선관(cathode-ray tube : CRT)에 전달된다. 이 대역차단 필터를 웨이브 트랩(wave trap)이라고도 하는데, 영상신호가 음성신호에 의해 간섭을 받지 않도록 하는 역할을 한다. 영상 증폭기의 신호는 대역통과 필터(band-pass filter)에도 동시에 가해지는데, 이 대역통과 필터의 중심 주파수는 음성 반송파 주파수(sound carrier frequency)인 4.5 MHz로 조정되어 있으므로 음성신호만이 이 필터를 통과하게 된다. 대역통과 필터를 통과한 음성신호는 그림 13-62에 나와 있듯이 처리되어 스피커에 전달된다.

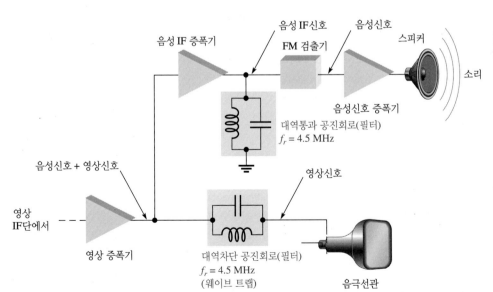

그림 13-62

필터 사용을 보여주기 위해 단순화한 TV 수신기의 일부

슈퍼헤테로다인 수신기

공진회로 응용의 또 다른 좋은 예로 일반적인 AM(amplitude modulation) 수신기에 대해 살펴

보자. AM 방송의 주파수 대역은 535 kHz ~ 1605 kHz이다. 각 AM 방송국마다 이 방송 주파수 대역 내에서 10 kHz의 대역폭이 할당되어 있다. 동조회로는 원하는 라디오 방송국의 신호만을 통과시키도록 설계되었다. 동조된 방송국 이외의 신호를 차단하기 위해 동조회로는 10 kHz 주파수 대역만을 통과시키고 다른 신호는 차단하는 주파수 선택성을 가져야 한다. 선택도가 너무 높은 것도 좋지 않은데 만일 대역폭이 지나치게 좁으면 높은 주파수로 변조된 신호 일부가 차단되어 충실도(fidelity)가 떨어질 수 있다. 이상적인 경우 공진회로는 원하는 통과대역 외부의 신호를 차단하여야 한다. 그림 13-63에 슈퍼헤테로다인 수신기의 블록도를 나타내었다.

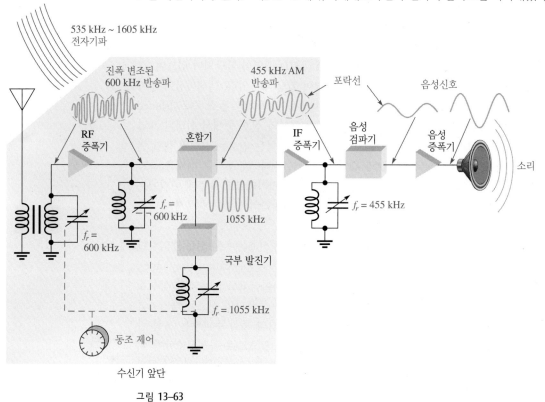

그림 13–63

동조 공진회로의 응용을 보여주는 슈퍼헤테로다인 AM 방송 라디오 수신기의 단순화된 블록도

수신기 앞단에는 병렬 공진을 이용한 세 개의 대역통과 필터가 놓여 있다. 이 세 개의 필터는 캐패시터에 의해 연동 동조(ganged tuning)된다. 즉, 각 필터를 구성하는 캐패시터가 기계적(또는 전자적)으로 함께 연결되어 있으므로, 조정 손잡이를 돌리면 한꺼번에 움직이게 되어 캐패시턴스의 값이 동시에 변한다. 예를 들어, 여러 방송국의 송신신호 중에서 중심 주파수가 600 kHz인 방송국의 신호만을 수신하는 경우를 생각해 보자. 첫 번째 필터의 공진 주파수 f_r을 600 kHz로 조정하면, 안테나로부터 들어오는 여러 주파수 신호 중에서 600 kHz 대역의 신호만이 첫 번째 필터를 통과하여 RF(radio frequency) 증폭기에 가해진다.

실제 음성(소리)신호는 600 kHz의 반송파(carrier)의 진폭 형태로 변조되어 전송되므로, 반송파 신호의 전체적인 모양은 음성신호의 형태를 따라가게 된다. 여기서, 음성신호에 따라 변하는 반송파의 진폭을 포락선(envelope)이라고 한다. 600 kHz 신호는 혼합기(믹서, mixer)라고 불리는 회로에 인가된다.

국부 발진기(local oscillator : LO)는 항상 선택된 신호(여기서는 600 kHz)보다 455 kHz 만큼 높은 주파수(여기서는 600 kHz + 455 kHz = 1055 kHz)로 조정된다. 슈퍼헤테로다인 과정[또는 비팅(beating) 과정]이라고 불리는 변환과정을 통하여 600 kHz의 AM 신호는 혼합기 회로에서 1055 kHz의 국부 발진기 신호와 혼합되어 이 두 신호의 차인 455 kHz(1055 kHz − 600 kHz = 455 kHz)의 신호로 변환된다.

이 455 kHz가 표준 AM 수신기의 중간 주파수(IF)이다. 어떤 AM 방송국의 신호가 동조 회로에서 선택되더라도 선택된 신호는 혼합기에 의해 언제나 455 kHz로 바뀐다. 진폭 변조된 IF는 455 kHz로 동조된 IF 증폭기를 통해 증폭된다. 다음으로, 음성 검파기(audio detector)는 진폭 변조된 IF 신호 중에서 IF 신호(455 kHz)만을 제거하여, 실제 음성신호인 포락선만을 통과시킨다. 이 음성신호는 증폭기에서 증폭된 다음 스피커에 전달된다.

13–8 복습문제	1. 일반적으로 동조 공진회로가 안테나에서 수신기 입력으로 신호를 결합시킬 때 필요한 이유는 무엇인가?
	2. 웨이브 트랩은 무엇인가?
	3. 연동 동조(ganged tuning)란 무엇인가?

응용 과제

지식을 실무로 활용하기

이전 장의 응용 과제에서 밀폐된 두 종류의 필터를 구별해 보았다. 이 응용 과제에서는 규격 표시가 없는 공진 필터를 평가하고자 한다. 이를 위해 주파수 응답곡선을 얻어 내고 공진 주파수와 대역폭을 구하여야 한다. 필터의 주파수 응답을 구하기 위해 오실로스코프를 사용한다. 이 경우 내부 회로와 소자값에 대해서는 관심을 두지 않는다.

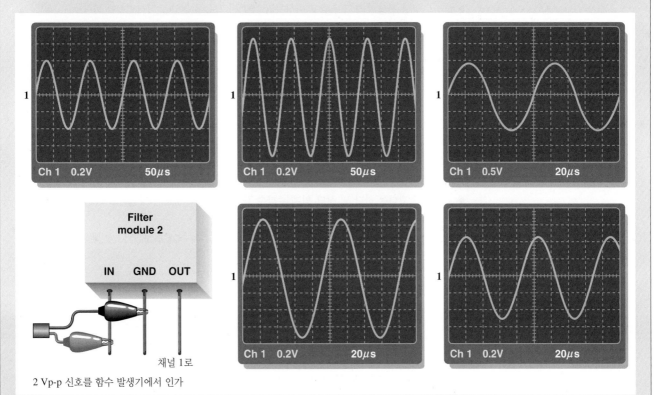

그림 13–64

주파수 응답 측정

1단계 : 주파수 응답 측정하기

그림 13-64에 제시된 것과 같이 5번의 오실로스코프 측정 결과에 근거하여 필터에 대한 주파수 응답곡선(주파수에 대한 출력전압)을 만든다.

2단계 : 응답곡선 분석하기

필터의 형태와 공진 주파수, 대역폭을 구한다.

복습문제

1. 이 과제에서 반전력 주파수는 얼마인가?
2. 그림 13-64의 측정에서 회로의 구성과 소자값을 구할 수 있는가?

요 약

▶ *RLC* 회로에서, X_L과 X_C가 회로에 미치는 영향은 서로 반대가 된다.
▶ 직렬 *RLC* 회로에서, 회로의 특성(용량성/유도성)은 두 종류의 리액턴스 중에서 리액턴스가 큰 소자와 같게 된다.
▶ 병렬 *RLC* 회로에서, 회로의 특성(용량성/유도성)은 두 종류의 리액턴스 중에서 리액턴스가 작은 소자와 같게 된다.

직렬 공진시

▶ 리액턴스값은 서로 같다.
▶ 임피던스는 최소가 되며, 저항 성분만을 갖는다.
▶ 흐르는 전류는 최대가 된다.
▶ 위상각은 0이 된다.
▶ *L*과 *C* 양단 전압의 크기가 같고 위상차가 180°이므로 두 전압을 더하면 0이 된다.

병렬 공진시

▶ *Q* ≥ 10일 때 리액턴스값은 거의 같다.
▶ 임피던스는 최대가 된다.
▶ 흐르는 전류는 최소가 되며 이상적인 경우 0이 된다.
▶ 위상각은 0이 된다.
▶ *L*과 *C* 지로전류의 크기가 같고 위상차가 180°이므로 두 전류를 더하면 0이 된다.
▶ 대역통과 필터는 하단 및 상단 임계 주파수 사이의 주파수 성분만 통과시키고 다른 주파수 성분을 차단한다.
▶ 대역차단 필터는 하단 및 상단 임계 주파수 사이의 주파수 성분만 차단하고 다른 주파수 성분을 통과시켜 준다.
▶ 공진 필터의 대역폭은 회로의 양호도(*Q*)와 공진 주파수에 의해 결정된다.
▶ 차단 주파수는 −3 dB 주파수, 임계 주파수라고도 불린다.
▶ 차단 주파수에서 출력전압은 최대값의 70.7%가 된다.

핵심 용어

이 장에서 제시된 핵심 용어는 책 끝부분의 용어집에 정의되어 있다.

공진 주파수(resonant frequency) : 회로에서 공진이 일어나는 주파수
대역차단 필터(band-stop filter) : 두 차단 주파수 사이의 주파수 신호는 차단하고 나머지 신호는 통과시키는 공진회로
대역통과 필터(band-pass filter) : 두 차단 주파수 사이의 주파수 신호는 통과시키고 나머지 신호는 차단하는 공진회로

데시벨(decibel : dB) : 두 전력의 대수비에 10을 곱한 단위 혹은 동일한 저항에 걸린 두 전압의 대수비에 20을 곱한 단위

반전력 주파수(half-power frequency) : 필터의 출력전압이 최대값의 70.7%가 되는 주파수

병렬 공진(parallel resonance) : 병렬 RLC 회로에서, 총 리액턴스가 0이 되어 임피던스가 최대가 되는 상태

선택도(selectivity) : 어떤 필터가 얼마나 효과적으로 특정 주파수를 통과시키고 그 밖의 모든 주파수는 제거하는가를 표시하는 척도로서, 일반적으로 대역폭이 작을수록 선택도는 커진다.

직렬 공진(series resonance) : 직렬 RLC 회로에서, 총 리액턴스가 0이 되어 임피던스가 최소가 되는 상태

차단 주파수(curoff frequency : f_c) : 필터의 출력전압이 최대 출력전압값의 70.7%가 되는 주파수

주요 공식

(13–1) $X_{tot} = |X_L - X_C|$ 전체 직렬 리액턴스(절대값)

(13–2) $Z_{tot} = \sqrt{R^2 + X_{tot}^2}$ 전체 직렬 RLC 임피던스

(13–3) $\theta = \tan^{-1}\left(\dfrac{X_{tot}}{R}\right)$ 직렬 RLC 위상각

(13–4) $f_r = \dfrac{1}{2\pi\sqrt{LC}}$ 직렬 공진 주파수

(13–5) $BW = f_2 - f_1$ 대역폭

(13–6) $\mathrm{dB} = 10\log\left(\dfrac{P_{out}}{P_{in}}\right)$ 전력비에 대한 데시벨 공식

(13–7) $\mathrm{dB} = 20\log\left(\dfrac{V_{out}}{V_{in}}\right)$ 전압비에 대한 데시벨 공식

(13–8) $Q = \dfrac{X_L}{R}$ 직렬 공진 양호도

(13–9) $BW = \dfrac{f_r}{Q}$ 대역폭

(13–10) $Y = \sqrt{G^2 + B_{tot}^2}$ 병렬 RLC 어드미턴스

(13–11) $\theta = \tan^{-1}\left(\dfrac{B_{tot}}{G}\right)$ 병렬 RLC 위상각

(13–12) $I_{tot} = \sqrt{I_R^2 + I_{CL}^2}$ 병렬 RLC 전체 전류

(13–13) $\theta = \tan^{-1}\left(\dfrac{I_{CL}}{I_R}\right)$ 병렬 RLC 위상각

(13–14) $L_{eq} = L\left(\dfrac{Q^2 + 1}{Q^2}\right)$ 등가 병렬 임피던스

(13–15) $R_{p(eq)} = R_W(Q^2 + 1)$ 등가 병렬저항

(13–16) $f_r = \dfrac{1}{2\pi\sqrt{LC}}$ 이상적인 병렬 공진 주파수

(13–17) $I_{tot} = |I_C - I_L|$ 병렬 LC 회로의 전체 전류(절대값)

(13–18) $Z_r = R_W(Q^2 + 1)$ 병렬 공진 임피던스

(13–19) $I_{tot} = \dfrac{V_s}{Z_r}$ 병렬 공진시 전체 전류

(13–20) $f_r = \dfrac{\sqrt{1 - (R_W^2 C/L)}}{2\pi\sqrt{LC}}$ 병렬 공진 주파수(정확한 값)

(13–21) $Q_O = \dfrac{R_{p(tot)}}{X_{L(eq)}}$ 병렬 RLC 회로의 Q

자습문제

정답은 장의 끝부분에 있다.

1. 공진시 직렬 *RLC* 회로의 총 리액턴스는 어떠한가?

   (a) 0 **(b)** 저항값과 같다. **(c)** 무한대 **(d)** 용량성

2. 공진시 직렬 *RLC* 회로의 위상각은 얼마인가?

   (a) −90° **(b)** +90° **(c)** 0° **(d)** 리액턴스값에 의해 결정된다.

3. $L = 15$ mH, $C = 0.015$ μF, $R_W = 80$ Ω인 직렬 *RLC* 회로의 공진 주파수에서의 임피던스는 얼마인가?

   (a) 15 kΩ **(b)** 80 Ω **(c)** 30 Ω **(d)** 0 Ω

4. 직렬 *RLC* 회로가 공진 주파수보다 낮은 주파수 영역에서 동작할 때, 회로에 흐르는 전류는 어떠한가?

   (a) 인가 전압과 위상이 서로 같다. **(b)** 인가 전압보다 위상이 뒤진다.

   (c) 인가 전압보다 위상이 앞선다.

5. 직렬 *RLC* 회로에서, *C* 값이 증가하면 공진 주파수는 어떻게 되는가?

   (a) 영향을 받지 않는다. **(b)** 증가한다.

   (c) 변하지 않는다. **(d)** 감소한다.

6. $V_C = 150$ V, $V_L = 150$ V, $V_R = 50$ V인 *RLC* 직렬 공진회로의 인가 전압은 얼마인가?

   (a) 150 V **(b)** 300 V **(c)** 50 V **(d)** 350 V

7. 어떤 직렬 *RLC* 공진회로의 대역폭이 1 kHz이다. 이 회로의 *L*을 *Q* 값이 더 작은 다른 *L*로 바꾸면 회로의 대역폭은 어떻게 되는가?

   (a) 증가한다. **(b)** 감소한다. **(c)** 변하지 않는다. **(d)** 선택도가 커진다.

8. 병렬 *RLC* 회로가 공진 주파수보다 낮은 주파수 영역에서 동작할 때, 전류는 어떠한가?

   (a) 전원전압보다 위상이 앞선다. **(b)** 전원전압보다 위상이 뒤진다.

   (c) 전원전압과 위상이 서로 같다.

9. 이상적인 병렬 *RLC* 회로에서, 공진시 *L*과 *C*가 병렬로 연결된 부분으로 흘러 들어가는 전체 전류는 어떠한가?

   (a) 최대값이 된다. **(b)** 작은 값이 된다. **(c)** 큰 값이 된다. **(d)** 0이 된다.

10. 병렬 *RLC* 회로의 공진 주파수를 낮추려면 회로의 캐패시턴스를 어떻게 하면 되는가?

    (a) 증가시킨다. **(b)** 감소시킨다. **(c)** 인덕턴스로 바꾼다.

11. 다음 중에서 병렬 *RLC* 회로의 공진 주파수가 직렬 *RLC* 회로의 공진 주파수와 대략 일치하는 경우는 어느 것인가?

    (a) *Q*가 매우 낮을 때 **(b)** *Q*가 매우 높을 때 **(c)** 회로에 저항이 없을 때

12. 병렬 *RLC* 회로에서 저항값이 감소하면 대역폭은 어떻게 되는가?

    (a) 없어진다. **(b)** 감소한다. **(c)** 뾰족해진다. **(d)** 증가한다.

문 제

홀수문제의 답은 책 끝부분에 있다.

기본문제

13–1 직렬 *RLC* 회로의 임피던스와 위상각

1. $R = 10$ Ω, $C = 0.047$ μF, $L = 5$ mH인 직렬 *RLC* 회로에 5 kHz 신호가 인가되었다. 임피던스와 위상각을 구하고 총 리액턴스를 구하시오.

2. 그림 13-65에서 임피던스를 구하시오.

3. 그림 13-65에서 신호원 전압의 주파수가 그림에 표시된 리액턴스값을 발생시킨 주파수의 2배가 될 때, 임피던스의 크기를 구하시오.

그림 13–65

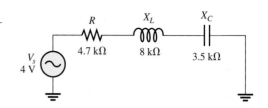

13-2 직렬 *RLC* 회로의 해석

4. 그림 13-65의 회로에서 I_{tot}, V_R, V_L, V_C를 구하시오.

5. 그림 13-65의 회로에 대해 전압 페이저도를 그리시오.

6. 그림 13-66의 회로에서 다음을 구하시오(단, f = 25 kHz).

   (a) I_{tot} **(b)** P_{true} **(c)** P_r **(d)** P_a

그림 13–66

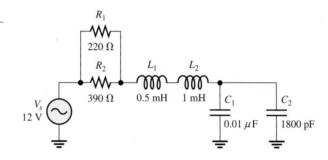

13-3 직렬 공진회로

7. 그림 13-65의 회로에 대해, 공진 주파수는 현재 표시된 리액턴스값에 해당되는 주파수보다 높은지 낮은지 말하시오.

8. 그림 13-67의 회로에서 공진시 저항 양단에 걸리는 전압을 구하시오.

그림 13–67

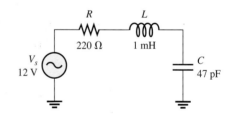

9. 그림 13-67의 회로 내 공진 주파수에서 X_L, X_C, Z, I를 구하시오.

10. 최대 전류가 50 mA, V_L이 100 V인 직렬 공진회로가 있다. 전원전압이 10 V일 때 공진시 Z, X_L, X_C를 구하시오.

11. 그림 13-68의 *RLC* 회로에 대해 공진 주파수와 차단 주파수를 구하시오.

그림 13–68

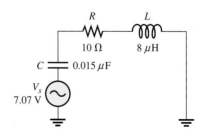

12. 그림 13-68에서 반전력 주파수에서의 전류값을 구하시오.

13-4 직렬 공진 필터

13. 그림 13-69의 각 회로에 공진 주파수를 구하고 이것이 대역통과 필터인지 대역차단 필터인지 결정하시오.

그림 13-69

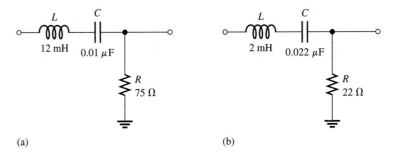

(a)   (b)

14. 그림 13-69의 코일의 권선저항이 10 Ω일 때 각 필터의 대역폭을 구하시오.

15. 그림 13-70의 각 필터의 f_r와 BW를 구하시오.

그림 13-70

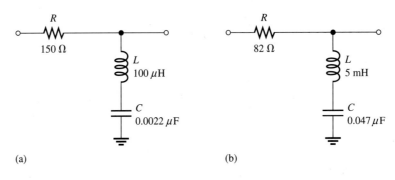

(a)   (b)

13-5 병렬 *RLC* 회로의 해석

16. 그림 13-71의 회로에 대해 총 임피던스를 구하시오.

17. 그림 13-71의 회로는 용량성인가, 아니면 유도성인가? 그 이유를 설명하시오.

18. 그림 13-71의 회로가 용량성에서 유도성(혹은 유도성에서 용량성)으로 성질이 바뀌는 주파수를 구하시오.

19. 그림 13-72의 회로에 대해 총 임피던스를 구하시오.

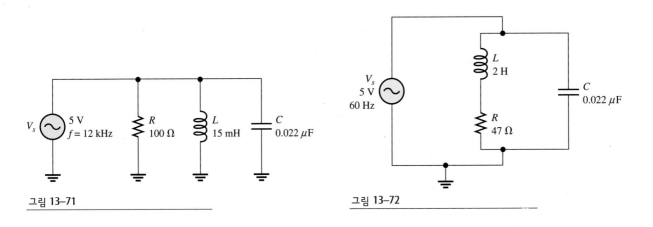

그림 13-71   그림 13-72

13-6 병렬 공진회로

20. 이상적인 병렬 공진회로(각 지로에 저항 성분이 없는 회로)의 임피던스는 얼마인가?

21. 그림 13-73의 탱크회로에 대해 공진 주파수 f_r과 이 공진 주파수에서의 Z를 구하시오.

22. 그림 13-73에서 공진시 신호원으로부터 공급되는 전류를 구하시오. 또한 공진 주파수에서 회로에 흐르는 유도성 전류와 용량성 전류를 각각 구하시오.

그림 13–73

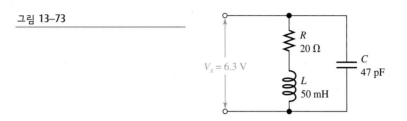

13-7 병렬 공진 필터

23. 공진시 $X_L = 2$ kΩ, $R_W = 25$ Ω인 병렬공진 대역통과 필터에서 공진 주파수가 5 kHz일 때 대역폭을 구하시오.

24. 하단 차단 주파수가 2.4 kHz이고 상단 차단 주파수가 2.8 kHz일 때 대역폭을 구하시오.

25. 공진회로에서 공진시 전력이 2.75 W 소모되었을 때 하단 및 상단 차단 주파수에서 소모되는 전력을 구하시오.

26. 탱크회로의 공진 주파수가 8 kHz가 되도록 L, C 값을 선정하시오. 단, 대역폭은 800 Hz를 만족하여야 하며 코일의 권선저항은 10 Ω이다.

27. 병렬 공진회로에서 $Q = 50$, $BW = 400$ Hz일 때 Q가 2배가 되면 동일한 f_r에 대하여 BW는 어떻게 되는가?

고급문제

28. 각 경우 전압비를 데시벨로 표시하시오.

    (a) $V_{in} = 1$ V, $V_{out} = 1$ V   **(b)** $V_{in} = 5$ V, $V_{out} = 3$ V

    (c) $V_{in} = 10$ V, $V_{out} = 7.07$ V   **(d)** $V_{in} = 25$ V, $V_{out} = 5$ V

29. 그림 13-74에서 각 소자에 흐르는 전류를 구하고 소자 양단에 걸리는 전압을 구하시오.

30. 그림 13-75에서 $V_{ab} = 0$ V가 되도록 하는 C가 존재하는가? 그렇지 않다면 이유를 설명하시오.

31. 만일 $C = 0.22$ μF일 때 그림 13-75의 각 지로에 흐르는 전류를 구하시오. 전체 전류는 어떻게 되는가?

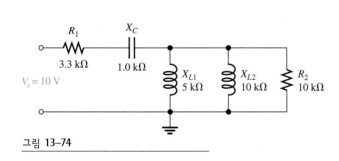

그림 13–74

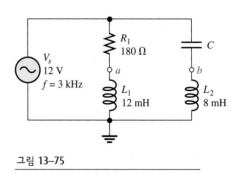

그림 13–75

32. 그림 13-76에서 공진 주파수를 구하고 각 공진 주파수에서 V_{out}을 구하시오.

33. $BW = 500$ Hz, $Q = 40$, $I_{C(max)} = 20$ mA, $V_{C(max)} = 2.5$ V를 만족하는 대역통과 필터를 병렬 공진회로를 이용하여 설계하시오.

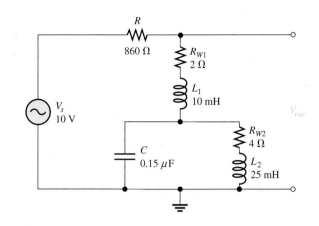

그림 13-76

---

34. 스위치로 선택할 수 있는 다음의 직렬 공진 주파수를 가지는 회로를 설계하시오 : 500 kHz, 1000 kHz, 1500 kHz, 2000 kHz.

35. 다음의 여러 공진 주파수를 스위치로 선택할 수 있는 병렬 공진회로를 설계하시오 : 8MHz, 9MHz, 10 MHz, 11 MHz. 공진회로는 한 개의 코일과 스위치, 그리고 스위치에 의해 선택되는 여러 개의 캐패시터로 구성되며 코일의 인덕턴스는 10 μH이고 5 Ω의 권선저항을 갖는다.

Multisim을 이용한 고장진단 문제

36. P13-36 파일을 열고 결함이 있는지 점검하시오.

37. P13-37 파일을 열고 결함이 있는지 점검하시오.

38. P13-38 파일을 열고 결함이 있는지 점검하시오.

39. P13-39 파일을 열고 결함이 있는지 점검하시오.

40. P13-40 파일을 열고 결함이 있는지 점검하시오.

41. P13-41 파일을 열고 결함이 있는지 점검하시오.

정 답

절 복습문제

13-1 직렬 *RLC* 회로의 임피던스와 위상각

1. 만일 $X_L > X_C$이 되면 회로는 유도성이 되고, $X_C > X_L$이 되면 용량성이 된다.

2. $X_{tot} = |X_L - X_C| = 70$ Ω, 용량성

3. $Z = \sqrt{R^2 + X_{tot}^2} = 83.2$ Ω, $\theta = \tan^{-1}(X_{tot}/R) = 57.3°$, 전류가 V_s를 앞선다.

13-2 직렬 *RLC* 회로의 해석

1. $V_s = \sqrt{V_R^2 + (V_C - V_L)^2} = 38.4$ V

2. 회로가 용량성이므로 전류가 전압보다 앞선다.

3. $X_{tot} = |X_L - X_C| = 6$ kΩ

13-3 직렬 공진회로

1. 직렬 공진은 $X_L = X_C$일 때 일어난다.

2. 임피던스가 최소이므로 전류가 최대가 된다.

3. $f_r = 1/(2\pi\sqrt{LC}) = 159 \text{ kHz}$

4. $X_C > X_L$이므로 회로는 용량성이 된다.

13-4 직렬 공진 필터

1. $V_{out} = 0.707(15 \text{ V}) = 10.6 \text{ V}$

2. $BW = f_r/Q = 10 \text{ kHz}$

3. 전류는 최대가 되고 출력전압은 최소가 된다.

13-5 병렬 *RLC* 회로의 해석

1. $I_R = V_s/R = 80 \text{ mA}$, $I_C = V_s/X_C = 120 \text{ mA}$, $I_L = V_s/X_L = 240 \text{ mA}$

2. 회로는 유도성($X_L < X_C$)

3. $L_{eq} = L[(Q^2 + 1)/Q^2] = 20.1 \text{ mH}$, $R_{p(eq)} = R_W(Q^2 + 1) = 1589 \ \Omega$

13-6 병렬 공진회로

1. 임피던스는 최대가 된다.

2. 전류는 최소가 된다.

3. 이상적인 병렬 공진시에 $X_C = X_L = 1500 \ \Omega$

4. $f_r = \sqrt{1 - (R_W^2 C/L)}/2\pi\sqrt{LC} = 225 \text{ kHz}$, $Z_r = R_W(Q^2 + 1) = 1250 \text{ M}\Omega$

5. $f_r = 1/(2\pi\sqrt{LC}) = 22.5 \text{ kHz}$

6. $f_r = \sqrt{Q^2/(Q^2 + 1)}/2\pi\sqrt{LC} = 20.9 \text{ kHz}$

7. $Z_r = R_W(Q^2 + 1) = 8.02 \text{ k}\Omega$

13-7 병렬 공진 필터

1. 병렬 저항을 줄임으로써 대역폭을 증가시킬 수 있다.

2. f_r은 4.47 kHz로 바뀐다.

3. $Z_r = R_W(Q^2 + 1) = 47.0 \text{ k}\Omega$

13-8 기본 응용

1. 동조된 공진회로는 좁은 대역의 주파수를 선택하는 데 사용된다.

2. 웨이브 트랩(wave trap)은 대역차단 필터이다.

3. 여러 개의 가변 캐패시터(혹은 인덕터)가 동시에 공통의 제어에 의해 변경되는 것이 연동 동조 (ganged tuning)의 예이다.

응용 과제

1. $f_{c(1)} = 8 \text{ kHz}$, $f_{c(2)} = 11.6 \text{ kHz}$

2. 회로의 소자값은 주어진 자료만으로는 구할 수 없다.

예제 관련 문제

13-1 $1.25 \text{ k}\Omega$, $63.4°$

13-2 $4.71 \text{ k}\Omega$

13-3   전류의 크기는 주파수에 따라 어떤 점까지는 계속 증가하다가 그 점을 넘어서면 반대로 감소 하기 시작한다.

13-4   용량성

13-5   71,2 kHz

13-6   2.27 mA

13-7 *Z*는 증가한다, *Z*는 증가한다.

13-8 아니오

13-9 200 kHz

13-10 −14 dB

13-11 4.61

13-12 322 Hz

13-13 V_{out}은 증가한다, V_{out}은 감소한다.

13-14 유도성

13-15 증가한다. X_C는 감소하여 0이 된다.

13-16 $R_{p(eq)} = 25$ kΩ, $L_{eq} = 5$ mH, $C = 0.022$ μF, $R_{p(tot)} = 4.24$ kΩ

13-17 $f_r = 3.39$ kHz, $I_L = 4.69$ mA, $I_C = 4.69$ mA, $I_{tot} = 0$A

13-18 80.0 kΩ

13-19 차이는 무시할 수 있다.

13-20 7.07 V

13-21 530 Hz

13-22 25

13-23 Q_O는 부하저항이 감소하면 감소한다.

13-24 *Q*는 10보다 작다.

자습문제

1. (a)   **2.** (c)   **3.** (b)   **4.** (c)   **5.** (d)   **6.** (c)   **7.** (a)

8. (b)   **9.** (d)   **10.** (a)   **11.** (b)   **12.** (d)

트랜스포머

장의 목표

▶ 상호 인덕턴스에 대해 설명한다.
▶ 트랜스포머의 구조와 동작에 대해 설명한다.
▶ 트랜스포머가 전압을 증가 혹은 감소시키는 원리를 설명한다.
▶ 저항성 부하가 2차 권선에 연결될 때의 효과를 논의한다.
▶ 트랜스포머에서 반사 부하의 개념에 대해 논의한다.
▶ 트랜스포머를 사용한 임피던스 정합에 대해 논의한다.
▶ 실제 트랜스포머에 대해 설명한다.
▶ 몇 가지 종류의 트랜스포머에 대해 설명한다.
▶ 트랜스포머의 고장을 진단한다.

핵심 용어

▶ 권선비(turns ratio : n)
▶ 반사 저항(reflected resistance)
▶ 상호 인덕턴스(mutual inductance : L_M)
▶ 임피던스 정합(impedance matching)
▶ 자기적 결합(magnetic coupling)
▶ 전기적 분리(electrical isolation)
▶ 중간 탭(center tap)
▶ 최대 전력 전달(maximum power transfer)
▶ 트랜스포머(transformer)
▶ 피상전력 정격(apparent power rating)
▶ 1차 권선(primary winding)
▶ 2차 권선(secondary winding)

응용 과제 개요

응용 과제에서는 표준 전원단자에서 전기 콘센트로부터 출력되는 교류 전압을 결합하기 위해 트랜스포머를 사용하고 있는 직류전원 공급장치의 고장을 진단한다. 여러 지점에서 전압을 측정함으로써 문제가 있는지를 알아낼 수 있으며 또한 전원 공급장치에서 고장 부분을 찾아낼 수 있다. 이 장을 학습하고 나면, 응용 과제를 완벽하게 수행할 수 있게 될 것이다.

지원 웹 사이트

학습을 돕기 위해 다음의 웹 사이트를 방문하기 바란다.
http://www.prenhall.com/floyd

도입

11장에서 자기 인덕턴스에 대해 배웠다. 이 장에서는 트랜스포머 동작의 기초가 되는 상호 인덕턴스에 대해 배울 것이다. 트랜스포머는 전원 공급장치, 전력 배송, 통신 시스템의 신호 결합과 같은 대부분의 응용에 사용된다.

　　트랜스포머의 동작은 두 개 이상의 코일이 근접할 때 발생하는 상호 인덕턴스의 원리에 기초한다. 사실 간단한 트랜스포머는 상호 인덕턴스에 의해 전자기적으로 결합된 두 개의 코일이다. 자기적으로 결합된 두 코일 사이에는 전기적인 접촉이 없으므로 완전한 전기적 분리 상태에서 한쪽에서 다른 쪽으로 에너지의 전달이 가능하다. 트랜스포머와 관련하여 권선 혹은 코일이라는 용어를 1차측 또는 2차측을 나타낼 때 사용한다.

14-1 상호 인덕턴스

두 코일이 서로 가까이 놓여 있을 때, 한쪽 코일에 흐르는 전류에 의하여 발생된 전자기장의 변화는 상호 인덕턴스에 의하여 2차 코일에 유도 전압을 발생시킨다.

절의 학습내용

▶ **상호 인덕턴스에 대해 설명한다.**

　▶ 자기적 결합에 대해 논의한다.

　▶ 전기적인 분리에 대해 정의한다.

　▶ 결합계수를 정의한다.

　▶ 상호 인덕턴스에 영향을 미치는 요인 및 공식을 살펴본다.

코일에 흐르는 전류가 증가, 감소 또는 반전함에 따라, 코일 주변의 전자기장은 확장, 쇠퇴, 반전한다고 배웠다. 변화하는 자속선들이 2차 코일과 쇄교하도록 2차 코일을 1차 코일에 매우 가까이 놓으면, 그림 14-1에 보인 것처럼 자기적으로 결합되어 전압이 유도된다.

그림 14-1

1차 코일의 전류가 변함에 따라 2차 코일에 걸리는 자기장의 변화를 일으키면서 2차 코일에 유도 전압이 발생한다

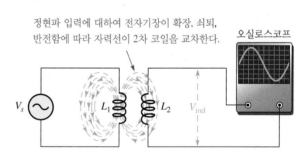

정현파 입력에 대하여 전자기장이 확장, 쇠퇴, 반전함에 따라 자력선이 2차 코일을 교차한다.

오실로스코프

두 코일이 자기적 결합을 이룰 때, 두 코일 사이에는 자기적 결합 이외에 어떠한 전기적 연결도 없기 때문에 **전기적 분리(electrical isolation)**된 상태이다. 만약 1차 코일의 전류가 정현파라면 2차 코일에 유도된 전압 역시 정현파이다. 1차 코일의 전류에 의하여 2차 코일에 유도된 전압의 크기는 두 코일 사이의 **상호 인덕턴스(mutual inductance : L_M)**에 따라 달라진다.

상호 인덕턴스는 두 코일의 인덕턴스(L_1과 L_2)와 두 코일 사이의 결합계수(k)에 의하여 결정된다. 최대 결합을 위하여, 두 코일은 공통 코어를 사용하여야 한다. 상호 인덕턴스에 영향을 미치는 세 가지 요소(L_1, L_2, k)를 그림 14-2에 나타내었다. 상호 인덕턴스의 공식은 다음과 같다.

$$L_M = k\sqrt{L_1 L_2}$$

(14-1)

그림 14-2

두 코일의 상호 인덕턴스

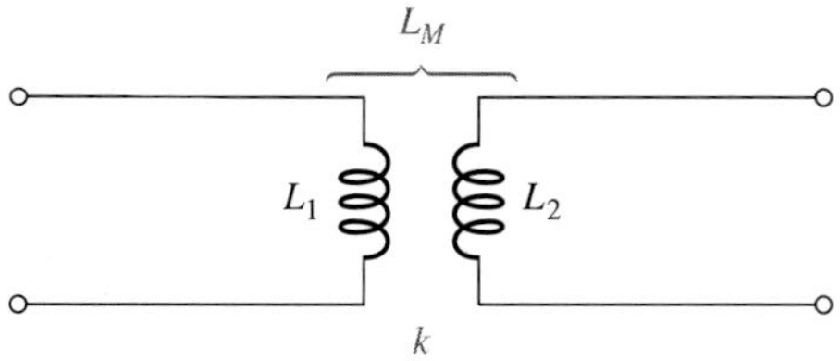

결합계수

트랜스포머의 1차 권선과 2차 권선 사이의 **결합계수(coefficient of coupling)** k는 1차 코일에 의해 생성된 자속 중에서 2차 코일에 쇄교된 자속($\phi_{1\text{-}2}$)과 1차 코일에 발생된 총 자속(ϕ_1)의 비로 표현된다.

$$k = \frac{\phi_{1\text{-}2}}{\phi_1} \qquad\qquad (14\text{-}2)$$

예를 들어, 1차 코일에 발생된 총 자속의 절반이 2차 코일과 쇄교되었다면 $k = 0.5$가 된다. k가 큰 값을 갖는다는 것은 1차 코일의 전류 변화율에 대해 2차 코일에 더 많은 전압이 유도됨을 의미한다. k는 단위가 없는데, 자력선(자속)의 단위는 weber, 또는 간단히 Wb로 나타냄을 상기하라.

결합계수 k는 코일들이 물리적으로 얼마나 가깝게 감겼는가와 코일이 감겨 있는 코어 재료의 종류에 따라 다르다. 또한, 코어의 구조와 형태 역시 영향을 준다.

예제 14–1

2개의 코일이 단일 코어에 감겨 있으며 결합계수가 0.3이다. 코일 1의 인덕턴스가 $10\ \mu\text{H}$이고 코일 2의 인덕턴스가 $15\ \mu\text{H}$이면 L_M은 얼마인가?

해
$$L_M = k\sqrt{L_1 L_2} = 0.3\sqrt{(10\ \mu\text{H})(15\ \mu\text{H})} = \textbf{3.67}\ \boldsymbol{\mu}\textbf{H}$$

관련 문제* $k = 0.5$, $L_1 = 1\ \text{mH}$, $L_2 = 600\ \mu\text{H}$일 때 상호 인덕턴스를 구하시오.

* 정답은 장의 끝부분에 있다.

예제 14–2

코일 1에서 발생하는 전체 자속이 $50\ \mu\text{Wb}$이고 이 중에서 코일 2에 $20\ \mu\text{Wb}$가 쇄교되었다면 k는 얼마인가?

해
$$k = \frac{\phi_{1\text{-}2}}{\phi_1} = \frac{20\ \mu\text{Wb}}{50\ \mu\text{Wb}} = \textbf{0.4}$$

관련 문제 $\phi_1 = 500\ \mu\text{Wb}$, $\phi_{1\text{-}2} = 375\ \mu\text{Wb}$일 때 k를 구하시오.

14–1 복습문제*

1. 상호 인덕턴스를 정의하시오.
2. 두 50 mH 코일의 결합계수 $k = 0.9$일 때 L_M을 구하시오.
3. k가 증가하면 한쪽 코일의 전류가 변화할 때 다른 쪽 코일에 유도되는 전압은 얼마인가?

* 정답은 장의 끝부분에 있다.

14–2 트랜스포머 기초

트랜스포머(transformer)는 전자기적으로 결합된 두 개의 코일(권선)로 구성되어 한쪽 권선에서 다른 쪽으로 전력을 전달하는 상호 인덕턴스가 존재하는 전기적인 소자이다.

절의 학습내용

▶ **트랜스포머의 구조와 동작에 대해 설명한다.**

▶ 트랜스포머의 구성요소를 확인한다.

▶ 코어 재료의 중요성에 대해 논의한다.

▶ 1차 권선과 2차 권선에 대해 정의한다.

▶ 권선비를 정의한다.

▶ 권선을 감은 방향이 전압의 극성에 미치는 영향에 대해 논의한다.

그림 14-3(a)에 트랜스포머의 회로도를 나타내었다. 그림에서 보듯이 한쪽 코일은 1차 권선, 다른 쪽 코일은 2차 권선이라고 부른다. 그림 14-3(b)와 같이 표준 동작에서 1차 권선에는 전압원이 인가되고, 2차 권선에는 부하가 연결된다. 따라서 1차 권선은 입력권선, 2차 권선은 출력권선이 된다. 일반적으로 트랜스포머에서 전원전압이 연결된 쪽을 **1차 권선(primary winding)**, 유도 전압이 발생하는 쪽을 **2차 권선(secondary winding)**이라고 부른다.

그림 14-3

기본적인 트랜스포머

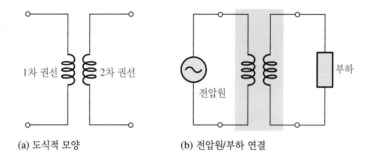

(a) 도식적 모양　　　　(b) 전압원/부하 연결

트랜스포머의 권선은 코어(core)의 주위에 감는다. 코어는 자속이 코일에 가까이 집중될 수 있도록 권선의 위치에 대한 물리적 구조와 자기(magnetic) 경로를 제공한다. 코어의 재료에는 일반적으로 공기, 페라이트, 철의 세 가지 종류가 있다. 각 종류의 회로 기호를 그림 14-4에 나타내었다.

그림 14-4

코어의 종류를 나타내는 회로 기호

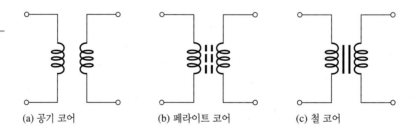

(a) 공기 코어　　　　(b) 페라이트 코어　　　　(c) 철 코어

공기 코어와 페라이트 코어 트랜스포머는 일반적으로 고주파 응용에 사용되며, 그림 14-5에 보인 바와 같이 속이 비어 있거나(공기) 또는 페라이트로 채워진 절연된 외피에 권선이 감긴 구조로 되어 있다. 도선은 권선들 사이에 서로 단락되는 것을 방지하기 위하여 일반적으로 니스 종류의 피막을 씌운다. 1차 권선과 2차 권선 사이의 **자기적 결합(magnetic coupling)**의 크기는 코어 재료의 종류와 권선의 상대적인 위치에 의하여 주어진다. 그림 14-5(a)에서는 두 코일이 떨어져 있기 때문에 느슨하게 결합되어 있으며, 그림 14-5(b)에서는 겹쳐 있기 때문에 아주 강하게 결합되어 있다. 강하게 결합될수록 주어진 1차 코일 전류에 대해서 2차 코일에 유도되는 전압은 커진다.

철 코어 트랜스포머는 일반적으로 가청 주파수와 전력 응용에 사용된다. 이들 트랜스포머는 그림 14-6에서와 같이, 서로 절연된 강자성체의 얇은 판으로 성층된 코어 위에 선을 감은 구조로 되어 있다. 이러한 구조는 자속선의 경로를 쉽게 만들고, 권선 사이의 결합의 크

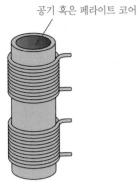

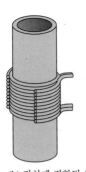

공기 혹은 페라이트 코어

(a) 느슨하게 결합된 권선

(b) 강하게 결합된 권선. 단면은
2개의 권선을 보여준다.

그림 14-5

원통형 코어를 가진 트랜스포머

기를 증가시킨다. 그림 14-6에는 철 코어 트랜스포머의 두 가지 주요 형태에 대한 기본 구조가 나타나 있다. 그림 14-6(a)에 보인 코어형 구조에서는 권선이 서로 다른 성층 코어에 감겨져 있으며, 그림 14-6(b)에 보인 외피형 구조에서는 한 코어에 두 권선이 겹쳐져 있다. 각각의 종류마다 장점이 있다. 일반적으로, 코어형은 절연능력 면에서 여유가 있기 때문에 높은 전압을 처리할 수 있다. 외피형은 코어 내에 높은 자속을 만들기 때문에 권선 수를 더 작게 할 수 있다.

여러 종류의 트랜스포머들을 그림 14-7에 나타내었다.

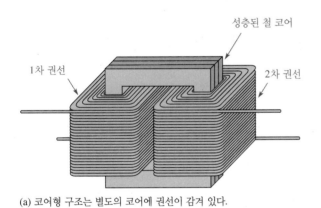

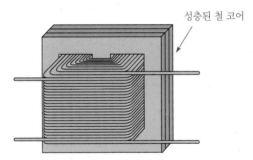

(a) 코어형 구조는 별도의 코어에 권선이 감겨 있다.

(b) 외피형 구조는 한 코어에 두 권선이 겹쳐 있다.

그림 14-6

복층 권선을 가진 철 코어 트랜스포머 구조

그림 14-7

여러 종류의 트랜스포머

권선비

트랜스포머가 어떻게 동작하는가를 이해함에 있어서 매우 유용한 매개변수는 권선비이다. 이 책에서 **권선비(turns ratio : n)**는 1차 권선의 권선 수(N_{pri})에 대한 2차 권선의 권선 수 (N_{sec})의 비로서 정의한다.

$$n = \frac{N_{sec}}{N_{pri}} \tag{14-3}$$

이러한 권선비의 정의는 IEEE 사전에 명시된 전자 전력 트랜스포머에 대한 IEEE 표준에 근거한다. 다른 분류의 트랜스포머는 다른 정의를 사용하기도 하므로 어떤 책에는 권선비가 N_{pri}/N_{sec}로 정의되기도 한다. 그러나 명확히 기술하고 일관성 있게 사용한다면 어느 것을 사용해도 문제가 되지 않는다. 흔히 트랜스포머에는 권선비가 표시되어 있지 않고, 입력전압과 출력전압 및 전력 정격이 표시되어 있다. 그러나 트랜스포머의 동작원리를 공부함에 있어서 권선비는 유용하다.

예제 14-3

레이더 시스템에 사용되는 트랜스포머의 1차 권선의 권선 수가 100이고 2차 권선의 권선 수가 400일 때 권선비를 구하시오.

해 $N_{sec} = 400$이고 $N_{pri} = 100$이므로 권선비는 다음과 같다.

$$n = \frac{N_{sec}}{N_{pri}} = \frac{400}{100} = \mathbf{4}$$

권선비 4는 회로에 1 : 4로 표시될 수 있다.

관련 문제 권선비가 10인 트랜스포머의 $N_{pri} = 500$일 때, N_{sec}를 구하시오.

권선의 방향

트랜스포머에서 또 하나의 중요한 매개변수는 코어 주위의 권선 방향이다. 그림 14-8에 설명된 것과 같이 권선의 방향은 1차 전압에 대한 2차 전압의 극성을 결정한다. 그림 14-9에 보인 것과 같이 위상 점(phase dot)은 극성을 표시하기 위한 회로 기호로 사용된다.

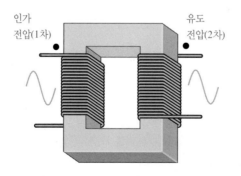
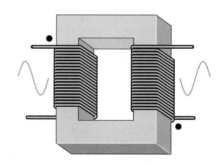

(a) 자기 경로를 따라 권선이 동일한 방향으로 감겨 있으면 1차와 2차 전압은 동상이 된다.

(b) 자기 경로를 따라 권선이 반대 방향으로 감겨 있으면 1차와 2차 전압은 180° 위상차가 난다.

그림 14-8

권선의 방향은 전압의 상대적인 극성을 결정한다

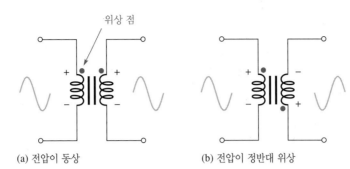

위상 점

(a) 전압이 동상   (b) 전압이 정반대 위상

그림 14-9

1차와 2차 전압의 극성에 해당하는 위상 점

14-2 복습문제	1. 트랜스포머의 동작원리에 대해 설명하시오. 2. 권선비를 정의하시오. 3. 트랜스포머의 권선의 방향이 중요한 이유는 무엇인가? 4. 1차 권선의 권선 수가 500이고 2차 권선의 권선 수가 250인 트랜스포머의 권선비는 얼마인가?

14-3 승압 및 강압 트랜스포머

승압 트랜스포머는 1차 권선보다 2차 권선을 더 많이 감으며, 교류 전압을 증가시킬 때 사용된다. 강압 트랜스포머는 2차 권선보다 1차 권선을 더 많이 감으며, 교류 전압을 감소시킬 때 사용된다.

절의 학습내용

▶ **트랜스포머가 전압을 증가 혹은 감소시키는 원리를 설명한다.**

　▶ 승압 트랜스포머의 동작원리를 설명한다.

　▶ 권선비로 승압 트랜스포머를 구분한다.

　▶ 1, 2차 전압과 1, 2차 권선의 권선비 사이의 관계에 대해 설명한다.

　▶ 강압 트랜스포머의 동작원리를 설명한다.

　▶ 권선비로 강압 트랜스포머를 구분한다.

승압 트랜스포머

2차 전압이 1차 전압보다 높은 트랜스포머를 **승압 트랜스포머(step-up transformer)**라고 부른다. 전압이 증가되는 정도는 권선비에 의해 결정된다.

1차 전압(V_{pri})에 대한 2차 전압(V_{sec})의 비는 1차 권선(N_{pri})의 권선 수에 대한 2차 권선(N_{sec})의 권선 수의 비와 같다.

$$\frac{V_{sec}}{V_{pri}} = \frac{N_{sec}}{N_{pri}} \tag{14-4}$$

N_{sec}/N_{pri}가 권선비 n으로 정의되었으므로 이 관계로부터 V_{sec}는 다음과 같이 쓸 수 있다.

$$V_{sec} = nV_{pri} \tag{14-5}$$

식 (14-5)는 2차 전압이 1차 전압에 권선비를 곱한 것과 같음을 보여준다. 이 조건은 결합계수가 '1'이라고 가정한 것인데 양호한 철 코어 트랜스포머는 이에 근접한 값을 갖는다.

승압 트랜스포머에서는 항상 2차 권선 수(N_{sec})가 1차 권선 수(N_{pri})보다 크기 때문에 권선비가 항상 '1'보다 크다.

예제 14-4

그림 14-10의 트랜스포머에서 권선비가 3일 때 2차 전압을 구하시오.

그림 14-10

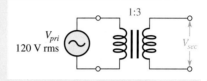

해 2차 전압을 구하면 다음과 같이 나타난다.

$$V_{sec} = nV_{pri} = 3(120 \text{ V}) = \mathbf{360 \text{ V}}$$

권선비 3은 회로에서 1차 권선이 1번 감길 동안 2차 권선이 3번 감겨 있다는 의미로 1:3으로 표시됨을 주목하라.

관련 문제 그림 14-10의 트랜스포머를 권선비가 4인 것으로 교체하였을 때 V_{sec}를 구하시오.

CD-ROM에서 Multisim E14-04 파일을 열고 2차 전압을 측정하라.

강압 트랜스포머

2차 전압이 1차 전압보다 작은 트랜스포머를 **강압 트랜스포머(step-down transformer)**라고 부른다. 전압이 낮아지는 정도는 권선비에 따른다. 식 (14-5)는 강압 트랜스포머에도 적용된다.

2차 권선의 권선 수(N_{sec})가 항상 1차 권선의 권선 수(N_{pri})보다 작기 때문에 강압 트랜스포머의 권선비는 항상 '1'보다 작다.

예제 14-5

그림 14-11의 트랜스포머는 실험용 전원 공급기의 일부로 권선비 0.2를 가진다. 2차 전압을 구하시오.

그림 14-11

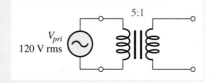

해 2차 전압을 구하면 다음과 같이 나타난다.

$$V_{sec} = nV_{pri} = 0.2(120 \text{ V}) = \textbf{24 V}$$

관련 문제 그림 14-11의 트랜스포머가 권선비 0.48의 것으로 교체되었다. 2차 전압을 구하시오.

CD-ROM에서 Multisim E14-05 파일을 열고 2차 전압을 측정하라.

직류 차단

그림 14-12(a)에 나타난 바와 같이 트랜스포머의 1차 회로에 직류 전류가 흐른다면, 2차 회로에는 아무 일도 일어나지 않는다. 그 이유는 그림 14-12(b)에 보인 것처럼 2차 회로에 전압이 유도되기 위해서는 반드시 1차 회로의 전류가 변하여야 하기 때문이다. 따라서 트랜스포머는 1차 회로의 직류 전압으로부터 2차 회로를 분리시킨다. 분리를 목적으로 사용되는 트랜스포머의 권선비는 1이다.

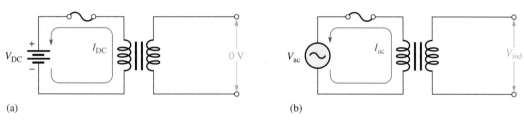

(a)   (b)

그림 14–12

직류 차단 및 교류 결합

대표적인 응용으로, 작은 크기의 트랜스포머는 증폭단의 출력 중 직류 전압을 차단하여 다음 단 증폭기의 직류 바이어스에 영향을 미치지 않도록 하기 위하여 사용될 수 있다. 그림 14-13에 보인 바와 같이 오직 교류 신호만이 트랜스포머를 통하여 한 단에서 다음 단으로 결합된다.

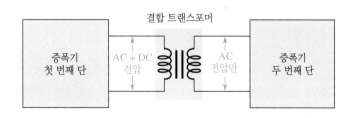
결합 트랜스포머

그림 14–13

직류 차단을 위해 트랜스포머 결합된 음성 증폭단

1. 승압 트랜스포머의 역할은 무엇인가?
2. 권선비가 5일 때 2차 전압은 1차 전압보다 얼마나 큰 값을 가지는가?
3. 240 V 교류가 권선비 10인 트랜스포머에 인가되었을 때 2차 전압을 구하시오.

4. 강압 트랜스포머의 역할은 무엇인가?

5. 120 V 교류가 권선비 0.5인 트랜스포머에 인가되었을 때 2차 전압을 구하시오.

6. 120 V 교류인 1차 전압이 12 V 교류로 줄었을 때 권선비를 구하시오.

7. 교류 전압은 트랜스포머를 통해 결합되는가?

14-4 2차측 부하

트랜스포머의 2차 권선에 저항성 부하가 연결될 때, 부하(2차)전류와 1차 회로 전류의 관계식은 권선비에 따라 결정된다.

절의 학습내용

▶ **저항성 부하가 2차 권선에 연결될 때의 효과를 논의한다.**

 ▶ 트랜스포머의 전력에 대해 논의한다.

 ▶ 승압 트랜스포머에 부하가 연결될 때의 2차 전류를 구한다.

 ▶ 강압 트랜스포머에 부하가 연결될 때의 2차 전류를 구한다.

부하가 트랜스포머의 2차 권선에 연결되어 있을 때, 부하로 전달되는 전력은 결코 1차 권선에서의 전력보다 클 수 없다. 이상적인 트랜스포머에서 2차 권선에 의해 전달되는 전력(P_{sec})은 1차 권선에 의해 전달되는 전력(P_{pri})과 같다. 손실을 고려할 경우 2차 권선에 의해 전달되는 전력은 항상 1보다 작다.

전력은 전압과 전류에 의존되며, 트랜스포머에서는 전력의 증가가 생길 수 없다. 그러므로 전압이 증가하면 전류는 역으로 감소한다. 다음 식에 보인 것과 같이 이상적인 트랜스포머에서 2차 전력은 권선비와 무관하게 1차 전력과 같다.

1차 권선에 의해 전달되는 전력 :

$$P_{pri} = V_{pri}I_{pri}$$

2차 권선에 의해 전달되는 전력 :

$$P_{sec} = V_{sec}I_{sec}$$

이상적인 트랜스포머에서 $P_{pri} = P_{sec}$이므로 다음과 같이 된다.

$$V_{pri}\,I_{pri} = V_{sec}I_{sec}$$

전류끼리, 전압끼리 모아보자. 전류와 전압을 각각 모아 정리하면 다음과 같다.

$$\frac{I_{pri}}{I_{sec}} = \frac{V_{sec}}{V_{pri}}$$

식 (14-4)로부터 다음 식을 얻을 수 있다.

$$\frac{V_{sec}}{V_{pri}} = \frac{N_{sec}}{N_{pri}}$$

N_{sec}/N_{pri}는 권선비 n과 같으므로 트랜스포머에서 1차 전류와 2차 전류의 관계식은 다음과 같다.

$$\frac{I_{pri}}{I_{sec}} = n \qquad\qquad (14\text{-}6)$$

식 (14-6)을 I_{sec}에 대해 정리하면 다음과 같다.

$$I_{sec} = \left(\frac{1}{n}\right)I_{pri} \qquad\qquad (14\text{-}7)$$

그림 14-14는 트랜스포머에서 전류와 전압의 영향을 보여주고 있다. 그림 14-14(a)의 승압 트랜스포머에서는 n이 1보다 큰 값을 가지므로 $(1/n)$은 1보다 작게 되고 2차 전류는 1차 전류보다 작게 된다. 그림 14-14(b)의 강압 트랜스포머에서는 n이 1보다 작게 되므로 $(1/n)$은 1보다 크게 되고, I_{sec}는 I_{pri}보다 큰 값을 갖는다.

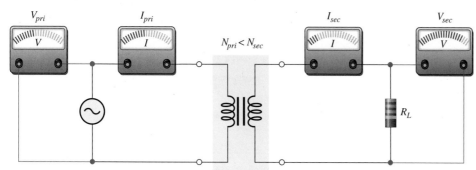

(a) 승압 트랜스포머 : $V_{sec} > V_{pri}$, $I_{sec} < I_{pri}$

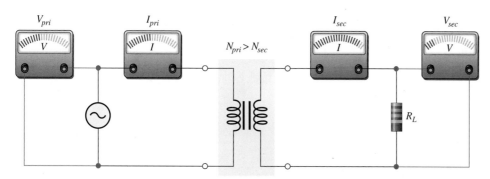

(b) 강압 트랜스포머 : $V_{sec} < V_{pri}$, $I_{sec} > I_{pri}$

그림 14–14

2차 권선에 부하를 연결하였을 때 트랜스포머에서의 전압과 전류

예제 14-6

그림 14-15에 부하가 연결된 2개의 트랜스포머가 있다. 2차측 부하의 영향으로 1차 전류가 100 mA일 때 부하에 흐르는 전류를 구하시오.

그림 14–15

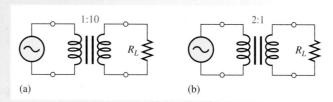

해   그림 14-15(a)의 경우 권선비가 10이므로 2차 부하전류는 다음과 같다.

$$I_L = I_{sec} = \left(\frac{1}{n}\right)I_{pri} = \left(\frac{1}{10}\right)I_{pri} = 0.1(100\,\text{mA}) = \mathbf{10\,mA}$$

그림 14-15(b)의 경우 권선비가 0.5이므로 2차 부하전류는 다음과 같다.

$$I_L = I_{sec} = \left(\frac{1}{n}\right)I_{pri} = \left(\frac{1}{0.5}\right)I_{pri} = 2(100\,\text{mA}) = \mathbf{200\,mA}$$

관련 문제   권선비가 2배가 되었을 때 그림 14-15(a)의 2차 전류는 어떻게 되는가? 권선비가 1/2이 되었을 때 그림 14-15(b)의 2차 전류는 어떻게 되는가? 이 경우 부하저항을 조절하여 1차 전류가 100 mA가 유지되도록 하였다고 하자.

14-4 복습문제

1. 트랜스포머의 권선비가 2일 때 1차 전류는 2차 전류보다 얼마나 큰 값 혹은 작은 값을 가지는가?
2. 1차 권선 수가 100, 2차 권선 수가 25이고 $I_{pri} = 0.5$ A인 트랜스포머에서 I_{sec}를 구하시오.
3. 문제 2에서 2차 부하전류가 10 A일 때 1차 전류를 구하시오.

14-5   반사 부하

1차 회로에서 보면 트랜스포머의 2차 권선에 연결된 부하는 저항을 갖고 있는 것처럼 보이는데, 이 저항은 부하의 실제 저항과 같을 필요는 없다. 실제의 부하는 권선비에 따라 1차 회로로 '반사'된다. 1차 전원에서 실질적으로 보이는 것은 이 반사 부하이며, 1차 전류의 크기를 결정한다.

절의 학습내용

▶ 트랜스포머에서 반사 부하의 개념에 대해 논의한다.

▶ 반사 저항에 대해 정의한다.
▶ 권선비가 반사 저항에 미치는 영향에 대해 설명한다.
▶ 반사 저항을 계산한다.

반사 부하의 개념을 그림 14-16에 나타내었다. 트랜스포머의 2차 회로에 있는 부하(R_L)는 트랜스포머 동작에 의하여 1차 회로로 반사된다. 1차 회로에서 전원으로 나타난 부하는 권선비와 부하저항의 실제값으로 결정되는 값을 갖는 저항(R_{pri})으로 보여진다. 저항 R_{pri}를 **반사 저항(reflected resistance)**이라고 부른다.

그림 14-16의 1차 회로에서 저항 $R_{pri} = V_{pri}/I_{pri}$이고, 2차 회로에서의 저항 $R_L = V_{sec}/I_{sec}$이다. 식 (14-4)와 식 (14-6)으로부터 $V_{sec}/V_{pri} = n$이고, $I_{pri}/I_{sec} = n$임을 알 수 있다. 이러한 관계를 이용하여 R_L로 R_{pri}를 표시하면 다음과 같다.

$$\frac{R_{pri}}{R_L} = \frac{V_{pri}/I_{pri}}{V_{sec}/I_{sec}} = \left(\frac{V_{pri}}{V_{sec}}\right)\left(\frac{I_{sec}}{I_{pri}}\right) = \left(\frac{1}{n}\right)\left(\frac{1}{n}\right) = \left(\frac{1}{n}\right)^2$$

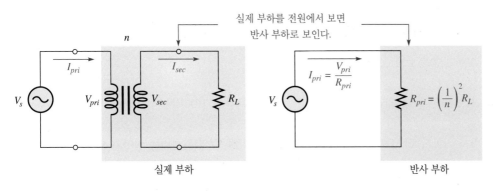

그림 14-16

트랜스포머 회로에서의 반사 부하

실제 부하를 전원에서 보면 반사 부하로 보인다.

실제 부하

반사 부하

R_{pri}에 대하여 풀면 다음과 같다.

$$R_{pri} = \left(\frac{1}{n}\right)^2 R_L \qquad (14\text{-}8)$$

식 (14-8)에서 1차 회로에 반사된 저항은 부하저항에 권선비의 역수의 제곱을 곱한 값이 된다는 것을 알 수 있다.

승압 트랜스포머($n > 1$)에서 반사 저항은 실제 부하저항보다 작게 되고, 강압 트랜스포머($n < 1$)에서 반사 저항은 실제 부하저항보다 크게 된다. 이러한 관계는 예제 14-7과 예제 14-8에 각각 나타나 있다.

예제 14-7 그림 14-17을 보면 100 Ω 부하저항이 트랜스포머로 저항에 결합되어 있다. 트랜스포머의 권선비가 4이면 전원에서 본 반사 저항은 얼마인가?

그림 14-17

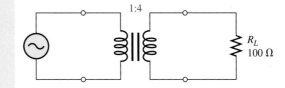

해 반사 저항을 구하면 다음과 같다.

$$R_{pri} = \left(\frac{1}{n}\right)^2 R_L = \left(\frac{1}{4}\right)^2 100\ \Omega = \left(\frac{1}{16}\right) 100\ \Omega = \mathbf{6.25\ \Omega}$$

전원은 그림 14-18의 등가회로와 같이 6.25Ω 저항이 직접 연결된 것처럼 인식한다.

그림 14-18

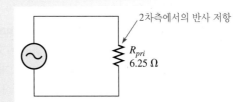

2차측에서의 반사 저항

R_{pri}
6.25 Ω

관련 문제 그림 14-17의 권선비가 10이고 $R_L = 600\ \Omega$일 때 반사 저항을 구하시오.

예제 14–8	그림 14-17에서 권선비가 0.25일 때 반사 저항을 구하시오.
해	반사 저항을 구하면 다음과 같다.

$$R_{pri} = \left(\frac{1}{n}\right)^2 R_L = \left(\frac{1}{0.25}\right)^2 100\ \Omega = (4)^2 100\ \Omega = \mathbf{1600\ \Omega}$$

| 관련 문제 | 반사 저항이 800 Ω이 되도록 하기 위해서 그림 14-17의 권선비는 얼마가 되어야 하는가? |

14–5 복습문제	1. 반사 저항을 정의하시오.
	2. 반사 저항을 결정하는 트랜스포머의 성질은 무엇인가?
	3. 주어진 트랜스포머의 권선비가 10이고 부하가 50 Ω일 때 1차측으로 반사되는 저항은 얼마인가?
	4. 4 Ω 부하저항이 1차측에 400 Ω으로 반사되기 위해 필요한 권선비는 얼마인가?

14–6 임피던스 정합

트랜스포머 응용의 하나로 최대의 전력을 전달하기 위하여 부하 임피던스와 전원 임피던스를 맞춰 주어야 하며, 이러한 기술을 **임피던스 정합(impedance matching)**이라고 부른다. 음향기기의 경우, 증폭기에서 스피커로 최대의 전력을 전달하기 위하여 특별한 광대역 트랜스포머가 종종 사용된다. 임피던스 정합을 위해 특수 설계된 트랜스포머는 일반적으로 입력과 출력 임피던스가 같게 보이도록 해준다.

절의 학습내용

▶ **트랜스포머를 사용한 임피던스 정합에 대해 논의한다.**

  ▶ 임피던스의 일반적인 정의를 살펴본다.

  ▶ 최대 전력 전달에 대해 설명한다.

  ▶ 임피던스 정합에 대해 정의한다.

  ▶ 임피던스 정합의 목적에 대해 설명한다.

  ▶ 실제 응용 예를 살펴본다.

앞서 살펴본 바와 같이 임피던스는 저항과 리액턴스의 영향을 포함하는, 전류의 흐름을 방해하는 일반적인 항이지만, 이 장에서는 저항에 대해서만 다룰 것이다.

최대 전력 전달(maximum power transfer)의 개념을 그림 14-19의 기본 회로에서 설명하였다. 그림 14-19(a)는 교류 전압원을 보여주고 있으며, 교류 전압원의 내부 저항을 직렬 저항으로 표현하였다. 이러한 내부 저항은 전원의 내부 회로로 인해 고유의 값을 갖고 있다. 그림 14-19(b)에서와 같이 전원이 부하에 직접 연결되었을 경우 일반적으로 그 목적은 전원의 전력을 가능한 최대로 부하에 전달하는 것이다. 그러나 전원에서 만들어진 전력의 일부는 내부 저항에서 소비되며, 남은 전력이 부하에 전달된다.

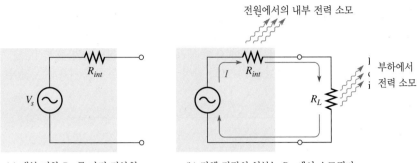

(a) 내부 저항 R_{int}를 가진 전압원　　(b) 전체 전력의 일부는 R_{int}에서 소모된다.

그림 14-19

실제 전압원에서 부하로의 전력 전달

　　최대전력 전달이론은 전원으로부터 대부분의 전력이 전달되는 부하값을 알 필요가 있을 때 중요하다. 6장에 소개한 이론을 다시 쓰면 다음과 같다.

전원이 부하에 연결되었을 때, 부하저항이 전원의 내부 저항과 같게 되었을 때 부하에 최대 전력이 전달된다.

　　앞서 언급한 바와 같이 실제로 대부분의 경우, 다양한 형태의 전원에서 내부 저항은 고정되어 바꿀 수 없다. 또한 많은 경우에 있어서, 부하로서 동작하는 장치의 저항도 고정되어 있으며 바뀔 수 없다. 주어진 전원과 주어진 부하를 연결할 필요가 있을 때 이 저항들은 정합되는 경우가 많지 않다는 점을 기억하자. 이러한 상황에서는 특별한 광대역 트랜스포머를 사용하면 편리하다. 부하저항을 전원저항과 같은 값으로 보이게 하기 위해서 트랜스포머의 반사 저항 특성을 이용할 수 있다. 이러한 기술을 임피던스 정합(impedance matching)이라 부르고 이 트랜스포머를 임피던스 정합 트랜스포머라고 부르는데 그것은 저항뿐 아니라 리액턴스도 변환해 주기 때문이다.

　　임피던스 정합의 개념을 설명하기 위하여 실제적인 상황을 생각해 보자. TV 수신기의 입력저항은 대표적으로 300 Ω이다. TV 신호를 수신하기 위해서는 반드시 안테나가 이 입력에 리드선으로 연결되어야 한다. 그림 14-20에 설명된 것처럼 이러한 상황에서 안테나와 리드선은 전원으로서 동작하고, TV 수신기의 입력저항은 부하가 된다.

(a) 안테나/리드선은 전원 ; TV 입력은 부하　　　　　(b) 안테나와 TV 수신기 시스템의 등가회로

그림 14-20

안테나에 직접 연결된 TV 수신기

안테나 시스템의 특성 임피던스는 일반적으로 75 Ω이다. 따라서 75 Ω의 전원(안테나와 리드선)이 300 Ω의 TV 입력으로 직접 연결되었다면 최대 전력이 TV 입력으로 전달되지 못하며, 신호의 수신이 미약하게 될 것이다. 이에 대한 해결방법으로는 300 Ω의 부하저항을 75 Ω의 전원저항에 정합시키기 위하여 그림 14-21과 같이 정합 트랜스포머를 사용하는 것이다.

그림 14–21

최대 전력 전달을 위해 트랜스포머로 결합하여 부하와 전원을 정합시키는 예

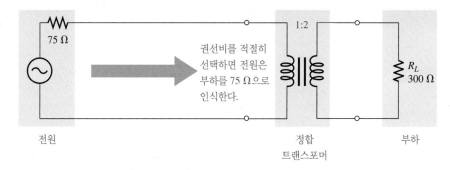

권선비를 적절히 선택하면 전원은 부하를 75 Ω으로 인식한다.

전원　　　　　　　　　　　　　　　　　　　　　　　정합　　　　부하
트랜스포머

저항을 정합시키기 위하여, 즉 부하저항(R_L)을 1차 회로에 반사되도록 하여 내부 전원저항(R_{int})과 같아 보이도록 한다. 이를 위하여 적절한 값의 권선비를 선택하여야 한다. 여기서 300 Ω의 부하저항은 전원에 대하여 75 Ω으로 보여야 한다. R_L과 R_{pri}를 알 때, 권선비 n을 결정하기 위한 공식을 구하기 위해서 식 (14-8)을 사용한다.

$$R_{pri} = \left(\frac{1}{n}\right)^2 R_L$$

양변을 바꾸고 R_L로 양변을 나누면 다음과 같다.

$$\left(\frac{1}{n}\right)^2 = \frac{R_{pri}}{R_L}$$

양변에 제곱근을 취하면 다음을 얻을 수 있다.

$$\frac{1}{n} = \sqrt{\frac{R_{pri}}{R_L}}$$

권선비에 대한 식을 얻기 위해서 양변에 역을 취해 보자.

$$n = \sqrt{\frac{R_L}{R_{pri}}} \qquad (14\text{-}9)$$

마지막으로, 권선비를 구하면 다음과 같이 된다.

$$n = \sqrt{\frac{300\ \Omega}{75\ \Omega}} = \sqrt{4} = 2$$

그러므로 이 응용에서는 권선비가 2인 정합 트랜스포머가 사용되어야 한다.

예제 14-9

증폭기의 내부 저항이 800 Ω이다. 8 Ω 스피커에 최대 전력을 전달하기 위해 결합 트랜스포머의 권선비는 얼마이어야 하는가?

해　반사 저항이 800 Ω이어야 하므로 식 (14-9)에서 권선비는 다음과 같다.

$$n = \sqrt{\frac{R_L}{R_{pri}}} = \sqrt{\frac{8\ \Omega}{800\ \Omega}} = \sqrt{0.01} = \mathbf{0.1}$$

그림 14-22에 회로도와 등가 반사 회로를 나타내었다.

그림 14-22

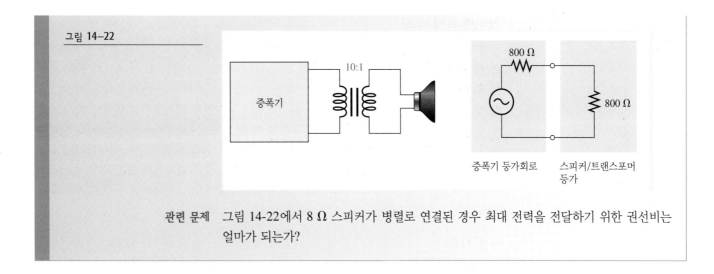

증폭기 등가회로   스피커/트랜스포머 등가

관련 문제   그림 14-22에서 8 Ω 스피커가 병렬로 연결된 경우 최대 전력을 전달하기 위한 권선비는 얼마가 되는가?

14-6 복습문제   1. 임피던스 정합의 의미는 무엇인가?
2. 부하저항이 전원저항과 정합될 때 장점은 무엇인가?
3. 권선비 0.5인 트랜스포머에서 2차측에 100 Ω이 연결되었을 때 반사 저항을 구하시오.

14-7 트랜스포머의 실제 특성

지금까지는 트랜스포머를 이상적인 소자로 간주하였다. 즉, 권선저항, 권선 캐패시턴스, 비이상적인 코어 특성은 무시하고 트랜스포머가 100% 효율을 가진 것으로 다루었다. 이 상적인 트랜스포머 모델은 기본적인 개념과 많은 응용에 있어서 유효하게 사용될 수 있으나, 실제 트랜스포머에는 알고 있어야 하는 몇 가지 실제 특성이 있다.

절의 학습내용

▶ **실제 트랜스포머에 대해 설명한다.**

　▶ 실제 특성을 나열하고 설명한다.

　▶ 트랜스포머의 전력 정격에 대해 설명한다.

　▶ 트랜스포머의 효율에 대해 정의한다.

권선저항

　실제 트랜스포머는 1차 및 2차 권선 모두 권선저항을 가지고 있다(이미 11장에서 인덕터의 권선저항에 대하여 살펴보았다). 실제적인 트랜스포머의 권선저항은 그림 14-23과 같이 권선과 직렬로 되어 있다.

　트랜스포머에서 권선저항은 2차 부하 양단의 전압 감소를 초래한다. 권선저항에 기인한 전압 강하는 실질적으로 1차와 2차 전압을 감소시키며, 결국 $V_{sec} = nV_{pri}$에 의하여 예상되는 전압보다 낮은 부하전압이 발생한다. 대부분의 경우에 있어서, 그 영향은 비교적 작아서 무시할 수 있다.

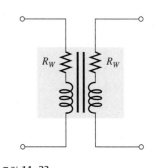

그림 14-23

실제 트랜스포머의 권선저항

코어에서의 손실

실제 트랜스포머에서는 항상 코어 재료에서의 에너지 변환이 있다. 이러한 변환은 페라이트와 철 코어에서의 열로 볼 수 있고, 공기 코어에서는 발생하지 않는다. 이 에너지 변환(손실)의 일부는 1차 전류의 방향 변화에 기인하는 자기장의 지속적인 반전 때문이다. 이러한 손실 성분을 히스테리시스 손실이라고 한다. 그 밖의 열손실은 패러데이의 법칙에 따라 자속의 변화에 의하여 코어 재료에 전압이 유도될 때 발생하는 와전류(eddy current)로 인하여 생긴다. 와전류는 코어 저항에 원의 형태로 발생하므로 열을 발생시킨다. 이러한 열손실은 철 코어의 적층 구조를 사용하여 상당히 줄일 수 있다. 얇은 강자성체 층을 서로 절연시켜 좁은 영역으로 제한시킴으로써 와전류의 형성을 최소화하고, 코어에서의 손실을 최소로 유지시킨다.

누설자속

이상적인 트랜스포머에서, 1차 전류에 의하여 형성되는 모든 자속은 코어를 통해 2차로 이동하고, 그 역도 마찬가지라고 가정한다. 실제 트랜스포머에서는, 그림 14-24와 같이 1차 전류에 의하여 발생된 자속의 일부가 코어에서 빠져 나와 주변의 공기를 통하여 권선의 다른 쪽 끝으로 되돌아간다. 결과적으로, 누설자속은 2차 전압을 감소시킨다.

그림 14–24

실제 트랜스포머의 누설자속

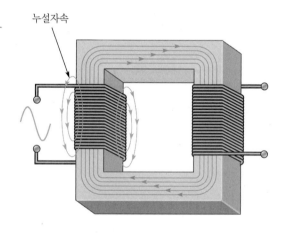

누설자속

2차 권선에 실제로 도달하는 자속의 비율이 트랜스포머의 결합계수를 결정한다. 예를 들어, 10개의 자속선 중 9개가 코어 내부에 남아 있으면 결합계수는 0.90 또는 90%이다. 대부분의 철 코어 트랜스포머는 매우 높은 결합계수(0.99 이상)를 갖지만, 페라이트 코어나 공기 코어 트랜스포머는 낮은 값을 갖는다.

권선의 캐패시턴스

11장에서 배운 바와 같이, 인접한 권선들 사이에는 항상 기생 캐패시턴스가 존재한다. 그림 14-25에 보인 바와 같이 이들 기생 캐패시턴스는 트랜스포머의 각 권선과 병렬로 연결된 실효 캐패시턴스가 된다.

기생 캐패시턴스는 전력선 주파수와 같은 낮은 주파수에서는 용량성 리액턴스(X_C)가 매우 크기 때문에 트랜스포머의 동작에 미치는 영향은 매우 작다. 그러나 높은 주파수에서는 리액턴스가 감소하고, 1차 권선과 2차 부하에 각각 바이패스 효과를 일으키기 시작한다. 그 결과, 매우 작은 양의 1차 전류가 1차 권선을 통하여 흐르며, 매우 작은 양의 2차 전류가 부하를 통하여 흐른다. 이로 인해 주파수가 증가함에 따라 부하전압은 감소된다.

유용한 정보

표시되지 않은 작은 트랜스포머가 있다면 낮은 출력의 신호 발생기를 사용하여 전압비를 확인함으로써 입력(1차측)과 출력(2차측)의 권선비를 구할 수 있다. 이렇게 하는 것이 110 V 교류를 연결하고 조마조마해 하며 보는 것보다 낫다. 대개 1차 권선은 검정색을 사용하고 낮은 전압의 2차 권선은 녹색, 높은 전압의 2차 권선은 적색을 사용한다. 피복이 벗겨진 권선은 중간 탭을 보통 나타낸다. 그러나 모든 트랜스포머가 색상을 가진 권선을 사용하는 것은 아니며 또한 항상 표준 색상을 사용하는 것도 아니다.

그림 14-25

실제 트랜스포머의 권선 캐패시턴스

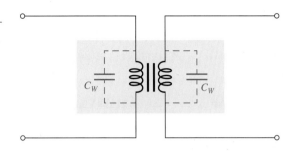

트랜스포머의 전력 정격

트랜스포머는 대표적으로 볼트-암페어(VA) , 1차/2차 전압 및 동작 주파수로 규격이 정해진다. 예를 들어, 주어진 트랜스포머의 정격이 2 kVA, 500/50, 60 Hz로 주어졌다면, 2 kVA는 **피상전력 정격(apparent power rating)**이며, 500과 50은 각각 1차 및 2차 전압이고, 60 Hz는 동작 주파수이다.

트랜스포머의 정격은 트랜스포머를 어디에 적절하게 응용할 것인가를 선택하는 데 도움이 된다. 예를 들어, 50 V가 2차 전압이라고 가정하자. 이 경우, 부하전류는 다음과 같다.

$$I_L = \frac{P_{sec}}{V_{sec}} = \frac{2\,\text{kVA}}{50\,\text{V}} = 40\,\text{A}$$

반면에 2차 전압이 500 V라면, 부하전류는 다음과 같다.

$$I_L = \frac{P_{sec}}{V_{sec}} = \frac{2\,\text{kVA}}{500\,\text{V}} = 4\,\text{A}$$

이것은 각 경우에 2차에서 운용될 수 있는 최대 전류이다.

전력 정격을 유효전력(W) 대신 피상전력(volt-ampere)로 나타내는 이유는 다음과 같다. 만약 트랜스포머의 부하가 순용량성 또는 순유도성이라면, 부하에 전달되는 유효전력(W)은 0이다. 그러나 예를 들어 60 Hz에서 V_{sec} = 500 V이고, X_C = 100 Ω일 때 전류는 5 A이다. 이 전류는 2 kVA의 2차에서 운용될 수 있는 4 A의 최대값을 초과하는 것이며, 비록 유효전력은 0이지만 트랜스포머가 파손될 수 있다. 그러므로 트랜스포머에서 전력을 유효전력(W)으로 규정하는 것은 무의미하다.

트랜스포머 효율

이상적인 트랜스포머에서 부하에 유도되는 전력은 1차 전력과 같음을 상기하라. 그러나 트랜스포머에서는 앞에서 설명한 실제 특성들로 인한 전력 손실이 있기 때문에, 2차(출력)전력은 항상 1차 (입력)전력보다 작다. 트랜스포머의 효율은 η(그리스 문자 eta)로 표시하며 출력에 전달되는 입력의 비율이다.

$$\eta = \left(\frac{P_{out}}{P_{in}}\right)100\% \tag{14-10}$$

대부분의 전력 트랜스포머의 효율은 부하 상태에서 95%를 초과한다.

예제 14-10

1차 전류가 5 A, 1차 전압이 4800 V인 트랜스포머의 2차 전류가 90 A, 2차 전압이 240 V일 때 트랜스포머의 효율을 구하시오.

해 입력전력 :

$$P_{in} = V_{pri}I_{pri} = (4800\,\text{V})(5\text{A}) = 24\,\text{kVA}$$

출력전력 :

$$P_{out} = V_{sec}I_{sec} = (240 \text{ V})(90\text{A}) = 21.6 \text{ kVA}$$

효율 :

$$\eta = \left(\frac{P_{out}}{P_{in}}\right)100\% = \left(\frac{21.6 \text{ kVA}}{24 \text{ kVA}}\right)100\% = \mathbf{90\%}$$

관련 문제 트랜스포머의 1차 전류가 8 A, 1차 전압이 440 V이고, 2차 전류가 30 A, 2차 전압이 100 V일 때 효율을 구하시오.

14-7 복습문제

1. 실제 트랜스포머와 이상적인 모델과의 차이점을 설명하시오.
2. 트랜스포머의 결합계수가 0.85라는 것은 무엇을 의미하는가?
3. 정격이 10 kVA인 트랜스포머의 2차 전압이 250 V일 때 다룰 수 있는 최대 부하전류는 얼마인가?

14-8 탭 트랜스포머와 다중 권선 트랜스포머

기본 트랜스포머 이외에 몇 가지 종류의 트랜스포머가 있다. 탭 트랜스포머, 다중 권선 트랜스포머, 단권 트랜스포머 등이 이에 포함된다.

절의 학습내용

▶ **몇 가지 종류의 트랜스포머에 대해 설명한다.**

▶ 중간 탭 트랜스포머를 설명한다.

▶ 다중 권선 트랜스포머를 설명한다.

▶ 단권 트랜스포머를 설명한다.

탭 트랜스포머

2차에 중간 탭이 있는 트랜스포머를 그림 14-26(a)에 나타내었다. **중간 탭(center tap : CT)**을 중심으로 두 개의 2차 권선 양단의 전압은 총 전압의 1/2로서 같다.

그림 14-26(b)에 보인 것과 같이 임의의 순간에 중간 탭과 2차 권선의 양쪽 끝단 사이의 전압의 경우 크기는 같고 극성은 반대이다. 중간 탭에서의 전압은 위쪽 끝단의 전압보다 작은 값을 나타내지만, 아래쪽 끝단의 전압보다는 더 큰 값을 나타낸다. 그러므로 중간 탭에 대

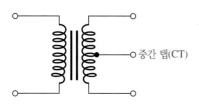

(a) 중간 탭 트랜스포머

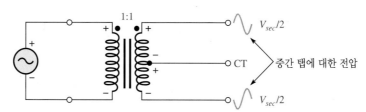

(b) 중간 탭에 대한 출력전압은 서로 180° 반대 위상으로 크기는 2차 전압의 절반이 된다.

그림 14-26

중간 탭 트랜스포머의 동작

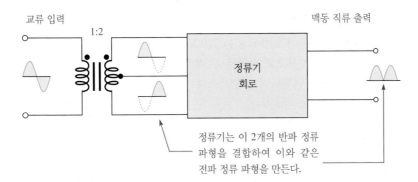

그림 14-27
중간 탭 트랜스포머의 교류-직류 변환 응용

한 전압을 측정하면, 2차의 위쪽 끝단은 (+), 아래쪽 끝단은 (−)이 된다. 이 중간 탭 특성은 그림 14-27에 보인 것과 같이, 교류 전압을 직류로 변환시키는 전원 공급 정류기에 사용되며 또한 임피던스 정합 트랜스포머로도 사용된다.

어떤 탭 트랜스포머는 2차 권선의 전기적 중심에서 벗어난 곳에 탭이 설치되어 있다. 또한, 1차 혹은 2차에 단일 또는 다중 탭이 있는 트랜스포머가 임피던스 정합 트랜스포머와 같은 응용에 사용되기도 한다. 이런 종류의 트랜스포머에 대한 예를 그림 14-28에 나타내었다.

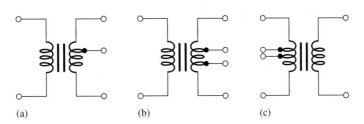

(a)   (b)   (c)

그림 14-28
탭 트랜스포머

1차 권선에 다중 탭, 2차 권선에 중간 탭을 갖는 트랜스포머의 한 예로서, 그림 14-29와 같이 전력회사가 전력선으로부터 높은 전압을 110 V/220 V로 낮추어 주택용이나 상업용으로 제공하는 데 사용하는 전신주용 트랜스포머가 있다. 1차 권선에서의 다중 탭은 너무 높거나 낮은 선 전압을 극복하기 위하여 권선비를 약간 조정하는 데 사용된다.

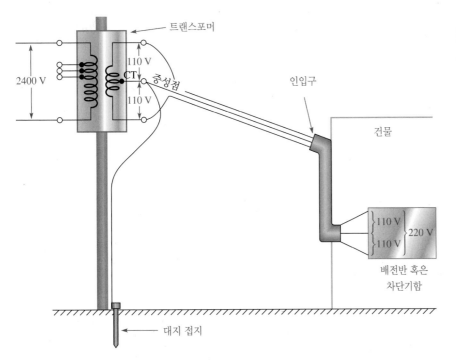

그림 14-29
전형적인 배전 시스템의 전신주용 트랜스포머

다중 권선 트랜스포머

어떤 트랜스포머는 교류 110 V 또는 220 V에서 동작하도록 설계된다. 이들 트랜스포머는 일반적으로 교류 110 V용으로 설계된 두 개의 1차 권선을 가지고 있다. 그림 14-30과 같이, 두 개의 권선이 직렬로 연결되면, 트랜스포머는 교류 220 V에서 동작하는 데 사용될 수 있다.

그림 14-30

다중 1차 권선 트랜스포머

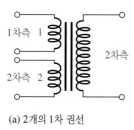

(a) 2개의 1차 권선

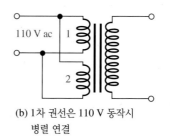

(b) 1차 권선은 110 V 동작시 병렬 연결

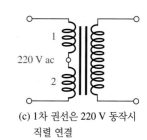

(c) 1차 권선은 220 V 동작시 직렬 연결

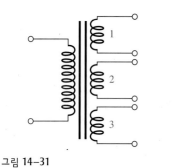

그림 14-31

다중 2차 권선 트랜스포머

한 개 이상의 2차 권선이 공통 코어에 감길 수 있다. 1차 전압을 각각 승압 또는 강압시켜 여러 값의 전압을 얻기 위하여 몇 개의 2차 권선을 갖는 트랜스포머가 흔히 사용된다. 이들 종류는 일반적으로 전자기기의 동작에 필요한 여러 값의 전압을 제공하는 전원 공급기 응용에 사용된다.

다중 2차 권선 트랜스포머의 대표적인 형태를 그림 14-31에 나타내었다. 이 트랜스포머는 세 개의 2차 권선을 가지고 있다. 다중 1차 권선, 다중 2차 권선, 그리고 탭 트랜스포머가 하나의 장치에 모두 결합된 트랜스포머도 있다.

예제 14-11

그림 14-32의 트랜스포머에서 각 2차 권선의 권선비는 그림과 같으며 2차 권선들 중 하나는 중간 탭이 나와 있다. 1차 권선에 110 V 교류가 연결되었을 때 각 2차 전압과 중간 탭에 대한 전압을 구하시오.

그림 14-32

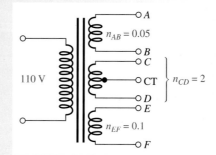

해

$$V_{AB} = n_{AB}V_{pri} = (0.05)110\ V = \textbf{5.5 V}$$

$$V_{CD} = n_{CD}V_{pri} = (2)110\ V = \textbf{220 V}$$

$$V_{(CT)C} = V_{(CT)D} = \frac{220\ V}{2} = \textbf{110 V}$$

$$V_{EF} = n_{EF}V_{pri} = (0.1)110\ V = \textbf{11 V}$$

관련 문제   1차 권선 수가 절반이 되었을 때 위의 계산을 반복하시오.

단권 트랜스포머

단권 트랜스포머는 산업용 유도 전동기를 기동하거나 전송선 전압을 조절하는 데 사용된다. **단권 트랜스포머(autotransformer)**에서는 하나의 권선이 1차 권선과 2차 권선의 역할을 한다. 전압을 승압 또는 강압시키는 데 필요한 권선비를 얻기 위하여 적당한 지점에 탭이 놓인다.

단권 트랜스포머는 1차와 2차 모두 하나의 권선으로 되어 있으므로, 1차와 2차 회로 사이가 전기적으로 분리되어 있지 않다. 일반 트랜스포머와는 달리 단권 트랜스포머는 주어진 부하에 대하여 훨씬 낮은 kVA 정격을 갖기 때문에 동급의 일반적인 트랜스포머보다 보편적으로 더 작고 가볍다. 많은 단권 트랜스포머들이 가동 접점(sliding contact) 구조를 사용하여 조정이 가능한 탭을 가지고 있어서 출력전압을 연속적으로 변화시킬 수 있다(이를 흔히 variac이라고 부른다). 그림 14-33은 여러 가지 형태의 단권 트랜스포머에 대한 회로 기호를 나타낸 것이다.

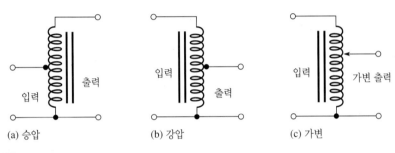

(a) 승압   (b) 강압   (c) 가변

그림 14-33

여러 가지 단권 트랜스포머

14-8 복습문제

1. 2개의 2차 권선을 가진 트랜스포머에서 첫 번째 2차 권선의 권선비가 10이고, 두 번째 2차 권선의 권선비가 0.2이다. 1차 권선에 220 V 교류가 인가되었을 때 2차 전압을 구하시오.
2. 일반 트랜스포머에 대하여 단권 트랜스포머의 장점과 단점을 하나씩 들어보시오.

14-9 고장진단

트랜스포머는 명시된 범위 내에서 사용할 경우 높은 신뢰성을 가진다. 트랜스포머에서의 통상적인 고장은 1차 권선이나 2차 권선의 개방이다. 그러한 고장의 원인 중 하나는 정격을 초과하는 조건하에서 장치를 동작시키는 것이다. 통상 트랜스포머에 고장이 발생하면 수리가 매우 어려우므로 가장 간단한 방법은 교체하는 것이다. 이 절에서는 몇 가지 트랜스포머의 고장과 관련된 증상들을 다룬다.

절의 학습내용

▶ **트랜스포머의 고장을 진단한다.**

  ▶ 1차 또는 2차 권선의 개방을 찾는다.

  ▶ 1차 또는 2차 권선의 단락 또는 부분적인 단락을 찾는다.

1차 권선의 개방

1차 권선이 개방되어 있으면 1차에 전류가 흐르지 않으므로, 2차에 유도되는 전압이나 전류는 없다. 이러한 상태를 그림 14-34(a)에 나타내었고, 저항계를 사용하여 검사하는 방법을 그림 14-34(b)에 나타내었다.

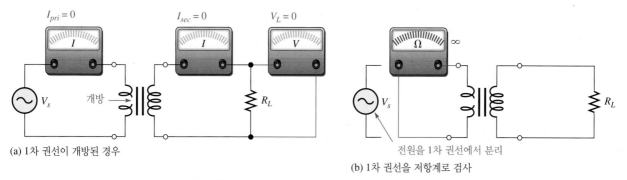

(a) 1차 권선이 개방된 경우

(b) 1차 권선을 저항계로 검사

그림 14-34

1차 권선의 개방

2차 권선의 개방

2차 권선이 개방되어 있으면 2차 회로에 전류가 흐르지 않으며, 그 결과 부하 양단의 전압이 나타나지 않는다. 또한, 개방된 2차 권선은 1차 전류를 매우 작게 한다(작은 자화 전류만이 있다). 1차 전류는 실제로 0이 될 수 있다. 이러한 상태를 그림 14-35(a)에 나타내었고, 저항계 검사를 그림 14-35(b)에 보였다.

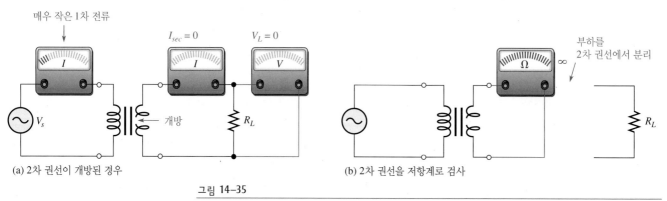

(a) 2차 권선이 개방된 경우

(b) 2차 권선을 저항계로 검사

그림 14-35

2차 권선의 개방

권선의 단락 또는 부분적인 단락

권선의 단락은 매우 드물게 일어나며 발생하더라도 육안으로 확인할 수 있는 형태로 드러나거나 많은 수의 권선이 단락되지 않으면 발견하기 어렵다. 완전히 단락된 1차 권선은 전원으로부터 과도한 전류가 흐르게 되며, 회로에 차단기나 퓨즈가 없다면 전원이나 트랜스포머, 또는 둘 다 타버릴 것이다. 1차 권선이 부분적으로 단락되어 있으면 정상보다 높거나 과다한 1차 전류를 야기할 수 있다.

2차 권선의 단락 또는 부분적인 단락의 경우에 있어서는 단락으로 인한 낮은 반사 저항 때문에 과다한 1차 전류가 흐른다. 흔히 이런 과다한 전류는 1차 권선을 태울 수 있으며, 그로 인해 개방 상태가 된다. 2차 권선에서의 단락회로 전류는 그림 14-36(a), (b)에 나타난 바와 같이 부하전류를 0으로 만들거나(완전 단락), 정상적인 경우보다 작게 만든다(부분 단락). 이러한 상태에 대한 저항계 검사를 그림 14-36(c)에 나타내었다.

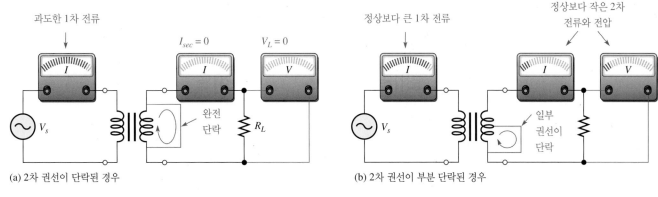

(a) 2차 권선이 단락된 경우

(b) 2차 권선이 부분 단락된 경우

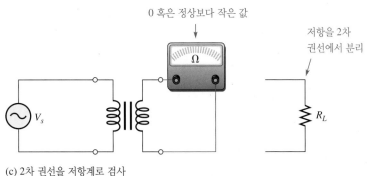

(c) 2차 권선을 저항계로 검사

그림 14-36

2차 권선의 단락

14-9 복습문제

1. 트랜스포머에서 가장 많이 발생하는 결함은 무엇인가?
2. 트랜스포머 고장의 원인은 무엇인가?

응용 과제

지식을 실무로 활용하기

트랜스포머의 일반적인 응용으로 직류전원 공급장치가 있다. 트랜스포머는 교류 선로 전압을 전원 공급회로로 결합해 주는데 이 회로에서는 결합된 교류를 직류 전압으로 변환한다. 일련의 측정을 통하여 트랜스포머 결합된 직류 공급장치 4세트에 대하여 결함이 있다면 찾는 고장진단을 수행한다.

그림 14-37의 전원공급 장치회로에서 트랜스포머(T_1)는 110 V rms 전압을 10 V rms로 강압해 주며 이 교류를 다이오드 브리지 정류기에서 변환하고 필터링한 후 조절하여 6 V 직류 출력을 얻는다. 다이오드 정류기는 교류를 맥동전파 직류전압으로 바꾸어 주고 이것은 캐패시터 필터 C_1에 의해 평활하게 된다. 전압 조절기는 집적회로로서 필터링된 전압을 받아 부하값의 변동

그림 14-37

기본적인 트랜스포머 결합 직류 전원 공급장치

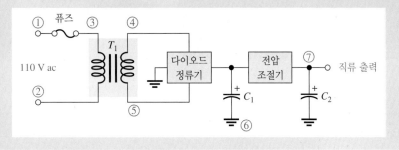

과 선로 전압의 변동에 대해 6 V의 일정한 직류 전압을 만들어 준다. 추가적인 필터링이 캐패시터 C_2에 의해 이루어지는데 이들 회로에 대해서는 다른 과정에서 배울 것이다. 그림 14-37의 원 안에 표시한 숫자는 전원 공급장치의 측정지점을 나타낸다.

1단계 : 전원 공급장치에 익숙해지기

고장진단하기 위해 네 개의 동일한 전원공급 장치기판을 가지고 있으며 그 중 하나는 그림 14-38과 같다. 트랜스포머(T_1)의 1차 권선에 연결된 전원 선로는 퓨즈에 의해 보호된다. 2차 권

선은 정류기, 필터, 레귤레이터를 포함한 회로에 연결되어 있다. 측정지점은 원 안의 숫자로 나타내었다.

2단계 : 전원공급 장치기판 1의 전압 측정하기

전원 공급장치의 플러그를 콘센트에 연결하고 자동범위 멀티미터를 사용하여 전압을 측정한다. 자동범위 멀티미터는 표준 멀티미터에서 수동으로 측정범위를 선택하던 것과는 달리 적절한 측정범위를 자동으로 선택해 준다.

그림 14-39의 계기값에서 전원 공급장치가 제대로 동작하는

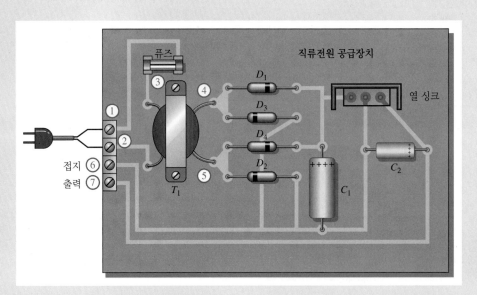

그림 14-38

전원공급 장치기판(위에서 본 그림)

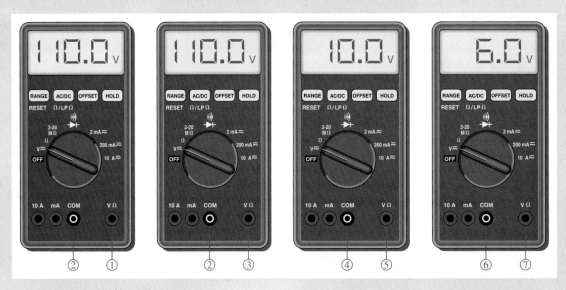

그림 14-39

전원공급 장치기판 1의 전압 측정

지 결정한다. 만일 제대로 동작하지 않는다면 고장 부분이 다음 중 어느 것인지 결정한다 : 정류기를 포함한 회로, 필터, 레귤레이터, 트랜스포머, 퓨즈, 전원 출력. 계기 입력의 원 안의 숫자는 그림 14-38의 전원 공급장치의 원 안의 숫자에 해당한다.

3단계 : 전원공급 장치기판 2, 3, 4 측정하기

그림 14-40에 나타난 기판 2, 3, 4의 계기값으로부터 각 전원공급장치가 제대로 동작하는지 결정하라. 만일 제대로 동작하지 않는다면 고장 부분이 다음 중 어느 것인지 결정한다 : 정류기를 포함한 회로, 필터, 레귤레이터, 트랜스포머, 퓨즈, 전원 출력. 계기 입력의 원 안의 숫자는 계기 표시부와 해당 측정지점만 그림에 나타내었다.

복습문제

1. 트랜스포머에 결함이 있는 것으로 판명되었을 때 어떤 고장(권선의 개방 혹은 단락)인지 어떻게 결정하는가?
2. 어떤 결함의 경우 퓨즈가 나가겠는가?

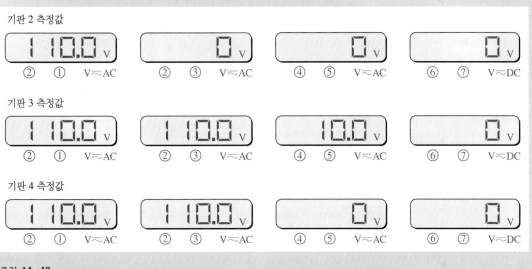

그림 14-40
전원공급 장치기판 2, 3, 4의 측정

요 약

▶ 트랜스포머는 공통 코어에 자기적으로 결합된 두 개 이상의 코일로 구성된다.

▶ 자기적으로 결합된 두 개의 코일 사이에는 상호 인덕턴스가 존재한다.

▶ 한쪽 코일의 전류가 변하면, 다른 쪽 코일에 전압이 유도된다.

▶ 1차는 전원에 연결된 권선이고, 2차는 부하에 연결된 권선이다.

▶ 1차 권선의 권선 수와 2차 권선의 권선 수로 권선비를 결정한다.

▶ 1차 및 2차 전압의 상대적인 극성은 코어 주위에 감긴 권선의 방향에 의해 결정된다.

▶ 승압 트랜스포머의 권선비는 '1'보다 크다.

▶ 강압 트랜스포머의 권선비는 '1'보다 작다.

▶ 트랜스포머는 전력을 증가시킬 수 없다.

▶ 이상적인 트랜스포머에서 전원으로부터의 전력(입력)은 부하에 전달되는 전력(출력)과 같다.

▶ 전압이 증가하면 전류는 감소하고, 그 반대의 경우도 성립한다.

▶ 트랜스포머의 2차 권선 양단에 연결된 부하는 권선 수의 제곱에 반비례하는 값을 갖는 반사 부하처럼 전원에 인식된다.

▶ 임피던스 정합 트랜스포머는 적당한 권선비를 선택하여 부하에 최대 전력을 전달할 수 있도록 부하저항을 내부 전원저항에 정합할 수 있다.

▶ 트랜스포머는 직류에는 응답하지 않는다.

▶ 실제 트랜스포머에서 전기적인 에너지가 열로 변화되는 것은 권선저항, 코어에서의 히스테리시스, 코어에서의 와전류, 그리고 누설자속에 의하여 발생한다.

핵심 용어

이 장에서 제시된 핵심 용어는 책 끝부분의 용어집에 정의되어 있다.

권선비(turns ratio : n) : 1차 권선 수와 2차 권선 수와의 비

반사 저항(reflected resistance) : 1차 회로로 반사된 2차에서의 저항

상호 인덕턴스(mutual inductance : L_M) : 트랜스포머와 같은 두 개로 분리된 코일 사이의 인덕턴스

임피던스 정합(impedance matching) : 최대 전력을 전송하기 위하여 부하저항을 전원저항으로 정합하는 데 사용되는 기술

전기적 분리(electrical isolation) : 두 코일이 자기적으로는 결합되어 있지만, 전기적으로 연결되지 않은 상태

중간 탭(center tap : CT) : 트랜스포머 권선의 중간 지점에서의 연결

최대 전력 전달(maximum power transfer) : 부하저항이 전원저항과 일치하여 최대 전력은 전원에서 부하로 전달되는 조건

트랜스포머(transformer) : 서로 자기적으로 결합된 두 개 이상의 권선으로 형성된 장치로서, 권선 간에 상호 인덕턴스를 가지고 있다.

피상전력 정격(apparent power rating) : 전력의 용량을 VA로 표현한 트랜스포머의 정격

1차 권선(primary winding) : 트랜스포머의 입력권선으로서 '1차측(primary)'이라고 부른다.

2차 권선(secondary winding) : 트랜스포머의 출력권선으로서 '2차측(secondary)'이라고 부른다.

주요 공식

(14-1)	$L_M = k\sqrt{L_1 L_2}$	상호 인덕턴스
(14-2)	$k = \dfrac{\phi_{1\text{-}2}}{\phi_1}$	결합계수
(14-3)	$n = \dfrac{N_{sec}}{N_{pri}}$	권선비
(14-4)	$\dfrac{V_{sec}}{V_{pri}} = \dfrac{N_{sec}}{N_{pri}}$	전압비
(14-5)	$V_{sec} = nV_{pri}$	2차 전압
(14-6)	$\dfrac{I_{pri}}{I_{sec}} = n$	전류비
(14-7)	$I_{sec} = \left(\dfrac{1}{n}\right)I_{pri}$	2차 전류
(14-8)	$R_{pri} = \left(\dfrac{1}{n}\right)^2 R_L$	반사 저항
(14-9)	$n = \sqrt{\dfrac{R_L}{R_{pri}}}$	임피던스 정합을 위한 권선비
(14-10)	$\eta = \left(\dfrac{P_{out}}{P_{in}}\right)100\%$	트랜스포머의 효율

정답은 장의 끝부분에 있다.

1. 트랜스포머는 다음 중 어디에 사용되는가?

(a) 직류 전압   (b) 교류 전압

(c) 직류와 교류 모두

2. 다음 중 트랜스포머의 권선비에 의하여 영향을 받는 것은 무엇인가?

(a) 1차 전압

(b) 직류 전압

(c) 2차 전압

(d) 답이 없음

3. 권선비가 1인 트랜스포머의 권선이 코어 주위에 반대 방향으로 감겨 있다면 2차 전압은 어떻게 되는가?

(a) 1차 전압과 동위상

(b) 1차 전압보다 작다.

(c) 1차 전압보다 크다.

(d) 1차 전압과 역위상

4. 트랜스포머의 권선비가 10이고, 1차 교류 전압이 6 V일 때, 2차 전압은 몇 V인가?

(a) 60 V   (b) 0.6 V   (c) 6 V   (d) 36 V

5. 트랜스포머의 권선비가 0.5이고, 1차 교류 전압이 100 V일 때, 2차 전압은 몇 V인가?

(a) 200 V   (b) 50 V   (c) 10 V   (d) 100 V

6. 어떤 트랜스포머의 1차 권선 수가 500이고, 2차 권선 수가 2500이다. 권선비는 얼마인가?

(a) 0.2   (b) 2.5   (c) 5   (d) 0.5

7. 권선비가 5인 이상적인 트랜스포머의 1차에 10 W의 전력이 공급된다면, 2차 부하에 전달되는 전력은 얼마인가?

(a) 50 W   (b) 0.5 W   (c) 0 W   (d) 10 W

8. 부하가 연결된 어떤 트랜스포머에서 2차 전압이 1차의 1/3이다. 2차 전류는 얼마인가?

(a) 1차 전류의 1/3

(b) 1차 전류의 3배

(c) 1차 전류와 같다.

(d) 1차 전류보다 작다.

9. 권선비가 2인 트랜스포머의 2차 권선 양단에 1.0 kΩ의 부하저항이 연결되어 있을 때, 전원에서 바라본 반사 저항은 얼마인가?

(a) 250 Ω   (b) 2 kΩ   (c) 4 kΩ   (d) 1.0 kΩ

10. 문제 9에서 권선비가 0.5이면, 전원에서 바라본 반사 저항은 얼마인가?

(a) 1.0 kΩ   (b) 2 kΩ   (c) 4 kΩ   (d) 500 Ω

11. 50 Ω 전원을 200 Ω 부하에 정합하는 데 필요한 권선비는 얼마인가?

(a) 0.25   (b) 0.5   (c) 4   (d) 2

12. 트랜스포머 결합회로에서 어떤 조건일 때 전원으로부터 부하에 최대 전력이 전달되는가?

(a) $R_L > R_{int}$ (b) $R_L < R_{int}$ (c) $R_L = R_{int}$ (d) $R_L = nR_{int}$

13. 12 V 전지가 권선비 4인 트랜스포머의 1차 권선 양단에 연결되어 있을 때, 2차 전압은 얼마인가?

(a) 0 V   (b) 12 V   (c) 48 V   (d) 3 V

14. 어떤 트랜스포머의 권선비는 1이고, 결합계수는 0.95이다. 1차에 교류 1 V가 공급될 때, 2차 전압은 얼마인가?

(a) 1 V   (b) 1.95 V   (c) 0.95 V

문 제

홀수문제의 답은 책 끝부분에 있다.

기본문제

14-1 상호 인덕턴스

1. $k = 0.75$, $L_1 = 1\ \mu H$, $L_2 = 4\ \mu H$일 때 상호 인덕턴스는 얼마인가?

2. $L_M = 1\ \mu H$, $L_1 = 8\ \mu H$, $L_2 = 2\ \mu H$일 때 결합계수를 구하시오.

14-2 트랜스포머 기초

3. 1차 권선 수가 120, 2차 권선 수가 360인 트랜스포머의 권선비는 얼마인가?

4. (a) 1차 권선 수가 250, 2차 권선 수가 1000인 트랜스포머의 권선비는 얼마인가?

　　(b) 1차 권선 수가 400, 2차 권선 수가 100인 트랜스포머의 권선비는 얼마인가?

5. 그림 14-41의 각 트랜스포머에 대해서 1차 전압에 대한 2차 전압의 위상관계를 구하시오.

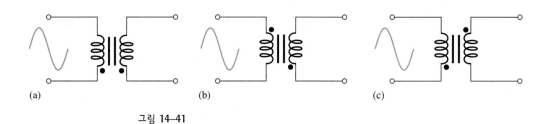

(a)　　　　　(b)　　　　　(c)

그림 14-41

14-3 승압 및 강압 트랜스포머

6. 교류 120 V가 권선비 1.5인 트랜스포머의 1차측에 연결되었다. 2차 전압을 구하시오.

7. 트랜스포머의 1차 권선 수가 250일 때 전압을 2배로 하기 위한 2차 권선 수는 얼마인가?

8. 권선비가 10인 트랜스포머에서 교류 60 V의 2차 전압을 얻기 위하여 1차에 공급되어야 하는 전압은 얼마인가?

9. 그림 14-42의 각 트랜스포머에서 2차 전압과 1차 전압의 관계를 나타내고 진폭을 표시하라.

그림 14-42

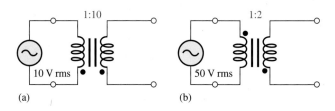

(a)　　　　　(b)

10. 120 V를 30 V로 낮추기 위하여 필요한 권선비는 얼마인가?

11. 트랜스포머의 1차 권선 양단의 전압이 1200 V이다. 권선비가 0.2일 때 2차 전압은 얼마인가?

12. 권선비가 0.1인 트랜스포머에서 교류 6 V의 2차 전압을 얻기 위하여 1차에 공급되어야 하는 전압은 얼마인가?

13. 그림 14-43의 각 회로에서 부하에 걸리는 전압을 구하시오.

14. 만일 그림 14-43에서 2차 권선의 하단을 접지에 연결하면 부하전압은 바뀌는가?

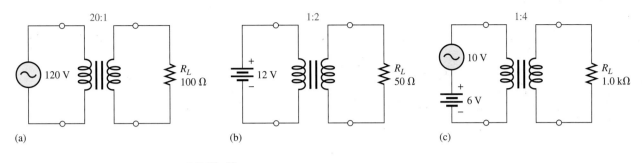

그림 14-43

15. 그림 14-44에서 표시되지 않은 계기값을 구하시오.

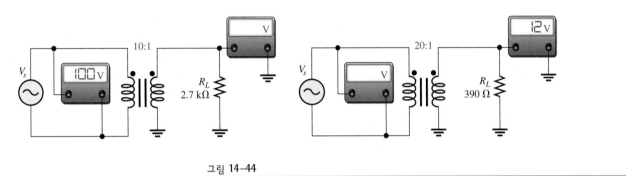

그림 14-44

16. 그림 14-44(a)의 회로에서 R_L 값이 2배가 되면 두 번째 기계값은 어떻게 되는가?

14-4   2차측 부하

17. 그림 14-45에서 I_{sec}를 구하시오.

18. 그림 14-46에서 다음을 구하시오.

   (a) 2차 전압

   (b) 2차 전류

   (c) 1차 전류

   (d) 부하에서의 전력

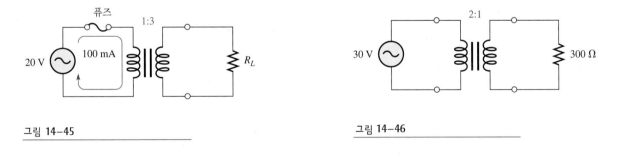

그림 14-45

그림 14-46

14-5   반사 부하

19. 그림 14-47에서 전원에서 바라본 부하저항은 얼마인가?

20. 그림 14-48에서 1차 회로로 반사된 저항값은 얼마인가?

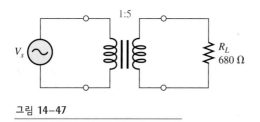

그림 14-47

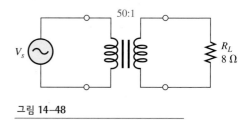

그림 14-48

21. 그림 14-48의 전원전압의 실효값이 115 V일 때 1차 전류의 실효값을 구하시오.

22. 그림 14-49에서 1차 회로에 반사된 저항이 300 Ω이 되기 위한 권선비는 얼마인가?

그림 14-49

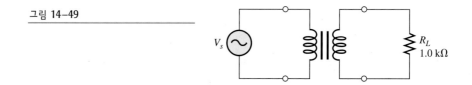

14-6 임피던스 정합

23. 그림 14-50에서 4 Ω 스피커에 최대 전력을 전달하기 위한 권선비는 얼마인가?

24. 그림 14-50에서 스피커에 전달되는 최대 전력은 얼마인가?

25. 그림 14-51에서 내부 전원저항이 50 Ω일 때 최대 전력이 전달되기 위한 R_L 값은 얼마인가?

그림 14-50

그림 14-51

26. 그림 14-51에서 R_s = 50 Ω이고 V_s = 10 V일 때 R_L을 1 kΩ에서 10 kΩ으로 1 kΩ 단위로 증가시킬 때 R_L에 대한 전력의 그래프를 그리시오.

14-7 트랜스포머의 실제 특성

27. 어떤 트랜스포머에서 1차의 입력전력이 100 W이다. 권선저항에서 5.5 W의 손실이 발생하였다면, 다른 손실을 무시할 때 부하에서의 출력전력은 얼마인가?

28. 문제 27에서 트랜스포머의 효율은 얼마인가?

29. 1차에서 발생된 총 자속의 2%가 2차를 통과하지 않는 트랜스포머에 대한 결합계수를 구하시오.

30. 어떤 트랜스포머의 정격이 1 kVA이며, 60 Hz, 교류 120 V에서 동작한다. 2차 전압은 600 V이다.

   (a) 최대 부하전류는 얼마인가?

   (b) 동작 가능한 최소 R_L은 얼마인가?

   (c) 부하로서 연결될 수 있는 최대 캐패시터는 얼마인가?

31. 2.5 kV의 2차 전압과 10 A의 최대 부하전류를 다루어야 하는 트랜스포머에 필요한 kVA 정격은 얼마인가?

14-8 탭 트랜스포머와 다중 권선 트랜스포머

32. 그림 14-52에 지시된 각각의 미지 전압들을 구하시오.

그림 14-52

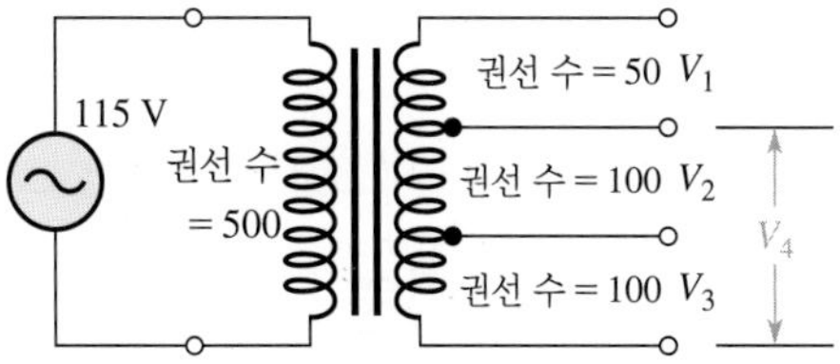

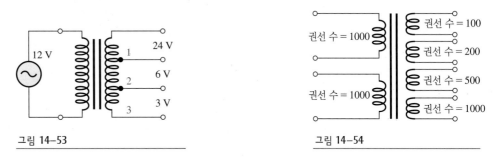

33. 그림 14-53에 지시된 2차 전압을 사용하여 2차 권선의 탭이 설치된 각 구간과 1차 권선 사이의 권선비를 구하시오.

34. 그림 14-54의 트랜스포머에서 각 1차 권선은 교류 120 V로 구동할 수 있다. 1차 권선을 어떻게 연결하면 교류 240 V를 인가할 수 있는지 보이고 이 때 각 2차 전압을 구하시오.

35. 그림 14-54의 각 1차 및 2차 권선 사이의 권선비를 구하시오.

그림 14-53

그림 14-54

14-9 고장진단

36. 트랜스포머의 1차 권선에 교류 120 V를 연결하고 2차 권선 양단의 전압을 검사하였더니 0 V였다. 또한 1차나 2차 전류도 없었다. 가능한 결함의 종류를 나열하시오. 문제를 알아내기 위한 다음 단계는 무엇인가?

37. 트랜스포머의 1차 권선이 단락되었다면 어떠한 현상이 일어나는가?

38. 트랜스포머 회로를 검사할 때 2차 전압이 0은 아니지만, 예상보다 작았다. 가장 가능성이 큰 결함은 무엇인가?

고급문제

39. 그림 14-55와 같이 부하가 연결되어 있고, 2차에 탭이 설치된 트랜스포머에서 다음을 구하시오.

    (a) 모든 부하전압과 전류   **(b)** 1차로 반사된 저항

그림 14-55

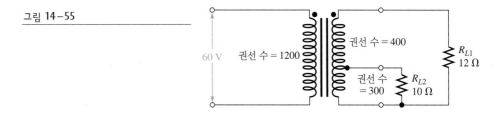

40. 어떤 트랜스포머의 정격이 60 Hz에서 5 kVA, 2400/120 V이다.

    (a) 2차 전압이 120 V일 때 권선비는 얼마인가?

    (b) 1차 전압이 2400 V일 때 2차 권선의 전류 정격은 얼마인가?

    (c) 1차 전압이 2400 V일 때 1차 권선의 전류 정격은 얼마인가?

41. 그림 14-56의 각 전압계의 전압값을 구하시오. 탁상용 계기는 그림과 같이 한쪽 단자가 접지에 연결되어 있다.

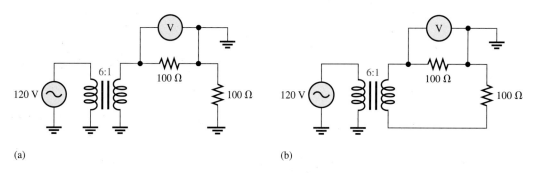

(a)   (b)

그림 14-56

42. 전원 내부 저항이 10 Ω일 때 그림 14-57의 스위치 조합에서 최대 전력이 부하에 전달되기 위한 권선비를 구하시오. 1차 권선 수가 100일 때 2차 권선 수를 구하시오.

그림 14-57

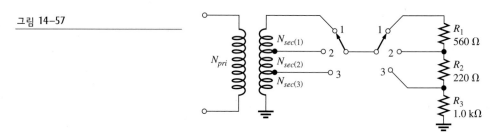

43. 그림 14-48에서 전원전압이 115 V일 때 1차 전류가 3 mA로 제한되기 위한 권선비를 구하시오. 이 때 트랜스포머와 전원은 이상적이라고 가정한다.

44. 10 VA 정격인 트랜스포머의 1차측에 110 V가 인가되었다. 출력전압이 12.6 V일 때 2차측에 연결할 수 있는 저항의 최소값을 구하시오.

45. 1차 전압 110 V를 2차 전압 10 V로 만들어 주는 강압 트랜스포머에서 2차 전류의 최대값이 1A라면 1차측에 연결할 퓨즈의 정격은 얼마이어야 하는가?

Multisim을 이용한 고장진단 문제

46. P14-46 파일을 열고, 회로를 테스트하시오. 결함이 있다면 원인은 무엇인가?

47. P14-47 파일을 열고, 회로를 테스트하시오. 결함이 있다면 원인은 무엇인가?

48. P14-48 파일을 열고, 회로에 결함이 있는지 검사하시오. 있다면 원인은 무엇인가?

49. P14-49 파일을 열고, 불량이 있는 소자가 있다면 찾으시오.

정 답

절 복습문제

14-1 상호 인덕턴스

1. 상호 인덕턴스는 두 코일 사이의 인덕턴스로 코일 간의 결합의 양에 의해 결정된다.

2. $L_M = k\sqrt{L_1 L_2} = 45$ mH

3. k가 증가할 때 유도 전압은 증가한다.

14-2 트랜스포머 기초

1. 트랜스포머의 동작은 상호 인덕턴스의 원리에 근거한다.

2. 권선비는 1차 권선 수에 대한 2차 권선 수의 비이다.

3. 권선의 방향은 전압의 상대적인 극성을 결정한다.

4. $n = N_{sec}/N_{pri} = 0.5$

14-3 승압 및 강압 트랜스포머

1. 승압 트랜스포머는 전압을 증가시킨다.

2. 2차 전압이 5배 더 크다.

3. $V_{sec} = nV_{pri} = 2400$ V

4. 강압 트랜스포머는 전압을 감소시킨다.

5. $V_{sec} = nV_{pri} = 60$ V

6. $n = 12$ V/120 V $= 0.1$

7. 그렇지 않다.

14-4 2차측 부하

1. 2차 전류는 1차 전류의 절반이다.

2. $n = 0.25$, $I_{sec} = (1/n)I_{pri} = 2$ A

3. $I_{pri} = nI_{sec} = 2.5$ A

14-5 반사 부하

1. 반사 저항은 1차 회로에서 본 2차 회로의 저항이며, 권선비의 함수(제곱의 역수에 비례)이다.

2. 권선비의 역수는 반사 저항을 결정한다.

3. $R_{pri} = (1/n)^2 R_L = 0.5$ Ω

4. $n = \sqrt{R_L/R_{pri}} = 0.1$

14-6 임피던스 정합

1. 임피던스 정합은 부하저항을 전원저항과 같게 만드는 것이다.

2. 최대 전력은 $R_L = R_{int}$일 때 부하에 전달된다.

3. $R_{pri} = (1/n)^2 R_L = 400$ Ω

14-7 트랜스포머의 실제 특성

1. 실제적인 트랜스포머에서, 열로 변환된 전기 에너지는 효율을 감소시킨다. 이상적인 트랜스포머의 효율은 100%이다.

2. $k = 0.85$이면 1차 권선에서 발생된 자속의 85%가 2차 권선을 통과한다.

3. $I_L = 10$ kVA/250 V $= 40$ A

14-8 탭 트랜스포머와 다중 권선 트랜스포머

1. $V_{sec} = (10) 220$ V $= 2200$ V, $V_{sec} = (0.2)220$ V $= 44$ V

2. 단권 트랜스포머는 같은 정격의 다른 트랜스포머에 비하여 소형이고 경량이다. 단권 트랜스포머는 전기적인 분리가 없다.

14-9 고장진단

1. 트랜스포머 결함은 거의 대부분이 권선의 개방이다.

2. 규정된 값 이상에서 사용하면 트랜스포머 고장을 야기시킨다.

응용 과제

1. 개방된 권선은 저항계를 사용하여 검사하고, 권선의 단락은 잘못된 2차 전압으로 알 수 있다.

2. 단락은 퓨즈를 소실시킨다.

예제 관련 문제

14-1   387 μH

14-2   0.75

14-3 $N_{sec} = 5000$

14-4   480 V

14-5   57.6 V

14-6   5 mA, 400 mA

14-7   6 Ω

14-8   0.354

14-9   0.0707 또는 14.14:1

14-10   85.2%

14-11 $V_{AB} = 11$ V, $V_{CD} = 440$ V, $V_{(CT)C} = V_{(CT)D} = 220$ V, $V_{EF} = 22$ V

자습문제

1. (b)	**2.** (c)	**3.** (d)	**4.** (a)	**5.** (b)	**6.** (c)	**7.** (d)
8. (b)	**9.** (a)	**10.** (c)	**11.** (d)	**12.** (c)	**13.** (a)	**14.** (c)

리액티브 회로의 시간 응답 Chapter **15**

장의 목표

▶ *RC* 적분기의 동작을 설명한다.
▶ 단일 입력 펄스에 대하여 *RC* 적분기를 해석한다.
▶ 반복 입력 펄스에 대하여 *RC* 적분기를 해석한다.
▶ 단일 입력 펄스에 대하여 *RC* 미분기를 해석한다.
▶ 반복 입력 펄스에 대하여 *RC* 미분기를 해석한다.
▶ *RL* 적분기의 동작을 해석한다.
▶ *RL* 미분기의 동작을 해석한다.
▶ 적분기와 미분기의 응용에 대해 설명한다.
▶ *RC* 미분기와 *RC* 적분기의 고장을 진단한다.

핵심 용어

▶ 과도 시간(transient time)
▶ 미분기(differentiator)
▶ 시정수(time constant)
▶ 적분기(integrator)
▶ 정상 상태(steady state)

응용 과제 개요

응용 과제에서는 시간 지연 회로의 규격을 만족하는 소자값을 구해 본다. 또한 펄스 발생기와 오실로스코프를 사용하여 회로가 제대로 동작하는지 검사해 본다. 이 장을 학습하고 나면, 응용 과제를 완벽하게 수행할 수 있게 될 것이다.

지원 웹 사이트

학습을 돕기 위해 다음의 웹 사이트를 방문하기 바란다.
http://www.prenhall.com/floyd

도입

10, 12장에서 *RC* 회로와 *RL* 회로의 주파수 응답에 대하여 학습하였다. 이 장에서는 펄스 입력에 대하여 *RC* 및 *RL* 회로의 시간 응답을 배운다.

이 장을 시작하기 전에 9-5절과 11-4절의 내용을 확인할 필요가 있다. 리액티브 회로의 시간 응답을 학습하는 데 있어서 캐패시터와 인덕터에서 전류와 전압의 지수적인 변화를 이해하는 것이 중요하다. 9장에 소개된 지수 공식은 이 장 전반에 걸쳐 사용된다.

펄스 입력에 대해서는 회로의 시간 응답이 매우 중요하다. 펄스와 디지털 회로 분야의 기술자는 전압과 전류가 급격히 변화할 때 회로가 일정 시간간격 동안 어떻게 응답하는가에 관심을 갖는다. 회로의 시정수와 펄스폭, 주기와 같은 입력 펄스의 특성이 회로의 전압 모양을 결정한다.

이 장 전반에 걸쳐 사용되는 용어 중 적분기와 미분기는 이들 회로에서 특정 조건하에 근사되는 수학 함수를 말한다. 수학적인 적분과정은 평균을 취하는 과정이며 수학적인 미분과정은 어떤 양에 대해 순간적인 변화율을 만들어 내는 과정이다. 현재 수준에서는 수학적 측면에서의 적분과 미분을 자세히 다루지는 않는다.

15–1 *RC* 적분기

시간 응답의 관점에서, 캐패시터 양단에서 출력전압을 얻는 직렬 *RC* 회로를 **적분기 (integrator)**라 한다. 주파수 응답의 관점에서 이것은 저역통과 필터이다. 이 회로는 일정한 조건하에서 수학적으로 근사적인 적분 동작을 하기 때문에 적분기라는 용어를 사용한다.

절의 학습내용

▶ *RC* 적분기의 동작을 설명한다.

▶ 캐패시터의 충전과 방전 방법을 설명한다.

▶ 전압이나 전류의 순간적인 변화에 대한 캐패시터의 응답을 설명한다.

▶ 기본적인 출력전압 파형을 표현한다.

캐패시터의 충전과 방전

그림 15-1과 같이 펄스 발생기를 *RC* 적분기(*RC* integrator)의 입력에 연결하면, 캐패시터는 펄스에 대한 응답으로 충전과 방전을 반복할 것이다. 입력이 낮은 전압에서 높은 전압으로 가면 캐패시터는 저항을 통해서 펄스의 높은 전압으로 충전된다. 이러한 충전작용은 그림 15-2(a)와 같이 닫혀진 스위치가 *RC* 회로를 통하여 전지에 연결되는 것과 유사하다. 펄스가 높은 전압에서 낮은 전압으로 되돌아가면 캐패시터는 전원을 통해 반대로 방전된다. 전원의 저항은 *R*에 비해 무시할 만큼 작다고 가정한다. 이러한 방전 동작은 그림 15-2(b)와 같이 전원을 닫힌 스위치로 대치하는 것과 유사하다.

그림 15–1

펄스 발생기에 연결된 *RC* 적분기

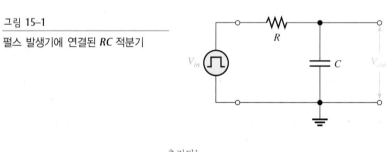

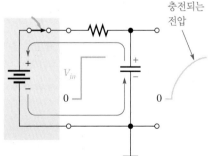

(a) 입력 펄스가 HIGH가 되면 전원은 닫힌 스위치 와 직렬 연결된 전지처럼 동작하여 캐패시터를 충전한다.

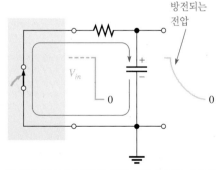

(b) 입력 펄스가 LOW가 되면 전원은 닫힌 스위치 처럼 동작하여 캐패시터에 방전경로를 제공한다.

그림 15–2

펄스 전원에 의한 캐패시터의 충전 및 방전과 등가인 동작 캐패시터는 지수함수 곡선을 따라 충전 및 방전될 것이다. 물론 충전과 방전의 속도는 *RC* 시정수($\tau = RC$)에 따른다.

펄스는 양쪽 모서리 부분이 급격히 발생하는 이상적인 펄스라고 가정한다. 캐패시터 동작의 두 가지 기본적인 규칙은 *RC* 회로의 펄스 응답(pulse response)을 이해하는 데 도움이 된다.

1. 캐패시터는 전류의 순간적인 변화에 대해서는 단락회로로, 직류에 대해서는 개방회로로 동작한다.

2. 캐패시터 양단의 전압은 순간적으로 변화할 수 없다–단지 지수함수적으로만 변화한다.

캐패시터 전압

RC 적분기에서 출력은 캐패시터 양단의 전압이다. 캐패시터는 펄스가 높은 전압일 때 충전된다. 펄스가 충분히 긴 시간 동안 높은 전압으로 있을 경우, 그림 15-3에 나타난 바와 같이 캐패시터는 펄스의 크기와 같은 전압으로 완전히 충전된다. 캐패시터는 펄스 전압이 0일 때 방전된다. 펄스 전압이 0인 시간이 충분히 길면, 그림에서 보는 바와 같이 캐패시터는 완전히 0으로 방전될 것이다. 다음 펄스에서 캐패시터는 다시 충전된다.

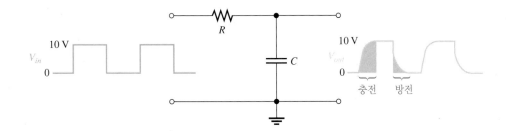

그림 15–3

펄스 입력에 대해 완전히 충전 및 방전되는 캐패시터 응답의 예. 펄스 발생기는 입력에 연결되어 있지만 기호는 표시하지 않고 파형만 나타내었다

15–1 복습문제*	1. *RC* 회로와 관련하여 '적분기'라는 용어를 정의하시오.
	2. *RC* 회로에서 캐패시터가 충전 혹은 방전되게 하는 것은 무엇인가?

* 정답은 장의 끝부분에 있다.

15–2   단일 펄스에 대한 *RC* 적분기 응답

이전 절에서 *RC* 적분기가 어떻게 펄스 입력에 응답하는지에 대해 개략적으로 살펴보았다. 이 절에서는 단일 펄스에 대한 응답을 상세히 살펴본다.

절의 학습내용

▶ **단일 입력 펄스에 대하여 *RC* 적분기를 해석한다.**

　▶ 회로에서 시정수의 중요성에 대해 논의한다.

　▶ 과도 시간을 정의한다.

　▶ 펄스폭이 시정수의 5배 이상일 때의 응답을 구한다.

　▶ 펄스폭이 시정수의 5배 미만일 때의 응답을 구한다.

펄스 응답에 대해서는 두 가지 조건을 고려하여야 한다.

1. 입력 펄스폭(t_W)이 시정수의 5배 이상일 때($t_W \geq 5\tau$)

2. 입력 펄스폭(t_W)이 시정수의 5배 미만일 때($t_W < 5\tau$)

5배의 **시정수(time constant)**는 캐패시터가 완전히 충전되거나 완전히 방전되는 시간으로 간주된다. 이 시간을 **과도 시간(transient time)**이라 한다. 펄스폭이 시정수의 5배(5τ) 이상일 때 캐패시터는 완전히 충전된다. 이러한 조건을 $t_W \geq 5\tau$로 표시한다. 펄스가 끝나면 캐패시터는 반대로 전원을 통해 완전히 방전된다.

그림 15-4는 RC 과도 시간이 변하고 입력 펄스폭이 일정할 때 출력파형을 보여준 것이다. 과도 시간이 펄스폭에 비해 작을수록 출력 펄스의 모양은 입력 펄스의 모양과 흡사해짐을 주목하자. 각 경우에 출력은 입력의 진폭까지 완전히 도달한다.

그림 15-4

과도 시간에 따른 적분기 출력 펄스 모양. 회색 부분은 캐패시터가 충전 및 방전되는 것을 나타낸다

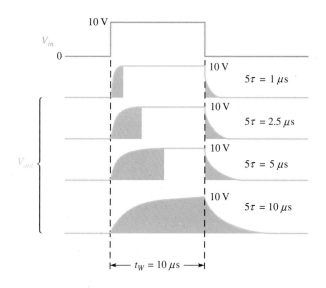

그림 15-5는 시정수가 일정하고 입력 펄스폭이 변화할 때 적분기의 출력은 어떻게 영향을 받는지를 보여주고 있다. 펄스폭이 증가함에 따라 출력 펄스의 모양은 입력 펄스의 모양과 흡사해짐을 주목하라. 다시 말해서 이것은 과도 시간이 펄스폭에 비해 짧음을 의미한다.

그림 15-5

입력 펄스폭의 변화(시정수는 일정)에 따른 적분기 출력의 변화. 진한 회색은 입력이고 회색은 출력이다

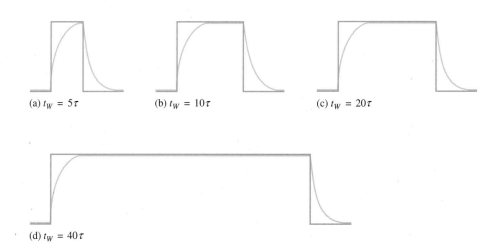

이제 입력 펄스의 폭이 적분기 시정수의 5배 미만인 경우를 살펴보자. 이러한 조건은 $t_W <$ 5τ로 표시한다. 앞의 경우처럼 캐패시터는 펄스가 있는 구간에서 충전된다. 그러나 캐패시터 가 완전히 충전되는 데 소요되는 시간(5τ)보다 펄스폭이 짧으므로 출력전압은 펄스가 끝날 때까지도 입력전압의 최대값까지 도달하지 못한다. 그림 15-6에서 보는 바와 같이 여러 가 지 *RC* 시정수값에 대해 캐패시터는 부분적으로만 충전된다. 시정수가 길어질수록 캐패시터 는 그만큼 더 충전될 수가 없으므로 출력전압은 더 낮게 됨을 주목하라. 물론 단일 펄스 입력 인 경우 펄스가 끝나면 캐패시터는 완전히 방전된다.

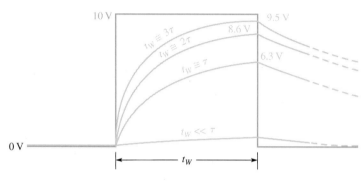

그림 15–6

입력 펄스폭보다 긴 여러 시정수에 대한 캐패시터 전압. 진한 회색은 입력이고 회색은 출력이다

그림 15-6에서 보는 바와 같이 시정수가 입력 펄스폭보다 훨씬 크면 캐패시터는 거의 충 전되지 않으므로 출력전압은 무시할 수 있을 정도이다.

그림 15-7은 시정수를 일정하게 두고 입력 펄스폭을 감소시킬 때의 영향을 보여준다. 폭 이 짧아질수록 캐패시터의 충전시간이 짧아지므로 출력전압은 낮아진다. 각 경우에 펄스가 없어진 후 캐패시터가 0으로 방전하는 데 대략적으로 걸린 시간(5τ)은 같다.

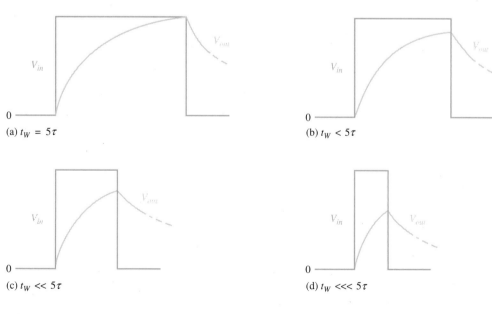

그림 15–7

캐패시터는 입력 펄스폭이 줄어들수록 적게 충전된다. 시정수는 고정되었다

예제 15–1

펄스폭 100 μs인 단일 10 V 펄스가 그림 15-8의 RC 적분기에 인가되었다. 전원의 저항은 0으로 가정한다.

(a) 캐패시터 전압은 어떻게 변화하는가?

(b) 캐패시터가 방전하는 데 걸리는 시간은 얼마인가?

(c) 출력전압 파형을 그리시오.

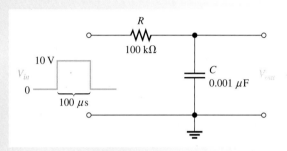

그림 15–8

해 **(a)** 회로의 시정수를 구한다.

$$\tau = RC = (100 \text{ k}\Omega)(0.001\mu\text{F}) = 100 \ \mu\text{s}$$

펄스폭은 1 시정수와 일치하는데 캐패시터는 1 시정수가 지나면 전체 입력전압의 63%에 도달하므로 출력전압의 최대값은 다음과 같다.

$$V_{out} = (0.63)10 \text{ V} = \textbf{6.3 V}$$

(b) 캐패시터는 펄스 끝부분에서 방전을 시작한다. 전체 방전시간을 구하면 다음과 같다.

$$5\tau = 5(100 \ \mu\text{s}) = \textbf{500} \ \boldsymbol{\mu}\textbf{s}$$

(c) 출력의 충방전 곡선을 그림 15-9에 나타내었다.

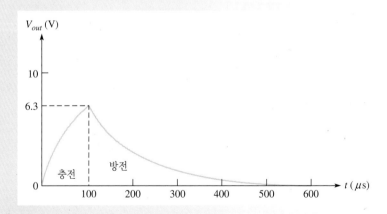

그림 15–9

관련 문제* 그림 15-8의 입력 펄스폭이 200 μs가 되었다면 충전전압은 어떻게 되는가?

* 정답은 장의 끝부분에 있다.

| 예제 15–2 | 그림 15-10에서 단일 펄스 입력이 인가되었을 때 캐패시터 전압을 구하시오. 캐패시터가 초기에 완전 방전되어 있고 전원의 저항은 0이다. |

그림 15–10

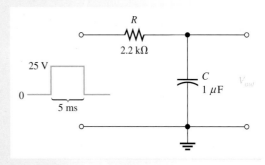

해 시정수를 구한다.

$$\tau = RC = (2.2 \text{ k}\Omega)(1 \text{ }\mu\text{F}) = 2.2 \text{ ms}$$

펄스폭이 5 ms이므로 캐패시터는 2.27 시정수 동안 충전된다(5 ms/2.2 ms = 2.27). 식 (9-15)의 지수 공식을 사용하여 캐패시터가 충전되는 전압을 계산한다.

$V_F = 25 \text{ V}, t = 5 \text{ ms}$일 때

$$v = V_F (1 - e^{-t/RC}) = (25 \text{ V})(1 - e^{-5\text{ms}/2.2\text{ms}}) = \mathbf{22.4 \text{ V}}$$

계산을 통해 5 ms 입력 펄스 동안 캐패시터가 22.4 V까지 충전됨을 알 수 있다. 캐패시터 전압은 펄스가 0으로 가면 방전하여 0이 된다.

관련 문제 펄스폭이 10 ms로 증가하면 *C*는 얼마만큼 충전되는가?

| 15–2 복습문제 | 1. 입력 펄스가 *RC* 적분기에 인가되었다. 출력전압이 입력의 최대 진폭에 도달하기 위해 만족시켜야 하는 조건은 무엇인가?
2. 그림 15-11의 회로에서 단일 펄스 입력이 인가되었다. 최대 출력전압과 캐패시터 방전에 걸리는 시간을 구하시오.
3. 그림 15-11에서 입력 펄스에 대하여 출력전압을 대략적으로 그리시오. |

그림 15–11

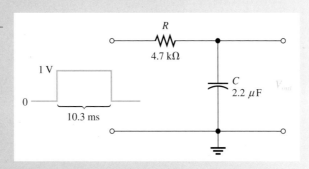

4. 적분기의 시정수가 입력 펄스폭과 같을 때 캐패시터는 완전히 충전되는가?
5. 출력전압이 구형 입력 펄스의 대략적인 모양이 되는 적분기의 조건을 구하시오.

15-3 반복 펄스에 대한 *RC* 적분기 응답

전자 시스템에서는 단일 펄스보다 반복 펄스 파형을 훨씬 많이 취급되지만, 반복 펄스에 대한 적분기의 응답을 이해하기 위해서는 단일 펄스에 대한 적분기의 응답을 이해하여야 한다.

절의 학습내용

▶ **반복 입력 펄스에 대하여 *RC* 적분기를 해석한다.**

  ▶ 캐패시터가 완전히 충전 또는 방전되지 못할 경우의 응답을 살펴본다.

  ▶ 정상 상태를 정의한다.

  ▶ 회로 응답에서 시정수의 증가에 따른 영향을 알아본다.

그림 15-12와 같이 주기적인 펄스 파형이 *RC* 적분기에 인가되면 출력파형의 모양은 회로 시정수와 입력 펄스의 주파수에 따라 달라진다. 물론 캐패시터는 펄스 입력에 대한 응답으로 충전 및 방전된다. 앞에서 언급했듯이 캐패시터가 충전 및 방전되는 양은 회로 시정수와 입력 주파수에 따라 결정된다.

펄스폭과 펄스 사이의 시간이 시정수의 5배 이상이면 캐패시터는 입력파형의 매 주기마다 완전히 충전되고 완전히 방전된다. 그림 15-12는 이러한 경우를 보여준다.

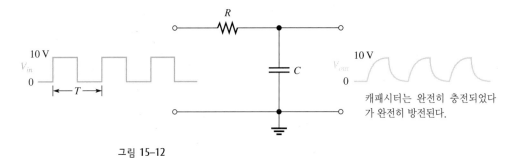

그림 15-12

반복 펄스 파형 입력을 갖는 *RC* 적분기

그림 15-13에서 보는 바와 같은 구형파에서 펄스폭과 펄스 사이의 시간이 시정수의 5배 미만인 경우 캐패시터는 완전하게 충전 및 방전되지 못할 것이다. *RC* 적분기의 출력전압에서 이러한 경우의 영향을 살펴보자.

그림 15-13

적분기 캐패시터가 완전히 충전되거나 방전되지 않는 입력파형

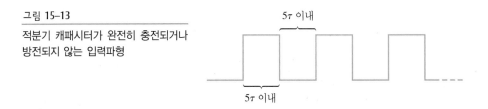

그림 15-14와 같이 10 V인 입력 구형파의 펄스폭과 충전 및 방전의 시정수가 동일한 *RC* 적분기의 예를 들어보자. 이 조건은 해석을 쉽게 해주며 이 조건에서 적분기의 기본 동작을 보여줄 것이다. *RC* 회로는 1 시정수 동안 대략 63.2%까지 충전되므로, 여기서 정확한 시정수의 값이 얼마인지는 중요하지 않다.

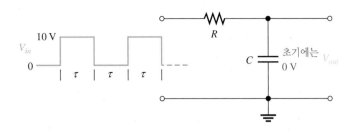

그림 15–14

시정수에 해당하는 주기를 가진 구형파 입력이 인가된 적분기($T = 2\tau$)

그림 15-14의 캐패시터는 초기에 충전되지 않은 것으로 가정하고 펄스마다 출력전압을 조사한다. 해석의 결과는 그림 15-15와 같다.

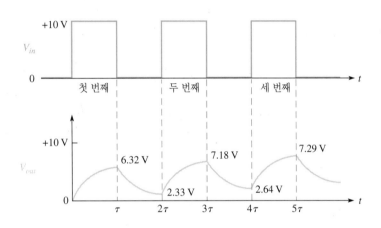

그림 15–15

그림 15-14 회로에 대한 초기에 완전 방전된 적분기의 입력과 출력

첫 번째 펄스 첫 번째 펄스가 있는 동안에 캐패시터는 충전된다. 출력전압은 그림 15-15와 같이 6.32 V(10 V의 63.2%)까지 도달한다.

첫 번째와 두 번째 펄스의 사이 캐패시터가 방전되어 전압은 이 구간이 시작될 때의 전압의 36.8%까지 감소한다. 즉, 0.368(6.32 V) = 2.33 V이다.

두 번째 펄스 캐패시터는 2.33 V에서 시작하여 10 V로 상승하면서 63.2%까지 증가한다. 이 계산은 다음과 같다. 전체 충전 범위는 10 V − 2.33 V = 7.67 V이다. 캐패시터 전압은 7.67 V의 63.2%, 즉 4.85 V 더 증가한다. 따라서 그림 15-15에서 보는 바와 같이 두 번째 펄스의 끝에서 출력전압은 2.33 V + 4.85 V = 7.18 V이다. 평균 전압이 상승하고 있음을 주목하라.

두 번째와 세 번째 펄스의 사이 이 시간 동안 캐패시터가 방전되므로 전압이 감소되며, 두 번째 펄스의 끝에서는 초기 전압의 36.8%까지 감소된다. 즉, 0.368(7.18 V) = 2.64 V이다.

세 번째 펄스 세 번째 펄스에서 캐패시터 전압은 2.64 V에서 시작한다. 캐패시터는 2.64 V에서 10 V로 상승하면서 63.2%까지 충전한다. 즉, 0.632(10 V − 2.64 V) = 4.65 V이다. 그러므로 세 번째 펄스의 끝에서 전압은 2.64 V + 4.65 V = 7.29 V이다.

정상상태 응답

앞의 진행과정을 통하여 보면 출력전압은 점차적으로 상승하면서 균일하게 된다. 출력전압이 일정한 평균값으로 상승하는 데에는 대략 5τ의 시간이 걸린다. 이 구간이 회로의 과도 시간이다. 출력전압이 입력전압의 평균값에 도달하면, 연속적이고 주기적인 입력이 계속되는 동안 **정상상태(steady-state)** 조건에 도달된다. 이 상태는 앞에서 구한 값을 근거하여 처음 세 개의 펄스 이후에 대해 그림 15-16에 나타내었다.

유용한 정보

오실로스코프로 펄스 파형을 관찰할 때에는 스코프를 교류 결합이 아니라 직류 결합으로 놓아야 한다. 그 이유는 교류 결합은 캐패시터를 직렬로 놓음으로써 낮은 주파수의 펄스 신호의 왜곡을 가져오기 때문이다. 또한 직류 결합으로 놓음으로써 펄스의 직류 레벨을 관찰할 수 있다.

그림 15–16

출력은 5τ 이후 정상 상태에 도달하여 표시한 값으로 안정화된다

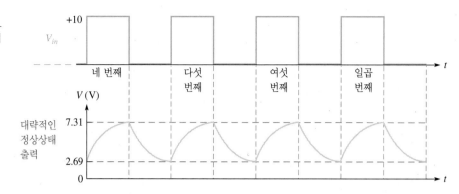

예제 회로에 대한 과도 시간은 첫 번째 펄스의 시작부터 세 번째 펄스의 끝까지의 시간이다. 이 구간을 과도 시간으로 한 이유는 세 번째 펄스의 끝에서 캐패시터 전압이 최종 전압의 약 99%인 7.29 V이기 때문이다.

시정수 증가의 영향

그림 15-17과 같이 가변 저항에 의해 적분기의 *RC* 시정수가 증가되면 출력전압은 어떻게 될까? 시정수가 증가하면 캐패시터는 펄스가 있는 동안은 더 적게 충전되고 펄스 사이에는 더 적게 방전된다. 그림 15-18에서 보는 바와 같이 시정수가 증가될수록 출력전압의 변동은 더 작아진다.

시정수가 펄스폭에 비해 극단적으로 길어지면 출력전압은 그림 15-18(c)와 같이 일정한 직류 전압에 접근한다. 이 값이 입력의 평균값이다. 구형파에서 평균값은 진폭의 반이다.

그림 15–17

가변 시정수를 가진 적분기

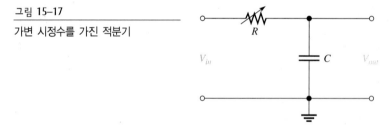

그림 15–18

시정수의 증가가 적분기 출력에 미치는 영향($\tau_3 > \tau_2 > \tau_1$)

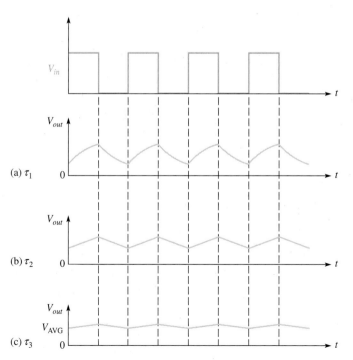

예제 15–3

그림 15-19의 적분기 회로에서 캐패시터가 처음에 완전 방전되었을 때 처음 2개의 펄스에서 출력파형을 구하시오.

그림 15–19

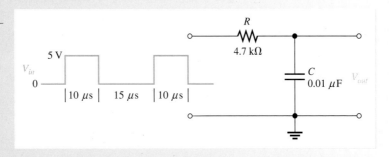

해 먼저 회로의 시정수를 구한다.

$$\tau = RC = (4.7\ \text{k}\Omega)(0.01\ \mu\text{F}) = 47\ \mu\text{s}$$

시정수가 입력 펄스폭이나 펄스 사이 간격보다 충분히 크다(입력이 구형파가 아님을 유념하라). 이 경우 지수 공식을 적용하여야 하며 해석은 상대적으로 어렵다. 다음 풀이를 주의하여 보라.

1. 첫 펄스에 대한 계산 : *C*가 충전되므로 증가하는 지수에 대한 식 (9-15)를 적용한다. V_F는 5 V이고 *t*는 펄스폭 10 μs와 같음을 주목하라. 따라서

$$v_C = V_F(1 - e^{-t/RC}) = (5\ \text{V})(1 - e^{-10\mu s/47\mu s}) = 958\ \text{mV}$$

결과를 그림 15-20(a)에 나타내었다.

그림 15–20

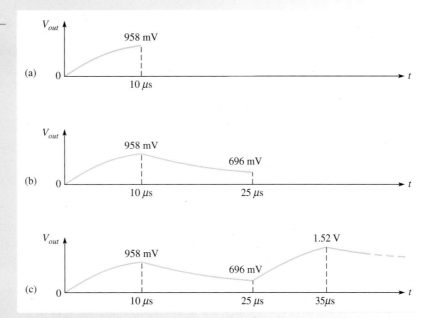

2. 첫 번째와 두 번째 펄스 사이 구간에 대한 계산 : *C*가 방전하므로 감소하는 지수에 대한 식 (9-16)을 사용한다. *C*가 첫 번째 펄스의 끝부분 값에서 방전하기 시작하므로 V_i는 958 mV이다. 방전시간은 15 μs이다. 따라서

$$v_C = V_i e^{-t/RC} = (958\ \text{mV})e^{-15\mu s/47\mu s} = 696\ \text{mV}$$

이 결과를 그림 15-20(b)에 나타내었다.

3. 두 번째 펄스에 대한 계산 : 두 번째 펄스의 시작에서 출력전압은 696 mV이다. 두 번째 펄스 동안 캐패시터는 다시 충전된다. 이 경우 0 V에서 시작하지 않고 그 전에 충전 및 방전 결과에 따라 이미 696 mV의 값을 가지고 있다. 따라서 이 경우에는 식 (9-13)의 일반 지수 공식을 사용하여야 한다.

$$v = V_F + (V_i - V_F)e^{-t/\tau}$$

이 식을 사용하면 두 번째 펄스 끝부분에서 캐패시터 양단의 전압을 구할 수 있다.

$$v_C = V_F + (V_i - V_F)e^{-t/RC} = 5 \text{ V} + (696 \text{ mV} - 5 \text{ V})e^{-10\mu s/47\mu s} = 1.52 \text{ V}$$

이 결과를 그림 15-20(c)에 나타내었다.

출력파형은 연속적인 입력 펄스에 의해 쌓여감을 주목하라. 대략 5τ가 지나면 정상 상태에 도달하여 일정한 최소값과 최대값 사이에서 변동하며 그 평균값은 입력의 평균값과 같게 된다. 예제의 해석을 조금 더 수행함으로써 이러한 형태를 보일 수 있다.

관련 문제 세 번째 펄스의 시작에서 V_{out}을 구하시오.

 CD-ROM에서 Multisim E15-03 파일을 열고 정상상태 출력파형의 최소값, 최대값, 평균값을 구하라.

15–3 복습문제

1. 주기적인 펄스 파형이 입력에 인가되었을 때 *RC* 적분기의 캐패시터가 완전히 충전 및 방전되는 조건은 무엇인가?
2. 시정수가 구형파의 펄스폭에 비해 충분히 작은 경우 출력파형의 모양은 어떻게 되는가?
3. 5τ가 입력 구형파의 펄스폭보다 큰 경우 출력이 일정한 평균값에 도달하는 데 걸리는 시간을 무엇이라고 하는가?
4. 정상상태 응답을 정의하시오.
5. 정상 상태에서 적분기 출력전압의 평균은 어떻게 되는가?

15–4 단일 펄스에 대한 *RC* 미분기 응답

시간 응답의 관점에서, 저항 양단에서 출력전압을 얻는 직렬 *RC* 회로를 **미분기(differentiator)**라 한다. 주파수 응답의 관점에서 이 회로는 고역통과 필터이다. 이 회로의 동작이 수학적으로 근사적인 미분 동작을 하므로 미분기라는 용어를 사용한다.

절의 학습내용

▶ **단일 입력 펄스에 대하여 *RC* 미분기를 해석한다.**

　▶ 입력 펄스의 상승 모서리에서의 응답을 설명한다.

　▶ 여러 가지 펄스폭-시정수 관계에 대한 펄스의 구간과 끝부분에서 응답을 구한다.

그림 15-21은 펄스 입력을 가진 *RC* 미분기(*RC* differentiator)를 보여준다. 적분기와 같은 동작이 미분기에서도 생기는데 다른 점은 출력전압을 캐패시터가 아닌 저항 양단에서 얻는다는 차이가 있다. 캐패시터는 *RC* 시정수에 따라 지수함수적으로 충전된다. 미분기 저항 양단의 전압 모양은 캐패시터의 충전 및 방전 동작에 의해 결정된다.

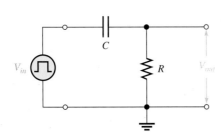

그림 15–21

펄스 발생기가 연결된 *RC* 미분기

펄스 응답

미분기에 의해 출력전압이 생성되는 원리를 이해하려면 다음의 내용을 살펴보아야 한다.

1. 상승 펄스 모서리에 대한 응답

2. 상승 모서리와 하강 모서리 사이의 응답

3. 하강 펄스 모서리에 대한 응답

입력 펄스의 상승 모서리에 대한 응답 상승 모서리 이전의 초기에 캐패시터는 충전되지 않은 것으로 가정한다. 펄스가 인가되기 전의 입력은 0 V이다. 따라서 그림 15-22(a)와 같이 캐패시터 양단의 전압은 0 V이고 저항 양단의 전압도 0 V이다.

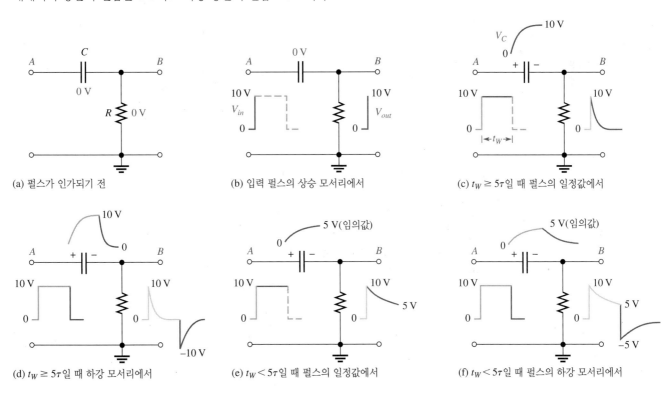

(a) 펄스가 인가되기 전

(b) 입력 펄스의 상승 모서리에서

(c) $t_W \geq 5\tau$일 때 펄스의 일정값에서

(d) $t_W \geq 5\tau$일 때 하강 모서리에서

(e) $t_W < 5\tau$일 때 펄스의 일정값에서

(f) $t_W < 5\tau$일 때 펄스의 하강 모서리에서

그림 15–22

$t_W \geq 5\tau$와 $t_W < 5\tau$의 두 조건하에서 단일 펄스 입력에 대한 미분기의 응답의 예 : 펄스 발생기는 입력에 연결되어 있지만 기호 대신 파형만 나타내었다

10 V의 펄스가 입력에 인가된다고 가정하자. 상승 모서리가 일어날 때 점 A는 +10 V가 된다. 캐패시터 양단의 전압은 순간적으로 변화되지 않으므로 캐패시터는 순간적으로 단락 회로처럼 보인다. 그러므로 점 A는 순간적으로 +10 V로 되면, 상승 모서리 순간 동안 캐패시터 전압을 0으로 유지하기 위해 점 B는 순간적으로 +10 V가 되어야 한다. 캐패시터 전압은 점 A와 점 B 사이의 전압이다.

접지에 대한 점 B의 전압은 저항 양단의 전압(출력전압)이다. 따라서 그림 15-22(b)에서와 같이 출력전압은 상승 펄스 모서리에 대한 응답으로 갑자기 +10 V로 간다.

$t_W \geq 5\tau$일 때 펄스시간 동안의 응답 펄스가 상승 모서리와 하강 모서리 사이의 높은 값일 때, 캐패시터는 충전된다. 펄스폭이 시정수의 5배 이상($t_W \geq 5\tau$)이면, 캐패시터는 충전될 충분한 시간을 가진다.

캐패시터 양단의 전압이 지수함수적으로 상승하면 저항 양단의 전압은 지수함수적으로 감소하며, 캐패시터가 완전히 충전(이 경우 +10 V)될 때 0 V에 도달한다. 키르히호프의 전압 법칙($v_C + v_R = v_{in}$)에 따라 임의의 순간에 캐패시터 전압과 저항전압의 합은 인가된 전압과 같아야 하므로, 저항 양단의 전압은 감소된다. 응답의 이 부분은 그림 15-22(c)에 나타내었다.

$t_W \geq 5\tau$일 때 하강 모서리에 대한 응답 캐패시터가 펄스의 끝부분($t_W \geq 5\tau$)에서 완전히 충전된 경우에 대하여 살펴보자. 그림 15-22(d)를 참조하라. 하강 모서리에서 입력 펄스는 갑자기 +10 V에서 0 V로 되돌아간다. 하강 모서리 이전의 순간 캐패시터는 10 V로 충전되었으므로, 점 A는 +10 V이고 점 B는 0 V이다. 캐패시터 양단 전압은 순간적으로 변하지 않으므로, 하강 모서리에서 점 A는 +10 V에서 0 V로 전환되고, 점 B 또한 0 V에서 −10 V로 10 V 전환되어야 한다. 이것은 하강 모서리 순간 동안 10 V로 캐패시터 양단 전압을 유지한다.

캐패시터는 지수함수적으로 방전되기 시작한다. 이 결과 저항 양단 전압은 그림 15-22(d)에서처럼 지수함수 곡선으로 −10 V에서 0 V로 간다.

$t_W < 5\tau$일 때 펄스시간 동안의 응답 펄스폭이 시정수의 5배 미만($t_W < 5\tau$)이면, 캐패시터는 완전하게 충전될 시간이 없다. 실제 충전된 양은 시정수와 펄스폭과의 관계에서 결정된다.

캐패시터는 최대 전압인 +10 V에 도달되지 않기 때문에, 저항 양단의 전압은 펄스 끝부분에서도 0 V의 전압에 도달하지 않는다. 예를 들어, 그림 15-22(e)와 같이 캐패시터 전압이 펄스기간 동안 +5 V로 충전된다면 저항 양단의 전압은 +5 V로 감소할 것이다.

$t_W < 5\tau$일 때 하강 모서리에 대한 응답 캐패시터가 펄스의 끝부분에서 단지 부분적으로만 충전되어 있는 경우($t_W < 5\tau$)를 살펴보자. 예를 들어, 캐패시터가 +5 V까지 충전되어 있다면 그림 15-22(e)와 같이 하강 모서리 직전의 순간에서 저항전압 또한 +5 V이다. 이것은 캐패시터 전압과 저항전압의 합은 +10 V가 되어야 하기 때문이다.

하강 모서리가 발생하면 점 A는 +10 V에서 0 V가 된다. 결과적으로 점 B는 그림 15-22(f)와 같이 +5 V에서 −5 V가 된다. 캐패시터 전압은 하강 모서리의 순간에 변할 수 없으므로, 이러한 전압의 감소가 일어난다. 하강 모서리 직후 캐패시터는 0으로 방전되기 시작한다. 결과적으로 저항전압은 그림에서처럼 −5 V에서 0 V가 된다.

단일 펄스에 대한 미분기 응답의 요약

시정수가 극단적인 경우, 즉 5τ가 펄스폭보다 매우 짧은 경우와 5τ가 펄스폭보다 매우 긴 경우의 양 극단 사이에서 시정수가 변화할 때 미분기의 일반적인 출력파형을 봄으로써 이 단원의 내용을 요약해 보자. 이 상황을 그림 15-23에 나타내었다. 그림 15-23(a)에서 출력은 양과 음의 좁은 '스파이크'로 구성된다. 그림 15-23(e)에서 출력은 입력의 모양에 비슷하게 접근한다. 이들 사이의 여러 가지 값에 대한 응답을 그림 15-23(b), (c), (d)에 나타내었다.

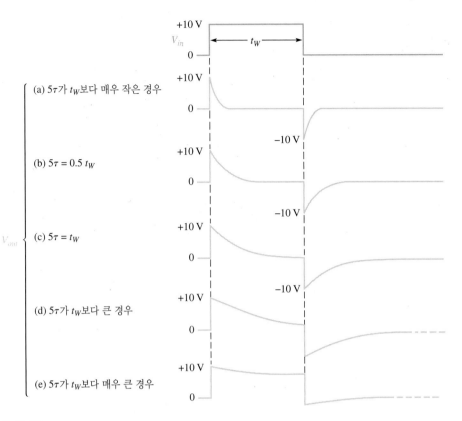

그림 15–23

시정수의 변화가 *RC* 미분기의 출력전압 모양에 미치는 영향

예제 15–4

그림 15-24의 회로에서 출력전압을 구하시오.

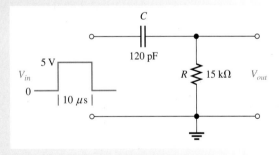

그림 15-24

해 먼저 시정수를 구한다.

$$\tau = RC = (15\ \mathrm{k\Omega})(120\ \mathrm{pF}) = 1.8\ \mu s$$

이 경우 $t_W \geq 5\tau$이므로 캐패시터는 9 μs 이내에(펄스가 끝나기 전에) 완전히 충전된다.

상승 모서리에서 저항 양단 전압은 +5 V로 상승한 후 지수함수 형태를 따라 펄스가 끝나기 전에 0으로 감소한다. 하강 모서리에서 저항 양단 전압은 −5 V로 하강한 후 지수함수 형태를 따라 0으로 돌아온다. 출력인 저항 양단 전압은 그림 15-25와 같은 모양이 된다.

그림 15–25

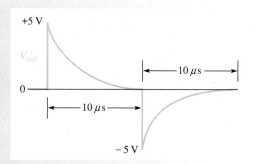

관련 문제 그림 15-24에서 $R = 18$ kΩ, $C = 47$ pF일 때 출력전압을 그리시오.

예제 15–5

그림 15–26의 미분기에서 출력전압 파형을 구하시오.

그림 15–26

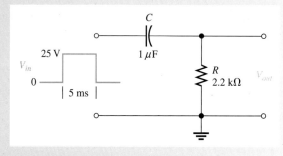

해 먼저 시정수를 구한다.

$$\tau = (2 \text{ k}\Omega)(1 \text{ }\mu\text{F}) = 2.2 \text{ ms}$$

상승 모서리에서 저항 양단 전압은 순간 +25 V로 상승한다. 펄스폭이 5 ms이므로 캐패시터는 펄스 구간에서 대략 2.27 시정수 동안 충전되고 완전 충전에 도달하지 못한다. 따라서 감소하는 지수함수의 식 (9-16)을 사용하여 펄스 끝부분에서 전압이 얼마까지 감소하는지 계산해 주어야 한다.

$$v_{out} = V_i e^{-t/RC} = (25 \text{ V})e^{-5\text{ms}/2.2\text{ms}} = 2.58 \text{ V}$$

여기서 $V_i = 25$ V, $t = 5$ ms이다. 계산을 통해 5 ms 펄스폭 구간 끝부분에서 저항전압을 구하였다.

하강 모서리에서 저항 양단 전압은 +2.58 V에서 −22.4 V로 순간적으로 하강한다(25 V의 변화). 결과 파형을 그림 15-27에 나타내었다.

그림 15–27

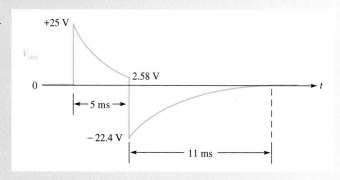

관련 문제 그림 15-26에서 $R = 1.5$ kΩ일 때 펄스 끝부분에서 전압을 구하시오.

15-5 반복 펄스에 대한 *RC* 미분기 응답

이전 절에서 배운 단일 펄스에 대한 *RC* 미분기의 응답을 이 절에서는 반복 펄스에 대한 응답으로 확장하여 살펴보자.

절의 학습내용

▶ **반복 입력 펄스에 대하여 *RC* 미분기를 해석한다.**

   ▶ 펄스폭이 시정수의 5배 미만일 때 응답을 구한다.

주기적인 펄스 파형이 *RC* 미분회로에 인가될 때, 회로의 해석은 두 가지 조건이 가능하다. 즉 $t_W \geq 5\tau$와 $t_W < 5\tau$인 경우이다. 그림 15-18은 $t_W = 5\tau$일 때의 출력을 나타낸다. 시정수가 짧아질수록 출력의 양의 전압 부분과 음의 전압 부분은 더욱 좁아진다. 출력의 평균값이 0으로 파형에서 양인 부분과 음인 부분의 크기가 같음을 주목하자. 파형의 평균값은 직류 성분인데 캐패시터가 직류를 차단하므로 직류 성분은 출력으로 전달되지 못한다.

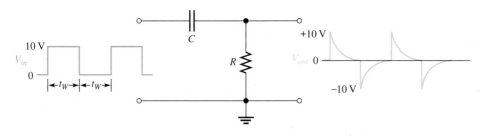

그림 15–28

미분기 응답의 예($t_W = 5\tau$인 경우)

그림 15-29는 $t_W < 5\tau$일 때의 정상상태 출력을 나타낸다. 시정수가 길어질수록 양과 음의 기울어진 부분은 더 평탄해진다. 시정수가 매우 길어지면 출력은 입력의 모양에 접근하나 평균값은 0이다.

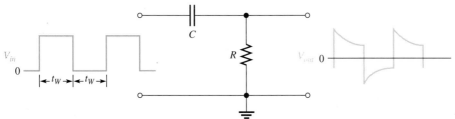

그림 15–29

미분기 응답의 예($t_W < 5\tau$인 경우)

반복 파형의 해석

적분기의 경우처럼 미분기 출력이 정상 상태에 도달하기 위해서는 시간(5τ)이 걸린다. 응답을 설명하기 위해 시정수가 입력 펄스폭과 같은 경우의 예를 들어보자. 저항의 전압이 1개의 펄스 동안(1τ) 최대값의 약 36.8% 정도까지 감소한다는 것을 알고 있으므로 여기에서는 회로 시정수에 관심을 두지 않는다. 그림 15-30에서 캐패시터는 초기에 충전되지 않은 것으로 가정하고, 각 펄스별로 출력을 조사한다. 해석의 결과를 그림 15-31에 나타내었다.

그림 15–30

RC 미분기(T = 2τ인 경우)

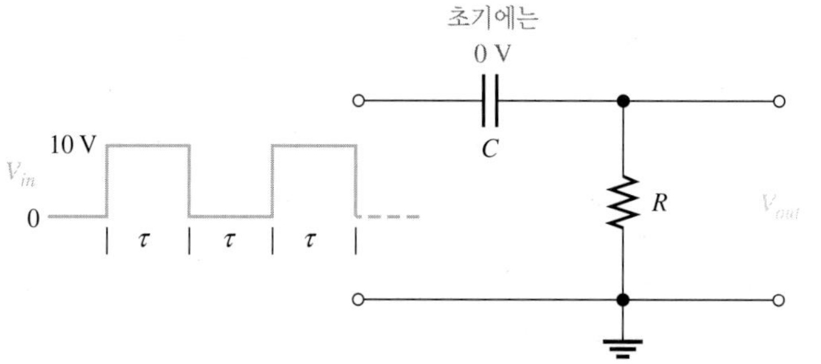

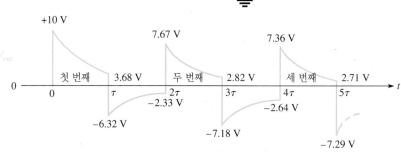

그림 15–31

그림 15-30의 회로에서 과도 시간 동안 미분기 출력파형

첫 번째 펄스 상승 모서리에서 출력은 순간적으로 +10 V로 상승한다. 그리고 캐패시터는 10 V의 63.2%인, 6.32 V까지 일부만 충전된다. 따라서 출력전압은 그림 15-31에서 보는 바와 같이 3.68 V로 감소하여야 한다.

하강 모서리에서 출력은 순간적으로 −6.32 V(3.68 V − 10 V = −6.32 V)로 10 V만큼 하강한다.

첫 번째와 두 번째 펄스의 사이 캐패시터는 6.32 V의 36.8%인 2.33 V까지 방전된다. 따라서 저항전압은 −6.32 V부터 시작하여 −2.33 V까지 증가하여야 한다. 다음 펄스 직전까지의 입력전압이 0이기 때문이다. 그러므로 v_C와 v_R의 합은 0이 되어야 한다(2.33 V − 2.33 V = 0). 키르히호프의 전압 법칙에 따라 항상 $v_C + v_R = v_{in}$임을 기억하라.

두 번째 펄스 상승 모서리에서 출력은 순간적으로 −2.33 V에서 7.67 V까지, 10 V만큼 상승한다. 그리고 캐패시터는 펄스의 끝에서 0.632(10 V − 2.33 V) = 4.85 V만큼 충전된다. 따라서 캐패시터 전압은 2.33 V에서 2.33 V + 4.85 V = 7.18 V로 증가한다. 출력전압은 0.368(7.67 V) = 2.82 V로 떨어진다.

하강 모서리에서 출력은 그림 15-31과 같이 2.82 V에서 −7.18 V로 순간적으로 감소된다.

두 번째와 세 번째 펄스의 사이 캐패시터는 7.18 V의 36.8%인 2.64 V까지 방전된다. 따라서 출력전압은 −7.18 V에서 시작하여 −2.64 V까지 증가한다. 세 번째 펄스의 직전까지 캐패시터 전압과 저항전압의 합은 0이 되어야 하기 때문이다(입력은 0).

세 번째 펄스 상승 모서리에서 출력은 −2.64 V에서 +7.36 V까지 10 V의 순간적인 전이를 보인다. 그리고 캐패시터는 0.632(10 V − 2.64 V) = 4.65 V만큼 충전되어 2.64 V + 4.65 V = 7.29 V가 된다. 이 결과 출력전압은 0.368(7.36 V) = 2.71 V로 강하된다. 하강 모서리에서 출력은 순간적으로 +2.71 V에서 −7.29 V로 떨어진다.

세 번째 펄스가 끝나면 시정수의 5배가 경과되었으므로 출력전압은 정상 상태에 가까워진다. 따라서 그림 15-31의 파형은 0 V의 평균값을 가지면서, 약 +7.3 V의 양의 최대값과 약 −7.3 V의 음의 최소값 사이에서 연속적으로 변화한다.

15–5 복습문제	1. 주기적인 펄스 파형이 입력으로 인가되었을 때 *RC* 미분기가 완전히 충전 및 방전되는 조건은 무엇인가?
	2. 입력 구형파의 펄스폭에 비해 회로의 시정수가 상당히 작은 경우 출력파형은 어떻게 되는가?
	3. 정상 상태에서 미분기 출력전압의 평균값은 어떻게 되는가?

15–6 펄스 입력에 대한 *RL* 적분기 응답

저항 양단에서 출력전압을 얻는 직렬 *RL* 회로를 시간 응답의 관점에서 적분기라 한다. 단일 펄스에 대한 응답에 대해 설명하지만 *RC* 적분기의 경우와 마찬가지로 반복 입력 펄스에 대해 확장할 수 있다.

절의 학습내용

▶ ***RL* 적분기의 동작을 해석한다.**

　▶ 단일 입력 펄스에 대한 응답을 구한다.

그림 15-32는 직렬 *RL* 적분기를 나타낸다. 동일한 조건에서 저항 양단의 출력파형은 *RC* 적분기에서와 같은 모양이다. *RC* 적분기에서 출력전압은 캐패시터 양단 전압임을 상기하자.

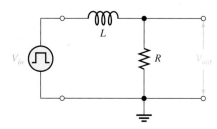

그림 15–32

펄스 발생기가 연결된 *RL* 적분기

이상적인 펄스에서 각 모서리는 순간적으로 발생하는 것으로 간주한다. 인덕터 동작에 대한 기본적인 두 가지 법칙은 펄스 입력에 대한 *RL* 회로의 응답 해석에 도움이 될 것이다.

1. 인덕터는 전류의 순간적인 변화에 대하여 개방회로처럼 동작하고 직류에 대해서는 (이상적인 경우) 단락회로처럼 동작한다.

2. 인덕터에서 전류는 순간적으로 변화할 수 없고 단지 지수함수 형태로만 변화한다.

단일 펄스에 대한 적분기의 응답

펄스 발생기가 적분기의 입력에 연결되고 전압 펄스가 낮은 값에서 높은 값으로 변하면, 인덕터는 이와 같은 전류의 급격한 변화를 억제한다. 결과적으로 상승 펄스 모서리의 순간에서 인덕터는 개방회로로 동작하므로 모든 입력전압은 인덕터 양단에 걸리게 된다. 이러한 경우를 그림 15-33(a)에 나타내었다.

그림 15-33(b)와 같이 상승 모서리 후에 전류는 지수함수 형태로 상승하며 출력전압은 전류의 변화를 따른다. 과도 시간이 펄스폭보다 짧으면 전류는 최대값인 V_p/R까지 도달할 수

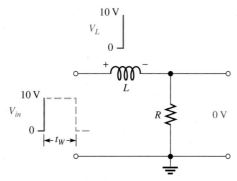

(a) 펄스의 상승 모서리에서($i = 0$)

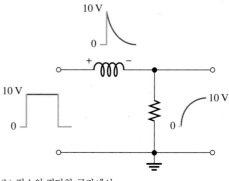

(b) 펄스의 평탄한 구간에서

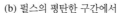

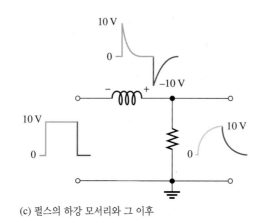

(c) 펄스의 하강 모서리와 그 이후

그림 15–33

RL 적분기의 펄스 응답의 예($t_W > 5\tau$). 함수 발생기는 입력에 연결되어 있지만 기호 대신 파형만 나타내었다

있다(V_p는 펄스의 진폭을 나타내며 이 경우 $V_p = 10$ V이다).

펄스가 높은 값에서 낮은 값으로 변하면, 전류를 V_p/R로 유지하기 위해 코일 양단에 반대 극성의 유도 전압이 생성된다. 출력전압은 그림 15-33(c)와 같이 지수함수 형태로 감소하기 시작한다.

출력의 정확한 모양은 L/R 시정수에 따라 달라지며, 시정수와 펄스폭 사이의 여러 가지 관계에 대한 출력파형을 그림 15-34에 요약하였다. *RL* 회로의 출력파형은 *RC* 적분기의 출력

그림 15–34

시정수에 따른 적분기 출력 펄스 모양의 변화의 예

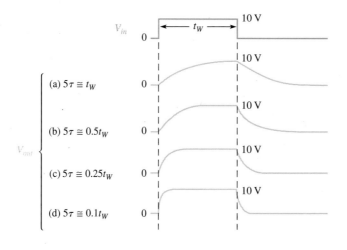

파형과 같다는 것을 유의하자. 입력 펄스폭과 *L/R* 시정수의 관계는 이 장 앞에서 살펴본 *RC*
시정수의 경우와 같다. 예를 들어, $t_W < 5\tau$이면 출력전압은 그 최대값까지 도달하지 못한다.

예제 15–6

그림 15-35의 적분기에 그림과 같이 단일 펄스가 인가되었을 때 최대 출력전압을 구하
시오.

그림 15–35

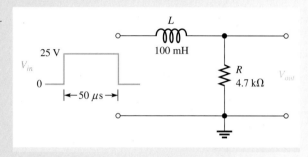

해 시정수를 구한다.

$$\tau = \frac{L}{R} = \frac{100\,\text{mH}}{4.7\,\text{k}\Omega} = 21.3\,\mu s$$

펄스폭이 50 μs이므로 인덕터는 대략 2.35τ (50 μs/21.3 μs = 2.35) 동안 에너지를 얻
는다. 지수 공식을 사용하여 전압을 계산하면 다음과 같다.

$$v_{out(max)} = V_F(1 - e^{-t/\tau}) = (25\,\text{V})(1 - e^{-50\mu s/21.3\mu s}) = \textbf{22.6 V}$$

관련 문제 그림 15-35의 입력 펄스 끝부분에서 출력전압이 25 V에 도달하기 위한 *R* 값을 구하시오.

예제 15–7

그림 15-36의 *RL* 적분기에 펄스가 인가되었다. *I*, V_R, V_L의 파형과 값을 구하시오.

그림 15–36

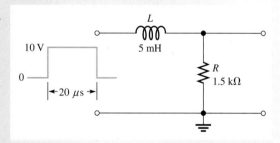

해 회로의 시정수를 구한다.

$$\tau = \frac{L}{R} = \frac{5\,\text{mH}}{1.5\,\text{k}\Omega} = 3.33\,\mu s$$

$5\tau = 16.7\,\mu$s가 t_W보다 작기 때문에 전류는 최대값에 도달하여 펄스의 끝부분까지 유지
된다.

펄스의 상승 모서리에서

$$i = 0 \text{ A}$$
$$v_R = 0 \text{ V}$$
$$v_L = 10$$

인덕터는 개방된 것처럼 보이기 때문에 모든 입력전압이 L에 걸린다.

펄스 구간 동안

i는 16.7 μs 동안 $\dfrac{V_p}{R} = \dfrac{10 \text{ V}}{1.5 \text{ k}\Omega} = 6.67$ mA로 지수함수 형태로 증가한다.

v_R은 16.7 μs 동안 10 V로 지수함수 형태로 증가한다.

v_L은 16.7 μs 동안 0으로 지수함수 형태로 감소한다.

펄스의 하강 모서리에서

$$i = 6.67 \text{ mA}$$
$$v_R = 10 \text{ V}$$
$$v_L = -10 \text{ V}$$

펄스 이후 구간에서

i는 16.7 μs 동안 0으로 지수함수 형태로 감소한다.

v_R은 16.7 μs 동안 0으로 지수함수 형태로 감소한다.

v_L은 16.7 μs 동안 0으로 지수함수 형태로 감소한다.

이러한 파형을 그림 15-37에 나타내었다.

그림 15–37

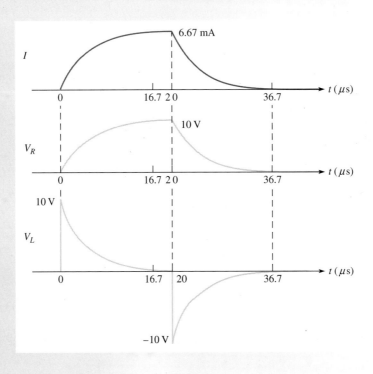

관련 문제 그림 15-36에서 입력 펄스의 진폭이 20 V로 증가하였을 때 최대 출력전압을 구하시오.

예제 15-8

10 μs 펄스폭을 가진 10 V 펄스를 그림 15-38의 적분기에 인가하였다. 펄스 구간 동안 출력이 도달할 수 있는 전압 레벨을 구하시오. 만일 전원의 내부 저항이 300 Ω이라면 출력이 0이 되는 데 걸리는 시간은 얼마인가? 출력전압 파형을 나타내시오.

그림 15-38

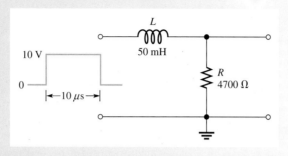

해   300 Ω 전원저항과 4700 Ω 외부 저항을 통해 코일이 자화하고 있으므로 시정수는 다음과 같다.

$$\tau = \frac{L}{R_{tot}} = \frac{50\,\text{mH}}{4700\,\Omega + 300\,\Omega} = \frac{50\,\text{mH}}{5\,\text{k}\Omega} = 10\,\mu\text{s}$$

이 경우 펄스폭은 시정수와 같으므로 출력 V_R은 1τ의 시간 동안 전체 입력 진폭의 63%에 도달한다. 따라서 펄스의 끝부분에서 출력전압은 **6.3 V**가 된다.

펄스가 끝나면 인덕터는 300 Ω의 전원저항과 4700 Ω의 저항을 통해 에너지를 방출하고 5τ의 시간이 지나면 출력전압은 0이 된다.

$$5\tau = 5(10\,\mu\text{s}) = \mathbf{50\,\mu s}$$

출력전압을 그림 15-39에 나타내었다.

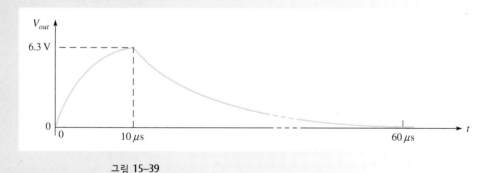

그림 15-39

관련 문제   그림 15-38에서 펄스 구간 동안 출력전압이 입력의 진폭에 도달하도록 하기 위한 저항의 최대값을 구하시오.

15-6 복습문제

1. *RL* 적분기는 출력전압을 어디에서 취하는가?
2. *RL* 적분기에 펄스가 인가되었을 때 출력전압이 입력의 진폭에 도달하기 위한 조건은 무엇인가?
3. 출력 펄스가 입력 펄스와 유사한 모양이 되는 조건은 무엇인가?

15–7 펄스 입력에 대한 *RL* 미분기 응답

인덕터 양단에서 출력전압을 얻는 직렬 *RL* 회로를 미분기라 한다. 단일 펄스에 대한 응답에 대해 설명하지만 *RC* 미분기의 경우와 마찬가지로 반복 입력 펄스에 대해 확장할 수 있다.

절의 학습내용

▶ **RL 미분기의 동작을 해석한다.**

　　▶ 단일 입력 펄스에 대한 응답을 구한다.

단일 펄스에 대한 미분기의 응답

그림 15-40은 펄스 발생기가 입력에 연결된 *RL* 미분기를 나타낸다.

그림 15–40

펄스 발생기가 연결된 *RL* 미분기

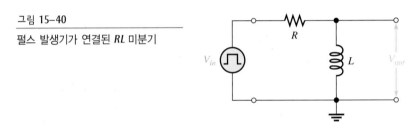

펄스 발생 이전의 초기에는 회로에 전류가 흐르지 않는다. 입력 펄스가 낮은 값에서 높은 값으로 변화하면, 인덕터는 전류의 급격한 변화를 억제한다. 유도된 전압은 입력과 같은 크기이고 반대 극성이다. 따라서 *L*은 개방회로처럼 보이고, 모든 입력전압은 상승 모서리 순간 동안 그림 15-41(a)와 같이 양단에 10 V 펄스로 나타난다.

펄스가 있는 동안 전류는 지수함수 형태로 상승한다. 결과적으로 인덕터 전압은 그림 15-41(b)에서처럼 감소한다. 감소하는 비율은 알고 있듯이 *L/R* 시정수에 따라 달라진다. 입력의

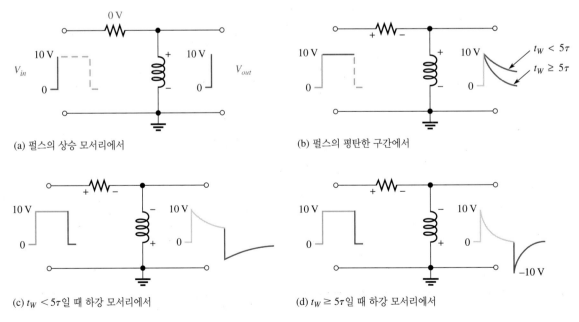

(a) 펄스의 상승 모서리에서

(b) 펄스의 평탄한 구간에서

(c) $t_W < 5\tau$일 때 하강 모서리에서

(d) $t_W \geq 5\tau$일 때 하강 모서리에서

그림 15–41

시정수 조건에 따른 *RL* 미분기 응답의 예. 펄스 발생기는 입력에 연결되어 있지만 파형만 나타내었다

하강 모서리에서, 인덕터는 그림 15-41(c)에 표시한 극성으로 유도 전압을 발생시켜서 전류를 일정하게 유지하려고 한다. 이러한 작용은 그림 15-41(c), (d)에 나타난 바와 같이 인덕터 전압이 급격하게 (−) 값으로 천이하는 형태로 나타난다.

그림 15-41(c)와 그림 15-41(d)에 나타난 바와 같이 두 가지 조건이 가능하다. 그림 15-41(c)에서 5τ는 입력 펄스폭보다 길기 때문에 출력전압은 0으로 감소될 시간을 갖지 못한다. 그림 15-41(d)에서 5τ는 펄스폭보다 짧으므로 출력은 펄스가 끝나기 전에 0으로 감소된다. 이 경우 하강 모서리에서는 전체 −10 V만큼 천이가 발생한다.

입력 및 출력 파형의 관점에서 보면 *RL* 적분기와 미분기는 각각의 *RC* 회로에서와 동일하게 동작한다는 점을 유의하자.

여러 시정수와 펄스폭의 관계에 대한 *RL* 미분기 응답을 요약하여 그림 15-42에 나타내었다. *RC* 미분기에 대한 그림 15-23과 비교해 보면 그 응답이 일치함을 볼 수 있다.

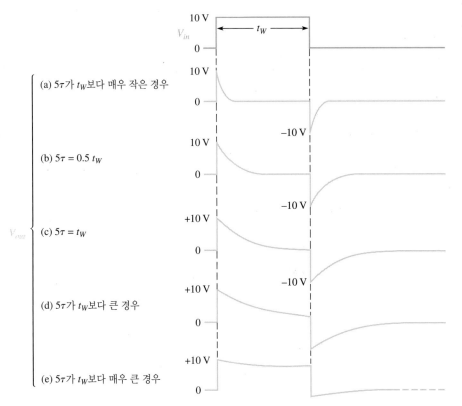

그림 15−42

시정수에 따른 출력 펄스 모양의 변화의 예

예제 15−9

그림 15−43의 *RL* 미분기의 출력파형을 나타내시오.

그림 15−43

해 먼저 시정수를 구한다.

$$\tau = \frac{L}{R} = \frac{20\,\mu\text{H}}{10\,\text{k}\Omega} = 2\,\text{ns}$$

이 경우 $t_W = 5\tau$이므로 출력은 펄스의 끝부분에서 0으로 감소한다.

상승 모서리에서 인덕터 전압은 +5 V로 값이 바뀌었다가 지수함수 형태로 감소한다. 출력은 하강 모서리에서 0에 도달하는데 입력의 하강 모서리에서 인덕터 전압은 −5 V로 값이 바뀌었다가 다시 0으로 돌아온다. 출력파형을 그림 15-44에 나타내었다.

그림 15-44

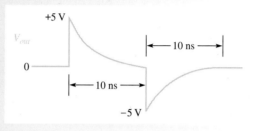

관련 문제 그림 15-43에서 입력 펄스폭이 5 ns로 감소하였을 때 출력전압을 나타내시오.

예제 15-10 그림 15-45의 RL 미분기에 대한 출력전압 파형을 구하시오.

그림 15-45

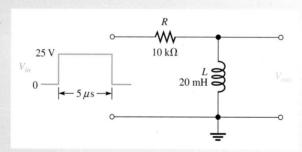

해 먼저 시정수를 구한다.

$$\tau = \frac{L}{R} = \frac{20\,\text{mH}}{10\,\text{k}\Omega} = 2\,\mu\text{s}$$

상승 모서리에서 인덕터 전압은 순간적으로 +25 V로 상승한다. 펄스폭은 5 μs이므로 인덕터는 2.5 시정수(2.5τ) 동안 자화되어 감소하는 지수함수 공식을 사용하여야 한다.

$$v_L = V_i e^{-t/\tau} = (25\,\text{V})e^{-5\mu\text{s}/2\mu\text{s}} = (25\,\text{V})e^{-2.5} = 2.05\,\text{V}$$

하강 모서리에서 출력은 +2.05 V에서 −22.95 V로 순간적으로 하강한다(25 V 음의 천이). 전체 출력파형을 그림 15-46에 나타내었다.

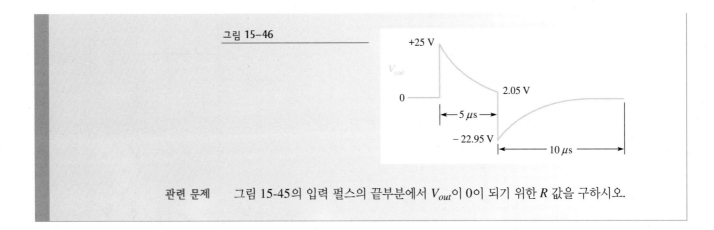

그림 15-46

관련 문제   그림 15-45의 입력 펄스의 끝부분에서 V_{out}이 0이 되기 위한 R 값을 구하시오.

15-7 복습문제

1. *RL* 미분기에서 출력은 어디서 취하는가?
2. 출력 펄스 모양이 입력 펄스와 유사해지기 위한 조건은 무엇인가?
3. *RL* 미분기 출력전압이 +10 V 입력 펄스의 끝부분에서 +2 V가 되었을 때 하강 모서리에서 출력 전압을 구하시오.

15-8 응용 회로

미분기와 적분기는 많은 종류의 응용에서 발견되지만 여기서는 세 가지 기본적인 응용에 대해 설명한다.

절의 학습내용

▶ **적분기와 미분기의 응용에 대해 설명한다.**

　▶ *RC* 적분기가 타이밍 회로에 어떻게 사용되는지 설명한다.

　▶ 적분기가 펄스 파형을 직류로 어떻게 바꾸는지 설명한다.

　▶ 미분기가 동기 펄스 발생기로 어떻게 사용될 수 있는지 설명한다.

타이밍 회로

RC 적분기는 다양한 목적을 위해 특정 시간간격을 설정하는 타이밍 회로에 사용될 수 있다. 시정수를 변경함으로써 시간간격을 조절할 수 있다. 예를 들면 그림 15-47(a)의 *RC* 적분기 회로는 전원 스위치를 켠 다음 임계회로에서 특정 사건이 발생하는 데 걸리는 시간 지연하는 용도로 사용된다. 임계회로는 입력전압에 따라 입력이 특정 레벨에 도달하였을 때 반응하도록 설계된다. 여기서는 임계회로의 동작원리에 대해서는 설명하지 않는데 이러한 형태의 회로는 이후 과정에서 학습할 것이다.

　스위치를 닫으면 캐패시터는 *RC* 시정수로 설정되는 변화율에 따라 충전되기 시작한다. 일정 시간이 지나면 캐패시터 전압은 임계값에 도달하고 특정 응용에 따라 전동기나 릴레이, 혹은 전등과 같은 기기를 작동하는 회로를 기동시킨다(켜준다). 이러한 동작을 그림 15-47(b)에 파형으로 나타내었다.

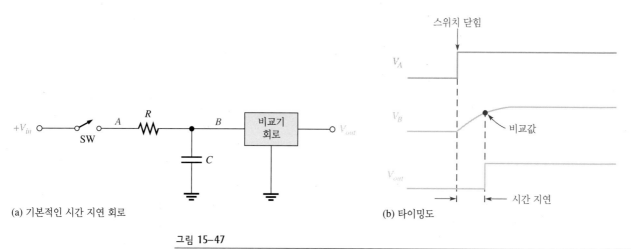

그림 15–47

RC 적분기 기본적인 시간 지연 응용

예제 15–11

그림 15-47(a)의 회로에서 $V_{in} = 9\ V$, $R = 10\ M\Omega$, $C = 0.47\ \mu F$일 때 시간 지연값은 얼마인가? 임계 전압을 5 V라고 하자.

해 식 (9-15)의 지수함수 공식을 시간에 대해 풀면 다음과 같다.

$$v = V_F(1 - e^{-t/RC}) = V_F - V_F e^{-t/RC}$$
$$V_F - v = V_F e^{-t/RC}$$
$$e^{-t/RC} = \frac{V_F - v}{V_F}$$

양변에 대해 자연대수(ln)를 취하면 다음과 같다.

$$-\frac{t}{RC} = \ln\left(\frac{V_F - v}{V_F}\right)$$
$$t = -RC \ln\left(\frac{V_F - v}{V_F}\right)$$

V_F는 C가 충전되는 최종 전압으로 V_{in}과 같다. 이들 값을 대입하여 풀면 다음 값을 얻는다.

$$t = -(10\ M\Omega)(0.47\ \mu F)\ln\left(\frac{9\ V - 5\ V}{9\ V}\right) = -(10\ M\Omega)(0.47\ \mu F)\ln\left(\frac{4\ V}{9\ V}\right) = \mathbf{3.8\ s}$$

관련 문제 그림 15-47 회로에서 $V_{in} = 24\ V$, $R = 10\ k\Omega$, $C = 1500\ pF$일 때 시간 지연값을 구하시오.

펄스 파형-직류 변환기

적분기는 펄스 파형을 파형의 평균과 같은 일정한 직류값으로 변환할 때 사용될 수 있다. 이를 위해서는 그림 15-48(a)와 같이 펄스 파형의 주기에 비해 상당히 큰 시정수를 갖게 해준다. 사실 캐패시터가 조금 충전 및 방전되는 동안 출력에 적은 맥동은 존재한다. 이러한 맥동은 시정수가 커질수록 작아지며 그림 15-48(b)에 나타난 바와 같이 일정한 수준으로 만들 수 있다. 정현파 응답의 관점에서 이 회로는 저역통과 필터이다.

양과 음의 기동 펄스 발생기

미분기는 그림 15-49(a)와 같이 양과 음의 극성을 가진 매우 짧은 폭의 펄스(스파이크)를 발

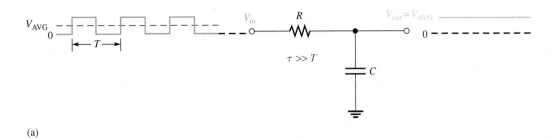

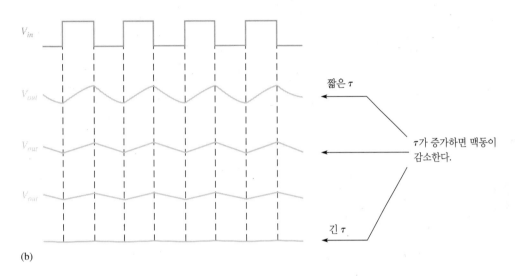

그림 15-48

긴 시정수를 가진 적분기의 펄스-직류 변환기 동작

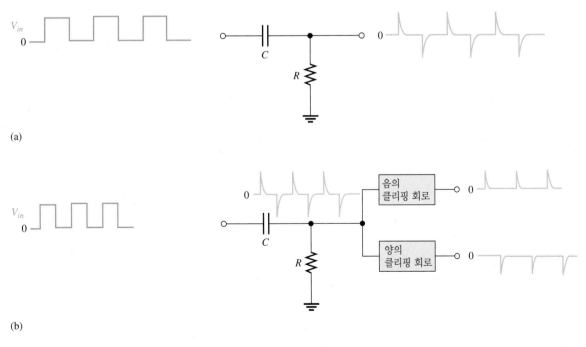

그림 15-49

양과 음의 스파이크를 발생하는 매우 짧은 시정수의 미분기생시키는 데 사용할 수 있다. 시정수가 입력의 펄스폭보다 충분히 작으면 미분기는 상승 모서리에서 양의 스파이크를 만들고 하강 모서리에서 음의 스파이크를 만든다.

양과 음의 스파이크를 분리하기 위해서는 그림 15-49(b)와 같이 두 개의 클리핑 회로가 사용된다. 각 클리핑 회로는 반도체 소자인 다이오드로 구성되는데 음의 클리핑 회로는 음의 스파이크를 제거하고 양의 스파이크만 통과시킨다. 양의 클리핑 회로는 그 반대로 동작한다.

15–8 복습문제

1. 그림 15-47의 회로에서 지연시간을 증가시키는 방법은 무엇인가?
2. 그림 15-48의 *R* 값이 감소되면 출력 맥동의 양은 증가하는가, 감소하는가?
3. 그림 15-49의 미분기에서 출력 스파이크의 폭이 짧아지기 위해서 미분기가 가져야 하는 특성은 무엇인가?

15–9   고장진단

이 절에서는 몇 가지 사례에 대해 일반적인 소자의 결함에 따른 영향을 알아보기 위하여 펄스 입력을 가진 *RC* 회로를 살펴본다. 이 개념은 *RL* 회로에도 연계하여 이해될 수 있다.

절의 학습내용

▶ *RC* 미분기와 *RC* 적분기의 고장을 진단한다.

  ▶ 개방된 캐패시터가 회로에 미치는 영향을 살펴본다.
  ▶ 단락된 캐패시터가 회로에 미치는 영향을 살펴본다.
  ▶ 개방된 저항이 회로에 미치는 영향을 살펴본다.

개방된 캐패시터

RC 적분기에서 캐패시터가 개방되면, 출력은 그림 15-50(a)처럼 입력파형의 모양과 같다. 미분기에서 캐패시터가 개방되면, 출력은 0이 된다. 이것은 그림 15-50(b)에서처럼 저항을 통하여 접지로 연결되기 때문이다.

그림 15–50

개방된 캐패시터 효과의 예

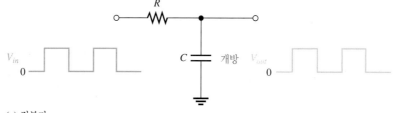

(a) 적분기

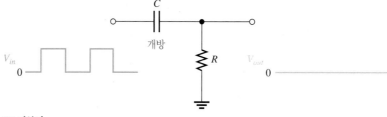

(b) 미분기

단락된 캐패시터

RC 적분기에서 캐패시터가 단락되면, 그림 15-51(a)처럼 출력은 접지된다. 미분기에서 캐패시터가 단락되면 출력전압은 그림 15-51(b)에서처럼 입력과 같다.

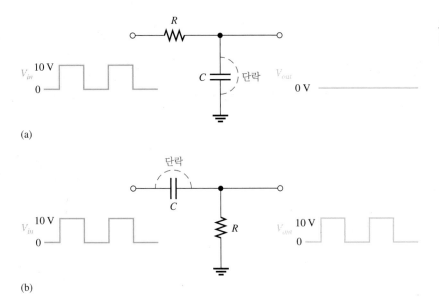

그림 15–51

단락된 캐패시터 영향의 예

개방된 저항

RC 적분기에서 저항이 개방되면, 방전 경로가 없으므로 이상적인 경우 캐패시터는 충전된 상태로 고정된다. 실제 상황에서는 전하가 점차적으로 누설되거나, 캐패시터는 출력에 연결된 측정장치를 통하여 서서히 방전될 것이다. 이러한 상황을 그림 15-52(a)에 나타내었다.

미분기에서 저항이 개방되면, 출력은 직류 레벨을 제외하고는 입력처럼 보인다. 이것은 그림 15-52(b)에서 보는 바와 같이 오실로스코프의 대단히 높은 저항을 통하여 충전 및 방전되어야 하기 때문이다.

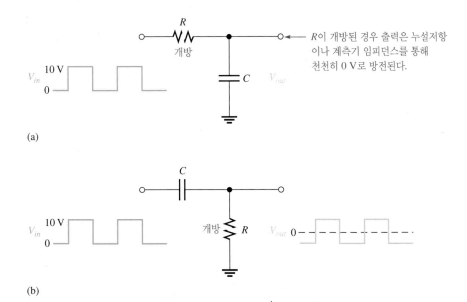

그림 15–52

개방된 저항 영향의 예

15-9 복습문제	1. 구형파 입력에 대해 *RC* 적분기 출력이 0일 때 문제의 원인이 될 가능성은 무엇인가?
	2. 적분기 캐패시터가 개방되었을 때 구형파 입력에 대한 출력은 어떻게 되는가?
	3. 미분기 캐패시터가 단락되었을 때 구형파 입력에 대한 출력은 어떻게 되는가?

응용 과제

지식을 실무로 활용하기

응용 과제는 스위치로 5단계 조절 가능한 지연시간을 가지는 시간 지연 회로를 브레드보드에 구성하여 테스트하는 것이다. 여기서는 *RC* 적분기를 사용하였다. 입력은 긴 펄스폭을 가진 5 V 펄스로 시간 지연을 개시한다. 지수함수 형태의 출력전압은 기동회로의 임계값으로 증가하여 5개의 선택 가능한 시간 지연값이 지난 후 시스템의 다른 부분에 전원을 공급하는 데 사용된다.

선택 가능한 시간 지연 적분기의 회로를 그림 15-53에 나타내었다. *RC* 적분기는 양의 펄스 입력에 의해 구동되고 출력은 선택된 캐패시터 양단에 지수함수 형태로 증가하는 전압이 된다. 출력전압은 3.5 V에서 시스템의 다른 부분에 전원을 공급하는 임계회로를 기동한다. 동작의 기본 개념을 그림 15-54에 나타내었다. 여기서 적분기의 지연시간은 입력 펄스의 상승 모서리에서 출력전압이 3.5 V에 도달하는 시간으로 명시된다. 명시된 시간 지연값을 표 15-1에 나타내었다.

그림 15-53

적분기 지연 회로

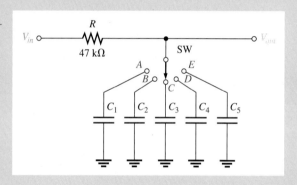

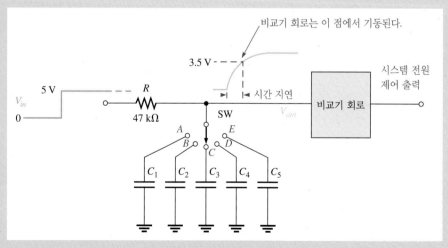

그림 15-54

시간 지연 동작의 예

표 15–1

스위치 위치	지연시간
A	10 ms
B	25 ms
C	40 ms
D	65 ms
E	85 ms

1단계 : 캐패시터값 구하기

명시된 지연시간에 10% 범위의 시간 지연을 제공하는 시간 지연 회로의 캐패시터 5개의 값을 구한다. 다음에 나열한 표준값에서 선택하라(모두 μF 단위) : 0.1, 0.12, 0.15, 0.18, 0.22, 0.27, 0.33, 0.39, 0.47, 0.56, 0.68, 0.82, 1.0, 1.2, 1.5, 1.8, 2.2, 2.7, 3.3, 3.9, 4.7, 5.6, 6.8, 8.2.

2단계 : 회로 연결하기

그림 15-55를 참조하라. 시간 지연 회로의 모든 소자는 브레드

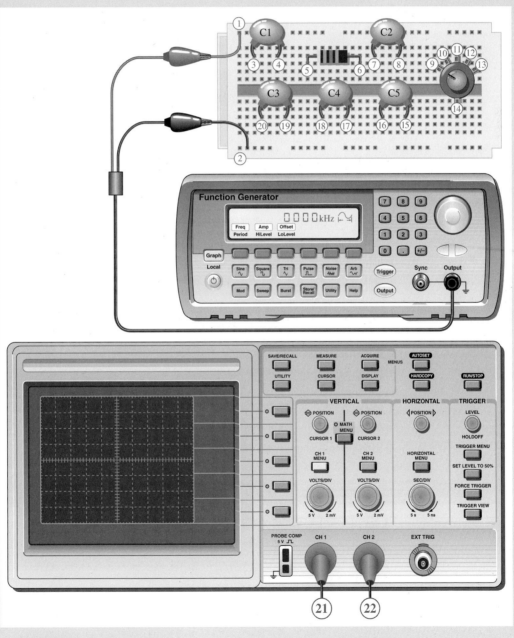

그림 15–55

브레드보드에 구성한 시간 지연 회로와 계측기

보드에 조립되고 배선만 연결하지 않았다. 원 안의 번호를 이용하여 회로와 측정기를 어떻게 연결하는지 보여주는 지점 간을 배선 리스트를 만든다.

3단계 : 테스트 과정과 기기 설정하기

시간 지연 회로를 완전히 테스트하기 위한 과정을 전개하라. 각 시간 지연을 테스트하기 위한 함수 발생기의 진폭과 주파수, 듀티 사이클 설정을 명시하라. 5개의 명시된 시간 지연을 측정하기 위한 오실로스코프의 시간간격 설정을 명시하라.

4단계 : 측정하기

각 스위치 설정에서 적절한 출력 지연시간을 만드는지 검증하는 방법을 설명하라.

복습문제

1. 시간 지연 회로의 입력 펄스가 충분히 큰 펄스폭을 가져야 하는 이유를 설명하시오.
2. 각 선택된 시간 지연이 어느 정도 조절 가능한 범위를 갖기 위해 회로를 어떻게 수정할지 나타내시오.

요 약

▶ RC 적분기 회로에서 출력전압은 캐패시터의 양단에서 얻는다.

▶ RC 미분기 회로에서 출력전압은 저항의 양단에서 얻는다.

▶ RL 적분기 회로에서 출력전압은 저항의 양단에서 얻는다.

▶ RL 미분기 회로에서 출력전압은 인덕터의 양단에서 얻는다.

▶ 적분기에서 입력의 펄스폭(t_W)이 과도 시간보다 훨씬 짧은 경우, 출력전압은 입력의 평균값과 같은 일정한 값에 접근한다.

▶ 적분기에서 입력의 펄스폭이 과도 시간보다 훨씬 긴 경우, 출력전압은 입력의 모양에 접근한다.

▶ 미분기에서 입력의 펄스폭이 과도 시간보다 훨씬 짧은 경우, 출력전압은 입력의 모양에 접근하나 평균값은 0이다.

▶ 미분기에서 입력의 펄스폭이 과도 시간보다 훨씬 긴 경우, 출력전압은 입력 펄스의 상승 모서리와 하강 모서리에서 양과 음의 스파이크로 구성된다.

핵심 용어

이 장에서 제시된 핵심 용어는 책 끝부분의 용어집에 정의되어 있다.

과도 시간(transient time) : 약 5배의 시정수와 같은 시간간격

미분기(differentiator) : 입력의 수학적인 미분값에 근접하는 출력을 발생시키는 회로

시정수(time constant) : 회로의 시간 응답을 결정하는 R과 C값 또는 R과 L값에 의해 설정되는 고정된 시간간격

적분기(integrator) : 입력의 수학적인 적분값에 근접하는 출력을 발생시키는 회로

정상 상태(steady state) : 초기 과도 시간 이후 발생하는 회로의 평형 상태

자습문제

정답은 장의 끝부분에 있다.

1. RC 적분기의 출력은 어디에서 얻는가?

  (a) 저항   **(b)** 캐패시터   **(c)** 전원   **(d)** 코일

2. 펄스폭이 시정수와 같은 10 V의 입력 펄스가 RC 적분기에 인가되면, 캐패시터는 몇 V로 충전되는가?

  (a) 10 V   **(b)** 5 V   **(c)** 6.3 V   **(d)** 3.7 V

3. 펄스폭이 시정수와 같은 10 V의 입력 펄스가 RC 미분기에 인가되면, 캐패시터는 몇 V로 충전되는가?

  (a) 6.3 V   **(b)** 10 V   **(c)** 5 V   **(d)** 3.7 V

4. RC 적분기에서 출력 펄스가 입력 펄스와 매우 유사한 경우는 어느 것인가?

  (a) τ가 펄스폭보다 훨씬 길다.

  (b) τ가 펄스폭과 같다.

  (c) τ가 펄스폭보다 짧다.

  (d) τ가 펄스폭보다 훨씬 짧다.

5. RC 미분기에서 출력 펄스가 입력 펄스와 매우 유사한 경우는 어느 것인가?

  (a) τ가 펄스폭보다 훨씬 길다.

  (b) τ가 펄스폭과 같다.

  (c) τ가 펄스폭보다 짧다.

  (d) τ가 펄스폭보다 훨씬 짧다.

6. 미분기 출력전압의 양과 음의 부분이 같으려면 어떠해야 하는가?

  (a) $5\tau < t_W$ **(b)** $5\tau > t_W$ **(c)** $5\tau = t_W$ **(d)** $5\tau > 0$

7. RL 적분기의 출력은 어디에서 얻는가?

  (a) 저항   **(b)** 코일   **(c)** 전원   **(d)** 캐패시터

8. RL 적분기에서 가능한 최대 전류는 얼마인가?

  (a) $I = \dfrac{V_p}{X_L}$ **(b)** $I = \dfrac{V_p}{Z}$ **(c)** $I = \dfrac{V_p}{R}$

9. RL 미분기에서 전류가 최대값까지 도달하는 경우는 어느 것인가?

  (a) $5\tau = t_W$ **(b)** $5\tau < t_W$ **(c)** $5\tau > t_W$ **(d)** $\tau = 0.5\, t_W$

10. 시정수가 같은 RC와 RL 미분기를 나란히 놓고 같은 입력 펄스를 인가하면 어떻게 되는가?

  (a) RC는 가장 넓은 출력 펄스를 가진다.

  (b) RL은 가장 좁은 스파이크 출력을 가진다.

  (c) 한 출력은 증가하는 지수함수이고, 다른 출력은 감소하는 지수함수이다.

  (d) 출력파형을 관측해서는 차이를 알 수 없다.

문 제

홀수문제의 답은 책 끝부분에 있다.

기본문제

15-1 RC 적분기

1. 미분회로에서 $R = 2.2\ \text{k}\Omega$이 $C = 0.047\ \mu\text{F}$과 직렬로 연결되어 있다. 시정수는 얼마인가?

2. RC가 직렬 연결된 다음의 적분회로에서 캐패시터가 완전히 충전되는 데 걸리는 시간은 각각 얼마인가?

  (a) $R = 47\ \Omega,\ C = 47\ \mu\text{F}$ **(b)** $R = 3300\ \Omega,\ C = 0.015\ \mu\text{F}$

  (c) $R = 22\ \text{k}\Omega,\ C = 100\ \text{pF}$ **(d)** $R = 4.7\ \text{M}\Omega,\ C = 10\ \text{pF}$

3. 적분기의 시정수가 대략 6 ms로 하고자 할 때 $C = 0.22\ \mu\text{F}$이면 표준 저항 R의 값은 얼마인가?

4. 문제 3의 적분기 캐패시터가 펄스 구간 동안 완전 충전되기 위한 펄스폭의 최소값을 구하시오.

15-2 단일 펄스에 대한 RC 적분기 응답

5. 20 V 펄스가 RC 적분기에 인가된다. 펄스폭은 시정수와 같으며 초기 충전값은 없다고 가정한다. 펄스 기간 동안 캐패시터는 몇 V로 충전되겠는가?

6. t_W가 다음 값일 때 문제 5를 반복하시오.

  (a) 2τ **(b)** 3τ **(c)** 4τ **(d)** 5τ

7. 5τ가 10 V 구형파 입력 펄스보다 훨씬 작은 경우 적분기 출력전압의 대략적인 모양을 그리시오. 또 5τ가 펄스폭보다 훨씬 큰 경우에 대하여 반복하시오.

8. 그림 15-56에서 단일 입력 펄스에 대한 적분기의 출력전압을 계산하시오. 반복 펄스에 대하여, 이 회로가 정상 상태에 도달하는 데 걸리는 시간은 얼마인가?

그림 15–56

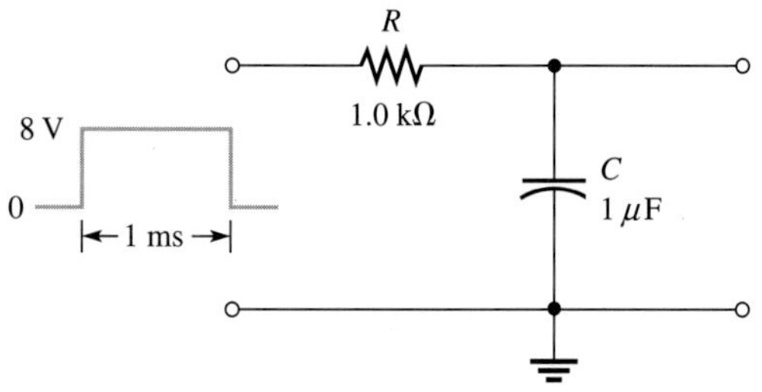

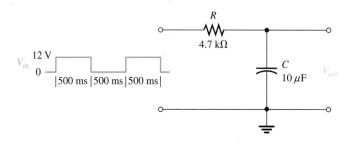

15–3 반복 펄스에 대한 *RC* 적분기 응답

9. 그림 15-57에서 최대 전압을 나타내는 적분기를 그리시오.

10. 25%의 듀티 사이클을 가지는 1 V, 10 kHz 펄스 파형이 $\tau = 25\ \mu s$를 가진 적분기에 인가된다. C에 초기 전하가 없는 경우, 3개의 초기 펄스에 대한 출력전압을 그리시오.

그림 15–57

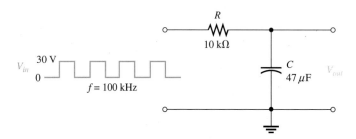

11. 그림 15-58에 나타난 구형파 입력에 대하여 *RC* 적분기의 정상 상태에서 출력전압은 얼마인가?

그림 15–58

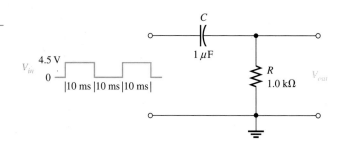

15–4 단일 펄스에 대한 *RC* 미분기 응답

12. *RC* 미분기에 대해 문제 7을 반복하시오.

13. 미분기를 만들기 위하여 그림 15-56의 회로를 다시 그리시오. 그리고 문제 8을 반복하시오.

15–5 반복 펄스에 대한 *RC* 미분기 응답

14. 그림 15-59에서 최대 전압을 나타내는 미분기의 출력을 그리시오.

그림 15–59

15. 그림 15-60에 나타난 구형파 입력에 대한 미분기의 정상상태 출력전압은 얼마인가?

그림 15-60

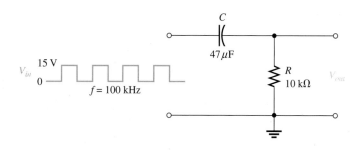

15-6 펄스 입력에 대한 *RL* 적분기 응답

16. 그림 15-61과 같이 단일 입력 펄스가 회로에 인가될 때, 출력전압을 계산하시오.

17. 그림 15-62에서 최대 전압을 나타내는 적분기 출력을 그리시오.

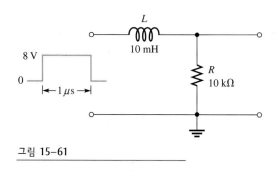

그림 15-61

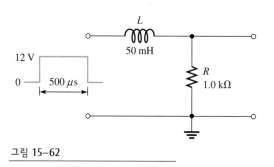

그림 15-62

15-7 펄스 입력에 대한 *RL* 미분기 응답

18. (a) 그림 15-63에서 τ는 얼마인가?

(b) 출력전압을 그리시오.

19. $t_W = 25$ ns이고 $T = 60$ ns를 가지는 주기적인 펄스 파형이 그림 15-63의 회로에 인가될 때, 출력전압의 파형을 그리시오.

그림 15-63

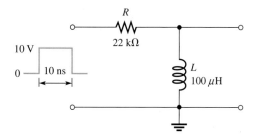

15-8 응용 회로

20. $R = 22$ kΩ, $C = 0.001$ μF, $V_{in} = 10$ V일 때 스위치가 닫힌 직후 그림 15-47에서 점 B의 순간 전압을 구하시오.

21. 진폭 12 V인 구형파 입력에 대하여 이상적인 경우 RC 적분기의 출력은 어떻게 되는가? 시정수는 입력신호 주기보다 무척 크다고 하자.

15-9 고장진단

22. 그림 15-64(a) 회로의 파형이 (b), (c)와 같다고 할 때 각 경우의 결함을 찾으시오. V_{in}은 주기가 8 ms인 구형파이다.

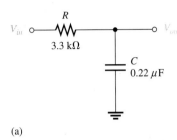

(a)

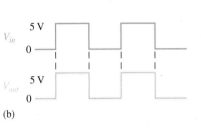

(b)

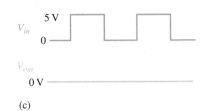

(c)

그림 15-64

23. 그림 15-65(a) 회로의 파형이 (b), (c)와 같다고 할 때 각 경우의 결함을 찾으시오. V_{in}은 주기가 8 ms인 구형파이다.

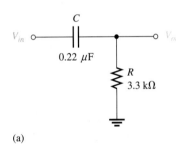

(a)

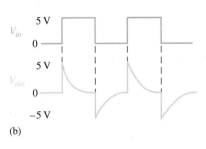

(b)

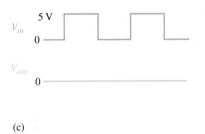

(c)

그림 15-65

24. (a) 그림 15-66에서 τ는 얼마인가?

　　(b) 출력전압을 그리시오.

그림 15-66

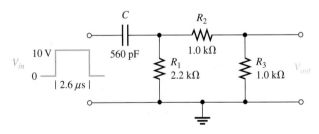

25. (a) 그림 15-67에서 τ는 얼마인가?

　　(b) 출력전압을 그리시오.

그림 15-67

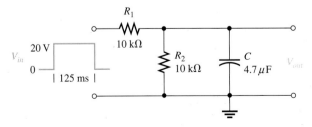

26. 그림 15-68에서 시정수를 계산하시오. 이 회로는 미분기인가, 적분기인가?

그림 15-68

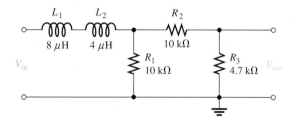

27. 그림 15-47의 시간 지연 회로에서 입력의 진폭이 5 V, 임계회로의 기준값이 2.5 V일 때 1 s의 시간 지연을 얻기 위한 시정수값을 구하시오.

28. 그림 15-69 회로의 회로도를 그리고, 오실로스코프 파형이 맞는지 확인하시오.

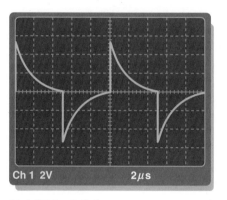

(a) 오실로스코프 화면

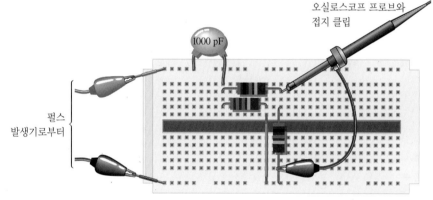

(b) 계측기 단자가 연결된 회로기판

그림 15-69

Multisim을 이용한 고장진단 문제

29. P15-29 파일을 열고 결함이 있는지 점검하시오.

30. P15-30 파일을 열고 결함이 있는지 점검하시오.

31. P15-31 파일을 열고 결함이 있는지 점검하시오.

32. P15-32 파일을 열고 결함이 있는 소자를 찾으시오.

정 답

절 복습문제

15-1 *RC* 적분기

1. 적분기는 출력을 캐패시터의 양단에서 취하는 직렬 *RC* 회로이다.

2. 입력에 인가된 전압은 캐패시터를 충전시키고, 입력 양단의 단락(0 V)은 캐패시터를 방전시킨다.

15-2 단일 펄스에 대한 *RC* 적분기 응답

1. 적분기의 출력이 진폭에 도달하려면, $5\tau \leq t_W$이어야 한다.

2. $V_{out} = (0.630)1 \text{ V} = 0.632 \text{ V}$, $t_{disch} = 5\tau = 51.7 \text{ ms}$

3. 그림 15-70 참조

4. 아니다. C는 완전히 충전되지 않는다.

5. $5\tau \ll t_W$ (5τ가 t_W보다 훨씬 작다)인 경우, 출력은 입력과 유사한 모양이다.

그림 15-70

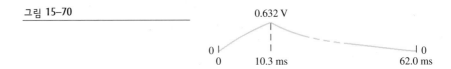

15-3 반복 펄스에 대한 *RC* 적분기 응답

1. $5\tau \leq t_W$이고 $5\tau \leq$(펄스 사이의 시간)이 될 때, 적분기 캐패시터는 완전히 충전 및 방전될 것이다.

2. 출력은 입력과 유사하다.

3. 과도 시간

4. 정상 상태의 응답은 과도 시간이 지난 다음의 응답이다.

5. 출력전압의 평균값은 입력전압의 평균값과 같다.

15-4 단일 펄스에 대한 *RC* 미분기 응답

1. 그림 15-71 참조

그림 15-71

2. $5\tau \gg t_W$일 때, 출력은 입력과 유사하다.

3. 출력은 양과 음의 스파이크로 구성되어 있다.

4. $V_R = +5\ \text{V} - 15\ \text{V} = -10\ \text{V}$

15-5 반복 펄스에 대한 *RC* 미분기 응답

1. $5\tau \leq t_W$이고 $5\tau \leq$(펄스 사이의 시간)이 될 때, C는 완전히 충전 및 방전될 것이다.

2. 출력은 양과 음의 스파이크로 구성되어 있다.

3. 평균 전압은 0 V이다.

15-6 펄스 입력에 대한 *RL* 적분기 응답

1. 출력은 저항 양단에서 취한다.

2. $5\tau \leq t_W$일 때, 출력은 입력의 크기에 도달한다.

3. $5\tau \ll t_W$일 때, 출력은 입력과 유사한 모양을 가진다.

15-7 펄스 입력에 대한 *RL* 미분기 응답

1. 출력은 인덕터 양단에서 취한다.

2. $5\tau \gg t_W$일 때, 출력은 입력과 유사한 모양을 가진다.

3. $V_{out} = 2\ \text{V} - 10\ \text{V} = -8\ \text{V}$

15-8 응용 회로

1. 지연시간을 증가시키기 위해 시정수를 증가시킨다.

2. R을 줄여주면 맥동이 증가한다.

3. 매우 짧은 시정수는 매우 좁은 폭의 스파이크를 생성한다.

15–9 고장진단

1. 0 V 출력은 저항이 개방되었거나 캐패시터가 단락되었거나 전원전압이 없거나 접점이 개방된 경우이다.

2. 적분기 캐패시터가 개방되면, 출력은 입력과 정확히 일치한다.

3. 미분기 캐패시터가 단락되었다면, 출력은 입력과 정확히 일치한다.

응용 과제

1. 가장 긴 시정수 설정에 대해 출력이 3.5 V에 도달하도록 입력 펄스폭은 충분히 커야 한다.

2. 전체 저항을 조절하기 위해 직렬로 가변 저항을 넣어준다.

예제 관련 문제

15–1 8.65 V

15-2 24.7 V

15-3 1.10 V

15-4 그림 15-72 참조

그림 15–72

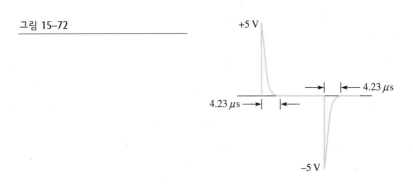

15-5 892 mV

15-6 10 kΩ

15-7 20 V

15-8 24.7 kΩ ($R_S = 300$ Ω이라고 가정)

15-9 그림 15-73 참조

그림 15–73

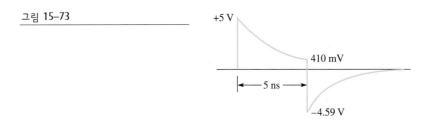

15-10 20 kΩ

15-11 3.5 μs

자습문제

1. (b)   **2.** (c)   **3.** (a)   **4.** (d)   **5.** (a)

6. (a)   **7.** (a)   **8.** (c)   **9.** (b)   **10.** (d)

표준 저항값 표

저항의 허용오차(±%)

0.1% 0.25% 0.5%	1%	2% 5%	10%	0.1% 0.25% 0.5%	1%	2% 5%	10%	0.1% 0.25% 0.5%	1%	2% 5%	10%	0.1% 0.25% 0.5%	1%	2% 5%	10%	0.1% 0.25% 0.5%	1%	2% 5%	10%	0.1% 0.25% 0.5%	1%	2% 5%	10%
10.0	10.0	10	10	14.7	14.7	—	—	21.5	21.5	—	—	31.6	31.6	—	—	46.4	46.4	—	—	68.1	68.1	68	68
10.1	—	—	—	14.9	—	—	—	21.8	—	—	—	32.0	—	—	—	47.0	—	47	47	69.0	—	—	—
10.2	10.2	—	—	15.0	15.0	15	15	22.1	22.1	22	22	32.4	32.4	—	—	47.5	47.5	—	—	69.8	69.8	—	—
10.4	—	—	—	15.2	—	—	—	22.3	—	—	—	32.8	—	—	—	48.1	—	—	—	70.6	—	—	—
10.5	10.5	—	—	15.4	15.4	—	—	22.6	22.6	—	—	33.2	33.2	33	33	48.7	48.7	—	—	71.5	71.5	—	—
10.6	—	—	—	15.6	—	—	—	22.9	—	—	—	33.6	—	—	—	49.3	—	—	—	72.3	—	—	—
10.7	10.7	—	—	15.8	15.8	—	—	23.2	23.2	—	—	34.0	34.0	—	—	49.9	49.9	—	—	73.2	73.2	—	—
10.9	—	—	—	16.0	—	16	—	23.4	—	—	—	34.4	—	—	—	50.5	—	—	—	74.1	—	—	—
11.0	11.0	11	—	16.2	16.2	—	—	23.7	23.7	—	—	34.8	34.8	—	—	51.1	51.1	51	—	75.0	75.0	75	—
11.1	—	—	—	16.4	—	—	—	24.0	—	24	—	35.2	—	—	—	51.7	—	—	—	75.9	—	—	—
11.3	11.3	—	—	16.5	16.5	—	—	24.3	24.3	—	—	35.7	35.7	—	—	52.3	52.3	—	—	76.8	76.8	—	—
11.4	—	—	—	16.7	—	—	—	24.6	—	—	—	36.1	—	36	—	53.0	—	—	—	77.7	—	—	—
11.5	11.5	—	—	16.9	16.9	—	—	24.9	24.9	—	—	36.5	36.5	—	—	53.6	53.6	—	—	78.7	78.7	—	—
11.7	—	—	—	17.2	—	—	—	25.2	—	—	—	37.0	—	—	—	54.2	—	—	—	79.6	—	—	—
11.8	11.8	—	—	17.4	17.4	—	—	25.5	25.5	—	—	37.4	37.4	—	—	54.9	54.9	—	—	80.6	80.6	—	—
12.0	—	12	12	17.6	—	—	—	25.8	—	—	—	37.9	—	—	—	56.2	—	—	—	81.6	—	—	—
12.1	12.1	—	—	17.8	17.8	—	—	26.1	26.1	—	—	38.3	38.3	—	—	56.6	56.6	56	56	82.5	82.5	82	82
12.3	—	—	—	18.0	—	18	18	26.4	—	—	—	38.8	—	—	—	56.9	—	—	—	83.5	—	—	—
12.4	12.4	—	—	18.2	18.2	—	—	26.7	26.7	—	—	39.2	39.2	39	39	57.6	57.6	—	—	84.5	84.5	—	—
12.6	—	—	—	18.4	—	—	—	27.1	—	27	27	39.7	—	—	—	58.3	—	—	—	85.6	—	—	—
12.7	12.7	—	—	18.7	18.7	—	—	27.4	27.4	—	—	40.2	40.2	—	—	59.0	59.0	—	—	86.6	86.6	—	—
12.9	—	—	—	18.9	—	—	—	27.7	—	—	—	40.7	—	—	—	59.7	—	—	—	87.6	—	—	—
13.0	13.0	13	—	19.1	19.1	—	—	28.0	28.0	—	—	41.2	41.2	—	—	60.4	60.4	—	—	88.7	88.7	—	—
13.2	—	—	—	19.3	—	—	—	28.4	—	—	—	41.7	—	—	—	61.2	—	—	—	89.8	—	—	—
13.3	13.3	—	—	19.6	19.6	—	—	28.7	28.7	—	—	42.2	42.2	—	—	61.9	61.9	62	—	90.9	90.9	91	—
13.5	—	—	—	19.8	—	—	—	29.1	—	—	—	42.7	—	—	—	62.6	—	—	—	92.0	—	—	—
13.7	13.7	—	—	20.0	20.0	20	—	29.4	29.4	—	—	43.2	43.2	43	—	63.4	63.4	—	—	93.1	93.1	—	—
13.8	—	—	—	20.3	—	—	—	29.8	—	—	—	43.7	—	—	—	64.2	—	—	—	94.2	—	—	—
14.0	14.0	—	—	20.5	20.5	—	—	30.1	30.1	30	—	44.2	44.2	—	—	64.9	64.9	—	—	95.3	95.3	—	—
14.2	—	—	—	20.8	—	—	—	30.5	—	—	—	44.8	—	—	—	65.7	—	—	—	96.5	—	—	—
14.3	14.3	—	—	21.0	21.0	—	—	30.9	30.9	—	—	45.3	45.3	—	—	66.5	66.5	—	—	97.6	97.6	—	—
14.5	—	—	—	21.3	—	—	—	31.2	—	—	—	45.9	—	—	—	67.3	—	—	—	98.8	—	—	—

비고 : 이들 값에 0.1, 1, 10, 100, 1k, 1M를 곱한 것도 이용 가능하다.

캐패시터 색띠 부호와 표시

캐패시터 색띠

어떤 캐패시터는 색띠로 표시되어 있다. 캐패시터에 사용되는 색띠는 저항의 경우와 기본적으로는 같지만 허용오차에는 차이가 있다. 기본적인 색띠 부호를 표 B-1에 나타내었으며 몇 가지 전형적인 색띠 부호로 표시된 캐패시터의 예를 그림 B-1에 나타내었다.

표 B-1

전형적인 캐패시터의 색띠 부호(pF)

색상	숫자	자릿수	허용오차
검은색	0	1	20%
갈색	1	10	1%
적색	2	100	2%
주황색	3	1000	3%
노란색	4	10000	
녹색	5	100000	5% (EIA)
파란색	6	1000000	
보라색	7		
회색	8		
흰색	9		
금색		0.1	5% (JAN)
은색		0.01	10%
색 없음			20%

주 : EIA는 전자산업협회(Electronic Industries Association), JAN은 군용표준(Joint Army-Navy)의 약자이다.

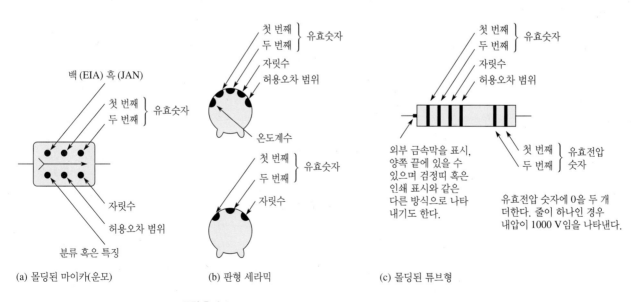

백 (EIA) 흑 (JAN)
첫 번째 ⎫ 유효숫자
두 번째 ⎭
자릿수
허용오차 범위
분류 혹은 특징

(a) 몰딩된 마이카(운모)

첫 번째 ⎫ 유효숫자
두 번째 ⎭
자릿수
허용오차 범위
온도계수

첫 번째 ⎫ 유효숫자
두 번째 ⎭
자릿수

(b) 판형 세라믹

첫 번째 ⎫ 유효숫자
두 번째 ⎭
자릿수
허용오차 범위

외부 금속막을 표시, 양쪽 끝에 있을 수 있으며 검정띠 혹은 인쇄 표시와 같은 다른 방식으로 나타내기도 한다.

첫 번째 ⎫ 유효전압
두 번째 ⎭ 숫자

유효전압 숫자에 0을 두 개 더한다. 줄이 하나인 경우 내압이 1000 V임을 나타낸다.

(c) 몰딩된 튜브형

그림 B-1

전형적인 색띠 부호로 표시된 캐패시터

표시 시스템

캐패시터는 그림 B-2와 같이 몇 가지 구분할 수 있는 특징을 가진다.

▶ 단색의 몸체[회색(황색)이 도는 흰색, 베이지, 회색, 황갈색 혹은 갈색]

▶ 부품의 끝부분을 완전히 감싼 전극

▶ 다양한 크기
1. **1206 타입** : 길이 0.125 인치, 폭 0.063 인치(3.2 mm × 1.6 mm)에 두께와 색은 다양하다.
2. **0805 타입** : 길이 0.080 인치, 폭 0.050 인치(2.0 mm × 1.25 mm)에 두께와 색은 다양하다.
3. 단일 색상(반투명의 황갈색 혹은 갈색)에 다양한 크기. 0.059 인치(1.5 mm)에서 0.22 인치(5.6 mm)의 길이와 0.032 인치(0.8 mm)에서 0.197 인치(5.0 mm)의 폭으로 크기가 다양하다.

▶ 3가지 다른 표시 시스템
1. 두 자리(글자와 숫자)
2. 두 자리(글자와 숫자 혹은 두 개의 숫자)
3. 한 자리(다양한 색상의 글자)

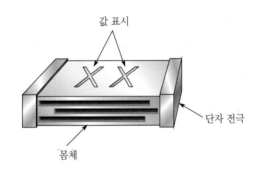

값 표시 / 단자 전극 / 몸체

그림 B-2

캐패시터 표시

표준 두 자리 코드

표 B-2를 참조하라.

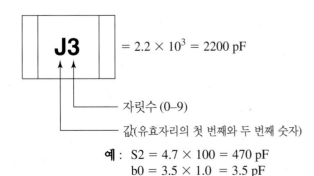

$$J3 = 2.2 \times 10^3 = 2200 \text{ pF}$$

자릿수 (0–9)

값(유효자리의 첫 번째와 두 번째 숫자)

예 : $S2 = 4.7 \times 100 = 470 \text{ pF}$
$b0 = 3.5 \times 1.0 = 3.5 \text{ pF}$

표 B-2

값*						자릿수
A	1.0	L	2.7	T	5.1	0 = ×1.0
B	1.1	M	3.0	U	5.6	1 = ×10
C	1.2	N	3.3	m	6.0	2 = ×100
D	1.3	b	3.5	V	6.2	3 = ×1000
E	1.5	P	3.6	W	6.8	4 = ×10000
F	1.6	Q	3.9	n	7.0	5 = ×100000
G	1.8	d	4.0	X	7.5	etc.
H	2.0	R	4.3	t	8.0	
J	2.2	e	4.5	Y	8.2	
K	2.4	S	4.7	y	9.0	
a	2.5	f	5.0	Z	9.1	

*대문자와 소문자를 유의하라.

대안 두 자리 코드

표 B-3을 참조하라.

▶ 100 pF 미만의 값 – 값을 바로 읽음

| 05 | = 5 pF | 82 | = 82 pF |

▶ 100 pF 이상의 값 – 문자/숫자 코드

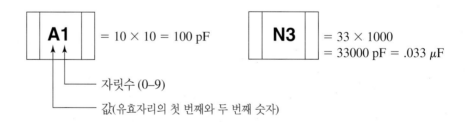

| A1 | = 10 × 10 = 100 pF | N3 | = 33 × 1000 = 33000 pF = .033 μF |

자릿수 (0–9)

값(유효자리의 첫 번째와 두 번째 숫자)

표 B-3

값*						자릿수
A	10	J	22	S	47	1 = ×10
B	11	K	24	T	51	2 = ×100
C	12	L	27	U	56	3 = ×1000
D	13	M	30	V	62	4 = ×10000
E	15	N	33	W	68	5 = ×100000
F	16	P	36	X	75	
G	18	Q	39	Y	82	etc.
H	20	R	43	Z	91	

*대문자만 사용함을 유의하라.

표준 한 자리 코드

표 B-4를 참조하라.

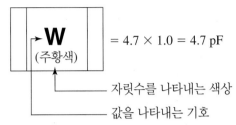

W = 4.7 × 1.0 = 4.7 pF
(주황색)

→ 자릿수를 나타내는 색상

→ 값을 나타내는 기호

예 : R (녹색)　 = 3.3 × 100 = 330 pF
　　 7 (파란색) = 8.2 × 1000 = 8200 pF

표 B-4

값						자릿수(색상)
A	1.0	K	2.2	W	4.7	주황색 = ×1.0
B	1.1	L	2.4	X	5.1	검은색 = ×10
C	1.2	N	2.7	Y	5.6	녹색 = ×100
D	1.3	O	3.0	Z	6.2	파란색 = ×1000
E	1.5	R	3.3	3	6.8	보라색 = ×10000
H	1.6	S	3.6	4	7.5	적색 = ×100000
I	1.8	T	3.9	7	8.2	
J	2.0	V	4.3	9	9.1	

부록

C 노턴 정리와 밀만 정리

노턴 정리

I_N
R_N

그림 C–1

노턴 등가회로의 형태

테브난 정리와 마찬가지로 노턴 정리(Norton's theorem)는 복잡한 회로를 단순한 형태로 간소화하는 방법을 제공한다. 노턴 정리의 경우 테브난 정리와 다른 점은 등가저항과 병렬 연결된 등가전류원을 만든다는 것이다. 노턴 등가회로를 그림 C-1에 나타내었다. 원 회로가 아무리 복잡하더라도 항상 이 등가회로로 간소화할 수 있다. 등가전류원은 I_N으로 표시하고 등가저항은 R_N으로 나타낸다.

노턴 정리를 적용하기 위해 이 두 값 I_N과 R_N을 구하는 법을 알아야 한다. 일단 주어진 회로에 대해 이들 값을 구하면 이들을 병렬 연결함으로써 노턴 회로를 완성할 수 있다.

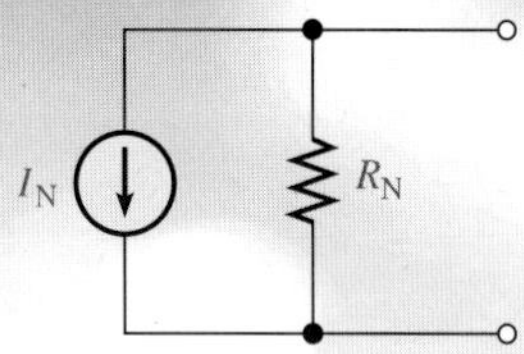

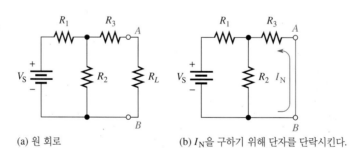

노턴 등가전류(I_N) 앞서 설명한 대로 I_N은 노턴 등가회로를 완성하기 위한 한 요소이고, 다른 요소로는 R_N이 있다. I_N은 회로의 두 지점 사이의 단락회로 전류로 정의된다. 이 두 지점 사이에 연결된 어떤 소자도 사실상 I_N 값을 가진 전류원이 R_N에 병렬 연결된 것으로 볼 수 있다.

설명을 위해 그림 C-2(a)와 같이 어떤 저항이 회로의 두 지점 사이에 연결된 저항회로에 대해 생각해 보자. 여기서는 R_L에서 본 노턴 등가회로를 찾고자 한다. I_N을 찾기 위해 그림 C-2(b)와 같이 점 A와 점 B 사이를 단락시키고 전류를 구한다. 예제 C-1은 I_N을 구하는 법을 보여주고 있다.

그림 C–2

노턴 등가전류 I_N 구하기

R_1
R_3
A
V_S
R_2
R_L
B
R_1
R_3
A
V_S
R_2
I_N
B

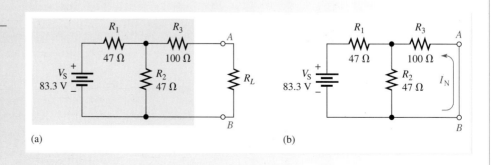

(a) 원 회로 (b) I_N을 구하기 위해 단자를 단락시킨다.

예제 C–1

그림 C-3(a)의 회색 부분의 회로에 대한 I_N을 구하시오.

그림 C–3

R_1
47 Ω
R_3
100 Ω
A
V_S
83.3 V
R_2
47 Ω
R_L
B
(a)
R_1
47 Ω
R_3
100 Ω
A
V_S
83.3 V
R_2
47 Ω
I_N
B
(b)

해 그림 C-3(b)와 같이 단자 A와 단자 B를 단락시킨다. I_N은 단락된 지점을 통해 흐르는 전류로 다음과 같이 구한다. 먼저 전압원에서 본 전체 저항을 구한다.

$$R_T = R_1 + \frac{R_2 R_3}{R_2 + R_3} = 47\ \Omega + \frac{(47\ \Omega)(100\ \Omega)}{147\ \Omega} = 79\ \Omega$$

전원에서 나오는 전체 전류를 구하면 다음 값을 갖는다.

$$I_T = \frac{V_S}{R_T} = \frac{83.3\ V}{79\ \Omega} = 1.05\ A$$

이제 전류분배 공식을 사용하여 단락된 곳으로 흐르는 전류 I_N을 구한다.

$$I_N = \left(\frac{R_2}{R_2 + R_3}\right)I_T = \left(\frac{47\ \Omega}{147\ \Omega}\right)1.05\ A = \mathbf{336\ mA}$$

이것이 노턴 등가전류원이다.

노턴 등가저항(R_N) R_N은 R_{TH}와 같은 방식으로 정의된다. 이것은 주어진 회로에서 모든 전원을 내부 저항으로 교체한 다음 두 단자에서 보이는 전체 저항이다. 예제 C-2는 R_N을 구하는 법을 보여주고 있다.

예제 C-2

그림 C-3(a)(예제 C-1 참조)의 회색 부분의 회로에서 R_N을 구하시오.

해 먼저 그림 C-4에 나타난 바와 같이 단락시킴으로써 V_S를 0으로 해준다.

단자 A와 단자 B에서 보면 R_1과 R_2의 병렬 저항이 R_3와 직렬 연결된 것을 볼 수 있으므로 다음과 같은 식이 나온다.

$$R_N = R_3 + \frac{R_1}{2} = 100\ \Omega + \frac{47\ \Omega}{2} = \mathbf{124\ \Omega}$$

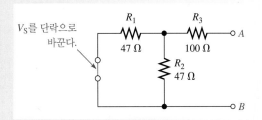

그림 C-4

두 예제를 통해 노턴 등가회로의 두 등가소자 I_N과 R_N을 구하는 법을 살펴보았다. 이들 값은 모든 선형 회로에서 구할 수 있음을 유념하라. 일단 이들을 구하면 예제 C-3과 같이 이들을 병렬 연결하여 노턴 등가회로를 만들어 준다.

예제 C-3

그림 C-3(예제 C-1 참조)의 원 회로에 대해 완전한 노턴 등가회로를 그리시오.

해 예제 C-1과 예제 C-2에서 $I_N = 336$ mA, $R_N = 124$ Ω을 구하였다. 이를 이용하여 노턴 등가회로를 그림 C-5에 나타내었다.

그림 C-5

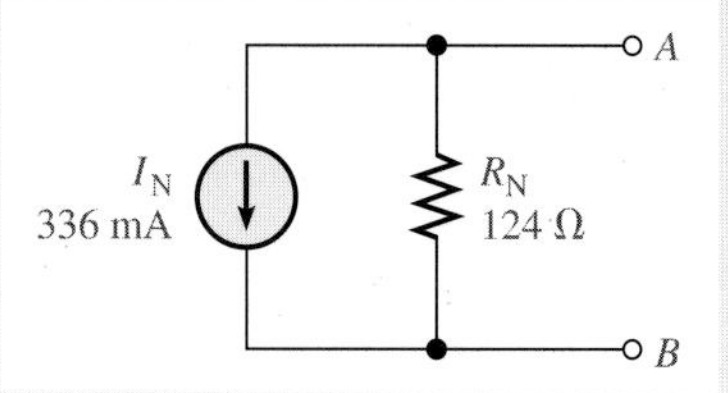

I_N 336 mA

R_N 124 Ω

A

B

노턴 정리 요약 어떤 부하저항을 노턴 등가회로의 단자에 연결하더라도 원 회로의 단자에 연결한 것과 동일한 전압이 걸리고 동일한 전류가 흐른다. 이론적으로 노턴 정리를 적용하기 위한 단계를 요약하면 다음과 같다.

1. 노턴 등가회로를 구하려는 두 단자를 단락시킨다.

2. 단락된 단자를 통해 흐르는 전류(I_N)를 구한다.

3. 모든 전압원을 단락시키고 모든 전류원을 개방시킨 상태에서 개방된 두 단자 사이의 저항(R_N)을 구한다($R_N = R_{TH}$).

4. I_N과 R_N을 병렬 연결하여 원 회로에 대한 노턴 등가회로를 완성한다.

노턴 등가회로는 테브난 등가회로에서 전원 변환기법을 사용하여 유도할 수 있다.

밀만 정리

밀만 정리(Millman's theorem)는 다수의 병렬 전압원을 단일 등가전압원으로 단순화시키는 방법으로, 부하에 흐르는 전류나 걸리는 전압을 쉽게 구할 수 있다. 밀만 정리는 병렬 전압원에 대한 테브난 정리의 특수한 형태이다. 밀만 정리를 사용한 변환방법을 그림 C-6에 나타내었다.

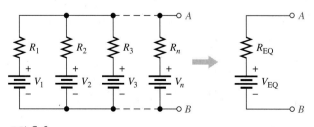

그림 C-6

다수의 병렬 전압원을 등가의 단일 병렬 전압원으로 간소화

밀만의 등가전압(V_{EQ})과 등가저항(R_{EQ}) 밀만 정리는 등가전압 V_{EQ}를 구하는 공식을 제공한다. V_{EQ}를 구하기 위해 그림 C-7에 나타난 바와 같이 병렬 전압원을 전류원으로 변환한다.

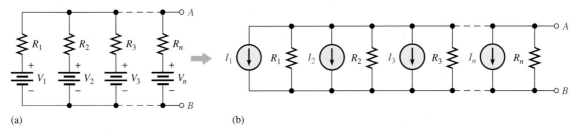

그림 C-7

병렬 전압원을 전류원으로 변환

그림 C-7(b)에서 병렬 전류원에서 나오는 전체 전류를 구한다.

$$I_T = I_1 + I_2 + I_3 + \cdots + I_n$$

단자 A와 단자 B 사이의 전체 컨덕턴스를 구한다.

$$G_T = G_1 + G_2 + G_3 + \cdots + G_n$$

여기서 $G_T = 1/R_T$이며 $G_1 = 1/R_1$ 이하 같은 관계를 갖는다. 전류원은 그 효과에 있어서 개방이므로 밀만 정리에 의해 등가저항 R_{EQ}는 전체 저항 R_T와 같다.

$$R_{EQ} = \frac{1}{G_T} = \frac{1}{(1/R_1) + (1/R_2) + (1/R_3) + \cdots + (1/R_n)} \tag{C-1}$$

밀만 정리에 의해 등가전압은 $I_T R_{EQ}$인데 여기서 I_T는 다음과 같다.

$$I_T = I_1 + I_2 + I_3 + \cdots + I_n = \frac{V_1}{R_1} + \frac{V_2}{R_2} + \frac{V_3}{R_3} + \cdots + \frac{V_n}{R_n}$$

등가전압에 대한 공식은 다음과 같다.

$$V_{EQ} = \frac{(V_1/R_1) + (V_2/R_2) + (V_3/R_3) + \cdots + (V_n/R_n)}{(1/R_1) + (1/R_2) + (1/R_3) + \cdots + (1/R_n)} \tag{C-2}$$

식 (C-1)과 식 (C-2)는 2개의 밀만 공식으로 여기서 등가전압원의 극성은 전체 전류가 부하에 흐르는 방향이 원 회로와 동일하도록 설정해 준다.

예제 C-4

밀만 정리를 사용하여 그림 C-8의 회로에서 R_L 양단의 전압과 R_L에 흐르는 전류를 구하시오.

그림 C-8

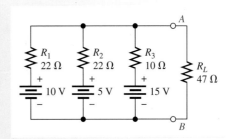

해 밀만 정리를 적용하면 다음과 같다,

$$R_{EQ} = \frac{1}{(1/R_1) + (1/R_2) + (1/R_3)}$$

$$= \frac{1}{(1/22\,\Omega) + (1/22\,\Omega) + (1/10\,\Omega)} = \frac{1}{0.19} = 5.24\,\Omega$$

$$V_{EQ} = \frac{(V_1/R_1) + (V_2/R_2) + (V_3/R_3)}{(1/R_1) + (1/R_2) + (1/R_3)}$$

$$= \frac{(10\,V/22\,\Omega) + (5\,V/22\,\Omega) + (15\,V/10\,\Omega)}{(1/22\,\Omega) + (1/22\,\Omega) + (1/10\,\Omega)} = \frac{2.18\,A}{0.19\,S} = 11.5\,V$$

단일 등가전압원을 그림 C-9에 나타내었다.

이제 부하저항에서 I_L과 V_L을 구하자.

$$I_L = \frac{V_{EQ}}{R_{EQ} + R_L} = \frac{11.5\,V}{52.2\,\Omega} = \textbf{220\,mA}$$

$$V_L = I_L R_L = (220\,mA)(47\,\Omega) = \textbf{10.3\,V}$$

그림 C–9

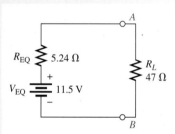

홀수 문항에 대한 정답

1장

1. (a) 3×10^3 (b) 7.5×10^4 (c) 2×10^6

3. (a) 8.4×10^3 (b) 9.9×10^4 (c) 2×10^5

5. (a) 0.0000025   (b) 500   (c) 0.39

7. (a) 4.32×10^7 (b) 5.00085×10^3 (c) 6.06×10^{-8}

9. (a) 2.0×10^9 (b) 3.6×10^{14} (c) 1.54×10^{-14}

11. (a) 89×10^3 (b) 450×10^3 (c) 12.04×10^{12}

13. (a) 345×10^{-6} (b) 25×10^{-3} (c) 1.29×10^{-9}

15. (a) 7.1×10^{-3} (b) 101×10^6 (c) 1.50×10^6

17. (a) 22.7×10^{-3} (b) 200×10^6 (c) 848×10^{-3}

19. (a) $345 \mu A$ (b) 25 mA   (c) 1.29 nA

21. (a) $3 \mu F$ (b) $3.3 M\Omega$ (c) 350 nA

23. (a) $5000 \mu A$ (b) 3.2 mW

　　(c) 5 MV   (d) 10,000 kW

25. (a) 50.68 mA   (b) $2.32 M\Omega$ (c) $0.0233 \mu F$

27. (a) 3   (b) 2   (c) 5   (d) 2   (e) 3   (f) 2

2장

1. 80×10^{12} C

3. 4.64×10^{-18} C

5. (a) 10 V   (b) 2.5 V   (c) 4 V

7. 20 V

9. (a) 75 A   (b) 20 A   (c) 2.5 A

11. 2 s

13. A: $6800 \Omega \pm 10\%$

　　B: $33 \Omega \pm 10\%$

　　C: $47,000 \Omega \pm 5\%$

15. (a) 적색, 보라색, 갈색, 금색

　　(b) B: 330Ω, D: $2.2 k\Omega$, A: $39 k\Omega$, L: $56 k\Omega$, F: $100 k\Omega$

17. (a) $10 \Omega \pm 5\%$

　　(b) $5.1 M\Omega \pm 10\%$

　　(c) $68 \Omega \pm 5\%$

19. (a) $28.7 k\Omega \pm 1\%$

　　(b) $60.4 \Omega \pm 1\%$

　　(c) $9.41 k\Omega \pm 1\%$

21. (a) 22Ω (b) $4.7 k\Omega$ (c) $82 k\Omega$

　　(d) $3.3 k\Omega$ (e) 56Ω (f) $10 M\Omega$

23. 전구 2로 전류가 흐른다.

25. 전류계는 저항이 직렬로 연결하는데 전류계의 음의 단자는 전원의 음의 단자에, 양의 단자는 R_1의 한 쪽에 연결해 준다. 전압계는 전원 양단에(전원과 병렬로) 연결해 준다(음의 단자는 음의 단자로, 양의 단자는 양의 단자로 연결).

27. 위치 1 : V1 = 0, V2 = V_S

　　위치 2 : V1 = V_S, V2 = 0

29. 250 V

31. (a) 200Ω (b) $150 M\Omega$ (c) 4500Ω

33. 33.3 V

35. AWG #27

37. 회로 (b)

39. 한 전류계는 전지와 직렬로, 다른 전류계는 각 저항과 직렬로 연결한다(모두 7개).

41. 그림 P-1 참조

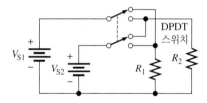

그림 P–1

3장

1. (a) 3 A   (b) 0.2 A   (c) 1.5 A

3. 15 mA

5. (a) 3.33 mA   (b) $550 \mu A$ (c) $588 \mu A$

　　(d) 500 mA   (e) 6.60 mA

7. (a) 2.50 mA   (b) $2.27 \mu A$ (c) 8.33 mA

9. I = 0.642 A, 따라서 0.5 A 퓨즈는 소손된다.

11. (a) 10 mV   (b) 1.65 V   (c) 14.1 kV

　　(d) 3.52 V   (e) 250 mV   (f) 750 kV

　　(g) 8.5 kV   (h) 3.53 mV

13. (a) 81 V   (b) 500 V   (c) 117.5 V

15. **(a)** 2 kΩ   **(b)** 3.5 kΩ   **(c)** 2 kΩ
   (d) 100 kΩ   **(e)** 1 MΩ

17. **(a)** 4 Ω   **(b)** 3 kΩ   **(c)** 200 kΩ

19. 417 mW

21. **(a)** 1 MW   **(b)** 3 MW   **(c)** 150 MW   **(d)** 8.7 MW

23. **(a)** 2,000,000 μW   **(b)** 500 μW
   (c) 250 μW   **(d)** 6.67 μW

25. $P = W/t$ (단위는 와트); $V = W/Q$; $I = Q/t$. $P = VI = W/t$, 따라서 (1 V)(1 A) = 1 와트

27. 16.5 mW

29. 1.18 kW

31. 5.81 W

33. 25 Ω

35. 0.00186 kWh

37. 156 mW

39. 1 W

41. **(a)** 꼭대기에서 양의 값   **(b)** 바닥에서 양의 값
   (c) 오른쪽에서 양의 값

43. 36 Ah

45. 13.5 mA

47. 4.25 W

49. 5회

51. 150 Ω

53. $V = 0$ V, $I = 0$ A; $V = 10$ V, $I = 100$ mA;
   $V = 20$ V, $I = 200$ mA; $V = 30$ V, $I = 300$ mA;
   $V = 40$ V, $I = 400$ mA; $V = 50$ V, $I = 500$ mA;
   $V = 60$ V, $I = 600$ mA; $V = 70$ V, $I = 700$ mA;
   $V = 80$ V, $I = 800$ mA; $V = 90$ V, $I = 900$ mA;
   $V = 100$ V, $I = 1$ A

55. $R_1 = 0.5$ Ω; $R_2 = 1$ Ω; $R_3 = 2$ Ω

57. 10 V; 30 V

59. $I_{MAX} = 3.83$ mA; $I_{MIN} = 3.46$ mA

61. 216 kWh

63. 12 W

65. 2.5 A

67. 결함 없다.

69. 전구 4가 단락되었다.

4장

1. 그림 P-2 참조

그림 P-2

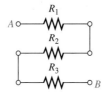

3. 170 kΩ

5. 138 Ω

7. **(a)** 7.9 kΩ   **(b)** 33 Ω   **(c)** 13.24 MΩ
   직렬 회로를 전원에서 분리하고 회로 양단에 저항계를 연결해 준다.

9. 1126 Ω

11. **(a)** 170 kΩ   **(b)** 50 Ω
   (c) 12.4 kΩ   **(d)** 1.97 kΩ

13. 0.1 A

15. **(a)** 625 μA
   (b) 4.26 μA. 전류계를 직렬로 연결한다.

17. **(a)** 34.0 mA   **(b)** 16 V   **(c)** 0.543 W

19. 14 V

21. 26 V

23. **(a)** $V_2 = 6.8$ V
   (b) $V_R = 8$ V, $V_{2R} = 16$ V, $V_{3R} = 24$ V, $V_{4R} = 32$ V
   전압계는 전압을 알 수 없는 저항 양단에(저항과 병렬로) 연결한다.

25. **(a)** 3.84 V   **(b)** 6.77 V

27. 3.80 V; 9.38 V

29. $V_{5.6kΩ} = 10$ V; $V_{1kΩ} = 1.79$ V; $V_{560Ω} = 1$ V; $V_{10kΩ} = 17.9$ V

31. 55 mW

33. V_A와 V_B를 각각 기준 전위에 대해 측정한 후 $V_{R2} = V_A - V_B$로 구한다.

35. **(a)** R_4 개방   **(b)** R_4와 R_5 단락

37. 780 Ω

39. $V_A = 10$ V; $V_B = 7.72$ V; $V_C = 6.68$ V;
   $V_D = 1.81$ V; $V_E = 0.57$ V; $V_F = 0$ V

41. 500 Ω

43. **(a)** 19.1 mA   **(b)** 45.8 V
   (c) $R(⅛W) = 343$ Ω, $R(¼W) = 686$ Ω,
   $R(½W) = 1371$ Ω

45. 그림 P-3 참조

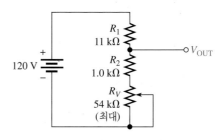

그림 P-3

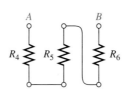

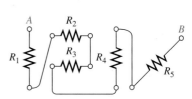

47. $R_1 + R_7 + R_8 + R_{10} = 4.23\,\text{k}\Omega$;

$R_2 + R_4 + R_6 + R_{11} = 23.6\,\text{k}\Omega$;

$R_3 + R_5 + R_9 + R_{12} = 19.9\,\text{k}\Omega$

49. A: 5.45 mA; B: 6.06 mA; C: 7.95 mA; D: 12 mA

51. A: $V_1 = 6.03\,\text{V}$, $V_2 = 3.35\,\text{V}$, $V_3 = 2.75\,\text{V}$,
$V_4 = 1.88\,\text{V}$, $V_5 = 4.0\,\text{V}$;

B: $V_1 = 6.71\,\text{V}$, $V_2 = 3.73\,\text{V}$, $V_3 = 3.06\,\text{V}$, $V_5 = 4.5\,\text{V}$;

C: $V_1 = 8.1\,\text{V}$, $V_2 = 4.5\,\text{V}$, $V_5 = 5.4\,\text{V}$;

D: $V_1 = 10.8\,\text{V}$, $V_5 = 7.2\,\text{V}$

53. 그렇다. R_3와 R_5가 단락되었다.

55. (a) R_{11}은 과도한 전력으로 인해 소손되어 개방되었다.

(b) $R_{11}(10\,\text{k}\Omega)$을 교체한다.

(c) 338 V

57. R_6가 단락되었다.

59. 전구 4가 개방되었다.

61. 82 Ω 저항이 단락되었다.

5장

1. 그림 P-4 참조

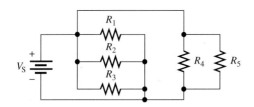

그림 P–4

3. 3.43 kΩ

5. (a) 25.6 Ω　　**(b)** 359 Ω

(c) 819 Ω　　**(d)** 996 Ω

7. 2 kΩ

9. 12 V; 5 mA

11. (a) 909 μA　　**(b)** 76 mA

13. 회로 (a)

15. 1350 mA

17. $I_2 = I_3 = 7.5\,\text{mA}$. 전류계를 각 지로 저항에 직렬로 연결한다.

19. $I_1 = 2.19\,\text{A}$; $I_2 = 811\,\text{mA}$

21. 200 mW

23. 682 mA; 4.09 A

25. 10 kΩ 저항이 개방되었다.

27. R_2가 개방되었다.

29. $R_2 = 25\,\Omega$; $R_3 = 100\,\Omega$; $R_4 = 12.5\,\Omega$

31. $I_R = 4.8\,\text{A}$; $I_{2R} = 2.4\,\text{A}$; $I_{3R} = 1.6\,\text{A}$; $I_{4R} = 1.2\,\text{A}$

33. (a) $R_1 = 100\,\Omega$, $R_2 = 200\,\Omega$, $I_2 = 50\,\text{mA}$

(b) $I_1 = 125\,\text{mA}$, $I_2 = 74.9\,\text{mA}$, $R_1 = 80\,\Omega$, $R_2 = 134\,\Omega$,
$V_S = 10\,\text{V}$

(c) $I_1 = 253\,\text{mA}$, $I_2 = 147\,\text{mA}$, $I_3 = 100\,\text{mA}$, $R_1 = 395\,\Omega$

35. 53.7 Ω

37. 3.92 A; 1.08 A

39. $R_1 \| R_2 \| R_5 \| R_9 \| R_{10} \| R_{12} = 100\,\text{k}\Omega \| 220\,\text{k}\Omega \| 560\,\text{k}\Omega \|$
$390\,\text{k}\Omega \| 1.2\,\text{M}\Omega \| 100\,\text{k}\Omega = 33.6\,\text{k}\Omega$

$R_4 \| R_6 \| R_7 \| R_8 = 270\,\text{k}\Omega \| 1.0\,\text{M}\Omega \| 820\,\text{k}\Omega \| 680\,\text{k}\Omega =$
$135.2\,\text{k}\Omega$

$R_3 \| R_{11} = 330\,\text{k}\Omega \| 1.8\,\text{M}\Omega = 278.9\,\text{k}\Omega$

41. $R_2 = 750\,\Omega$; $R_4 = 423\,\Omega$

43. 4.7 kΩ 저항이 개방되었다.

45. (a) 저항 중 하나가 과도한 전력 손실로 개방되었다.

(b) 30 V

(c) 1.8 kΩ 저항을 교체한다.

47. (a) 940 Ω　　**(b)** 518 Ω　　**(c)** 518 Ω　　**(d)** 422 Ω

49. R_3가 단락되었다.

51. (a) 1번 핀에서 4번 핀 사이의 R이 계산값과 일치한다.

(b) 2번 핀에서 3번 핀 사이의 R이 계산값과 일치한다.

6장

1. R_2, R_3, R_4는 병렬로 되어 있고 여기에 R_1, R_5가 직렬로 연결되어 있다.

3. 그림 P-5 참조

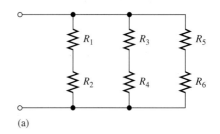

(a)

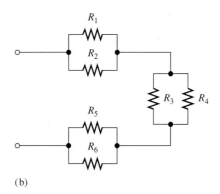

(b)

그림 P–5

5. 2003 Ω

7. (a) 128 Ω　　**(b)** 791 Ω

9. **(a)** $I_1 = I_4 = 11.7\,\text{mA}, I_2 = I_3 = 5.85\,\text{mA}; V_1 = 655\,\text{mV},$
   $V_2 = V_3 = 585\,\text{mV}, V_4 = 257\,\text{mV}$

   (b) $I_1 = 3.8\,\text{mA}, I_2 = 618\,\mu\text{A}, I_3 = 1.27\,\text{mA}, I_4 = 1.91\,\text{mA};$
   $V_1 = 2.58\,\text{V}, V_2 = V_3 = V_4 = 420\,\text{mV}$

11. 2.22 mA

13. 7.5 V 부하가 있는 경우; 7.29 V 부하가 없는 경우

15. 56 kΩ 부하

17. 22 kΩ

19. 2 V

21. 360 Ω

23. 7.33 kΩ

25. $R_{\text{TH}} = 18\,\text{k}\Omega; V_{\text{TH}} = 2.7\,\text{V}$

27. 1.06 V; 226 μA

29. 75 Ω

31. 21 mA

33. 아니다. 전압계는 4.39 V를 나타내어야 한다. 680 Ω 저항이 개방되어 있다.

35. 7.62 V와 5.24 V 값이 틀린 것인데, 이것은 3.3 kΩ 저항이 개방됨을 나타낸다.

37. **(a)** $V_1 = -10\,\text{V}$, 나머지는 0 V

   (b) $V_1 = -2.33\,\text{V}, V_4 = -7.67\,\text{V}, V_2 = -7.67\,\text{V}, V_3 = 0\,\text{V}$

   (c) $V_1 = -2.33\,\text{V}, V_4 = -7.67\,\text{V}, V_2 = 0\,\text{V}, V_3 = -7.67\,\text{V}$

   (d) $V_1 = -10\,\text{V}$, 나머지는 0 V

39. 그림 P-6 참조

41. $R_T = 5.76\,\text{k}\Omega; V_A = 3.3\,\text{V}; V_B = 1.7\,\text{V}; V_C = 850\,\text{mV}$

43. $V_1 = 1.61\,\text{V}; V_2 = 6.77\,\text{V}; V_3 = 1.72\,\text{V}; V_4 = 3.33\,\text{V};$
   $V_5 = 378\,\text{mV}; V_6 = 2.57\,\text{V}; V_7 = 378\,\text{mV}; V_8 = 1.72\,\text{V};$
   $V_9 = 1.61\,\text{V}$

45. 110 Ω

47. $R_1 = 180\,\Omega; R_2 = 60\,\Omega.$ 출력은 R_2 양단에서 취한다.

49. 845 μA

51. 11.7 V

53. 그림 P-7 참조

55. 위치 1 : $V_1 = 88.0\,\text{V}, V_2 = 58.7\,\text{V}, V_3 = 29.3\,\text{V}$

   위치 2 : $V_1 = 89.1\,\text{V}, V_2 = 58.2\,\text{V}, V_3 = 29.1\,\text{V}$

   위치 3 : $V_1 = 89.8\,\text{V}, V_2 = 59.6\,\text{V}, V_3 = 29.3\,\text{V}$

57. 12 kΩ 저항 중 하나가 개방되었다.

59. 2.2 kΩ 저항이 개방되었다.

61. $V_A = 0\,\text{V}; V_B = 11.1\,\text{V}$

63. R_2가 단락되었다.

65. 결함 없다.

67. R_4가 단락되었다.

69. R_5가 단락되었다.

7장

1. 감소한다.

3. 37.5 μWb

5. 1000 G

7. 597

9. 1500 At

11. **(a)** 전자기력   **(b)** 스프링의 반발력

13. 전자기력

15. 전류를 바꿔준다.

17. 물질 A

그림 P–6

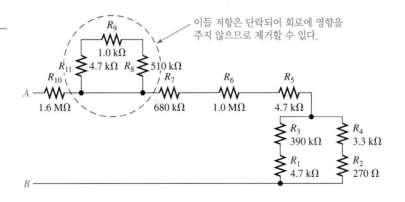

이들 저항은 단락되어 회로에 영향을 주지 않으므로 제거할 수 있다.

그림 P–7

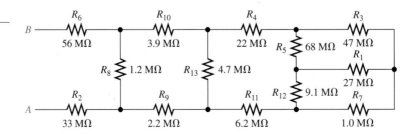

19. 1 mA

21. 전기적으로 루프를 외부 회로에 연결해 준다.

23. 출력전압은 주파수 120 Hz, 최대값 10 V로 그림 7-40에 진한 회색 실선과 같이 나타난다.

25. 설계에 결함이 있다. 12 V는 직렬로 연결된 12 V 릴레이를 구동하기에 부족하다. 24 V는 12 V 전구를 구동하기에는 과도하다. 전구를 구동하기 위해 별도의 12 V 전원을 설치하고 릴레이에는 12 V 대신 24 V를 연결해 준다.

8장

1. (a) 1 Hz (b) 5 Hz (c) 20 Hz
   (d) 1 kHz (e) 2 kHz (f) 100 kHz

3. $2\,\mu s$

5. 250 Hz

7. 200 rps

9. (a) 7.07 mA (b) 4.5 mA (c) 14.14 mA

11. (a) 17.7 V (b) 25 V (c) 0 V (d) −17.7 V

13. 15°, A가 앞선다.

15. 그림 P-8 참조

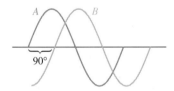

그림 P–8

17. (a) 22.5° (b) 60° (c) 90°
   (d) 108° (e) 216° (f) 324°

19. (a) 57.4 mA (b) 99.6 mA (c) −17.4 mA
   (d) −57.4 mA (e) −99.6 mA (f) 0 mA

21. 30°: 13.0 V; 45°: 14.5 V; 90°: 13.0 V; 180°: −7.5 V;
   200°: −11.5 V; 300°: −7.5 V

23. (a) 7.07 mA (b) 0 A (c) 10 mA
   (d) 20 mA (e) 10 mA

25. 7.38 V

27. 4.24 V

29. $t_r \cong 3.0$ ms; t_f 3.0 ms; $t_W \cong 12.0$ ms; 진폭 = 5 V

31. (a) −0.375 V (b) 3.01 V

33. (a) 50 kHz (b) 10 Hz

35. 25 kHz

37. 0.424 V; 2 Hz

39. 1.4 V; 120 ms; 30%

41. I_{max} = 2.38 A; V_{avg} = 136 V; 그림 P-9 참조

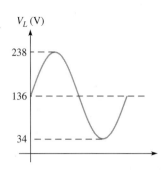

V_L (V)

238

136

34

그림 P–9

43. (a) 2.5 (b) 3.96 V (c) 12.5 kHz

45. 그림 P-10 참조

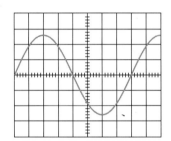

그림 P–10

47. $V_{p(in)}$ = 4.44 V; f_{in} = 2 Hz

49. R_3가 개방되었다.

51. 5 V; 1 ms

9장

1. (a) $5\,\mu F$ (b) $1\,\mu C$ (c) 10 V

3. (a) $0.001\,\mu F$ (b) $0.0035\,\mu F$ (c) $0.00025\,\mu F$

5. $2\,\mu F$

7. 88.5 pF

9. $0.0249\,\mu F$

11. 12.5 pF 증가시킨다.

13. 세라믹

15. (a) $0.022\,\mu F$ (b) $0.047\,\mu F$
   (c) $0.001\,\mu F$ (d) 22 pF

17. (a) 캡슐화
   (b) 유전체(세라믹 판)
   (c) 도체판(금속판)
   (d) 단자(도선)

19. (a) $0.69\,\mu F$ (b) 69.7 pF (c) $2.6\,\mu F$

21. V_1 = 2.13 V; V_2 = 10 V; V_3 = 4.55 V; V_4 = 1 V

23. (a) $2.62\,\mu F$ (b) 689 pF (c) $1.6\,\mu F$

25. (a) 100 μs **(b)** 560 μs **(c)** 22.1 μs **(d)** 15 ms

27. (a) 9.48 V **(b)** 13.0 V **(c)** 14.3 V

(d) 14.7 V **(e)** 14.9 V

29. (a) 2.72 V **(b)** 5.90 V **(c)** 11.7 V

31. (a) 339 kΩ **(b)** 13.5 kΩ

(c) 677 Ω **(d)** 33.9 Ω

33. (a) 30.4 Ω **(b)** 115 kΩ **(c)** 49.7 Ω

35. 200 Ω

37. $P_{\text{true}} = 0$ W; $P_r = 3.39$ mVAR

39. 0 Ω

41. 3.18 ms

43. 3.24 μs

45. (a) 3.32 V로 10 ms 동안 충전된 후 215 ms에 0 V로 방전된다.

(b) 3.32 V로 10 ms 동안 충전된 후 5 ms 동안 2.96 V로 방전되고 20 V로 충전된다.

47. 0.0056 μF

49. $V_1 = 7.25$ V; $V_2 = 2.76$ V; $V_3 = 0.79$ V;

$V_5 = 1.19$ V; $V_6 = 0.79$ V; $V_4 = 1.98$ V

51. C_2가 개방되었다.

53. 결함 없다.

10장

1. 8 kHz; 8 kHz

3. (a) 288 Ω **(b)** 1209 Ω

5. (a) 726 kΩ **(b)** 155 kΩ

(c) 91.5 kΩ **(d)** 63.0 kΩ

7. (a) 34.7 mA **(b)** 4.14 mA

9. $I_{tot} = 12.3$ mA; $V_{C1} = 1.31$ V; $V_{C2} = 0.595$ V; $V_R = 0.616$ V; $\theta = 72.0°$ (V_s 는 I_{tot} 보다 위상이 뒤짐)

11. 808 Ω; −36.1°

13. (a) 90° **(b)** 86.4° **(c)** 57.8° **(d)** 9.04°

15. 326 Ω; 64.3°

17. 245 Ω; 80.5°

19. $I_{C1} = 118$ mA; $I_{C2} = 55.3$ mA; $I_{R1} = 36.4$ mA; $I_{R2} = 44.4$ mA; $I_{tot} = 191$ mA; $\theta = 65.0°$
(V_s 는 I_{tot} 보다 위상이 뒤짐)

21. (a) 3.86 kΩ **(b)** 21.3 μA **(c)** 14.8 μA

(d) 25.9 μA **(e)** 34.8° (V_s 는 I_{tot} 보다 위상이 뒤짐)

23. $V_{C1} = 8.74$ V; $V_{C2} = 3.26$ V; $V_{C3} = 3.26$ V; $V_{R1} = 2.11$ V; $V_{R2} = 1.15$ V; $\theta = 85.5°$

25. $I_{tot} = 82.4$ mA; $I_{C2} = 14.4$ mA; $I_{C3} = 67.6$ mA; $I_{R1} = I_{R2} = 6.39$ mA

27. 4.03 VA

29. 0.915

31. 공식을 사용하면, $V_{out} = \left(\dfrac{X_C}{Z_{tot}}\right)1$ V. 그림 P-11 참조

주파수 (kHz)	X_C(kΩ)	Z_{tot}(kΩ)	V_{out}(V)
0			1.000
1	4.08	5.64	0.723
2	2.04	4.40	0.464
3	1.36	4.13	0.329
4	1.02	4.03	0.253
5	0.816	3.98	0.205
6	0.680	3.96	0.172
7	0.583	3.94	0.148
8	0.510	3.93	0.130
9	0.453	3.93	0.115
10	0.408	3.92	0.104

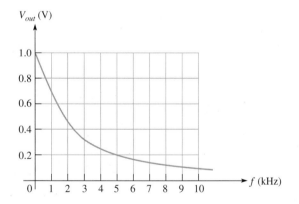

그림 P–11

33. 그림 P-12 참조

그림 P–12

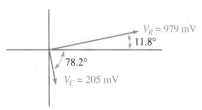

(a) 그림 10-75의 경우   (b) 그림 10-76의 경우

35. 그림 10-75의 경우: 1.05 kHz; 그림 10-76의 경우: 1.59 kHz

37. 누설이 없는 경우: $V_{out} = 3.21\,V; \theta = 18.7°;$
    누설이 있는 경우: $V_{out} = 2.83\,V, \theta = 33.3°$

39. **(a)** 0 V   **(b)** 0.321 V   **(c)** 0.5 V   **(d)** 0 V

41. **(a)** $I_{L(A)} = 4.4\,A; I_{L(B)} = 3.06\,A$

    (b) $P_{r(A)} = 509\,VAR; P_{r(B)} = 211\,VAR$

    (c) $P_{true(A)} = 823\,W; P_{true(B)} = 641\,W$

    (d) $P_{a(A)} = 968\,VA; P_{a(B)} = 675\,VA$

    (e) 부하 A

43. 11.4 kΩ

45. $P_r = 1.32\,kVAR; P_a = 2\,kVA$

47. 0.103 μF

49. C에 누설이 있다.

51. 결함 없다.

53. R_2가 개방되었다.

11장

1. **(a)** 1000 mH   **(b)** 0.25 mH
    (c) 0.01 mH   **(d)** 0.5 mH

3. 권선 수 = 3450

5. 50 mJ

7. 155 μH

9. 7.14 μH

11. **(a)** 4.33 H   **(b)** 50 mH   **(c)** 57 μH

13. **(a)** 1 μs   **(b)** 2.13 μs   **(c)** 2 μs

15. **(a)** 5.52 V   **(b)** 2.03 V   **(c)** 0.747 V
    (d) 0.275 V   **(e)** 0.101 V

17. **(a)** 136 kΩ   **(b)** 1.57 kΩ   **(c)** 1.79 Ω

19. $I_{tot} = 10.1\,mA; I_{L2} = 6.7\,mA; I_{L3} = 3.37\,mA$

21. 101 mVAR

23. **(a)** 0.427 mA   **(b)** 0.569 mA

25. 26.1 mA

27. L_3가 개방되었다.

29. 결함 없다.

31. L_3가 단락되었다.

12장

1. 15 kHz

3. **(a)** 112 Ω   **(b)** 1.8 kΩ

5. **(a)** 17.4 Ω   **(b)** 64 Ω   **(c)** 127 Ω   **(d)** 251 Ω

7. 0.302 V

9. **(a)** 89.3 mA   **(b)** 2.78 mA

11. 38.7°

13. 그림 P-13 참조

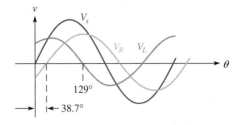

그림 P–13

15. **(a)** 0.092°   **(b)** 9.15°   **(c)** 58.2°   **(d)** 86.4°

17. 7.69 Ω

19. 2.39 kHz

21. **(a)** 274 Ω   **(b)** 89.3 mA   **(c)** 159 mA
    (d) 183 mA   **(e)** 60.7° (I_{tot}는 V_s 보다 위상이 뒤짐)

23. $V_{R1} = 7.92\,V; V_{R2} = V_L = 20.8\,V$

25. $I_{tot} = 36\,mA; I_L = 33.2\,mA; I_{R2} = 13.9\,mA$

27. 13.0 mW; 10.4 mVAR

29. $PF = 0.386; P_{true} = 347\,mW; P_r = 692\,mVAR;$
    $P_a = 900\,mVA$

31. 그림 P-14 참조

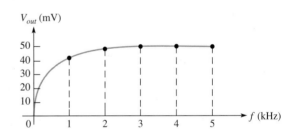

그림 P–14

33. $V_{R1} = V_{L1} = 18\,V; V_{R2} = V_{R3} = V_{L2} = 0\,V$

35. 5.57 V

37. 343 mA

39. **(a)** 405 mA   **(b)** 228 mA   **(c)** 333 mA   **(d)** 335 mA

41. 0.133

43. 그림 P-15 참조

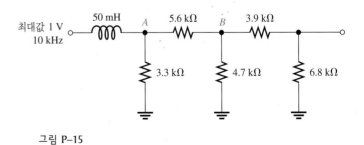

그림 P–15

45. L_2가 개방되었다.

47. R_2가 개방되었다.

49. L_1이 단락되었다.

13장

1. 520 Ω, 88.9° (V_s는 I 보다 위상이 뒤짐); 520 Ω 용량성

3. 임피던스가 증가한다.

5. 그림 P–16 참조

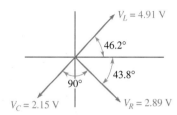

그림 P–16

7. f_r이 낮아진다.

9. $X_L = 4.61\,k\Omega; X_C = 4.61\,k\Omega; Z = 220\,\Omega; I = 54.5\,mA$

11. $f_r = 459\,kHz; f_1 = 360\,kHz; f_2 = 559\,kHz$

13. (a) 14.5 kHz; 대역통과 **(b)** 24.0 kHz; 대역통과

15. (a) $f_r = 339\,kHz, BW = 239\,kHz$

 (b) $f_r = 10.4\,kHz, BW = 2.61\,kHz$

17. 용량성, $X_C < X_L$.

19. 758 Ω

21. 53.1 MΩ; 104 kHz

23. 62.5 Hz

25. 1.38 W

27. 200 Hz

29. $I_{R1} = I_C = 2.11\,mA; I_{L1} = 1.33\,mA; I_{L2} = 667\,\mu A;$
$I_{R2} = 667\,\mu A; V_{R1} = 6.96\,V; V_C = 2.11\,V;$
$V_{L1} = V_{L2} = V_{R2} = 6.67\,V$

31. $I_{R1} = I_{L1} = 41.5\,mA; I_C = I_{L2} = 133\,mA; I_{tot} = 104\,mA$

33. $L = 989\,\mu H; C = 0.064\,\mu F$

35. R_W를 무시하면, 8 MHz: $C = 40\,pF$; 9 MHz: $C = 31\,pF$;
10 MHz: $C = 25\,pF$; 11 MHz: $C = 21\,pF$

37. 결함 없다.

39. L이 단락되었다.

41. L이 단락되었다.

14장

1. 1.5 μH

3. 3

5. (a) 동상 **(b)** 반대 위상 **(c)** 반대 위상

7. 권선 수 = 500

9. (a) 같은 극성, 100 V rms

 (b) 반대 극성, 100 V rms

11. 240 V

13. (a) 6 V **(b)** 0 V **(c)** 40 V

15. (a) 10 V **(b)** 240 V

17. 33.3 mA

19. 27.2 Ω

21. 5.75 mA

23. 0.5

25. 5 kΩ

27. 94.5 W

29. 0.98

31. 25 kVA

33. 2차측 1: 2; 2차측 2: 0.5; 2차측 3: 0.25

35. 2차측 상단 : $n = 100/1000 = 0.1$
 2차측 다음 단 : $n = 200/1000 = 0.2$
 2차측 다음 단 : $n = 500/1000 = 0.5$
 2차측 하단 : $n = 1000/1000 = 1$

37. 과도한 1차측 전류가 흘러 1차측이 퓨즈에 의해 보호되지 않은 경우 전원이나 트랜스포머를 소손시킬 수 있다.

39. (a) $V_{L1} = 35\,V, I_{L1} = 2.92\,A, V_{L2} = 15\,V, I_{L2} = 1.5\,A$

 (b) 28.9 Ω

41. (a) 20 V **(b)** 10 V

43. 0.0145 (69.2:1)

45. 90 mA 혹은 그 이하

47. 2차측이 개방되었다.

49. 1차측이 개방되었다.

15장

1. 103 μs

3. 27 kΩ

5. 12.6 V

7. 그림 P-17 참조

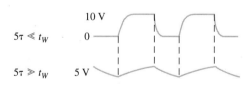

그림 P–17

9. 그림 P-18 참조

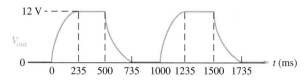

그림 P–18

11. 15 V 직류 레벨로 매우 적은 충방전 맥동을 가진다.

13. R과 C의 위치를 바꾼다. 출력파형은 그림 P-19를 참조하라.
$5\tau = 5$ ms(문제 8 반복).

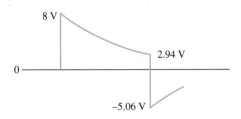

그림 P–19

15. 입력과 유사한 형태이지만 평균값은 0 V가 된다.

17. 그림 P–20 참조

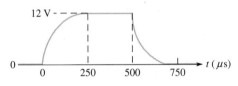

그림 P–20

19. 그림 P-21 참조

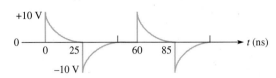

그림 P–21

21. 6 V 직류 레벨

23. **(b)** 결함 없다.   **(c)** C가 개방되었거나 R이 단락되었다.

25. **(a)** 23.5 ms

　(b) 그림 P-22 참조

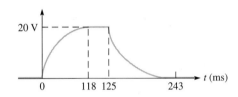

그림 P–22

27. 1.44 s

29. 캐패시터가 개방되었다.

31. 결함 없다.

용어집

1차 권선(primary winding) : 트랜스포머의 입력권선으로서 'primary'라 부른다.

2차 권선(secondary winding) : 트랜스포머의 출력권선으로서 'secondary'라 부른다.

가감 저항기(rheostat) : 두 개의 단자를 가진 가변 저항

가변 저항기(potentiometer) : 세 개의 단자를 가진 가변 저항

가우스(gauss : G) : 자속밀도의 CGS 단위

개방(open) : 전류의 경로가 끊어진 회로

개회로(open circuit) : 전류의 완전한 경로가 있는 회로

결합(coupling) : 직류 전압을 차단하면서 한 점에서 다른 점으로 전달하기 위해 두 점 사이에 캐패시터를 연결하는 방법

계량 접두기호(metric prefix) : 공학 표기법으로 표현되는 수를 십의 거듭제곱으로 대치하기 위해 사용되는 기호

고장진단(troubleshooting) : 회로 또는 시스템의 고장원인을 찾고, 수정하고, 격리시키는 과정

고조파(harmonics) : 합성파에 포함된 주파수로 펄스 반복 주파수(기본 주파수)의 정수배이다.

공진 주파수(resonant frequency) : 회로에서 공진이 일어나는 주파수

공학 표기법(engineering notation) : 임의의 수를 한 자리에서 세 자리까지의 수와 3의 배수로 된 지수를 갖는 십의 거듭제곱을 곱해서 표현되는 수 시스템

과도 시간(transient time) : 시정수의 5배에 해당하는 시간간격

과학 표기법(scientific notation) : 1과 10 사이의 수와 십의 거듭제곱을 곱해서 수를 표현하는 시스템

국제 규격(SI) : 모든 공학과 과학 분야에서 사용되는 단위를 국제적으로 표준화한 시스템(Standardized International system, 프랑스어의 약어 표현으로 Le Système International d' Unites)

권선(winding) : 인덕터에서 선의 루프나 감겨 있는 것

권선비(turns ratio : n) : 1차 권선 수와 2차 권선 수와의 비

권선저항(winding resistance) : 코일을 형성하는 도선의 길이에 따른 저항값

기본 주파수(fundamental frequency) : 파형의 반복률

기준 접지(reference ground) : 인쇄회로기판에 넓은 영역의 금속 새시(도체) 부분을 공통 또는 기준 접지라고 한다.

단락(short) : 회로에서 전류가 흐르는 두 점 사이의 저항이 0 또는 매우 작은 상태

단자 등가성(terminal equivalency) : 서로간의 회로에 같은 값의 부하저항이 연결되어 있으면서 같은 전압과 같은 전류를 공급하는 두 회로가 있을 때의 상태

대역차단 필터(band-stop filter) : 두 차단 주파수 사이의 주파수 신호는 차단하고 나머지 신호는 통과시키는 공진회로

대역통과 필터(band-pass filter) : 두 차단 주파수 사이의 주파수 신호는 통과시키고 나머지 신호는 차단하는 공진회로

대역폭(bandwidth) : 필터에 의해 통과되는 주파수 범위

데시벨(decibel : dB) : 두 전력의 대수비에 10을 곱한 단위 혹은 동일한 저항에 걸린 두 전압의 대수비에 20을 곱한 단위

도(degree) : 완전한 회전의 1/360에 해당하는 각도 측정 단위

듀티 사이클(duty cycle) : 한 사이클 동안 펄스가 존재하는 시간의 백분율을 나타내는 펄스파의 특성. 주기에 대한 펄스폭의 비는 비율이나 백분율로 표시한다.

디지털 멀티미터(DMM) : 전압, 전류, 저항을 모두 하나의 장비로 측정할 수 있도록 고안된 계측장비

라디안(radian) : 각도 측정의 단위. 360° 2π 라디안이다. 1 라디안은 57.3°이다

램프(ramp) : 전압 또는 전류가 선형적으로 증가하거나 감소하는 것으로 규정되는 파형의 형태

렌쯔의 법칙(Lenz' law) : 코일에 흐르는 전류가 변화할 때 유도 전압은 전류의 변화를 방해하는 방향으로 형성된다는 물리적인 법칙으로서, 전류는 순간적으로 변할 수 없다.

릴레이(relay) : 전자기에 의해 제어되는 기계소자로서 전기 접점이 자화 전류에 의해 개폐된다.

맥동전압(ripple voltage) : 캐패시터의 충전과 방전으로 인한 전압의 작은 맥동

무효전력(reactive power) : 캐패시터에 의하여 저장되거나 전원으로 되돌려지는 에너지의 비율로서, 단위는 VAR이다.

미분기(differentiator) : 입력의 수학적인 미분값에 근접하는 출력을 발생시키는 회로

바이패스(bypass) : 직류 전압에 영향을 주지 않으면서 교류 신호를 제거하기 위해 어떤 점에서 접지로 연결된 캐패시터이다. 특별한 경우가 완충(decoupling)이다.

반도체(semiconductor) : 도체와 절연체 중간 정도의 전도성을 가진 물체. 실리콘, 게르마늄 등

반분할법(half-splitting) : 고장진단의 과정에서 회로 또는 시스템의 1/2 부분씩 나누어서 입력 부분 또는 출력 부분으로 접근하면서 회로의 고장 원인을 찾아가는 방법

반사 부하(reflected load) : 트랜스포머의 1차에 소스로 나타나는 부하

반사 저항(reflected resistance) : 1차 회로로 반사된 2차에서의 저항

반올림(round off) : 수를 표현하는 데 있어서 마지막 유효자리의 오른쪽으로 하나 또는 그 이상의 숫자를 자르는 과정

반전력 주파수(half-power frequency) : 필터의 출력전압이 최대값의 70.7%가 되는 주파수

발진기(oscillator) : 양의 궤환을 이용해서 외부 입력신호 없이 시변신호를 발생시키는 전자회로

병렬(parallel) : 동일한 두 점 사이에 두 개 이상의 전류 경로가 연결된 전기회로 관계

병렬 공진(parallel resonance) : 병렬 RLC 회로에서, 총 리액턴스가 0이 되어 임피던스가 최대가 되는 상태

보자력(retentivity : $\mathcal{R}$) : 한 번 자화된 물질이 자기장이 제거된 뒤에도 자화된 상태를 유지하는 능력

볼트(V) : 전압 또는 기전력의 단위

부하(load) : 전압원으로부터 전류가 흐를 수 있도록 회로의 출력단자를 통해 연결된 요소(저항 또는 다른 부품)

부하전류(load current) : 부하에 공급되는 출력전류

부하효과(loading effect) : 회로의 출력단에 소자가 연결되어 전류가 흐를 때 나타나는 효과

불평형 브리지(unbalanced bridge) : 평형 상태로부터의 변이량에 비례하여 브리지 출력전압이 나타나는 불평형 상태의 브리지 회로 평형화된 상태로부터 일정량의 전압에 의해 불평형 상태로 존재하는 브리지 회로

블리더 전류 (bleeder current) : 회로의 총 전류에서 총 부하전류를 뺀 나머지 전류

사이클(cycle) : 주기 파형의 1회 반복

상승시간(rise time : t_r) : 펄스 진폭이 10%에서 90%까지 변화하는 데 필요한 시간

상호 인덕턴스(mutual inductance : L_M) : 트랜스포머와 같은 두 분리된 코일 사이의 인덕턴스

선택도(selectivity) : 어떤 필터가 얼마나 효과적으로 특정 주파수를 통과시키고 그 밖의 모든 주파수는 제거하는가를 표시하는 척도로서, 일반적으로 대역폭이 작을수록 선택도는 커진다.

선형성(linear) : 직선의 관계로 규정되는 특성, 즉 하나의 양의 변화가 다른 양의 변화에 비례적인 관계를 갖는 경우

솔레노이드(solenoid) : 전자기로 제어되는 기계소자로서 축 또는 플런저가 자화 전류에 의해 활성화되어 기계적 움직임을 갖는다.

순방향 직렬연결(series-aiding) : 동일한 방향으로 극성을 갖는 2개 이상의 직렬 전원전압의 배열

순시값(instantaneous value) : 주어진 순간 파형의 전압 또는 전류값

순시전력(instantaneous power : p) : 특정 순간에서 회로의 전력값

스위치(switch) : 전류의 경로의 개폐하는 전기적 장치

스피커(speaker) : 전기적 신호를 음파로 바꾸는 전자석 장치

시정수(time constant) : 회로의 시간 응답을 결정하는 R과 C 값 또는 R과 L 값에 의해 설정되는 고정된 시간간격

십의 거듭제곱(power of ten) : 기수 10과 지수로 구성하여 수를 표현하는 방법

암페어(A) : 전류의 단위

암페어-권선 수(ampere-turn : At) : 기자력(mmf)의 SI 단위

암페어-시간 정격(ampere-hour rating) : 전지가 부하에 정해진 전류를 계속해서 전달할 수 있는 시간을 의미하며, 전류와 시간의 곱으로 나타낸다.

양호도(quality factor) : 유효전력에 대한 무효전력의 비

어드미턴스(admittance : Y) : 리액턴스 성분을 갖는 회로의 성질을 표시하는 용어로, 그 회로에 얼마나 전류가 잘 흐를 수 있는가를 나타내는 양. 이 값이 클수록 전류가 잘 흐르고, 임피던스의 역수. 단위는 지멘스(S)

에너지(energy) : 일을 하는 능력. 단위는 주울(J)

역률(power factor) : 피상전력과 유효전력 사이의 관계를 표시하는 용어로, 피상전력에 역률을 곱하면 유효전력이 된다.

역방향 직렬연결(reries-opposing) : 반대 방향으로 극성을 갖는 2개 이상의 직렬 전원전압의 배열

오실로스코프(oscilloscope) : 화면에 신호 파형을 표시하는 측정장비

오차(error) : 임의의 양에 대해 참 또는 최적의 값과 측정된 값과의 차이

온도계수(temperature coefficient) : 일정 온도 변화에 대한 변화량을 나타내는 상수

옴(Ω) : 저항의 단위

옴의 법칙(Ohm's law) : 전류는 전압에 비례하고 저항에 반비례한다는 법칙

와트(W) : 전력의 단위. 1 W는 1 J의 에너지가 1초 동안 사용되었을 때의 전력이다.

와트의 법칙(Watt's law) : 전압, 전류, 그리고 저항으로 전력과의 관계를 설명하는 법칙

완충(decoupling) : 직류 전압에 영향을 주지 않으면서 교류를 단락시키기 위해 회로의 두 점, 주로 전원 공급 선로와 접지 사이에 캐패시터를 연결하는 방법

용량성 리액턴스(capacitive reactance) : 정현파 전류에 대한 캐패시터의 저항. 단위는 옴(Ω)

용량성 서셉턴스(capacitive susceptance : B_c) : 캐패시터에 얼마나 전류가 잘 흐를 수 있는가를 나타내는 양. 용량성 리액턴스의 역수. 단위는 지멘스(S)

원자(atom) : 그 원소의 특징을 나타내는 원소의 가장 작은 입자

웨버(weber : Wb) : 10^8개의 자력선으로 나타내는 자속의 SI 단위

위상(phase) : 시간에 대해 변하는 파가 발생할 때, 어떤 기준에 대해 발생하는 상대적 각도 편차

위상각(phase angle) : 리액티브 회로에서 전원전압과 전체 전류 사이의 각도

유도성 리액턴스(inductive reactance) : 정현파 전류에 대한 인덕터의 저항. 단위는 옴(Ω)

유도성 서셉턴스(inductive susceptance : B_L) : 유도성 리액턴스의 역수. 단위는 지멘스(S)

유도 전류(induced current) : 자기장의 변화에 의해 도체에 유도되는 전류

유도 전압(induced voltage) : 자기장의 변화에 의해 도체에 유도되는 전압

유전강도(dielectric strength) : 파괴전압을 견디기 위한 유전체의 능력 정도

유전상수(dielectric constant) : 전계를 형성하기 위한 유전체의 능력 정도

유전체(dielectric) : 캐패시터 판 사이의 절연물질

유효자릿수(significant digit) : 수에서 보정되어진 수

유효전력(true power : P_{true}) : 회로에서 소모되는 전력. 주로 열의 형태로 소모된다.

인덕터(inductor) : 코어 둘레에 감긴 선에 의하여 인덕턴스의 특성을 갖도록 만들어신 선기석인 소사로서 코일이라고도 한나.

인덕턴스(inductance) : 전류가 변화하면 그 변화를 방해하는 방향으로 전압이 유도되는 인덕터의 성질

임피턴스(impedance : Z) : 정현파 전류가 흐르는 것을 방해하는 성질의 정도를 표시하는 양. 단위는 옴(Ω)

임피턴스 정합(impedance matching) : 최대 전력을 전송하기 위하여 부하저항을 전원저항으로 정합하는 데 사용되는 기술

자기력(magnetomotive force) : 자기장을 만드는 힘

자기장(magnetic field) : 자석의 N극에서 S극으로 방사되는 힘의 장

자기장 강도(magnetic field intensity) : 자성 물질의 단위 길이당 기자력(mmf)의 양

자기저항(reluctance) : 물질의 자기장 생성을 방해하는 성질

자력선(Line of force) : N극에서 S극으로 방사되는 자기장 내의 자속선

자속(magnetic flux) : 영구자석이나 전자석의 N극과 S극 사이의 힘의 선

자유전자(free electron) : 모원자에서 떨어져 나와 물체의 원자 구조 내에서 원자와 원자 사이를 자유롭게 오가는 최외각 전자

저항(resistance) : 전류를 흐르지 못하게 하는 성질. 단위는 옴(Ω)

저항계(ohmmeter) : 저항을 측정하는 계기

저항기(resistor) : 특정한 저항값을 갖도록 고안된 전기부품

적분기(integrator) : 입력의 수학적인 적분값에 근접하는 출력을 발생시키는 회로

전기적 분리(electrical isolation) : 두 코일이 자기적으로는 결합되어 있지만, 전기적으로 연결되지 않은 상태

전기 충격(electrical shock) : 신체를 통해 흐르는 전류에 의해 야기되는 물리적 자각현상

전력(power) : 에너지 사용의 비율

전류 (current) : 전하(자유전자)가 흐르는 비율. 즉 속도를 의미

전류계(ammeter) : 전류를 측정하기 위한 전기 계측기

전류 분배기(current divider) : 전류를 병렬 지로의 저항값에 반비례하여 분배하는 병렬 회로

전류전원(current source) : 부하가 변화해도 일정하게 전류를 공급하는 장치

전압(voltage) : 전자를 회로의 한 점에서 다른 점으로 이동하는 데 필요한 단위 전하당 에너지의 비율

전압 강하(voltage drop) : 에너지의 손실로 인해 저항 양단에 걸리는 전압의 감소치

전압계(voltmeter) : 전압을 측정하기 위한 계측기

전압 분배기(voltage divider) : 직렬 저항으로 구성된 회로이며, 한 개 또는 그 이상의 전압 출력을 얻을 수 있다.

전압전원(voltage source) : 부하가 변화해도 일정하게 전압을 공급하는 장치

전원 공급기(power supply) : 부하에 전력을 공급하는 장치

전자(electron) : 물질에서의 기본 전하 입자

전자기(electromagnetism) : 도체에 흐르는 전류에 의한 자기장의 생성

전자기 유도(electromagnetic induction) : 도체와 자기장 또는 전자기장 사이의 상대적인 움직임으로 인해 도체에 전압이 발생되는 과정 또는 현상

전자기장(electromagnetic field) : 도체에 흐르는 전류에 의해 도체 주위에 발생되는 자력선 그룹

전하(charge) : 전자의 과잉이나 부족으로 인해 존재하는 물체의 전기적 특성으로, 전하는 양과 음의 전하가 있다.

절연체(insulator) : 정상 조건에서 전류를 흐르지 않도록 하는 물체

절점(node) : 회로에서 두 개 이상의 소자가 연결되어 있는 점

접지(ground) : 회로의 기준 또는 공통점

정격전력(power rating) : 과열에 의해 저항이 손상되지 않을 정도로 소비할 수 있는 저항의 최대 전력

정밀(precision) : 일련의 측정과정에서 나타나는 반복의 척도

정상 상태(steady state) : 초기 과도 시간 이후 발생하는 회로의 평형 상태

정현파(sine waveform) : $v = A \sin \theta$로 정의되는 정현적인 모양을 반복하는 형태의 파형

정확도(accuracy) : 측정시 오차의 범위를 나타낸다.

주기(period : T) : 주기 파형이 하나의 완전한 사이클이 되는 데 필요한 시간

주기적(periodic) : 고정된 시간간격으로 반복되는 특성

주울(joule : J) : 에너지의 SI 단위

주파수(frequency : f) : 주기 함수의 변화율 수치. 1초에 완성되는 사이클의 수. 단위는 헤르츠(Hz)

주파수 응답(frequency response) : 전자회로에서, 특정 범위의 주파수에 따른 출력전압(전류)의 변화를 표시한 것

중간 탭(center tap : CT) : 트랜스포머 권선의 중간 지점에서의 연결

중첩(superposition) : 두 개 이상의 전원을 가진 회로에서 각각의 전원에 대한 효과를 해석한 후 이들 효과를 합치는 방법으로 회로를 해석하는 기법

지로(branch) : 병렬 회로의 하나의 전류 경로

지멘스(S) : 컨덕턴스의 단위로, mho라고도 한다.

지수(exponent) : 어떤 수나 오른쪽 위에 덧붙여 쓰여 그 거듭제곱을 한 횟수를 나타내는 숫자

지수함수(exponential) : 자연대수를 밑으로 하는 수학적 함수. 인덕터에서 증가하거나 감소하는 전류와 전압은 지수함수에 의해 표현된다. 캐패시터의 충전 및 방전은 지수함수에 의해 나타낼 수 있다.

직렬 공진(series resonance) : 직렬 RLC 회로에서, 총 리액턴스가 0이 되어 임피던스가 최소가 되는 상태

진폭(amplitude) : 전압 또는 전류의 최대값

차단 주파수(curoff frequency : f_c) : 출력전압이 최대 출력전압의 70.7%가 되는 주파수

최대값(peak value) : 파형의 양 또는 음의 최대점의 전압 또는 전류값

최대 전력 전달(maximum power transfer) : 부하 저항과 출력저항이 일치할 때 전원에서 부하에 최대의 전력을 전달하는 상태

최소-최대값(peak-to-peak value) : 파형의 최소점에서 최대점까지 측정한 전압 또는 전류값

충전(charging) : 전류가 한쪽 도체판에서 전하를 제거하고 다른 쪽 도체판에 쌓아줌으로써 한쪽 도체판이 다른 쪽보다 더 양의 극성을 갖게 해주는 과정

캐패시터(capacitor) : 절연물질로 분리된 두 개의 도체판으로 구성된 전기적인 소자로서 캐패시턴스의 특성을 갖는다.

캐패시턴스(capacitance) : 전하를 저장하기 위한 캐패시터의 능력이다.

컨덕턴스(conductance) : 전류를 받아들이는 능력. 단위는 지멘스(S)

코일(coil) : 인덕터를 나타내는 일반적인 용어

쿨롱(C) : 전하의 단위

쿨롱의 법칙(Coulomb's law) : 두 대전체 사이에 존재하는 힘은 두 전하의 곱에 비례하고 두 전하 사이의 거리 제곱에 반비례하는 상태를 나타내는 물리적인 법칙

키르히호프의 전류 법칙(Kirchhoff's current Law) : 한 절점에 유입되는 총 전류는 그 절점에서 유출되는 총 전류와 같다는 법칙이다. 또한, 절점으로 유입되는 전류와 유출되는 전류의 대수적인 합은 0이라고 설명될 수 있다.

키르히호프의 전압 법칙(Kirchhoff's voltage law) : 폐회로 내의 전압 강하의 합은 전원전압의 합과 같다. 또는 폐루프 내의 모든 전압(전압 강하 및 전원전압)의 대수합은 0이다.

킬로와트-시간(kWh) : 전력회사에서 주로 사용하는 단위로 에너지의 큰 단위

테브난 정리(Thevenin's theorem) : 단순 등가전압과 단순 등가저항이 직렬로 연결되어 있으면서 두 개의 단자를 가진 회로로, 회로를 단순화하는 회로의 해석방법

테슬라(tesla : T) : 자속밀도 단위

투자율(permeability) : 물질이 얼마나 쉽게 자기장을 만들 수 있는지를 나타내는 척도

트랜스포머(transformer) : 서로 자기적으로 결합된 두 개 이상의 권선으로 형성된 장치로서, 한쪽 권선으로부터 다른 쪽 권선으로 전자기적인 전력 전송을 한다.

파형(waveform) : 시간에 따른 값의 변화를 보여주는 전압 또는 전류 변동 패턴

패러데이의 법칙(Faraday's law) : 코일에 유도되는 전압은 코일을 감은 권선 수에 자속의 변화율을 곱한 것과 같다.

패럿(farad : F) : 캐패시턴스의 단위

펄스(pulse) : 전압 혹은 전류에 대하여 일정한 시간간격을 두고 두 개의 반대 방향으로 같은 크기의 계단 변화를 가지는 형태의 파형

펄스폭(pulse width : t_w) : 이상적인 펄스의 반대되는 스텝 사이의 시간. 실제 펄스의 경우 선행과 후행 모서리의 50% 되는 지점 사이의 시간

평균값(average value) : 1/2 사이클 동안 정현파의 평균. 최대값의 0.637배이다.

평형 브리지(balanced bridge) : 브리지의 출력전압이 '0'으로 평형 상태에 있는 브리지 회로

폐회로(closed circuit) : 전류의 경로가 차단되어 있는 회로

퓨즈(fuse) : 회로에 과전류가 흐를 때 타버리도록 고안된 보호장치

피상전력(apparent power : P_a) : 저항에서의 전력(유효전력)과 리액턴스 소자에서의 전력(무효전력)의 페이저 합으로, 단위는 VA(볼트-암페어)

피상전력 정격(apparent power rating) : 전력의 용량을 VA로 표현한 트랜스포머의 정격

필터(filter) : 특정 주파수만 통과 또는 차단하고, 다른 주파수들은 제외시키는 회로

하강시간(fall time : t_f) : 펄스가 ⌐ 전체 신폭의 90%에서 10%로 변할 때 걸리는 시간

함수 발생기(function generator) : 하나 이상의 형태의 파형을 생성하는 기기

헤르츠(hertz : Hz) : 주파수의 단위. 1 헤르츠는 초당 1 사이클과 같다.

헨리(henry : H) : 인덕턴스의 단위

회로(circuit) : 원하는 결과를 얻기 위한 전기소자들의 상호 연결. 기본 전기회로는 전원과 부하, 그리고 전류의 경로로 구성되어 있다.

회로도(schematic) : 전기/전자 회로를 기호화하여 나타낸 블록도

회로 차단기(circuit breaker) : 전기회로의 과전류를 방지하기 위해 사용되는 재설정 가능 보호기기

효율(efficiency) : 회로에 입력되는 전력에 대한 출력되는 전력비로, 보통 백분율로 표시된다.

휘스톤 브리지(Wheatstone bridge) : 브리지의 평형 상태를 이용하여 미지의 저항을 정확하게 측정할 수 있도록 4개의 다리로 구성된 회로. 저항의 변화량은 불평형 상태를 사용하여 측정될 수 있다.

히스테리시스(hysteresis) : 자성 물질에 자화력이 가해졌을 때 자화가 지연되는 특성

AWG(American Wire Gauge) : 도선의 직경에 기초한 표준

RC 시정수(RC time constant) : R과 C에 의해 설정되는 고정된 시간간격으로 RC 직렬 회로의 시간 응답을 결정한다. 저항과 캐패시턴스의 곱과 같다.

RL 시정수(RL time constant) : R과 L로 주어지는 고정된 시간간격으로 회로의 시간 응답을 결정한다.

rms(root mean square) : 열효과를 나타내는 정현파 전압값, 실효값으로도 알려져 있다. 최대값의 0.707배이다. rms는 제곱의 평균의 제곱근(root mean square)의 약자이다.

VAR(volt-ampere reactive) : 무효전력의 단위

찾아보기

옮긴이 소개

이응혁 한국산업기술대학교 전자공학과 *ehlee@kpu.ac.kr*
정두희 한국산업기술대학교 전자공학과 *doohee@kpu.ac.kr*
고시영 경일대학교 전자정보통신공학부 *kohsy@kiu.ac.kr*
권희훈 충주대학교 전자통신과 *hhkwon@cjnu.ac.kr*
김낙환 경기공업대학 디지털제어과 *nhkim@kinst.ac.kr*
이헌택 인천전문대학 정보통신과 *leeht@icc.ac.kr*
정오현 재능대학 디지털정보전자과 *cohjem@mail.jnc.ac.kr*
정재필 가천의과대학교 IT학과 *jpchung@gachon.ac.kr*

회로이론 7판 Electric Circuits fundamentals [7ed]

7판 1쇄 발행 : 2007년 3월 19일
7판 2쇄 발행 : 2009년 1월 20일
7판 3쇄 발행 : 2010년 8월 10일

지 은 이   Thomas L. Floyd
옮 긴 이   이응혁, 정두희, 고시영, 권희훈, 김낙환, 이헌택, 정오현, 정재필
발 행 인   최규학

펴 낸 곳   도서출판 ITC
등 록 번 호   제8-399호
등 록 일 자   2003년 4월 15일

주   소   서울시 은평구 역촌동 85-8 보원빌딩 3층
전   화   02-352-9511(대표)
팩   스   02-352-9520
이 메 일   itc@itcpub.co.kr

교정 · 교열   홍희정
본문디자인   우일미디어
표지디자인   김연아

ISBN 978-89-90758-69-9

값 33,000원

www.itcpub.co.kr